U0237732

ROS

从ROS1到ROS2 无人机编程实战指南

马培立
卞舒豪 主 编
陈绍平

戚煜华
潇 齐 副主编
杨 雪

阿木实验室 组织策划

化学工业出版社
·北京·

内容简介

本书全面介绍了 ROS 机器人操作系统及其在无人机编程中的应用，内容涵盖智能机器人和无人机等从入门到精通所需的技术开发知识要点。本书从 ROS 基础知识入手，由 ROS1 过渡到 ROS2 再到两者的移植与转换，由浅入深、逐级进阶，以无人机的编程应用为平台，就目前流行的机器人 SLAM 定位算法、深度学习识别算法、基于运动控制学的控制算法以及全局加局部的轨迹规划算法等重点和难点，进行了详细阐述。全书语言通俗易懂，辅以程序案例及注释，并通过仿真的形式，让读者能够轻松地学习 ROS 及无人机编程。

本书可供智能机器人及无人机等相关行业技术工作者阅读参考，也是 ROS 爱好者的实战宝典，还可作为高校相关专业师生的参考书。

图书在版编目（CIP）数据

从 ROS1 到 ROS2 无人机编程实战指南 / 马培立，卞舒豪，陈绍平主编；戚煜华，潇齐，杨雪副主编．—北京：化学工业出版社，2023.4（2023.11重印）

ISBN 978-7-122-42798-4

I. ①从…　II. ①马…②卞…③陈…④戚…⑤潇…⑥杨…　III. ①机器人 - 程序设计 - 指南　IV . ① TP242-62

中国国家版本馆 CIP 数据核字（2023）第 019652 号

责任编辑：陈　喆

责任校对：李　爽

装帧设计：王晓宇

出版发行：化学工业出版社

（北京市东城区青年湖南街13号　邮政编码100011）

印　　装：北京天宇星印刷厂

787mm×1092mm　1/16　印张37¼　字数958千字

2023年11月北京第1版第2次印刷

购书咨询：010-64518888

售后服务：010-64518899

网　　址：http://www.cip.com.cn

凡购买本书，如有缺损质量问题，本社销售中心负责调换。

定　　价：198.00元

编写人员

主　编：马培立　卞舒豪　陈绍平

副主编：戚煜华　潇　齐　杨　雪

参　编：弋　鑫　李　博　马洪飞　陈养美　仓　琴

序 FOREWORD

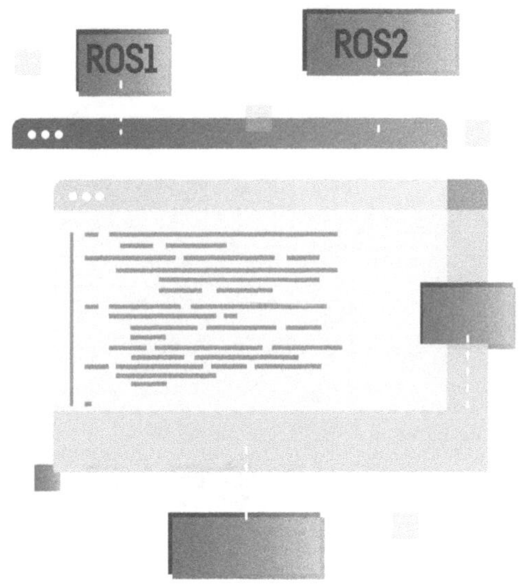

机器人的发展横跨七八十年，经历了三个重要时期：

- **电气时代——2000 年之前**

主要应用于工业生产，称为工业机器人，由示教器操控，帮助工厂释放劳动力，此时的机器人并没有太多智能，完全按照人类的命令执行动作，更加关注电气层面的驱动器、伺服电机、减速机、控制器等设备，这是机器人的电气时代。

- **数字时代——2000 ～ 2015 年**

计算机和视觉技术逐渐应用，机器人的类型不断丰富，出现了 AGV、视觉检测等应用，此时的机器人传感器更加丰富，但是依然缺少自主思考的过程，智能化有限，只能感知局部环境，这是机器人的数字时代，也是机器人大时代的前夜。

- **智能时代——2015 年之后**

随着人工智能技术的快速发展，机器人成了 AI 技术的最佳载体，家庭服务机器人、送餐机器人、四足仿生机器狗、自动驾驶汽车等应用呈井喷式爆发，智能机器人时代正式拉开序幕。

智能机器人的快速发展，必将对机器人开发提出更高的要求，软件层面最为热点的技术之一就是机器人操作系统。

时光回到 2007 年美国斯坦福大学的机器人实验室，他们正在讨论如何实现一款机器人家庭助手。这个实验室聚集了全球精英，但是他们依然无法从零制造一个能够走进千家万户的机器人，于是这群人诞生了一个想法：为什么不把更多人的智慧集合到一起呢？

于是他们脑洞大开，做了一套针对机器人的软件框架，把开源社区里很多优秀的软件集成其中，这样就可以在上边快速开发做饭、做家务等应用了。所谓“软件框架”，就像房子的骨架一样，再高的楼房都是先把“框架”搭起来，然后在里边装修每个房间。所以有了这样一个机器人的软件框架，做机器人就更加简单了。他们为这个软件框架起了一个名字——Robot Operating System，机器人操作系统，简称 ROS。

在十几年的时间里，ROS 得到了广泛应用，从 ROS1 进化到 ROS2，大大提高了机器人的开发与部署效率，在分工协作、软件维护和系统扩展中具有重要意义。时至今日，ROS 已成为机器人领域的普遍标准，正在变革无人驾驶汽车、云脑机器人、新一代工业机器人等诸多领域，结合人工智能技术引领机器人新一轮的技术浪潮。

2011 年底，我创建了古月居（www.guyuehome.com），主要分享个人在 ROS 学习之路上的一些总结。伴随 ROS 的发展，古月居也在不断成长，如今已经成为华语地区知名的 ROS 机器人社区，致力于为机器人学习者提供优质的交流学习平台。

在 ROS 机器人开发的道路上，本书的作者们也在一路同行。本书覆盖 ROS1 及 ROS2 核心知识点，以无人机为开发平台，介绍了具体的开发原理和实践方法，带领读者进行由浅入深、再到实践的系统化学习，适合 ROS 无人机方向各阶段开发者使用，希望大家可以从中受益，起航机器人开发。

ROS 机器人开发涉及的知识点众多，在不断探索 ROS 应用的道路上，很多开发者犹豫过、彷徨过，我也曾是其中的一员，分享胡适先生的一句名言，愿你我共勉：怕什么真理无穷，进一寸有一寸的欢喜。

古月

ROS 机器人社区“古月居”创始人

前言 PREFACE

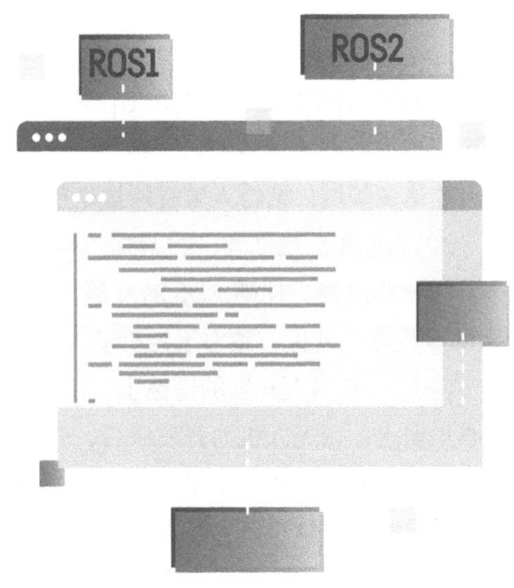

本书系统介绍了 ROS1 和 ROS2 的基础以及高级特性，并以 ROS 系统为基础，展示了不同算法的原理以及这些算法在无人机中的应用。ROS 作为一个先进的机器人操作系统，目前已经被广泛应用于机器人行业中。同时由于其众多的第三方开源包以及相对容易上手等特性，被越来越多的科研院所用来开发新的核心算法。但是 ROS1 相对来说不够稳定，因为其需要有一个 master 节点，这在根本上限制了 ROS 的稳定性。所以越来越多的工作在向 ROS2 平台迁移，因为 ROS2 使用了 DDS 且不需要 master 节点提供信息交互。本书详细解析了目前主流的 ROS1 以及 ROS2 平台，以及定位、感知、控制等核心算法，并亲手实现无人机的不同功能。

阅读本书的过程中无需使用任何特殊的设备，只需要保证您的电脑是 Ubuntu 环境且拥有较高的配置即可。书中每一章节都附带一系列的代码以及详细的注释，您可以在自己的计算机上配置运行。

本书旨在提供一个学习智能无人机 / 机器人的方向，不单单局限于基础内容的讲解，也涵盖了大量的算法例程、公式推导、手绘示意等。您可以依据自己所处的不同学习阶段选择性地阅读实践，我们希望本书能够帮助您成长为一名合格的智能机器人研发工程师。

由于无人机价格相对高昂，我们与阿木实验室达成了共识，选择无人机仿真平台 Prometheus 来展示这些算法在无人机中的应用以及如何完成无人机的一些智能化操作。读完本书，您会对智能机器人中的环境以及算法有较为充分的了解。首先您可以使用 ROS1&ROS2 完成一些比较高级的开发；其次可以了解智能机器人最关键的核心算法的原理，并能选择一个喜欢并熟悉的算法进行深入研究；最后可以熟练地使用 Prometheus 平台完成大量的和无人机相关的工作。

主要内容

第 1 ～ 3 章主要介绍 ROS1 melodic 相关的知识，主要包含 ROS1 的基础概念以及环境搭建与配置、ROS1 的基础编程以及高级编程用法、ROS1 中常用的可视化方案。这部分内容将绝大多数开发者需要掌握以及未来有可能需要使用的高级用法都列了出来，并进行了详细的讲解。以 Plotjuggler 为首的可视化软件也进行了详细介绍，并说明如何对这些可视化软件进行二次开发。书中的代码分析以及注释是较为细致的，面向初次接触 ROS 的读者。当学习完这部分内容，可以了解到 ROS1 的原理以及 ROS1 绝大多数的开发与使用方法。

第 4、5 章在 ROS1 的基础上介绍 ROS2 dashing 的使用方法，还介绍了 ROS1 与 ROS2 的对比与转换，以及 Ubuntu20.04 中 ROS2 的 foxy 版本的一些新操作。这部分内容相较于 ROS1 来说是一个提升的阶段，需要有一定的 ROS1 基础再来学习 ROS2 相关内容，当然如果不想学习 ROS1，在看完 1.1 节后也可以直接学习 ROS2。学习完这部分内容，可以了解到 ROS2 的原理以及 ROS2 绝大多数的开发与使用方法，并可以流畅完成 ROS1 与 ROS2 的代码转换。

第 6 ～ 8 章主要介绍无人机定位的方法，由于无人机定位方法的多样性，一种方法无法尽可能概括，同时由于 SLAM 方法本身相较于深度学习的黑盒性，SLAM 需要大量的中间推导，所以我们选择了几个比较有代表性的算法进行介绍，分别是视觉 SLAM—VINS-FUSION、2D 激光 SLAM—cartographer、3D 激光 SLAM—SC-LeGo-LOAM，当中需要有一定的矩阵论、非线性优化以及一些开源库（Eigen、Ceres、G2O、Gtsam、Sophus）的使用基础。这里解析了大量 SLAM 算法中存在的经典算法，可以对 SLAM 算法中常见的使用方法有进一步的了解，可以了解目前学术界绝大多数算法的基础，从而可以比较轻松地学习其他的 VIO 与 LIO 算法。

第 9 章主要介绍无人机的识别避障，这部分主要偏向摄像头的识别感知，包括二维码识别、行人识别、姿态识别等方法，当中需要有一定的 OpenCV 基础以及深度学习基础（Pytorch、TensorRT）。学习完这部分内容，可以了解目前学术界常见的识别算法以及框架优势，并可以了解如何与 ROS 结合将算法运行在 ROS 中。

第 10 章主要偏向机器人的运动控制，展示了不同的 Kalman 滤波的原理以及思想，并对代码进行了详尽解释。

第 11 章主要偏向机器人的轨迹规划，主要阐释一些知名的轨迹规划算法，并用手绘图的形式展示了这些算法实际的计算流程。学习完这部分内容，可以初步完成无人机从定位到识别再到规划导航的一整套算法流程。

第 12 章展示了 P450 无人机硬件搭载以及对应的 Prometheus 知名开源平台的使用。主要对 Prometheus 2.0 进行介绍，并着重介绍了 Prometheus 的详细操作及其二次开发的接口与方法。学习完这部分内容，可以了解国内知名的 Prometheus 开源平台，并自主实现无人机的所有操作功能。

预备知识

我们写作本书的目的是让每位读者都可以完成书中的学习并运行示例代码。所需要的设备是一台带有独立显卡的计算机，并装有 Ubuntu18.04 系统。我们将本书分为三个篇章：基础篇、算法篇、实践篇。

第 1 ～ 5 章为基础篇，读者需要熟悉：Git 的基本操作，包括下拉代码、上传代码等；

计算机语言基本知识，包括 Cpp、Python、Bash 语言的编程技巧；Docker 的基础概念；基础的 Linux 指令。

第 6 ～ 11 章为算法篇，读者除了基础篇需要熟悉的内容外，还需要熟悉：Ceres、Eigen 等第三方非线性优化以及矩阵论的开源库；OpenCV 基础以及深度学习基础（Pytorch、TensorRT）。

第 12 章为实践篇，读者除了基础篇需要熟悉的内容外，还需要熟悉：无人机物理硬件概念。

目标读者

本书的目标读者涵盖无人机以及机器人各阶段开发人员，本书为不同需求的读者提供不同阶段的学习内容。在每一个阶段都尽可能向读者深入挖掘难点和痛点，并通过仿真的形式，让读者能够轻松地学习无人机、爱上无人机。本书的基础篇对于听说过却没有使用过 ROS 的专业技术人员是非常有益的；算法篇展示了学习完 ROS 后的一些算法方面的技术知识，非常适合有一定技术基础还想朝着算法工程师发展的读者；实践篇则向竞赛以及开发人员提供了一个快速学习和二次开发的途径，让开发更加人性化。本书针对机器人学习中每个阶段有知识瓶颈的技术人员提供了有效的学习渠道。

源代码下载

读者可以在 Github 中下载所有的代码示例：lovelyyoshino/ROS-ROS2BOOKS。可以按照书中的指引，自行建立范例项目来进行联系，也可以参考我们提供的范例程序进行学习。作者的 csdn 博客，用户名为：lovely_yoshino，也会持续更新一些较为前沿的算法讲解以及学习路径。希望各位读者能够轻松、快乐地学习和了解 ROS+ 算法，成长为一名合格的机器人开发工程师。

编写分工

本书由马培立、卞舒豪、陈绍平主编，戚煜华、潇齐、杨雪任副主编，弋鑫、李博、马洪飞、陈养美、仓琴参编，同时也非常感谢阿木实验室的组织策划。在此，感谢为本书编写和出版提供极大帮助的各位专家和教授，高翔博士的《视觉 SLAM 十四讲》、崔华坤博士的《VINS 论文推导及代码解析》、胡春旭老师的《ROS 入门 21 讲》为本书的编写提供了启发与思考，还学习了参考文献中的相关内容，在此一并表示衷心感谢。

本书图文并茂，为了方便读者对书中插图有更直观的理解，我们把全书的插图汇总归纳，并且将书中的所有实例整理成代码包，制作成二维码，放于封底，读者可结合书中内容扫码查看或下载练习。

本书内容为编者学习、工作经验的总结，书中不足之处，欢迎广大读者沟通交流、批评指正（手机号：13512509221；微信号：csr_team）。

编 者

目录
CONTENTS

第3章 ROS可视化功能包与拓展 148

第 1 章 ROS——智能机器人开端

机器人操作系统（Robot Operating System，ROS）因其点对点设计、语言支持度广、集成度高、兼容性好、工具包丰富、免费且开源等特点，已经广泛运用于各类机器人上，如机械臂、无人机、无人小车等。机器人是一个多学科交叉的热门领域，要求开发者精通电子、控制、通信、计算机、机械等多个方面。本书从其操作系统入手，深入浅出地介绍机器人操作系统的有关概念及其在实际项目中的运用。

1.1 ROS 的节点（node）

1.1.1 节点

节点（node）是 ROS 中最小的进程单元，其可以使用不同的客户端库（Client Libraries）（如 roscpp、rospy）来进行节点间的通信，即使用不同的编程语言编写的节点之间可以相互通信。从程序角度来看，节点是用不同语言编写的一个个执行文件，执行文件之间可以通过话题（topic）、服务（service）、参数（parameter）进行通信。从目标功能来讲，节点是将一个复杂功能拆解成一个个小功能的功能块。这种分布式节点可以减少项目开发中的通信问题，从而可以减少项目开发时间，提升开发者的开发效率。一个实际的机器人系统会包括多个节点，比如驱动摄像头获取实时图像的节点、对捕捉的图像进行处理的节点、处理传感器信息的节点等。这样做不仅可以提升开发效率，而且可以提高系统的容错率，即使系统中一个节点出现错误，整个系统还是可以继续运作下去。节点在系统中的名称必须唯一。

1.1.2 节点管理器

节点管理器（ROS Master）是管理系统众多节点的控制器，其运行机制类似 DNS 服务器，当任意节点想要接入 ROS 系统时，该节点需要先在节点管理器进行注册与命名，之后节点管理器会将该节点接入整个 ROS 系统中，因此节点管理器里存储着 ROS 系统正在运行着的所有节点的信息，当节点内的信息出现了变化，节点管理器将更新变化的信息并将更新后的节点信息与其他节点通信。此外，节点之间的通信也是通过节点管理器作为中介相联系的。当一个 ROS 程序启动时，需要首先启动节点管理器，节点管理器会依次启动节点。节点管理器与节点的关系如图 1-1 所示。

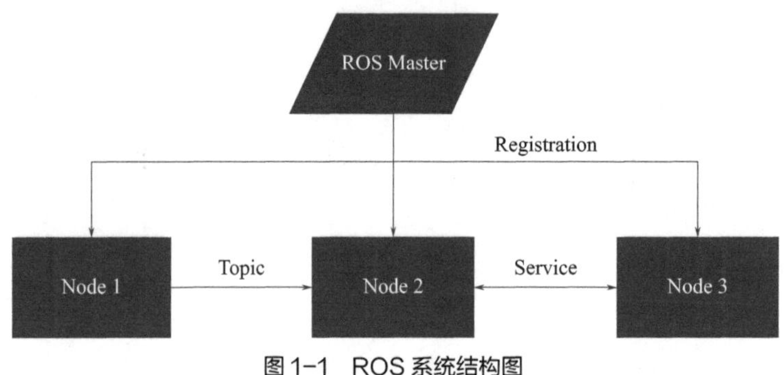

图 1-1　ROS 系统结构图

1.1.3　与节点有关的指令

（1）ros-tutorials 程序包的预安装

首先，我们可以通过在 Ubuntu 系统中右击并点击打开终端（E）打开一个新的终端，又或者可以通过快捷键 Ctrl+Alt+T 来打开终端。终端打开的界面如图 1-2 所示。

图 1-2　终端显示界面

在终端输入以下命令：

```
sudo apt-get install ros-<distro>-ros-tutorials
```

将指令中的 distro 替换为你 ROS 的安装版本（如 melodic、indigo、jade、kinetic、noetic、hydro、groovy 等）。

（2）roscore 命令

打开一个新的终端并在终端输入如下指令：

```
roscore
```

在终端中运行出的结果如图 1-3 所示。

其中，ros_comm version 与 */rosversion 都是显示当前 ROS 的版本号，而 rosdistro 则显示的是当前你安装的 ROS 系统的版本。

在运行 ROS 系统前必须先执行该指令以启动节点管理器，该指令执行后 rosout 节点和 parameters server 框架会一起启动，其中 rosout 节点是所有工作节点都自带的一个节点，用于收

```
roscore http://ubuntu-vm:11311/
文件(F) 编辑(E) 查看(V) 搜索(S) 终端(T) 帮助(H)
ubuntu@ubuntu-vm:~$ roscore
... logging to /home/ubuntu/.ros/log/48344afe-c7d4-11ec-8078-000c2905f8d4/roslaunch-ubuntu-vm-5267.log
Checking log directory for disk usage. This may take a while.
Press Ctrl-C to interrupt
Done checking log file disk usage. Usage is <1GB.

started roslaunch server http://ubuntu-vm:33133/
ros_comm version 1.14.13


SUMMARY
========

PARAMETERS
 * /rosdistro: melodic
 * /rosversion: 1.14.13

NODES

auto-starting new master
process[master]: started with pid [5277]
ROS_MASTER_URI=http://ubuntu-vm:11311/

setting /run_id to 48344afe-c7d4-11ec-8078-000c2905f8d4
process[rosout-1]: started with pid [5288]
started core service [/rosout]
```

图1-3　roscore命令运行结果

集和记录节点调试输出信息，而 parameters server 则不是节点，是方便分布式并行程序编写的编程框架，用于系统参数的配置。

如果 roscore 的初始化失败，则可能是网络配置出现异常导致的。如果初始化失败，并且发送了缺少允许的消息，可能～/. 文件夹被 root 所占有，可以通过下列指令来修改这一文件的占有权来解决这一问题：

```
sudo chown -R <your_username> -/.ros
```

（3）rosrun 命令

由上述内容可以知道，节点是 ROS 系统中最基础的执行单元，所以我们需要了解如何去运行一个节点。其输入指令格式如下：

```
rosrun [package_name] [node_name]
```

该指令可以直接运行已知路径的节点，其中 package_name 是节点所在功能包的名字，而 node_name 是需要运行的节点名。本书以 ROS 自带的小海龟节点作为示例，在终端输入如下命令：

```
rosrun turtlesim turtlesim_node
```

打开的小海龟窗口如图 1-4 所示。

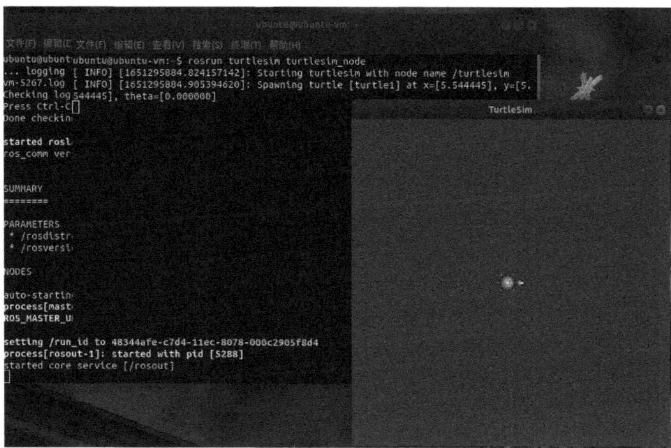

图1-4　运行一个小海龟界面

由于 ROS 每次产生一个版本都会创建一个小海龟作为代表，打开小海龟模拟时小海龟是随机产生的，所以每个人打开的海龟可能颜色和种类会存在一些差异。

成功运行小海龟节点之后我们打开一个新的终端并输入以下命令：

```
rosrun turtlesim turtle_teleop_key
```

出现图 1-5 所示界面时，我们可以通过键盘来控制小海龟的移动。

图 1-5　turtle_teleop_key 节点运行界面

（4）rosnode 命令

因为 ROS 系统的功能都是由一个个节点一起组合构成的，所以我们需要及时掌握每一个运行着的节点消息。ROS 系统中与节点有关的命令如表 1-1 所示。

表 1-1　与 node 相关的一些命令

命令	说明
rosnode list	查看所有正在运行的节点列表
rosnode ping [node_name]	测试指定节点是否正常运作
rosnode info [node_name]	查看指定节点的信息
rosnode machine [PC_name]	查看该 PC 机中运行的节点列表
rosnode kill [node_name]	停止该节点的运行
rosnode clean up	删除所有没有连接节点在节点管理器中的注册信息
rosnode help	查看 rosnode 命令的具体用法

下面对这些节点命令进行示例讲解。

（5）rosnode list 命令

在上述运行小海龟及其键盘控制节点的情况下打开一个新的终端，并在新终端中输入以下命令：

```
rosnode list
```

可得到如图 1-6 所示的消息列表返回。

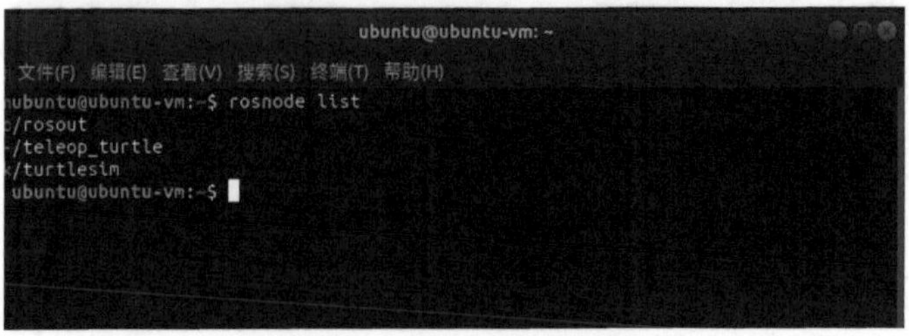

图 1-6　运行节点显示界面

在图中可以发现运行着的节点有 /rosout、/turtlesim、/teleop_turtle, 其中注意到运行小海龟的节点名 /turtlesim，而用键盘控制小海龟移动的节点名为 /teleop_turtle，这与我们用 rosrun 命令执行的节点名称存在些许差别。以控制节点为例，在运行 rosrun 命令时我们需要的是该节点文件的名字，而 rosnode list 指令显示的是该节点实际向节点管理器注册的节点名。我们找到键盘控制命令的源文件发现其初始化代码为“ros::init(argc, argv,“teleop_turtle”);”，所以该节点文件实际向节点管理器请求的注册节点名是 /teleop_turtle。我们可以通过以下指令来修改在 ROS 系统中的实际节点名：

```
rosrun [package] [node_name] _name:=[node_name_want]
```

其中，node_name_want 是你向该节点输入的参数。

关闭 /teleop_turtle 的终端后我们重新打开一个新的终端并在新终端输入以下命令：

```
rosrun turtlesim turtle_teleop_key __name:=control
```

此时，若我们重新执行 rosnode list 命令，便能得到如图 1-7 所示的结果。我们发现相较于之前的输出，节点 /teleop_turtle 被我们替换成了自己定义的节点 /control。

```
ubuntu@ubuntu-vm: ~
文件(F) 编辑(E) 查看(V) 搜索(S) 终端(T) 帮助(H)
ubuntu@ubuntu-vm:~$ rosnode list
/rosout
/teleop_turtle
/turtlesim
ubuntu@ubuntu-vm:~$
```

图 1-7　节点显示界面

重新映射命令不仅能够对节点的名称进行替换，也可以对私有节点的参数进行相应配置。

（6）rosnode ping 命令

我们在上面成功地将节点 /teleop_turtle 替换为节点 /control，现在我们要测试该节点是否被正常启动，能否正常运作，我们需要用到节点测试命令 rosnode ping，在终端输入如下指令：

```
rosnode ping /control
```

如果该节点与当前计算机连接正常，结果如图 1-8 所示。

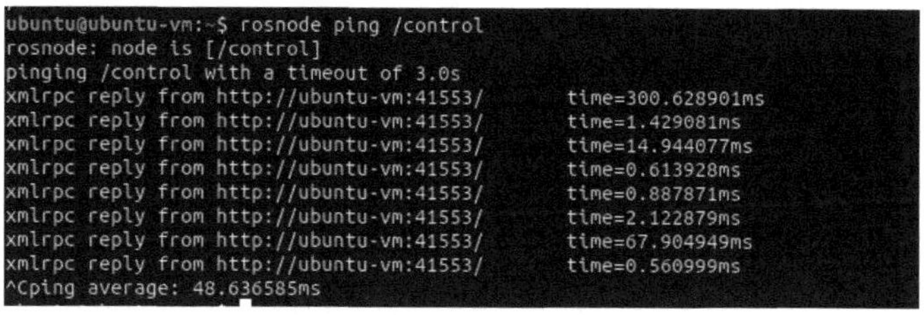

```
ubuntu@ubuntu-vm:~$ rosnode ping /control
rosnode: node is [/control]
pinging /control with a timeout of 3.0s
xmlrpc reply from http://ubuntu-vm:41553/      time=300.628901ms
xmlrpc reply from http://ubuntu-vm:41553/      time=1.429081ms
xmlrpc reply from http://ubuntu-vm:41553/      time=14.944077ms
xmlrpc reply from http://ubuntu-vm:41553/      time=0.613928ms
xmlrpc reply from http://ubuntu-vm:41553/      time=0.887871ms
xmlrpc reply from http://ubuntu-vm:41553/      time=2.122879ms
xmlrpc reply from http://ubuntu-vm:41553/      time=67.904949ms
xmlrpc reply from http://ubuntu-vm:41553/      time=0.560999ms
^Cping average: 48.636585ms
```

图 1-8　节点测试界面

（7）rosnode info 命令

在 ROS 系统中，我们有的时候会对系统一些节点的具体信息及其在整个系统中的作用不是特别明确，此时我们想了解其相关信息就需要用到 rosnode info 命令，在终端中输入如下命令：

```
rosnode info /turtlesim
```

我们会得到该节点的具体信息，如图 1-9 所示。

```
rosnoubuntu@ubuntu-vm:~$ rosnode info /turtlesim
--------------------------------------------------------------------------------
Node [/turtlesim]
Publications:
 * /rosout [rosgraph_msgs/Log]
 * /turtle1/color_sensor [turtlesim/Color]
 * /turtle1/pose [turtlesim/Pose]

Subscriptions:
 * /turtle1/cmd_vel [geometry_msgs/Twist]

Services:
 * /clear
 * /kill
 * /reset
 * /spawn
 * /turtle1/set_pen
 * /turtle1/teleport_absolute
 * /turtle1/teleport_relative
 * /turtlesim/get_loggers
 * /turtlesim/set_logger_level


contacting node http://ubuntu-vm:37023/ ...
Pid: 2420
Connections:
 * topic: /rosout
    * to: /rosout
    * direction: outbound (39267 - 127.0.0.1:35866) [25]
    * transport: TCPROS
 * topic: /turtle1/cmd_vel
    * to: /teleop_turtle (http://ubuntu-vm:35617/)
    * direction: inbound (54720 - ubuntu-vm:40197) [31]
    * transport: TCPROS
```

图 1-9　节点信息显示界面

其中，Publications 显示其发布的话题名及其路径，Subscriptions 显示其订阅的话题名及其路径，Services 是其包含的服务内容，Connections 显示的则是其通信机制。

（8）rosnode machine 命令

该指令可以显示指定目标上所有正在运行的节点，该命令可以说是 rosnode list 命令的一个延展，此命令不仅可以查看本机上运行的节点，也可以显示与其相连接其他 PC 机上运行的节点。其输入命令格式如下所示：

```
rosnode machine [IP address/PC name]
```

运行该指令的结果如图 1-10 所示。

```
ubuntu@ubuntu-vm:~$ rosnode machine ubuntu-vm
/rosout
/teleop_turtle
/turtlesim
ubuntu@ubuntu-vm:~$
```

图 1-10　本机节点显示界面

（9）rosnode kill 命令

该命令可以用于终止指定节点的运行，在终端中输入如下命令又或者通过快捷键 Ctrl+C 来终止在该终端运行着的节点：

```
rosnode kill /turtlesim
```

得到结果如图 1-11 所示。

我们重新运行 rosnode list 命令查看此时系统运行的节点结果如图 1-12 所示。

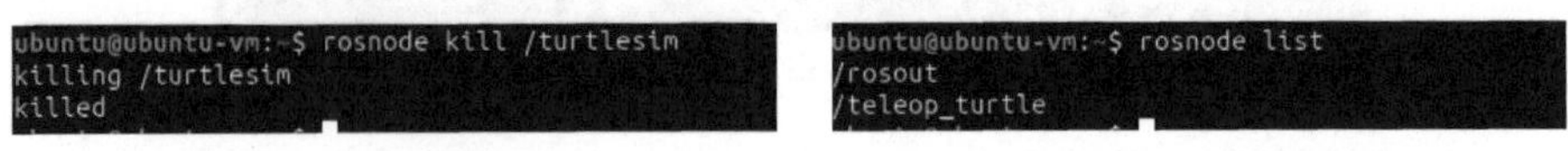

图 1-11　终止进程界面　　　　图 1-12　节点显示界面

此时可以发现节点 /turtlesim 成功在 ROS 系统中被终止运行了。

（10）rosnode cleanup 命令

该命令用于删除连接信息丢失的虚拟节点在节点管理器注册的信息。在 ROS 系统运行的过程中，我们总会由于一些特殊原因导致节点的异常终止，此时我们可以用该命令来删除这些因为系统异常而终止的节点。该命令最直观的好处是当系统因为一些具体节点异常导致整体异常时，我们只需要先删除这些节点的注册信息并重新运行该节点即可，而不用再一次重新运行一遍 roscore 命令和一堆节点。该命令的输入格式如下所示：

```
rosnode cleanup
```

1.2 ROS 命令指令与使用

在上一节我们学习了 ROS 系统中与节点有关的命令，而 ROS 系统中还存在着话题和服务这两种通信机制，我们将在本章节学习与其相关的一系列命令及其演示。

1.2.1 与 msg 相关的命令

ROS 系统中提供了 rosmsg 命令以令使用者更好地对系统内的 msg 文件进行操作，即我们可以用该类命令对话题类型中的数据结构进行查看，我们打开一个新终端，在其中输入如下命令查看其具体使用方式：

```
rosmsg --h
```

其所有命令如图 1-13 所示。下面我们将对部分命令做相关解释并做出示例。

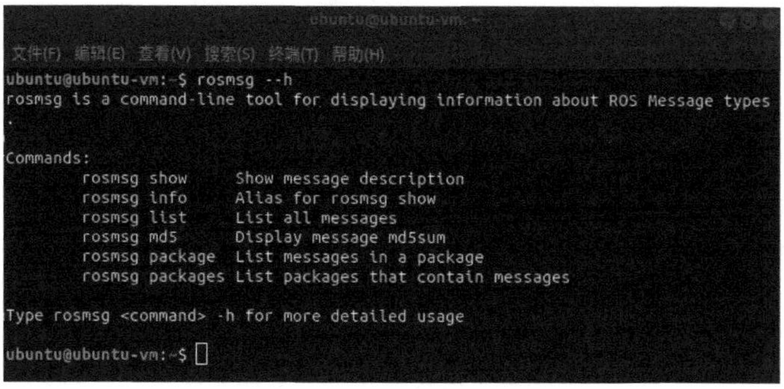

```
ubuntu@ubuntu-vm:~$ rosmsg --h
rosmsg is a command-line tool for displaying information about ROS Message types
.

Commands:
        rosmsg show     Show message description
        rosmsg info     Alias for rosmsg show
        rosmsg list     List all messages
        rosmsg md5      Display message md5sum
        rosmsg package  List messages in a package
        rosmsg packages List packages that contain messages

Type rosmsg <command> -h for more detailed usage

ubuntu@ubuntu-vm:~$
```

图 1-13 rosmsg 命令清单

（1）rosmsg show 命令

该命令用于查看 .msg 类型文件的数据类型，其一般使用格式如下所示：

```
rosmsg show [package_name]/[msg_name]
```

其中，package_name 为目标 msg 文件所在功能包的名字，msg_name 则为对应 msg 文件的名字。我们以 ROS 自带的 std_msg 功能包中的 string 文件为例在新建立的终端中输入以下命令：

```
rosmsg show std_msgs/String
```

我们看到 String 文件里面的数据内容如图 1-14 所示。

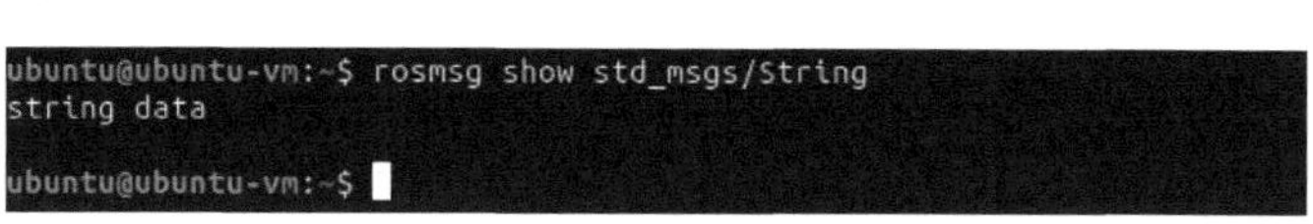

```
ubuntu@ubuntu-vm:~$ rosmsg show std_msgs/String
string data

ubuntu@ubuntu-vm:~$
```

图 1-14 String 文件数据内容

该命令反馈 String 文件内的数据类型为 string data 型。有的时候我们可能只知道消息名而不知道其对应的功能包名字，此时我们也可以用该命令进行寻找。同样以 String 文件为例，我们只需要将上述命令中的功能包名字删除即可，终端中输入命令如下：

```
rosmsg show String
```

可以得到其对应功能包位置及文件包含的数据类型，如图 1-15 所示。

```
ubuntu@ubuntu-vm:~$ rosmsg show String
[std_msgs/String]:
string data
```

图 1-15　String 文件数据内容及其功能包

（2）rosmsg list 命令

该命令可以用于列出 ROS 系统中所有与话题相关的数据结构，包括官方的和自己自定义的数据类型，其命令如下所示：

```
rosmsg list
```

在终端输入该命令得到的信息如图 1-16 所示，但该结果中包含了大量我们不需要关注的信息，且很难在其中寻找需要的消息，所以我们一般不太使用该命令。

```
ubuntu@ubuntu-vm: ~
文件(F) 编辑(E) 查看(V) 搜索(S) 终端(T) 帮助(H)
trajectory_msgs/JointTrajectoryPoint
trajectory_msgs/MultiDOFJointTrajectory
trajectory_msgs/MultiDOFJointTrajectoryPoint
turtle_actionlib/ShapeAction
turtle_actionlib/ShapeActionFeedback
turtle_actionlib/ShapeActionGoal
turtle_actionlib/ShapeActionResult
turtle_actionlib/ShapeFeedback
turtle_actionlib/ShapeGoal
turtle_actionlib/ShapeResult
turtle_actionlib/Velocity
turtlesim/Color
turtlesim/Pose
visualization_msgs/ImageMarker
visualization_msgs/InteractiveMarker
visualization_msgs/InteractiveMarkerControl
visualization_msgs/InteractiveMarkerFeedback
visualization_msgs/InteractiveMarkerInit
visualization_msgs/InteractiveMarkerPose
visualization_msgs/InteractiveMarkerUpdate
visualization_msgs/Marker
visualization_msgs/MarkerArray
visualization_msgs/MenuEntry
ubuntu@ubuntu-vm:~$
```

图 1-16　ROS 系统中所有的话题列表

（3）rosmsg package 命令

因为使用 rosmsg list 去寻找需要的话题类数据结构过于烦琐，所以我们可以使用 rosmsg package 命令来缩小寻找的范围，从而简化搜索过程。其命令格式如下所示：

```
rosmsg package [package_name]
```

其显示结果如图 1-17 所示，该命令显示了 std_msgs 功能包路径下的所有话题类数据结构文件。

rosmsg package 命令还可以用来寻找所有包含话题类数据结构文件的功能包，其命令输入如下所示：

```
rosmsg packages
```

该命令显示效果如图 1-18 所示，将所有符合的功能包一行一行地列出来。

```
ubuntu@ubuntu-vm:~$ rosmsg package std_msgs
std_msgs/Bool
std_msgs/Byte
std_msgs/ByteMultiArray
std_msgs/Char
std_msgs/ColorRGBA
std_msgs/Duration
std_msgs/Empty
std_msgs/Float32
std_msgs/Float32MultiArray
std_msgs/Float64
std_msgs/Float64MultiArray
std_msgs/Header
std_msgs/Int16
std_msgs/Int16MultiArray
std_msgs/Int32
std_msgs/Int32MultiArray
std_msgs/Int64
std_msgs/Int64MultiArray
std_msgs/Int8
std_msgs/Int8MultiArray
```

图 1-17　std_msgs 功能包里的话题

```
ubuntu@ubuntu-vm:~$ rosmsg packages

actionlib
actionlib_msgs
actionlib_tutorials
beginner_tutorials
bond
control_msgs
controller_manager_msgs
diagnostic_msgs
dynamic_reconfigure
gazebo_msgs
geometry_msgs
graph_msgs
learning_topic
map_msgs
moveit_msgs
nav_msgs
object_recognition_msgs
octomap_msgs
pcl_msgs
```

图 1-18　包含话题的功能包列表

1.2.2　与 topic 相关的命令

话题是 ROS 中最常用的基本通信方法之一，下面我们来介绍与话题有关的命令。我们在新的终端中输入以下命令以查看与话题相关的详细命令：

```
rostopic --h
```

其相关命令如图 1-19 所示，下面我们来对具体命令及其示例做出解释。

```
ubuntu@ubuntu-vm: ~
文件(F) 编辑(E) 查看(V) 搜索(S) 终端(T) 帮助(H)
ubuntu@ubuntu-vm:~$ rostopic --h
rostopic is a command-line tool for printing information about ROS Topics.

Commands:
        rostopic bw     display bandwidth used by topic
        rostopic delay  display delay of topic from timestamp in header
        rostopic echo   print messages to screen
        rostopic find   find topics by type
        rostopic hz     display publishing rate of topic
        rostopic info   print information about active topic
        rostopic list   list active topics
        rostopic pub    publish data to topic
        rostopic type   print topic or field type

Type rostopic <command> -h for more detailed usage, e.g. 'rostopic echo -h'

ubuntu@ubuntu-vm:~$
```

图 1-19　话题命令列表

（1）rostopic list 命令

该命令与上一章节的 rosnode list 命令相似，用于显示正在运行节点的话题名称，在终端输入以下命令：

```
rostopic list
```

得到的结果如图 1-20 所示，我们从中得知此时只有两个话题正在运行，其中话题 rosout 用于记录和收集节点的调试输出信息，而话题 rosout_agg 则是所有 rosout 消息的汇集，有利于减少调试的开销。

```
ubuntu@ubuntu-vm:~$  rostopic list
/rosout
/rosout_agg
```

图 1-20　运行着的话题列表

如果需要更加详细的话题的信息，我们可以使用如下命令：

```
rostopic list -v
```

其结果如图 1-21 所示，相较于 rostopic list 命令，该命令显示了发布者 / 订阅者与该话题的关系，显示的话题消息更加详尽。

有时可能只需要知道某个命名空间下的话题，则可以用如下命令：

```
rostopic list [namespace]
```

其中，[namespace] 为创建的命名空间的名字。

以上一章节的小海龟为例，我们先创建一个小海龟进程之后并在新的终端输入如下命令：

```
rostopic list /turtle1
```

得到的结果如图 1-22 所示，我们在新创建的命名空间 /turtle1 中得知存在三类话题，分别是小海龟速度 /cmd_vel、小海龟的颜色 /color_sensor、小海龟的位置 /pose。

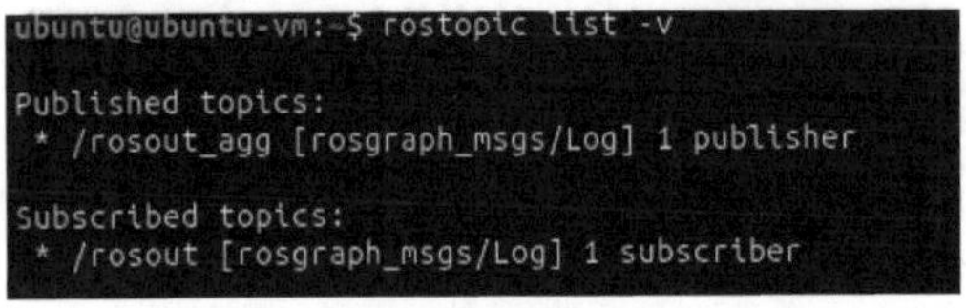

```
ubuntu@ubuntu-vm:~$ rostopic list -v

Published topics:
 * /rosout_agg [rosgraph_msgs/Log] 1 publisher

Subscribed topics:
 * /rosout [rosgraph_msgs/Log] 1 subscriber
```

图 1-21　运行着的话题列表的详细信息

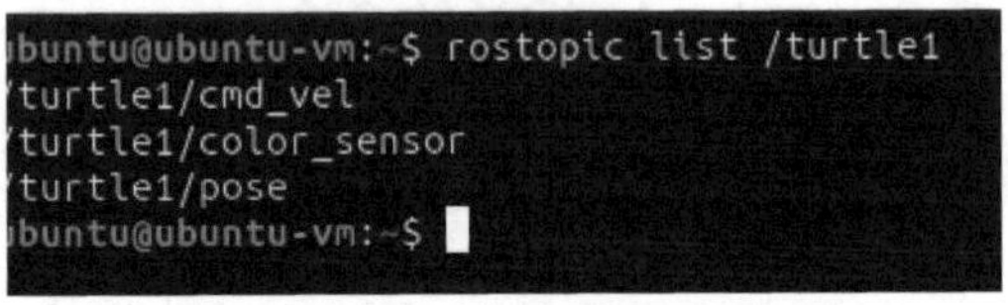

```
ubuntu@ubuntu-vm:~$ rostopic list /turtle1
/turtle1/cmd_vel
/turtle1/color_sensor
/turtle1/pose
ubuntu@ubuntu-vm:~$
```

图 1-22　/turtle1 节点中包含的话题

（2）rostopic bw 命令

该命令中的 bw 实质上是英文单词“bandwidth”（带宽）的缩写，所以该命令是用来显示两个节点间指定话题的带宽，即两节点之间的通信速度（单位：bit/s)。该命令的格式如下所示：

```
rostopic bw [topic_name]
```

以上一章通过键盘来控制小海龟的移动进程为例来讲解该指令的使用。在终端中分别运行 turtlesim_node 与 turtle_teleop_key 节点后在新终端中输入如下命令：

```
rostopic bw /turtle1/cmd_vel
```

在执行该进程时，需要选中 turtle_teleop_key 节点并通过键盘来移动小海龟，此时得到的两个节点间话题的带宽如图 1-23 所示。

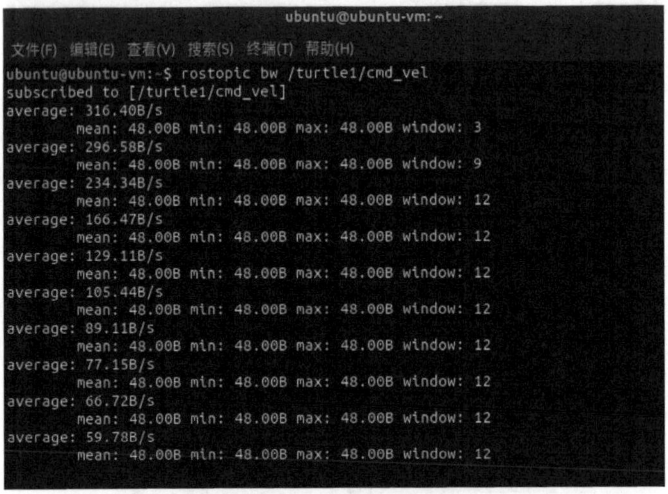

```
ubuntu@ubuntu-vm: ~
文件(F) 编辑(E) 查看(V) 搜索(S) 终端(T) 帮助(H)
ubuntu@ubuntu-vm:~$ rostopic bw /turtle1/cmd_vel
subscribed to [/turtle1/cmd_vel]
average: 316.40B/s
        mean: 48.00B min: 48.00B max: 48.00B window: 3
average: 296.58B/s
        mean: 48.00B min: 48.00B max: 48.00B window: 9
average: 234.34B/s
        mean: 48.00B min: 48.00B max: 48.00B window: 12
average: 166.47B/s
        mean: 48.00B min: 48.00B max: 48.00B window: 12
average: 129.11B/s
        mean: 48.00B min: 48.00B max: 48.00B window: 12
average: 105.44B/s
        mean: 48.00B min: 48.00B max: 48.00B window: 12
average: 89.11B/s
        mean: 48.00B min: 48.00B max: 48.00B window: 12
average: 77.15B/s
        mean: 48.00B min: 48.00B max: 48.00B window: 12
average: 66.72B/s
        mean: 48.00B min: 48.00B max: 48.00B window: 12
average: 59.78B/s
        mean: 48.00B min: 48.00B max: 48.00B window: 12
```

图 1-23　节点带宽显示界面

途中数据显示了该话题的通信速率，其单位为 bit/s，其中 window 则表示从开始通信到目前位置一共通信了多少次。

（3）rostopic delay 命令

该指令可以通过捕捉 .h 头文件来显示话题的延迟，其使用格式如下所示：

```
rostopic delay [topic_name]
```

由于 rostopic delay 需要在通信过程中捕捉 .h 文件，所以本章节并不对其进行示例，当运行的话题不存在 .h 头文件时该命令无效，其显示消息如下所示：

```
[ERROR] [1651506129.451847]: msg does not have header
```

（4）rostopic pub 命令

该命令用于向话题发布信息，其使用格式如下所示：

```
rostopic pub [topic_name] [msg_type] [args]
```

其中，msg_type 为该消息的数据类型，args 为该消息的具体内容。

以小海龟的控制话题为示例，在向话题 /turtle1/cmd_vel 发布消息前我们需要使用 rostopic list -v 命令来获取话题的订阅者，得到结果如图 1-24 所示。

我们得知话题名为 /turtle1/cmd_vel，话题类型为 geometry_msgs/Twist，至于其话题内容可以使用 Tab 键来自动补全并将其中一些参数进行修改，在终端输入的命令如下：

```
rostopic pub /turtle1/cmd_vel geometry_msgs/Twist "linear:
    x: 1.0
    y: 1.0
    z: 0.0
angular:
    x: 0.0
    y: 0.0
    z: 0.0"
```

其中，linear：x、y、z 代表着三轴的线速度，而 angular：x、y、z 代表三轴的角速度，小海龟的移动如图 1-25 所示。

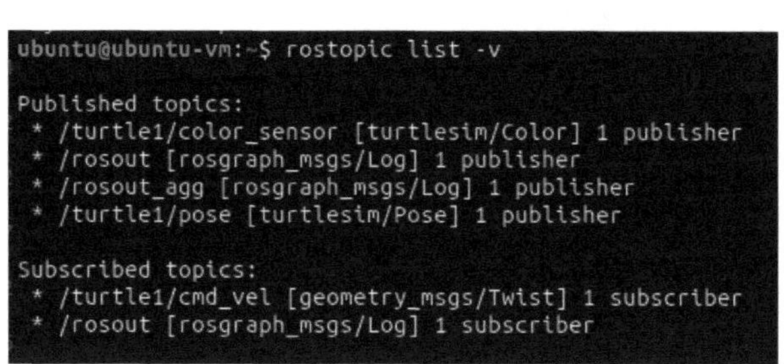

图 1-24 运行着的话题的详细信息

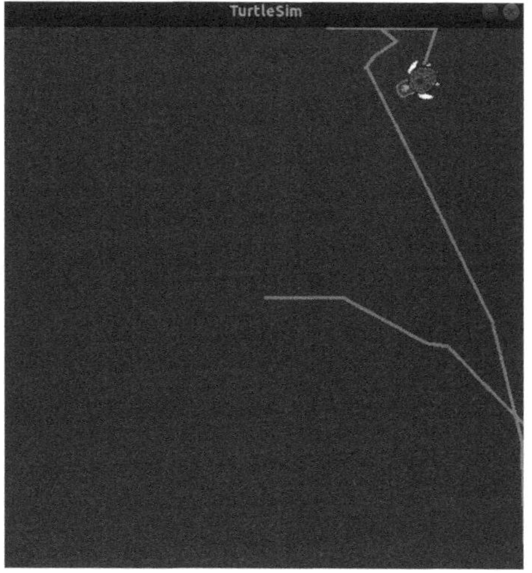

图 1-25 小海龟的移动

从图 1-25 中我们发现小海龟往 x 轴和 y 轴各自移动了一个单位，与输入的命令结果一致。

rostopic pub 命令可以通过不同的后缀取得不一样的效果，其格式和效果如表 1-2 所示。

表 1-2　rostopic pub 命令的各种模式

输入命令的格式	说明
rostopic pub-l	Latch 模式（默认模式），只发布一次消息
rostopic pub-r	Rate 模式，按照指定频率发布消息
rostopic pub-o	Once 模式，发布完一次消息后自动退出
rostopic pub-f	Filter 模式，publisher 从 yaml 文件中读取消息然后进行发布

下面以 -r 和 -o 为例，来介绍两种模式的具体使用方法。

在终端中输入以下命令来实现 pub 命令的 Rate 模式：

```
rostopic pub -r 10 /turtle1/cmd_vel geometry_msgs/Twist "linear:
    x: 1.0
    y: 0.0
    z: 0.0
angular:
    x: 0.0
    y: 0.0
    z: 1.0"
```

得到的结果如图 1-26 所示，小海龟做圆周运动，终端以 10Hz 的频率向小海龟发布运动消息，与上述输入的命令一致。

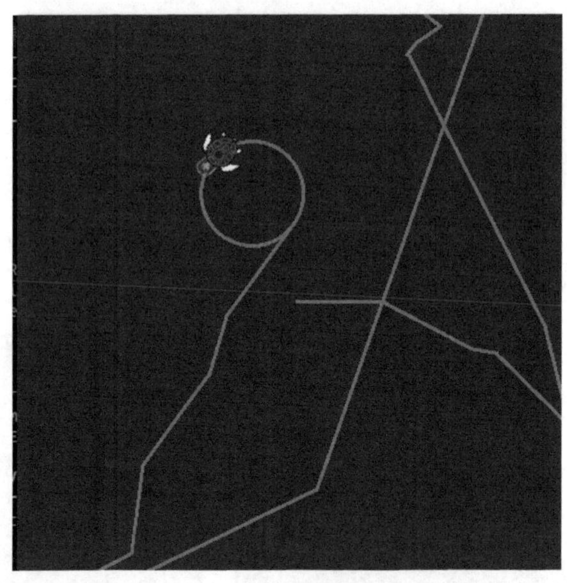

图 1-26　rostopic pub 命令的 Rate 模式

在终端中输入以下命令来实现 pub 命令的 Once 模式：

```
rostopic pub -1 /turtle1/cmd_vel geometry_msgs/Twist "linear:
    x: 1.0
    y: 0.0
    z: 0.0
angular:
    x: 0.0
    y: 0.0
    z: 1.0"
```

得到的结果如图 1-27 所示，Once 模式下终端会持续发布 3s，3s 后该命令会自动退出。

```
ubuntu@ubuntu-vm:~$ rostopic pub -1 /turtle1/cmd_vel geometry_msgs/Twist "linear:
>   x: 1.0
>   y: 0.0
>   z: 0.0
> angular:
>   x: 0.0
>   y: 0.0
>   z: 1.0"
publishing and latching message for 3.0 seconds
```

图1-27 rostopic pub 命令的 Once 模式

（5）rostopic hz 命令

该命令用于查询话题发布消息的速度，其使用方式如下所示：

```
rostopic hz [topic_name]
```

因为本命令用于查询话题发布的速度，所以需要对 /turtle1/cmd_vel 这一话题持续发布消息，我们先运行 rostopic pub -r 这一命令，并将发布频率设置为 10Hz。做完准备工作之后在新的端口输入以下命令：

```
rostopic hz /turtle1/cmd_vel
```

得到的结果如图 1-28 所示，我们发现话题发布频率大致在 10Hz，与我们发布的话题频率相符合。

```
^Cubuntu@ubuntu-vm:~$ rostopic hz /turtle1/cmd_vel
subscribed to [/turtle1/cmd_vel]
average rate: 10.003
        min: 0.099s max: 0.101s std dev: 0.00060s window: 10
average rate: 9.999
        min: 0.099s max: 0.101s std dev: 0.00058s window: 20
average rate: 9.995
        min: 0.099s max: 0.102s std dev: 0.00074s window: 30
average rate: 9.998
        min: 0.098s max: 0.102s std dev: 0.00074s window: 40
average rate: 10.000
        min: 0.098s max: 0.102s std dev: 0.00075s window: 50
average rate: 9.999
        min: 0.098s max: 0.102s std dev: 0.00079s window: 60
^Caverage rate: 10.000
        min: 0.098s max: 0.102s std dev: 0.00077s window: 65
```

图1-28 /turtle1/cmd_vel 话题发布的频率

（6）rostopic info 命令

该命令用于查看指定话题中通信双方的信息，即订阅者和发布者，其命令格式如下所示：

```
rostopic info [topic_name]
```

以小海龟的移动为示例，打开小海龟移动仿真之后在新的终端输入以下命令：

```
rostopic info /turtle1/cmd_vel
```

其结果如图 1-29 所示，在图中我们得知 /turtle1/cmd_vel 这一话题的发布者为 /teleop_turtle，即我们打开的键盘控制小海龟运动的节点，而其订阅者为 /turtlesim，即我们打开的小海龟节点。

```
ubuntu@ubuntu-vm:~$ rostopic info /turtle1/cmd_vel
Type: geometry_msgs/Twist

Publishers:
 * /teleop_turtle (http://ubuntu-vm:42385/)

Subscribers:
 * /turtlesim (http://ubuntu-vm:45425/)
```

图1-29 /turtle1/cmd_vel 话题的具体信息

（7）rostopic type 命令

该命令用于查询指定话题的数据类型结构，其使用格式如下所示：

```
rostopic type [topic_name]
```

同样以小海龟节点为例，我们在终端输入以下命令，来查询 /turtle1/cmd_vel 话题中数据类型结构：

```
rostopic type /turtle1/cmd_vel
```

得到的结果如图 1-30 所示，其数据类型结构为 geometry_msgs/Twist，与我们之前用 msg_type 命令得出的结果相符。

```
ubuntu@ubuntu-vm:~$ rostopic type /turtle1/cmd_vel
geometry_msgs/Twist
ubuntu@ubuntu-vm:~$
```

图 1-30　/turtle1/cmd_vel 话题的数据类型结构

（8）rostopic echo 命令

该指令用于显示发布到指定话题终端的消息，其使用格式如下所示：

```
rostopic echo [topic_name]
```

同样是以键盘控制小海龟为例，我们在新终端中输入以下命令后，控制小海龟移动：

```
rostopic echo /turtle1/cmd_vel
```

得到的结果如图 1-31 所示，其显示内容是我们用键盘移动小海龟发布的消息为三轴的线速度和角速度。

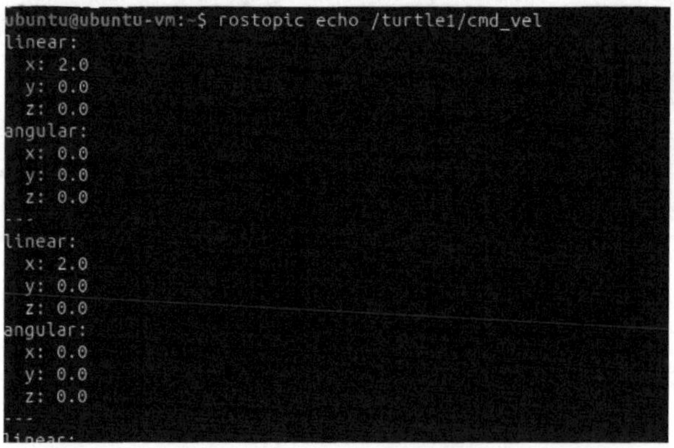

```
ubuntu@ubuntu-vm:~$ rostopic echo /turtle1/cmd_vel
linear:
  x: 2.0
  y: 0.0
  z: 0.0
angular:
  x: 0.0
  y: 0.0
  z: 0.0
---
linear:
  x: 2.0
  y: 0.0
  z: 0.0
angular:
  x: 0.0
  y: 0.0
  z: 0.0
---
linear:
```

图 1-31　发布到 /turtle1/cmd_vel 话题上的详细内容

如果我们觉得每发布一次消息该终端就会显示一条消息过于麻烦，也可以用以下命令使其每发布一次消息就会自动清屏并自动显示下一条消息。

```
rostopic echo -c /turtle1/cmd_vel
```

其结果如图 1-32 所示。

```
linear:
  x: 0.0
  y: 0.0
  z: 0.0
angular:
  x: 0.0
  y: 0.0
  z: 2.0
---
^Cubuntu@ubuntu-vm:~$
```

图 1-32　发布到 /turtle1/cmd_vel 话题上的内容

1.2.3　与 service 相关的命令

上一节介绍了与话题相关的命令，现在来介绍 ROS 系统中的另一个通信机制——服务（service）的相关命令，我们在终端输入以下命令查看与其有关的命令：

```
rosservice --h
```

得到的结果如图 1-33 所示，下面对这些命令行和示例做出解释。

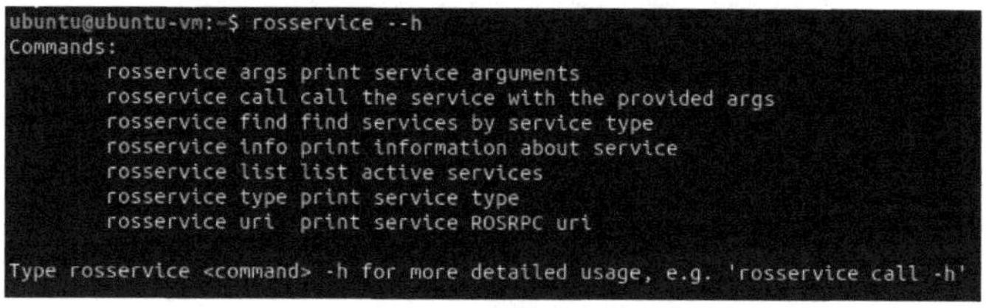

```
ubuntu@ubuntu-vm:~$ rosservice --h
Commands:
        rosservice args print service arguments
        rosservice call call the service with the provided args
        rosservice find find services by service type
        rosservice info print information about service
        rosservice list list active services
        rosservice type print service type
        rosservice uri  print service ROSRPC uri

Type rosservice <command> -h for more detailed usage, e.g. 'rosservice call -h'
```

图 1-33　服务命令列表

（1）rosservice list 命令

该命令用于显示所有正在运行的服务，我们在终端输入如下命令：

```
rosservice list
```

得到的结果如图 1-34 所示，在图中可以找到所有正在运行着的服务，这些服务端的服务对象是之前执行的小海龟仿真器，而客户端则是终端，整个服务的流程是通过终端请求服务，而这些服务的对象则是小海龟仿真器。

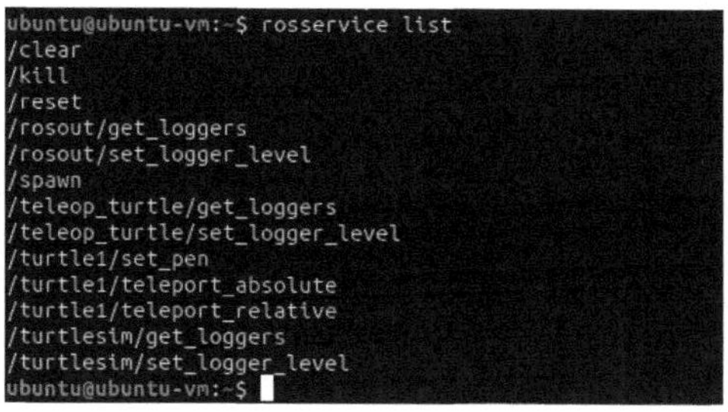

```
ubuntu@ubuntu-vm:~$ rosservice list
/clear
/kill
/reset
/rosout/get_loggers
/rosout/set_logger_level
/spawn
/teleop_turtle/get_loggers
/teleop_turtle/set_logger_level
/turtle1/set_pen
/turtle1/teleport_absolute
/turtle1/teleport_relative
/turtlesim/get_loggers
/turtlesim/set_logger_level
ubuntu@ubuntu-vm:~$
```

图 1-34　正在运行着的服务

（2）rosservice call 命令

该命令用于调用服务，其使用格式如下所示：

```
rosservice call [service_name] [args]
```

以 /spawn 服务为例，该服务的作用是在小海龟仿真器中生成一个新的小海龟，在终端中输入的命令如下所示，同样对于参数部分可以运用 Tab 快捷键进行补全。

```
rosservice call /spawn "x: 0.0
y: 0.0
theta: 0.0
name: ''"
```

得到的结果如图 1-35 所示，执行完该命令后小海龟仿真器在坐标（0,0）处生成了一个角度为 0° 的小海龟，系统自动将其命名为“turtle2”，这也体现了服务具有反馈的特点，该结果与我们 call 命令中输入的参数一致。此时重新调用 rostopic list 命令，会发现生成的“turtle2”小海龟也包含了“turtle1”中的各类话题。

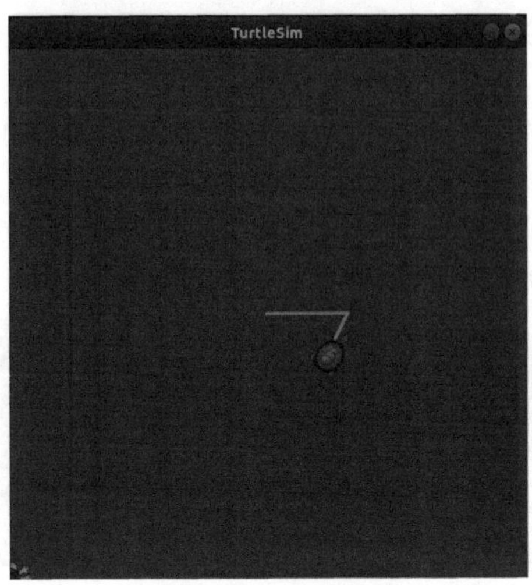

图1-35　小海龟仿真器

（3）rosservice info 命令

该命令与 rostopic info 类似，都是查看对象的信息，只不过 rosservice info 命令是查看服务的相关信息，其使用格式如下所示：

```
rosservice info [service_name]
```

以 rosservice list 命令寻找出的 /turtle1/set_pen 服务为例，在终端中输入如下命令：

```
rosservice info /turtle1/set_pen
```

得到的结果如图 1-36 所示，从图中可以知道该命令显示了与该服务有关的节点的名称、URI（Uniform Resource Identifier，统一资源标识符）、服务类型和其包含的参数。

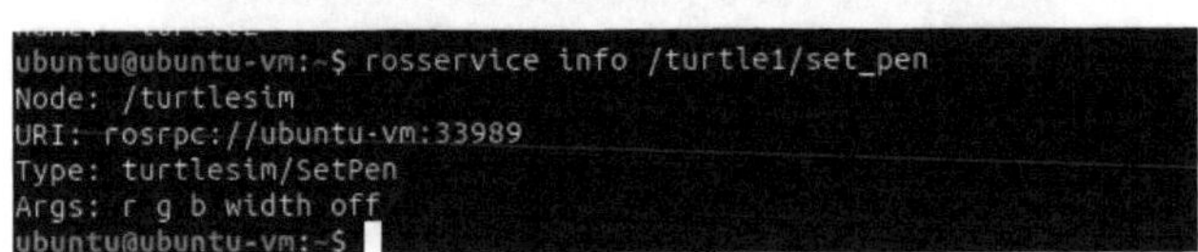

图1-36　/turtle1/set_pen 服务中包含的各类信息

（4）rosservice type 命令

该指令用于显示指定服务的服务类型，其使用格式如下所示：

```
rosservice type [service_name]
```

同样以之前选择的 /turtle1/set_pen 服务为例，在终端中输入以下命令：

```
rosservice type /turtle1/set_pen
```

得到的结果如图 1-37 所示，从图中我们得到该服务的类型是 turtlesim/SetPen，与 rosservice info 命令得出的结果相符合。

图1-37　/turtle1/set_pen 服务类型

（5）rosservice find 命令

该命令与 rosservice type 命令刚好相反，rosservice type 命令是通过服务来显示服务类型，而 rosservice find 则是通过服务类型寻找服务，其使用格式如下所示：

```
rosservice find [service_type]
```

以上一节得到的服务类型 turtlesim/SetPen 为例，在终端输入如下命令：

```
rosservice find turtlesim/SetPen
```

得到的结果如图 1-38 所示，该图显示出了包含 turtlesim/SetPen 服务类型的所有的服务，我们在小海龟仿真器上创建的两个小海龟内包含了该类型的服务。与上节结果一致。

图 1-38　包含 turtlesim/SetPen 服务类型的服务

（6）rosservice args 命令

该命令用于显示指定服务内的参数，其使用格式如下所示：

```
rosservice args [service_name]
```

同样以 /turtle1/set_pen 服务为例，在终端中输入以下命令：

```
rosservice args /turtle1/set_pen
```

得到的结果如图 1-39 所示，从图中得知 /turtle1/set_pen 服务中包含的参数与 rosservice info 命令得出来的结果相一致。

图 1-39　/turtle1/set_pen 服务中包含的参数

1.2.4　消息记录与回放命令

下面我们将介绍 ROS 中用于记录与复现话题的工具——rosbag，该命令可以记录你当前所有话题中的数据，并在之后需要这段数据时，可以复现出该次数据。该工具可以用于记录一些无人设备的户外实际数据，并重新在实验室内对这段数据进行处理，而不是在实验室内重新进行数据的采集。

（1）rosbag record 命令

该命令用于保存话题消息，其使用格式如下所示：

```
rosbag record -O subset <topic1> <topic2>...
```

下面以控制小海龟的移动为例，介绍该命令的使用。运行完键盘控制小海龟运动节点后，在新的终端中输入以下命令：

```
rosbag record -a -O cmd_record
```

其中，-a 表示记录所有话题信息，而 -O 则是为了对生成的 bagfile 文件进行预命名，方便寻找，系统默认的命名是以日期和时间为准的命名方式。

得到的结果如图 1-40 所示，可以按快捷键 Ctrl+C 来终止该进程。该命令生成的 bagfile 会保存在当前终端默认的路径下面，其命名为 cmd_record.bag。

（2）rosbag info 命令

该命令用于显示 bagfile 文件的信息，其使用格式如下：

```
rosbag info [bagfile_name]
```

```
ubuntu@ubuntu-vm:~$ rosbag record -a -O cmd_record
[ INFO] [1651574974.442015302]: Recording to 'cmd_record.bag'.
[ INFO] [1651574974.450288077]: Subscribing to /turtle1/color_sensor
[ INFO] [1651574974.454151858]: Subscribing to /rosout
[ INFO] [1651574974.456816241]: Subscribing to /rosout_agg
[ INFO] [1651574974.465704074]: Subscribing to /turtle1/cmd_vel
[ INFO] [1651574974.468710715]: Subscribing to /turtle1/pose
```

图 1-40　rosbag record 命令执行界面

以 rosbag record 命令创建的 cmd_record.bag 文件为例介绍该命令的用法，在终端输入的命令如下所示：

```
rosbag info cmd_record.bag
```

结果如图 1-41 所示，该命令显示了该文件的具体内容。

```
ubuntu@ubuntu-vm:~$ rosbag info cmd_record.bag
path:        cmd_record.bag
version:     2.0
duration:    38.0s
start:       May 03 2022 18:49:34.50 (1651574974.50)
end:         May 03 2022 18:50:12.54 (1651575012.54)
size:        342.1 KB
messages:    4803
compression: none [1/1 chunks]
types:       geometry_msgs/Twist [9f195f881246fdfa2798d1d3eebca84a]
             rosgraph_msgs/Log   [acffd30cd6b6de30f120938c17c593fb]
             turtlesim/Color     [353891e354491c51aabe32df673fb446]
             turtlesim/Pose      [863b248d5016ca62ea2e895ae5265cf9]
topics:      /rosout                    5 msgs    : rosgraph_msgs/Log   (2 conne
ctions)
             /turtle1/cmd_vel          78 msgs    : geometry_msgs/Twist
             /turtle1/color_sensor   2361 msgs    : turtlesim/Color
             /turtle1/pose           2359 msgs    : turtlesim/Pose
```

图 1-41　cmd_record.bag 文件的内容

（3）rosbag play 命令

该命令用于复现 bagfile 存放的内容，其使用格式如下所示：

```
rosbag play (-r 2) [bagfile_name]
```

其中，（-r 2）可以让 bagfile 里面记录的消息以 2 倍速的方式复现。打开小海龟仿真器后在新的终端中输入如下命令：

```
rosbag play cmd_record.bag
```

其结果如图 1-42 所示，该命令将之前用 rosbag record 命令记录的动作复现了。

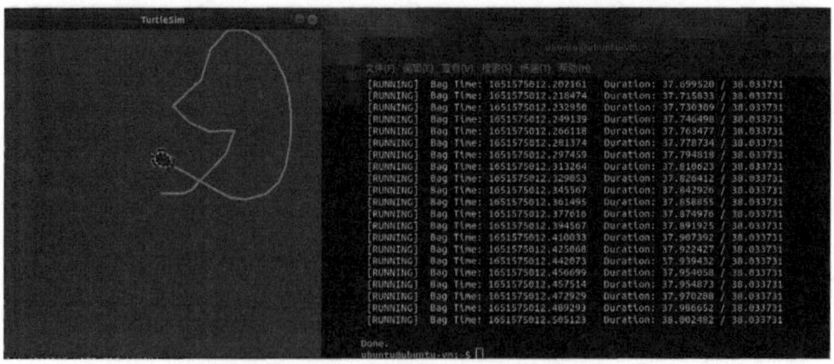

图 1-42　复现之前记录的动作

1.2.5　故障诊断命令

在使用 ROS 开发项目中我们会遇到一些问题，而项目开发中寻找问题是一件比较麻烦的事情，需要耗费大量的时间和精力去一一排查，ROS 中就提供了 roswtf 工具让我们来检查 ROS 系统是否正常工作。

（1）检查 master 是否启动或者运行成功

我们在不运行 roscore 的状况下去输入以下命令：

```
roswtf
```

结果如图 1-43 所示，因为系统没有运行 roscore 命令，即没有 ROS master，所以会提示没有。

```
ubuntu@ubuntu-vm:~$ roswtf
Loaded plugin tf.tfwtf
No package or stack in the current directory
================================================================================
Static checks summary:

No errors or warnings
================================================================================

ROS Master does not appear to be running.
Online graph checks will not be run.
ROS_MASTER_URI is [http://localhost:11311]
ubuntu@ubuntu-vm:~$
```

图 1-43 roswtf 报错界面

（2）在线检查

这次在运行完 roscore 命令后再输入该命令。

其结果如图 1-44 所示，发现 roswtf 回馈出一个警告，/rosout 节点只有订阅，而无信息发布。因为我们没有运行任何其他节点，所以会有该警告。

```
No package or stack in the current directory
================================================================================
Static checks summary:

No errors or warnings
================================================================================
Beginning tests of your ROS graph. These may take a while...
analyzing graph...
... done analyzing graph
running graph rules...
... done running graph rules

Online checks summary:

Found 1 warning(s).
Warnings are things that may be just fine, but are sometimes at fault

WARNING The following node subscriptions are unconnected:
 * /rosout:
   * /rosout
```

图 1-44 roswtf 警告界面

1.3 工作空间与功能包的创建

在开始学习创建自己的工作空间之前，我们要先了解 ROS 系统的文件分级，ROS 的文件与 Windows 操作系统类似，都是以一种特定方式存在于一个个文件夹内，每一个文件内都可以看到对应的文件。ROS 系统的文件分级结构如图 1-45 所示。

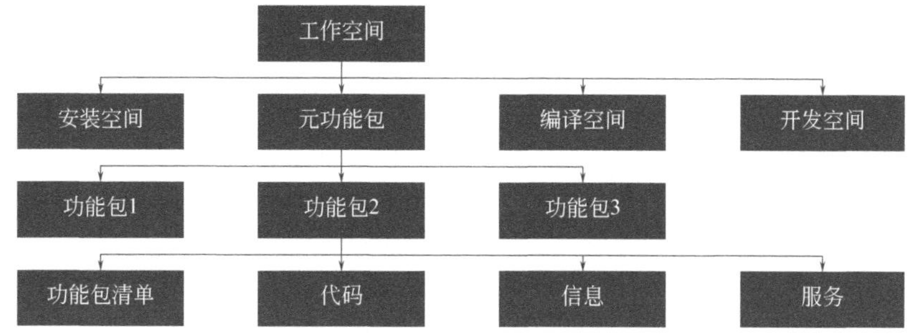

图 1-45 ROS 系统文件分级结构图

对应的文件分级模块概念如下：

工作空间（Workspace）：工作空间是用来存放项目所需的工程文件的文件夹，主要包含src（代码空间）、build（编译空间）、devel（开发空间）、install（安装空间）这四个文件，其中src文件主要用于存放各类功能包和CMakeList，build文件主要用于存放编译工程中产生的编译文件，devel文件主要用于存放开发过程中产生的一些可执行文件和库文件，install文件主要用于存放项目最后生成的可执行文件。其中devel和install的功能类似，都是用于存放可执行文件，其区别在于devel用于项目开发中，而install则用于放置最终生成的可执行文件。同一个工作空间下，不允许存在同名功能包。不同工作空间下，允许存在同名功能包。

功能包（Package）：功能包是ROS系统中最基础的单元，每一个功能包都包含了库文件、节点、配置文件（CMakeLists.txt）、功能包清单（package.xml）和其功能包所需要的所有文件。功能包是一个ROS系统最底层的构建者和消息的发布者。

元功能包（Meta Package）：元功能包是一系列功能包的组合，这些功能包共同作用构成了一个完整的功能。其内部还包含了元功能包的属性文件，与功能包属性文件类似，但元功能包属性文件包含了元功能包内部所有功能包的依赖并导出一个标签。

信息文件（msg）：信息文件是ROS节点之间进行通信的一种格式，可以在msg文件夹中存放我们需要的信息文件，其尾缀为.msg。

服务文件（srv）：服务文件也是ROS节点之间进行通信的一种格式，但与信息文件不同的是，服务文件存在要求和回复，可以在srv文件夹中存放我们需要的服务文件，其尾缀为.srv。

1.3.1 工作空间和功能包的组成

一个功能齐全的功能包需要包含提供各种功能包编译信息的功能包清单文件（package.xml）、包含了编译规则的配置文件（CMakeLists.txt）以及包含各类节点的功能包文件夹。一个简单的功能包的结构如下所示：

```
package/
    CMakeLists.txt
    package.xml
    src
```

虽然也可以分开来创建各个功能包，但为了更加简化项目开发过程，我们推荐将所有需要的功能包都放在工作空间内，创建的工作空间的结构如下所示：

```
catkin_ws/
    build
    install
    devel
    src/
      CMakeLists.txt
      package_1/
        CMakeLists.txt
        package.xml
      ...
      package_n/
        CMakeLists.txt
        package.xml
```

1.3.2 工作空间的创建

下面来创建工作空间，在终端输入以下命令来创建工作空间：

```
mkdir -p ~/catkin_ws/src
cd ~/catkin_ws/src
catkin_init_workspace
```

其中，mkdir 命令为建立一个新的目录，其中的 catkin_ws 可以根据项目需求对其进行修改，而 src 是表示代码空间，不可以进行修改。cd 命令是将终端的路径转移到了 src 文件夹中，为下一步初始化做准备。catkin_init_workspace 命令是对代码空间（src）进行初始化，使其具有 ROS 的属性，会在代码空间生成一个用于编译的 CMakeLists.txt 文件，表明当前路径已经是 ROS 系统中的工作空间，且即使该文件夹是空的也可以使用该命令对其属性进行修改。指令运行正确时 /src 路径下的文件如图 1-46 所示。

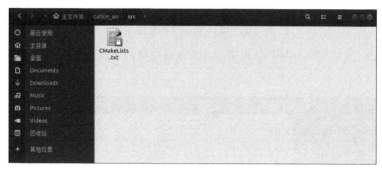

图 1-46 src 目录下的文件

1.3.3 编译工作空间

下面输入如下命令完成工作空间的编译：

```
cd ~/catkin_ws/
catkin_make
```

因为 catkin_make 命令必须要在与 src 同级的目录下进行，所以在终端执行该命令前需要运用 cd 命令将当前目录转移到 /catkin_ws 下。catkin_make 命令用于编译当前建立好的 ROS 的工作空间，该命令与上一节初始化命令 catkin_init_workspace 相似，即使是空文件都可以执行，执行完该命令后我们可以得其结果，如图 1-47 所示。

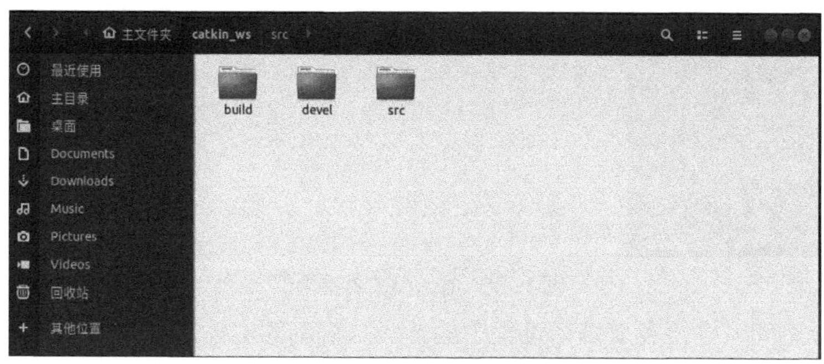

图 1-47 初始化后的工作空间

在图 1-47 中我们发现工作空间中只生成了 devel 和 build 文件，缺少 install 文件，需要在终端输入如下命令来生成 install 文件：

```
catkin_make install
```

其结果如图 1-48 所示。

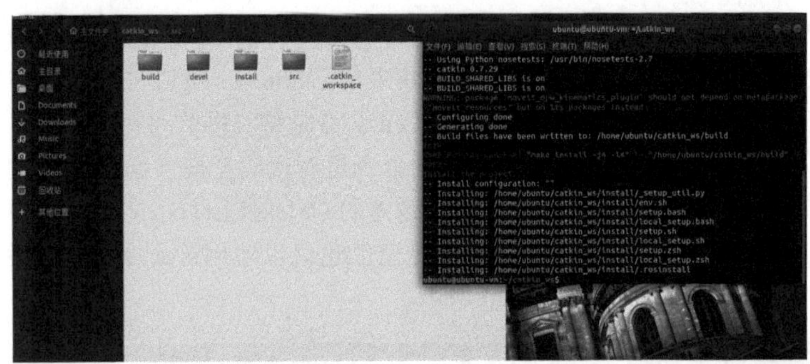

图 1-48　install 的安装

其中，install（安装空间）用于存放项目最后编译生成的可执行文件，其内部文件如图 1-49 所示。

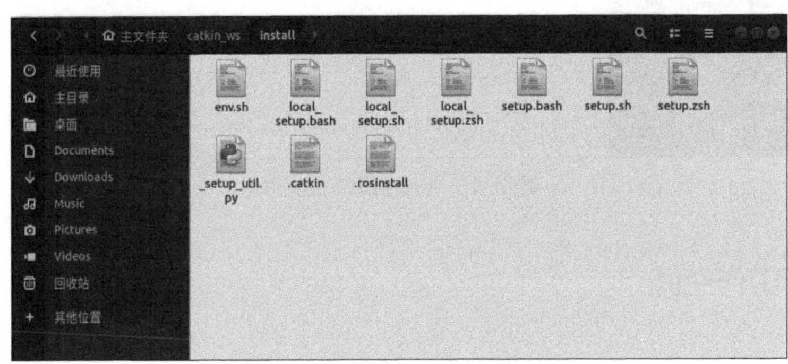

图 1-49　install 文件夹内部

devel（开发空间）与 install 相似，都是用于存放生成的可执行文件，但 devel 主要用于存放开发过程中生成的可执行文件，其内部文件如图 1-50 所示。

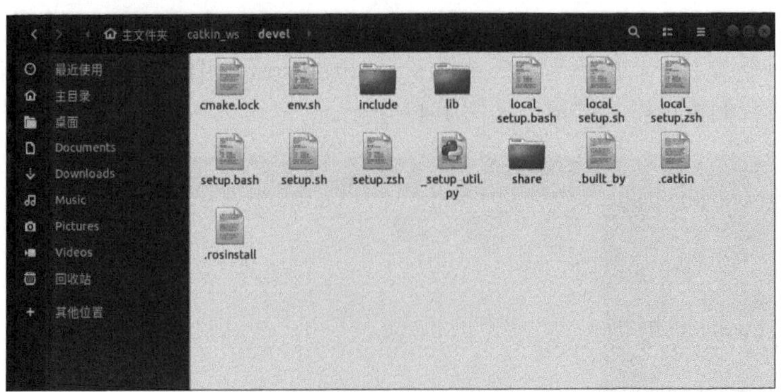

图 1-50　devel 文件夹内部

build（编译空间）主要存放编译过程中的一些二进制的文件，因为可读性很差，所以基本上用不到，其内部文件如图 1-51 所示。

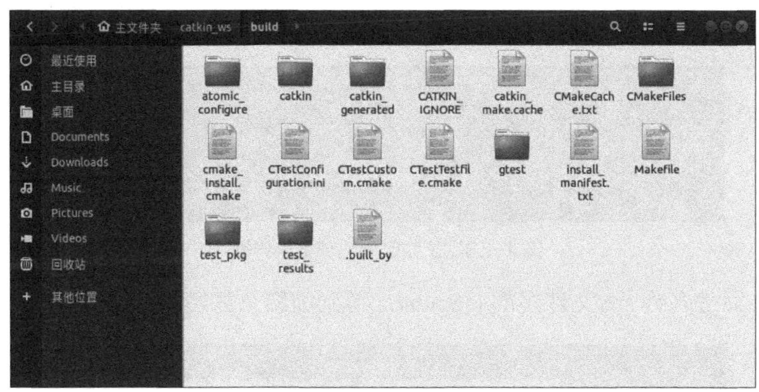

图 1-51　build 文件夹内部

1.3.4　设置环境变量

我们每次在编译之后，都要执行该命令，其目的是让 ROS 系统能够找到该工作空间及其内部对应的功能包，其使用格式如下所示：

```
source devel/setup.bash
```

1.3.5　检查环境变量

当找不到工作空间位置时，可以运行如下命令来寻找其路径：

```
echo $ROS_PACKAGE_PATH
```

其结果如图 1-52 所示。

```
ubuntu@ubuntu-vm:~/catkin_ws$ echo $ROS_PACKAGE_PATH
/home/ubuntu/catkin_ws/src:/opt/ros/melodic/share
```

图 1-52　工作空间路径

从图 1-52 中得知 /home/ubuntu/catkin_ws/src 为我们目前的工作空间的路径。

1.3.6　功能包的创建

创建完成工作空间后，我们需要在工作空间里创建需要的功能包。创建功能包的命令如下所示：

```
catkin_create_pkg [package_name] [depend1] [depend2]
```

其中，depend 为你功能包需要的依赖及依赖库，如 std_msgs 是 ROS 里面定义了各类数据类型化的标准信息结构库，roscpp 是 C++ 语言需要的依赖库，rospy 是 Python 语言需要的依赖库。同一个工作空间下，不允许存在同名功能包，但是在不同工作空间下，允许存在同名功能包。功能包的创建必须在代码空间 src 目录下。下面在终端输入以下命令来创建我们的第一个功能包：

```
cd ~/catkin_ws/src
catkin_create_pkg learning std_msgs rospy roscpp
```

此时终端反馈如图 1-53 所示。

```
ubuntu@ubuntu-vm:~/catkin_ws/src$ catkin_create_pkg learning std_msgs rospy roscpp
Created file learning/package.xml
Created file learning/CMakeLists.txt
Created folder learning/include/learning
Created folder learning/src
Successfully created files in /home/ubuntu/catkin_ws/src/learning. Please adjust the values in package.xml.
ubuntu@ubuntu-vm:~/catkin_ws/src$
```

图 1-53　工作空间编译结果界面

创建成功之后进入到 src 文件里的 learning，得到的结果如图 1-54 所示。

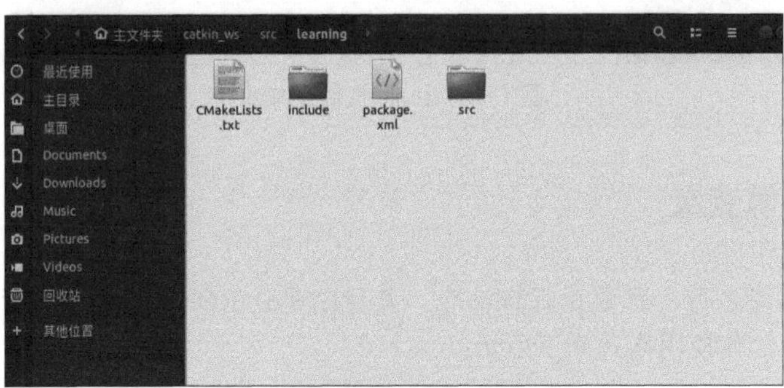

图 1-54　编译生成的对应功能包的文件

其中，src 文件夹用于存放功能包里的代码文件，比如 .cpp、.py 文件，include 文件则是用来存放如 .h 文件的头文件，系统还自动生成了 CMakeLists.txt 和 package.xml 文件。功能包创建成功后还需要对工作空间重新进行编译，在终端输入如下命令：

```
cd ~/catkin_ws
catkin_make
source devel/setup.bash
```

编译成功的界面如图 1-55 所示。

```
ubuntu@ubuntu-vm: ~/catkin_ws
文件(F) 编辑(E) 查看(V) 搜索(S) 终端(T) 帮助(H)
-- Using CATKIN_TEST_RESULTS_DIR: /home/ubuntu/catkin_ws/build/test_results
-- Found gtest sources under '/usr/src/googletest': gtests will be built
-- Found gmock sources under '/usr/src/googletest': gmock will be built
-- Found PythonInterp: /usr/bin/python2 (found version "2.7.17")
-- Using Python nosetests: /usr/bin/nosetests-2.7
-- catkin 0.7.29
-- BUILD_SHARED_LIBS is on
-- BUILD_SHARED_LIBS is on
WARNING: package "moveit_opw_kinematics_plugin" should not depend on metapackage "moveit_resources" but on its packages instead
--
--     traversing 1 packages in topological order:
--     - learning
--
-- +++ processing catkin package: 'learning'
-- ==> add_subdirectory(learning)
-- Configuring done
-- Generating done
-- Build files have been written to: /home/ubuntu/catkin_ws/build
####
#### Running command: "make -j4 -l4" in "/home/ubuntu/catkin_ws/build"
####
ubuntu@ubuntu-vm:~/catkin_ws$ source devel/setup.bash
ubuntu@ubuntu-vm:~/catkin_ws$
```

图 1-55　编译结果界面

因为配置环境变量命令需要每次编译后都要输入一遍，在进行复杂 ROS 项目开发的时候经常会忘记配置环境变量，从而增加不必要的工作量。为了避免上述情况的发生，我们只需将该命令拷贝到 .bashrc 文件中。该文件在主文件夹中以隐藏文件的形式存在，可以通过快捷键 Ctrl+H 来显示隐藏文件。其结果如图 1-56 所示。

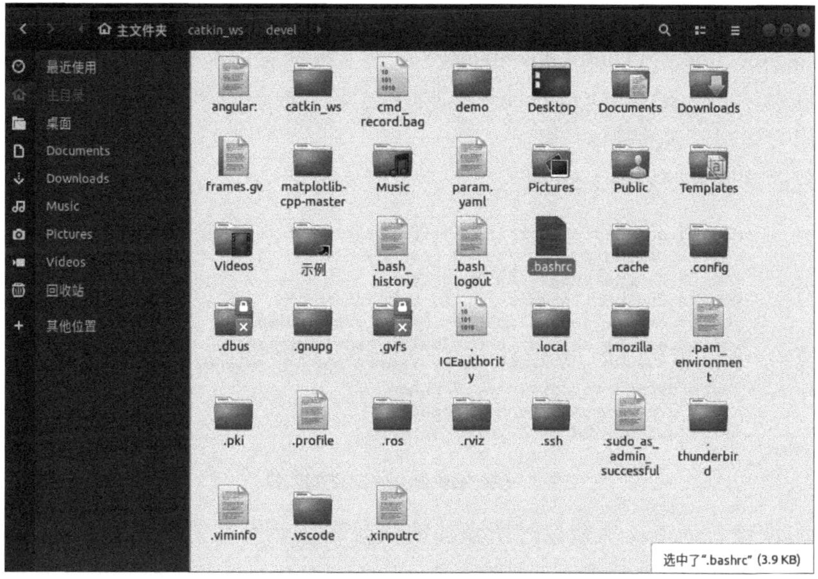

图 1-56　显示隐藏文件

打开该文件，在该文件的最下面增加路径配置，但是需要对其路径进行补全，根据路径和用户名补全的内容如图 1-57 所示，当在 .bashrc 文件夹中存放有多个项目时，通过 source~/.bashrc 指令一段只会 source 最后一个项目，如果不确定还是使用 source devel/setup.bash 会比较好。其结果如图 1-57 所示。

```
source /opt/ros/melodic/setup.bash
source /home/ubuntu/catkin_ws/devel/setup.bash
```

图 1-57　增加的工作空间的路径

其中，ubuntu 为用户名，需要根据自己的用户名进行修改。

1.3.7　package.xml 文件内容

该文件是运用 xml 语言来定义有关软件包的属性，例如软件包的格式、名称、版本号、描述、维护者信息以及对其他 catkin 软件包的依赖。以 learning 功能包中的 package.xml 文件做示例。其内容如图 1-58 所示。

```
<?xml version="1.0"?>
<package format="2">
  <name>learning</name>
  <version>0.0.0</version>
  <description>The learning package</description>

  <!-- One maintainer tag required, multiple allowed, one person per tag -->
  <!-- Example:  -->
  <!-- <maintainer email="jane.doe@example.com">Jane Doe</maintainer> -->
  <maintainer email="ubuntu@todo.todo">ubuntu</maintainer>


  <!-- One license tag required, multiple allowed, one license per tag -->
  <!-- Commonly used license strings: -->
  <!--   BSD, MIT, Boost Software License, GPLv2, GPLv3, LGPLv2.1, LGPLv3 -->
  <license>TODO</license>
```

图 1-58　package 文件的属性

软件包的具体属性如图 1-58 所示，其中 <package format="2"> 表示该功能包选用格式 2；<name>learning</name> 表明了该功能包的名称；<version>0.0.0</version> 表明了该功能包的版本号；<description>The learning package</description> 则是该功能包的具体作用；<maintainer email="ubuntu@todo.todo">ubuntu</maintainer> 提供了维护者的邮箱的地址信息，方便使用者与维护者的联系；<license>TODO</license> 则表示了该功能包的开源许可证，这一部分消息主要是告知使用者该功能包的具体信息。

该功能包的具体依赖如图 1-59 所示。

```
<buildtool_depend>catkin</buildtool_depend>
<build_depend>roscpp</build_depend>
<build_depend>rospy</build_depend>
<build_depend>std_msgs</build_depend>
<build_export_depend>roscpp</build_export_depend>
<build_export_depend>rospy</build_export_depend>
<build_export_depend>std_msgs</build_export_depend>
<exec_depend>roscpp</exec_depend>
<exec_depend>rospy</exec_depend>
<exec_depend>std_msgs</exec_depend>
```

图1-59 package 文件的依赖

该部分的依赖与创造该功能包时所添加的依赖和依赖库有关，其中，<buildtool_depend> catkin</buildtool_depend> 表示编译工具为 catkin ；<build_depend>roscpp</build_depend> 等命令用于寻找构建该功能包需要的依赖；<build_export_depend>roscpp</build_export_depend> 等命令用于寻找构建该功能包库时所需要依赖的库；<exec_depend>roscpp</exec_depend> 等命令则是执行该程序包中代码所需要的程序包。

以上依赖在对工作空间进行编译的时候，ROS 系统会去一一寻找，如果没有找到指定的依赖，编译会出现报错。当之后需要新的依赖时，可以通过在里面添加这些语句来进行。

1.3.8 CMakeLists.txt 文件作用

该文件是用 CMake 语法构建的用于描述功能包编译规则的软件包。任何兼容 CMake 的软件包都包含一个或者多个 CMakeLists.txt 文件，这些文件描述了如何构建代码以及将代码安装到何处。同样以创建的 learning 功能包里面的 CMakeLists.txt 文件为例，其内容如图 1-60 所示。

```
cmake_minimum_required(VERSION 3.0.2)
project(learning)

## Compile as C++11, supported in ROS Kinetic and newer
# add_compile_options(-std=c++11)

## Find catkin macros and libraries
## if COMPONENTS list like find_package(catkin REQUIRED COMPONENTS xyz)
## is used, also find other catkin packages
find_package(catkin REQUIRED COMPONENTS
  roscpp
  rospy
  std_msgs
)
```

图1-60 CMakeLists.txt 文件

其中，cmake_minimum_required（VERSION 3.0.2）表示编译所需要的 CMake 的版本为 3.0.2，project(learning) 是该功能包的名称，可以用 ${PROJECT_NAME} 的方式来调用，find_package() 里面包含的则是系统所需要的依赖，这些依赖是在创建该功能包时声明编译后产生的，如果之后需要新的依赖，直接在其中添加新的依赖即可。

如果需要添加 Boost 库，只需要将图 1-61 所示语言前的 # 号删除，即可调用该库。

```
## System dependencies are found with CMake's conventions
# find_package(Boost REQUIRED COMPONENTS system)
```

图 1-61 添加 Boost 库

当需要使用自己定义的 Topic、Service、Action 时，则需要使用图 1-62 所示的部分。

```
## Generate messages in the 'msg' folder
# add_message_files(
#   FILES
#   Message1.msg
#   Message2.msg
# )

## Generate services in the 'srv' folder
# add_service_files(
#   FILES
#   Service1.srv
#   Service2.srv
# )

## Generate actions in the 'action' folder
# add_action_files(
#   FILES
#   Action1.action
#   Action2.action
# )

## Generate added messages and services with any dependencies listed here
# generate_messages(
#   DEPENDENCIES
#   std_msgs
# )
```

图 1-62 添加自定义的文件

其中，add_message_files()、add_service_files()、add_action_files() 可以使 catkin 添加宏，添加自定义的 message 文件、service 文件和 action 文件，而 generate_messages() 可以令 catkin 添加宏，生成不同语言版本的 msg/srv/action 接口。

图 1-63 为 catkin_package() 的使用方式，该语言可以在 catkin 添加宏，生成当前 package 依赖的 cmake 配置，供依赖本包的其他软件包调用。举例来讲，如果本功能包通过在 DENPENDS 中使能 roscpp，生成了 roscpp 的 cmake 配置，当其他功能包依赖本功能包时，就不需要 find_package(roscpp)。但在实际开发项目时，并不建议这么做，因为当另一个功能包在单独编译时会出现因为功能包的缺失而造成编译错误。

```
###################################
## catkin specific configuration ##
###################################
## The catkin_package macro generates cmake config files for your package
## Declare things to be passed to dependent projects
## INCLUDE_DIRS: uncomment this if your package contains header files
## LIBRARIES: libraries you create in this project that dependent projects also need
## CATKIN_DEPENDS: catkin_packages dependent projects also need
## DEPENDS: system dependencies of this project that dependent projects also need
catkin_package(
#  INCLUDE_DIRS include
#  LIBRARIES learning
#  CATKIN_DEPENDS roscpp rospy std_msgs
#  DEPENDS system_lib
)
```

图 1-63 被依赖包的添加

图 1-64 为本功能包与 build 有关的编译指令，其中，include_directories() 用于指定 C++ 的头文件路径，add_library() 用于生成 C++ 库，add_dependencies() 用于与自定义的 msg 和 srv 相链接，add_executable() 用于生成可执行的二进制文件，target_link_libraries() 用于 C++ 接口与 ROS 库的链接。

```
## Specify additional locations of header files
## Your package locations should be listed before other locations
include_directories(
# include
  ${catkin_INCLUDE_DIRS}
)

## Declare a C++ library
# add_library(${PROJECT_NAME}
#   src/${PROJECT_NAME}/learning.cpp
# )

## Add cmake target dependencies of the library
## as an example, code may need to be generated before libraries
## either from message generation or dynamic reconfigure
# add_dependencies(${PROJECT_NAME} ${${PROJECT_NAME}_EXPORTED_TARGETS} ${catkin_EXPORTED_TARGETS})

## Declare a C++ executable
## With catkin_make all packages are built within a single CMake context
## The recommended prefix ensures that target names across packages don't collide
# add_executable(${PROJECT_NAME}_node src/learning_node.cpp)

## Rename C++ executable without prefix
## The above recommended prefix causes long target names, the following renames the
## target back to the shorter version for ease of user use
## e.g. "rosrun someones_pkg node" instead of "rosrun someones_pkg someones_pkg_node"
# set_target_properties(${PROJECT_NAME}_node PROPERTIES OUTPUT_NAME node PREFIX "")

## Add cmake target dependencies of the executable
## same as for the library above
# add_dependencies(${PROJECT_NAME}_node ${${PROJECT_NAME}_EXPORTED_TARGETS} $
{catkin_EXPORTED_TARGETS})

## Specify libraries to link a library or executable target against
# target_link_libraries(${PROJECT_NAME}_node
#   ${catkin_LIBRARIES}
# )
```

图1-64　路径设置及与C++程序有关的配置

与install有关的语言如图1-65所示，install()用于安装至本机。

```
# all install targets should use catkin DESTINATION variables
# See http://ros.org/doc/api/catkin/html/adv_user_guide/variables.html

## Mark executable scripts (Python etc.) for installation
## in contrast to setup.py, you can choose the destination
# catkin_install_python(PROGRAMS
#   scripts/my_python_script
#   DESTINATION ${CATKIN_PACKAGE_BIN_DESTINATION}
# )

## Mark executables for installation
## See http://docs.ros.org/melodic/api/catkin/html/howto/format1/building_executables.html
# install(TARGETS ${PROJECT_NAME}_node
#   RUNTIME DESTINATION ${CATKIN_PACKAGE_BIN_DESTINATION}
# )

## Mark libraries for installation
## See http://docs.ros.org/melodic/api/catkin/html/howto/format1/building_libraries.html
# install(TARGETS ${PROJECT_NAME}
#   ARCHIVE DESTINATION ${CATKIN_PACKAGE_LIB_DESTINATION}
#   LIBRARY DESTINATION ${CATKIN_PACKAGE_LIB_DESTINATION}
#   RUNTIME DESTINATION ${CATKIN_GLOBAL_BIN_DESTINATION}
# )

## Mark cpp header files for installation
# install(DIRECTORY include/${PROJECT_NAME}/
#   DESTINATION ${CATKIN_PACKAGE_INCLUDE_DESTINATION}
#   FILES_MATCHING PATTERN "*.h"
#   PATTERN ".svn" EXCLUDE
# )

## Mark other files for installation (e.g. launch and bag files, etc.)
# install(FILES
#   # myfile1
#   # myfile2
#   DESTINATION ${CATKIN_PACKAGE_SHARE_DESTINATION}
```

图1-65　与install相关的语言

与test相关的语言如图1-66所示，catkin_add_gtest()可以在catkin添加宏，生成测试。

```
#############
## Testing ##
#############

## Add gtest based cpp test target and link libraries
# catkin_add_gtest(${PROJECT_NAME}-test test/test_learning.cpp)
# if(TARGET ${PROJECT_NAME}-test)
#   target_link_libraries(${PROJECT_NAME}-test ${PROJECT_NAME})
# endif()

## Add folders to be run by python nosetests
# catkin_add_nosetests(test)
```

图1-66　与test相关的语言

1.4 可视化参数指令（Parameter）的使用

本节我们将学习 ROS 中参数命令的使用、静态调整参数与动态调整参数。在之前的学习中，我们发现在启动 ROS Master 这一节点管理器时，随之一起启动的还有 /rosout 节点和 Parameter Server（参数服务）。ROS 系统中参数服务模型如图 1-67 所示。

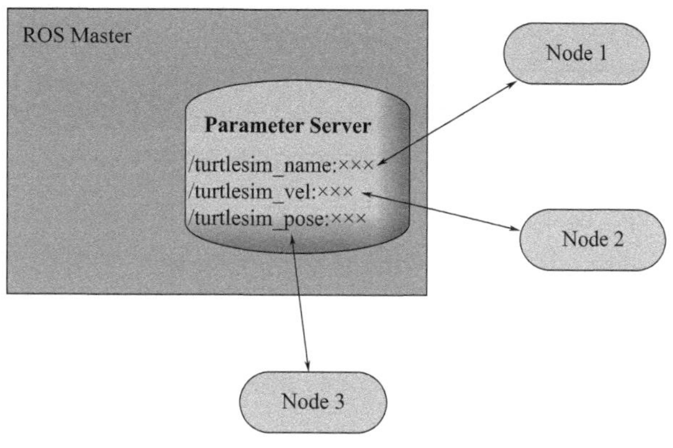

图 1-67　参数服务模型

其中，参数模型是一个全局字典，其用于保存配置参数，以小海龟仿真器为例，该参数用于存放小海龟的名字、小海龟的速度、小海龟的位置等信息。如果 Node 1 想要获取小海龟的名字，则其只需要向 ROS Master 发布查询 /turtlesim_name 的请求，这样 Node 1 会得到来自 Parameter Server 的反馈。即使是位于不同 PC 上的节点，只要其处于同样的 ROS 环境中，都可以通过 Parameter Server 来获取其中保存的参数。我们可以将其当成一个能存储全局变量的存储空间。

1.4.1 Parameter Server 的使用

（1）与 parameter 相关的命令

ROS 中提供了一些与参数有关的命令，方便我们对参数进行查询和修改，我们打开一个新终端，在其中输入如下命令以查看其具体使用方式：

```
rosparam
```

其结果如图 1-68 所示，下面将对一些命令做解释并做使用示例。

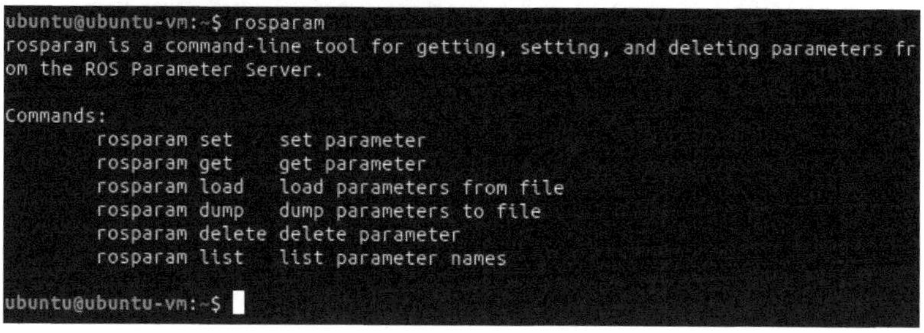

```
ubuntu@ubuntu-vm:~$ rosparam
rosparam is a command-line tool for getting, setting, and deleting parameters fr
om the ROS Parameter Server.

Commands:
        rosparam set    set parameter
        rosparam get    get parameter
        rosparam load   load parameters from file
        rosparam dump   dump parameters to file
        rosparam delete delete parameter
        rosparam list   list parameter names

ubuntu@ubuntu-vm:~$
```

图 1-68　rosparam 相关命令

（2）rosparam list 命令

该命令用于列出目前在 Parameter Server 存放的配置参数。使用该命令前，为了增加可以修改的参数，需要提前运行小海龟仿真器，之后在终端输入如下命令：

```
rosparam list
```

其结果如图 1-69 所示。

```
ubuntu@ubuntu-vm:~$ rosparam list
/rosdistro
/roslaunch/uris/host_ubuntu_vm__41835
/rosversion
/run_id
/turtlesim/background_b
/turtlesim/background_g
/turtlesim/background_r
ubuntu@ubuntu-vm:~$
```

图 1-69 参数服务存储的配置信息

其中，/background_b、/background_g、/background_r 分别为运行的小海龟仿真器背景的蓝色、绿色和红色的色度，/rosdistro 为系统的 ROS 版本号，/rosversion 为当前 ROS 的版本，/run_id 为该进程的 id 号，其中前面四个参数是随着 ROS Master 的启动而生成的，而后三者则是对应的小海龟模拟器的参数。

（3）rosparam get 命令

在知道了当前系统包含的参数后，需要使用 rosparam get 命令来获取对应参数里面的内容，其使用格式如下所示：

```
rosparam get [parameter_name]
```

以用 rosparam list 命令寻找到的参数 /background_b 为例，在终端输入如下命令：

```
rosparam get /turtlesim/background_b
rosparam get /turtlesim/background_g
rosparam get /turtlesim/background_r
rosparam get /rosdistro
rosparam get /rosversion
```

得到的结果如图 1-70 所示，我们得到的蓝色的值为 255，绿色值为 86、红色的值为 69，ROS 系统的版本号为 melodic，版本为 1.14.13。

```
ubuntu@ubuntu-vm:~$ rosparam get /turtlesim/background_b
255
ubuntu@ubuntu-vm:~$ rosparam get /turtlesim/background_g
86
ubuntu@ubuntu-vm:~$ rosparam get /turtlesim/background_r
69
ubuntu@ubuntu-vm:~$ rosparam get /rosdistro
'melodic

  '


ubuntu@ubuntu-vm:~$ rosparam get /rosversion
'1.14.13

  '
```

图 1-70 参数里面的具体内容

（4）rosparam set 命令

在执行 ROS 系统的时候，有时需要对一些参数值做对应的修改，ROS 系统中提供了对应的 rosparam set 命令来对参数值进行静态调整。其使用格式如下所示：

```
rosparam set [parameter_name] [value]
```

下面对 /turtlesim/background_b 参数值进行调整，将其调整为 0，在终端中输入如下命令：

```
rosparam set /turtlesim/background_b 0
rosparam get /turtlesim/background_b
```

其结果如图 1-71 所示。

```
ubuntu@ubuntu-vm:~$ rosparam set /turtlesim/background_b 0
ubuntu@ubuntu-vm:~$ rosparam get /turtlesim/background_b
0
ubuntu@ubuntu-vm:~$
```

图 1-71　对参数值进行调整

此时查看小海龟仿真器，发现其结果没有变化，因为此时系统还没有刷新参数值，需要调用服务来刷新参数值，在终端输入如下命令：

```
rosservice call /clear
```

其中，/clear 服务用于清除小海龟的所有的移动路径，并根据现在的参数值重新刷新仿真器的状态。得到的结果如图 1-72 所示。

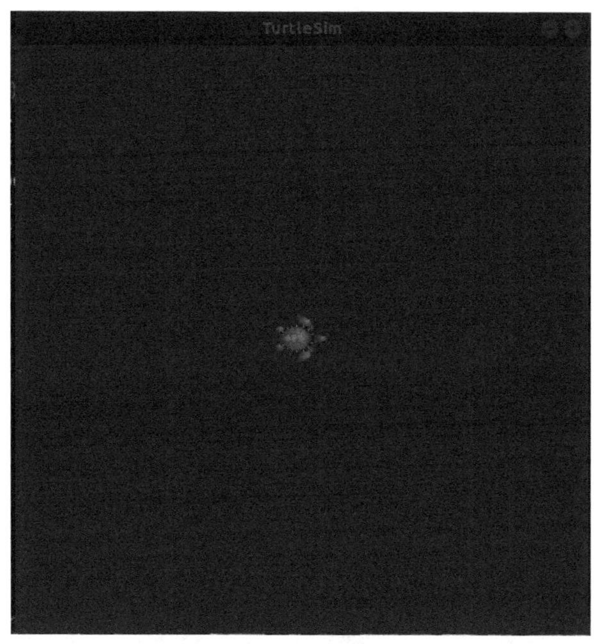

图 1-72　小海龟仿真器的变化

在图 1-72 中发现小海龟的背景色发生了改变，原因是将蓝色值变为了 0，并且背景色绿色的色度大于红色的色度，所以背景更偏向绿色。

（5）rosparam dump 命令

如果希望将目前所有的参数保存下来作为之后调试的一个依据，ROS 提供了参数保存命令，其格式如下所示：

```
rosparam dump [file_name]
```

一般保存参数的文件类型是 .yaml 类型，在终端中输入如下命令：

```
rosparam dump params.yaml
```

一般该文件存储于对应的主目录下，其文件内部消息如图 1-73 所示。

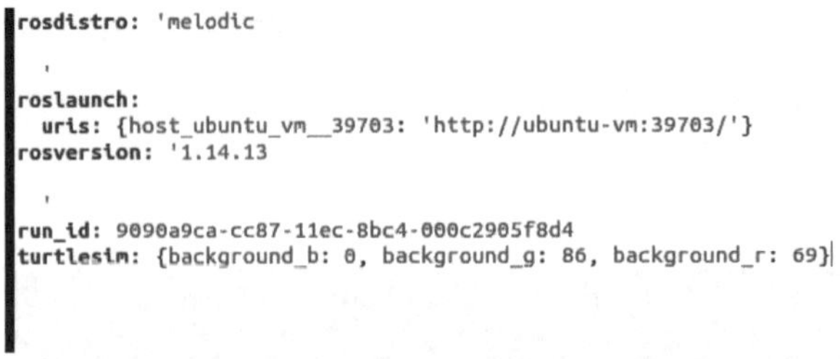

```
rosdistro: 'melodic

  '
roslaunch:
  uris: {host_ubuntu_vm__39703: 'http://ubuntu-vm:39703/'}
rosversion: '1.14.13

  '
run_id: 9090a9ca-cc87-11ec-8bc4-000c2905f8d4
turtlesim: {background_b: 0, background_g: 86, background_r: 69}
```

图 1-73　yaml 文件内部消息

从图中可得知该文件将系统的参数成功地以 yaml 格式被记录在了文件内。

（6）rosparam load 命令

上面学习了如何将所有参数保存在一个 .yaml 文件中，本节将学习如何读取被保存的参数数据。参数读取命令 rosparam load 使用格式如下所示：

```
rosparam load [file_name]
```

在使用该命令前，先将 params.yaml 中的三个背景颜色的值都设置为 0，并将其保存，其结果如图 1-74 所示。

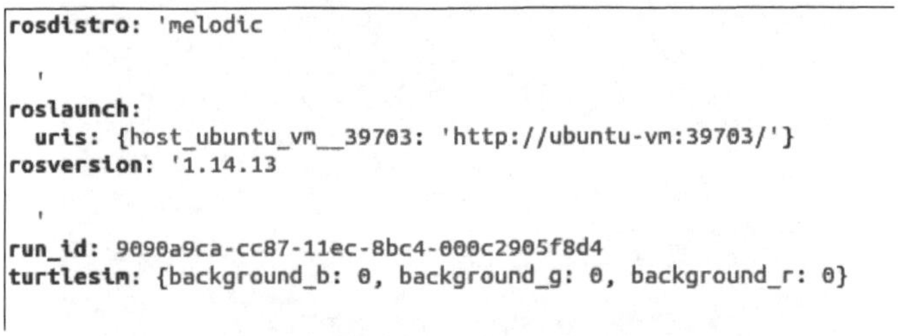

```
rosdistro: 'melodic

  '
roslaunch:
  uris: {host_ubuntu_vm__39703: 'http://ubuntu-vm:39703/'}
rosversion: '1.14.13

  '
run_id: 9090a9ca-cc87-11ec-8bc4-000c2905f8d4
turtlesim: {background_b: 0, background_g: 0, background_r: 0}
```

图 1-74　yaml 文件修改后的内容

修改完成后在终端输入如下命令：

```
rosparam load params.yaml
rosservice call /clear
```

得到的结果如图 1-75 所示，当三种背景颜色都设置为 0 时，发现仿真器上的背景颜色变成了黑色。

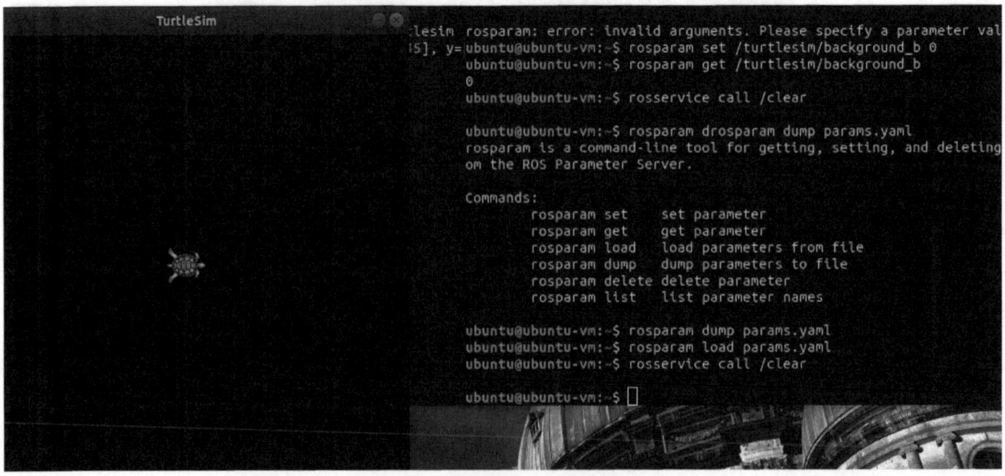

```
ubuntu@ubuntu-vm:~$ rosparam set /turtlesim/background_b 0
ubuntu@ubuntu-vm:~$ rosparam get /turtlesim/background_b
0
ubuntu@ubuntu-vm:~$ rosservice call /clear

ubuntu@ubuntu-vm:~$ rosparam drosparam dump params.yaml
rosparam is a command-line tool for getting, setting, and deleting
om the ROS Parameter Server.

Commands:
        rosparam set    set parameter
        rosparam get    get parameter
        rosparam load   load parameters from file
        rosparam dump   dump parameters to file
        rosparam delete delete parameter
        rosparam list   list parameter names

ubuntu@ubuntu-vm:~$ rosparam dump params.yaml
ubuntu@ubuntu-vm:~$ rosparam load params.yaml
ubuntu@ubuntu-vm:~$ rosservice call /clear

ubuntu@ubuntu-vm:~$
```

图 1-75　修改参数后的结果

（7）rosparam delete 命令

当发现系统中有些多余的参数同样也被保存时，需要用 rosparam delete 命令将多余的参数进行删除，其使用格式如下所示：

```
rosparam delete [parameter_name]
```

在执行该命令前将小海龟的背景颜色参数都设置为 100，之后用该命令删除 /turtlesim/background_b 后再刷新小海龟的背景颜色，在终端输入命令如下所示：

```
rosparam load params.yaml
rosparam delete /turtlesim/background_b
rosservice call /clear
rosparam list
```

其结果如图 1-76 所示。

```
ubuntu@ubuntu-vm:~$ rosparam load params.yaml
ubuntu@ubuntu-vm:~$ rosparam delete /turtlesim/background_b
ubuntu@ubuntu-vm:~$ rosservice call /clear

ubuntu@ubuntu-vm:~$ rosparam list
/rosdistro
/roslaunch/uris/host_ubuntu_vm__39703
/rosversion
/run_id
/turtlesim/background_g
/turtlesim/background_r
ubuntu@ubuntu-vm:~$ 
```

图 1-76　执行结果

从图中我们可以得知小海龟的背景颜色发生了新的变化，并且使用 rosparam list 命令查询参数列表，发现 /turtlesim/background_b 参数已经被成功删除了。

1.4.2 通过编程实现参数的静态调节

（1）相关功能包的创建

在终端输入如下命令，以创建新的功能包：

```
cd ~/catkin_ws/src
catkin_create_pkg parameter roscpp rospy std_srvs dynamic_reconfigure
```

其在 parameter 文件夹里面生成的文件如图 1-77 所示。

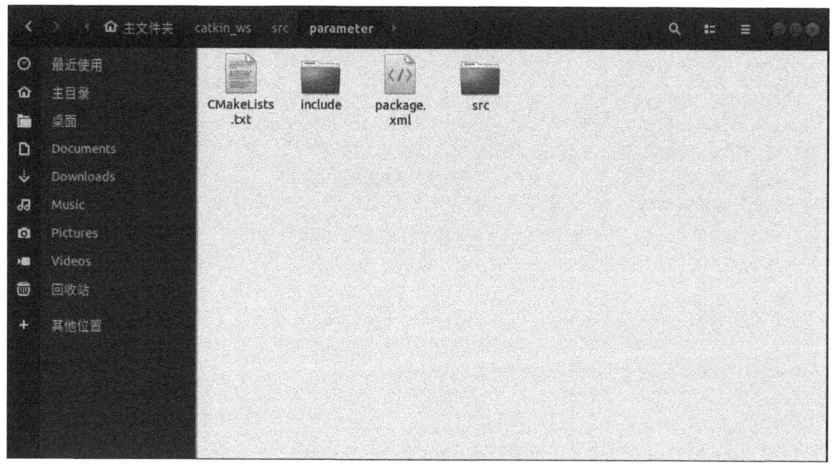

图 1-77　文件夹生成的文件

在 parameter 文件夹下右击选择新建文件夹，新建一个名为 scripts 的文件夹，其用于存放用 Python 语言编写的代码，而 src 文件则用来存放用 C++ 语言编写的代码，方便以后更好管理系统文件。其过程如图 1-78 所示。

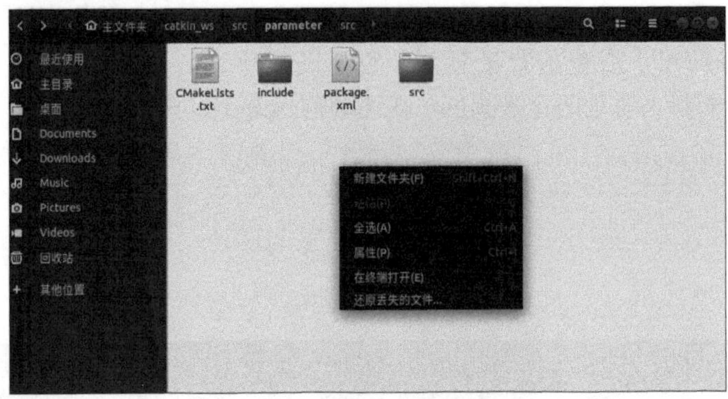

图 1-78 创建新文件夹的过程

在其中的 src 文件夹和 scripts 文件夹分别放入用于静态调节参数的代码文件。下面将分别从 C++ 与 Python 两种语言来介绍如何用编程方式实现参数的静态调整。

（2）C++ 实现参数静态调整

param_config 节点的代码实现 param_config.cpp 如下所示：

```
#include <string>
#include <ros/ros.h>
int main(int argc, char **argv)
{
        int red, green, blue;
    // ROS 节点初始化
    ros::init(argc, argv, "param_config");
    // 创建节点句柄
    ros::NodeHandle nh;
    // 读取背景颜色参数
      bool ifget1 = ros::param::get("/turtlesim/background_r", red);
      bool ifget2 = nh.getParam("/turtlesim/background_g", green);
      bool ifget3 = nh.param("/turtlesim/background_b", blue, 100);
    if(ifget1&&ifget2&&ifget3)
        ROS_INFO("Get Backgroud Color[%d, %d, %d]", red, green, blue);
    else
        ROS_WARN("Didn't retrieve all param successfully");
      // 设置背景颜色参数
        ros::param::set("/turtlesim/background_r", 255);
        ros::param::set("/turtlesim/background_g", 255);
        nh.setParam("/turtlesim/background_b",255);
        ROS_INFO("Set Backgroud Color[255, 255, 255]");
    // 读取背景颜色参数
    if(ros::param::get("/turtlesim/background_r", red))
        ROS_INFO("background_r = %d", red);
    else
        ROS_WARN("Didn’ t get param successfully");
    if(ros::param::get("/turtlesim/background_r", green))
        ROS_INFO("background_g = %d", green);
    else
        ROS_WARN("Didn’ t get param successfully");
    if(ros::param::get("/turtlesim/background_r", blue))
        ROS_INFO("background_b = %d", blue);
```

```
    else
        ROS_WARN("Didn't get param successfully");
    // 删除背景颜色参数
    bool ifdeleted1 = nh.deleteParam("/turtlesim/background_r");
    bool ifdeleted2 = ros::param::del("/turtlesim/background_b");
    if(ifdeleted1)
            ROS_INFO("/turtlesim/background_r deleted");
      else
            ROS_INFO("/turtlesim/background_r not deleted");
    if(ifdeleted2)
            ROS_INFO("/turtlesim/background_b deleted");
      else
            ROS_INFO("/turtlesim/background_b not deleted");
    // 查看背景颜色参数
    bool ifparam1 = nh.hasParam("/turtlesim/background_r");
    bool ifparam2 = ros::param::has("/turtlesim/background_b");
    if(ifparam1)
            ROS_INFO("background_r exists");
      else
            ROS_INFO("background_r doesn' t exist");
    if(ifparam2)
            ROS_INFO("background_b exists");
      else
            ROS_INFO("background_b doesn' t exist");

      sleep(1);
    return 0;
}
```

下面对其进行拆分，分析其实现过程：

```
#include <string>
#include <ros/ros.h>
```

第一行的 string 头文件是为了在程序中识别 string 类型的成员变量，ros.h 则用于与 ros 相关的操作，比如本节对于 param 的操作。

```
int red, green, blue;
// ROS 节点初始化
ros::init(argc, argv, "param_config");
// 创建节点句柄
ros::NodeHandle nh;
```

首先声明三个 int 型变量，用于存放参数里面的具体值，其次初始化节点，实质上是向节点管理器注册一个名为 param_config 的节点，最后创造一个名为 nh 的句柄。

```
 bool ifget1 = ros::param::get("/turtlesim/background_r", red);
 bool ifget2 = nh.getParam("/turtlesim/background_g", green);
 bool ifget3 = nh.param("/turtlesim/background_b", blue, 100);
if(ifget1&&ifget2&&ifget3)
  ROS_INFO("Get Backgroud Color[%d, %d, %d]", red, green, blue);
else
  ROS_WARN("Didn't retrieve all param successfully");
```

ROS 中提供了以下两种 API 来访问参数的值，分别为 ros::param 和 ros::NodeHandle，所以有如下几种方式来获取参数的值。

```
bool ifget1 = ros::param::get("/turtlesim/background_r", red)
```

该语句用 ros::param 访问参数，将访问获得的 /turtlesim/background_r 参数值写入到 red 这

个整型变量中，当该函数执行成功后会返回 1，并将其赋值给布尔型变量 ifget1 来判断是否成功读取到参数值。

```
bool ifget2 = nh.getParam("/turtlesim/background_g", green)
```

该语句用 ros::NodeHandle 来访问系统的参数，该语句作用与上一语句相同，通过句柄 nh 获得参数值并赋值给变量，判断是否执行成功。

```
bool ifget3 = nh.param("/turtlesim/background_b", blue, 100)
```

该语句同样使用 ros::NodeHandle 来访问系统的参数，但与上一个语句不同的是，如果该语句没有找到对应的参数，会将一个提前确定的默认值写入变量，本语句的默认值为 100。所以如果系统没有找到对应参数时，会将 100 赋值给 blue。

```
if(ifget1&&ifget2&&ifget3)
        ROS_INFO("Get Backgroud Color[%d, %d, %d]", red, green, blue);
    else
        ROS_WARN("Didn't retrieve all param successfully");
```

该语句用于判断三个参数是否都访问成功，只有当三个布尔型变量都为 1 时 if 语句才会成立，系统会在终端输出访问到的参数值，如果存在一个以上布尔型变量为 0 时，系统会在终端发出警告。

```
ros::param::set("/turtlesim/background_r", 255);
ros::param::set("/turtlesim/background_g", 255);
nh.setParam("/turtlesim/background_b",255);
ROS_INFO("Set Backgroud Color[255, 255, 255]");
```

该部分语句主要用于参数值的设置，并输出设置的参数值。

```
ros::param::set("/turtlesim/background_r", 255);
nh.setParam("/turtlesim/background_b",255);
```

该语句用 ros::param 访问参数，其作用为将 /turtlesim/background_r 参数中的值设置为 255。

```
nh.setParam("/turtlesim/background_b",255);
```

该语句用 ros::NodeHandle 来访问系统的参数，作用和上一语句一致，区别在于设置的参数对象不同。

```
if(ros::param::get("/turtlesim/background_r", red))
  ROS_INFO("background_r = %d", red);
else
  ROS_WARN("Didn't get param successfully");
if(ros::param::get("/turtlesim/background_r", green))
  ROS_INFO("background_g = %d", green);
else
  ROS_WARN("Didn't get param successfully");
if(ros::param::get("/turtlesim/background_r", blue))
  ROS_INFO("background_b = %d", blue);
else
  ROS_WARN("Didn't get param successfully");
```

该部分语句用于读取我们之前设置过的参数的值，并将其输出至终端。

```
if(ros::param::get("/turtlesim/background_r", red))
  ROS_INFO("background_r = %d", red);
else
  ROS_WARN("Didn’ t get param successfully");
```

当系统成功读取到参数的值之后，将读取到的数据赋值给 red 变量，并在 if 函数中反馈数值 1，使得系统执行 if 中的内容，输出 red 中的值，而如果读取失败，则系统会执行 else 中的内容，终端中会输出一个获取失败的警告。

```
bool ifdeleted1 = nh.deleteParam("/turtlesim/background_r");
bool ifdeleted2 = ros::param::del("/turtlesim/background_b");
if(ifdeleted1)
    ROS_INFO("/turtlesim/background_r deleted");
else
    ROS_INFO("/turtlesim/background_r not deleted");
if(ifdeleted2)
    ROS_INFO("/turtlesim/background_b deleted");
else
    ROS_INFO("/turtlesim/background_b not deleted");
```

该部分代码用于删除系统中的参数，并判断是否删除成功。

```
bool ifdeleted1 = nh.deleteParam("/turtlesim/background_r");
```

该语句用 ros::NodeHandle 访问参数，来删除指定的参数。当该函数执行成功时会反馈数值 1，并将其赋值给布尔型变量 ifdeleted1，用于之后判断是否删除成功。

```
bool ifdeleted2 = ros::param::del( “/turtlesim/background_b” );
```

该语句用 ros::param 访问参数，其作用和上一语句相同，区别在于指定参数对象不同。

```
if(ifdeleted1)
  ROS_INFO("/turtlesim/background_r deleted");
else
  ROS_INFO( “/turtlesim/background_r not deleted” );
```

该语句用于判断删除语句是否执行成功，当布尔值为 1，即删除语句执行成功时，系统会执行 if 语句内的内容，即在终端输出参数删除成功，反之则会在终端输出参数删除失败。

```
bool ifparam1 = nh.hasParam("/turtlesim/background_r");
bool ifparam2 = ros::param::has("/turtlesim/background_b");
if(ifparam1)
  ROS_INFO("background_r exists");
else
  ROS_INFO("background_r doesn’t exist");
if(ifparam2)
  ROS_INFO("background_b exists");
else
  ROS_INFO("background_b doesn't exist");
```

该部分代码用于判断指定参数是否存在并在终端中输出结果。

```
bool ifparam1 = nh.hasParam("/turtlesim/background_r");
```

该语句用 ros::NodeHandle 访问参数，来核查指定的参数，当该语句执行成功后会反馈数值 1 并将其赋值到变量 ifparam1，用于之后在终端中输出结果。

```
bool ifparam2 = ros::param::has("/turtlesim/background_b");
```

该语句用 ros::param 访问参数，其作用和上一语句相同，区别在于指定参数对象不同。

在编译工作空间之前我们需要配置 CMakeLists.txt 中的编译规则，需要设置编译的代码及其生成的可执行文件的名字及设置连接库，将如下语句增加到如图 1-79 所示的位置中：

```
add_executable(param_config src/param_config.cpp)
target_link_libraries(param_config ${catkin_LIBRARIES})
```

```
## Add cmake target dependencies of the executable
## same as for the library above
# add_dependencies(${PROJECT_NAME}_node ${${PROJECT_NAME}_EXPORTED_TARGETS} ${catkin_EXPORTED_TARGET:

## Specify libraries to link a library or executable target against
# target_link_libraries(${PROJECT_NAME}_node
#   ${catkin_LIBRARIES}
# )

add_executable(param_config src/param_config.cpp)
target_link_libraries(param_config ${catkin_LIBRARIES})
```

图1-79　在CMakeLists添加的语句位置

下面在终端中输入以下语句完成编译：

```
cd ~/catkin_ws
catkin_make
source devel/setup.bash
roscore
rosrun turtlesim turtlesim_node
rosrun parameter param_config
```

其中，source如果之前在.bashrc文件中配置过了则不需要输入，其执行结果如图1-80所示。

图1-80　代码执行结果

该结果的输出显示对于背景颜色参数进行的操作都执行成功了，因为C++中没有类似rosparam list这种指令的语句，所以只能在终端中输入如下命令来显示参数列表和刷新小海龟仿真器的背景颜色：

```
rosparam list
rosservice call /clear
```

其结果如图1-81所示。

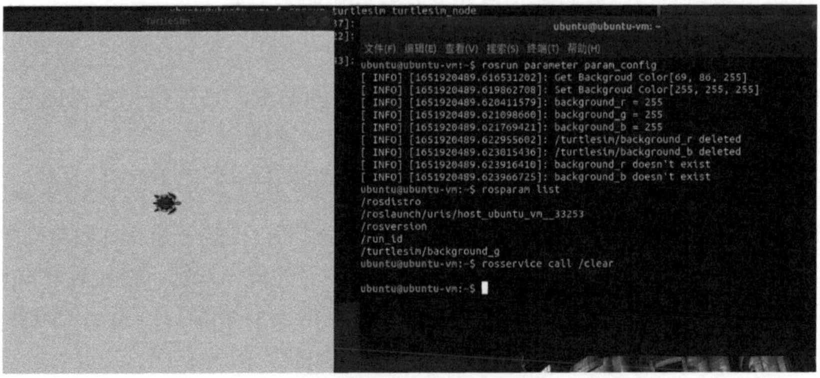

图1-81　命令执行结果

该结果显示目前存在的参数只有 /turtlesim/background_g，说明其他的参数已经被我们成功删除了，而此时刷新过后的背景颜色为绿色，这也与当前存在的参数结果相符。

（3）Python 实现参数静态调整

用 Python 实现这一目的的方式和 C++ 类似，但是语句规则存在区别。其代码实现 param_config.py 如下所示：

```
#!/usr/bin/env python
# coding:utf-8
import sys
import rospy
def param_config():
      # ROS 节点初始化
      rospy.init_node('param_config', anonymous=True)
      # 读取背景颜色参数
      red   = rospy.get_param('/turtlesim/background_r')
      green = rospy.get_param('/turtlesim/background_g')
      blue  = rospy.get_param('/turtlesim/background_b')
      rospy.loginfo("Get Backgroud Color[%d, %d, %d]", red, green, blue)
      # 设置背景颜色参数
      rospy.set_param("/turtlesim/background_r", 255);
      rospy.set_param("/turtlesim/background_g", 255);
      rospy.set_param("/turtlesim/background_b", 0);
      rospy.loginfo("Set Backgroud Color[255, 255, 0]");
      # 读取背景颜色参数
      red   = rospy.get_param('/turtlesim/background_r')
      green = rospy.get_param('/turtlesim/background_g')
      blue  = rospy.get_param('/turtlesim/background_b')
      rospy.loginfo("Get Backgroud Color[%d, %d, %d]", red, green, blue)
     # 删除背景颜色参数
      rospy.delete_param('/turtlesim/background_b')
      ifparam1 = rospy.has_param('/turtlesim/background_b')
      if(ifparam1):
          rospy.loginfo('/turtlesim/background_b exists')
      else:
          rospy.loginfo('/turtlesim/background_b does not exist')
      # 参数列表
      params = rospy.get_param_names()
      rospy.loginfo('param list: %s', params)
if __name__ == "__main__":
      param_config()
```

下面对其进行拆分，分析其实现过程。

```
#!/usr/bin/env python
# coding:utf-8
```

该部分为 Python 的头文件配置。

```
#!/usr/bin/env python
```

该代码作用是在运行 Python 脚本的时候告诉操作系统我们要用 Python 解释器去运行 py 脚本。

```
# coding:utf-8
```

该部分代码是告诉 Python 解释器 : 此源程序是 utf-8 编码的，也即告诉 Python 解释器要按照 utf-8 编码的方式来读取程序。

```
rospy.init_node('param_config', anonymous=True)
```

该部分初始化了一个名为 param_config 的节点，而 anonymous=True 作用是当之后定义了一个同名的节点时，按照序号进行排列。

```
red   = rospy.get_param('/turtlesim/background_r')
green = rospy.get_param('/turtlesim/background_g')
blue  = rospy.get_param('/turtlesim/background_b')
rospy.loginfo("Get Backgroud Color[%d, %d, %d]", red, green, blue)
```

该部分语句用于获取参数值。

```
red = rospy.get_param('/turtlesim/background_r')
```

该语句将 /turtlesim/background_r 的参数值读取后并赋值给 red 变量。

```
rospy.loginfo("Get Backgroud Color[%d, %d, %d]", red, green, blue)
```

该语句用于在终端输出读取到的参数值。

```
rospy.set_param("/turtlesim/background_r", 255);
rospy.set_param("/turtlesim/background_g", 255);
rospy.set_param("/turtlesim/background_b", 0);
rospy.loginfo("Set Backgroud Color[255, 255, 0]");
```

该部分语句用于对参数进行赋值。

```
rospy.set_param("/turtlesim/background_r", 255);
```

该语句将 /turtlesim/background_r 参数里面的值赋值为 255。

```
rospy.delete_param('/turtlesim/background_b')
ifparam1 = rospy.has_param('/turtlesim/background_b')
if(ifparam1):
  rospy.loginfo('/turtlesim/background_b exists')
else:
  rospy.loginfo('/turtlesim/background_b does not exist')
```

该部分语句用于删除参数并在终端显示删除结果。

```
rospy.delete_param('/turtlesim/background_b')
```

该部分代码用于删除 /turtlesim/background_b 参数。

```
ifparam1 = rospy.has_param('/turtlesim/background_b')
```

该代码用于判断 /turtlesim/background_b 参数是否存在，如果存在会返回数值 1，反之会反馈数值 0。

```
if(ifparam1):
  rospy.loginfo('/turtlesim/background_b exists')
else:
  rospy.loginfo('/turtlesim/background_b does not exist')
```

该代码用于向终端输出参数的存在状况。

```
params = rospy.get_param_names()
rospy.loginfo('param list: %s', params)
```

该部分代码用于显示参数列表。

```
params = rospy.get_param_names()
```

该语句用于获取现存的所有参数名并将其以字符串的形式传输给 params。

```
rospy.loginfo('param list: %s', params)
```

该部分代码用于在终端输出获得到的所有参数名。

Python 代码相较于 C++ 的好处是不需要在 CMakeLists 中修改其编译规则，只需要在属性中允许其作为程序执行文件即可。我们需要右击并打开添加 Python 文件的属性，将“允许文件作为程序执行（E）”这个选项勾选，其界面如图 1-82 所示。

与 C++ 编程一样需要对其进行编译和执行，在终端输入以下命令：

```
cd ~/catkin_ws
catkin_make
source devel/setup.bash
roscore
rosrun turtlesim turtlesim_node
rosrun parameter param_config.py
```

其执行结果如图 1-83 所示，从列出的参数列表中得知 /turtlesim/background_b 已经被删除了，此时在终端输入如下命令刷新小海龟仿真器的背景颜色：

```
rosservice call /clear
```

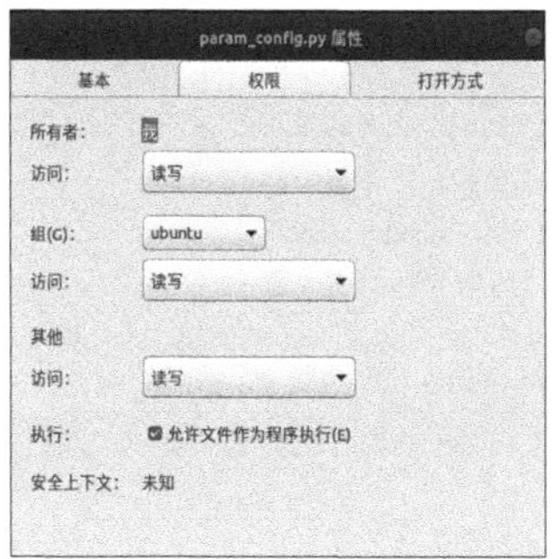

图 1-82 Python 文件属性

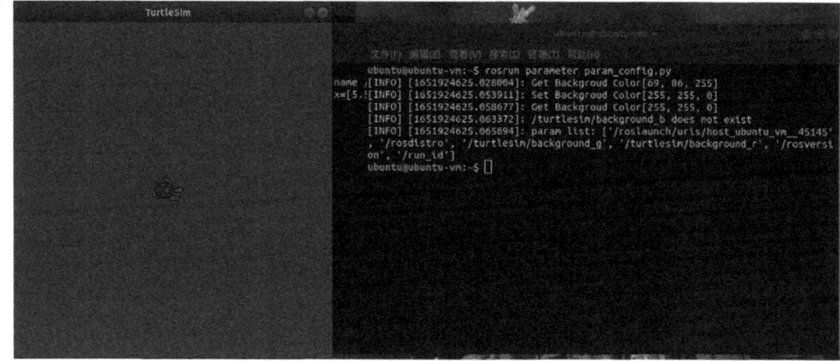

图 1-83 Python 代码执行结果

其结果如图 1-84 所示。

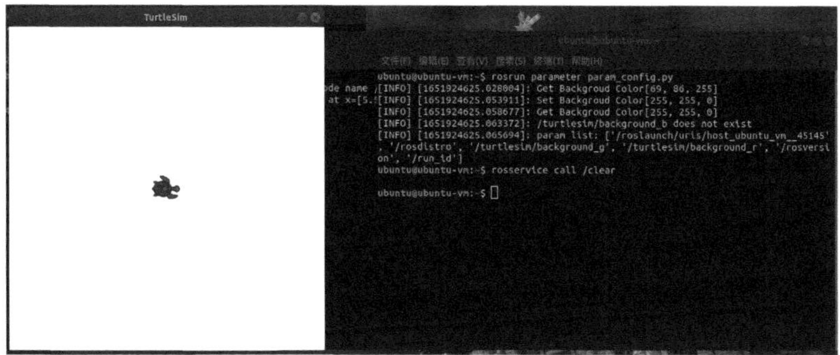

图 1-84 刷新小海龟仿真器

1.4.3 实现参数的动态调节

在进行系统调试时需要经常修改程序中的参数值，这时无论是命令修改机制，还是编写固定修改参数的可执行文件，都无法满足要求。而 ROS 为我们提供了动态参数设置机制。

（1）创建 cfg 文件

在创建的 parameter 功能包中创建一个 cfg 文件夹用于存放 .cfg 文件，并在其中创建一个配置文件 Tutorials.cfg，代码结构图如下所示：

```
paramerer/
    package.xml
    CMakeLists.txt
    cfg/
      Tutorials.cfg
    include/
      parameter
    src/
      dynamic_parameter.cpp
```

其中，Tutorials.cfg 的代码如下所示，该配置文件用 Python 实现：

```
#!/usr/bin/env python
PACKAGE = "parameter"
from dynamic_reconfigure.parameter_generator_catkin import *
gen = ParameterGenerator()
gen.add("int_param",    int_t,    0, "An Integer parameter show", 50,  0, 100)
gen.add("double_param", double_t, 0, "A double parameter show",    5,  0,  10)
gen.add("str_param",    str_t,    0, "A string parameter show",  "Hello World!")
gen.add("bool_param",   bool_t,   0, "A Boolean parameter show",  False)
size_enum = gen.enum([ gen.const("Stop",       int_t, 0, "A stop speed"),
                       gen.const("Low_speed",      int_t, 1, "A low drive speed"),
                       gen.const("Medium_speed",      int_t, 2, "A medium drive speed"),
                       gen.const("Fast_speed", int_t, 3, "An fast drive speed")],
                       "An enum to set size")
gen.add("size", int_t, 0, "A size parameter which is edited via an enum", 1, 0, 3, edit_
method=size_enum)
exit(gen.generate(PACKAGE, "dynamic_parameter", "Tutorials"))
```

下面我们对其分解并进行详细的解释。

```
#!/usr/bin/env python
PACKAGE = "parameter"
from dynamic_reconfigure.parameter_generator_catkin import *
```

该部分代码中 PACKAGE 后面为该功能包名，而导入的则是 dynamic_reconfigure 功能包中提供的 parameter generator（参数生成器）。

```
gen = ParameterGenerator()
```

该代码用于创建一个名为 gen 的参数生成器，用于下面定义需要动态配置的参数。

```
gen.add("int_param",    int_t,    0, "An Integer parameter show", 50,  0, 100)
gen.add("double_param", double_t, 0, "A double parameter show",    5,  0,  10)
gen.add("str_param",    str_t,    0, "A string parameter show",  "Hello World!")
gen.add("bool_param",   bool_t,   0, "A Boolean parameter show",  False)
```

这部分代码用于生成四类不同类型的参数，其使用格式如下所示：

```
gen.add (name, type, level, description, default, min, max)
```

上面的格式中，name 为定义的参数名，注意不能和 C++ 中的定义好的变量类型重名。type 为定义的参数的类型，可以为 int_t（整型）、double_t（双精度浮点型）、str_t（字符串型）或者是 bool_t（布尔型）。level 为需要传入参数的动态配置回调函数中的掩码，在回调函数中将所有参数的掩码进行修改，来标识传入的参数已经进行了调整。description 为用于描述参数信息的字符串。default 为设置的参数的默认值。min 与 max 分别为设置的参数的最小值和最大值，但因字符串和布尔型类型的特性，对这两类数据不需要进行最值的设置。

```
size_enum = gen.enum([ gen.const("Stop",      int_t, 0, "A stop speed"),
                       gen.const("Low_speed",     int_t, 1, "A low drive speed"),
                       gen.const("Medium_speed",      int_t, 2, "A medium drive speed"),
                       gen.const("Fast_speed", int_t, 3, "An fast drive speed")],
                       "An enum to set size")
gen.add("size", int_t, 0, "A size parameter which is edited via an enum", 1, 0, 3, edit_
method=size_enum)
```

上面的代码用于生成一个枚举类型的参数，该参数名为size，类型为int_t型。通过gen.eum()来定义一个枚举并将其传递给常量列表，而每一个枚举值的名称、类型、取值及描述则由gen.const()来初始化。size参量的值由定义的枚举来赋值。

```
exit(gen.generate(PACKAGE, "dynamic_parameter", "Tutorials"))
```

该指令用于生成必要文件并退出，其中第二个参数表示动态参数运行的节点名及自己服务端程序中初始化的节点名。第三个参数是生成文件使用的前缀，需要和配置文件名相同。

当配置文件完成之后，我们需要在终端输入如下命令为配置文件增加可执行权限：

```
chomd a+x cfg/Tutorials.cfg
```

该文件因需要生成代码文件，所以需要在CMakeLists.txt文件中增加如下编译规则：

```
generate_dynamic_reconfigure_options(cfg/Tutorials.cfg)
add_dependencies(dynamic_parameter ${PROJECT_NAME}_gencfg)
```

位置分别如图1-85和图1-86所示。

```
## Generate dynamic reconfigure parameters in the 'cfg' folder
generate_dynamic_reconfigure_options(
   cfg/Tutorials.cfg
)

###################################
## catkin specific configuration ##
###################################
```

图1-85 增添动态参数选项

```
add_executable(param_config src/param_config.cpp)
target_link_libraries(param_config ${catkin_LIBRARIES})

add_executable(dynamic_parameter src/dynamic_parameter.cpp)
target_link_libraries(dynamic_parameter ${catkin_LIBRARIES})
add_dependencies(dynamic_parameter ${${PROJECT_NAME}_EXPORTED_TARGETS} ${catkin_EXPORTED_TARGETS})
add_dependencies(dynamic_parameter ${PROJECT_NAME}_gencfg)

#############
## Install ##
#############

# all install targets should use catkin DESTINATION variables
# See http://ros.org/doc/api/catkin/html/adv_user_guide/variables.html
```

图1-86 节点增加动态参数依赖

（2）动态参数服务端的实现

在src文件下创建一个用于实现服务端的dynamic_parameter.cpp文件，代码如下所示：

```
#include "ros/ros.h"
// 定义的动态参数
#include <dynamic_reconfigure/server.h>
#include <parameter/TutorialsConfig.h>
void Callback(parameter::TutorialsConfig &config, uint32_t level)
{
      ROS_INFO("Reconfigure Request: %d %f %s %s %d",
      config.int_param,
      config.double_param,
```

```
        config.str_param.c_str(),
        config.bool_param?"True":"False",
        config.size);
}
int main(int argc, char **argv)
{
        ros::init(argc, argv, "dynamic_parameter");
        dynamic_reconfigure::Server<parameter::TutorialsConfig> server;
        dynamic_reconfigure::Server<parameter::TutorialsConfig>::CallbackType f;
        f = boost::bind(&Callback, _1, _2);
        server.setCallback(f);
    ROS_INFO("Spinning node");
        ros::spin();
        return 0;
}
```

下面对其分解并进行详细解释。

```
#include "ros/ros.h"
#include <dynamic_reconfigure/server.h>
#include <parameter/TutorialsConfig.h>
```

该部分代码用于头文件的生成，其中，TutorialsConfig.h 为之前 .cfg 文件生成的，server.h 为调用的 dynamic_reconfigure 功能包生成的。

```
    ros::init(argc, argv, "dynamic_parameter");
     dynamic_reconfigure::Server<parameter::TutorialsConfig> server;
```

该部分代码用于初始化一个名为 dynamic_parameter 的节点，并创建了一个参数动态配置的服务端，参数配置的类型为之前配置文件中定义的类型。该服务端会实时监听客户端的参数配置请求。

```
        dynamic_reconfigure::Server<parameter::TutorialsConfig>::CallbackType f;
        f = boost::bind(&Callback, _1, _2);
        server.setCallback(f);
```

该部分代码定义了一个回调函数 f，将回调函数与服务端相绑定，当客户端请求修改参数时，服务端将自动跳到回调函数中并进行处理。

```
void Callback(parameter::TutorialsConfig &config, uint32_t level)
{
        ROS_INFO("Reconfigure Request: %d %f %s %s %d",
        config.int_param,
        config.double_param,
        config.str_param.c_str(),
        config.bool_param?"True":"False",
        config.size);
}
```

上述为该回调函数的内容，回调函数输入的参数为两个，其中，parameter::TutorialsConfig &config 为新的参数配置，uint32_t level 为修改参数的掩码。在回调函数中将新配置的参数在终端输出。

在 CMakeLists.txt 中加入以下编译规则：

```
add_executable(dynamic_parameter src/dynamic_parameter.cpp)
target_link_libraries(dynamic_parameter ${catkin_LIBRARIES})
add_dependencies(dynamic_parameter ${${PROJECT_NAME}_EXPORTED_TARGETS} ${catkin_EXPORTED_TARGETS})
```

CMakeLists.txt 最终结果如图 1-87 所示。

```
add_executable(param_config src/param_config.cpp)
target_link_libraries(param_config ${catkin_LIBRARIES})

add_executable(dynamic_parameter src/dynamic_parameter.cpp)
target_link_libraries(dynamic_parameter ${catkin_LIBRARIES})
add_dependencies(dynamic_parameter ${${PROJECT_NAME}_EXPORTED_TARGETS} ${catkin_EXPORTED_TARGETS})
add_dependencies(dynamic_parameter ${PROJECT_NAME}_gencfg)

#############
## Install ##
#############

# all install targets should use catkin DESTINATION variables
# See http://ros.org/doc/api/catkin/html/adv_user_guide/variables.html

## Mark executable scripts (Python etc.) for installation
## in contrast to setup.py, you can choose the destination
# catkin_install_python(PROGRAMS
#   scripts/my_python_script
#   DESTINATION ${CATKIN_PACKAGE_BIN_DESTINATION}
# )
```

图 1-87 增添编译规则结果

（3）实现结果

编译成功之后在终端输入如下命令：

```
roscore
rosrun parameter dynamic_parameter
rosrun rqt_reconfigure rqt_reconfigure
```

其最终结果如图 1-88 所示，在可视化界面中，可以通过输入字符串、拖动、下拉选择、点击等各种方式来修改各类型的参数，其调整方式与配置文件中参数类型的设置有关，比如设置了最值就会出现拖动条，设置了字符串类型就可以输入字母，设置了枚举类型就可以下拉选择，设置了布尔型就可以点击选择，并且每次修改都会在服务端终端中看到调整后的参数结果。

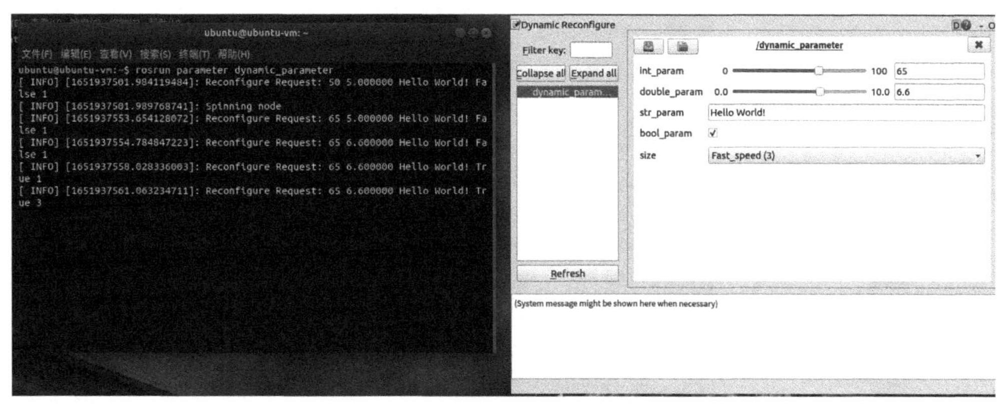

图 1-88 动态配置参数

1.5 Visual Studio Code 环境搭建与美化

1.5.1 环境搭建

从网站下载好的 Visual Studio Code 如图 1-89 所示，如果对于英文不是很熟悉，推荐使用中文界面进行代码的编写，所以第一步需要使用 Visual Studio Code 的中文插件，将软件界面设置成中文界面。

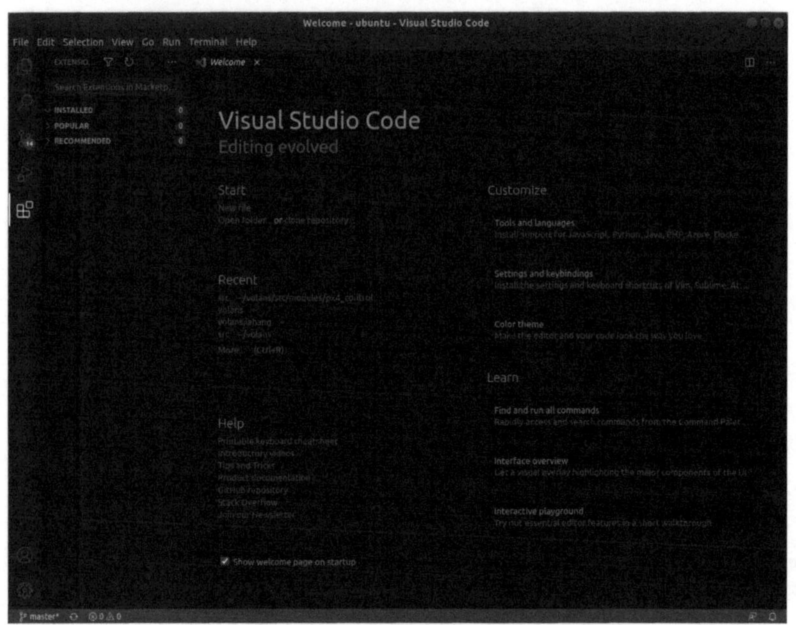

图 1-89 Visual Studio Code 初始界面

左侧工具栏（如图 1-90 和图 1-91 所示），第一个是资源管理器，第二个是 git 工具，第三个是调试，第四个是拓展。

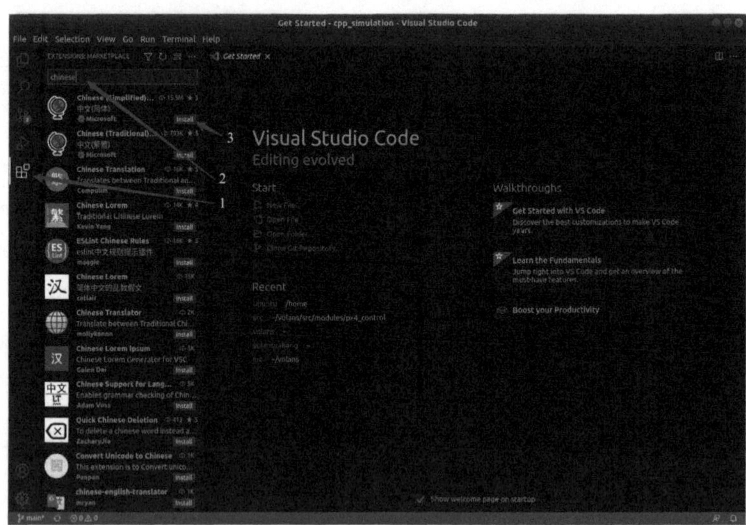

图 1-90 左侧工具栏示意图

图 1-91 插件界面

打开拓展菜单，搜索“Chinese”，点击“Install”，设置 vscode 语言为中文。

等待软件下载安装完成，只需要更新并重启 Visual Studio Code，软件便可以切换成为中文界面。

Visual Studio Code 作为一个现代编辑器，不可以直接运行文件，需要有一个工作文件夹，在使用时需要先选择“文件→打开文件夹”来指定工作文件夹，或者直接把文件夹拖动到 vscode 图标上，如图 1-92 所示。

此外，还可以使用快捷键来大大加快开发速度，官方提供的快捷键清单如图 1-93 所示。

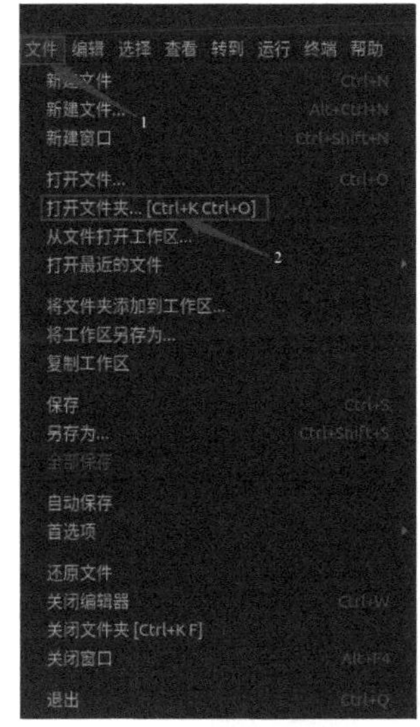

图1-92　打开文件夹

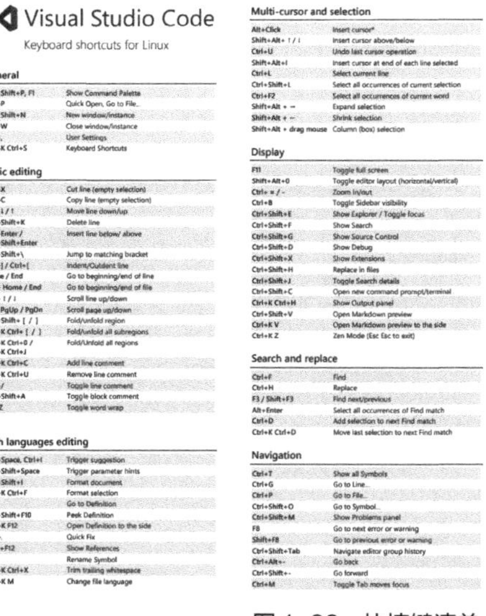

Visual Studio Code

Keyboard shortcuts for Linux

General

Ctrl+Shift+P, F1	Show Command Palette
Ctrl+P	Quick Open, Go to File...
Ctrl+Shift+N	New window/instance
Ctrl+W	Close window/instance
Ctrl+,	User Settings
Ctrl+K Ctrl+S	Keyboard Shortcuts

Basic editing

Ctrl+X	Cut line (empty selection)
Ctrl+C	Copy line (empty selection)
Alt+ ↓ / ↑	Move line down/up
Ctrl+Shift+K	Delete line
Ctrl+Enter / Ctrl+Shift+Enter	Insert line below/ above
Ctrl+Shift+\	Jump to matching bracket
Ctrl+] / Ctrl+[	Indent/Outdent line
Home / End	Go to beginning/end of line
Ctrl+ Home / End	Go to beginning/end of file
Ctrl+ ↑ / ↓	Scroll line up/down
Alt+ PgUp / PgDn	Scroll page up/down
Ctrl+Shift+ [/]	Fold/unfold region
Ctrl+K Ctrl+ [/]	Fold/unfold all subregions
Ctrl+K Ctrl+0 / Ctrl+K Ctrl+J	Fold/Unfold all regions
Ctrl+K Ctrl+C	Add line comment
Ctrl+K Ctrl+U	Remove line comment
Ctrl+/	Toggle line comment
Ctrl+Shift+A	Toggle block comment
Alt+Z	Toggle word wrap

Rich languages editing

Ctrl+Space, Ctrl+I	Trigger suggestion
Ctrl+Shift+Space	Trigger parameter hints
Ctrl+Shift+I	Format document
Ctrl+K Ctrl+F	Format selection
F12	Go to Definition
Ctrl+Shift+F10	Peek Definition
Ctrl+K F12	Open Definition to the side
Ctrl+.	Quick Fix
Shift+F12	Show References
F2	Rename Symbol
Ctrl+K Ctrl+X	Trim trailing whitespace
Ctrl+K M	Change file language

Multi-cursor and selection

Alt+Click	Insert cursor*
Shift+Alt+ ↑ / ↓	Insert cursor above/below
Ctrl+U	Undo last cursor operation
Shift+Alt+I	Insert cursor at end of each line selected
Ctrl+L	Select current line
Ctrl+Shift+L	Select all occurrences of current selection
Ctrl+F2	Select all occurrences of current word
Shift+Alt + →	Expand selection
Shift+Alt + ←	Shrink selection
Shift+Alt + drag mouse	Column (box) selection

Display

F11	Toggle full screen
Shift+Alt+0	Toggle editor layout (horizontal/vertical)
Ctrl+ = / -	Zoom in/out
Ctrl+B	Toggle Sidebar visibility
Ctrl+Shift+E	Show Explorer / Toggle focus
Ctrl+Shift+F	Show Search
Ctrl+Shift+G	Show Source Control
Ctrl+Shift+D	Show Debug
Ctrl+Shift+X	Show Extensions
Ctrl+Shift+H	Replace in files
Ctrl+Shift+J	Toggle Search details
Ctrl+Shift+C	Open new command prompt/terminal
Ctrl+K Ctrl+H	Show Output panel
Ctrl+Shift+V	Open Markdown preview
Ctrl+K V	Open Markdown preview to the side
Ctrl+K Z	Zen Mode (Esc Esc to exit)

Search and replace

Ctrl+F	Find
Ctrl+H	Replace
F3 / Shift+F3	Find next/previous
Alt+Enter	Select all occurrences of Find match
Ctrl+D	Add selection to next Find match
Ctrl+K Ctrl+D	Move last selection to next Find match

Navigation

Ctrl+T	Show all Symbols
Ctrl+G	Go to Line...
Ctrl+P	Go to File...
Ctrl+Shift+O	Go to Symbol...
Ctrl+Shift+M	Show Problems panel
F8	Go to next error or warning
Shift+F8	Go to previous error or warning
Ctrl+Shift+Tab	Navigate editor group history
Ctrl+Alt+-	Go back
Ctrl+Shift+-	Go forward
Ctrl+M	Toggle Tab moves focus

Editor management

Ctrl+W	Close editor
Ctrl+K F	Close folder
Ctrl+\	Split editor
Ctrl+ 1/ 2 / 3	Focus into 1st, 2nd, 3rd editor group
Ctrl+K Ctrl + ←	Focus into previous editor group
Ctrl+K Ctrl + →	Focus into next editor group
Ctrl+Shift+PgUp	Move editor left
Ctrl+Shift+PgDn	Move editor right
Ctrl+K ←	Move active editor group left/up
Ctrl+K →	Move active editor group right/down

File management

Ctrl+N	New File
Ctrl+O	Open File...
Ctrl+S	Save
Ctrl+Shift+S	Save As...
Ctrl+W	Close
Ctrl+K Ctrl+W	Close All
Ctrl+Shift+T	Reopen closed editor
Ctrl+K Enter	Keep preview mode editor open
Ctrl+Tab	Open next
Ctrl+Shift+Tab	Open previous
Ctrl+K P	Copy path of active file
Ctrl+K R	Reveal active file in Explorer
Ctrl+K O	Show active file in new window/instance

Debug

F9	Toggle breakpoint
F5	Start / Continue
F11 / Shift+F11	Step into/out
F10	Step over
Shift+F5	Stop
Ctrl+K Ctrl+I	Show hover

Integrated terminal

Ctrl+`	Show integrated terminal
Ctrl+Shift+`	Create new terminal
Ctrl+Shift+C	Copy selection
Ctrl+Shift+V	Paste into active terminal
Ctrl+Shift+ ↑ / ↓	Scroll up/down
Shift+ PgUp / PgDn	Scroll page up/down
Shift+ Home / End	Scroll to top/bottom

* The Alt+Click gesture may not work on some Linux distributions. You can change the modifier key for the Insert cursor command to Ctrl+Click with the "editor.multiCursorModifier" setting.

图1-93　快捷键清单

Visual Studio Code 有强大的 C++、Python 自动补全功能，作为初学者而言，很多时候难以记得那么多的函数库，而 Visual Studio Code 提供了代码补全的功能，使得代码编写事半功倍。

为了提升编程的效率，需要安装 C++ 插件，在应用商店里面搜索 C++，下载两个插件并安装，步骤如图 1-94 所示。

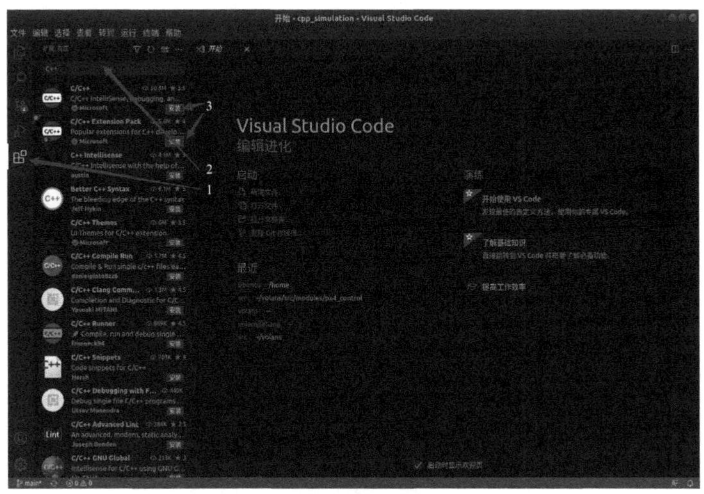

图1-94　安装插件步骤

当创建好一个项目的时候，需要对插件进行配置，来启动自动补全的功能。按 F1 后输入 C++，电机配置 JSON 来创建一个 json 文件来配置 C++ 的自动补全功能，我们可以发现，在工程文件的根目录下面，多了一个 .vscode 的文件夹，以“.”开头的文件，在 Linux 系统下属于隐藏文件，“.vscode”的作用是配置 Visual Studio Code 的各项参数，如图 1-95 所示。

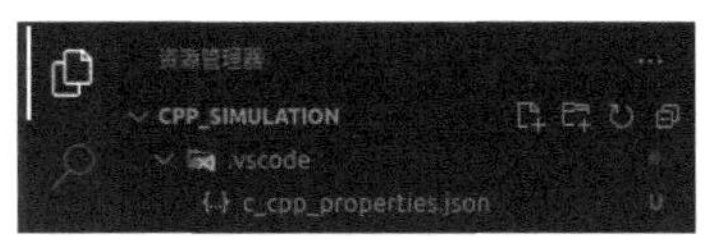

图1-95　自动补全配置

c_cpp_properities.json 文件是用来配置自动补全插件的，如果写程序的时候出现可以编译成功但是自动补全一直报错的情况，应该优先考虑是不是由于 c_cpp_properities.json 文件没有正确配置造成的，如图 1-96 所示。

图 1-96　配置 c_cpp_properities.json 文件

本书使用的编译器是 g++ 而非默认值，需要在 json 文件里面做出改变。

```
{
    "configurations": [
        {
            "name": "Linux",
            "includePath": [
                "${workspaceFolder}/**"
            ],
            "defines": [],
            "compilerPath": "/usr/bin/g++",
            "cStandard": "c11",
            "cppStandard": "c++11",
            "intelliSenseMode": "linux-gcc-x64"
        }
    ],
    "version": 4
}
```

改变内容有“compilerPath”，描述的是正在启用的编译器完整的路径，以启用更准确的自动补全功能。“cStandard”用来描述自动补全的 C 语言标准的版本，“cppStandard”用来描述自动补全 C++ 语言标准版本，“intelliSenseMode”表示的是要使用的，映射到 MSVC、gcc 或者是 Clang 平台和结构变体的 IntelliSense 模式。

如果添加了更多的头文件，我们还需要继续把包含头文件的路径添加进入 C、C++ 插件的路径里面。

除此之外，如果对 Python 编写也有需求，推荐下载 Python 的插件，在拓展中搜索 Python，然后在相应的插件下面单击“Install”，当程序加载好以后，便可以自动缩进了，如图 1-97 所示。

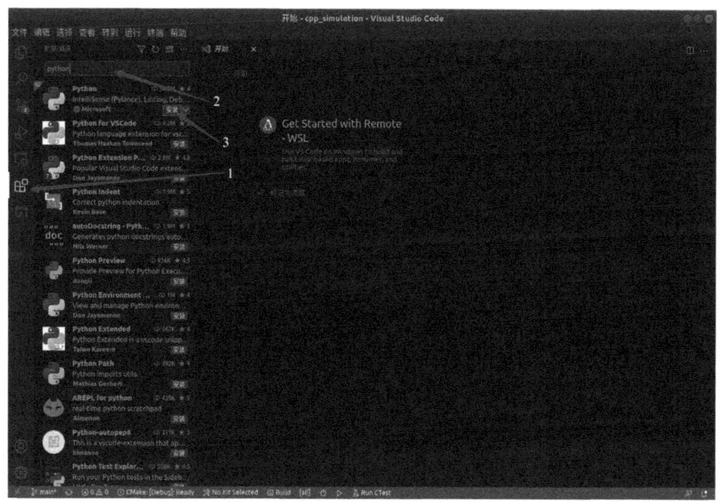

图1-97 安装Python插件

1.5.2 Visual Studio Code美化

在写程序的时候，为了提高代码的可读性，会在程序里面增加换行、缩进等规范。Visual Studio Code提供了规范化代码的功能，使我们在写代码的时候可以一键格式化代码。

每次写完C程序时，可以使用快捷键“Ctrl+Shift+I”来规范化C语言程序。如果想让程序在保存时自动更新格式，可以使用快捷键“Ctrl+,”进入设置界面，搜索“format on save”并勾选，在配置过语言格式化规范以后，当我们保存文件的时候，代码可以自动执行格式化的功能。这样，在写完代码以后，只需要按“Ctrl+S”或者执行“编辑→保存”便可以将代码格式调整规范，如图1-98所示。

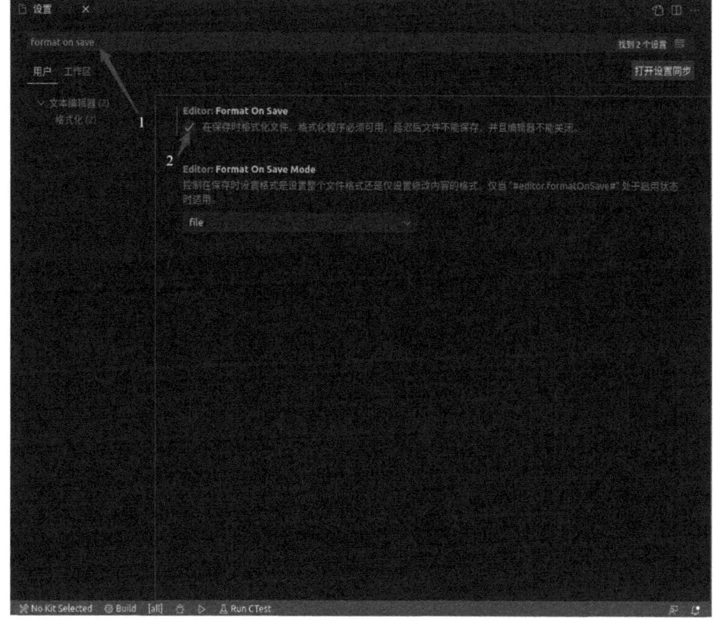

图1-98 配置保存自动格式化代码

同时可以加入一些第三方的插件来增强 Vscode 的管理与配置：

① Material Icon Theme 插件：美化资源管理器下单图标。

② Bracket Pair Colorizer2 插件：直接安装即可使用，可以实现代码的括号每一级颜色都是对应的，用来检查每一级代码的所属范围。

③ Svg Preview 插件：可以用来打开 svg 文件，安装即可使用。

④ Indent-Rainbow 插件：多彩缩减，安装即可使用，如果错了可以标红。

⑤ Clang-Format 插件：C++ 格式化插件，这样代码可以以 C++11 的标准严格要求代码格式。

⑥ Code Spell Checker 插件：检查代码拼写的插件。

⑦ Docker 插件：可以在 Vscode 中远程访问 Docker 容器。

⑧ Git Graph 插件：可以绘制 Git 的 branch 树，方便进行任务管理。

⑨ Git History 插件：可以查找所有的 Git 提交任务。

⑩ Markdownlint 插件：Vscode 撰写 Markdown 文档的插件。

⑪ XML Tool 插件：XML 文件的管理插件，经常被用于 Package.xml 文件中。

⑫ Remote SSH 插件：远程连接工具，可以跨电脑撰写代码，非常适合机器人远程开发。

一些常用的插件如图 1-99 所示。

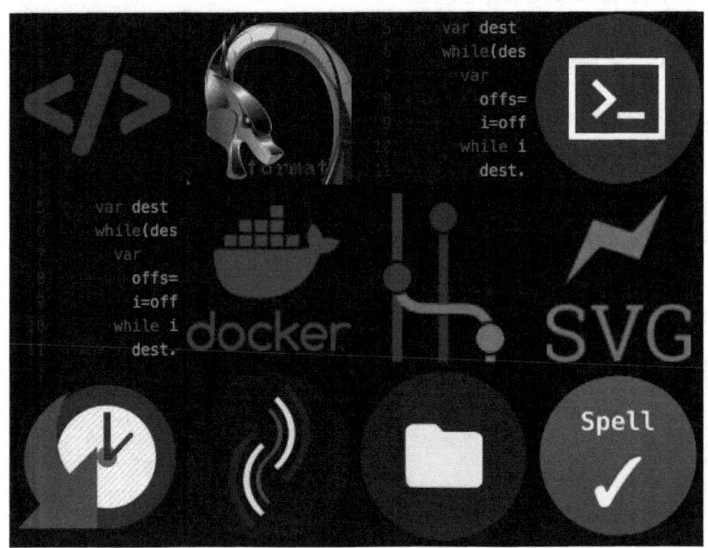

图 1-99 常用插件列表

1.6 Docker-ROS 安装

1.6.1 了解 Docker

（1）Docker 的概念

Docker 是一个开源的应用容器引擎，是一种轻量级的虚拟化技术。开发者可以运用该技术将自己开发好的工程或项目以及依赖包打包至一个可以移植的容器中，该容器可以安装至任意运行系统为 Linux 或 Windows 等的服务器上。相较于传统 VM 虚拟机需要安装操作系统才能执行应用程序，占用系统资源过多的情况，Docker 容器作为一种轻量级的虚拟化方式，具有消耗系统资源少、运行数量多、可以通过 Dockerfile 配置文件实现自动化创建和灵活部署，提高工作效率等特点，因此该技术被越来越多的企业所采用。

Docker 容器的作用与虚拟机一样，都是为了实现"环境隔离"。但虚拟机的隔离是从操作系统层级开始隔离，而 Docker 容器则是采用进程层级的系统隔离，因此大大减少了系统资源的浪费和消耗，极大提升了开发效率。其可以将各种应用及其依赖都封装到 Docker 镜像文件中，并可以在任何物理设备（主要是 Linux 系统和 Windows 系统）中安装和运行，使其摆脱底层设备的限制，可以在物理设备之间灵活迁移，加大其可兼容性，减少后期运行维护的工作量。

Docker 的三大组成要素：

镜像：Docker 镜像是一个特殊的文件系统，其不仅提供了一个容器在运行时所必需的各种库、资源、配置等文件，还包含了该容器在运行时所需要的配置参数。Docker 镜像被用于创造 Docker 容器，一个镜像可以安装多个容器。镜像可以简化理解为实例的创建模板。

容器：Docker 容器是镜像创建的运行实例，Docker 系统用容器来运行应用。每一个容器之间都是相互隔离的平台。

仓库：仓库用于存放镜像文件。当操作者创建完镜像之后，可将镜像上传至公共区和私有区，当用户需要在另一个服务器使用该镜像时，只需下载即可。

（2）Docker 的运行流程

Docker 使用的是客户端 / 服务器（C/S）架构模式。Docker daemon（守护进程）作为服务端接收 Docker 客户端的请求，其主要负责 Docker 容器的创建、运行和分配，监测 Docker API 的请求和管理 Docker 对象，比如镜像、容器、网络和数据卷。守护进程一般运行在 Docker 主机后台，操作者通过客户端与守护进程进行信息交互。其运行流程如图 1-100 所示。

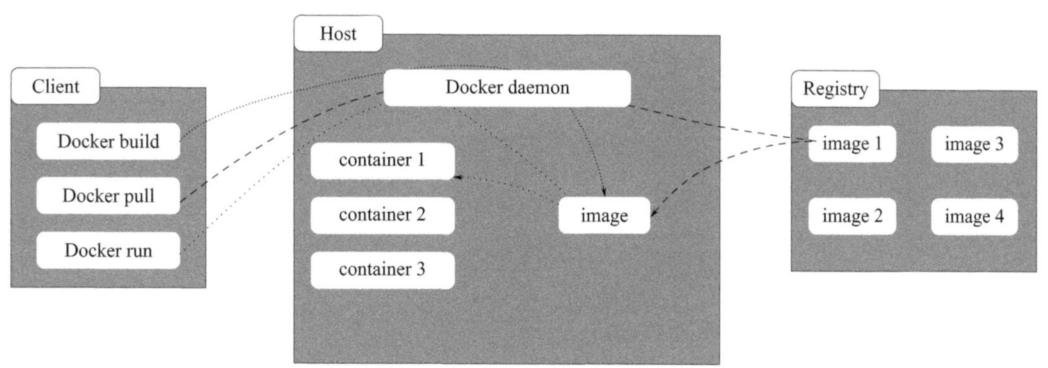

图 1-100　Docker 的运行流程

从图 1-100 得知，操作者在客户端向守护者进程发送请求（Docker build、Docker pull 和 Docker run 等指令），守护者进程和服务器根据相关指令完成后续操作。Docker build 指令中守护者进程会根据 Docker 文件构建一个镜像存放于本地 Docker 主机。Docker pull 指令中守护者进程会从云端仓库中拉取镜像至本地 Docker 主机或将本地镜像推送至云端仓库。Docker run 指令中守护者进程会将镜像安装至容器并启动容器。Docker 主机则用于执行守护者进程和容器。

1.6.2　Docker 的安装

首先在终端中输入如下命令打开 source.list 文件：

```
sudo gedit /etc/apt/sources.list
```

在其中添加下列内容，用于添加清华镜像源，本镜像源适用于 Ubuntu18.04 版本。

```
# 默认注释了源码镜像以提高 apt update 速度，如有需要可自行取消注释
deb https://mirrors.tuna.tsinghua.edu.cn/ubuntu/ bionic main restricted universe multiverse
# deb-src https://mirrors.tuna.tsinghua.edu.cn/ubuntu/ bionic main restricted universe
multiverse
deb https://mirrors.tuna.tsinghua.edu.cn/ubuntu/ bionic-updates main restricted universe
multiverse
# deb-src https://mirrors.tuna.tsinghua.edu.cn/ubuntu/ bionic-updates main restricted universe
multiverse
deb https://mirrors.tuna.tsinghua.edu.cn/ubuntu/ bionic-backports main restricted universe
multiverse
# deb-src https://mirrors.tuna.tsinghua.edu.cn/ubuntu/ bionic-backports main restricted
universe multiverse
deb https://mirrors.tuna.tsinghua.edu.cn/ubuntu/ bionic-security main restricted universe
multiverse
# deb-src https://mirrors.tuna.tsinghua.edu.cn/ubuntu/ bionic-security main restricted
universe multiverse
# 预发布软件源，不建议启用
# deb https://mirrors.tuna.tsinghua.edu.cn/ubuntu/ bionic-proposed main restricted universe
multiverse
# deb-src https://mirrors.tuna.tsinghua.edu.cn/ubuntu/ bionic-proposed main restricted universe
multiverse
```

在终端中输入如下命令更新 apt：

```
sudo apt-get update
```

在安装新版本 Docker 前我们需要先对系统中的旧版本进行卸载（如果存在的话），在终端输入如下命令：

```
sudo apt-get remove docker docker-engine [docker.io](http://docker.io/) containerd runc
```

输入如下命令来安装软件包以允许 apt 通过 https 使用存储库：

```
sudo apt-get install apt-transport-https ca-certificates curl gnupg-agent software-properties-common
```

在终端输入如下命令来添加 Docker 的官方 GPG 公钥：

```
curl -fsSL https://download.docker.com/linux/ubuntu/gpg | sudo gpg --dearmor -o /usr/share/
keyrings/docker-archive-keyring.gpg
```

在终端中输入如下命令来添加 Docker 的远程仓库：

```
echo |
    "deb [arch=$(dpkg --print-architecture) signed-by=/usr/share/keyrings/docker-archive-
keyring.gpg] https://download.docker.com/linux/ubuntu \
    $(lsb_release -cs) stable" | sudo tee /etc/apt/sources.list.d/docker.list > /dev/null
sudo apt-get update
```

在终端中输入如下命令来安装 Docker Engine、containerd 和 Docker Compose：

```
sudo apt-get install docker-ce docker-ce-cli containerd.io docker-compose-plugin
```

为了提升下载速度，我们需要将 Docker 的镜像源更换为国内的镜像源，在终端中输入如下命令打开 /etc/docker/daemon.json 文件（如果不存在，系统会自动创建该文件）：

```
sudo gedit /etc/docker/daemon.json
```

在其中添加如下代码：

```
{
      "registry-mirrors":
      [
       "https://mirror.ccs.tencentyun.com",
       "https://docker.mirrors.ustc.edu.cn"
      ]
}
```

在终端输入如下代码重启 Docker：

```
sudo systemctl restart docker
```

输入如下命令测试 Docker 是否安装成功：

```
sudo docker run hello-world
```

如果安装成功，其反馈结果如图 1-101 所示。

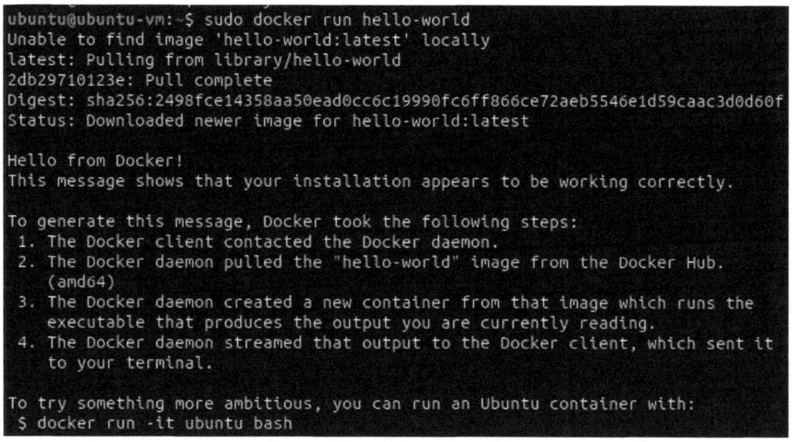

```
ubuntu@ubuntu-vm:~$ sudo docker run hello-world
Unable to find image 'hello-world:latest' locally
latest: Pulling from library/hello-world
2db29710123e: Pull complete
Digest: sha256:2498fce14358aa50ead0cc6c19990fc6ff866ce72aeb5546e1d59caac3d0d60f
Status: Downloaded newer image for hello-world:latest

Hello from Docker!
This message shows that your installation appears to be working correctly.

To generate this message, Docker took the following steps:
 1. The Docker client contacted the Docker daemon.
 2. The Docker daemon pulled the "hello-world" image from the Docker Hub.
    (amd64)
 3. The Docker daemon created a new container from that image which runs the
    executable that produces the output you are currently reading.
 4. The Docker daemon streamed that output to the Docker client, which sent it
    to your terminal.

To try something more ambitious, you can run an Ubuntu container with:
 $ docker run -it ubuntu bash
```

图 1-101　安装结果反馈

下面实现使普通用户也可以使用 Docker 命令。先在终端中输入如下命令来添加“docker group”，如果已经存在，终端会反馈已经存在的消息。

```
sudo groupadd docker
```

在终端中输入如下命令来将用户添加到刚添加的 group 中：

```
sudo gpasswd -a [admin_name] docker
```

其中，[admin_name] 为使用者的用户名，具体输入内容由每个人的用户名来决定。

在终端中输入如下命令来修改“docker.sock”文件的权限为所有人都可读写：

```
sudo chmod a+rw /var/run/docker.sock
```

在终端中输入如下命令重启 Docker 系统：

```
sudo service docker restart
```

在终端中输入如下命令将当前会话切换到创建的新 group：

```
newgrp - docker
```

在终端输入如下命令显示安装的 Docker 的相关细节：

```
docker version
```

其结果如图 1-102 所示。

```
ubuntu@ubuntu-vm:~$ docker version
Client: Docker Engine - Community
 Version:           20.10.15
 API version:       1.41
 Go version:        go1.17.9
 Git commit:        fd82621
 Built:             Thu May  5 13:19:18 2022
 OS/Arch:           linux/amd64
 Context:           default
 Experimental:      true

Server: Docker Engine - Community
 Engine:
  Version:          20.10.15
  API version:      1.41 (minimum version 1.12)
  Go version:       go1.17.9
  Git commit:       4433bf6
  Built:            Thu May  5 13:17:24 2022
  OS/Arch:          linux/amd64
```

图 1-102　安装 Docker 的信息

1.6.3　在 Docker 内安装 ROS

在终端输入如下命令，该命令用于将 ROS 官方的镜像拉下来，即下载。

```
docker pull osrf/ros:kinetic-desktop-full
```

其安装结果如图 1-103 所示。

```
baea347ac716: Downloading  24.15MB/63.58MB
cad556a5f1ba: Waiting
aceb7d808078: Waiting
10548ed6df38: Waiting
kinetic-desktop-full: Pulling from osrf/ros
61e03ba1d414: Pull complete
4afb39f216bd: Pull complete
e489abdc9f90: Pull complete
999fff7bcc24: Pull complete
7dee46e5af81: Pull complete
26d1bbf7dea9: Pull complete
0662b1269a41: Pull complete
f759c9d3424a: Pull complete
defe81202a2c: Pull complete
6b7c066b85ea: Pull complete
b8274d96e502: Pull complete
baea347ac716: Pull complete
cad556a5f1ba: Pull complete
aceb7d808078: Pull complete
10548ed6df38: Pull complete
Digest: sha256:e350d250d704f10ae43039e7f7b1f3da2282cfe1330852964797f375d547f174
Status: Downloaded newer image for osrf/ros:kinetic-desktop-full
docker.io/osrf/ros:kinetic-desktop-full
ubuntu@ubuntu-vm:~$
```

图 1-103　pull ros 的镜像

下载完成后在终端输入如下命令来查看获得的镜像文件：

```
docker images
```

其结果如图 1-104 所示，我们获得的是 osrf/ros 的镜像。

```
ubuntu@ubuntu-vm:~$ docker images
REPOSITORY    TAG                    IMAGE ID       CREATED         SIZE
hello-world   latest                 feb5d9fea6a5   7 months ago    13.3kB
osrf/ros      kinetic-desktop-full   695703bbc406   10 months ago   3.19GB
```

图 1-104　镜像文件信息

在终端输入如下命令根据获得的镜像创建容器，并确认是否创建成功。

```
docker run -it osrf/ros:kinetic-desktop-full bash
roscore
```

运行结果如图 1-105 所示。

```
ubuntu@ubuntu-vm:~$ docker run -it osrf/ros:kinetic-desktop-full bash
root@7ff732366098:/# roscore
... logging to /root/.ros/log/e6ed352c-cf7f-11ec-a1ba-0242ac110002/roslaunch-7
732366098-35.log
Checking log directory for disk usage. This may take awhile.
Press Ctrl-C to interrupt
Done checking log file disk usage. Usage is <1GB.

started roslaunch server http://7ff732366098:33375/
ros_comm version 1.12.17


SUMMARY
========

PARAMETERS
```

图 1-105　容器中开启节点管理器

1.6.4　在 Docker 内安装 vncserver

在终端中输入如下命令，该命令用于开放权限，允许所有用户，当然包括 docker，访问 X11 的显示接口。

```
xhost +
```

图 1-106 为该指令运行成功的结果，用户可自行跳转。

```
ubuntu@ubuntu-vm:~$ xhost +
access control disabled, clients can connect from any host
```

图 1-106　开放权限

如果显示 xhost: unable to open display 则说明用户没有安装 vncserver。在新的终端中输入如下命令安装 vncserver：

```
sudo apt-get install tigervnc-standalone-server tigervnc-viewer
```

安装完成后输入如下命令进入 root 启动 vncserver：

```
su root
vncserver
```

其结果如图 1-107 所示。

```
ubuntu@ubuntu-vm:~$ su root
密码:
root@ubuntu-vm:/home/ubuntu# vncserver

You will require a password to access your desktops.

Password:
Verify:
Would you like to enter a view-only password (y/n)? y
Password:
Verify:

New 'ubuntu-vm:1 (root)' desktop at :1 on machine ubuntu-vm

Starting applications specified in /etc/X11/Xvnc-session
Log file is /root/.vnc/ubuntu-vm:1.log

Use xtigervncviewer -SecurityTypes VncAuth -passwd /root/.vnc/passwd :1 to conne
ct to the VNC server.
```

图 1-107　启动 vncserver

1.6.5　测试 Docker 中 ROS 及其 GUI 界面

在终端输入如下命令来新建一个带 GUI 环境变量的容器：

```
docker run -it |
      --env="DISPLAY" |
      --env="QT_X11_NO_MITSHM=1" |
      --volume="/tmp/.X11-unix:/tmp/.X11-unix:rw" |
      osrf/ros:kinetic-desktop-full |
      /bin/bash
```

其中，–env= “DISPLAY” 可以开启显示 GUI 界面，–env= “QT_X11_NO_MITSHM=1” 是采用 X11 的端口 1 进行显示，–volume= “/tmp/.X11-unix:/tmp/.X11-unix:rw” 是映射显示服务节点目录，osrf/ros:kinetic-desktop-full 表示容器从镜像 osrf/ros:kinetic-desktop-full 创建，/bin/bash 表示系统运行命令 bash。

创建之后系统自动进入 Docker，在终端输入如下命令：

```
source /opt/ros/kinetic/setup.bash
roscore
```

其中，source 命令运行的 setup.bash 让一些 ROS 开头的命令可以使用，同时还能够创建一些 ROS 开头的环境变量。

在新的终端输入如下命令以查看目前所有的容器的名字：

```
docker ps -all
```

创建的容器如图 1-108 所示，我们创建的 ros 容器名称为 recursing_lamarr。

```
ubuntu@ubuntu-vm:~$ docker ps --all
CONTAINER ID   IMAGE                           COMMAND                  CREATED       STATUS                   PORTS     NAMES
ebeafede2f42   osrf/ros:kinetic-desktop-full   "/ros_entrypoint.sh …"   2 hours ago   Up 2 hours                         recursing_lamarr
008b4a991fc6   hello-world                     "/hello"                 7 hours ago   Exited (0) 7 hours ago             youthful_ardinghelli
```

图 1-108　容器列表

通过以下命令进入我们刚创建的容器中：

```
docker exec -it recursing_lamarr /bin/bash
```

其中，recursing_lamarr 为对应的容器名，进入容器后运行以下命令以运行小海龟仿真器：

```
source /opt/ros/kinetic/setup.bash
rosrun turtlesim turtlesim_node
```

打开的界面如图 1-109 所示。

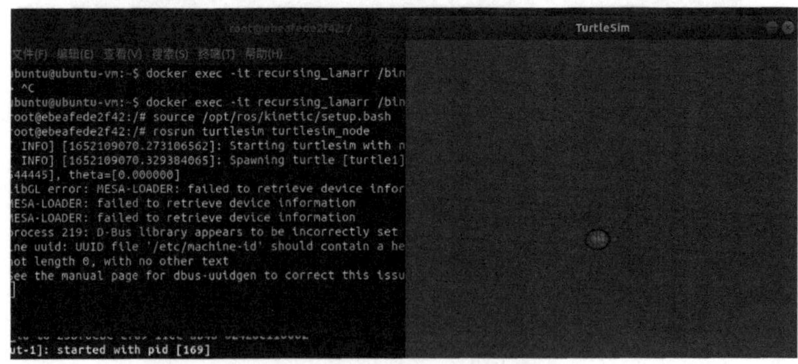

图 1-109　小海龟仿真器测试

在第三个终端中同样输入如下命令打开键盘控制节点：

```
docker exec -it recursing_lamarr /bin/bash
source /opt/ros/kinetic/setup.bash
rosrun turtlesim turtle_teleop_key
```

打开的界面如图 1-110 所示。

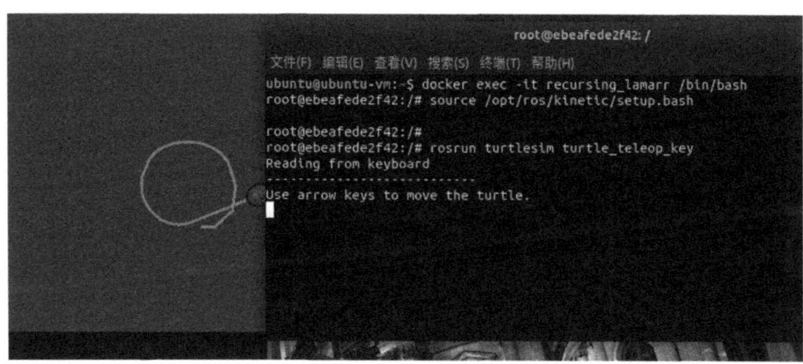

图 1-110　键盘控制测试

同样在新的终端中输入如下命令打开 rviz：

```
docker exec -it recursing_lamarr /bin/bash
source /opt/ros/kinetic/setup.bash
rviz
```

其结果如图 1-111 所示，虽然出现了一些报错错误导致某些功能包无法打开，但是 rviz 可视化界面可以正常打开。

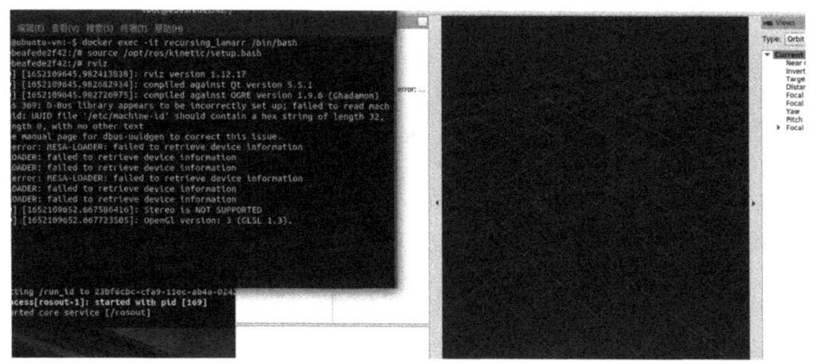

图 1-111　rviz 可视化界面

同样在新的终端中输入如下命令打开 gazebo：

```
docker exec -it recursing_lamarr /bin/bash
source /opt/ros/kinetic/setup.bash
gazebo
```

其结果如图 1-112 所示，与 rviz 类似，可以正常打开可视化界面，但这里报错的原因是参数模型没有导入进去。

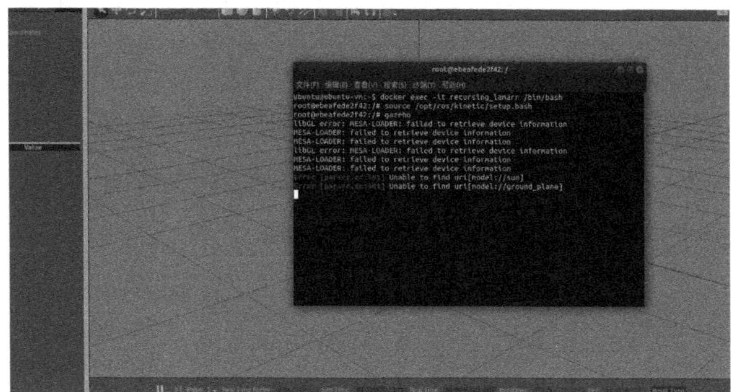

图 1-112　gazebo 可视化界面

1.7 ROS 搭建 VSC 调试环境

1.7.1 安装插件

在 VScode 中输入 ROS 安装如图 1-113 所示的 ROS 插件。

在 VScode 中输入 Material Icon Theme 并安装如图 1-114 所示的插件。

1.7.2 在 VScode 中配置 ROS 环境

当其添加成功之后关闭 VScode，在之前创建的 catkin_ws 的工作空间中打开新的终端并输入如下命令以打开 VScode：

```
code
```

用命令重新打开 VScode 后，发现系统会自动识别该工作空间，并附带生成了 .vscode 文件夹，里面存在两个 json 文件，其结果如图 1-115 所示。

图 1-113 ROS 插件

图 1-114 Material Icon Theme 插件

图 1-115 .vscode 文件列表

其中，c_cpp_properties.json 用于配置编译器环境，将其修改成如图 1-116 所示，其中重要的是 includePath，包含了所有用到的头文件的目录。

而 settings.json 文件则与 Python 的编译有关。

功能包的创建需要右键点击 src 文件夹，在弹出的选项中选择 Create Catkin Package，其结果如图 1-117 所示。

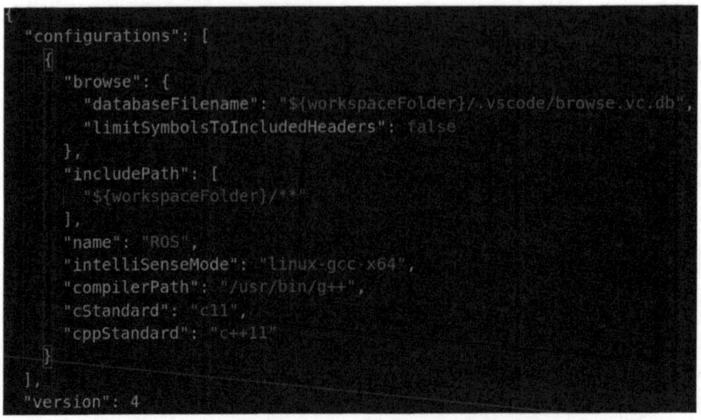

```
{
  "configurations": [
    {
      "browse": {
        "databaseFilename": "${workspaceFolder}/.vscode/browse.vc.db",
        "limitSymbolsToIncludedHeaders": false
      },
      "includePath": [
        "${workspaceFolder}/**"
      ],
      "name": "ROS",
      "intelliSenseMode": "linux-gcc-x64",
      "compilerPath": "/usr/bin/g++",
      "cStandard": "c11",
      "cppStandard": "c++11"
    }
  ],
  "version": 4
```

图 1-116 修改后 c_cpp_properties.json 文件内容

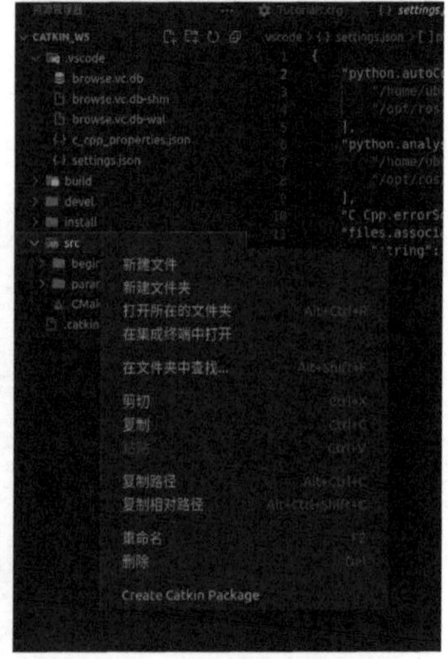

图 1-117 创建功能包

创建功能包的名字如图 1-118 所示。

图 1-118 功能包命名

在该界面输入功能包的名字，新建一个名为 test 的功能包，其功能包依赖如图 1-119 所示。

图 1-119 功能包添加依赖

在该界面输入功能包的依赖，在 test 功能包中添加 roscpp rospy std_msgs 依赖，其生成结果如图 1-120 所示。

在生成的 test 功能包中右键点击 src 文件，在弹出的选项中点击新建文件，建立一个 test.cpp 的文件，因为之前安装过 Material Icon Theme，所以该文件会自动变成 C++ 的图标，其结果如图 1-121 所示。

点击上面任务菜单中的终端，在弹出的选项中选择新建终端，其结果如图 1-122 所示。

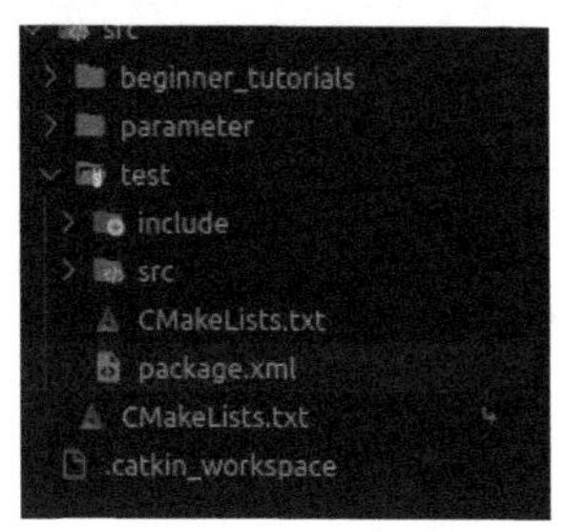

图 1-120 生成的功能包

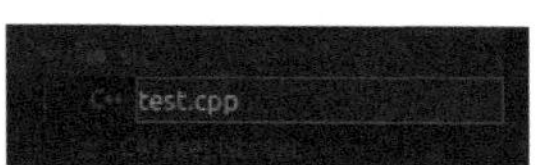

图 1-121 创建 C++ 文件

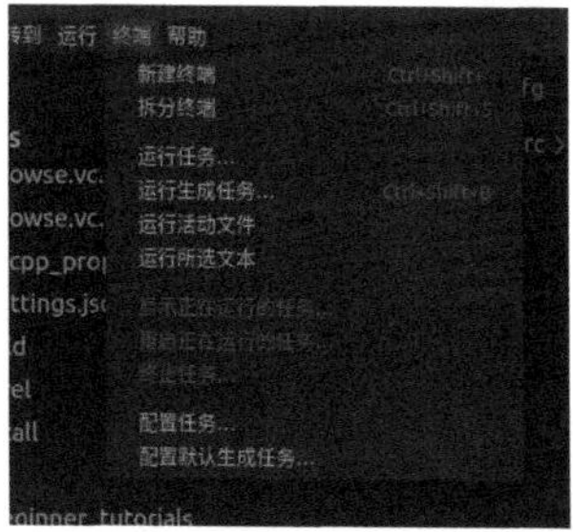

图 1-122 新建终端

其生成的终端界面如图 1-123 所示。

图 1-123 建立的终端

该终端中输入的命令与在 Linux 中自带终端里输入的命令相同。

1.7.3 在 VScode 中 debug 代码

在之前新创建的 C++ 文件中添加如下代码：

```
#include <iostream>
void swap (int *px, int *py)
   {
     int temp=*px;
     *px=*py;
     *py=temp;
   }
```

```
int main()
  {
    using namespace std;
    int a=1, b=2;
    cout<<"before swap:"<<endl;
    cout<<"a="<<a<<",b="<<b<<endl;
    swap(&a, &b);
    cout<<"after swap:"<<endl;
    cout<<"a="<<a<<",b="<<b<<endl;
  }
```

在 CMakeLists 文件中添加如下命令：

```
add_executable(test src/test.cpp)
target_link_libraries(test ${catkin_LIBRARIES})
```

将该部分代码编译完成后进行对应的 debug。

点击左侧的运行与调试，其图标如图 1-124 所示。

点击该图标后在上方点击添加配置，其图标如图 1-125 所示。

依次选择 C++（GDB/LLDB）、默认配置，如果是第一次 debug，系统会自动生成 launch.json，其内部配置如图 1-126 所示。

图 1-124　debug 图标

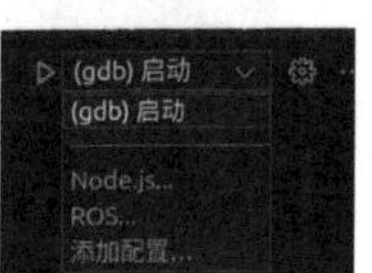

图 1-125　添加 debug 配置

图 1-126　launch.json 文件配置

其中，我们需要关注的只有 program，该部分需要写入的是编译后运行程序的路径，其中 ${workspaceFolder} 为工作空间所在路径，只需要补全即可。

当这些预备工作结束之后正式开始 debug 代码，点击 debug 图标和需要 debug 的代码，并在对应语句中设置断点（在对应语句前单击），其结果如图 1-127 所示。

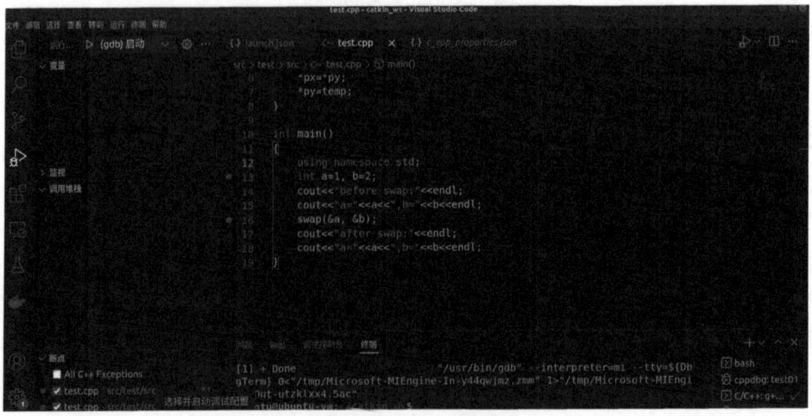

图 1-127　断点设置

点击左上角的 debug 图标并选择调试 C++ 文件，其结果如图 1-128 所示。

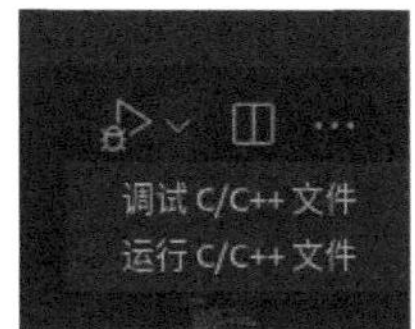

图 1-128　调试选项

点击完成后出现的程序 debug 界面如图 1-129 所示。

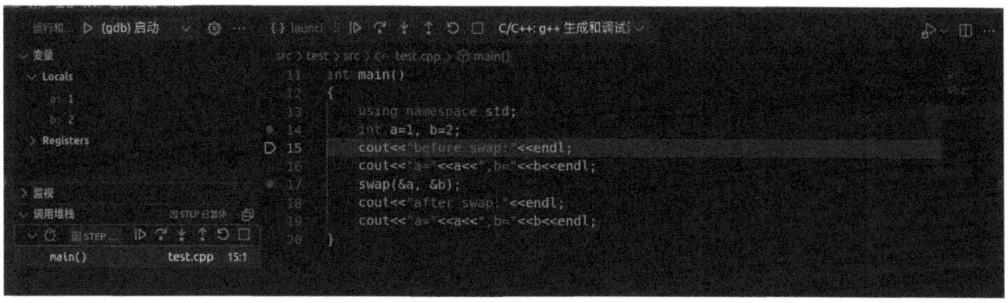

图 1-129　调试界面

调试界面如图 1-130 所示。

图 1-130　调试界面（数据交换后）

下面以之后讲述的 publisher 程序进行 debug，其结果如图 1-131 所示。

图 1-131　ros 程序调试

其中，左边用于观察变量的变化，单步执行会使得程序自动调到下一语句，变量也会随之变化，当语句跳到函数中时，系统也随之跟随到函数中的语句，我们可以用此来观察程序执行状况。如果要编译 ros 程序也是类似，只需要对 .vscode 文件夹里面的四个文件进行替换即可。

其中，c_cpp_properties.json 文件中的内容如下所示：

```
{
    "configurations": [
        {
            "browse": {
                "databaseFilename": "",
                "limitSymbolsToIncludedHeaders": true
            },
            "includePath": [
                "/opt/ros/melodic/include/**",
                "/usr/include/**",
                "${workspaceFolder}/src/catkin_ws/**"
            ],
            "name": "ROS",
            "compileCommands": "${workspaceFolder}/build/compile_commands.json"
        }
    ],
    "version": 4
}
```

该文件主要用于配置编译器环境，其中：

① “browse”主要用于解决 define 的问题，系统会自动搜索相应 browse.path 字段中所有的宏定义，让 define 操作能够正常使用，在本例中并没有添加指定路径，而是将其中的“limitSymbolsToIncludedHeaders”设置为 true，这样系统会自动递归搜查 ${workspaceFolder} 路径中的所有源文件。

② “includePath”主要用于解决 include 的问题，系统会自动递归搜寻我们设置路径下的所有头文件。

③ “name”用于表示配置文件，一般都是内核的名字，如本例中的 ROS。

④ “compileCommands”：该路径一般用于解决 include 和 define 的问题，系统会使用工作空间中 compile_commands.json 文件中的完整路径，并使用在此文件中包含的 include 和 define，而不是“browse”与“includePath”中规定的路径和定义。因为我们之前已经对 include 和 define 进行规定，所以本部分用不到。

其中，setting.json 文件中的内容如下所示：

```
{
    "python.autoComplete.extraPaths": [
        "/opt/ros/melodic/lib/python2.7/dist-packages"
    ],
    "files.associations": {
        "cctype": "cpp",
        "clocale": "cpp",
        "cmath": "cpp",
        "csignal": "cpp",
        "chrono": "cpp",
        "complex": "cpp",
        "condition_variable": "cpp",
        "cstdint": "cpp",
        "deque": "cpp",
        "forward_list": "cpp",
        "list": "cpp",
```

```
            "unordered_map": "cpp",
            "unordered_set": "cpp",
            "vector": "cpp",
        },
        "python.analysis.extraPaths": [
            "/opt/ros/melodic/lib/python2.7/dist-packages"
        ],
        "editor.fontFamily": "'Droid Sans Mono', 'monospace', 'Droid Sans Fallback'"
}
```

该文件用于对 VScode 进行页面风格、代码格式、字体颜色和大小等设置。其中：

①“python.autoComplete.extraPaths”用于 Python 添加代码补全功能，其中路径为本地 Python 路径。

②“files.associations”用于配置文件关联，有点类似 C++ 中的宏定义，简单来讲，“cctype”：“cpp”语句将任何尾缀为 cctype 的文件认为是 cpp 文件，VScode 会用 cpp 规则匹配 cpp 文件做相应格式化、代码提示等。

③“python.analysis.extraPaths”用于添加 Python 自定义模块的路径，注意的是，该路径是相对于工作空间根目录的。

④“editor.fontFamily”用于设置字体。

tasks.json 文件中的内容如下所示：

```
{
        "version": "2.0.0",
        "tasks": [
            {
                "type": "shell",
                "label": "ROS: catkin_make",
                "command": "catkin_make",
                "args": [
                    "-j8",
                    "-DCMAKE_BUILD_TYPE=Debug"
                ],
                "options": {
                    "cwd": "${workspaceFolder}"
                },
                "problemMatcher": [
                    "$gcc"
                ],
                "group": "build",
                "detail": " 调试器生成的任务。"
            },
        ],
}
```

launch.json 文件中的内容如下所示：

```
{
        "version": "0.2.0",
        "configurations": [
            {
                "name": "(gdb) 启动 ",
                "type": "cppdbg",
                "request": "launch",
                "program": "${workspaceFolder}/devel/lib/${input:package}/${input:program}",
                "args": [],
                "stopAtEntry": true,
                "cwd": "${workspaceFolder}",
```

```
                "environment": [],
                "externalConsole": false,
                "MIMode": "gdb",
                "sourceFileMap": {
                    "/build/glibc-S9d2JN": "/usr/src/glibc"
                },
                "setupCommands": [
                    {
                        "description": "为 gdb 启用整齐打印",
                        "text": "-enable-pretty-printing",
                        "ignoreFailures": true
                    },
                    {
                        "description": "将反汇编风格设置为 Intel",
                        "text": "-gdb-set disassembly-flavor intel",
                        "ignoreFailures": true
                    }
                ]
            }
        ],
        "inputs": [
            {
                "id": "package",
                "type": "promptString",
                "description": "Package name",
                "default": "learning_topic"
            },
            {
                "id": "program",
                "type": "promptString",
                "description": "Program name",
                "default": "turtle_publisher"
            }
        ]
}
```

这两类文件直接照着填入即可，所以这里不对其进行过多讲述。

第2章 ROS编程及插件二次开发

ROS 中除了之前的那些命令操作，还可以使用编程来对节点进行一系列操作。

2.1 发布者（Publisher）的编程与实现

在之前的学习中，我们成功地通过在终端输入 rostopic pub 命令实现了向小海龟发布速度消息，在本节将学习如何运用 ROS 中重要的通信机制——话题来实现这一工作。

ROS 系统中话题消息的运行结构如图 2-1 所示。

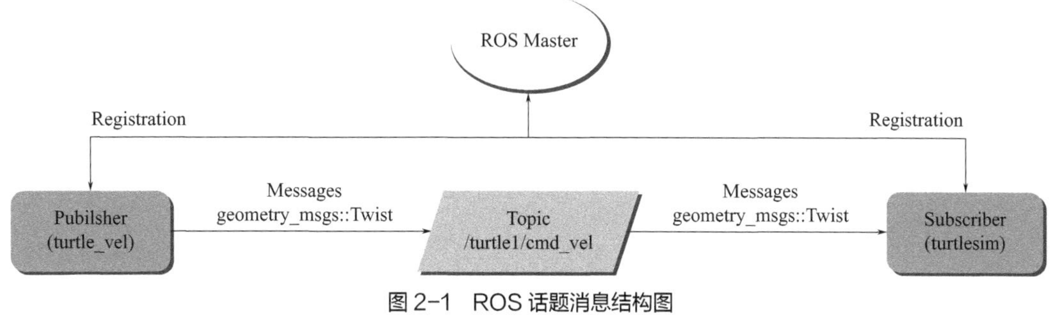

图 2-1 ROS 话题消息结构图

该结构中 ROS Master 用于构建两个节点之间的联系，其中订阅者是我们打开的小海龟仿真器，而发布者则为本章节用编程实现的一个速度命令的发布者。

2.1.1 learning_topic 功能包的创建

在 VScode 中通过前面讲述的方式来创建一个名为 learning_topic 的新的功能包，其结果如图 2-2 所示，下面我们对其添加依赖。

图 2-2 功能包的创建

依赖添加结果如图 2-3 所示，其中添加了 roscpp、rospy、std_msgs、geometry_msgs、turtlesim 等依赖，roscpp 和 rospy 用于 C++ 和 Python 语言，std_msgs 和 geometry_msgs 用于标准 message，而 turtlesim 则包含了一些关于小海龟仿真器的函数、头文件、信息格式等。

为了更好地分类 C++ 和 Python 文件，我们将系统自动生成的 src 文件用于存放 C++ 文件，新建一个 scripts 文件夹用于存放 Python 文件，功能包的文件结构如图 2-4 所示。

图 2-3 功能包的依赖添加

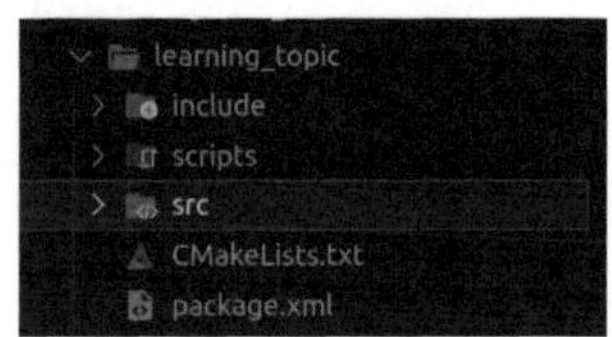

图 2-4 功能包的文件结构

2.1.2 ROS 中如何实现一个 Publisher

① 因为 ROS 中的通信都是节点间的信息传输，所以首先需要初始化一个节点。

② 向节点管理器注册该节点包含的各类信息，以本节为例，如果要实现一个发布者，其中包含的信息有发布的话题名以及对应话题的消息类型。

③ 按照具体需求初始化我们需要向话题发布的信息。

④ 设置发布消息的频率并按照设定的频率发布消息。

2.1.3 用 C++ 实现 Publisher 及代码讲解

在 src 文件中新建一个用于向小海龟仿真器发布速度消息的 turtle_publisher.cpp 的文件，其中添加代码如下所示，本例程需要初学者对 C++ 有一定基础，该代码用于向 /turtle1/cmd_vel 话题发布小海龟的速度消息，消息的结构类型为 geometry_msgs::Twist。

```
#include <ros/ros.h>
#include <geometry_msgs/Twist.h>
int main(int argc, char **argv)
{
      ros::init(argc, argv, "turtle1_vel_publisher");
      ros::NodeHandle nh;
      ros::Publisher turtle1_vel_pub = nh.advertise<geometry_msgs::Twist>("/turtle1/cmd_vel", 1000);
      ros::Rate loop_rate(10);
      int count = 0;
      while (ros::ok())
      {
          geometry_msgs::Twist vel_msg;
          vel_msg.linear.x = 1.0;
          vel_msg.angular.z = 1.0;
          turtle1_vel_pub.publish(vel_msg);
```

```
        ROS_INFO("Publish turtle1 velocity msssage is：[%0.2f m/s, %0.2f rad/s]", vel_msg.
linear.x, vel_msg.angular.z);
      ROS_INFO("Publish times are:[%d]",++count);
        loop_rate.sleep();
      }
      return 0;
}
```

下面对其进行拆分，分析其实现过程。

```
#include <ros/ros.h>
#include <geometry_msgs/Twist.h>
```

该部分为头文件的包含，ros/ros.h 部分包含了 ros 的一些头文件，比如本例用到的函数定义，而 geometry_msgs/Twist.h 主要是包含向话题发布的速度消息的头文件。

```
    ros::init(argc, argv, "turtle_publisher");
    ros::NodeHandle nh;
```

该部分语句为节点初始化和创造句柄。ros，从编程角度来理解是一个包含了类的命名空间，ros::init 为节点的初始化，节点的初始化包括了输出的参数和一些节点的名字，需要注意的是，ROS 中的节点名不可以重复定义，ros::NodeHandle 用于创造节点句柄，用于管理各种 API 的资源，比如后面的 nh.advertise 函数就是用了此处创造的 nh 句柄来调用实现的。

```
    ros::Publisher turtle1_vel_pub = nh.advertise<geometry_msgs::Twist>("/turtle1/cmd_vel",
1000);
    ros::Rate loop_rate(10);
```

该部分语句用于创建发布者和设置发送频率，其中，ros::Publisher 用于创造一个发布者的实例，其名称为 turtle1_vel_pub，nh.advertise 函数用于对该发布者进行初始化，其中包括了其发送的话题对象、消息结构和队列长度等，该发布者用于向 /turtle1/cmd_vel 话题发布消息，其中话题消息必须和订阅者订阅的话题一致，否则该消息会发送错误，或者发送到其他订阅者中，发布的消息结构为 geometry_msgs::Twist，设置队列长度为 1000，队列长度用于存放尚未发布出去的消息，当堆积的消息个数大于设置的队列长度时，系统会自动剔除旧的数据，存入新的数据。当发布消息的速度大于底层传输消息的速度和订阅者接受的速度时，系统会自动产生消息的堆积，队列长度的设置与发布的频率和底层传输速率有关，ros::Rate 用于设置循环的频率，本例中设置 10Hz 的频率。

```
int count = 1;
while (ros::ok())
```

本部分设置了一个计数变量 count 和一个 while 循环，其中计数变量用于计数发布了多少次消息，而 while 循环则用于实现持续发布消息，其中的 ros::ok() 用于判断操作者是否终止了该进程，当该进程一直进行下去会返回数值 1，使得 while 函数不断循环下去，而当操作者终止了该进程时则会返回数值 0，从该 while 循环停止。

```
    geometry_msgs::Twist vel_msg;
    vel_msg.linear.x = 1.0;
    vel_msg.angular.z = 1.0;
```

该部分代码用于初始化发送到节点的消息，系统创建了一个名为 vel_msg 的消息，其结构类型为 geometry_msgs::Twist，该结构存在于我们一开始包含的 <geometry_msgs/Twist.h> 中，以之前用指令向仿真器发送速度消息的数据结构为例，将 x 方向的线速度与 z 方向的角速度设为 1，从而实现小海龟的绕圈运动。

```
            turtle1_vel_pub.publish(vel_msg);
            ROS_INFO("Publish turtle1 velocity msssage is：[%0.2f m/s, %0.2f rad/s]", vel_msg.
    linear.x, vel_msg.angular.z);
            ROS_INFO("Publish times are:[%d]",++count);
            loop_rate.sleep();
```

该部分代码用于向指定话题发送我们定义好的消息，在终端输出我们向话题发布的消息及发布的次数并延迟之前设定的时间，其中，publish 函数将定义的消息 vel_msg 向 turtle1_vel_pub 指定的话题中发，而 ROS_INFO 用于向终端输出信息，loop_rate.sleep 则是系统延迟对应时间，以实现设定的发送频率。

编译之前在 CMakeLists 添加如下编译规则：

```
add_executable(turtle_publisher src/turtle_publisher.cpp)
target_link_libraries(turtle_publisher ${catkin_LIBRARIES})
```

其中，add_executable 用于生成可执行文件，而 target_link_libraries 则用于配置的可执行文件所需要的库，所以两者顺序不可以颠倒，否则会出现错误。

添加完成后，在 VScode 的终端中输入 catkin_make 对此进行编译。编译结果如图 2-5 所示。

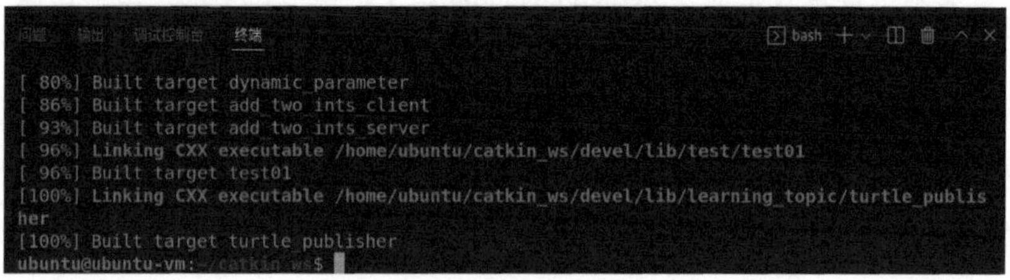

图 2-5　VScode 中的编译结果

下面对该发布者例程进行测试，分别在新的终端中运行如下代码：

```
rosore
rosrun turtlesim turtelsim_node
rosrun learning_topic turtle_publisher
```

得到的结果如图 2-6 所示，发现小海龟如我们预期的做绕圈运动，并且终端中输出发布给小海龟的速度消息和消息发布的次数。

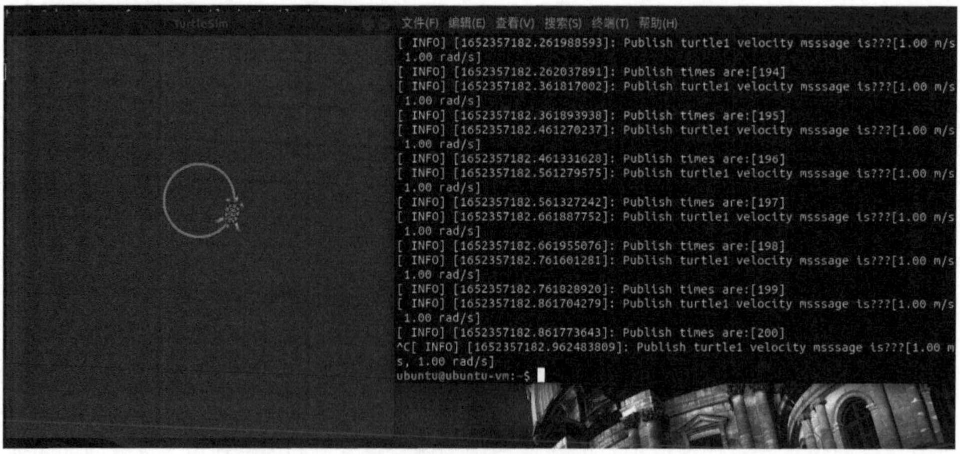

图 2-6　代码执行结果

2.1.4　用 Python 实现 Publisher 及代码讲解

上面我们成功地用 C++ 实现了 Publisher 对小海龟发布速度消息，下面将用 Python 来实现同样的结果，在用于存储 Python 代码的 scripts 文件夹中新建一个名为 turtle_publisher.py 的 Python 文件，其内部代码如下所示：

```
#!/usr/bin/env python
# coding:utf-8
import rospy
from geometry_msgs.msg import Twist
def velocity_publisher():
      rospy.init_node('turtle1_vel_publisher', anonymous=True)
      turtle1_vel_pub = rospy.Publisher('/turtle1/cmd_vel', Twist, queue_size=1000)
      rate = rospy.Rate(10)
      count = 0
      while not rospy.is_shutdown():
          vel_msg = Twist()
          vel_msg.linear.x = 1.0
          vel_msg.angular.z = 1.0
          turtle1_vel_pub.publish(vel_msg)
          rospy.loginfo("Publish turtle1 velocity msssage is：[%0.2f m/s, %0.2f rad/s]", vel_
msg.linear.x, vel_msg.angular.z)
          count+=1
          rospy.loginfo("Publish times are:[%d]", count)
          rate.sleep()
if __name__ == '__main__':
      try:
          velocity_publisher()
      except rospy.ROSInterruptException:
          pass
```

下面对其进行拆分，分析其实现过程。

```
#!/usr/bin/env python
# coding:utf-8
```

该部分代码为 Python 与编译相关的配置。具体解释在 1.4 节中有具体介绍，这里就不再赘述。

```
import rospy
from geometry_msgs.msg import Twist
```

该部分代码用于包括需要的头文件。

```
import rospy
```

该部分代码就是关于 ROS 的 Python 的头文件配置。

```
from geometry_msgs.msg import Twist
```

该部分代码用于配置 geometry_msgs.msg 功能包中 Twist 消息的数据结构。

```
def velocity_publisher():
```

该代码用于声明一个名为 velocity_publisher 的函数，下面为该函数的具体内容。

```
      rospy.init_node('turtle1_vel_publisher', anonymous=True)
      turtle1_vel_pub = rospy.Publisher('/turtle1/cmd_vel', Twist, queue_size=1000)
```

该部分代码用于初始化节点、构造并初始化一个 Publisher，其中初始化节点在 1.4 节中讲过，这里不进行详细讲解。

```
turtle1_vel_pub = rospy.Publisher('/turtle1/cmd_vel', Twist, queue_size=1000)
```

该部分代码创建了一个名为 turtle1_vel_pub 的 Publisher，并指定其发布的话题对象为 /turtle1/cmd_vel，数据结构为 Twist（数据结构这里与 C++ 有所区别），并设置队列长度为 1000。

```
rate = rospy.Rate(10)
count = 0
```

该部分代码声明了发布频率周期（通过延迟实现）和计数量 count。

```
while not rospy.is_shutdown():
 vel_msg = Twist()
 vel_msg.linear.x = 1.0
 vel_msg.angular.z = 1.0
```

该部分声明了一个 while 循环，以及初始化 Twist 结构信息。

```
while not rospy.is_shutdown():
```

该代码创建了一个 while 循环，其循环判断依据为 rospy.is_shutdown() 函数，该函数与 C++ 中的 ros::ok() 作用一致，当终端进程被关闭时返回数值 0，否则返回数值 1，使得进程可以一直进行下去。

```
vel_msg = Twist()
vel_msg.linear.x = 1.0
vel_msg.angular.z = 1.0
```

该部分代码创建了一个名为 vel_msg 的 Twist 型的消息，并将其 x 轴线速度与 z 轴角速度赋值为 1，使得小海龟能够进行绕圈运动。

```
    turtle1_vel_pub.publish(vel_msg)
    rospy.loginfo("Publish turtle1 velocity msssage is：[%0.2f m/s, %0.2f rad/s]", vel_
msg.linear.x, vel_msg.angular.z)
    count+=1
    rospy.loginfo("Publish times are:[%d]", count)
    rate.sleep()
```

该部分代码用于速度消息与终端信息的发送。

```
turtle1_vel_pub.publish(vel_msg)
```

该代码用于将生成的名为 turtle1_vel_pub 的 Publisher 使用 publish() 函数将 vel_msg 信息发布到链接的话题中。

```
    rospy.loginfo("Publish turtle1 velocity msssage is：[%0.2f m/s, %0.2f rad/s]", vel_
msg.linear.x, vel_msg.angular.z)
```

该部分代码用于在终端中输出发布的信息内容。

```
count+=1
rospy.loginfo("Publish times are:[%d]", count)
```

该部分代码主要用于输出发布的消息次数，因为 Python 没有 C++ 中的自加语句，所以只能分成两个语句。

```
rate.sleep()
```

该部分代码通过延时来实现按一定频率发送消息的功能。

在 VScode 中编译结果如图 2-7 所示。

在运行 Python 前需要确保其允许作为程序执行 , 所以在终端中输入如下命令：

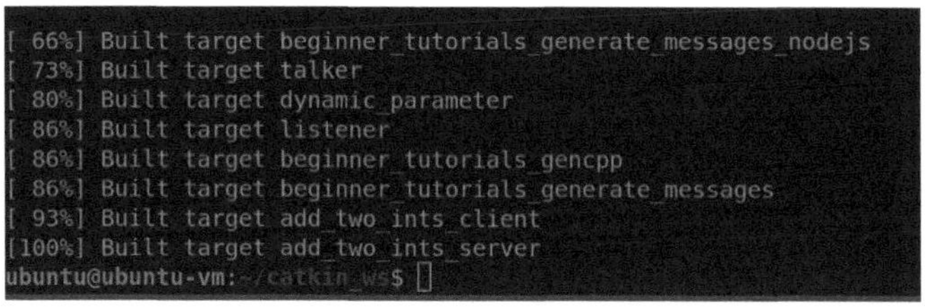

[66%] Built target beginner_tutorials_generate_messages_nodejs
[73%] Built target talker
[80%] Built target dynamic_parameter
[86%] Built target listener
[86%] Built target beginner_tutorials_gencpp
[86%] Built target beginner_tutorials_generate_messages
[93%] Built target add_two_ints_client
[100%] Built target add_two_ints_server
ubuntu@ubuntu-vm:~/catkin_ws$

图 2-7　VScode 编译结果

```
cd ~/catkin_ws
chmod +x src/learning_topic/scripts/turtle_publisher.py
rosore
rosrun turtlesim turtelsim_node
rosrun learning_topic turtle_publisher.py
```

其执行结果如图 2-8 所示。

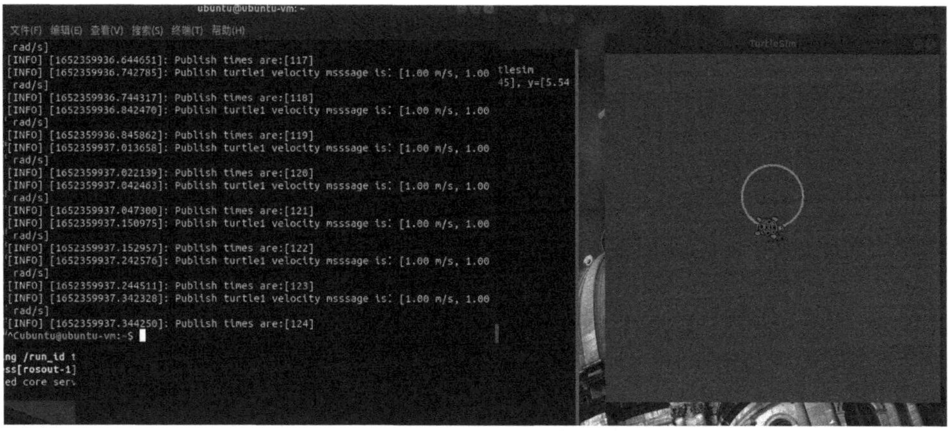

图 2-8　Python 语句执行结果

2.2　订阅者（Subscriber）的编程与实现

在之前的学习中我们成功地通过在终端输入 rostopic echo 命令实现了接收小海龟的速度消息，在本节将学习如何运用 ROS 中话题的订阅者来实现这一工作。

在 ROS 系统中订阅者消息的运行结构如图 2-9 所示。

ROS Master
Registration
Registration
Pubilsher
(turtlesim)
Messages
geometry_msgs::Twist
Topic
/turtle1/cmd_vel
Messages
geometry_msgs::Twist
Subscriber
(turtle_vel)

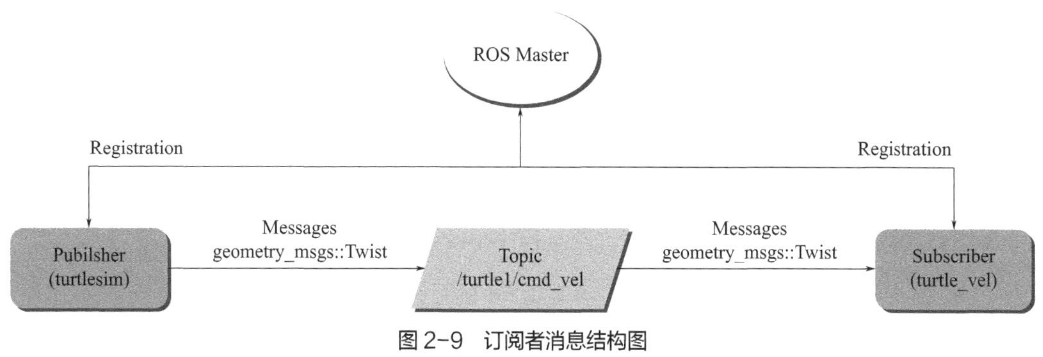

图 2-9　订阅者消息结构图

该结构中 ROS Master 用于构建两个节点之间的联系，其中发布者是我们打开的小海龟仿真器，而订阅者则为本章节用编程实现的一个速度消息的接收者。

2.2.1 ROS 中如何实现一个 Subscriber

与发布者的创建类似，我们创建订阅者需要如下四个步骤：

① 初始化 ROS 节点。

② 向节点管理器注册该节点的详细信息，比如需要订阅的话题名及接收的消息结构。

③ 在循环函数中等待话题消息，接收到消息后进入回调函数。

④ 执行回调函数中的内容。

2.2.2 用 C++ 实现 Subscriber 及代码讲解

在 learning_topic 的功能包的 src 文件中新建一个用于接收小海龟仿真器发布速度消息的 turtle_subscriber.cpp 文件，其中添加代码如下所示，该代码用于接收 /turtle1/cmd_vel 话题发布小海龟的速度消息，消息的结构类型为 geometry_msgs::Twist。

```
#include <ros/ros.h>
#include <geometry_msgs/Twist.h>
int count = 0;
void velCallback(const geometry_msgs::Twist::ConstPtr& msg)
{
      ROS_INFO("Turtle vel: linear x:%0.6f, y:%0.6f ,z:%0.6f angular x:%0.6f, y:%0.6f ,z:%0.6f",
msg->linear.x, msg->linear.y, msg->linear.z, msg->angular.x, msg->angular.y, msg->angular.z);
      ROS_INFO("Subcriber times are:[%d]", ++::count);
}
int main(int argc, char **argv)
{
      ros::init(argc, argv, "turtle1_vel_subscriber");
      ros::NodeHandle nh;
      ros::Subscriber turtle1_vel_sub = nh.subscribe("/turtle1/cmd_vel", 1000, velCallback);
      ros::spin();
      return 0;
}
```

下面对其进行拆分，分析其实现过程。

```
#include <ros/ros.h>
#include <geometry_msgs/Twist.h>
```

该部分代码与发布者中代码一致，都是相关头文件的包含。

```
      ros::init(argc, argv, "turtle1_vel_subscriber");
      ros::NodeHandle nh;
```

该部分代码用于相关节点的初始化和句柄的创建。

```
      ros::init(argc, argv, "turtle1_vel_subscriber");
```

该部分代码创建了一个名为 turtle1_vel_subscriber 的节点，并对其进行初始化。

```
      ros::NodeHandle nh;
```

该部分代码创建了一个名为 nh 的句柄，方便后续对 API 进行管理。

```
ros::Subscriber turtle1_vel_sub = nh.subscribe("/turtle1/cmd_vel", 1000, velCallback);
```

该部分代码生成了一个名为 turtle1_vel_sub 的订阅者的实例，并通过句柄调用 API，使用 nh.subscribe 函数对该订阅者指定了 /turtle1/cmd_vel 的话题，并规定队列长度为 1000，调用的回调函数为 velCallback，当话题中出现新的消息时，该订阅者更新接收到的消息内容，并自动通过中断的形式跳转到回调函数中。其中队列的概念及作用在之前一节有过详细描述，这里就不过多介绍。

```
    ros::spin();
```

该段代码用于循环等待，使得 main() 函数能够一直进行下去，从而等待话题中消息的更新，因此本部分代码除非操作者终止该进程，否则理论上是不会运行到 return 语句中的。

```
int count = 0;
```

该代码存在于 main() 函数之外，所以定义了一个全局变量 count，该变量用于计数接收到的消息次数。

```
void velCallback(const geometry_msgs::Twist::ConstPtr& msg)
```

该部分为回调函数的定义，定义了一个名为 velCallback 的回调函数，此处回调函数名应与建立订阅者时定义的回调函数名一致。该回调函数的输入参数是一个名为 msg 的常指针，msg 指向 geometry_msgs::Twist 信息，该信息存在于仿真器中，因此 msg 中的内容与仿真器的内容保持一致。

```
    ROS_INFO("Turtle vel: linear x:%0.6f, y:%0.6f ,z:%0.6f angular x:%0.6f, y:%0.6f ,z:%0.6f",
msg->linear.x, msg->linear.y, msg->linear.z, msg->angular.x, msg->angular.y, msg->angular.z);
    ROS_INFO("Subcriber times are:[%d]", ++::count);
```

该部分为回调函数中的内容，用于在终端中发送订阅的相关信息。

```
    ROS_INFO("Turtle vel: linear x:%0.6f, y:%0.6f ,z:%0.6f angular x:%0.6f, y:%0.6f ,z:%0.6f",
msg->linear.x, msg->linear.y, msg->linear.z, msg->angular.x, msg->angular.y, msg->angular.z);
```

该部分代码通过在回调函数定义的输出参数——msg 常指针，将订阅到的消息内容输出到终端中。

```
ROS_INFO("Subcriber times are:[%d]", ++::count);
```

该部分代码用于在终端中输出计数的次数，其中，::count 是全局变量的 count。

编译之前在 CMakeLists 添加如下编译规则：

```
add_executable(turtle_subscriber src/turtle_subscriber.cpp)
target_link_libraries(turtle_subscriber ${catkin_LIBRARIES})
```

添加完成后在 VScode 的终端中输入 catkin_make 对此进行编译。

编译结果如图 2-10 所示，下面对该发布者例程进行测试，分别在新的终端中运行如下代码：

```
[ 90%] Built target add_two_ints_server
[ 96%] Built target add_two_ints_client
[100%] Linking CXX executable /home/ubuntu/catkin_ws/devel/lib/learning_topic/turtle_subscriber
[100%] Built target turtle_subscriber
ubuntu@ubuntu-vm:~/catkin_ws$
```

图 2-10　VScode 编译界面

```
rosore
rosrun turtlesim turtelsim_node
rosrun turtlesim turtle_teleop_key
rosrun learning_topic turtle_subscriber
```

得到的结果如图 2-11 所示，发现终端中显示出了我们用键盘控制小海龟移动的角速度与线速度的信息，以及接收到消息的次数。

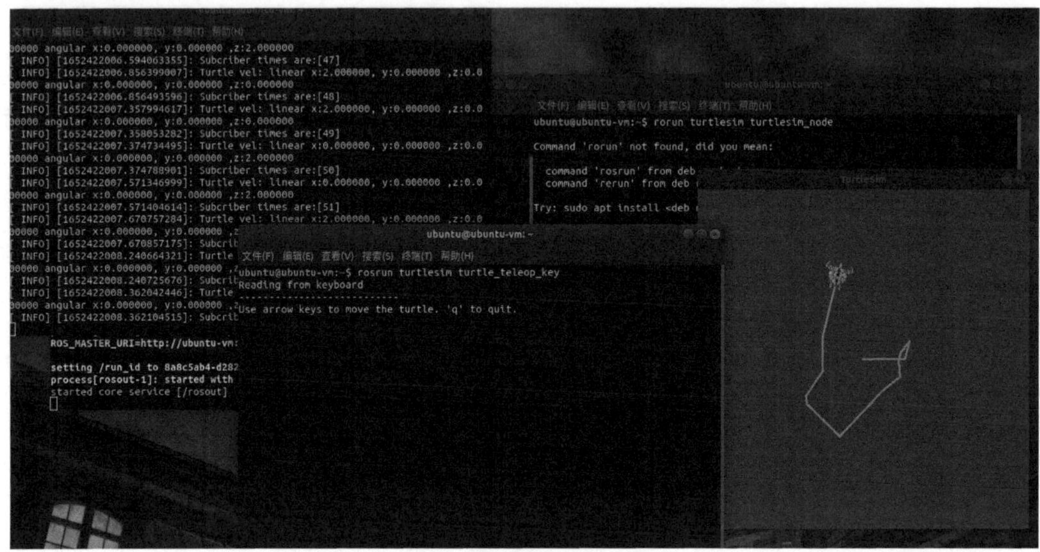

图 2-11　代码执行结果

2.2.3　用 Python 实现 Subscriber 及代码讲解

在上面我们成功地用 C++ 实现了 Subscriber 接收仿真器中的速度消息，下面将用 Python 来实现同样的结果，在用于存储 Python 代码的 scripts 文件夹中新建一个名为 turtle_subcriber.py 的 Python 文件，其代码如下所示：

```
#!/usr/bin/env python
# coding:utf-8
import rospy
from geometry_msgs.msg import Twist
global count
count = 0
def velCallback(msg):
     rospy.loginfo("Turtle vel: linear x:%0.6f, y:%0.6f ,z:%0.6f angular x:%0.6f, y:%0.6f ,z:%0.6f",
msg.linear.x, msg.linear.y, msg.linear.z, msg.angular.x, msg.angular.y, msg.angular.z)
     count+=1
     rospy.loginfo("Subscribe times are:[%d]", count)
def vel_subscriber():
     rospy.init_node('turtle1_vel_subscriber', anonymous=True)
     rospy.Subscriber("/turtle1/cmd_vel", Twist, velCallback)
     rospy.spin()

if __name__ == '__main__':
     vel_subscriber()
```

下面对其进行拆分，解释关键代码并分析其实现过程。

```
global count
count = 0
```

该部分代码定义了一个计数变量 count，并将其赋值为 0，用于之后计数接收消息的次数。

```
def vel_subscriber():
    rospy.init_node('turtle1_vel_subscriber', anonymous=True)
    rospy.Subscriber("/turtle1/cmd_vel", Twist, velCallback)
    rospy.spin()
```

该部分类似于 C++ 中的主函数，定义了一个名为 vel_subscriber() 的主函数，用于节点初始化、订阅者的创建和循环的实现。

```
    rospy.init_node('turtle1_vel_subscriber', anonymous=True)
```

该段代码初始化了一个名为 turtle1_vel_subscriber 的节点。

```
    rospy.Subscriber("/turtle1/cmd_vel", Twist, velCallback)
```

该部分代码创建了一个订阅者，并指定其接收的话题为 /turtle1/cmd_vel，接收到的消息的数据结构为 Twist，并将其链接到回调函数 velCallback，当其接收到来自话题的信息时，系统会自动跳转到回调函数中。

```
    rospy.spin()
```

该部分代码用于循环执行。

```
def velCallback(msg):
    rospy.loginfo("Turtle vel: linear x:%0.6f, y:%0.6f ,z:%0.6f angular x:%0.6f, y:%0.6f ,z:%0.6f",
msg.linear.x, msg.linear.y, msg.linear.z, msg.angular.x, msg.angular.y, msg.angular.z)
    count+=1
    rospy.loginfo("Subscribe times are:[%d]", count)
```

该部分代码为定义的回调函数，其输入参数为 msg，该参数在 Python 与在 C++ 中作用类似，都是用于输出消息内容，该回调函数用于在终端中输出消息内容与接收到的消息次数。

```
rospy.loginfo("Turtle vel: linear x:%0.6f, y:%0.6f ,z:%0.6f angular x:%0.6f, y:%0.6f ,z:%0.6f",
msg.linear.x, msg.linear.y, msg.linear.z, msg.angular.x, msg.angular.y, msg.angular.z)
```

该代码用于在终端中输出接收到的小海龟的线速度与角速度。

在 VScode 中编译结果如图 2-12 所示。

```
[ 75%] Built target talker
[ 75%] Built target dynamic_parameter
[ 81%] Built target listener
[ 87%] Built target beginner_tutorials_generate_messages_nodejs
[ 87%] Built target beginner_tutorials_gencpp
[ 87%] Built target beginner_tutorials_generate_messages
[ 93%] Built target add_two_ints_client
[100%] Built target add_two_ints_server
ubuntu@ubuntu-vm:~/catkin_ws$
```

图 2-12 VScode 编译结果

在运行 Python 前需要确保其允许作为程序执行 , 所以在终端中输入如下命令：

```
cd ~/catkin_ws
chmod +x src/learning_topic/scripts/turtle_subcriber.py
rosore
rosrun turtlesim turtelsim_node
rosrun turtlesim turtle_teleop_key
rosrun learning_topic turtle_subcriber.py
```

其结果如图 2-13 所示。

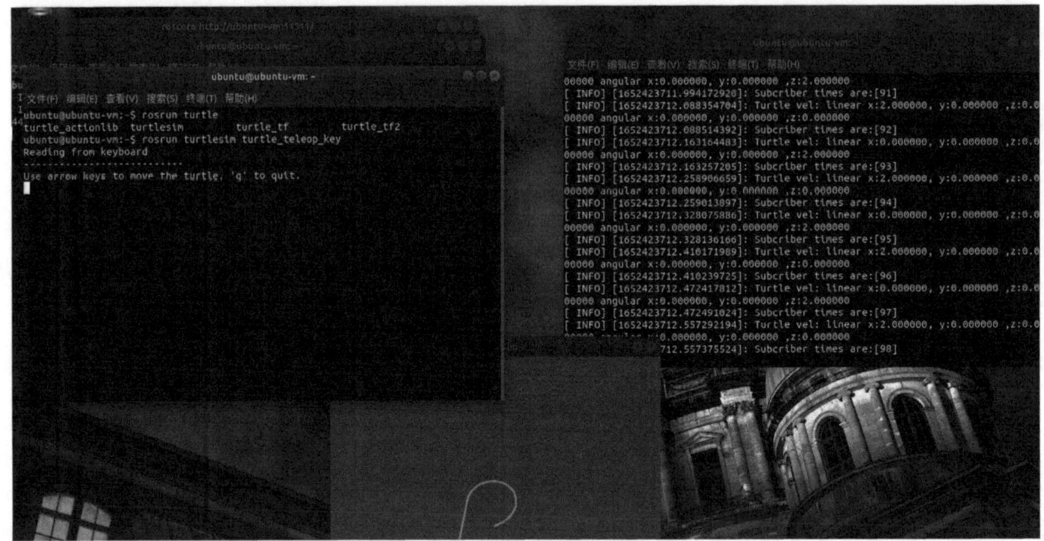

图 2-13　Python 代码执行结果

2.3　自定义话题（Topic）实现

在之前的学习中，我们成功运用发布者或订阅者去对小海龟仿真器中的话题进行操作，但是在实际项目开发中，ROS 系统自定义的一些消息是不足以完全支持我们实际需求的，ROS 中也提供了供操作者自己定义消息类型的操作，下面我们将自定义的消息和话题操作相结合，构造具体实例。该实例的流程如图 2-14 所示。

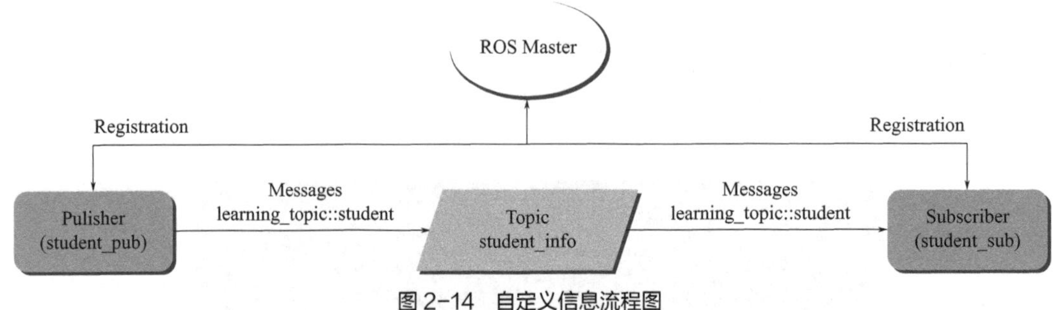

图 2-14　自定义信息流程图

本实例自定义了一个学生信息的消息类型，并用自定义的消息类型向自定义的话题发布和订阅消息。

2.3.1　自定义消息类型的创建

（1）msg 文件的建立

为了方便管理，我们在 /learning_topic/src 路径中新创建一个 msg 文件夹，专门用于存放自定义的消息类型。在创建好的 msg 文件夹中新建一个名为 Student.msg 的消息类型文件，其整体结构如图 2-15 所示。

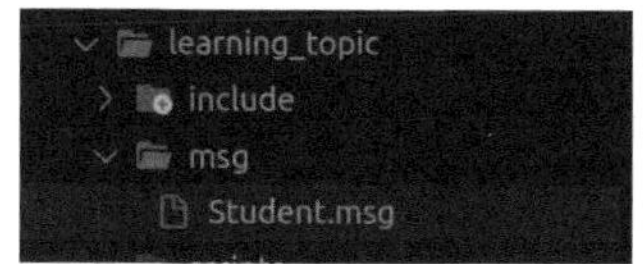

图 2-15 文件结构

其中，msg 文件为文本文件，用于描述 ROS 消息的字段。该类文件主要用于为不同编程语言编写的消息生成源代码，实际上，在编译过程中 msg 文件会被转换为头文件，且保持文件名不变。msg 文件中每一行都有一个变量类型和对应的名称。我们可以在该类文件中使用如 intx、uint*x*（*x* 代表对应位数）、float、string、time、duration 型等，除此以外，甚至可以使用其他 msg 作为消息类型。

在创建的 Student.msg 文件中输入如下代码以定义消息类型：

```
string name
uint8  sex
uint8  age
uint8  height
uint8  weight
uint8  female = 0
uint8  male   = 1
```

该文件中定义了一个学生各种基本信息，比如，string name 用于定义学生的名字，uint8 sex 定义了该学生的性别，在下面对性别做了数据化，其中，female 为 0，male 为 1。age、height 和 weight 分别对应的是学生的年龄、身高和体重。

因为该文件中的语句内容只是一个变量类型的定义，不是具体编程语言的定义方式，所以需要对其进行配置，以在编译时能够将该文件动态扩展成对应语言的变量定义。

（2）package.xml 添加功能包的依赖

我们需要在 /learning_topic 路径下打开 package.xml 文件，并在其中添加如下语句：

```
<build_depend>message_generation</build_depend>
<exec_depend>message_runtime</exec_depend>
```

其添加位置如图 2-16 所示。

其中，message_generation 作为编译依赖，用于编译时在相关编程环境中将 msg 文件拓展成对应的变量定义，而 message_runtime 用于执行依赖，用于程序在运行时可以执行自定义的信息。

（3）CMakeLists.txt 添加编译选项

因为在 package.xml 中添加了编译时的功能包依赖，所以需要在 CMakeLists.txt 中添加对应的编译的功能包依赖。在 find_package() 函数中增加 message_generation 功能包，该函数用于在编译时指定需要的功能包。其结果如图 2-17 所示。

```
<exec_depend>geometry_msgs</exec_depend>
<exec_depend>roscpp</exec_depend>
<exec_depend>rospy</exec_depend>
<exec_depend>std_msgs</exec_depend>
<exec_depend>turtlesim</exec_depend>

<build_depend>message_generation</build_depend>
<exec_depend>message_runtime</exec_depend>

<!-- The export tag contains other, unspecified, tags -->
<export>
```

图 2-16 package 文件添加位置

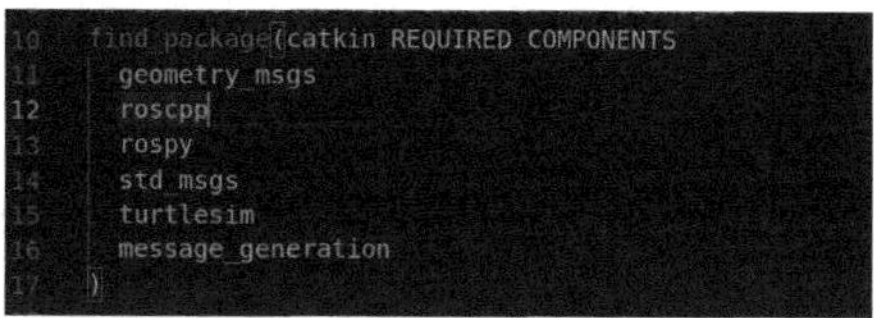

图 2-17 编译依赖的添加

因为在 package.xml 中添加了执行时的功能包依赖，所以我们在 CMakeLists.txt 中添加对应的编译的功能包依赖。在 catkin_package() 函数中增加 message_runtime 功能包。该函数用于在运行时指定需要的功能包。其结果如图 2-18 所示。

```
catkin_package(
#  INCLUDE_DIRS include
#  LIBRARIES learning_topic
   CATKIN_DEPENDS geometry_msgs roscpp rospy std_msgs turtlesim message_runtime
#  DEPENDS system_lib
)
```

图 2-18　执行依赖的添加

在添加完相应的编译和执行功能包依赖后还要将我们自定义的 Student.msg 文件作为消息接口，对其进行编译，以及该消息接口依赖的 ROS 官方功能包，只有以上配置选项都配置正确，ROS 才能识别并正常运行自定义的消息文件。在 CMakeLists.txt 中添加如下代码，以添加对应的自定义消息接口及其依赖的功能包。

```
add_message_files(FILES Student.msg)
generate_messages(DEPENDENCIES std_msgs)
```

其中，add_message_files() 用于告诉系统我们自定义的消息的名称，方便系统去识别，而 generate_messages() 则告诉系统该自定义的消息文件在定义时依赖的功能包，方便系统的编译和运行。本例中因为是对于各类数据的定义，在 ROS 官方的 std_msgs 功能包中存在数据变量的定义，所以我们需要对其进行依赖。其对应添加如图 2-19 所示。

```
## Generate added messages and services with any dependencies listed here
# generate_messages(
#   DEPENDENCIES
#   geometry_msgs#   std_msgs
# )

add_message_files(FILES Student.msg)
generate_messages(DEPENDENCIES std_msgs)
################################################
## Declare ROS dynamic reconfigure parameters ##
################################################

## To declare and build dynamic reconfigure parameters within this
## package, follow these steps:
```

图 2-19　自定义消息接口及其依赖包

当在工作空间对其进行编译成功之后我们可以在 /devel/include/learning_topic 路径下找到生成的与自定义的消息文件同名的头文件——Student.h，其内容如图 2-20 所示。

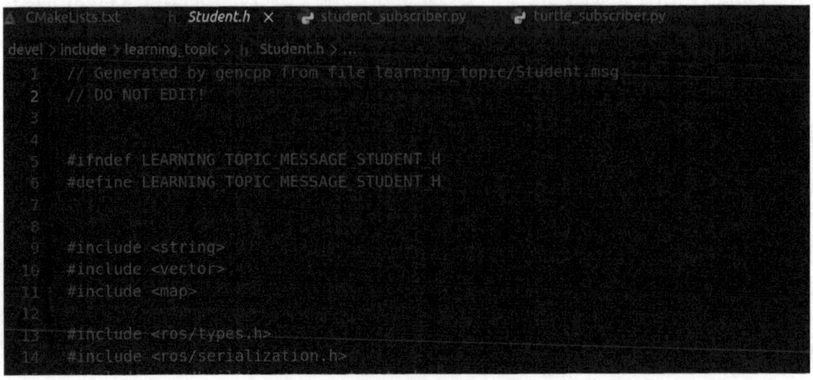

```
CMakeLists.txt    Student.h ×    student_subscriber.py    turtle_subscriber.py
devel > include > learning_topic > Student.h > ...
// Generated by gencpp from file learning_topic/Student.msg
// DO NOT EDIT!


#ifndef LEARNING_TOPIC_MESSAGE_STUDENT_H
#define LEARNING_TOPIC_MESSAGE_STUDENT_H


#include <string>
#include <vector>
#include <map>

#include <ros/types.h>
#include <ros/serialization.h>
```

图 2-20　编译生成的头文件

2.3.2 编程实现话题（C++）

（1）Publisher

在对应 src 文件夹中先建立一个名为 student_publisher.cpp 的文件，其代码如下所示，该代码实现构建了一个向指定话题发送消息的 Publisher，并将自定义的消息进行初始化。

```
#include <ros/ros.h>
#include "learning_topic/Student.h"
int main(int argc, char **argv)
{
      ros::init(argc, argv, "student_publisher");
      ros::NodeHandle nh;
      ros::Publisher student_info_pub = nh.advertise<learning_topic::Student>("/student_info",
1000);
      ros::Rate loop_rate(1);
      int count = 0;
      while (ros::ok())
      {
            learning_topic::Student student_msg;
              student_msg.name   = "Xiaoming";
              student_msg.age    = 18;
              student_msg.sex    = learning_topic::Student::male;
              student_msg.height = 178;
              student_msg.weight = 135;
              student_info_pub.publish(student_msg);
          ROS_INFO("Publish Student Info: name:%s age:%d sex:%d height:%d weight:%d",
                    student_msg.name.c_str(), student_msg.age, student_msg.sex, student_msg.
height, student_msg.weight);
          ROS_INFO("Publish times are:[%d]", ++count);
          loop_rate.sleep();
      }
      return 0;
}
```

下面对其进行拆分，分析其实现过程。

```
#include <ros/ros.h>
#include "learning_topic/Student.h"
```

该部分代码为头文件的包含，与之前不一样的是，我们包含的消息类头文件不再是系统自带的 Twist.h，而是自定义 msg 文件生成的 Student.h，该头文件用于之后消息的使用。

```
      ros::init(argc, argv, "student_publisher");
      ros::NodeHandle nh;
```

该部分语句用于节点初始化和创造句柄，初始化了一个名为 student_publisher 的节点，并创造了句柄 nh 用于之后 API 的调用。

```
      ros::Publisher student_info_pub = nh.advertise<learning_topic::Student>("/student_info",
1000);
      ros::Rate loop_rate(1);
```

该部分语句用于创建发布者和设置发送频率，创造了一个名为 student_info_pub 的 Publisher，并通过 nh 句柄将其指定到 /student_info，定义队列长度为 1000，消息格式为自定的 learning_topic::Student，如果执行该进程之前不存在 /student_info 这一话题，那么系统会自动生成该话题。

```
int count = 0;
while (ros::ok())
```

本部分设置了一个计数变量 count 和一个 while 循环，其中，count 用于统计消息发布的次数，而 while 则用于循环发布消息。

```
learning_topic::Student student_msg;
student_msg.name   = "Xiaoming";
student_msg.age    = 18;
student_msg.sex    = learning_topic::Student::male;
student_msg.height = 178;
student_msg.weight = 135;
```

该部分用于生成消息实体并对该消息实体中的内容进行初始化。定义了名为 student_msg 的消息实体，该实体的初始化信息为：姓名 Xiaoming，年龄 18，性别男，身高 178、体重 135，其中性别是用的自定义消息中的 male 来将其赋值为 1。

```
student_info_pub.publish(student_msg);
```

该代码用于将初始化完的消息发送到指定话题中。

```
ROS_INFO("Publish Student Info: name:%s age:%d sex:%d height:%d weight:%d",
               student_msg.name.c_str(), student_msg.age, student_msg.sex, student_msg.height,
student_msg.weight);
ROS_INFO("Publish times are:[%d]", ++count);
```

该部分代码用于在终端中显示我们向话题中发布的消息和发布消息的次数。

```
loop_rate.sleep();
```

该代码用于延迟以达到指定发布消息的频率。

（2）Subscriber

在 src 文件夹中建立一个名为 student_subscriber.cpp 的文件，其代码如下所示，该代码实现构建了一个向指定话题接收消息的 Subscriber，并将接收的消息在终端中显示出来。

```
#include <ros/ros.h>
#include "learning_topic/Student.h"
int count = 0;
void studentInfoCallback(const learning_topic::Student::ConstPtr& msg)
{
      ROS_INFO("Subscribe Student Info: name:%s age:%d sex:%d height:%d weight:%d",
               msg->name.c_str(), msg->age, msg->sex, msg->height, msg->weight);
      ROS_INFO("Subscribe times are:[%d]" ,++::count);
}
int main(int argc, char **argv)
{
      ros::init(argc, argv, "student_subscriber");
      ros::NodeHandle nh;
      ros::Subscriber student_info_sub = nh.subscribe("/student_info", 1000, studentInfoCallback);
      ros::spin();
      return 0;
}
```

下面对其进行拆分，分析其实现过程。

```
#include <ros/ros.h>
#include "learning_topic/Student.h"
```

该部分为头文件，与 Publisher 中包含的内容一致。

```
      ros::init(argc, argv, "student_subscriber");
      ros::NodeHandle nh;
```

该部分语句为节点初始化和创造句柄，初始化了一个名为 student_subscriber 的节点，并创造了句柄 nh 用于之后 API 的调用。

```
ros::Subscriber student_info_sub = nh.subscribe("/student_info", 1000, studentInfoCallback);
ros::spin();
```

该部分语句用于创建订阅者和设置发送频率，创造了一个名为 student_info_sub 的 Subscriber，并通过 nh 句柄将其指定到 /student_info 话题和回调函数 studentInfoCallback，定义队列长度为1000，消息格式为自定的 learning_topic::Student，只有当订阅者和发布者指定的话题一致时，节点之间才可以达成通信。

```
int count = 0;
```

该段代码因为不在主函数中，所以其作用域大于主函数，可以用于计数接收消息次数。

```
void studentInfoCallback(const learning_topic::Student::ConstPtr& msg)
```

该段代码为回调函数的定义，定义了一个名为 studentInfoCallback 的回调函数，当订阅者接收到话题中更新的消息后，系统会自动地以中断的形式跳转到该函数中，该回调函数的输入参数为指向消息的常指针用于消息内容的输出。

```
ROS_INFO("Subscribe Student Info: name:%s age:%d sex:%d height:%d weight:%d",
        msg->name.c_str(), msg->age, msg->sex, msg->height, msg->weight);
ROS_INFO("Subscribe times are:[%d]" ,++::count);
```

该部分为回调函数中的内容，用于在终端中显示订阅到的相关消息内容和接收到消息的次数。

（3）编译及执行

编译之前在 CMakeLists 添加如下编译规则：

```
add_executable(student_subscriber src/student_subscriber.cpp)
target_link_libraries(student_subscriber ${catkin_LIBRARIES})
add_dependencies(student_subscriber ${PROJECT_NAME}_generate_messages_cpp)
add_executable(student_publisher src/student_publisher.cpp)
target_link_libraries(student_publisher ${catkin_LIBRARIES})
add_dependencies(student_publisher ${PROJECT_NAME}_generate_messages_cpp)
```

其中，add_dependencies() 用于向生成的可执行文件链接需要的库。

其结果如图 2-21 所示。

```
add_executable(student_subscriber src/student_subscriber.cpp)
target_link_libraries(student_subscriber ${catkin_LIBRARIES})
add_dependencies(student_subscriber ${PROJECT_NAME}_generate_messages_cpp)

add_executable(student_publisher src/student_publisher.cpp)
target_link_libraries(student_publisher ${catkin_LIBRARIES})
add_dependencies(student_publisher ${PROJECT_NAME}_generate_messages_cpp)
```

图 2-21 执行依赖

在 VScode 的终端中编译代码，其结果如图 2-22 所示。

```
[ 93%] Built target add_two_ints_server
[ 97%] Built target add_two_ints_client
[100%] Linking CXX executable /home/ubuntu/catkin_ws/devel/lib/learning_topic/student_subscri
ber
[100%] Built target student_subscriber
ubuntu@ubuntu-vm:~/catkin_ws$
```

图 2-22 VScode 编译结果

在终端中分别输入如下命令来测试代码结果：

```
roscore
rosrun learning_topic student_publisher
rosrun learning_topic student_subscriber
```

其运行结果如图 2-23 所示。

图 2-23 C++ 程序执行结果

从图 2-23 我们得知，该代码成功向话题发布和订阅了自定义的消息类型的消息，但是值得注意的是，发布者和订阅者之间的消息通过了话题这个中介，所以会存在一定延迟。

2.3.3 编程实现话题（Python）

我们成功地用 C++ 实现了在话题中发送自定的消息类型，下面用 Python 来实现同样结果。

（1）Publisher

在用于存储 Python 代码的 scripts 文件夹中新建一个名为 student_publisher.py 的文件，其代码如下所示，该代码实现构建了一个向指定话题发送消息的 Publisher，并将自定义的消息进行初始化。

```
#!/usr/bin/env python
# coding:utf-8
import rospy
from learning_topic.msg import Student
def student_publisher():
      rospy.init_node('student_publisher', anonymous=True)
      student_info_pub = rospy.Publisher('/student_info', Student, queue_size=1000)
      rate = rospy.Rate(10)
      count = 0
      while not rospy.is_shutdown():
          student_msg = Student()
          student_msg.name   = "Xiaoming";
          student_msg.age    = 18;
          student_msg.sex    = Student.male;
          student_msg.height = 178;
          student_msg.weight = 135;
          student_info_pub.publish(student_msg)
          rospy.loginfo("Publsh student messages[%s, %d, %d]",
                  student_msg.name, student_msg.age, student_msg.sex)
          count+=1
          rospy.loginfo("Publish times are:[%d]", count)
          rate.sleep()
if __name__ == '__main__':
```

```
    try:
        student_publisher()
    except rospy.ROSInterruptException:
        pass
```

下面对其进行拆分，解释关键代码并分析其实现过程。

```
from learning_topic.msg import Student
```

该部分代码包含了自定义的 Student.msg 的消息类型，用于后续的消息的传输。

```
    rospy.init_node('student_publisher', anonymous=True)
    student_info_pub = rospy.Publisher('/student_info', Student, queue_size=1000)
```

该部分代码初始化了一个名为 student_publisher 的节点，并创建了一个名为 student_info_pub 的 Publisher，将其指向话题 /student_info，发布的消息类型为自定义的 Student，队列长度为 1000。

```
        student_msg = Student()
        student_msg.name   = "Xiaoming";
        student_msg.age    = 18;
        student_msg.sex    = Student.male;
        student_msg.height = 178;
        student_msg.weight = 135;
```

该语句初始化了自定义消息的实体，其名为 student_msg，并将其内容初始化。

```
        student_info_pub.publish(student_msg)
```

该部分代码用于向指定话题发布自定义的消息实体 student_msg。

```
        rospy.loginfo("Publsh student messages[%s, %d, %d]",
                student_msg.name, student_msg.age, student_msg.sex)
        count+=1
        rospy.loginfo("Publish times are:[%d]", count)
```

该部分代码用于向终端显示向话题中发布的消息实体的具体内容及发布次数。

（2）Subscriber

在 scripts 文件夹中建立一个名为 student_subscriber.cpp 的文件，其代码如下所示，该代码实现构建了一个向指定话题接收消息的 Subscriber，并将接收的消息在终端中显示出来。

```
#!/usr/bin/env python
# coding:utf-8
import rospy
from learning_topic.msg import Student
count = 0
def studentInfoCallback(msg):
    rospy.loginfo("Subscribe Student Info: name:%s age:%d sex:%d height:%d weight:%d ",
            msg.name, msg.age, msg.sex, msg.height, msg.weight)
    global count
    count+=1
    rospy.loginfo("Subscribe times are:[%d]", count)
def student_subscriber():
~~~~    rospy.init_node('student_subscriber', anonymous=True)
    rospy.Subscriber("/student_info", Student, studentInfoCallback)
    rospy.spin()
if __name__ == '__main__':
    student_subscriber()
```

下面对其进行拆分，解释关键代码并分析其实现过程。

```
    rospy.init_node('student_subscriber', anonymous=True)
    rospy.Subscriber("/student_info", Student, studentInfoCallback)
```

该部分代码初始化了一个名为 student_subscriber 的节点，并创建了一个 Subscriber，将其指向话题 /student_info，发布的消息类型为自定义的 Student，队列长度为 1000，并与回调函数 studentInfoCallback 相连接。

```
def studentInfoCallback(msg):
```

该部分代码定义了一个名为 studentInfoCallback 的回调函数，其输入参数为 msg。

```
    rospy.loginfo("Subscribe Student Info: name:%s age:%d sex:%d height:%d weight:%d ",
                msg.name, msg.age, msg.sex, msg.height, msg.weight)
```

该部分代码用于在终端显示订阅者接收到的来自话题的消息。

```
    global count
    count+=1
    rospy.loginfo("Subscribe times are:[%d]", count)
```

该部分代码用于声明该回调函数的 count 类为全局变量 count，用于计数接收到的消息的次数，并将其在终端显示出来。

（3）编译及执行

在 VScode 的终端中编译代码后，运行 Python 前需要确保其允许作为程序执行，所以在终端中输入如下命令：

```
cd ~/catkin_ws
chmod +x src/learning_topic/scripts/student_publisher.py
chmod +x src/learning_topic/scripts/student_subscriber.py
roscore
rosrun learning_topic student_publisher.py
rosrun learning_topic student_subscriber.py
```

其运行结果如图 2-24 所示。

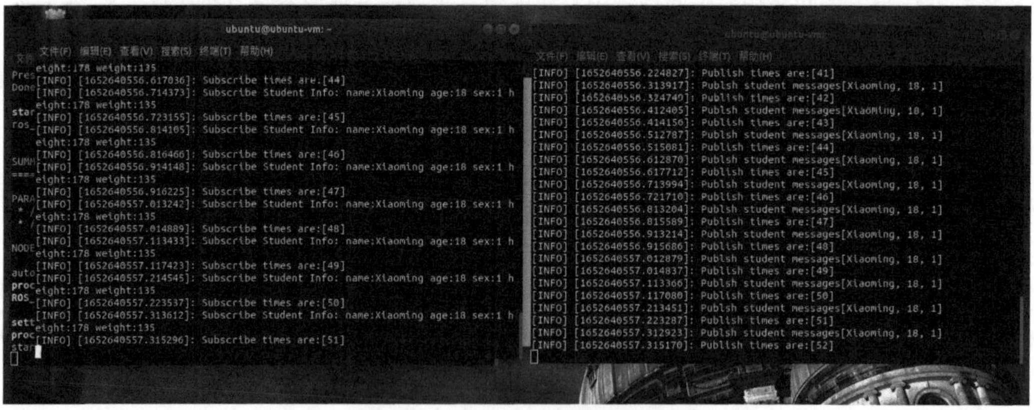

图 2-24　Python 程序执行结果

2.4　客户端（Client）的编程与实现

在之前的学习中我们成功地通过在终端输入 rosservice call /spawn 命令实现了在仿真器中生成一个新的小海龟，在本节我们将学习运用 ROS 中重要的通信机制——服务来实现这一工作。

在 ROS 系统中客户端消息的运行结构如图 2-25 所示。

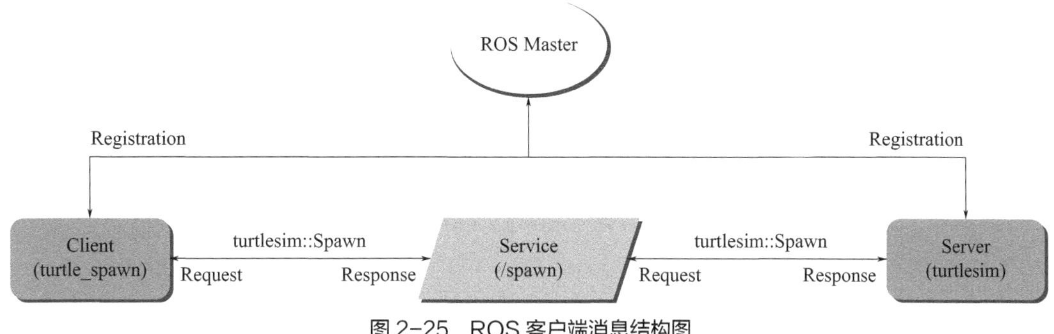

图 2-25　ROS 客户端消息结构图

该结构图中 ROS Master 用于连接两个节点，其中服务端为我们打开的小海龟仿真器，而客户端为用编程创建的生成服务。

2.4.1　learning_service 功能包的创建

与之前创建话题功能包类似，下面我们来创建服务功能包，在 VScode 中创建一个名为 learning_service 的功能包，其结果如图 2-26 所示。

图 2-26　功能包的创建

创建好功能包之后我们对其添加相应的依赖，其结果如图 2-27 所示。

图 2-27　功能包的依赖添加

在功能包中创建用于存放 Python 文件的 scripts 文件夹，功能包的结构如图 2-28 所示。

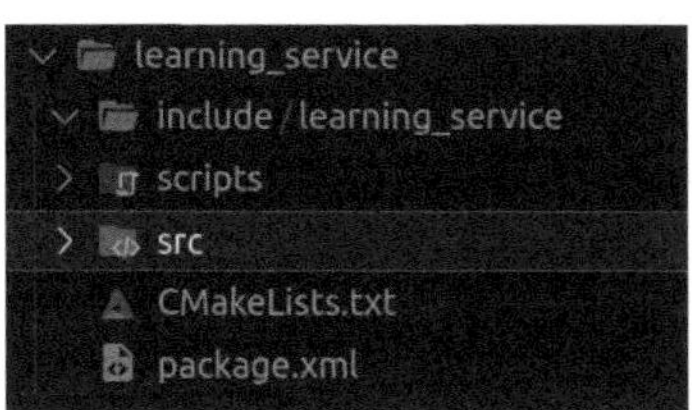

图 2-28　功能包的文件结构

2.4.2　srv 文件的理解

在通过编程实现对应服务之前，我们需要知道 Spawn.srv 文件内的具体内容，如图 2-29 所示。

与话题通信的单向发布不同，服务通信还存在着回馈机制，例如，当客户端向服务传输生成的小海龟的具体信息时，服务也会反馈一些关于小海龟的信息。在 srv 文件中，传输的信息与反馈的信息之间以 - - - 符号进行区别，- - - 符号以上为要传输的内容，- - - 符号以下为反馈的内容。以本节程序中需要运用到的 Spawn.srv 文件为例，客户端要传输给服务的内容为位置信息（生成小海龟的坐标值和角度值）与名称信息，但值得注意的是，在之前我们没有对生成的小海龟设置名称，但系统会自动为其生成名称，服务反馈给客户端的是生成的小海龟的名字。

图 2-29　srv 文件内容

2.4.3　ROS 中如何实现一个 Client

① 初始化 ROS 节点。

② 定义一个客户端对象，其内容包括服务类型和连接的服务名称。

③ 构造并发送请求。

④ 等待客户端处理之后的反馈结果。

2.4.4　用 C++ 实现 Client 及代码讲解

在 src 文件夹中新建一个用于 /spawn 服务发送要求的 turtle_spawn.cpp 文件，其中添加代码如下所示，该代码用于向 /spawn 服务发送要生成的小海龟的信息，服务的类型为 turtlesim::Spawn。

```
#include <ros/ros.h>
#include <turtlesim/Spawn.h>
int main(int argc, char** argv)
{
    ros::init(argc, argv, "turtle_spawn");
    ros::NodeHandle nh;
    ros::service::waitForService("/spawn");
    ros::ServiceClient spawn_turtle = nh.serviceClient<turtlesim::Spawn>("/spawn");
    turtlesim::Spawn srv;
    srv.request.x = 1.0;
    srv.request.y = 1.0;
```

```
        srv.request.name = "turtle2";
        ROS_INFO("Call service to spwan turtle [x:%0.6f, y:%0.6f, name:%s]",
                srv.request.x, srv.request.y, srv.request.name.c_str());
        spawn_turtle.call(srv);
        ROS_INFO("Spwan turtle successfully, new turtle name:%s", srv.response.name.c_str());
        return 0;
};
```

下面对其进行拆分，分析其实现过程。

```
#include <ros/ros.h>
#include <turtlesim/Spawn.h>
```

该部分代码声明了要包含的头文件，其中，turtlesim/Spawn.h 为 Spawn.srv 编译后生成的头文件，其内部包含了我们需要的 turtlesim::Spawn 服务类型。

```
        ros::init(argc, argv, "turtle_spawn");
        ros::NodeHandle nh;
```

该部分代码初始化了一个名为 turtle_spawn 的节点，并创造了一个句柄 nh，方便对于客户端实例进行定义。

```
        ros::service::waitForService("/spawn");
        ros::ServiceClient spawn_turtle = nh.serviceClient<turtlesim::Spawn>("/spawn");
```

该部分代码主要用于定义一个具体的客户端实例。

```
        ros::service::waitForService("/spawn");
```

该段代码用于搜寻和等待 /spawn 服务，该函数只有当搜寻到了 /spawn 服务才会执行结束，如果没有搜寻到指定服务，系统则会一直等待。

```
        ros::ServiceClient spawn_turtle = nh.serviceClient<turtlesim::Spawn>("/spawn");
```

该部分代码则用于定义客户端的实例，本代码用句柄 nh 定义了一个名为 spawn_turtle 的客户端，其服务类型为 turtlesim::Spawn，将该客户端指向 /spawn 服务。

```
        turtlesim::Spawn srv;
        srv.request.x = 1.0;
        srv.request.y = 1.0;
        srv.request.name = "turtle2";
```

该部分代码用于服务信息的初始化，定义了一个名为 srv 的服务信息，其服务类型为 turtlesim::Spawn，将其 x 轴和 y 轴坐标都赋值为 1，将生成的小海龟命名为 turtle2，因为没有对角度进行赋值，所以系统会默认将角度当成 0 去处理。

```
        ROS_INFO("Call service to spwan turtle [x:%0.6f, y:%0.6f, name:%s]",
                srv.request.x, srv.request.y, srv.request.name.c_str());
```

该段代码用于显示初始化后的 srv 内的具体内容，同时也是要发送到服务中的内容。

```
        spawn_turtle.call(srv);
        ROS_INFO("Spwan turtle successfully, new turtle name:%s", srv.response.name.c_str());
```

该部分代码用于执行服务和输出反馈。

```
        spawn_turtle.call(srv);
```

该段代码用于客户端向 /spawn 服务中发送要求 srv，/spawn 服务接收到该要求后会按照 srv 中规定的格式去执行，本节中的服务端为小海龟仿真器，服务会在小海龟仿真器中执行要求。执行成功会反馈一个 response。

```
        ROS_INFO("Spwan turtle successfully, new turtle name:%s", srv.response.name.c_str());
```

该段代码用于显示 Spawn 服务执行结果，并将执行成功后生成的反馈信息显示出来。

编译之前在 CMakeLists 添加如下编译规则：

```
add_executable(turtle_spawn src/turtle_spawn.cpp)
target_link_libraries(turtle_spawn ${catkin_LIBRARIES})
```

添加完成后在 VScode 的终端中输入 catkin_make 对此进行编译，其结果如图 2-30 所示。

```
[ 93%] Built target add_two_ints_client
[ 93%] Built target learning_topic_generate_messages
[ 97%] Built target add_two_ints_server
[100%] Linking CXX executable /home/ubuntu/catkin_ws/devel/lib/learning_service/turtle_spawn
[100%] Built target turtle_spawn
ubuntu@ubuntu-vm:~/catkin_ws$
```

图 2-30　VScode 中的编译结果

下面对该创建客户端的代码例程进行测试，分别在新的终端中运行如下代码：

```
rosore
rosrun turtlesim turtelsim_node
rosrun learning_service turtle_spawn
```

其结果如图 2-31 所示，我们发现成功地在小海龟仿真器中生成了一个名为 turtle2 的小海龟，其出现位置和终端中显示的位置信息相符合。

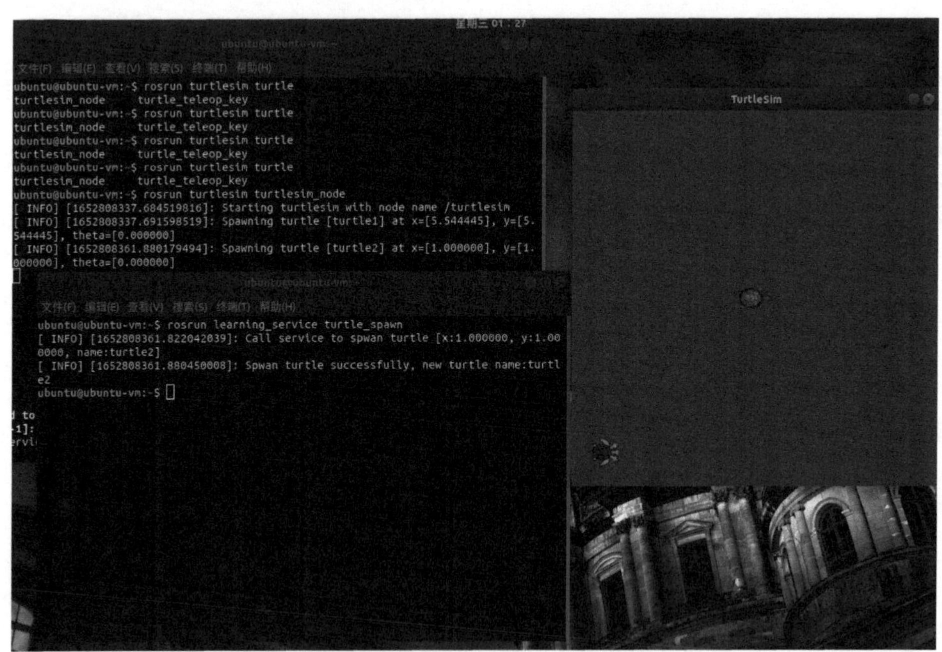

图 2-31　C++ 程序运行结果

2.4.5　用 C++ 实现 Python 及代码讲解

在上面我们成功地用 C++ 实现了 Client 使用 spawn 服务在仿真器中生成了一个新的小海龟，下面将用 Python 来实现同样的结果，在用于存储 Python 代码的 scripts 文件夹中新建一个名为 turtle_spawn.py 的 Python 文件，其内部代码如下所示：

```
#!/usr/bin/env python
# coding:utf-8
import sys
import rospy
from requests import request
from turtlesim.srv import Spawn
def turtle_spawn():
      rospy.init_node('turtle_spawn')
      rospy.wait_for_service('/spawn')
      try:
          spawn_turtle = rospy.ServiceProxy('/spawn', Spawn)
          srv = Spawn()
          srv.x     = 1.0;
          srv.y     = 1.0;
          srv.theta = 0.0;
          srv.name  = "turtle2";
          response = spawn_turtle(srv.x, srv.y, srv.theta, srv.name)
          print("Call service to spawn turtle [x:%0.6f, y:%0.6f, name:%s]" %(srv.x,srv.y,srv.name))
          print("Spawn turtle successfully, new turtle name:%s" %response.name)
      except rospy.ServiceException as e:
          print ("Service call failed: %s"%e)
if __name__ == "__main__":
      turtle_spawn()
```

下面对其进行拆分，分析其实现过程。

```
#!/usr/bin/env python
# coding:utf-8
```

该部分代码为 Python 与编译相关的配置。

```
import sys
import rospy
from requests import request
from turtlesim.srv import Spawn
```

该部分代码用于包括需要的头文件，但需要注意的是，本程序不仅包含了 turtlesim.srv 中的 Spawn 用于服务信息的初始化，还包含了 requests 库中的 request 用于相应的输出。

```
      rospy.init_node('turtle_spawn')
      rospy.wait_for_service('/spawn')
```

该部分代码用于节点初始化与等待话题。

```
      rospy.init_node('turtle_spawn')
```

该部分代码初始化了一个名为 turtle_spawn 的节点。

```
      rospy.wait_for_service('/spawn')
```

该部分代码用于等待名为 /spawn 的服务。

```
      spawn_turtle = rospy.ServiceProxy('/spawn', Spawn)
```

该部分代码则用于定义客户端的实例，定义了一个名为 spawn_turtle 的客户端，其服务类型为 Spawn，将该客户端指向 /spawn 服务。

```
          srv = Spawn()
          srv.x     = 1.0;
          srv.y     = 1.0;
          srv.theta = 0.0;
          srv.name  = "turtle2";
```

该部分代码用于创造并初始化一个名为 srv 的 spawn 类型的信息，并将其坐标赋值为（1,1），角度赋值为 0，命名为 turtle2。

```
            response = spawn_turtle(srv.x, srv.y, srv.theta, srv.name)
```

该段代码用于客户端向 /spawn 服务中发送具体内容，其中，srv 的内容作为 spawn_turtle() 的参数输入，/spawn 服务接收到该要求后会按照 srv 中规定的格式去执行。本节中的服务端为小海龟仿真器，服务会在小海龟仿真器中执行要求。执行成功会反馈一个生成的小海龟的名称并将其赋给 response。

```
            print("Call service to spawn turtle [x:%0.6f, y:%0.6f, name:%s]" %(srv.x,srv.y,srv.name))
            print("Spawn turtle successfully, new turtle name:%s" %response.name)
```

该部分代码用于显示向服务中输入的参数的具体内容，以及显示 spawn 服务执行成功后反馈的小海龟的名称。

```
        try:
            ...
        except rospy.ServiceException as e:
            print ("Service call failed: %s"%e)
```

该段代码用于检查异常，当程序执行出现问题时，会显示服务调用失败。

在 VScode 中编译结果如图 2-32 所示。

```
[ 91%] Built target student_publisher
[ 91%] Built target beginner_tutorials_generate_messages
[ 95%] Built target add_two_ints_server
[100%] Built target add_two_ints_client
[100%] Built target learning_topic_generate_messages
ubuntu@ubuntu-vm:~/catkin_ws$
```

图 2-32　VScode 编译结果

在运行 Python 前需要确保其允许作为程序执行 , 所以在终端中输入如下命令：

```
cd ~/catkin_ws
chmod +x src/learning_service/scripts/turtle_spawn.py
rosore
rosrun turtlesim turtelsim_node
rosrun learning_service turtle_spawn.py
```

其结果如图 2-33 所示。

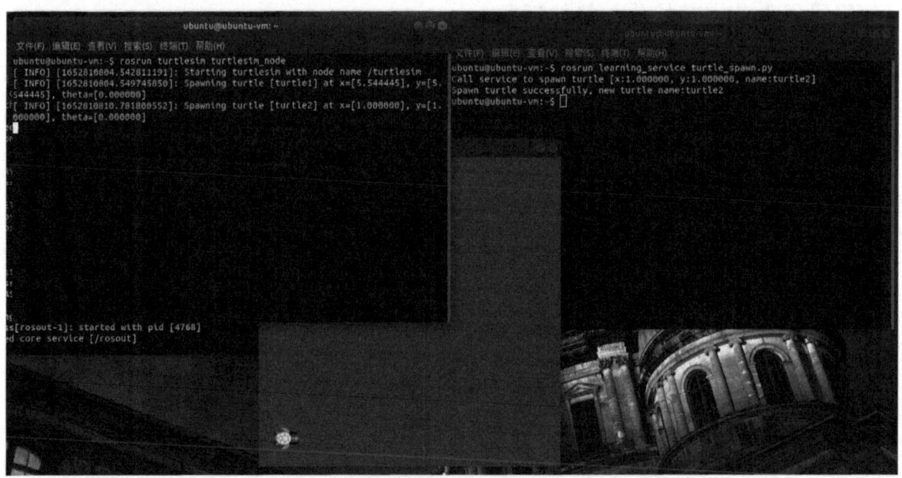

图 2-33　Python 代码执行结果

2.5　服务端（Server）的编程与实现

在之前的学习中我们成功运用编程在系统中创建了一个 Publisher，用于向仿真器发布速度消息，在本节将用编程构建一个服务端来控制 Publisher 的发布与暂停。

在 ROS 系统中服务信息的运行结构如图 2-34 所示。

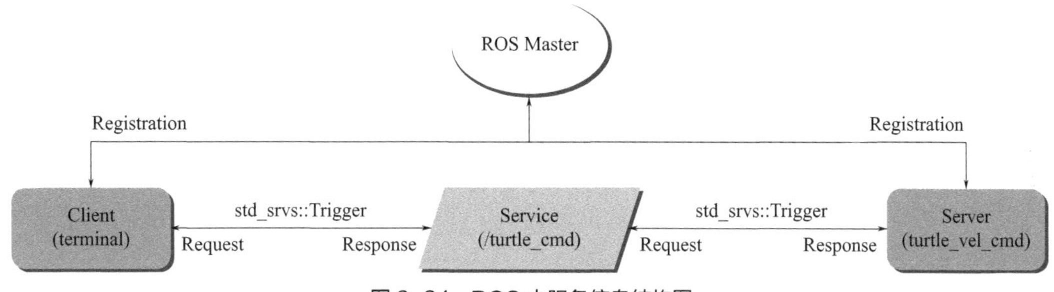

图 2-34　ROS 中服务信息结构图

该结构中客户端为调用服务的终端，/turtle_cmd 为在程序中自定义的服务名称，turtle_vel_cmd 为在程序中创建的服务端名称，该服务模型使用的服务类型为 ROS 官方定义的 std_srvs::Trigger 型。

2.5.1　Trigger 型文件

在通过编程实现对应服务之前需要知道 Trigger.srv 文件内的具体内容，如图 2-35 所示。

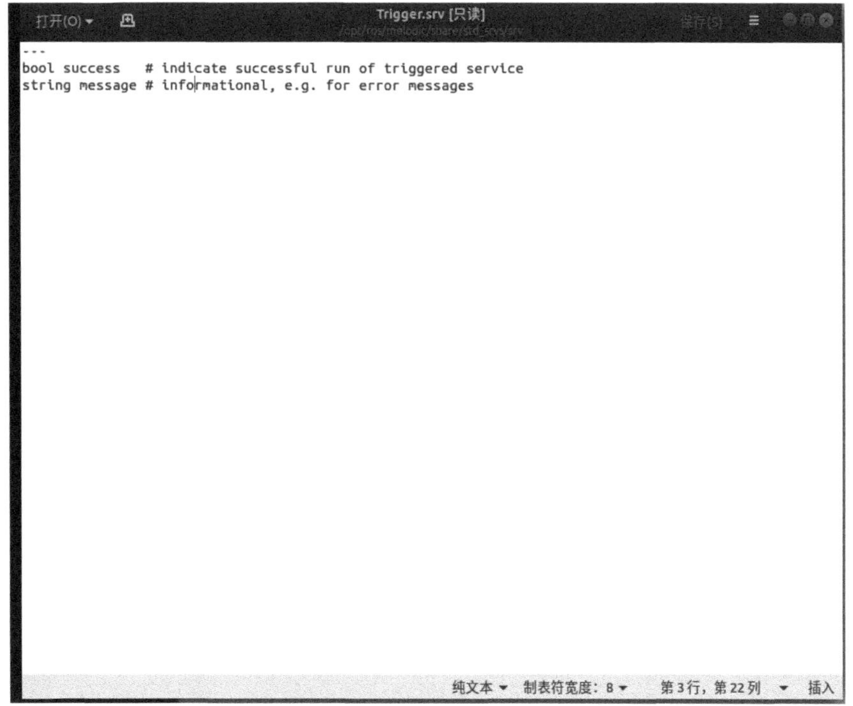

图 2-35　Trigger 文件具体内容

2.5.2 ROS 中如何实现一个 Server

① 初始化对应的 ROS 节点。
② 定义一个服务端实例，其内容包括服务类型与连接（创建）的服务名称。
③ 在循环函数中等待服务请求，接收到请求之后进入回调函数。
④ 在回调函数中执行该服务对应的功能语句，并反馈执行结构。

2.5.3 用 C++ 实现 Server 及代码讲解

在 src 文件夹中新建一个用于创建自定义的 /turtle_cmd 服务的 turtle_vel_cmd.cpp 文件，其中添加代码如下所示。本节代码比较复杂，该代码用于创建一个 /turtle_cmd 服务，该服务用于转换向小海龟发送速度命令的标识符 pubflag，服务的类型为 std_srvs::Trigger。该代码还生成一个用于向仿真器发送小海龟速度消息的 Publisher，向仿真器发送的消息内容用我们在之前讲 Publisher 的消息内容，令小海龟做绕圈运动。

```
#include <ros/ros.h>
#include <geometry_msgs/Twist.h>
#include <std_srvs/Trigger.h>
bool pubflag = false;
bool commandCallback(std_srvs::Trigger::Request  &req,
                     std_srvs::Trigger::Response &res)
{
      pubflag = !pubflag;
    ROS_INFO("Publish turtle velocity command: %s", pubflag==true?"Yes":"No");
      res.success = true;
      res.message = "Change turtle pubflag value successfully";
    return true;
}
int main(int argc, char **argv)
{
      ros::init(argc, argv, "turtle_vel_cmd");
      ros::NodeHandle nh;
      ros::ServiceServer cmd_service = nh.advertiseService("/turtle_cmd", commandCallback);
        ros::Publisher turtle_vel_pub = nh.advertise<geometry_msgs::Twist>("/turtle1/cmd_vel",
1000);
      ROS_INFO("Ready to receive turtle velocity command.");
      geometry_msgs::Twist vel_msg;
        vel_msg.linear.x = 1.0;
        vel_msg.angular.z = 1.0;

        ros::Rate loop_rate(10);
        while(ros::ok())
      {
          ros::spinOnce();

              if(pubflag)
              {
                   turtle_vel_pub.publish(vel_msg);
              }
            loop_rate.sleep();
      }
      return 0;
}
```

下面对其进行拆分，分析其关键步骤实现过程。

```
#include <ros/ros.h>
#include <geometry_msgs/Twist.h>
#include <std_srvs/Trigger.h>
```

该部分为头文件的包含，其中，geometry_msgs/Twist.h 主要用于 Publisher 的构造与速度消息的发送，std_srvs/Trigger.h 主要用于服务中回调函数的参数输出，用于显示服务状态。

```
bool pubflag = false;
```

该部分代码用于构造一个布尔型的变量 pubflag，该变量为决定小海龟速度消息发布与否的标志位，当其为 true 时，Publisher 才会向仿真器发布小海龟的速度消息，反之，则停止向仿真器发布消息。

```
        ros::init(argc, argv, "turtle_vel_cmd");
        ros::NodeHandle nh;
```

该部分代码初始化了一个名为 turtle_vel_cmd 的节点，并创造了一个句柄 nh，方便对于服务端和发布者实例进行定义。

```
        ros::ServiceServer cmd_service = nh.advertiseService("/turtle_cmd", commandCallback);
          ros::Publisher turtle_vel_pub = nh.advertise<geometry_msgs::Twist>("/turtle1/cmd_vel",
1000);
```

该段代码用于创建服务端和发布者的实例，其中发布者之前已经有详细介绍，所以这里只需要详细讲解服务端实例生成。

```
        ros::ServiceServer cmd_service = nh.advertiseService("/turtle_cmd", commandCallback);
```

该段代码生成了一个名为 cmd_service 的服务端实例，并通过句柄 nh 将其连接到回调函数 commandCallback，并生成了一个名为 /turtle_cmd 的服务用于访问回调函数。

```
        ROS_INFO("Ready to receive turtle velocity command.");
```

该段代码用于显示发布者和客户端的生成状况，其作用为在终端告知操作者已经创建好服务端实例，可以调用相关服务。

```
        geometry_msgs::Twist vel_msg;
          vel_msg.linear.x = 1.0;
          vel_msg.angular.z = 1.0;
```

该部分代码用于初始化 Publisher 将要发布的消息，其具体内容在之前有详细讲过，因此这里不过多赘述。

```
          while(ros::ok())
        {
            ros::spinOnce();

                if(pubflag)
                {
                     turtle_vel_pub.publish(vel_msg);
                }
              loop_rate.sleep();
        }
```

该段代码用于服务的循环查询与发布者功能的执行。

```
            ros::spinOnce();
```

该段代码为非阻塞型的查询，即该语句只会查询一次服务中是否需要执行回调函数，而不会循环查询，进而使得程序阻塞在这里。

```
            if(pubflag)
            {
                turtle_vel_pub.publish(vel_msg);
            }
```

该部分代码用于让 Publisher 向指定话题发布自定义的消息，其中是否发布消息取决于发布标识符 pubflag，服务每调用一次，在回调函数中该布尔型变量就会在 0 与 1 之间反复变化。

```
bool commandCallback(std_srvs::Trigger::Request  &req,
                     std_srvs::Trigger::Response &res)
{
     pubflag = !pubflag;
   ROS_INFO("Publish turtle velocity command: %s", pubflag==true?"Yes":"No");
     res.success = true;
     res.message = "Change turtle pubflag value successfully";
   return true;
}
```

该段代码为回调函数的定义，该回调函数存在输出和输入两个端口，其输入参数为 std_srvs::Trigger::Request 型的常指针 &req，但我们在之前访问该服务文件的具体内容时发现该服务并不存在 request，所以该输入参数为空，其输出参数为 std_srvs::Trigger::Response 型的常指针 &res，在之前访问的服务文件的内容中得知该 response 存在两个量，分别是表示调用成功的布尔型变量 success 和反馈信息的字符串型的 message，因此应该在回调函数中对这两个变量进行相应的赋值和操作。

```
pubflag = !pubflag;
```

该部分代码用于对发送标识符进行取反，该语句为本服务的核心命令，每次调用服务该命令都会将 pubflag 取反，从而控制 Publisher 的发布与否。

```
   ROS_INFO("Publish turtle velocity command: %s", pubflag==true?"Yes":"No");
```

该语句用于在终端显示 pubflag 的目前状态，用于让操作者确定 Publisher 是否会向话题发布运动消息。

```
     res.success = true;
     res.message = "Change turtle pubflag value successfully";
```

该部分语句用于对服务文件中 response 的内容赋值，其中，success 赋值为 true，表示调用成功，message 中同样输入表示输入成功的字符串。

编译之前在 CMakeLists 中添加如下编译规则：

```
add_executable(turtle_vel_cmd src/turtle_vel_cmd.cpp)
target_link_libraries(turtle_vel_cmd ${catkin_LIBRARIES})
```

添加完成后在 VScode 的终端中输入 catkin_make 对此进行编译。编译结果如图 2-36 所示。

```
[ 82%] Built target learning_topic_generate_messages
[ 87%] Built target add_two_ints_server
[ 91%] Built target add_two_ints_client
[ 95%] Built target beginner_tutorials_generate_messages_lisp
[100%] Built target dynamic_parameter
[100%] Built target beginner_tutorials_generate_messages
ubuntu@ubuntu-vm:~/catkin_ws$
```

图 2-36 VScode 编译结果

下面来对该发布者例程进行测试，分别在新的终端中运行如下代码：

```
rosore
rosrun turtlesim turtelsim_node
rosrun learning_service turtle_vel_cmd
rosservice call /turtle_cmd
```

得到的结果如图 2-37 所示，我们发现可以通过在终端中输入命令调用服务来控制 Publisher 的发送与否，进而控制小海龟的运动与否。

图 2-37　代码执行结果

2.5.4　用 Python 实现 Server 及代码讲解

在上面我们成功地用 C++ 实现了用 Server 控制 Publisher 对小海龟发布速度消息，下面将用 Python 来实现同样的结果。但值得注意的是，Python 没有与 C++ 中 spinonce 类似的语句，所以需要在 Python 中采取多线程的方式对回调函数进行调用。在用于存储 Python 代码的 scripts 文件夹中新建一个名为 turtle_vel_cmd.py 的 Python 文件，其内部代码如下所示：

```
#!/usr/bin/env python
# coding:utf-8
import rospy
import threading
from geometry_msgs.msg import Twist
from std_srvs.srv import Trigger, TriggerResponse
pubflag = False;
turtle_vel_pub = rospy.Publisher('/turtle1/cmd_vel', Twist, queue_size=1000)
def commandCallback(req):
      global pubflag
      pubflag = bool(1-pubflag)
      rospy.loginfo("Publish turtle velocity command: %s", pubflag)
      return TriggerResponse(1, "Change turtle command state successfully")
def turtle_command_server():
      rospy.init_node('turtle_vel_cmd', anonymous=True)
      s = rospy.Service('/turtle_cmd', Trigger, commandCallback)
```

```
        rate = rospy.Rate(10)
        vel_msg = Twist()
        vel_msg.linear.x = 1.0;
        vel_msg.angular.z = 1.0;
        print( "Ready to receive turtle command.")
        while 1:
            if pubflag:
                turtle_vel_pub.publish(vel_msg)
                print("The number of threads are: %d" %len(threading.enumerate()))
                rate.sleep()
        rospy.spin()
if __name__ == "__main__":
        turtle_command_server()
```

下面对其进行拆分，分析其关键步骤实现过程。

```
import rospy
import threading
from geometry_msgs.msg import Twist
from std_srvs.srv import Trigger, TriggerResponse
```

该部分代码用于包括需要的头文件，本例中除了用于信息类型的Twist和服务类型的Trigger、TriggerResponse，还包含了与线程相关的threading包。

```
pubflag = False;
turtle_vel_pub = rospy.Publisher('/turtle1/cmd_vel', Twist, queue_size=1000)
```

该部分代码用于初始化pubflag和创建一个全局的Publisher，并将其初始化。

```
        rospy.init_node('turtle_vel_cmd', anonymous=True)
        s = rospy.Service('/turtle_cmd', Trigger, commandCallback)
```

该部分代码用于初始化一个名为turtle_vel_cmd的节点，并创建一个名为s的服务端实例和一个名为/turtle_cmd的服务，将其连接到回调函数commandCallback，该服务的类型为Trigger。

```
        vel_msg = Twist()
        vel_msg.linear.x = 1.0;
        vel_msg.angular.z = 1.0;
```

该段代码创建了一个名为vel_msg的Twist类型消息，并将其初始化用于之后Publisher向指定话题发送消息。

```
    print( "Ready to receive turtle command.")
```

该段代码用于显示发布者和服务端的生成状况，其作用为在终端告知操作者已经创建好服务端实例，可以调用相关服务。

```
        while 1:
            if pubflag:
                turtle_vel_pub.publish(vel_msg)
                print("The number of threads are: %d" %len(threading.enumerate()))
                rate.sleep()
```

该段代码用于服务的循环查询、发布者功能的执行和当前线程数的查询。

```
            if pubflag:
                turtle_vel_pub.publish(vel_msg)
                print("The number of threads are: %d" %len(threading.enumerate()))
                rate.sleep()
```

该部分代码用于通过发布标识符的值来判断 Publisher 是否需要向指定话题发布消息，并在终端中显示线程数。

```
            print("The number of threads are: %d" %len(threading.enumerate()))
```

该段代码用于测试当前进程的线程数，其中 len(threading.enumerate()) 函数用于获取当前的线程数。

```
    rospy.spin()
```

该段代码用于循环访问回调函数。

```
def commandCallback(req):
    global pubflag
    pubflag = bool(1-pubflag)
    rospy.loginfo("Publish turtle velocity command: %s", pubflag)
    return TriggerResponse(1, "Change turtle command state successfully")
```

该段代码为回调函数的定义，该回调函数的输入为 req，表示 request，与 C++ 中一样，该输入参数为空。

```
    global pubflag
    pubflag = bool(1-pubflag)
```

该部分代码定义了一个变量 puflag，并实现了其取反操作。

```
    rospy.loginfo("Publish turtle velocity command: %s", pubflag)
```

该段代码用于显示 pubflag 目前的状态，方便实例的说明解释。

```
    return TriggerResponse(1, "Change turtle command state successfully")
```

该段代码用于对 Trigger 服务文件中的 response 的两个变量进行赋值，即对 success 赋值为 1，对 message 进行字符串的输入。

添加完成后在 VScode 的终端中输入 catkin_make 对此进行编译，编译结果如图 2-38 所示。

```
[ 82%] Built target learning_topic_generate_messages
[ 87%] Built target add_two_ints_server
[ 91%] Built target add_two_ints_client
[ 95%] Built target beginner_tutorials_generate_messages_lisp
[100%] Built target dynamic_parameter
[100%] Built target beginner_tutorials_generate_messages
ubuntu@ubuntu-vm:~/catkin_ws$
```

图 2-38 VScode 编译结果

下面来对该发布者例程进行测试，分别在新的终端中运行如下代码：

```
cd ~/catkin_ws
chmod +x src/learning_service/scripts/turtle_vel_cmd.py
rosore
rosrun turtlesim turtelsim_node
rosrun learning_service turtle_vel_cmd.py
rosservice call /turtle_cmd
```

其结果如图 2-39 所示，与 C++ 程序一样，我们可以通过服务的调用来控制发布者的发布与否，但仔细观察上述代码，因为 while 1：为一个死循环，按理说是不能执行回调函数的，即不能对发布标识符取反，但实际运行下来的确执行了回调函数，通过从 threading 包调用的线程查看函数得知，此时运行的线程数为 6，这就是 Python 版本的 ROS 不需要调用 spin() 函数也可以进入回调函数的原因，本例中的 spin() 函数用于当节点停止运行时让 Python 程序退出，与在 C++ 中的作用不一致。

图 2-39　代码执行结果

2.6　自定义服务（Service）实现

在之前的学习中，我们成功创造了客服端和服务端通过调用对应服务去对仿真器中的小海龟进行操作，但是在实际项目开发中，ROS 系统自定义的一些服务是不足以完全支持实际需求的，因此 ROS 中也提供了供操作者自己定义服务类型的操作，下面将自定义的加法器服务类型和服务调用相结合，构造具体实例，结构如图 2-40 所示。

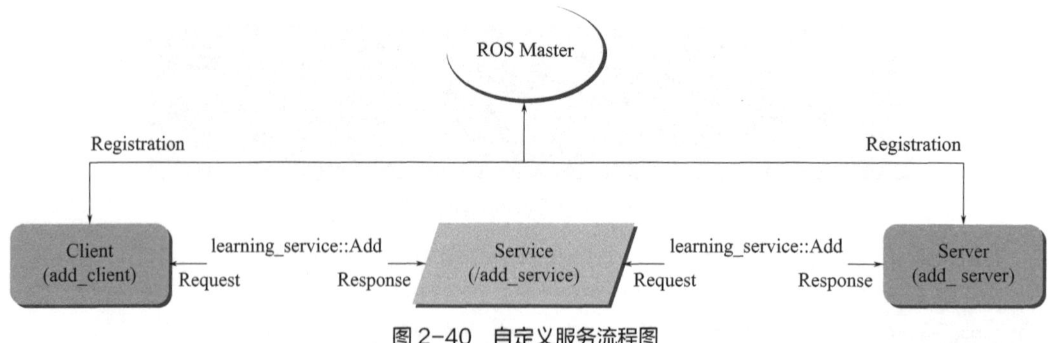

图 2-40　自定义服务流程图

2.6.1　自定义服务类型的创建

（1）srv 文件的建立

为了方便管理，我们在 /learning_service/src 路径中新创建一个 srv 文件夹，专门用于存放自定义的服务类型。在创建好的 srv 文件夹中新建一个名为 Add.srv 的消息类型文件，其整体结构如图 2-41 所示。

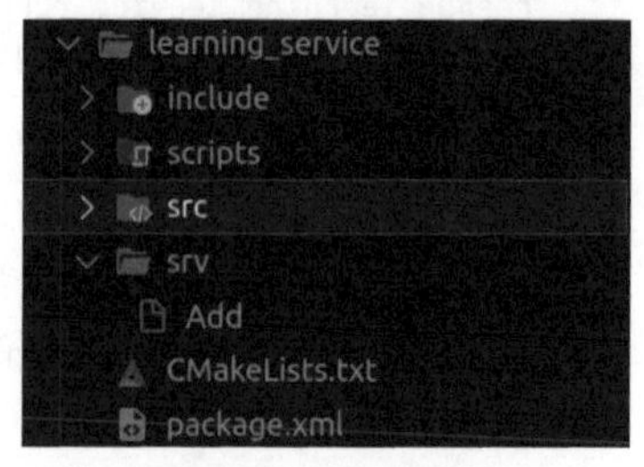

图 2-41　文件结构

srv 文件为文本文件，用于描述 ROS 定义信息的字段。与 msg 文件类似，该类文件主要用于为不同编程语言编写的消息生成源代码，在编译过程中 srv 文件同样会生成支持语言的代码，且保持文件名不变。但与 msg 文件不同的是，srv 存在一个反馈值，这也造成了话题通信机制和服务通信机制的一个区别。对于 C++ 头文件将生成在消息的头文件的统一目录中，这也解释了为什么不能在同一功能包的目录下定义同名的 srv 文件和 msg 文件。

在创建的 Add.srv 文件中输入如下代码以定义消息类型：

```
float64 a
float64 b
---
float64 sum
```

该文件中定义了一个简单加法器的基本的各种信息，比如 float64 a、float64 b 为需要相加的两个数字，float64 sum 为最终相加的结果，也是服务的反馈值。

与自定义 msg 文件类似，该文件中的语句内容只是一个变量类型的定义，不是具体编程语言的定义方式，所以需要对其进行配置，以在编译时能够将该文件动态扩展成对应语言的变量定义。

（2）package.xml 添加功能包的依赖

我们需要在 /learning_service 路径下打开 package.xml 文件，并在其中添加如下语句：

```
<build_depend>message_generation</build_depend>
<exec_depend>message_runtime</exec_depend>
```

其添加位置如图 2-42 所示。

其中，message_generation 作为编译依赖，用于编译时在相关编程环境中将 msg 文件拓展成对应的变量定义，而 message_runtime 用于执行依赖，用于程序在运行时可以执行自定义的信息。

（3）CMakeLists.txt 添加编译选项

因为在 package.xml 中添加了编译时的功能包依赖，所以在 CMakeLists.txt 中需要添加对应的编译的功能包依赖。在 find_package() 函数中增加 message_generation 功能包，该函数用于在编译时指定需要的功能包。其结果如图 2-43 所示。

```
<exec_depend>rospy</exec_depend>
<exec_depend>std_msgs</exec_depend>
<exec_depend>turtlesim</exec_depend>

<build_depend>message_generation</build_depend>
<exec_depend>message_runtime</exec_depend>
```

图 2-42　package 文件添加位置

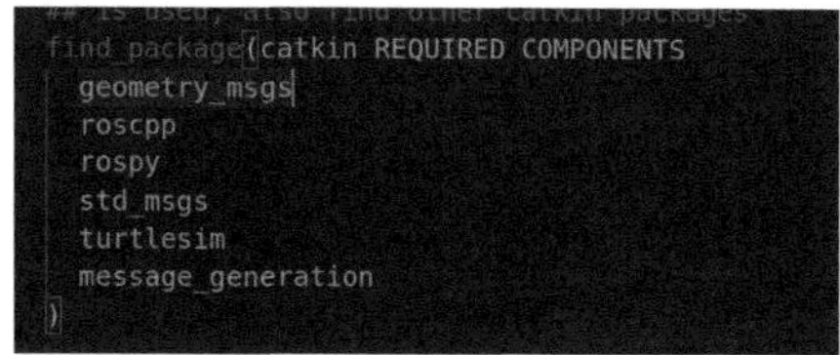

图 2-43　编译依赖的添加

因为在 package.xml 中添加了执行时的功能包依赖，所以在 CMakeLists.txt 中添加对应的编译的功能包依赖。在 catkin_package() 函数中增加 message_runtime 功能包，该函数用于在运行时指定需要的功能包，其结果如图 2-44 所示。

```
catkin_package(
#  INCLUDE_DIRS include
#  LIBRARIES learning_service
   CATKIN_DEPENDS geometry_msgs roscpp rospy std_msgs turtlesim message_runtime
#  DEPENDS system_lib
)
```

图 2-44　执行依赖的添加

在添加相应的编译和执行功能包依赖后，还要将我们自定义的Add.srv文件作为消息接口，对其进行编译，以及该消息接口依赖的ROS官方定义的一些功能包，只有以上配置选项都配置正确，ROS才能识别并正常运行自定义的消息文件。在CMakeLists.txt中添加如下代码，以添加对应的自定义消息接口及其依赖的功能包。

```
add_service_files(FILES Add.srv)
generate_messages(DEPENDENCIES std_msgs)
```

其中，add_service_files()用于告诉系统我们自定义的服务的名称，方便系统去识别，而generate_messages()则告诉系统该自定义的消息文件在定义时依赖的功能包，方便系统的编译和运行，本例中因为是对于各类数据的定义，在ROS官方的std_msgs功能包中存在数据变量的定义，所以需要对其进行依赖。其结果如图2-45所示。

```
#   DEPENDENCIES
#   geometry_msgs#   std_msgs
# )

add_service_files(FILES Add.srv)
generate_messages(DEPENDENCIES std_msgs)

#################################################
## Declare ROS dynamic reconfigure parameters ##
#################################################
```

图2-45　自定义服务接口及其依赖包

当我们在工作空间对其进行编译成功之后，可以在/devel/include/learning_service路径下找到生成的与自定义的消息文件同名的头文件（Add.h），其内容如图2-46所示。

```
devel > include > learning_service > h Add.h
// Generated by gencpp from file learning_service/Add.msg
// DO NOT EDIT!


#ifndef LEARNING_SERVICE_MESSAGE_ADD_H
#define LEARNING_SERVICE_MESSAGE_ADD_H

#include <ros/service_traits.h>


#include <learning_service/AddRequest.h>
#include <learning_service/AddResponse.h>


namespace learning_service
{
```

图2-46　编译生成的头文件

而生成的Python的脚本文件则在/devel/lib/python2.7/dist-packages/learning_service/srv路径下，感兴趣的读者可以自行在该路径下寻找生成的脚本。

2.6.2　编程实现服务（C++）

（1）Client

在对应的src文件夹中先建立一个名为add_client.cpp的文件，其代码如下所示，该代码实现构建了一个向指定服务发送加数的Client，并将从客户端接收到的字符串信息转变为double型的数据。

```
#include<ros/ros.h>
#include<learning_service/Add.h>
#include<cstdlib>
```

```
int main(int argc, char **argv)
{
        ros::init(argc ,argv, "add_client");
        if (argc != 3)
        {
            ROS_ERROR("usage: add two number X Y");
            return 1;
        }
        ros::service::waitForService("add_service");
        ros::NodeHandle nh;
        ros::ServiceClient add_client = nh.serviceClient<learning_service::Add>("add_service");
        learning_service::Add srv;
        srv.request.a = atof(argv[1]);
        srv.request.b = atof(argv[2]);
        if(add_client.call(srv))
        {
            ROS_INFO("sum is: %0.2f", srv.response.sum);
        }
        else
        {
            ROS_ERROR("Failed to call service add_service");
            return 1;
        }
        return 0;
}
```

下面对其进行拆分，分析其实现过程。

```
#include<ros/ros.h>
#include<learning_service/Add.h>
#include<cstdlib>
```

该部分代码为所需要的头文件的包含。

```
#include<learning_service/Add.h>
```

该段代码用于在代码中包含自定义的 srv 文件在编译过后生成的支持 C++ 语言的 .h 文件。

```
#include<cstdlib>
```

该部分代码用于包含 cstdlib 库，该库包含了一些将 string 型变量转化为 int 型、float 型变量的函数。

```
ros::init(argc ,argv, "add_client");
```

该部分代码用于节点初始化，并将其命名为 add_client。

```
        if (argc != 3)
        {
            ROS_ERROR("usage: add two number X Y");
            return 1;
        }
```

该段代码用于判断在客户端中输入的 string 型参数的数量是否符合我们的期望，因为 argc 为封装的参数个数 +1，所以为了限定输入参数为 2，我们将其限定值为 3，如果其值不为 3，系统会自动报错。

```
        ros::service::waitForService("add_service");
```

该部分代码用于等待服务端创建的服务对象，为之后的客户端发送服务请求做准备。只有寻找到对应的服务时，客户端才会发送对应的服务请求。

```
        ros::NodeHandle nh;
        ros::ServiceClient add_client = nh.serviceClient<learning_service::Add>("add_service");
```

该部分代码定义了一个节点句柄nh，通过调用nh的API构造了一个名为add_client的客户端，并将其服务类型定义为我们自定义的learning_service::Add型，将其连接到服务add_service。

```
        learning_service::Add srv;
        srv.request.a = atof(argv[1]);
        srv.request.b = atof(argv[2]);
```

该部分代码为自定义服务中request部分内容的初始化，其初始化数据源于在节点初始化中在数组argv中封装的内容，但因为初始化中的输入参数为string型变量，与我们在srv中定义的float 64型的变量不一致，所以需要先将其类型做转换后再对srv中的request变量进行赋值，其中atof()函数用于将string型变量转换为我们需要的float型变量，argv[1]中存放的是输入的第一个参数，argv[2]存放的是输入的第二个参数。

```
        if(add_client.call(srv))
        {
            ROS_INFO("sum is: %0.2f", srv.response.sum);
        }
        else
        {
            ROS_ERROR("Failed to call service add_service");
            return 1;
        }
```

该部分代码用于调用与客户端相连接的服务，并判断调用是否成功，如果成功则在终端中显示服务调用的response，如果调用失败同样在终端中发出调用失败的警告，其中，add_client.call(srv)如果执行成功会返回数值1，可以用于判断调用成功与否。其中%0.2f用于规定显示样式，即小数点后保留两位。

（2）Server

在src文件夹中建立一个名为add_server.cpp的文件，其代码如下所示，该代码实现构建接收指定服务数据的Server，并将接收的数据在回调函数中相加并显示。

```
#include<ros/ros.h>
#include<learning_service/Add.h>
bool addCallback(learning_service::Add::Request  &req,
                 learning_service::Add::Response &res)
{
      res.sum = req.a + req.b;
      ROS_INFO("request: x=%0.2f, y=%0.2f", req.a, req.b);
      ROS_INFO("the result is: %0.2f", res.sum);
      return true;
}
int main(int argc, char **argv)
{
        ros::init(argc, argv, "add_server");
        ros::NodeHandle nh;
        ros::ServiceServer add_service = nh.advertiseService("add_service", addCallback);
        ROS_INFO("Ready to add two number.");
        ros::spin();
        return 0;
}
```

下面对其进行拆分，分析其实现过程。

```
#include<ros/ros.h>
#include<learning_service/Add.h>
```

该部分为头文件的包含，与 Client 中包含的内容大致相似，这里不过多讲述。

```
ros::init(argc, argv, "add_server");
ros::NodeHandle nh;
```

该部分语句为节点初始化和创造句柄，初始化了一个名为 add_server 的节点，并创造了句柄 nh 用于之后 API 的调用。

```
ros::ServiceServer add_service = nh.advertiseService("add_service", addCallback);
ROS_INFO("Ready to add two number.");
```

该部分代码通过句柄调用 API 构造了一个名为 add_service 的客户端，并将其连接到服务 add_service 和回调函数 addCallback，当服务端构造成功并初始化成功后，在客户端中输出对应信息，告知操作者可以调用服务来进行对应操作。

```
ros::spin();
return 0;
```

该段代码用于反复查询服务端，看其是否需要执行回调函数，当服务接收到来自客户端的数据后，该代码会执行服务端连接到的回调函数 addCallback() 中，执行对应内容，该代码除非操作者主动停止该进程，否则不会执行 return() 的部分。

```
bool addCallback(learning_service::Add::Request  &req,
                 learning_service::Add::Response &res)
{
      res.sum = req.a + req.b;
      ROS_INFO("request: x=%0.2f, y=%0.2f", req.a, req.b);
      ROS_INFO("the result is: %0.2f", res.sum);
      return true;
}
```

该段代码为服务端连接的回调函数，该回调函数有一个 learning_service::Add::Request 类型的常指针输入 &req 和一个 learning_service::Add::Response 类型的常指针输出 &res，对应的是 srv 的 Request 和 Response，该回调函数首先将从服务接收到的数据相加并将其赋值给 res.sum，执行成功之后在终端显示接收到的客户端的数据和相加的结果，同时也是服务的 Request 和 Response。最终布尔型的回调函数会反馈一个 true 表示回调函数执行成功。

（3）编译及执行

编译之前在 CMakeLists 添加如下编译规则：

```
add_executable(add_server src/add_server.cpp)
target_link_libraries(add_server ${catkin_LIBRARIES})
add_dependencies(add_server ${PROJECT_NAME}_generate_messages_cpp)
add_executable(add_client src/add_client.cpp)
target_link_libraries(add_client ${catkin_LIBRARIES})
add_dependencies(add_client ${PROJECT_NAME}_generate_messages_cpp)
```

其结果如图 2-47 所示。

在 VScode 的终端中编译代码，其结果如图 2-48 所示。

在终端中分别输入如下命令来测试代码结果：

```
roscore
rosrun learning_service add_server
rosrun learning_service add_client [num_one] [unm_two]
```

```
target_link_libraries(turtle_spawn ${catkin_LIBRARIES})

add_executable(turtle_vel_cmd src/turtle_vel_cmd.cpp)
target_link_libraries(turtle_vel_cmd ${catkin_LIBRARIES})

add_executable(add_server src/add_server.cpp)
target_link_libraries(add_server ${catkin_LIBRARIES})
add_dependencies(add_server ${PROJECT_NAME}_generate_messages_cpp)

add_executable(add_client src/add_client.cpp)
target_link_libraries(add_client ${catkin_LIBRARIES})
add_dependencies(add_client ${PROJECT_NAME}_generate_messages_cpp)

#############
## Install ##
```

图 2-47 执行依赖

```
[ 83%] Building CXX object learning_service/CMakeFiles/add_client.dir/src/add_client.cpp.o
[ 89%] Built target student_publisher
[ 89%] Built target learning_topic_generate_messages
[ 94%] Built target student_subscriber
[ 97%] Linking CXX executable /home/ubuntu/catkin_ws/devel/lib/learning_service/add_client
[100%] Linking CXX executable /home/ubuntu/catkin_ws/devel/lib/learning_service/add_server
[100%] Built target add_client
[100%] Built target add_server
ubuntu@ubuntu-vm:~/catkin_ws$
```

图 2-48 VScode 编译结果

其中，[num_one] 为你输入的要相加的数据，因为本例程为两个数相加，所以输入参数的数量不能超过 2 个，否则会报错。

当输入参数数量正常时，其运行结果如图 2-49 所示。

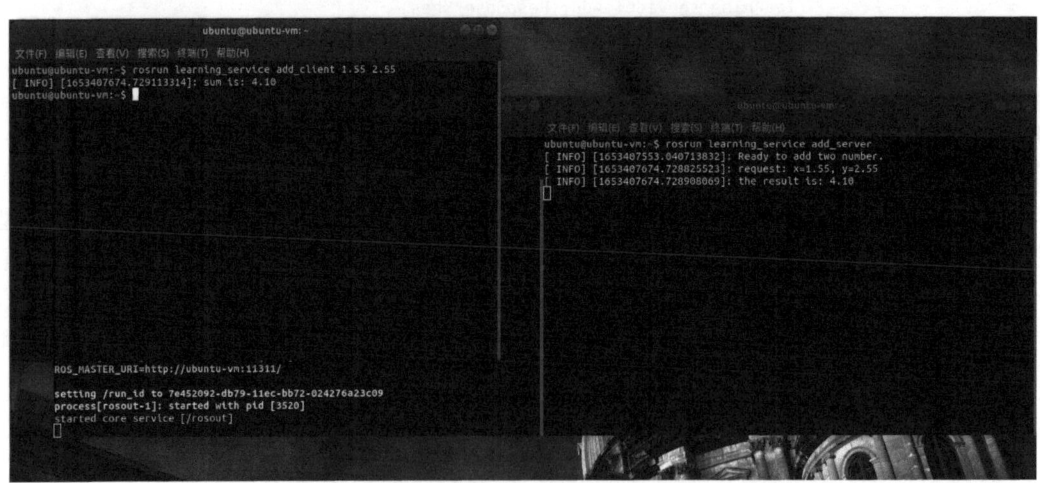

图 2-49 C++ 代码执行成功

从图 2-49 我们得知，该代码成功构建了一个客户端用于接收需要相加的数据，将该数据通过服务传输给服务端，完成数据相加，并将得到的结果反馈给客户端，完成了一个完整的加法器流程。当输入参数数量不正常时，其运行结果如图 2-50 所示。

从图 2-50 得知，当发布的数据量超过两个时，客户端终端会报错。

2.6.3 编程实现服务（Python）

我们成功地用 C++ 使自定义的服务类型实现加法器的客户端与服务端，下面用 Python 来实现同样的结果。

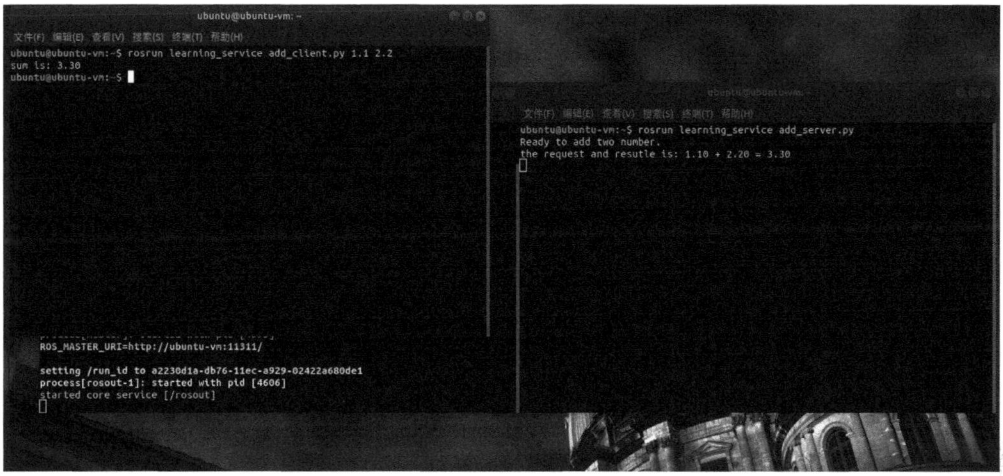

图 2-50 C++ 代码执行失败

（1）Client

在用于存储 Python 代码的 scripts 文件夹中新建一个名为 add_client.py 的文件，其代码如下所示，该代码实现构建了一个向指定服务发送加数的 Client。

```
#!/usr/bin/env python
# coding:utf-8
import sys
import rospy
from learning_service.srv import Add
def add_client(x, y):
      rospy.init_node('add_client', anonymous=True)
      rospy.wait_for_service('add_service')
      try:
          add_client = rospy.ServiceProxy('add_service', Add)
          response = add_client(x, y)
          print("sum is: %s", response.sum)
      except rospy.ServiceException as e:
          print("Failed to call service add_service: %s"%e)
if __name__ == "__main__":
      if len(sys.argv) == 3:
          x = int(sys.argv[1])
          y = int(sys.argv[2])
          add_client(x, y)
      else:
          print("usage: add two ints X Y")
          sys.exit(1)
```

下面对其进行拆分，解释关键代码并分析其实现过程。

```
from learning_service.srv import Add
```

该部分代码包含了自定义的 Add.srv 的服务类型，用于后续传送服务的数据。

```
      rospy.init_node('add_client', anonymous=True)
      rospy.wait_for_service('add_service')
```

该部分代码初始化了一个名为 add_client 的节点，并等待由客户端创建的服务 add_service，为之后客户端向该服务发送数据做准备。

```
      try:
          add_client = rospy.ServiceProxy('add_service', Add)
```

```
            response = add_client(x, y)
            print("sum is: %s", response.sum)
        except rospy.ServiceException as e:
            print("Failed to call service add_service: %s"%e)
```

该部分代码用于构造客户端实例，并通过客户端将从终端中获取的参数 x，y 传递给服务，从而获得服务的反馈值。

```
            add_client = rospy.ServiceProxy('add_service', Add)
```

该代码生成了一个名为 add_client 的客户端实例，定义其服务类型为 Add 型，将其连接到指定服务 add_service。

```
         response = add_client(x, y)
```

该部分代码用于调用服务，即将终端中得到的参数传递到服务中，并将该服务中的数据传递给变量 response，用于获取服务反馈值。

```
           print("sum is: %s", response.sum)
```

该段代码用于在终端中显示通过服务得到的反馈值与两数相加的结果。

```
        if len(sys.argv) == 3:
            x = int(sys.argv[1])
            y = int(sys.argv[2])
            add_client(x, y)
```

该部分用于接收终端中输入的参数，并将参数赋值为 x 和 y，将其作为参数传递给 add_client 函数。

该部分代码只有当终端中输入的参数数量为 2 个时才会执行，否则会执行 else 内的内容，与 C++ 例程类似，在终端中报错。

（2）Server

在 scripts 文件夹中建立一个名为 add_server.py 的文件，其代码如下所示，该代码实现构建接收指定服务数据的 Server，将接收的数据在回调函数中相加并显示。

```
#!/usr/bin/env python
# coding:utf-8
import rospy
from learning_service.srv import Add, AddResponse
def addCallback(req):
      print("the request and resutle is: %s + %s = %s"%(req.a, req.b, (req.a + req.b)))
      return AddResponse(req.a + req.b)
def add_server():
      rospy.init_node('add_server')
      s = rospy.Service('add_service', Add, addCallback)
      print("Ready to add two number.")
      rospy.spin()
if __name__ == "__main__":
      add_server()
```

下面对其进行拆分，解释关键代码并分析其实现过程。

```
from learning_service.srv import Add, AddResponse
```

该部分代码用于包含自定义的 Add.srv 的服务类型，其中，Add 和 AddResponse 分别是 srv 中的 Request 和 Response 部分。

```
      rospy.init_node('add_server')
      s = rospy.Service('add_service', Add, addCallback)
```

该部分代码用于初始化一个名为 add_server 的节点，创建一个名为 s 的服务端实例，创建一个名为 add_service 的服务，并将其连接到回调函数 addCallback，该服务的类型为 Add。

```
        print("Ready to add two number.")
        rospy.spin()
```

该段代码用于显示服务端的生成状况，其作用为在终端告知操作者已经创建好服务端实例，可以调用相关服务，并循环查询是否需要执行回调函数。

```
    def addCallback(req):
        print("the request and resutle is: %s + %s = %s"%(req.a, req.b, (req.a + req.b)))
        return AddResponse(req.a + req.b)
```

该段代码为回调函数的定义，该回调函数的输入为 req，表示 request，其内部具体内容为在客户端中输入的两个参数。

```
      print("the request and resutle is: %s + %s = %s"%(req.a, req.b, (req.a + req.b)))
```

该部分代码用于在终端中输入整个服务的输入数据和反馈数据。

```
        return AddResponse(req.a + req.b)
```

该段代码用于对 Add 服务文件中的 response 的变量进行赋值以及对服务反馈值。

添加完成后在 VScode 的终端中输入 catkin_make 对此进行编译，编译结果如图 2-51 所示。

```
[ 83%] Built target student_subscriber
[ 89%] Built target student_publisher
[ 89%] Built target learning_service_generate_messages
[ 94%] Built target add_server
[100%] Built target add_client
ubuntu@ubuntu-vm:~/catkin_ws$
```

图 2-51 VScode 编译结果

下面来对该发布者例程进行测试，分别在新的终端中运行如下代码：

```
cd ~/catkin_ws
chmod +x src/learning_service/scripts/add_server.py
chmod +x src/learning_service/scripts/add_client.py
rosore
rosrun learning_service add_server.py
rosrun learning_service add_client.py [num_one] [unm_two]
```

当输入参数数量正常时，其运行结果如图 2-52 所示。

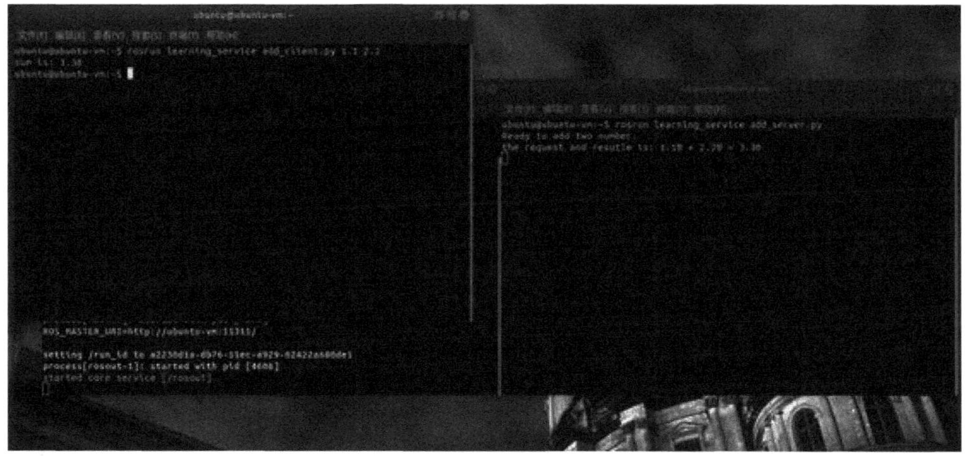

图 2-52 C++ 代码执行成功

该结果与 C++ 代码执行结果一致。

当输入参数数量不是 2 个时，系统报错。其运行结果如图 2-53 所示。

```
ubuntu@ubuntu-vm:~$ rosrun learning_service add_client.py 1.1 2.2
sum is: 3.30
ubuntu@ubuntu-vm:~$ rosrun learning_service add_client.py 1.1 2.2 3.3
usage: add two number X Y
ubuntu@ubuntu-vm:~$
```

```
ROS_MASTER_URI=http://ubuntu-vm:11311/

setting /run_id to a2230d1a-db76-11ec-a929-02422a680de1
process[rosout-1]: started with pid [4606]
started core service [/rosout]
```

```
ubuntu@ubuntu-vm:~$ rosrun learning_service add_server.py
Ready to add two number.
the request and resutle is: 1.10 + 2.20 = 3.30
```

图 2-53　C++ 代码执行失败

2.7　行为（Action）编程与实现

在之前的学习中，我们学习了 ROS 中主要的两种通信机制，但是在实际运用过程中，这两种通信机制往往不能满足需求，又或者可能会造成资源的浪费与系统整体的响应迟缓，例如控制一个机械臂去抓取一个物体，该过程因为实现时间过于复杂且漫长，如果使用服务机制去与机械臂之间进行通信，客户端可能会迟迟得不到响应，且只能等待服务端中的结果，这就造成了客户端被长久占用。如果用话题机制去执行这一进程，因为话题不会存在反馈，所以还需要额外订阅一个用于监测机械臂运动状态的状态话题，这可能会导致发布和接收之间存在相应时间的延迟。对于这一类需要用户去查询执行进度以及取消该任务的实际运用，ROS 中提供了动作（Action）通信机制来满足实际需求。

2.7.1　Action 的工作机制

从通信模型上来看，话题通信机制类似于服务通信机制，其实现了类似于服务的客户端 / 服务端的通信机制，话题通信模型架构如图 2-54 所示。

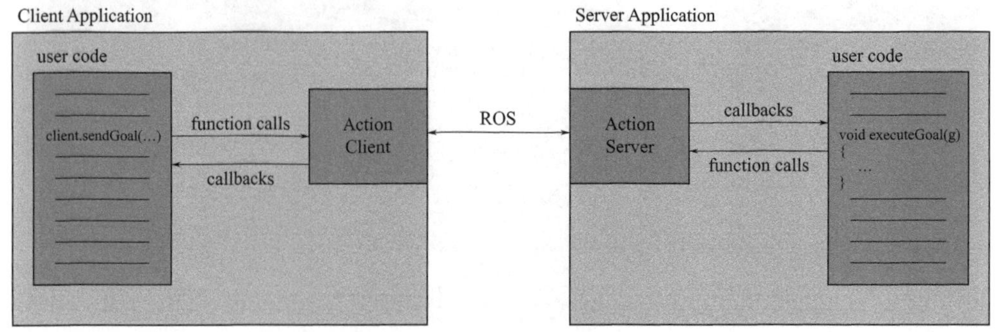

图 2-54　话题通信模型架构

从通信原理上来看，动作通信机制是基于话题通信机制，即构成了一套由目标话题、反馈话题和结果话题组成的通信协议，其中目标话题由客户端发布、服务端订阅，而反馈话题和结果话题则是由服务端发布、客户端订阅。其执行流程如图 2-55 所示。

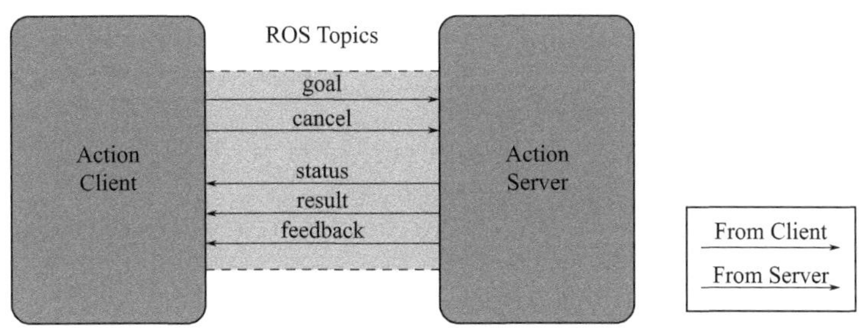

图 2-55 话题执行流程图

其操作流程大致为客户端向服务端发布 goal，客户端接收到之后就会执行对应任务，并周期性地向客户端发送执行进度反馈，如果没有接收到任务停止的命令，该过程会一直执行到任务完成。

（1）服务端的执行流程

当客户端成功初始化一个 goal 并将其发布到服务端后，服务端的状态会随着 goal 的变化而变化，其变化流程如图 2-56 所示。

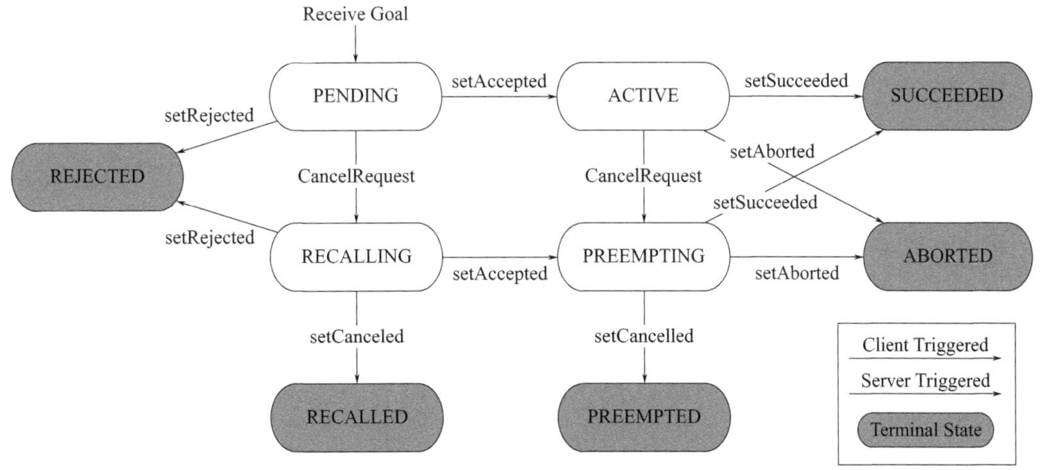

图 2-56 服务端执行流程图

需要注意的是，该状态图描述的是服务端对于单一 goal 的变化，而不是服务端本身的状态变换，其中的每一个 goal 都有一个对应的服务端状态。我们可以用以下命令 (函数) 来改变特定 goal 的服务端的状态：

```
setAccepted
```

该命令用于服务端接收到来自客户端的 goal，并检查完毕后使用，表示服务端开始对接收到的 goal 执行相应的任务。

```
setRejected
```

该命令与上面的接收命令相反，为服务端接收到 goal 之后发现其为无效值时，决定不执行相应的任务。

```
setSucceeded
```

该命令表示服务端执行完对应的任务后，表示该 goal 对应的任务已经执行完毕。

```
serAborted
```

该命令表示在执行对应 goal 的任务时出现错误，需要停止。

```
setCanceled
```

该命令表示由于取消请求，该 goal 的任务停止处理。

```
CancelRequest
```

该命令为动作客户端的异步触发服务端状态变化，从客户端向服务端发送取消任务请求。

执行中服务端的状态：

① Pending：该状态表示服务端中还未处理 goal。

② Active：该状态表示服务端正在处理 goal 中的任务。

③ Recalling：该状态表示服务端还没有处理 goal 且其接收到了客户端的取消请求，但服务还没有确认 goal 是否被取消。

④ Preempting：该状态表示服务端正在处理 goal 中的任务且其接收到了客户端的取消请求，但服务器还没有确认 goal 是否被取消。

执行完服务端的状态：

① Rejected：goal 被服务端拒绝执行，没有执行 goal 中的任务，也没有来自客户端的取消请求。

② Succeeded：服务端成功执行了 goal。

③ Aborted：服务端终止了 goal，没有来自客户端外部的取消请求。

④ Recalled：服务端在执行 goal 之前，该 goal 已经被另一个 goal 或者取消请求取消。

⑤ Preempted：服务端因接收到了新的 goal 或来自客户端的取消请求而取消现在的 goal。

（2）客户端的执行流程

在进行动作机制时，我们将服务端作为主要执行者，而客户端主要是用作向服务端发送 goal 并作为尝试跟踪服务端状态的辅助机，其流程如图 2-57 所示。

由图 2-57 得知，客户端的状态转变大致分为由服务端触发转变和由客户端触发转变。

由服务端触发的转变：

① Reported [State]: 该状态是服务端向客户端发送 feedback 消息引起的，因为客户端的主要作用是接收服务端的执行进度，所以大多数客户端的转换都是由服务端向客户端汇报执行进度引起的。

② Receive Result Message：该状态是服务端向客户端发送 goal 的 result 消息引起的，该状态标志着该 goal 的任务执行结束。

由客户端触发的转变：

① Cancel Goal：该状态是客户端向服务端发送取消请求引起的，该状态标志着服务端中的 goal 及其任务需要被取消。

② “Skipping”：该状态表示客户端的状态变化不是连续的，而是可以“越级”的。

因为 ROS 是基于传输层实现的，所以客户端可能存在接收不到任何来自服务端新的信息的可能，因此需要允许客户端的状态能够实现状态变化的“越级”。

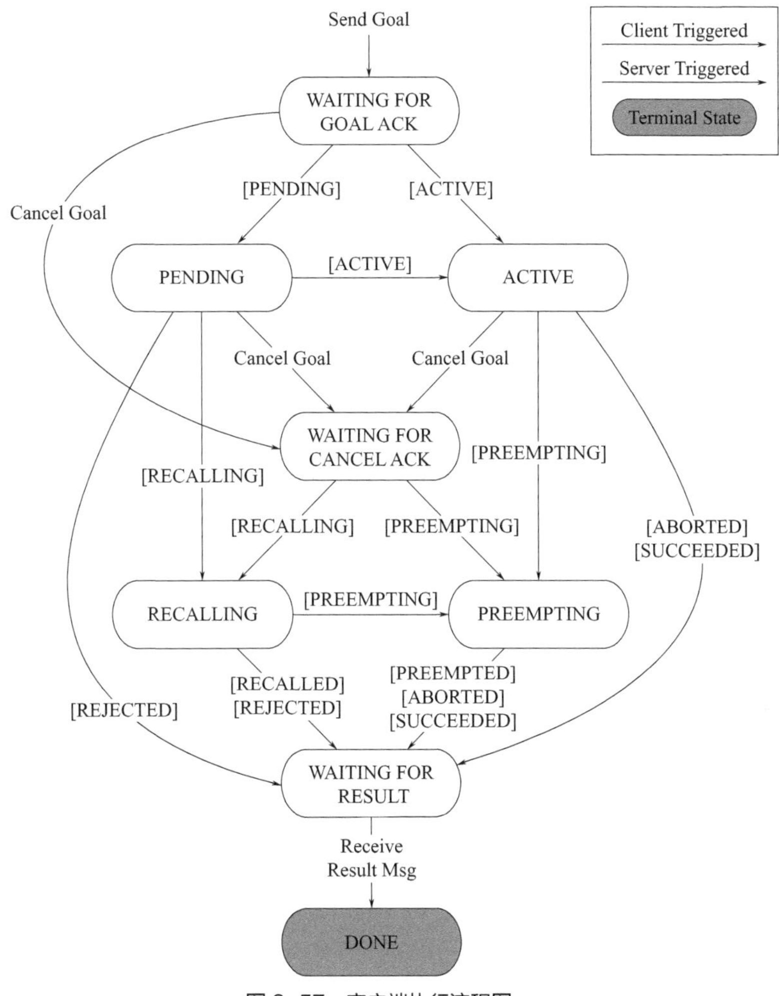

图 2-57　客户端执行流程图

举例来讲，当客户端处于 [WAITING FOR GOAL ACK] 状态时，如果收到了服务端发送的 [PREEMPTED] 状态的信息，那么客户端应该能够越过 [ACTIVE] 状态，直接变换成 [WAITING FOR RESULT] 状态。

因为一个动作服务端可以被多个动作客户端相连接，所以第二个动作客户端向动作服务端发送的 goal 可以使得前一个动作客户端发送的 goal 被取消，该种状况下，前者动作客户端的状况同样也可以从 [PENDING] 状态跳至 [RECALLING] 状态。

（3）消息

① goal topic：该话题用于传送自动生成 ActionGoal message，被用于将动作客户端中定义的 goals 传送到动作服务端，ActionGoal message 实质上包含了一个 goal message 并将其绑定到 Goal ID 上，Goal ID 用于动作消息传输的字符串字段。

② cancel topic：该话题用于让动作客户端向动作服务端发送取消请求，其中取消信息由时间戳和 goal ID 构成，前者决定取消的时间，后者决定取消的目标。

③ status topic：该话题用于动作服务端向动作客户端发送被动作服务端所跟踪的 goal 的实时状态，该消息既可以通过一定频率发送，也可以在服务端状态转换时异步发送。理论上，

只需要在该任务执行中发送这一消息即可，但是为了增强系统的稳定性，可以在任务执行完成后一小段时间内继续发布该消息。

④ feedback topic：该话题用于动作服务端持续地向动作客户端发布任务执行进度，因为ActionFeedback 中存在 goal ID，所以动作客户端可以决定是否接收来自动作服务端的 feedback。该消息的发布与否由操作者决定。

⑤ result topic：该话题用于在 goal 完成时动作服务端向动作客户端发布结果消息，与ActionFeedback 一样，ActionResult 中同样包含 goal ID，因此同样可以决定结果消息接收与否，虽然 result 消息可能为空，但是其为动作通信机制必需的一部分，当 goal 执行完成后其必须传送至动作客户端。

2.7.2 learning_action 功能包的创建

与之前创建功能包类似，下面来创建服务功能包，在 VScode 中创建一个名为 learning_action 的功能包，添加依赖如图 2-58 所示。

在功能包中创建用于存放 Python 文件的 scripts 文件夹和用于存放 Action 文件的 action 文件夹，功能包的结构图如图 2-59 所示。

图 2-58 功能包的创建

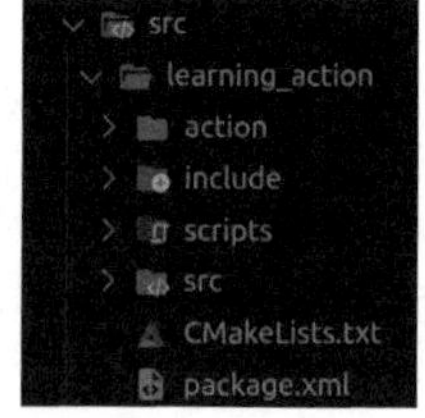

图 2-59 文件结构图

在建立的 action 文件夹中创建一个名为 Count.action 的文件并在创建的文件中输入以下代码以定义需要的各类消息：

```
# Define the goal
uint32 goal_num
---
# Define the result
uint32 finish
---
# Define a feedback message
float32 percent_complete
```

该文件定义了一个实现计数动作所需的各类消息，比如定义了计数对象 ID 的 goal_num、计数数量的 finish 和记录计数进度的 percent_complete。

与 msg 和 srv 文件定义的原理类似，“---”为定义的消息之间的分隔符，而 uint32 和 float32 并不是具体某语言的变量定义，与 msg、srv 等类型的文件定义变量方式一样，都是变量类型的定义，需要对其进行配置，以在编译时能够将该文件间定义的各类变量拓展成对应的话题。

在 CMakeLists.txt 中添加编译选项：因为在创建 learning_action 功能包时已经添加了 actionlib_msgs，所以不需要和之前话题及服务一样在 package.xml 中添加功能包的依赖，只需要在 CMakeLists.txt 中添加编译选项即可。在 CMakeLists.txt 中添加以下代码，以添加自定义的 Count.action 文件中的消息接口及其依赖的功能包。

```
add_action_files(FILES Count.action)
generate_messages(DEPENDENCIES actionlib_msgs)
```

其结果如图 2-60 所示。其中，add_action_files() 函数用于告诉系统自定义的 action 的名称，方便系统在编译的时候查询，generate_messages() 则是与编译过程相关。

```
add_action_files(FILES Count.action)
generate_messages(DEPENDENCIES actionlib_msgs)

################################################
## Declare ROS dynamic reconfigure parameters ##
################################################
```

图 2-60　编译选项添加

当编译成功之后可以在 catkin_ws/devel/include/learning_action 路径中找到生成的与 C++ 有关的一系列编译成功的 .h 文件，如图 2-61 所示。

同样也可以在 catkin_ws/devel/share/learning_action 路径下找到编译生成的 .msg 文件，其结果如图 2-62 所示。

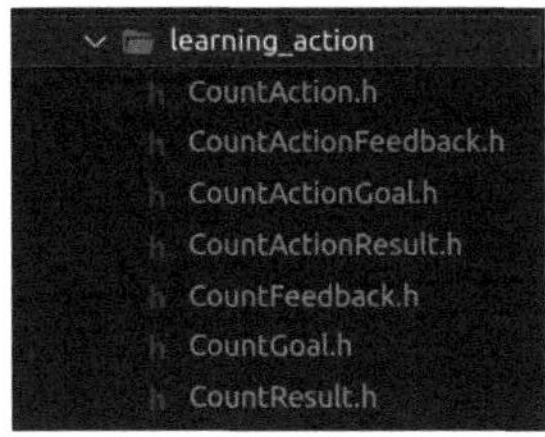

图 2-61　生成的 .h 文件

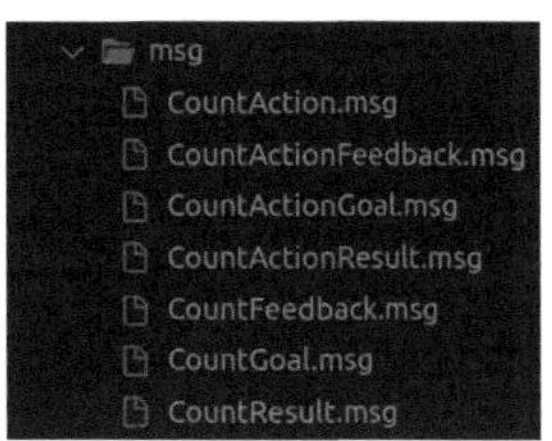

图 2-62　生成的 .msg 文件

2.7.3　编程实现动作（C++）

在本部分我们将会用 Action 实现一个计数器，该计数器存在进度显示与客户端、服务端的状况显示。

（1）Action client

在 src 文件中建立一个名为 count_client.cpp 的文件，其代码如下所示，代码构建了一个向指定动作发送 goal 并从动作中接收到执行进度的动作客户端，在任务执行完毕后显示动作服务端和动作客户端的状态。

```
#include "ros/ros.h"
#include "actionlib/client/simple_action_client.h"
#include "learning_action/CountAction.h"
typedef actionlib::SimpleActionClient<learning_action::CountAction> Client;
class CountActionClient
{
      private:
          Client client;
          void doneCb(const actionlib::SimpleClientGoalState &state,
                 const learning_action::CountResultConstPtr &result)
                 {
                     ROS_INFO("Finished in state %s",state.toString().c_str());
                     ROS_INFO("Total counted number: %d", result->finish);
                     ros::shutdown();
                 }
```

```
            void activeCb()
            {
                ROS_INFO("Goal has been active");
            }
            void feedbackCb(const learning_action::CountFeedbackConstPtr &feedback)
            {
                ROS_INFO("The progress is:%0.2f%s", feedback->percent_complete,"%");
            }
        public:
            CountActionClient(const std::string client_name, bool flag = true) :
            client(client_name, flag)
            {
            }
            void Start()
            {
                client.waitForServer();
                learning_action::CountGoal goal;
                goal.goal_num = 1;
                client.sendGoal(goal,
                 boost::bind(&CountActionClient::doneCb, this, _1, _2),
                 boost::bind(&CountActionClient::activeCb, this),
                 boost::bind(&CountActionClient::feedbackCb, this, _1));
                 client.waitForResult(ros::Duration(30.0));
                 if (client.getState() == actionlib::SimpleClientGoalState::SUCCEEDED)
                 {
                    ROS_INFO("The number are counted");
                 }
                 else
                 {
                     ROS_INFO("Cancel the goal");
                     client.cancelAllGoals();
                 }
                 printf("Current State: %s\n", client.getState().toString().c_str());
            }

};
int main(int argc, char **argv)
{
        ros::init(argc, argv, "count_client");
        ros::NodeHandle nh;
        CountActionClient client("count", true);
        client.Start();
        ros::spin();
        return 0;
}
```

下面对其进行拆分，分析其实现过程。

```
#include "ros/ros.h"
#include "actionlib/client/simple_action_client.h"
#include "learning_action/CountAction.h"
```

该部分代码为所需要的头文件的包含。

```
#include "actionlib/client/simple_action_client.h"
```

该部分为ROS官方与动作服务相关的库，这里需要对其进行包含，用于在下面动作客户端实例中使用。

```
#include "learning_action/CountAction.h"
```

该部分为自定义action文件的编译文件的包含，值得注意的是，与之前自定义话题和自定义服务不同，编译后会自动在动作文件名称后边加上Action以示区别。

```
typedef actionlib::SimpleActionClient<learning_action::CountAction> Client;
```

这里为了方便客户端的书写，将其预先定义成 Client。

```
class CountActionClient
{
      ...
}
```

下面来解释其私有部分。该部分定义了一个名为 CountActionClient 的类，封装动作客户端中的各回调函数，下面对该类中的各部分内容进行讲解。

```
        Client client;
```

该部分代码用于生成动作客户端实例。

```
void doneCb(const actionlib::SimpleClientGoalState &state,
     const learning_action::CountResultConstPtr &result)
     {
         ROS_INFO("Finished in state %s",state.toString().c_str());
         ROS_INFO("Total counted number: %d", result->finish);
         ros::shutdown();
     }
```

该部分用于封装动作客户端的 doneCb() 函数，用于在 goal 执行结束时输出服务端的最终状态和其执行结果。其输入参数为常指针 state 和 result，其中，state 内包含了动作服务端目前的状态消息，而 result 则在动作服务端中被赋值了目前计数的数量。

```
void activeCb()
{
      ROS_INFO("Goal has been active");
}
```

该部分代码为封装动作客户端的 activeCb() 函数，用于当 goal 在动作服务端被接收成功之后，在动作客户端显示出目前动作服务端的状态。

```
void feedbackCb(const learning_action::CountFeedbackConstPtr &feedback)
{
      ROS_INFO("The progress is:%0.2f%s", feedback->percent_complete,"%");
}
```

该部分代码为封装动作客户端的 feedbackCb() 函数，用于当动作服务端在执行对应任务时，可以及时得到当前任务的执行进度。

下面解释该类的公共部分：

```
CountActionClient(const std::string client_name, bool flag = true) :
client(client_name, flag)
{
}
```

该部分构造了一个 CountActionClient 类的实例，实例名为 client，并定义其传入参数为 client_name 与 flag。其中，client_name 为动作名称，需要与服务端的动作名称一致，否则无法正常运行，flag 是多线程的标志位，当其为 true 时，系统会自动调用一个线程来服务该动作的订阅者，如果为 false，则用户需要通过调用 ros::spin() 去启用，该值默认为 true。

```
void Start()
{
      ...
}
```

该部分代码为客户端的主要执行函数，下面对其进行解构并说明。

```
client.waitForServer();
```

该部分代码用于等待服务端，为之后的动作通信做准备。

```
learning_action::CountGoal goal;
goal.goal_num = 1;
```

该部分代码为goal中内容的初始化，先构造了learning_action::CountGoal类型的goal，并对其内部的goal_num赋值为1，用于表示执行goal的ID。

```
client.sendGoal(goal,
boost::bind(&CountActionClient::doneCb, this, _1, _2),
boost::bind(&CountActionClient::activeCb, this),
boost::bind(&CountActionClient::feedbackCb, this, _1));
```

该部分代码向动作服务端发送goal，同时注册了一个回调。注意，如果在执行该语句时，之前的goal已经被使能，该语句会使得动作客户端暂时搁置上一个goal，从而执行这一次的goal。其中对应的回调函数只有动作服务端转变成对应状态时才会进行一次回调，例如，当动作服务端状态转变成done时会回调一次doneCb()函数，值得注意的是，feedback中的消息每刷新一次，回调函数feedbackCb()都会被调用一次。

```
client.waitForResult(ros::Duration(30.0));
```

该语句用于等待动作服务端执行结束，这里等待30s。

```
    if (client.getState() == actionlib::SimpleClientGoalState::SUCCEEDED)
    {
       ROS_INFO("The number are counted");
    }
    else
    {
        ROS_INFO("Cancel the goal");
        client.cancelAllGoals();
    }
```

该部分用于显示动作客户端执行之后的结果，如果动作客户端执行成功，即动作客户端的状态转变为SUCCEEDED，动作客户端会显示计数完成的消息，反之则会发出取消请求，并在动作客户端显示。

```
printf("Current State: %s\n", client.getState().toString().c_str());
```

该段代码用于输出动作客户端的状态。

上述为定义的类的具体作用和解释，下面简单介绍主函数的作用。

```
ros::init(argc, argv, "count_client");
ros::NodeHandle nh;
```

该段代码初始化了一个节点并将其命名为count_client，同时构造了一个nh句柄。

```
CountActionClient client("count", true);
```

该段代码用于构造类的对象并传入所需要的参数，其中动作的名称为count，传入true表示调用多线程订阅。

```
client.Start();
ros::spin();
```

该段代码是调用对象中的开始函数，并循环等待执行结果。

（2）Action server

在 src 文件中建立一个名为 count_server.cpp 的文件，其代码如下所示，代码构建了一个接收指定动作中的 goal 并向动作传入任务执行进度和服务端状态。

```
#include "ros/ros.h"
#include "actionlib/server/simple_action_server.h"
#include "learning_action/CountAction.h"
typedef actionlib::SimpleActionServer<learning_action::CountAction> Server;
class CountActionServer
{
    private:
    learning_action::CountFeedback feedback;
    learning_action::CountResult   result;
    public:
    Server server;
    CountActionServer(ros::NodeHandle nh):
    server(nh,"count",boost::bind(&CountActionServer::ExecuteCb,this,_1),false)
    {
      server.registerPreemptCallback(boost::bind(&CountActionServer::preemptCb,this));
    }
    void Start()
    {
      server.start();
    }
    void ExecuteCb(const learning_action::CountGoalConstPtr& goal)
    {
      ros::Rate rate(1);
      ROS_INFO("Get the goal,the goal value is: %d", goal->goal_num);
      int count_num  = 1;
      int finish_num = 10;
      for (; count_num <= finish_num; count_num++)
      {
        ROS_INFO("Counting the number: %d",count_num);
        feedback.percent_complete = (float)count_num/finish_num*100;
        server.publishFeedback(feedback);
        rate.sleep();
        result.finish = count_num;
      }
      if(server.isActive())
      server.setSucceeded(result);

    }
    void preemptCb()
    {
      if(server.isActive())
      server.setPreempted();
    }
};
int main(int argc, char **argv)
{
    ros::init(argc, argv, "count_server");
    ros::NodeHandle nh;
    CountActionServer countserver(nh);
    countserver.Start();
    ros::spin();
    return 0;
}
```

下面对其进行拆分，分析其实现过程。

```
#include "ros/ros.h"
#include "actionlib/server/simple_action_server.h"
#include "learning_action/CountAction.h"
```

该部分为头文件的包含，与 Client 中包含的内容大致相似，唯一的不同是将客户端变为服务端，这里不过多讲述。

```
class CountActionServer
{
    ...
}
```

与客户端一样，该段代码同样在这里定义了一个名为 CountActionServer 的类，用于封装动作服务端中的回调函数。

```
private:
learning_action::CountFeedback feedback;
learning_action::CountResult   result;
```

该段代码为类的私有部分，用于定义动作的一些话题，其中，feedback 用于记录和发送任务执行进度，而 result 则用于记录和发送任务最新结果。

下面讲述该类中的公共部分及其作用。

```
Server server;
```

该部分代码用于生成动作服务端实例。

```
CountActionServer(ros::NodeHandle nh):
server(nh,"count",boost::bind(&CountActionServer::ExecuteCb,this,_1),false)
{
  server.registerPreemptCallback(boost::bind(&CountActionServer::preemptCb,this));
}
```

该部分构造了一个 CountActionServer 类的实例，实例名为 server 并将其初始化，其中，nh 为创建的句柄，用于调用各类接口。count 为动作名，用于与动作客户端通信。ExecuteCb 为服务的回调函数，当动作服务端接收到一个新的 goal 后，会在一个独立的线程中调用该回调函数，该回调函数为阻塞型，注意，如果在这里添加了回调函数，那么 goalCallback() 函数会变得不可用。

```
void Start()
{
  server.start();
}
```

该函数为开始函数，用于启动服务端，执行该代码后会自动跳转到 ExecuteCb() 函数中。

```
  void ExecuteCb(const learning_action::CountGoalConstPtr& goal)
{
   ...
}
```

该代码为执行函数，里面封装的是该动作服务端需要执行的任务。下面对其内容进行具体解释。

```
ros::Rate rate(1);
ROS_INFO("Get the goal,the goal value is: %d", goal->goal_num);
```

该代码设置了计数时间并在动作服务端中显示接收到 goal 中的值。

```
int count_num  = 1;
int finish_num = 10;
```

该段代码用于计数值和计数终值的初始化。

```
for (; count_num <= finish_num; count_num++)
{
  ROS_INFO("Counting the number: %d",count_num);
  feedback.percent_complete = (float)count_num/finish_num*100;
  server.publishFeedback(feedback);
  rate.sleep();
  result.finish = count_num;
}
```

该代码为计数器的实现代码，其在动作服务端中主要实现以下功能：实时显示当前的计数值、计算出任务进度并发布到 Feedback 中、将最终的计数结果传递给 finish。

```
ROS_INFO("Counting the number: %d",count_num);
```

该部分代码用于显示目前的计数值。

```
feedback.percent_complete = (float)count_num/finish_num*100;
server.publishFeedback(feedback);
```

该部分代码用于计算当前计数进度，因为 percent_complete 为浮点型，所以需要对结果进行强制类型转换，转换结束后，将得到的进度值发布到 Feedback 话题中。

```
result.finish = count_num;
```

该段代码将目前的计数值赋值给 finish，并在动作客户端中显示。

```
if(server.isActive())
server.setSucceeded(result);
```

上面的代码将当前动作服务端的状态转变为成功，并传给参数 result，用于动作客户端的实时监控。

```
void preemptCb()
{
  if(server.isActive())
  server.setPreempted();
}
```

该段代码为取消回调，其作用为将当前动作服务端的状态转变为被抢占。

下面讲解主函数代码。

```
ros::init(argc, argv, "count_server");
ros::NodeHandle nh;
```

该段代码初始化一个节点并将其命名为 count_server，创建了一个名为 nh 的句柄。

```
CountActionServer countserver(nh);
```

该段代码用于构造类的对象并传入所需要的参数，其中动作的名称为 count，传入了之前构造的句柄 nh。

```
countserver.Start();
ros::spin();
```

该段代码则是调用对象中的开始函数，并循环等待执行结果。

（3）编译及执行

编译之前在 CMakeLists 添加如下编译规则：

```
add_executable(count_client src/count_client.cpp)
target_link_libraries(count_client ${catkin_LIBRARIES})
add_dependencies(count_client ${${PROJECT_NAME}_EXPORTED_TARGETS} ${catkin_EXPORTED_TARGETS})
add_executable(count_server src/count_server.cpp)
target_link_libraries(count_server ${catkin_LIBRARIES})
add_dependencies(count_server ${${PROJECT_NAME}_EXPORTED_TARGETS} ${catkin_EXPORTED_TARGETS})
```

其结果如图 2-63 所示。

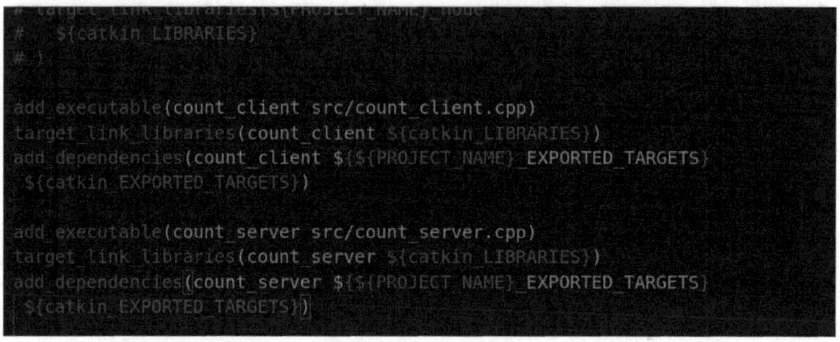

图 2-63　执行依赖

在 VScode 的终端中编译代码，其结果如图 2-64 所示。

图 2-64　VScode 编译结果

在终端中分别输入如下命令来测试代码结果：

```
roscore
rosrun learning_action count_server
rosrun learning_action count_client
```

其运行结果如图 2-65 所示。

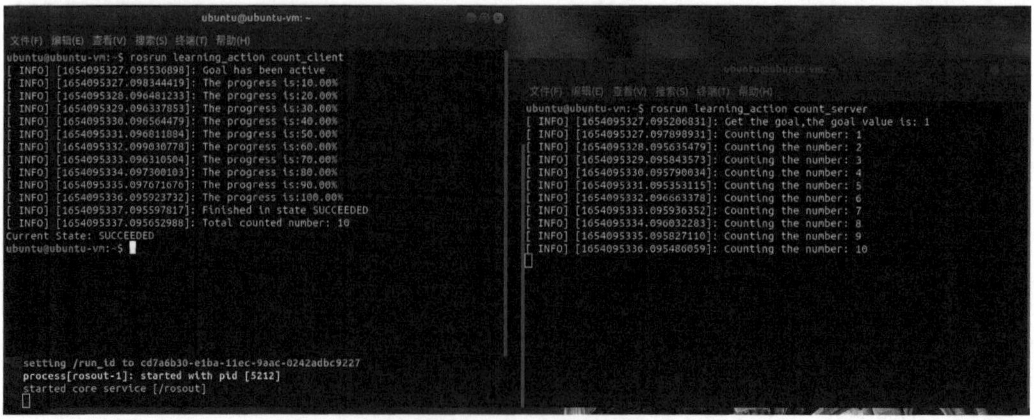

图 2-65　C++ 代码执行结果

从图 2-65 得知，动作客户端成功向动作服务端发送 goal，动作服务端执行计数器的任务且其任务状态能够被动作客户端实时监控。

2.7.4 编程实现动作（Python）

我们成功地用 C++ 以自定义的动作实现计数的动作服务端和监控的动作客户端，下面用 Python 来实现同样结果。

（1）Action client

Python 代码需要在 scripts 文件夹中新建一个名为 count_client.py 的文件，代码如下所示：

```
#!/usr/bin/env python
# coding:utf-8
import rospy
import actionlib
from learning_action.msg import CountAction, CountGoal
class CountActionClient:
      def __init__(self) :
          self.client = actionlib.SimpleActionClient("count", CountAction)
      def doneCb(self, state, result) :
          rospy.loginfo("Finished in state %d",state)
          rospy.loginfo("Total counted number: %d", result.finish)
          rospy.is_shutdown()
      def activeCb(self) :
          rospy.loginfo("Goal has been active")
      def feedbackCb(self, feedback) :
          rospy.loginfo("The progress is:%0.2f%%", feedback.percent_complete)
      def Start(self) :
          self.client.wait_for_server()
          goal = CountGoal()
          goal.goal_num = 1
          self.client.send_goal(goal,
          self.doneCb,
          self.activeCb,
          self.feedbackCb)
          self.client.wait_for_result(rospy.Duration(30.0))
          if(self.client.get_state() ==actionlib.GoalStatus.SUCCEEDED) :
              rospy.loginfo("The number are counted")
          else :
              rospy.loginfo("Cancel the goal")
              self.client.cancel_all_goals()
          rospy.loginfo("Current State: %d\n", self.client.get_state())
if __name__ == '__main__' :
      rospy.init_node("count_client")
      countclient = CountActionClient()
      countclient.Start()
      rospy.spin()
```

下面对其进行拆分，因为实现过程和 C++ 类似，所以只对和 C++ 部分不一样的代码进行讲解。

```
class CountActionClient:
      def __init__(self) :
          self.client = actionlib.SimpleActionClient("count", CountAction)
```

该代码用于在 Python 中使用类操作构建一个名为 client 的实例，其类型为 actionlib.SimpleActionClient，输入参数为 count 和 CountAction，参数 count 用于和动作服务端进行通信，而参数 CountAction 为编译自定义 action 文件时生成的消息文件，该参数用于被 SimpleActionClient 抓取来寻找我们定义的其他消息的类型。

```
            rospy.loginfo("Finished in state %d",state)
            rospy.loginfo("Current State: %d\n", self.client.get_state())
```

该处的代码因为输出的动作服务端状态 state 和动作客户端的 self.client.get_state() 得到的为整型，所以我们的输出与 C++ 代码部分存在一些问题，其中整数 2 代表 PREEMPTED（被抢占），整数 3 代表 SUCCEEDED（成功），整数 4 代表 ABORTED（中止）。

（2）Action server

再在 scripts 文件中建立一个名为 count_server.py 的文件，代码如下所示：

```
#!/usr/bin/env python
# coding:utf-8
import rospy
import actionlib
from learning_action.msg import CountAction, CountGoal, CountFeedback, CountResult
class CountActionServer :
      goal = CountGoal()
      def __init__(self) :
          self.server = actionlib.SimpleActionServer("count",
          CountAction, self.ExecuteCb, False)
          self.server.register_preempt_callback(self.PreemptCb)
      def Start(self) :
          self.server.start()
      def ExecuteCb(self, goal) :
          rate =rospy.Rate(1)
          rospy.loginfo("Get the goal,the goal value is: %d", goal.goal_num)
          feedback = CountFeedback()
          result = CountResult()
          count_num = 0
          finish_num = 10
          while count_num < finish_num :
              count_num += 1
              rospy.loginfo("Counting the number: %d",count_num)
              feedback.percent_complete = (float(count_num)/float(finish_num))*100
              self.server.publish_feedback(feedback)
              rate.sleep()
              result.finish = count_num
          if (self.server.is_active()) :
              self.server.set_succeeded(result)
      def PreemptCb(self) :
          if(self.server.is_active()) :
              self.server.set_preempted()
if __name__ == '__main__' :
      rospy.init_node("count_server")
      countserver = CountActionServer()
      countserver.Start()
      rospy.spin()
```

因为本部分代码与 C++ 实现过程完全一致，只有命令形式存在些许差别，所以不做过多详细说明，读者可自行对照用 C++ 语言编写的 action server 程序去做理解。

（3）编译及执行

在新的终端中运行如下代码：

```
cd ~/catkin_ws
chmod +x src/learning_action/scripts/count_server.py
chmod +x src/learning_action/scripts/count_client.py
rosore
```

```
rosrun learning_action count_server.py
rosrun learning_action count_client.py
```

其运行结果如图 2-66 所示。

图 2-66 Python 代码执行结果

2.8 多节点启动脚本（launch）文件的编程与实现

经过之前的学习，我们已经掌握了 ROS 中最主要的几种通信方式。在运行对应例程时，总是需要打开很多个客户端，在其中输入 rosrun 命令以运行我们写的代码，这无疑会增大工作量，尤其是在进行复杂的 ROS 系统开发时，如果继续采用先前的方式，即每运行一个节点就打开一个终端，当系统中的节点数量不断增加时，该模式会使开发者增加许多工作量，因此本章节将仔细介绍并讲述 ROS 中的多节点脚本——launch。

2.8.1 launch 文件

launch 文件采用 xml 的形式进行相应节点操作，最简单的 launch 文件是一个包含节点元素的根元素，在启动任何一个节点之前，roslaunch 将会确定 ROS Master 是否已经正常运作，如果没有正常运作，该命令会自动启动它。

2.8.2 launch 文件的基本成分

（1）launch 根元素

每一个 xml 文件有且必须只有一个根元素，在 ROS 系统中根元素由一对 launch tag 定义，其格式如下所示：

```
<launch>
    ...
<launch>
```

所有的节点信息都要写在……之间。

（2）node 节点

launch 文件主要用于一键启动多个节点，所以节点是 launch 文件的重点，节点中包含的消息与我们在终端打开节点的消息类似，pkg、type、name 为一个节点必需的三个节点元素，需要注意的是，理论上，在其中启动的每一个节点名都不能重复。节点的使用格式如下所示：

```
<node
pkg="package_name"
type="excutable_name"
name="node_name"
/>
```

值得注意的是 / 符号，该符号表示该节点中的各类元素已经定义完成，如果在编写的过程中忘记加该符号，xml 解析器会出现报错。

下面对节点必需的三个元素进行解释。

① pkg 和 type 节点元素与使用 rosrun 启动节点的属性一样，其中，pkg 为该节点所在的功能包，而 type 为功能包内节点的可执行文件。

② name 节点元素会为启动的节点命名，该节点元素会调用 ros::init() 函数中的 name 参数，导致该节点的名称会被节点元素 name 覆盖。即 launch 启动节点时，会将节点元素中的 name 替换 ros::init() 函数的 name 参数。节点元素除了上述三个必需的选项之外，还存在下列节点元素，可以根据具体需要去选取。

• output：该节点元素可以选择是否将节点输出打印到终端中，即是否在终端显示该节点的输出信息。其使用格式如下所示：

```
output="log | screen"
```

其中，log 为将输出发送到 log 日志文件中，而 screen 则是输出到终端中，其默认选为 log。

• respawn：该节点元素决定当该节点启动失败时是否需要重新启动该节点。其使用格式如下所示：

```
respawn="ture | false"
```

• required：该节点元素决定在执行 launch 文件时，该节点是否必须要成功启动。其使用格式如下所示：

```
required= "true | false"
```

• ns（namespace）：该节点元素可以为该节点创建一个命名空间，用于避免节点名称相同从而造成冲突。其使用格式如下所示：

```
ns="namespace_name"
```

• args：该节点元素可以在启动节点时，给节点传入参数，与 name 节点元素相似，都是 ros::init() 函数中的输入参数。其使用格式如下所示：

```
args="args1 args2 args3 ..."
```

• machine：该节点元素可以设置运行该节点的 PC 机的名称，其使用格式如下所示：

```
machine="machine_name"
```

• include file：该节点元素用于添加其他的 launch 并启动，其使用方式类似 C 语言中的头文件包含，使用格式如下所示：

```
include file="$(find pkg_name)/path/filename.xml"
```

其中，path 为 launch 在所在功能包的具体路径。

（3）其他 tag

① param：用于定义参数服务器的参数输入，该标签可以通过文本文件、二进制文件和命令来设置参数输入值。该标签也可以写在 node 标签内，但此时输入的参数会被系统识别为私有参数。其使用格式如下所示：

```
<param name="name | namespace"
type="str | int | double | bool | yaml"
value=""
textfile="$(find pkg_name)/path/filename.txt"
binfile="$(find pkg_name)/path/file"
command="$(find pkg_name)/exe '$(find pkg_name)/arg.txt'"
/>
```

该名称既可以是一个参数名，也可以是一个命名空间，但要注意避免全局变量的使用，其中，除了 name 以外，其他都是可选项，textfile 为文本文件，binfile 为二进制文件，因为两者的文件必须都是可搜寻到的，所以在文本文件前面加入对应功能包及其路径可以简化系统执行过程。

② rosparam：该标签等效于 rosparam 命令，能够使用 yaml 文件去记录和复现 ROS 参数服务器中存放的系统数据，也可以用于移除某个不需要的参数，与 param 标签一样，该标签也可以作为私有名写在 node 标签内，其使用方式和终端中的 rosparam 命令一样，同样存在复现、记录和删除三种方式，其使用格式如下所示：

```
<rosparam command="load | dump" file="$(find pkg_name)/path/foo.yaml" />
<rosparam command="delete" param="param_name" />
```

需要注意的是，记录和复现命令需要对应 yaml 文件的具体路径，而删除命令则不需要，只需要文件的具体名字即可。改标签同样可以像 param 标签一样设置参数，其用法如下所示：

```
<rosparam param="a_list">[1, 2, 3, 4]</rosparam>
<rosparam>
    a: 1
    b: 2
</rosparam>
```

虽然 param 和 rosparam 都可以用于加载参数，两者最终都是加载到 ROS 参数服务器中，只不过 rosparam 可以通过 .yaml 文件一次性加载很多参数。

③ arg：该标签类似于 launch 文件内部的局部变量，其作用范围仅为所在 launch 文件及其被包含的 launch 文件所继承，便于 launch 文件的重构。如果设定了 value 就会变常量，无法在外部被更改，如果设置为 default，在没有外部参数传入时，以 default 的值作为参数传入。其使用类似于 C 语言中的本地参数传递，将 arg 中的参数传递给 ROS 系统，其使用格式如下所示：

```
<arg name="arg_name" value="xxx"/>
<arg name="arg_name" default="xxx"/>
```

同样可以用如下方式在 launch 文件中调用配置好的 arg 标签的参数：

```
<param name="foo" value="$(argarg-name)" />
<node name="node_name" pkg="package_name" type="type "args="$(arg arg-name)" />
```

④ remap：该标签可以用于更改节点名称、话题名称等，该节点元素主要用于修改功能包的接口，能够极大地提高代码的复用率，需要注意的是，更改的接口数据类型必须和节点内的数据类型一致，其使用格式如下所示：

```
<remap from="original_name" to "remap_name"/>
```

其中，original_name 为需要更改的别的功能包中的接口名，remap_name 为更改后的接口名。

⑤ group：该标签用于将若干个正在运行的节点，同时划分进某个工作空间，其一般伴随着 ns 一起使用，其使用格式如下所示：

```
<group ns="namespace1">
      <node1.../>
      <node2.../>
      ...
</group>
```

其中，/ 符号与 node 作用一致，都是告诉系统在此处分组完毕。

⑥ test：该标签用于测试节点，其具体使用方式与 node 很相似，其使用格式如下所示：

```
<test test-name="test_node_name" pkg="package_name" type="node_name" time-limit="60.0"
args="args1 args2" />
```

其中，test-name 为记录测试结果的测试名称，而 pkg、type、args 的使用方式则和 node 类似，time-limit 用于限定测试结果时间，如果超出该时间则被认定测试失败，该时间默认为 60s。

⑦ env：该标签可以在启动的节点上设置环境变量，该标签只可以在标签内使用。需要注意的是，当在标签内使用时，其作用范围仅为之后声明的节点，环境变量可以在 EnvironmentVariables 中找到，其内部参数如下所示：

```
name="enviroment_variable_name"
value="enviroment_variable_value"
```

2.8.3 launch 文件编程

与先前学习 ROS 中的各种通信机制类似，我们需要先创建名为 learning_launch 的功能包，因为 launch 文件用于打开各种节点，所以就不需要对其添加相应的依赖。其功能包结构如图 2-67 所示。

图 2-67 功能包的结构图

在其中建立名为 turtlemimic.launch 的 launch 文件并保存，其文件内容如下所示：

```
<launch>
    <group ns="turtlesim1">
      <node pkg="turtlesim" name="sim" type="turtlesim_node"/>
    </group>
    <group ns="turtlesim2">
      <node pkg="turtlesim" name="sim" type="turtlesim_node"/>
    </group>
    <node pkg="turtlesim" name="mimic" type="mimic">
      <remap from="input" to="turtlesim1/turtle1"/>
      <remap from="output" to="turtlesim2/turtle1"/>
    </node>
</launch>
```

在终端中运行如下命令，以运行我们创建的 launch 文件。

```
roslaunch learning_launch turtlemimic.launch
```

其结果如图 2-68 所示。

图 2-68　launch 文件的运行结果

重新打开一个终端，并在终端中输入以下命令，来向 /turtlesim1/turtle1 发送运动命令。

```
rostopic pub -r 10 /turtlesim1/turtle1/cmd_vel geometry_msgs/Twist "linear:
    x: 1.0
    y: 0.0
    z: 0.0
angular:
    x: 0.0
    y: 0.0
    z: 1.0"
```

其最终结果如图 2-69 所示，可以发现，明明是向 /turtlesim1/turtle1 发送运动命令，可结果却是两个小海龟都在运动，这与我们在 launch 文件中使用的 mimic 与 remap 有关，该部分将 /turtlesim1/turtle1 的输出作为 mimic 节点的输入，/turtlesim2/turtle1 的输入作为 mimic 节点的输出，因此实现了 /turtlesim2/turtle1 在模仿 /turtlesim1/turtle1。

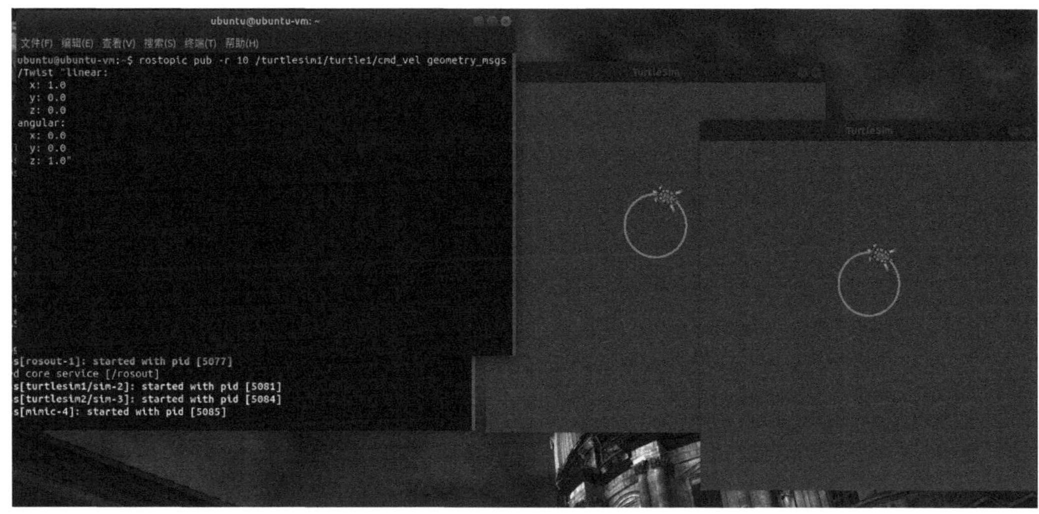

图 2-69　输入运动命令的结果

2.9 ROS 设置 plugin 插件

2.9.1 什么是 plugin

我们在进行一些开发时，所写的核心代码一般都只需要留下输出和输入的各种接口，而接口中的各类数据都是被封装至库文件中，例如 Windows 系统中，常使用 .dll 文件来给使用者提供一些开箱即用的变量、函数或类，而在 Linux 系统中同样有类似的文件，即 .so 文件，该文件由 C 或 C++ 语言编译出来，但不能直接运行，.so 文件被称为共享库。下面将使用 plugin 来实现 .so 文件的封装及其动态调取。

在学习 ROS 开发时，经常会接触到一个名词——plugin（插件）。该插件在 Windows 系统中作为一种应用程序和主程序进行交互，以提供一些额外的功能。而在 ROS 系统中，其作用和在 Windows 系统中类似，简单来讲，plugin 就是一些可以动态加载的功能类。ROS 系统中提供了 pluginlib 功能包，用于提供加载和卸载 plugin 的 C++ 库，使得开发者在使用 plugin 时，不需要将 plugin 的应用程序链接到包含类的库中，只需要将 plugin 的应用程序注册到 pluginlib 中，即可实现动态加载。该插件的实现机制能够使得不需要改动源代码即可拓展或者修改 plugin 应用程序。下面将讲述如何实现一个简单的 plugin。

2.9.2 pluginlib 的工作原理

pluginlib 的工作机制如图 2-70 所示。

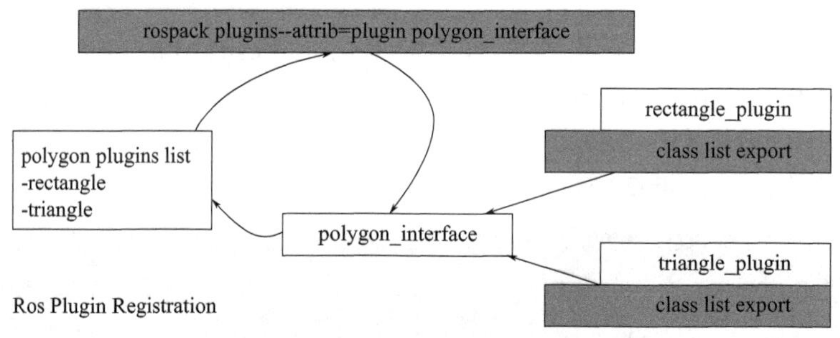

图 2-70 pluginlib 的工作机制

首先假设已经存在 / 创建好一个 polygon 的基类（polygon_interface package），同时还假设 ROS 系统存在两类不同类型的多边形，即在 rectangle_plugin 功能包的正方形与在 triangle_plugin 功能包的正三角形，在功能包中的 package.xml 文件通过 export 来声明 polygon_interface package 中的基类 polygon，在编译过程中将插件注册到 ROS 系统中。开发者可以通过简单的 rospackage 命令来获得该系统中所有可以获得的类的列表，即图 2-70 中的 rectangle 和 triangle。

2.9.3 实现 plugin 的步骤

① 创建一个基类，定义统一的接口。plugin 具体实现由继承类完成，基类的构造函数为 protected。如果是基于现有的基类构造 plugin，则跳过该步骤。

② 创建 plugin 类（继承类），继承基类，实现统一的接口，并实现 plugin 的内容。

③ 注册插件。

④ 编译生成 plugin 的动态链接库。

⑤ 将生成的 plugin 加载到 ROS 系统中。

下面将按照上述步骤去实现一个由自定义的基类构造的 plugin，用于计算正三角形和正四边形的面积。

2.9.4 plugin 的实现

在开始之前需要先建立一个 learning_plugin 的功能包，其添加的依赖为 pluginlib。其最终的功能文件目录如图 2-71 所示（其中的一些文件为后面步骤所创建的）。

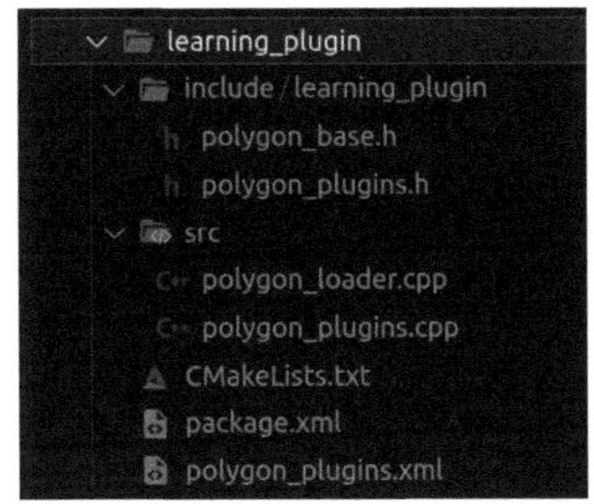

图 2-71　learning_plugin 功能包文件结构

（1）创建基类

在 learning_plugin/include/learning_plugin 路径下创建基类文件 polygon_base.h，并在其中写入如下代码：

```
#ifndef PLUGINLIB_LEARNING__POLYGON_BASE_H_
#define PLUGINLIB_LEARNING__POLYGON_BASE_H_

namespace polygon_base
{
    class RegularPolygon
    {
      public:
        virtual void initialize(double side_length) = 0;
        virtual double area() = 0;
        virtual ~RegularPolygon()
        {
        }

      protected:
        RegularPolygon()
        {
        }
    };
};
#endif
```

该代码在命名空间 polygon_base 中创建了抽象基类 RegularPolygon，后面创造的 plugin 类为该基类的继承类。值得注意的是，因为 pluginlib 要求构造函数中不能带有参数，所以需要在公共部分定义一个初始化函数 initalize() 来完成初数据的初始化。因为插件是求取多边形面积，所以公共部分定义了计算面积的接口函数 area()。

（2）创建 plugin

在 learning_plugin/include/learning_plugin 路径下创建 plugin 类文件 polygon_plugins.h，并在其中写入如下代码：

```
#ifndef PLUGINLIB_LEARNING__POLYGON_PLUGINS_H_
#define PLUGINLIB_LEARNING__POLYGON_PLUGINS_H_
#include <learning_plugin/polygon_base.h>
#include <cmath>
#define PI acos(-1)
namespace polygon_plugins
{
    class Triangle : public polygon_base::RegularPolygon
    {
      public:
        Triangle()
        {
        }
         void initialize(double side_length)
        {
          side_length_ = side_length;
        }
         double area()
        {
          return (3*side_length_*side_length_)/(4*tan(PI/3));
        }
       private:
        double side_length_;
    };
     class Square : public polygon_base::RegularPolygon
    {
      public:
        Square()
        {
        }
         void initialize(double side_length)
        {
          side_length_ = side_length;
        }
         double area()
        {
          return (4*side_length_*side_length_)/(4*tan(PI/4));
        }
       private:
        double side_length_;

    };
};
#endif
```

这里创建了两个继承自基类 RegularPolygon 的 plugin 子类 Triangle 和 Square，并在其中完成参数的接收与面积的计算。需要注意的是，这里计算多边形面积的算法公式为

$$S_n = \frac{na^2}{4\tan\frac{\pi}{n}} \tag{2-1}$$

式中，n 为正多边形的边数；a 为正多边形的边长。

本部分只选取了正三角形和正方形作为基类的继承类，感兴趣的读者可以运用上述正多边

形的面积求取公式自行编写其他正多边形面积的继承类的代码。

（3）注册 plugin

为了让步骤（2）创建的两个继承类被动态加载，这些类必须被声明为导出类，即被声明为插件。在 /learning_plugin/src 路径下创建 polygon_plugins.cpp 文件，并在其中写入如下代码：

```
#include <pluginlib/class_list_macros.h>
#include <learning_plugin/polygon_base.h>
#include <learning_plugin/polygon_plugins.h>
PLUGINLIB_EXPORT_CLASS(polygon_plugins::Triangle, polygon_base::RegularPolygon)
PLUGINLIB_EXPORT_CLASS(polygon_plugins::Square, polygon_base::RegularPolygon)
```

该段代码前面三句用于引入头文件，为了使得下面两句代码能够被找到并使用。

```
#include <pluginlib/class_list_macros.h>
```

该段代码用于包含 pluginlib 库中的 PLUGINLIB_EXPORT_CLASS() 函数来注册插件。

```
#include <learning_plugin/polygon_base.h>
#include <learning_plugin/polygon_plugins.h>
```

该段代码用于引入在前面步骤（1）、（2）创建的基类 polygon_base::RegularPolygon 与两个继承类 polygon_plugins::Triangle、polygon_plugins::Square。

```
PLUGINLIB_EXPORT_CLASS(polygon_plugins::Triangle, polygon_base::RegularPolygon)
PLUGINLIB_EXPORT_CLASS(polygon_plugins::Square, polygon_base::RegularPolygon)
```

该部分代码为注册继承类插件，该函数的使用格式为 PLUGINLIB_EXPORT_CLASS（继承类空间名 :: 继承类名 , 基类空间名 :: 基类名）。

（4）编译生成 plugin 的动态链接库

为了使得之前创建的插件能够被正常编译，在 CMakeLists.txt 文件中写入下面代码：

```
include_directories(
   include
    ${catkin_INCLUDE_DIRS}
)
add_library(polygon_plugins src/polygon_plugins.cpp)
install(FILES blp_plugin.xml
      DESTINATION ${CATKIN_PACKAGE_SHARE_DESTINATION}
)
```

下面对其分解并解释。

```
include_directories(
   include
    ${catkin_INCLUDE_DIRS}
)
```

该部分为添加环境变量 catkin_INCLUDE_DIRS，用于编译器搜索头文件路径。被指定的目录被解释为当前源码路径的相对路径。

```
add_library(polygon_plugins src/polygon_plugins.cpp)
```

该部分代码用于构建动态链接库，将被指定的源文件生成链接文件，并将其添加至对应的工程文件中。

```
install(FILES blp_plugin.xml
      DESTINATION ${CATKIN_PACKAGE_SHARE_DESTINATION}
)
```

该部分用于在指定目录中安装对应文件。

在命令窗口工作空间目录中输入 catkin_make 命令对其进行编译。编译成功之后可以在 devel/lib 路径中找到编译生成的动态库 libpolygon_plugins.so 文件。

（5）将创建的 plugin 添加到 ROS 的工具链中

首先要创建插件描述文件，在 learning_plugin 路径下创建 polygon_plugins.xml，并在文件中写入如下代码：

```
<library path="lib/libpolygon_plugins">
    <class type="polygon_plugins::Triangle" base_class_type="polygon_base::RegularPolygon">
      <description>This is a triangle plugin.</description>
    </class>
    <class type="polygon_plugins::Square" base_class_type="polygon_base::RegularPolygon">
      <description>This is a square plugin.</description>
    </class>
</library>
```

下面对该部分语句的关键内容进行解释。

```
<library path="lib/libpolygon_plugins">
```

library 标签声明了要输出的 lib 文件所在位置的相对路径。

```
<class>
    ...
</class>
```

class 标签内则具体声明了 plugin 的信息，其中，type 标签声明了 plugin 的完整类型，例如上述代码中的 polygon_plugins::Triangle，而 base_class_type 标签则声明了该 plugin 完整类型的父类，例如上述 diam 中的 polygon_base::RegularPolygon，description 标签则是声明了该 plugin 的具体作用。

创建完 plugin 描述文件之后需要将创建的 plugin 导出，在 package.xml 文件中写入如下代码：

```
<export>
      <learning_plugin plugin="${prefix}/polygon_plugins.xml" />
    </export>
```

其中，export 标签用于将插件导出，标签内部为创建的 plugin 描述文件的路径，learning_plugin 则是基类所在功能包的名称。

创建和添加上述代码之后，在命令输入区重新进行编译，将创建的 plugin 添加到 ROS 的工具链中。

为了验证创建的 plugin 是否成功添加到 ROS 中，在命令输入区输入以下命令查看 plugin 的路径：

```
rospack plugins --attrib=plugin learning_plugin
```

其结果如图 2-72 所示。

```
ubuntu@ubuntu-vm:~/catkin_ws$ rospack plugins --attrib=plugin learning_plugin
learning_plugin /home/ubuntu/catkin_ws/src/learning_plugin/polygon_plugins.xml
ubuntu@ubuntu-vm:~/catkin_ws$
```

图 2-72　创建的 plugin 路径

2.9.5　在 ROS 中使用创建的 plugin

为了使用在上面创建好的 plugin，在 learning_plugin/src 路径下创建 polygon_loader.cpp 文件，并在其中写入以下代码：

```
#include <pluginlib/class_loader.h>
#include <learning_plugin/polygon_base.h>
int main(int argc, char** argv)
{
    pluginlib::ClassLoader<polygon_base::RegularPolygon> poly_loader("learning_plugin",
"polygon_base::RegularPolygon");
    try
    {
      boost::shared_ptr<polygon_base::RegularPolygon> triangle = poly_loader.createInstance
("polygon_plugins::Triangle");
      triangle->initialize(10.0);
      boost::shared_ptr<polygon_base::RegularPolygon> square = poly_loader.createInstance
("polygon_plugins::Square");
      square->initialize(10.0);
      ROS_INFO("Triangle area: %.2f", triangle->area());
      ROS_INFO("Square area: %.2f", square->area());
    }
    catch(pluginlib::PluginlibException& ex)
    {
      ROS_ERROR("The plugin failed to load for some reason. Error: %s", ex.what());
    }
    return 0;
}
```

下面将代码分解，并对关键代码进行解释。

```
    pluginlib::ClassLoader<polygon_base::RegularPolygon> poly_loader("learning_plugin",
"polygon_base::RegularPolygon");
```

该段代码创建一个用于加载 plugin 的 ClassLoader。

```
boost::shared_ptr<polygon_base::RegularPolygon> triangle = poly_loader.createInstance
("polygon_plugins::Triangle");
triangle->initialize(10.0);
```

该段代码用于加载 Triangle plugin 并将其边长初始化为 10。

由上述代码可知，plugin 可以在程序中动态加载，当其加载成功之后就可以调用其 plugin 接口来实现响应的功能。

与之前通信机制的学习一样，我们同样需要修改 CMakeLists.txt 文件，添加下面的编译规则：

```
add_executable(polygon_loader src/polygon_loader.cpp)
target_link_libraries(polygon_loader ${catkin_LIBRARIES})
```

在命令输入区再次进行编译用于生成可执行文件 polygon_loader，编译成功之后输入如下代码去运行创建好的 plugin：

```
rosrun learning_plugin polygon_plugins
```

其运行结果如图 2-73 所示。我们成功实现了边长为 10 的正三角形和正方形面积的输出。在实际运用中可以根据具体需求来对插件进行更多的功能拓展，其基本步骤和上面插件实现过程基本相同，需要读者进行更多的练习。

```
ubuntu@ubuntu-vm:~/catkin_ws$ rosrun learning_plugin polygon_loader
[ INFO] [1654620468.241859171]: Triangle area: 43.30
[ INFO] [1654620468.241899496]: Square area: 100.00
```

图 2-73　plugin 运行结果

2.10 基于 RVIZ 的二次开发——plugin

前面我们初次学习了 plugin 并且简单地使用 plugin 进行了实例开发，下面将学习 plugin 的拓展使用。

rviz 为 ROS 官方的 3D 可视化工具，在进行机器人相关开发时，可以用 rviz 来动态显示大部分与机器人相关的数据。因为有的时候实际情况对于一些特殊的数据有所要求，所以官方的 rviz 现有的一些功能已经不能满足，这时我们就需要使用前面学习的 plugin 机制进行对应额外功能的开发。rviz 可以通过使用 plugin 机制来拓展丰富的功能，在官方 rviz 的基础上，创建出属于自己的独特的机器人人机交流界面。

在使用 ROS 开发的过程中，ROS 中的可视化工具绝大部分都是基于 QT，而本节中是使用 plugin 去对 rviz 进行额外功能的拓展，所以同样要基于 QT 去进行开发。本节需要阅读者提前学习一些 QT 相关的知识，主要是信号与槽的概念和使用。本章节代码借用之前的 Publisher 实现的代码，在 rviz 中创建一个自定义的 plugin，操作者可以在其中输入 Publisher 所需要的话题名和需要发布的具体消息，本例中的消息结构为 <geometry_msgs/Twist.h>。

2.10.1 plugin 的创建

（1）teleop_pad.h

首先需要通过 VScode 创建一个名为 rviz_teleop_commander 的功能包，并对其添加 roscpp、rviz、std_msgs 功能包依赖。其文件结构如图 2-74 所示，其中一些文件为下述步骤所创建。

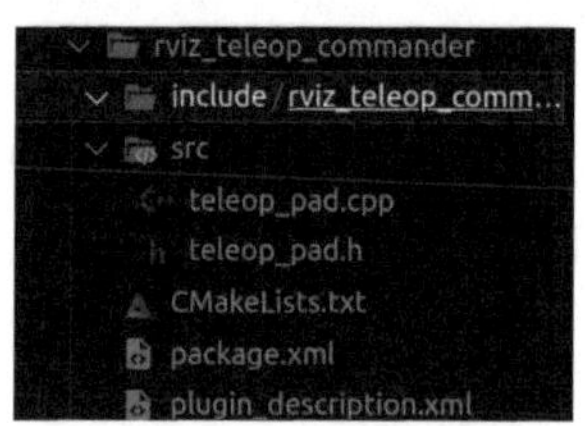

图 2-74 功能包文件结构

因为本例中是基于现有的基类 rviz::Panel，所以不需要另创建新的基类，可以直接在 rviz_teleop_commander/src 路径下创建 plugin 类文件 teleop_pad.h，在其中写入如下代码：

```
#ifndef TELEOP_PAD_H
#define TELEOP_PAD_H
//所需要包含的头文件
#include <ros/ros.h>
#include <ros/console.h>
#include <rviz/panel.h>
class QLineEdit;
namespace rviz_teleop_commander
{
class TeleopPanel: public rviz::Panel
{
Q_OBJECT
public:
    TeleopPanel( QWidget* parent = 0 );
```

```
    virtual void load( const rviz::Config& config );
    virtual void save( rviz::Config config ) const;
public Q_SLOTS:
    void setTopic( const QString& topic );
protected Q_SLOTS:
    void sendVel();                    // 发布当前的速度值
    void update_Linear_Velocity();   // 根据用户的输入更新线速度值
    void update_Angular_Velocity();   // 根据用户的输入更新角速度值
    void updateTopic();                  // 更新 topic_name
    // 内部变量 .
protected:
    // topic name 输入框
    QLineEdit* output_topic_editor_;
    QString output_topic_;
    // 线速度值输入框
    QLineEdit* output_topic_editor_1;  //lin_x
    QString output_topic_1;
    QLineEdit* output_topic_editor_2;   //lin_y
    QString output_topic_2;
    QLineEdit* output_topic_editor_3;   //lin_z
    QString output_topic_3;
    // 角速度值输入框
    QLineEdit* output_topic_editor_4;   //ang_x
    QString output_topic_4;
    QLineEdit* output_topic_editor_5;   //ang_y
    QString output_topic_5;
    QLineEdit* output_topic_editor_6;   //ang_z
    QString output_topic_6;
    ros::Publisher velocity_publisher_;  // ROS 的 publisher，用来发布速度 topic
    ros::NodeHandle nh_;
    // 当前保存的线速度和角速度值
    float linear_velocity_x;
    float linear_velocity_y;
    float linear_velocity_z;
    float angular_velocity_x;
    float angular_velocity_y;
    float angular_velocity_z;
};
} // end namespace rviz_teleop_commander
#endif // TELEOP_PANEL_H
```

下面对该部分代码的关键部分进行讲述。

```
#include <rviz/panel.h>
```

该段代码用于包含基类 rviz::Panel。

```
class QLineEdit;
```

该部分声明了一个文本编辑框的类，使得 plugin 界面能够进行文本输入。

```
Q_OBJECT
```

因为需要使用 QT 中的信号与槽，它们都是 QObject 的子类，所以需要先声明 Q_OBJECT 宏。

```
TeleopPanel( QWidget* parent = 0 );
```

该段代码构造了一个 QWidget 类的实例用于实现 GUI 界面，构造时先将其初始化为 0。

```
    virtual void load( const rviz::Config& config );
    virtual void save( rviz::Config config ) const;
```

该部分抽象函数用于重载基类中的函数，用于保存、加载配置文件中的数据，本例中主要为 topic 的名称。

```
public Q_SLOTS:
```

该部分用于声明槽，可以粗略地将其理解为回调函数。

```
void setTopic( const QString& topic );
```

该代码用于设置话题的名称，方便 Publisher 去发布消息。

```
    QLineEdit* output_topic_editor_;
    QString output_topic_;
```

该部分代码创造了一个文本框来接收操作者对 Publisher 发出的各类消息。

（2）teleop_pad.cpp

下面来实现该历程的 .cpp 文件，在 rviz_teleop_commander/src 路径下创建 teleop_pad.cpp，并在其中写入以下代码：

```
#include <stdio.h>
#include <QPainter>
#include <QLineEdit>
#include <QVBoxLayout>
#include <QHBoxLayout>
#include <QLabel>
#include <QTimer>
#include <QDebug>
#include <geometry_msgs/Twist.h>
#include "teleop_pad.h"
namespace rviz_teleop_commander
{
TeleopPanel::TeleopPanel( QWidget* parent )
: rviz::Panel( parent )
, linear_velocity_x( 0 )
, linear_velocity_y( 0 )
, linear_velocity_z( 0 )
, angular_velocity_x( 0 )
, angular_velocity_y( 0 )
, angular_velocity_z( 0 )
{
    // 创建一个输入 topic 命名的窗口
    QVBoxLayout* topic_layout = new QVBoxLayout;
    topic_layout->addWidget( new QLabel( "Teleop Topic:" ));//wen ben kuang
    output_topic_editor_ = new QLineEdit; // dan hang shu ru kuang
    topic_layout->addWidget( output_topic_editor_ );
    // 创建一个输入线速度的窗口
    topic_layout->addWidget( new QLabel( "Linear Velocity x:" ));
    output_topic_editor_1 = new QLineEdit;
    topic_layout->addWidget( output_topic_editor_1 );
    topic_layout->addWidget( new QLabel( "Linear Velocity y:" ));
    output_topic_editor_2 = new QLineEdit;
    topic_layout->addWidget( output_topic_editor_2 );
    topic_layout->addWidget( new QLabel( "Linear Velocity z:" ));
    output_topic_editor_3 = new QLineEdit;
    topic_layout->addWidget( output_topic_editor_3 );
    // 创建一个输入角速度的窗口
    topic_layout->addWidget( new QLabel( "Angular Velocity x:" ));
    output_topic_editor_4 = new QLineEdit;
    topic_layout->addWidget( output_topic_editor_4 );
    topic_layout->addWidget( new QLabel( "Angular Velocity y:" ));
    output_topic_editor_5 = new QLineEdit;
    topic_layout->addWidget( output_topic_editor_5 );
```

```
    topic_layout->addWidget( new QLabel( "Angular Velocity z:" ));
    output_topic_editor_6 = new QLineEdit;
    topic_layout->addWidget( output_topic_editor_6 );
    QHBoxLayout* layout = new QHBoxLayout;
    layout->addLayout( topic_layout );
    setLayout( layout );
    // 创建一个定时器，用来定时发布消息
    QTimer* output_timer = new QTimer( this );
    // 输入 topic 命名，回车后，调用 updateTopic()
    connect( output_topic_editor_, SIGNAL( editingFinished() ), this, SLOT( updateTopic() ));
    // 输入线速度值，回车后，调用 update_Linear_Velocity()
    connect( output_topic_editor_1, SIGNAL( editingFinished() ), this, SLOT( update_Linear_
Velocity() ));
    connect( output_topic_editor_2, SIGNAL( editingFinished() ), this, SLOT( update_Linear_
Velocity() ));
    connect( output_topic_editor_3, SIGNAL( editingFinished() ), this, SLOT( update_Linear_
Velocity() ));
    // 输入角速度值，回车后，调用 update_Angular_Velocity()
    connect( output_topic_editor_4, SIGNAL( editingFinished() ), this, SLOT( update_Angular_
Velocity() ));
    connect( output_topic_editor_5, SIGNAL( editingFinished() ), this, SLOT( update_Angular_
Velocity() ));
    connect( output_topic_editor_6, SIGNAL( editingFinished() ), this, SLOT( update_Angular_
Velocity() ));
    // 设置定时器的回调函数，按周期调用 sendVel()
    connect( output_timer, SIGNAL( timeout() ), this, SLOT( sendVel() ));
    // 设置定时器的周期，100ms
    output_timer->start( 100 );
}
// 更新线速度值
void TeleopPanel::update_Linear_Velocity()
{
       // 获取输入框内的数据
       QString temp_string_1 = output_topic_editor_1->text();
       QString temp_string_2 = output_topic_editor_2->text();
       QString temp_string_3 = output_topic_editor_3->text();
       // 将字符串转换成浮点数
       float lin_1 = temp_string_1.toFloat();
       float lin_2 = temp_string_2.toFloat();
       float lin_3 = temp_string_3.toFloat();
       // 保存当前的输入值
       linear_velocity_x = lin_1;
       linear_velocity_y = lin_2;
       linear_velocity_z = lin_3;
}
// 更新角速度值
void TeleopPanel::update_Angular_Velocity()
{
       QString temp_string_4 = output_topic_editor_4->text();
       QString temp_string_5 = output_topic_editor_5->text();
       QString temp_string_6 = output_topic_editor_6->text();
       float ang_4 = temp_string_4.toFloat() ;
       float ang_5 = temp_string_5.toFloat() ;
       float ang_6 = temp_string_6.toFloat() ;
       angular_velocity_x = ang_4;
       angular_velocity_y = ang_5;
       angular_velocity_z = ang_6;
}
// 更新 topic 名称
void TeleopPanel::updateTopic()
{
```

```
    setTopic( output_topic_editor_->text() );
}
// 设置 topic 名称
void TeleopPanel::setTopic( const QString& new_topic )
{
    // 检查 topic_name 是否发生改变 .
    if( new_topic != output_topic_ )
    {
      output_topic_ = new_topic;

      // 如果命名为空，不发布任何信息
      if( output_topic_ == "" )
      {
        velocity_publisher_.shutdown();
      }
      // 否则，初始化 publisher
      else
      {
        velocity_publisher_ = nh_.advertise<geometry_msgs::Twist>(output_topic_.toStdString(), 1);
      }
      Q_EMIT configChanged();
    }
}
// 发布消息
void TeleopPanel::sendVel()
{
    if( ros::ok() && velocity_publisher_ )
    {
      geometry_msgs::Twist msg;
      msg.linear.x = linear_velocity_x;
      msg.linear.y = linear_velocity_y;
      msg.linear.z = linear_velocity_z;
      msg.angular.x = angular_velocity_x;
      msg.angular.y = angular_velocity_y;
      msg.angular.z = angular_velocity_z;
      velocity_publisher_.publish( msg );
    }
}
// 重载父类的功能
void TeleopPanel::save( rviz::Config config ) const
{
    rviz::Panel::save( config );
    config.mapSetValue( "Topic", output_topic_ );
}
// 重载父类的功能，加载配置数据
void TeleopPanel::load( const rviz::Config& config )
{
    rviz::Panel::load( config );
    QString topic;
    if( config.mapGetString( "Topic", &topic ))
    {
      output_topic_editor_->setText( topic );
      updateTopic();
    }
}
} // end namespace rviz_teleop_commander
// 声明此类是一个 rviz 的插件
#include <pluginlib/class_list_macros.h>
PLUGINLIB_EXPORT_CLASS(rviz_teleop_commander::TeleopPanel,rviz::Panel )
// END_TUTORIAL
```

下面对其关键语句进行解释说明。

```
#include <QPainter>
#include <QLineEdit>
#include <QVBoxLayout>
#include <QHBoxLayout>
#include <QLabel>
#include <QTimer>
#include <QDebug>
```

该段代码为与 QT 相关功能包头文件的包含，包括了各类对话框、对话标签、计时器等的头文件。

```
TeleopPanel::TeleopPanel( QWidget* parent )
: rviz::Panel( parent )
, linear_velocity_x( 0 )
, linear_velocity_y( 0 )
, linear_velocity_z( 0 )
, angular_velocity_x( 0 )
, angular_velocity_y( 0 )
, angular_velocity_z( 0 )
```

该段代码构造了一个在之前 .h 文件中构造的类的实例，其父类为 rviz::Panel，并将其各类变量初始化为 0。

```
    QVBoxLayout* topic_layout = new QVBoxLayout;
```

该段代码声明了一个用于垂直摆放各种文本框的 topic_layout，其类型为 QVBoxLayout，用于垂直放置话题名和消息的接收文本框。

```
    topic_layout->addWidget( new QLabel( "Teleop Topic:" ));//wen ben kuang
    output_topic_editor_ = new QLineEdit; // dan hang shu ru kuang
    topic_layout->addWidget( output_topic_editor_ );
```

该段代码首先创立 Teleop Topic 标签，然后将创建的标签添加到垂直文本框中来表示对应的话题名。之后创建一个用于接收话题名称的单行输入文本框，并将其添加到 Teleop Topic 标签之下。

```
    connect( output_topic_editor_, SIGNAL( editingFinished() ), this, SLOT( updateTopic() ));
```

该部分用于将信号与槽相连接，其中，output_topic_editor_ 为信号发出者，SIGNAL (editingFinished()) 为信号，当在文本框中输入完成按下 Enter 键后，该信号被触发，this 为信号的接收者，本例中用 this 指针指向垂直布局文本框，SLOT(updateTopic()) 为需要触发的槽，其中 updateTopic() 为之前在 .h 文件中定义的更新话题名的函数。

```
void TeleopPanel::update_Linear_Velocity()
{
      // 获取输入框内的数据
      QString temp_string_1 = output_topic_editor_1->text();
      QString temp_string_2 = output_topic_editor_2->text();
      QString temp_string_3 = output_topic_editor_3->text();
      // 将字符串转换成浮点数
      float lin_1 = temp_string_1.toFloat();
      float lin_2 = temp_string_2.toFloat();
      float lin_3 = temp_string_3.toFloat();
      // 保存当前的输入值
      linear_velocity_x = lin_1;
      linear_velocity_y = lin_2;
      linear_velocity_z = lin_3;
}
```

该代码为定义的槽，其作用是更新输入的线速度。其首先从文本输入框中获得我们输入的线速度数据，因为数据格式的问题，所以要将得到的线速度数据通过 toFloat() 函数转化为 float 型之后才能传递给 linear_velocity_，方便之后通过 Publisher 发布速度信息，角速度原理也一样，这里就不过多解释。

2.10.2 补充编译规则

上面完成了 rviz 的 plugin 相关代码的编写，为了能够使得代码编译成功，还需要对相应的配置文件进行设置。

（1）plugin_description.xml

在功能包路径下需要创建一个名为 plugin_description.xml 的 plugin 描述性文件，其内部写入如下代码：

```
<library path="lib/librviz_teleop_commander">
    <class name="rviz_teleop_commander/TeleopPanel"
           type="rviz_teleop_commander::TeleopPanel"
           base_class_type="rviz::Panel">
      <description>
        A panel widget allowing simple diff-drive style robot base control.
      </description>
    </class>
</library>
```

（2）package.xml

我们需要在功能包描述文件中添加刚刚创建的用于描述 plugin 的描述性文件，在 package.xml 中添加如下语句：

```
<export>
        <rviz plugin="${prefix}/plugin_description.xml"/>
    </export>
```

（3）CMakeLists.txt

同样的，我们也需要在 CMakeLists.txt 中添加相应的编译规则，文件内容如下所示：

```
cmake_minimum_required(VERSION 3.0.2)
project(rviz_teleop_commander)
find_package(catkin REQUIRED COMPONENTS rviz)
find_package(Qt5 ${rviz_QT_VERSION} EXACT REQUIRED Core Widgets)
catkin_package()
include_directories(${catkin_INCLUDE_DIRS})
link_directories(${catkin_LIBRARY_DIRS})
set(QT_LIBRARIES Qt5::Widgets)
set(CMAKE_AUTOMOC ON)
add_definitions(-DQT_NO_KEYWORDS)
set(SOURCE_FILES
    src/teleop_pad.cpp
    ${MOC_FILES}
)
add_library(${PROJECT_NAME} ${SOURCE_FILES})
target_link_libraries(${PROJECT_NAME} ${QT_LIBRARIES} ${catkin_LIBRARIES})
install(TARGETS
    ${PROJECT_NAME}
    ARCHIVE DESTINATION ${CATKIN_PACKAGE_LIB_DESTINATION}
    LIBRARY DESTINATION ${CATKIN_PACKAGE_LIB_DESTINATION}
```

```
    RUNTIME DESTINATION ${CATKIN_PACKAGE_BIN_DESTINATION}
)
install(FILES
    plugin_description.xml
    DESTINATION ${CATKIN_PACKAGE_SHARE_DESTINATION})
```

需要注意的是，本例中默认的是 QT5，如果操作者为 QT4，需要对其做相应的修改。

2.10.3　实现结果

在工作空间中对功能包进行编译，编译成功之后在终端中输入如下命令，以打开 rviz 来查看自定义的 plugin 界面。

```
roscore
rosrun rviz rviz
```

打开 rviz 后，点击左上侧菜单栏中的“Panels”选项，选择“Add New Panel”，在打开的窗口中可以查到创建的 plugin，选中之后即可在对应的“Description”中查看到我们在 plugin_description.xml 文件中对 plugin 的描述。其结果如图 2-75 所示。

点击 OK，系统会自动弹出我们创立的 plugin 界面，其结果如图 2-76 所示。

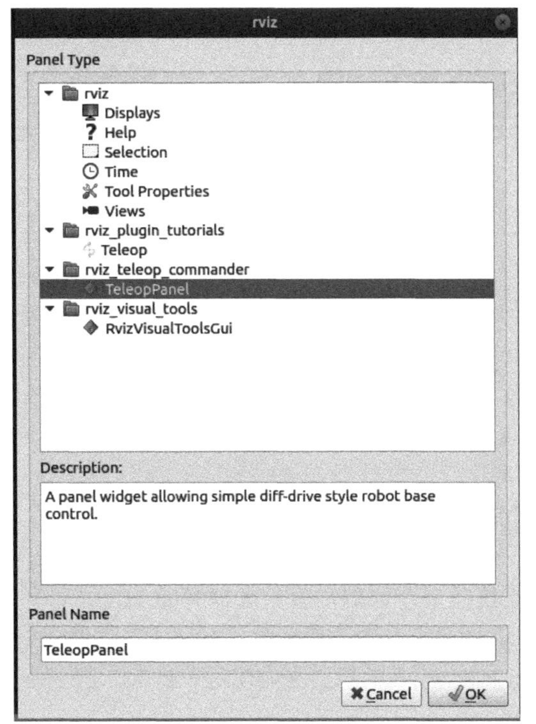

图 2-75　Panel 界面

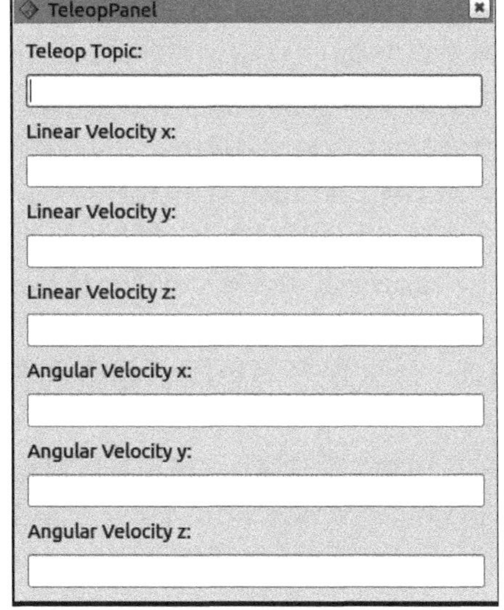

图 2-76　创立的 plugin 界面

在其中输入对应的内容，如图 2-77 所示。

为了验证在 plugin 中创建的 Publisher 是否正确，我们打开一个新的终端，输入以下命令来查看目前该话题中发布的信息：

```
rostopic echo -c /cmd_vel
```

其结果如图 2-78 所示。

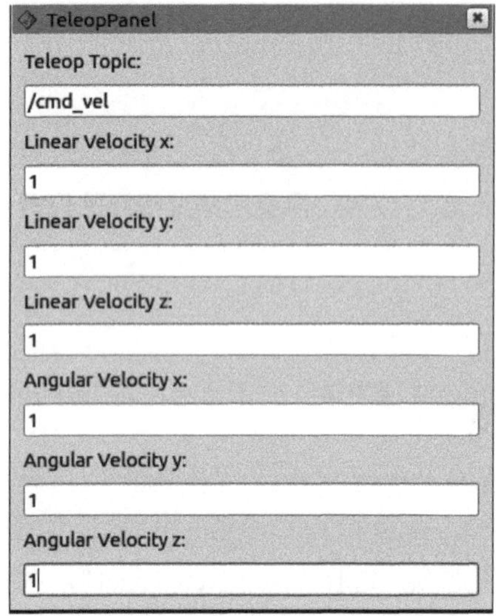

图 2-77　在 plugin 中输入的信息

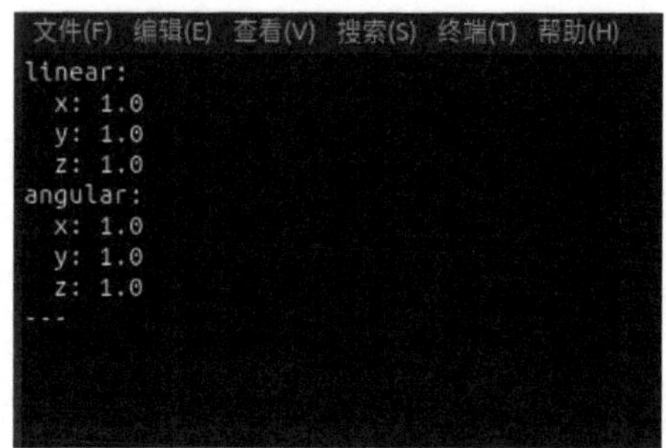

图 2-78　/cmd_vel 话题中的消息

至此，我们完成了在 rviz 中建立一个简单的 plugin，读者可以仔细理解本例中的代码以在 rviz 中创建自己需要的 plugin。

2.11　ROS 多消息同步与多消息回调

在进行实际机器人开发的时候，由于各个传感器的采样数据频率有所不同，例如，odom 的采样频率为 50Hz，imu 的采样频率为 100Hz，camera 的采样频率为 25Hz，因此需要将传感器的数据进行时间同步之后才能够进行融合。我们采用数据融合的方式。只有当多个主题都采集到数据时才可以触发回调函数，也就是说，如果其中一个主题的发布节点因为一些原因而崩溃后，那么整个回调函数将无法触发回调。即使多个主题频率一致时，也无法保证回调函数的频率等于订阅主题的频率，一般会比订阅主题的频率更低。例如订阅的两个需要同步的主题（odom 与 imu），其频率都为 50Hz，但是回调函数的频率只有 24Hz 左右。

2.11.1　什么是多消息同步与多消息回调

ROS 中的多消息同步与多消息回调是指系统用一个回调函数来处理时间一致或者时间相近（采样频率一致或采样频率相近）的多个订阅的消息，可以通过 ROS 的 message_filters 模块来实现。既可以通过全局变量的形式，也可以通过类成员的形式来实现这一目标。

2.11.2　实现步骤

① 建立订阅器并订阅不同的输入 topic。
② 定义时间同步器。
③ 绑定同步回调。
④ 创建带多消息输入的多消息同步自定义回调函数。

2.11.3　功能包的创建

通过 VScode 来创建一个名为 learning_Synchronizer 的功能包，并在其中添加 message_filters、roscpp、sensor_msgs、std_msgs 的依赖。其功能包文件结构如图 2-79 所示。

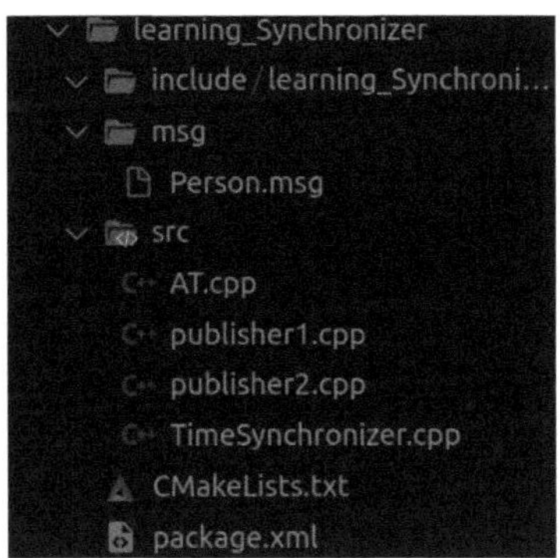

图 2-79　功能包文件结构

2.11.4　全局变量形式：TimeSynchronizer

可以用以下代码格式来实现多消息的同步回调：

```
#include <message_filters/subscriber.h>
#include <message_filters/time_synchronizer.h>
#include <sensor_msgs/Image.h>
#include <sensor_msgs/CameraInfo.h>
using namespace sensor_msgs;
using namespace message_filters;
void callback(const ImageConstPtr& image, const CameraInfoConstPtr& cam_info)
{
    // Solve all of perception here...
}
int main(int argc, char** argv)
{
    ros::init(argc, argv, "vision_node");
    ros::NodeHandle nh;
    message_filters::Subscriber<Image> image_sub(nh, "image", 1);
    message_filters::Subscriber<CameraInfo> info_sub(nh, "camera_info", 1);
    TimeSynchronizer<Image, CameraInfo> sync(image_sub, info_sub, 10);
    sync.registerCallback(boost::bind(&callback, _1, _2));
    ros::spin();
    return 0;
}
```

下面将其分解，并分析关键点代码实现原理。

```
#include <message_filters/subscriber.h>
#include <message_filters/time_synchronizer.h>
```

该段代码包含了订阅器和时间同步器的头文件。

```
    message_filters::Subscriber<Image> image_sub(nh, "image", 1);
    message_filters::Subscriber<CameraInfo> info_sub(nh, "camera_info", 1);
```

该段代码用 message_filter :: subscriber 来创建订阅器，并订阅了所需要的话题消息，与

Subscriber 的使用类似，其中 < > 中定义了订阅话题的消息结构，订阅的话题名为 image 和 camera_info，设置队列长度为 1。

```
TimeSynchronizer<Image, CameraInfo> sync(image_sub, info_sub, 10);
```

该段代码定义了一个时间同步器，将之前创建的订阅器进行同步。

```
sync.registerCallback(boost::bind(&callback, _1, _2));
```

该段代码是之前的同步器注册多消息回调函数。

```
void callback(const ImageConstPtr& image, const CameraInfoConstPtr& cam_info)
{
    // Solve all of perception here...
}
```

该段代码是我们构建的多消息回调函数，可以在回调函数内写入需要执行的回调操作。

因为本例中给出的只是代码模板，读者可自行根据需要去使用该模板去添加订阅器和充实多消息回调函数中的内容。

2.11.5 类成员的形式：message_filters::Synchronizer

除了上述的消息同步机制，ROS 中还存在一种 Policy-Based 的消息同步机制，本质上与上述的 TimeSynchronizer 方法类似，其实现步骤也相同，该机制有 ExactTime Policy 与 ApproximateTime Policy 两种方法，前者需要输入消息的时间戳必须完全一致才可以调用多消息回调函数，而后者可以对输入消息的时间戳进行近似匹配，所以对于输入消息的时间戳没有第一种那么苛刻，只需相近即可，本例中采取 ApproximateTime Policy 方法进行代码实例的创建。

（1）Person.msg

首先需要自定义一个描述属性的 msg 文件，参照之前建立自定义 msg 文件的办法，在功能包中建立一个 msg 文件夹并在其中创建 Person.msg 文件，其内容如下所示：

```
Header header
int32  age
float32  height
string name
```

需要注意的是，我们在其中添加了一个 Header 类型的 header，用于存放发布该 msg 时的时间戳。

（2）publisher.cpp

为了创建两个时间戳相近的 Publisher，这里同样采用了在之前章节使用的 publisher 代码，两个 publisher 代码的区别在于其等待频率，即发布的时间戳，其代码如下所示，其中 ros::Time::now() 函数用于记录当前时间戳。

publisher1.cpp

```
#include <ros/ros.h>
#include "std_msgs/Header.h"
#include "learning_Synchronizer/Person.h"
#include <iostream>
using namespace std;
int main(int argc, char **argv)
{
      ros::init(argc, argv, "publisher1");
      ros::NodeHandle nh;
```

```
        ros::Publisher pub1 = nh.advertise<learning_Synchronizer::Person>("chatter1", 10);
        ros::Rate loop_rate(10);
        while (ros::ok())
        {
            learning_Synchronizer::Person p;
            p.header.stamp = ros::Time::now();
            p.height = 0.2;
            p.age = 10;
            p.name = "Tom";
            pub1.publish(p);
            cout << "pub1's timestamp : " << p.header.stamp << endl;
        ROS_INFO("Publish  msssage is：[%0.2f, %d, %s]", p.height, p.age, p.name.c_str());

          loop_rate.sleep();
        }
        return 0;
}
```

publisher2.cpp

```
#include <ros/ros.h>
#include "std_msgs/Header.h"
#include "learning_Synchronizer/Person.h"
#include <iostream>
using namespace std;
int main(int argc, char **argv)
{
        ros::init(argc, argv, "publisher2");
        ros::NodeHandle nh;
        ros::Publisher pub2 = nh.advertise<learning_Synchronizer::Person>("chatter2", 10);
        ros::Rate loop_rate(20);
        while (ros::ok())
        {
            learning_Synchronizer::Person p;
            p.header.stamp = ros::Time::now();
            p.height = 0.2;
            p.age = 10;
            p.name = "Tom";
            pub2.publish(p);
            cout << "pub2's timestamp : " << p.header.stamp << endl;
        ROS_INFO("Publish  msssage is：[%0.2f, %d, %s]",p.height, p.age, p.name.c_str());

          loop_rate.sleep();
        }
        return 0;
}
```

（3）AT.cpp

该段代码用于使上述两个时间戳相近的 Publisher 发布的消息进行同步，因为其流程与 TimeSynchronizer 步骤类似，所以这里不对代码做进一步解释，读者可自行对照上述步骤进行理解，需要注意的是，如果读者需要使用 ExactTime Policy 方法去进行多消息同步，只需将代码中的 sync_policies::ApproximateTime 改为 sync_policies::ExactTime 即可，但需要注意话题消息发布的时间戳是否一致，我们在功能包中创建一个名为 AT.cpp 的文件，并在其中写入如下代码：

```
#include "ros/ros.h"
#include <message_filters/subscriber.h>
#include <message_filters/synchronizer.h>
```

```
#include <message_filters/sync_policies/approximate_time.h>
#include <message_filters/sync_policies/exact_time.h>
#include "learning_Synchronizer/Person.h"
#include <iostream>
using namespace std;
using namespace message_filters;
learning_Synchronizer::Person syn_pub1;
learning_Synchronizer::Person syn_pub2;
void Syncallback(const learning_Synchronizer::PersonConstPtr& pub1,const learning_
Synchronizer::PersonConstPtr& pub2)
{
      cout << "\033[1;32m Syn! \033[0m" << endl;
      syn_pub1 = *pub1;
      syn_pub2 = *pub2;
      cout << "pub1's timestamp : " << syn_pub1.header.stamp << endl;
      cout << "pub2's timestamp : " << syn_pub2.header.stamp << endl;
}
int main(int argc, char **argv)
{
      ros::init(argc, argv, "ET");
      ros::NodeHandle nh;
      cout << "\033[1;31m hw1! \033[0m" << endl;
      // 建立需要订阅的消息对应的订阅器
      message_filters::Subscriber<learning_Synchronizer::Person> pub1_sub(nh, "chatter1", 1);
      message_filters::Subscriber<learning_Synchronizer::Person> pub2_sub(nh, "chatter2", 1);
      typedef sync_policies::ApproximateTime<learning_Synchronizer::Person, learning_
Synchronizer::Person> MySyncPolicy;
      Synchronizer<MySyncPolicy> sync(MySyncPolicy(10), pub1_sub, pub2_sub); //queue size=10
      sync.registerCallback(boost::bind(&Syncallback, _1, _2));
      ros::spin();
      return 0;
}
```

（4）配置文件

因为建立了自定义文件，所以要对 CMakeLists.txt 文件进行一些修改，修改后的文件如下所示：

```
cmake_minimum_required(VERSION 3.0.2)
project(learning_Synchronizer)
find_package(catkin REQUIRED COMPONENTS
   message_filters
   roscpp
   sensor_msgs
   std_msgs
   message_generation
)
add_message_files(FILES Person.msg)
generate_messages(DEPENDENCIES std_msgs)
catkin_package( CATKIN_DEPENDS message_filters roscpp sensor_msgs std_msgs message_runtime )
add_executable(AT src/AT.cpp)
target_link_libraries (AT ${catkin_LIBRARIES})
add_executable(publisher1 src/publisher1.cpp)
target_link_libraries (publisher1 ${catkin_LIBRARIES})
add_dependencies(publisher1 ${PROJECT_NAME}_generate_messages_cpp)
add_executable(publisher2 src/publisher2.cpp)
target_link_libraries (publisher2 ${catkin_LIBRARIES})
add_dependencies(publisher2 ${PROJECT_NAME}_generate_messages_cpp)
```

同样也需要在 package.xml 中添加如下依赖：

```
    <build_depend>message_generation</build_depend>
    <exec_depend>message_runtime</exec_depend>
```

（5）结果验证

将上述代码编译结束后在终端中输入如下命令以验证结果：

```
roscore
rosrun learning_Synchronizer publisher1
rosrun learning_Synchronizer publisher2
rosrun learning_Synchronizer AT
```

其结果如图 2-80 所示，可以发现，两个 Publisher 在对应话题中发布的消息的时间戳在 AT 被同步了，即实现了多消息同步与多消息回调的目标。

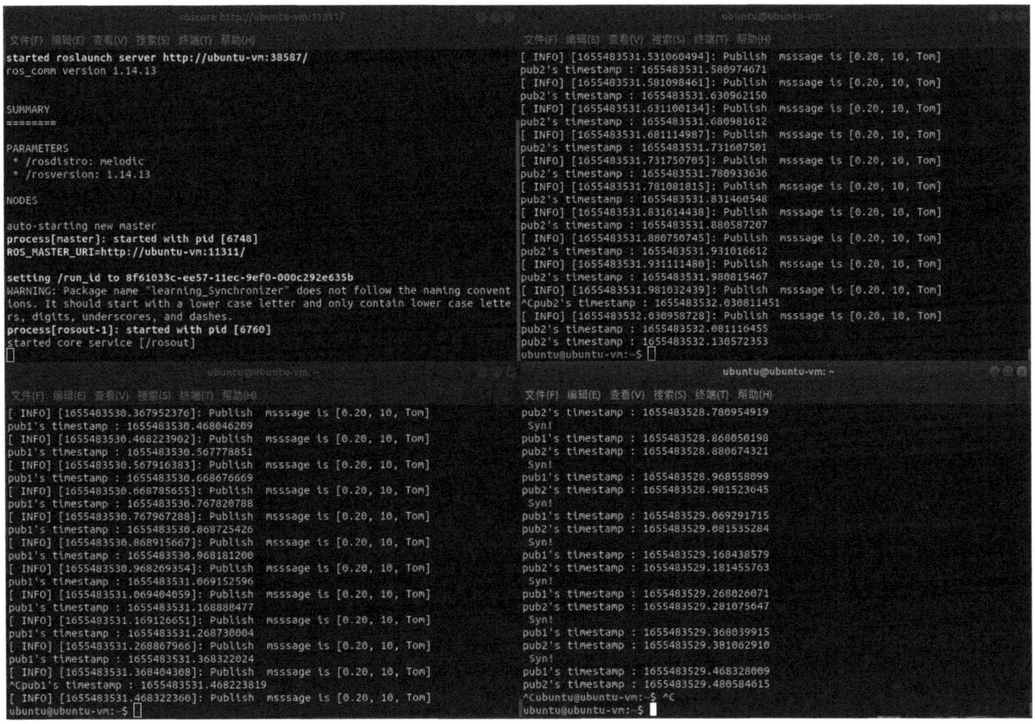

图 2-80　执行结果

第3章

ROS可视化功能包与拓展

3.1 日志输出工具(rqt_console)

3.1.1 rqt_console

在ROS中调试程序时经常会使用日志消息，但在用终端去运行ROS中的节点时，每一个节点的日志信息会在各自的终端中显示出来，这样的显示方式会让各类节点日志信息十分杂乱，从而导致增加开发工作量，所以ROS官方提供了一个专门用于管理节点日志信息的可视化工具——rqt_console。

在终端中输入如下命令以打开该日志消息可视化工具：

```
roscore
rqt_console
```

打开界面如图3-1所示。

其中，最上面的部分为日志信息的显示，中间的部分按照日志等级来决定哪些等级的日志信息不显示，选择了对应日志等级，那么该等级的日志信息就不会在上面部分显示，最下面为高级过滤条件添加选项。

在新的终端中输入如下命令去生成一个小海龟：

```
rosrun turtlesim turtlesim_node
```

此时再次观察rqt_console界面，其结果如图3-2所示。

在图3-2中得知节点发布了一个Info，一般默认的日志消息等级为Info。一般情况下Debug等级的日志消息是被隐藏的，所以只能看到Info、Warn、Error以及Fatal的消息。

在新的终端中输入如下命令来控制小海龟向终端边界移动：

```
rosrun turtlesim turtle_teleop_key
```

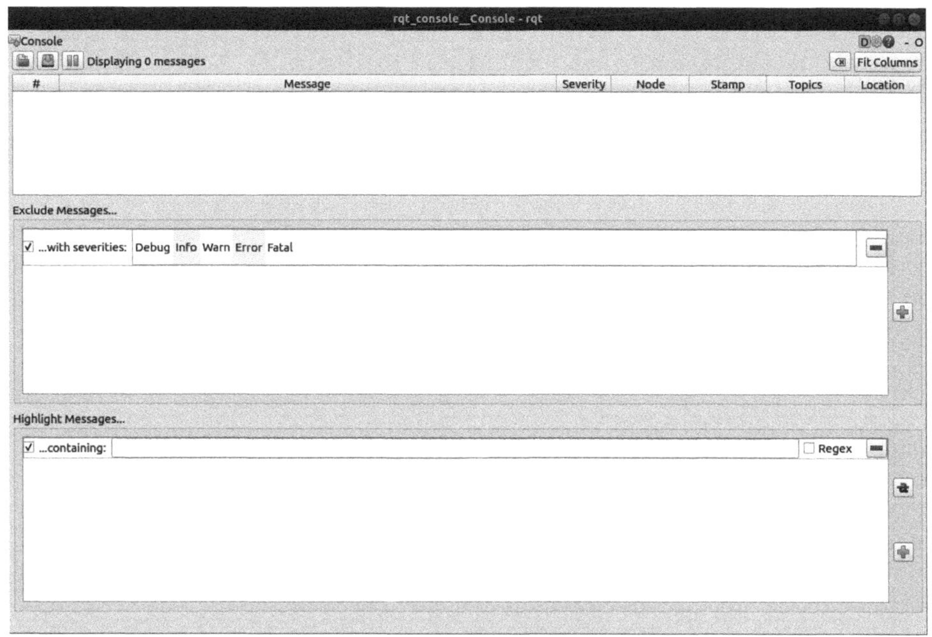

图 3-1　rqt_console 界面

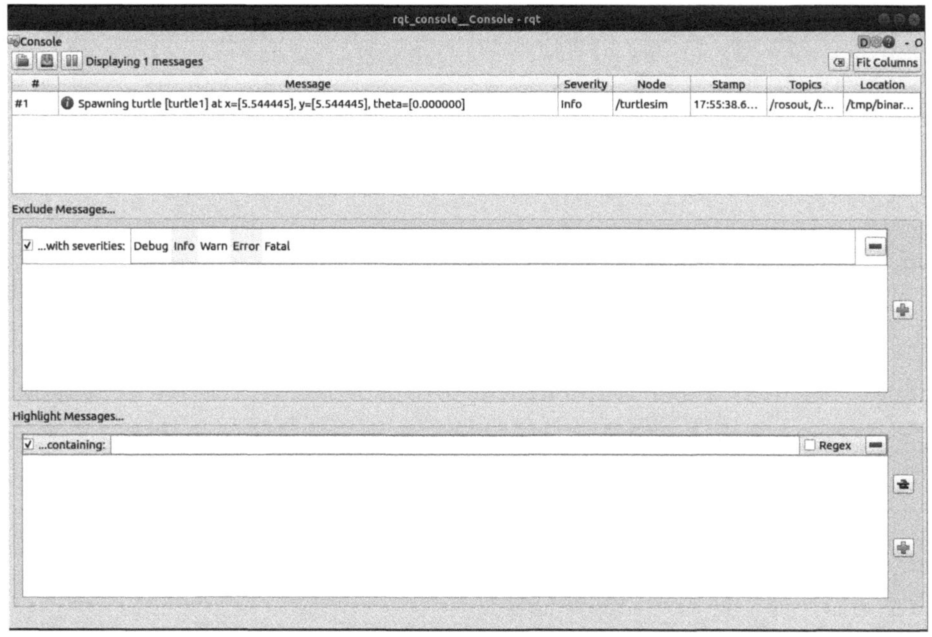

图 3-2　Info 等级日志消息的显示

当小海龟移动到终端边界时，节点会自动发送 Warn 等级的消息日志，此时可以在 rqt_console 界面接收到来自该节点 Warn 等级的消息日志。其结果如图 3-3 所示。

而当选中中间部分的 Warn，即不显示 Warn 等级的日志消息，那么 rqt_console 界面如图 3-4 所示，发现其不显示 Warn 等级的消息了。需要注意的是，该可视化工具只是显示日志消息，而不是接收各个终端的日志消息，所以此时只是不在该可视化工具中显示 Warn 等级的日志消息，感兴趣的读者可以自行验证。

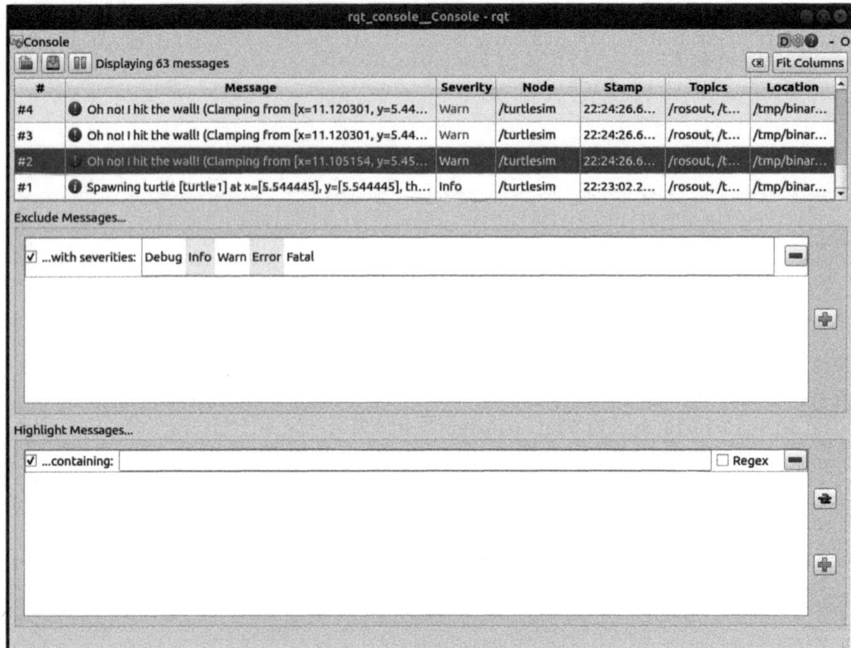

图 3-3 Warn 等级日志消息的显示

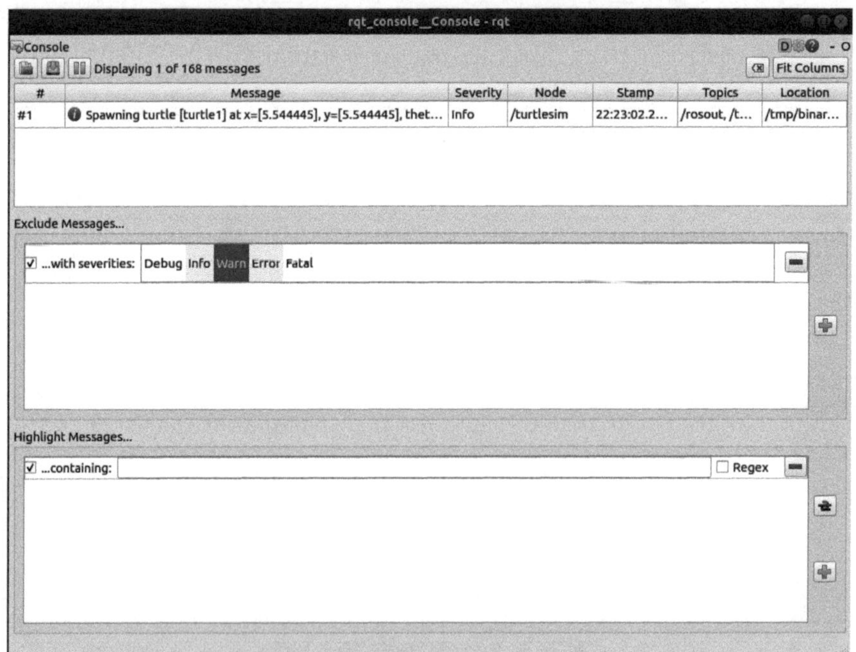

图 3-4 Warn 等级日志消息的屏蔽

3.1.2 日志的等级

在 rqt_console 中我们了解到节点发布的日志存在等级，ROS 中的日志等级是按照日志消息严重程度来划分的，其日志等级从高到低如下所示：

```
Fatal
Error
Warn
Info
Debug
```

每个等级并没有十分明确的划分标准，但我们可以对每个等级做一个大致理解：

① Fatal：该等级日志消息的发布意味着节点为了保护自己不受损害即将终止。

② Error：该日志消息等级的发布意味着出现了一个不一定会破坏系统的大问题，但是会阻碍系统的正常运作。

③ Warn：该日志消息等级的发布意味着出现一个意外或者非理想的结果，可能与系统程序有关联，但是不影响整个系统的正常运作。

④ Info：该日志消息等级的发布意味着事件和状态的更新，一般都是通过可视化验证系统是否在预期的状态下运作。

⑤ Debug：该日志消息等级的发布为系统运作的细节，一般情况下被隐藏。

3.1.3 rqt_logger_level

ROS 中不仅提供了可视化管理日志消息的 rqt_console，还提供了设置节点日志等级的 rqt_logger_level，在新的终端中输入如下命令以打开 rqt_logger_level：

```
rosrun rqt_logger_level rqt_logger_level
```

其结果如图 3-5 所示。

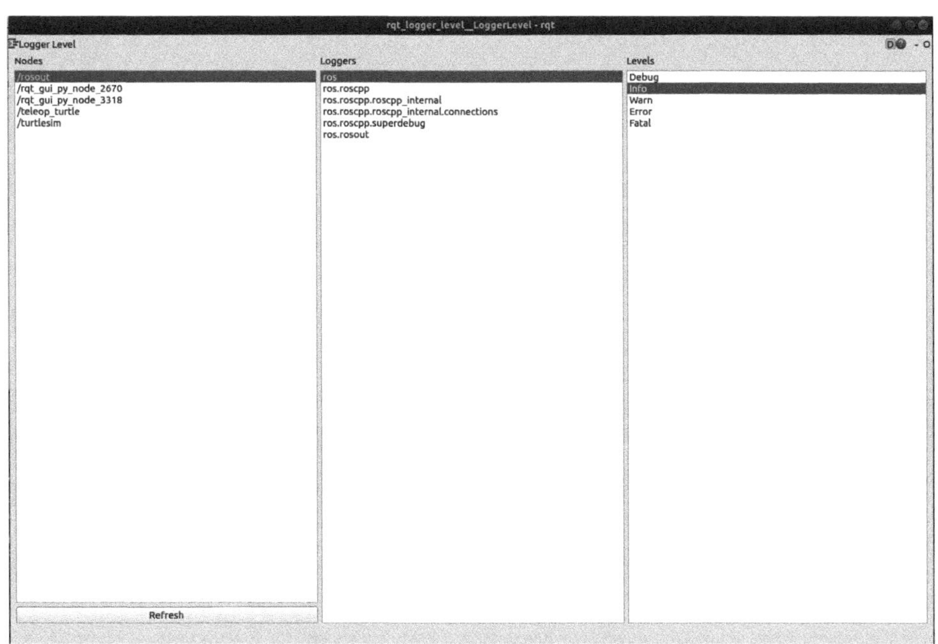

图 3-5 rqt_logger_level 界面

在 Nodes 栏中选中小海龟节点 /turtlesim 并在 Levels 栏中选择 Error，点击 Refresh 后，此时我们通过键盘控制小海龟去撞击终端边界，发现终端中并没有发出警告，因为设置的日志等级为 Error，所以此时终端并不会发出 Debug、Info 和 Warn 等级的日志消息。

3.2 数据绘图工具（rqt_plot）

在调试ROS系统时经常需要查看各个节点的话题消息，而该消息与日志消息相似，都是各自显示在各自的终端中，显示的消息凌乱，考虑到这点，ROS官方同样存在着一种话题消息可视化工具——rqt_plot，其也是ROS中专门用于数据绘制的工具。

在终端输入以下命令来打开该工具：

```
roscore
rqt_plot
```

打开界面如图3-6所示。

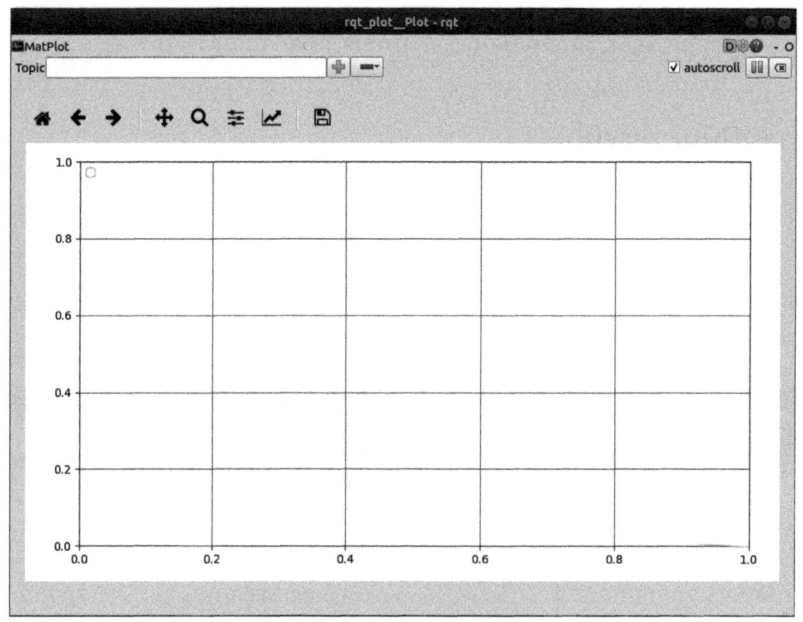

图3-6　rqt_plot界面

其中，左上方的Topic文本输入框为你想要在该工具中显示的话题信息的话题名，话题中包含的话题信息个数不限，文本框左边第一个加号按钮用于将文本框输入的话题名中的所有话题信息添加到该可视化工具中，而左边第二个减号按钮则可以将该话题中不需要的话题信息从该可视化工具中删除。最右侧中的autoscroll选项则是用于自动推进时间，默认选中，暂停键用于暂停时间推进，最右侧的清除键则用于清除该工具中所有绘制的话题消息图。

在终端中输入以下命令来生成一个小海龟并开启键盘控制功能：

```
rosrun turtlesim turtlesim_node
rosrun turtlesim turtle_teleop_key
```

通过话题查询命令rostopic list来查询当前存在的话题，选中/turtle1/pose话题来显示其中的话题消息，在Topic文本框输入/turtle1/pose，其结果如图3-7所示。

由图3-7得知，系统自动将该话题中的所有话题信息在其中显示出来，如果有自己不需要的可以自行对其进行删减，下面通过键盘来控制小海龟进行移动，该可视化界面结果如图3-8所示。

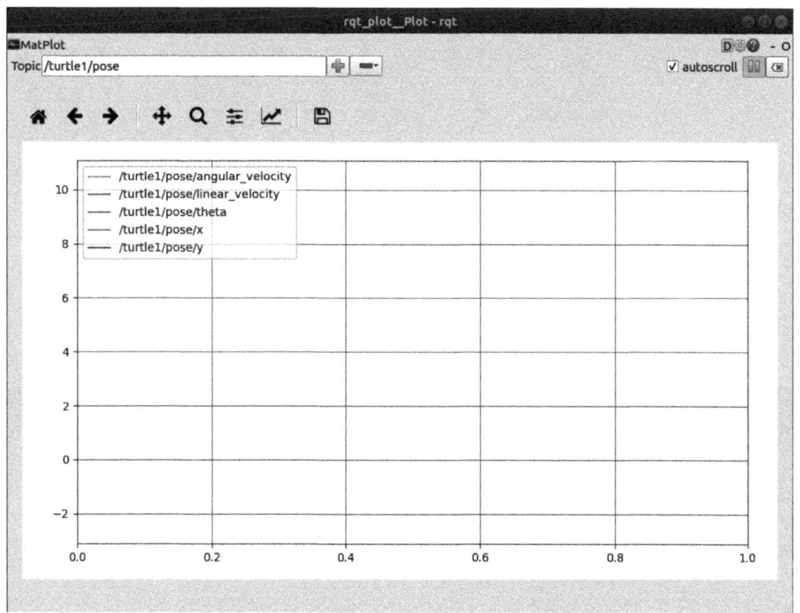

图 3-7 /turtle1/pose 话题中的消息

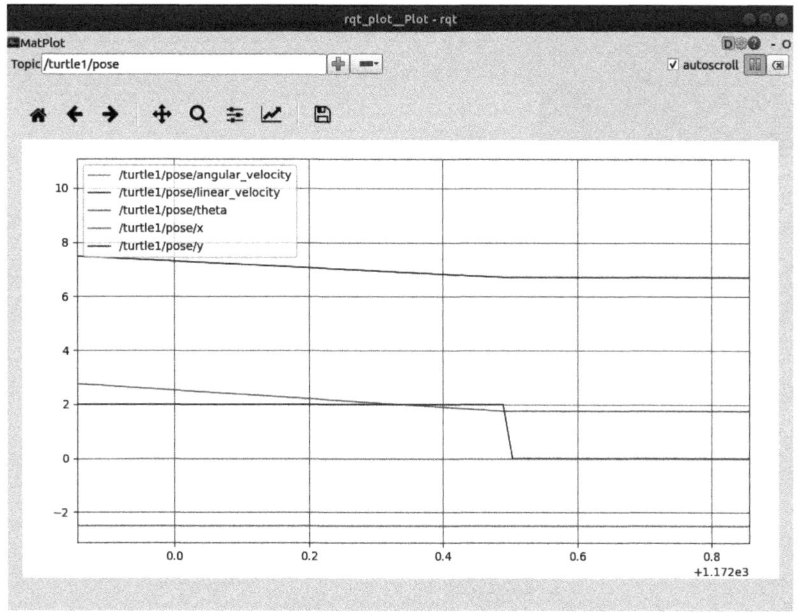

图 3-8 rqt_plot 绘图

由图 3-8 得知，该可视化工具成功绘制出了话题中的消息数据图，并将其显示出来，方便查看。

如果觉得显示界面偏大或偏小，则可以通过 Configure Subplots（配置子图）按钮来对图像和绘图进行调整，其打开界面如图 3-9 所示。

其左侧的 Borders 为图像到窗口边缘的距离，右侧的 Spacings 则是用于绘制多子图时，设置子图之间的水平和竖直间距。当把左侧的四个数值调成 top:1 bottom:0 left:0 right:1，结果如图 3-10 所示。

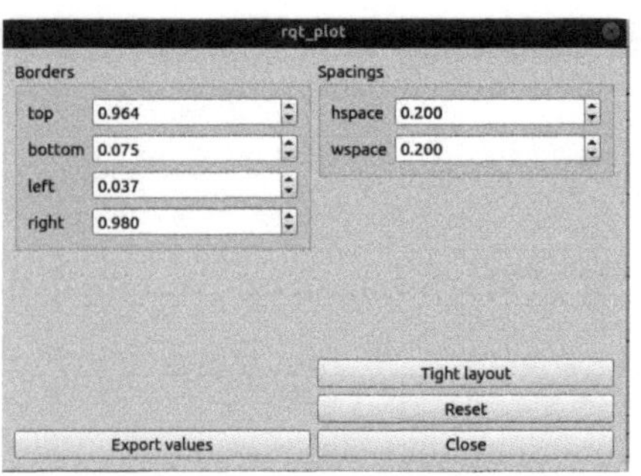

图 3-9 配置子图界面

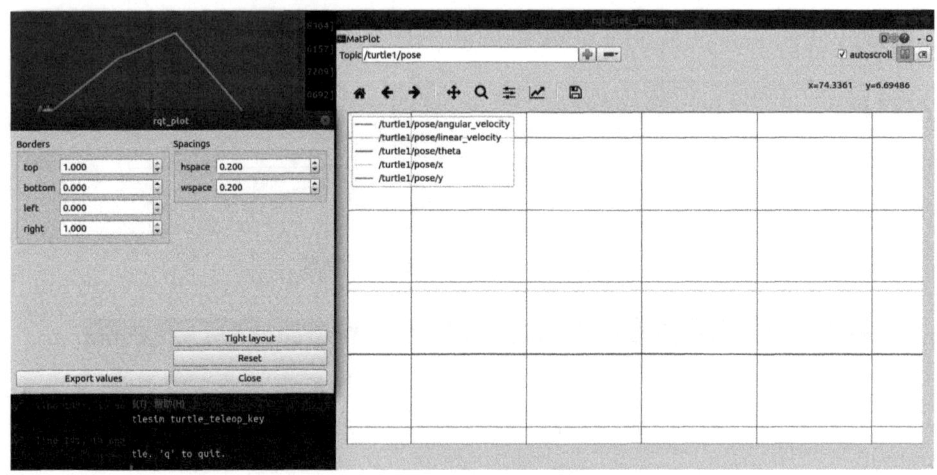

图 3-10 调整过后的绘图界面

此时会发现该绘图边界与显示框边界相重合，另一侧的 Spacings 中的参数读者可以在绘制子图的时候自行去调整验证。

当然也可以通过选择图 3-11 所示位置按住左键对曲线进行横向和纵向的拖动，如果是按住右键上下左右移动则会对横向和纵向进行缩小和放大。

如果想要修改显示界面的坐标和曲线的属性，可以在 Edit 按钮中进行对应的修改，其打开界面如图 3-12 所示。

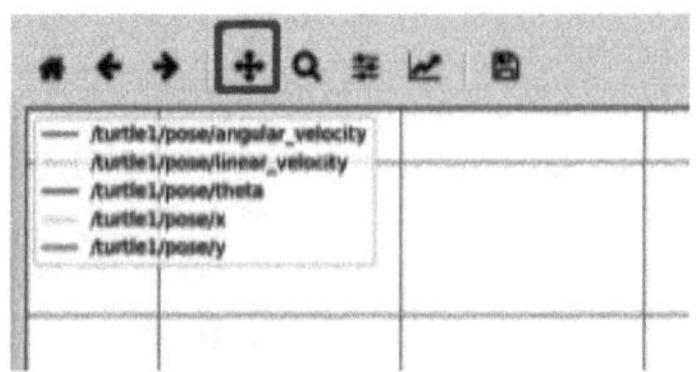

图 3-11 鼠标对曲线的缩小与放大

可以在该界面对绘图的坐标系属性进行修改，比如其坐标显示范围、x 轴和 y 轴对应的各种变量属性以及坐标显示的格式（线性关系或者对数关系）。

其曲线属性界面如图 3-13 所示，其中可以对曲线的颜色、曲线的名称以及曲线样式等进行修改，读者可自行去寻找自己需要的选择。

当需要保存某个项目的此时绘制的图形时，可以选择 Save（保存按钮）对该图形以各种形式进行保存。

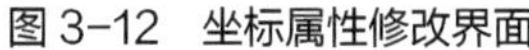

图 3-12　坐标属性修改界面

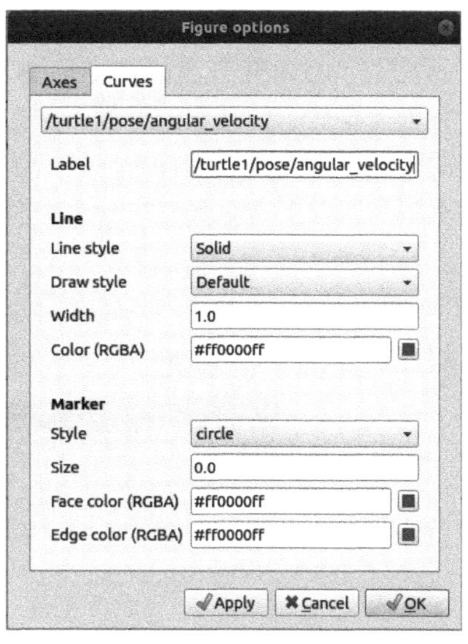

图 3-13　曲线属性修改界面

3.3　计算图可视化工具（rqt_graph）

在开发一些比较复杂的 ROS 系统时，会存在大量的节点，所以在对系统查看节点之间的相互关系的时候会变得十分复杂，因此 ROS 官方同样提供了计算图可视化工具 rqt_graph。

在终端输入以下命令来打开该工具：

```
roscore
rqt_graph
```

其打开界面如图 3-14 所示。

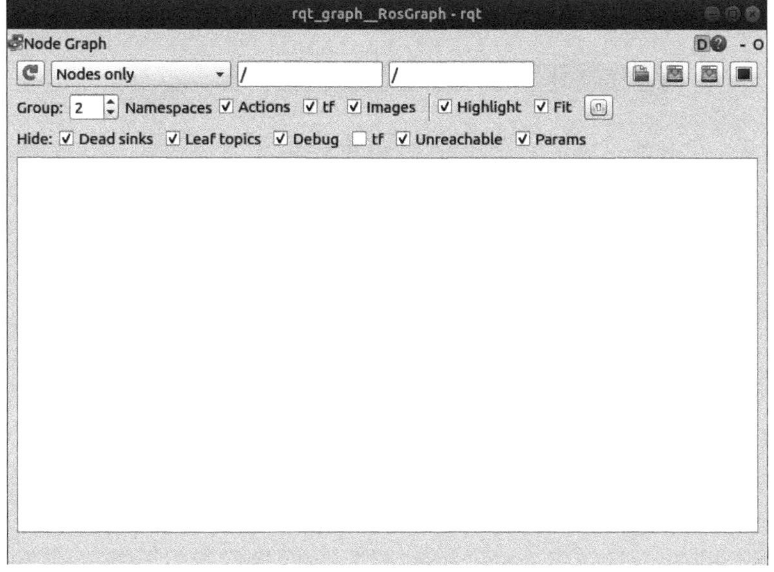

图 3-14　rqt_graph 界面

其中，左上方可以选择显示的模式，包括只显示节点、只显示激活节点和激活的话题与显示所有的话题与节点，其右侧的文本分别为命名空间过滤器与话题过滤器，但一般很少用得到。下一行为需要显示的话题的种类，例如之前学习动作时使用的话题。最后一行用于隐藏一些用不到的话题，例如一些没有被订阅的话题等。

在终端中输入以下命令来生成一个小海龟并开启键盘控制功能：

```
rosrun turtlesim turtlesim_node
rosrun turtlesim turtle_teleop_key
```

命令运行成功后点击 rqt_graph 左上方的刷新界面，更新后的界面如图 3-15 所示。

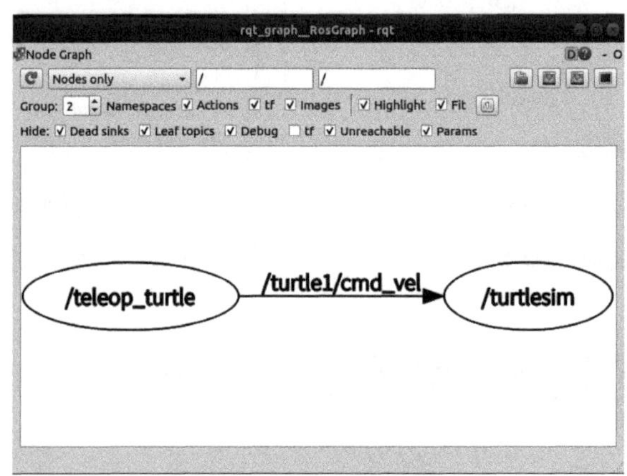

图 3-15　节点话题关系图 1

由图 3-15 可以清晰看出 teleop_turtle 节点与 turtlesim 节点之间通过话题 /turtle1/cmd_vel 进行通信，其中前者为该话题的发布者，而后者为该话题的订阅者。

下面来验证 rostopic echo 命令是如何显示对应话题的消息。

在终端中输入以下命令以显示话题中的信息：

```
rostopic echo /turtle1/cmd_vel
```

同样刷新 rqt_graph 界面，其更新后的界面如图 3-16 所示。

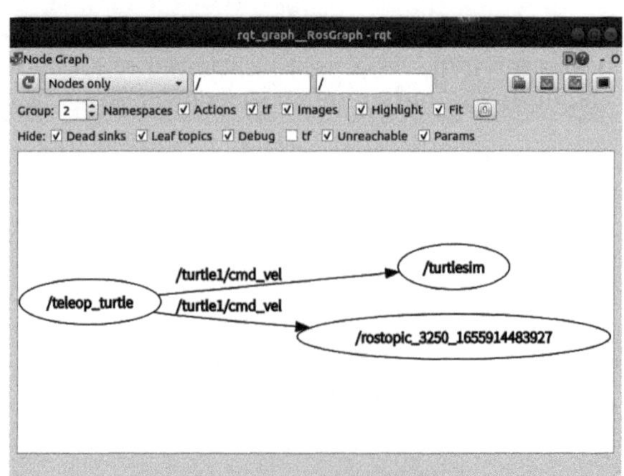

图 3-16　节点话题关系图 2

由图 3-16 得知此时系统新增了一个订阅 /turtle1/cmd_vel 话题的节点，即 rostopic echo 是通过创建一个订阅对应话题的节点来显示该节点中的消息内容。

3.4　图像渲染工具（rqt_image_view）

ROS 中同样存在用于显示摄像头图像的工具——rqt_image_view，其可以显示各类符合 ROS 图像定义的图片。

在终端输入以下命令来打开该工具：

```
roscore
rqt_image_view
```

打开界面如图 3-17 所示。

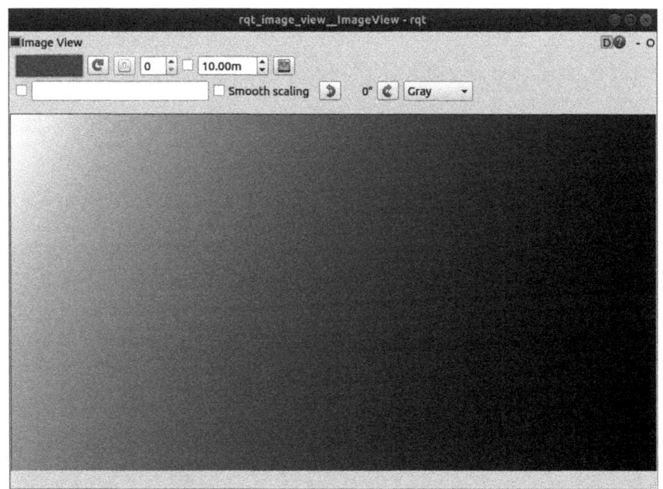

图 3-17　rqt_image_view 界面

因为此时系统中没有接入摄像头，所以没有任何图片，实际使用时，要连接需要的摄像头，并安装好相应的驱动，摄像头会持续在对应话题中发布对应的图像信息，此时就需要在左上方的话题选项中选中特定的话题来接收其内容。同样可以通过 Save as image 按钮将其中的图像内容保存下来。

3.5　PlotJuggler

3.5.1　PlotJuggler 简介

之前介绍了一个用于绘图数据的 rqt_plot 工具，当数据量比较少时，该工具可以正常处理，但当要分析和处理的数据量相当大的时候，其效果就不如之前那么理想了，此时可以使用 PlotJuggler 对其进行分析和处理。PlotJuggler 是一个基于 QT 实现的应用程序，可以加载、搜索和绘制数据，且提供了更加友好的用户界面，其主要有以下特点：

① 友好的拖放人机界面。

② 直接从文件中加载数据（例如 CSV 和 ULog 等）。

③ 连接到实时数据流（例如 MQTT、Websockets、ZeroMQ、UDP 等）。

④ 可以保存可视化布局与有关配置，以便下次打开使用。

⑤ OpenGL 的快速可视化。

⑥ 可以处理大量的时间序列和数据点。

⑦ 通过一个简单的编辑器来转化数据（例如移动平均、积分、微分等）。

⑧ 可以通过 plugin 来拓展其功能。

3.5.2 ROS 系统中安装 PlotJuggler

在终端中输入以下命令来安装 PlotJuggler：

```
sudo apt-get install ros-<distro>-plotjuggler-ros
```

因为 PlotJuggler 是基于 QT5 而开发的，所以要在系统中安装 QT 5，在终端中输入以下命令：

```
sudo apt-get install qtbase5-dev libqt5svg5-dev ros-<distro>-ros-type-introspection
```

将指令中的 distro 替换为你 ROS 的安装版本（如 melodic、indigo、jade、kinetic、noetic、hydro、groovy 等）。

结果如图 3-18 所示。

图 3-18 安装界面

安装完成之后在新的终端中输入以下命令来运行 PlotJuggler：

```
rosrun plotjuggler plotjuggler
```

其打开界面如图 3-19 所示。

3.5.3 初识 PlotJuggler

为了更好地对 PlotJuggler 进行讲解，与之前一样，在终端中输入如下命令以产生一些运动的数据：

```
roscore
rosrun turtlesim turtlesim_node
rosrun turtlesim turtle_teleop_key
```

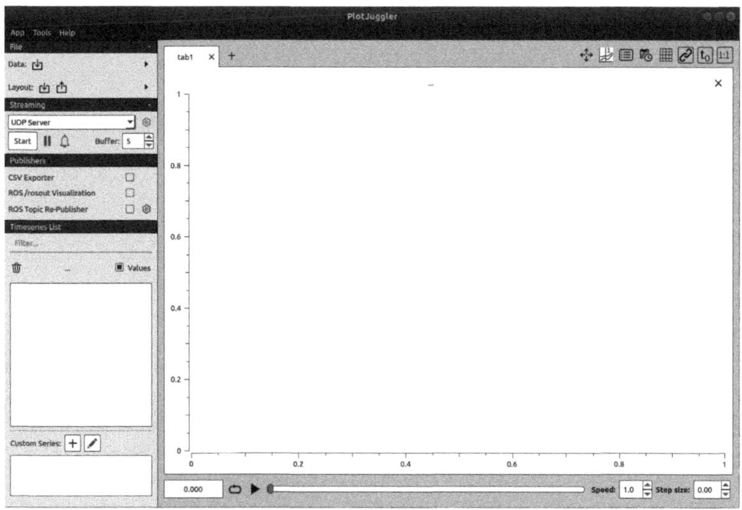

图 3-19　PlotJuggler 界面

运行后在数据流中选中 ROS Topic Subscriber，即订阅 ROS 中的所有话题，点击 Start 按钮，系统会自动跳出一个 Select ROS message 选项，选择其中的 /turtle1/pose 话题，并点击“OK”。此时其左侧的界面如图 3-20 所示。

此时选择其中的 angular_velocity 信息并将其拖动到右侧的绘图界面中，其会自动绘制对应话题的图，如果需要在一张图中绘制多个数据图，我们按住 Shift 键来同时选中多个消息并将其拖动至右侧绘图界面，即可实现此需求。

在绘图界面中右击即可调出菜单栏，其结果如图 3-21 所示。

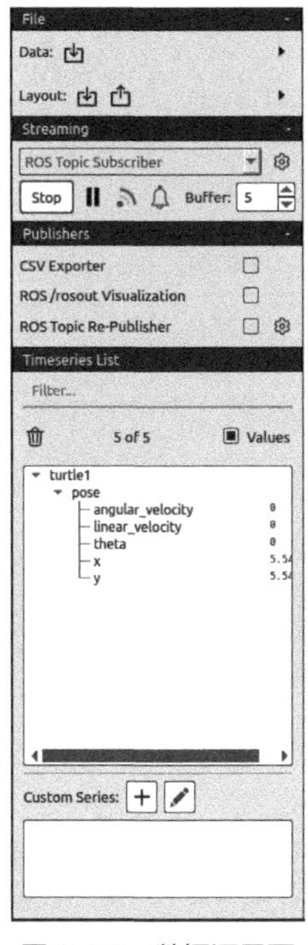

图 3-20　数据源界面

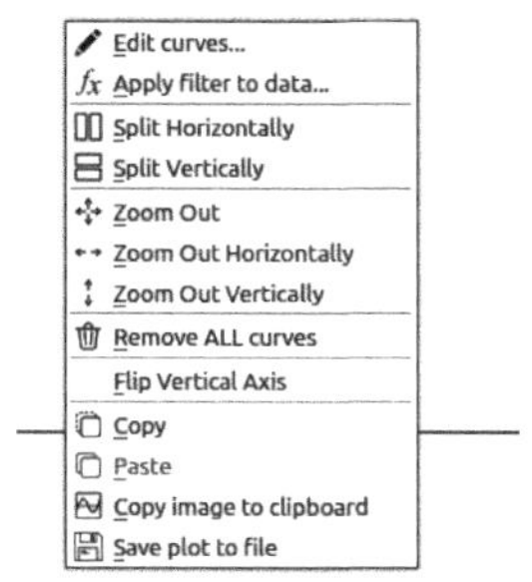

图 3-21　绘图菜单栏

其中第一个为曲线的属性的编辑，其界面如图 3-22 所示。

其中，左下方为需要编辑的数据源，中间为曲线显示的颜色，右下方是曲线格式与各种线宽度的选择，而最上方则是其显示效果图。

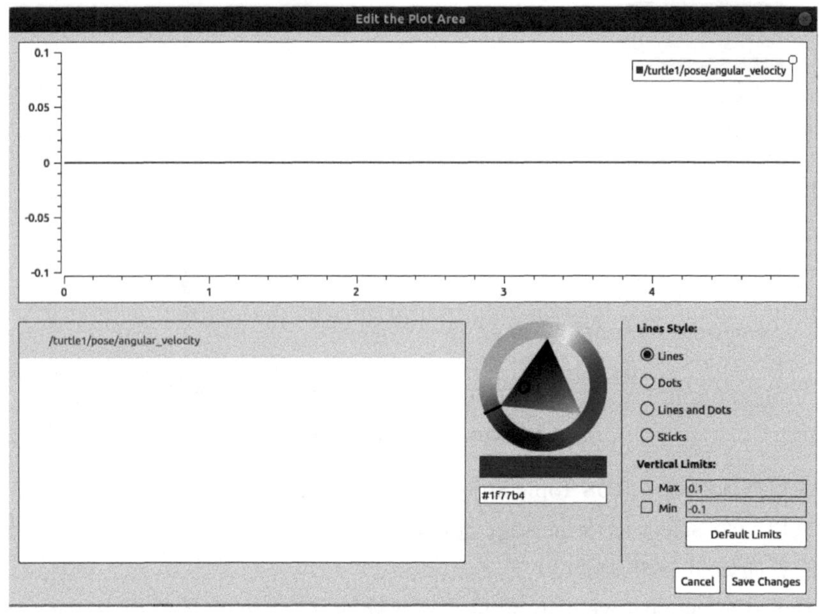

图 3-22　曲线属性界面

第二个选项是对数据源进行过滤，其界面如图 3-23 所示。

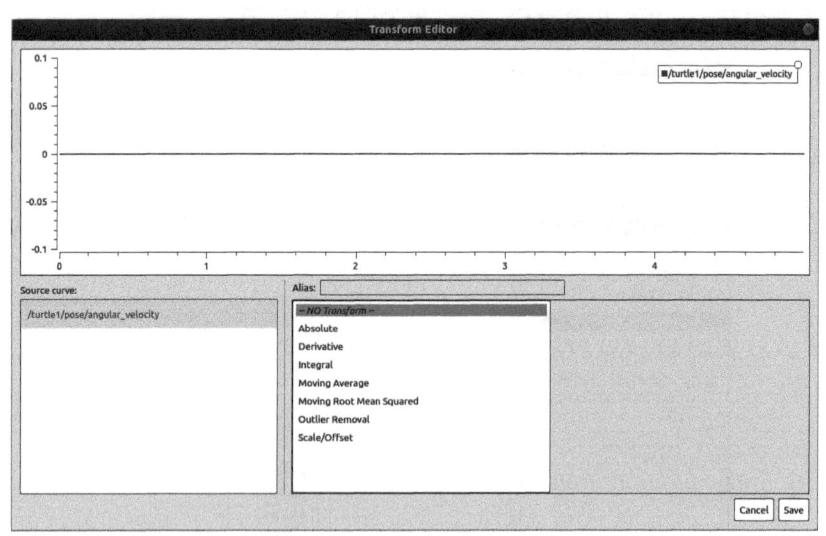

图 3-23　源数据预处理界面

其中最需要注意的是中间的各种过滤函数，如绝对值、微分、积分等，这可以使我们对采集到的源数据进行一定处理。

而第三个与第四个选项则分别是横向与纵向创建一个新的绘图显示界面，可以用该选项将绘图界面变为一个 2×2 排列的绘图界面，其结果如图 3-24 所示。

可以通过点击每个绘图上方的……来对每个绘图进行命名，如果需要对已经绘制好的图像进行重新排版，也可以通过点击图像名并将其拖动来对其位置进行改变。

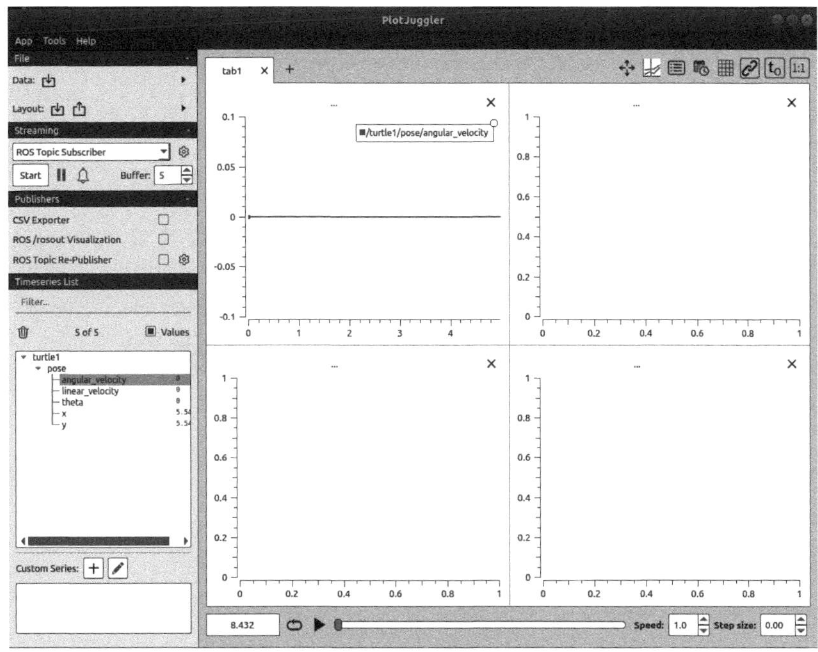

图 3-24　分栏结果图

虽然 PlotJuggler 是以时间序列为基础进行图像绘制的，但其也可以将同一时间轴的两个时间序列一起显示，比如运动机器人的 x、y 坐标，如果想要知道该机器人在全局坐标系下的运动轨迹，就需要将其 x、y 坐标同时绘制出来，此时可以选中对应的 x 和 y 坐标的数据，并使用鼠标右键将其拖动到需要显示的绘图界面中，将小海龟的 x、y 坐标拉到右侧的绘图界面中，并通过键盘控制其移动，对应的绘图界面即可显示小海龟的运动轨迹，其结果如图 3-25 所示。

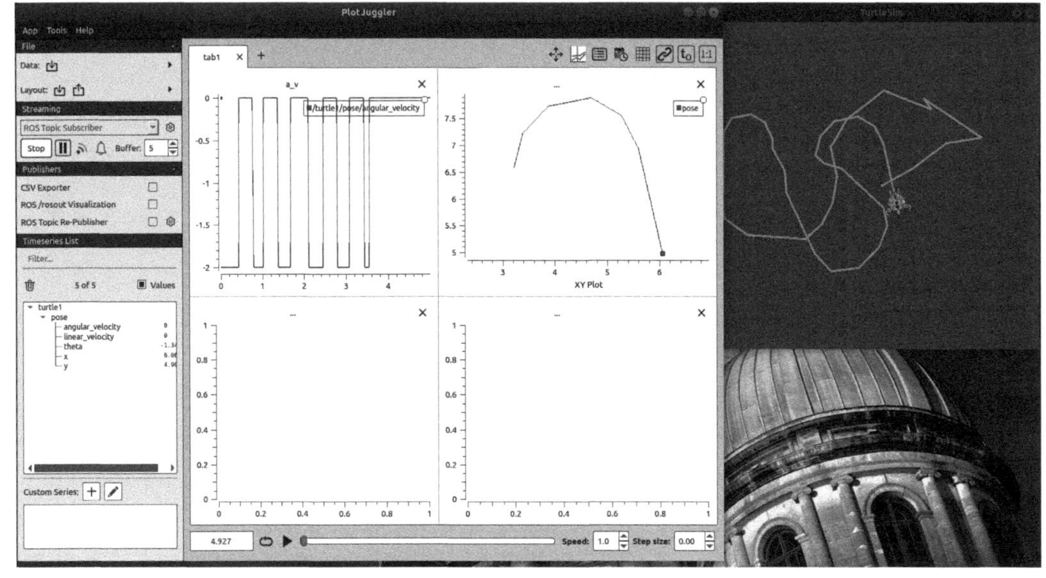

图 3-25　运动轨迹结果图

当存在操作错误的时候可以通过 Ctrl+Z 与 Ctrl+Shift+Z 两个快捷命令去撤销上次操作，其区别为，前者只会撤回上一步错误，而后者可以重新执行下一步的操作。

可以在 Data 右侧的按钮中选择需要导入的数据文件。当绘制完对应的数据图后，可以在 layout 中选中第二个按钮对结果进行保存，并可以通过第一个按钮来导入保存好的结果。

3.6 三维可视化工具（rviz）

之前通过编程创建了一个 rviz 中的 plugin，在本节中，将仔细介绍 rviz 三维可视化工具。

rviz 为官方自带的图形化工具，一方面可以实现对外部信息的图形化显示，另一方面操作者也可以通过 rviz 来给开发对象发布对应的控制消息，进而方便调试 ROS。

一般该工具在安装 ROS 中系统会自动安装，但如果读者没有完全安装，可以在终端中输入以下命令单独安装 rviz：

```
sudo apt-get install ros-<distro>-rviz
```

将指令中的 distro 替换为你 ROS 的安装版本。

安装完毕后通过以下命令打开该工具：

```
roscore
rviz
```

其打开界面如图 3-26 所示。

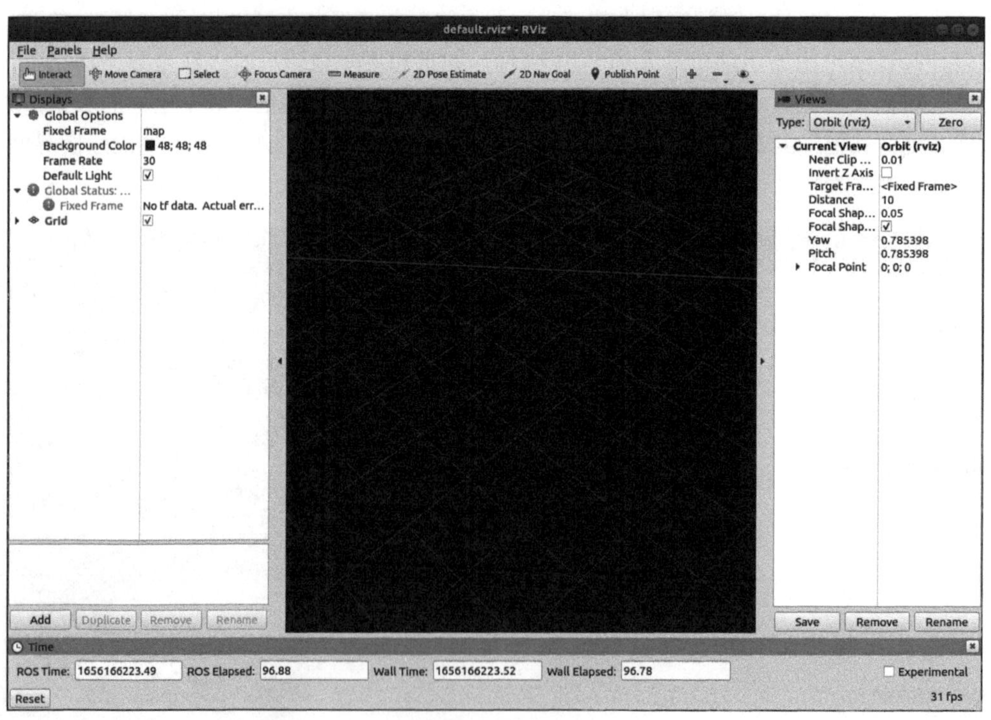

图 3-26　rviz 界面

中间部分为 3D 视图显示区，用于显示外部信息（因为此时没有任何外部信息，所以为黑色），其左侧为显示区，显示目前已经载入的 display，并且对载入的 display 的属性等进行设置，右侧为观测角度设置区，可以设置不同的观测视角，上侧为工具栏，包括视角设置、目标设置、距离测量、初始化位置等，下侧为时间显示区，包括系统时间和 ROS 时间。

3.6.1 Displays 侧边栏

操作者可以在该区域中通过选择一些 plugin 来对 3D 视图区进行各种可视化功能的添加与设置，比如其默认的全局显示与网格图等。

一些官方的功能介绍如表 3-1 所示。

表 3-1　常用的 display

类型	描述	消息类型
Axes	显示坐标系	
Effort	显示机器人每个旋转关节的状态	sensor_msgs/JointStates
Camera	从相机的视角去显示图像	sensor_msgs/Image sensor_msgs/CameraInfo
Grid	显示 2D 或 3D 网格	
Grid Cells	在网格中生成单元格（作为障碍物）	nav_msgs/GridCells
Image	显示图像	sensor_msgs/Image
Interactive Marker	显示可交互的 3D 对象	visualization_msgs/InteractiveMarker
Laser Scan	显示激光雷达数据	sensor_msgs/LaserScan
Map	在地平面上显示地图	nav_msgs/OccupancyGrid
Markers	允许通过主题显示任意原始形状	visualization_msgs/Marker visualization_msgs/MarkerArray
Path	显示导航堆栈中的路径	nav_msgs/Path
Point	将一个点绘制为一个小球体	geometry_mags/PointStamped
Pose	将目标对象绘制为箭头或者轴	geometry_mags/PointStamped
Pose Array	绘制“云”箭头，用于多目标表示	geometry_mags/PoseArray
Point Cloud(2)	显示点云的数据	sensor_msgs/PointCloud sensor_msgs/PointCloud2
Polygon	将多边形的轮廓绘制为线	geometry_msgs/Polygon
Odometry	显示里程计数据	nav_msgs/Odometry
Range	显示声呐和红外的距离测量数据	sensor_msgs/Range
RobotModel	显示机器人模型	
TF	显示 tf 变换层次结构	
Wrench	显示力和扭矩	geometry_msgs/WrenchStamped

下面来介绍如何添加一个新的 display。

首先点击左侧 display 区域的 Add 按钮，系统会自动跳出 New Display 页面，其结果如图 3-27 所示。

从图 3-27 得知，可以通过 display type 或者 topic 去选择需要添加的新的 display。可以通过下面的描述去初步得知该 display 的具体作用，而最后的 Display Name 文本框则可以在其中自定义添加的 display 以方便自己使用。添加的每一个 display 都有自己的属性和状态，可以将其展开以查看对应信息，其具体信息以图 3-28 为例。

由图 3-28 得知，每一个 display 选项中都会包含其属性设置和状态显示，可以通过对其进行双击进而去进行相关的修改。需要注意的是，每个 display 都会存在一个状态，其可能的状态为 OK、Warning、Error 和 Disabled 四种。如果状态不为 OK，则可以在对应的状态栏下面查看当前状况异常的原因。可以通过拖动对应的 display 来移动其位置，以方便实际调试需求对其进行排序。

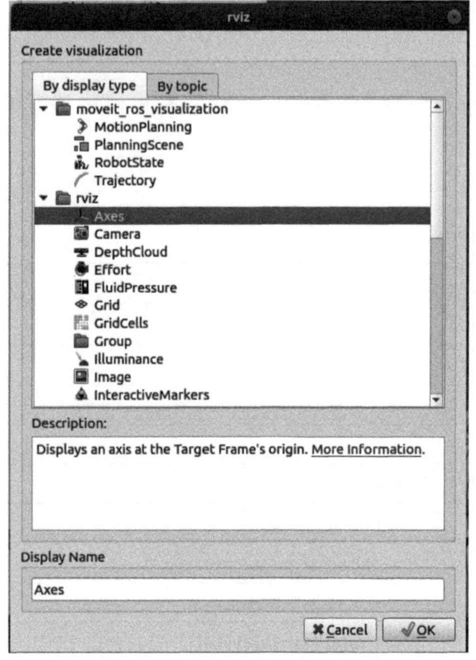

图 3-27　New Display 界面

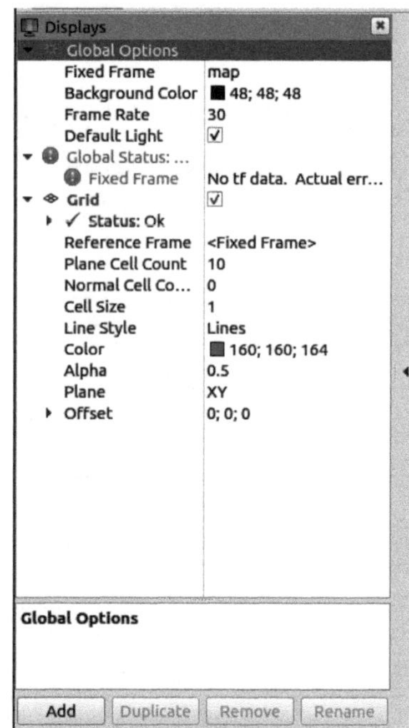

图 3-28　display 界面的具体信息

3.6.2　Views 侧边栏

在该观测角度设置区可以选择多种不同的“相机”，这些相机在其视角控制方式与目标显示方式方面存在着很大的区别。下面来对不同的“相机”进行具体介绍。

（1）Orbital Camera

该相机只能够围绕其焦点进行旋转操作，当对其进行局部放大后，该焦点会显示为一个小圆盘。可以通过鼠标左键对显示区域进行旋转，鼠标中键进行非焦点的显示区域的移动，鼠标右键对显示区域进行放大和缩小。

（2）FPS Camera

该相机为第一人称，所以该相机显示方式与人类用头脑去观察相似。其操作方式与 Orbital Camera 相似，区别在于该相机不会存在焦点。

（3）TopDown Orthographic

该相机总是沿着 z 轴（在机器人框架中）自上而下去观看，这意味当增加距离后，视图中的物体不会因此而变大或变小。其操作方式与 Orbital Camera 相似，区别在于其旋转操作是沿着 z 轴。

（4）XY Orbit

该相机与 Orbital Camera 相同，但其焦点只能存在于 xy 平面。其操作方式与 Orbital Camera 也相同，这里就不再赘述。

（5）Third Person Follower

该相机可以与目标对象保持一个恒定的角度。与 XY Orbit 不同的是，当目标对象偏移之后，该相机会随之而偏移。这在构建一个带有拐角的走廊的 3D 图像时会十分便利，其操作方式与 Orbital Camera 相同。与 Displays 相同，Views 也可以进行保存和重命名。

3.6.3 工具栏

（1）Move Camera

当在工具栏中选中后，在 3D 视图区内点击后会移动相机。

（2）Select

可以用该工具在 3D 视图区选择里面的对象，既可以通过单点去选择，也可以通过单点 - 拖动框去选择。

（3）Focus Camera

如果选择该工具则会将相机聚焦在当前选择的模型上，这也是快速寻找到对应 RobotModel 的有效办法。

（4）Measure

点击两点用于测量两点之间的距离，会在左下方显示两点之间的距离信息。

（5）2D Nav Goal

可以使用该工具去设置二维导航目标，并通过 goal 话题进行通信，通过单击平面上的某个位置并拖动以选择具体方向。

（6）2D Pose Estimate

可以使用该工具去设置二维初始位置，并通过 initialpose 话题进行通信，其操作方式与 2D Nav Goal 相同。

（7）Publish Point

点击 rviz 上面的点，会在左下方显示对应点的位置信息。

3.7 三维物理仿真平台（Gazebo）

Gazebo 是一款功能强大的三维机器人仿真软件，其具有以下优点：

① 包含了多个强大的物理引擎以保证物理模拟的高真度。

② 包含大量的机器人模型与环境模型库以供使用者去选择，来对复杂的使用环境进行模拟。

③ 存在一整套传感器模型。同时 Gazebo 的程序设计在 ROS 的基础上没有增加太多复杂的操作，并且 Gazebo 拥有一个极易上手的图形界面。

首先在终端中输入如下命令以打开 Gazebo 使用界面：

```
Gazebo
```

其界面如图 3-29 所示，下面将讲述图形界面的各个组成。

3.7.1 视图界面

区域 1 为 Gazebo 的视图界面，该界面占据了 Gazebo 的主要面积，用于机器人模型与使用环境模型仿真显示的区域，使用者在此操作仿真的模型并使其与使用环境进行交互。可以通过鼠标左键实现视角的移动，鼠标中键实现视角的旋转。

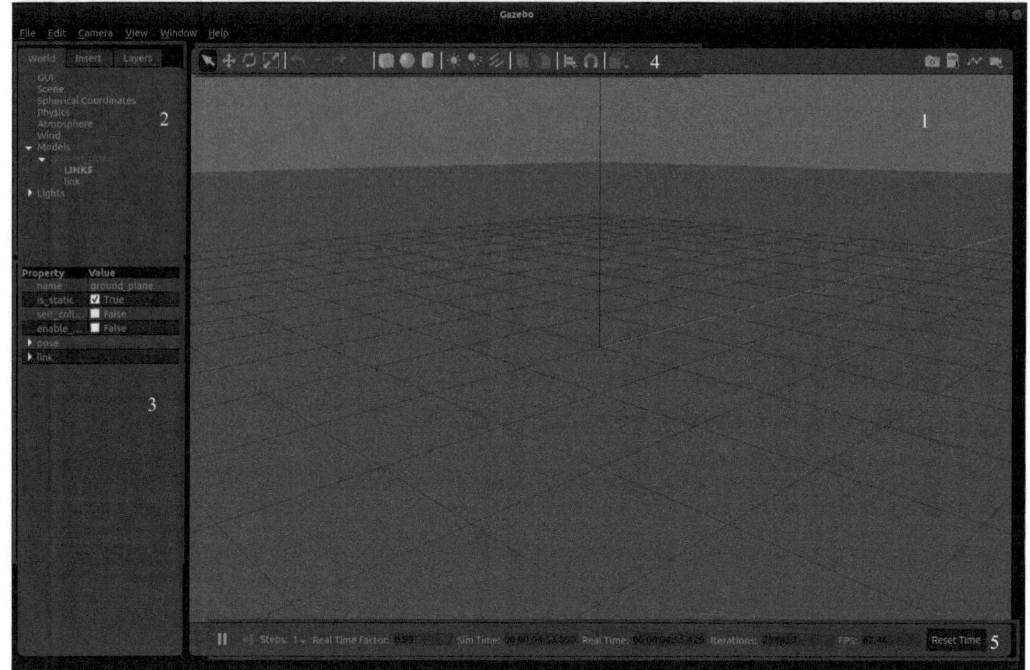

图 3-29　Gazebo 界面

3.7.2　模型列表

区域 2 为模型列表，该区域主要用于与模型有关的操作，其中存在三个选项卡，其名称分别为“World”“Insert”与“Layers”。下面将具体讲解各个选项卡的内容。

（1）World

该选项用于显示当前场景中使用的模型，可以通过点击对应的模型并在模型属性区（区域 3）对其进行一系列有关操作。

（2）Insert

该选项用于向模型列表中添加新的模型，其打开界面如图 3-30 所示。

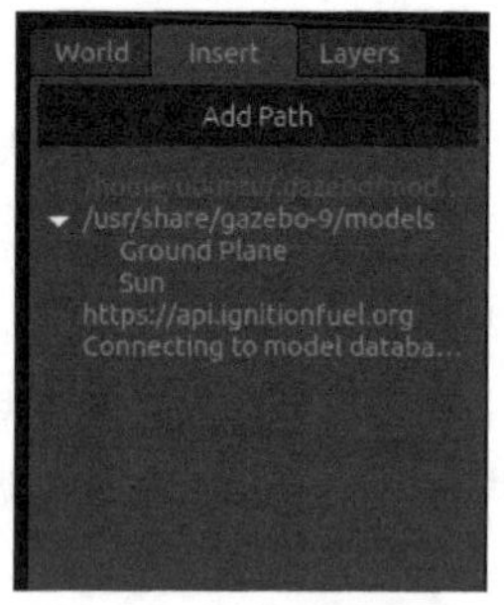

图 3-30　Insert 界面 1

其中，第一个为存放本地模型文件的目录，下面为远端服务器的地址，但是因为这些服务器的加载速度比较慢，所以一般都是用本地文件。此时 Gazebo 中的本地模型目录是不存在任何官方模型的，所以需要将官方的模型预先克隆下来。在终端中输入以下命令来进行克隆操作：

```
git clone https://gitee.com/bingda-robot/gazebo_models.git
```

克隆完成后主目录如图 3-31 所示。

此时主目录生成了一个 gazebo_models 的文件夹，里面存放了刚刚从 Gazebo 官方克隆下来的模型，将其移动到 .gazebo 文件夹中并改名为 models，即存放在本地模型文件目录中。此时重新打开 Gazebo，其 Insert 界面如图 3-32 所示（如果找不到 .gazebo 文件夹，可以通过 Ctrl+H 来显示隐藏文件夹）。

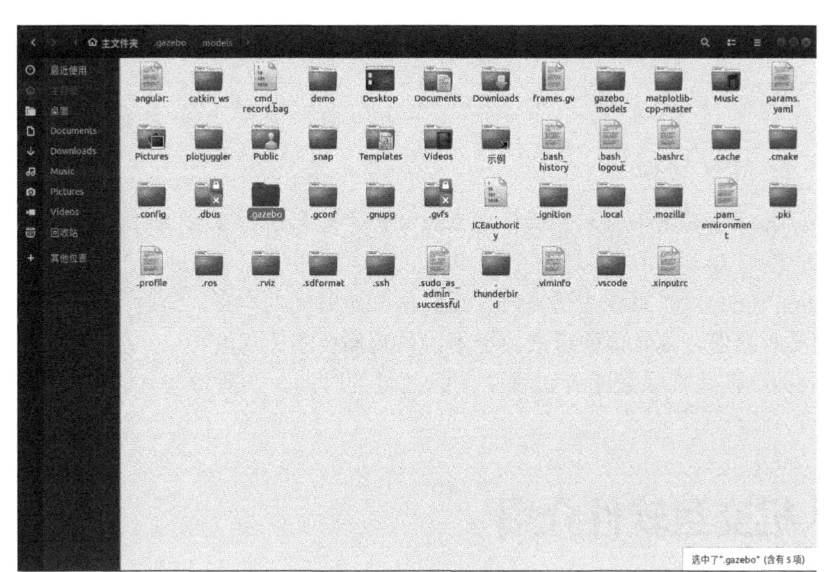

图 3-31　主目录文件夹

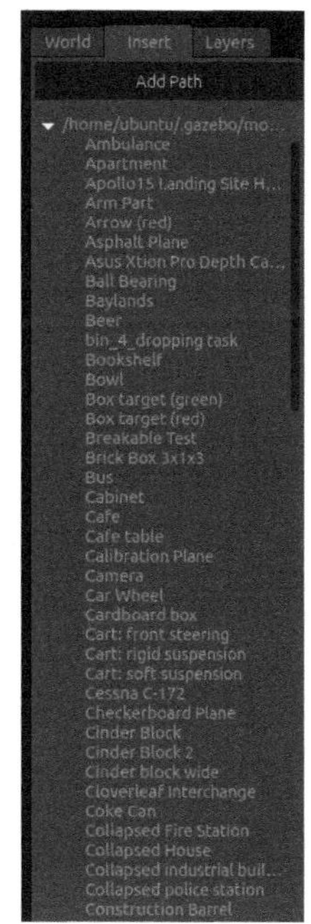

图 3-32　Insert 界面 2

此时成功地将官方的 Gazebo 模型库克隆至本地模型目录中。还可以使用 Add Path 选项来添加新的模型库目录。

（3）Layers

该选项主要用于操作仿真中的可视化组，其定义与画图中的图层类似，每一图层可以包含一种或多种模型，可以通过操作图层的显示与否来显示或隐藏该图层中的模型组。

3.7.3　模型属性区

区域 3 是模型属性区，该部分区域主要是用于显示和修改选中的各类模型，每个模型因其构造不同，其属性也不尽相同，所以使用的时候需要注意其区别。

3.7.4　上工具栏

区域 4 为工具栏，该部分为 Gazebo 的主要工具栏，包含对模型的基本操作，比如：选中，移动，旋转，进而缩放等，也可以通过该工具栏去创造一些简单形状的模型，并对其进行操作。该工具栏包含以下工具选项：

① 选择模式（Select mode）：用于选中场景中的模型。

② 移动模式（Translate mode）：用于移动场景中的模型。

③ 旋转模式（Rotate mode）：用于旋转场景中的模型。

④ 缩放模式（Scale mode）：用于放大 / 缩小场景中的模型。

⑤ 撤销 / 重做（Undo/Redo）：用于撤销或者重做刚刚在场景中对模型的操作。

⑥ 灯光（Light）：用于将灯光加入场景中。

⑦ 复制 / 粘贴（Copy/Paste）：用于复制或者粘贴场景中的模型。

⑧ 对齐（Align）：用于将模型进行对齐。

⑨ 捕捉（Snap）：用于将一个模型捕捉到另一个模型。

⑩ 更改视图（Change the view）：可以从不同的角度去观看场景。软件自带了六个角度可以选择。

3.7.5 下工具栏

区域 5 为工具栏，该部分主要用于显示和操作仿真时间，主要是对仿真时间与真实时间进行操作。

仿真时间（Simulation time）：当系统在仿真时，系统内部对时间的定义，该时间可以比真实时间快，也可以比真实时间慢，其具体快慢取决于本次仿真需要的计算量。

真实时间（Real time）：在仿真系统运行过程中实际经过的时间。一般将仿真时间与真实时间的比称为实时因子。

3.8 ROS 人机交互软件介绍

在使用 ROS 去进行项目开发时，经常需要经过复杂的源代码编译过程与相关的解析操作后才能够单独启动某一个任务。虽然 roslaunch 命令可以简化打开程序个数的操作，但是在进行一些修改时，仍然需要单独打开某个文件，并对其进行编辑后再保存，这个过程同样比较烦琐且重复。这些信息数据均需要在终端中以字符的方式显示出来，键入命令同样也需要在终端中输入字符命令，如果在进行一些比较大的 ROS 工程时，对每一项工作去逐一进行调试会无形中带来大量的工作量，因此自然想到进行人机界面的创造。人机界面通过按钮、文本输入框等控件来简化调试工作，将调试工作变得更加清晰明了。图 3-33 为一个典型的人机交互界面示意图。

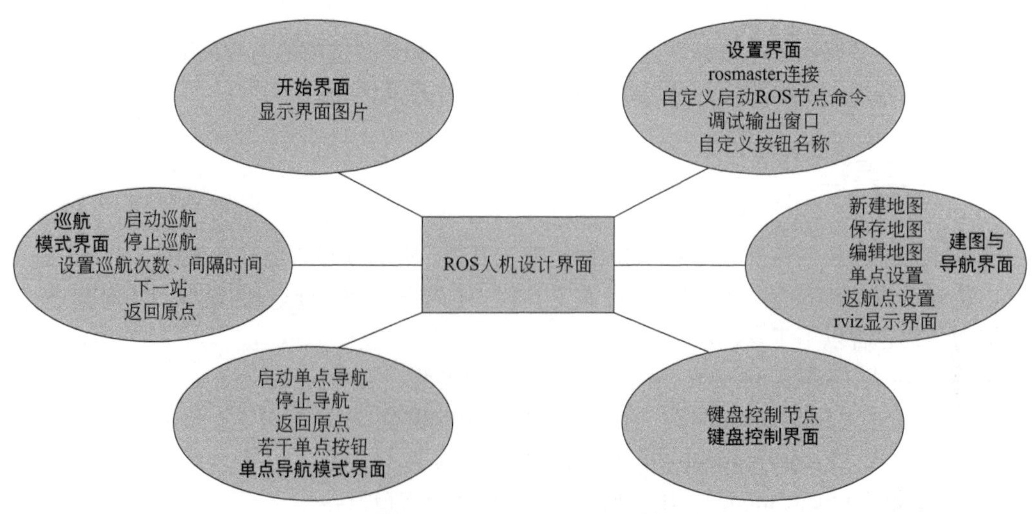

图 3-33 人机交互界面结构图

该软件存在 6 个界面，其中关键的为设置界面、建图与导航界面、键盘控制界面、单点导航模式界面和巡航模式界面。其中建图导航包含了 rviz 组件，因此具备显示功能。整个软件还存在保存功能，只需要第一次开机的时候对其设置即可。下面对该软件的界面及其运行流程进行详细介绍，并给出一些较为常用的人机交互软件。

3.8.1 ROS 与 QT 的交互

QT 作为与 ROS 绑定最紧密的可视化编程软件，可以做非常多很有意思的工作，例如下面这个工作就完成了上述软件的设计。首先连接 rosmaster，通过输入主机 IP 和从机 IP 来与机器人相连接，设置启动按钮命令，自定义单点导航按钮名称，显示调试信息模块。具体如图 3-34 所示。

图 3-34　页面设置

此处既可以通过预先设置好的 ssh 来连接远端主机，也可以通过选中界面中的 Use environment variables 按钮来直接连接。下面的各种命令可以在本地进行修改，以方便保存多幅地图，同时也可以较为方便地对其中的参数进行调整，如图 3-35 所示。

其连接成功如图 3-36 所示。

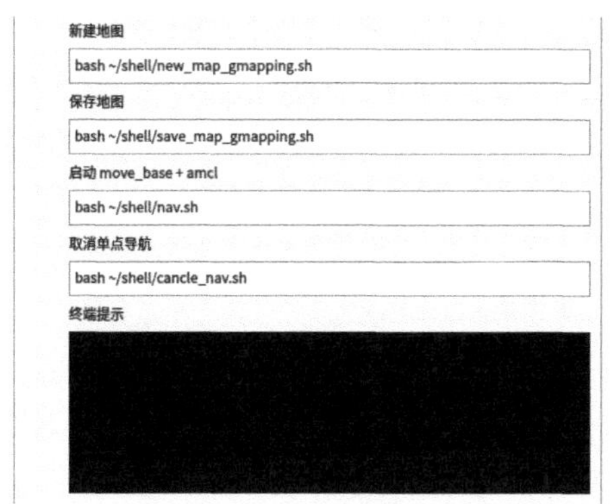

图 3-35　参数修改

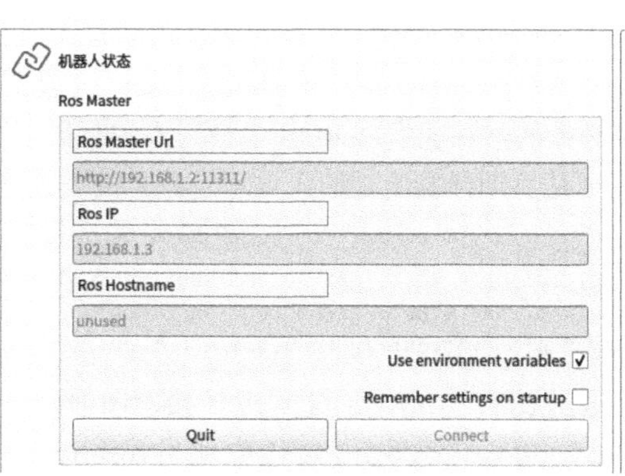

图 3-36　连接状态

现在是通过环境变量将其成功连接的状态，然后会跳到该软件的 rviz 界面。具体如图 3-37 所示。

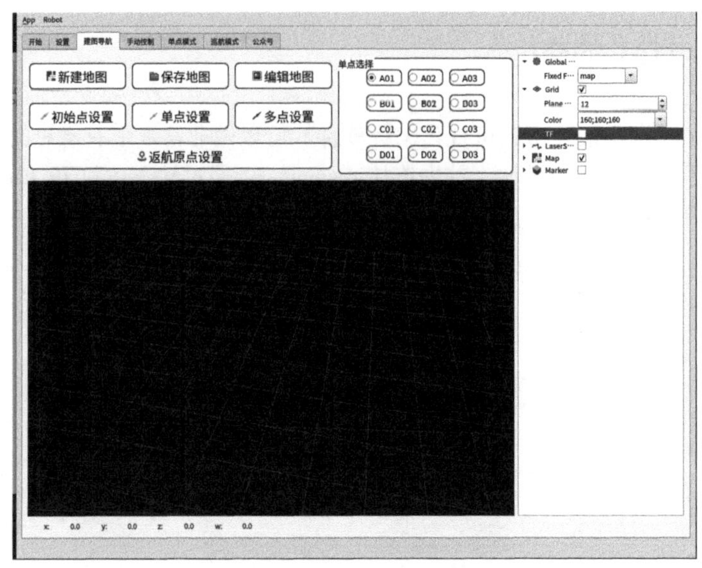

图 3-37　rviz 界面

该软件中添加了初始点设置、单点设置、多点设置以及返航点设置等功能。可以单点选择出 A01 来设置其对应点，并可以通过改名来较好地定义按钮名称。同时可以在保存完地图之后，通过编辑地图有效地对地图上的一些杂点进行过滤。

3.8.2　ROS 与 Web 的交互——rosbridge

为了将 ROS 与 Web 端的应用结合起来，ROS Web Tools 社区开发了很多的 Web 功能包，可以利用这些工具来实现在 Web 端对机器人进行监控与控制。下面介绍其必需的几个工具包。其主要通过 WebSockets 协议来进行通信，其结构图如图 3-38 所示。

首先介绍所需的工具包，这是完成 ROS 和 Web 之间通信必不可少的包。

① rosbridge_suite：实现了 Web 浏览器与 ROS 之间的数据交互。

② roslibjs：实现了 ROS 中的部分功能，如 Topic、Service 和 URDF 等。

③ ros2djs：提供了二维可视化的管理工具，实现了 Web 浏览器中显示二维地图。

④ ros3djs：提供了三维可视化的管理工具，实现了 Web 浏览器中显示三维地图。

在这几个功能包中，rosbridge_suite 是最重要的，它是 Web 和 ROS 沟通的桥梁，roslibjs 也是必需的，它能实现 ROS 中最基本的功能，下面的例程就是用它来实现的，至于 ros2djs 和 ros3djs 是后期开发所需的。这里是具体的安装方法，在终端中分别输入以下指令：

```
sudo apt-get install ros-melodic-rosbridge-suite
git clone https://github.com/RobotWebTools/roslibjs.git
git clone https://github.com/RobotWebTools/ros2djs
git clone https://github.com/RobotWebTools/ros3djs
```

这里展示一个 ROS 与 Web 连接建图的程序，其完全可以在网页端来代替 rviz 完成各项显示功能。可以这么说，ROS1 中使用 rosbridge 完成 Web 或者类 Web 开发是未来发展的趋势。下位机如图 3-39 所示。

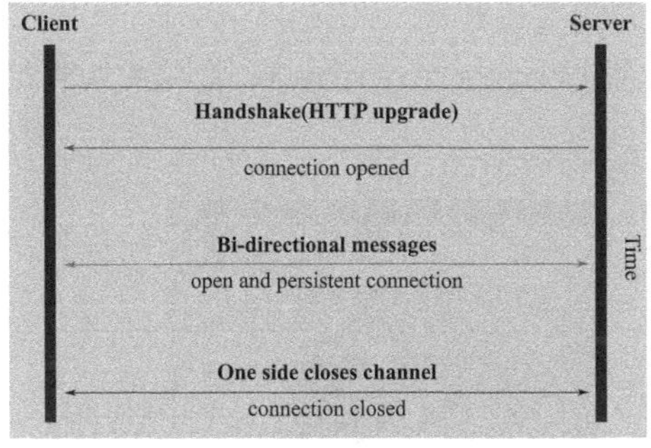

图 3-38 WebSockets 结构图

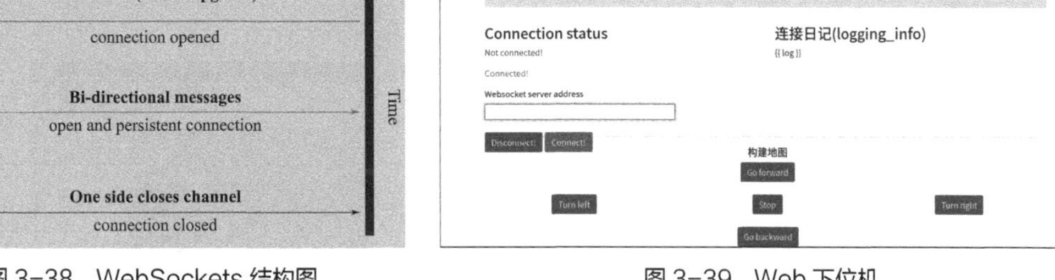

图 3-39 Web 下位机

3.8.3 ROS 与 Java 的交互——rosjava

Android 如果想要与 ROS 通信存在两种方式，一种是基于 rosbridge 的通信，另一种为基于 rosjava 库的通信。其中，rosbridge 与之前的 Web 端有些类似，通过 Websocket 以 JSON 格式的 API 为非 ROS 环境提供 ROS 通信支持，包括对 Topic 和 Service 的各种操作，这种通信方式为轻量级、跨平台。而 rosjava 库类似于 ROS 官方中提供的 C++ 和 Python 语言的依赖，即 roscpp 与 rospy，也是 ROS 分布式计算平台的一种语言依赖。但是在 Unbuntu16.04 过后就不支持了，这里也来看一下 rosjava 中最经典的代码 android_apps-kinetic，其对应的工程文件如图 3-40 所示。

图 3-40 android_apps-kinetic 工程文件

将该工程文件导入到Android Studio编译成功后，启动登入界面，如图3-41所示。

将其中的Master URI修改为roscore的URI后，点击CONNECT进行连接，连接成功后即可进行地图导航，其结果如图3-42所示。

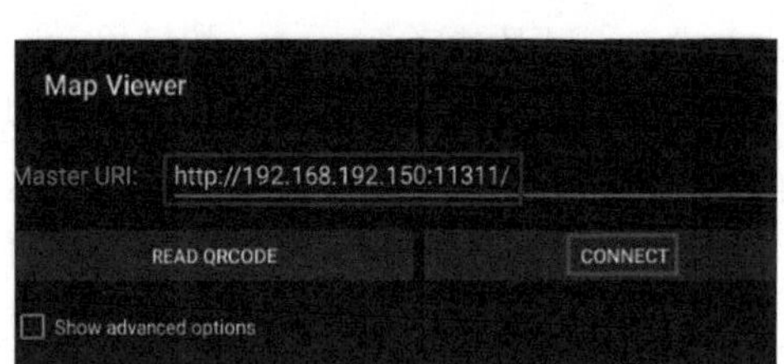

图3-41 启动界面

图3-42 导航界面

3.9 ROS包选择、过滤与裁剪

前面我们学习了通过使用rosbag命令来记录一段时间内的消息，并将其保存在一个包内，但有的时候只需要其中某几个特定的话题的消息或者某个时间段内的消息，那么需要对记录下的包进行定向分割（过滤），此时就可以使用rosbag filter命令来实现。该命令通过使用给定的Python方式来对包文件进行过滤，其使用方式如下所示。

3.9.1 根据topic过滤

可以通过下列命令来对定向topic进行过滤：

```
rosbag filter my.bag only-tf.bag "topic == '/topic'"
```

如果需要同时过滤多个topic则可以使用以下命令来达成：

```
rosbag filter input.bag output.bag "topic == '/topic1' or topic =='/topic2' or topic == '/topic3'"
```

这样即可在包中过滤出topic1、topic2和topic3三个话题消息。

3.9.2 根据时间过滤

同样可以用下列命令来过滤出一段时间内的话题消息：

```
rosbag filter input.bag output.bag "t.to_sec() <= time"
```

需要注意的是，该时间为UNIX时间，为一个浮点数，可以通过rosbag info来获取该时间。

3.9.3 同时过滤 topic 与时间

有时需要某个特定话题在特定时间内的消息，此时可以使用如下命令对包进行过滤：

```
rosbag filter input.bag output.bag "topic == '/topic' and t.to_sec() <= time"
```

注意此时的时间与之前一样，同样为UNIX时间，为一个浮点数。

如果需要获取多个topic的多个时间内的消息，可以使用如下命令：

```
rosbag filter input.bag output.bag "(topic == '/topic1' or topic =='/topic2' or topic == '/
topic3') and (t.to_sec() >= time1 and t.to_sec() <= time2)"
```

3.9.4 通过 rosbag 完成 ros 包操作

除了通过上述命令对生成的包进行过滤，还可以通过使用代码以达成同样的目的。下面将提供一个对rosbag进行过滤的模板程序，读者可根据需要对其中的关键代码进行修改。

```
import rosbag
import os
def rosbag_merge(bag_merge,path):
      bagn = rosbag.Bag(path,'r') #读取到的包
      # bagn = rosbag.Bag('/home/ubuntu/catkin_ws/n.bag','r') #可指定包信息
      #给定时间段，根据自己需要更改就行
      t1 = 1638832875        #开始时间，单位秒
      t2 = 1638832875 + 100  #结束时间，单位秒
      #包操作：时间戳+话题过滤
      for topic, msg, t in bagn:      # 注意topic、msg、t顺序，从包中解析依次是话题、该话题消息内
容、该话题的时间戳，推荐使用所示顺序
          tmp = t
          tmp = float(str(tmp)) / 1e+9 # 转化为秒
          if float(t1) <= tmp <= float(t2):
              if topic == '/topic_1':
                  bag_merge.write(topic, msg, t)
              #如果有其他话题需求，依次叠加，如
              if topic == '/topic_2':
                  bag_merge.write(topic, msg, t)
      #包源n：时间戳  /  时间戳+话题，基本操作样式如上。当然也可以添加话题类型过滤等，根据实际需求
进行调整即可
      bagn.close()
if __name__== "__main__":
      bag_merge = rosbag.Bag('/home/ubuntu/catkin_ws/merge.bag','w')  #新包merge.bag
      # 读取当前bag包路径
      path = os.path.split(os.path.realpath(__file__))[0]
      # 判断当前目录下是否存在bag包
      for files in os.listdir(path):
          if files.endswith(('bag')):
              bag_path = os.path.join(path, files)
              rosbag_merge(bag_merge,path)
      bag_merge.close() #注意，所有打开过的包，都得关闭，否则下次访问可能会失败
```

3.10 常见 GUI 快速查询

ROS 中存在许多 rqt 工具，在之前介绍了几类最重要的 GUI 工具，本章节将介绍一些常用的 GUI 工具。

3.10.1 rqt_tf_tree

该命令是查询 tf 框架树时经常使用的命令，rqt_tf_tree 提供了一个 GUI 插件，用于可视化 ROS TF 框架树。每一个节点都是一个 tf 树的 link，节点与节点相连接处显示了 node 信息。

其使用命令如下所示：

```
rosrun rqt_tf_tree rqt_tf_tree
```

得到项目的 tf 树如图 3-43 所示。

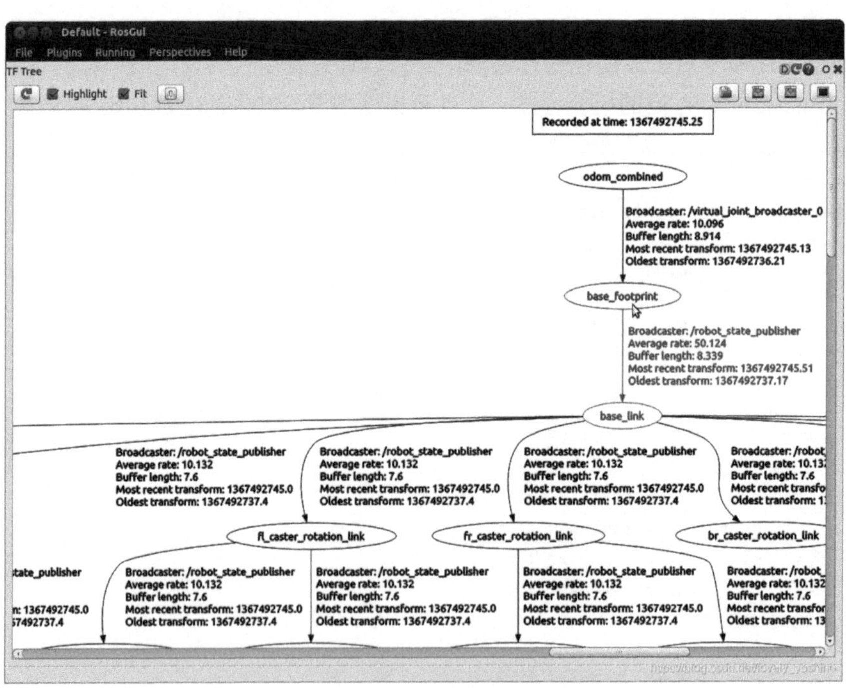

图 3-43 tf 树示例

3.10.2 rqt_bag

在记录完 rosbag 之后，当需要查看记录的包中消息时用到该 GUI 工具，ROS 日志信息中的 rosbag 是基于文本的，因此对图像类型的数据很难显示。ROS 中提供了可视化功能，该工具对于图像数据类型的消息管理十分有效，并且可以随时查看包中存放的数据。其使用命令如下所示：

```
rqt_bag
```

包的显示界面如图 3-44 所示。

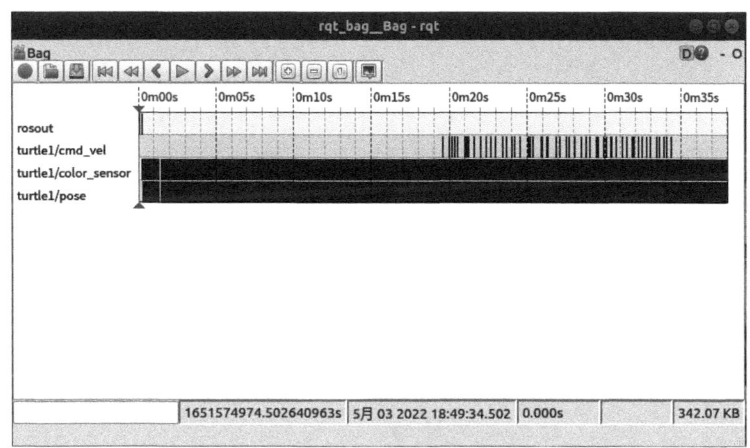

图 3-44　rqt_bag 显示界面

3.10.3　rqt_topic

可以通过该命令来查看 topic 发布的频率。可以显示 topic 的调试信息，包括消息的发布者、订阅者、发布频率和发布的消息内容。可以通过该工具去查看消息字段并选择你关注的 topic 以分析其带宽、频率以及其更新的消息。需要注意的是，被锁定的 topic 通常不会持续发布信息，因此不会在该界面看到任何关于这个 topic 的信息。其使用命令如下所示：

```
rosrun rqt_topic rqt_topic
```

该工具显示界面如图 3-45 所示。

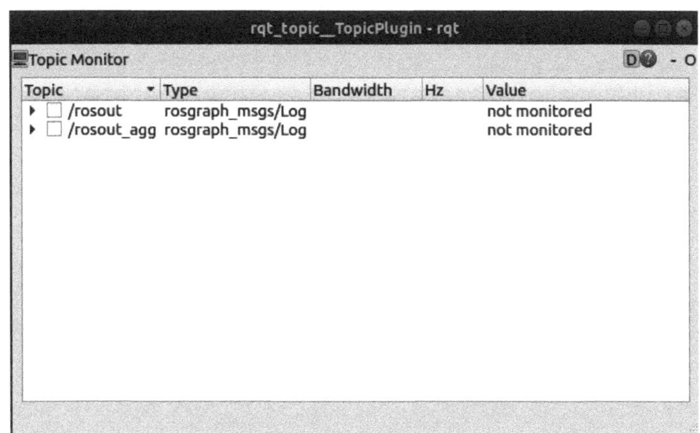

图 3-45　rqt_topic 显示界面

3.10.4　rqt_reconfigure

该工具可以将节点信息进行可视化，以便对参数进行一系列调节。其使用命令如下所示：

```
rosrun rqt_reconfigure rqt_reconfigure
```

该工具显示界面如图 3-46 所示。

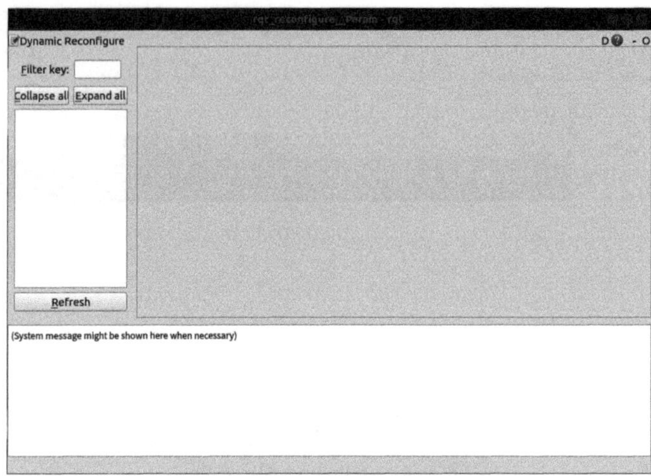

图 3-46　rqt_reconfigure 显示界面

3.10.5　rqt_publisher

该工具实现了可视化界面向指定 topic 发布消息，并且可以在该界面同时发布多个 rostopic pub 命令。其使用命令如下所示：

```
rosrun rqt_publisher rqt_publisher
```

该工具显示界面如图 3-47 所示。

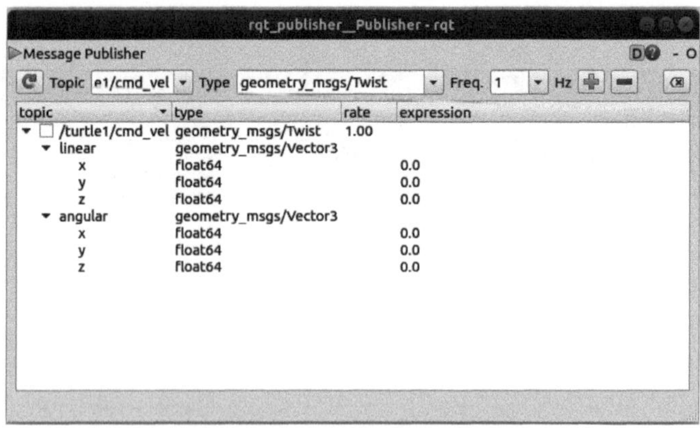

图 3-47　rqt_publisher 显示界面

3.10.6　rqt_top

该工具将 ROS 环境实际消耗的资源进行可视化。该工具与进程表类似，可以快速查看所有使用者的节点与资源。使用命令如下所示：

```
rosrun rqt_top rqt_top
```

该工具显示界面如图 3-48 所示。

3.10.7　rqt_runtime_monitor

该工具可以通过 diagnostics 主题直接发布可视化信息，用于系统状态诊断。其使用命令如下所示：

```
rosrun rqt_runtime_monitor  rqt_runtime_monitor
```

该工具显示界面如图 3-49 所示。

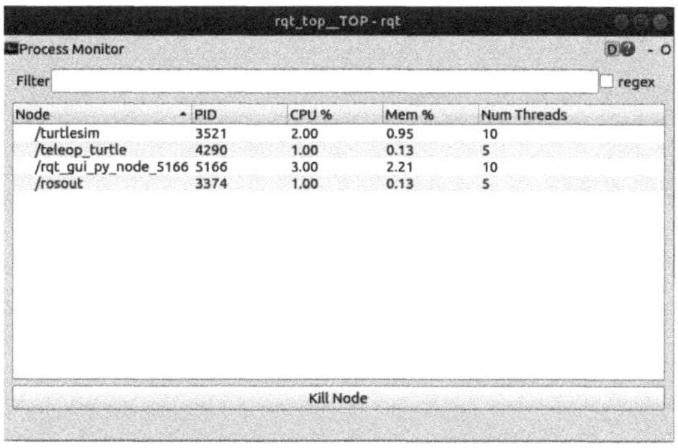

图 3-48　rqt_top 显示界面

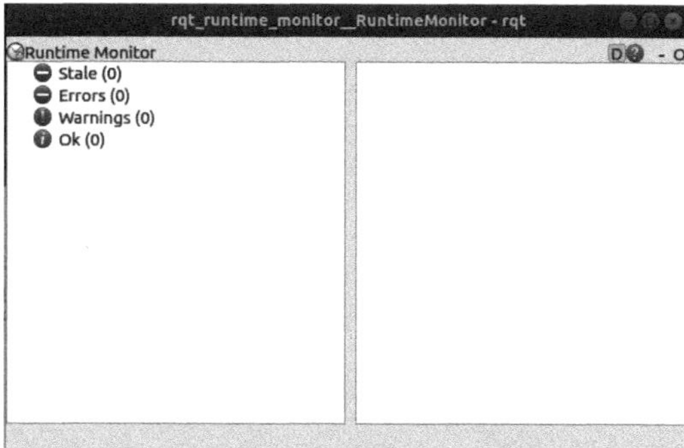

图 3-49　rqt_runtime_monitor 显示界面

当项目工程很大时，可以使用 diagnostic_aggregator 来汇总诊断信息。在 diagnostics_agg 里处理和归类 diagnostics 主题的消息并重新发布。这些汇总诊断消息通过 rqt_robot_monitor 进行显示。诊断汇总器通过一个配置文件进行配置，依据 chapter3_tutorials 中的 config/diagnostic_aggregator.yaml 文件，并使用 AnalyzerGroup 来定义不同的 analyzers。

rqt_robot_monitor 的使用命令如下所示：

```
rosrun rqt_robot_monitor  rqt_robot_monitor
```

该工具显示界面如图 3-50 所示。

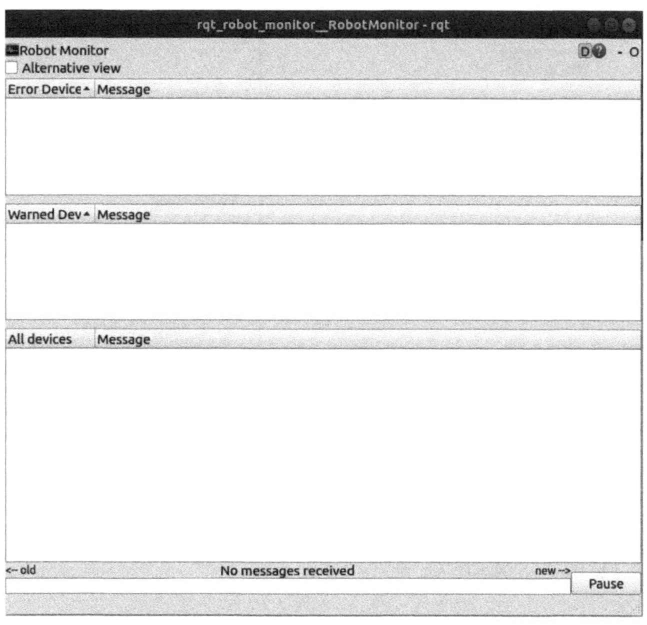

图 3-50　rqt_robot_monitor 显示界面

第 4 章 ROS2——智能机器人新起点

4.1 ROS2 的新特性

ROS1 自从 2007 年被 Willow Garage 创建以来，一直在机器人开源社区中不断发展壮大。然而，随着机器人技术的飞速发展，对机器人操作系统性能的要求也与日俱增，ROS1 逐渐无法满足开发者对机器人系统性能的要求。由于其自身设计之初存在的结构问题，若强行在 ROS1 系统上加以改良会使 ROS1 变得不稳定。所以，ROS2 便从零开始开发，它是区别于 ROS1 的全新的机器人操作系统。其架构如图 4-1 所示。

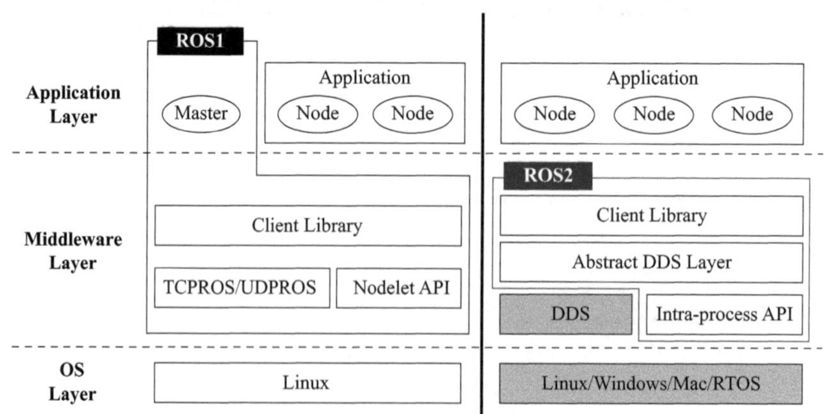

图 4-1　ROS1 与 ROS2 架构

4.1.1 ROS1 与 ROS2 程序书写的不同

虽然 ROS1 已经相当完善，但是依然无法在工业生产中应用，因为它无法满足工业生产对实施性、安全性、保密性的要求。ROS2 的目标之一便是使自己能够适配工业生产环境。

在 ROS1 中，如果需要写一个节点，在 cpp 文件里面会包含 roscpp 文件，在 python 文件里面会包含 rospy，这两个库是完全独立的。这就意味着 cpp 与 python 生成的应用对应的特性也是不一样的。但是在 ROS2 中，它们只有一个基础的库，叫做 rcl，它是用 C 语言实现的，它包含了 ROS2 所有的核心特性，如图 4-2 所示。

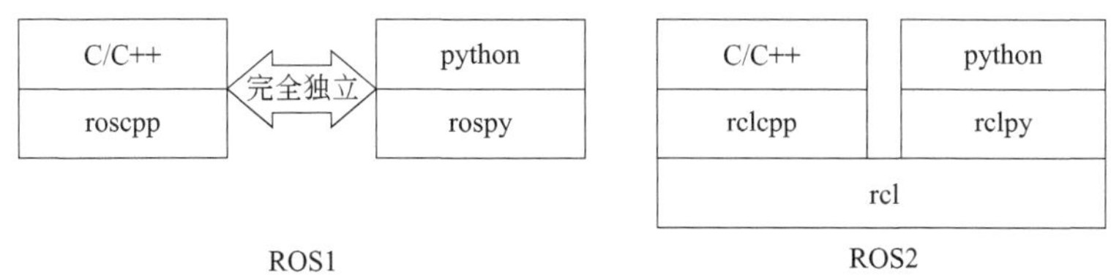

图 4-2　ROS1 与 ROS2 应用程序架构

这样做有一个明显的好处，就是如果需要使用另外一种语言创建 ROS 节点，比如 java，便不需要重复造轮子，只需要基于 rcl 库创建自己的库文件即可，比如 rcljava。所以，这样的处理大大缩短了 ROS2 移植另外一种语言的时间。

尽管 python2 很早就已经不再支持了，ROS1 melodic 版本仍然默认使用的是 python2。但是，在 ROS2 中默认的 python 版本为 python3。

在 ROS1 中，并没有对特定程序架构进行规定，可以在程序的任意一个位置写我们的回调函数，甚至是使用面对对象的编程。所以，在 ROS1 的程序里面，一千个人会有一千种编写程序的习惯，没有一个统一的格式。但是在 ROS2 里面，对如何写一个 ROS 节点便有了明确的规定，我们尽可能会创建一个从节点对象继承而来的类。这么做可以使模块化编程更为普及，可以节省每个人的时间，也极大加强了程序的可读性。

如前文所示，在 ROS1 中，每一个可执行文件只能定义一个节点，除非使用 Nodelets，才能使一个可执行文件绑定多个文件。使用 Nodelets 的好处是，可以使程序在进程内进行消息交流，它可以让多个算法程序在一个进程中实现零拷贝通信，大大降低数据传输时间。Nodelets 的特性被直接包含在了 ROS2 中，Nodelets 在 ROS2 中被称为“components”。所以，使用“components”可以在一个可执行文件里面创建多个节点。

在 ROS2 中，有一个全新的概念：托管（lifecycle nodes），它可以让一个节点独立开来，专门负责管理其他节点的启动、挂起、关闭等动作，从而使程序更加灵活。

在 ROS1 中，编写 launch 文件可以批量更改程序参数并启动一些节点，launch 文件采用 xml 格式编写。但是在 ROS2 中，launch 文件被改成利用 python 文件来编写，ROS2 编写 launch 文件的方式更加灵活，更具备模块化特征。

4.1.2　ROS1 与 ROS2 通信机制的不同

在 ROS1 中，开启一个节点之前，需要运行 roscore，也就是运行 rosmaster，rosmaster 的作用是为节点开启 DNS 服务。但是在 ROS2 中，这个特性被完全改变，ROS2 不再是一个中心化的系统，而是一个完全分布式系统，每一个节点都是独立运行的。

在 ROS1 中，系统的参数由 rosmaster 处理，这个参数具有全局的特征。在 ROS2 中，系统参数不再具有全局性，每一个参数对应其相应的节点，当一个节点结束时，它对应的参数也将不复存在。

在 ROS1 中，服务（services）是同步的，比如，你在节点中向服务器（server）发送了一个请求，节点会一直等待，直到服务器有响应。ROS2 中的服务器变成了异步形式，如果你发送一个服务请求，对应的功能将会被调用直到服务器有返回参数，与此同时，你的节点线程并不会因为等待响应而阻塞，而是继续执行下去。

在 ROS1 中，action 并不是核心功能，但是在 ROS2 中，action 便成了核心功能。action 有了专属的命令行工具，可以直接通过终端来发送 action 命令。

4.1.3 ROS1 与 ROS2 功能包、工作空间、环境的不同

ROS1 与 ROS2 的命令行工具其实是差不多的，只是命名上面发生了变化。比如在 ROS1 中的“rostopic list”变成了 ROS2 中的“ros2 topic”，“rosservice”变成了“ros2 service”，“rosrun”变成了“ros2 run”，“rosbag”变成了“ros2 bag”。

在 ROS1 里面，一般采用 catkin_make 来编译代码，但是在 ROS2 中，编译代码的工具变成了 colcon。

在 ROS1 里面可以在创建一个功能包以后，添加任意想要的 C/C++ 以及 python 文件。但是在 ROS2 中，在创建功能包之前，需要制定编译的类型，功能包的架构也会根据这个制定的类型做出改变。

ROS1 主要的目标系统为 Ubuntu，而 ROS2 可以被安装在 Ubuntu、MacOs、Windows10 上面。有了这个变化，ROS2 可以更方便地跨平台工作。

在工作空间上面，ROS2 新引用了“叠加”的概念，原来 ROS1 中，需要将全局的 ROS 系统添入环境变量，然后将自己工作空间的代码添加进入环境变量，若同时添加不同工作空间的重名工作包进入环境变量，则会发生错误。ROS2 中，可以同时添加多个工作空间，并将重复的部分叠加起来，并给予自己定义的功能包更高的优先级。其区别如图 4-3 所示。

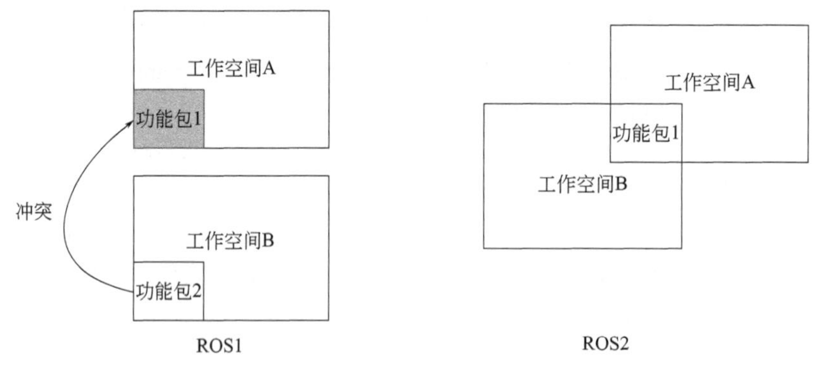

图 4-3　ROS2 中“叠加”的概念

4.2 ROS2 之 DDS

ROS2 的架构如图 4-4 所示，我们所编写的 C/C++，python 文件是基于 rcl 实现的。rcl 是基于 rmw 来实现的（用来访问 ROS 状态图）。rmw (ROS2 Middle Ware) 就是我们说的中间件，它通过 DDS 或者 RTPS 实现，负责发现、发布以及订阅机制、服务的请求 - 回复机制，以及消

息类型的序列化。在图表里面，可以发现有一个单独的标记着 ros_to_dds 的方格，ros_to_dds 的目的是让用户通过 ros_to_dds 直接访问 DDS 提供商的特定对象和设置。下面具体讲述 DDS。

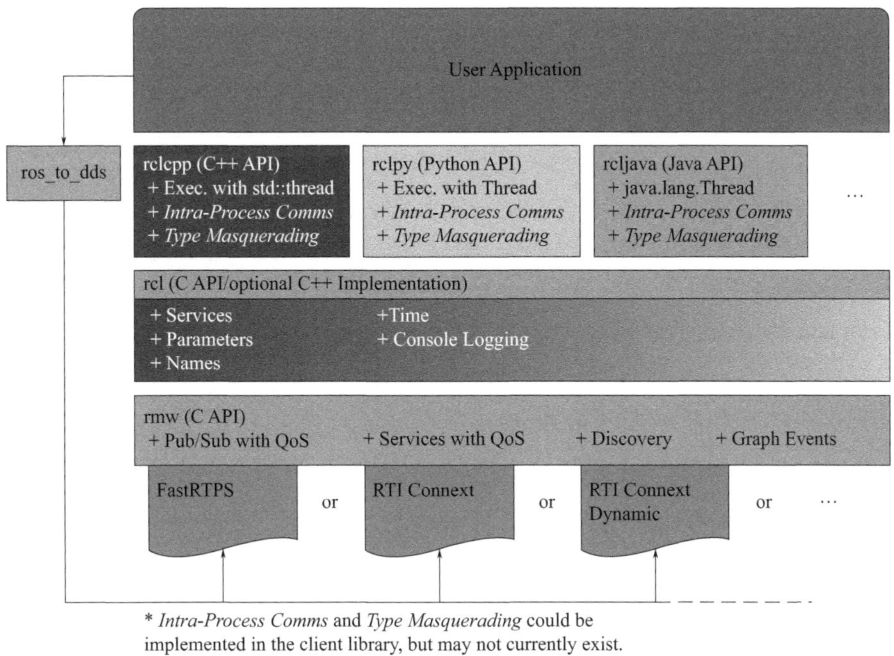

图 4-4　ROS2 架构

4.2.1　什么是 DDS

DDS 的全称为 Data Distribution Service。DDS 于 2001 年被一家叫做 Real-Time Innovations（RTI）的公司开发。其最早应用在美国海军系统，解决军舰系统网络环境软件升级的兼容性问题。

DDS 是新一代通信中间件协议，提供了丰富的 QoS 服务策略，可以保障数据进行实时、高效、灵活地传输，可以满足一对一、一对多、多对多通信需求。与 ROS1 类似，DDS 核心是发送 / 订阅模型（Data-Centric Publish-Subscribe, DCPS）。

4.2.2　DDS 多机通信

DDS 是一个被很多公司实现的工业标准，比如 RTI 的实现 Connext 和 eProsima 的实现 Fast RTPS。ROS2 支持多种实现方式。在选择 DDS 实现的时候要考虑很多方面：法律上要考虑协议，技术上要考虑是否支持跨平台。不同的公司也许会为了适应不同的场景提出不止一种的 DDS 实现方式。比如 RTI 为了不同的目标就有很多 Connext 的变种。

DDS 基于 domain ID 在一个物理网络内切分为若干逻辑网络。在同一域（domain）中的 ROS2 节点可以被自由发现并通信，在不同域中则不能互通。所有的 ROS2 节点默认使用 domain ID 0。为避免消息混淆，同网络内运行 ROS2 的不同组的设备应该使用不同的 domain ID。ROS_DOMAIN_ID 有两种（short version / long version）。正常使用推荐 short version，在 [0, 101] 之间进行选择即可。long version 则可以在 [0, 232] 之间进行选择。

每个 ROS 节点在 DDS 中被称为参与者（participant）。对于在计算机上运行的每个 ROS2 进程，都会创建一个 DDS“参与者”。由于每个 DDS 参与者会占用计算机上的两个端口，因此在一台计算机上运行 120 多个 ROS2 进程就可能会溢出到其他域 ID 或临时端口。

要了解其原因，可以考虑 ID 1 和 2：

① 域 ID 1 使用端口 7650 以及 7651 进行多播。

② 域 ID 2 使用端口 7900 以及 7901 进行多播。

③ 在域 ID 1 中创建第 0 个参与者时，端口 7660 与 7661 用于单播。

④ 在域 ID 1 中创建第 119 个参与者时，端口 7898 和 7899 用于单播。

⑤ 在域 ID 1 中创建第 120 个参与者时，端口 7900 与 7901 用于单播并与 ID 2 的端口重叠。

所以，需要控制节点的数量或通过一个进程控制多个节点来避免溢出。

设置 domain ID 就是在两台虚拟机中分别执行以下指令（最好写到 bashrc 当中，不能固定的除外）：

```
echo "export ROS_DOMAIN_ID=1">> ~/.bashrc
#export ROS_DOMAIN_ID=1
```

4.2.3 中间件 RMW

使用端到端中间件（如 DDS）的好处是，需要维护的代码要少得多，而且中间件的行为和确切规格已经被提炼成文档。除了系统级的文档，DDS 也有推荐的用例和软件 API。有了这种具体的规范，第三方可以审查、审计和实施具有不同程度的互操作性的中间件。此外，如果要从现有的库中构建一个新的中间件，无论如何都需要创建这种类型的规范。

所以，为了能够在 ROS2 中使用一个 DDS 实现，需要一个 ROS 中间件（RMW 软件包），这个包需要利用 DDS 程序提供的 API 和工具实现 ROS 中间件的接口。为了在 ROS2 中使用一个 DDS 实现，有大量的工作需要做。但是为了防止 ROS2 的代码过于绑定某种 DDS 程序，必须支持至少几种 DDS 程序。

C++ 和 Python 节点都支持环境变量 RMW_IMPLEMENTATION，该变量允许用户在运行 ROS2 应用程序时选择要使用的 RMW 实现。表 4-1 是常用的 ROS2 的 RMW 中间件。

表 4-1 常用的 RMW 中间件

Product name	License	RMW implementation	状态
eProsima Fast RTPS	Apache 2	rmw_fastrtps_cpp	全面支持。默认是 RMW，用二进制包装
RTI Connext	commercial, research	rmw_connext_cpp	全面支持。包括对二进制文件支持，但是 Connext 需要单独安装
RTI (dynamic implementation)	commercial, research	rmw_connext_dynamic_cpp	暂停支持，支持持续到版本 alpha8.*
PrismTech Opensplice	LGPL(only v6.4), commercial	rmw_opensplice_cpp	局部支持。支持包括二进制文件，但是 OpenSplice 需要单独安装
OSRF FreeRTPS	Apache 2	—	局部支持。暂停开发

下面展示换不同 RMW 的操作：

（1）编译

① FastDDS：默认已经编译好了。

② cycloneDDS：默认已经编译好了。

③ RTI connext

```
sudo apt install rti-connext-dds-5.3.1
#执行 colcon build 前做
export RTI_LICENSE_FILE=/opt/rti.com/rti_connext_dds-5.3.1/rti_license.dat
source /opt/rti.com/rti_connext_dds-5.3.1/setenv_ros2rti.bash
```

（2）执行

① FastDDS：默认使用。

② cycloneDDS

```
export RMW_IMPLEMENTATION=rmw_cyclonedds_cpp
#然后执行 ros2 run 等命令
#或者
RMW_IMPLEMENTATION=rmw_cyclonedds_cpp ros2 run ...
```

③ RTI connext

```
export RTI_LICENSE_FILE=/opt/rti.com/rti_connext_dds-5.3.1/rti_license.dat
source /opt/rti.com/rti_connext_dds-5.3.1/setenv_ros2rti.bash
export RMW_IMPLEMENTATION=rmw_connext_cpp
#然后执行 ros2 run 等命令
#或者
RMW_IMPLEMENTATION=rmw_connext_cpp ros2 run ...
```

4.2.4 DDS 调优

DDS 调优应将这样一条建议作为起点：这些调优适用于特定的系统和环境，但调优可能会因多种因素而异。在调试时，可能需要增大或减小与消息大小、网络拓扑等因素相关的值。

（1）跨供应商调优（适用于各供应商 DDS 实现）

问题：当某些 IP 片段（fragments）被丢弃时，通过有损网络连接（通常是 WiFi）发送数据会出现问题，可能会导致接收端的内核缓冲区变满。

① 解决方案一：使用“尽力而为（best-effort）”的 QoS 设置而不是“可靠（reliable）”的设置。“尽力而为”设置会减少网络流量，因为 DDS 实现不必承担可靠通信的开销，在可靠通信情况下，发布者要求对发送给订阅者的消息进行确认，并且必须重新发送未正确接收的数据样本。但是，如果 IP 片段的内核缓冲区已满，则症状仍然相同（阻塞 30s）。该解决方案应该可以在一定程度上改善问题，而无需调整参数。

② 解决方案二：减小 ipfrag_time 参数的值。net.ipv4.ipfrag_time //proc/sys/net/ipv4/ipfrag_time 参数（默认值为 30s）：将 IP 片段保留在内存中的时间，单位为 s。

例如，通过运行以下命令将该参数值减小到 3s：

```
sudo sysctl net.ipv4.ipfrag_time=3
```

减小此参数的值也会减少没有接收到片段的时间窗口。该参数是用于所有正在进入的片段的全局参数，因此需要针对每个具体环境考虑减小此参数值的可行性。

③ 解决方案三：增大 ipfrag_high_thresh 参数的值。

net.ipv4.ipfrag_high_thresh / /proc/sys/net/ipv4/ipfrag_high_thresh 参数（默认值为 262144 字节）：用于重组 IP 片段的最大内存。

例如，通过运行以下命令将此参数值增加到 128MB：

```
sudo sysctl net.ipv4.ipfrag_high_thresh=134217728 # (128MB)
```

显著地增大此参数的值是为了确保缓冲区永远不会完全被填满。但是，假设每个 UDP 数据包都缺少一个片段，该参数值可能必须非常大才能保存 ipfrag_time 参数设置的时间窗口内接收到的所有数据。

（2）Fast RTPS 调优

问题：通过 WiFi 连接时，Fast RTPS 会用大量数据或快速发布的数据淹没（floods）网络。

解决方案：请参阅前面“跨供应商调优”中的解决方案。

（3）Cyclone DDS 调优

问题：即使使用“可靠（reliable）”设置并通过有线网络传输，但 Cyclone DDS 仍无法可靠地传送大型消息。

解决方案：增大 Cyclone 使用的最大 Linux 内核接收缓冲区大小和最小套接字接收缓冲区大小。进行以下调整以解决 9MB 大小的消息传送：

通过运行以下命令设置最大接收缓冲区大小 rmem_max：

```
sudo sysctl -w net.core.rmem_max=2147483647
```

或者通过编辑 /etc/sysctl.d/10-cyclone-max.conf 文件以包含下面一行内容来永久设置该参数：

```
net.core.rmem_max=2147483647
```

接下来，为了设置 Cyclone 请求的最小套接字接收缓冲区大小，请编写一个配置文件供 Cyclone 在启动时使用，该配置文件内容应该如下所示：

```
<?xml version="1.0" encoding="UTF-8" ?>
<CycloneDDS xmlns="https://cdds.io/config" xmlns:xsi="http://www.w3.org/2001/XMLSchema-
instance" xsi:schemaLocation="https://cdds.io/config
https://raw.githubusercontent.com/eclipse-cyclonedds/cyclonedds/master/etc/cyclonedds.
xsd"><Domain id="any"><Internal><MinimumSocketReceiveBufferSize>10MB</MinimumSocketReceiveBuff
erSize></Internal></Domain></CycloneDDS>
```

然后，每当要运行一个节点时，请设置以下环境变量（记得要用 xml 格式的配置文件的绝对路径替换 absolute/path/to/config_file.xml）：

```
CYCLONEDDS_URI=file:///absolute/path/to/config_file.xml
```

4.3 Docker—ROS2 安装

4.3.1 安装

设置本地环境：

```
sudo locale-gen en_US en_US.UTF-8
sudo update-locale LC_ALL=en_US.UTF-8 LANG=en_US.UTF-8
export LANG=en_US.UTF-8
```

设置软件源：

```
sudo apt update && sudo apt install curl gnupg2 lsb-release
curl -s https://raw.githubusercontent.com/ros/rosdistro/master/ros.asc | sudo apt-key add -
sudo sh -c 'echo "deb [arch=amd64,arm64] http://packages.ros.org/ros2/ubuntu `lsb_release -cs`
main" > /etc/apt/sources.list.d/ros2-latest.list'
```

安装：

```
sudo apt update
```

可以自己选择完整版或者基础版，基础版没有 GUI 工具。

安装完整版：

```
sudo apt install ros-dashing-desktop
```

安装基础版：

```
sudo apt install ros-dashing-ros-base
```

安装命令行自动补全工具：

```
sudo apt install python3-argcomplete
```

在每次运行程序之前，需要手动加载 ros2 环境：

```
source /opt/ros/dashing/setup.bash
```

选择用 ros2 作为主力开发工具，建议将语句加入 ~/.bashrc 中去：

```
echo "source /opt/ros/dashing/setup.bash" >> ~/.bashrc
```

安装 RMW implementation：

```
sudo apt update
sudo apt install ros-dashing-rmw-opensplice-cpp # for OpenSplice
sudo apt install ros-dashing-rmw-connext-cpp # for RTI Connext (requires license agreement)
```

此外，可以在终端输入或在~/.bashrc输入以下例句切换中间件：RMW_IMPLEMENTATION=rmw_opensplice_cpp: OpenSplice

```
RMW_IMPLEMENTATION=rmw_connext_cpp: RTI Connext（Bouncy 新增）
```

安装 ros1_bridge，用于 ros1 和 ros2 通信，使得 ros2 可以使用 ros1 的功能包。

```
sudo apt update
sudo apt install ros-dashing-ros1-bridge
```

4.3.2　安装测试

打开两个终端，分别输入：

```
ros2 run demo_nodes_cpp talker
ros2 run demo_nodes_cpp listener
```

测试结果如图 4-5 所示。

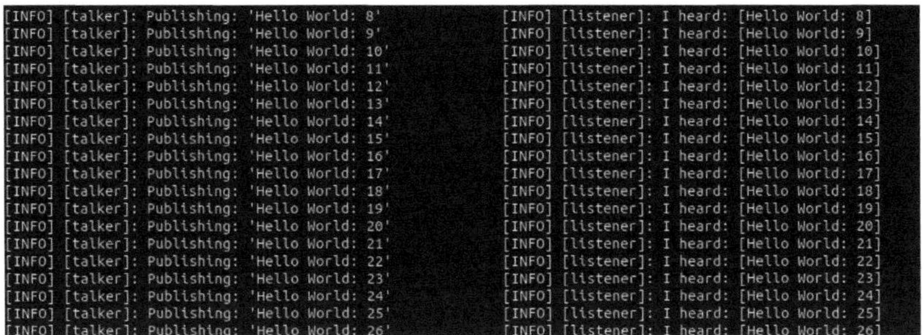

图 4-5　安装测试图

4.3.3 编译并运行示例程序

安装 colcon，主要用于编译程序：

```
sudo apt install python3-colcon-common-extensions
```

创建工作空间：

```
mkdir -p ~/ros2_ws/src
cd ~/ros2_ws
```

在创建功能包以后，下载示例功能包：

```
git clone https://github.com/ros2/examples src/examples
```

然后切换到合适的版本，这里用 dashing 做例子，所以需要切换的版本是 dashing。使用 git 工具可以切换程序的不同分支。

```
cd ~/ros2_ws/src/examples/
git checkout dashing
cd ~/ros2_ws
```

此时，文件的目录结构如图 4-6 所示，仅仅只有一个 src 文件。

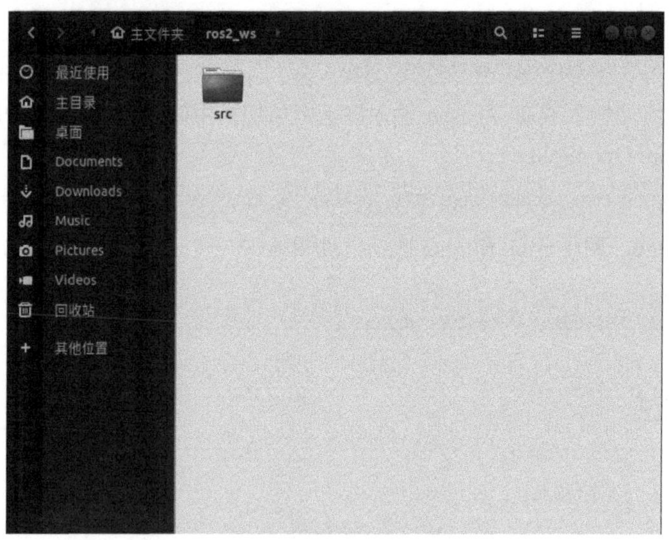

图 4-6 目录结构示意图

刚下载下来的是源文件，想要变成可执行的文件还需进一步编译，在工作空间内输入：

```
colcon build --symlink-install
```

–symlink-install 的意思是优先使用超链接而不是复制文件。

其编译结果如图 4-7 所示。

编译完成以后，会发现 ros2_ws 会多出“build”“install”“log”文件夹，如图 4-8 所示。

在编译完成以后，需要在终端加载配置文件才可以在终端使用相关命令，如果长期使用工作空间，建议加入 ~/.bashrc：

```
source ~/ros2_ws/install/setup.bash
```

下面测试刚刚编译的文件能否正常工作。

```
colcon build [0/15 done] [4 ongoing]
文件(F) 编辑(E) 查看(V) 搜索(S) 终端(T) 帮助(H)
If a package in a merged underlay workspace is overridden and it installs header
s, then all packages in the overlay must sort their include directories by works
pace order. Failure to do so may result in build failures or undefined behavior
at run time.
If the overridden package is used by another package in any underlay, then the o
verriding package in the overlay must be API and ABI compatible or undefined beh
avior at run time may occur.

If you understand the risks and want to override a package anyways, add the foll
owing to the command line:
        --allow-overriding examples_rclcpp_minimal_action_client examples_rclcpp
_minimal_action_server examples_rclcpp_minimal_client examples_rclcpp_minimal_co
mposition examples_rclcpp_minimal_publisher examples_rclcpp_minimal_service exam
ples_rclcpp_minimal_subscriber examples_rclcpp_minimal_timer examples_rclpy_exec
utors examples_rclpy_minimal_action_client examples_rclpy_minimal_action_server
examples_rclpy_minimal_client examples_rclpy_minimal_publisher examples_rclpy_mi
nimal_service examples_rclpy_minimal_subscriber

This may be promoted to an error in a future release of colcon-override-check.
Starting >>> examples_rclcpp_minimal_action_client
Starting >>> examples_rclcpp_minimal_action_server
Starting >>> examples_rclcpp_minimal_client
Starting >>> examples_rclcpp_minimal_composition
[6.7s] [0/15 complete] [4 ongoing] ...
```

图 4-7　build 示意图

图 4-8　build 工作空间示意图

新建一个终端，输入以启动订阅节点：

```
source ~/ros2_ws/install/setup.bash
ros2 run examples_rclcpp_minimal_subscriber subscriber_member_function
```

继续新建终端，输入以启动发布节点：

```
source ~/ros2_ws/install/setup.bash
ros2 run examples_rclcpp_minimal_publisher publisher_member_function
```

效果如图 4-9 所示。

4.3.4　ROS2 docker 安装

首先安装 docker：

```
sudo apt install docker.io
```

```
ubuntu@ubuntu-vm: ~
文件(F) 编辑(E) 查看(V) 搜索(S) 终端(T) 帮助(H)
ubuntu@ubuntu-vm:~$ source ~/ros2_ws/install/setup.bash
ubuntu@ubuntu-vm:~$ ros2 run examples_rclcpp_minimal_subscriber subscriber_membe
r_function
[INFO] [minimal_subscriber]: I heard: 'Hello, world! 0'
[INFO] [minimal_subscriber]: I heard: 'Hello, world! 1'
[INFO] [minimal_subscriber]: I heard: 'Hello, world! 2'
[INFO] [minimal_subscriber]: I heard: 'Hello, world! 3'
[INFO] [minimal_subscriber]: I heard: 'Hello, world! 4'
[INFO] [minimal_subscriber]: I heard: 'Hello, world! 5'

ubuntu@ubuntu-vm: ~
文件(F) 编辑(E) 查看(V) 搜索(S) 终端(T) 帮助(H)
ubuntu@ubuntu-vm:~$ source ~/ros2_ws/install/setup.bash
ubuntu@ubuntu-vm:~$ ros2 run examples_rclcpp_minimal_publisher publisher_member_
function
[INFO] [minimal_publisher]: Publishing: 'Hello, world! 0'
[INFO] [minimal_publisher]: Publishing: 'Hello, world! 1'
[INFO] [minimal_publisher]: Publishing: 'Hello, world! 2'
[INFO] [minimal_publisher]: Publishing: 'Hello, world! 3'
[INFO] [minimal_publisher]: Publishing: 'Hello, world! 4'
[INFO] [minimal_publisher]: Publishing: 'Hello, world! 5'
```

图 4-9　运行示例程序

接着输入：

```
sudo docker pull osrf/ros:eloquent-desktop
```

等待 docker 镜像下载完成。

镜像完成以后，便可以在容器中运行镜像，运行指令如下所示：

```
sudo docker run -it osrf/ros:eloquent-desktop
```

结果如图 4-10 所示。

图 4-10　在容器中运行镜像

在镜像里面，可以输入以下指令以测试官方例子：

```
ros2 run demo_nodes_cpp listener &
ros2 run demo_nodes_cpp talker
```

测试结果如图 4-11 所示。

```
root@63888bf3785a:/# ros2 run demo_nodes_cpp listener &
[1] 40
root@63888bf3785a:/# ros2 run demo_nodes_cpp talker
[INFO] [talker]: Publishing: 'Hello World: 1'
[INFO] [listener]: I heard: [Hello World: 1]
[INFO] [talker]: Publishing: 'Hello World: 2'
[INFO] [listener]: I heard: [Hello World: 2]
[INFO] [talker]: Publishing: 'Hello World: 3'
[INFO] [listener]: I heard: [Hello World: 3]
[INFO] [talker]: Publishing: 'Hello World: 4'
[INFO] [listener]: I heard: [Hello World: 4]
[INFO] [talker]: Publishing: 'Hello World: 5'
[INFO] [listener]: I heard: [Hello World: 5]
[INFO] [talker]: Publishing: 'Hello World: 6'
[INFO] [listener]: I heard: [Hello World: 6]
[INFO] [talker]: Publishing: 'Hello World: 7'
[INFO] [listener]: I heard: [Hello World: 7]
[INFO] [talker]: Publishing: 'Hello World: 8'
[INFO] [listener]: I heard: [Hello World: 8]
[INFO] [talker]: Publishing: 'Hello World: 9'
[INFO] [listener]: I heard: [Hello World: 9]
[INFO] [talker]: Publishing: 'Hello World: 10'
[INFO] [listener]: I heard: [Hello World: 10]
[INFO] [talker]: Publishing: 'Hello World: 11'
[INFO] [listener]: I heard: [Hello World: 11]
```

图 4-11　运行官方测试例子

同样，也可以在两个不同的终端运行官方示例，在两个终端分别输入：

```
sudo docker run -it --rm osrf/ros:eloquent-desktop ros2 run demo_nodes_cpp talker
sudo docker run -it --rm osrf/ros:eloquent-desktop ros2 run demo_nodes_cpp listener
```

其结果如图 4-12 所示。

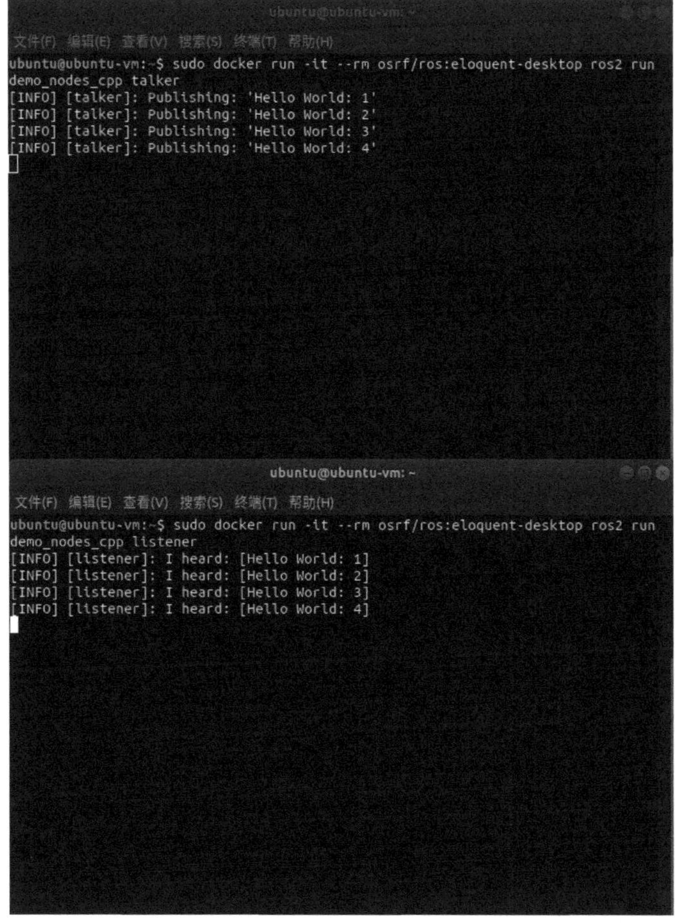

图 4-12　在不同终端运行示例程序

详情可以参考前述内容，创建一个 docker 用户组，并把相应的用户添加到这个分组里，使当前用户直接运行 docker 命令。

新建一个终端并在终端中运行：

```
docker run -it \
      --env="DISPLAY" \
      --env="QT_X11_NO_MITSHM=1" \
      --volume="/tmp/.X11-unix:/tmp/.X11-unix:rw" \
      osrf/ros:eloquent-desktop \
      /bin/bash
ros2 run turtlesim
```

新建一个终端，进入刚刚创建的镜像 ecstatic_morse，可以输入 docker ps -a 命令查看建立的镜像：

```
docker exec -it ecstatic_morse /bin/bash
```

创建一个键盘以控制小海龟运动：

```
source /opt/ros/eloquent/setup.bash
ros2 run turtlesim turtle_teleop_key
```

执行结果如图 4-13 所示。

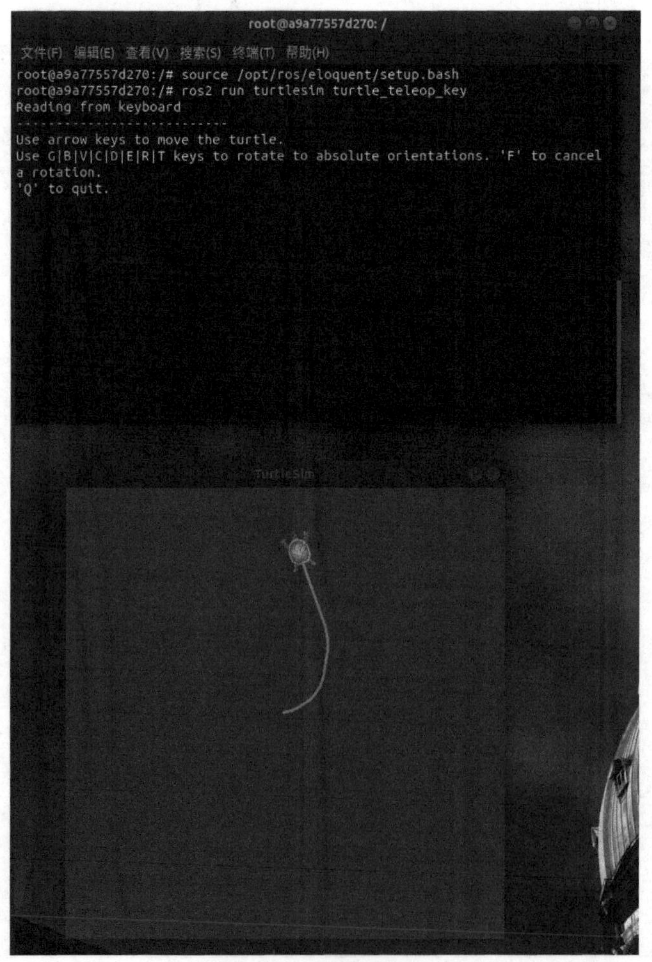

图 4-13　键盘控制测试

4.4　ROS2 搭建 VSC 调试环境

4.4.1　编译设置

我们知道，C 语言无法直接运行，需要对其进行编译，才能制作计算机能够直接运行的语言。可以在 VSC 中自己设置编译指令，当按下 Ctrl + Shift + B 快捷键的时候，VSC 能使用 colcon 指令帮助我们编译文件。那么如何设置编译指令呢？首先，需要在扩展商店中安装 ROS2 的相关插件，如图 4-14 所示。

图 4-14　ROS2 插件

然后配置 tasks.json，配置过程如图 4-15 ～图 4-17 所示。

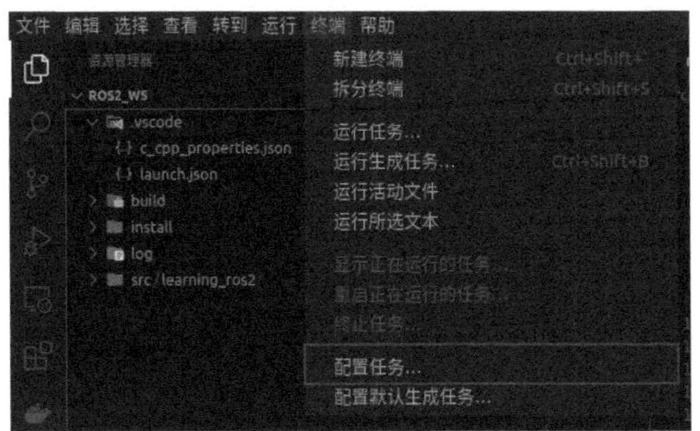

图 4-15　任务配置步骤 1

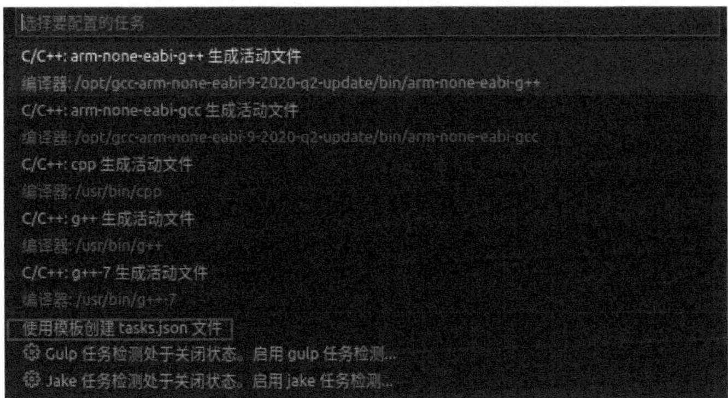

图 4-16　任务配置步骤 2

图 4-17　任务配置步骤 3

此时 VSC 会出现 tasks.json，将以下配置复制进去，其中：

①“label”标注的是任务的用户界面标签。

②“detail”标注的是任务配置的任务。

③“type”用来定义任务是被作为进程运行还是在 shell 中作为命令运行。

④“command”是要执行的命令，由于是用 colcon 命令编译程序，所以需要加入 colcon 指令。

⑤“group”表示定义此任务属于的执行组。它支持“build”以将其添加到生成组，也支持“test”以将其添加到测试组。

⑥“problemMatcher”表示要使用的问题匹配程序。可以是一个字符串或一个问题匹配程序定义，也可以是一个字符串数组和多个问题匹配程序。

```
{
    "version": "2.0.0",
    "tasks": [
        {
            "label": "colcon make",
            "detail": "Build workspace (default)",
            "type": "shell",
            "command": "colcon build --merge-install --cmake-args '-DCMAKE_BUILD_
TYPE=RelWithDebInfo' -Wall -Wextra -Wpedantic",
            "group": {
                "kind": "build",
                "isDefault": true
            },
            "problemMatcher": "$gcc"
        }
    ]
}
```

4.4.2 Debug 设置

Debug 需要指定编译后生成的可执行文件，才能进入 debug 模式。所以，需要在编译以后，并且编译设置为 debug 模式，才能开启 debug。在 debug 开始之前，需要先执行 task.json。运行 task 之前，需要先设置 debug 的选项，调试如图 4-18 所示。

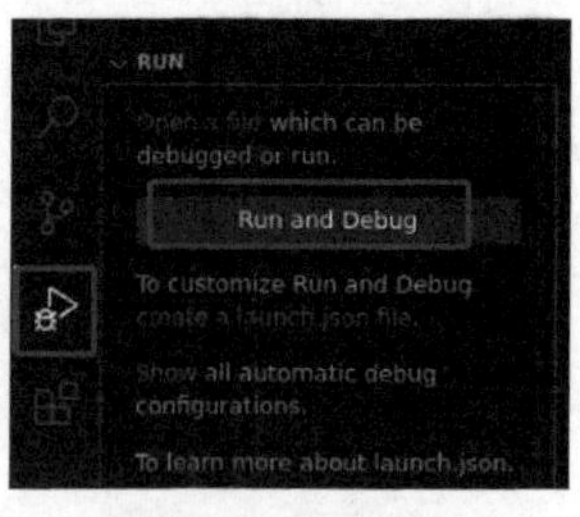

图 4-18 加入调试

按照如下代码修改 launch.json 文件夹，其中：

①“name”表示配置名称，显示在启动配置下拉菜单中。

②“type”表示配置类型。

③“request”表示请求配置类型，可以是“启动（launch）”或“附加（attach）”。

④“program”表示程序可执行文件的完整路径。

⑤“args”表示传递给程序的命令行参数。

⑥“stopAtEntry”是可选参数。如果为 true，则调试程序应在目标的入口点处停止。如果传递了 processId，则不起任何作用。

⑦“cwd”是目标的工作目录。

⑧“externalConsole”如果为 true，则为调试对象启动控制台。如果为 false，它在 Linux 和 Windows 上会显示在集成控制台中。

⑨“MIMode”是指示 MIDebugEngine 要连接到的控制台调试程序，允许的值为“gdb”“lldb”。

⑩“setupCommands”是为了安装基础调试程序而执行的一个或多个 GDB/LLDB 命令。示例：“setupCommands”: [{“text”:“-enable-pretty-printing”,“description”:“Enable GDB pretty printing”,“ignoreFailures”: true }]。

⑪“inputs”是用户输入。用于定义用户输入提示，例如自由字符串输入或从多个选项中进行选择。它可以将输入的参数传回配置，这里用参数来补全可执行文件的路径。

```
{
        // Use IntelliSense to learn about possible attributes.
        // Hover to view descriptions of existing attributes.
        // For more information, visit: https://go.microsoft.com/fwlink/?linkid=830387
        "version": "0.2.0",
        "configurations": [
                // Example launch of a python file
                {
                        "name": "Launch",
                        "type": "python",
                        "request": "launch",
                        "program": "${workspaceFolder}/install/${input:package}/bringup/
launch/cleaner_gazebo.py",
                        "console": "integratedTerminal",
                },
                // Example gdb launch of a ros executable
                {
                        "name": "(gdb) Launch",
                        "type": "cppdbg",
                        "request": "launch",
                        "program": "${workspaceFolder}/install/lib/${input:package}/${input:
program}",
                        "args": [],
                        "stopAtEntry": true,
                        "cwd": "${workspaceFolder}",
                        "externalConsole": false,
                        "MIMode": "gdb",
                        "setupCommands": [
                                {
                                        "description": "Enable pretty-printing for gdb",
                                        "text": "-enable-pretty-printing",
                                        "ignoreFailures": true
                                }
                        ]
                }
        ],
        "inputs": [
                {
                        "id": "package",
                        "type": "promptString",
                        "description": "Package name",
                        "default": "learning_ros2"
```

```
                },
                {
                        "id": "program",
                        "type": "promptString",
                        "description": "Program name",
                        "default": "ros2_talker"
                }
        ]
}
```

4.4.3 开启 Debug

这里用的是 ROS2 官方网站发布者的示例程序，在写完程序以后，按 Ctrl+Shift+B 进行编译（如果之前编译过，请先将之前编译产生的文件删除）。然后在程序对应位置打上断点。按下 F5，输入相应程序即可开始调试模式。断点位置如图 4-19 所示。

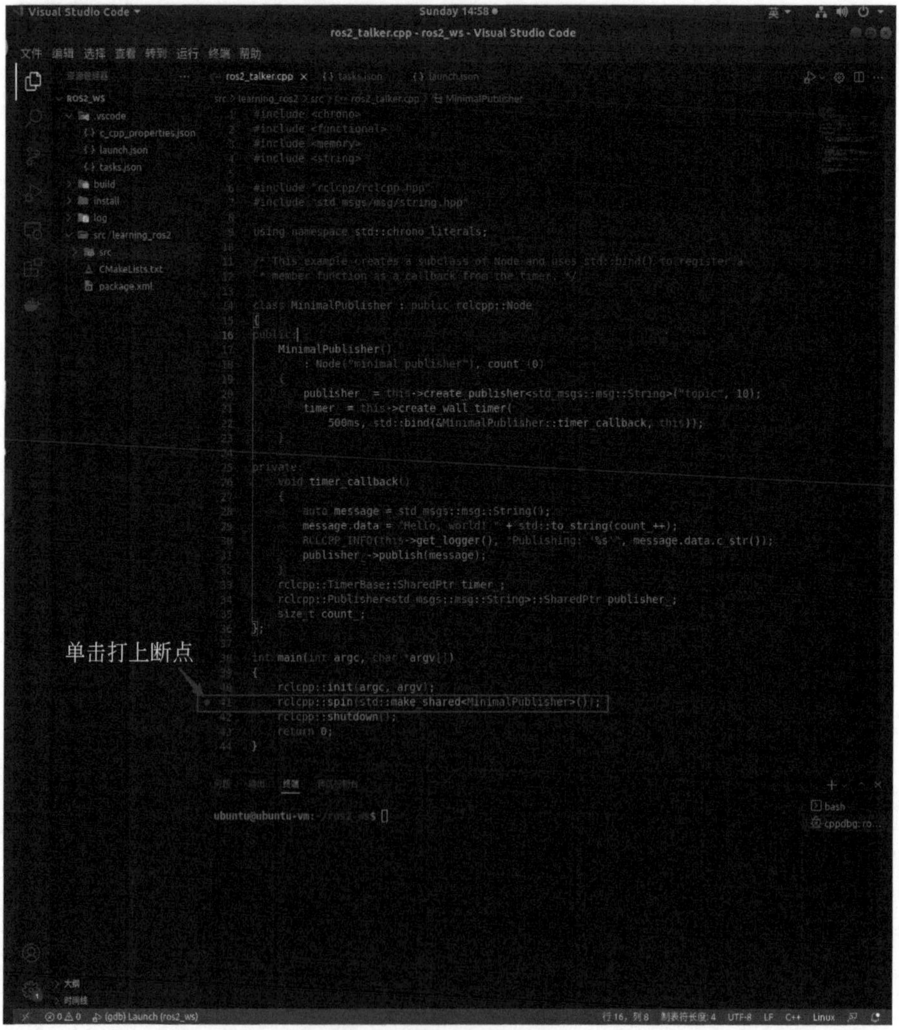

图 4-19　在程序中打上断点

调试界面如图 4-20 所示。

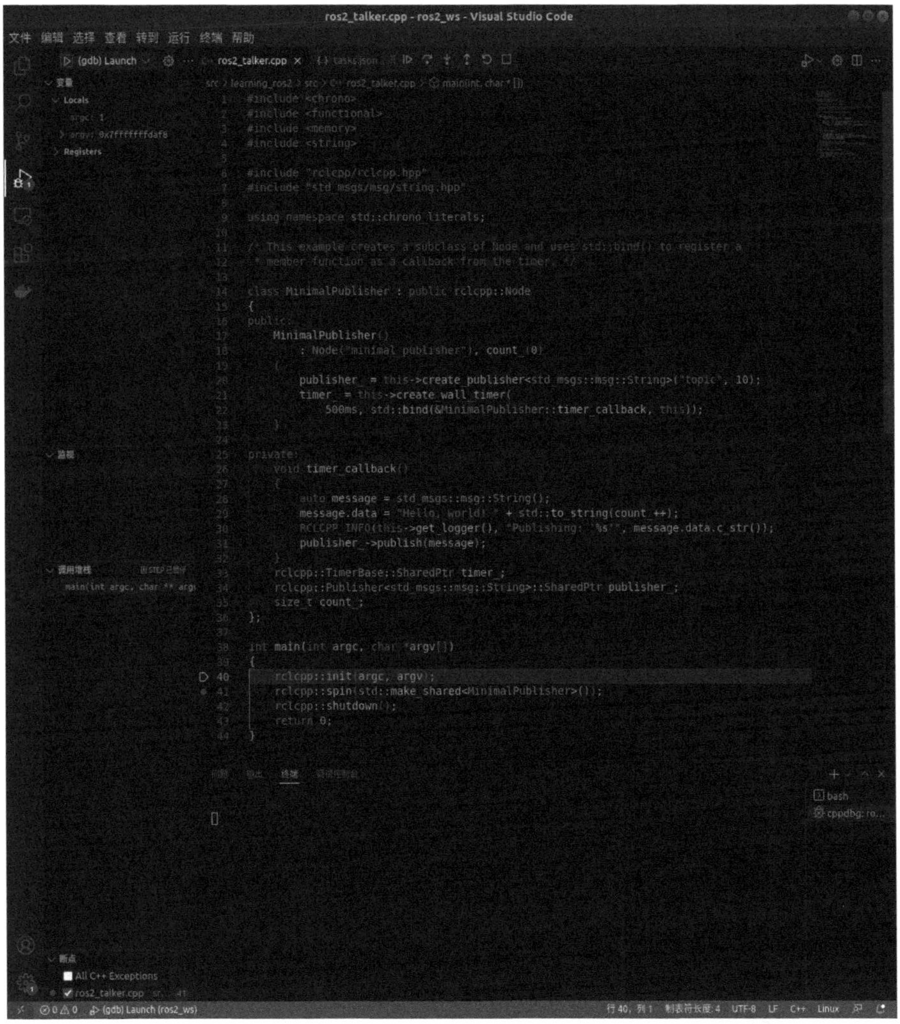

图 4-20　调试界面

4.5　ROS2 工作空间介绍

4.5.1　工作空间组成

一个简单的工作空间结构如下所示，一个工作空间下面可以有多个功能包，不同的功能包下面可以有多个可执行的文件，在 ROS2 里面，将这些可执行文件称为节点。

工作空间下面会存在着 src（source space）目录，src 目录下面就是放功能包的地方，这个 src 目录名字是固定的。

```
workspace_folder/
      src/
        package_1/
            CMakeLists.txt
            package.xml
```

```
        package_2/
            setup.py
            package.xml
            resource/package_2
        …
        package_n/
            CMakeLists.txt
            package.xml
```

功能包有 Python 和 C++ 两种不同的类型，在创建的时候，需要指定功能包的类型，语句如下所示：

```
ros2 pkg create --build-type ament_python <package_name>
ros2 pkg create --build-type ament_cmake <package_name>
```

4.5.2 创建一个简单的功能包

首先，需要创建工作空间，打开终端，在终端输入以下命令，-p 的含义是使用递归的方法创建一个多级目录。

```
mkdir -p ~/ros2_ws/src
```

创建完目录的效果如图 4-21 所示。

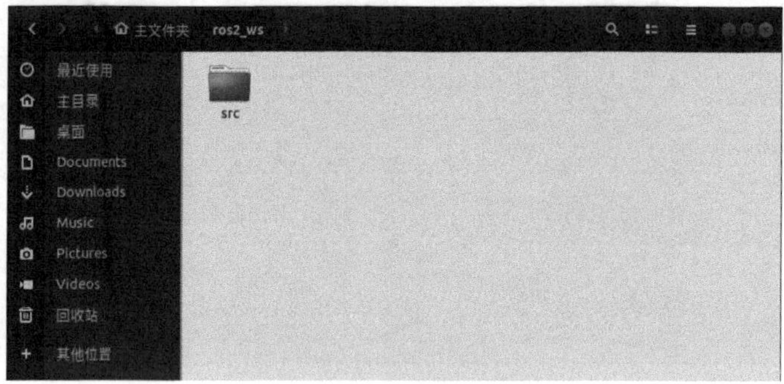

图 4-21 创建目录效果图

然后需要用到 ROS2 提供的语句创建对应的功能包。

```
cd ~/ros2_ws/src
ros2 pkg create --build-type ament_cmake --node-name my_c_node my_c_package
```

创建完效果如图 4-22 所示。

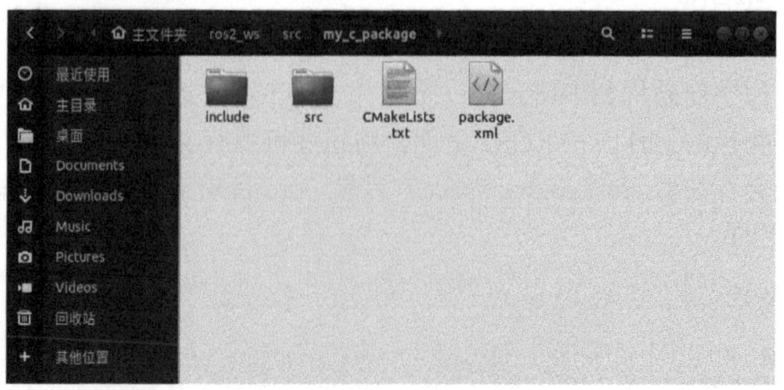

图 4-22 创建 C/C++ 功能包效果图

同样，可以用这种方法来创建一个 Python 功能包。

```
ros2 pkg create --build-type ament_python --node-name my_py_node my_py_package
```

创建完效果如图 4-23 所示。

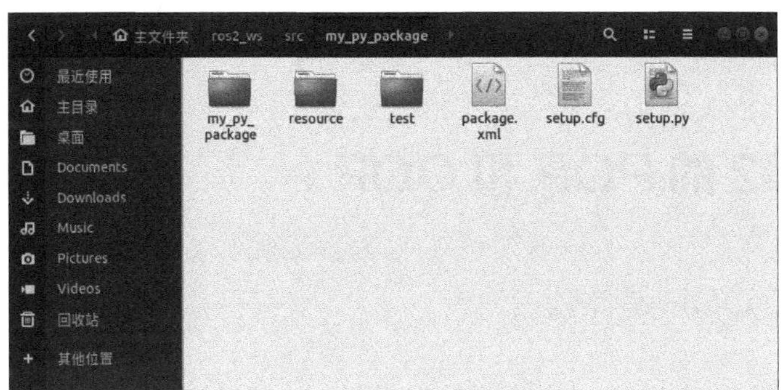

图 4-23 创建 Python 功能包效果图

4.5.3 编译功能包

在编译之前，需要在工作空间下面输入以下指令以预先解决工作依赖的问题，它可以帮助我们安装 package.xml 中写的环境依赖。若依赖满足，会显示“#All required rosdeps installed successfully”。

```
rosdep install -i --from-path src --rosdistro dashing -y
```

不管是用 Python 编程还是用 C++ 编程，我们使用 colcon 工具来编译，在工作空间下面，可以输入以下的指令来编译全部功能包：

```
colcon build
```

除此以外，可以选择自己想要编译的目标功能包。

```
colcon build --packages-select <package_name>
```

在编译结束以后，文件的目录如图 4-24 所示。

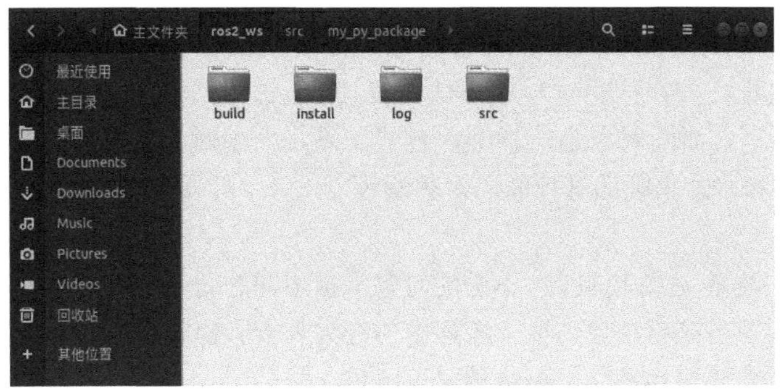

图 4-24 编译完功能包效果图

不难发现，编译结束以后，会多出 build、install、log 三个文件。可以通过以下指令来加载功能包进入终端：

```
. ~/ros2_ws/install/setup.bash
```

或者

```
source ~/ros2_ws/install/setup.bash
```

两个命令的效果是一样的。

与 ROS1 相同，也可以将对应的 source 语句添加进终端～ /.bashrc，这样每次打开终端的时候都会先执行 source 指令。

4.6 ROS2 的 POP 和 OOP

4.6.1 POP 和 OOP 是什么

POP 全称是 Procedure Oriented Programing，即面向过程的编程；OOP 全称是 Object Oriented Programming，即面向对象的编程。

（1）面向过程编程（POP）

面向过程编程是以功能为中心来进行思考和组织的一种编程方法，它强调的是功能（即系统的数据被加工和处理的过程），在程序设计中主要以函数或者过程为程序的基本组织方式，系统功能是由一组相关的过程和函数序列构成。从思维上来讲，面向过程更强调细节，忽视了整体性和边界性。典型代表是 C/C++ 的结构体。

优点：

① 流程化编程任务明确，在开发之前基本考虑了实现方式和最终结果。

② 开发效率高，代码短小精悍，善于结合数据结构来开发高效率的程序。

③ 流程明确，具体步骤清楚，便于节点分析。

缺点：

① 需要深入思考，耗费精力。

② 代码重用性低，不易扩展，维护起来难度大。

③ 对复杂业务，面向过程的模块化难度较高，耦合度比较高。

（2）面向对象编程（OOP）

面向对象编程以对象为中心，面向对象作为一种新型的程序设计方法，其是以对象模型为基础进行的抽象过程，并在应用过程中形成了描述自己的抽象概念定义，包括对象、类、封装、继承以及多态等。面向对象是一种编程范式，满足面向对象编程的语言，一般会提供类、封装、继承等语法和概念来辅助进行面向对象编程。

优点：

① 结构清晰，注重 对象和职责，不同的对象承担不同的职责。

② 封装性，将事务高度抽象，便于流程中的行为分析、操作。

③ 容易扩展，代码重用率高，可继承，可覆盖。

④ 实现简单，可有效地减少程序的维护工作量。

缺点：

① 面向对象在面向过程的基础上高度抽象，从而和代码底层的直接交互非常少，从而不适合底层开发和游戏开发，甚至是多媒体开发。

② 复杂性，对于事务开发而言，事务本身是面向过程的，过度的封装导致事务本身的复杂性提高。

4.6.2　POP 与 OOP 对比

基于 POP 的 ROS2：

```
#include "rclcpp/rclcpp.hpp"
int main(int argc, char **argv)
{
    rclcpp::init(argc, argv);
    /*产生一个 HERMIT 的节点 */
    auto node = std::make_shared<rclcpp::Node>("HERMIT");
    // 打印一句自我介绍
    RCLCPP_INFO(node->get_logger(), "这里是 HERMIT.");
    /* 运行节点，并检测退出信号 */
    rclcpp::spin(node);
    rclcpp::shutdown();
    return 0;
}
```

基于 OOP 的 ROS2：

```
#include "rclcpp/rclcpp.hpp"
/*
    创建一个类节点，名字叫做 HERMITNode，继承自 Node.
*/
class HERMITNode: public rclcpp::Node
{
public:
    // 构造函数，有一个参数为节点名称
    HERMITNode(std::string name) : Node(name)
    {
        // 打印一句自我介绍
        RCLCPP_INFO(this->get_logger(), "这里是 %s.",name.c_str());
    }
private:
};
int main(int argc, char **argv)
{
    rclcpp::init(argc, argv);
    /*产生一个 HERMIT 的节点 */
    auto node = std::make_shared<HERMITNode>("HERMIT");
    /* 运行节点，并检测退出信号 */
    rclcpp::spin(node);
    rclcpp::shutdown();
    return 0;
}
```

4.6.3　小结

POP 编程是以功能为中心来思考和组织程序，注重功能的实现，达到效果就可以了；而 OOP 注重封装，以对象为中心，强调整体性，代码整体变得更规范。我们可以发现，ROS 机器人系统虽然在 OOP 的开发下，代码量增加，但是在主类中所需要处理的任务更少了，这样可以将核心业务中的通用业务，比如日志记录、性能统计、安全控制、事务处理、异常处理等打在不同包中，不在核心业务中呈现。

4.7 发布者（Publisher）的编程与实现

发布者是通过 ROS2 通信的可执行进程。在讲述如何开始编程之前，请参照 4.4 节将 VSC 调试环境搭建完成，搭建过程不再赘述。

4.7.1 ROS2 发布者功能确定

前文演示过如何在 ROS2 的环境下面打开小海龟仿真节点，在这里将继续开发，讲述如何使用 C++ 及 Python 自动实现小海龟速度发布。

首先需要确定发布的话题名称是什么，可以运行：

```
ros2 run turtlesim turtlesim_node
```

此时桌面多出了一个小海龟的节点，如图 4-25 所示。

图 4-25 小海龟仿真程序节点图

然后查看发布话题的名称，新建一个终端并在终端输入：

```
ros2 topic list -t
```

输入结果如图 4-26 所示。

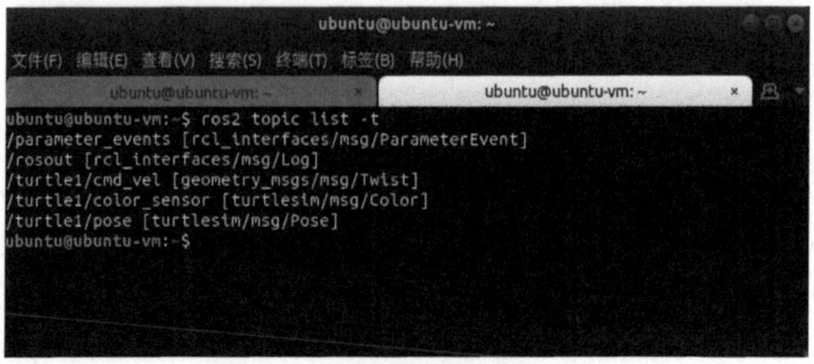

```
ubuntu@ubuntu-vm: ~
文件(F) 编辑(E) 查看(V) 搜索(S) 终端(T) 标签(B) 帮助(H)
ubuntu@ubuntu-vm: ~          ubuntu@ubuntu-vm: ~
ubuntu@ubuntu-vm:~$ ros2 topic list -t
/parameter_events [rcl_interfaces/msg/ParameterEvent]
/rosout [rcl_interfaces/msg/Log]
/turtle1/cmd_vel [geometry_msgs/msg/Twist]
/turtle1/color_sensor [turtlesim/msg/Color]
/turtle1/pose [turtlesim/msg/Pose]
ubuntu@ubuntu-vm:~$
```

图 4-26 节点名称及其对应信息

我们要发布的话题名称是 turtle1/cmd_vel，其对应的话题消息类型是 geometry_msgs/msg/Twist。我们需要记住以上信息，在写代码的时候会用到。

4.7.2 编写代码（C++ 实现）

首先，创建相应的工作空间。此步骤在前文已经提到，这里不再赘述。

首先进入工作空间的 src 目录下，使用 ros2 pkg 创建对应的功能包。

```
cd <workspace>/src
ros2 pkg create my_c_topic --build-type ament_cmake --node-name my_c_publisher_node
--dependencies  geometry_msgs std_msgs rclcpp
```

ros2 pkg create 后面跟的就是要创建的功能包的名称，--build-type 后面跟的是编写节点所用的语言，--node-name 表示节点的名称，--dependencies 表示依赖项，如果在创建功能包的时候没有添加所有依赖项，可以在 CMakeLists.txt 以及 package.xml 文件中补全。

创建完以后整个功能包的目录如下所示，其中 package.xml 用来提供有关包的一些常规信息，并指定需要哪些依赖项，CMakeLists.txt 用来规定编译规则，src 目录下用来放置节点代码，include/my_c_topic 目录下用于放置 include 文件。

```
.
├── CMakeLists.txt
├── include
│   └── my_c_topic
├── package.xml
└── src
    └── my_c_publisher_node.cpp
```

输入创建功能包代码以后，会在 src 里面看到 m_c_topic 的目录，进入目录并进入 src 文件夹下，会出现 my_c_publisher_node.cpp 文件。打开这个文件，并输入以下内容，代码解释参考注释内容：

```
// 包含头文件
#include <chrono>
#include "rclcpp/rclcpp.hpp"
#include "geometry_msgs/msg/twist.hpp"
using namespace std::chrono_literals;
// 发布速度的节点，需要继承 rclcpp::Node
class my_c_publisher_node : public rclcpp::Node
{
private:
    float vel_gain = 0; // 速度成员变量
    void vel_cb();      // 回调函数，用于发布消息
    // 构建速度发布者，其消息类型为 geometry_msgs::msg::Twist
    rclcpp::Publisher<geometry_msgs::msg::Twist>::SharedPtr vel_pub_;
    // 定时器创建
    rclcpp::TimerBase::SharedPtr timer_;
public:
    // 构造函数
    my_c_publisher_node();
};
// 创建构造函数的时候，需要为节点命名，在这里名称为 "vel_publilsher"，注意这个名字中不能有空格
my_c_publisher_node::my_c_publisher_node() : Node("vel_publisher")
{
```

```
    // 创建一个发布者，发布者发布的话题名称为"/turtle1/cmd_vel"
    vel_pub_ = this->create_publisher<geometry_msgs::msg::Twist>("/turtle1/cmd_vel", 10);
    // 创建一个定时器，周期 500ms，需要包含头文件 <chrono> 命名空间 std::chrono_literals
    timer_ = this->create_wall_timer(
        500ms, std::bind(&my_c_publisher_node::vel_cb, this)); // 创建一个定时器，每隔 500ms 发布
速度指令
}
void my_c_publisher_node::vel_cb()
{
    // 定义一个消息结构，用于存放期望速度
    auto data = geometry_msgs::msg::Twist();
    vel_gain += 0.1;
    // 为期望速度赋值
    data.angular.z = 1;
    data.linear.x = 2 + vel_gain;
    data.linear.y = 1;
    // 在终端发布消息
    RCLCPP_INFO(this->get_logger(), "Velocity command published!");
    vel_pub_->publish(data); // 将 data 里面的数据发布到"/turtle1/cmd_vel"话题下面
}
int main(int argc, char **argv)
{
    rclcpp::init(argc, argv);
    // 使用 rclcpp::spin 创建 my_c_publisher_node，进入自旋锁
    rclcpp::spin(std::make_shared<my_c_publisher_node>());
    rclcpp::shutdown();
    return 0;
}
```

因为在创建包的时候，我们选择了相关的依赖项参数，所以无需额外配置 CMakeLists.txt 以及 package.xml 里面的内容。在这里为了学习，着重看一下改动的内容。

CMakeLists.txt 改动内容如下所示：

```
# find dependencies
find_package(ament_cmake REQUIRED)
find_package(geometry_msgs REQUIRED)
find_package(std_msgs REQUIRED)
find_package(rclcpp REQUIRED)
add_executable(my_c_publisher_node src/my_c_publisher_node.cpp)
target_include_directories(my_c_publisher_node PUBLIC
    $<BUILD_INTERFACE:${CMAKE_CURRENT_SOURCE_DIR}/include>
    $<INSTALL_INTERFACE:include>)
ament_target_dependencies(
    my_c_publisher_node
    "geometry_msgs"
    "std_msgs"
    "rclcpp"
)
```

package.xml 新增内容如下所示：

```
    <depend>geometry_msgs</depend>
    <depend>std_msgs</depend>
    <depend>rclcpp</depend>
```

其作用是生成 my_c_publisher_node 可执行文件，并且添加 std_msgs、rclcpp、geometry_msgs 的依赖。当在原有功能包需要新增节点或者依赖项的时候，可以通过更改 CMakeLists.txt 文件与 package.xml 文件来完成改动。

4.7.3　编写代码（Python 实现）

在工作空间目录下，进入 src 文件，并打开终端输入：

```
ros2 pkg create my_py_topic --build-type ament_python --node-name my_py_publisher_node
--dependencies  geometry_msgs std_msgs rclpy
```

输入以后，会发现在 my_py_topic 目录下面，自动更新了一个 my_py_publisher_node 的文件，整个功能包的目录如下所示：

```
.
├── my_py_topic
│   ├── __init__.py
│   └── my_py_publisher_node.py
├── package.xml
├── resource
│   └── my_py_topic
├── setup.cfg
├── setup.py
└── test
    ├── test_copyright.py
    ├── test_flake8.py
    └── test_pep257.py
```

my_py_topic 存放了待编译和执行的文件，setup.py 的作用与 C++ 里面的 CMakeLists.txt 作用差不多，用来告诉编译工具我们需要安装什么，在哪里安装，如何链接依赖项等。package.xml 用于提供有关包的一些常规信息，并指定需要哪些依赖项。setup.cfg 用来告知脚本的安装位置。值得注意的是，_init_.py 这个文件需要保留，不允许改动。resource 目录下用于存放节点的源码。test 目录下面存放的文件用于测试代码。

```
import rclpy
from rclpy.node import Node
from geometry_msgs.msg import Twist
'''创建一个节点类'''
class my_py_publisher_node(Node):
      def __init__(self):
          # 初始化节点，节点名称是 vel_publisher，注意这里的节点名字中间不能带有空格
          super().__init__('vel_publisher')
          # 指定发布的话题名称，为 '/turtle1/cmd_vel'
          self.publisher_ = self.create_publisher(Twist, '/turtle1/cmd_vel', 10)
          # 定时器的间隔为 0.5s
          timer_period = 0.5  # seconds
          # 创建一个定时器，周期性进入回调函数，回调函数名称为 timer_callback
          self.timer = self.create_timer(timer_period, self.timer_callback)
          self.vel_gain = 0
      def timer_callback(self):
          # 定义一个 Twist 结构，用于存放期望速度
          data = Twist()
          # 输入期望速度
          self.vel_gain += 0.1
          data.angular.z = 1.
          data.linear.x = 2+self.vel_gain
          data.linear.y = 1.
          # 在终端发布消息
          self.get_logger().info('Velocity command published!')
          # 发布消息
```

```
            self.publisher_.publish(data)
def main(args=None):
        rclpy.init(args=args)
        # 创建发布者的实例
        my_py_publisher = my_py_publisher_node()
        # 进入自旋锁
        rclpy.spin(my_py_publisher)
        # Destroy the node explicitly
        # (optional - otherwise it will be done automatically
        # when the garbage collector destroys the node object)
        my_py_publisher.destroy_node()
        rclpy.shutdown()
if __name__ == '__main__':
        main()
```

package.xml 新增的内容如下所示：

```
    <depend>geometry_msgs</depend>
    <depend>std_msgs</depend>
    <depend>rclpy</depend>
    <test_depend>ament_copyright</test_depend>
    <test_depend>ament_flake8</test_depend>
    <test_depend>ament_pep257</test_depend>
    <test_depend>python3-pytest</test_depend>
```

4.7.4 编译代码

编译有两种方法，一种是直接在终端运行 colcon build 对代码进行编译，另一种是根据 VSC 搭建的编译指令按 Ctrl+Shift+B 编译（详见前文 4.4 节）。但是需要注意，如果切换不同的编译方式，需要在工作空间目录下面删除 build、install、log 文件，以免编译发生错误。

与 ROS1 不同的是，Python 程序在写完以后需要编译才能运行，但是不需要给对应 Python 文件一个可执行权限了。

4.7.5 运行代码

首先在终端输入以下指令，打开 turtlesim 节点。

```
ros2 run turtlesim turtlesim_node
```

然后新建一个终端，并输入以下指令打开速度控制节点：

C++：

```
source ros2_ws/install/setup.bash
ros2 run my_c_topic my_c_publisher_node
```

Python:

```
source ros2_ws/install/setup.bash
ros2 run my_py_topic my_py_publisher_node
```

运行的效果如图 4-27 所示。

可以新建终端使用 rqt_graph 指令来查看节点的结构。其结果如图 4-28 所示。

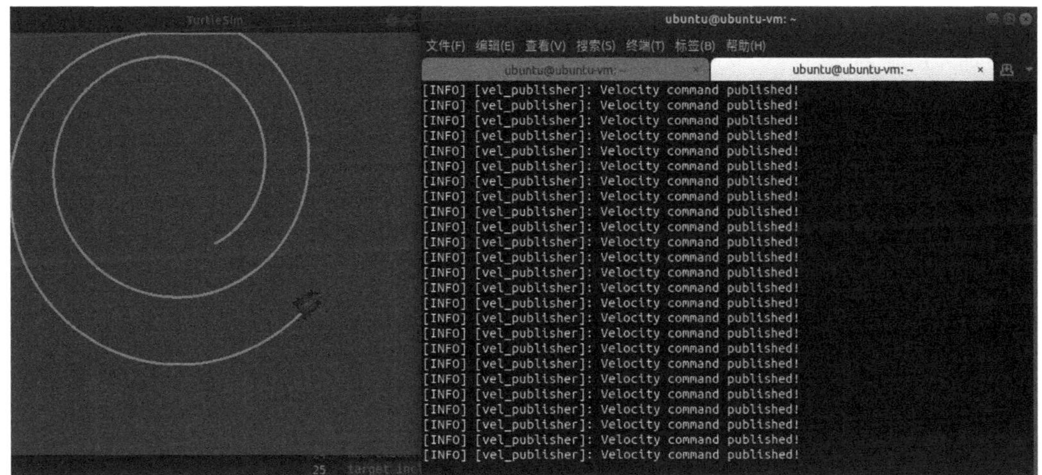

图 4-27　小海龟仿真效果图

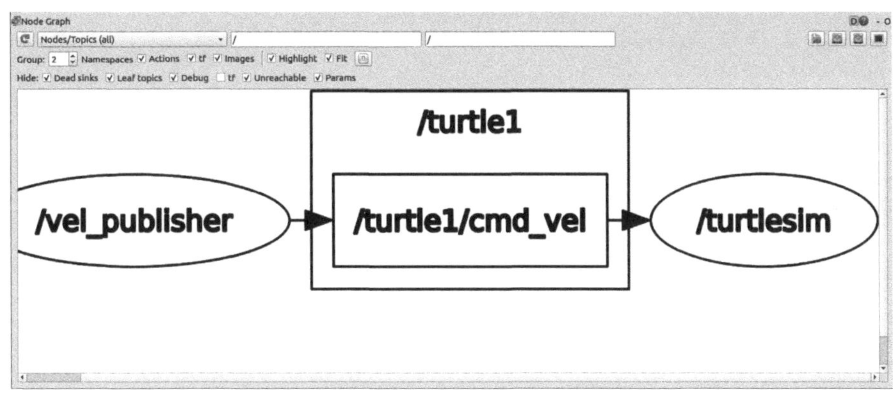

图 4-28　节点关系图

4.8　订阅者（Subscriber）的编程与实现

4.8.1　ROS2 订阅者功能确定

前文演示了如何运用发布者发布小海龟运行的期望速度，这里需要在这个基础上继续开发，讲述如何使用订阅者去订阅小海龟接收到的速度发布指令。

方法和前文发布者大致相同，需要先运行小海龟仿真节点，然后查看需要接收消息话题的名称并查看接收消息的类型。

我们要接收的话题名称是 turtle1/cmd_vel，其对应的话题消息类型是 geometry_msgs/msg/Twist。

4.8.2　编写代码（C++ 实现）

如果是第一次创建，需要使用 ros2 pkg create 指令，但是前文已经创建，只需要修改相应的 CMakeLists.txt 代码即可。

在 my_c_topic/CMakeLists.txt 中，找到前文已经编写好的 CMakeLists.txt 脚本，如下所示，这几行的作用是为发布者生成可执行文件。

```
add_executable(my_c_publisher_node src/my_c_publisher_node.cpp)
target_include_directories(my_c_publisher_node PUBLIC
    $<BUILD_INTERFACE:${CMAKE_CURRENT_SOURCE_DIR}/include>
    $<INSTALL_INTERFACE:include>)
ament_target_dependencies(
    my_c_publisher_node
    "geometry_msgs"
    "std_msgs"
    "rclcpp"
)
install(TARGETS my_c_publisher_node
    DESTINATION lib/${PROJECT_NAME})
```

我们需要用同样的方法为订阅者生成可执行文件，所以要在上述代码块下面继续添加以下代码，使 colcon build 生成相应的订阅者的可执行文件。

```
add_executable(my_c_subscriber_node src/my_c_subscriber_node.cpp)
target_include_directories(my_c_subscriber_node PUBLIC
    $<BUILD_INTERFACE:${CMAKE_CURRENT_SOURCE_DIR}/include>
    $<INSTALL_INTERFACE:include>)
ament_target_dependencies(
    my_c_subscriber_node
    "geometry_msgs"
    "std_msgs"
    "rclcpp"
)
install(TARGETS my_c_subscriber_node
    DESTINATION lib/${PROJECT_NAME})
```

同样，需要在 my_c_topic/src 目录下面添加 my_c_subscriber_node.cpp 文件，用于编写订阅者 C++ 的实现逻辑。

my_c_subscriber_node.cpp 代码如下所示，解释已经放在注释当中。

```
// 包含头文件
#include <memory>
#include "rclcpp/rclcpp.hpp"
#include "geometry_msgs/msg/twist.hpp"
using std::placeholders::_1;
// 订阅速度节点，需要继承 rclcpp::Node
class vel_Subscriber : public rclcpp::Node
{
public:
    // 构造函数
    vel_Subscriber();
private:
    // 回调函数
    void topic_callback(const geometry_msgs::msg::Twist::SharedPtr msg) const;
    // 私有变量，订阅者，用于订阅速度消息
    rclcpp::Subscription<geometry_msgs::msg::Twist>::SharedPtr subscription_;
};
// 构造函数，指定节点名称，订阅者订阅话题名称
vel_Subscriber::vel_Subscriber() : Node("velocity_subscriber")
{
    subscription_ = this->create_subscription<geometry_msgs::msg::Twist>(
        "turtle1/cmd_vel", 10, std::bind(&vel_Subscriber::topic_callback, this, _1));
};
// 回调函数，用于发布订阅到的消息
```

```
void vel_Subscriber::topic_callback(const geometry_msgs::msg::Twist::SharedPtr msg) const
{
    // 在终端打印订阅话题信息
    RCLCPP_INFO(this->get_logger(), "\r\n the speed of x is: '%f'\r\n the speed of y is: '%f'
\r\n the speed of angular z is: '%f'\r\n",
                msg->linear.x, msg->linear.y, msg->angular.z);
}
int main(int argc, char *argv[])
{
    rclcpp::init(argc, argv);
    // 使用 rclcpp::spin 创建 my_c_subscriber_node
    rclcpp::spin(std::make_shared<vel_Subscriber>());
    rclcpp::shutdown();
    return 0;
}
```

4.8.3 编写代码（Python 实现）

由于在前文中已经添加了 package.xml 中的依赖项，所以在写 Python 代码之前，只需改动 setup.py 即可，需要定义 entry_points，如下面所示：

```
entry_points={
          'console_scripts': [
              'my_py_publisher_node = my_py_topic.my_py_publisher_node:main',
              'my_py_subscriber_node = my_py_topic.my_py_subscriber_node:main'
          ],
```

my_py_subscriber.py 代码如下所示，解释已经放在了注释当中。

```
# 包含相应的头文件
import rclpy
from rclpy.node import Node
from geometry_msgs.msg import Twist
'''创建一个节点类'''
class VelSubscriber(Node):
      def __init__(self):
          # 节点初始化，规定速度订阅节点名称
          super().__init__('vel_subscriber')
          # 速度订阅者，确定速度订阅话题，队列长度为 10
          self.subscription = self.create_subscription(
              Twist,
              'turtle1/cmd_vel',
              self.listener_callback,
              10)
          self.subscription  # prevent unused variable warning
      # 回调函数
      def listener_callback(self, msg):
          self.get_logger().info(
              '\r\n the speed of x is: %f\r\n the speed of y is %f\r\n the speed of angular z
is %f\r\n' % (msg.linear.x, msg.linear.y, msg.angular.z))
def main(args=None):
      # 初始化节点
      rclpy.init(args=args)
      vel_subscriber = VelSubscriber()
      rclpy.spin(vel_subscriber)
      vel_subscriber.destroy_node()
      rclpy.shutdown()
# 主函数
if __name__ == '__main__':
      main()
```

4.8.4 编译代码

编译代码同样有两个选择，一个是通过 colcon_build 来编译，另一个是在 VSC 中编译，上一章节已经提过，在此不再赘述。编译完成以后字符提示如图 4-29 所示。

```
Summary: 4 packages finished [1.72s]
  2 packages had stderr output: my_py_package my_py_topic
```

图 4-29 编译完成代码提示

4.8.5 运行代码

首先在终端输入以下指令，打开 turtlesim 节点。

```
ros2 run turtlesim turtlesim_node
```

然后新建一个终端，并输入以下指令打开速度控制节点：

C++：

```
source ros2_ws/install/setup.bash
ros2 run my_c_topic my_c_publisher_node
```

Python:

```
source ros2_ws/install/setup.bash
ros2 run my_py_topic my_py_publisher_node
```

继续新建终端，并输入以下指令来接收数据：

C++：

```
source ros2_ws/install/setup.bash
ros2 run my_c_topic my_c_subscriber_node
```

Python：

```
source ros2_ws/install/setup.bash
ros2 run my_py_topic my_py_subscriber_node
```

运行的效果如图 4-30 所示。

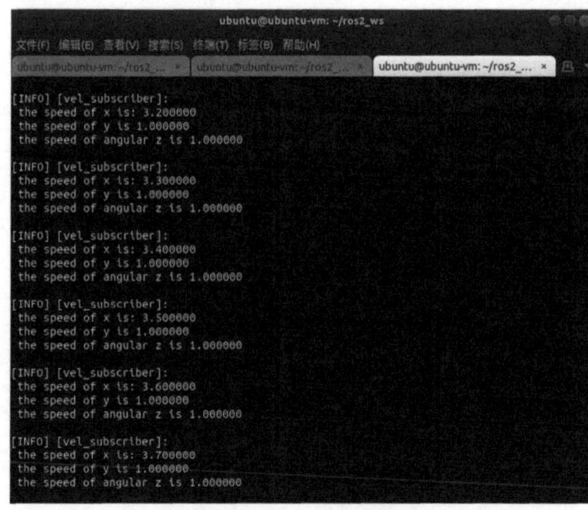

图 4-30 运行效果图

同样，也可以使用 rqt_graph 来查看节点。

新建一个终端并输入 rqt_graph，效果如图 4-31 所示。

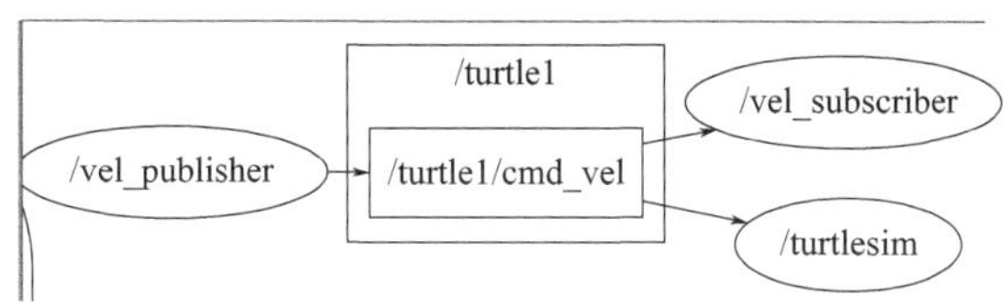

图 4-31 运行 rqt_graph 效果图

4.9 客户（Client）的编程与实现

当节点使用服务进行通信的时候，发送的数据请求节点被称为客户节点。与话题通信类似，请求以及响应的结构由一个 .srv 文件决定。服务不同于话题，它是基于 call-and-response（呼叫 - 回应）模型搭建的。

4.9.1 ROS2 服务的简单调用

通过终端输入以下命令，打开小海龟仿真。

```
ros2 run turtlesim turtlesim_node
```

新建一个终端，输入以下命令查看这个小海龟仿真中所包含的服务：

```
ros2 service list -t
```

输出的结果如图 4-32 所示。

图 4-32 服务列表及其类型

中括号里面的是服务对应的消息类型。下面将通过终端直接对海龟仿真器请求服务。

首先，需要查看一下服务 turtlesim/srv/Spawn 的结构是怎样的，在终端输入以下命令：

```
ros2 srv show turtlesim/srv/Spawn
```

命令结构如图 4-33 所示。

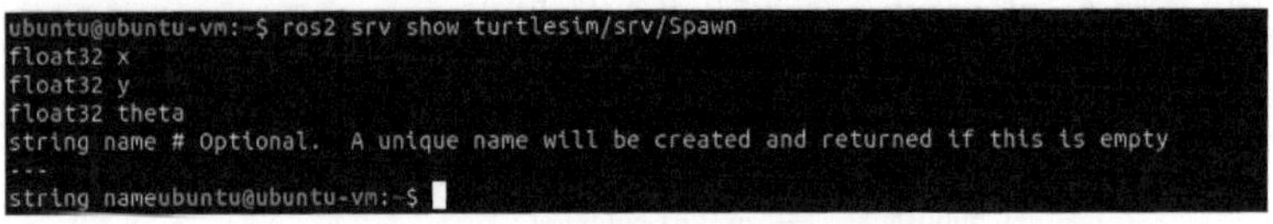

```
ubuntu@ubuntu-vm:~$ ros2 srv show turtlesim/srv/Spawn
float32 x
float32 y
float32 theta
string name # Optional.  A unique name will be created and returned if this is empty
---
string nameubuntu@ubuntu-vm:~$ 
```

图 4-33 turtlesim/srv/Spawn 结构

根据图 4-33 提供的服务结构，可以在新建的终端里面输入以下命令，用以生成一个海龟。请求数据中，x、y 表示海龟生成的坐标，theta 表示海龟生成的角度，name 表示海龟的名字。

```
ros2 service call /spawn turtlesim/srv/Spawn "{x: 2, y: 2, theta: 0, name: 'another_turtle'}"
```

命令遵循 ros2 service call <service_name> <service_type> <arguments> 的结构。

执行结束以后会发现终端在（2, 2）生成了一个名为“another_turtle”的小海龟，如图 4-34 所示。

图 4-34 调用服务以后小海龟生成示意图

与话题通信不同的是，一般来说，service 是客户端发送数据以后，服务端需要进行应答。

4.9.2 ROS2 客户功能确定

我们继续以小海龟的例子来讲解客户端是如何实现的。我们任务的目标是写一个客户端，使其每次执行的时候，都会调用一次服务，按照前面输入的数据生成一个海龟。

由上文可以找到，发布的服务名称是 /spawn，服务类型是 turtlesim/srv/Spawn。

4.9.3 编写代码（C++ 实现）

需要创建一个 C++ 功能包，新建一个终端，并输入以下命令，即工作空间的名称。

```
cd <workspace>/src
ros2 pkg create my_c_srvcli --build-type ament_cmake --node-name my_c_cli_node --dependencies
turtlesim std_msgs rclcpp
```

my_c_cli_node.cpp 代码如下所示，解释已经写在了注释里面。

```
#include "rclcpp/rclcpp.hpp"
#include "turtlesim/srv/spawn.hpp"
#include <chrono>
#include <cstdlib>
#include <memory>
using namespace std::chrono_literals;
int main(int argc, char **argv)
{
    // 初始化
    rclcpp::init(argc, argv);
    // 创建一个节点，名称叫 turtle_spawn_client
    std::shared_ptr<rclcpp::Node> node = rclcpp::Node::make_shared("turtle_spawn_client");
    // 创建一个客户端，订阅 /spawn 下的 srv
    rclcpp::Client<turtlesim::srv::Spawn>::SharedPtr client =
        node->create_client<turtlesim::srv::Spawn>("/spawn");
    // 创建一个请求，用来存放发出去的指令
    auto request = std::make_shared<turtlesim::srv::Spawn::Request>();
    // 给指令赋值，name 是海龟的名字，x 是小海龟生成的 x 轴，y 是小海龟生成的 y 轴
    request->name = "another_turtle";
    request->x = 2;
    request->y = 2;
    request->theta = 0;
    // 等待服务启动，若用户手动停止就报错，如果一直没有启动服务就每一秒循环一次
    while (!client->wait_for_service(1s))
    {
      if (!rclcpp::ok())
      {
        RCLCPP_ERROR(rclcpp::get_logger("rclcpp"), "Interrupted while waiting for the service.
Exiting.");
        return 0;
      }
      RCLCPP_INFO(rclcpp::get_logger("rclcpp"), "service not available, waiting again...");
    }
    // 异步发送请求
    auto result = client->async_send_request(request);
    // 如果服务端在运行客户端节点以后生成，就等待服务完成
    if (rclcpp::spin_until_future_complete(node, result) ==
        rclcpp::executor::FutureReturnCode::SUCCESS)
    {
      // 打印回复结果
      RCLCPP_INFO(rclcpp::get_logger("rclcpp"), "the new turtle's name is: %s", request.get()-
>name.c_str());
    }
    else
    {
      RCLCPP_ERROR(rclcpp::get_logger("rclcpp"), "Service call failed");
    }
    // 关闭节点
    rclcpp::shutdown();
    return 0;
}
```

CMakeLists.txt 添加的内容如下所示：

```
add_executable(my_c_cli_node src/my_c_cli_node.cpp)
target_include_directories(my_c_cli_node PUBLIC
    $<BUILD_INTERFACE:${CMAKE_CURRENT_SOURCE_DIR}/include>
```

```
    $<INSTALL_INTERFACE:include>)
ament_target_dependencies(
    my_c_cli_node
    "turtlesim"
    "std_msgs"
    "rclcpp"
)
install(TARGETS my_c_cli_node
    DESTINATION lib/${PROJECT_NAME})
```

package.xml 新增的内容如下所示：

```
    <depend>turtlesim</depend>
    <depend>std_msgs</depend>
    <depend>rclcpp</depend>
```

4.9.4 编写代码（Python 实现）

同样，需要创建一个 Python 功能包。

```
cd <workspace>/src
ros2 pkg create my_py_srvcli --build-type ament_python --node-name my_py_cli_node --dependencies
turtlesim std_msgs rclcpp
```

my_py_cli_node.py 代码如下所示，解释已经写在了注释里面。

```
from turtlesim.srv import Spawn
import rclpy
from rclpy.node import Node
# 继承 Node 类
class Turtle_client(Node):
      def __init__(self):
          # 给节点命名为 turtle_spawn_client
          super().__init__('turtle_spawn_client')
          # 创建一个客户端订阅 /spawn 下的 srv
          self.cli = self.create_client(Spawn, '/spawn')
          # 每一秒进行一次判断，等待服务端
          while not self.cli.wait_for_service(timeout_sec=1.0):
              self.get_logger().info('service not available, waiting again...')
          # 创建一个请求，用来存放发出去的指令
          self.req = Spawn.Request()
      def send_request(self):
          # 给指令赋值，name 是海龟的名字，x 是小海龟生成的 x 轴，y 是小海龟生成的 y 轴
          self.req.name = "another_turtle"
          self.req.x = 2.0
          self.req.y = 2.0
          self.req.theta = 0.0
          self.future = self.cli.call_async(self.req)
def main(args=None):
      # 初始化节点
      rclpy.init(args=args)
      # 创建一个客户类
      client = Turtle_client()
      # 发送请求
      client.send_request()
      # 循环
      while rclpy.ok():
          rclpy.spin_once(client)
          # 如果服务端在运行客户端节点以后生成
```

```
            if client.future.done():
                try:
                    response = client.future.result()
                # 如果发生了错误
                except Exception as e:
                    client.get_logger().info(
                        'Service call failed')
                else:
                    # 打印回复结果
                    client.get_logger().info(
                        'the new turtle name is %s' %
                        response.name)
                break
        # 消除
        client.destroy_node()
        # 关闭节点
        rclpy.shutdown()
if __name__ == '__main__':
        main()
```

setup.py 新添加的内容如下所示：

```
'console_scripts': [
                'my_py_cli_node = my_py_srvcli.my_py_cli_node:main'
        ],
```

package.xml 新增的内容如下所示：

```
      <depend>turtlesim</depend>
    <depend>std_msgs</depend>
    <depend>rclcpp</depend>
```

4.9.5　运行代码

编译代码与上一小节相同，在此不再赘述。

运行代码需要开启小海龟仿真节点，再新建一个终端并输入以下内容：

```
source <workspace>/install/setup.bash
ros2 run my_py_srvcli my_py_cli_node
```

运行代码结果如图 4-35 所示。

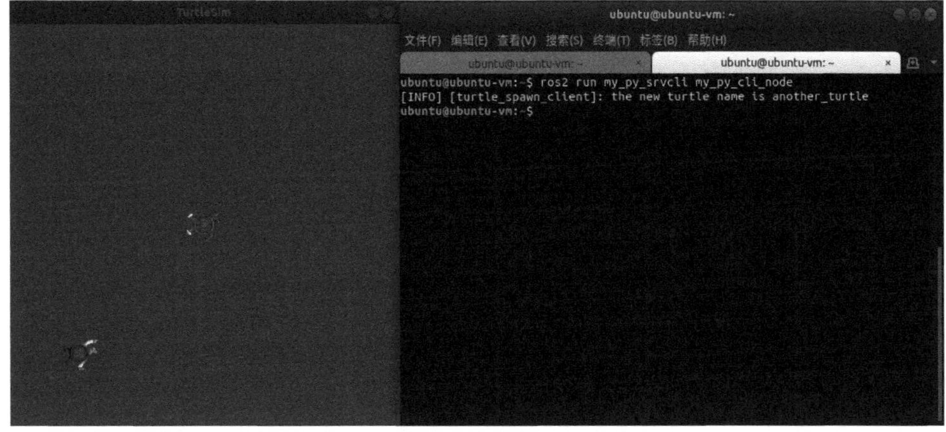

图 4-35　运行代码结果示意图

4.10 服务（Service）的编程与实现

4.10.1 ROS2 服务任务确定

如前所述，当开启小海龟仿真的时候，服务会随着仿真的开启打开。可以使用 ros2 service list 或者 ros2 service list -t 来查看服务列表。同样，也可以直接在终端用 ros2 service call 来调用服务。

此小节的任务是，建立一个类型为 trigger 的服务，每当用户在终端使用 ros2 service call 调用服务的时候，小海龟能以更快的速率画一个更大的圈，并在终端打印加速的信息。

通过任务描述，我们知道需要建立一个发布者，发布小海龟速度的话题，所以需要包含头文件 geometry_msgs。此外，还需要建立一个 trigger 类型的服务，包含头文件 std_srvs。

4.10.2 编写代码（C++ 实现）

需要在 my_c_srvcli/crc 文件下面新增加一个 cpp 文件，其名为 my_c_srv_node.cpp。

由于在前面已经创建了相应的功能包，所以只需要在 my_c_srvcli 功能包下面补充对服务节点的编译规则即可。

以下是对 CMakeLists.txt 文件的补充：

① 在 find_package 下面补充 geometry_msgs。

② 在 install 后面补充。

补充后的相关部分如下所示：

```
# find dependencies
find_package(ament_cmake REQUIRED)
find_package(turtlesim REQUIRED)
find_package(std_msgs REQUIRED)
find_package(std_srvs REQUIRED)
find_package(rclcpp REQUIRED)
find_package(geometry_msgs REQUIRED)
add_executable(my_c_cli_node src/my_c_cli_node.cpp)
target_include_directories(my_c_cli_node PUBLIC
    $<BUILD_INTERFACE:${CMAKE_CURRENT_SOURCE_DIR}/include>
    $<INSTALL_INTERFACE:include>)
ament_target_dependencies(
    my_c_cli_node
    "turtlesim"
    "std_msgs"
    "rclcpp"
)
install(TARGETS my_c_cli_node
    DESTINATION lib/${PROJECT_NAME})
    add_executable(my_c_srv_node src/my_c_srv_node.cpp)
    target_include_directories(my_c_srv_node PUBLIC
      $<BUILD_INTERFACE:${CMAKE_CURRENT_SOURCE_DIR}/include>
      $<INSTALL_INTERFACE:include>)
    ament_target_dependencies(
      my_c_srv_node
      "turtlesim"
```

```
        "std_msgs"
        "rclcpp"
        "geometry_msgs"
        "std_srvs"
    )

install(TARGETS my_c_srv_node
    DESTINATION lib/${PROJECT_NAME})
```

此外，还需要在 package.xml 中新增对 geometry_msgs 的依赖，补充后的相关部分如下所示：

```
    <depend>turtlesim</depend>
    <depend>std_msgs</depend>
    <depend>std_srvs</depend>
    <depend>geometry_msgs</depend>
    <depend>rclcpp</depend>
```

my_c_srv_node 代码如下所示，解释已经写在了注释里面。不难发现，无论是发布者还是服务或定时器，都需要两个函数来完成，一个用于创建相应功能，另一个是回调函数。

```
// 头文件
#include "rclcpp/rclcpp.hpp"
#include "std_srvs/srv/trigger.hpp"
#include "geometry_msgs/msg/twist.hpp"
#include <chrono>
// 用于定时器
using namespace std::chrono_literals;
// 继承自 node
class my_c_srv_node : public rclcpp::Node
{
private:
      double _speed = 0;
      geometry_msgs::msg::Twist _data = geometry_msgs::msg::Twist();
      // 速度指令的发布者
      rclcpp::Publisher<geometry_msgs::msg::Twist>::SharedPtr vel_pub_;
      // 服务
      rclcpp::Service<std_srvs::srv::Trigger>::SharedPtr vel_ser_;
      // 服务的回调函数
      void server_cb(const std::shared_ptr<std_srvs::srv::Trigger::Request> request,
                     std::shared_ptr<std_srvs::srv::Trigger::Response> response);
      // 定时器的回调函数
      void timer_cb(void);
      // 定时器
      rclcpp::TimerBase::SharedPtr timer_;
public:
      // 构造函数
      my_c_srv_node();
};
// 服务的回调函数
void my_c_srv_node::server_cb(const std::shared_ptr<std_srvs::srv::Trigger::Request> request,
                              std::shared_ptr<std_srvs::srv::Trigger::Response> response)
{
      // 设置海龟 x 轴线速度 +0.5
      _speed += 0.5;
      _data.angular.z = 1;
      _data.linear.x = _speed;
      // 打印更新后的速度
      RCLCPP_INFO(this->get_logger(), "The speed of the turtle was updated!\r\nThe speed of x
is %f", _speed);
}
```

```
my_c_srv_node::my_c_srv_node() : Node("my_server")
{
    // 创建一个发布者，发布者发布的话题名称为 "/turtle1/cmd_vel"，队列长度为 10
    vel_pub_ = this->create_publisher<geometry_msgs::msg::Twist>("/turtle1/cmd_vel", 10);
    // 创建一个服务，服务话题是 speed_up，回调函数是 server_cb，消息类型是 std_srvs::srv::Trigger
    vel_ser_ = this->create_service<std_srvs::srv::Trigger>("speed_up",
                                                          std::bind(&my_c_srv_
node::server_cb, this, std::placeholders::_1, std::placeholders::_2));
    // 创建一个定时器，每隔一段时间就调用一次回调函数
    timer_ = this->create_wall_timer(500ms, std::bind(&my_c_srv_node::timer_cb, this));
    // 打印初始化完成信息
    RCLCPP_INFO(this->get_logger(), "The server is ready!");
}
// 定时器的回调函数
void my_c_srv_node::timer_cb(void)
{
    // 每隔一段时间就发布一次速度控制指令
    vel_pub_->publish(_data);
}
int main(int argc, char const **argv)
{
    // 初始化节点
    rclcpp::init(argc, argv);
    // 使用 rclcpp::spin 创建 my_c_srv_node，进入自旋锁
    rclcpp::spin(std::make_shared<my_c_srv_node>());
    rclcpp::shutdown();
    return 0;
}
```

4.10.3 编写代码（Python 实现）

需要在 my_py_srvcli/my_py_srvcli 文件下面新增加一个 cpp 文件，其名为 my_py_srv_node.py。package.xml 改动的内容如下所示：

```
<depend>turtlesim</depend>
<depend>std_msgs</depend>
<depend>rclcpp</depend>
<depend>std_srvs</depend>
<depend>geometry_msgs</depend>
```

setup.py 新添加的内容如下所示：

```
entry_points={
        'console_scripts': [
            'my_py_cli_node = my_py_srvcli.my_py_cli_node:main',
            'my_py_srv_node = my_py_srvcli.my_py_srv_node:main'
        ],
```

my_py_srv_node.py 的代码如下所示，解释已经写在了注释里面。

```
# 包含头文件
import rclpy
from rclpy.node import Node
from std_srvs.srv import Trigger
from geometry_msgs.msg import Twist
'''创建一个节点类'''
class my_py_srv_node(Node):
    def __init__(self):
```

```
        # 初始化节点，节点名称是 my_server
        super().__init__('my_server')
        # 指定发布的话题名称，为 '/turtle1/cmd_vel'
        self.publisher_ = self.create_publisher(Twist, '/turtle1/cmd_vel', 10)
        # 定时器的间隔定为 0.5s
        timer_period = 0.5
        # 创建一个定时器，周期性进入回调函数，回调函数名称是 timer_callback
        self.timer = self.create_timer(timer_period, self.timer_callback)
        # 创建一个服务，回调函数是 server_cb，消息类型是 Trigger
        self.srv = self.create_service(Trigger, 'speed_up', self.srv_cb)
        # 创建一个 Twist() 类，用于存放发布的数据
        self.data = Twist()
        self.speed = 0
        # 打印初始化完成信息
        self.get_logger().info('The server is ready!')
    # 定时器的回调函数
    def timer_callback(self):
        # 每隔一段时间就发布一次速度指令
        self.publisher_.publish(self.data)
    # 服务回调函数
    def srv_cb(self, request, response):
        # 设置海龟 x 轴线速度 +0.5
        self.data.angular.z = 1.0
        self.speed += 0.5
        self.data.linear.x = self.speed
        # 打印更新后的速度
        self.get_logger().info(
            'The speed of the turtle was updated!\r\nThe speed of x is %f' % self.speed)
        return response
def main(args=None):
    # 初始化节点
    rclpy.init(args=args)
    my_py_srv = my_py_srv_node()
    rclpy.spin(my_py_srv)
    # Destroy the node explicitly
    # (optional - otherwise it will be done automatically
    # when the garbage collector destroys the node object)
    my_py_srv.destroy_node()
    rclpy.shutdown()
if __name__ == '__main__':
    main()
```

4.10.4　运行代码

编译部分与前文相同，在此不再赘述。

第一步，打开小海龟节点，然后新建一个终端输入以下内容：

```
source <workspace>/install/setup.bash
ros2 run my_py_srvcli my_py_srv_node
```

继续新建终端，输入以下内容，使用终端命令启用服务。可以多次调用这个服务，每调用一次小海龟移动的速度会更快，画圈的半径也会更大。

```
ros2 service call /speed_up std_srvs/srv/Trigger
```

运行代码结果如图 4-36 所示。

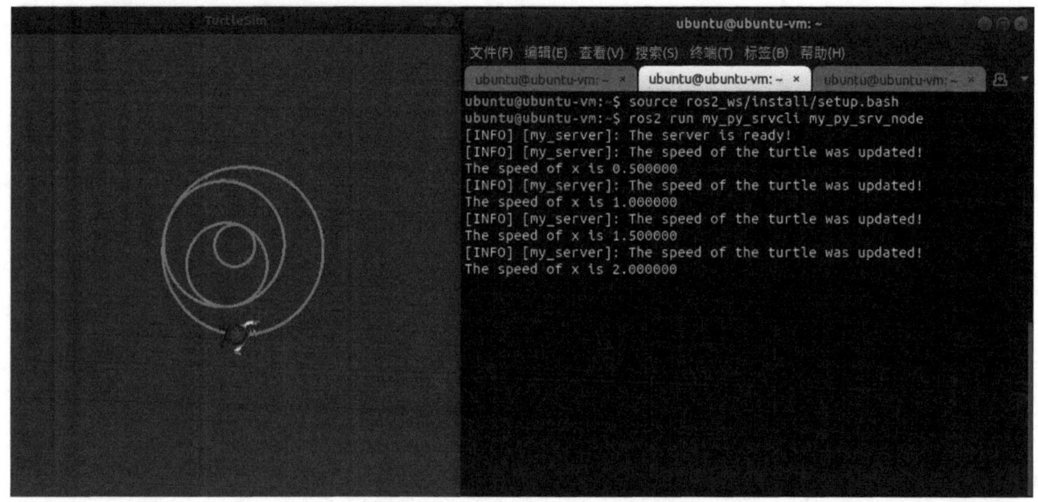

图 4-36　运行代码结果示意图

4.11　自定义 msg 以及 srv

4.11.1　自定义 msg 以及 srv 的意义

无论是话题还是服务，都离不开 srv、msg 文件。而官方提供的这些文件是有限的，虽然避免重复造轮子，是一个良好的习惯，但是在平时使用中这些“轮子”并不能满足所有的需求，所以需要自定义 msg 以及 srv 文件。

4.11.2　创建自己的 msg、srv 文件

首先创建一个 ROS2 的工作空间，创建工作空间的部分请参考前文。创建完工作空间以后，需要创造一个功能包，注意这个功能包是用 ament_cmake 创建的。新建一个终端，在命令行输入以下内容：

```
cd <workspace>/src
ros2 pkg create my_msgsrv --build-type ament_cmake
```

进入刚刚使用 ament_cmake 创建的目录，存放 srv 以及 msg 文件。

```
cd <workspace>/src/my_msgsrv
rm -rf src
rm -rf include
mkdir srv
mkdir msg
```

可以在 msg 文件下面创建一个 MyMsg.msg 文件，MyMsg.msg 文件内容如下所示。int64 表示自定义的数字是 64 位整型数字。

```
int64 num
```

同样，可以在 srv 文件下面创建一个 MySrv.srv 文件，MySrv.srv 文件内容如下所示。a 和 b 表示服务请求的数据，请求数据是两个 64 位整型数字。rsp 表示应答数据，应答数据是一个 string 类型数据。

```
int64 a
int64 b
---
string rsp
```

接下来需要在 CMakeLists.txt 里面添加相关的依赖项，使相应的 msg 以及 srv 文件编译成为 Python 以及 C++ 程序能够看懂的文件。

```
find_package(rosidl_default_generators REQUIRED)
rosidl_generate_interfaces(${PROJECT_NAME}
    "msg/MyMsg.msg"
    "srv/MySrv.srv"
)
ament_export_dependencies(rosidl_default_runtime)
```

除此以外，还需要在 package.xml 添加 rosidl_default_generators 的编译依赖以及 rosidl_default_runtime 的运行依赖。

```
    <build_depend>rosidl_default_generators</build_depend>
  <exec_depend>rosidl_default_runtime</exec_depend>
  <member_of_group>rosidl_interface_packages</member_of_group>
```

在创建一个可以使用的 msg 文件之前，需编译它。ROS2 的编译系统会创建 Python/C++ 消息的源码，所以可以在对应的 cpp、python 文件中使用。

使用 colcon build 编译刚刚写的文件：

```
cd <workspace>
colcon build
```

4.11.3 在其他功能包里引用

在其他功能包里要用到刚刚编译的消息，服务文件，需要在其 CMakeLists.txt 以及 package.xml 文件里做出不同的改动。

如果功能包是用 Python 写的：

① 在 package.xml 里面加入 <depend>my_msgsrv</depend> 命令。

② 在代码里面需要包含 from my_msgsrv.msg import MyMsg 引用消息的头文件，或者是 from my_msgsrv.srv import MySrv 引用服务的头文件。

如果功能包是用 C++ 写的：

① 在 package.xml 里面加入 <depend>my_msgsrv </depend> 命令。

② 在 CMakeLists.txt 里面加入 find_package（my_msgsrv REQUIRED）指令，并在 ament_target_dependencies 中加入“my_msgsrv”。

③ 在代码里面需要加入 #include“my_msgsrv/msg/MyMsg.hpp”以引用消息头文件，或者是加入 #include“my_msgsrv/srv/MySrv.hpp”以引用服务头文件。

4.12 ROS2 参数（Parameter）

4.12.1 参数是什么

参数是对一个节点的具体配置，ROS2 为了避免重复造轮子，将很多程序以及功能包进行了去耦合化处理。但是在实际使用中可能需要结合实际情况调整节点的参数，若直接对程序进行修改以及编译，虽然可以达到调整的效果，但是步骤烦琐容易出错，而且效率很低。所以就要引入参数的概念，使得程序在运行的同时参数可以直接被加载，甚至可以动态调参。

节点的参数是多种多样的，可以是浮点型（float），也可以是整型（int）、布尔型（bool）、字符串型（string），通过这些参数可以调整节点的特性。

4.12.2 任务确定

参考编写发布者这一小节，将小海龟行走的速度作为节点参数，输入速度为浮点类型的参数，小海龟可以通过命令行改变启动参数，每隔一段时间根据参数更新一次行驶的速度。

4.12.3 程序编写（C++）

与前文相同，第一步到目录下面，使用 ros2 pkg 创建功能包。

```
cd <workspace>/src
ros2 pkg create my_c_param --build-type ament_cmake --node-name my_c_publisher_node
--dependencies  geometry_msgs std_msgs rclcpp
```

然后在功能包中，找到 my_c_param.cpp 文件，写入以下代码，代码注释已经写在代码中。

```
// 包含头文件
#include <chrono>
#include "rclcpp/rclcpp.hpp"
#include "geometry_msgs/msg/twist.hpp"
using namespace std::chrono_literals;
// 发布速度的节点，需要继承 rclcpp::Node
class my_c_publisher_node : public rclcpp::Node
{
private:
    float vel_ = 0;  // 速度成员变量
    void vel_cb();   // 回调函数，用于发布消息
    void param_cb(); // 回调函数，处理参数
    // 构建速度发布者，其消息类型为 geometry_msgs::msg::Twist
    rclcpp::Publisher<geometry_msgs::msg::Twist>::SharedPtr vel_pub_;
    // 定时器创建
    rclcpp::TimerBase::SharedPtr timer_;
    rclcpp::TimerBase::SharedPtr param_timer_;
public:
    // 构造函数
    my_c_publisher_node();
};
// 创建构造函数的时候，需要为节点命名，在这里名称为 "vel_publilsher"，注意这个名字中不能有空格
```

```
my_c_publisher_node::my_c_publisher_node() : Node("vel_publisher")
{
    // 声明一个速度的参数，初始速度为1
    this->declare_parameter<float>("speed", 1.0);
    // 创建一个发布者，发布者发布的话题名称为"/turtle1/cmd_vel"
    vel_pub_ = this->create_publisher<geometry_msgs::msg::Twist>("/turtle1/cmd_vel", 10);
    // 创建一个定时器，周期500ms，需要包含头文件<chrono>命名空间std::chrono_literals
    timer_ = this->create_wall_timer(
        500ms, std::bind(&my_c_publisher_node::vel_cb, this)); // 创建一个定时器，每隔500ms发布
速度指令
    // 创建一个定时器，周期500ms，需要包含头文件<chrono>命名空间std::chrono_literals
    param_timer_ = this->create_wall_timer(
        1000ms, std::bind(&my_c_publisher_node::param_cb, this));
}
void my_c_publisher_node::vel_cb()
{
    // 定义一个消息结构，用于存放期望速度
    auto data = geometry_msgs::msg::Twist();
    // 为期望速度赋值
    data.angular.z = 1;
    data.linear.x = vel_;
    // 在终端发布消息
    // RCLCPP_INFO(this->get_logger(), "Velocity command published!");
    vel_pub_->publish(data); // 将data里面的数据发布到"/turtle1/cmd_vel"话题下面
}
void my_c_publisher_node::param_cb()
{
    this->get_parameter("speed", vel_);
    RCLCPP_INFO(this->get_logger(), "the velocity is %f", vel_);
}
int main(int argc, char **argv)
{
    rclcpp::init(argc, argv);
    // 使用rclcpp::spin创建my_c_publisher_node，进入自旋锁
    rclcpp::spin(std::make_shared<my_c_publisher_node>());
    rclcpp::shutdown();
    return 0;
}
```

4.12.4 程序编写（Python）

与前文相同，第一步到目录下面，使用ros2 pkg创建功能包。

```
cd <workspace>/src
ros2 pkg create my_py_param --build-type ament_python --node-name my_py_publisher_node
--dependencies  geometry_msgs std_msgs rclpy
```

然后在功能包中，找到my_py_publisher_node.py文件，写入以下代码，代码注释已经写在代码中。

```
import rclpy
from rclpy.node import Node
from geometry_msgs.msg import Twist
'''创建一个节点类'''
class my_py_publisher_node(Node):
      def __init__(self):
          # 初始化节点，节点名称是vel_publisher，注意这里的节点名字中间不能带有空格
          super().__init__('vel_publisher')
```

```
        # 指定发布的话题名称，为 '/turtle1/cmd_vel'
        self.publisher_ = self.create_publisher(Twist, '/turtle1/cmd_vel', 10)
        # 创建参数，初始化值为 1
        self.declare_parameter('speed', 1.0)
        # 定时器的间隔为 0.5s
        timer_period = 0.5  # seconds
        timer_period_2 = 1
        # 创建一个定时器，周期性进入回调函数，回调函数名称为 timer_callback
        self.timer = self.create_timer(timer_period, self.timer_callback)
        self.timer_2 = self.create_timer(timer_period_2, self.timer2_callback)
        self.vel_ = 0
    def timer_callback(self):
        # 定义一个 Twist 结构，用于存放期望速度
        data = Twist()
        # 输入期望速度
        data.linear.x = float(self.vel_)
        data.angular.z = 1.0
        # 在终端发布消息
        # self.get_logger().info('Velocity command published!')
        # 发布消息
        self.publisher_.publish(data)
    def timer2_callback(self):
        self.vel_ = self.get_parameter(
            'speed').get_parameter_value().double_value
        self.get_logger().info("the velocity is %f" % self.vel_)
def main(args=None):
    rclpy.init(args=args)
    # 创建发布者的实例
    my_py_publisher = my_py_publisher_node()
    # 进入自旋锁
    rclpy.spin(my_py_publisher)
    # Destroy the node explicitly
    # (optional - otherwise it will be done automatically
    # when the garbage collector destroys the node object)
    my_py_publisher.destroy_node()
    rclpy.shutdown()
if __name__ == '__main__':
    main()
```

4.12.5 编译并运行代码

编译代码部分参考前文，在此不再赘述。

首先在终端输入以下指令，打开 turtlesim 节点。

```
ros2 run turtlesim turtlesim_node
```

然后新建一个终端，并输入以下指令打开速度控制节点：

C++：

```
source ros2_ws/install/setup.bash
ros2 run my_c_param my_c_param_node
```

Python:

```
source ros2_ws/install/setup.bash
ros2 run my_py_param my_py_publisher_node
```

运行以后，可以通过前文的 ros2 param set <node name> <param name> 来设置小海龟的速度，效果如图 4-37 所示。

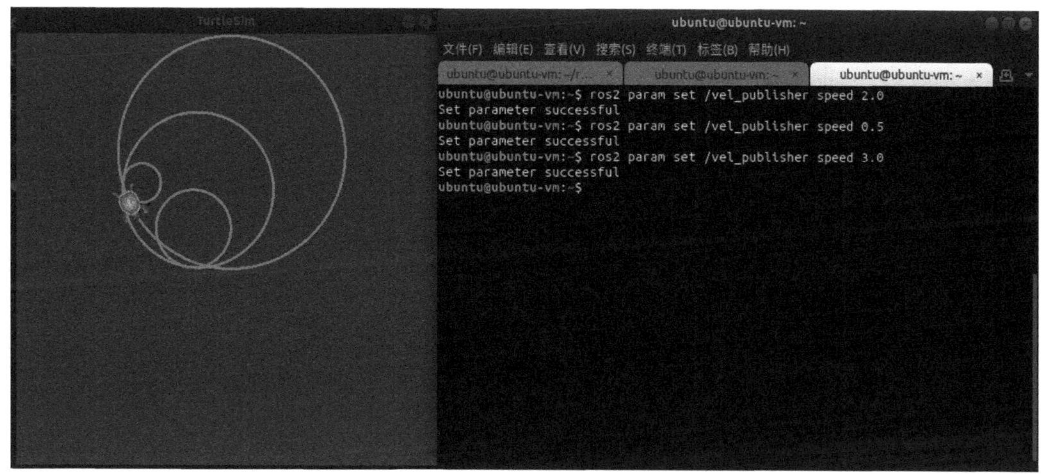

图 4-37　小海龟仿真效果图

4.13　ROS2 如何一键启动多个脚本

与 ROS1 相同，ROS2 也支持一键启动多个脚本的命令。

4.13.1　ROS2 的 launch 系统

创建一个文件夹，其名字为 launch。

```
mkdir launch
```

继续创建一个 turtlesim_mimic_launch.py 文件，并在文件里写入以下内容来启用官方示例节点，注释已经写在代码中。

```
# 包含相关头文件
from launch import LaunchDescription
from launch_ros.actions import Node
# def generate_launch_description():
#     return LaunchDescription([
#     ])
# 这个部分是 Launch 文件的标准格式
def generate_launch_description():
      return LaunchDescription([
                  # package 表示功能包
                  # name_space 表示节点的命名空间，唯一的命名空间可以让一个节点启动两次，而不会发生节点名称以及命名冲突
                  # node_excutable 是可执行文件节点，是唯一的
                  # node_name 表示节点最终的名称，是可以自定义的
          Node(
              package='turtlesim',
              node_namespace='turtlesim1',
              node_executable='turtlesim_node',
              node_name='sim'
          ),
          Node(
              package='turtlesim',
```

```
            node_namespace='turtlesim2',
            node_executable='turtlesim_node',
            node_name='sim'
        ),
                # 节点 mimic 的 "/input/pose" 话题重映射成了 "/turtlesim1/turtle1/pose" 话题
                # 与此同时 "/output/cmd_vel" 话题重映射成了 "/turtlesim2/turtle1/cmd/vel" 话题
                # 这样做的目的是让小海龟 2 模仿小海龟 1 的动作
        Node(
            package='turtlesim',
            node_executable='mimic',
            node_name='mimic',
            remappings=[
                ('/input/pose', '/turtlesim1/turtle1/pose'),
                ('/output/cmd_vel', '/turtlesim2/turtle1/cmd_vel'),
            ]
        )
    ])
```

注意，node_name 是 ROS2 版本为 dashing 的书写方法，若 ROS2 版本往后更新，node_name 可能会有不同变化。

到存放 python 文件的目录下面，使用 ros2 launch <launch file name> 命令开启 launch 文件，结果如图 4-38 所示。

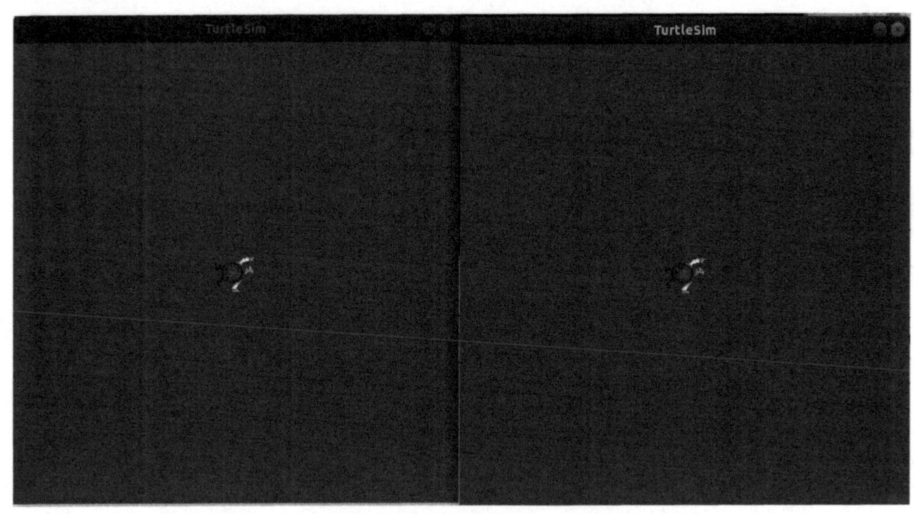

图 4-38　示例文件运行效果

rqt_graph 显示的图像如图 4-39 所示，可以发现，mimic 节点订阅小海龟的位置数据，并发布相应的速度数据给小海龟 2，以达到模仿小海龟运动的效果。

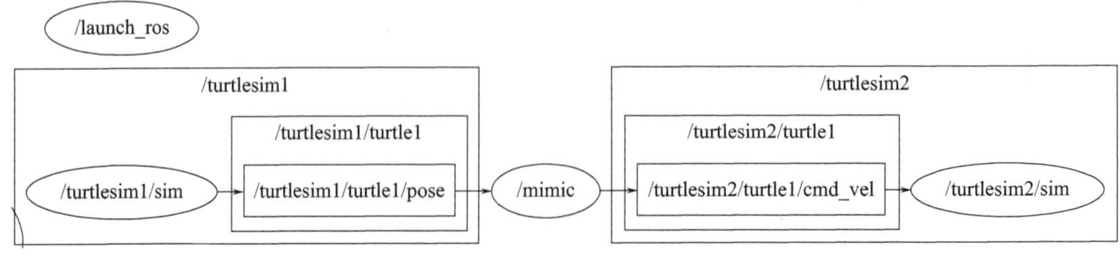

图 4-39　示例文件节点关系图

新建一个终端，并在终端输入，可以发现两个海龟同时动了起来，效果如图 4-40 所示。

```
ros2 topic pub -r 1 /turtlesim1/turtle1/cmd_vel geometry_msgs/msg/Twist "{linear: {x: 2.0, y:
0.0, z: 0.0}, angular: {x: 0.0, y: 0.0, z: -1.8}}"
```

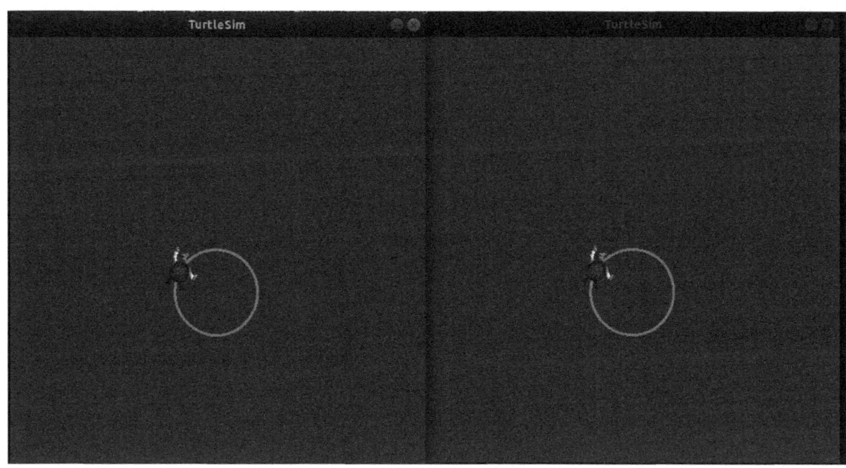

图 4-40　发布速度数据效果图

4.13.2　在自己的功能包中添加 launch 文件（C++）

以前文创建的 my_c_topic 为例，创建一个 launch 文件，使小海龟仿真能够一键启动。

对于 C++ 的程序包，目录应如下所示：

```
src/
      my_package/
          launch/
```

然后需要在 CMakeLists.txt 里面添加相应的路径，使 colcon build 能够找到相应文件。

```
# Install launch files.
install(DIRECTORY
    launch
    DESTINATION share/${PROJECT_NAME}/
)
```

这行代码需要添加在文件的末端，ament_package() 的前面。

然后在 launch 文件下面新建一个文件，其名为 my_c_topoic_launch.py，内容如下所示：

```
from launch import LaunchDescription
from launch_ros.actions import Node
def generate_launch_description():
      turtlesim_node = Node(
          package='turtlesim',
          node_executable='turtlesim_node',
      )
      my_py_publisher_node = Node(
          package='my_c_topic',
          node_executable='my_c_publisher_node',
          output='screen'
      )
      return LaunchDescription([
          turtlesim_node,
          my_py_publisher_node
      ])
```

4.13.3 在自己的功能包中添加 launch 文件（Python）

以前文创建的 my_py_topic 为例，创建一个 launch 文件，使小海龟仿真能够一键启动。

对于 Python 的功能包，目录应如下所示：

```
src/
      my_package/
          launch/
          setup.py
          setup.cfg
          package.xml
```

launch 是新建的路径，里面存放对应的 launch 文件。为了让 colcon 找到 launch 文件，需要在 setup.py 文件里面添加相应的配置，添加后的 setup.py 如下所示，新增内容已用注释标出，其中 (os.path.join('share', package_name), glob('launch/*.py')) 中 glob('launch/*.py') 代码支持正则表达式，可以根据需求添加寻找 launch 文件的规则。

```
import os
from glob import glob          # 新增
from setuptools import setup  # 新增
package_name = 'my_py_topic'
setup(
      name=package_name,
      version='0.0.0',
      packages=[package_name],
      data_files=[
          ('share/ament_index/resource_index/packages',
              ['resource/' + package_name]),
          ('share/' + package_name, ['package.xml']),
          (os.path.join('share', package_name), glob('launch/*.py')), # 新增
      ],
      install_requires=['setuptools'],
      zip_safe=True,
      maintainer='ubuntu',
      maintainer_email='youremail@email.com',
      description='TODO: Package description',
      license='TODO: License declaration',
      tests_require=['pytest'],
      entry_points={
          'console_scripts': [
              'my_py_publisher_node = my_py_topic.my_py_publisher_node:main',
              'my_py_subscriber_node = my_py_topic.my_py_subscriber_node:main'
          ],
      },
)
```

在 launch 文件目录下面新建一个目录名为 my_py_topic_launch.py 的文件，内容如下所示：

```
from launch import LaunchDescription
from launch_ros.actions import Node
def generate_launch_description():
      turtlesim_node = Node(
          package='turtlesim',
          node_executable='turtlesim_node',
      )
      my_py_publisher_node = Node(
          package='my_py_topic',
          node_executable='my_py_publisher_node',
```

```
        output='screen'
    )
    return LaunchDescription([
        turtlesim_node,
        my_py_publisher_node
    ])
```

4.13.4 编译及运行

回到工作根目录，使用 colcon build 或者 VSC 官方实例编译代码，然后新建一个终端并输入，其中 <workspace> 是工作空间的名字。

```
source ~<workspace>/install/setup.bash
ros2 launch my_c_topic my_c_topic_launch.py
```

我们便可以一键启动小海龟并使小海龟跑起来了，效果如图 4-41 所示。

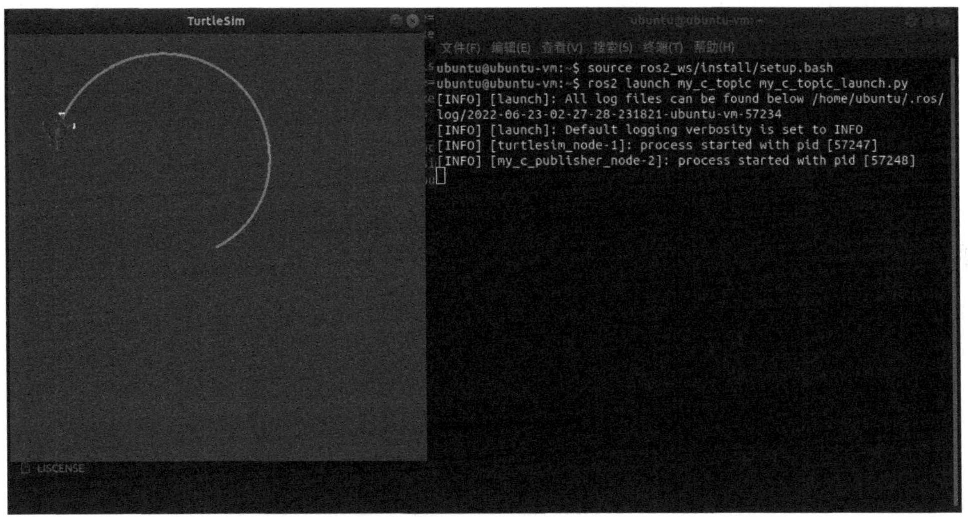

图 4-41 小海龟运行效果图

4.14 Action（server & client）的编程与实现

Action 由三个部分组成：目标、反馈、结果。Action 是基于 topics 和 services 编写的，功能上接近于 Services，但是用户可以在 Action 执行的时候取消它们。它们还提供稳定的反馈，而不是返回单个响应的服务。Action 是一种异步通信，客户端会发送目标请求给服务端，服务端相应会发送反馈以及结果给客户端。

一般来说，在机器人系统里面，Action 常用于导航，Action 的目标可以让机器人移动到相关位置，在机器人移动的时候，Action 也可以实时更新机器人运动的反馈，在运动完成以后，可以提供一个运动的结果。

相较于 ROS1，ROS2 的 Action 服务器转化图少了很多状态，如图 4-42 所示。

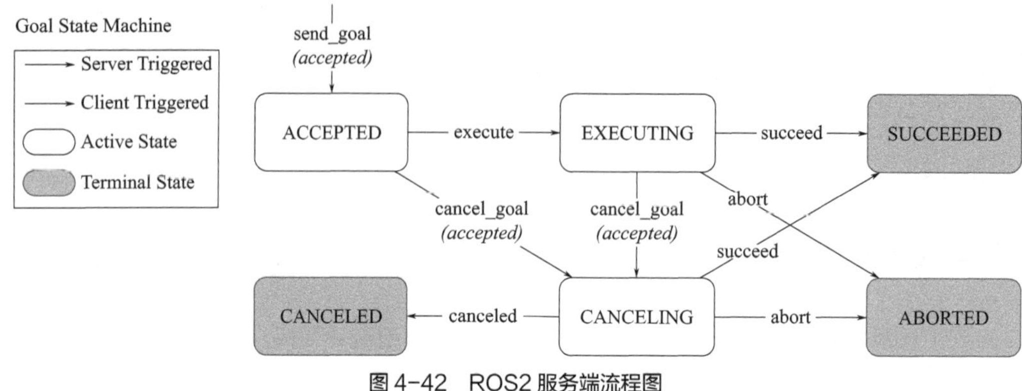

图 4-42　ROS2 服务端流程图

4.14.1　任务确定

本次教程的目的是建立一个计数器，该计数器存在进度显示与客户端、服务端状态显示。为了达成这个目的，需要建立一个 count.action 的文件。

4.14.2　根据任务创建对应的 Action

首先进入工作空间 src 目录下，使用 ros2 pkg create 来创建对应的 action 文件。

```
ros2 pkg create my_action
```

其结果如图 4-43 所示。

```
ubuntu@ubuntu-vm:~/ros2_ws/src$ ros2 pkg create my_action
going to create a new package
package name: my_action
destination directory: /home/ubuntu/ros2_ws/src
package format: 3
version: 0.0.0
description: TODO: Package description
maintainer: ['ubuntu <2993821152@qq.com>']
licenses: ['TODO: License declaration']
build type: ament_cmake
dependencies: []
creating folder ./my_action
creating ./my_action/package.xml
creating source and include folder
creating folder ./my_action/src
creating folder ./my_action/include/my_action
creating ./my_action/CMakeLists.txt
```

图 4-43　创建 action 功能包

在 my_action 文件夹下面，创建一个 action 目录，然后继续创建一个 action 文件表示消息的结构，Count.action 的内容如下所示：

```
# Define the goal
uint32 goal_num
---
# Define the result
uint32 finish
---
# Define a feedback message
int64 percent_complete
```

然后需要添加相应的编译规则，在 CMakeLists.txt 文件的末尾处，在 ament_package() 之前添加以下内容：

```
find_package(rosidl_default_generators REQUIRED)
rosidl_generate_interfaces(${PROJECT_NAME}
    "action/Count.action"
)
```

然后在 package.xml 文件里面添加相应的依赖项：

```
<buildtool_depend>rosidl_default_generators</buildtool_depend>
<depend>action_msgs</depend>
<member_of_group>rosidl_interface_packages</member_of_group>
```

使用前文提过的编译方式进行编译（在这里使用 colcon build 的方式编译）：

```
cd ~/<workspace>
colcon build
```

4.14.3 程序编写 (C++)

首先进入工作空间的 src 目录下，继续用 ros2 pkg 创建相关的功能包。

```
cd ~/<workspace>/src
ros2 pkg create my_c_action --node-name my_c_actionserver_node --build-type ament_cmake
--dependencies my_action rclcpp rclcpp_action rclcpp_components
```

继续创建一个 action server，在 my_c_action 功能包的 src 目录下面，继续创建一个 cpp 文件，名为 my_c_actionclient_node.cpp，其内容如下所示，解释已经标明在注释中。

```
// 包含头文件
#include <functional>
#include <future>
#include <memory>
#include <string>
// 包含 action 文件
#include "my_action/action/count.hpp"
#include "rclcpp/rclcpp.hpp"
#include "rclcpp_action/rclcpp_action.hpp"
#include "rclcpp_components/register_node_macro.hpp"
// 设定命名空间 my_c_actionclient_node
namespace my_c_actionclient_node
{
      // 新建一个类，名称为 CountActionClient，继承 rclcpp::Node 节点
      class CountActionClient : public rclcpp::Node
      {
      public:
          // Count 使用别名 my_action::action::Count
          // GoalHandleCount 使用别名 rclcpp_action::ClientGoalHandle<Count>
          using Count = my_action::action::Count;
          using GoalHandleCount = rclcpp_action::ClientGoalHandle<Count>;
          // 创建一个构造函数
          CountActionClient(const rclcpp::NodeOptions &options)
              : Node("Count_action_client", options)
          {
              // 创建一个客户，绑定 Count 的服务名称
              this->client_ptr_ = rclcpp_action::create_client<Count>(
                  this->get_node_base_interface(),
                  this->get_node_graph_interface(),
                  this->get_node_logging_interface(),
                  this->get_node_waitables_interface(),
                  "Count");
```

```
            // 利用句柄创建一个定时器，绑定回调函数 sent_goal()
            this->timer_ = this->create_wall_timer(
                std::chrono::milliseconds(500),
                std::bind(&CountActionClient::send_goal, this));
        }
        // 发送目标
        void send_goal()
        {
            // 使用 std::placeholders 的命名空间
            using namespace std::placeholders;
            // 取消计时器
            this->timer_->cancel();
            // 等待服务器，准备好返回 true 或者超时就返回 false
            if (!this->client_ptr_->wait_for_action_server())
            {
                // 打印错误日志
                RCLCPP_ERROR(this->get_logger(), "Action server not available after waiting");
                rclcpp::shutdown();
            }
            // 创建一个 Goal 的实例
            auto goal_msg = Count::Goal();
            // 将目标赋值为 10
            goal_msg.goal_num = 10;
            // 发送数据输出打印
            RCLCPP_INFO(this->get_logger(), "Sending goal");
            // 创建一个发送目标配置的实例
            auto send_goal_options = rclcpp_action::Client<Count>::SendGoalOptions();
            // 绑定目标应答的回调函数 goal_response_callback
            send_goal_options.goal_response_callback =
                std::bind(&CountActionClient::goal_response_callback, this, _1);
            // 绑定目标反馈的回调函数 feedback_callback
            send_goal_options.feedback_callback =
                std::bind(&CountActionClient::feedback_callback, this, _1, _2);
            // 绑定结果返回的回调函数 result_callback
            send_goal_options.result_callback =
                std::bind(&CountActionClient::result_callback, this, _1);
            this->client_ptr_->async_send_goal(goal_msg, send_goal_options);
        }
    private:
        // 创建一个客户
        rclcpp_action::Client<Count>::SharedPtr client_ptr_;
        // 创建定时器
        rclcpp::TimerBase::SharedPtr timer_;
        // 应答回调函数
        void goal_response_callback(std::shared_future<GoalHandleCount::SharedPtr> future)
        {
            // 获取应答数据
            auto goal_handle = future.get();
            if (!goal_handle)
            {
                // 打印被服务器拒绝的消息
                RCLCPP_ERROR(this->get_logger(), "Goal was rejected by server");
            }
            else
            {
                // 打印服务器接收的消息
                RCLCPP_INFO(this->get_logger(), "Goal accepted by server, waiting for result");
            }
        }
```

```
            // 反馈回调函数
            void feedback_callback(
                GoalHandleCount::SharedPtr,
                const std::shared_ptr<const Count::Feedback> feedback)
            {
                // 打印反馈回来的数据
                RCLCPP_INFO(this->get_logger(), "The progress is: %d%s", feedback->percent_
complete, "%");
            }
            // 结果回调函数
            void result_callback(const GoalHandleCount::WrappedResult &result)
            {
                // switch 语句判断结果
                switch (result.code)
                {
                case rclcpp_action::ResultCode::SUCCEEDED:
                    break;
                case rclcpp_action::ResultCode::ABORTED:
                    RCLCPP_ERROR(this->get_logger(), "Goal was aborted");
                    return;
                case rclcpp_action::ResultCode::CANCELED:
                    RCLCPP_ERROR(this->get_logger(), "Goal was canceled");
                    return;
                default:
                    RCLCPP_ERROR(this->get_logger(), "Unknown result code");
                    return;
                }
                std::stringstream ss;
                ss << "Result received: ";
                ss << " " << result.result->finish;
                // 打印结果回传数据
                RCLCPP_INFO(this->get_logger(), ss.str().c_str());
                rclcpp::shutdown();
            }
        };
}
// 使用组件创建节点
RCLCPP_COMPONENTS_REGISTER_NODE(my_c_actionclient_node::CountActionClient)
```

在 my_c_actionclient_node.cpp 同级目录下面，创建一个 my_c_actionserver_node.cpp 文件，其内容如下所示，解释已经标明在注释中。

```
// 包含头文件
#include <functional>
#include <memory>
#include <thread>
#include "my_action/action/count.hpp"
#include "rclcpp/rclcpp.hpp"
#include "rclcpp_action/rclcpp_action.hpp"
#include "rclcpp_components/register_node_macro.hpp"
// 创建 my_c_actionserver_node 的命名空间
namespace my_c_actionserver_node
{
    // 新建一个类，名称为 CountActionServer，继承 rclcpp::Node 节点
    class CountActionServer : public rclcpp::Node
    {
    public:
      // Count 使用别名 my_action::action::Count
      // GoalHandleCount 使用别名 rclcpp_action::ServerGoalHandle<Count>
      using Count = my_action::action::Count;
      using GoalHandleCount = rclcpp_action::ServerGoalHandle<Count>;
```

```
    // 构造函数
    CountActionServer(const rclcpp::NodeOptions &options = rclcpp::NodeOptions())
        : Node("Count_action_server", options)
    {
      // 使用 std::placeholders 命名空间
      using namespace std::placeholders;
      // 创建一个客户，创建 Count 的服务名称
      // 并绑定三个句柄 handle_goal，handle_cancel，handle_accepted
      this->action_server_ = rclcpp_action::create_server<Count>(
          this->get_node_base_interface(),
          this->get_node_clock_interface(),
          this->get_node_logging_interface(),
          this->get_node_waitables_interface(),
          "Count",
          std::bind(&CountActionServer::handle_goal, this, _1, _2),
          std::bind(&CountActionServer::handle_cancel, this, _1),
          std::bind(&CountActionServer::handle_accepted, this, _1));
    }
  private:
    // 创建一个 action 服务器
    rclcpp_action::Server<Count>::SharedPtr action_server_;
    rclcpp_action::GoalResponse handle_goal(
        const rclcpp_action::GoalUUID &uuid,
        std::shared_ptr<const Count::Goal> goal)
    {
      // 打印目标信息
      RCLCPP_INFO(this->get_logger(), "Received goal, target is %d", goal->goal_num);
      // 静态检测，告诉静态代码检测工具程序并非没有处理该函数的返回值，而是确实不需要处理该函数的返
回值，不需要再对该处代码作此项检测。
      (void)uuid;
      // 返回 " 接受并执行 " 的消息
      return rclcpp_action::GoalResponse::ACCEPT_AND_EXECUTE;
    }
    // 如果目标被取消
    rclcpp_action::CancelResponse handle_cancel(
        const std::shared_ptr<GoalHandleCount> goal_handle)
    {
      // 打印取消信息
      RCLCPP_INFO(this->get_logger(), "Received request to cancel goal");
      // 静态检测
      (void)goal_handle;
      // 返回 " 取消被接受 " 的消息
      return rclcpp_action::CancelResponse::ACCEPT;
    }
    void handle_accepted(const std::shared_ptr<GoalHandleCount> goal_handle)
    {
      // 使用 std::placeholders 命名空间
      using namespace std::placeholders;
      // 创建一个新的线程，函数名为 execute，并开始执行 execute()
      std::thread{std::bind(&CountActionServer::execute, this, _1), goal_handle}.detach();
    }
    void execute(const std::shared_ptr<GoalHandleCount> goal_handle)
    {
      // 打印正在执行的消息
      RCLCPP_INFO(this->get_logger(), "Executing goal");
      // 定义循环时间
      rclcpp::Rate loop_rate(10);
      // 通过 goal_handle，获得目标值
      const auto goal = goal_handle->get_goal();
```

```
          // 创建feedback指针，指针类型为Count::Feedback
          auto feedback = std::make_shared<Count::Feedback>();
          // 定义feedback->percent_complete的别名为rate_of_progress，使之完全等价
          auto &rate_of_progress = feedback->percent_complete;
          // 创建result指针，指针类型为Count::Result
          auto result = std::make_shared<Count::Result>();
          for (int i = 1; (i <= goal->goal_num) && rclcpp::ok(); ++i)
          {
            // 检查请求有没有被取消
            if (goal_handle->is_canceling())
            {
              result->finish = i;
              goal_handle->canceled(result);
              RCLCPP_INFO(this->get_logger(), "Goal canceled");
              return;
            }
            // 更新进程
            rate_of_progress = 100 * i / goal->goal_num;
            // 发布反馈数据
            goal_handle->publish_feedback(feedback);
            RCLCPP_INFO(this->get_logger(), "Publish feedback");
            loop_rate.sleep();
          }
          // 检测目标是否已经完成
          if (rclcpp::ok())
          {
            result->finish = goal->goal_num;
            goal_handle->succeed(result);
            RCLCPP_INFO(this->get_logger(), "Goal succeeded");
          }
        }
    };
}
// 使用组建创建节点
RCLCPP_COMPONENTS_REGISTER_NODE(my_c_actionserver_node::CountActionServer)
```

4.14.4 程序编写(Python)

进入src目录，继续使用ros2 pkg create来创建功能包。

```
ros2 pkg create my_py_action --build-type ament_python --node-name my_py_actionclient_node
--dependencies my_action rclcpp rclcpp_action rclcpp_components
```

继续创建一个action server，在my_py_action功能包的my_py_action目录下面，继续创建一个python文件，名为my_py_actionclient_node.py，其内容如下所示，解释已经标明在注释中。

```
# 包含头文件
import time
import rclpy
from rclpy.action import ActionServer
from rclpy.node import Node
from my_action.action import Count
class CountActionServer(Node):  # 定义一个Client类，继承Node
      # 构造函数
      def __init__(self):
          # 创建一个新的节点，节点名称为Count_action_server
```

```
        super().__init__('Count_action_server')
        self._action_server = ActionServer(
            self,
            Count,
            'count',
            self.execute_callback
        )
    def execute_callback(self, goal_handle):  # 执行回调函数，当收到目标消息的时候，会进入这个函数
        self.get_logger().info('Received goal, target is %d' %
                               goal_handle.request.goal_num)
        self.get_logger().info('Executing goal')
        # 反馈消息为Count.Feedback()类型
        feedback_msg = Count.Feedback()
        for i in range(1, goal_handle.request.goal_num+1):
            # 结果为Count.Result()类型
            result = Count.Result()
            # 给反馈赋值
            feedback_msg.percent_complete = int(
                100/goal_handle.request.goal_num*i)
            # 发布反馈处理结果
            goal_handle.publish_feedback(feedback_msg)
            self.get_logger().info('Publish feedback')
            # 延时函数
            time.sleep(0.1)
        if rclpy.ok():
            result.finish = goal_handle.request.goal_num
            goal_handle.succeed()
            self.get_logger().info('Goal succeeded')
        return result
def main(args=None):
    # 初始化
    rclpy.init(args=args)
    Count_action_server = CountActionServer()
    rclpy.spin(Count_action_server)
if __name__ == '__main__':
    main()
```

在 my_py_actionclient_node.py 同级目录下面，创建一个 my_py_actionserver_node.py 文件，其内容如下所示，解释已经标明在注释中。

```
# 包含头文件
import rclpy
from rclpy.action import ActionClient
from rclpy.node import Node
from my_action.action import Count
class CountActionClient(Node):  # 定义一个Client类，继承Node
    def __init__(self):
        super().__init__('Count_action_client')  # 初始化节点，名称为Count_action_client
        self._action_client = ActionClient(self, Count, 'count')  # 服务名绑定为count
        self.send_goal_timer = self.create_timer(
            0.5, self.send_goal)  # 创建一个定时器，绑定回调函数send_goal
    def send_goal(self):
        # 发送目标
        self.send_goal_timer.cancel()  # 计时器取消循环
        goal_msg = Count.Goal()  # goal_msg类型为Count.Goal()
        goal_msg.goal_num = 10  # 设置目标数字为10
        self._action_client.wait_for_server()  # 等待服务器
        self.get_logger().info('Sending goal')
        # 绑定反馈回调函数feedback_cb
```

```
            self._send_goal_future = self._action_client.send_goal_async(
                goal_msg, feedback_callback=self.feedback_cb)
            # 绑定应答回调函数 goal_response_callback
            self._send_goal_future.add_done_callback(self.goal_response_callback)
        def goal_response_callback(self, future):
            """ 收到应答结果 """
            goal_handle = future.result()
            if not goal_handle.accepted:
                self.get_logger().info('Goal was rejected by server')
                return
            self.get_logger().info('Goal accepted by server, waiting for result')
            self._get_result_future = goal_handle.get_result_async()
            # 绑定结果回调函数
            self._get_result_future.add_done_callback(self.get_result_callback)
        def get_result_callback(self, future):
            """ 获取结果反馈 """
            result = future.result().result
            # 打印结果内容
            self.get_logger().info(f'Result received: {result.finish}')
            rclpy.shutdown()
        def feedback_cb(self, future):
            # 打印反馈内容
            feedback = future.feedback
            self.get_logger().info(
                f'The progress is: {feedback.percent_complete}%')
def main(args=None):
        rclpy.init(args=args)
        action_client = CountActionClient()
        rclpy.spin(action_client)
if __name__ == '__main__':
        main()
```

4.14.5 程序执行

C++：

在终端输入：

```
source ~/<workspace>/install/setup.bash
ros2 run my_c_action my_c_actionclient_node
```

新建一个终端，在另外一个终端输入：

```
source ~/<workspace>/install/setup.bash
ros2 run my_c_action my_c_actionserver_node
```

Python：

在终端输入：

```
source ~/<workspace>/install/setup.bash
ros2 run my_py_action my_py_actionclient_node
```

新建一个终端，在另外一个终端输入：

```
source ~/<workspace>/install/setup.bash
ros2 run my_py_action my_py_actionserver_node
```

得到的结果如图 4-44 所示。

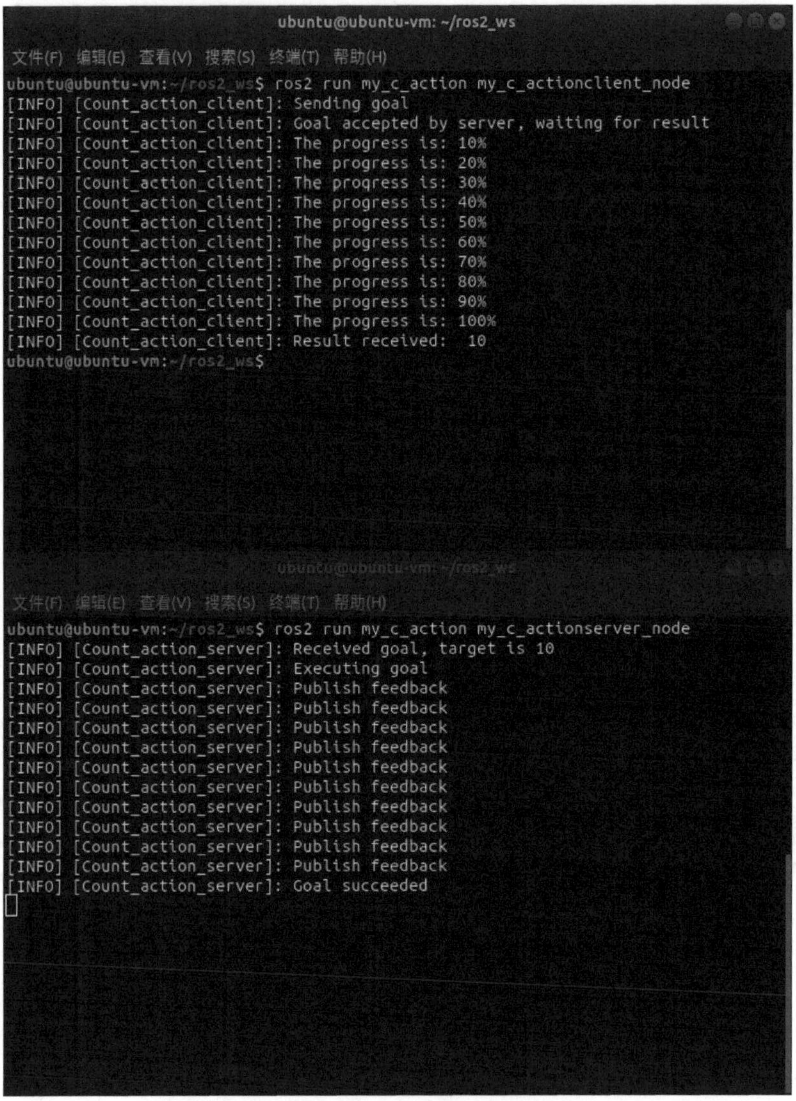

```
ubuntu@ubuntu-vm: ~/ros2_ws
文件(F) 编辑(E) 查看(V) 搜索(S) 终端(T) 帮助(H)
ubuntu@ubuntu-vm:~/ros2_ws$ ros2 run my_c_action my_c_actionclient_node
[INFO] [Count_action_client]: Sending goal
[INFO] [Count_action_client]: Goal accepted by server, waiting for result
[INFO] [Count_action_client]: The progress is: 10%
[INFO] [Count_action_client]: The progress is: 20%
[INFO] [Count_action_client]: The progress is: 30%
[INFO] [Count_action_client]: The progress is: 40%
[INFO] [Count_action_client]: The progress is: 50%
[INFO] [Count_action_client]: The progress is: 60%
[INFO] [Count_action_client]: The progress is: 70%
[INFO] [Count_action_client]: The progress is: 80%
[INFO] [Count_action_client]: The progress is: 90%
[INFO] [Count_action_client]: The progress is: 100%
[INFO] [Count_action_client]: Result received:  10
ubuntu@ubuntu-vm:~/ros2_ws$
```

```
ubuntu@ubuntu-vm: ~/ros2_ws
文件(F) 编辑(E) 查看(V) 搜索(S) 终端(T) 帮助(H)
ubuntu@ubuntu-vm:~/ros2_ws$ ros2 run my_c_action my_c_actionserver_node
[INFO] [Count_action_server]: Received goal, target is 10
[INFO] [Count_action_server]: Executing goal
[INFO] [Count_action_server]: Publish feedback
[INFO] [Count_action_server]: Publish feedback
[INFO] [Count_action_server]: Publish feedback
[INFO] [Count_action_server]: Publish feedback
[INFO] [Count_action_server]: Publish feedback
[INFO] [Count_action_server]: Publish feedback
[INFO] [Count_action_server]: Publish feedback
[INFO] [Count_action_server]: Publish feedback
[INFO] [Count_action_server]: Publish feedback
[INFO] [Count_action_server]: Publish feedback
[INFO] [Count_action_server]: Goal succeeded
```

图 4-44　程序运行结果示意图

4.15　ROS2 子节点以及多线程

4.15.1　ROS1—Node 和 Nodelets

在 ROS1 中，你可以写一个节点，也可以写一个小节点（Nodelet）。ROS1 的节点会被编译成一个可执行文件。ROS1 的小节点会被编译成一个动态链接库。当程序运行的时候，会被动态加载到容器进程里面。Nodelet 包就是为改善这一状况设计的，它提供一种方法，可以让多个算法程序在一个进程中用 shared_ptr 实现零拷贝通信（zero copy transport），以降低因为传输大数据而损耗的时间。简单来说就是可以将多个 node 捆绑在一起管理，使得同一个 manager 里面的 topic 的数据传输更快。

4.15.2 ROS2—统一 API

在 ROS2 里面，推荐使用小节点，但是它有了一个全新的名字——组件（component）。有了组件，我们更容易为已经存在的代码添加一些通用的概念。节点以及组件在 ROS2 中使用完全相同的 API。

通过把进程的结构变成一个部署式的可选项，用户可以自由地在下面的模式里进行选择。

① 在不同的进程中运行多个节点。这样可以使不同的进程独立开来，即使一个崩溃，其他的也可以正常运行，更有利于调试各个节点。

② 在同一个进程里面运行多个节点。可以使通信更加高效。

在未来 roslaunch 版本里面，会增加对进程结构的配置。

4.15.3 component 初体验

可以通过 ros2 component types 来查看当前环境中能够注册以及使用的组件，终端输出如图 4-45 所示。

```
ubuntu@ubuntu-vm:~$ ros2 component types
composition
  composition::Talker
  composition::Listener
  composition::Server
  composition::Client
depthimage_to_laserscan
  depthimage_to_laserscan::DepthImageToLaserScanROS
logging_demo
  logging_demo::LoggerConfig
  logging_demo::LoggerUsage
```

图 4-45 查看当前环境中能注册以及使用的组件

打开终端，并输入以下内容打开 component 容器：

```
ros2 run rclcpp_components component_container
```

输入 ros2 component list 查看当前组件列表，结果如图 4-46 所示，可以看到，当前只有一个名为 /ComponentManager 的容器正在运行。

```
ubuntu@ubuntu-vm:~$ ros2 component list
/ComponentManager
```

图 4-46 查看当前组件列表

重新建立一个终端，继续加载组件，加载组件的格式为 ros2 component load <container node name> <package name> <plugin name>。其中，<container node name>表示组件节点的名字，<package name> 表示程序包的名字，<plugin name> 表示插件的名字，在终端输入以下命令：

```
ros2 component load /ComponentManager composition composition::Talker
```

可以发现，组件容器所在的终端开始有输出，如图 4-47 所示。

```
ubuntu@ubuntu-vm:~$ ros2 run rclcpp_components component_container
[INFO] [ComponentManager]: Load Library: /opt/ros/dashing/lib/libtalker_componen
t.so
[INFO] [ComponentManager]: Found class: rclcpp_components::NodeFactoryTemplate<c
omposition::Talker>
[INFO] [ComponentManager]: Instantiate class: rclcpp_components::NodeFactoryTemp
late<composition::Talker>
[INFO] [talker]: Publishing: 'Hello World: 1'
[INFO] [talker]: Publishing: 'Hello World: 2'
[INFO] [talker]: Publishing: 'Hello World: 3'
```

图 4-47 查看组件容器所在的终端输出

继续添加 listener 的组件：

```
ros2 component load /ComponentManager composition composition::Listener
```

组件容器所在的终端开始有 listener 输出，如图 4-48 所示。

```
[INFO] [talker]: Publishing: 'Hello World: 41'
[INFO] [listener]: I heard: [Hello World: 41]
[INFO] [talker]: Publishing: 'Hello World: 42'
[INFO] [listener]: I heard: [Hello World: 42]
[INFO] [talker]: Publishing: 'Hello World: 43'
[INFO] [listener]: I heard: [Hello World: 43]
[INFO] [talker]: Publishing: 'Hello World: 44'
[INFO] [listener]: I heard: [Hello World: 44]
[INFO] [talker]: Publishing: 'Hello World: 45'
[INFO] [listener]: I heard: [Hello World: 45]
[INFO] [talker]: Publishing: 'Hello World: 46'
[INFO] [listener]: I heard: [Hello World: 46]
[INFO] [talker]: Publishing: 'Hello World: 47'
[INFO] [listener]: I heard: [Hello World: 47]
```

图 4-48　查看组件容器的 listener 输出

此时如果运行 ros2 component list，可以发现输出如图 4-49 所示，/componentManager 表示容器名字，下面两个节点，一个叫 /talker，另一个叫 /listener。

同样，可以通过 rqt_graph 查看节点，运行结果如图 4-50 所示。

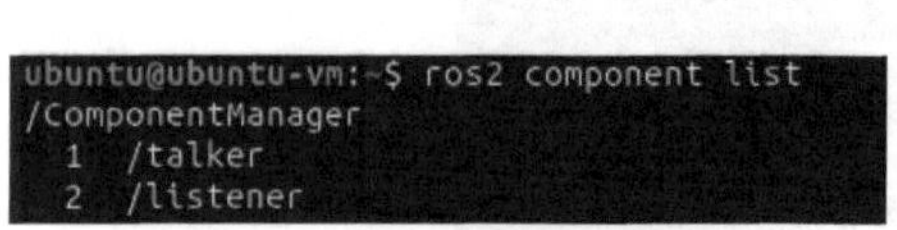

图 4-49　查看当前运行的组件

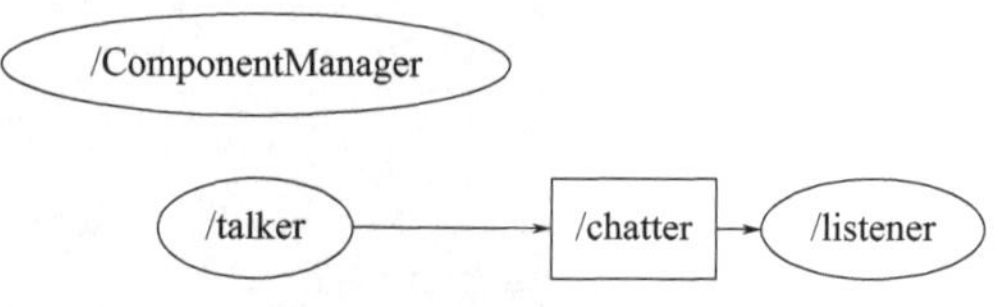

图 4-50　查看节点关系

使用 launch 指令，可以帮助我们快速启动组件并加载相应的节点，在终端输入以下指令可以快速启动：

```
ros2 launch composition composition_demo.launch.py
```

输出结果如图 4-51 所示。

```
ubuntu@ubuntu-vm:~$ ros2 launch composition composition_demo.launch.py
[INFO] [launch]: All log files can be found below /home/ubuntu/.ros/log/2022-07-07-16-23-09-477863-ubuntu-vm-39666
[INFO] [launch]: Default logging verbosity is set to INFO
[INFO] [component_container-1]: process started with pid [39679]
[INFO] [launch_ros.actions.load_composable_nodes]: Loaded node '/talker' in container '/my_container'
[INFO] [launch_ros.actions.load_composable_nodes]: Loaded node '/listener' in container '/my_container'
[component_container-1] [INFO] [my_container]: Load Library: /opt/ros/dashing/lib/libtalker_component.so
[component_container-1] [INFO] [my_container]: Found class: rclcpp_components::NodeFactoryTemplate<composition::Talker>
[component_container-1] [INFO] [my_container]: Instantiate class: rclcpp_components::NodeFactoryTemplate<composition::Talker>
[component_container-1] [INFO] [my_container]: Load Library: /opt/ros/dashing/lib/liblistener_component.so
[component_container-1] [INFO] [my_container]: Found class: rclcpp_components::NodeFactoryTemplate<composition::Listener>
[component_container-1] [INFO] [my_container]: Instantiate class: rclcpp_components::NodeFactoryTemplate<composition::Listener>
[component_container-1] [INFO] [talker]: Publishing: 'Hello World: 1'
[component_container-1] [INFO] [listener]: I heard: [Hello World: 1]
```

图 4-51　launch 文件输出结果

新建一个终端，可以通过 ros2 component unload 来卸载相关容器的节点，它的格式为 ros2 component，在终端输入以下内容，以卸载相关节点。

```
ros2 component unload /my_container 2
```

其输出内容如图 4-52 所示。

```
ubuntu@ubuntu-vm:~$ ros2 component unload /my_container 2
Unloaded component 2 from '/my_container' container node
```

图 4-52　卸载相关组件

4.15.4　自定义 component

其实在讲到 action server 的时候，我们已经用了 component，下面详细讲解应该怎么自定义组件。

由于 component 的本质是让编译器把对应组件编译成一个动态链接库文件，所以并不需要 main 函数。

首先打开终端，输入以下内容：

```
cd ~/<workspace>/src
ros2 pkg create my_component --node-name component_talker --build-type ament_cmake
--dependencies rclcpp geometry_msgs rclcpp_components std_msgs
```

component_talker 的内容如下所示，相比较于自定义 publisher 的代码，使用 component 方式少了 main 函数。

```
// 包含头文件
#include <chrono>
#include "rclcpp/rclcpp.hpp"
#include "geometry_msgs/msg/twist.hpp"
using namespace std::chrono_literals;
namespace my_component_turtlesim
{
    // 发布速度的节点，需要继承 rclcpp::Node
    class my_c_publisher_node : public rclcpp::Node
    {
    private:
        float vel_gain = 0; // 速度成员变量
        void vel_cb();      // 回调函数，用于发布消息
        // 构建速度发布者，其消息类型为 geometry_msgs::msg::Twist
        rclcpp::Publisher<geometry_msgs::msg::Twist>::SharedPtr vel_pub_;
        // 定时器创建
        rclcpp::TimerBase::SharedPtr timer_;
    public:
        // 构造函数
        my_c_publisher_node(const rclcpp::NodeOptions &options);
    };
    // 创建构造函数的时候，需要为节点命名，在这里名称为 "vel_publilsher"，注意这个名字中不能有空格
    // 第二个参数需要传入 options 句柄
    my_c_publisher_node::my_c_publisher_node(const rclcpp::NodeOptions &options)
        : Node("vel_publisher", options)
    {
        // 创建一个发布者，发布者发布的话题名称为 "/turtle1/cmd_vel"
        vel_pub_ = this->create_publisher<geometry_msgs::msg::Twist>("/turtle1/cmd_vel", 10);
        // 创建一个定时器，周期 500ms，需要包含头文件 <chrono> 命名空间 std::chrono_literals
        timer_ = this->create_wall_timer(
            500ms, std::bind(&my_c_publisher_node::vel_cb, this)); // 创建一个定时器，每隔
500ms 发布速度指令
    }
    void my_c_publisher_node::vel_cb()
    {
        // 定义一个消息结构，用于存放期望速度
        auto data = geometry_msgs::msg::Twist();
        vel_gain += 0.1;
```

```
            // 为期望速度赋值
            data.angular.z = 1;
            data.linear.x = 2 + vel_gain;
            data.linear.y = 1;
            // 在终端发布消息
            RCLCPP_INFO(this->get_logger(), "Velocity command published!");
            vel_pub_->publish(data); // 将 data 里面的数据发布到 "/turtle1/cmd_vel" 话题下面
        }
}
// 注册组件
#include "rclcpp_components/register_node_macro.hpp"
RCLCPP_COMPONENTS_REGISTER_NODE(my_component_turtlesim::my_c_publisher_node)
```

CMakeLists.txt 添加的内容如下所示，注释已经标注在代码中。

```
# find dependencies
find_package(ament_cmake REQUIRED)
find_package(rclcpp REQUIRED)
find_package(geometry_msgs REQUIRED)
find_package(rclcpp_components REQUIRED)
find_package(std_msgs REQUIRED)
add_library(my_component SHARED
    src/my_component_talker.cpp)
# 包含目录
target_include_directories(my_component PRIVATE
    $<BUILD_INTERFACE:${CMAKE_CURRENT_SOURCE_DIR}/include>
    $<INSTALL_INTERFACE:include>
)
# 加入预处理器定义
target_compile_definitions(my_component
    PRIVATE "COMPOSITION_BUILDING_DLL")
ament_target_dependencies(my_component
    "rclcpp"
    "rclcpp_components"
    "std_msgs"
    "geometry_msgs"
)
# 生成插件 my_component_turtlesim::my_c_publisher_node，注意这里的 "my_component_turtlesim::my_c_
publisher_node"
# 需要与 C++ 文件里面的 "my_component_turtlesim::my_c_publisher_node" 相互对应
rclcpp_components_register_nodes(my_component "my_component_turtlesim::my_c_publisher_node")
# 安装
install(TARGETS
my_component
    ARCHIVE DESTINATION lib
    LIBRARY DESTINATION lib
    RUNTIME DESTINATION bin)
```

package.xml 添加的内容如下所示：

```
      <depend>geometry_msgs</depend>
    <depend>std_msgs</depend>
    <depend>rclcpp</depend>
```

新建一个终端，并输入以下内容以启动小海龟仿真：

```
# 启动小海龟仿真器
ros2 run turtlesim turtlesim_node
# 新的终端，启动容器
source ~<workspace>/install/setup.bash
ros2 run rclcpp_components component_container
# 新建终端，启动发布者节点
source ~<workspace>/install/setup.bash
ros2 component load /ComponentManager my_component my_component::my_c_publisher_node
```

启动以后的效果如图 4-53 所示。

图 4-53 小海龟仿真效果

4.15.5 ROS2 中的多线程——callbackgroup

在之前提到的例子中，我们写的程序往往是采用单线程的方式执行，典型的程序如下所示，其中 spin(node) 将一个单线程执行器实例化，这是最简单的执行器。通过调用执行器的 spin() 函数，当前线程开始查询 rcl 和中间件层中的传入消息以及其他事件，并调用相应的回调函数，直到节点关闭。

ROS2 在这里与 ROS1 最大的区别是，传入的消息不会储存在客户端库层的队列中，而是保存在中间件中，直到回调函数被调用。

```
int main(int argc, char* argv[])
{
    // Some initialization.
    rclcpp::init(argc, argv);
    ...
    // Instantiate a node.
    rclcpp::Node::SharedPtr node = ...
    // Run the executor.
    rclcpp::spin(node);
    // Shutdown and exit.
    ...
    return 0;
}
```

一般来说，rclcpp 提供了三种执行器，都继承于 Executor，其关系如图 4-54 所示。

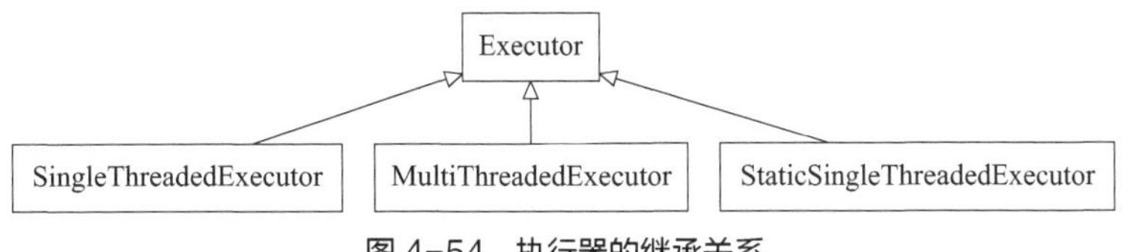

图 4-54 执行器的继承关系

执行器可以通过 add_node() 来实现多节点调用的任务，如下所示：

```
rclcpp::Node::SharedPtr node1 = …
rclcpp::Node::SharedPtr node2 = …
rclcpp::Node::SharedPtr node3 = …
rclcpp::executors::StaticSingleThreadedExecutor executor;
executor.add_node(node1);
executor.add_node(node2);
executor.add_node(node2);
executor.spin();
```

相较于 ROS1 中使用的 MultiThreadedSpinner 完成多线程调用而言，ROS2 在程序中自带了 callback_group，callback_group 一共有两种类型。

① MutuallyExclusive：互斥，即这个组别中每个时刻只能允许存在一个线程，回调函数不能并行执行。

② Reentrant：可重入，这个组别中同一时刻允许多个线程，在一个回调函数执行时，其他回调函数可开启新的线程，回调函数可以同时进行。

```
my_callback_group = create_callback_group(rclcpp::CallbackGroupType::MutuallyExclusive);
rclcpp::SubscriptionOptions options;
options.callback_group = my_callback_group;
my_subscription = create_subscription<Int32>("/topic", rclcpp::SensorDataQoS(),
                                             callback, options);
```

这样可以有效地对 ROS2 中的 callback 程序进行控制。在 ROS2 的 node 中默认组别是 MutuallyExclusive 类型，即便使用了 MultiThreadedExecutor，也依然默认 MutuallyExclusive 类型，所以可以按照需求进行设置。

当不依赖 ROS 的时候，可以选择 thread 来完成多线程的创立。

4.15.6 多线程的大致流程

多线程的整体流程如下所示，回调函数会在程序创立的时候进行初始化。

```
// 声明回调组
rclcpp::CallbackGroup::SharedPtr callback_group_service_;
// 实例化回调组，类型为：互斥的
callback_group_service_ = this->create_callback_group(rclcpp::CallbackGroupType::MutuallyEx
clusive);
```

在后面会实例化回调组，通过服务端完成对回调组的调用，从而告诉 ROS2 的执行器，当你要调用回调函数处理请求时，请把它放到单独线程的回调组中。

```
// 声明占位符
using std::placeholders::_1;
using std::placeholders::_2;
// 声明服务端
rclcpp::Service<turtlesim::srv::Spawn::Request>::SharedPtr server_;
// 实例化服务
server_ = this->create_service<turtlesim::srv::Spawn::Request>("turtle_spawn",
                                std::bind(&TurtleNode::spawn_callback,this,_1,_2),
                                rmw_qos_profile_services_default,
                                callback_group_service_);
```

最后一步就是将单线程执行器换为多线程执行器。

```
auto node = std::make_shared<TurtleNode>("turtle");
/* 运行节点，并检测退出信号 */
rclcpp::executors::MultiThreadedExecutor exector;
exector.add_node(node);
xector.spin();
```

4.15.7　自定义多线程程序

首先打开一个终端，并输入建立对应的工具包。

```
cd ~/<workspace>/src
ros2 pkg create my_multithread --build-type ament_cmake --node-name my_multithread_node
--dependencies std_msgs rclcpp
```

其结果如图 4-55 所示。

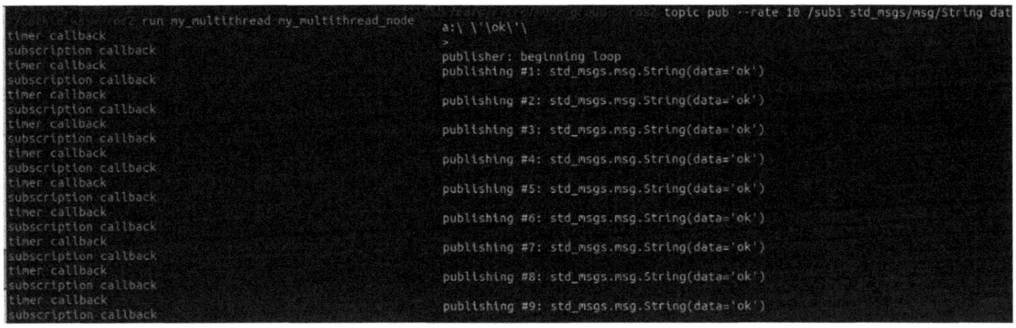

图 4-55　多线程结果

4.16　ROS2 中常用命令行工具

4.16.1　功能包

ROS2 中功能包的命令如表 4-2 所示。

表 4-2　ROS2 功能包命令

create	创建一个功能包
executables	输出某个包里面的可执行文件
list	输出所有的功能包
prefix(foxy 为 find)	输出一个功能包的路径

下面来补充示范主要命令的用法。

新建一个终端，并在终端输入 ros2 pkg prefix turtlesim，可以看到终端里面输出功能包的路径，如图 4-56 所示。

图 4-56　功能包路径输出

继续输入 ros2 pkg executables turtlesim，可以看到相应的功能包下面的可执行文件，如图 4-57 所示。

```
ubuntu@ubuntu-vm:~$ ros2 pkg executables turtlesim
turtlesim draw_square
turtlesim mimic
turtlesim turtle_teleop_key
turtlesim turtlesim_node
```

图 4-57　查看相应功能包下面的可执行文件

4.16.2　节点

ROS2 中节点的命令如表 4-3 所示。

表 4-3　ROS2 节点命令

info	输出一个节点的相关信息
list	输出当前可用的节点列表

下面来补充示范主要命令的用法。

新建一个终端，使用 ros2 run turtlesim turtlesim_node 命令打开小海龟仿真，继续新建终端，并在终端输入 ros2 node list 查看当前系统中激活的节点，如图 4-58 所示。

```
ubuntu@ubuntu-vm:~$ ros2 node list
/turtlesim
```

图 4-58　查看当前系统中激活的节点

继续输入 ros2 node info /turtlesim 命令查看小海龟仿真的相关信息，如图 4-59 所示。

```
ubuntu@ubuntu-vm:~$ ros2 node info /turtlesim
/turtlesim
  Subscribers:
    /parameter_events: rcl_interfaces/msg/ParameterEvent
    /turtle1/cmd_vel: geometry_msgs/msg/Twist
  Publishers:
    /parameter_events: rcl_interfaces/msg/ParameterEvent
    /rosout: rcl_interfaces/msg/Log
    /turtle1/color_sensor: turtlesim/msg/Color
    /turtle1/pose: turtlesim/msg/Pose
    /turtle1/rotate_absolute/_action/feedback: turtlesim/action/RotateAbsolute_F
eedbackMessage
    /turtle1/rotate_absolute/_action/status: action_msgs/msg/GoalStatusArray
  Services:
    /clear: std_srvs/srv/Empty
    /kill: turtlesim/srv/Kill
    /reset: std_srvs/srv/Empty
    /spawn: turtlesim/srv/Spawn
    /turtle1/rotate_absolute/_action/cancel_goal: action_msgs/srv/CancelGoal
    /turtle1/rotate_absolute/_action/get_result: turtlesim/action/RotateAbsolute
_GetResult
    /turtle1/rotate_absolute/_action/send_goal: turtlesim/action/RotateAbsolute_
SendGoal
    /turtle1/set_pen: turtlesim/srv/SetPen
    /turtle1/teleport_absolute: turtlesim/srv/TeleportAbsolute
    /turtle1/teleport_relative: turtlesim/srv/TeleportRelative
    /turtlesim/describe_parameters: rcl_interfaces/srv/DescribeParameters
    /turtlesim/get_parameter_types: rcl_interfaces/srv/GetParameterTypes
    /turtlesim/get_parameters: rcl_interfaces/srv/GetParameters
    /turtlesim/list_parameters: rcl_interfaces/srv/ListParameters
    /turtlesim/set_parameters: rcl_interfaces/srv/SetParameters
    /turtlesim/set_parameters_atomically: rcl_interfaces/srv/SetParametersAtomic
ally
```

图 4-59　查看小海龟仿真的相关信息

4.16.3 ROS2 话题

ROS2 的话题命令如表 4-4 所示。

表 4-4 ROS2 话题命令

bw	输出某个话题的带宽
delay	从标题中的时间戳开始显示主题延迟
echo	输出某个话题的消息
hz	打印某个话题的平均发布速率
info	打印某个话题的信息
list	输出可用的话题
pub	发布消息到相关话题

下面来补充示范主要命令的用法。

新建一个终端，使用ros2 run turtlesim turtlesim_node命令打开小海龟仿真，继续新建终端，并继续输入 ros2 topic list -t 当前系统中激活的话题名称及其对应类型，如图 4-60 所示。

```
ubuntu@ubuntu-vm:~$ ros2 topic list -t
/parameter_events [rcl_interfaces/msg/ParameterEvent]
/rosout [rcl_interfaces/msg/Log]
/turtle1/cmd_vel [geometry_msgs/msg/Twist]
/turtle1/color_sensor [turtlesim/msg/Color]
/turtle1/pose [turtlesim/msg/Pose]
```

图 4-60 查看当前系统中激活的话题名称以及对应类型

继续使用 ros2 topic pub /turtle1/cmd_vel --rate 10 geometry_msgs/msg/Twist "{linear: {x: 2.0, y: 0.0, z: 0.0}, angular: {x: 0.0, y: 0.0, z: 1.8}}"，往对应话题中发布数据，可以发现小海龟开始转圈，如图 4-61 所示。

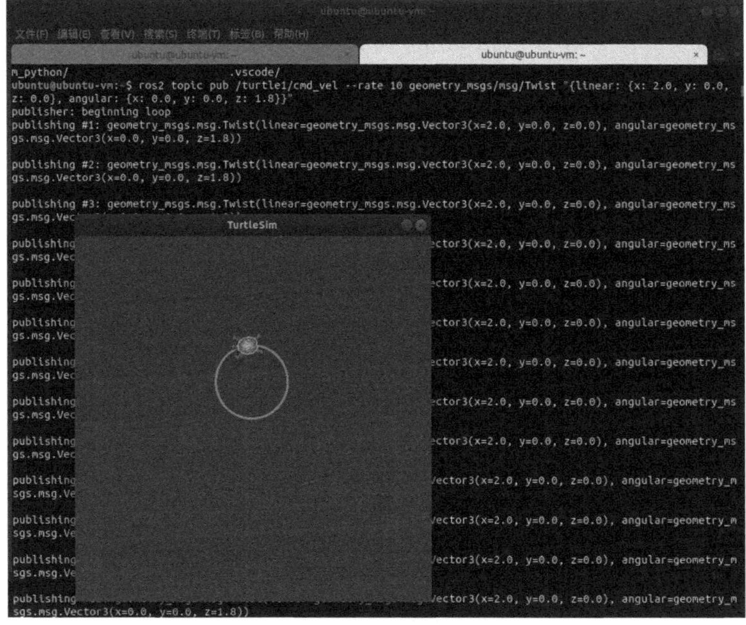

图 4-61 往对应话题中发布数据

在上一步骤的基础上，继续输入 ros2 topic bw /turtle1/cmd_vel 可以查看上一次命令发布的带宽以及速率，如图 4-62 所示。

```
ubuntu@ubuntu-vm:~$ ros2 topic bw /turtle1/cmd_vel
Subscribed to [/turtle1/cmd_vel]
average: 575.48B/s
        mean: 52.00B min: 52.00B max: 52.00B window: 10
average: 546.44B/s
        mean: 52.00B min: 52.00B max: 52.00B window: 20
average: 537.22B/s
        mean: 52.00B min: 52.00B max: 52.00B window: 30
average: 532.85B/s
        mean: 52.00B min: 52.00B max: 52.00B window: 40
```

图 4-62　查看对应话题带宽及速率

使用 Ctrl+C 结束上一步查看带宽的操作，继续使用 ros2 topic echo /turtle1/cmd_vel 命令查看发布到指定话题的数据，如图 4-63 所示。

```
ubuntu@ubuntu-vm:~$ ros2 topic echo /turtle1/cmd_vel
linear:
  x: 2.0
  y: 0.0
  z: 0.0
angular:
  x: 0.0
  y: 0.0
  z: 1.8
---
linear:
  x: 2.0
  y: 0.0
  z: 0.0
angular:
  x: 0.0
  y: 0.0
  z: 1.8
---
```

图 4-63　查看指定话题接收的数据

使用 Ctrl+C 结束上一步查看指定话题接收数据的操作，继续使用 ros2 topic hz /turtle1/cmd_vel 命令查看对应话题的发布速率，如图 4-64 所示。

```
ubuntu@ubuntu-vm:~$ ros2 topic hz /turtle1/cmd_vel
average rate: 10.006
        min: 0.099s max: 0.101s std dev: 0.00067s window: 12
average rate: 9.997
        min: 0.099s max: 0.101s std dev: 0.00071s window: 22
average rate: 10.000
        min: 0.097s max: 0.103s std dev: 0.00102s window: 33
average rate: 10.001
        min: 0.097s max: 0.103s std dev: 0.00090s window: 44
average rate: 10.000
        min: 0.097s max: 0.103s std dev: 0.00085s window: 54
average rate: 10.001
        min: 0.097s max: 0.103s std dev: 0.00079s window: 65
average rate: 10.000
        min: 0.097s max: 0.103s std dev: 0.00079s window: 75
```

图 4-64　查看话题的平均发布速率

使用 Ctrl+C 结束上一步查看对应话题发布速率的操作，继续使用 ros2 topic info /turtle1/cmd_vel 命令查看对应话题的信息，如图 4-65 所示。

```
ubuntu@ubuntu-vm:~$ ros2 topic info /turtle1/cmd_vel
Topic: /turtle1/cmd_vel
Publisher count: 1
Subscriber count: 1
```

图 4-65　查看对应话题的信息

4.16.4 参数（param）命令

ROS2 中 param 的命令如表 4-5 所示。

表 4-5 ROS2 param 命令

delete	删除节点的某个参数
describe	展示对应参数的描述
dump	将节点的参数储存到文件
list	展示当前参数列表
load	加载保存的参数文件，可以和 dump 配合使用
get	输出节点某个参数的数据类型以及这个参数的值
set	设置参数值

下面来介绍常用的参数命令使用方法。

首先新建一个终端，使用 ros2 run turtlesim turtlesim_node 打开小海龟仿真节点。并新建一个终端，输入 ros2 param list 查看当前的参数列表，如图 4-66 所示。

我们可以通过 param get 来获得某一个参数的数据类型以及这个参数的值，输入的形式如 ros2 param <node name> <param name> 所示，新建一个终端，输入 ros2 param get /turtlesim background_b 来查看这个参数的值以及数据类型。图 4-67 表示数据类型是整型数据。

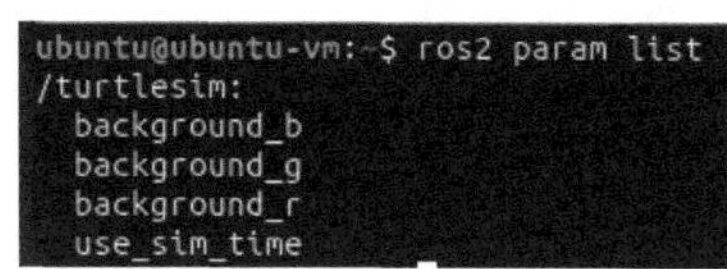

图 4-66 小海龟仿真参数列表

```
ubuntu@ubuntu-vm:~$ ros2 param get /turtlesim background_b
Integer value is: 255
```

图 4-67 获取小海龟仿真参数

通过 ros2 param set，可以设置特定参数的数值，输入形式如 ros2 param set <node name> <parameter name> <value> 所示。新建一个终端并在终端输入 ros2 param set /turtlesim background_b 0，可以看到小海龟节点背景色已经变成了绿色，如图 4-68 所示。

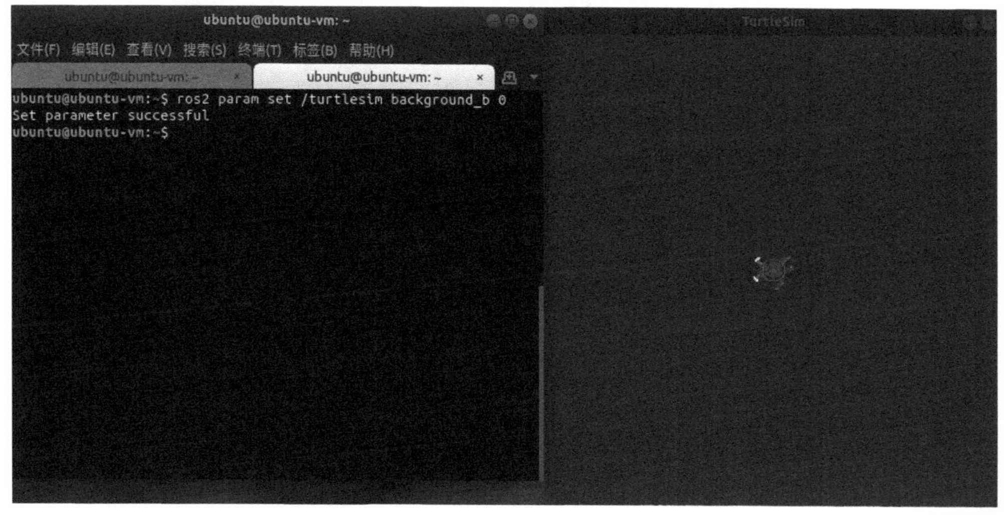

图 4-68 设置小海龟仿真节点

4.16.5 action 命令

ROS2 中，action 的命令如表 4-6 所示。

表 4-6 ROS2 的 action 命令

info	打印 action 的相关信息
list	输出 action 的名字
send_goal	发送一个 action 目标
show	输出 action 某类的数据类型

下面介绍常用参数命令的使用方法。首先打开小海龟仿真 ros2 run turtlesim turtlesim_node。输入 ros2 action list -t 查看 action 列表，如图 4-69 所示。

```
ubuntu@ubuntu-vm:~$ ros2 action list -t
/turtle1/rotate_absolute [turtlesim/action/RotateAbsolute]
```

图 4-69 action 列表

输入 rosinfo 查看 action 的信息，其输入格式为 ros2 action info <action name>，在终端输入 ros2 action info /turtle1/rotate_absolute 以查看 action 的相关信息，打印输出如图 4-70 所示，表示这个 action 的客户端有 0 个，服务端有 1 个。

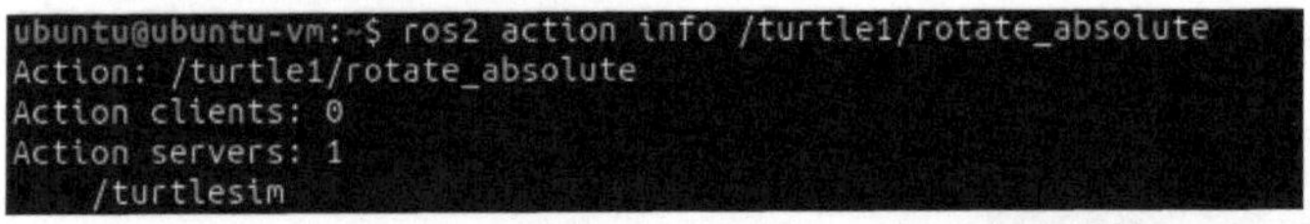

```
ubuntu@ubuntu-vm:~$ ros2 action info /turtle1/rotate_absolute
Action: /turtle1/rotate_absolute
Action clients: 0
Action servers: 1
    /turtlesim
```

图 4-70 客户端、服务端列表信息

输入 show 来查看 action 的定义，可以通过 ros2 action show <action type name> 命令来查看 turtlesim/action/RotateAbsolute 的定义，在终端输入 ros2 action show turtlesim/action/RotateAbsolute 查看相关信息，打印输出如图 4-71 所示，图中 --- 表示分级。

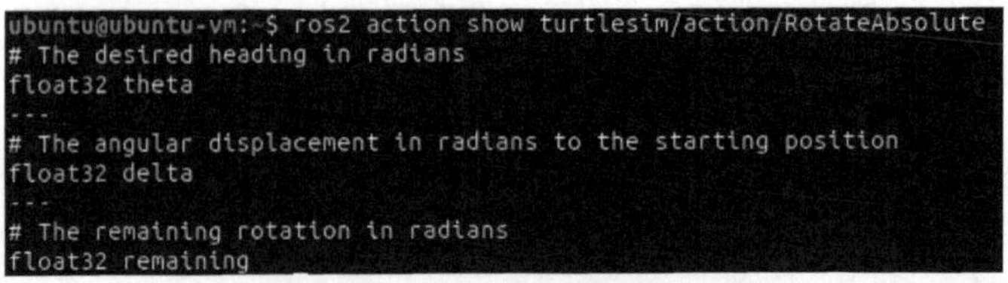

```
ubuntu@ubuntu-vm:~$ ros2 action show turtlesim/action/RotateAbsolute
# The desired heading in radians
float32 theta
---
# The angular displacement in radians to the starting position
float32 delta
---
# The remaining rotation in radians
float32 remaining
```

图 4-71 action 具体的类型信息

输入 send_goal 可以发送命令，发送的格式为 ros2 action send_goal <action name> <action type> <values>，在终端输入 ros2 action send_goal /turtle1/rotate_absolute turtlesim/action/RotateAbsolute "{theta: 1.57}" 可以使用 action 将小海龟转向，打印输出如图 4-72 所示，当小海龟完成运动以后，在终端会输出一个小海龟完成运动的结果。

4.16.6 interface 工具

此外，ROS2 还在 Foxy 版本中新增了 interface 接口操作工具，见表 4-7。

ros2 interface list 指令，作用是分类显示系统内所有的接口，包括消息（Messages）、服务（Services）、动作（Actions），方便查询所有的消息类型，结果如图 4-73 所示。

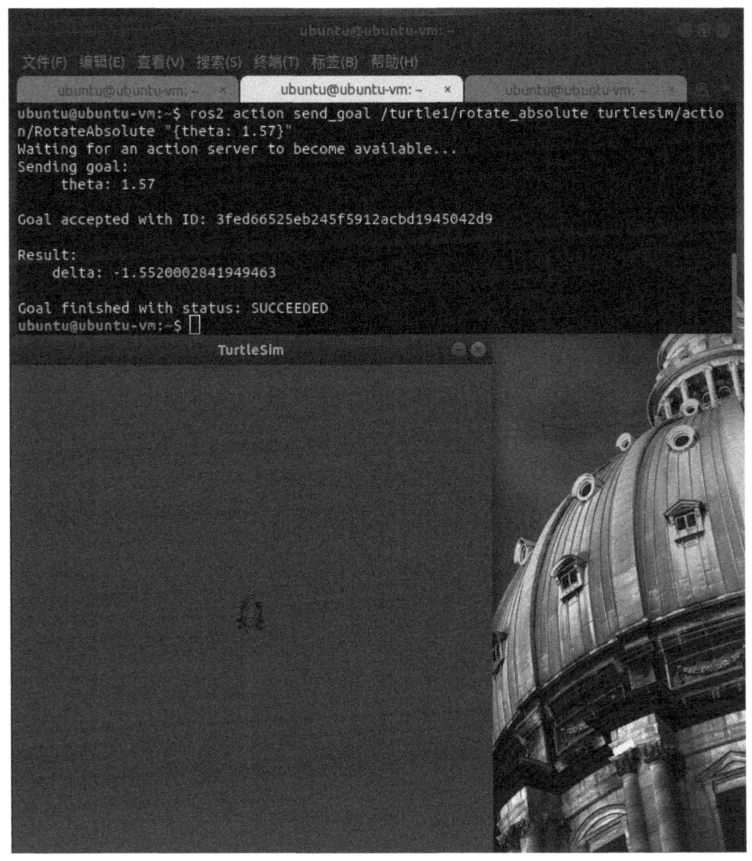

图 4-72　海龟完成运动结果

表 4-7　interface 接口操作工具

list	显示系统内所有的接口
package	显示指定接口包内的子接口
packages	显示指定接口包
show	显示指定接口的详细内容
proto	显示消息模板

```
> ros2 interface list
Messages:
    action_msgs/msg/GoalInfo
    action_msgs/msg/GoalStatus
    action_msgs/msg/GoalStatusArray
    actionlib_msgs/msg/GoalID
    actionlib_msgs/msg/GoalStatus
    actionlib_msgs/msg/GoalStatusArray
    builtin_interfaces/msg/Duration
    builtin_interfaces/msg/Time
    diagnostic_msgs/msg/DiagnosticArray
    diagnostic_msgs/msg/DiagnosticStatus
    diagnostic_msgs/msg/KeyValue
    example_interfaces/msg/Bool
    example_interfaces/msg/Byte
    example_interfaces/msg/ByteMultiArray
    example_interfaces/msg/Char
    example_interfaces/msg/Empty
    example_interfaces/msg/Float32
```

图 4-73　接口类型

ros2 interface package 指令是为了查询当前包内部包含了多少消息（Messages）、服务（Services）、动作（Actions），结果如图 4-74 所示。

```
ros2 interface package action_msgs
action_msgs/msg/GoalInfo
action_msgs/srv/CancelGoal
action_msgs/msg/GoalStatusArray
action_msgs/msg/GoalStatus
```

图 4-74　查看功能包的消息、服务以及动作

ros2 interface packages 相比 list 而言，这部分只会显示所有的接口包用于查询，结果如图 4-75 所示。

```
ros2 interface packages
action_msgs
action_tutorials_interfaces
actionlib_msgs
builtin_interfaces
composition_interfaces
diagnostic_msgs
example_interfaces
gazebo_msgs
geometry_msgs
libstatistics_collector
lifecycle_msgs
logging_demo
map_msgs
nav_msgs
pcl_msgs
pendulum_msgs
rcl_interfaces
rmw_dds_common
rosgraph_msgs
sensor_msgs
```

图 4-75　查看所有的功能包

ros2 interface show 的作用是显示指定接口的详细内容，包含这类消息内部的定义，结果如图 4-76 所示。

```
ros2 interface show geometry_msgs/msg/Twist
# This expresses velocity in free space broken into its linear and angular part
s.

Vector3  linear
Vector3  angular
```

图 4-76　查看接口详细信息

最后一个函数 ros2 interface proto，其作用主要是查询默认的消息模板，在使用命令行发送指令时会比较有用，结果如图 4-77 所示。

```
ros2 interface proto geometry_msgs/msg/Twist
"linear:
  x: 0.0
  y: 0.0
  z: 0.0
angular:
  x: 0.0
  y: 0.0
  z: 0.0
"
```

图 4-77　查看默认消息模板

4.16.7　doctor 工具

我们遇到的一些非常难查的问题，有时候是因为 ROS 的 CMakeList 和 package 配置文件写

的不对导致的。用 ROS1 的时候就很无能为力，需要熟练地掌握每个模块与配置。而 ROS2 中就提供了一个可以检测其方方面面，包括平台、版本、网络、环境、运行系统等的工具 ros2 doctor。ros2 doctor 仅在 Eloquent 及更高的版本中可以使用。doctor 使用方法很简单，这里简单展示如下：

```
ros2 doctor -report
```

结果如图 4-78 所示。

```
   NETWORK CONFIGURATION
inet            : 172.17.0.1
inet4           : ['172.17.0.1']
ether           : 02:42:23:25:8d:20
inet6           : ['fe80::42:23ff:fe25:8d20']
netmask         : 255.255.0.0
device          : docker0
flags           : 4163<UP,BROADCAST,RUNNING,MULTICAST>
mtu             : 1500
broadcast       : 172.17.255.255
ether           : 7c:8a:e1:93:9c:e5
device          : enp44s0
flags           : 4099<UP,BROADCAST,MULTICAST>
mtu             : 1500
inet            : 127.0.0.1
inet4           : ['127.0.0.1']
inet6           : ['::1']
netmask         : 255.0.0.0
device          : lo
flags           : 73<UP,LOOPBACK,RUNNING>
mtu             : 65536
```

图 4-78 doctor 报告

如果要检查是否有问题，可以输入 ros2 doctor 来检测 ros2 的整体配置。具体操作为，先在终端 source 一下 ros2 环境变量，输入下面指令：

```
ros2 doctor
```

这会检查所有的配置模块，并且返回警告和报错。如果系统没有问题，你会看见类似消息：

```
All <n> checks passed
```

结果如图 4-79 所示。

```
All 2 checks passed
```

图 4-79 doctor 检验报告

然而，有一些警告返回是正常的，一条 UserWarning 消息并不意味着配置是不可用的。它更可能是一个指导，提醒有些配置方式并不理想。如果使用一个不稳定的 ROS2 版本，ros2 doctor 会找到并返回警告：

```
UserWarning: Distribution <distro> is not fully supported or tested. To get more consistent
features, download a stable version at https://index.ros.org/doc/ros2/Installation/
```

如果在配置文件里面发现一个奇怪的报错，UserWarning: ERROR: 开头的，这个检查很可能被认为是有错的。

```
1/3 checks failed
Failed modules:  network
```

4.16.8 ROS2 可视化 GUI 与仿真工具

rqt_graph 能够可视化节点和主题之间的连接，这个命令和 ROS1 一样。

```
rqt_graph
```

打开一个新的终端，使用如下指令即可启动 rqt_console：

```
ros2 run rqt_console rqt_console
```

结果如图 4-80 所示。

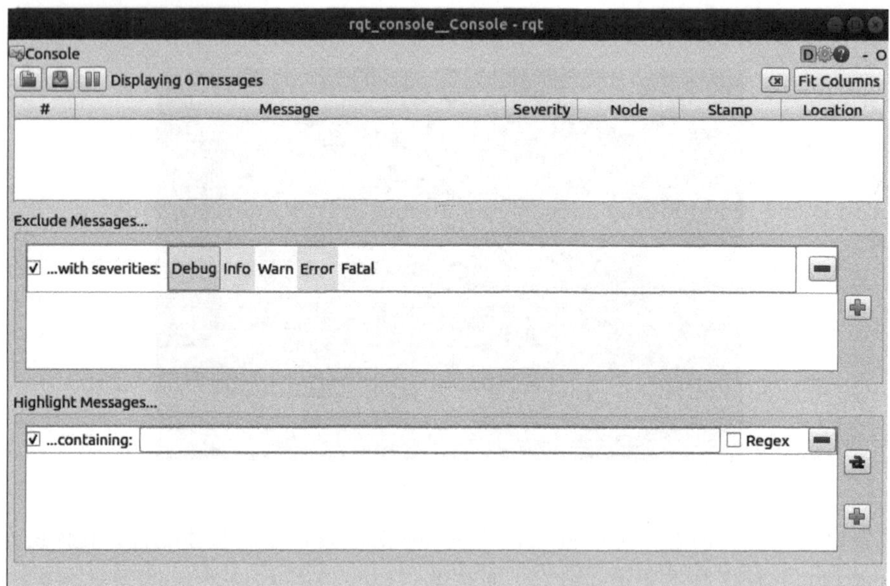

图 4-80　rqt_console 界面

输入 rviz2 即可打开 rviz 界面，它与 ROS1 中的 rviz 没有区别。

```
rviz2
```

结果如图 4-81 所示。

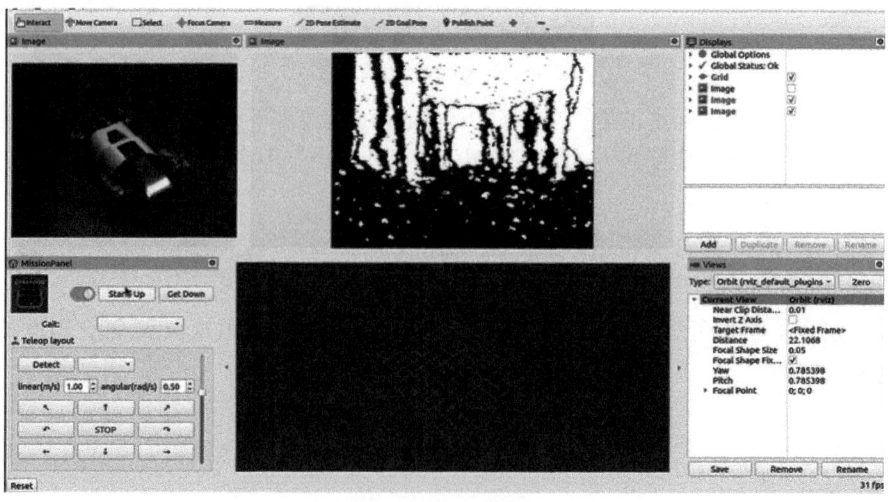

图 4-81　rviz2 界面

输入 rqt 即可使用 rqt 界面，使用方式与 ROS1 也无区别。

结果如图 4-82 所示。

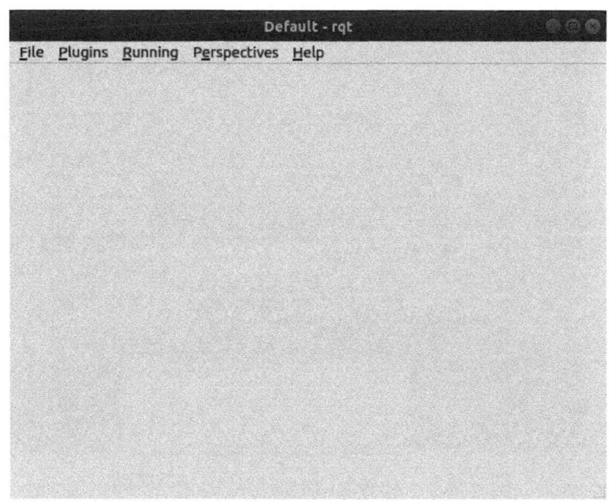

图 4-82 rqt 界面

与 rviz2 和 rqt 一样，Gazebo 也是 ROS1 中经常使用的，其在功能上也没有什么差别，在学习 ROS1 的基础上，可以将操作无缝衔接到 ROS2 中。结果如图 4-83 所示。

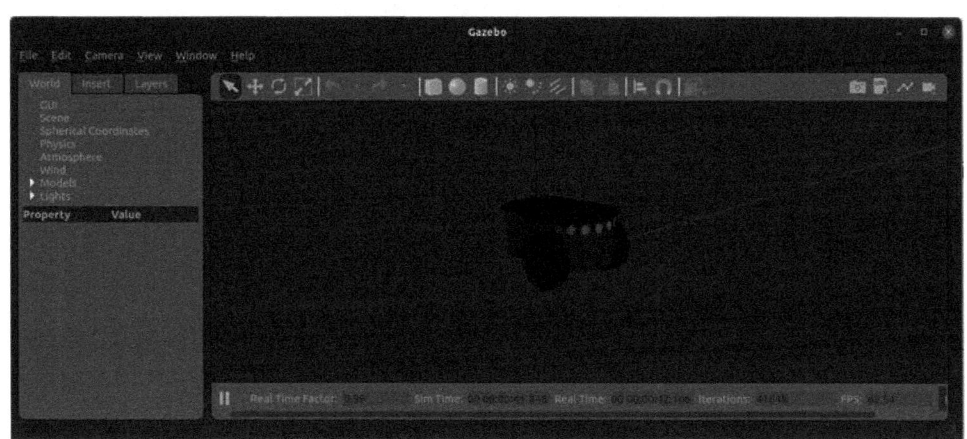

图 4-83 Gazebo 仿真界面

V-rep/CoppeliaSim 与 Gazebo 一样，是适用于 ROS2 环境的仿真工具，通过下载 simExtROS2Interface 的 Foxy 版本，并利用该功能包生成 .so 文件。

```
#1. 下载并编译 libPlugin https://github.com/CoppeliaRobotics/libPlugin
#2. 下载版本
git clone --recursive https://github.com/CoppeliaRobotics/simExtROS2.git sim_ros2_interface
#3. 编辑 meta/interfaces.txtw 文件，如果需要包括更多 ROS 接口，则需要指定完全限定的接口
#4. 编译
colcon build --symlink-install
```

结果如图 4-84 所示。

Webots 作为一种界面与仿真兼具的软件，其可以通过对真实世界中机器人的传感器、执行器的仿真得到一个更加符合真实情况的结果，这也为实机测试省去了大量的麻烦，之前 Webots 与 ROS 还不兼容，目前 Webots 已经全面拥抱 ROS2。从官方提供的例子可以看到 Webots 的上手难度越来越低，中间件直接连通了，只需要通过简单的调用即可完成车辆在仿真环境中的运动。结果如图 4-85 所示。

图 4-84　V-rep/CoppeliaSim 仿真界面

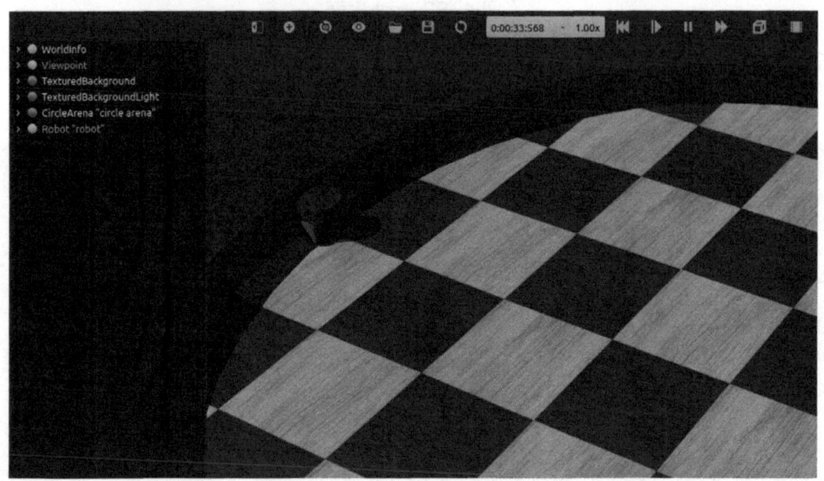

图 4-85　Webots 仿真界面

Unity 作为一种非常通用的平台，其可以构建并部署到 Windows10、Mac OS 或 Linux 等任意主流操作系统。而使用的 Unity Robotics 软件包带有许多现成的接口，能让你轻松与 ROS 或 ROS2 交换信息。目前 Robotic.AI 公司开源了 Unity For ROS2 这一原生 ROS2 应用，这也让我们更容易在 Unity 中上手建模仿真。结果如图 4-86 所示。

图 4-86　Unity 仿真界面

第 5 章 从 ROS1 移植到 ROS2

5.1 ROS1 移植到 ROS2 常见的问题

在 ROS1 移植到 ROS2 之前，先对比 ROS1 与 ROS2 之间的不同。

5.1.1 CMakeList 编写

如下所示，ROS2 采用 ament cmake 系统，取代了 ROS1 的 catkin cmake 系统。

```
find_package(catkin REQUIRED COMPONENTS
…)
catkin_package(
    INCLUDE_DIRS
    LIBRARIES
    CATKIN_DEPENDS)
add_library(controller src/controller.cpp)
add_dependencies(obot_controller obot_msgs_generate_messages_cpp)
install(TARGETS
            obot_controller
            obot_controller_node
    LIBRARY DESTINATION ${CATKIN_PACKAGE_LIB_DESTINATION}
    RUNTIME DESTINATION ${CATKIN_PACKAGE_BIN_DESTINATION}
)
############################################ 改变为 ###############################
find_package(ament_cmake REQUIRED)
find_package(... REQUIRED)
ament_export_include_directories(include)# 标记导出的 include 目录对应的目录（这是通过目标 install
调用中的 INCLUDES DESTINATION 来实现）
ament_export_libraries(my_library)# 标记安装的库的位置（这是由 ament_export_targets 调用中的 HAS_
LIBRARY_TARGET 参数来完成）
ament_export_dependencies(some_dependency)
ament_target_dependencies(${PROJECT_NAME} ${DEPS})
```

```
ament_package()
install(TARGETS ${PROJECT_NAME}_node
    ARCHIVE DESTINATION lib
    LIBRARY DESTINATION lib
    RUNTIME DESTINATION bin)
```

若想构建一个兼容 ROS1/2 的 CMakeList.txt，在不同 ROS 版本有区别的部分通过环境变量触发条件编译，如下所示：

```
if($ENV{ROS_VERSION} EQUAL 2)
########################
## BULD VERSION: ROS2 ##
########################
else()
########################
## BULD VERSION: ROS1 ##
########################
endif()
```

package.xml 的改变如下所示：

```
<buildtool_depend>catkin</buildtool_depend>
<!-- 对应的包 -->
<build_depend>message_generation</build_depend>
<exec_depend>message_runtime</exec_depend>
<!--################## 改变为 #################-->
<buildtool_depend>ament_cmake</buildtool_depend>
<build_type>ament_cmake</build_type>
<!-- 对应的包 -->
<build_export_depend>rclpy</build_export_depend>
<exec_depend>rclpy</exec_depend>
```

若想构建一个兼容 ROS1/2 的 package.xml，在不同 ROS 版本有区别的部分通过环境变量设置条件。

```
<export>
      <build_type condition="$ROS_VERSION == 1">catkin</build_type>
      <build_type condition="$ROS_VERSION == 2">ament_cmake</build_type>
    </export>
```

5.1.2 launch 文件

ROS2 较 ROS1，在 launch 方面进行了比较大的改动。原先 ROS1 是使用 xml 格式来编写 launch 文件，而 ROS2 是用 python 来编写 launch 文件，这是 launch 文件的示例。

```
# 导入库
from launch import LaunchDescription
from launch_ros.actions import Node
from ament_index_python.packages import get_package_share_directory
import os
# 定义函数名称为：generate_launch_description
def generate_launch_description():
      ns = os.environ.get('ROBOT_ID')##read namespace from env
      return LaunchDescription([
          Node(
              # 创建 Node 对象 fusion_localizer_node，标明所在位置 fusion_localizer，将可执行文件重命名为 fusion_localizer_nodes，同时可以将运行节点 node 放在同一个自定义的命名空间 ns 当中
              package='fusion_localizer',
```

```
                namespace=ns,
                executable='fusion_localizer_node',
                name='fusion_localizer_nodes',
                parameters,
            ),
        ])
## 少量 parameters 也可以用以下方法
parameters=[    {'use_sim_time': True},
                {'lane_filename': "tianjin_special_lanes.yaml"},
                {'qc_info_topic': "/b_info"},
                {'service_lane_in_buffer': 3.0}]
```

对于 ROS1 来说，launch 文件一般是使用 xml 语言完成的。

```
<launch>
         <node pkg="beginner1" name="tempspeak" type="speak" output="screen">
         <remap from="speaker" to="listener"/>
         </node>
         <node pkg="beginner1" name="templisten" type="listen" output="screen">
         <remap from="listener" to="listener"/>
         </node>
         <group ns="demo_1">
             <node name="demo_1" pkg="demo_1" type="demo_pub_1" output="screen"/>
             <node name="demo_1" pkg="demo_1" type="demo_sub_1" output="screen"/>
         </group>
         <group ns="demo_2">
             <node name="demo_2" pkg="demo_2" type="demo_pub_2" output="screen"/>
             <node name="demo_2" pkg="demo_2" type="demo_sub_2" output="screen"/>
         </group>
         <rosparam file="***.yaml" command="load" ns="XXX">
</launch>
```

5.1.3　parameter

launch 文件中同样可以对 parameter 进行少量赋值，但是大量的 parameter 参数则需要通过 yaml 文件进行读取。在 ROS2 中，yaml 文件格式是不一样的：第一层为你的 namespace，第二层为你的 node_name，第三层为 ros__parameters，该层名称为固定不可修改的，第四层为具体的参数，接收包括 int、double、bool、string 等类型。同一 namespace 的 node 应放置于同一层相邻。

```
your_node_namespace:
    your_node_name_1:
      ros__parameters:
        ip: "192.168.0.10"
        port: 12002
        output: false
    your_node_name_2:
       ros__parameters:
          subscribe_topic: "/node_namespace_1/topic"
```

可以使用命令行调用对应的 launch 文件：

```
ros2 run turtlesim turtlesim_node --ros-args --params-file ./turtlesim.yaml
```

而在 ROS1 中则是很简单的 yaml 格式，直接是 namespace 层（可省略）对应具体的参数。

```
      local_costmap:
    global_frame: odom
```

```
    robot_base_frame: base_link
    update_frequency: 5.0
    publish_frequency: 5.0
    transform_tolerance: 0.5
```

同时，在 ROS1 中，Parameter 参数机制默认是无法实现动态监控的（需要配合专门的动态机制），比如正在使用的参数被其他节点改变了，如果不重新查询，就无法确定改变之后的值。ROS2 最新版本中添加了参数的事件触发机制 ParameterEventHandler，当参数被改变后，可以通过回调函数的方式，动态发现参数修改结果。

5.1.4 代码移植部分

ROS2 中有较多细节上的变化，开始 coding 之前应当注意，尤其是 ROS2 代码编写中节点通信、文件中 include 调用 msg、namespace 有变化。

ROS2 中实现了 rclcpp::Node 类，因此功能节点的实现采用主要的类继承 Node 的方式，不再需要维护 node handle，而 Node 类提供了 clock、time、logger、create publisher /subscriber / timer /server /client 等一系列功能。

下面简单地介绍 ROS2 中比较常见的实现上述功能的方法。

首先是 ROS2 中 Node 的 topic、service、action 方法的定义，在 ROS2 中它们都可以通过智能指针来创建，如下所示：

```
// 创建一个订阅者
rclcpp::Subscription<nav_msgs::msg::Odometry>::SharedPtr my_sub_;
// 创建一个发布者
rclcpp::Publisher<std_msgs::msg::String>::SharedPtr my_pub_;
// 创建一个服务
rclcpp::Service<std_srvs::srv::SetBool>::SharedPtr switch_srv_;
// 创建一个客户
rclcpp::Client<std_srvs::srv::SetBool>::SharedPtr ndt_client_;
// 创建一个定时器
rclcpp::TimerBase::SharedPtr timer_;
```

在 Python 中，可以直接通过赋值的方式创建，不需要提前声明变量类型，所以这里没有 Python 的例子。

在类构造函数中创建 publisher/subscriber，在 create_subscription 中使用 std::bind 或者 lambda 表达式构造调用对象 Callback，当然使用 ROS1 的方式也可以编写简单的 ROS1 程序，只是 ROS2 已经趋向推荐面向对象编程了，如下所示：

```
// 发布者赋值
my_pub_ = this->create_publisher<std_msgs::msg::String>("/localization_permutation", 10);
// 订阅者赋值
my_sub_ = this->create_subscription<nav_msgs::msg::Odometry>(
                    localization_topic, 1,
                    std::bind(&LocalizationSwitchboard::localizationCallback,
                              this, std::placeholders::_1));
//或者使用 lambda 表达式，如下所示
my_sub_ = this->create_subscription<nav_msgs::msg::Odometry>(
                    localization_topic, 1,
                    [this](const nav_msgs::msg::Odometry::ConstPtr msg)
                    {localizationCallback(msg)});
// 客户赋值
my_client_ = node->create_client<turtlesim::srv::Spawn>("/spawn");
```

```
// 服务赋值
my_server_ = this->create_service<std_srvs::srv::Trigger>("speed_up",
             std::bind(&my_c_srv_node::server_cb, this, std::placeholders::_1,
std::placeholders::_2));
// action server 赋值
this->action_server_ = rclcpp_action::create_server<my_action::action::Count>(
      this->get_node_base_interface(),
      this->get_node_clock_interface(),
      this->get_node_logging_interface(),
      this->get_node_waitables_interface(),
      "Count",
      std::bind(&CountActionServer::handle_goal, this, _1, _2),
      std::bind(&CountActionServer::handle_cancel, this, _1),
      std::bind(&CountActionServer::handle_accepted, this, _1));
// action client 赋值
this->client_ptr_ = rclcpp_action::create_client<my_action::action::Count>(
      this->get_node_base_interface(),
      this->get_node_graph_interface(),
      this->get_node_logging_interface(),
      this->get_node_waitables_interface(),
        "Count");
// 定时器赋值，需要包含头文件 <chrono>
#include <chrono>
using namespace std::chrono_literals;
timer_ = this->create_wall_timer(
        1000ms, std::bind(&ParametersClass::respond, this));
std::bind(&LandMarkLocalizer::LandmarkThread, this));
// 抽象化的 timer，可以自定义时钟源
// 此处给的是 node clock 即 ros clock，在调试时可以使用仿真时间
#include <chrono>
using namespace std::chrono_literals;
landmark_timer_ = rclcpp::create_timer(this, this->get_clock(), 100ms,std::bind(&LandMarkLocal
izer::LandmarkThread, this));
```

Python 的写法如下所示：

```
# 创建一个发布者
self.publisher_ = self.create_publisher(Twist, '/turtle1/cmd_vel', 10)
# 创建一个订阅者
self.subscription = self.create_subscription(
           Twist,
           'turtle1/cmd_vel',
           self.listener_callback,
           10)
# 创建一个客户
self.cli = self.create_client(Spawn, '/spawn')
# 创建一个服务
self.srv = self.create_service(Trigger, 'speed_up', self.srv_cb)
# 创建一个 action server
self._action_server = ActionServer(
      self,
      Count,
      'count',
      self.execute_callback
)
# 创建一个 action client
self._action_client = ActionClient(self, Count, 'count')  # 服务名绑定为 count
# 创建一个定时器
self.timer = self.create_timer(timer_period, self.timer_callback)
```

对于 service 部分，ROS2 对处理 request 的方式与 ROS1 基本一致，但是 client 发送端请求获得反馈的方式有变化。

ROS1 中常用的 client.call(srv) 方式不再被 ROS2 支持，转而使用 client->async_send_request(rquest) 的异步方式，这种方式会返回一个 std::future 类型的变量用于检测是否已经获得回应。

在实际移植过程中发现一个常见的使用场景：client 在原地阻塞式等待 request 结果将会造成死锁，原因是 ROS2 中也是默认每一个 Node 都是一个进程。哪怕不显式地注册，async_send_request 也会有一个 callback 用来接收 response，这样就造成了在 timer callback 中等待会在其他 callback 中到达 response。而 ROS2 中若不采用多线程、multi callback group 的 spin 方式，各个 callback 间采用单线程轮询调度，get() 会阻塞当前线程，async_send_request 的 callback 就永远无法被调用。解决方式就是采用多线程、multi callback group 的方式 spin。这里可以使用 r.wait_for(1s)；来有效避免延迟导致的问题。

```
auto r = ins_client->async_send_request(new_req_ptr, visual_lane_tracker_on_client_callback);
auto status = r.wait_for(1s);
if (status != std::future_status::ready)
RCLCPP_ERROR_STREAM(this->get_logger(),"Time out waiting for response: " << name);
```

对于参数部分，nested params 应该采用 “.” 作为层级分隔符，而不是 “/”，如下所示：

```
// 定义名字为 odom/topic_name 的参数默认值为 odom0 里面的值
ros_node_->declare_parameter("odom.topic_name", rclcpp::ParameterValue("odom0"));
ros_node_->get_parameter("odom.topic_name", temp, 1);// 无法获取时用默认值
```

param 通过 declare_parameter 来声明参数，使用 get_parameter 来获得参数，如下所示：

```
float vel;
this->declare_parameter<std::string>("speed", 1.0);
this->get_parameter("speed", vel);
```

Python 的写法如下所示：

```
self.declare_parameter('speed', 1.0)
self.vel_ = self.get_parameter('speed').get_parameter_value().double_value
```

在头文件调用上面 ROS1 新加入了一个 msg /srv /action 的目录，如下所示：

```
#include <nav_msgs/Odometry.h>
#include <std_srvs/SetBool.h>
#include <std_msgs/Int32.h>
<std_srvs::SetBool>
<std_msgs::String>
//------------- 变为 ----------------------
#include <nav_msgs/msg/odometry.hpp>
#include <std_srvs/srv/set_bool.hpp>
#include <std_msgs/msg/int32.hpp>
<std_srvs::srv::SetBool>
<std_msgs::msg::String>
```

Python 在头文件调用上没有发生改变。

在打印日志方面，ROS2 在终端输出前，需要先获取 logger，如下所示：

```
ROS_INFO("...");
//------------- 变为 ----------------------
RCLCPP_INFO(this->get_logger(),"...")
```

Python 的写法如下所示：

```
RCLCPP_INFO(this->get_logger(), "the velocity is %f", vel_);
```

ROS2 中 msg 不再支持 ROS1 中的基本类型 time，因此所有相关时间戳使用 builtin_interfaces/Time 类型替代。

```
// 从时间戳获取浮点型的时间，先利用 stamp 构造 rclcpp::Time 对象
double stamp = rclcpp::Time(sensor_data->dji_points->header.stamp).seconds();
// 获取当前时间
double start_stamp = this->now().seconds();
```

Python 的写法如下所示：

```
import rclpy.time
# 从时间戳获取浮点型的时间，先利用 stamp 构造 rclcpp::Time 对象
stamp,_ = rclpy.time.Time.from_msg(sensor_data.dji_points.header.stamp).seconds_nanoseconds()
# 获取当前时间和 nano 时间
start_stamp,_ = self.get_clock().now().seconds_nanoseconds()
```

5.2　ROS1 与 ROS2 包的互相转换及使用

首先安装 ROS1，安装 ROS1 的部分在前文已提到，在此不再赘述。

然后安装依赖：

```
sudo apt update
sudo apt-get install ros-dashing-ros1-bridge
```

由于使用的是 dashing 版本，所以不会自动安装 ros bag，需要单独进行安装。

```
sudo apt-get install ros-dashing-ros2bag ros-dashing-rosbag2*
```

5.2.1　使用 ROS2 录制小海龟包

首先简单介绍 ros2 bag 的使用方法。ros2 bag 的几种用法如表 5-1 所示。

表 5-1　ros2 bag 的使用

info	检索 bag 文件的内容
play	播放 bag 文件
record	记录某一个话题的消息

首先新建一个目录，用于存放 rosbag 文件。

```
mkdir my_bag
```

然后打开小海龟仿真，继续新建终端，打开小海龟仿真键盘控制节点。

```
ros2 run turtlesim turtlesim_node
# 新的终端
ros2 run turtlesim turtle_teleop_key
```

继续打开新的终端，并记录 /turtle1/cmd_vel 指令，存放 bag 文件于目录 ~/my_bag 下面。

```
ros2 bag record /turtle1/cmd_vel -o ~/my_bag/my_turtlesim_bag_1
```

点开小海龟键盘控制的终端，使用键盘控制小海龟随机移动一会儿，移动的轨迹如图 5-1 所示，结束录制只要 Ctrl+C 终止 ros2 bag record 命令就可以。

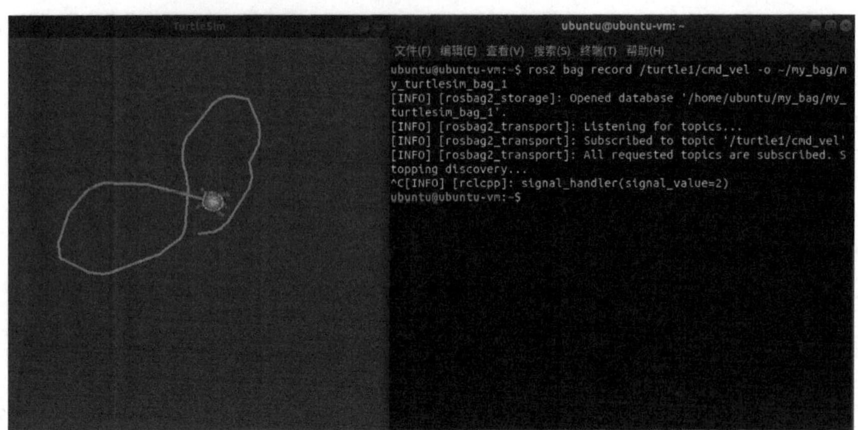

图 5-1　小海龟命令记录

这时，在 ~/my_bag/ 目录下面就会多出记录的 bag 文件，如图 5-2 所示。

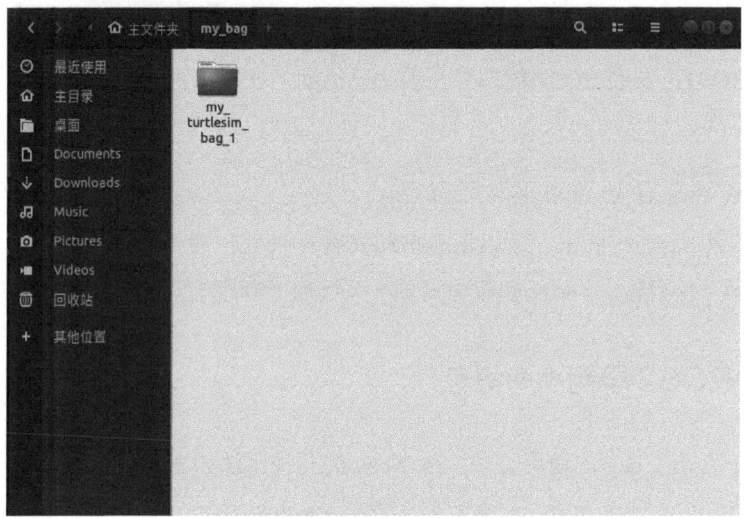

图 5-2　~/my_bag/ 目录下面多出的 bag 文件

若想复现刚刚录制的运动轨迹，只需要使用 rosbag 回放刚刚录制的指令即可。在终端输入如下所示的代码，即可复现录制的运动轨迹。

```
ros2 service call /reset std_srvs/srv/Empty
ros2 bag play ~/my_bag/my_turtlesim_bag_1
```

也可以使用 info 来查看对应 bag 的信息，在终端输入：

```
ros2 bag info ~/my_bag/my_turtlesim_bag_1
```

可以看到对应录制包文件信息的输出，如图 5-3 所示。

```
Files:             my_turtlesim_bag_1.db3
Bag size:          56.4 KiB
Storage id:        sqlite3
Duration:          14.968s
Start:             Jul  5 2022 17:24:16.108 (1657013056.108)
End                Jul  5 2022 17:24:31.76 (1657013071.76)
Messages:          87
Topic information: Topic: /turtle1/cmd_vel | Type: geometry_msgs/msg/Twist | Count: 87 | Serialization Format: cdr
```

图 5-3　对应录制包文件输出

5.2.2 ROS2 转 ROS1 的 bag 包 1

在开始之前，需要将设置的 .bashrc 对 ROS2 环境的相关配置清空或者注释以防报错。

使用 ros1_bridge 来将 ROS2 的消息传入 ROS1 中，使其能够协同工作，图 5-4 是 ros1_bridge 的工作原理。

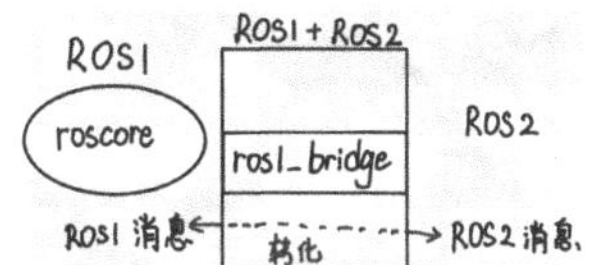

图 5-4 ros1_bridge 工作示意图

首先打开一个终端并且输入，启动 ROS1。

```
source /opt/ros/melodic/setup.bash
roscore
```

然后打开 ros1_bridge，这样可以使 ROS2 中的消息转化格式，使 ROS1 能够接收到。

```
source /opt/ros/melodic/setup.bash
export ROS_DISTRO=dashing
source /opt/ros/dashing/setup.bash
ros2 run ros1_bridge dynamic_bridge   --bridge-all-topics
```

注意，如果是 Foxy 以及往后的版本，可以直接使用 source 加载相应的环境变量。

```
source /opt/ros/noetic/setup.bash
source /opt/ros/foxy/setup.bash
ros2 run ros1_bridge dynamic_bridge   --bridge-all-topics
```

打开小海龟仿真并再建立一个新终端打开键盘控制节点，不难发现，这个小海龟仿真是使用 ROS1 打开的。

```
source /opt/ros/melodic/setup.bash
rosrun turtlesim turtlesim_node
# 新的终端
source /opt/ros/melodic/setup.bash
rosrun turtlesim turtle_teleop_key
```

然后在 ROS2 中播放速度控制的指令。

```
source /opt/ros/dashing/setup.bash
ros2 bag play ~/my_bag/my_turtlesim_bag_1
```

可以发现小海龟按照记录的轨迹移动，ros1_bridge 在转换消息时也会有信息提示，如图 5-5 所示。

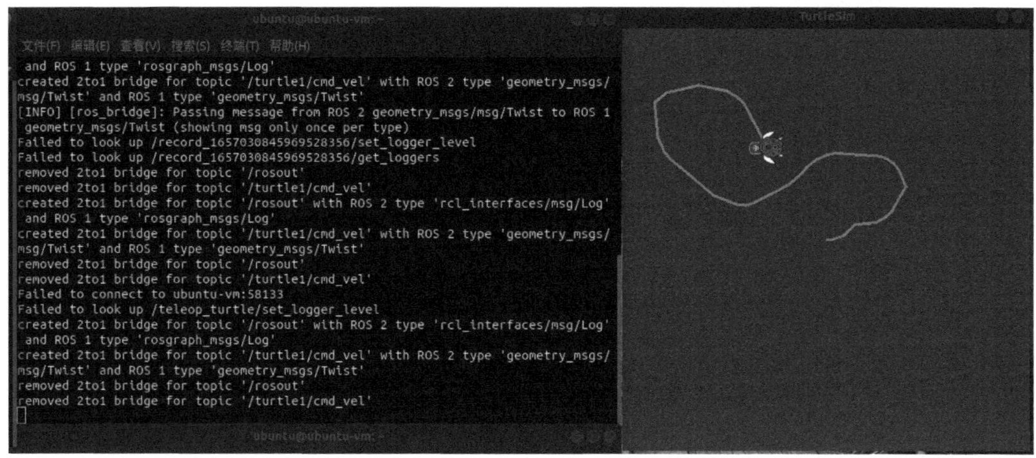

图 5-5 小海龟按照记录轨迹移动

5.2.3 ROS2 转 ROS1 的 bag 包 2

为了将录制的 ROS2 的 bag 包转换为 ROS1 格式的 bag 包，大致需要以下步骤：

① 播放 ROS2 的包。

② ROS1 监听到 ROS2 播放的 topic，然后再录制 topic 即可。

如果没有使用自定义消息进行通信，则不需要通过源码进行安装 ros1_bridge。下面来介绍如何转化 bag 包。

首先打开一个终端，并启用节点。

```
source /opt/ros/melodic/setup.bash
roscore
```

然后打开 ros1_bridge。

```
source /opt/ros/melodic/setup.bash
export ROS_DISTRO=dashing    // 这一步在 foxy 以及更高版本省略
source /opt/ros/dashing/setup.bash
ros2 run ros1_bridge dynamic_bridge   --bridge-all-topics
```

再开启一个新的终端，用来回放 ros2 bag 录制的数据。

```
source /opt/ros/dashing/setup.bash
ros2 bag play ~/my_bag/my_turtlesim_bag_1
```

继续启动一个终端，用于录制 ROS1 的包，保存路径设置为 ~/my_bag。

```
source /opt/ros/melodic/setup.bash
rosbag record /turtle1/cmd_vel -o ~/my_bag/
```

最终可以看到成功保存的提示符号以及对应文件，如图 5-6 所示。

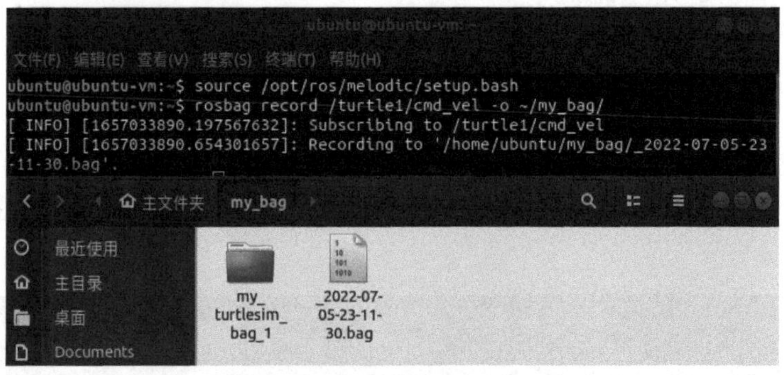

图 5-6　文件保存成功提示

5.2.4 ROS1 转 ROS2 的 bag 包

方法与 ROS2 转 ROS1 的 bag 包大致相同，需要注意的是在 ROS1 转化 ROS2 的包时，需要用 ros2 bag record 来记录 bag 包的数据，使用 rosbag play 来播放 ROS1 包的数据。

5.2.5 自定义类型 msg 的 bag 包转换

这里与上述的区别就在于自定义的类型 ros1_bridge 必须用源代码重新编译，开始之前需要删掉原来安装的 ros-dashing-ros1-bridge。

（1）创建 ROS2 的功能包

首先需要建立 ROS2 功能包。

```
mkdir -p ~/my_ros2_msg/src
mkdir -p ~/my_ros1_msg/src
```

然后按照第 1 章和第 2 章的方法建立对应的自定义消息文件。

```
source /opt/ros/dashing/setup.bash
cd ~/my_ros2_msg/src
ros2 pkg create ros2_msg --build-type ament_cmake
cd ros2_msg
mkdir msg
rm -rf include
rm -rf src
```

在 msg 目录中创建一个名为 RosMsg.msg 的文件，其内容如下所示：

```
int64 a
int64 b
float64 c
float64 d
```

找到对应的 CMakeLists.txt 文件，内容如下所示：

```
cmake_minimum_required(VERSION 3.5)
project(ros2_msg)
if(NOT CMAKE_C_STANDARD)
    set(CMAKE_C_STANDARD 99)
endif()
if(NOT CMAKE_CXX_STANDARD)
    set(CMAKE_CXX_STANDARD 14)
endif()
if(CMAKE_COMPILER_IS_GNUCXX OR CMAKE_CXX_COMPILER_ID MATCHES "Clang")
    add_compile_options(-Wall -Wextra -Wpedantic)
endif()
find_package(ament_cmake REQUIRED)
find_package(builtin_interfaces REQUIRED)
find_package(rosidl_default_generators REQUIRED)
rosidl_generate_interfaces(custommsg
    "msg/RosMsg.msg"
    DEPENDENCIES builtin_interfaces
)
install(
    FILES ros_bridge_mapping.yaml
    DESTINATION share/${PROJECT_NAME})
ament_package()
```

继续往 package.xml 中添加依赖项。

```
      <buildtool_depend>ament_cmake</buildtool_depend>
    <buildtool_depend>rosidl_default_generators</buildtool_depend>
    <member_of_group>rosidl_interface_packages</member_of_group>'
    <test_depend>ament_lint_auto</test_depend>
    <test_depend>ament_lint_common</test_depend>
    <export>
      <build_type>ament_cmake</build_type>
      <ros1_bridge mapping_rules="ros_bridge_mapping.yaml"/>
    </export>
```

继续在 ros2_msg 目录下面添加 ros_bridge_mapping.yaml 的文件，其内容如下所示：

```
-
    ros1_package_name: 'ros1_msg'
    ros1_service_name: 'RosMsg'
    ros2_package_name: 'ros2_msg'
    ros1_service_name: 'RosMsg'
```

然后编译上述代码。

```
source /opt/ros/dashing/setup.bash
cd ~/my_ros2_msg
colcon build
```

编译完成以后如图 5-7 所示。

```
ubuntu@ubuntu-vm:~/my_ros2_msg$ colcon build
Starting >>> ros2_msg
Finished <<< ros2_msg [0.69s]

Summary: 1 package finished [0.81s]
```

图 5-7　编译成功输出

（2）创建 ROS1 的功能包

下面来创建一个 ROS1 的功能包。

```
mkdir -p ~/my_ros1_msg/src
cd ~/my_ros1_msg/src
```

继续完善 ROS1 功能包。

```
source /opt/ros/melodic/setup.bash
cd ~/my_ros1_msg/src
catkin_create_pkg ros1_msg std_msgs
cd ros1_msg
mkdir msg
```

然后在 msg 目录下面创建一个名为 RosMsg.msg 的文件，内容如下所示：

```
int64 a
int64 b
float64 c
float64 d
```

找到对应的 CMakeLists.txt 文件，内容如下所示：

```
cmake_minimum_required(VERSION 3.0.2)
project(ros1_msg)
find_package(catkin REQUIRED COMPONENTS
    std_msgs
    message_generation
)
add_message_files(
    FILES
    RosMsg.msg
)
generate_messages(
    DEPENDENCIES
    std_msgs
)
catkin_package(
     CATKIN_DEPENDS std_msgs message_runtime
)
```

继续往 package.xml 中添加依赖项。

```
<build_depend>message_generation</build_depend>
<exec_depend>message_runtime</exec_depend>
```

完成后编译代码。

```
source /opt/ros/melodic/setup.bash
cd ~/my_ros1_msg
catkin_make
```

编译完成以后如图 5-8 所示。

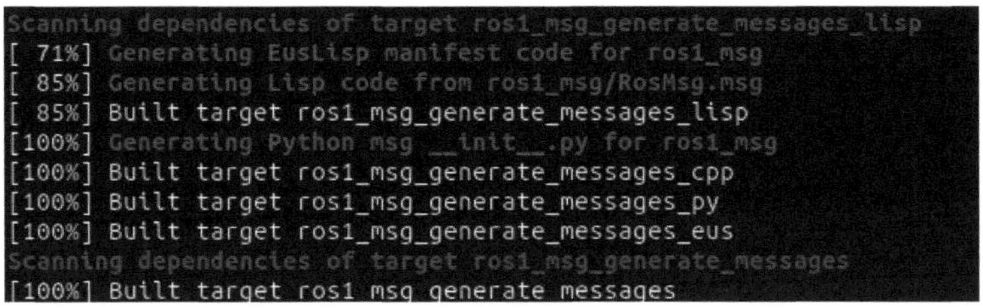

```
Scanning dependencies of target ros1_msg_generate_messages_lisp
[ 71%] Generating EusLisp manifest code for ros1_msg
[ 85%] Generating Lisp code from ros1_msg/RosMsg.msg
[ 85%] Built target ros1_msg_generate_messages_lisp
[100%] Generating Python msg __init__.py for ros1_msg
[100%] Built target ros1_msg_generate_messages_cpp
[100%] Built target ros1_msg_generate_messages_py
[100%] Built target ros1_msg_generate_messages_eus
Scanning dependencies of target ros1_msg_generate_messages
[100%] Built target ros1_msg_generate_messages
```

图 5-8　编译成功输出

（3）使用 ros1_bridge 进行转化

```
mkdir -p ~/ros1_bridge_ws/src
cd ~/ros1_bridge_ws/src
git clone -b dashing https://github.com/ros2/ros1_bridge.git
```

然后继续编译。

```
source /opt/ros/melodic/setup.bash
export ROS_DISTRO=dashing
source /opt/ros/dashing/setup.bash
source ~/my_ros1_msg/devel/setup.bash
source ~/my_ros2_msg/install/setup.bash
cd ~/ros1_bridge_ws
colcon build --symlink-install --packages-select ros1_bridge --cmake-force-configure --cmake-args -DBUILD_TESTING=FALSE
```

等待编译完成以后，列出映射的消息。

```
source ~/ros1_bridge_ws/install/local_setup.bash
ros2 run ros1_bridge dynamic_bridge --print-pairs | grep RosMsg
```

得到的输出结果如下所示：

```
    - 'my_ros2_msg/msg/RosMsg' (ROS 2) <=> 'my_ros1_msg/RosMsg' (ROS 1)
```

第6章

无人机相机定位

6.1 定位算法概述

6.1.1 主流定位算法

近年来，随着机器人和无人机行业的发展，越来越多的传统机器人被加入了以 cartographer 和 LOAM 为首的定位算法。与此同时，用户对于定位精度的要求也在不断提高。根据作业环境的不同，移动机器人定位技术可以分为室内定位系统（Indoor Location System，ILS）和室外定位系统（Outdoor Location System，OLS），下面将围绕这两种系统展开，展现室内定位和室外定位的不同之处。

6.1.2 室内定位算法——RFID 定位

作为室内定位算法，与室外最大的不同在于，它是一个密闭的有限空间中的场景，同时不存在 GPS 作为绝对参照，需要使用其他传感器的收发搭配来弥补这一问题。而以 RFID、红外发射器（IR）、超声波发射器为代表的这一类发射特殊信号的设备则是室内定位的有效选择。这类定位设备利用了电感和电磁耦合或电磁反射的传输特性，实现对物体位置和其他信息的自动识别。具体来说这类设备信号是具有一定波长的电磁波，它的频率为 kHz、MHz、GHz，范围从低频到高频不一。

这一类具有一定计算能力的处理设备优点就是可以在不受室内环境影响的情况下有效地提供高精度的定位，机器人可以主动地、周期性地向外界广播自身的 ID 信息，同时广播的 ID 信息被预先部署在室内顶部 / 地面的红外接收器收集，并传递到中心服务器，由中心服务器根据已知的设备位置信息估算出目标对象的位置信息。定位如图 6-1 所示。

RFID 定位系统通过机器人自身的接收设备和事先安置好的发射设备的信号强度 RSSI 的分析计算，利用“最近邻居”算法和经验公式计算出带定位标签的坐标。

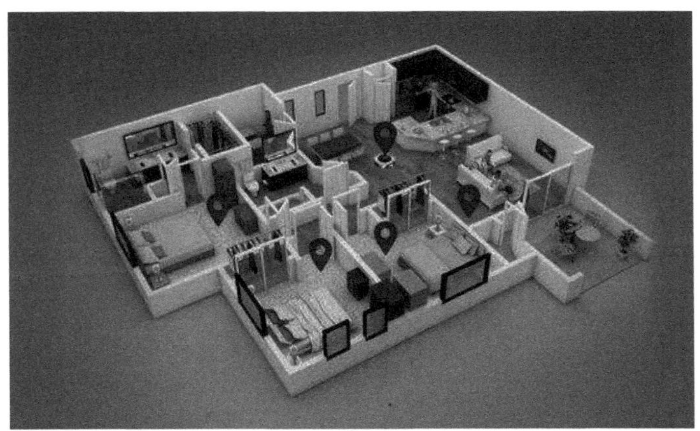

图 6-1 RFID 室内定位示意图

6.1.3 室内定位算法——WIFI 定位

相较于利用红外发射器（IR）、RFID、超声波发射器（UT）这类特制的传感器定位方法，WIFI 定位因其在家庭、商场、工厂等室内封闭环境中普遍存在，从而不需要额外花费大量的设备采购费用，大大降低了定位系统的部署难度和建设成本。同时笔记本电脑、智能手机、平板电脑等设备都具备无线网卡，非常方便连接进行配置。WIFI 定位同时可以带来和 RFID、红外发射器（IR）、超声波发射器（UT）等传感器同一量级的定位精度，这使得基于 WIFI 信号的定位方法具有广泛应用的可能。WIFI 室内定位如图 6-2 所示。

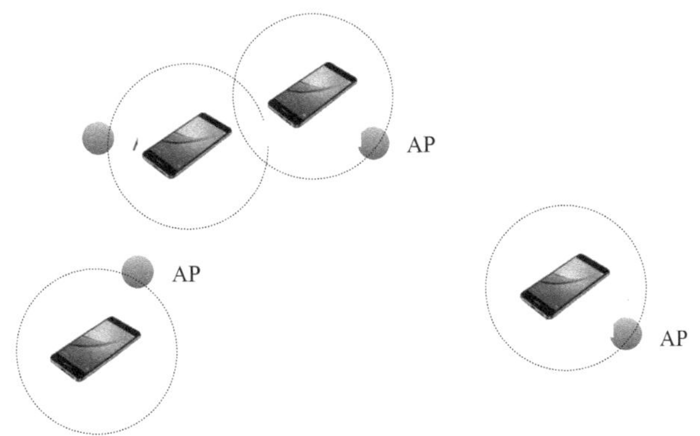

图 6-2 WIFI 室内定位示意图

WIFI 定位方法基本可以分为两大类：①不基于 RSSI 的 TOA（Time of Arrival）、TDOA（Time Difference of Arrival）、AOA（Angle of Arrival）算法；②基于周围各 AP（Access Point）发送信号强度 RSSI 的三角定位算法和指纹定位方法（Fingerprinting-based Localization）。这些方法可以根据在空间中不同位置无线信号的空间差异性，完成米级定位精度。

6.1.4 室内定位算法——UWB 定位

超宽带技术（UWB）作为目前室内最常用的传感器定位技术，其定位精度也是这些传感器中最高的。UWB 不需要传统通信中的载波，而是通过窄脉冲完成数据的传输。同时 UWB

一般需要3个以上定位基站的支持，如果基站的数量降低会大大影响定位的精度。UWB室内定位如图6-3所示。

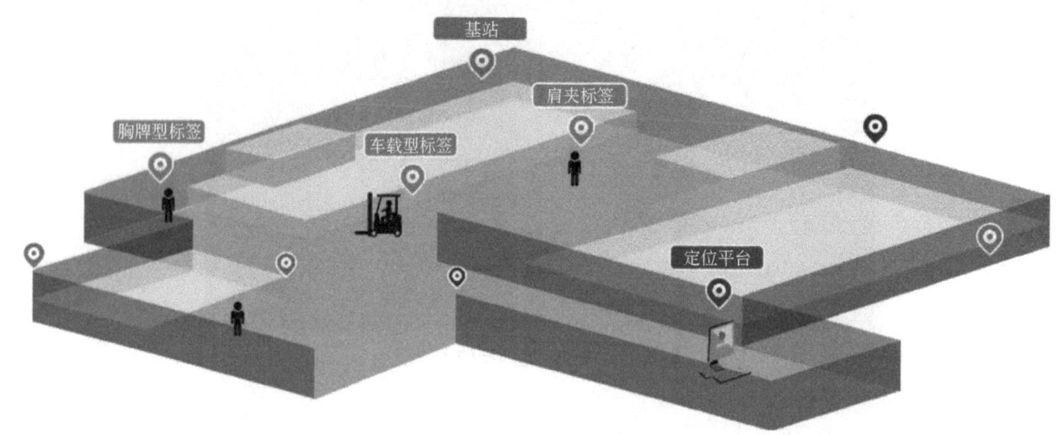

图6-3　千寻官网UWB室内定位示意图

UWB定位一般使用到达时间差原理（TDOA）算法进行定位，这类方法可以实现室内亚厘米级别的定位精度，同时由于UWB设备不会对同一环境下的其他设备产生干扰、穿透性较强等特性，被广泛应用于需要较高定位精度的UAV、AGV等机器人室内工作场景。

6.1.5　室外定位算法——GPS/RTK基站定位

GPS定位是室外最常使用的定位方式，其并不是特指美国的全球定位系统（GPS），而是泛指美国的全球定位系统（GPS）、中国的北斗定位系统、俄罗斯的格洛纳斯定位系统（GLONASS）、欧洲的伽利略定位系统（GALILEO），被广泛应用于室外定位。GPS定位的原理也非常简单，基本就是通过至少四颗已知位置的卫星，来确定GPS接收器的位置，当然卫星数越多，定位的效果越好。

RTK（Real-Time Kinematic）称为实时动态差分法，又称为载波相位差分技术，是实时处理两个测量站载波相位观测量的差分方法。RTK工作模式下，至少存在三个基准站（GNSS接收机），同时基准站和机器人之间的距离并没有超过通信范围。此时可以根据三个基准站接收到的测量数据进行计算得出差分数据，然后将差分数据发送给机器人，并经过坐标系转换，最终得出所需要的坐标数据。精度定义如图6-4所示。

6.1.6　通用定位算法——激光定位

激光定位作为LIO的运行载体，其可以利用两帧的ICP匹配完成激光里程计的推导，并根据机器人的状态估计，和构建传感器所感知的环境模型组成SLAM系统。激光雷达的种类繁多，主要分为2D激光雷达和3D激光雷达，它们由激光雷达光束的数量定义。在生产工艺方面，激光雷达还可分为机械激光雷达、混合式固态激光雷达（如MEMS）和固态激光雷达。

这方面的厂家众多，比如国内的有：

① 一径科技：专注全固态激光雷达，主要供应MEMS类型的激光雷达。

② 禾赛科技：代表系列为Pandar，其主要的产品Pandar40系列为机械激光雷达。

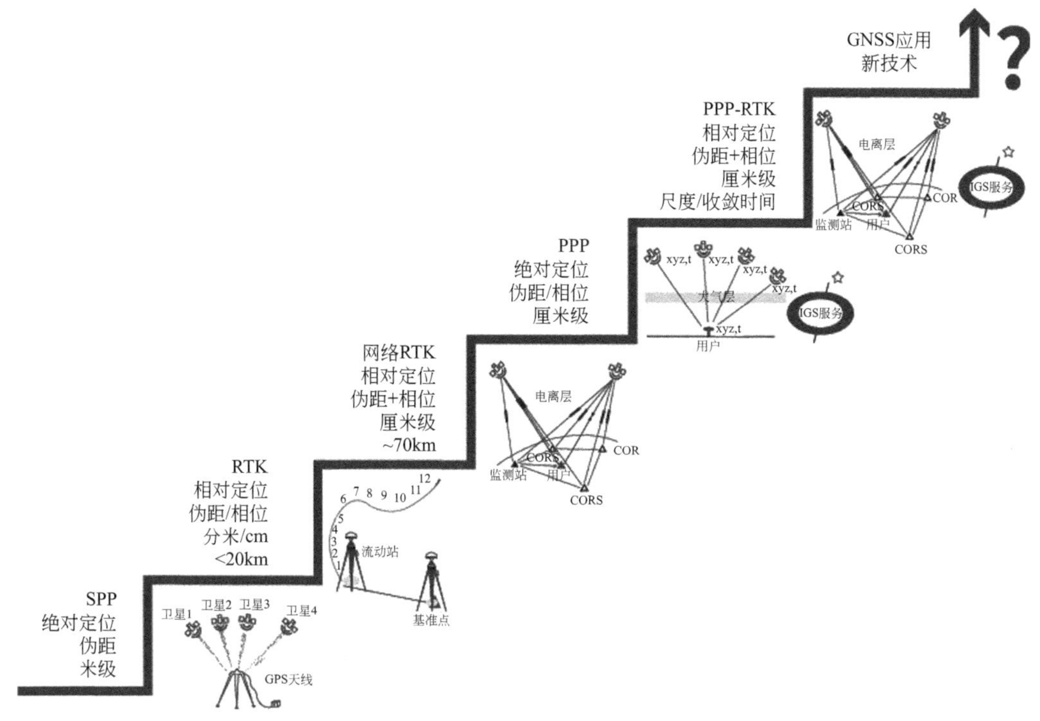

图 6-4　quectel 官网对室外定位精度级别的定义

③ 镭神智能：其品种丰富，同时也是一家掌握了 TOF 时间飞行法、相位法、三角法和调频连续波四种测量方法的激光雷达公司，有较高的研发实力。

④ Livox（览沃）：Livox 是国内无人机龙头大疆孵化的激光雷达公司，其成本低廉，生产的固态激光雷达基本均为千元级别，同时官方提供的预开发均是较为完善的。

⑤ 速腾聚创：速腾也是专注固态激光雷达，主要供应 MEMS 类型的激光雷达。

⑥ Luminwave（洛微科技）：专注研究 3D 传感器的软硬件公司，拥有微型 TOF 激光传感器。

⑦ 华为：华为的激光雷达起步于 2016 年，经过几年的市场调研、设计开发、车规验证，已经可以量产 96 线车规级激光雷达，值得持续关注。

⑧ 佳光科技：该公司有单线激光雷达产品 INS-1，也有 24 线激光雷达 INS-24 以及面阵雷达 ZEN-2A 等，产品较为丰富。

⑨ 北科天绘：作为一家航空遥感技术的产品公司，近年来也涉足激光雷达，存在机载（A-Polit）、车载（R-Angel）、点站式（U-Arm）系列激光雷达。

⑩ 北醒光子：作为一家专注激光雷达的国家高新技术企业，其代表产品有 Horn 系列多线激光雷达和 TFmini 的激光测距模组。

⑪ 深蓝科技：以 2D 激光雷达 RPLIDAR 系列起家的激光雷达公司，目前也在积极开拓三维激光领域。

其他还有砝石激光（多线）、洛伦兹（多线）、探维科技（多线）、锐驰激光（多线）、杉川科技（单线）、EAI（单线）等公司。国外也有一些知名的品牌：

① Velodyne：成立于 1983 年，是全球出名的机械式激光雷达厂家，同时与谷歌、通用汽车、福特汽车、百度 Apollo 等全球自动驾驶领军企业建立了合作关系。

② Quanergy：成立于 2012 年，涉及机械雷达 M8-1 和固态雷达 Quanergy，目前在奔驰、现代等试验车上取得成功。

③ SICK：德国传统传感器制造厂商，其制作的单线激光雷达在 AGV、Following Robot、港口车辆等封闭场景中广泛应用。

④ Hokuyo：日本本土最大的激光雷达厂商，主要市场和 SICK 类似，在 AGV、Following Robot、港口车辆等封闭场景中应用。

国内外一些激光雷达传感器厂商如图 6-5 所示。

图 6-5　自动驾驶激光雷达主流技术以及对应厂商

激光雷达也是最早使用 SLAM 技术的传感器，传统的 2D 激光雷达 SLAM 有 Gmapping、HectorSLAM、KartoSLAM、LagoSLAM、CoreSLAM、Cartographer 等，而 3D 激光雷达 SLAM 有 LOAM、A-LOAM、Lego-LOAM、Cartographer、IMLS-SLAM、VLOAM、LIO-SAM 等。

6.1.7　通用定位算法——视觉定位

与激光 SLAM 类似，视觉 SLAM 目前也越来越受到重视。可以说，视觉 SLAM 的研究是未来的主流方向。当然，激光和视觉的融合也必然是一种趋势。激光相对于视觉而言，其获取的深度更为准确，舍去了视觉 SLAM 当中逆深度化这样通过三角法求景深导致的误差问题。但是激光雷达只能根据反射率和物体在三维空间中的形态来进行提取，缺少了很多纹理特征信息，而视觉语义特征丰富，可以很好地弥补这一点。表 6-1 很好地说明了两者的区别。

表 6-1　算法优缺点对比

项目	激光 SLAM	视觉 SLAM
优势	可靠性高，技术成熟	结构简单、安装方式多样化
	建图直观，精度高，累计误差小	无传感器探测距离限制，成本低
	地图可直接用于路径规划	可以提取语义信息
劣势	受雷达探测范围限制	环境光影影响大，在暗处、无纹理等情况下无法正常工作
	安装结构有要求	运算负荷大，构建的地图本身难以直接用于路径规划及导航
	地图缺乏语义信息，难以形成有效的噪点滤除	传感器动态规划性能还需提高，地图构建时，由三角法求解深度会产生累计误差
	回环不好建立，特征较少	必须要进行后端优化，否则精度较差

视觉 SLAM 系统不存在二维的概念，基本上都是获取三维的纹理然后投影完成平面化的处理，常见的开源方案有 ORB-SLAM2、ORB-SLAM3、VINS-MONO、VINS-FUSION、DSO、SVO、OKVIS 等。

6.1.8　定位算法精度以及规模化难易程度比较

表 6-2 整理了上述定位算法和常用的算法的对比参数，方便读者根据不同的精度需求进行选型。可以看到，现在机器人中常用的一些定位技术已经基本涵盖。就目前的技术来说，经常使用的技术为 WIFI 定位、UWB 超宽带定位、GPS 定位、RTK 基站定位、计算机视觉定位、激光定位。

表 6-2　不同定位技术之间的区别

定位技术	通用定位方法	定位精度	覆盖范围	规模化难易程度
RFID 定位	RSSI	>5m	<10m	易
超声波定位	多边定位	～ 3m	<5m	较易
红外线定位	图像处理、RSSI	～ 3m	<10m	中
WIFI 定位	指纹定位、RSSI、TOA	～ 3m	20 ～ 50m	极易
UWB 超宽带定位	多边定位	～ 10cm	～ 15m	难
计算机视觉定位	图像处理、场景分割	10cm ～ 10m	～ 100m	较难
激光定位	TOF	<10cm	10 ～ 100m	极难
Zigbee 定位	RSSI	～ 3m	<10m	易
惯性导航定位	航位推算	～ 1%	—	中
GPS 定位	载波相位测距	～ 3m	—	易
RTK 基站定位	差分定位	<5cm	—	难

图 6-6 为上述表格中室内外定位方案的对比图，可以清楚地知道不同传感器的定位精度，因为计算机视觉是通过估计的方法求出深度，会导致有的时候定位精度很差，所以默认其精度为 10cm ～ 10m。

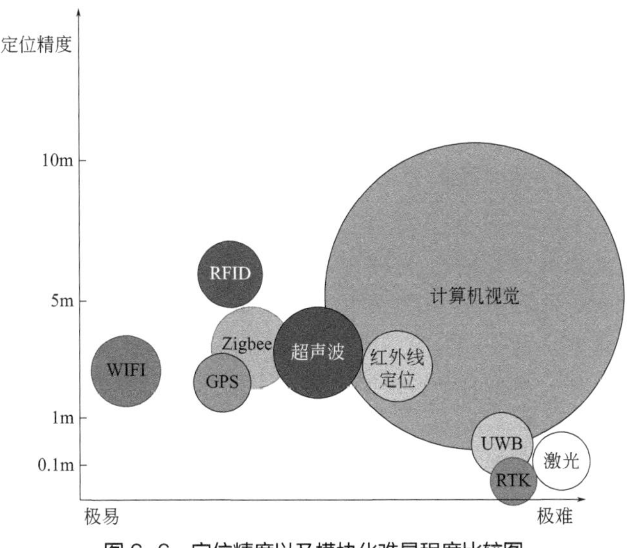

图 6-6　定位精度以及模块化难易程度比较图

6.2 VINS 的集大成者——VINS FUSION

6.2.1 VSLAM 是什么

SLAM 是 Simultaneous Localization And Mapping 的缩写，即同步定位与建图。概率 SLAM 问题 (the probabilistic SLAM problem) 起源于 1986 年的 IEEE International Conference on Robotics and Automation（ICRA）大会上，研究人员希望能将估计理论方法应用在构图和定位问题中。SLAM 技术随着这些年的逐步发展已经成为根据激光、视觉等传感器数据实时构建周围环境地图，同时根据地图推测自身的定位的技术。目前 SLAM 领域的工作也在百花齐放。这里我们将围绕视觉来展开介绍。

如今，当我们拿到一款相机和一个机器人后，除了将摄像头用于识别以外，越来越多的智能机器人上也将摄像头当做激光雷达的替代品，作为 SLAM 的一个分类——VSLAM（Visual Simultaneous Localization and Mapping)。这类 SLAM 主要是指如何用相机解决定位和建图问题。VSLAM 选择相机作为传感器，根据一张张连续运动的图像，从相邻帧中提取出相似的特征点，并推断相机的运动以及周围环境的情况。

总的来说，VSLAM 的框架大致主要有五个部分：传感器数据预处理、前端视觉里程计、后端非线性优化、闭环检测、建图。

① 传感器数据预处理：通过 pipeline 管理摄像头视觉输入，如果加入激光则会存在两个 pipeline 分别进行输入。

② 前端视觉里程计（Visual Odometry)：通过特征点法、光流法、直接法等提取特征点，并通过三角化估算出两帧图像之间的位姿变换，从而形成视觉里程计估算。

③ 后端非线性优化（Optimization)：后端接收不同时刻视觉里程计测量的相机位姿以及闭环检测的信息，对它们进行优化，得到全局一致的轨迹和地图。

④ 闭环检测（Loop Closing)：指机器人在地图构建过程中，通过视觉等传感器信息检测是否发生了轨迹闭环，即判断自身是否进入历史同一地点。

⑤ 建图（Mapping)：根据估计的轨迹，建立与任务要求对应的地图，一般对于视觉来说基本上是稀疏的点云地图。

VSLAM 框架和流程如图 6-7 所示。

6.2.2 视觉 SLAM 技术发展

尽管与已经逐步迈入成熟期的激光 SLAM 导航相比，视觉导航的发展要稍稍滞后，但由于其特性，视觉导航被认为是未来行业应用的主要方向之一。

视觉导航模块具有激光无可比拟的系统拓展性。随着通信设备 / 处理器等周边配套设施的不断完善，视觉导航模块正飞速进步，视觉导航与计算机连接可以实现大规模的调度任务。而且摄像头价格低廉，相较于激光雷达高昂的价格可以更好地应用于室内和室外的定位和导航的场景。

图 6-8 为 VSLAM 算法近 20 年发展的历程，可以看到 VSLAM 的蓬勃发展。该路线图中有我们耳熟能详的 MonoSLAM、PTAM、LSD-SLAM、ORB-SLAM、SVO、VINS 系列，在大

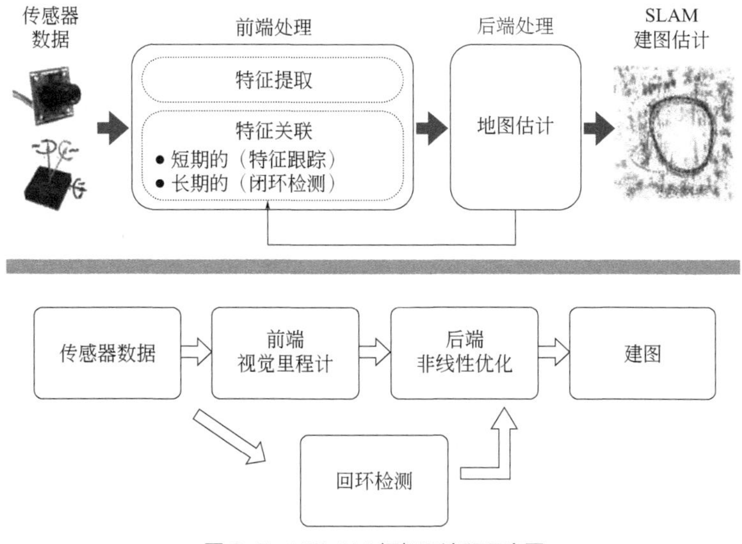

图 6-7 VSLAM 框架和流程示意图

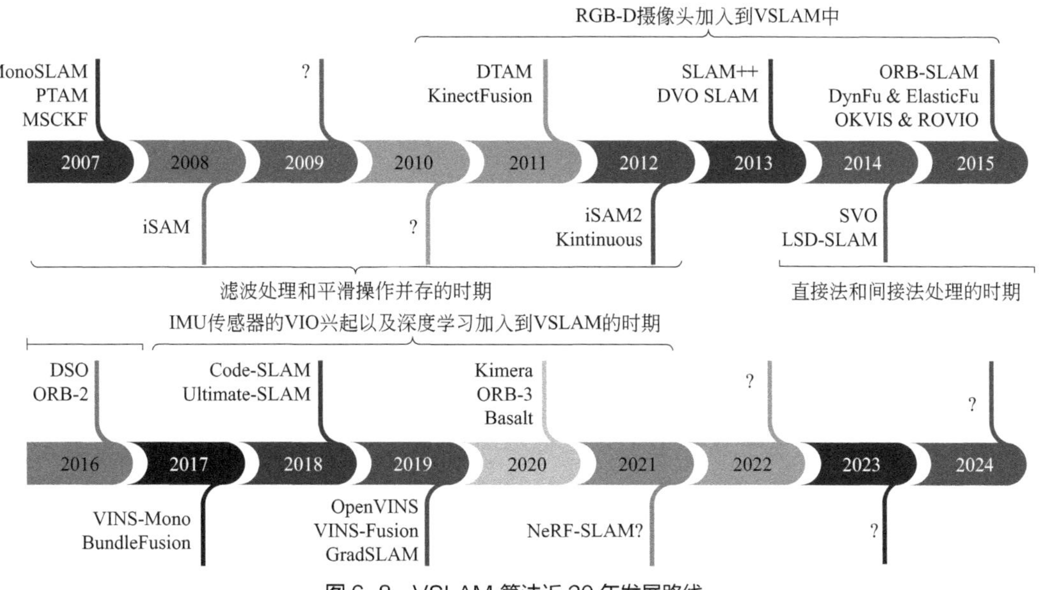

图 6-8 VSLAM 算法近 20 年发展路线

量科技工作者持续的推进下，VSLAM 目前被广泛应用于扫地机器人、AGV、港口 IGV、自动驾驶等新兴领域。

下面对几个比较经典的算法进行简要解释，来介绍视觉 SLAM 发展过程中的路线。

MonoSLAM：为第一个实时的单目视觉 SLAM 系统。MonoSLAM 以 EKF（扩展卡尔曼滤波）为后端，通过提取前端稀疏特征点，以相机的当前状态和所有路标点为状态量，更新其均值和协方差。该 EKF 算法通过每个特征点的高斯分布结果给出一个椭球来表示它的均值和不确定性，当这个椭球在某个方向上越长，说明在该方向上越不稳定。MonoSLAM 演示如图 6-9 所示。

PTAM：该算法提出并实现了跟踪和建图的并行化，首次区分出前端和后端的概念，即前端用于跟踪需要实时响应图像数据，后端用于地图优化，这也影响了后面许多视觉 SLAM 系统设计。PTAM 还是第一个使用非线性优化作为后端的方案，而不是滤波器的后端方案，提出了关键帧（keyframes）机制，即不用精细处理每一幅图像，而是把几个关键图像串起来优化其轨迹和地图。PTAM 演示如图 6-10 所示。

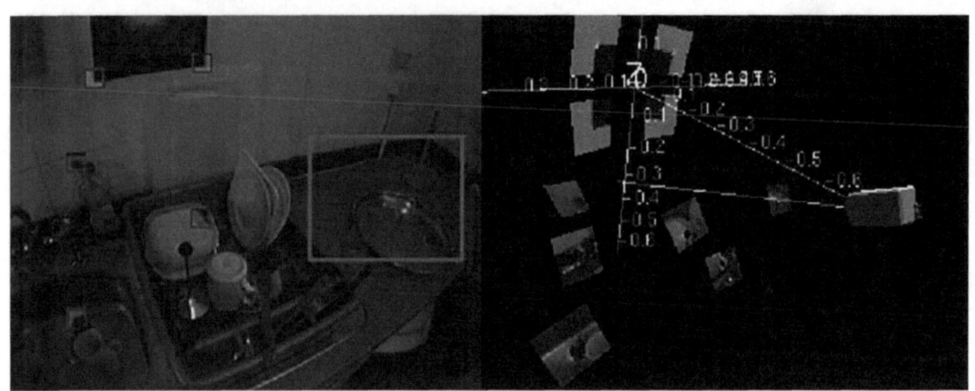

图 6-9　MonoSLAM 示意图

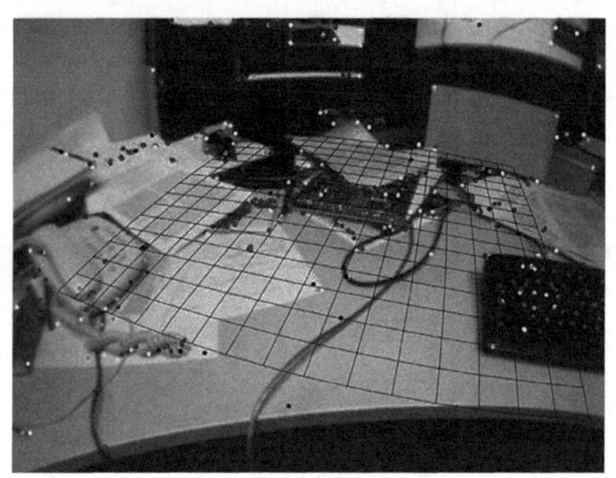

图 6-10　PTAM 示意图

LSD-SLAM：该算法建了一个大尺度直接单目 SLAM 的框架，提出了一种用直接法估计关键帧之间相似变换、尺度感知的图像匹配算法，在 CPU 上实现了半稠密场景的重建。当然使用直接法会导致算法对相机的内参和曝光敏感，在相机快速运动时容易丢失，依然需要特征点进行回环检测。LSD-SLAM 演示如图 6-11 所示。

ORB-SLAM：ORB-SLAM 系列主要围绕 ORB 特征计算，包括视觉里程计与回环检测的 ORB 字典。ORB 特征计算效率比 SIFT 或 SURF 高，又具有良好的旋转和缩放不变性。ORB-SLAM 系列框架中使用了三个线程完成 SLAM，分别是实时跟踪特征点的 Tracking 线程、局部 Bundle Adjustment 的优化线程和全局 Pose Graph 的回环检测与优化线程，同时 ORB-SLAM 系列框架目前支持单目、双目和 RGB-D 等摄像头，是有名的视觉 SLAM 开源系统。ORB-SLAM3 算法结构如图 6-12 所示。

SVO（Semi-direct Visual Odometry）：该算法是一种半直接法的视觉里程计，它是特征点和直接法的混合使用：跟踪了一些角点，然后像直接法那样，根据关键点周围信息估计相机运动及位置。由于不需要计算大量描述子，因此速度极快，在消费级笔记本电脑上可以达到每秒 300 帧，在无人机上可以达到每秒 55 帧，这也是视觉 SLAM 在嵌入式开发板中一次巨大的进步。但是缺点也非常明显，为了追求速度，SVO 舍弃了后端优化和回环检测，位姿估计存在累积误差，丢失后重定位困难。SVO 算法结构如图 6-13 所示。

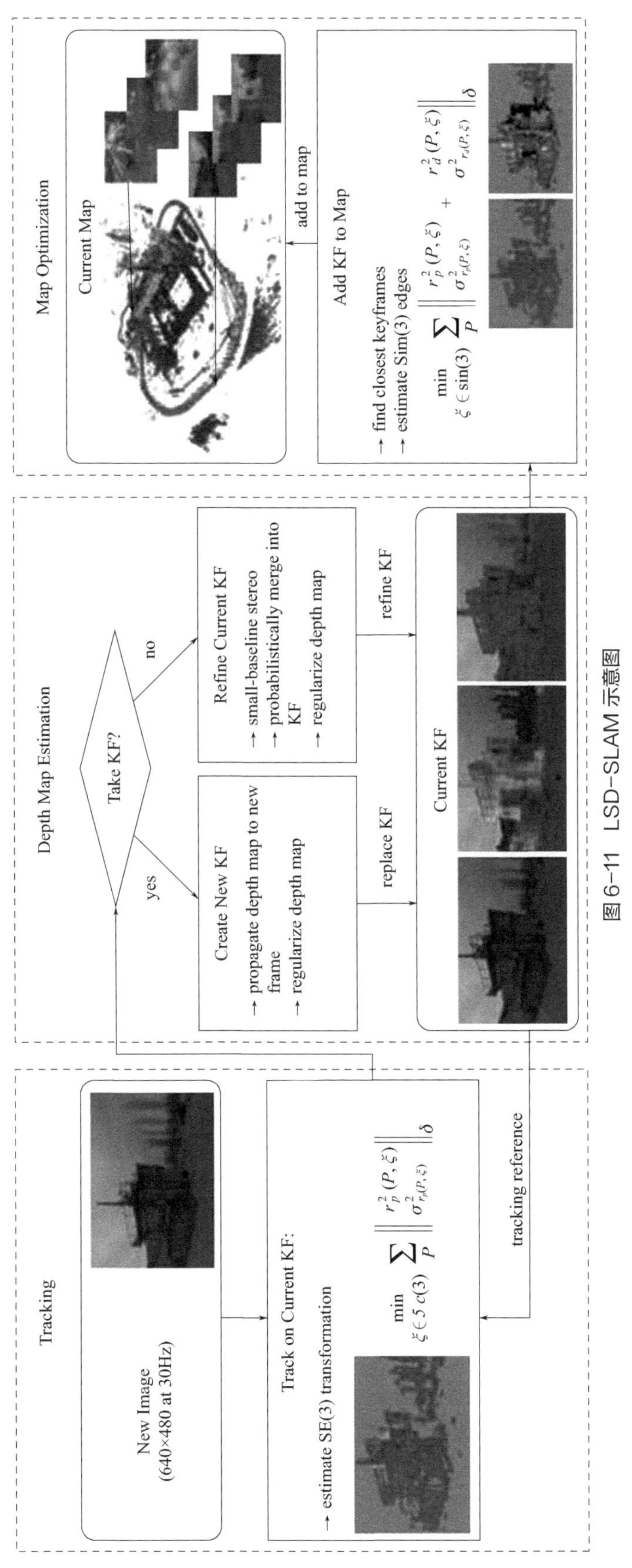

图 6-11　LSD-SLAM 示意图

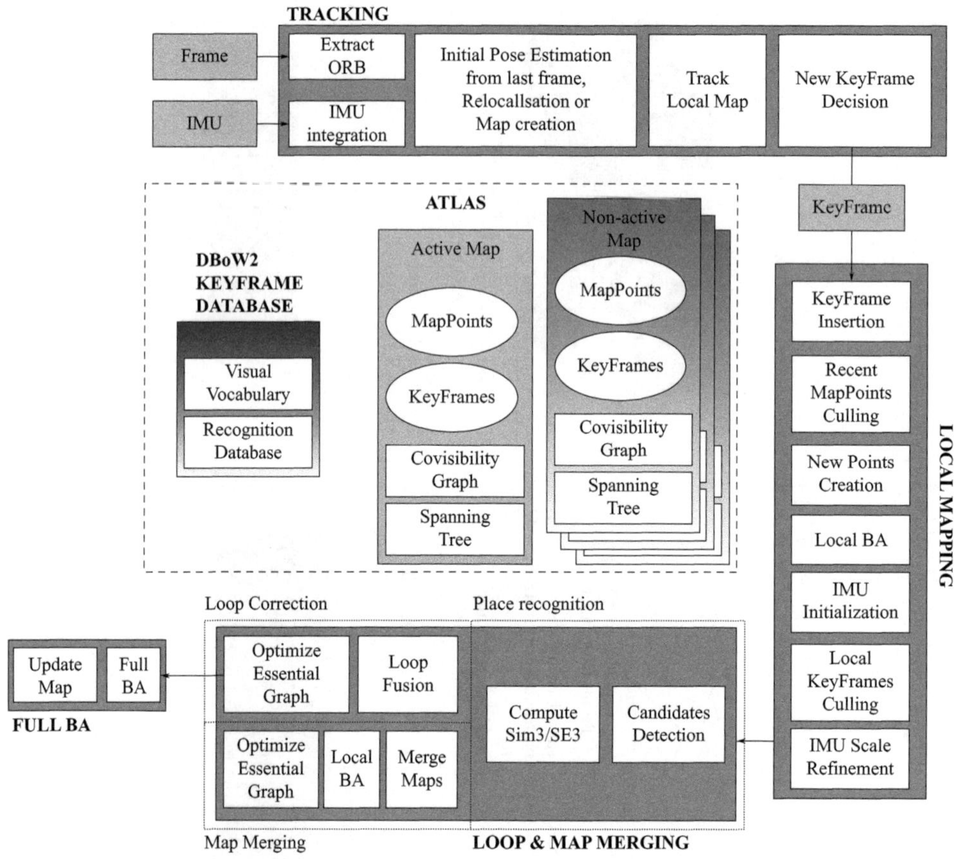

图 6-12　ORB-SLAM3 算法结构示意图

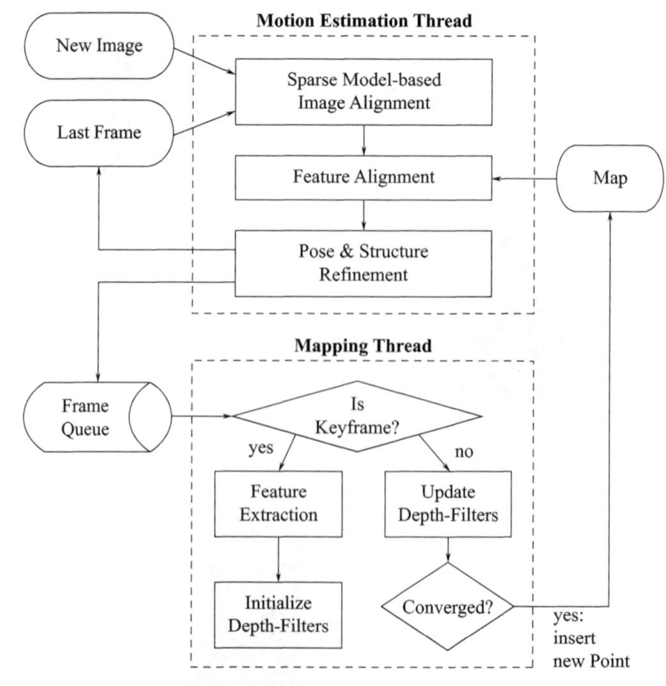

图 6-13　SVO 算法结构示意图

VINS：VINS 算法是香港科技大学的工作，目前已经出现了很多变种，也是和 ORB-SLAM 系列同样受欢迎的视觉 SLAM 框架，在 VINS 框架中，也是存在 feature_tracker、vins_estimator、pose_graph 三个 pipeline 部分。VINS 系列中使用 IMU 与视觉紧耦合的方法，通过单目 / 双目 + IMU 恢复出尺度，效果非常好。当然其和 ORB-SLAM 系列一样支持单目、双目和 RGB-D 等摄像头，非常方便二次开发。笔者也做过一些 VINS 系列改进，感觉 VINS 系列的条理会比 ORB-SLAM 系列简单并清晰一点，为此选择了 VINS 中较新且最常用的 VINS-FUSION 来作详细介绍。VINS-FUSION 算法结构如图 6-14 所示。

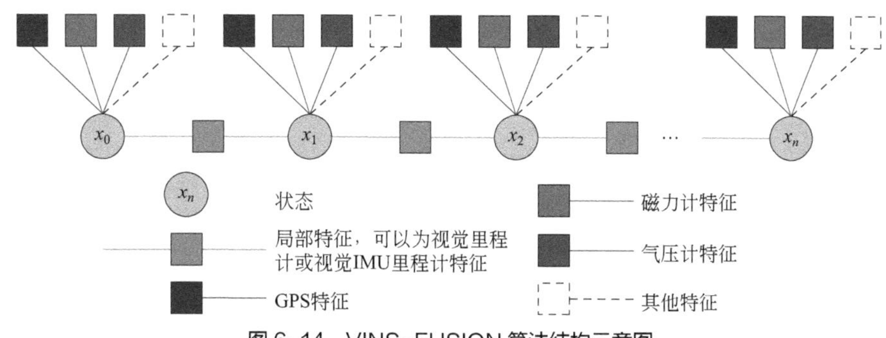

图 6-14 VINS-FUSION 算法结构示意图

6.2.3 VINS-FUSION 安装

因为 VINS-FUSION 是基于 ROS1 开发的，所以需要安装 ROS1 包，这里安装的是 melodic：

```
sudo sh-c 'echo "deb http://packages.ros.org/ros/ubuntu $(lsb_release -sc) main" > /etc/apt/
sources.list.d/ros-latest.list'
sudo apt-key adv --keyserver 'hkp://keyserver.ubuntu.com:80' --recv-key C1CF6E31E6BADE8868B1
72B4F42ED6FBAB17C654
sudo apt update
sudo apt install ros-melodic-desktop-full
echo "source /opt/ros/noetic/setup.bash" >> ~/.bashrc
source ~/.bashrc
sudo apt install python-rosdep python-rosinstall python-rosinstall-generator python-wstool
build-essential
sudo apt install python-rosdep
sudo rosdep init
rosdep update
```

安装 melodic 后需要补充一些第三方库包：

```
sudo apt-get install ros-melodic-cv-bridge ros-melodic-tf ros-melodic-message-filters ros-
melodic-image-transport
```

由于 VINS-FUSION 使用的是 ceres 做非线性优化，所以需要安装 ceres solver。

```
sudo apt-get install liblapack-dev libsuitesparse-dev libcxsparse3 libgflags-dev libgoogle-
glog-dev libeigen3-dev libgtest-dev
git clone https://github.com/ceres-solver/ceres-solver.git
cd ceres-solver/
mkdir build
cd build
cmake ..
make
sudo make install
```

此时可以在“/usr/local/include/”或者“/usr/include/”里面找到ceres的踪迹。下面就可以安装VINS-FUSION了。

```
mkdir -p ~/vins_ws/src
cd ~/vins_ws/
catkin_make
source devel/setup.bash
cd ~/vins_ws/src
git clone https://github.com/HKUST-Aerial-Robotics/VINS-Fusion.git
cd ~/vins_ws
catkin_make
source ~/vins_ws/devel/setup.bash
```

此时VINS-FUSION已经安装好了，只需要启动节点和bag包，这里使用EuRoc数据集MH_01_easy.bag。

```
# 启动 rviz
roslaunch vins vins_rviz.launch
# 启动 vins 主程序
rosrun vins vins_node ~/catkin_ws/src/VINS-Fusion/config/euroc/euroc_mono_imu_config.yaml
# 播放 bag 包
rosbag play YOUR_DATASET_FOLDER/MH_01_easy.bag
```

其结果如图6-15所示。

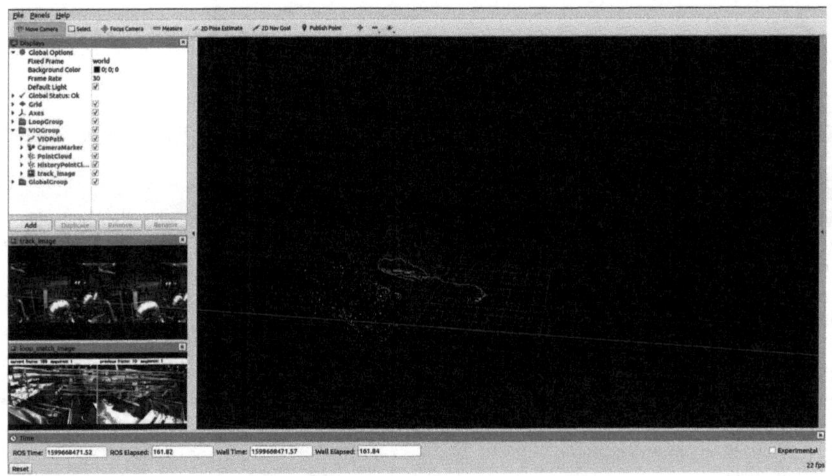

图6-15　VINS-FUSION跑EuRoc数据集

6.3　从单目VIO初始化开始

6.3.1　整体架构

VINS-FUSION内部存在很多近几年经过大量SLAM方法验证过的功能，例如：前端部分的特征点跟踪、IMU预积分，边缘化中的关键帧检测、标定外参坐标系转换、摄像头+IMU初始化、BA优化、Marg边缘化、后操作（提出outlier点，更新滑窗），后端的闭环检测等。可以说，所有的VSLAM方法均离不开这些，只是在其基础上做了一些改进而已。下面也将围绕这三个部分进行详细的介绍。其架构如图6-16所示。

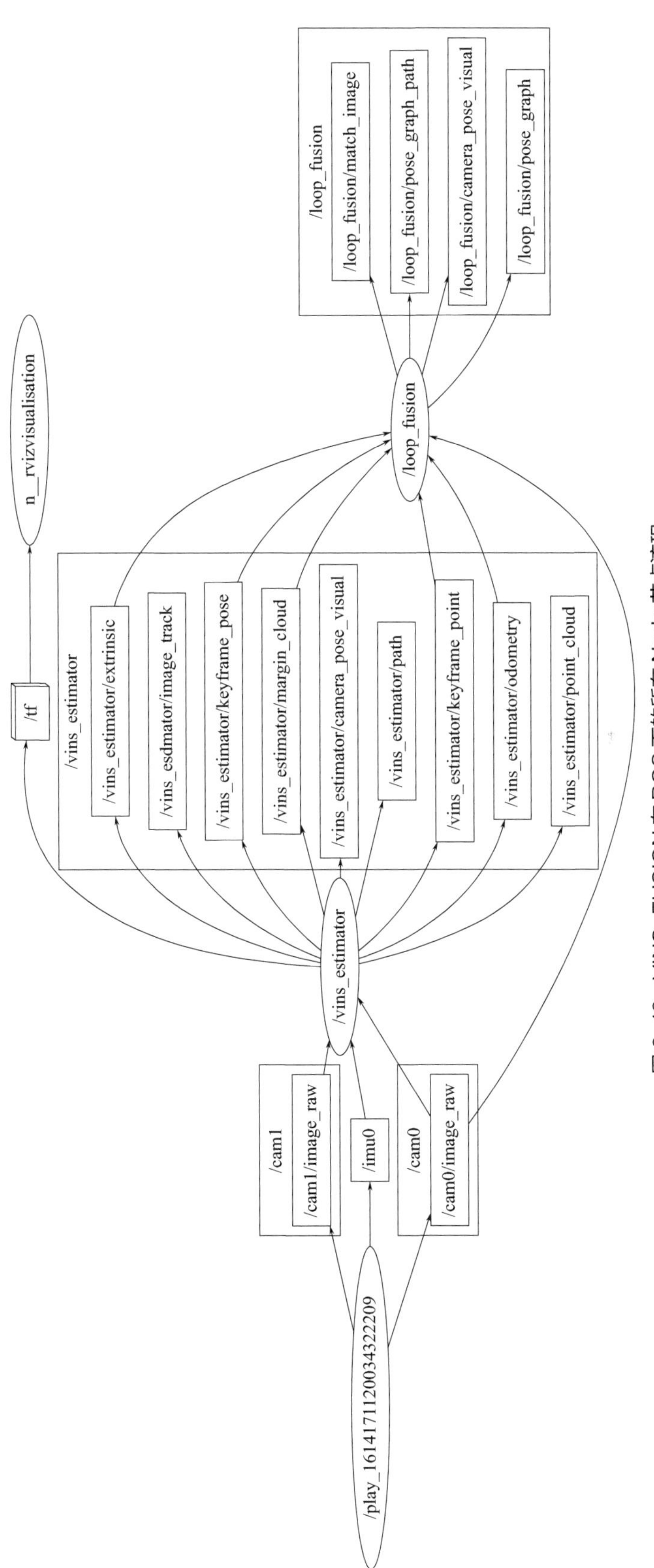

图 6-16　VINS-FUSION 在 ROS 下的所有 Node 节点流程

6.3.2 前端程序的入口

前端 VIO 部分首先需要从 Node 节点中获取传感器数据，主程序 rosNodeTest.cpp 里主要定义了估计器、缓存器、获取传感器数据的函数和一个主函数，拿出里面的所有函数名看一下：

```
// 获得左目的 message
void img0_callback(const sensor_msgs::ImageConstPtr &img_msg)
// 获得右目的 message
void img1_callback(const sensor_msgs::ImageConstPtr &img_msg)
// 从 msg 中获取图片，返回值 cv::Mat，输入是当前图像 msg 的指针
cv::Mat getImageFromMsg(const sensor_msgs::ImageConstPtr &img_msg)
// 从两个图像队列中取出最早的一帧，并从队列删除，双目要求两帧时差不得超过 0.003s
void sync_process()
// 输入 imu 的 msg 信息，进行解算并把 imu 数据输入到 estimator
void imu_callback(const sensor_msgs::ImuConstPtr &imu_msg)
// 订阅一帧跟踪的特征点，包括 3D 坐标、像素坐标、速度，交给 estimator 处理
void feature_callback(const sensor_msgs::PointCloudConstPtr &feature_msg)
// 是否重启 estimator，并重新设置参数
void restart_callback(const std_msgs::BoolConstPtr &restart_msg)
// 订阅 IMU 开关
void imu_switch_callback(const std_msgs::BoolConstPtr &switch_msg)
// 订阅，单双目切换
void cam_switch_callback(const std_msgs::BoolConstPtr &switch_msg)
int main(int argc, char **argv)
```

上面的 main 函数作为所有程序的入口程序，除了 getImageFromMsg 函数和 sync_process 函数以外，其他均为 Topic 订阅的回调函数，下面看一下 main 程序里面的订阅 ROS 信息的各个步骤：

```
string config_file = argv[1];
printf("config_file: %s\n", argv[1]);
//config_file: 4VINS_test/0config/yaml_mynt_s1030/mynt_stereo_imu_config.yaml
readParameters(config_file);// 读取参数
estimator.setParameter();// 设置参数
// ..............
/*
ros::Subscriber subscribe (const std::string &topic, uint32_t queue_size, void(*fp)(M), const 
TransportHints &transport_hints=TransportHints())
第一个参数是订阅话题的名称；
第二个参数是订阅队列的长度；（如果收到的消息都没来得及处理，那么新消息入队，旧消息就会出队）；
第三个参数是回调函数的指针，指向回调函数来处理接收到的消息！
第四个参数：似乎与延迟有关系，暂时不关心（该成员函数有 13 重载）
*/
ros::Subscriber sub_imu = n.subscribe(IMU_TOPIC, 2000, imu_callback, ros::TransportHints().
tcpNoDelay());
ros::Subscriber sub_feature = n.subscribe("/feature_tracker/feature", 2000, feature_callback);
ros::Subscriber sub_img0 = n.subscribe(IMAGE0_TOPIC, 100, img0_callback);
ros::Subscriber sub_img1 = n.subscribe(IMAGE1_TOPIC, 100, img1_callback);
ros::Subscriber sub_restart = n.subscribe("/vins_restart", 100, restart_callback);
ros::Subscriber sub_imu_switch = n.subscribe("/vins_imu_switch", 100, imu_switch_callback);
ros::Subscriber sub_cam_switch = n.subscribe("/vins_cam_switch", 100, cam_switch_callback);
std::thread sync_thread{sync_process}; // 创建 sync_thread 线程，指向 sync_process，这里边处理了
processMeasurements 的线程
ros::spin(); // 用于触发 topic, service 的响应队列
// 如果你的程序写了相关的消息订阅函数，那么程序在执行过程中，除了主程序以外，ROS 还会自动在后台按照你规
定的格式，接收订阅的消息，但是所接到的消息并不是
// 立刻就被处理，而是必须要等到 ros::spin() 或 ros::spinOnce() 执行的时候才被调用，这就是消息回到函数
的原理
```

首先来看参数部分，主函数会调用 parameters.cpp 文件内的 readParameters 函数，从中将 yaml 文件内部的各种参数保存下来。同时注意到 estimator.h 和 rosNodeTest.cpp 都调用了 parameters.h，且 parameters.h 内部的各种参数是公开的，所以下一步直接使用 estimator.setParameter 函数来配置参数，以供 estimator.cpp 内部函数调用。

```
/**
  * 设置参数
*/
void Estimator::setParameter()
{
      mProcess.lock();
      // 外参，body_T_cam
      for (int i = 0; i < NUM_OF_CAM; i++)
      {
          tic[i] = TIC[i];
          ric[i] = RIC[i];
          cout << "exitrinsic cam" << i << endl  << ric[i] << endl << tic[i].transpose() << endl;
      }
      f_manager.setRic(ric);
      ProjectionTwoFrameOneCamFactor::sqrt_info = FOCAL_LENGTH / 1.5 * Matrix2d::Identity();
      ProjectionTwoFrameTwoCamFactor::sqrt_info = FOCAL_LENGTH / 1.5 * Matrix2d::Identity();
      ProjectionOneFrameTwoCamFactor::sqrt_info = FOCAL_LENGTH / 1.5 * Matrix2d::Identity();
      // 图像的时间戳晚于实际采样时候的时间，硬件传输等因素
      td = TD;
      g = G;
      cout << "set g" << g.transpose() << endl;
      featureTracker.readIntrinsicParameter(CAM_NAMES);
      std::cout << "MULTIPLE_THREAD is" << MULTIPLE_THREAD << '\n';
      if (MULTIPLE_THREAD && !initThreadFlag)
      {
          initThreadFlag = true;
          processThread = std::thread(&Estimator::processMeasurements, this);
      }
      mProcess.unlock();
}
```

剩下的这些回调函数基本都是通过订阅各种传感器的信息，并将信息传入各个传感器命名的 buffer 当中，组成形式一般是 queue 类型的双向队列。值得一提的是，imu_callback 中订阅 imu 信息会直接传入 estimator.inputIMU 去做 fastPredictIMU 来根据上一时刻的姿态进行快速的 imu 预积分，从而预测最新 P,V,Q 的姿态，其中：latest_Q, latest_P, latest_V, latest_acc_0, latest_gyr_0 为最新时刻的姿态，其作用是刷新姿态的输出，但是这个值的误差相对比较大，是未经过非线性优化获取的初始值。

```
/**
  * IMU 预测状态，更新 QPV
  * latest_time，latest_Q，latest_P，latest_V，latest_acc_0，latest_gyr_0
*/
void Estimator::fastPredictIMU(double t, Eigen::Vector3d linear_acceleration, Eigen::Vector3d
angular_velocity)
{
      double dt = t - latest_time;
      latest_time = t;
      // 前一帧加速度（世界系）
      Eigen::Vector3d un_acc_0 = latest_Q * (latest_acc_0 - latest_Ba) - g;
      Eigen::Vector3d un_gyr = 0.5 * (latest_gyr_0 + angular_velocity) - latest_Bg;
      // 更新旋转 Q
      latest_Q = latest_Q * Utility::deltaQ(un_gyr * dt);
      Eigen::Vector3d un_acc_1 = latest_Q * (linear_acceleration - latest_Ba) - g;
```

```
        Eigen::Vector3d un_acc = 0.5 * (un_acc_0 + un_acc_1);
        // 更新位置 P
        latest_P = latest_P + dt*latest_V + 0.5*dt*dt*un_acc;
        // 更新速度 V
        latest_V = latest_V + dt * un_acc;
        latest_acc_0 = linear_acceleration;
        latest_gyr_0 = angular_velocity;
}
```

剩下的就是主函数部分下的 sync_thread 多线程开辟的一个 sync_process 函数，主要是做双目和单目的数据传输。该函数中，首先对是否双目进行判断。如果是双目，则需要检测同步问题，时间间隔小于 0.003s 则使用 getImageFromMsg 将其输入到 image0 和 image1 变量之中，之后 estimator.inputImage 进行正反光流处理。如果是单目，则直接 estimator.inputImage。

6.3.3 特征点跟踪

当视觉通过 sync_process 获得匹配帧后，会将图像数据传入 estimator.inputImage 中做特征点跟踪。

```
/**
   * 输入一帧图像
   * 1、featureTracker，提取当前帧特征点
   * 2、添加一帧特征点，processMeasurements 处理
*/
void Estimator::inputImage(double t, const cv::Mat &_img, const cv::Mat &_img1)
{
      inputImageCnt++;
      // 特征点 id，(x,y,z,pu,pv,vx,vy)
      map<int, vector<pair<int, Eigen::Matrix<double, 7, 1>>>> featureFrame;
      TicToc featureTrackerTime;
      /**
       * 跟踪一帧图像，提取当前帧特征点
      */
      if(_img1.empty())
          featureFrame = featureTracker.trackImage(t, _img);
      else
          featureFrame = featureTracker.trackImage(t, _img, _img1);
      //printf("featureTracker time: %f\n", featureTrackerTime.toc());
      // 发布跟踪图像
      if (SHOW_TRACK)
      {
          cv::Mat imgTrack = featureTracker.getTrackImage();
          pubTrackImage(imgTrack, t);
      }
      // 添加一帧特征点，处理
      if(MULTIPLE_THREAD)
      {
          if(inputImageCnt % 2 == 0)
          {
              mBuf.lock();
              featureBuf.push(make_pair(t, featureFrame));
              mBuf.unlock();
          }
      }
      else
      {
          mBuf.lock();
```

```
            featureBuf.push(make_pair(t, featureFrame));
            mBuf.unlock();
            TicToc processTime;
            processMeasurements();
            printf("process time: %f\n", processTime.toc());
        }

    }
```

下面详细讲一讲这部分函数，因为主函数中 estimator.setParameter 已经被初始化调用，所以可以直接使用 featureTracker/feature_tracker.cpp 中的 trackImage 函数来对单目或双目进行特征追踪。这个函数内部主要可以分为七个主要步骤，由于 VINS-FUSION 可以使用单目和双目，所以这里使用单目作为范例来展示。

① 用前一帧运动估计特征点在当前帧中的位置，如果特征点没有速度，就直接用前一帧该点位置。

在程序中的表现为，prev_pts 是一个 vectorcv::Point2f 的变量，内部存放了前一帧匹配到的特征点，如果是第一帧获取则下述光流跟踪的功能不会触发（对应第②部分的操作），直接进入第④部分，下一步则是获取前一帧运动估计特征点在当前帧中的位置，这个 hasPrediction 布尔值需要在 Estimator::processImage 函数中触发。如果该 hasPrediction 为 true，则代表两帧之间存在有速度会将 cur_pts 特征点集合替换为 predict_pts，否则直接使用前一帧得到的 cur_pts 特征点集合，且只会以 3 层金字塔模型作为光流提取的方式。

```
    if (prev_pts.size() > 0)
    {
        TicToc t_o;
        vector<uchar> status;
        vector<float> err;
        // 用前一帧运动估计特征点在当前帧中的位置，一个初始估计
        if(hasPrediction)
        {
    .....
```

② LK 光流跟踪前一帧的特征点，正反向，删除跟丢的点；如果是双目，进行左右匹配，只删除右目跟丢的特征点。

在程序中的表现为，首先获取到 hasPrediction 时，需要从高维度（特征金字塔为 1 层）提取特征更明显的特征点，然后判断特征点数目，从而决定是否使用 3 层特征金字塔。

```
    if(hasPrediction)
    {
          cur_pts = predict_pts;
          // LK 光流跟踪两帧图像特征点，金字塔为 1 层
          cv::calcOpticalFlowPyrLK(prev_img, cur_img, prev_pts, cur_pts, status, err, cv::Size(21, 
    21), 1,
          cv::TermCriteria(cv::TermCriteria::COUNT+cv::TermCriteria::EPS, 30, 0.01), cv::OPTFLOW_
    USE_INITIAL_FLOW);
          // 跟踪到的特征点数量
          int succ_num = 0;
          for (size_t i = 0; i < status.size(); i++)
          {
              if (status[i])
                  succ_num++;
          }
          // 特征点太少，金字塔调整为 3 层，再跟踪一次
          if (succ_num < 10)
```

```
        cv::calcOpticalFlowPyrLK(prev_img, cur_img, prev_pts, cur_pts, status, err,
cv::Size(21, 21), 3);
}
else
      // LK 光流跟踪两帧图像特征点
      cv::calcOpticalFlowPyrLK(prev_img, cur_img, prev_pts, cur_pts, status, err, cv::Size(21,
21), 3);
```

在做完正向 LK 光流后，需要做一次反向 LK 光流。只有当正向光流和反向光流都可以匹配到的时候（原始点距离不超过 0.5 个像素），才会认为是有效的特征点。

```
// 反向 LK 光流计算一次
if(FLOW_BACK)
{
      vector<uchar> reverse_status;
      vector<cv::Point2f> reverse_pts = prev_pts;
      cv::calcOpticalFlowPyrLK(cur_img, prev_img, cur_pts, reverse_pts, reverse_status, err,
cv::Size(21, 21), 1,
      cv::TermCriteria(cv::TermCriteria::COUNT+cv::TermCriteria::EPS, 30, 0.01), cv::OPTFLOW_
USE_INITIAL_FLOW);
      //cv::calcOpticalFlowPyrLK(cur_img, prev_img, cur_pts, reverse_pts, reverse_status, err,
cv::Size(21, 21), 3);
      // 正向、反向都匹配到了，且用正向匹配点反向匹配回来，与原始点距离不超过 0.5 个像素，认为跟踪到了
      for(size_t i = 0; i < status.size(); i++)
      {
          if(status[i] && reverse_status[i] && distance(prev_pts[i], reverse_pts[i]) <= 0.5)
          {
              status[i] = 1;
          }
          else
              status[i] = 0;
      }
}
```

最后一步就是去除边缘上的特征点和 reduceVector 来删除集合中 status 为 0 的点。

```
// 去掉图像边界上的特征点
for (int i = 0; i < int(cur_pts.size()); i++)
      if (status[i] && !inBorder(cur_pts[i]))
          status[i] = 0;
// 删除跟踪丢失的特征点
reduceVector(prev_pts, status);
reduceVector(cur_pts, status);
reduceVector(ids, status);
reduceVector(track_cnt, status);
ROS_DEBUG("temporal optical flow costs: %fms", t_o.toc());
```

③ 对于前后帧用 LK 光流跟踪到的匹配特征点，计算基础矩阵，用极线约束进一步剔除 outlier 点。

在程序中的表现为，在 VINS-FUSION 中是被注释掉的，但是实际上有一定作用，首先是将图像坐标系根据 liftProjective 函数（内参 + 投影射线）来将像素坐标转化为无畸变的相机坐标系下的归一化坐标，再把无畸变的相机坐标系特征点转为图像坐标系的特征点，然后根据两个特征点点集的匹配来算一个最佳的基础矩阵，剔除掉在该基础矩阵变换下匹配较差的匹配点对。

```
/**
   * 对于前后帧用 LK 光流跟踪到的匹配特征点，计算基础矩阵，进一步剔除 outlier 点
*/
void FeatureTracker::rejectWithF()
{
```

```
        if (cur_pts.size() >= 8)
        {
            ROS_DEBUG("FM ransac begins");
            TicToc t_f;
            vector<cv::Point2f> un_cur_pts(cur_pts.size()), un_prev_pts(prev_pts.size());
            // 特征点先转到归一化相机平面下，畸变校正，再转回来
            for (unsigned int i = 0; i < cur_pts.size(); i++)
            {
                Eigen::Vector3d tmp_p;
                m_camera[0]->liftProjective(Eigen::Vector2d(cur_pts[i].x, cur_pts[i].y), tmp_p);
                tmp_p.x() = FOCAL_LENGTH * tmp_p.x() / tmp_p.z() + col / 2.0;
                tmp_p.y() = FOCAL_LENGTH * tmp_p.y() / tmp_p.z() + row / 2.0;
                un_cur_pts[i] = cv::Point2f(tmp_p.x(), tmp_p.y());
                m_camera[0]->liftProjective(Eigen::Vector2d(prev_pts[i].x, prev_pts[i].y), tmp_p);
                tmp_p.x() = FOCAL_LENGTH * tmp_p.x() / tmp_p.z() + col / 2.0;
                tmp_p.y() = FOCAL_LENGTH * tmp_p.y() / tmp_p.z() + row / 2.0;
                un_prev_pts[i] = cv::Point2f(tmp_p.x(), tmp_p.y());
            }
            vector<uchar> status;
            // 两帧特征点匹配，算一个最佳的基础矩阵，剔除掉在该基础矩阵变换下匹配较差的匹配点对
            cv::findFundamentalMat(un_cur_pts, un_prev_pts, cv::FM_RANSAC, F_THRESHOLD, 0.99, status);
            int size_a = cur_pts.size();
            reduceVector(prev_pts, status);
            reduceVector(cur_pts, status);
            reduceVector(cur_un_pts, status);
            reduceVector(ids, status);
            reduceVector(track_cnt, status);
            ROS_DEBUG("FM ransac: %d -> %lu: %f", size_a, cur_pts.size(), 1.0 * cur_pts.size()/
size_a);
            ROS_DEBUG("FM ransac costs: %fms", t_f.toc());
        }
    }
```

④ 如果特征点不够，剩余的用角点来凑，更新特征点跟踪次数。

在程序中的表现为，首先会有一个 setMask 函数来根据 track_cnt 大小对特征点集合按跟踪次数从大到小重排序，并在图片中将前一帧跟踪到的光流点处设置为 0，防止 goodFeaturesToTrack 重新提取到这里的特征点，不再重复进行角点检测，这样可以使角点分布更加均匀。

```
    ROS_DEBUG("set mask begins");
    TicToc t_m;
    // 特征点画个圈存 mask 图，同时特征点集合按跟踪次数从大到小重排序
    setMask();
    ROS_DEBUG("set mask costs %fms", t_m.toc());
    ROS_DEBUG("detect feature begins");
    TicToc t_t;
    // 最多跟踪 MAX_CNT 个特征点，如果当前帧没有这么多个特征点，剩下的由角点补上，在特征点附近提取一些角点
    int n_max_cnt = MAX_CNT - static_cast<int>(cur_pts.size());
    if (n_max_cnt > 0)
    {
        if(mask.empty())
            cout << "mask is empty " << endl;
        if (mask.type() != CV_8UC1)
            cout << "mask type wrong " << endl;
        // 精确角点提取
        cv::goodFeaturesToTrack(cur_img, n_pts, MAX_CNT - cur_pts.size(), 0.01, MIN_DIST, mask);
    }
    else
        n_pts.clear();
    ROS_DEBUG("detect feature costs: %f ms", t_t.toc());
```

```
// 补上角点
for (auto &p : n_pts)
{
      cur_pts.push_back(p);
      ids.push_back(n_id++);
      track_cnt.push_back(1);
}
```

⑤ 计算特征点归一化相机平面坐标，并计算相对于前一帧移动速度。

在程序中的表现为，该函数使用了上述的liftProjective函数将像素坐标转化为无畸变的相机坐标系下的归一化相机平面点。

```
/**
  * 像素点计算归一化相机平面点，带畸变校正
*/
vector<cv::Point2f> FeatureTracker::undistortedPts(vector<cv::Point2f> &pts,
camodocal::CameraPtr cam)
{
      vector<cv::Point2f> un_pts;
      for (unsigned int i = 0; i < pts.size(); i++)
      {
          // 特征点像素坐标
          Eigen::Vector2d a(pts[i].x, pts[i].y);
          Eigen::Vector3d b;
          // 像素点计算归一化相机平面点，带畸变校正
          cam->liftProjective(a, b);
          // 归一化相机平面点
          un_pts.push_back(cv::Point2f(b.x() / b.z(), b.y() / b.z()));
      }
      return un_pts;
}
```

判断根据trackImage函数两帧之间的时间、两帧之间的ids是否可以查询到计算出两个当前帧归一化平面后相机坐标系下特征点在x、y方向上的移动速度。

```
/**
  * 计算当前帧归一化相机平面特征点在x、y方向上的移动速度
  * @param pts 当前帧归一化相机平面特征点
*/
vector<cv::Point2f> FeatureTracker::ptsVelocity(vector<int> &ids, vector<cv::Point2f> &pts,
                                          map<int, cv::Point2f> &cur_id_pts, map<int,
cv::Point2f> &prev_id_pts)
{
      vector<cv::Point2f> pts_velocity;
      cur_id_pts.clear();
      for (unsigned int i = 0; i < ids.size(); i++)
      {
          cur_id_pts.insert(make_pair(ids[i], pts[i]));
      }
      // caculate points velocity
      if (!prev_id_pts.empty())
      {
          double dt = cur_time - prev_time;
          // 遍历当前帧归一化相机平面特征点
          for (unsigned int i = 0; i < pts.size(); i++)
          {
              std::map<int, cv::Point2f>::iterator it;
              it = prev_id_pts.find(ids[i]);
              if (it != prev_id_pts.end())
              {
```

```
                // 计算点在归一化相机平面上x、y方向的移动速度
                double v_x = (pts[i].x - it->second.x) / dt;
                double v_y = (pts[i].y - it->second.y) / dt;
                pts_velocity.push_back(cv::Point2f(v_x, v_y));
            }
            else
                pts_velocity.push_back(cv::Point2f(0, 0));
        }
    }
    else
    {
        for (unsigned int i = 0; i < cur_pts.size(); i++)
        {
            pts_velocity.push_back(cv::Point2f(0, 0));
        }
    }
    return pts_velocity;
}
```

⑥ 保存当前帧特征点数据（归一化相机平面坐标，像素坐标，归一化相机平面移动速度）。

⑦ 展示如图 6-17 所示，左图特征点用颜色区分跟踪次数（红色少，蓝色多），画个箭头指向前一帧特征点位置，如果是双目，右图画绿色点。

图 6-17　特征点展示

我们利用①～⑤的方法可以有效地提取出一帧内的特征点数据，⑥、⑦则是一些数据保存和显示的操作。

```
// 展示如图 6-17 所示，左图特征点用颜色区分跟踪次数（红色少，蓝色多），画个箭头指向前一帧特征点位置，如
果是双目，右图画绿色点
if(SHOW_TRACK)
    drawTrack(cur_img, rightImg, ids, cur_pts, cur_right_pts, prevLeftPtsMap);
// 图像
prev_img = cur_img;
// 特征点
prev_pts = cur_pts;
// 归一化相机平面特征点
prev_un_pts = cur_un_pts;
prev_un_pts_map = cur_un_pts_map;
prev_time = cur_time;
hasPrediction = false;
prevLeftPtsMap.clear();
for(size_t i = 0; i < cur_pts.size(); i++)
    prevLeftPtsMap[ids[i]] = cur_pts[i];
// 添加当前帧特征点（归一化相机平面坐标，像素坐标，归一化相机平面移动速度）
map<int, vector<pair<int, Eigen::Matrix<double, 7, 1>>>> featureFrame;
```

```
for (size_t i = 0; i < ids.size(); i++)
{
      int feature_id = ids[i];
      double x, y ,z;
      x = cur_un_pts[i].x;
      y = cur_un_pts[i].y;
      z = 1;
      double p_u, p_v;
      p_u = cur_pts[i].x;
      p_v = cur_pts[i].y;
      int camera_id = 0;
      double velocity_x, velocity_y;
      velocity_x = pts_velocity[i].x;
      velocity_y = pts_velocity[i].y;
      Eigen::Matrix<double, 7, 1> xyz_uv_velocity;
      xyz_uv_velocity << x, y, z, p_u, p_v, velocity_x, velocity_y;
      featureFrame[feature_id].emplace_back(camera_id,  xyz_uv_velocity);
}
```

到此为止就基本处理完了一帧图像，并将 xyz_uv_velocity 打包成 featureFrame 传回给 Estimator::inputImage 函数中去，并最终组成一个只含有特征点的 featureBuf。如果是单线程运行，会直接将这一帧数据传入 processMeasurements 函数来处理 IMU 和视觉的特征。此外还有两种情况，一种是多线程传入，另一种是直接输入一帧处理好的特征点直接传入。

```
// 多线程传入
……
if (MULTIPLE_THREAD && !initThreadFlag)
{
      initThreadFlag = true;
      processThread = std::thread(&Estimator::processMeasurements, this);
}
// 特征点传入
void Estimator::inputFeature(double t, const map<int, vector<pair<int, Eigen::Matrix<double,
7, 1>>>> &featureFrame)
{
      mBuf.lock();
      featureBuf.push(make_pair(t, featureFrame));
      mBuf.unlock();
      if (!MULTIPLE_THREAD)
          processMeasurements();
}
```

6.3.4 IMU 预积分

processMeasurements 里面主要存放了 processIMU 和 processImage 两个处理程序，这一章节主要围绕 processIMU 进行预积分的处理。

① 首先 processMeasurements 会判断存在 featureBuf 以及 IMU 数据是否可用，只有当一帧数据在允许范围内才会跳出循环，进行下面的 processIMU 和 processImage。

```
while (1)
{
      if ((!USE_IMU || IMUAvailable(feature.first + td)))
          break;
      else
      {
          printf("wait for imu ... \n");
```

```
        if (!MULTIPLE_THREAD)
            return;
        std::chrono::milliseconds dura(5);
        std::this_thread::sleep_for(dura);
    }
}
```

② 下面内容是 $t_0 \sim t_1$ 时刻下所有的 accBuf 和 gyrBuf（从 inputIMU 函数中传进来的 IMU 参数值），并将其组成 accVector 和 gyrVector。

```
/**
  * 从 IMU 数据队列中，提取 (t0, t1) 时间段的数据
  */
bool Estimator::getIMUInterval(double t0, double t1, vector<pair<double, Eigen::Vector3d>> &accVector,
           vector<pair<double, Eigen::Vector3d>> &gyrVector)
{
    if (accBuf.empty())
    {
        printf("not receive imu\n");
        return false;
    }
    // printf("get imu from %f %f\n", t0, t1);
    // printf("imu fornt time %f   imu end time %f\n", accBuf.front().first, accBuf.back().first);
    if (t1 <= accBuf.back().first)
    {
        while (accBuf.front().first <= t0)
        {
            accBuf.pop();
            gyrBuf.pop();
        }
        while (accBuf.front().first < t1)
        {
            accVector.push_back(accBuf.front());
            accBuf.pop();
            gyrVector.push_back(gyrBuf.front());
            gyrBuf.pop();
        }
        accVector.push_back(accBuf.front());
        gyrVector.push_back(gyrBuf.front());
    }
    else
    {
        printf("wait for imu\n");
        return false;
    }
    return true;
}
```

③ 判断是否为第一帧 IMU，如果是则进行姿态初始化。用初始时刻加速度方向 averAcc 对齐重力加速度方向，得到旋转 R0，使得初始 IMU 的 z 轴指向重力加速度方向，从而得到世界坐标系与摄像机坐标系的旋转矩阵 Rs[0]。

```
/**
  * 第一帧 IMU 姿态初始化
  * 用初始时刻加速度方向对齐重力加速度方向，得到一个旋转，使得初始 IMU 的 z 轴指向重力加速度方向
  */
void Estimator::initFirstIMUPose(vector<pair<double, Eigen::Vector3d>> &accVector)
{
    printf("init first imu pose\n");
```

```
        initFirstPoseFlag = true;
        // return;
        Eigen::Vector3d averAcc(0, 0, 0);
        int n = (int)accVector.size();
        for (size_t i = 0; i < accVector.size(); i++)
        {
                // 累加 accVector 所有时刻的加速度
            averAcc = averAcc + accVector[i].second;
        }
        // 计算平均加速度
        averAcc = averAcc / n;
        printf("averge acc %f %f %f\n", averAcc.x(), averAcc.y(), averAcc.z());
        // 计算初始 IMU 的 z 轴对齐到重力加速度方向所需的旋转，后面每时刻的位姿都是在当前初始 IMU 坐标系下的，乘上 R0 就是世界系了
        // 如果初始时刻 IMU 是绝对水平放置，那么 z 轴是对应重力加速度方向的，但如果倾斜了，那么就需要这个旋转让它水平
        Matrix3d R0 = Utility::g2R(averAcc);  // 将重力旋转到 z 轴上
        // 从 R0 得到 yaw，pitch，roll，然后通过 -yaw 补偿，初始化的时候 yaw 就是 0，所以可以不需要使用 yaw 修正
        double yaw = Utility::R2ypr(R0).x();
        // cout << "init R0 before " << endl << R0 << endl;
        // cout << "yaw:" << yaw << endl;
        R0 = Utility::ypr2R(Eigen::Vector3d{-yaw, 0, 0}) * R0;
        Rs[0] = R0;
        cout << "init R0 " << endl
             << Rs[0] << endl;
        // Vs[0] = Vector3d(5, 0, 0);
    }
```

④ 在处理完第一帧后，就可以使用预积分来快速处理 IMU 数据了，通过 accVector 内部的加速度数据以及时间戳的差得到 dt 并传入 processIMU。

```
    // IMU 积分
    // 用前一图像帧位姿、前一图像帧与当前图像帧之间的 IMU 数据，积分计算得到当前图像帧位姿
    // Rs, Ps, Vs
    for (size_t i = 0; i < accVector.size(); i++)
    {
        double dt;
        if (i == 0)
            dt = accVector[i].first - prevTime;
        else if (i == accVector.size() - 1)
            dt = curTime - accVector[i - 1].first;
        else
            dt = accVector[i].first - accVector[i - 1].first;
        processIMU(accVector[i].first, dt, accVector[i].second, gyrVector[i].second);
    }
```

processIMU 内部首先会拿出一帧作为初始帧，并保存线加速度和角速度。然后判断 pre_integrations 是否存在值，如果不存在则初始化该滑窗（定义为：IntegrationBase *pre_integrations[(WINDOW_SIZE + 1)]），然后通过 push_back 完成预积分的工作。在等 push_back 通过中值积分算得当前帧预积分时（前一帧与当前帧之间的 IMU 预积分），根据前一图像帧位姿、前一图像帧与当前图像帧之间的 IMU 数据，积分计算得到当前图像帧位姿。

```
    // 第一帧
    if (!first_imu)
    {
        first_imu = true;
        acc_0 = linear_acceleration;
        gyr_0 = angular_velocity;
```

```
    }
    if (!pre_integrations[frame_count])
    {
        pre_integrations[frame_count] = new IntegrationBase{acc_0, gyr_0, Bas[frame_count],
    Bgs[frame_count]};
    }
    if (frame_count != 0)
    {
        // 当前帧预积分器，添加前一图像帧与当前图像帧之间的 IMU 数据
        pre_integrations[frame_count]->push_back(dt, linear_acceleration, angular_velocity);
        // if(solver_flag != NON_LINEAR)
        tmp_pre_integration->push_back(dt, linear_acceleration, angular_velocity);
        // 缓存 IMU 数据
        dt_buf[frame_count].push_back(dt);
        linear_acceleration_buf[frame_count].push_back(linear_acceleration);
        angular_velocity_buf[frame_count].push_back(angular_velocity);
        int j = frame_count;
        // 前一时刻加速度
        Vector3d un_acc_0 = Rs[j] * (acc_0 - Bas[j]) - g;
        // 中值积分，用前一时刻与当前时刻角速度平均值，对时间积分
        Vector3d un_gyr = 0.5 * (gyr_0 + angular_velocity) - Bgs[j];
        // 当前时刻姿态 Q
        Rs[j] *= Utility::deltaQ(un_gyr * dt).toRotationMatrix();
        // 当前时刻加速度
        Vector3d un_acc_1 = Rs[j] * (linear_acceleration - Bas[j]) - g;
        // 中值积分，用前一时刻与当前时刻加速度平均值，对时间积分
        Vector3d un_acc = 0.5 * (un_acc_0 + un_acc_1);
        // 当前时刻位置 P
        Ps[j] += dt * Vs[j] + 0.5 * dt * dt * un_acc;
        // 当前时刻速度 V
        Vs[j] += dt * un_acc;
    }
    acc_0 = linear_acceleration;
    gyr_0 = angular_velocity;
```

6.3.5 中值滤波

中值滤波作为预积分中最重要的部分，这里重点讲一下，我们知道，IntegrationBase 类的 push_back 函数是调用了 propagate 函数作为 IMU 中值积分传播函数，在 propagate 内部只封装了一个 midPointIntegration 中值积分核心算法，下面详细看一下：

$$p_{wb_{k+1}} = p_{wb_k} + v_k^w + \Delta t + \frac{1}{2} a \Delta t^2 \tag{6-1}$$

$$v_{k+1}^w = v_k^w + a\Delta t \tag{6-2}$$

$$q_{wb_{k+1}} = q_{wb_k} \otimes \begin{bmatrix} 1 \\ \frac{1}{2}\omega\Delta t \end{bmatrix} \tag{6-3}$$

式（6-3）对应了 IMU 积分出来第 k 时刻数值作为第 k+1 帧图像初始值。然后根据中值法求得加速度 a 和角速度 ω：

$$a = \frac{1}{2}[q_{wb_k}(a^{b_k} - b_k^a) + q_{wb_{k+1}}(a^{b_{k+1}} - b_k^a)] - g^w \tag{6-4}$$

$$\omega = \frac{1}{2}[(w^{b_k} - b_k^g) + (w^{b_{k+1}} - b_k^g)] \tag{6-5}$$

式（6-5）是预积分的递推公式，该公式将 IMU 的测量噪声考虑进了模型。

```
/**
   * 中值积分
   * 1、前一时刻状态计算当前时刻状态，PVQ，其中 Ba，Bg 保持不变
   * 2、计算当前时刻的误差相对于预积分起始时刻的 Jacobian，增量误差协方差 todo
*/
void midPointIntegration(double _dt,
            const Eigen::Vector3d &_acc_0, const Eigen::Vector3d &_gyr_0,
            const Eigen::Vector3d &_acc_1, const Eigen::Vector3d &_gyr_1,
            const Eigen::Vector3d &delta_p, const Eigen::Quaterniond &delta_q, const
Eigen::Vector3d &delta_v,
            const Eigen::Vector3d &linearized_ba, const Eigen::Vector3d &linearized_bg,
            Eigen::Vector3d &result_delta_p, Eigen::Quaterniond &result_delta_q, Eigen::Vector3d
&result_delta_v,
            Eigen::Vector3d &result_linearized_ba, Eigen::Vector3d &result_linearized_bg,
bool update_jacobian)
{
      //ROS_INFO("midpoint integration");
      // 注：以下计算 PVQ 都是每时刻世界坐标系下（第一帧 IMU 系）的量，加速度、角速度都是 IMU 系下的量
      // (4-1) 前一时刻加速度，线加速度的测量值减去偏差，然后和旋转四元数相乘表示将线加速度从世界坐标
系下转到了 body(IMU) 坐标系下
      Vector3d un_acc_0 = delta_q * (_acc_0 - linearized_ba);
      // (5) 前一时刻与当前时刻角速度中值
      Vector3d un_gyr = 0.5 * (_gyr_0 + _gyr_1) - linearized_bg;
      // (3) 当前时刻旋转位姿 Q，对平均角速度和时间的乘积构成的旋转值组成的四元数左乘旋转四元数，获得当
前时刻 body 中的旋转向量（四元数表示）
      result_delta_q = delta_q * Quaterniond(1, un_gyr(0) * _dt / 2, un_gyr(1) * _dt / 2, un_
gyr(2) * _dt / 2);
      // (4-2) 用计算出来的旋转向量左乘当前的加速度，表示将线加速度从世界坐标系下转到了 body 坐标系
      Vector3d un_acc_1 = result_delta_q * (_acc_1 - linearized_ba);
      // (4) 前一时刻与当前时刻加速度中值
      Vector3d un_acc = 0.5 * (un_acc_0 + un_acc_1);
      // 更新当前时刻 P、V，其中 Ba、Bg 保持不变
         // 当前的位移：当前位移 = 前一次的位移 +( 速度 × 时间 )+1/2× 加速度 × 时间的平方
      //(1) 匀加速度运动的位移公式：s_1 = s_0 + v_0 * t + 1/2 * a * t^2
      result_delta_p = delta_p + delta_v * _dt + 0.5 * un_acc * _dt * _dt;
         //(2) 速度计算公式：v_1 = v_0 + a*t
      result_delta_v = delta_v + un_acc * _dt;
         // 预积分的过程中 Bias 并未发生改变，所以还保存在 result 当中
      result_linearized_ba = linearized_ba;
      result_linearized_bg = linearized_bg;
      if(update_jacobian)
      {
      …………
         }
}
```

在 IntegrationBase 初始化的时候，预积分误差传递方程 jacobian 为单位阵，协方差矩阵为零矩阵，IMU 当前时刻状态 PVQ 为“零状态”，以及初始化时间 sum_dt。midPointInteration() 预积分是代码的核心部分，也是 IMU 中值离散积分模型。通过输入 k 时刻的状态量推算出 k+1 时刻的状态量，下面是 k+1 时刻的 PVQ 积分项变为相对于第 k 时刻的姿态。

$$
\begin{aligned}
p_{wb_{k+1}} &= p_{wb_k} + v_k^w \Delta t - \frac{1}{2} g^w \Delta t^2 + q_{wb_k} \iint_{t\in[k,k+1]} (q_{b_k b_t} a^{b_t}) \Delta t^2 \\
v_{k+1}^w &= v_k^w - g^w \Delta t + q_{wb_k} \int_{t\in[k,k+1]} (q_{b_k b_t} a^{b_t}) \Delta t \\
q_{wb_{k+1}} &= q_{wb_k} \int_{t\in[k,k+1]} q_{b_k b_t} \otimes [\frac{1}{2} \omega^{b_t}] \Delta t
\end{aligned}
\tag{6-6}
$$

update_jacobian 内部则是误差传递方程部分，下面来逐行分析，根据上面的式子可以得到IMU 预积分量，预积分分量只与 IMU 测量值有关。

$$\begin{aligned}\alpha_{b_k b_{k+1}} &= \int_{t\in[k,k+1]}(q_{b_k b_t} a^{b_t})\Delta t^2 \\ \beta_{b_k b_{k+1}} &= \int_{t\in[k,k+1]}(q_{b_k b_t} a^{b_t})\Delta t \\ q_{b_k b_{k+1}} &= \int_{t\in[k,k+1]} q_{b_k b_t}\otimes[\frac{1}{2}\omega^{b_t}]\Delta t\end{aligned} \tag{6-7}$$

此时可以根据式（6-5）中值法代入式（6-7），k 到 k+1 时刻位姿由两时刻的测量值加速度 a 和旋转量 ω 的平均值来计算，并根据噪声来更新偏置，时间 i 为预积分的起始时间。

$$\begin{aligned}q_{b_i b_{k+1}} &= q_{b_i b_k}\otimes\begin{bmatrix}1\\ \frac{1}{2}\omega\Delta t\end{bmatrix} \\ \alpha_{b_i b_{k+1}} &= \alpha_{b_i b_k} + \beta_{b_i b_k}\Delta t + \frac{1}{2}a\Delta t^2 \\ \beta_{b_i b_{k+1}} &= \beta_{b_i b_k} + a\Delta t \\ b_{k+1}^a &= b_k^a + n_{b_k^a}\Delta t \\ b_{k+1}^g &= b_k^g + n_{b_k^g}\Delta t\end{aligned} \tag{6-8}$$

一阶泰勒展开的残差公式可以化简为用 $\boldsymbol{F}$ 矩阵和 $\boldsymbol{G}$ 矩阵组成的方程组：

$$\eta_{ik} = \boldsymbol{F}_{k-1}\eta_{ik-1} + \boldsymbol{G}_{k-1}n_{k-1} \tag{6-9}$$

误差的传递分为两部分：

① 当前时刻误差传递给下一时刻。

② 当前时刻测量噪声传递给下一时刻。

$$\begin{bmatrix}\Delta\alpha_{b_i b_{k+1}}\\ \Delta q_{b_i b_{k+1}}\\ \Delta\beta_{b_i b_{k+1}}\\ \Delta b_{k+1}^a\\ \Delta b_{k+1}^g\end{bmatrix} = \boldsymbol{F}\begin{bmatrix}\Delta\alpha_{b_i b_k}\\ \Delta q_{b_i b_k}\\ \Delta\beta_{b_i b_k}\\ \Delta b_k^a\\ \Delta b_k^g\end{bmatrix} + \boldsymbol{G}\begin{bmatrix}n_k^a\\ n_k^g\\ n_{k+1}^a\\ n_{k+1}^g\\ n_{b_k^a}\\ n_{b_k^g}\end{bmatrix} \tag{6-10}$$

首先该部分就是根据加速度计偏置 b_a 以及陀螺仪偏置 b_g 计算出预估的加速度，并求旋转矩阵，以反对称形式表示。

```
//计算平均角速度
Vector3d w_x = 0.5 * (_gyr_0 + _gyr_1) - linearized_bg;
//计算_acc_0这个观测线加速度对应的实际加速度
Vector3d a_0_x = _acc_0 - linearized_ba;
//计算_acc_1这个观测线加速度对应的实际加速度
Vector3d a_1_x = _acc_1 - linearized_ba;
Matrix3d R_w_x, R_a_0_x, R_a_1_x;
/**
  *          | 0      -W_z     W_y |
  * [W]_x =  | W_z     0      -W_x |
  *          | -W_y   W_x       0  |
*/
R_w_x<<0, -w_x(2), w_x(1),
     w_x(2), 0, -w_x(0),
```

```
        -w_x(1), w_x(0), 0;
R_a_0_x<<0, -a_0_x(2), a_0_x(1),
        a_0_x(2), 0, -a_0_x(0),
        -a_0_x(1), a_0_x(0), 0;
R_a_1_x<<0, -a_1_x(2), a_1_x(1),
        a_1_x(2), 0, -a_1_x(0),
        -a_1_x(1), a_1_x(0), 0;
```

下面的 $\boldsymbol{F}$ 和 $\boldsymbol{V}$ 矩阵则是雅可比迭代矩阵，具体推导为：

$$
\begin{aligned}
&\boldsymbol{F}=\begin{bmatrix}
\boldsymbol{I} & f_{12} & \boldsymbol{I}\Delta t & -\frac{1}{4}\left(q_{b_ib_k}+q_{b_ib_{k+1}}\right)\Delta t^2 & f_{15} \\
0 & \boldsymbol{I}-[\omega]_x & 0 & 0 & -\boldsymbol{I}\Delta t \\
0 & f_{32} & \boldsymbol{I} & -\frac{1}{2}\left(q_{b_ib_k}+q_{b_ib_{k+1}}\right)\Delta t & f_{35} \\
0 & 0 & 0 & \boldsymbol{I} & 0 \\
0 & 0 & 0 & 0 & \boldsymbol{I}
\end{bmatrix} \\
&f_{12}=\frac{\partial\alpha_{b_ib_{k+1}}}{\partial\Delta q_{b_ib_k}}=-\frac{1}{4}\left(R_{b_ib_k}\left[a^{b_k}-b_k^a\right]_x\Delta t^2+R_{b_ib_{k+1}}\left[\left(a^{b_{k+1}}-b_k^a\right)\right]_x\left(\boldsymbol{I}-[\omega]_x\Delta t\right)\Delta t^2\right) \\
&f_{32}=\frac{\partial\beta_{b_ib_{k+1}}}{\partial\Delta q_{b_ib_k}}=-\frac{1}{2}\left(R_{b_ib_k}\left[a^{b_k}-b_k^a\right]_x\Delta t+R_{b_ib_{k+1}}\left[\left(a^{b_{k+1}}-b_k^a\right)\right]_x\left(\boldsymbol{I}-[\omega]_x\Delta t\right)\Delta t\right) \\
&f_{15}=\frac{\partial\alpha_{b_ib_{k+1}}}{\partial\Delta b_k^g}=-\frac{1}{4}\left(R_{b_ib_{k+1}}\left[\left(a^{b_{k+1}}-b_k^a\right)\right]_x\Delta t^2\right)(-\Delta t) \\
&f_{35}=\frac{\partial\beta_{b_ib_{k+1}}}{\partial\Delta b_k^g}=-\frac{1}{2}\left(R_{b_ib_{k+1}}\left[\left(a^{b_{k+1}}-b_k^a\right)\right]_x\Delta t\right)(-\Delta t)
\end{aligned}
\tag{6-11}
$$

```
F.block<3, 3>(0, 0) = Matrix3d::Identity();
F.block<3, 3>(0, 3) = -0.25 * delta_q.toRotationMatrix() * R_a_0_x * _dt * _dt +
                    -0.25 * result_delta_q.toRotationMatrix() * R_a_1_x * (Matrix3d::Identity()
- R_w_x * _dt) * _dt * _dt;
F.block<3, 3>(0, 6) = MatrixXd::Identity(3,3) * _dt;
F.block<3, 3>(0, 9) = -0.25 * (delta_q.toRotationMatrix() + result_delta_
q.toRotationMatrix()) * _dt * _dt;
F.block<3, 3>(0, 12) = -0.25 * result_delta_q.toRotationMatrix() * R_a_1_x * _dt * _dt * -_dt;
F.block<3, 3>(3, 3) = Matrix3d::Identity() - R_w_x * _dt;
F.block<3, 3>(3, 12) = -1.0 * MatrixXd::Identity(3,3) * _dt;
F.block<3, 3>(6, 3) = -0.5 * delta_q.toRotationMatrix() * R_a_0_x * _dt +
                    -0.5 * result_delta_q.toRotationMatrix() * R_a_1_x *
(Matrix3d::Identity() - R_w_x * _dt) * _dt;
F.block<3, 3>(6, 6) = Matrix3d::Identity();
F.block<3, 3>(6, 9) = -0.5 * (delta_q.toRotationMatrix() + result_delta_q.toRotationMatrix()) * _dt;
F.block<3, 3>(6, 12) = -0.5 * result_delta_q.toRotationMatrix() * R_a_1_x * _dt * -_dt;
F.block<3, 3>(9, 9) = Matrix3d::Identity();
F.block<3, 3>(12, 12) = Matrix3d::Identity();
```

$$
\boldsymbol{G}=\begin{bmatrix}
\frac{1}{4}q_{b_ib_k}\Delta t^2 & g_{12} & \frac{1}{4}q_{b_ib_{k+1}}\Delta t^2 & g_{14} & 0 & 0 \\
0 & \frac{1}{2}\boldsymbol{I}\Delta t & 0 & \frac{1}{2}\boldsymbol{I}\Delta t & 0 & 0 \\
\frac{1}{2}q_{b_{k+1}b_k}\Delta t & g_{32} & \frac{1}{2}q_{b_ib_{k+1}}\Delta t & g_{34} & 0 & 0 \\
0 & 0 & 0 & 0 & \boldsymbol{I}\Delta t & 0 \\
0 & 0 & 0 & 0 & 0 & \boldsymbol{I}\Delta t
\end{bmatrix}
$$

$$
\begin{aligned}
g_{12} &= \frac{\partial \alpha_{b_i b_{k+1}}}{\partial n_k^g} = g_{14} = \frac{\partial \alpha_{b_i b_{k+1}}}{\partial n_{k+1}^g} = -\frac{1}{4}\left(R_{b_i b_{k+1}}\left[\left(a^{b_{k+1}} - b_k^a\right)\right]_x \Delta t^2\right)\left(\frac{1}{2}\Delta t\right) \\
g_{32} &= \frac{\partial \beta_{b_i b_{k+1}}}{\partial n_k^g} = g_{34} = \frac{\partial \beta_{b_i b_{k+1}}}{\partial n_{k+1}^g} = -\frac{1}{2}\left(R_{b_i b_{k+1}}\left[\left(a^{b_{k+1}} - b_k^a\right)\right]_x \Delta t^2\right)\left(\frac{1}{2}\Delta t\right)
\end{aligned} \tag{6-12}
$$

```
MatrixXd V = MatrixXd::Zero(15,18);
V.block<3, 3>(0, 0) = 0.25 * delta_q.toRotationMatrix() * _dt * _dt;
V.block<3, 3>(0, 3) = 0.25 * -result_delta_q.toRotationMatrix() * R_a_1_x * _dt * _dt * 0.5 * _dt;
V.block<3, 3>(0, 6) = 0.25 * result_delta_q.toRotationMatrix() * _dt * _dt;
V.block<3, 3>(0, 9) = V.block<3, 3>(0, 3);
V.block<3, 3>(3, 3) = 0.5 * MatrixXd::Identity(3,3) * _dt;
V.block<3, 3>(3, 9) = 0.5 * MatrixXd::Identity(3,3) * _dt;
V.block<3, 3>(6, 0) = 0.5 * delta_q.toRotationMatrix() * _dt;
V.block<3, 3>(6, 3) = 0.5 * -result_delta_q.toRotationMatrix() * R_a_1_x * _dt * 0.5 * _dt;
V.block<3, 3>(6, 6) = 0.5 * result_delta_q.toRotationMatrix() * _dt;
V.block<3, 3>(6, 9) = V.block<3, 3>(6, 3);
V.block<3, 3>(9, 12) = MatrixXd::Identity(3,3) * _dt;
V.block<3, 3>(12, 15) = MatrixXd::Identity(3,3) * _dt;
```

最终转变为 Eigen::Matrix<double, 15, 15> 的雅可比和协方差。具体推导如下，因为上面推导中值滤波预积分误差传播的形式可以简写为公式（6-13）。

$$\delta \boldsymbol{z}_{k+1} = \boldsymbol{F}\delta \boldsymbol{z}_k + \boldsymbol{VQ} \tag{6-13}$$

所以可以求得雅可比的迭代公式和协方差公式

$$J_{k+1} = \boldsymbol{F}J_k \tag{6-14}$$

$$P_{k+1} = \boldsymbol{F}P_k\boldsymbol{F}^{\mathrm{T}} + \boldsymbol{VQV}^{\mathrm{T}} \tag{6-15}$$

$$\boldsymbol{Q} = \begin{bmatrix} \sigma_{a_k}^2 & 0 & 0 & 0 & 0 & 0 \\ 0 & \sigma_{g_k}^2 & 0 & 0 & 0 & 0 \\ 0 & 0 & \sigma_{a_{k+1}}^2 & 0 & 0 & 0 \\ 0 & 0 & 0 & \sigma_{g_{k+1}}^2 & 0 & 0 \\ 0 & 0 & 0 & 0 & \sigma_{b_k^a}^2 & 0 \\ 0 & 0 & 0 & 0 & 0 & \sigma_{b_k^g}^2 \end{bmatrix} \tag{6-16}$$

```
//step_jacobian = F;
//step_V = V;
/**
* 求矩阵的转置、共轭矩阵、伴随矩阵：可以通过成员函数 transpose()、conjugate()、adjoint() 来完成。
注意：这些函数返回操作后的结果
* 而不会对原矩阵的元素进行直接操作，如果要让原矩阵进行转换，则需要使用响应的 InPlace 函数，如
transpoceInPlace() 等
*/
// 雅克比 jacobian 的迭代公式：J_(k+1)=F*J_k, J_0=I
jacobian = F * jacobian;
/**
* covariance 为协方差，协方差的迭代公式：P_(k+1) = F*P_k*F^T + V*Q*V^T, P_0 = 0
* P_k 就是协方差，Q 为 noise，其初值为 18×18 的单位矩阵
*/
covariance = F * covariance * F.transpose() + V * noise * V.transpose();
```

6.4 边缘化与优化

6.4.1 关键帧检测

在讲完 processIMU 后，接下来就是 processImage，这一部分包含关键帧检测、标定外参坐标系转换、摄像头 +IMU 初始化、BA 优化、Marg 边缘化、后操作（提出 outlier 点，更新滑窗）等。processImage 函数中的第一部分是检测关键帧，关键帧函数 addFeatureCheckParallax 内部就不展开来说了，基本上分为几类来判别：

① 相比于上一帧，新的特征点比较多。

② 当前特征点在前两帧中存在的个数，如果该场景在前两帧中不存在相同特征点，则也默认为关键帧。

③ 前两帧之间视差是否足够大（像素坐标系下 10 个像素），如果大于这个数值也认为是关键帧。

```
// 添加特征点记录，并检查当前帧是否为关键帧，如果是，marg 最早的一帧；否则 marg 当前帧的前一帧
if (f_manager.addFeatureCheckParallax(frame_count, image, td))
{
      marginalization_flag = MARGIN_OLD;
      // printf("keyframe\n");
}
else
{
      marginalization_flag = MARGIN_SECOND_NEW;
      // printf("non-keyframe\n");
}
```

6.4.2 标定外参坐标系转化

这部分主要是对标定外参在线标定，外参旋转首先会从 parameter 中读取 ESTIMATE_EXTRINSIC 参数，判断是否需要在线标定。如果需要，首先会使用 f_manager.getCorresponding 来提取两帧的匹配点，来判断这些点在两帧之间是否一直被跟踪到。而 CalibrationExRotation 做的就是在线标定外参旋转，下面详细说明。

```
if (frame_count != 0)
{
      // 提取前一帧与当前帧的匹配点
      vector<pair<Vector3d, Vector3d>> corres = f_manager.getCorresponding(frame_count - 1, 
frame_count);
      Matrix3d calib_ric;
      // 在线标定外参旋转
      if (initial_ex_rotation.CalibrationExRotation(corres, pre_integrations[frame_count]-
>delta_q, calib_ric))
      {
          ROS_WARN("initial extrinsic rotation calib success");
          ROS_WARN_STREAM("initial extrinsic rotation: " << endl
                                                         << calib_ric);
          ric[0] = calib_ric;
          RIC[0] = calib_ric;
```

```
            ESTIMATE_EXTRINSIC = 1;
        }
    }
```

CalibrationExRotation 函数主要思路为利用两帧之间的 Camera 旋转和 IMU 积分旋转，构建最小二乘问题，并通过 SVD 求解外参旋转，具体分为三个部分的操作：

① Camera 系，两帧匹配点计算本质矩阵 $\boldsymbol{E}$，分解得到四个解，根据成功三角化点的比例确定最终正确解 R、t，得到两帧之间的旋转 R。

```
// Camera 系两帧之间的旋转
Rc.push_back(solveRelativeR(corres));
```

② IMU 系，积分计算两帧之间的旋转。

```
// IMU 系两帧之间的旋转
Rimu.push_back(delta_q_imu.toRotationMatrix());
// 变换到 Camera 系下，R_ck_ik * R_ik_ik+1 * R_ik+1_ck+1 = R_ck_ck+1
Rc_g.push_back(ric.inverse() * delta_q_imu * ric);
```

③ 根据两帧图像之间的旋转矩阵方程和两帧 IMU 之间通过预积分得到的旋转矩阵方程构建最小二乘问题，SVD 求解外参旋转。这个函数在当外参完全不知道的时候，可以在线对其进行初步估计，然后在后续优化时，会在 optimize 函数中再次优化。

```
Eigen::MatrixXd A(frame_count * 4, 4);
A.setZero();
int sum_ok = 0;
for (int i = 1; i <= frame_count; i++)
{
      Quaterniond r1(Rc[i]);
      Quaterniond r2(Rc_g[i]);
      // 差异角度
      double angular_distance = 180 / M_PI * r1.angularDistance(r2);
      ROS_DEBUG(
          "%d %f", i, angular_distance);
      // huber 核函数，防止角度超过 5°
      double huber = angular_distance > 5.0 ? 5.0 / angular_distance : 1.0;
      ++sum_ok;
      Matrix4d L, R;
      // 两帧图像之间的旋转矩阵方程，对应左乘
      double w = Quaterniond(Rc[i]).w();
      Vector3d q = Quaterniond(Rc[i]).vec();
      L.block<3, 3>(0, 0) = w * Matrix3d::Identity() + Utility::skewSymmetric(q);
      L.block<3, 1>(0, 3) = q;
      L.block<1, 3>(3, 0) = -q.transpose();
      L(3, 3) = w;
      // 两帧 IMU 之间通过预积分得到的旋转矩阵方程，对应右乘
      Quaterniond R_ij(Rimu[i]);
      w = R_ij.w();
      q = R_ij.vec();
      R.block<3, 3>(0, 0) = w * Matrix3d::Identity() - Utility::skewSymmetric(q);
      R.block<3, 1>(0, 3) = q;
      R.block<1, 3>(3, 0) = -q.transpose();
      R(3, 3) = w;
          // 计算两个四元数的状态，相当于 X * Y.transpose();
      A.block<4, 4>((i - 1) * 4, 0) = huber * (L - R);
}
// 最小奇异值对应的奇异向量，计算出 R、t
JacobiSVD<MatrixXd> svd(A, ComputeFullU | ComputeFullV);
Matrix<double, 4, 1> x = svd.matrixV().col(3);
```

```
Quaterniond estimated_R(x);
// 求逆
ric = estimated_R.toRotationMatrix().inverse();
```

6.4.3 摄像头 +IMU 初始化

下面的内容最为重要，首先是如何将摄像头 +IMU 进行初始化。当 solver_flag == INITIAL 且 frame_count == WINDOW_SIZE 捕获到足够多的特征点时，进入初始化。初始化函数为 initialStructure，如果初始化成功则返回 true，下面将初始化分成 5 个步骤来说明：

（1）求加速度

计算滑窗内 IMU 加速度的标准差，用于判断移动快慢。

```
map<double, ImageFrame>::iterator frame_it;
Vector3d sum_g;
// 从第 2 帧开始累加每帧加速度
for (frame_it = all_image_frame.begin(), frame_it++; frame_it != all_image_frame.end(); frame_it++)
{
      double dt = frame_it->second.pre_integration->sum_dt;
      Vector3d tmp_g = frame_it->second.pre_integration->delta_v / dt;
      sum_g += tmp_g;
}
// 加速度均值
Vector3d aver_g;
aver_g = sum_g * 1.0 / ((int)all_image_frame.size() - 1);
double var = 0;
for (frame_it = all_image_frame.begin(), frame_it++; frame_it != all_image_frame.end(); frame_it++)
{
      double dt = frame_it->second.pre_integration->sum_dt;
      Vector3d tmp_g = frame_it->second.pre_integration->delta_v / dt;
      var += (tmp_g - aver_g).transpose() * (tmp_g - aver_g);
      // cout << "frame g" << tmp_g.transpose() << endl;
}
// 加速度标准差
var = sqrt(var / ((int)all_image_frame.size() - 1));
// ROS_WARN("IMU variation %f!", var);
if (var < 0.25)
{
      ROS_INFO("IMU excitation not enouth!");
      // return false;
}
```

（2）求两帧之间的位姿

在滑窗中找到与当前帧具有足够大的视差，同时匹配较为准确的一帧，计算相对位姿变换。这部分首先获取之前 featureBuf 参数内部的归一化相机平面的特征点，并作为 f_manager.feature 参数传入 relativePose 函数，然后判断视差是否在一定范围内，并使用 solveRelativeRT 两帧匹配点计算本质矩阵 $\boldsymbol{E}$，恢复 R、t。这部分比较简单，就不展开讲了。

```
// global sfm
Quaterniond Q[frame_count + 1];
Vector3d T[frame_count + 1];
map<int, Vector3d> sfm_tracked_points;
vector<SFMFeature> sfm_f;
// 遍历当前帧特征点
```

```
    for (auto &it_per_id : f_manager.feature)
    {
        int imu_j = it_per_id.start_frame - 1;
        SFMFeature tmp_feature;
        tmp_feature.state = false;
        tmp_feature.id = it_per_id.feature_id;
        // 遍历特征点出现的帧
        for (auto &it_per_frame: it_per_id.feature_per_frame)
        {
            imu_j++;
            // 特征点归一化相机平面点
            Vector3d pts_j = it_per_frame.point;
            tmp_feature.observation.push_back(make_pair(imu_j, Eigen::Vector2d{pts_j.x(), pts_
    j.y()}));
        }
        sfm_f.push_back(tmp_feature);
    }
    Matrix3d relative_R;
    Vector3d relative_T;
    int l;
    /**
      * 在滑窗中找到与当前帧具有足够大的视差，同时匹配较为准确的一帧，计算相对位姿变换
      * 1、提取滑窗中每帧与当前帧之间的匹配点（要求点在两帧之间一直被跟踪到，属于稳定共视点），超过 20 个
    则计算视差
      * 2、两帧匹配点计算本质矩阵 E，恢复 R、t
      * 3、视差超过 30 像素，匹配内点数超过 12 个，则认为符合要求，返回当前帧
      */
    if (!relativePose(relative_R, relative_T, l))
    {
        ROS_INFO("Not enough features or parallax; Move device around");
        return false;
    }
```

（3）使用 SFM 恢复深度，并优化每帧位姿

以上面找到的这一帧为参考系，PNP 计算滑窗每帧位姿，然后三角化所有特征点，构建 BA（最小化点三角化前后误差）优化每帧位姿，这部分函数主要使用的是多帧 PNP 三角化求得相机坐标系下的点在三维空间中的位置，然后根据三角化拿到的三维空间中的位置（1×4）和三角化前相机坐标系下的位置（1×3）重投影误差优化 WINDOW_SIZE 大小的位姿。

```
    // 遍历三角化之后的特征点
        for (int i = 0; i < feature_num; i++)
        {
            // 没有被三角化
            if (sfm_f[i].state != true)
                continue;
            // 遍历观测帧
            for (int j = 0; j < int(sfm_f[i].observation.size()); j++)
            {
                int l = sfm_f[i].observation[j].first;
                // 重投影误差，这里为三角化之前的点坐标，与三角化之前的坐标计算误差
                ceres::CostFunction* cost_function = ReprojectionError3D::Create(
                                  sfm_f[i].observation[j].second.x(),
                                  sfm_f[i].observation[j].second.y());
                // position 为三角化之后的点坐标
                problem.AddResidualBlock(cost_function, NULL, c_rotation[l], c_translation[l],
                                        sfm_f[i].position);
            }
        }
```

```
        ceres::Solver::Options options;
        options.linear_solver_type = ceres::DENSE_SCHUR;
        //options.minimizer_progress_to_stdout = true;
        options.max_solver_time_in_seconds = 0.2;
        ceres::Solver::Summary summary;
        ceres::Solve(options, &problem, &summary);
```

（4）SFM 三维点与像素点求解准确的位姿

对滑窗中所有帧执行 PNP 优化位姿，拿到当前帧 SFM 优化后的三维点和优化前对应的二维点，即可求出 R 和 t，代表当前状态下的机器人位姿。

```
    // 遍历当前帧特征点
    for (auto &id_pts: frame_it->second.points)
    {
        int feature_id = id_pts.first;
        // 遍历特征点的观测帧，提取像素坐标
        for (auto &i_p: id_pts.second)
        {
            it = sfm_tracked_points.find(feature_id);
            if (it != sfm_tracked_points.end())
            {
                Vector3d world_pts = it->second;
                cv::Point3f pts_3(world_pts(0), world_pts(1), world_pts(2));
                // 特征点 3d 坐标，sfm 三角化后的点
                pts_3_vector.push_back(pts_3);
                Vector2d img_pts = i_p.second.head<2>();
                cv::Point2f pts_2(img_pts(0), img_pts(1));
                // 特征点像素坐标
                pts_2_vector.push_back(pts_2);
            }
        }
    }
    cv::Mat K = (cv::Mat_<double>(3, 3) << 1, 0, 0, 0, 1, 0, 0, 0, 1);
    if (pts_3_vector.size() < 6)
    {
        cout << "pts_3_vector size" << pts_3_vector.size() << endl;
        ROS_DEBUG("Not enough points for solve pnp!");
        return false;
    }
    // 3d-2d Pnp 求解位姿
    if (!cv::solvePnP(pts_3_vector, pts_2_vector, K, D, rvec, t, 1))
    {
        ROS_DEBUG("solve pnp fail!");
        return false;
    }
    cv::Rodrigues(rvec, r);
    MatrixXd R_pnp, tmp_R_pnp;
    cv::cv2eigen(r, tmp_R_pnp);
    R_pnp = tmp_R_pnp.transpose();
    MatrixXd T_pnp;
    cv::cv2eigen(t, T_pnp);
    T_pnp = R_pnp * (-T_pnp);
    frame_it->second.R = R_pnp * RIC[0].transpose();
    frame_it->second.T = T_pnp;
```

（5）统一尺度并提高 IMU 精度

① 初始化零偏是通过用相邻两帧之间的相机旋转、IMU 积分旋转，构建最小二乘问题，ldlt 求解。

② 初始化尺度是通过在滑动窗口中每两帧之间的位置和速度与 IMU 预积分出来的位置和

速度组成一个最小二乘法BA的形式，从而保证SFM尺度和IMU测量出来的真实世界尺度一致。

③ 重力向量优化是为了进一步细化重力加速度，提高估计值的精度。这里就不展开说了。

```
bool VisualIMUAlignment(map<double, ImageFrame> &all_image_frame, Vector3d* Bgs, Vector3d &g,
VectorXd &x)
{
      /**
       * 零偏初始化
       * 1、用相邻两帧之间的相机旋转、IMU积分旋转，构建最小二乘问题，ldlt求解
       * 2、偏置更新后，重新计算IMU积分
      */
      solveGyroscopeBias(all_image_frame, Bgs);
      if(LinearAlignment(all_image_frame, g, x))
          return true;
      else
          return false;
}
```

6.4.4　BA优化 -IMU

在初始化完毕后，后续的推导函数initFramePoseByPnP只需要根据初始化跟踪到的特征点去求解pnp来优化得到当前的位姿。Ps、Rs、tic和ric为前面章节中CalibrationExRotation函数标定得到的外参。

```
if (!USE_IMU)
      f_manager.initFramePoseByPnP(frame_count, Ps, Rs, tic, ric);
// 三角化当前帧特征点
f_manager.triangulate(frame_count, Ps, Rs, tic, ric);
// 滑窗执行Ceres优化，边缘化，更新滑窗内图像帧的状态（位姿、速度、偏置、外参、逆深度、相机与IMU时差）
optimization();
```

optimization内部完成了滑窗的Ceres优化，这个函数内部包含BA优化和Marg边缘化，接下来详细分析。

（1）调用AddParameterBlock

显式添加待优化变量（类似于g2o中添加顶点），需要固定的顶点固定一下。首先是把相机状态量参数，内参和外参都作为一个AddParameterBlock加入优化量中。

```
//添加相机状态变量参数和相机内参变量参数
for (int i = 0; i < frame_count + 1; i++)
{
            // 由于姿态不满足正常的加法，也就是李群本身不存在正常的加法法则，所以需要转化为李代数的形式
来自定义ceres的优化加法规则
      ceres::LocalParameterization *local_parameterization = new PoseLocalParameterization();
//局部位姿参数
      problem.AddParameterBlock(para_Pose[i], SIZE_POSE, local_parameterization); //para_Pose:
有IMU则为IMU位置和姿态四元数，无IMU则为相机的位姿
      if(USE_IMU)
          problem.AddParameterBlock(para_SpeedBias[i], SIZE_SPEEDBIAS);//para_SpeedBias:IMU初
速度，陀螺仪加速度计bias
}
// 如果不使用IMU，固定第一帧位姿，IMU下第一帧不固定
if(!USE_IMU)
      problem.SetParameterBlockConstant(para_Pose[0]);
//添加相机内参变量参数
for (int i = 0; i < NUM_OF_CAM; i++) //NUM_OF_CAM相机数量
{
```

```
        ceres::LocalParameterization *local_parameterization = new PoseLocalParameterization();
//局部位姿参数
        problem.AddParameterBlock(para_Ex_Pose[i], SIZE_POSE, local_parameterization);  //para_
Ex_Pose:camera-imu之间的外参
        if ((ESTIMATE_EXTRINSIC && frame_count == WINDOW_SIZE && Vs[0].norm() > 0.2) ||
openExEstimation)   //这种条件下需要优化外参
        {
            //ROS_INFO("estimate extinsic param");
            openExEstimation = 1;
        }
        else
        {
            //ROS_INFO("fix extinsic param");
            problem.SetParameterBlockConstant(para_Ex_Pose[i]);
        }
}
```

（2）调用 AddResidualBlock

添加各种残差数据（类似于 g2o 中的边）。

第一部分是添加先验残差，通过 Marg 的舒尔补操作，将被 Marg 部分的信息叠加到了保留变量的信息上。

```
if (last_marginalization_info && last_marginalization_info->valid)
{
        // construct new marginlization_factor
        MarginalizationFactor *marginalization_factor = new MarginalizationFactor(last_
marginalization_info);
        problem.AddResidualBlock(marginalization_factor, NULL,
                                 last_marginalization_parameter_blocks);
}
```

第二部分是添加 IMU 残差。

```
if (USE_IMU)
{
        for (int i = 0; i < frame_count; i++)
        {
            int j = i + 1;
            if (pre_integrations[j]->sum_dt > 10.0)
                continue;
            // 前后帧之间建立IMU残差
            IMUFactor *imu_factor = new IMUFactor(pre_integrations[j]);
            // 后面四个参数为变量初始值，优化过程中会更新
            problem.AddResidualBlock(imu_factor, NULL, para_Pose[i], para_SpeedBias[i], para_
Pose[j], para_SpeedBias[j]);
        }
}
```

这里求得的残差指的就是 6.4.3 节提到的预积分雅可比，主要分为四个部分，这里的 r_B 代表了 r_p、r_v、r_q、r_{ba}、r_{bg}。

残差对 b_k 时刻的 PVQ 的雅可比矩阵：

$$\boldsymbol{J}[0]^{15\times 7}=\left[\frac{\partial r_B}{\partial p_{b_k}^w},\frac{\partial r_B}{\partial q_{b_k}^w}\right]=\begin{bmatrix} -R_w^{b_k} & \left[R_w^{b_k}\left(p_{b_{k+1}}^w-p_{b_k}^w-v_{b_k}^w\Delta t_k+\frac{1}{2}g^w\Delta t_k^2\right)\right]^{\wedge} \\ 0 & -L\left[\left(q_{b_{k+1}}^w\right)^{-1}\otimes q_{b_k}^w\right]R\left[\gamma_{b_{k+1}}^{b_k}\right] \\ 0 & \left[R_w^{b_k}\left(v_{b_{k+1}}^w-v_{b_k}^w+g^w\Delta t_k\right)\right]^{\wedge} \\ 0 & 0 \\ 0 & 0 \end{bmatrix} \tag{6-17}$$

```
if (jacobians[0])
{
      Eigen::Map<Eigen::Matrix<double, 15, 7, Eigen::RowMajor>> jacobian_pose_i(jacobians[0]);
      jacobian_pose_i.setZero();
      jacobian_pose_i.block<3, 3>(O_P, O_P) = -Qi.inverse().toRotationMatrix();
      jacobian_pose_i.block<3, 3>(O_P, O_R) = Utility::skewSymmetric(Qi.inverse() * (0.5 * G *
sum_dt * sum_dt + Pj - Pi - Vi * sum_dt));
#if 0
jacobian_pose_i.block<3, 3>(O_R, O_R) = -(Qj.inverse() * Qi).toRotationMatrix();
#else
      Eigen::Quaterniond corrected_delta_q = pre_integration->delta_q * Utility::deltaQ(dq_dbg*
(Bgi - pre_integration->linearized_bg));
      jacobian_pose_i.block<3, 3>(O_R, O_R) = -(Utility::Qleft(Qj.inverse() * Qi) *
Utility::Qright(corrected_delta_q)).bottomRightCorner<3, 3>();
#endif
      jacobian_pose_i.block<3, 3>(O_V, O_R) = Utility::skewSymmetric(Qi.inverse() * (G * sum_
dt + Vj - Vi));
      jacobian_pose_i = sqrt_info * jacobian_pose_i;
      if (jacobian_pose_i.maxCoeff() > 1e8 || jacobian_pose_i.minCoeff() < -1e8)
      {
          ROS_WARN("numerical unstable in preintegration");
          //std::cout << sqrt_info << std::endl;
          //ROS_BREAK();
      }
}
```

残差对 b_k 时刻的速度、加速度和磁力计 *bias* 的雅可比矩阵：

$$\boldsymbol{J}[1]^{15\times 9}=\left[\frac{\partial r_B}{\partial v_{b_k}^{w}},\frac{\partial r_B}{\partial b_{a_k}},\frac{\partial r_B}{\partial b_{w_k}}\right]=\begin{bmatrix} -R_w^{b_k}\Delta t & -J_{b_a}^{a} & -J_{b_w}^{\alpha} \\ 0 & 0 & -L[(q_{b_{k+1}}^{w})^{-1}\otimes q_{b_k}^{w}\otimes \gamma_{b_{k+1}}^{b_k}]J_{b_w}^{\gamma} \\ -R_w^{b_k} & -J_{b_a}^{\beta} & -J_{b_w}^{\beta} \\ 0 & -I & 0 \\ 0 & 0 & -I \end{bmatrix} \tag{6-18}$$

```
if (jacobians[1])
{
      Eigen::Map<Eigen::Matrix<double, 15, 9, Eigen::RowMajor>> jacobian_speedbias_
i(jacobians[1]);
      jacobian_speedbias_i.setZero();
      jacobian_speedbias_i.block<3, 3>(O_P, O_V - O_V) = -Qi.inverse().toRotationMatrix() *
sum_dt;
      jacobian_speedbias_i.block<3, 3>(O_P, O_BA - O_V) = -dp_dba;
      jacobian_speedbias_i.block<3, 3>(O_P, O_BG - O_V) = -dp_dbg;
#if 0
jacobian_speedbias_i.block<3, 3>(O_R, O_BG - O_V) = -dq_dbg;
#else
      //Eigen::Quaterniond corrected_delta_q = pre_integration->delta_q * Utility::deltaQ(dq_
dbg * (Bgi - pre_integration->linearized_bg));
      //jacobian_speedbias_i.block<3, 3>(O_R, O_BG - O_V) = -Utility::Qleft(Qj.inverse() * Qi
* corrected_delta_q).bottomRightCorner<3, 3>() * dq_dbg;
      jacobian_speedbias_i.block<3, 3>(O_R, O_BG - O_V) = -Utility::Qleft(Qj.inverse() * Qi *
pre_integration->delta_q).bottomRightCorner<3, 3>() * dq_dbg;
#endif
      jacobian_speedbias_i.block<3, 3>(O_V, O_V - O_V) = -Qi.inverse().toRotationMatrix();
      jacobian_speedbias_i.block<3, 3>(O_V, O_BA - O_V) = -dv_dba;
      jacobian_speedbias_i.block<3, 3>(O_V, O_BG - O_V) = -dv_dbg;
      jacobian_speedbias_i.block<3, 3>(O_BA, O_BA - O_V) = -Eigen::Matrix3d::Identity();
      jacobian_speedbias_i.block<3, 3>(O_BG, O_BG - O_V) = -Eigen::Matrix3d::Identity();
```

```
        jacobian_speedbias_i = sqrt_info * jacobian_speedbias_i;
        //ROS_ASSERT(fabs(jacobian_speedbias_i.maxCoeff()) < 1e8);
        //ROS_ASSERT(fabs(jacobian_speedbias_i.minCoeff()) < 1e8);
}
```

残差对 b_{k+1} 时刻的 PVQ 的雅可比矩阵：

$$\boldsymbol{J}[2]^{15\times 7}=\left[\frac{\partial r_B}{\partial p_{b_{k+1}}^{w}},\frac{\partial r_B}{\partial q_{b_{k+1}}^{w}}\right]=\begin{bmatrix} R_w^{b_k} & 0 \\ 0 & L[(\gamma_{b_{k+1}}^{b_k})^{-1}\otimes(q_{b_k}^{w})^{-1}\otimes q_{b_{k+1}}^{w}] \\ 0 & 0 \\ 0 & 0 \\ 0 & 0 \end{bmatrix} \tag{6-19}$$

```
if (jacobians[2])
{
        Eigen::Map<Eigen::Matrix<double, 15, 7, Eigen::RowMajor>> jacobian_pose_j(jacobians[2]);
        jacobian_pose_j.setZero();
        jacobian_pose_j.block<3, 3>(O_P, O_P) = Qi.inverse().toRotationMatrix();
#if 0
jacobian_pose_j.block<3, 3>(O_R, O_R) = Eigen::Matrix3d::Identity();
#else
        Eigen::Quaterniond corrected_delta_q = pre_integration->delta_q * Utility::deltaQ(dq_
dbg * (Bgi - pre_integration->linearized_bg));
        jacobian_pose_j.block<3, 3>(O_R, O_R) = Utility::Qleft(corrected_delta_q.inverse() *
Qi.inverse() * Qj).bottomRightCorner<3, 3>();
#endif
        jacobian_pose_j = sqrt_info * jacobian_pose_j;
        //ROS_ASSERT(fabs(jacobian_pose_j.maxCoeff()) < 1e8);
        //ROS_ASSERT(fabs(jacobian_pose_j.minCoeff()) < 1e8);
}
```

残差对 b_{k+1} 时刻的速度、加速度和磁力计 *bias* 的雅可比矩阵：

$$\boldsymbol{J}[3]^{15\times 9}=\left[\frac{\partial r_B}{\partial v_{b_{k+1}}^{w}},\frac{\partial r_B}{\partial b_{a_{k+1}}},\frac{\partial r_B}{\partial b_{w_{k+1}}}\right]=\begin{bmatrix} 0 & 0 & 0 \\ 0 & 0 & 0 \\ R_w^{b_k} & 0 & 0 \\ 0 & I & 0 \\ 0 & 0 & I \end{bmatrix} \tag{6-20}$$

```
if (jacobians[3])
{
        Eigen::Map<Eigen::Matrix<double, 15, 9, Eigen::RowMajor>> jacobian_speedbias_
j(jacobians[3]);
        jacobian_speedbias_j.setZero();
        jacobian_speedbias_j.block<3, 3>(O_V, O_V - O_V) = Qi.inverse().toRotationMatrix();
        jacobian_speedbias_j.block<3, 3>(O_BA, O_BA - O_V) = Eigen::Matrix3d::Identity();
        jacobian_speedbias_j.block<3, 3>(O_BG, O_BG - O_V) = Eigen::Matrix3d::Identity();
        jacobian_speedbias_j = sqrt_info * jacobian_speedbias_j;
        //ROS_ASSERT(fabs(jacobian_speedbias_j.maxCoeff()) < 1e8);
        //ROS_ASSERT(fabs(jacobian_speedbias_j.minCoeff()) < 1e8);
}
```

6.4.5 BA 优化 - 图像

这部分图像的 BA 优化拟合的目标主要是通过重投影误差来进行约束，首先会从 feature 内部遍历所有的特征点，然后提取出与这个特征点相同的前后几帧的关键帧，并拿到该滑窗下第一个观测到的关键帧的归一化相机平面点以及当前观测帧归一化相机平面点，计算出相机对同一个路标点的观测值和估计值之间的误差。

```
// 非首帧观测帧
if (imu_i != imu_j)
{
    // 当前观测帧归一化相机平面点
    Vector3d pts_j = it_per_frame.point;
    // 首帧与当前观测帧建立重投影误差
    ProjectionTwoFrameOneCamFactor *f_td = new ProjectionTwoFrameOneCamFactor(pts_i, pts_j,
it_per_id.feature_per_frame[0].velocity, it_per_frame.velocity,
                                it_per_id.feature_per_frame[0].cur_td, it_per_frame.cur_td);
    // 优化变量：首帧位姿，当前帧位姿，外参（左目），特征点逆深度，相机与IMU时差
    problem.AddResidualBlock(f_td, loss_function, para_Pose[imu_i], para_Pose[imu_j], para_
Ex_Pose[0], para_Feature[feature_index], para_Td[0]);
}
```

下面详细讲解ProjectionTwoFrameOneCamFactor函数，在Evaluate函数的残差块中，会尝试优化七个变量，即前一帧位姿的p、q，当前帧位姿p、q，相机与IMU外参p、q，特征点逆深度λ。注意，parameters内部也传入了相机与IMU时差，从而对应IMU和相机的采集时刻的位置。首先可以根据特征点在三维空间中的坐标x、y、z与特征在相机归一化平面坐标u、v的差值，求得视觉残差r_c。

$$r_c=\begin{bmatrix}\dfrac{x_{c_k}}{z_{c_k}} & -u_{c_k}\\ \dfrac{y_{c_k}}{z_{c_k}} & -v_{c_k}\end{bmatrix} \tag{6-21}$$

然后代入逆深度以及特征点转换矩阵求得，第i帧观测到并进行初始化操作得到路标点逆深度，当其在第j帧也被观测到时，估计其在第j帧中的坐标为：

$$\begin{bmatrix}x_{c_{k+1}}\\ y_{c_{k+1}}\\ z_{c_{k+1}}\\ 1\end{bmatrix}=T_{bc}^{-1}T_{wb_{k+1}}^{-1}T_{wb_k}T_{bc}\begin{bmatrix}\dfrac{1}{\lambda}u_{c_k}\\ \dfrac{1}{\lambda}v_{c_k}\\ \dfrac{1}{\lambda}\\ 1\end{bmatrix} \tag{6-22}$$

将该式子化简为三维坐标的形式，此时T转变为了R、p旋转和平移两个量：

$$f_{c_{k+1}}=\begin{bmatrix}x_{c_{k+1}}\\ y_{c_{k+1}}\\ z_{c_{k+1}}\end{bmatrix}=R_{bc}^{\mathrm{T}}R_{wb_{k+1}}^{\mathrm{T}}R_{wb_k}R_{bc}\begin{bmatrix}u_{c_k}\\ v_{c_k}\\ 1\end{bmatrix}+R_{bc}^{\mathrm{T}}(R_{wb_{k+1}}^{\mathrm{T}}((R_{wb_k}p_{bc}+P_{wb_k})-p_{wb_{k+1}})-p_{bc}) \tag{6-23}$$

同时，已知视觉的雅可比矩阵就是用视觉残差对两个时刻的状态量、外参、逆深度来进行求导。

$$J=\begin{bmatrix}\dfrac{\partial r_c}{\partial\begin{bmatrix}\delta p_{b_k}^w\\ \delta q_{b_k}^w\end{bmatrix}} & \dfrac{\partial r_c}{\partial\begin{bmatrix}\delta p_{b_{k+1}}^w\\ \delta q_{b_{k+1}}^w\end{bmatrix}} & \dfrac{\partial r_c}{\partial\begin{bmatrix}\delta p_c^b\\ \delta q_c^b\end{bmatrix}} & \dfrac{\partial r_c}{\partial\delta\lambda_l}\end{bmatrix} \tag{6-24}$$

根据链式法则，雅可比的计算可以分为两步，第一步是误差 r_c 对 f_{cj} 的求导：

$$\frac{\partial \boldsymbol{r}_c}{\partial \boldsymbol{f}_{c_{k+1}}}=\begin{bmatrix} \frac{1}{z_{c_{k+1}}} & 0 & -\frac{x_{c_{k+1}}}{z_{c_{k+1}}^2} \\ 0 & \frac{1}{z_{c_{k+1}}} & -\frac{y_{c_{k+1}}}{z_{c_{k+1}}^2} \end{bmatrix} \tag{6-25}$$

第二步是 f_{cj} 对状态量、外参、逆深度这七个变量进行求导：

$$\begin{aligned}
\boldsymbol{J}[0]^{3\times7}&=\left[\frac{\partial f_{c_{k+1}}}{\partial p_{b_k}^w},\frac{\partial f_{c_{k+1}}}{\partial q_{b_k}^w}\right]=\left[R_b^c R_{b_{k+1}}^w,-R_b^c R_w^{b_{k+1}} R_{b_k}^w\left(R_c^b\frac{1}{\lambda_l}\overline{P_l^{c_k}}+p_c^b\right)^\wedge\right]\\
\boldsymbol{J}[1]^{3\times7}&=\left[\frac{\partial f_{c_{k+1}}}{\partial p_{b_{k+1}}^w},\frac{\partial f_{c_{k+1}}}{\partial q_{b_{k+1}}^w}\right]=\left[-R_b^c R_w^{b_{k+1}},R_b^c\left\{R_w^{b_{k+1}}\left[R_{b_k}^w\left(R_c^b\frac{\bar{P}_l^{c_k}}{\lambda_l}+p_c^b\right)+p_{b_k}^w-p_{b_{k+1}}^w\right]\right\}^\wedge\right]\\
\boldsymbol{J}[2]^{3\times7}&=\left[\frac{\partial f_{c_{k+1}}}{\partial p_c^b},\frac{\partial f_{c_{k+1}}}{\partial q_c^b}\right]=\begin{bmatrix} R_b^c\left(R_w^{b_{k+1}}R_{b_k}^w-I_{3\times3}\right) \\ -R_b^c R_w^{b_{k+1}} R_{b_k}^w R_c^b\left(\frac{\bar{P}_l^{c_i}}{\lambda_l}\right)^\wedge+\left(R_b^c R_w^{b_{k+1}} R_{b_k}^w R_c^b\frac{\bar{P}_l^{c_i}}{\lambda_l}\right)^\wedge+ \\ \left\{R_b^c\left[R_w^{b_{k+1}}\left(R_{b_k}^w p_c^b+\mid p_{b_k}^w-p_{b_{k+1}}^w\mid\right)-p_c^b\right]\right\}^\wedge \end{bmatrix}^{\mathrm{T}}\\
\boldsymbol{J}[3]^{3\times1}&=\frac{\partial f_{c_{k+1}}}{\partial\lambda_l}=-R_b^c R_w^{b_{k+1}} R_{b_i}^w R_c^b\frac{\bar{P}_l^{c_k}}{\lambda_l^2}
\end{aligned} \tag{6-26}$$

```
// 下面是计算残差对优化变量的 Jacobian
if (jacobians[0])
{
      Eigen::Map<Eigen::Matrix<double, 2, 7, Eigen::RowMajor>> jacobian_pose_i(jacobians[0]);
      Eigen::Matrix<double, 3, 6> jaco_i;
      jaco_i.leftCols<3>() = ric.transpose() * Rj.transpose();
      jaco_i.rightCols<3>() = ric.transpose() * Rj.transpose() * Ri * -Utility::skewSymmetric(pts_
imu_i);
      jacobian_pose_i.leftCols<6>() = reduce * jaco_i;
      jacobian_pose_i.rightCols<1>().setZero();
}

if (jacobians[1])
{
      Eigen::Map<Eigen::Matrix<double, 2, 7, Eigen::RowMajor>> jacobian_pose_j(jacobians[1]);
      Eigen::Matrix<double, 3, 6> jaco_j;
      jaco_j.leftCols<3>() = ric.transpose() * -Rj.transpose();
      jaco_j.rightCols<3>() = ric.transpose() * Utility::skewSymmetric(pts_imu_j);
      jacobian_pose_j.leftCols<6>() = reduce * jaco_j;
      jacobian_pose_j.rightCols<1>().setZero();
}
if (jacobians[2])
{
      Eigen::Map<Eigen::Matrix<double, 2, 7, Eigen::RowMajor>> jacobian_ex_pose(jacobians[2]);
      Eigen::Matrix<double, 3, 6> jaco_ex;
      jaco_ex.leftCols<3>() = ric.transpose() * (Rj.transpose() * Ri - Eigen::Matrix3d::Identity());
      Eigen::Matrix3d tmp_r = ric.transpose() * Rj.transpose() * Ri * ric;
      jaco_ex.rightCols<3>() = -tmp_r * Utility::skewSymmetric(pts_camera_i) +
Utility::skewSymmetric(tmp_r * pts_camera_i) +
```

```
            Utility::skewSymmetric(ric.transpose() * (Rj.transpose() * (Ri * tic + Pi - Pj) - tic));
        jacobian_ex_pose.leftCols<6>() = reduce * jaco_ex;
        jacobian_ex_pose.rightCols<1>().setZero();
    }
    if (jacobians[3])
    {
        Eigen::Map<Eigen::Vector2d> jacobian_feature(jacobians[3]);
        jacobian_feature = reduce * ric.transpose() * Rj.transpose() * Ri * ric * pts_i_td *
    -1.0 / (inv_dep_i * inv_dep_i);
    }
    if (jacobians[4])
    {
        Eigen::Map<Eigen::Vector2d> jacobian_td(jacobians[4]);
        jacobian_td = reduce * ric.transpose() * Rj.transpose() * Ri * ric * velocity_i / inv_
    dep_i * -1.0  +
                      sqrt_info * velocity_j.head(2);
    }
```

6.4.6　基于舒尔补的边缘化

作为主流框架的前端中常用的方法，滑窗优化是很常见的迭代策略。随着 SLAM 系统的运行，状态变量规模不断增大，如果使用滑动窗口，只对窗口内的相关变量进行优化便可以大大减小计算量。作为滑窗优化，除了创建滑动窗口的存储空间外，还要通过边缘化的方法保留滑窗外的状态，可以不去优化滑窗外的参数，但也不能直接丢掉，这样会破坏原有的约束关系，损失约束信息。采用边缘化的技巧，将约束信息转化为待优化变量的先验分布，实际上是一个从联合分布中获得变量子集概率分布的问题。

在 VINS-FUSION 当中，如果当前帧与上一帧视差明显，则最新的第二帧设为关键帧，并边缘化掉最老的帧，这时就给下次优化留下了一些先验测量信息；如果当前帧与上一帧视差不明显，就去掉最新的第二帧，直接去掉所带的信息，预积分留下加入下一次预积分，而不会引入先验残差信息。接下来主要看一下如何更新关键帧，并边缘化最老帧的操作。其流程如图 6-18 所示。

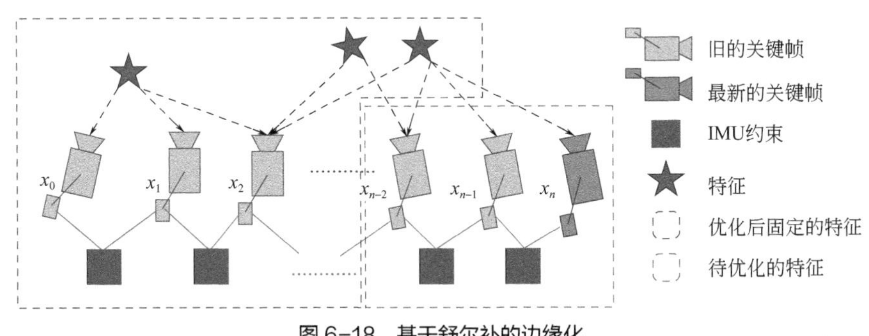

图 6-18　基于舒尔补的边缘化

① 首先会加入上次 marginalize 之后保留状态的先验信息，将上一次先验残差项传递给 marginalization_info。在 MarginalizationFactor 内部存储了当前需要边缘化的帧，有关联的残差块信息包含了下面三个部分：前一帧 Marg 留下的先验、当前 Marg 帧与后一帧 IMU 残差以及当前 Marg 帧与滑窗内其他帧的视觉残差。

这三个部分将由下面三个式子提取出来，并一同传入 marginalize 函数，利用舒尔补求出雅可比和残差。

```
// 先验残差
if (last_marginalization_info && last_marginalization_info->valid)
{
    vector<int> drop_set;
    // 上一次 Marg 剩下的参数块
    for (int i = 0; i < static_cast<int>(last_marginalization_parameter_blocks.size()); i++)
    {
        //last_marginalization_parameter_blocks 存有状态窗口内所有状态的首地址，每个状态拆分为
para_Pose 和 para_SpeedBias 两大块，所以其 size 大小为 2*WINDOW_SIZE
     if (last_marginalization_parameter_blocks[i] == para_Pose[0] ||
            last_marginalization_parameter_blocks[i] == para_SpeedBias[0])
            drop_set.push_back(i);// 选出要被 marginalize 的最老帧的状态信息
}
    // construct new marginlization_factor
    MarginalizationFactor *marginalization_factor = new MarginalizationFactor(last_
marginalization_info);
    ResidualBlockInfo *residual_block_info = new ResidualBlockInfo(marginalization_factor, NULL,
                                                last_marginalization_parameter_blocks,
                                                drop_set);
    marginalization_info->addResidualBlockInfo(residual_block_info);
}
```

② 边缘化掉 IMU 最老帧以及预积分会给第二老的帧留下先验信息，并将这些信息添加到 marginalization_info 中。

```
// 滑窗首帧与后一帧之间的 IMU 残差
if (USE_IMU)
{
   if (pre_integrations[1]->sum_dt < 10.0)
   {
     IMUFactor *imu_factor = new IMUFactor(pre_integrations[1]);
     ResidualBlockInfo *residual_block_info = new ResidualBlockInfo(imu_factor, NULL,
                                   vector<double *>{para_Pose[0], para_SpeedBias[0], para_
Pose[1], para_SpeedBias[1]},
                                   vector<int>{0, 1});
     marginalization_info->addResidualBlockInfo(residual_block_info);// 这里并不会增加要被
marginalize 掉的状态的数量，因为要增加的 para_Pose[0], para_SpeedBias[0] 在上一步已经增加了
      }
}
```

③ 将第一次观测为第 0 帧的所有路标点对应的视觉观测边缘化掉，这样后续观测中的观测点只会拿到由 marginalize 存储在 MarginalizationFactor 中的先验信息。

```
//marginalize 掉那些观测到该点的首帧要被边缘化的特征点，操作类似于上文中向 ceres::problem 中添加视觉观
测信息
if (imu_i != imu_j)
{
   Vector3d pts_j = it_per_frame.point;
   ProjectionTwoFrameOneCamFactor *f_td = new ProjectionTwoFrameOneCamFactor(pts_i, pts_j, it_
per_id.feature_per_frame[0].velocity, it_per_frame.velocity,
                              it_per_id.feature_per_frame[0].cur_td, it_per_frame.cur_td);
   ResidualBlockInfo *residual_block_info = new ResidualBlockInfo(f_td, loss_function,
                              vector<double *>{para_Pose[imu_i], para_Pose[imu_j], para_Ex_
Pose[0], para_Feature[feature_index], para_Td[0]},
                              vector<int>{0, 3});
     marginalization_info->addResidualBlockInfo(residual_block_info);
}
```

④ 上面通过调用 addResidualBlockInfo() 已经确定优化变量的数量、存储位置、长度以及待优化变量的数量和存储位置，下面就需要调用 preMarginalize() 中的 evaluate 函数计算其对应

残差块和雅可比矩阵，以便后面构造 H、b（normal equation），然后对 H 执行舒尔补操作，将 Marg 变量的信息转嫁到与之相关联的变量上。

```
marginalization_info->preMarginalize();
ROS_DEBUG( "pre marginalization %f ms" , t_pre_margin.toc());
```

⑤ marginalize() 函数处会先补充 parameter_block_idx，并计算出两个变量 m 和 n，它们分别是待边缘化的优化变量的维度以及保留的优化变量的维度和。然后会通过多线程快速构造各个残差对应的优化变量的信息矩阵（根据残差中协方差求逆得到信息矩阵，其实舒尔补的本质就是用来衡量本次测量的不确定性，有了信息矩阵，它表达的是每条边要分摊总误差的多少），再加起来。如图 6-18 所示，这里选择了六个观测点 X_m，且有四个相机观测量 X_p，X_p 之间存在有 IMU 预积分观测量。其流程如图 6-19 所示。

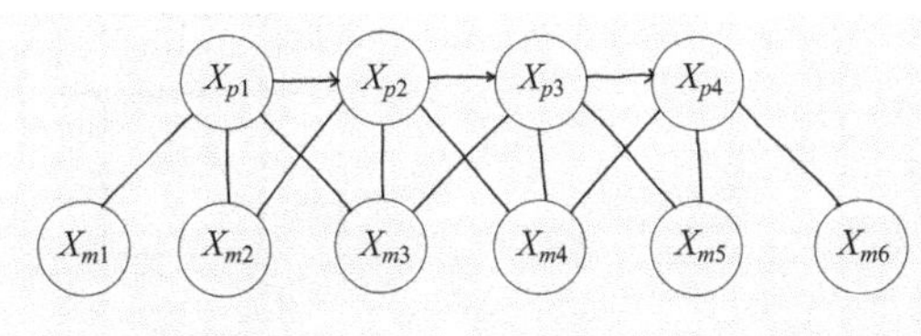

图 6-19　边缘化视觉、IMU、地图关系示意图

具体表现形式为，左上角为路标点相关部分，右下角是 pose 相关部分，如图 6-20 所示。

最终使用舒尔补操作进行边缘化，再从边缘化后的信息矩阵中恢复出来雅可比矩阵 linearized_jacobians 和残差 linearized_residuals，这两者会作为先验残差带入到下一轮的先验残差的雅可比和残差的计算当中，如图 6-21 所示。

首先将 X_{p1} 为需要边缘化的点移到左上角。

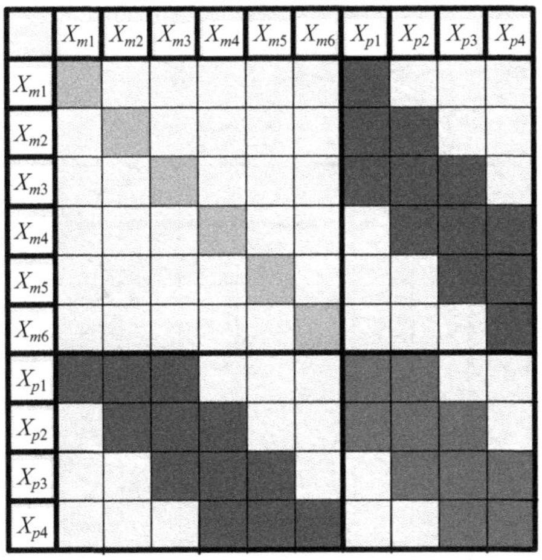

	X_{m1}	X_{m2}	X_{m3}	X_{m4}	X_{m5}	X_{m6}	X_{p1}	X_{p2}	X_{p3}	X_{p4}
X_{m1}										
X_{m2}										
X_{m3}										
X_{m4}										
X_{m5}										
X_{m6}										
X_{p1}										
X_{p2}										
X_{p3}										
X_{p4}										

图 6-20　边缘化视觉、IMU、地图关系表格图

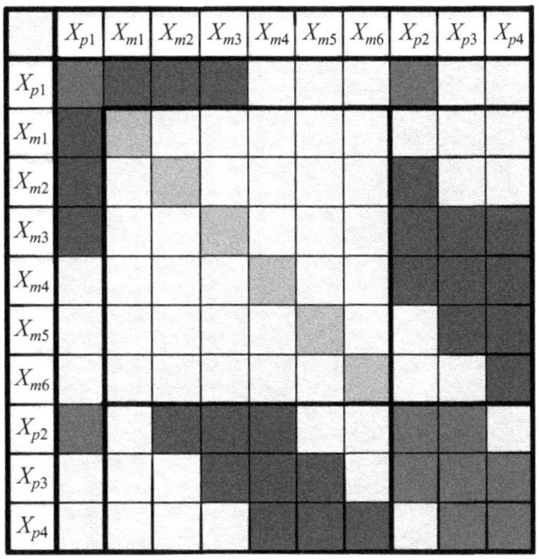

	X_{p1}	X_{m1}	X_{m2}	X_{m3}	X_{m4}	X_{m5}	X_{m6}	X_{p2}	X_{p3}	X_{p4}
X_{p1}										
X_{m1}										
X_{m2}										
X_{m3}										
X_{m4}										
X_{m5}										
X_{m6}										
X_{p2}										
X_{p3}										
X_{p4}										

图 6-21　边缘化 X_{p1} 后，边缘化视觉、IMU、地图关系示意图

此时与 X_{p1} 相关的路标观测点 X_{m2} 和 X_{m3} 会直接作为观测量联系起来，求解非线性优化问题的时候，本质上就是求解：

$$H\Delta x = b \tag{6-27}$$

其中，$H=\boldsymbol{J}^{\mathrm{T}}J$，$b=\boldsymbol{J}^{\mathrm{T}}e$，$\boldsymbol{J}$ 表示对应状态量下的雅可比矩阵，e 表示对应状态量下的残差项。这里可以将 Δx 人为分成两部分，分别为滑窗保留的残差项 Δx_1 以及待边缘化的残差项 Δx_2，因此可以得到下面的公式：

$$\begin{bmatrix} H_{11} & H_{12} \\ H_{21} & H_{22} \end{bmatrix} \begin{bmatrix} \Delta x_1 \\ \Delta x_2 \end{bmatrix} = \begin{bmatrix} b_1 \\ b_2 \end{bmatrix} \tag{6-27}$$

通过高斯消元的方式，可以得到

$$(H_{11} - H_{12}H_{22}^{-1}H_{21})\Delta x_1 = b_1 - H_{12}H_{22}^{-1}b_2 \tag{6-28}$$

通过这种方式，即使不求解 x_2，也可以得到 x_1 的解。这里可以根据公式（6-28）提取出舒尔补边缘化公式：

$$\begin{aligned} H &= H_{rr} - H_{rm}H_{mm}^{-1}H_{mr} \\ b &= b_{rr} - H_{rm}H_{mm}^{-1}b_{mm} \end{aligned} \tag{6-29}$$

其示意图分别如图 6-22 和图 6-23 所示。

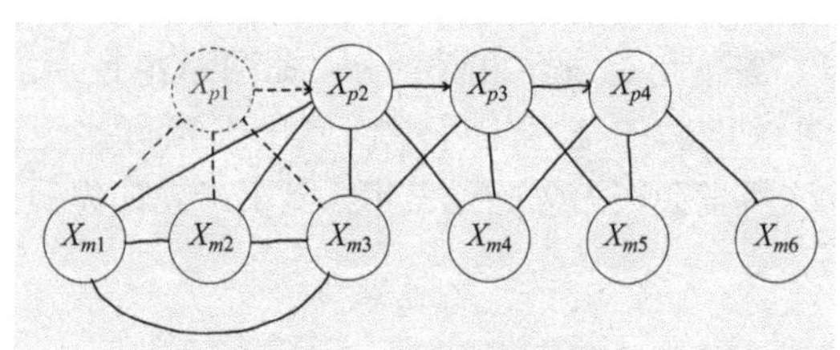

图 6-22　边缘化 X_{p1} 后，边缘化视觉、IMU、地图关系转变后示意图

	X_{m1}	X_{m2}	X_{m3}	X_{m4}	X_{m5}	X_{m6}	X_{p2}	X_{p3}	X_{p4}
X_{m1}									
X_{m2}									
X_{m3}									
X_{m4}									
X_{m5}									
X_{m6}									
X_{p2}									
X_{p3}									
X_{p4}									

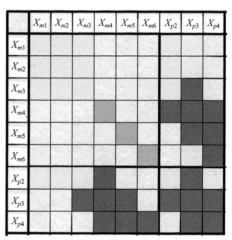

图 6-23　边缘化 X_{p1} 后，边缘化视觉、IMU、地图关系转变后示意图

然后进一步去除掉 X_{m1} 的观测，如图 6-24 和图 6-25 所示。

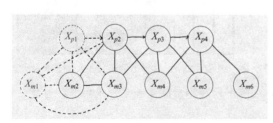

图 6-24　边缘化 X_{p1}、X_{m1} 后，边缘化视觉、IMU、地图关系转变后示意图

	X_{m2}	X_{m3}	X_{m4}	X_{m5}	X_{m6}	X_{p2}	X_{p3}	X_{p4}
X_{m2}								
X_{m3}								
X_{m4}								
X_{m5}								
X_{m6}								
X_{p2}								
X_{p3}								
X_{p4}								

图 6-25　边缘化 X_{p1}、X_{m1} 后，边缘化视觉、IMU、地图关系转变后示意图

至此已经将 X_{m1} 和 X_{p1} 边缘化了，后续无法再次拿回来参与到滑窗内部计算，所以此时通过更新过的 H、b 推导出当前时刻的雅可比矩阵和残差项 $\boldsymbol{J}$、e，这样就有了关于边缘化的雅可

比和会不断更新的残差，边缘化的信息就会在后续的非线性优化过程中被保留。

```
// 执行 marg 边缘化
TicToc t_margin;
marginalization_info->marginalize();
ROS_DEBUG("marginalization %f ms", t_margin.toc());
```

⑥ 调整参数块在下一次窗口中对应的位置（往前移一格），注意这里是指针，滑窗是会改变优化变量地址的，因此对被保留的优化变量的地址进行更新。

```
if (last_marginalization_info)
    delete last_marginalization_info;
// 保存 marg 信息
last_marginalization_info = marginalization_info;
last_marginalization_parameter_blocks = parameter_blocks;
```

边缘化滑窗中最新的非关键帧，就不再展开叙述了，基本上是大同小异的。这里给出主要的四个步骤：

① 保留次新帧的 IMU 测量，丢弃该帧的视觉测量，将上一次先验残差项传递给 marginalization_info。

② premargin：计算每个残差，对应 Jacobian，并更新 parameter_block_data。

③ marginalize：构造先验项舒尔补 $HX=b$ 的结构，计算 Jacobian 和残差。

④ 调整参数块在下一次窗口中对应的位置（去掉次新帧）。

6.4.7　后操作

主要的核心功能 BA 优化和基于舒尔补的边缘化讲述完毕，接下来就是剔除 outlier 点和移动滑窗。

剔除 outlier 点的主要操作是遍历特征点，计算观测帧与首帧观测帧之间的重投影误差，计算误差均值，超过 3 个像素则被剔除。

```
// 遍历观测帧，计算与首帧观测帧之间的特征点重投影误差
for (auto &it_per_frame : it_per_id.feature_per_frame)
{
    imu_j++;
    // 非首帧观测帧
    if (imu_i != imu_j)
    {
        // 计算重投影误差
        Vector3d pts_j = it_per_frame.point;
        double tmp_error = reprojectionError(Rs[imu_i], Ps[imu_i], ric[0], tic[0],
                                             Rs[imu_j], Ps[imu_j], ric[0], tic[0],
                                             depth, pts_i, pts_j);
        err += tmp_error;
        errCnt++;
        // printf("tmp_error %f\n", FOCAL_LENGTH / 1.5 * tmp_error);
    }
……
}
// 重投影误差均值（归一化相机坐标系）
double ave_err = err / errCnt;
// 误差超过 3 个像素，就不要了
if (ave_err * FOCAL_LENGTH > 3)
    removeIndex.insert(it_per_id.feature_id);
```

移动滑窗 slideWindow 函数的功能主要是看当前帧是否为关键帧，如果是则使用 slideWindowOld 函数，如果不是则使用 slideWindowNew 来更新特征点的观测帧集合、观测帧索引（在滑窗中的位置）、首帧观测帧和深度值，并删除没有观测帧的特征点。

```
/**
  * 移动滑窗，从特征点观测帧集合中删除该帧，计算新首帧深度值
  */
void Estimator::slideWindowOld()
{
      sum_of_back++;

      // NON_LINEAR 表示已经初始化过了
      bool shift_depth = solver_flag == NON_LINEAR ? true : false;
      if (shift_depth)
      {
          Matrix3d R0, R1;
          Vector3d P0, P1;
          // marg 帧的位姿 Rwc
          R0 = back_R0 * ric[0];
          // 后面一帧的位姿 Rwc
          R1 = Rs[0] * ric[0];
          // marg 帧的位置
          P0 = back_P0 + back_R0 * tic[0];
          // 后面一帧的位置
          P1 = Ps[0] + Rs[0] * tic[0];
          /**
           * 边缘化第一帧后，从特征点的观测帧集合中删除该帧，观测帧的索引相应全部 -1，如果观测帧中连
续 2 帧没有特征点，则删除这个特征点
           * 与首帧绑定的 estimated_depth 深度值，重新计算
           */
          f_manager.removeBackShiftDepth(R0, P0, R1, P1);
      }
      else
          // 边缘化第一帧后，从特征点的观测帧集合中删除该帧，观测帧的索引相应全部 -1，如果特征点没有
观测帧了，删除这个特征点
          f_manager.removeBack();
}

/**
  * 边缘化当前帧前面一帧后，从特征点的观测帧集合中删除该帧，如果特征点没有观测帧了，删除这个特征点
  */
void Estimator::slideWindowNew()
{
      sum_of_front++;
      f_manager.removeFront(frame_count);
}
```

6.5 最后的工作——回环检测

6.5.1 回环检测 - 入口函数

最后着重讲一下 VINS-FUSION 中的 loop_fusion 包的整体结构，loop_fusion 包内部主要的工作就是使用词袋模型完成图像的回环检测。这一部分在 VINS-FUSION 中是独立分开的，也就意味着可以单独使用 6.3 节和 6.4 节去做前端的工作。

首先会通过 fsSetting 进行相应的参数配置，这一部分比较重要的是读取了 vocabulary_file 的路径。这部分 brief_k10L6.bin 二进制文件夹内部通过 loadVocabulary 加载了 BriefDatabase db 以及 BriefVocabulary voc 设置属性。

```
cv::FileStorage fsSettings(config_file, cv::FileStorage::READ);
if(!fsSettings.isOpened())
{
      std::cerr << "ERROR: Wrong path to settings" << std::endl;
}
cameraposevisual.setScale(0.1);
cameraposevisual.setLineWidth(0.01);
std::string IMAGE_TOPIC;
int LOAD_PREVIOUS_POSE_GRAPH;
ROW = fsSettings["image_height"];
COL = fsSettings["image_width"];
std::string pkg_path = ros::package::getPath("loop_fusion");
string vocabulary_file = pkg_path + "/../support_files/brief_k10L6.bin";
cout << "vocabulary_file" << vocabulary_file << endl;
posegraph.loadVocabulary(vocabulary_file);
BRIEF_PATTERN_FILE = pkg_path + "/../support_files/brief_pattern.yml";
cout << "BRIEF_PATTERN_FILE" << BRIEF_PATTERN_FILE << endl;
```

下面是 LOAD_PREVIOUS_POSE_GRAPH，该部分的路径用来判断是否要加载原有的地图信息，如果加载了之前的信息，则会使用 loadPoseGraph 将之前所有关键帧的序号通过 loadKeyFrame 设置为 0，同时将 base_sequence 赋值为 0，否则 base_sequence 为 1。

```
LOAD_PREVIOUS_POSE_GRAPH = fsSettings["load_previous_pose_graph"];
VINS_RESULT_PATH = VINS_RESULT_PATH + "/vio_loop.csv";
std::ofstream fout(VINS_RESULT_PATH, std::ios::out);
fout.close();
int USE_IMU = fsSettings["imu"];
posegraph.setIMUFlag(USE_IMU);
fsSettings.release();
if (LOAD_PREVIOUS_POSE_GRAPH)
{
      printf("load pose graph\n");
      m_process.lock();
      posegraph.loadPoseGraph();
      m_process.unlock();
      printf("load pose graph finish\n");
      load_flag = 1;
}
else
{
      printf("no previous pose graph\n");
      load_flag = 1;
}
```

除了主函数以外，剩下的函数以表 6-3 来说明。

表 6-3　函数功能说明

函数	功能
void new_sequence	开启一个新的图像序列，用于将 CameraPoseVisualization 地图合并，这在每次 image_callback 触发时会调用
void image_callback	图像数据的回调函数
void point_callback	地图点云的回调函数，内部不是单纯 vio 得到的点云信息，而是在 pose_graph 参考坐标系下关键帧点云的位置，由 pose_graph.r_drift、pose_graph.t_drift 解算得到

续表

函数	功能
void margin_point_callback	从 visualization.cpp 中拿到滑窗处理后的点云
void pose_callback	图像帧当前位姿的回调函数，订阅的是关键帧的 vio 得到关键帧的位姿信息
void vio_callback	vio 回调函数
void extrinsic_callback	在线优化相机外参后的回调函数
void process	主线程，下面展开讲
void command	按键控制线程

6.5.2 回环检测 - 关键帧获取

process 函数中首先需要判断 image_buf、pose_buf、point_buf 三个 buff 都不为空，才进行运行，否则程序就休息 5ms，继续监测。这样操作是为了方便时间戳对齐。

```
// find out the messages with same time stamp
// 时间戳对齐
m_buf.lock();
if(!image_buf.empty() && !point_buf.empty() && !pose_buf.empty())
```

得到上面三个信息后，即可构造关键帧，每隔 SKIP_CNT，且距上一关键帧距离（平移向量的模）超过 SKIP_DIS 的图像创建为关键帧。

```
// 间隔几帧处理（关键帧）
if (skip_cnt < SKIP_CNT)
{
   skip_cnt++;
   continue;
}
else
{
   skip_cnt = 0;
}

......
if((T - last_t).norm() > SKIP_DIS)
{
```

这里的 keyframe 关键帧内部包含十个变量，但是我们发现在 KeyFrame 来构造函数默认没有 brief_descriptor，因为 vio 前端提取不需要特征点的描述子，所以此时拿不到特征点的描述因子，其主要是通过 keyframe.cpp 中的 computeBRIEFPoint 函数来提取当前帧图像角点对应的 Brief 描述子。在该函数内部又通过设置 const int fast_th = 20，来获取阈值大于 20 的 FAST 角点，以此来增加关键帧特征点的数量，从而使 Brief 描述子更加精确。通过将这些特征点用相应的描述子表述，可以构造出一个向量容器，用来存放所有特征点的描述子，并最终得到 brief_descriptors，如图 6-26 所示。

```
void KeyFrame::computeBRIEFPoint()
{
   // 从模板文件构造 Brief 描述子提取器
   BriefExtractor extractor(BRIEF_PATTERN_FILE.c_str());
   const int fast_th = 20; // corner detector response threshold
```

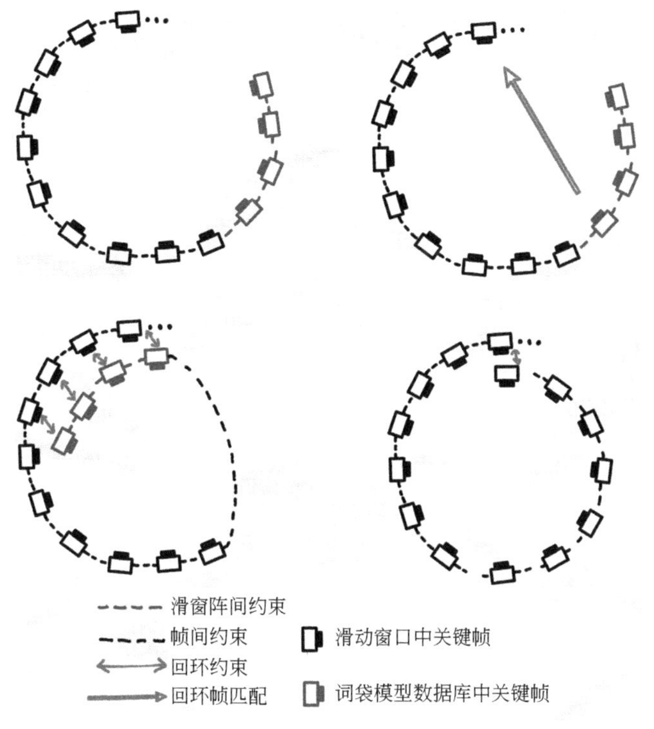

图 6-26 词袋模型关键帧回环结构图

```
    // 从当前帧图像中提取角点
    if(1)
        cv::FAST(image, keypoints, fast_th, true);
    else
    {
        vector<cv::Point2f> tmp_pts;
        cv::goodFeaturesToTrack(image, tmp_pts, 500, 0.01, 10);
        for(int i = 0; i < (int)tmp_pts.size(); i++)
        {
            cv::KeyPoint key;
            key.pt = tmp_pts[i];
            keypoints.push_back(key);
        }
    }
    // 计算角点处的 brief 描述子
    extractor(image, keypoints, brief_descriptors);
    for (int i = 0; i < (int)keypoints.size(); i++)
    {
        Eigen::Vector3d tmp_p;
        m_camera->liftProjective(Eigen::Vector2d(keypoints[i].pt.x, keypoints[i].pt.y), tmp_p);
        cv::KeyPoint tmp_norm;
        tmp_norm.pt = cv::Point2f(tmp_p.x()/tmp_p.z(), tmp_p.y()/tmp_p.z());
        keypoints_norm.push_back(tmp_norm);
    }
}
```

6.5.3 后端优化－图优化

PoseGraph 为 loop_fusion 整个程序里面最重量级的类，整个程序都是维护这个 main 函数里面定义的全局变量 PoseGraph posegraph 来进行的。通过 PoseGraph 的类函数，addKeyFrame 来进行关键帧的添加。该类内部主要维护两个数据类：

① keyframelist。关键帧链表 list，当检测到回环的时候，更新这个链表的数据，即关键帧的位姿。

② BriefDatabase db 图像数据库信息。通过不断更新这个数据库，可以用来查询，即回环检测有没有回到之前曾经来过的地方。这里对该函数库中的函数进行简要阐述，因为里面并未涉及很复杂的矩阵运算，所以就将每个部分的流程列出来并写清楚，如表 6-4 所示。

表 6-4　函数及其对应功能

函数	功能
void PoseGraph::registerPub	发布轨迹信息
void PoseGraph::setIMUFlag	IMU 是否加入，从而选择使用 optimize4DoF 还是 optimize6DoF 进行图优化
void PoseGraph::loadVocabulary	加载 Brief 字典
void PoseGraph::addKeyFrame	添加关键帧，闭环检测，更新当前帧位姿
void PoseGraph::loadKeyFrame	加载关键帧，下面将会详细说明
KeyFrame* PoseGraph::getKeyFrame	返回索引为 index 的关键帧，从而检测是否回环
int PoseGraph::detectLoop	回环检测，下面将会详细说明
void PoseGraph::addKeyFrameIntoVoc	关键帧描述子加入字典 db
void PoseGraph::optimize4DoF	构建图优化，优化位姿，（x,y,z,yaw）
void PoseGraph::optimize6DoF	构建图优化，优化位姿，（x,y,z,y,p,r）
void PoseGraph::updatePath	发布优化后轨迹
void PoseGraph::savePoseGraph	保存位姿图到 file_path
void PoseGraph::loadPoseGraph	从 file_path 加载位姿图
void PoseGraph::publish	发布 pub_base_path 的 topic

（1）addKeyFrame

① 当发现当前的关键帧为新的关键帧时，则会新建一个新的图像序列。

② getVioPose 获取当前帧的位姿 vio_P_cur、vio_R_cur 并将 VIO 坐标系下的关键帧转为世界坐标系下并更新位姿 updateVioPose。

③ detectLoop 函数进行回环检测，返回回环候选帧的索引 loop_index。

④ 当检测到回环的时候就计算当前帧与回环帧的相对位姿，并使用 findConnection 函数计算当前帧与闭环帧之间的位姿差，判断是否闭环。如果闭环，就会纠正当前帧位姿 w_P_cur、w_R_cur（以闭环帧位姿为基础，加上位姿差量，得到当前帧位姿），然后拿当前帧由闭环匹配算出来的位姿和 VIO 位姿之间的偏移量计算得到 shift_r、shift_t，并将序列中所有图像均通过 shift_r、shift_t 合并到世界坐标系下。

⑤ 获取 VIO 当前帧的位姿 P、R，根据偏移量得到实际位姿并更新 updatePose 当前帧的位姿 P、R。

⑥ 发布 path[sequence_cnt]。

⑦ 保存闭环轨迹到 VINS_RESULT_PATH。

（2）detectLoop

① query() 查询字典数据库，在字典数据库中查找当前描述子匹配帧，返回 4 帧候选帧，

要求是当前帧 50 帧之前的帧。

② 添加当前帧描述子到字典数据库中。

③ hconcat() 通过相似度计算候选帧匹配得分，最大得分超过 0.05，其他得分超过最大得分的 0.3 倍，认为找到闭环。

④ 返回最早的闭环帧 idx。

（3）optimize4DoF

optimize_buf 一有东西，意味着该帧已经被检测出回环了，因此就开始优化，优化的对象就是 keyframelist 中每个关键帧的四个自由度，包括 x、y、z、yaw，同样是 ceres 问题求解。

6.5.4　全局融合

在 VINS-FUSION 中，globalOptNode 类中还添加了 GPS 等可以获取全局观测信息的传感器，相比于起亚的局部观测数据而言，GPS 这类全局传感器可以提供全局观测数据，且误差不会随着时间的累计而增加，使得 VINS 可以利用全局信息消除累计误差，进而减小闭环依赖。算法架构如图 6-27 所示。

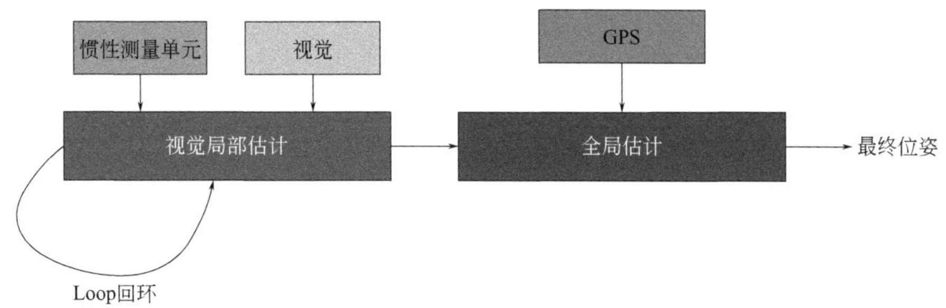

图 6-27　GPS 全局融合示意图

VIO 输出 nav_msgs::Odometry 类型消息，这个定位信息包含了 VIO 的位置和姿态，其坐标系原点位于 VIO 的第一帧处。

GPS 输出的 sensor_msgs::NavSatFixConstPtr 类型消息，是全局定位信息，用经纬度来表示，其坐标原点位于该 GPS 坐标系下定义的 0 经度 0 纬度处。

```
// 订阅 GPS
ros::Subscriber sub_GPS = n.subscribe("/gps", 100, GPS_callback);
// 订阅里程计
ros::Subscriber sub_vio = n.subscribe("/vins_estimator/odometry", 100, vio_callback);
// 发布轨迹
pub_global_path = n.advertise<nav_msgs::Path>("global_path", 100);
// 发布里程计
pub_global_odometry = n.advertise<nav_msgs::Odometry>("global_odometry", 100);
```

在拿到 GPS 和 VIO 的数据后，VINS-FUSION 使用 globalEstimator 中的 inputOdom() 和 inputGPS() 两个函数，将 VIO 数据转到 GPS 坐标系下。

```
void GlobalOptimization::inputOdom(double t, Eigen::Vector3d OdomP, Eigen::Quaterniond OdomQ)
{
    mPoseMap.lock();
    // 把 vio 直接输出的位姿存入 LocalPoseMap 中
    vector<double> localPose{OdomP.x(), OdomP.y(), OdomP.z(),
            OdomQ.w(), OdomQ.x(), OdomQ.y(), OdomQ.z()};
```

```
    localPoseMap[t] = localPose;
    Eigen::Quaterniond globalQ;
    /// 把 VIO 转换到 GPS 坐标系下，准确地说是转换到以第一帧 GPS 为原点的坐标系下
    /// 转换之后的位姿插入到 globalPoseMap 中
    globalQ = WGPS_T_WVIO.block<3, 3>(0, 0) * OdomQ;
    Eigen::Vector3d globalP =
            WGPS_T_WVIO.block<3, 3>(0, 0) * OdomP + WGPS_T_WVIO.block<3, 1>(0, 3);
    vector<double> globalPose{globalP.x(), globalP.y(), globalP.z(),
                    globalQ.w(), globalQ.x(), globalQ.y(), globalQ.z()};
    globalPoseMap[t] = globalPose;
    lastP = globalP;
    lastQ = globalQ;
    // 把最新的全局姿态插入轨迹当中（过程略）
    ......
    global_path.poses.push_back(pose_stamped);
    mPoseMap.unlock();
}
```

两种数据都收到以后，万事俱备，我们看一下 GlobalOptimization::optimize 这个函数，它开了一个线程来做优化。主要分为三个步骤：

① 构建 t_array 和 q_array，用来存入平移和旋转变量，方便输入优化方程，以及在优化后取出。

```
// 遍历历史里程计（转 ENU 系下了），显式添加变量参数
map<double, vector<double>>::iterator iter;
iter = globalPoseMap.begin();
for (int i = 0; i < length; i++, iter++)
{
    t_array[i][0] = iter->second[0];
    t_array[i][1] = iter->second[1];
    t_array[i][2] = iter->second[2];
    q_array[i][0] = iter->second[3];
    q_array[i][1] = iter->second[4];
    q_array[i][2] = iter->second[5];
    q_array[i][3] = iter->second[6];
    problem.AddParameterBlock(q_array[i], 4, local_parameterization);
    problem.AddParameterBlock(t_array[i], 3);
}
```

② 利用 RelativeRTError::Create() 构建 VIO 两帧之间的约束，输入优化方程。

```
// 前一帧里程计位姿
wTi.block<3, 3>(0, 0) = Eigen::Quaterniond(iterVIO->second[3], iterVIO->second[4],
                        iterVIO->second[5], iterVIO->second[6]).toRotationMatrix();
wTi.block<3, 1>(0, 3) = Eigen::Vector3d(iterVIO->second[0], iterVIO->second[1], iterVIO-
>second[2]);
// 当前帧里程计位姿
wTj.block<3, 3>(0, 0) = Eigen::Quaterniond(iterVIONext->second[3], iterVIONext->second[4],
                        iterVIONext->second[5], iterVIONext->second[6]).toRotationMatrix();
wTj.block<3, 1>(0, 3) = Eigen::Vector3d(iterVIONext->second[0], iterVIONext->second[1],
iterVIONext->second[2]);
// 前一帧与当前帧里程计位姿变换
Eigen::Matrix4d iTj = wTi.inverse() * wTj;
Eigen::Quaterniond iQj;
iQj = iTj.block<3, 3>(0, 0);
Eigen::Vector3d iPj = iTj.block<3, 1>(0, 3);
// 相邻里程计之间位姿变换固定，约束
ceres::CostFunction* vio_function = RelativeRTError::Create(iPj.x(), iPj.y(), iPj.z(),
                            iQj.w(), iQj.x(), iQj.y(), iQj.z(),
                            0.1, 0.01);
problem.AddResidualBlock(vio_function, NULL, q_array[i], t_array[i], q_array[i+1], t_array[i+1]);
```

③ 利用 TError::Create() 构建 GPS 构成的全局约束，输入优化方程。

```
// 当前里程计时刻对应的 GPS 数据
    double t = iterVIO->first;
    iterGPS = GPSPositionMap.find(t);
    if (iterGPS != GPSPositionMap.end())
    {
      // 同一时刻 GPS 位置与里程计位置对齐，约束
      ceres::CostFunction* gps_function = TError::Create(iterGPS->second[0], iterGPS->second[1],
                              iterGPS->second[2], iterGPS->second[3]);
      //printf("inverse weight %f \n", iterGPS->second[3]);
      problem.AddResidualBlock(gps_function, loss_function, t_array[i]);
    }
}
//mPoseMap.unlock();
ceres::Solve(options, &problem, &summary);
```

6.5.5 小结

至此，对 VINS-FUSION 的所有知识点已经讲完。我们可以看到，目前 V-SLAM 中最核心的部分莫过于 IMU 预积分和 Marg 滑窗优化，笔者花费了大量的篇幅来介绍这块内容，也是希望读者能够更好地通过 VINS-FUSION 来了解 V-SLAM 的建图定位功能。

第7章

无人机二维激光雷达定位

7.1 Cartographer

7.1.1 Cartographer与Cartographer_ros

Cartographer作为二维激光SLAM中最常用的一种方法，总体上可以看做是由局部地图更新和全局回环检测两个部分组成。因为Cartographer本身是一个C++的库，其并不依赖ROS存在，所以我们会使用Cartographer_ros来实现激光雷达的扫描数据、里程计位姿、IMU测量数据、固定坐标系位姿作为输入的传感器数据。其次，Cartographer在地图的更新当中会使用当前帧的激光数据传入当前维护的子图（submap）中，一般被默认为前端，此时由于submap数据量较小，对算力需求也较低，可以完成实时优化，但是由于存在累计误差，所以仍然需要闭环检测来完成地图的校验和修正，此时数据量会较大，一般表现为在建完图后，地图会慢慢校正，当然Cartographer针对Global SLAM使用了分支定界的方式进行优化，一定程度上减少了算力的需求。其结构如图7-1所示。

7.1.2 2D SLAM发展

（1）Hector SLAM

Hector SLAM作为一个比较旧的SLAM方法，其给SLAM的发展奠定了坚实的基础。该方法不需要里程计的参与，直接通过对比激光雷达帧与帧的优化求解出六自由度位姿，这也导致该方法对于激光雷达频率和精度要求较高。当只有低更新率的激光传感器时，即便测距估计很精确，该系统也会出现一定的问题。其结构如图7-2所示。

（2）Gmapping

Gmapping作为粒子滤波激光SLAM的集大成者，在Cartographer出现之前，一直是使用

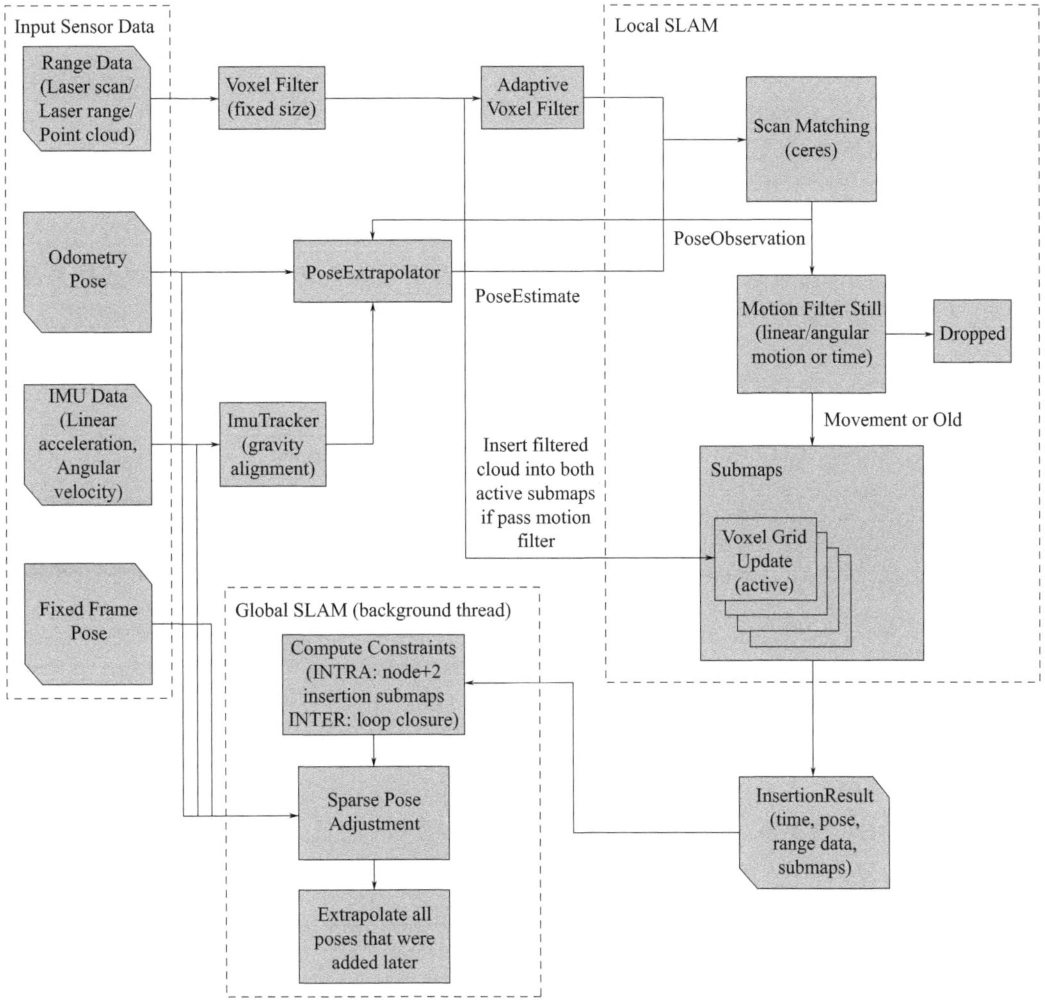

Input Sensor Data
Range Data (Laser scan/ Laser range/ Point cloud)
Odometry Pose
IMU Data (Linear acceleration, Angular velocity)
Fixed Frame Pose
Voxel Filter (fixed size)
Adaptive Voxel Filter
PoseExtrapolator
ImuTracker (gravity alignment)
PoseEstimate
Insert filtered cloud into both active submaps if pass motion filter
Local SLAM
Scan Matching (ceres)
PoseObservation
Motion Filter Still (linear/angular motion or time)
Dropped
Movement or Old
Submaps
Voxel Grid Update (active)
Global SLAM (background thread)
Compute Constraints (INTRA: node+2 insertion submaps INTER: loop closure)
Sparse Pose Adjustment
Extrapolate all poses that were added later
InsertionResult (time, pose, range data, submaps)

图 7-1　Cartographer 结构框架示意图

LIDAR
Stabilization
Joint Values
Preprocessing
Scan Matching
Mapping
SLAM subsystem (2D)
2D Pose Estimate
Attitude and Initial Pose
Navigation subsystem (3D)
Navigation Filter
Controller
IMU
GPS
Compass
…
Altimeter

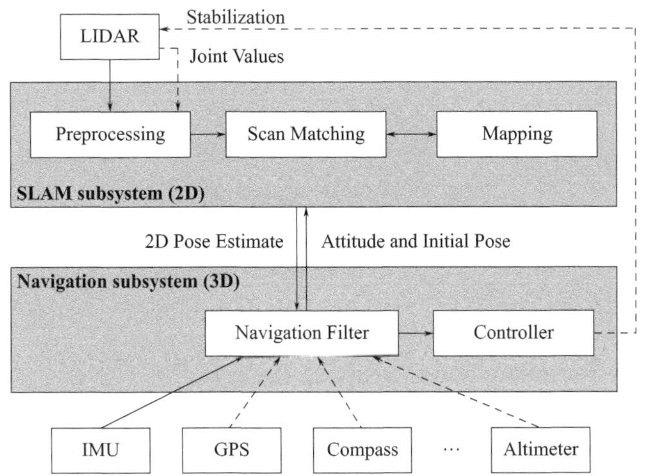

图 7-2　Hector SLAM 结构示意图

最多的 2D SLAM 框架，该框架与 ROS 深度绑定，是移动机器人中使用最多的 SLAM 算法。通过众多带有加权信息的粒子组成栅格地图的概率模型，当然这也导致了 Gmapping 会因为粒子退化的问题而使定位逐渐不够精确，同时粒子滤波需要有大量的采样点才能完成较好的估计。这两个问题导致 Gmapping 在遇到大型地图时无法胜任。其示意图如图 7-3 所示。

（3）Karto SLAM

Karto SLAM 是一个基于图优化的 SLAM 算法，用高度优化和非迭代 cholesky 矩阵进行稀疏系统解耦作为解，从而更新地图信息。这部分内容和 Cartographer 类似，都是根据连续的机器人位姿点的运动来进行约束，并更新全局地图。目前，图优化方法在 SLAM 中被越来越多地使用，因为其在大场景下效果会更好，且不会存在退化的问题。其结构如图 7-4 所示。

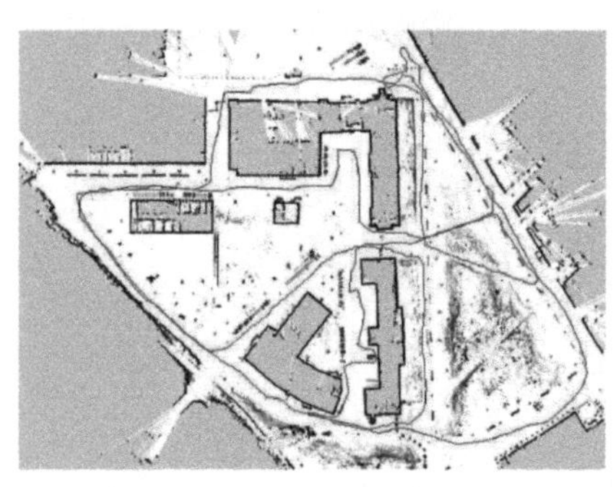

图 7-3　Gmapping 建图示意图

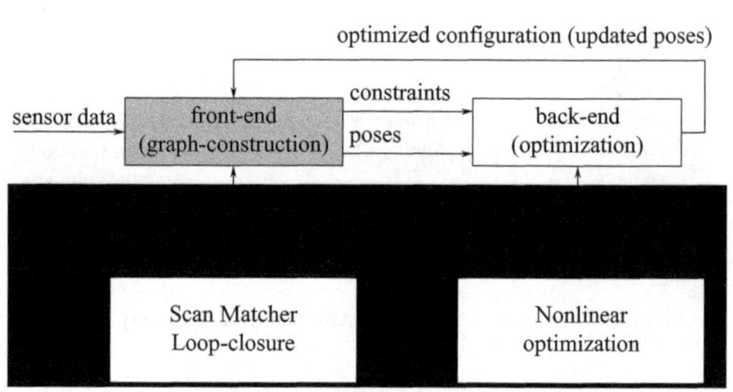

图 7-4　Karto SLAM 结构示意图

Evaluation of Out-of-the-Box ROS 2D SLAMs for Autonomous Exploration of Unknown Indoor Environments 一文中给出了这几种算法的 CPU 和内存的消耗，可以看到，同等场景下，虽然 Cartographer 内存占用会更多，但是 Cartographer 效果和 CPU 占用更低，这代表了使用 Cartographer 可以获得更好的建图和定位效果。其算力比较如图 7-5 所示。

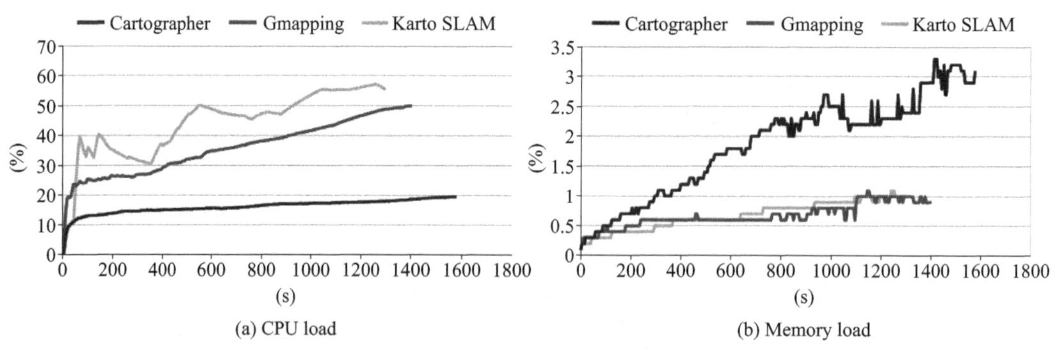

图 7-5　2D SLAM 算力对比

7.1.3　Cartographer 安装

Cartographer 作为目前机器人最常用的 2D SLAM 算法，其安装也有一套较为完整的流程。可以参照官网安装：https://google-cartographer-ros.readthedocs.io/en/latest/compilation.html，或者按照下面的步骤进行安装。这里针对的是 melodic 版本：

① 首先参考 cartographer_ros 官方链接步骤，下载后续所需要的工具。

```
sudo apt-get update
sudo apt-get install -y google-mock libboost-all-dev libeigen7-dev libgflags-dev libgoogle-glog-dev liblua5.2-dev libprotobuf-dev libsuitesparse-dev libwebp-dev ninja-build protobuf-compiler python-sphinx ros-melodic-tf2-eigen libatlas-base-dev libsuitesparse-dev liblapack-dev libpcl-dev pcl-tools automake
```

② 编译 abseil-cpp，这里需要将这个包的版本切换到 d902，然后进行编译与安装。

```
git clone https://github.com/abseil/abseil-cpp.git
cd abseil-cpp
git checkout d902eb869bcfacc1bad14933ed9af4bed006d481
mkdir build
cd build
cmake -G Ninja \
    -DCMAKE_BUILD_TYPE=Release \
    -DCMAKE_POSITION_INDEPENDENT_CODE=ON \
    -DCMAKE_INSTALL_PREFIX=/usr/local/stow/absl \
    ..
ninja
sudo ninja install
cd /usr/local/stow
sudo stow absl
```

③ 编译 protobuf，这个库为地图保存格式库，用于存储 protobuf 的地图文件。

```
git clone https://github.com/google/protobuf.git
cd protobuf
git checkout tags/v3.4.1
mkdir build
cd build
cmake -G Ninja \
    -DCMAKE_POSITION_INDEPENDENT_CODE=ON \
    -DCMAKE_BUILD_TYPE=Release \
    -Dprotobuf_BUILD_TESTS=OFF \
    ../cmake
ninja
sudo ninja install
```

④ 编译 ceres，这里通过 git clone 的方式下载 protobuf 包，之后将这个包的版本切换到 1.13.0。

```
git clone https://ceres-solver.googlesource.com/ceres-solver
cd ceres-solver
git checkout tags/1.13.0
mkdir build
cd build
cmake .. -G Ninja -DCXX11=ON
ninja
CTEST_OUTPUT_ON_FAILURE=1 ninja test
sudo ninja install
```

⑤ 创建一个工作空间。

```
mkdir -p cartographer_ws/src
cd cartographer_ws/src
wstool init src
```

并在内部“.rosinstall”文件中指定版本。

```
- git:
   local-name: cartographer
   uri: https://github.com/googlecartographer/cartographer.git
   version: 1.0.0
```

```
- git:
   local-name: cartographer_ros
   uri: https://github.com/googlecartographer/cartographer_ros.git
   version: 1.0.0
```

然后使用下面指令更新代码：

```
wstool update -t src
```

⑥ 此时所有的包都已经安装完毕，下面就可以用 cartographer 和 cartographer_ros 进行编译。

```
catkin_make_isolated --install --use-ninja
```

⑦ 编译完后运行下面程序测试 Cartographer 是否安装完成：

```
wget-P ~/Downloads [https://storage.googleapis.com/cartographer-public-data/bags/backpack_2d/
cartographer_paper_deutsches_museum.bag](https://storage.googleapis.com/cartographer-
public-data/bags/backpack_2d/cartographer_paper_deutsches_museum.bag)
source ~/cartographer_ws/install_isolated/setup.bash
roslaunch cartographer_ros demo_backpack_2d.launch bag_filename:=${HOME}/Downloads/cartographer_
paper_deutsches_museum.bag
```

其运行效果如图 7-6 所示。

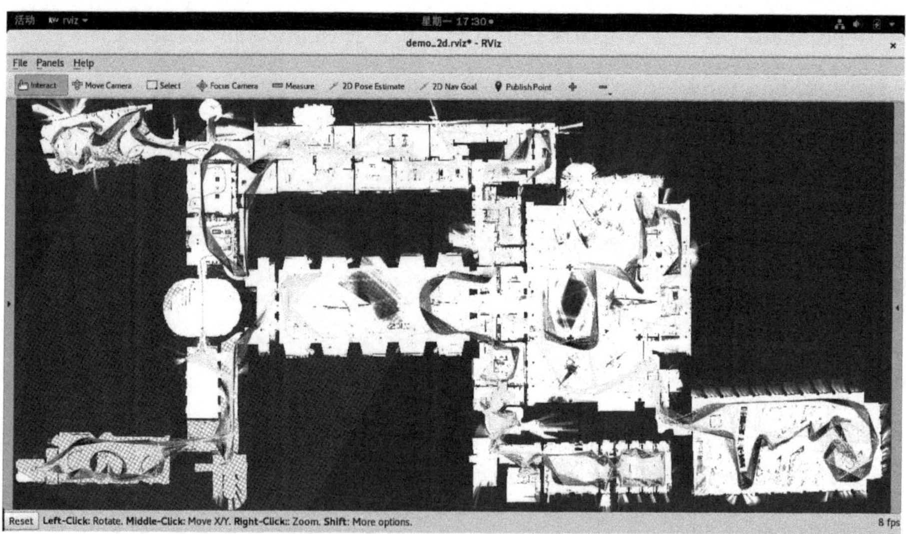

图 7-6 Cartographer 运行效果图

7.2 cartographer_ros 数据传入

7.2.1 cartographer_ros 目录结构

cartographer_ros 作为 cartographer 程序的 ROS 封装，其中最主要的节点就是 /cartographer_node 和 /cartographer_occupancy_grid_node 两个。下面来看一下 cartographer_ros 主要的目录结构，其中 docs 是 cartographer_ros 当中的文档，scripts 中存放了一些与安装相关的自动化脚本，cartographer_ros、cartographer_ros_msgs、cartographer_rviz 三个目录是 cartographer_ros 程序中最主要的三个包。

```
├── cartographer_ros
│   ├── cartographer_ros
│   │   ├── cartographer_grpc
│   │   ├── dev
│   │   └── metrics
│   │       └── internal
│   ├── configuration_files
│   ├── launch
│   ├── scripts
│   │   └── dev
│   └── urdf
├── cartographer_ros_msgs
│   ├── msg
│   └── srv
├── cartographer_rviz
│   ├── cartographer_rviz
│   └── ogre_media
│       └── materials
│           ├── glsl120
│           └── scripts
├── docs
│   └── source
└── scripts
```

其中 cartographer_ros_msgs 内部存放了很多 msg 和 srv 的程序，用作自定义 Cartographer 中各种自定义消息格式。cartographer_rviz 目录下存放了 Cartographer 在 ROS 当中的可视化相关的工程，cartographer_ros 是 ROS 封装的主程序。

7.2.2　cartographer_ros

cartographer_ros 是 ROS 封装的主程序，首先来看一下 launch 文件。这个脚本主要是调用 backpack_2d.launch，并使用 demo_2d.rviz 和播放的包一起实现 cartographer_ros 运行。

```
<launch>
    <param name="/use_sim_time" value="true" />
    <include file="$(find cartographer_ros)/launch/backpack_2d.launch" />
    <node name="rviz" pkg="rviz" type="rviz" required="true"
        args="-d $(find cartographer_ros)/configuration_files/demo_2d.rviz" />
    <node name="playbag" pkg="rosbag" type="play"
        args="--clock $(arg bag_filename)" />
</launch>
```

下面详细看一下 backpack_2d.launch 文件，第一部分主要是机器人的 urdf 文件，然后使用 robot_state_publisher 发布机器人状态，用来维护传感器与 bag 包之间的坐标转换规律。

```
<launch>
    <param name="robot_description"
      textfile="$(find cartographer_ros)/urdf/backpack_2d.urdf" />
    <node name="robot_state_publisher" pkg="robot_state_publisher"
      type="robot_state_publisher" />
    <node name="cartographer_node" pkg="cartographer_ros"
        type="cartographer_node" args="
            -configuration_directory $(find cartographer_ros)/configuration_files
            -configuration_basename backpack_2d.lua
               -save_state_filename $(find cartographer_ros)/recorded_bag/state.pbstream"
        output="screen">
      <remap from="echoes" to="horizontal_laser_2d" />
```

```
    </node>
    <node name="cartographer_occupancy_grid_node" pkg="cartographer_ros"
        type="cartographer_occupancy_grid_node" args="-resolution 0.05" />
</launch>
```

图 7-7 是使用 rqt_tf_tree 显示的 tf 树，从图中可以看到 robot_state_publisher 维护了四个轮子、laser、odom、base_link 这些组件之间的关系。下面 cartographer_node 包内部完成了一系列参数指定配置文件，这个节点完成了定位和子图的构建。最后 cartographer_occupancy_grid_node 是将子图合并成占用栅格地图，并通过 ROS 的主题发布出去，下面几节会详细讲述。

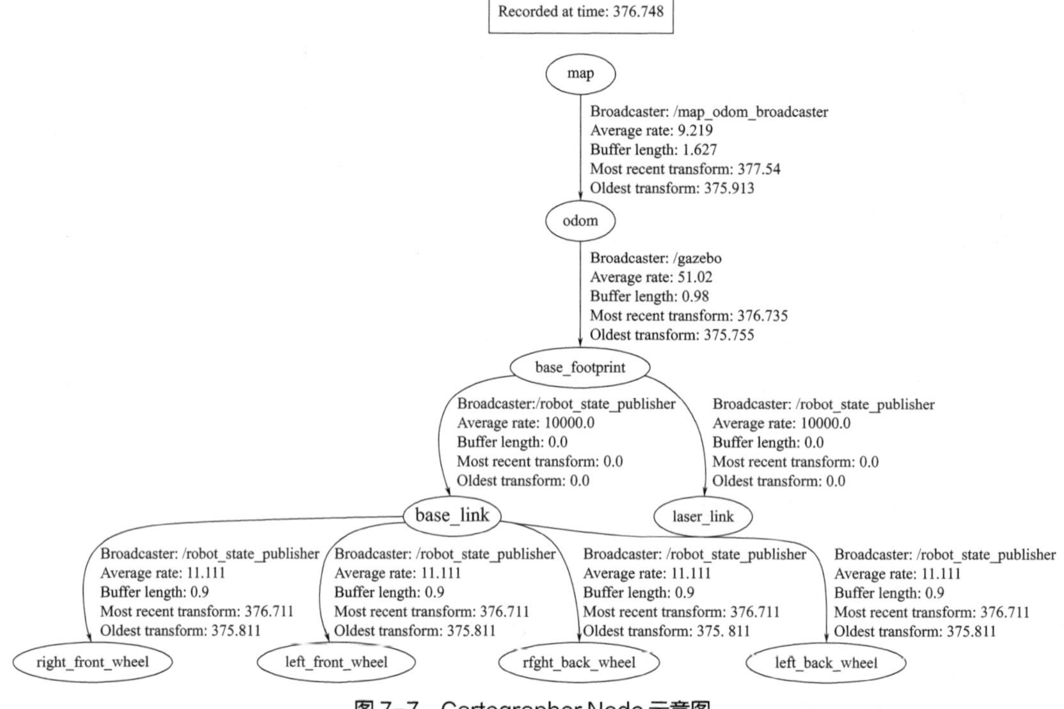

图 7-7　Cartographer Node 示意图

7.2.3　cartographer_node

cartographer_node 结构如图 7-8 所示。

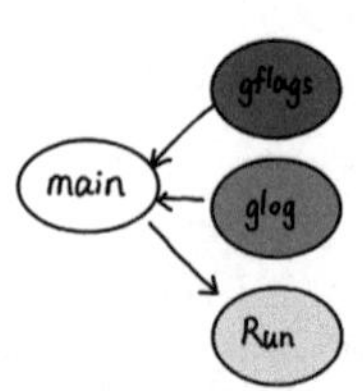

图 7-8　cartographer_node 结构示意图

前面提到在 cartographer_ros 中起实际作用的节点只有 cartographer_node，我们从主程序 node_main.cpp 开始看起。首先是主函数，主函数部分首先初始化了谷歌的日志系统 glog，并通过 gflags 解析运行 cartographer_node 时的运行参数。然后判断运行参数中的配置文件和目录是否为空，如果都存在，则初始化 ROS 并调用 Run() 开始定位建图。

```
int main(int argc, char** argv) {
    google::InitGoogleLogging(argv[0]);
    google::ParseCommandLineFlags(&argc, &argv, true);
    CHECK(!FLAGS_configuration_directory.empty())// 如果配置连接里面内容为空，则输出配置丢失，但找不到变量定义位置
        << "-configuration_directory is missing.";
    CHECK(!FLAGS_configuration_basename.empty())
        << "-configuration_basename is missing.";
    ::ros::init(argc, argv, "cartographer_node");// 创建 node 节点
    ::ros::start();
    cartographer_ros::ScopedRosLogSink ros_log_sink;//ros 打印日志
    cartographer_ros::Run();
    ::ros::shutdown();
}
```

在 node_main.cc 程序的最上面存在有 gflags 定义的定义参数对象，gflags 通过 DEFINE_type 形式的宏来体现。支持的数据类型有 bool、string、int32、int64、uint64、double 等。当参数定义之后，就可以通过 FLAGS_param_name 的形式访问对应的参数了。比如刚刚在 main 函数中，通过 FLAGS_configuration_directory 获取配置文件所在的目录。

```
DEFINE_bool(collect_metrics, false,
     "Activates the collection of runtime metrics. If activated, the "
     "metrics can be accessed via a ROS service.");
DEFINE_string(configuration_directory, "",
       "First directory in which configuration files are searched, "
       "second is always the Cartographer installation to allow "
       "including files from there.");
DEFINE_string(configuration_basename, "",
       "Basename, i.e. not containing any directory prefix, of the "
       "configuration file.");
DEFINE_string(load_state_filename, "",
       "If non-empty, filename of a .pbstream file to load, containing "
       "a saved SLAM state.");
DEFINE_bool(load_frozen_state, true,
     "Load the saved state as frozen (non-optimized) trajectories.");
DEFINE_bool(
      start_trajectory_with_default_topics, true,
      "Enable to immediately start the first trajectory with default topics.");
DEFINE_string(
      save_state_filename, "",
      "If non-empty, serialize state and write it to disk before shutting down.");
```

下面来看 Run() 函数的操作，首先使用 tf2 定义 ROS tf 坐标监听器。tf 作为 ROS 常用的 tf 坐标系变换，它通过 tf 树来确定机器人坐标系之间的关系。然后下面的 LoadOptions 函数加载配置文件，包含时间设置、子图发布周期设置、lua 内参数设置等，并将这些数据通过 std::tie 函数将两个变量 node_options 和 trajectory_options 整合成一个 tuple。

```
void Run() {
    constexpr double kTfBufferCacheTimeInSeconds = 10.;
    tf2_ros::Buffer tf_buffer{::ros::Duration(kTfBufferCacheTimeInSeconds)};// 设置 tf 缓存时间
    tf2_ros::TransformListener tf(tf_buffer);//tf 监听器
    //NodeOptions 在 /cartographer_ros/cartographer_ros/cartographer/node_options.h 中定义；该struct 中包含了对一些基本参数的设置，比如接收 tf 的 timeout 时间设置、子图发布周期设置等
    NodeOptions node_options;
    // 在 /cartographer_ros/cartographer_ros/trajectory_options.h 文件参数设置，在 Lua 文件内设置
    TrajectoryOptions trajectory_options;
    std::tie(node_options, trajectory_options) =// 读取文件设置
        LoadOptions(FLAGS_configuration_directory, FLAGS_configuration_basename);
```

在获得这些数据后，后面使用 node_options.map_builder_options 里面的参数创建一个地图，然后将创建好的地图传入 Node 中，从这里进入 ROS 获取传感器数据。如果之前存在建好的地图，则会通过 LoadState 加载保存好的 SLAM 地图，然后判断是否启动之前设置好的 trajectory_options 来实现建图，接着进入循环并完成最终的路径和地图的优化，最后，如果运行参数要求保存系统状态，则将当前的系统状态存到参数 save_state_filename 所指定的文件中，这样会自动保存我们建好的地图，不需要通过 rosservice call /write_state "{filename: '${HOME}/Downloads/XXX.pbstream'}" 指令手动保存。

```
auto map_builder =// 利用 node_options.map_builder_options 构造 map_builder 类
   cartographer::mapping::CreateMapBuilder(node_options.map_builder_options);
   Node node(node_options, std::move(map_builder), &tf_buffer,
        FLAGS_collect_metrics);//Node 在 /cartographer_ros/cartographer_ros/cartographer/
node.h 中定义：在该构造函数中订阅了很多传感器的 topic。收集传感器数据
   if (!FLAGS_load_state_filename.empty()) {// 判断是否要从 proto 中加载之前离线保存的 state
(pbstream 文件)
    node.LoadState(FLAGS_load_state_filename, FLAGS_load_frozen_state);// 加载数据包数据
   }
   if (FLAGS_start_trajectory_with_default_topics) {// 判断是否需要使用默认话题，关系到在 launch
文件设置 remap 话题
    node.StartTrajectoryWithDefaultTopics(trajectory_options);
   }
   ::ros::spin();// 将会进入循环，一直调用回调函数 chatterCallback(),
   node.FinishAllTrajectories();// 结束所有轨迹
   node.RunFinalOptimization();// 最后进行一次优化
   if (!FLAGS_save_state_filename.empty()) {// 判断是否需要保存地图
    node.SerializeState(FLAGS_save_state_filename,
           true /* include_unfinished_submaps */);
   }
}
```

7.2.4 lua 文件详解

上面的 launch 文件和 node_main.c 内部均存在有 lua 文件的影子，lua 主要是作为 node_options 传入 Node 中，下面给出 lua 常用参数的详细注释，一般 Cartographer 初学者常用的修改也基本是在 lua 文件中修改的。

```
-- Copyright 2016 The Cartographer Authors
--
-- Licensed under the Apache License, Version 2.0 (the "License");
-- you may not use this file except in compliance with the License.
-- You may obtain a copy of the License at
--
--      http://www.apache.org/licenses/LICENSE-2.0
--
-- Unless required by applicable law or agreed to in writing, software
-- distributed under the License is distributed on an "AS IS" BASIS,
-- WITHOUT WARRANTIES OR CONDITIONS OF ANY KIND, either express or implied.
-- See the License for the specific language governing permissions and
-- limitations under the License.
include "map_builder.lua"
include "trajectory_builder.lua"
options = {
    map_builder = MAP_BUILDER,                 -- map_builder.lua 的配置信息
    trajectory_builder = TRAJECTORY_BUILDER,   -- trajectory_builder.lua 的配置信息
```

```
    map_frame = "map",
    tracking_frame = "base_footprint",
    published_frame = "odom",
    odom_frame = "odom",
    -- map_frame = "map",                              -- 地图坐标系的名字
    -- tracking_frame = "base_laser_link",                   -- 将所有传感器数据转换到这个坐标系下
    -- published_frame = "base_laser_link",                -- tf: map -> footprint
    -- odom_frame = "odom",                            -- 里程计的坐标系名字
    provide_odom_frame = false,                     -- 是否提供 odom 的 tf, 如果为 true, 则 tf 树为 map-
>odom->footprint
                                                    -- 如果为 false tf 树为 map->footprint
    publish_frame_projected_to_2d = false,     -- 是否将坐标系投影到平面上
    use_odometry = true,                           -- 是否使用里程计，如果使用，要求一定要有 odom 的 tf
    use_nav_sat = false,                            -- 是否使用 gps
    use_landmarks = false,                          -- 是否使用 landmark
    num_laser_scans = 1,                            -- 是否使用单线激光数据
    num_multi_echo_laser_scans = 0,                 -- 是否使用 multi_echo_laser_scans 数据
    num_subdivisions_per_laser_scan = 1,            -- 1 帧数据被分成几次发出，一般为 1
    num_point_clouds = 0,                           -- 是否使用点云数据
    lookup_transform_timeout_sec = 0.2,             -- 查找 tf 时的超时时间
    submap_publish_period_sec = 0.3,                -- 发布数据的时间间隔
    pose_publish_period_sec = 5e-3,
    trajectory_publish_period_sec = 30e-3,
    rangefinder_sampling_ratio = 1.,               -- 传感器数据的采样频率
    odometry_sampling_ratio = 1.,
    fixed_frame_pose_sampling_ratio = 1.,
    imu_sampling_ratio = 1.,
    landmarks_sampling_ratio = 1.,
}
MAP_BUILDER.use_trajectory_builder_2d = true
TRAJECTORY_BUILDER_2D.use_imu_data = false
TRAJECTORY_BUILDER_2D.min_range = 0.3
TRAJECTORY_BUILDER_2D.max_range = 25.
--TRAJECTORY_BUILDER_2D.min_z = 0.2
--TRAJECTORY_BUILDER_2D.max_z = 1.4
--TRAJECTORY_BUILDER_2D.voxel_filter_size = 0.02
--TRAJECTORY_BUILDER_2D.adaptive_voxel_filter.max_length = 0.5
--TRAJECTORY_BUILDER_2D.adaptive_voxel_filter.min_num_points = 200.
--TRAJECTORY_BUILDER_2D.adaptive_voxel_filter.max_range = 50.
--TRAJECTORY_BUILDER_2D.loop_closure_adaptive_voxel_filter.max_length = 0.9
--TRAJECTORY_BUILDER_2D.loop_closure_adaptive_voxel_filter.min_num_points = 100
--TRAJECTORY_BUILDER_2D.loop_closure_adaptive_voxel_filter.max_range = 50.
TRAJECTORY_BUILDER_2D.use_online_correlative_scan_matching = false
TRAJECTORY_BUILDER_2D.ceres_scan_matcher.occupied_space_weight = 1.
TRAJECTORY_BUILDER_2D.ceres_scan_matcher.translation_weight = 1.
TRAJECTORY_BUILDER_2D.ceres_scan_matcher.rotation_weight = 1.
--TRAJECTORY_BUILDER_2D.ceres_scan_matcher.ceres_solver_options.max_num_iterations = 12
--TRAJECTORY_BUILDER_2D.motion_filter.max_distance_meters = 0.1
--TRAJECTORY_BUILDER_2D.motion_filter.max_angle_radians = 0.004
--TRAJECTORY_BUILDER_2D.imu_gravity_time_constant = 1.
TRAJECTORY_BUILDER_2D.submaps.num_range_data = 80.
TRAJECTORY_BUILDER_2D.submaps.grid_options_2d.resolution = 0.1
POSE_GRAPH.optimize_every_n_nodes = 160.
POSE_GRAPH.constraint_builder.sampling_ratio = 0.3
POSE_GRAPH.constraint_builder.max_constraint_distance = 15.
POSE_GRAPH.constraint_builder.min_score = 0.48
POSE_GRAPH.constraint_builder.global_localization_min_score = 0.60
return options
```

7.2.5 Cartographer 构造函数消息处理

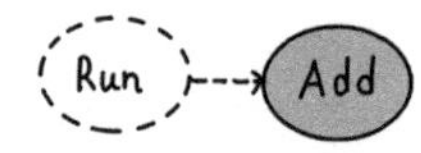

图 7-9 Cartographer 构造函数消息处理示意图

构造函数消息处理如图 7-9 所示。

上文讲到，在 Node 函数中定义了整个 cartographer_ros 程序的主要逻辑，这里主要的程序为源文件 node.cc 和 node.h，从 Node 函数的主体来看，在传入 node 配置参数（node_options）、用于建图的对象（map_builder）以及 tf 坐标系（tf_buffer）后会进入一个互斥锁的状态，目的是防止因为多线程等产生数据读存问题，这里调用了 absl::MutexLock 的操作，并对 mutex_ 加锁，如果构造函数结束后则会销毁该变量，在其析构函数中释放 mutex_。

```
absl::MutexLock lock(&mutex_);// 创建互斥锁
if (collect_metrics) {                              // 收集指标  FLAGS_collect_metrics
    metrics_registry_ = absl::make_unique<metrics::FamilyFactory>();
    carto::metrics::RegisterAllMetrics(metrics_registry_.get());            //注册指标
}
```

接着通过 node_handle_ 发布一系列 topic。这里以前缀“k”开始的 topic 名称、队列大小都是在 node_constants.h 中预先定义的常数。

```
// 定义发布话题
submap_list_publisher_ =
   node_handle_.advertise<::cartographer_ros_msgs::SubmapList>(// 发布 kSubmapListTopic 话题，子图
       kSubmapListTopic, kLatestOnlyPublisherQueueSize);// 数据类型为 ::cartographer_ros_
msgs::SubmapList,
                        // 内存大小为 kLatestOnlyPublisherQueueSize
trajectory_node_list_publisher_ =
   node_handle_.advertise<::visualization_msgs::MarkerArray>(// 发布 kTrajectoryNodeListTopic
话题，轨迹列表
      kTrajectoryNodeListTopic, kLatestOnlyPublisherQueueSize);
landmark_poses_list_publisher_ =
      node_handle_.advertise<::visualization_msgs::MarkerArray>(// 发布 kLandmarkPosesListTopic
话题，路标
      kLandmarkPosesListTopic, kLatestOnlyPublisherQueueSize);
constraint_list_publisher_ =
      node_handle_.advertise<::visualization_msgs::MarkerArray>(// 发布 kConstraintListTopic
话题，约束
          kConstraintListTopic, kLatestOnlyPublisherQueueSize);
if (node_options_.publish_tracked_pose) {
    tracked_pose_publisher_ =
      node_handle_.advertise<::geometry_msgs::PoseStamped>(// 发布 kTrackedPoseTopic 话题，位姿
          kTrackedPoseTopic, kLatestOnlyPublisherQueueSize);
scan_matched_point_cloud_publisher_ =                    // 发布点云扫描匹配的话题
        node_handle_.advertise<sensor_msgs::PointCloud2>(
            kScanMatchedPointCloudTopic, kLatestOnlyPublisherQueueSize);
```

对应的话题及其功能如表 7-1 所示。

表 7-1 话题及其功能

Topic 名称	功能
submap_list_publisher_	构建好的子图列表
trajectory_node_list_publisher_	跟踪轨迹的路径点列表
landmark_poses_list_publisher_	路标点列表
constraint_list_publisher_	优化约束列表
tracked_pose_publisher_	轨迹位姿发布列表
scan_matched_point_cloud_publisher_	点云数据发布

然后设置四个服务器，这四个服务器在容器 service_servers_ 中。同样的，前缀“k”开始的变量表示默认的服务名称，这也是后面需要详细讲述的。

```
service_servers_.push_back(node_handle_.advertiseService(// 注册服务器，名字为
kSubmapQueryServiceName 变量内容
                                     // 查询 Submap
    kSubmapQueryServiceName, &Node::HandleSubmapQuery, this)); // 第二个 参数为句柄，有请求，
该函数会回应
service_servers_.push_back(node_handle_.advertiseService(
    kTrajectoryQueryServiceName, &Node::HandleTrajectoryQuery, this));  //Trajectory 查询
service_servers_.push_back(node_handle_.advertiseService(
    kStartTrajectoryServiceName, &Node::HandleStartTrajectory, this));   // 开始一段 Trajectory
service_servers_.push_back(node_handle_.advertiseService(
    kFinishTrajectoryServiceName, &Node::HandleFinishTrajectory, this));   // 结束一段 Trajectory
service_servers_.push_back(node_handle_.advertiseService(
    kWriteStateServiceName, &Node::HandleWriteState, this));              // 写状态
service_servers_.push_back(node_handle_.advertiseService(
    kGetTrajectoryStatesServiceName, &Node::HandleGetTrajectoryStates, this));  // 获取轨迹状态
service_servers_.push_back(node_handle_.advertiseService(
    kReadMetricsServiceName, &Node::HandleReadMetrics, this));              // 读取服务器名字
```

回调函数及其功能如表 7-2 所示。

表 7-2　回调函数及其功能

Service 回调函数	功能
HandleSubmapQuery	通过查询 protobuf 地图里面的反序列化来确定 submap
HandleTrajectoryQuery	轨迹队列查询
HandleStartTrajectory	开始一段 Trajectory
HandleFinishTrajectory	结束一段 Trajectory
HandleWriteState	把算法状态写入文件
HandleGetTrajectoryStates	获取轨迹状态
HandleReadMetrics	返回 Cartographer 的所有内部指标最新值

最后在 Node 中创建一堆定时器用来发布话题。

```
wall_timers_.push_back(node_handle_.createWallTimer(
        ::ros::WallDuration(node_options_.submap_publish_period_sec),
        &Node::PublishSubmapList, this));                        // 子图
if (node_options_.pose_publish_period_sec > 0) {
    publish_local_trajectory_data_timer_ = node_handle_.createTimer(
        ::ros::Duration(node_options_.pose_publish_period_sec),
        &Node::PublishLocalTrajectoryData, this);            // 局部轨迹
}
wall_timers_.push_back(node_handle_.createWallTimer(
      ::ros::WallDuration(node_options_.trajectory_publish_period_sec),
      &Node::PublishTrajectoryNodeList, this));                           // 轨迹节点
wall_timers_.push_back(node_handle_.createWallTimer(
      ::ros::WallDuration(node_options_.trajectory_publish_period_sec),
      &Node::PublishLandmarkPosesList, this));                             // 路标
wall_timers_.push_back(node_handle_.createWallTimer(
      ::ros::WallDuration(kConstraintPublishPeriodSec),
      &Node::PublishConstraintList, this));
```

7.2.6 轨迹跟踪和传感器数据获取

轨迹跟踪并获得传感器数据流程图如图 7-10 所示。

图 7-10 轨迹跟踪和传感器数据获取示意图

在 node_main.cc 中存在 StartTrajectoryWithDefaultTopics 函数，通过默认参数配置开始轨迹跟踪。当然如果我们在自己设置轨迹时，可以通过 HandleStartTrajectory 服务完成 AddTrajectory 函数的开启。

下面是 AddTrajectory 函数的代码片段，通过函数 ComputeExpectedSensorIds 获取配置选项中的 SendorId。然后通过接口 map_builder_bridge_ 向 Cartographer 添加一条新的轨迹并获取轨迹的索引。接着根据函数 AddExtrapolator 和 AddSensorSamplers 添加位姿插值（PoseExtrapolator）和传感器容器（TrajectorySensorSamplers）。下面的 LaunchSubscribers 函数的工作就是完成传感器消息的订阅，并根据传感器数据完成位姿估计和建图的任务。

```
// 给对应 id 轨迹        创建插值器、传感器容器、map_builder_，设置订阅其他传感器话题信息
// 并返回 id
int Node::AddTrajectory(const TrajectoryOptions& options) {
const std::set<cartographer::mapping::TrajectoryBuilderInterface::SensorId>       // 设置传感器信息
对应 id
             expected_sensor_ids = ComputeExpectedSensorIds(options);
const int trajectory_id =
    map_builder_bridge_.AddTrajectory(expected_sensor_ids, options);  // 又进入 map_builder_ 轨迹
AddExtrapolator(trajectory_id, options);                               // 添加到插值器
AddSensorSamplers(trajectory_id, options);                   // 添加到传感器容器 sensor_samplers_
// 重点关注这个函数，可以额外订阅其他传感器信息
LaunchSubscribers(options, trajectory_id);                   // 调用 node_handle->subscribe 订阅话题
信息
wall_timers_.push_back(node_handle_.createWallTimer(::ros::WallDuration(kTopicMismatchCheck
DelaySec),
                              &Node::MaybeWarnAboutTopicMismatch,
                              this,
                              /*oneshot=*/true));            // 给 Mismatch 不匹配设定定时器
for (const auto& sensor_id : expected_sensor_ids) {          // 订阅话题存储数据 id
      subscribed_topics_.insert(sensor_id.id);
}
return trajectory_id;
}
```

这部分通过 options 设置的默认参数，加载各个传感器数据信息，由于 StartTrajectoryWithDefaultTopics 默认是 true，所以 LaunchSubscribers 函数默认是运行的，也就是 rviz 中看到的激光雷达这些数据会被该函数订阅，并在接收后完成回调函数的处理，分别订阅了激光雷达信息、点云信息、轨迹信息、IMU 信息、odom 里程计信息、GPS 数据信息以及标志点 landmark 数据信息。

```
// 设置订阅话题信息，并存放到 subscribers_ 容器 option，类型不同，存储轨迹信息不同
void Node::LaunchSubscribers(const TrajectoryOptions& options,
                             const int trajectory_id) {
   ..............
}
```

7.3 前后端链接的桥梁

前面讲述了从 cartographer_ros 中获取数据的方式，下面向读者展示如何使用 MapBuilderBridge 来构建地图传输的桥梁以及使用 SensorBridge 完成对传感器数据传输。

7.3.1 地图构建的桥梁——可视化

地图构建可视化过程如图 7-11 所示。

图 7-11　地图链接桥梁入口示意图

这一部分的地图构建内容主要通过 MapBuilderBridge 来完成，因此需要看内部做了哪些操作，当然这部分仍然是对 cartographer 进行封装的，本身并不存在算法。首先在 MapBuilderBridge 会传入 ROS 节点 cartographer_node 的配置、Cartographer 的地图构建器、ROS 系统坐标变换缓存这三个参数，在 MapBuilderBridge 中，第一部分主要是和显示相关的参数，这一部分基本没什么具体操作，只是将轨迹、标志物显示在 rviz 中。从 lua 可以发现，在里面设置 use_landmarks = false 时，landmark 这部分功能在目前的代码中是没有起作用的。如果存在使用 landmark 时，可以调用 map_builder_->pose_graph()->GetLandmarkPoses() 来获取 landmark 的 Pose。

```
..........
// 创建 visualization_msgs 对象信息显示设置
visualization_msgs::Marker CreateTrajectoryMarker(const int trajectory_id,
                          const std::string& frame_id) {
    visualization_msgs::Marker marker;
    marker.ns = absl::StrCat("Trajectory", trajectory_id);// 字符串连接和运算符
    marker.id = 0;
    marker.type = visualization_msgs::Marker::LINE_STRIP;
    marker.header.stamp =::ros::Time::now();
    marker.header.frame_id = frame_id;
    marker.color = ToMessage(cartographer::io::GetColor(trajectory_id));// 转 RGB
    marker.scale.x = kTrajectoryLineStripMarkerScale;
    marker.pose.orientation.w = 1.;
    marker.pose.position.z = 0.05;
    return marker;
}
..........
```

7.3.2 地图构建的桥梁——添加轨迹

地图构建轨迹过程如图 7-12 所示。

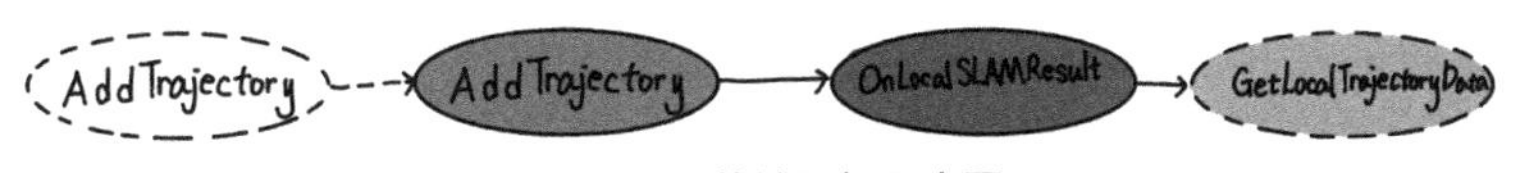

图 7-12　轨迹添加示意图

在 node 中已经通过 MapBuilderBridge 调用 AddTrajectory 函数来添加一条轨迹，这个

MapBuilderBridge 类中最重要的函数，我们来详细看一下，首先是调用 map_builder_ 内部添加一个轨迹跟踪器，并传入传感器的 ID、轨迹跟踪参数以及一个仿函数对象，通过将 OnLocalSlamResult 整体传入 std::function<void(int.... 中，完成一个局部 SLAM 子图的构建。所有子图构建的数据都是由 AddTrajectory 传入的。

```
// 进入 map_builder_ 添加轨迹
const int trajectory_id = map_builder_->AddTrajectoryBuilder(
      expected_sensor_ids,
      trajectory_options.trajectory_builder_options,            // 轨迹参数
      [this](const int trajectory_id,                            //id 号
             const ::cartographer::common::Time time,           // 当前时间
             const Rigid3d local_pose,                           // 局部位姿
             ::cartographer::sensor::RangeData range_data_in_local,// 雷达信息
             const std::unique_ptr<
                 const ::cartographer::mapping::TrajectoryBuilderInterface::
                     InsertionResult>) {
        // 通过 LocalTrajectoryData::LocalSlamData 直接读取当前位姿信息
        OnLocalSlamResult(trajectory_id, time, local_pose, range_data_in_local);
      });
LOG(INFO) << "Added trajectory with ID '" << trajectory_id << "'.";
..................
```

下一步检查 trajectory_id 是否被使用过，如果没有使用过，则需要构建当前轨迹的传感器封装，从而将轨迹 ID 和传感器数据相关联。

```
// Make sure there is no trajectory with 'trajectory_id' yet.
// 重点研究点 sensor_bridges_
// 确认 id 数量是否为零
CHECK_EQ(sensor_bridges_.count(trajectory_id), 0);
// 等待后期深入了解
sensor_bridges_[trajectory_id] = absl::make_unique<SensorBridge>(// 进入 sensor_bridges_
                trajectory_options.num_subdivisions_per_laser_scan,
                trajectory_options.tracking_frame,
                node_options_.lookup_transform_timeout_sec, tf_buffer_,
                map_builder_->GetTrajectoryBuilder(trajectory_id)); // 进入 map_builder
```

最后将轨迹相关的配置保存到容器对象 trajectory_options_，从而更方便使用 GetLocalTrajectoryData 完成轨迹信息获取，然后返回刚生成的轨迹索引。

```
auto emplace_result =
        trajectory_options_.emplace(trajectory_id, trajectory_options);
CHECK(emplace_result.second == true);
return trajectory_id;
```

我们来看一下 OnLocalSlamResult 这个函数，该函数的具体功能是记录当前轨迹 ID 下获取局部 SLAM 定位的结果，并最终放入 local_slam_data_ 进行保存，以供 GetLocalTrajectoryData 函数显示调用。

```
void MapBuilderBridge::OnLocalSlamResult(
      const int trajectory_id,
      const ::cartographer::common::Time time,
      const Rigid3d local_pose,
      ::cartographer::sensor::RangeData range_data_in_local) {
    std::shared_ptr<const LocalTrajectoryData::LocalSlamData> local_slam_data =
        std::make_shared<LocalTrajectoryData::LocalSlamData>(
            LocalTrajectoryData::LocalSlamData{time,                    // 获取局部 SLAM 位姿
                                               local_pose,
                                               std::move(range_data_in_local)});
```

```
    absl::MutexLock lock(&mutex_);                              // 锁住线程
    local_slam_data_[trajectory_id] = std::move(local_slam_data);     // 将指针赋值到类成员
  // 本地 slam 数据
  }
```

7.3.3 地图构建的桥梁——其他函数

相较于上述两个比较重要的部分，其他函数的学习有助于全面地理解 MapBuilderBridge 这个类。函数功能如表 7-3 所示。

表 7-3 函数及其功能

函数名	说明
LoadState	读取 .pbstream 地图文件
FinishTrajectory	结束所有的轨迹，并清空 trajectory_id 容器
RunFinalOptimization	运行轨迹最后的优化
SerializeState	将 protobuf 文件反序列化，并保存为 pbstream 文件
HandleSubmapQuery	通过查询地图中的 ID 和 submap 指针序列化成 protobuf 形式，并复制到 texture
GetTrajectoryStates	获取轨迹状态
GetSubmapList	获取子图队列信息，对应了轨迹 ID 信息
GetLocalTrajectoryData	获取本地轨迹信息
HandleTrajectoryQuery	处理轨迹队列并返回 response 信息
GetTrajectoryNodeList	获取 TrajectoryNode 的 pose 列表并可视化
GetLandmarkPosesList	获取路标位姿
GetConstraintList	获取约束列表并可视化
sensor_bridge	返回一个 SensorBridge 指针

7.3.4 传感器构建的桥梁——雷达数据

地图构建雷达数据过程如图 7-13 所示。

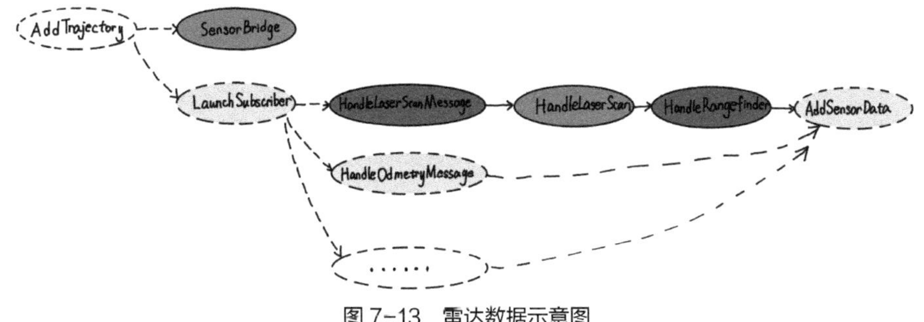

图 7-13 雷达数据示意图

在 MapBuilderBridge 最后，我们注意到每一个 trajectory_id 需要对应当前时刻所有的 SensorBridge 变量，所以 SensorBridge 就是各个传感器数据的相关处理信息，同样的，SensorBridge 只是作为 cartographer 的 ROS 封装，内部本就不存在什么处理过程。首先从构造函数来看，这里面传入了几个参数，分别是 num_subdivisions_per_laser_scan（激光传感器的分段数量）、tracking_frame（机器人的 tf 坐标，一般为“base_link”）、lookup_transform_timeout_sec（tf 转换超时时间）、tf_buffer（tf 监听器）以及 trajectory_builder（cartographer 轨迹构建器接口）。在 cartographer 中会有 CollatedTrajectoryBuilder 继承这个类，并实现 AddSensorData() 函数的多态，通过统一调用 HandleCollatedSensorData() 函数，来完成传感器轮询处理。

```
SensorBridge::SensorBridge(
    const int num_subdivisions_per_laser_scan,       // 每次激光扫描的细分数
    const std::string& tracking_frame,               // 跟踪的 tf 坐标
    const double lookup_transform_timeout_sec,       // 查找转换超时时间，单位秒
    const double tf2_ros::Buffer* const tf_buffer,   //tf 侦听器：一旦创建了侦听器，它就开始通
过连接接收 tf2 转换，并对它们进行长达 10s 的缓冲
    carto::mapping::TrajectoryBuilderInterface* const trajectory_builder)  // 轨迹构建器接口
    :num_subdivisions_per_laser_scan_(num_subdivisions_per_laser_scan),
     tf_bridge_(tracking_frame, lookup_transform_timeout_sec, tf_buffer),
     trajectory_builder_(trajectory_builder) {}
```

下面以 cartographer 最重要的激光雷达传感器来讲解如何将 ROS 消息转变为 Cartographer 中的消息。首先注意到在 node.cc 函数中，通过 SubscribeWithHandler 订阅 Topic 时就已经将数据传入 HandleLaserScanMessage 函数中了。这里需要注意的是，这类方法是通过声明函数为指针变量实现的。

```
subscribers_[trajectory_id].push_back(
   {SubscribeWithHandler<sensor_msgs::LaserScan>(                         // 订阅激光雷达
     &Node::HandleLaserScanMessage, trajectory_id, topic, &node_handle_,// 在 HandleLaserScanMessage
中处理数据
          this),
       topic});
```

在 HandleLaserScanMessage 函数中，整体来说还是比较简单的，通过 msg_conversion.cc 文件中的 ToPointCloudWithIntensities 函数可以将 ROS 的消息转换成有效点云信息和时间戳信息，然后将结果传入 HandleLaserScan 函数中。

```
void SensorBridge::HandleLaserScanMessage(
    const std::string& sensor_id, const sensor_msgs::LaserScan::ConstPtr& msg) {
carto::sensor::PointCloudWithIntensities point_cloud;
carto::common::Time time;
// 结构体  点云、时间
std::tie(point_cloud, time) = ToPointCloudWithIntensities(*msg);  // 获取 有效点云信息和时间戳
                                                      // 剔除异常点云
                                                      //std::tie：创建左值引用的 tuple
                                                      // 或将 tuple 解包为独立对象
                                                      // 返回值
                                                      // 含左值引用的 std::tuple 对象
            //std::tie 可用于解包 std::pair，因为 std::tuple 拥有从 pair 的转换赋值
            //ToPointCloudWithIntensities 返回的是 std::tuple 对象
HandleLaserScan(sensor_id, time, msg->header.frame_id, point_cloud);
}
```

在 HandleLaserScan 函数中，主要的操作就是将处理后的数据在此调整每个分段激光点云所对应的时间戳，并将校准好的时间戳传入 HandleRangefinder 函数，通过 AddSensorData 传入 cartographer 主程序中。

```
const size_t start_index =
        points.points.size() * i / num_subdivisions_per_laser_scan_;
const size_t end_index =
      points.points.size() * (i + 1) / num_subdivisions_per_laser_scan_;
```

```
    // 数组的时间和点云位姿结构体
carto::sensor::TimedPointCloud subdivision(
      points.points.begin() + start_index,
      points.points.begin() + end_index);
if (start_index == end_index) { // 如果时间相同则返回 for
    continue;
}
const double time_to_subdivision_end = subdivision.back().time;
// 'subdivision_time' is the end of the measurement so sensor::Collator will
// send all other sensor data first.
const carto::common::Time subdivision_time =
      time + carto::common::FromSeconds(time_to_subdivision_end);      // 表示当前时间
```

在完成分段并调整时间之后，就可以调用函数 HandleRangefinder 将分段数据传输给 Cartographer，首先通过 LookupToTracking 函数获得雷达传感器坐标系 frame_id 相对于机器人坐标系 tracking_frame 之间的坐标变换，然后通过 AddSensorData 函数完成传感器数据的添加，这样就可以将传感器数据传入 cartographer。

```
void SensorBridge::HandleRangefinder(
     const std::string& sensor_id, const carto::common::Time time,
     const std::string& frame_id, const carto::sensor::TimedPointCloud& ranges) {
    if (!ranges.empty()) {
      CHECK_LE(ranges.back().time, 0.f);
    }
    // 调用监听器的求变换矩阵函数 LookupTransform
    const auto sensor_to_tracking = tf_bridge_.LookupToTracking(time,
                               CheckNoLeadingSlash(frame_id));  // 检查 frame_id 数量是否大于 0
    if (sensor_to_tracking != nullptr) {                         // 如果数据不为空
      trajectory_builder_->AddSensorData(
          sensor_id, carto::sensor::TimedPointCloudData{
              time,
              sensor_to_tracking->translation().cast<float>(),    // 转换为 float 型
              carto::sensor::TransformTimedPointCloud( ranges,sensor_to_tracking->cast<float>())});
    }
}
```

7.3.5 传感器构建的桥梁——其他函数

除了雷达以外 SensorBridge 类中还有其他很有用的函数，可以帮助我们全面理解 SensorBridge 类。其函数如表 7-4 所示。

表 7-4 函数对应消息

函数名	ROS 消息格式	Cartographer 消息格式	说明
ToOdometryData	nav_msgs::Odometry	—	获取里程计信息，并传入 HandleOdometryMessage 函数处理
HandleOdometryMessage	—	carto::sensor::OdometryData	处理里程计信息，并把信息使用 AddSensorData 函数传入 Cartographer
HandleNavSatFixMessage	sensor_msgs::NavSatFix	carto::sensor::FixedFramePoseData	获取并处理 GPS 信息
HandleLandmarkMessage	cartographer_ros_msgs::LandmarkList	LandmarkData	获取并处理路标信息
ToImuData	sensor_msgs::Imu	—	获取并处理 IMU 的线速度和加速度信息并传入 HandleImuMessage 函数

续表

函数名	ROS 消息格式	Cartographer 消息格式	说明
HandleImuMessage	—	carto::sensor::ImuData	通过 ToImuData 转换后，使用 AddSensorData 存储数据
HandleMultiEchoLaserScanMessage	sensor_msgs::MultiEchoLaserScan	—	处理多激光雷达的类，和 HandleLaserScanMessage 函数类似，均会传入 HandleLaserScan 处理
HandlePointCloud2Message	sensor_msgs::PointCloud2	—	处理点云信息，这里不需要经过 HandleLaserScan 函数进行点云时间分段，会直接传入 HandleRangefinder 处理

到这里已经基本梳理完 cartographer_ros 中的主要部分，我们也成功地将轨迹信息和传感器信息传入 cartographer 中，可以看到，无论在 MapBuilderBridge 还是 SensorBridge 中，所有的数据都是传入 TrajectoryBuilderInterface 这个基类以及 CollatedTrajectoryBuilder 子类中。而这些又在 MapBuilder 中完成了搭建，所以下面详细讲解 MapBuilder。

7.4 地图构建器

7.4.1 Cartographer 中的地图参数获取

地图参数获取流程如图 7-14 所示。

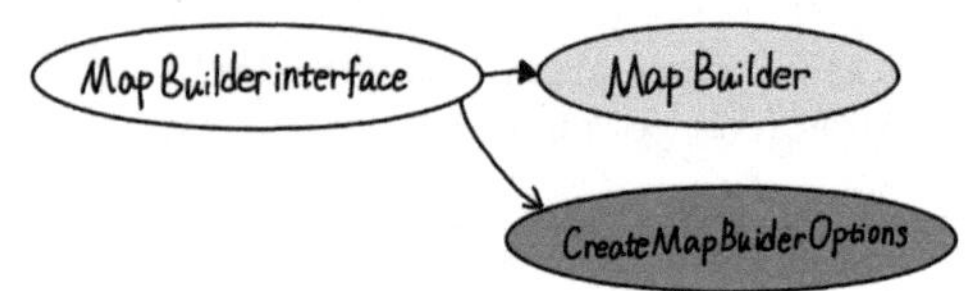

图 7-14 地图参数获取入口函数示意图

前面详细介绍了 cartographer_ros 如何将 ROS 数据进行获取与转换，并将结果传输到 cartographer 中，而 cartographer 是由一个个子图构建起来的，所以地图构建器 MapBuilder 至关重要，下面来详细讲解。从下面的代码中可以看到 MapBuilder 类继承了一个接口类 MapBuilderInterface。这个基类调用了 trajectory_builder_interface.h，也就是上面一节最后所说的基类，以及为什么需要使用 AddSensorData 以及 AddTrajectoryBuilder 完成轨迹和传感器的传输。

```
class MapBuilder : public MapBuilderInterface {//MapBuilderInterface 实例化
```

下面看一下 MapBuilder 类的成员变量，这六个成员变量都是非常重要的，其中 trajectory_builders_ 主要用来完成前端的工作，即根据轨迹信息完成子图的构建；而 pose_graph_ 是在后端中完成闭环检测以及全局地图优化。剩下的还有线程池的操作 thread_pool_，以及一些配置项和传感器数据的读取与获得。

```
private:
    const proto::MapBuilderOptions options_; // 用于记录运行配置，它使用了 google 的 protobuf 来处理结构化的数据。这些配置项是由 cartographer_ros 在系统运行之初从配置文件中加载的。
    common::ThreadPool thread_pool_; // 线程池，其中的线程数量是固定的。Cartographer 使用类 ThreadPool 对 C++11 的线程进行了封装，用于方便高效地管理多线程。
```

```
    std::unique_ptr<PoseGraph> pose_graph_; // 该对象用于在后台完成闭环检测，进行全局的地图优化。
    std::unique_ptr<sensor::CollatorInterface> sensor_collator_;// 用来管理和收集传感器数据。
    std::vector<std::unique_ptr<mapping::TrajectoryBuilderInterface>>
                        trajectory_builders_; // 用于在前端构建子图。在系统运行的过程中，可能有不止一条
轨迹，针对每一条轨迹 Cartographer 都建立了一个轨迹跟踪器。
    std::vector<proto::TrajectoryBuilderOptionsWithSensorIds>
        all_trajectory_builder_options_; // 记录了所有轨迹跟踪器的配置。
```

MapBuilderInterface 部分作为被实例化的基类（同时也是一个抽象类），我们也需要看一下，因为其会读取地图相关的配置文件。首先使用 using 关键字自定义两个类型的命名重定义。

```
using LocalSlamResultCallback =
      TrajectoryBuilderInterface::LocalSlamResultCallback;
using SensorId = TrajectoryBuilderInterface::SensorId;
```

下面来看一下这个基类的构造函数，首先回顾一下 node_main.cc 中的 map_builder 创建地图生成器时就需要传入 proto::MapBuilderOptions 结构的变量，而其对应的 node_options 成员函数通过 node_options.cc 文件调用了该函数并读取保存对应文件中的配置选项。

```
proto::MapBuilderOptions CreateMapBuilderOptions(
    common::LuaParameterDictionary* const parameter_dictionary) {
  proto::MapBuilderOptions options;
  options.set_use_trajectory_builder_2d(
      parameter_dictionary->GetBool("use_trajectory_builder_2d"));
  options.set_use_trajectory_builder_3d(
      parameter_dictionary->GetBool("use_trajectory_builder_3d"));
  options.set_num_background_threads(
      parameter_dictionary->GetNonNegativeInt("num_background_threads"));
  options.set_collate_by_trajectory(
      parameter_dictionary->GetBool("collate_by_trajectory"));
  *options.mutable_pose_graph_options() = CreatePoseGraphOptions(
      parameter_dictionary->GetDictionary("pose_graph").get());
  CHECK_NE(options.use_trajectory_builder_2d(),
           options.use_trajectory_builder_3d());
  return options;
}
```

进一步研究配置文件发现，之前展示了 lua 文件的配置，我们注意到其上方引用了两个 cartographer 中的配置文件。

```
include "map_builder.lua"
include "trajectory_builder.lua"
```

其中对应的内容如下所示，基本上定义了是否使用 2D 的建图和 3D 的建图，定义了线程池数量为 4，此外还引入了位姿图 (pose_graph) 的配置文件 pose_graph.lua 以及 mapping/proto/map_builder_options.proto、trajectory_builder_options.proto 文件的配置。

```
-- map_builder.lua
include "pose_graph.lua"
MAP_BUILDER = {
    use_trajectory_builder_2d = false,
    use_trajectory_builder_3d = false,
    num_background_threads = 4,
    pose_graph = POSE_GRAPH,
    collate_by_trajectory = false,
}
-- trajectory_builder.lua
include "trajectory_builder_2d.lua"
include "trajectory_builder_3d.lua"
```

```
TRAJECTORY_BUILDER = {
    trajectory_builder_2d = TRAJECTORY_BUILDER_2D,
    trajectory_builder_3d = TRAJECTORY_BUILDER_3D,
--  pure_localization_trimmer = {
--    max_submaps_to_keep = 3,
--  },
    collate_fixed_frame = true,
    collate_landmarks = false,
}
```

在 proto 文件中我们找到 collate_by_trajectory、collate_fixed_frame 以及 collate_landmarks 的定义。当将 collate_fixed_frame 设置为 true 时即会触发，这部分的操作也可以追溯到 cartographer_ros 的 trajectory_options.cc 文件中，通过调用 CreateTrajectoryBuilderOptions 的函数可以有效地在建图时判断程序会选取哪些观测的数据，如表 7-5 所示。

表 7-5　数据类型对应数据说明

数据类型	数据说明	lua 文件设置
SensorType::RANGE	传感器数据为激光、点云数据	—
SensorType::IMU	传感器数据 IMU，需要（use_trajectory_builder_3d 或者 use_trajectory_builder_2d）模式下，并进行排序	—
SensorType::ODOMETRY	传感器数据为里程计信息	—
SensorType::FIXED_FRAME_POSE	传感器数据为 GPS 信息，collate_fixed_frame 设置为 true 则确定有数据并进行排序。只在后端优化中使用	collate_fixed_frame = false
SensorType::LANDMARK	传感器数据为路标信息，collate_landmarks 设置为 true 则确定有数据并进行排序。只在后端优化中使用	collate_landmarks = false
SensorType::LOCAL_SLAM_RESULT	由局部 SLAM 结果提供的建图信息	—
—	选择是否依据轨迹编号进行数据整合，一般遇到多条轨迹场景（多传感器建图、载入地图等场景）时由于时序问题，有可能导致输出不确定	collate_by_trajectory = false

7.4.2　地图接口实现

地图接口如图 7-15 所示。

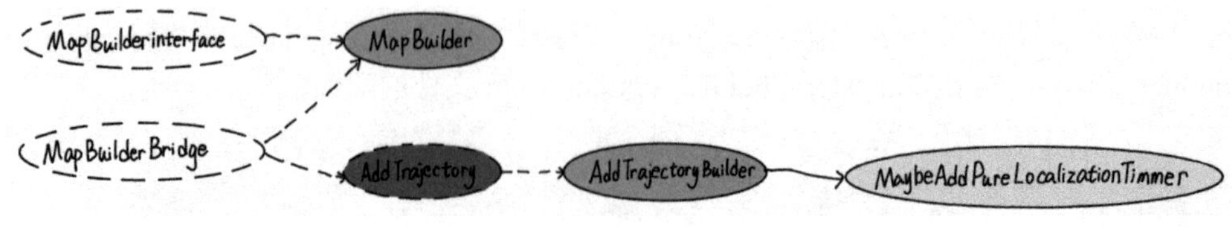

图 7-15　地图接口实现示意图

这一部分主要看 MapBuilder 类，首先来看构造函数，这部分主要检查是 2D 的建图还是 3D 的建图，并选择对应的优化器进行优化，然后根据 collate_by_trajectory 来选择不同的传感器数据读取模式，在这部分会创建优化器 pose_graph_，在 PoseGraph2D 的构造函数中，我们会预先用 AddTrimmer 函数来给位姿图对象添加 OverlappingSubmapsTrimmer2D 类型的修饰器，以根据子图之间重叠的部分来筛选地图，并移除重复子图。

```
MapBuilder::MapBuilder(const proto::MapBuilderOptions& options)
      : options_(options), thread_pool_(options.num_background_threads()) {
    CHECK(options.use_trajectory_builder_2d() ^
          options.use_trajectory_builder_3d());
    if (options.use_trajectory_builder_2d()) {                    // 如果使用 2D 轨迹构建器
      pose_graph_ = absl::make_unique<PoseGraph2D>(                // 创建 2D 图优化函数智能指针
          options_.pose_graph_options(),                           // 配置参数
          absl::make_unique<optimization::OptimizationProblem2D>(options_.pose_graph_
options().optimization_problem_options()),
                                                                   // 创建优化器智能指针
          &thread_pool_);                                          // 线程池
    }
    if (options.use_trajectory_builder_3d()) {                     // 同上
      pose_graph_ = absl::make_unique<PoseGraph3D>(
          options_.pose_graph_options(),
          absl::make_unique<optimization::OptimizationProblem3D>(
              options_.pose_graph_options().optimization_problem_options()),
          &thread_pool_);
    }
    if (options.collate_by_trajectory()) {                    //// 根据 collate_by_trajectory
的不同，CollatorInterface 有两种不同的实现
      sensor_collator_ = absl::make_unique<sensor::TrajectoryCollator>();
    } else {
      sensor_collator_ = absl::make_unique<sensor::Collator>();
    }
}
```

然后看 AddTrajectoryBuilder 函数部分，其中 expected_sensor_ids 记录了从 cartographer_ros 传入的所有传感器名称和类型，trajectory_options 是轨迹跟踪器的配置，最后的 local_slam_result_callback 则是一个回调函数对象，用于在局部地图构建的情况下使用 TrajectoryBuilderInterface 接口来响应局部地图构建后的操作。

```
//   创建一个 TrajectoryBuilder 并返回它的 index，即 trajectory_id
int MapBuilder::AddTrajectoryBuilder(
      const std::set<SensorId>& expected_sensor_ids,
      const proto::TrajectoryBuilderOptions& trajectory_options,
      LocalSlamResultCallback local_slam_result_callback)
```

在函数的一开始，先通过容器 trajectory_builders_ 获取轨迹跟踪器的索引，通过 cartographer_ros 中的 map_builder_bridge.cc 文件将每一条轨迹信息传入进来，通过 push_back 完成对 trajectory_builders_ 的累加。

```
const int trajectory_id = trajectory_builders_.size();
```

在二维建图中，一开始创建了一个 LocalTrajectoryBuilder2D 类型的对象，其主要是生成一个 2d local 规划器，这个函数包括位姿估计、扫描匹配等 Local Map 所必需的操作。下面就是通过 dynamic_cast 将 pose_graph_ 对象强制转换为 PoseGraph2D，然后通过整合 LocalTrajectoryBuilder2D 以及 PoseGraph2D 构建出一个 GlobalTrajectoryBuilder 类型 2d global 全局规划器的对象，并将轨迹构建的结果放到轨迹生成器容器内，其中 CreateGlobalTrajectoryBuilder2D 为 local slam 与后端优化结合的桥梁，后面再展开来讲。

```
//// 如果使用 3d 轨迹构建器
    if (options_.use_trajectory_builder_3d()) {                     // 如果使用 3d 轨迹构建器
…………………
    } else { // 如果不使用 3d 轨迹构建器 那就是 2d
      std::unique_ptr<LocalTrajectoryBuilder2D> local_trajectory_builder;      // 创建局部 2d
轨迹生成器
```

```
    if (trajectory_options.has_trajectory_builder_2d_options())          // 如果使用 2d
轨迹构建器
  {
    local_trajectory_builder = absl::make_unique<LocalTrajectoryBuilder2D>(  //创建局部 2d
轨迹生成器  智能指针
                  trajectory_options.trajectory_builder_2d_options(),  //2d 轨迹参数
                  SelectRangeSensorIds(expected_sensor_ids));     // 数据类型 激光雷达
  }
  DCHECK(dynamic_cast<PoseGraph2D*>(pose_graph_.get()));       //dynamic_cast 是强制类型转化
    // 将每个局部规划器放入队列中，包含规划器描述、需要校准的 sensor、当前 id、期望的 sensor 类型
    // 每个局部规划器需 create 全局规划器，局部 slam 采用回调方法
    trajectory_builders_.push_back(absl::make_unique<CollatedTrajectoryBuilder>(
                    trajectory_options,
                    sensor_collator_.get(),
                    trajectory_id,
                    expected_sensor_ids,
                    CreateGlobalTrajectoryBuilder2D(std::move(
                        local_trajectory_builder),
                        trajectory_id,
                        static_cast<PoseGraph2D*>(pose_graph_.get()),
                        local_slam_result_callback,
                        pose_graph_odometry_motion_filter)));
  }
```

在判断是否为纯定位模式中，目前 pure_localization 部分已经被弃用，支持 has_pure_localization_trimmer 来自主定义 submap 的维护个数。这里的参数配置仍然是从 builder_options.proto 配置文件中读取得到，并调用了 pose_graph 当中的 AddTrimmer 函数来给位姿图对象添加 PureLocalizationTrimmer 类型的修饰器用于纯定位。相较于原始的更新全部子图而言（一般处于建图阶段），纯定位只会更新最近的几个子图（一般处于定位阶段）。

```
// 可加纯定位微调器，纯定位和纯定位微调器的区别是 num_submaps_to_keep 数值不一致
// 通过改变任务器的参数来 改变 纯定位方式
void MaybeAddPureLocalizationTrimmer( const int trajectory_id,
                const proto::TrajectoryBuilderOptions& trajectory_options,
                PoseGraph* pose_graph)
{
    if (trajectory_options.pure_localization()) {          // 如果是纯定位模式
      LOG(WARNING)
          << "'TrajectoryBuilderOptions::pure_localization' field is deprecated. "// 使用
pure_localization 而不使用 pure_localization_trimmer
          "Use 'TrajectoryBuilderOptions::pure_localization_trimmer' instead.";
      pose_graph->AddTrimmer(absl::make_unique<PureLocalizationTrimmer>(
          trajectory_id, 3/*max_submaps_to_keep */));
      return;
    }
    if (trajectory_options.has_pure_localization_trimmer()) {  // 使用 pure_localization_trimmer
      pose_graph->AddTrimmer(absl::make_unique<PureLocalizationTrimmer>(
          trajectory_id,
          trajectory_options.pure_localization_trimmer().max_submaps_to_keep()));
    }
}
```

其结构如图 7-16 所示。

如果开始建图之前已经有了初始位置，那么可以将初始位置提供给 pose_graph_ 对象。初始位置主要用于建图和闭环中作为初始固定位置使用。而 SLAM 中其所有节点以及所有 submap 的位置均是相对初始位置的相对位置，优化也是将相对位置进行优化。

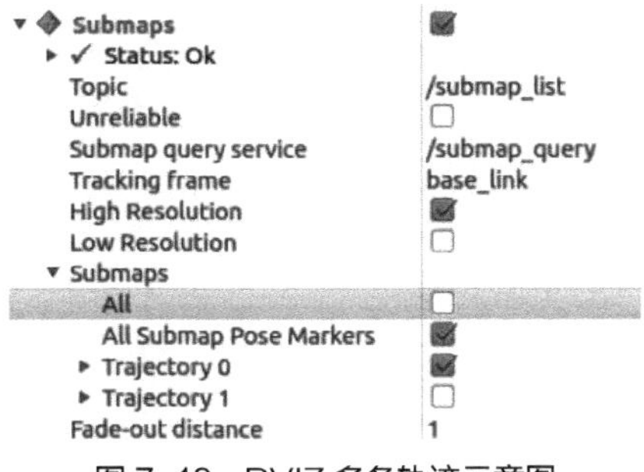

图 7-16 RVIZ 多条轨迹示意图

```
if (trajectory_options.has_initial_trajectory_pose())          // 如果有初始位姿
{
    const auto& initial_trajectory_pose = trajectory_options.initial_trajectory_pose();
                                                 // 获取参数设置的初始位姿
    pose_graph_->SetInitialTrajectoryPose( trajectory_id,
                  initial_trajectory_pose.to_trajectory_id(),
                  transform::ToRigid3(initial_trajectory_pose.relative_pose()),
                  common::FromUniversal(initial_trajectory_pose.timestamp()));
                                     // 根据轨迹 id 号、相关变换矩阵、时间戳
                                     // 将初始位姿设置到图优化初始化轨迹位姿
}
```

最后将传感器及其配置信息进行序列化、存储，返回新建立的 trajectory_id。由于轨迹可能不止一个，因此每个轨迹需要存储自身的配置信息，故创建一个新的轨迹时，需判断配置信息和轨迹的个数是否相等。

```
proto::TrajectoryBuilderOptionsWithSensorIds options_with_sensor_ids_proto;      // 定义序列
化传感器 id 参数
    for (const auto& sensor_id : expected_sensor_ids)              // 读取传感器 id 号数据容器
        *options_with_sensor_ids_proto.add_sensor_id() = ToProto(sensor_id);        // 将数据
序列化 并存储到序列化容器
    *options_with_sensor_ids_proto.mutable_trajectory_builder_options() = trajectory_options;
                                                       // 读取轨迹创建参数配置
    all_trajectory_builder_options_.push_back(options_with_sensor_ids_proto);     // 放置到全
局轨迹生成器参数内
    CHECK_EQ(trajectory_builders_.size(),                     // 判断全局与局部是否一致
         all_trajectory_builder_options_.size());
    return trajectory_id;
```

7.4.3 map_builder 其他函数

主要的函数已经讲完，剩下的函数在此简单介绍，其他操作主要就是从 proto 文件读取数据或者将数据存入 proto 文件等，见表 7-6。

7.4.4 链接前端与后端的桥梁

CreateGlobalTrajectoryBuilder2D 结构如图 7-17 所示。

通过对 map_builder 中的 AddTrajectoryBuilder 分析，我们了解到，实际完成局部建图工作的是 LocalTrajectoryBuilder2D 类型的对象。但是这个对象并不具备任何闭环检测的能力，只是在不断地进行扫描匹配和子图更新，而 GlobalTrajectoryBuilder 函数就起到了前端子图向后端传输的桥梁作用，进而达到了闭环检测和全局优化的目的。

表 7-6　函数及其功能

函数名	功能说明
SelectRangeSensorIds	挑选激光雷达 ID 数据
AddTrajectoryForDeserialization	从 pbstream 中反序列化出来的轨迹添加到当前全局轨迹生成器参数设置器（也就是说 trajectory_id 在加入 pbstream 后必定大于 1）
FinishTrajectory	完成轨迹构建
SubmapToProto	将子图保存为 Protobuf 形式
SerializeState	调用 io::WritePbStream 工具，保存所有子图数据为 Protobuf 形式
SerializeStateToFile	调用了 io::ProtoStreamWriter，将 Protobuf 地图数据写入 pose_graph 内
LoadState	从 proto 文件流中获取当前的状态

图 7-17　CreateGlobalTrajectoryBuilder2D 结构示意图

从 AddTrajectoryBuilder 传入的函数 CreateGlobalTrajectoryBuilder2D 来看，其主要是传入局部 2d 轨迹生成器 local_trajectory_builder、轨迹索引 trajectory_id、位姿图 pose_graph 以及前端数据更新后的回调函数 local_slam_result_callback，然后将这些数据打包传入 GlobalTrajectoryBuilder 模板类。

```
std::unique_ptr<TrajectoryBuilderInterface> CreateGlobalTrajectoryBuilder2D(
      std::unique_ptr<LocalTrajectoryBuilder2D> local_trajectory_builder,
      const int trajectory_id, mapping::PoseGraph2D* const pose_graph,
      const TrajectoryBuilderInterface::LocalSlamResultCallback&
          local_slam_result_callback,
      const absl::optional<MotionFilter>& pose_graph_odometry_motion_filter) {
    return absl::make_unique<
        GlobalTrajectoryBuilder<LocalTrajectoryBuilder2D, mapping::PoseGraph2D>>(
        std::move(local_trajectory_builder), trajectory_id, pose_graph,
        local_slam_result_callback, pose_graph_odometry_motion_filter);
}
```

先看一下 GlobalTrajectoryBuilder 模板类的构造函数，其模板列表中的 LocalTrajectoryBuilder2D 和 PoseGraph2D 分别是前端和后端的两个核心类型。LocalTrajectoryBuilder2D 负责接收来自激光雷达的数据，进行扫描匹配，估计机器人位姿，并将传感器数据插入子图中，更新子图。PoseGraph2D 在后台进行闭环检测全局优化。值得注意的是，这个类同样继承了 TrajectoryBuilderInterface 接口，与前文的 CollatedTrajectoryBuilder 一样。接口类 TrajectoryBuilderInterface 是为了给 2D 和 3D 建图提供一个统一的访问接口。

```
GlobalTrajectoryBuilder(
        std::unique_ptr<LocalTrajectoryBuilder> local_trajectory_builder,
        const int trajectory_id, PoseGraph* const pose_graph,
        const LocalSlamResultCallback& local_slam_result_callback,
        const absl::optional<MotionFilter>& pose_graph_odometry_motion_filter)
        :trajectory_id_(trajectory_id),
         pose_graph_(pose_graph),
         local_trajectory_builder_(std::move(local_trajectory_builder)),
         local_slam_result_callback_(local_slam_result_callback),
         pose_graph_odometry_motion_filter_(pose_graph_odometry_motion_filter) {}
```

在 TrajectoryBuilderInterface 接口内部除了前文提到的 SensorId 以外，还有一个比较重要的 InsertionResult 结构体，包含了 trajectory_id 对应的节点索引、子图更新时在局部地图中的位姿、点云信息以及子图信息等，其本质就是传感器传输进来的所有子图信息。

```
struct InsertionResult {
      NodeId node_id;
      // 包含两个部分:
      // 一个 int 型的 trajectory_id 和一个 int 型的 node_index
      // 重载了一些 trajectory_id 和 node_index 与其他比较运算符 == != <
      // 并且对 trajectory_id 和 node_index 进行序列化
      std::shared_ptr<const TrajectoryNode::Data> constant_data;
      // 结构体 : 时间    旋转矩阵   经过投影滤波点云     局部 slam 位姿
      std::vector<std::shared_ptr<const Submap>> insertion_submaps;
      // 主要处理子图的位姿  子图状态 (是否完成 )
      // 子图的 proto 类型数据  以及转换 proto
      //  建立好的子图列表
    };
```

在 GlobalTrajectoryBuilder 中除了构造函数以及析构函数以外，剩下的都是 AddSensorData 数据，这些 AddSensorData 函数在 map_builder 调用的时候进入前文讲的 CollatedTrajectoryBuilder 类中，并在最新版的 cartographer 中只有 GPS 和 landmark 数据被直接添加到 pose_graph_ 中做后端优化，剩下的数据会调用 dispatchable.h 文件内的 AddToTrajectoryBuilder 函数，将传感器数据传入 GlobalTrajectoryBuilder 类下的 AddSensorData()，并进行后端的回环优化。

```
data->AddToTrajectoryBuilder(wrapped_trajectory_builder_.get());
```

7.4.5　添加传感器后端优化接口

优化后的接口如图 7-18 所示。

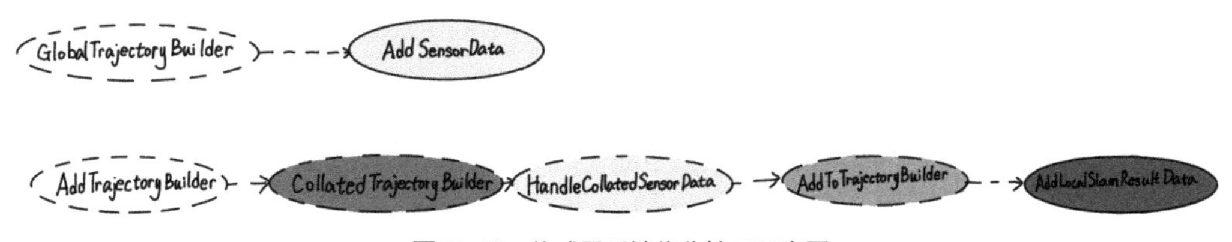

图 7-18　传感器后端优化接口示意图

添加点云数据接口 AddSensorData 作为最核心的部分，在函数的一开始，先检查前端核心对象是否存在。如果存在就通过它的成员函数 AddRangeData 完成 Local SLAM 的建图功能，并返回扫描匹配的结果 matching_result。上面是前端的工作，下面就是要前端的输出结果喂给后端进行闭环检测和全局优化。首先控制计数器 kLocalSlamMatchingResults 自增，记录前端的输出次数，然后通过查询字段 insertion_result 判定前端是否成功地将传感器的数据插入子图中。如果 submap 帧数还没达到要求或者误差小于一定值，则不存在 insertion_result 结果。如果存在结果，则会通过后端的位姿图接口 AddNode 创建一个轨迹节点（即放入后端优化的关键帧要有一定距离且具有一定变化）。最后发布 LocalSlam 的结果，并通过 pose_graph_2d.cc 中的 ComputeLocalToGlobalTransform 拿到 local pose 到 global pose 的优化结果（local pose 是前端的全局位姿，global pose 是优化后的后端位姿）。

```
void AddSensorData(
   const std::string& sensor_id,
```

```
    const sensor::TimedPointCloudData& timed_point_cloud_data) override {
  CHECK(local_trajectory_builder_)
    << "Cannot add TimedPointCloudData without a LocalTrajectoryBuilder.";
  std::unique_ptr<typename LocalTrajectoryBuilder::MatchingResult>
    matching_result = local_trajectory_builder_->AddRangeData(
      sensor_id, timed_point_cloud_data);
  if (matching_result == nullptr) {
    // The range data has not been fully accumulated yet.
    return;
  }
    kLocalSlamMatchingResults->Increment();
    std::unique_ptr<InsertionResult> insertion_result;
    if (matching_result->insertion_result != nullptr) {
      kLocalSlamInsertionResults->Increment();
      auto node_id = pose_graph_->AddNode(
          matching_result->insertion_result->constant_data, trajectory_id_,
          matching_result->insertion_result->insertion_submaps);
      CHECK_EQ(node_id.trajectory_id, trajectory_id_);
      insertion_result = absl::make_unique<InsertionResult>(InsertionResult{
          node_id, matching_result->insertion_result->constant_data,
          std::vector<std::shared_ptr<const Submap>>(
              matching_result->insertion_result->insertion_submaps.begin(),
              matching_result->insertion_result->insertion_submaps.end())});
    }
    if (local_slam_result_callback_) {
      local_slam_result_callback_(
          trajectory_id_, matching_result->time, matching_result->local_pose,
          std::move(matching_result->range_data_in_local),
          std::move(insertion_result));
    }
  }
```

由于IMU和里程计的数据都可以拿来通过积分运算进行局部定位，所以这两个传感器的数据处理方式基本一样，都是先判定存在前端对象，将数据喂给前端对象进行局部定位，然后通过后端的位姿图将传感器的信息添加到全局地图中。

```
void AddSensorData(const std::string& sensor_id,
                   const sensor::ImuData& imu_data) override {
    if (local_trajectory_builder_) {
      local_trajectory_builder_->AddImuData(imu_data);
    }
    pose_graph_->AddImuData(trajectory_id_, imu_data);
}
void AddSensorData(const std::string& sensor_id,
                   const sensor::OdometryData& odometry_data) override {
    CHECK(odometry_data.pose.IsValid()) << odometry_data.pose;
    if (local_trajectory_builder_) {
      local_trajectory_builder_->AddOdometryData(odometry_data);
    }
    // TODO(MichaelGrupp): Instead of having an optional filter on this level,
    // odometry could be marginalized between nodes in the pose graph.
    // Related issue: cartographer-project/cartographer/#1768
    if (pose_graph_odometry_motion_filter_.has_value() &&
        pose_graph_odometry_motion_filter_.value().IsSimilar(
            odometry_data.time, odometry_data.pose)) {
      return;
    }
    pose_graph_->AddOdometryData(trajectory_id_, odometry_data);
}
```

GPS 和 landmark 这种具有全局定位能力的传感器没有喂给前端用于局部定位，直接是参与到后端优化当中。

```
void AddSensorData(
      const std::string& sensor_id,
      const sensor::FixedFramePoseData& fixed_frame_pose) override {// 包括时间、位姿信息
    if (fixed_frame_pose.pose.has_value()) {// 判断位姿有没有效
      CHECK(fixed_frame_pose.pose.value().IsValid())// 确定是不是固定位姿
          << fixed_frame_pose.pose.value();
    }
    pose_graph_->AddFixedFramePoseData(trajectory_id_, fixed_frame_pose);
}
void AddSensorData(const std::string& sensor_id,
                   const sensor::LandmarkData& landmark_data) override {
    pose_graph_->AddLandmarkData(trajectory_id_, landmark_data);
}
```

最后是关于直接给后端添加 Local SLAM 的结果数据的接口。因为前端对象的数据类型是 LocalTrajectoryBuilder2D，所以如果前端对象存在就不能调用该接口。

```
void AddLocalSlamResultData(std::unique_ptr<mapping::LocalSlamResultData>
                 local_slam_result_data) override {
     CHECK(!local_trajectory_builder_) << "Can't add LocalSlamResultData with"
                            "local_trajectory_builder_ present.";
     local_slam_result_data->AddToPoseGraph(trajectory_id_, pose_graph_);
   }
```

7.5　Local SLAM- 子图的匹配

7.5.1　Local SLAM 的开端

其函数入口如图 7-19 所示。

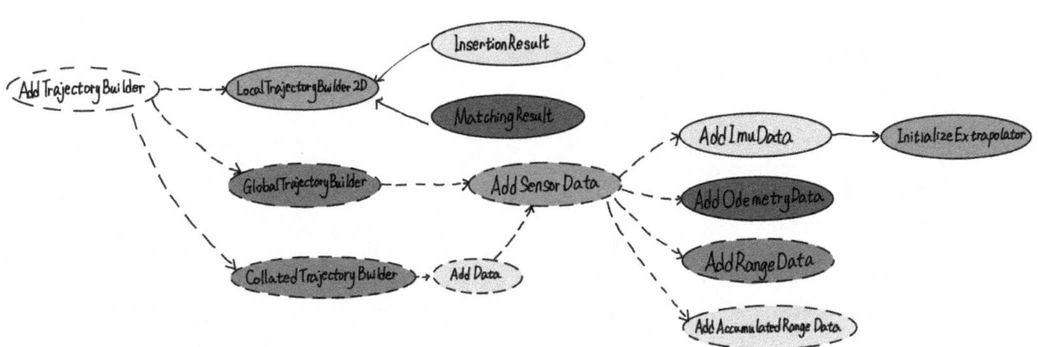

图 7-19　Local SLAM 函数入口示意图

在讲完 map_builder.cc 后，我们明白 Local SLAM 的核心函数就是 LocalTrajectoryBuilder2D，其在 AddTrajectoryBuilder 接口中根据用户配置创建该对象。它提供进行局部 SLAM 的环境，实现了位姿估计、扫描匹配等功能。为了方便管理子图的插入结果和扫描匹配结果，函数定义了 InsertionResult 和 MatchingResult 两个结构体。其中 InsertionResult 结构体和前文提到的类似，只是省略了 NodeId 这个成分，因为相较于 GlobalTrajectoryBuilder 类轨迹生

成而言，LocalTrajectoryBuilder2D 只会对当前轨迹进行节点数据和被插入子图的记录。结构体 MatchingResult 记录了扫描匹配发生的时间、在局部地图坐标系下的位姿、局部的扫描数据以及子图插入结果。在 Cartographer 中机器人的运动轨迹是由一个个前后串联的节点 (TrajectionNode) 构成的。每当新的扫描数据输入，LocalTrajectoryBuilder2D 都会先通过 AddRangeData 拿到数据并在积攒到一定数目后进入 AddAccumulatedRangeData 函数并生成一个 MatchingResult 的对象，从而完成一个子图的生成。

```
struct InsertionResult {
    std::shared_ptr<const TrajectoryNode::Data> constant_data;
    // 点云匹配后节点数据
    std::vector<std::shared_ptr<const Submap2D>> insertion_submaps;
    // 插入子图的 vector 数据  更新后的子图列表
};
// matching 结果。包括时间、匹配的 Local_pose、激光测距数据、插入结果等
struct MatchingResult {
    common::Time time;
    // 时间戳
    transform::Rigid3d local_pose;
    // 在子图中的位置
    sensor::RangeData range_data_in_local;
    // 本帧的点云
    // 'nullptr' if dropped by the motion filter.
    std::unique_ptr<const InsertionResult> insertion_result; // 包括点云  子图序列
    // 可能因为运动滤波器滤掉后返回空指针
};
```

LocalTrajectoryBuilder2D 屏蔽了拷贝构造函数和拷贝赋值运算符，以防赋值等操作。

```
LocalTrajectoryBuilder2D(const LocalTrajectoryBuilder2D&) = delete;
LocalTrajectoryBuilder2D& operator=(const LocalTrajectoryBuilder2D&) = delete;
```

LocalTrajectoryBuilder2D 类中接收了三种传感器数据，分别是 AddRangeData、AddImuData 和 AddOdometryData，其中添加 IMU 信息和添加里程计信息都是比较简单的操作。两者都是用了 extrapolator_ 这个 PoseExtrapolator 插值器类来实现 IMU 和 ODOM 数据的添加。当然在 cartographer 的插值器内部支持根据时间获取当前位姿的操作，便于通过插值将时间戳统一。

```
void LocalTrajectoryBuilder2D::AddImuData(const sensor::ImuData& imu_data)
{
    CHECK(options_.use_imu_data()) << "An unexpected IMU packet was added.";
    InitializeExtrapolator(imu_data.time);
    extrapolator_->AddImuData(imu_data);
}
void LocalTrajectoryBuilder2D::AddOdometryData(
      const sensor::OdometryData& odometry_data)
{
    if (extrapolator_ == nullptr)
    {
      // Until we've initialized the extrapolator we cannot add odometry data.
      LOG(INFO) << "Extrapolator not yet initialized.";
      return;
    }
    extrapolator_->AddOdometryData(odometry_data);
}
```

IMU 也负责了插值器初始化的功能，如果不存在 IMU 则会在 AddRangeData 处初始化，该 InitializeExtrapolator 初始化函数主要是对 Local SLAM 定义了一个针对激光、IMU、ODOM

三个参数的插值器，并完成插值器的初始化，因为默认每一个 trajectory_id 对应初始位置是零，所以初始位姿为单位阵。

```
// 初始化插值器
void LocalTrajectoryBuilder2D::InitializeExtrapolator(const common::Time time)
{
    // 如果插值器不是空的 就停止退出
    if (extrapolator_ != nullptr)
    {
      return;
    }
    CHECK(!options_.pose_extrapolator_options().use_imu_based());
    // TODO(gaschler): Consider using InitializeWithImu as 3D does.
    // 如果插值器为空的 就进行定义插值器  时间间隔 IMU  重力时间常数
    extrapolator_ = absl::make_unique<PoseExtrapolator>(
      ::cartographer::common::FromSeconds(options_.pose_extrapolator_options()
                             .constant_velocity()
                              .pose_queue_duration()),
      options_.pose_extrapolator_options()
           .constant_velocity()
             .imu_gravity_time_constant());
    // 并且定义初始位姿的时间和位姿
    extrapolator_->AddPose(time, transform::Rigid3d::Identity());
}
```

7.5.2 子图的维护

子图维护如图 7-20 所示。

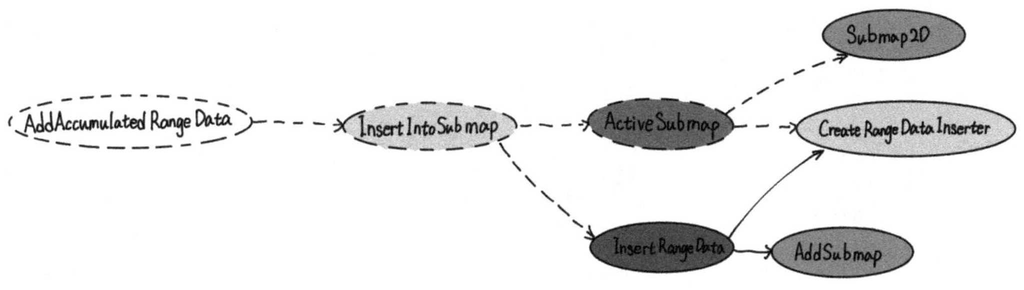

图 7-20 子图维护示意图

前面讲了 LocalTrajectoryBuilder2D 结构体以及插值器相关的操作，下面继续围绕 LocalTrajectoryBuilder2D 讲述如何建立和更新子图，对于 cartographer 而言，同一时刻维护的子图包括新旧两个子图，其中旧的子图用于扫描匹配，而新的子图用于更新。当插入的帧数达到一定程度后会重新创建新的子图。在 LocalTrajectoryBuilder2D 中，这一部分主要由 active_submaps_ 维护 submap_2d.cc 文件中的 ActiveSubmaps2D 和 Submap2D 子类。除了刚开始建图时，只有一个子图（Submap2D）外，剩下的时刻都存在两个子图，ActiveSubmaps2D 会控制 Submap2D 完成新图和旧图的管理。

管理新图的部分核心函数有三个，分别是 CreateRangeDataInserter、InsertRangeData 以及 AddSubmap。第一个函数用来根据地图类型创建激光数据插入方式，在 cartographer 中会存在栅格地图创建或者 TSDF 地图创建。后面会详细来讲。

```
std::unique_ptr<RangeDataInserterInterface>ActiveSubmaps2D::CreateRangeDataInserter()
{
    switch (options_.range_data_inserter_options().range_data_inserter_type())
    {
      case proto::RangeDataInserterOptions::PROBABILITY_GRID_INSERTER_2D:
      //概率
         return absl::make_unique<ProbabilityGridRangeDataInserter2D>(
             options_.range_data_inserter_options()
                 .probability_grid_range_data_inserter_options_2d());
      case proto::RangeDataInserterOptions::TSDF_INSERTER_2D:
       //TSDF
         return absl::make_unique<TSDFRangeDataInserter2D>(
             options_.range_data_inserter_options()
                 .tsdf_range_data_inserter_options_2d());
      default:
        LOG(FATAL) << "Unknown RangeDataInserterType.";
    }
}
```

InsertRangeData 函数主要负责激光数据的插入管理，其中在第一次插入或者需要创建新的子图时，会调用 AddSubmap 函数。

```
std::vector<std::shared_ptr<const Submap2D>> ActiveSubmaps2D::InsertRangeData(
      const sensor::RangeData& range_data)
{
    // 如果第一次，即无任何 submap2d 时
    // 或者如果 new 的 submap 内部含有的激光个数达到 配置的阈值
    // 则需要添加新的子图，激光数据的原始坐标为新的子图初始位姿
     // 注意这是在插入前先进行了判断，也就是说上次循环已经满足阈值条件
    if (submaps_.empty() || submaps_.back()->num_range_data() == options_.num_range_data())
        AddSubmap(range_data.origin.head<2>());
    //新子图和旧子图同时插入新的帧，表明旧的子图同时包含新子图的激光帧
    for (auto& submap : submaps_)  //submaps_ <=2 old 和 new map
        submap->InsertRangeData(range_data, range_data_inserter_.get());
    // 如果旧的子图达到配置阈值的两倍，就表明新的子图插入激光帧已经达到阈值
    // 则将 old 的 submap 结束封装，表明 submap 结束，设置 submap2d 结束标志位，
    // 同时也进行裁剪，仅保留有效 value 的边界
    if (submaps_.front()->num_range_data() == 2 * options_.num_range_data())
      submaps_.front()->Finish();
    // 返回新的子图和旧的子图
    return submaps();
}
```

AddSubmap 函数，用来添加新子图，并通过 CreateGrid 来完成对不同类型栅格的创建，同时新版本的 cartographer 已经放弃了 FinishSubmap 函数。

```
void ActiveSubmaps2D::AddSubmap(const Eigen::Vector2f& origin)
{
    if (submaps_.size() >= 2)
    // 如果子图数量超过 2，说明存在 old 和 new 子图，剪切掉 old 的子图
    {
      // This will crop the finished Submap before inserting a new Submap to
      // reduce peak memory usage a bit.
      // 裁剪完成的 old 子贴图
      CHECK(submaps_.front()->insertion_finished());
      //剔除 old 子图，之前的新子图变成旧子图
      submaps_.erase(submaps_.begin());
      //清空
    }
    // 插入一个新的 submap2d
```

```
    submaps_.push_back(absl::make_unique<Submap2D>(
        origin,
        // 初始位姿
        std::unique_ptr<Grid2D>( static_cast<Grid2D*>(CreateGrid(origin).release())),
        // 栅格地图指针

        &conversion_tables_));
        // 转换表
}
```

Submap2D 类，该数据类型继承自 Submap。Submap2D 支持使用初始位置或者 proto 文件建立子图，ActiveSubmaps2D 使用了初始化位姿的方法建立地图，这里的初始位置是从 LocalTrajectoryBuilder2D 中的 range_data_in_local 取得，意思是当前雷达在 local map（前端全局坐标系）下的位置。

```
Submap2D::Submap2D(const Eigen::Vector2f& origin,
// 初始位姿
            std::unique_ptr<Grid2D> grid,
            ValueConversionTables* conversion_tables)
    : Submap(transform::Rigid3d::Translation(
        Eigen::Vector3d(origin.x(),origin.y(), 0.))),
      conversion_tables_(conversion_tables)
      // 转换表
      // 浮点数与到 uint16 转换表格，估计用于概率图转换成整型进行计算
// 其中 conversion_tables_ 表示 0 ~ 32767 的整型数对应的概率值，由于其概率上边界和下边界都是预配置的
// 因此其对应关系为固定，可以提前计算好所有 0 ~ 32767 的 value 对应的概率，后续使用时直接查表即可，提高运行速度
{
    grid_ = std::move(grid);
}
```

Submap2D 各个模块的功能见表 7-7。

表 7-7　函数及其功能

函数名	功能说明
CreateSubmapsOptions2D	子图创建参数，参数定义在 /src/cartographer/configuration_files/trajectory_builder_2d.lua
ToProto	如果有栅格数据，就将栅格数据转到 Proto 格式下
UpdateFromProto	从 proto 文件中读取子图栅格数据
ToResponseProto	根据 proto 文件完成子图文本格式压缩
InsertRangeData	给激光数据容器插入数据
Finish	计算并完成重叠栅格的裁剪

7.5.3　占用栅格地图

占用栅格地图创建如图 7-21 所示。

前面讲了如何使用 cartographer 构建 Submap 子图，其在建图的时候会调用 ProbabilityGrid 栅格地图类来存储子图的占用情况以及子图的详细信息。ProbabilityGrid 库是从 Grid2D 类继承来的。由于最新的 cartographer 中添加了一个地图的转换表 conversion_tables，占用栅格相关的转换概率被放在了 probability_values.h 文件中。

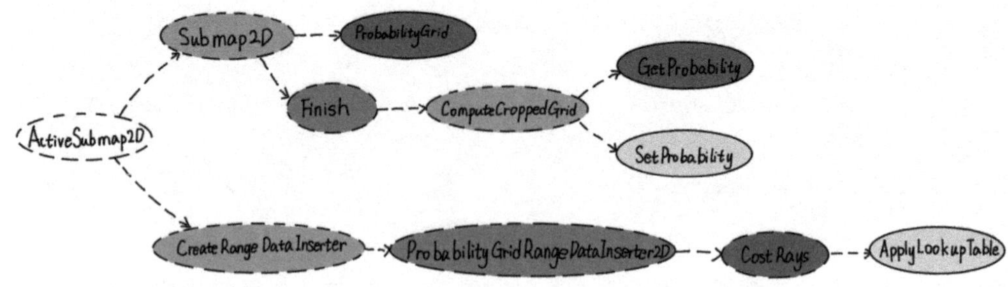

图 7-21　占用栅格地图创建示意图

下面讲述 ProbabilityGrid 类中常用的方法，通过 SetProbability 赋予 cell_index 概率值，首先会根据 cell_index 获取目标栅格单元，然后对栅格单元所在位置进行判别，并使用 CorrespondenceCostToValue 将概率值转为整数型，并在最后通过父类 Grid2D 的接口记录栅格单元索引。通过分析可看出，这个函数完成了对该单元的第一次赋值，所以需要判断当前 cell 是否为未知状态，如果不是未知状态，则不能初始化，而是使用 ApplyLookupTable 完成更新。

```
void ProbabilityGrid::SetProbability(const Eigen::Array2i& cell_index,
                    //map 地图坐标值
                  const float probability)
{
    //通过指针函数和坐标查找出空闲概率值
    uint16& cell =
      (*mutable_correspondence_cost_cells())[ToFlatIndex(cell_index)];
    //检查是否为空
    CHECK_EQ(cell, kUnknownProbabilityValue);
    // 先将占用概率转空闲概率，将 float 类型的数据转换为 uint16 类型，并将输入从区间 [kMinCorrespond
enceCost,kMaxCorrespondenceCost] 映射到 [1,32767]
    cell = CorrespondenceCostToValue(ProbabilityToCorrespondenceCost(probability));
    // 然后使用 cell_index 扩展 box 边界
    mutable_known_cells_box()->extend(cell_index.matrix());
}
```

而 GetProbability 函数是相反的，通过判断输入的索引是否在子图范围，如果存在则返回当前栅格的概率，如果不存在则返回最小的概率值。

```
float ProbabilityGrid::GetProbability(const Eigen::Array2i& cell_index) const
{
    if (!limits().Contains(cell_index)) return kMinProbability;
    return CorrespondenceCostToProbability(
      ValueToCorrespondenceCost(
        correspondence_cost_cells()[ToFlatIndex(cell_index)]));
}
```

ApplyLookupTable 函数是通过查表来更新栅格单元的占用概率，这个函数通过对 table 查表来实现对栅格单元的更新，这也说明了为什么 cartographer 要将浮点数存入 uint16 的 vector 类型当中。

```
bool ProbabilityGrid::ApplyLookupTable(const Eigen::Array2i& cell_index, const
std::vector<uint16>& table) {
     // 在函数的一开始，先检查一下查找表的大小
     DCHECK_EQ(table.size(), kUpdateMarker);
     // 然后通过 cell_index 计算栅格单元的存储索引，获取对应的存储值，并确保该值不会超出查找表的数组边界
             const int flat_index = ToFlatIndex(cell_index);
             uint16* cell = &(*mutable_correspondence_cost_cells())[flat_index];
             if (*cell >= kUpdateMarker)
```

```
            return false;
        // 接着通过父类的接口记录当前更新的栅格单元的存储索引 flat_index
        mutable_update_indices()->push_back(flat_index);
        // 通过查表更新栅格单元
        *cell = table[*cell];
        DCHECK_GE(*cell, kUpdateMarker);
        // 最后通过父类标记 cell_index 所对应栅格的占用概率
        mutable_known_cells_box()->extend(cell_index.matrix());
        return true;
    }
```

剩下的函数以表 7-8 作简要介绍。

表 7-8　函数及其功能

函数名	函数作用
GetGridType	获取栅格类型
ToProto	转为 proto 地图的形式
ComputeCroppedGrid	裁剪子图最小的矩形，框出已经更新的栅格，以节省资源
DrawToSubmapTexture	将栅格地图放入 texture 中

7.5.4　查找表与占用栅格更新

查找表与占用栅格更新如图 7-22 所示。

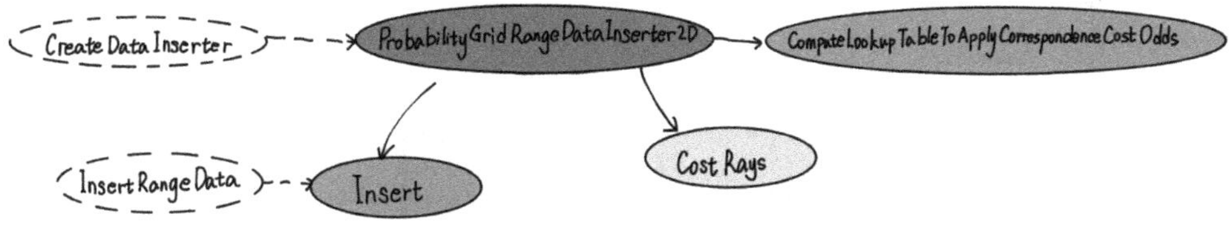

图 7-22　查找表和占用栅格更新示意图

前面分析了子图的维护以及占用栅格的生成，但无论是封装子图 Submap2D 还是占用栅格 Grid2D，都没有把激光雷达的扫描数据直接插入子图中，而是间接地在 ActiveSubmaps2D 调用 InsertRangeData 函数将插入器对象 range_data_inserter_ 插入，进一步深挖，这种插入器的数据类型是 ProbabilityGridRangeDataInserter2D，对应的文件在 mapping/2d/probability_grid_range_data_inserter_2d.cc 下，另一个 tsdf 却在 internal/2d/tsdf_range_data_inserter_2d.cc 下。如果要使用另一个建图方式，读者可以在该路径下进行寻找。ProbabilityGridRangeDataInserter2D 类的构造函数，其中 options_ 记录了插入器的配置，hit_table_ 与 miss_table_ 是用于更新栅格单元占用概率的查找表。在构造函数中通过定义在 probability_values.h 文件中的函数 ComputeLookupTableToApplyCorrespondenceCostOdds 完成 hit_table_ 和 miss_table_ 的初始化工作。

```
ProbabilityGridRangeDataInserter2D::ProbabilityGridRangeDataInserter2D(
      const proto::ProbabilityGridRangeDataInserterOptions2D& options)
      :options_(options),
       hit_table_(ComputeLookupTableToApplyCorrespondenceCostOdds(
                  // 计算 hit 空闲概率
                     Odds(options.hit_probability()))),
                     // 转换为 odd 表示
        miss_table_(ComputeLookupTableToApplyCorrespondenceCostOdds(
                      Odds(options.miss_probability()))) {}
```

这个类中另一个重要的函数就是 Insert。range_data 指激光插入数据，grid 是栅格地图。该函数首先将栅格地图 Grid 类型强制转化为 ProbabilityGrid 类型，然后使用 CastRays 完成 RayCasting 操作，将非障碍物区域均设为 miss，也就是不去更新那部分栅格地图的权重。

```
void ProbabilityGridRangeDataInserter2D::Insert(
    const sensor::RangeData& range_data, GridInterface* const grid) const
{
    // 将 Grid 类型强制转化为 ProbabilityGrid 类型
    ProbabilityGrid* const probability_grid = static_cast<ProbabilityGrid*>(grid);
    CHECK(probability_grid != nullptr);
    // By not finishing the update after hits are inserted, we give hits priority
    // (i.e. no hits will be ignored because of a miss in the same cell).
    // 采用画线法更新地图，计算出一条从原点到激光点的射线，射线端点处的点是 Hit，射线中间的点是 Free
    // 所有这些点要在地图上把相应的 cell 进行更新
    CastRays(range_data, // 包含的一系列点 [h1,h2,h3…]
             hit_table_,
             miss_table_,
             options_.insert_free_space(),
             probability_grid);
    probability_grid->FinishUpdate();
}
```

下面跟着 ComputeLookupTableToApplyCorrespondenceCostOdds 再来看一下 Cartographer 更新栅格单元的占用概率的理论。作为栅格地图的状态，每个单元只会存在占用和无占用两种状态，而地图内部会分为三种状态，分别是 miss 栅格、hit 栅格和未知栅格。miss 栅格指图 7-23 中白色区域，代表栅格内不存在障碍物，hit 栅格指图 7-23 中黑色区域，代表此处激光扫描到了障碍物，而未知栅格是图 7-23 中灰色区域，代表还未扫到的区域。

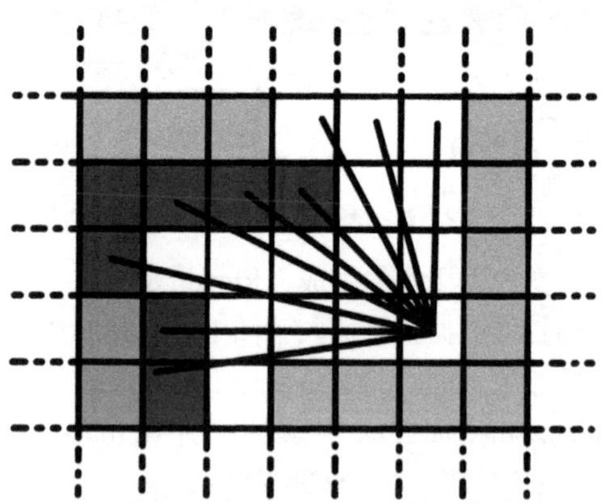

图 7-23　栅格占用概率理论

再来看一下 ComputeLookupTableToApplyCorrespondenceCostOdds 的输入值，cartographer 中将单元格用贝叶斯滤波实现了观测更新的操作，其中（s=1）代表栅格被占用的概率，（s=0）代表栅格为无占用的概率。

$$\left.\begin{array}{l} p(s=1|z)=\dfrac{p(z|s=1)p(s=1)}{p(z)} \\ p(s=0|z)=\dfrac{p(z|s=0)p(s=0)}{p(z)} \end{array}\right\} \Rightarrow odds(s|z)=\frac{p(z|s=1)p(s=1)}{p(z|s=0)p(s=0)}=\frac{p(z|s=1)}{p(z|s=0)}odds(s) \quad (7\text{-}1)$$

其中，$C(z)=\dfrac{p(z|s=1)}{p(z|s=0)}$ 代表更新系数，也就是指当前时刻对 $odds$（$s|z$）的影响，即根据

上一时刻的概率 *odds*(*s*) 乘以更新系数 *C*(*z*) 得到当前时刻的概率。当还没有激光扫描到区域时，$odds(s_0)$ 的概率为 1，表示栅格单元被占用或者空闲的概率相等。

下面是函数的操作，首先和上面一样使用一套操作将概率值转化为 CorrespondenceCostToValue 值，使用式（7-1）依次计算从 1 ～ 32767 所对应的更新值并塞进 result 中返回，这就完成了一个时刻的全部地图概率图的更新。

```
std::vector<uint16> ComputeLookupTableToApplyCorrespondenceCostOdds(
      float odds)
{
    std::vector<uint16> result;
    result.reserve(kValueCount);
    result.push_back(CorrespondenceCostToValue(
                  // 空闲概率转 [1 ～ 32768]
                    ProbabilityToCorrespondenceCost(
                      // 占用概率转空闲概率
                        ProbabilityFromOdds(odds))) +
                        //odds 求占用概率
                 kUpdateMarker);
                // 32768
    for (int cell = 1; cell != kValueCount; ++cell) {
      result.push_back(
          CorrespondenceCostToValue(
            // 求 [1 ～ 32768] 数值
              ProbabilityToCorrespondenceCost(
                // 求空闲概率
                  ProbabilityFromOdds(
                    // 求占用概率
                        odds * Odds(CorrespondenceCostToProbability(
                            (*kValueToCorrespondenceCost)[cell]))))) +
                        //Odd(s|z)
          kUpdateMarker);
    }
    return result;
}
```

最后来看 CastRays 函数，其主要完成了一次扫描中对栅格的影响，并调用占用栅格的接口完成表的更新，一开始使用 GrowAsNeeded 来调整栅格地图的作用范围，获取范围后使用 kSubpixelScale 构建一个高分辨率的 MapLimits 对象，之后根据 RangeData 原点的前两项（*x*，*y*），获取激光射线的起点在精细栅格中的索引，然后遍历所有的 hit 点，这一步将通过 ComputeLookupTableToApply-CorrespondenceCostOdds 更新后的 hit_table 参数放入前面提到的 ApplyLookupTable，完成栅格对象占用概率的更新。下面是对 miss 点的一些操作，这里就不详谈了。

```
void CastRays(const sensor::RangeData& range_data,
        const std::vector<uint16>& hit_table,
        const std::vector<uint16>& miss_table,
        const bool insert_free_space, ProbabilityGrid* probability_grid)
{
    // 根据 新的激光数据 更新 grid 的边界大小
    GrowAsNeeded(range_data, probability_grid);
    // 获取栅格地图的 limits
    const MapLimits& limits = probability_grid->limits();
    // 将 5cm 分辨率 拆分成 1000 份，变成超细分辨率
    const double superscaled_resolution = limits.resolution() / kSubpixelScale;
    const MapLimits superscaled_limits(
            superscaled_resolution, limits.max(),  //1 分别获取分辨率
            CellLimits(limits.cell_limits().num_x_cells * kSubpixelScale,
            // CellLimits 返回：最大范围值二维，栅格数值 num_x_cells = 0; num_y_cells = 0;
```

```
                 limits.cell_limits().num_y_cells * kSubpixelScale));
    // 据 RangeData 原点的前两项 (x,y)，获取其对应的栅格化坐标。该坐标是所求射线的原点
    const Eigen::Array2i begin =
            superscaled_limits.GetCellIndex(range_data.origin.head<2>());
    // Compute and add the end points.
    // 定义一个向量集合，该集合存储 RangeData 中的 hits 点
    std::vector<Eigen::Array2i> ends;
    // 这里就是根据 returns 集合的大小，给 ends 预分配一块存储区
    ends.reserve(range_data.returns.size());
    //一个一个读取 hit 集合
    for (const sensor::RangefinderPoint& hit: range_data.returns)
    {
      ends.push_back(superscaled_limits
              //通过栅格坐标定义地图限制值
              .GetCellIndex(hit.position.head<2>()));
              // // 给出一个 point 在 Submap 中的坐标，求其栅格坐标
      probability_grid->ApplyLookupTable(ends.back() / kSubpixelScale, hit_table);
    }
     // 如果配置项里设置不考虑 free space，那么函数到这里结束，只处理完 hit 后返回即可
     // 否则，需要计算那条射线，射线中间的点都是 free space，同时，没有检测到 hit 的 misses 集里也都是 free
    if (!insert_free_space)
      return;
    for (const Eigen::Array2i& end : ends)
    {
      // 采用 RayToPixelMask 画线的方法，获取激光原点到点云之间直线的所有点坐标
      std::vector<Eigen::Array2i> ray =
          RayToPixelMask(begin, end, kSubpixelScale);
      for (const Eigen::Array2i& cell_index : ray)
      {
        //根据坐标 cell_index，查询在表 miss_table 的占用概率
        probability_grid->ApplyLookupTable(cell_index, miss_table);
      }
    }
    // Finally, compute and add empty rays based on misses in the range data.
     // 更新所有 range 中 miss 的点，则整条光速直线均为 miss 更新
    for (const sensor::RangefinderPoint& missing_echo: range_data.misses)
    {
      std::vector<Eigen::Array2i> ray = RayToPixelMask(
          begin, superscaled_limits.GetCellIndex(missing_echo.position.head<2>()),
          kSubpixelScale);
          range_data.misses
      for (const Eigen::Array2i& cell_index : ray)
      {
        //根据坐标 cell_index，查询在表 miss_table 的占用概率
        probability_grid->ApplyLookupTable(cell_index, miss_table);
      }
    }
}
```

7.5.5 核心函数——AddRangeData

AddRangeData 如图 7-24 所示。

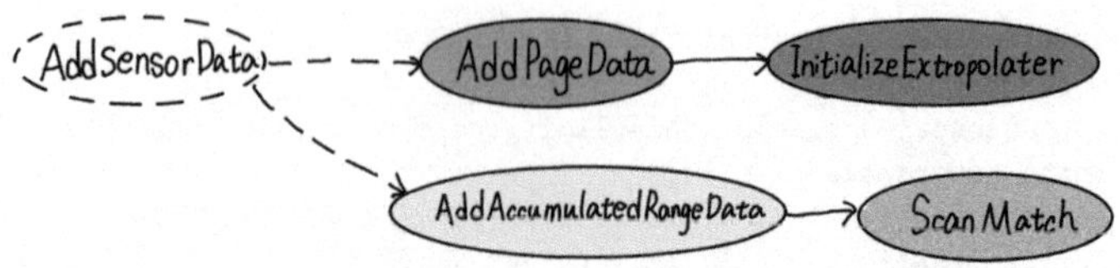

图 7-24 AddRangeData 示意图

前面介绍了如何创建以及更新子图，下面继续回到 LocalTrajectoryBuilder2D 中来看 AddRangeData 函数。这个函数基本完成了整个 Local SLAM 的业务，它一开始就拿到了时间同步后的数据，然后用 time 记录下同步时间。

```
// 添加到多种激光融合集合器
auto synchronized_data =
        // 表示同步后的数据
        range_data_collator_.AddRangeData(sensor_id,
                        unsynchronized_data);
// 检查同步数据是否为空
if (synchronized_data.ranges.empty())
{
    LOG(INFO) << "Range data collator filling buffer.";
    return nullptr;
}
// 获取同步时间
// 取点云获取的时间为基准，为 PoseExtrapolator 初始化
const common::Time& time = synchronized_data.time;
```

接下来调用函数 InitializeExtrapolator 完成初始化，前文已经详细分析过了，这里没有 IMU 则直接使用扫描帧间匹配结果来估算出一个位姿。检查点云的时间偏移量是否大于等于 0，根据第一个数据点的绝对时间来判别位姿估计器是否完成了初始化的操作。

```
// 如果没有 IMU 数据，直接初始化推算器
    if (!options_.use_imu_data())
      InitializeExtrapolator(time);
// 如果插值器为空，就报警插值器还没初始化，并返回空指针
    if (extrapolator_ == nullptr)
    {
      // Until we've initialized the extrapolator with our first IMU message, we
      // cannot compute the orientation of the rangefinder.
      LOG(INFO) << "Extrapolator not yet initialized.";
      return nullptr;
    }
// 同步数据集 激光数据为空
    CHECK(!synchronized_data.ranges.empty());
    // TODO(gaschler): Check if this can strictly be 0.
// 检测时间偏移量是否为零
    CHECK_LE(synchronized_data.ranges.back().point_time.time, 0.f);
// 第一个点的时间就等于点云集获取的时间加上第一个点记录的相对时间
    const common::Time time_first_point =
        time +
        common::FromSeconds(synchronized_data.ranges.front().point_time.time);
        // 同步时间
    if (time_first_point < extrapolator_->GetLastPoseTime())
    {
      LOG(INFO) << "Extrapolator is still initializing.";
      return nullptr;
    }
```

接下来就是使用当前扫描到的激光数据分配内存，并实现激光点云的运动畸变去除，由于 TimedPointCloudData 中存有时间，所以可以计算点与点之间的时间偏移量，从而实现运动畸变的去除。如果没有累计过扫描数据，就需要重置 accumulated_range_data_ 对象。

```
// 对集合进行分配内存
    range_data_poses.reserve(synchronized_data.ranges.size());
    bool warned = false;
    for (const auto& range : synchronized_data.ranges)
    {
```

```
    // 遍历每一个点云点的时间戳，理论上应晚于估计器上位置时间戳，否则说明传感器采集时间错误
      common::Time time_point = time + common::FromSeconds(range.point_time.time);
      if (time_point < extrapolator_->GetLastExtrapolatedTime())
      {
        if (!warned) {
          LOG(ERROR)
              << "Timestamp of individual range data point jumps backwards from "
              << extrapolator_->GetLastExtrapolatedTime() << "to" << time_point;
          warned = true;
        }
        time_point = extrapolator_->GetLastExtrapolatedTime();
      }
      // 根据每个点的时间戳估计点云点对应的位置并进行缓存
      range_data_poses.push_back(
          extrapolator_->ExtrapolatePose(time_point).cast<float>());
    }
  //没有初始化，就需要初始化
  if (num_accumulated_ == 0) {
    // 'accumulated_range_data_.origin' is uninitialized until the last
    // accumulation.
    accumulated_range_data_ = sensor::RangeData{{}, {}, {}};
  }
```

滤波操作，即通过障碍点相对雷达坐标与雷达到原点的坐标计算出障碍点在局部坐标系下的位置，并通过 min_range 和 max_range 实现对点云的环状切割，从而拿到有效区域的点集，并累加计数 num_accumulated_。

```
  for (size_t i = 0; i < synchronized_data.ranges.size(); ++i)
  {
    // 提取每个点云的位置 包括时间
    const sensor::TimedRangefinderPoint& hit =
        synchronized_data.ranges[i].point_time;
    //提取点云对应原点的坐标，对每个点云进行去畸变
    const Eigen::Vector3f origin_in_local =
        range_data_poses[i] *          //每个点的时间戳估计点云点对应的位置
        synchronized_data.origins.at(synchronized_data.ranges[i].origin_index);
    // 对此点进行畸变矫正，并转换为pose，不包含时间戳，计算障碍点在submap位姿
    sensor::RangefinderPoint hit_in_local =
        range_data_poses[i] * sensor::ToRangefinderPoint(hit);
    // 计算障碍点到原点距离
    const Eigen::Vector3f delta = hit_in_local.position - origin_in_local;
    const float range = delta.norm();// 计算直线距离
    //这主要是增加传感器信息的通用性，在其他SLAM算法中直接利用数据的模长，本算法是重复进行了一次运算
    if (range >= options_.min_range()) // 存储有效范围点
    {
      if (range <= options_.max_range())
      {
        accumulated_range_data_.returns.push_back(hit_in_local);
      }
      else
      {// 超出距离就将数据放进miss队列，距离值设为配置值
        hit_in_local.position =
            origin_in_local +
            options_.missing_data_ray_length() / range * delta;
        accumulated_range_data_.misses.push_back(hit_in_local);
      }
    }
  }
  //激光点云累积个数
  ++num_accumulated_;
```

如果 num_accumulated_ 不满足点的需求，则需要将多帧的数据进行拼接，达到足够的点云后，则会调用函数 AddAccumulatedRangeData 完成 Local SLAM 的扫描匹配、运动过滤、更新子图的工作，并返回记录了子图插入结果的扫描匹配结果。当然在调用该函数之前，需要一些操作将当前帧的 num_accumulated_ 计数清零，并通过位姿估计器获取重力的方向，记录当前的累积位姿。

```
if (num_accumulated_ >= options_.num_accumulated_range_data())
{
    // 读取最新时间戳
    const common::Time current_sensor_time = synchronized_data.time;
    // 定义两次的时间间隔
    absl::optional<common::Duration> sensor_duration;
    if (last_sensor_time_.has_value())
    {
      // 与上一次的时间间隔
      sensor_duration = current_sensor_time - last_sensor_time_.value();
    }
    // 更新上一次时间，将当前时间设为下次使用的上一次时间
    last_sensor_time_ = current_sensor_time;
    // 初始化计数器
    num_accumulated_ = 0;
    // 从插值器获取重力方向的向量
    const transform::Rigid3d gravity_alignment = transform::Rigid3d::Rotation(
        extrapolator_->EstimateGravityOrientation(time));
    // TODO(gaschler): This assumes that 'range_data_poses.back()' is at time
    // 'time'.
    // 估计最后的预测点位置作为校正后的点云原点坐标
    accumulated_range_data_.origin = range_data_poses.back().translation();
    return AddAccumulatedRangeData(
        time,
        // 进行降采样滤波
        TransformToGravityAlignedFrameAndFilter(
            // 计算重力方向的位姿
            gravity_alignment.cast<float>() * range_data_poses.back().inverse(),
            accumulated_range_data_),
        gravity_alignment,
        sensor_duration);
}
```

AddAccumulatedRangeData 函数，首先会判断重力数据并修正机器人位姿，调用 ScanMatch 进行扫描匹配，并返回新的位姿估计，然后把新的位置反馈给位姿估计器对象 extrapolator_。

```
std::unique_ptr<transform::Rigid2d> pose_estimate_2d =
                      ScanMatch(time,
                          pose_prediction,
                          filtered_gravity_aligned_point_cloud);
if (pose_estimate_2d == nullptr)
{
    LOG(WARNING) << "Scan matching failed.";
    return nullptr;
}
//Rigid2d 转换成 Rigid3d
const transform::Rigid3d pose_estimate =
             transform::Embed3D(*pose_estimate_2d) * gravity_alignment;
// 将此刻匹配后的准确位置加入估计值，即更新估计器
extrapolator_->AddPose(time, pose_estimate);
```

将传感器的位姿转到当前估计的坐标系下，并插入子图完成数据的更新。剩下的就是一些检测延迟、计算匹配周期等操作，这里就不详细说明了。

```
// 将点云转换至当前估计位置坐标下
sensor::RangeData range_data_in_local =
    TransformRangeData(gravity_aligned_range_data,
            transform::Embed3D(pose_estimate_2d->cast<float>()));
// 点云插入 更新子图并读取结果
std::unique_ptr<InsertionResult> insertion_result = InsertIntoSubmap(
                        time,
                        range_data_in_local,
                        filtered_gravity_aligned_point_cloud,
                        pose_estimate,
                        gravity_alignment.rotation());
```

地图的扫描匹配工作主要集中在 ScanMatch 函数中，主要是将传感器数据和维护的子图进行匹配，并获取一个最优位姿，使得传感器数据能够尽可能与地图匹配上，这里使用了 ceres 进行优化，我们选取了 ScanMatch 函数的一部分，首先调用 real_time_correlative_scan_matcher_2d.cc 文件中的 Match 函数完成对候选解打分并返回，进一步对位姿估计进行优化，以得到一个较好的迭代初值，在给定迭代初值之后，通过 ceres_scan_matcher_ 把扫描匹配问题描述成一个最小二乘的问题，并得到一个使观测数据出现概率最大化的位姿估计，更新作为机器人的实际位姿参与到后端的优化中。其实这里的 Match 完成了定位的地图操作。

```
transform::Rigid2d initial_ceres_pose = pose_prediction;
// 如果相关匹配使能，则进行相关匹配，并作为优化的初始值
if (options_.use_online_correlative_scan_matching())
{
    // 计算匹配分数
    const double score = real_time_correlative_scan_matcher_.Match(
                                pose_prediction,
                                filtered_gravity_aligned_point_cloud,
                                *matching_submap->grid(),
                                &initial_ceres_pose);
    kRealTimeCorrelativeScanMatcherScoreMetric->Observe(score);
}
// 进行 ceres 优化匹配
// 调用 Ceres 库来实现匹配。匹配结果放到 pose_observation 中
auto pose_observation = absl::make_unique<transform::Rigid2d>();
ceres::Solver::Summary summary;
ceres_scan_matcher_.Match(pose_prediction.translation(),
            initial_ceres_pose,
            filtered_gravity_aligned_point_cloud,
            *matching_submap->grid(),
            pose_observation.get(),
            &summary);
// 计算估计值和观测值误差  // 统计残差
if (pose_observation)
{
    kCeresScanMatcherCostMetric->Observe(summary.final_cost);
    const double residual_distance =  (pose_observation->translation() -
                    pose_prediction.translation()).norm();
    kScanMatcherResidualDistanceMetric->Observe(residual_distance);
    const double residual_angle =   std::abs(pose_observation->rotation().angle() -
                        pose_prediction.rotation().angle());
    kScanMatcherResidualAngleMetric->Observe(residual_angle);
}
return pose_observation;
```

7.5.6　实时相关性分析的扫描匹配器

其扫描匹配流程如图 7-25 所示。

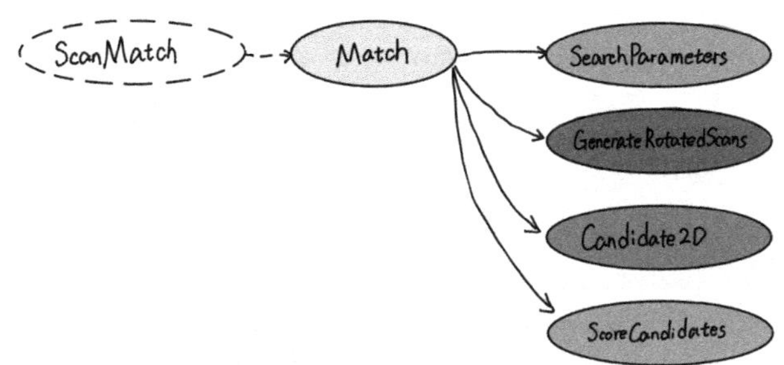

图 7-25　扫描匹配器示意图

在 ScanMatch 中，有两个比较重要的内容，第一个是 Match 对应的实时相关性分析的扫描匹配器，第二个是后续的优化部分操作。扫描匹配器主要的目的就是评判当前区域的最优匹配区域大致在哪个方位。这里主要是看二维，所以来看 real_time_correlative_scan_matcher_2d.cc 里面的内容。首先是入口函数 Match，这部分首先会使用 SearchParameters 来构建搜索参数，然后使用 GenerateRotatedScans 函数并根据 initial_rotation 角度转换后的点云角度和角度搜索范围，按照步长对当前帧进行旋转划分，通过 vector 将这些离散的激光帧存储起来，完成切片。

```
const SearchParameters search_parameters(
              options_.linear_search_window(),  // 线性窗口
              options_.angular_search_window(), // 角度窗口
              rotated_point_cloud,              // 旋转点云
              grid.limits().resolution());      // 栅格分辨率
// 根据搜索框生成多个旋转后的点云
const std::vector<sensor::PointCloud> rotated_scans =
        GenerateRotatedScans( rotated_point_cloud,
                search_parameters);
```

下一步将旋转后的点云加上平移 translated_point 后投影到地图坐标中去，根据栅格坐标，获得 cell index。

```
const std::vector<DiscreteScan2D> discrete_scans = DiscretizeScans(
              grid.limits(),
              rotated_scans,
              Eigen::Translation2f(initial_pose_estimate.translation().x(),
                  initial_pose_estimate.translation().y()));
```

然后生成所有的候选位置，这个函数内部的推导没有什么难度，基本就是定义 x 轴和 y 轴的搜索区间，将二维栅格空间转一维，并将每个空间内的每一点存储起来，返回到 candidates 中。

```
std::vector<Candidate2D> candidates =
              GenerateExhaustiveSearchCandidates(search_parameters);
```

对每个候选位置进行打分，并将 candidates 参数进行更新，找到最高分的 candidates 作为最优的位姿。这里面的操作也是比较简单的，即拿离散点云转换到不同的候选位姿上，并将这些点云在地图中查询栅格占用概率，累加取平均，得到一个点云匹配的得分。

```
ScoreCandidates(grid,         // 栅格
        discrete_scans,       // 离散点云
        search_parameters,    // 搜索参数
        &candidates);         // 生成搜索栅格地图空间点容器
```

```
// 找到 score 最高的候选位置，即为所求位置
  const Candidate& best_candidate =
     *std::max_element(candidates.begin(), candidates.end());
  *pose_estimate = transform::Rigid2d(
     {initial_pose_estimate.translation().x() + best_candidate.x,
     initial_pose_estimate.translation().y() + best_candidate.y},
     initial_rotation * Eigen::Rotation2Dd(best_candidate.orientation));
```

7.5.7 Ceres 扫描匹配

Ceres 扫描匹配如图 7-26 所示。

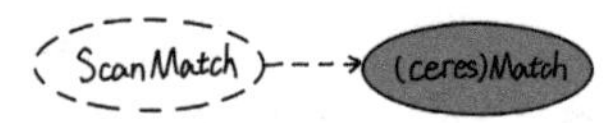

图 7-26 Ceres 扫描匹配示意图

作为 Local SLAM 中最后一部分工作，其主要是使用 ceres_scan_matcher_ 中的 Match 函数完成位姿的精优化。目前大部分的 SLAM 在前端基本都会使用 Ceres 完成数据的优化，例如前文讲的 VINS-FUSION 也是使用 Ceres 求解无约束或者有界约束的最小二乘问题。在 Cartographer 中主要是在 ceres_scan_matcher_2d.cc 文件中的 CeresScanMatcher2D 完成优化操作，其核心函数 Match 传入了 6 个参数，由于前面根据得分计算了粗略的最优位姿，所以 Cartographer 认为优化后的机器人位置应当与该估计值的偏差不大。

```
void CeresScanMatcher2D::Match(const Eigen::Vector2d& target_translation,// 约束位姿估计的 xy 坐标
                const transform::Rigid2d& initial_pose_estimate, // 初始位姿估计
                const sensor::PointCloud& point_cloud, // 扫描的点云数据
                const Grid2D& grid, // 栅格地图
                transform::Rigid2d* const pose_estimate, // 优化后的位姿估计
                ceres::Solver::Summary* const summary) const {// 优化迭代信息
```

剩下的内容就是比较通用的方式了，首先通过创建指针或者数组定义一个初始位姿，作为 Ceres 优化迭代的初值，建立 ceres::Problem 对象，并通过接口 AddResidualBlock 添加残差项。在 Cartographer 中主要的残差来源于三个方面，分别是栅格地图和扫描数据的匹配度、优化位姿相对于匹配分数计算出的优化位姿的距离、旋转角度与初值的差值，使用 Solve 完成优化，更新位姿估计。

```
void CeresScanMatcher2D::Match(const Eigen::Vector2d& target_translation,
              const transform::Rigid2d& initial_pose_estimate,
              const sensor::PointCloud& point_cloud,
              const Grid2D& grid,
              transform::Rigid2d* const pose_estimate,
              ceres::Solver::Summary* const summary) const {
  double ceres_pose_estimate[3] = {initial_pose_estimate.translation().x(),
                initial_pose_estimate.translation().y(),
                initial_pose_estimate.rotation().angle()};
  ceres::Problem problem;
  CHECK_GT(options_.occupied_space_weight(), 0.);
  switch (grid.GetGridType()) {
    case GridType::PROBABILITY_GRID:
      problem.AddResidualBlock(
          CreateOccupiedSpaceCostFunction2D(
              options_.occupied_space_weight() /
                  std::sqrt(static_cast<double>(point_cloud.size())),
              point_cloud, grid),
```

```
          nullptr /* loss function */, ceres_pose_estimate);
      break;
    case GridType::TSDF:
      problem.AddResidualBlock(
          CreateTSDFMatchCostFunction2D(
              options_.occupied_space_weight() /
                  std::sqrt(static_cast<double>(point_cloud.size())),
              point_cloud, static_cast<const TSDF2D&>(grid)),
          nullptr /* loss function */, ceres_pose_estimate);
      break;
  }
  CHECK_GT(options_.translation_weight(), 0.);
  problem.AddResidualBlock(
      TranslationDeltaCostFunctor2D::CreateAutoDiffCostFunction(
          options_.translation_weight(), target_translation),
      nullptr /* loss function */, ceres_pose_estimate);
  CHECK_GT(options_.rotation_weight(), 0.);
  problem.AddResidualBlock(
      RotationDeltaCostFunctor2D::CreateAutoDiffCostFunction(
          options_.rotation_weight(), ceres_pose_estimate[2]),
      nullptr /* loss function */, ceres_pose_estimate);
  ceres::Solve(ceres_solver_options_, &problem, summary);
  *pose_estimate = transform::Rigid2d(
      {ceres_pose_estimate[0], ceres_pose_estimate[1]}, ceres_pose_estimate[2]);
}
```

7.6 Global SLAM 全局地图的匹配

7.6.1 Global SLAM 的开端

本节即全局 SLAM 优化方法，到这一步其实基本就是节点和子图构成优化的过程，主要函数在 pose_graph_2d.cc 文件中，对于 Global SLAM 主要分为三个部分：接收 Local SLAM 的子图更新结果，在位姿图中增加节点和约束；结合激光数据、里程计、IMU、GPS、landmark 这类全局位姿观测数据，通过 SPA(Sparse Pose Adjustment) 完成后端优化；在每次完成后端优化之后，根据优化的结果对位姿图中的节点和子图的位姿做出修正。

首先回顾一下 PoseGraph 是在哪里被实例化的，它是在 MapBuilder 中就创建了 PoseGraph 智能指针，并作为 GlobalTrajectoryBuilder 的成员进行实例化。

对于后端，需要认清一个流程，即所有的 Pose Graph 接口都是存放在 PoseGraphInterface 中，并由 PoseGraph 继承，但是 PoseGraph 依然定义了很多虚函数，分别针对 2D 和 3D 的情况，由 PoseGraph2D 来继承并实现。所以从 PoseGraphInterface 入手，一点点深入。

在该结构体的内部还定义了一个 Pose 结构体，描述了节点 j 相对于子图 i 的相对位置关系。下面详细分析这个结构体，首先 zbar_ij 描述了节点 j 相对于子图 i 的约束，translation_weight 和 rotation_weight 存放了平移和旋转的权重，来描述两种状态的不确定度。SubmapId 存放了约束对应的轨迹 ID 信息以及 Submap 的索引，NodeId 中存放了约束对应的轨迹 ID 信息以及节点的索引，这两个定义中均存在 trajectory_id，同时对每一个 trajectory_id 会各自管理一个从 0 开始计数的 submap_index 和 node_index，分别为每个子图和节点提供一个唯一的编号，还有一个是 Tag 的枚举变量，在 Cartographer 中存在两类约束，分别是子图内约束（INTRA_SUBMAP）

和子图间约束（INTER_SUBMAP）。INTRA_SUBMAP 的约束是指在子图的更新过程中节点 j 被直接插入子图 i 中。而 INTER_SUBMAP 类型的约束中节点 j 并不是直接插入子图 i 中，为什么需要划分，因为如果为 INTER_SUBMAP，那就不会将 freeze step 放入优化当中，这就会导致节点处于冻结的状态，这一点在 7.4.5 节的 AddNode 函数中已经简要提到过。

```
struct Constraint {
    struct Pose {
      transform::Rigid3d zbar_ij;// 相对位姿
      double translation_weight;//translation 的权重
      double rotation_weight;//rotation 的权重
    };
    SubmapId submap_id;  // 'i' in the paper. Submap 的 index
    NodeId node_id;      // 'j' in the paper. TrajectoryNode 的 index
    // Pose of the node 'j' relative to submap 'i'.
    Pose pose;// 节点 j 相对于 Submap i 的位姿
    // Differentiates between intra-submap (where node 'j' was inserted into
    // submap 'i') and inter-submap constraints (where node 'j' was not inserted
    // into submap 'i').
    // 每一对 node 和 submap，都分为两种情况：节点 j 插入该 submap 中（INTRA_SUBMAP）和没有插入该
submap 中（INTER_SUBMAP）。
    enum Tag {INTRA_SUBMAP, INTER_SUBMAP} tag;
};
```

下一个结构体就是 LandmarkNode，内部存放了每一个 Node 与 landmark 之间的相对位姿，内部定义了一个 LandmarkObservation，包含轨迹 ID、时间信息、landmark 与轨迹的位姿关系，还有平移和旋转的权重，基本就是按照 global_landmark_pose 全局位姿与 landmark_observations 观测位姿完成优化的操作。

```
struct LandmarkNode {
    struct LandmarkObservation {
      int trajectory_id;
      common::Time time;
      transform::Rigid3d landmark_to_tracking_transform;
      double translation_weight;
      double rotation_weight;
    };
    std::vector<LandmarkObservation> landmark_observations;
    absl::optional<transform::Rigid3d> global_landmark_pose;
    bool frozen = false;
};
```

Submap 相关的操作，记录了子图的位置和数据状态。

```
struct SubmapPose {
    int version;
    transform::Rigid3d pose;
};
struct SubmapData {
    std::shared_ptr<const Submap> submap;
    transform::Rigid3d pose;
};
```

TrajectoryData 结构体，存放了轨迹的参数以及轨迹的状态，分别是活跃轨迹节点、结束轨迹、冻结轨迹、删除轨迹四种状态。

```
struct TrajectoryData {
    double gravity_constant = 9.8;
    std::array<double, 4> imu_calibration{{1., 0., 0., 0.}};
    absl::optional<transform::Rigid3d> fixed_frame_origin_in_map;
```

```
};
enum class TrajectoryState { ACTIVE,                          // 0              // 枚举类
            FINISHED,                    // 1
            FROZEN,                      // 2
            DELETED };
```

下面通过表 7-9 列一下 PoseGraphInterface 剩下的函数展示每个模块的作用，以方便后续更清晰地分析 Pose_Graph 主函数中的代码。

表 7-9　函数名及作用

函数名	函数作用
RunFinalOptimization	最后的全局优化
GetAllSubmapData	返回所有 Submap 的数据
GetSubmapData	返回 Submap 的数据
GetAllSubmapPoses	返回所有 Submap 的 pose
GetLocalToGlobalTransform	获取由局部坐标系到世界坐标系的变换矩阵
GetTrajectoryNodes	返回当前经过优化后的 trajectory 上的所有 Node，这些 Node 构成了这条 trajectory
GetTrajectoryNodePoses	返回当前经过优化后的所有的节点 Pose
GetTrajectoryStates	返回当前经过优化后的轨迹 Pose
GetLandmarkPoses	返回 Landmark 的 Pose
SetLandmarkPose	设置某个 LandMark 的 Pose
DeleteTrajectory	删除一条轨迹
IsTrajectoryFinished	判断一个 trajectory 节点是否被结束
IsTrajectoryFrozen	判断一个 trajectory 节点是否被冻结
GetTrajectoryData	返回 TrajectoryData
constraints	返回所有的约束
ToProto	约束和 trajectory 序列化为 proto 形式
SetGlobalSlamOptimizationCallback	设置回调函数

7.6.2　位姿图创建与更新

位姿图创建与更新过程如图 7-27 所示。

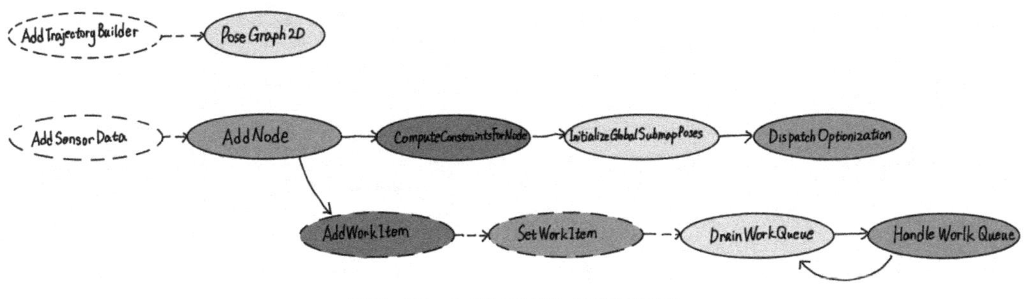

图 7-27　位姿图创建与更新示意图

作为 PoseGraphInterface 的子类，PoseGraph 定义了一堆新的虚函数，下面直接看一下 PoseGraph 的子类 PoseGraph2D。该对象构建了一个类型为 PoseGraph2D 的对象用于 2D 建图，下面的代码是 PoseGraph2D 的构造函数，这里主要传入了三个变量，分别是从位姿图传入的配

置 options、指向后端优化问题求解器的 optimization_problem 以及线程池函数 thread_pool，并通过 AddTrimmer 将一个 lambda 表达式添加到工作队列中，这些都是线程池的操作，后面再介绍。

```
PoseGraph2D::PoseGraph2D(
      const proto::PoseGraphOptions& options,
      std::unique_ptr<optimization::OptimizationProblem2D> optimization_problem,
      common::ThreadPool* thread_pool)
      : options_(options),
        optimization_problem_(std::move(optimization_problem)),
        constraint_builder_(options_.constraint_builder_options(), thread_pool),
        thread_pool_(thread_pool) {
    if (options.has_overlapping_submaps_trimmer_2d()) {
      const auto& trimmer_options = options.overlapping_submaps_trimmer_2d();
      AddTrimmer(absl::make_unique<OverlappingSubmapsTrimmer2D>(
          trimmer_options.fresh_submaps_count(),
          trimmer_options.min_covered_area(),
          trimmer_options.min_added_submaps_count()));
    }
}
```

接下来按照顺序介绍各个函数，首先是 InitializeGlobalSubmapPoses 函数，它的主要工作是指定一个 trajectory_id 的情况下，返回当前正处于活跃状态下的 submap 的 ID，也就是系统正在维护的 insertion_submaps 的 submap 的 ID。该函数中分了四种情况，分别是不存在 insertion_submaps、存在一个 insertion_submaps、存在两个 insertion_submaps 及存在两个相同的 insertion_submaps。其中 InitializeGlobalSubmapPoses 函数最主要的两个部分就是 trajectory_connectivity_state_ 的 Connect 函数，用来记录不同 trajectory_id 之间的关联状态，以及使用 optimization_problem_ 的 AddSubmap 函数将该 submap 的 global pose 加入 optimization_problem_ 中，方便以后优化。

```
std::vector<SubmapId> PoseGraph2D::InitializeGlobalSubmapPoses(
      const int trajectory_id, const common::Time time,
      const std::vector<std::shared_ptr<const Submap2D>>& insertion_submaps) {
    CHECK(!insertion_submaps.empty());// 检查该向量是否为空
    // submap_data_ 中存的就是以 SubmapId 为 key values 值管理的所有 Submap 的全局位姿
    const auto& submap_data = optimization_problem_->submap_data();
    if (insertion_submaps.size() == 1) {
    // 如果判断指定 id 的 submap_data 的 size 为 0，说明该 trajectory_id 上还没有 submap 数据，那么就
需要建立一个 submap
     if (submap_data.SizeOfTrajectoryOrZero(trajectory_id) == 0) {
      if (initial_trajectory_poses_.count(trajectory_id) > 0) {
       // trajectory_id 与其应该关联的 id( 存在 InitialTrajectoryPose 的 to_trajectory_id 中 ) 关
联起来
       trajectory_connectivity_state_.Connect(
          trajectory_id,
          initial_trajectory_poses_.at(trajectory_id).to_trajectory_id, time);
      }
      optimization_problem_->AddSubmap(
        trajectory_id,
        transform::Project2D(ComputeLocalToGlobalTransform(
                   global_submap_poses_, trajectory_id) *
                 insertion_submaps[0]->local_pose()));
    }
  ..............
}
```

AddNode 部分，在研究类型 GlobalTrajectoryBuilder 中已经提到过，完成 Local SLAM 任务之后，会通过位姿图对象的函数 AddNode 将更新结果喂给后端。一开始是将局部坐标系下的位姿转成世界坐标系下的位姿，然后使用 AppendNode 完成向 data_ 数据中添加相应轨迹的节点数据与子图数据，最后通过 lambda 表达式和函数 AddWorkItem 注册一个为新增节点添加约束的任务 ComputeConstraintsForNode。

```
NodeId PoseGraph2D::AddNode(
      std::shared_ptr<const TrajectoryNode::Data> constant_data,
      const int trajectory_id,
      const std::vector<std::shared_ptr<const Submap2D>>& insertion_submaps) {
    const transform::Rigid3d optimized_pose(
        GetLocalToGlobalTransform(trajectory_id) * constant_data->local_pose);
    const NodeId node_id = AppendNode(constant_data, trajectory_id,
                                      insertion_submaps, optimized_pose);
    // We have to check this here, because it might have changed by the time we
    // execute the lambda.
    const bool newly_finished_submap =
        insertion_submaps.front()->insertion_finished();
    AddWorkItem([=]() LOCKS_EXCLUDED(mutex_) {
      return ComputeConstraintsForNode(node_id, insertion_submaps,
                                       newly_finished_submap);
    });
    return node_id;
}
```

下面来看 AddNode 函数中最关键的部分，当把节点数据和子图数据库添加进 data_ 后，需要使用 ComputeConstraintsForNode 函数完成新添加的这个节点与所有处于 kFinished 状态的 Submap 之间的约束关系的计算。同时，当有新的子图进入 kFinished 状态时，还会将之与所有的节点进行一次匹配。所以这里会通过 insertion_submaps.front() 来查询旧图的更新状态，一开始会获取节点数据，通过 InitializeGlobalSubmapPoses 完成对旧子图的索引，insertion_submaps 是从 Local SLAM 一路传递过来的新旧子图。

```
void PoseGraph2D::ComputeConstraintsForNode(
      const NodeId& node_id,
      std::vector<std::shared_ptr<const Submap2D>> insertion_submaps,
      const bool newly_finished_submap) {
    // 获取节点数据
    const auto& constant_data = trajectory_nodes_.at(node_id).constant_data;
    // 根据节点数据的时间获取最新的 submap 的 id
    const std::vector<SubmapId> submap_ids = InitializeGlobalSubmapPoses(
        node_id.trajectory_id, constant_data->time, insertion_submaps);
    CHECK_EQ(submap_ids.size(), insertion_submaps.size());// 检查两者大小是否相等
```

以旧图为参考，计算节点相对于子图的局部位姿以及其在世界坐标系下的位姿，并将这些信息串改后端优化器 optimization_problem_。

```
   // 获取这两个 submap 中前一个的 id
    const SubmapId matching_id = submap_ids.front();
    // 计算该 Node 经过重力 align 后的相对位姿，即在 submap 中的位姿
    const transform::Rigid2d local_pose_2d = transform::Project2D(
        constant_data->local_pose *
        transform::Rigid3d::Rotation(constant_data->gravity_alignment.inverse()));
    // 计算该 Node 在世界坐标系中的绝对位姿；但中间为什么要乘一个 constraints::ComputeSubmapPose
(*insertion_submaps.front()).inverse() 呢？
    const transform::Rigid2d global_pose_2d =
        optimization_problem_->submap_data().at(matching_id).global_pose *
        constraints::ComputeSubmapPose(*insertion_submaps.front()).inverse() *
```

```
        local_pose_2d;// 该 submap 的绝对位姿乘以相应 submap 的相对位姿不就可以了吗？中间那一项是什么呢？
    // 把该节点的信息加入 OptimizationProblem 中，方便进行优化
    optimization_problem_->AddTrajectoryNode(
        matching_id.trajectory_id,
        optimization::NodeSpec2D{constant_data->time, local_pose_2d,
                     global_pose_2d,
                     constant_data->gravity_alignment});
```

然后在新增的节点和新旧子图之间添加 INTRA_SUBMAP 类型的约束，遍历所有处于 kFinished 状态的子图，建立它们与新增节点之间可能的约束 INTER_SUBMAP，最后通知约束器构建新增节点的操作，完成计数器 num_nodes_since_last_loop_closure_ 的增加。

```
    // 遍历处理每一个 insertion_submaps
    for (size_t i = 0; i < insertion_submaps.size(); ++i) {
      const SubmapId submap_id = submap_ids[i];
      // Even if this was the last node added to 'submap_id', the submap will
      // only be marked as finished in 'submap_data_' further below.
      CHECK(submap_data_.at(submap_id).state == SubmapState::kActive);// 检查指定 id 是否是 kActive
      // 加入 PoseGraph 维护的容器中
      submap_data_.at(submap_id).node_ids.emplace(node_id);
      // 计算相对位姿
      const transform::Rigid2d constraint_transform =
          constraints::ComputeSubmapPose(*insertion_submaps[i]).inverse() *
          local_pose_2d;
      // 把约束压入约束集合中
      constraints_.push_back(Constraint{submap_id,
                         node_id,
                         {transform::Embed3D(constraint_transform),
                         options_.matcher_translation_weight(),
                         options_.matcher_rotation_weight()},
                         Constraint::INTRA_SUBMAP});
    }
    // 遍历历史中的 submap，计算新的 Node 与每个 submap 的约束
    for (const auto& submap_id_data: submap_data_) {
      if (submap_id_data.data.state == SubmapState::kFinished) {// 确认 submap 已经被 finished
        CHECK_EQ(submap_id_data.data.node_ids.count(node_id), 0);// 检查该 submap 中还没有跟该
节点产生约束
        ComputeConstraint(node_id, submap_id_data.id);// 计算该节点与 submap 的约束
      }
    }
    // 如果有新的刚被 finished 的 submap
    if (newly_finished_submap) {
      //insertion_maps 中的第一个是 Old 的那个，如果有刚被 finished 的 submap，那一定是它
      const SubmapId finished_submap_id = submap_ids.front();
      // 获取该 submap 的数据
      InternalSubmapData& finished_submap_data =
          submap_data_.at(finished_submap_id);
      // 检查它还是不是 kActive
      CHECK(finished_submap_data.state == SubmapState::kActive);
      // 把它设置成 finished
      finished_submap_data.state = SubmapState::kFinished;
      // We have a new completed submap, so we look into adding constraints for
      // old nodes.
      // 计算新的 submap 和旧的节点的约束
      ComputeConstraintsForOldNodes(finished_submap_id);
    }
    // 结束构建约束
    constraint_builder_.NotifyEndOfNode();
    // 计数器加 1
    ++num_nodes_since_last_loop_closure_;
```

```
        CHECK(!run_loop_closure_);// 检查没进行过 Loop Closure
        if (options_.optimize_every_n_nodes() > 0 &&
            num_nodes_since_last_loop_closure_ > options_.optimize_every_n_nodes()) {
          DispatchOptimization();// 如果节点数增长到一定程度，则调用 DispatchOptimization
        }
    }
```

AddWorkItem 会根据工作队列是否存在，选择直接运行工作任务还是放到队列中等待以后执行。而 DispatchOptimization 函数则会判定工作队列是否存在，如果不存在就创建一个对象。

```
    void PoseGraph2D::DispatchOptimization() {
        run_loop_closure_ = true;
        // If there is a 'work_queue_' already, some other thread will take care.
        // 如果工作队列还为空指针，需要创建一个工作队列
        if (work_queue_ == nullptr) {
          // 创建一个工作队列的指针
          work_queue_ = common::make_unique<std::deque<std::function<void()>>>();
          // 为该工作队列绑定处理函数，即 HandleWorkQueue
          constraint_builder_.WhenDone(
              std::bind(&PoseGraph2D::HandleWorkQueue, this, std::placeholders::_1));
        }
    }
```

在 DispatchOptimization 函数中发现最后一步通过了 HandleWorkQueue 来处理其约束关系，HandleWorkQueue 的输入参数是由 ConstraintBuilder2D 建立约束之后的结果。同时观察到在这个函数内 constraint_builder_ 已经由 ComputeConstraint 函数完成了当新的 Node 加入时建立起新 Node 与 Submap 之间的关系（INTRA_SUBMAP 和 INTER_SUBMAP），并传入 HandleWorkQueue 函数调用 RunOptimization 完成后处理的约束优化。

下面是这个函数的代码片段，它以约束构建器的结果为输入参数，并将约束添加到容器 constraints_ 中，调用函数 RunOptimization 进行优化。

```
    void PoseGraph2D::HandleWorkQueue(
          const constraints::ConstraintBuilder2D::Result& result) {
        {
          // 在处理数据时加上互斥锁，防止出现数据访问错误
          common::MutexLocker locker(&mutex_);
          // 把 result 中的所有约束加入 constraints_ 向量的末尾处
          constraints_.insert(constraints_.end(), result.begin(), result.end());
        }
        // 执行优化。这里调用了 PoseGraph2D 的另一个成员函数 RunOptimization() 来处理
        RunOptimization();
```

如果提供了全局优化之后的回调函数，则调用回调函数。

```
        if (global_slam_optimization_callback_) {
          // 设置回调函数的两个参数
          std::map<int, NodeId> trajectory_id_to_last_optimized_node_id;
          std::map<int, SubmapId> trajectory_id_to_last_optimized_submap_id;
          {
            common::MutexLocker locker(&mutex_);
            const auto& submap_data = optimization_problem_->submap_data();
            const auto& node_data = optimization_problem_->node_data();
            // 把 optimization_problem_ 中的 node 和 submap 的数据拷贝到两个参数中
            for (const int trajectory_id : node_data.trajectory_ids()) {
              trajectory_id_to_last_optimized_node_id[trajectory_id] =
                  std::prev(node_data.EndOfTrajectory(trajectory_id))->id;
              trajectory_id_to_last_optimized_submap_id[trajectory_id] =
                  std::prev(submap_data.EndOfTrajectory(trajectory_id))->id;
            }
```

```
        }
        // 调用该回调函数进行处理，更新地图结果
        global_slam_optimization_callback_(
            trajectory_id_to_last_optimized_submap_id,
            trajectory_id_to_last_optimized_node_id);
      }
```

更新轨迹之间的连接关系，并调用修饰器完成地图的修饰。

```
    // 更新 trajectory 之间的 connectivity 信息
    common::MutexLocker locker(&mutex_);
    for (const Constraint& constraint: result) {
      UpdateTrajectoryConnectivity(constraint);
    }
    // 调用 trimmers_ 中每一个 trimmer 的 Trim 函数进行处理。但还是不清楚这个 trimming 的含义是什么
    TrimmingHandle trimming_handle(this);
    for (auto& trimmer: trimmers_) {
      trimmer->Trim(&trimming_handle);
    }
    // Trim 之后把它们从 trimmers_ 这个向量中清除，trimmers_ 将重新记录等待新一轮的 Loop Closure 过
程中产生的数据
    trimmers_.erase(
        std::remove_if(trimmers_.begin(), trimmers_.end(),
                [](std::unique_ptr<PoseGraphTrimmer>& trimmer) {
                return trimmer->IsFinished();
                }),
        trimmers_.end());
    // 重新把 " 上次 Loop Closure 之后新加入的节点数 " 置为 0，run_loop_closure 置为 false
    num_nodes_since_last_loop_closure_ = 0;
    run_loop_closure_ = false;
    while (!run_loop_closure_) {
      // 如果工作队列为空，重置工作队列，返回
      if (work_queue_->empty()) {
        work_queue_.reset();
        return;
      }
      // 不然，不停取出队列最前端的任务进行处理，直至所有任务都处理完成
      work_queue_->front()();
      work_queue_->pop_front();
    }
    LOG(INFO) << "Remaining work items in queue: " << work_queue_->size();
    // We have to optimize again.
    // 调用 constraint_builder_ 的 WhenDone 函数进一步处理
    constraint_builder_.WhenDone(
      std::bind(&PoseGraph2D::HandleWorkQueue, this, std::placeholders::_1));
}
```

7.6.3 线程池管理下的后端优化

线程池如图 7-28 所示。

因为在 Cartographer 后端中需要大量的并行运算，所以需要使用多线程的形式，但是线程的建立与销毁存在开销，所以使用线程池来减小这一开销，避免打开过多线程给系统带来大量消耗。实现线程池功能的类在 cartographer/common/thread_pool.h 与 task.h 中。下面来看一下线程池的主要函数。

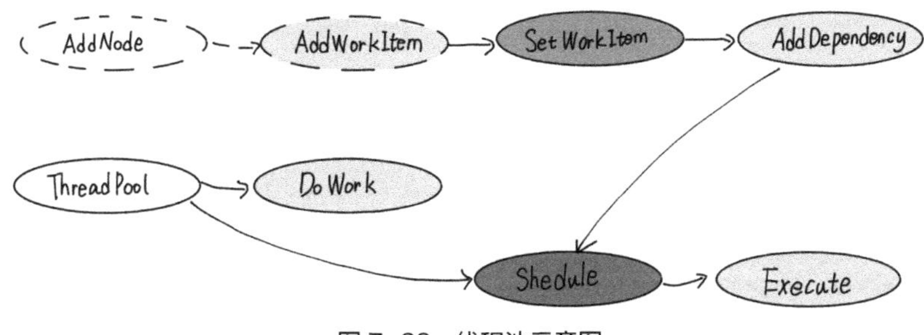

图 7-28　线程池示意图

创建线程池：

```
ThreadPool::ThreadPool(int num_threads) {
    absl::MutexLock locker(&mutex_);
    for (int i = 0; i != num_threads; ++i) {
      pool_.emplace_back([this]() { ThreadPool::DoWork(); });
    }
}
```

初始化的时候每个线程都执行该死循环函数 ThreadPool::DoWork()，直到析构才返回，只要 task_queue 有任务，就执行操作。

```
void ThreadPool::DoWork() {
#ifdef __linux__
    // This changes the per-thread nice level of the current thread on Linux. We
    // do this so that the background work done by the thread pool is not taking
    // away CPU resources from more important foreground threads.
    CHECK_NE(nice(10), -1);
#endif
    const auto predicate = [this]() EXCLUSIVE_LOCKS_REQUIRED(mutex_) {
      return !task_queue_.empty() || !running_;
    };
    for (;;) {
      std::shared_ptr<Task> task;
      {
        absl::MutexLock locker(&mutex_);
        mutex_.Await(absl::Condition(&predicate));
        if (!task_queue_.empty()) {
          task = std::move(task_queue_.front());
          task_queue_.pop_front();
        } else if (!running_) {
          return;
        }
      }
      CHECK(task);
      CHECK_EQ(task->GetState(), common::Task::DEPENDENCIES_COMPLETED);
      Execute(task.get());
    }
}
```

在初始化成功并拿到 task_queue_ 后，该 Task 会按以下几个状态顺序执行：

① NEW（新建任务，还未 schedule 到线程池）。

② DISPATCHED（任务已经 schedule 到线程池）。

③ DEPENDENCIES_COMPLETED（任务依赖已经执行完成）。

④ RUNNING（任务执行中）。

⑤ COMPLETED（任务完成）。

```
enum State { NEW, DISPATCHED, DEPENDENCIES_COMPLETED, RUNNING, COMPLETED };
```

task->SetWorkItem 是新建 task 实例，状态默认为 NEW，然后通过 task->SetWorkItem 设置任务（示例中运行的函数为 DrainWorkQueue）。

```
auto scan_matcher_task = absl::make_unique<common::Task>();
    scan_matcher_task->SetWorkItem(
        [&submap_scan_matcher, &scan_matcher_options]() {
          submap_scan_matcher.fast_correlative_scan_matcher =
              absl::make_unique<scan_matching::FastCorrelativeScanMatcher2D>(
                  *submap_scan_matcher.grid, scan_matcher_options);
        });
    submap_scan_matcher.creation_task_handle =
        thread_pool_->Schedule(std::move(scan_matcher_task));
```

task2->AddDependency 函数是可选的，有依赖的任务才需添加，其含义是 task2 依赖于 task1，只有在 task1 执行完后，task2 才能执行。

```
auto constraint_task = absl::make_unique<common::Task>();
    constraint_task->SetWorkItem([=]() LOCKS_EXCLUDED(mutex_) {
      ComputeConstraint(submap_id, submap, node_id, false, /* match_full_submap */
             constant_data, initial_relative_pose, *scan_matcher,
             constraint);
    });
    constraint_task->AddDependency(scan_matcher->creation_task_handle);
    auto constraint_task_handle =
        thread_pool_->Schedule(std::move(constraint_task));
```

Schedule(task) 是将 task 赋给 tasks_not_ready_ 并将 task 状态变为 DISPATCHED，判断其依赖的任务是否加载完成，若完成则将状态置为 DEPENDENCIES_COMPLETED，然后 task 加入 task_queue_ 并从 tasks_not_ready_ 移除等待线程执行任务；若依赖未完成，则等待依赖的 task 执行完。在 cartographer 中存在不同的数据用于动态加载，可能存在依赖，此时 Schedule 起到了层级的作用。

```
std::weak_ptr<Task> ThreadPool::Schedule(std::unique_ptr<Task> task) {
      std::shared_ptr<Task> shared_task;
    {
      absl::MutexLock locker(&mutex_);
      auto insert_result =
          tasks_not_ready_.insert(std::make_pair(task.get(), std::move(task)));
      CHECK(insert_result.second) << "Schedule called twice";
      shared_task = insert_result.first->second;
    }
    SetThreadPool(shared_task.get());
    return shared_task;
}
```

task->Execute 函数执行任务时将状态设为 RUNNING，执行完任务时将状态设为 COMPLETED。每个任务执行完都会检查其依赖的任务并将该任务依赖数减 1，当依赖它的任务的依赖数减到 0 时，该任务会被加入 task_queue_ 并从 tasks_not_ready_ 移除等待线程执行任务。

```
void Task::Execute() {
    {
      absl::MutexLock locker(&mutex_);
      CHECK_EQ(state_, DEPENDENCIES_COMPLETED);
      state_ = RUNNING;
    }
    // Execute the work item.
```

```
        if (work_item_) {
          work_item_();
        }
        absl::MutexLock locker(&mutex_);
        state_ = COMPLETED;
        for (Task* dependent_task: dependent_tasks_) {
          dependent_task->OnDependenyCompleted();
        }
    }
```

7.6.4 约束构建器

约束构建器结构如图 7-29 所示。

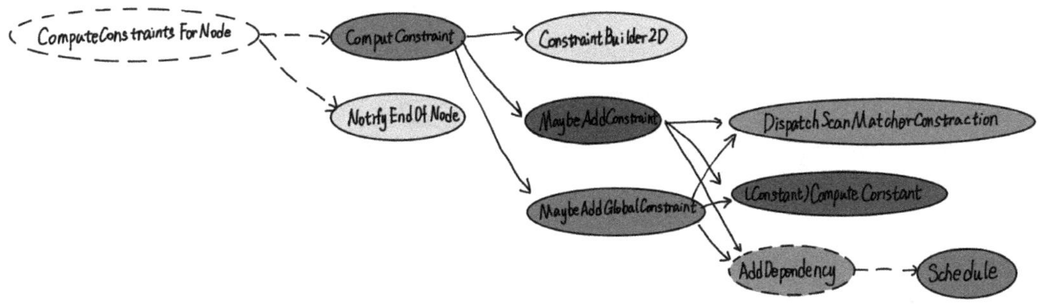

图 7-29 约束构建器示意图

在介绍完多线程后，我们发现当中使用了对象 constraint_builder_ 在后台进行后端的约束构件，下面来看如何使用线程池完成任务的约束与构建。

首先看 constraint_builder_2d.cc 文件，该文件使用了 ConstraintBuilder2D 完成 cartographer 的后端约束器的构建，主要函数有 DispatchScanMatcherConstruction、MaybeAddConstraint、MaybeAddGlobalConstraint、NotifyEndOfNode、WhenDone，来完成闭环检测并添加必要的约束。ConstraintBuilder2D 构造函数，其中 options 是 cartographer_ros 传入的配置文件，thread_pool 是线程池对象的参数，finish_node_task_ 和 when_done_task_ 是任务状态机对象。ceres_scan_matcher_ 完成了对 ceres 优化匹配器的构建。

```
ConstraintBuilder2D::ConstraintBuilder2D(
      const constraints::proto::ConstraintBuilderOptions& options,
      common::ThreadPoolInterface* const thread_pool)
      :options_(options),
       thread_pool_(thread_pool),
       finish_node_task_(absl::make_unique<common::Task>()),
       when_done_task_(absl::make_unique<common::Task>()),
       ceres_scan_matcher_(options.ceres_scan_matcher_options()) {}
```

DispatchScanMatcherConstruction 函数是地图匹配器构建，地图匹配器构建需要 submap 子图的 ID 以及栅格地图信息，用于获得精确的约束。通过 Map 将 SubmapScanMatcher 与 SubmapId 进行关联，并添加 scan_matcher_task 扫描匹配器来使用分支定界完成快速 scan matcher，最后将扫描匹配器通过线程池进行管理。

```
const ConstraintBuilder2D::SubmapScanMatcher*
ConstraintBuilder2D::DispatchScanMatcherConstruction(const SubmapId& submap_id,
                          const Grid2D* const grid) {
```

```
// 构建一个地图匹配器，input 包括 id 和 grid
    CHECK(grid);
    if (submap_scan_matchers_.count(submap_id) != 0) {
      return &submap_scan_matchers_.at(submap_id);
    }
    // submap_scan_matchers_ 新增加一个 key
    auto& submap_scan_matcher = submap_scan_matchers_[submap_id];
    kNumSubmapScanMatchersMetric->Set(submap_scan_matchers_.size());
    submap_scan_matcher.grid = grid;
    // 采用快速 scan matcher 参数
    auto& scan_matcher_options = options_.fast_correlative_scan_matcher_options();
    auto scan_matcher_task = absl::make_unique<common::Task>();
    scan_matcher_task->SetWorkItem(
        [&submap_scan_matcher, &scan_matcher_options]() {
          submap_scan_matcher.fast_correlative_scan_matcher =
              absl::make_unique<scan_matching::FastCorrelativeScanMatcher2D>(
                  *submap_scan_matcher.grid, scan_matcher_options);
        });
    // 放入一个线程进行闭环匹配
    submap_scan_matcher.creation_task_handle =
        thread_pool_->Schedule(std::move(scan_matcher_task));
    return &submap_scan_matchers_.at(submap_id);
}
```

下面来看 MaybeAddConstraint 完成一个约束的构建，在 Global SLAM 中，主要的流程是通过 MaybeAdd（MaybeAddConstraint、MaybeAddGlobalConstraint、NotifyEndOfNode）到 WhenDone 的循环调用来完成闭环检测。在函数中输入了五个参数，其中 submap_id 和 node_id 分别是子图和路径节点的索引，submap 和 constant_data 分别代表子图和路径节点中记录的点云数据，initial_relative_pose 记录了路径节点相对于子图的初始位姿，提供了优化迭代的一个初值。

```
void ConstraintBuilder2D::MaybeAddConstraint(
      const SubmapId& submap_id, const Submap2D* const submap,
      const NodeId& node_id, const TrajectoryNode::Data* const constant_data,
      const transform::Rigid2d& initial_relative_pose) {
```

如果两者相隔太远或者两次时间间隔太短，那就会退出，无需考虑。

```
if (initial_relative_pose.translation().norm() >
        options_.max_constraint_distance()) {
      return;
    }
    if (!per_submap_sampler_
             .emplace(std::piecewise_construct, std::forward_as_tuple(submap_id),
                      std::forward_as_tuple(options_.sampling_ratio()))
             .first->second.Pulse()) {
      return;
    }
```

接下来创建约束，使用上面讲到的函数 DispatchScanMatcherConstruction 构建一个扫描匹配器，并通过接口 SetWorkItem 和 lambda 表达式将扫描匹配器放入 ComputeConstraint 函数中完成快速扫描和匹配，从而完成约束的计算。

```
absl::MutexLock locker(&mutex_);
    if (when_done_) {
      LOG(WARNING)
          << "MaybeAddConstraint was called while WhenDone was scheduled.";
    }
```

```
    // 向容器 constraints_ 中添加新的约束
    constraints_.emplace_back();
    // 设置约束的个数
    kQueueLengthMetric->Set(constraints_.size());
    auto* const constraint = &constraints_.back();
    // 定义一个 scan match，调用上面的 DispatchScanMatcherConstruction 完成约束构建器的创建
    const auto* scan_matcher =
        DispatchScanMatcherConstruction(submap_id, submap->grid());
    auto constraint_task = absl::make_unique<common::Task>();
    // 线程中计算约束，即根据初始值进行优化，获取优化后的约束
    constraint_task->SetWorkItem([=]() LOCKS_EXCLUDED(mutex_) {
      ComputeConstraint(submap_id, submap, node_id, false, /* match_full_submap */
              constant_data, initial_relative_pose, *scan_matcher,
              constraint);
    });
```

最后就是线程池的一些操作，使结果存入线程池中。

```
constraint_task->AddDependency(scan_matcher->creation_task_handle);
    auto constraint_task_handle =
        thread_pool_->Schedule(std::move(constraint_task));
    finish_node_task_->AddDependency(constraint_task_handle);
```

MaybeAddGlobalConstraint 函数和 MaybeAddConstraint 的功能类似，也是计算子图和路径节点之间是否存在可能的约束。但是全局约束中没有提供初始相对位姿，而且它的扫描匹配是在整个子图上进行的，这里就不展开说了。

```
void ConstraintBuilder2D::MaybeAddGlobalConstraint(
      const SubmapId& submap_id, const Submap2D* const submap,
      const NodeId& node_id, const TrajectoryNode::Data* const constant_data)
```

ComputeConstraint 函数用来在每次向后端添加路径节点进行闭环检测，这部分需要建立传入节点与新旧子图的内部约束，并通过分支定界快速匹配完成新的 Node 加入时建立起新 Node 与 Submap 之间的关系 (INTRA_SUBMAP 和 INTER_SUBMAP)，根据最佳的估计转移矩阵和匹配置信度判断是否存在约束，如果不存在则可直接抛弃。最后记录全局约束的次数和统计置信度。

```
kConstraintsSearchedMetric->Increment();
// 匹配分数未达到一定值时则直接抛弃，获取优化值 pose_estimate
if (submap_scan_matcher.fast_correlative_scan_matcher->Match(
          initial_pose, constant_data->filtered_gravity_aligned_point_cloud,
          options_.min_score(), &score, &pose_estimate)) {
    // We've reported a successful local match.
    CHECK_GT(score, options_.min_score());
    kConstraintsFoundMetric->Increment();
    kConstraintScoresMetric->Observe(score);
} else {
    return;
}
```

在 NotifyEndOfNode 之前需要使用 ComputeConstraint 对所有处于 kFinished 状态的子图进行一次匹配，计算可能存在的约束，如果旧子图切换到 kFinished 状态，还需要将之与所有路径节点进行匹配。完成这些操作之后，它就会调用接口 NotifyEndOfNode，完成一次约束的添加进行通知，通过 num_finished_nodes_ 完成累加，将数据通过 when_done_task_ 把该对象添加到 WhenDone 任务的依赖列表中。

```
// 完成了一次约束的添加进行通知
void ConstraintBuilder2D::NotifyEndOfNode() {
    absl::MutexLock locker(&mutex_);
    CHECK(finish_node_task_ != nullptr);
    // 表明完成添加了一个后端节点
    finish_node_task_->SetWorkItem([this] {
      absl::MutexLock locker(&mutex_);
      ++num_finished_nodes_;
    });
    // 重新开启添加节点任务
    auto finish_node_task_handle =
        thread_pool_->Schedule(std::move(finish_node_task_));
    finish_node_task_ = absl::make_unique<common::Task>();
    when_done_task_->AddDependency(finish_node_task_handle);
    ++num_started_nodes_;
}
```

在线程池中，每当完成一次闭环检测时，即增加了约束后会执行 WhenDone，表明完成一次闭环约束计算。该函数只有一个输入参数，记录了当所有的闭环检测任务结束之后的回调函数。

```
// 当 whendown 结束时的回调函数
void ConstraintBuilder2D::WhenDone(
      const std::function<void(const ConstraintBuilder2D::Result&)>& callback) {
    absl::MutexLock locker(&mutex_);
    CHECK(when_done_ == nullptr);
    // TODO(gaschler): Consider using just std::function, it can also be empty.
    when_done_ = absl::make_unique<std::function<void(const Result&)>>(callback);
    CHECK(when_done_task_ != nullptr);
    when_done_task_->SetWorkItem([this] { RunWhenDoneCallback(); });
    thread_pool_->Schedule(std::move(when_done_task_));
    // 新建立一个任务
    when_done_task_ = absl::make_unique<common::Task>();
}
```

7.6.5 分支定界闭环检测

分支定界闭环检测过程如图 7-30 所示。

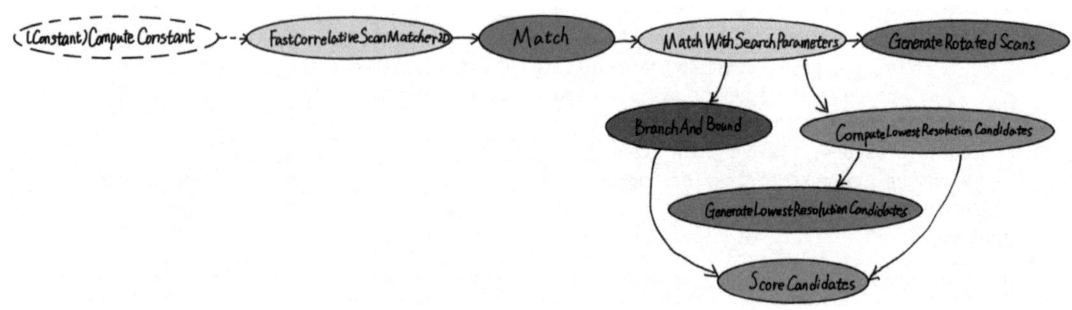

图 7-30 分支定界闭环检测示意图

对于分支定界闭环检测而言，这个方法是 cartographer 在面对循环时对所有 kFinished 状态的子图和节点所用的快速遍历的方法，因为随着时间的增加，cartographer 会在后端优化中越来越耗时，这就是需要使用分支定界的原因。对于回环检测的扫描问题，其本质就是通过扫描的方法完成对应的排序，可以表示为：

$$\varepsilon^{*} =_{\varepsilon \in W} \sum_{k \in 1}^{K} M_{\text{nearest}}(T_{\varepsilon} h_{k}) \tag{7-2}$$

其中，ε 代表机器人的位姿，包含 x、y、yaw 三个变量；W 是搜索窗口；M_{nearest}（$T_{\varepsilon}h_k$）对应当前位姿下最近栅格单元的占用概率。给定搜索步长，求得分最高的位姿作为输出 ε^*。因为这种方式需要遍历搜索，所以随着时间的增长，所需要的计算时间也会不断增长，cartographer 使用了分支定界的方法完成。分支定界的思想就是将整个解空间用一棵树来表示，树中的每一个节点都是搜索子图的一部分，每个子节点都对应着一个解。分支定界通过类似二叉树的思想，对空间不断分割（分支），并将父节点作为子节点的上界（定界）。如果父节点的值低于已知最优解的值，则意味着该节点下的所有解都不会更优了，所以也不会继续向下搜索，这样可以快速舍去分支。这里使用了栈的概念，将 w 搜索窗口分割的节点集合通过依次入栈来使最高的节点位于栈顶的位置，且只要栈不空，则会一直深度优先搜索（DFS）。求解分支定界如图 7-31 所示。

在搜索树中，每个节点都可以用四个整数表示，$c=(c_x,\ c_y,\ c_\theta,\ c_h) \in Z^4$，其中，$c_x$、$c_y$ 代表搜索空间对应的 x、y 的起始索引；c_θ 为在不同 yaw 角下的搜索角度索引；c_h 代表在搜索空间下一共有 $2^{c_h} \times 2^{c_h}$ 可能的解，且它们具有相同的角度，只是坐标位置不同。表示形式如图 7-32 所示。

Algorithm 3 DFS branch and bound scan matcher for (BBS)

```
best_score ← score_threshold
Compute and memorize a score for each element in C_0.
Initialize a stack C with C_0 sorted by score, the maximum
score at the top.
while C is not empty do
  Pop c from the stack C.
  if score(c) > best_score then
    if c is a leaf node then
      match ← ξ_c
      best_score ← score(c)
    else
      Branch: Split c into nodes C_c.
      Compute and memorize a score for each element
      in C_c.
      Push C_c onto the stack C, sorted by score, the
      maximum score last.
    end if
  end if
end while
return best_score and match when set.
```

图 7-31　DFS 求解分支定界

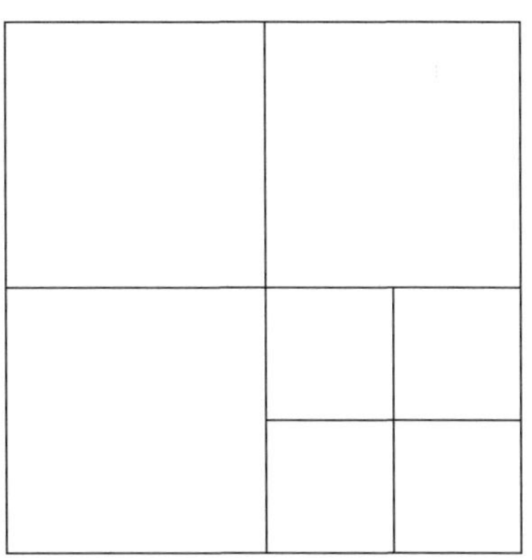

图 7-32　分支定界搜索示意图

因为对每个节点，都计算一个上界起始，也需要比较大的计算量，所以可以通过提高 c_h 的分支尺寸来进一步提高最优匹配的搜索效率。cartographer 采用一种类似图像金字塔的方法，预先计算出占用栅格地图在不同分支尺寸下的上界，在实际计算上界时，只需要根据 c_h 查询对应尺度下的占用栅格即可获得节点的上界。图 7-33 是分支尺寸分别为 1、4、16、64 时的占用概率上界。

图 7-33　分支尺寸对应的占用概率上界

对于第 h 层的节点，在预算图中 x、y 的占用上界可以表示成下式，即以考察点 x、y 为起点，尺寸为 $2^h \times 2^h$ 的窗口内栅格的最高占用概率作为上界。

$$M_{\text{precomp}}^{h}(x,y)=\max_{\substack{x'\in[x,x+r(2^h-1)]\\ y'\in[y,y+r(2^h-1)]}} M_{\text{nearest}}(x',y') \tag{7-3}$$

节点的上界如下式所示，整个闭环检测的业务逻辑，根据当前的子图构建一个占用栅格地图，为该地图计算预算图，接着通过深度优先的分支定界搜索算法估计机器人的位姿，建立机器人位姿与子图之间的约束关系。

$$\text{score}(\varepsilon)=\sum_{k\in 1}^{K} M_{\text{precomp}}^{ch}(T_{\varepsilon}h_k) \tag{7-4}$$

主要的分支定界的逻辑已经讲完，下面简要看一下代码。首先看 Match 部分的操作，其作为定点局部定位的函数接口，基本的操作是完成对 SearchParameters 的构建，并将结果传入 MatchWithSearchParameters 完成分支定界，MatchFullSubmap 也是这样的操作，只是比局部定位少了初始位置，这里会根据子图的地图作用范围来确定初始位置。

```
bool FastCorrelativeScanMatcher2D::Match(
      const transform::Rigid2d& initial_pose_estimate,
      const sensor::PointCloud& point_cloud, const float min_score, float* score,
      transform::Rigid2d* pose_estimate) const {
    // 设置搜索范围
    const SearchParameters search_parameters(options_.linear_search_window(),
                      options_.angular_search_window(),
                      point_cloud, limits_.resolution());
    // 进行分支定界快速匹配
    return MatchWithSearchParameters(search_parameters, initial_pose_estimate,
                  point_cloud, min_score, score,
                  pose_estimate);
}
```

MatchWithSearchParameters 函数作为最重要的深度优先的分支定界搜索算法函数，下面详细看一下。在函数的一开始先检查指针 score 和 pose_estimate 非空，根据初始位姿估计的方向角，将激光点云中的点都绕 z 轴转动相应的角度得到 rotated_point_cloud。

```
bool FastCorrelativeScanMatcher2D::MatchWithSearchParameters(
      SearchParameters search_parameters,
      const transform::Rigid2d& initial_pose_estimate,
      const sensor::PointCloud& point_cloud, float min_score, float* score,
      transform::Rigid2d* pose_estimate) const {
    CHECK(score != nullptr);
    CHECK(pose_estimate != nullptr);
    // 初始位姿
    const Eigen::Rotation2Dd initial_rotation = initial_pose_estimate.rotation();
    // 经过旋转过后的点云，旋转到θ的角度上.
    const sensor::PointCloud rotated_point_cloud = sensor::TransformPointCloud(
        point_cloud,
        transform::Rigid3f::Rotation(Eigen::AngleAxisf(
            initial_rotation.cast<float>().angle(), Eigen::Vector3f::UnitZ())));
```

GenerateRotatedScans 获得搜索窗口下机器人朝向各个方向角时的点云数据，DiscretizeScans 函数将旋转后的浮点类型的点云数据转换成整型的栅格单元索引。通过对象 search_parameters 的接口 ShrinkToFit 尽可能缩小搜索窗口的大小，以减小搜索空间，提高搜索效率。

```
    // 根据搜索参数，对点云进行旋转，得到一系列旋转之后的点云
    const std::vector<sensor::PointCloud> rotated_scans =
        GenerateRotatedScans(rotated_point_cloud, search_parameters);
    // 转换到地图坐标系中
    const std::vector<DiscreteScan2D> discrete_scans = DiscretizeScans(
        limits_, rotated_scans,
```

```
      Eigen::Translation2f(initial_pose_estimate.translation().x(),
                           initial_pose_estimate.translation().y()));
  // 尽量缩小搜索框
  search_parameters.ShrinkToFit(discrete_scans, limits_.cell_limits());
```

下面是实际搜索的部分，首先通过函数 ComputeLowestResolutionCandidates 完成对搜索空间的第一次分割，得到初始子空间节点集合，并降序排列。调用函数 BranchAndBound 完成分支定界搜索，搜索的结果被保存在 best_candidate 中。检查最优解的值，如果大于指定阈值 min_score 就认为匹配成功，修改输入参数指针 score 和 pose_estimate 所指的对象。否则认为不匹配，不存在闭环，直接返回。

```
  // 根据搜索参数，生成最低分辨率的解
  const std::vector<Candidate2D> lowest_resolution_candidates =
      ComputeLowestResolutionCandidates(discrete_scans, search_parameters);
  // 进行分支定界搜索
  const Candidate2D best_candidate = BranchAndBound(
      discrete_scans, search_parameters, lowest_resolution_candidates,
      precomputation_grid_stack_->max_depth(), min_score);
  // 满足要求，则返回，min_score 可以认为是最优解
  if (best_candidate.score > min_score) {
    *score = best_candidate.score;
    *pose_estimate = transform::Rigid2d(
        {initial_pose_estimate.translation().x() + best_candidate.x,
         initial_pose_estimate.translation().y() + best_candidate.y},
        initial_rotation * Eigen::Rotation2Dd(best_candidate.orientation));
    return true;
  }
  return false;
}
```

在 ComputeLowestResolutionCandidates 内部会调用 GenerateLowestResolutionCandidates 和 ScoreCandidates 分别用于生成最低分辨率的解和对每个解打分并评价。

```
std::vector<Candidate2D>
FastCorrelativeScanMatcher2D::GenerateLowestResolutionCandidates(
    const SearchParameters& search_parameters) const {
  // 计算解的数量，根据预算图的金字塔高度计算初始分割的粒度 2^h
  const int linear_step_size = 1 << precomputation_grid_stack_->max_depth();
  // 遍历所有搜索方向，累计各个方向下空间的分割数量
  int num_candidates = 0;
  for (int scan_index = 0; scan_index != search_parameters.num_scans;
       ++scan_index) {
    const int num_lowest_resolution_linear_x_candidates =
        (search_parameters.linear_bounds[scan_index].max_x -
         search_parameters.linear_bounds[scan_index].min_x + linear_step_size) /
        linear_step_size;
    const int num_lowest_resolution_linear_y_candidates =
        (search_parameters.linear_bounds[scan_index].max_y -
         search_parameters.linear_bounds[scan_index].min_y + linear_step_size) /
        linear_step_size;
    // 通过 num_candidates 累加得到搜索空间初始分割的子空间数量
    num_candidates += num_lowest_resolution_linear_x_candidates *
                      num_lowest_resolution_linear_y_candidates;
  }
  std::vector<Candidate2D> candidates;
  candidates.reserve(num_candidates);
  // 接下来在一个三层的嵌套 for 循环中，构建各个候选点
  for (int scan_index = 0; scan_index != search_parameters.num_scans;
       ++scan_index) {
```

```
        for (int x_index_offset = search_parameters.linear_bounds[scan_index].min_x;
             x_index_offset <= search_parameters.linear_bounds[scan_index].max_x;
             x_index_offset += linear_step_size) {
          for (int y_index_offset =
                   search_parameters.linear_bounds[scan_index].min_y;
               y_index_offset <= search_parameters.linear_bounds[scan_index].max_y;
               y_index_offset += linear_step_size) {
            candidates.emplace_back(scan_index, x_index_offset, y_index_offset,
                                    search_parameters);
          }
        }
      }
      CHECK_EQ(candidates.size(), num_candidates);
      return candidates;
    }
    void FastCorrelativeScanMatcher2D::ScoreCandidates(
        const PrecomputationGrid2D& precomputation_grid,
        const std::vector<DiscreteScan2D>& discrete_scans,
        const SearchParameters& search_parameters,
        std::vector<Candidate2D>* const candidates) const {
      // 候选点集合将在本函数中计算得分并排序
      for (Candidate2D& candidate : *candidates) {
        int sum = 0;
        for (const Eigen::Array2i& xy_index :
             discrete_scans[candidate.scan_index]) {
          const Eigen::Array2i proposed_xy_index(
              xy_index.x() + candidate.x_index_offset,
              xy_index.y() + candidate.y_index_offset);
          // 计算所有点云的hit概率
          sum += precomputation_grid.GetValue(proposed_xy_index);
        }
        candidate.score = precomputation_grid.ToScore(
            sum / static_cast<float>(discrete_scans[candidate.scan_index].size()));
      }
      std::sort(candidates->begin(), candidates->end(),
                std::greater<Candidate2D>());
    }
```

在拿到排好序的所有的candidate后会将结果传入打破BranchAndBound完成分支定界搜索过程。

```
    Candidate2D FastCorrelativeScanMatcher2D::BranchAndBound(
        const std::vector<DiscreteScan2D>& discrete_scans,
        const SearchParameters& search_parameters,
        const std::vector<Candidate2D>& candidates, const int candidate_depth,
        float min_score) const {
      // 到了叶子节点，即可返回
      if (candidate_depth == 0) {
        // Return the best candidate.
        return *candidates.begin();
      }
        // 创建一个临时的候选点对象，并赋值最小评分
      Candidate2D best_high_resolution_candidate(0, 0, 0, search_parameters);
      best_high_resolution_candidate.score = min_score;
        // 遍历所有的候选点，如果遇到一个候选点的评分很低，意味着以后的候选点中也没有合适的解。可以直
    接跳出循环退出，说明没有构成闭环
      for (const Candidate2D& candidate : candidates) {
        if (candidate.score <= min_score) {
          break;
        }
```

```
    // 如果for循环能够继续运行，说明当前候选点是一个更优的选择，需要对其进行分支。新生成的候选点将被保存在容器higher_resolution_candidates中
    std::vector<Candidate2D> higher_resolution_candidates;
    const int half_width = 1 << (candidate_depth - 1);
     //分解成4个节点
    for (int x_offset : {0, half_width}) {
      if (candidate.x_index_offset + x_offset >
          search_parameters.linear_bounds[candidate.scan_index].max_x) {
        break;
      }
      for (int y_offset : {0, half_width}) {
        if (candidate.y_index_offset + y_offset >
            search_parameters.linear_bounds[candidate.scan_index].max_y) {
          break;
        }
        higher_resolution_candidates.emplace_back(
            candidate.scan_index, candidate.x_index_offset + x_offset,
            candidate.y_index_offset + y_offset, search_parameters);
      }
    }
    // 通过函数ScoreCandidates对新扩展的候选点定界并排序
    // 并递归调用BranchAndBound对新扩展的higher_resolution_candidates进行搜索，从而实现深度优先的搜索
    ScoreCandidates(precomputation_grid_stack_->Get(candidate_depth - 1),
                    discrete_scans, search_parameters,
                    &higher_resolution_candidates);
    // 循环调用分支定界
    best_high_resolution_candidate = std::max(
        best_high_resolution_candidate,
        BranchAndBound(discrete_scans, search_parameters,
                       higher_resolution_candidates, candidate_depth - 1,
                       best_high_resolution_candidate.score));
  }
  return best_high_resolution_candidate;
}
```

7.6.6 后端优化

后端优化如图 7-34 所示。

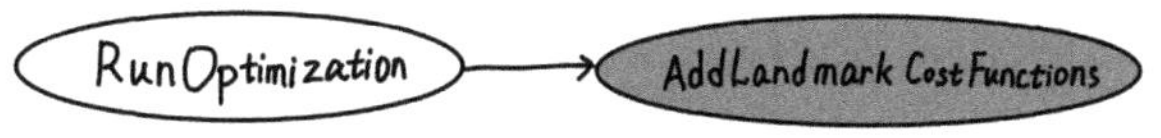

图 7-34 后端优化示意图

讲完线程池、约束构建器、分支定界等 Global SLAM 中比较重要的方法后，我们已经拿到了回环点并建立起约束，对整个地图优化而言，它只是成功更新了位姿图的拓扑结构，但是剩下的还需要对子图和路径节点进行位姿调整，来最小化全局与局部估计的误差。在 Cartographer 中使用了一种 SPA（Sparse Pose Adjustment）技术进行优化。本节将从 PoseGraph2D 开始深入了解后端优化是如何实现的。

函数 RunOptimization 作为后端优化的入口，首先会检查后端待优化的数据是否为空，调用后端优化器的接口 Solve 进行 SPA 优化。

```
if (optimization_problem_->submap_data().empty()) {
    return;
}
```

```
optimization_problem_->Solve(data_.constraints, GetTrajectoryStates(),
                                 data_.landmark_nodes);
absl::MutexLock locker(&mutex_);
```

在通过SPA完成更新后，需要对新增节点的位姿进行调整，以适应优化后的世界地图和运动轨迹。

```
const auto& submap_data = optimization_problem_->submap_data();
const auto& node_data = optimization_problem_->node_data();
for (const int trajectory_id : node_data.trajectory_ids()) {
    for (const auto& node : node_data.trajectory(trajectory_id)) {
      auto& mutable_trajectory_node = data_.trajectory_nodes.at(node.id);
      mutable_trajectory_node.global_pose =
          transform::Embed3D(node.data.global_pose_2d) *
          transform::Rigid3d::Rotation(
              mutable_trajectory_node.constant_data->gravity_alignment);
    }
```

计算SPA优化前后的世界坐标变换关系，并将其左乘在后来新增的路径节点的全局位姿上，得到修正后的轨迹。

```
const auto local_to_new_global =
        ComputeLocalToGlobalTransform(submap_data, trajectory_id);
    const auto local_to_old_global = ComputeLocalToGlobalTransform(
        data_.global_submap_poses_2d, trajectory_id);
    const transform::Rigid3d old_global_to_new_global =
        local_to_new_global * local_to_old_global.inverse();
    const NodeId last_optimized_node_id =
        std::prev(node_data.EndOfTrajectory(trajectory_id))->id;
    auto node_it =
        std::next(data_.trajectory_nodes.find(last_optimized_node_id));
    for (; node_it != data_.trajectory_nodes.EndOfTrajectory(trajectory_id);
         ++node_it) {
      auto& mutable_trajectory_node = data_.trajectory_nodes.at(node_it->id);
      mutable_trajectory_node.global_pose =
          old_global_to_new_global * mutable_trajectory_node.global_pose;
    }
}
```

更新路标位姿，并用成员变量global_submap_poses_记录当前的子图位姿。

```
for (const auto& landmark: optimization_problem_->landmark_data()) {
    data_.landmark_nodes[landmark.first].global_landmark_pose = landmark.second;
}
data_.global_submap_poses_2d = submap_data;
```

接下来看Solve函数，在这个函数中，Cartographer通过Ceres库进行优化，调整子图和路径节点的世界位姿，首先会判断轨迹节点是否为冻结，如果是，会固定参数，否则会进行优化。

```
std::set<int> frozen_trajectories;
    for (const auto& it : trajectories_state) {
      if (it.second == PoseGraphInterface::TrajectoryState::FROZEN) {
        frozen_trajectories.insert(it.first);
      }
    }
    ceres::Problem::Options problem_options;
    ceres::Problem problem(problem_options);
    // Set the starting point.
    // TODO(hrapp): Move ceres data into SubmapSpec.
    MapById<SubmapId, std::array<double, 3>> C_submaps;
```

```
    MapById<NodeId, std::array<double, 3>> C_nodes;
    std::map<std::string, CeresPose> C_landmarks;
    bool first_submap = true;
```

然后是下面的几个部分，第一遍历子图，通过 AddParameterBlock 显式地将子图全局位姿作为优化参数告知对象 problem。第二遍历节点，将它们的全局位姿作为优化参数告知对象 problem。第三遍历所有的约束，描述优化问题的残差块，并通过 CreateAutoDiffSpaCostFunction 用于对应约束的 SPA 代价计算，如果是通过闭环检测构建的约束，则为之提供一个 Huber 的核函数，用于降低错误的闭环检测对最终的优化结果带来的负面影响。第四根据路标点添加残差项。最后是 Local SLAM 以及里程计等局部定位的信息建立相邻的路径节点之间的位姿变换关系，并将相邻路径节点之间的约束添加到优化中。

遍历每个活跃的子图：

```
for (const auto& submap_id_data : submap_data_) {
    // 查询该子图所在的路径是否是固定位姿
    const bool frozen =
        frozen_trajectories.count(submap_id_data.id.trajectory_id) != 0;
    C_submaps.Insert(submap_id_data.id,
            FromPose(submap_id_data.data.global_pose));
    // 把要优化的位姿添加进去
    problem.AddParameterBlock(C_submaps.at(submap_id_data.id).data(), 3);
    if (first_submap || frozen) {
      first_submap = false;
      // 如果是第一张子图或者该子图是frozen，则不优化并设置为常数
      problem.SetParameterBlockConstant(C_submaps.at(submap_id_data.id).data());
    }
}
```

遍历每一个活跃的路径节点，基本操作和上面一致。

```
for (const auto& node_id_data: node_data_) {
    const bool frozen =
        frozen_trajectories.count(node_id_data.id.trajectory_id) != 0;
    C_nodes.Insert(node_id_data.id, FromPose(node_id_data.data.global_pose_2d));
    // 把要优化的路径节点添加进去
    problem.AddParameterBlock(C_nodes.at(node_id_data.id).data(), 3);
    if (frozen) {
      problem.SetParameterBlockConstant(C_nodes.at(node_id_data.id).data());
    }
}
```

添加约束变量构建残差方程：

```
// Add cost functions for intra- and inter-submap constraints.
for (const Constraint& constraint: constraints) {
    // 构建子图位姿与路径位姿的残差方程，ceres 传入数据是指针的方式，所以最后优化结果保存在 C_submaps
和 C_nodes 里
    problem.AddResidualBlock(
        CreateAutoDiffSpaCostFunction(constraint.pose),
        // Loop closure constraints should have a loss function.
        constraint.tag == Constraint::INTER_SUBMAP
            ?new ceres::HuberLoss(options_.huber_scale())
            :nullptr,
        C_submaps.at(constraint.submap_id).data(),
        C_nodes.at(constraint.node_id).data());
}
```

构建 Landmark 与路径节点之间的位姿，一般是 Apriltag 或者反光柱等具有全局位姿的点。

```
// Add cost functions for landmarks.
AddLandmarkCostFunctions(landmark_nodes, node_data_, &C_nodes, &C_landmarks,
          &problem, options_.huber_scale());
```

里程计数据和 slam pose，则构建路径节点之间的约束，防止优化后的路径失去连续性。

```
// Add penalties for violating odometry or changes between consecutive nodes
// if odometry is not available.
for (auto node_it = node_data_.begin(); node_it != node_data_.end();) {
      const int trajectory_id = node_it->id.trajectory_id;
      const auto trajectory_end = node_data_.EndOfTrajectory(trajectory_id);
      if (frozen_trajectories.count(trajectory_id) != 0) {
        node_it = trajectory_end;
        continue;
      }
      auto prev_node_it = node_it;
      for (++node_it; node_it != trajectory_end; ++node_it) {
        const NodeId first_node_id = prev_node_it->id;
        const NodeSpec2D& first_node_data = prev_node_it->data;
        prev_node_it = node_it;
        const NodeId second_node_id = node_it->id;
        const NodeSpec2D& second_node_data = node_it->data;
        if (second_node_id.node_index != first_node_id.node_index + 1) {
          continue;
        }
        // Add a relative pose constraint based on the odometry (if available).
        // 如果有编码器数据
        std::unique_ptr<transform::Rigid3d> relative_odometry =
            CalculateOdometryBetweenNodes(trajectory_id, first_node_data,
                                          second_node_data);
        if (relative_odometry != nullptr) {
          problem.AddResidualBlock(
              CreateAutoDiffSpaCostFunction(Constraint::Pose{
                  *relative_odometry, options_.odometry_translation_weight(),
                  options_.odometry_rotation_weight()}),
              nullptr /* loss function */, C_nodes.at(first_node_id).data(),
              C_nodes.at(second_node_id).data());
        }
        // Add a relative pose constraint based on consecutive local SLAM poses.
        // 使用局部的 local SLAM pose
        const transform::Rigid3d relative_local_slam_pose =
            transform::Embed3D(first_node_data.local_pose_2d.inverse() *
                               second_node_data.local_pose_2d);
        // 添加约束
        problem.AddResidualBlock(
            CreateAutoDiffSpaCostFunction(
                Constraint::Pose{relative_local_slam_pose,
                                 options_.local_slam_pose_translation_weight(),
                                 options_.local_slam_pose_rotation_weight()}),
            nullptr /* loss function */, C_nodes.at(first_node_id).data(),
            C_nodes.at(second_node_id).data());
      }
    }
```

构建 GPS 数据全局位姿约束：

```
std::map<int, std::array<double, 3>> C_fixed_frames;
for (auto node_it = node_data_.begin(); node_it != node_data_.end();) {
  const int trajectory_id = node_it->id.trajectory_id;
  const auto trajectory_end = node_data_.EndOfTrajectory(trajectory_id);
  if (!fixed_frame_pose_data_.HasTrajectory(trajectory_id)) {
    node_it = trajectory_end;
```

```
        continue;
      }
      const TrajectoryData& trajectory_data = trajectory_data_.at(trajectory_id);
      bool fixed_frame_pose_initialized = false;
      for (; node_it != trajectory_end; ++node_it) {
        const NodeId node_id = node_it->id;
        const NodeSpec2D& node_data = node_it->data;
        const std::unique_ptr<transform::Rigid3d> fixed_frame_pose =
            Interpolate(fixed_frame_pose_data_, trajectory_id, node_data.time);
        if (fixed_frame_pose == nullptr) {
          continue;
        }
        const Constraint::Pose constraint_pose{
            *fixed_frame_pose, options_.fixed_frame_pose_translation_weight(),
            options_.fixed_frame_pose_rotation_weight()};
        if (!fixed_frame_pose_initialized) {
          transform::Rigid2d fixed_frame_pose_in_map;
          if (trajectory_data.fixed_frame_origin_in_map.has_value()) {
            fixed_frame_pose_in_map = transform::Project2D(
                trajectory_data.fixed_frame_origin_in_map.value());
          } else {
            fixed_frame_pose_in_map =
                node_data.global_pose_2d *
                transform::Project2D(constraint_pose.zbar_ij).inverse();
          }
          C_fixed_frames.emplace(trajectory_id,
                                 FromPose(fixed_frame_pose_in_map));
          fixed_frame_pose_initialized = true;
        }
        problem.AddResidualBlock(
            CreateAutoDiffSpaCostFunction(constraint_pose),
            options_.fixed_frame_pose_use_tolerant_loss()
                ?new ceres::TolerantLoss(
                   options_.fixed_frame_pose_tolerant_loss_param_a(),
                   options_.fixed_frame_pose_tolerant_loss_param_b())
                :nullptr,
            C_fixed_frames.at(trajectory_id).data(), C_nodes.at(node_id).data());
      }
    }
```

最后进行优化，并将优化结果记录下来。

```
// Solve.
ceres::Solver::Summary summary;
ceres::Solve(
      common::CreateCeresSolverOptions(options_.ceres_solver_options()),
      &problem, &summary);
if (options_.log_solver_summary()) {
    LOG(INFO) << summary.FullReport();
}
// Store the result.
for (const auto& C_submap_id_data : C_submaps) {
    submap_data_.at(C_submap_id_data.id).global_pose =
        ToPose(C_submap_id_data.data);
}
for (const auto& C_node_id_data : C_nodes) {
    node_data_.at(C_node_id_data.id).global_pose_2d =
        ToPose(C_node_id_data.data);
}
for (const auto& C_fixed_frame : C_fixed_frames) {
    trajectory_data_.at(C_fixed_frame.first).fixed_frame_origin_in_map =
```

```
        transform::Embed3D(ToPose(C_fixed_frame.second));
    }
    for (const auto& C_landmark : C_landmarks) {
        landmark_data_[C_landmark.first] = C_landmark.second.ToRigid();
    }
```

到此讲完了 PoseGraph2D 里面最重要的部分，表 7-10 将剩下比较简单的函数列出来，方便读者查阅。

表 7-10　不常用的函数及其功能

函数名	函数功能
AppendNode	向 data_ 数据中添加相应轨迹的节点数据与子图数据
AddWorkItem	添加线程池队列
AddTrajectoryIfNeeded	添加轨迹信息
AddImuData	添加 IMU 数据
AddOdometryData	添加里程计数据
AddFixedFramePoseData	添加 GPS 数据
AddLandmarkData	添加 landmark 信息
ComputeConstraint	创建当前 node_id 与子图 ID 之间的约束
GetLatestNodeTime	获取最近节点的时间
UpdateTrajectoryConnectivity	根据约束来更新轨迹之间的链接关系
DrainWorkQueue	循环队列等待执行优化，并将结果传入 HandleWorkQueue
WaitForAllComputations	等待 RunFinalOptimization 计算完成
AddSubmapFromProto	从 Proto 文件中逆序列化出 Submap 子图信息
AddNodeFromProto	从 Proto 文件中逆序列化出 Node 节点信息
AddNodeToSubmap	将节点 Node 与子图相关联
AddSerializedConstraints	负责添加节点与子图的映射信息
RunFinalOptimization	在结束前完成一次优化
SetInitialTrajectoryPose	设置初始的轨迹位姿
GetInterpolatedGlobalTrajectoryPose	ID 和 time 计算插值后的全局位姿
GetLocalToGlobalTransform	获取局部到全局的转换
GetSubmapData	获取某一张 submap_id
GetAllSubmapData	获取全部子图数据
GetAllSubmapPoses	获取全部子图的位姿
ComputeLocalToGlobalTransform	计算局部 MAP 到全局 MAP 的位姿，也就是优化量
GetSubmapDataUnderLock	获取全部子图数据
TrimmingHandle	子图修剪器
GetSubmapIds	获取所有子图的 ID
GetTrajectoryNodes	获取所有路径的 Node
GetConstraints	获得所有约束
IsFinished	判断该路径是否停止

续表

函数名	函数功能
SetTrajectoryState	设置该路径的状态
TrimSubmap	修剪子图
GetSubmapDataUnderLock	获取子图数据
SetGlobalSlamOptimizationCallback	设置全局优化回调函数
RegisterMetrics	计数

7.6.7 小结

作为国内最常用的 2D SLAM 定位方案，我们可以看到，谷歌设计的整体结构是非常模块化的，同样也造成了代码的晦涩难懂，笔者对每一小节都用了思维导图绘制出了整体的结构框架，可以方便读者对 cartographer 进行系统学习和了解。我们从中也可以看到，cartographer 有很多可以改进的地方，比如对节点和子图的优化管理可以替换为因子图的模式，使用深度学习方法替代回环检测部分的检测，Local SLAM 地图的维护和更新，尽可能选择更少的 Submap……这些都是值得我们深入思考的。

第8章 无人机三维激光雷达定位

8.1 LOAM 工业化落地-SC-LeGO-LOAM

8.1.1 激光 SLAM 与视觉 SLAM 优劣对比

在接触了视觉 SLAM 和 2D 激光 SLAM 后，本节来看 3D 激光 SLAM，近年来多线激光被越来越多地应用在以无人机和自动驾驶为代表的各个场景中。这就要求我们明白视觉和激光 SLAM 在三维场景中的差异。可以这么说，激光 SLAM 是目前比较成熟的定位导航方案，视觉 SLAM 是未来研究的一个主要方向，将视觉 SLAM 和激光 SLAM 融合起来则是未来的趋势。表 8-1 为两者的优劣势对比。

表 8-1 优劣势对比

项目	激光 SLAM	视觉 SLAM
优势	可靠性高，结构成熟	结构简单，安装多元化
	建图直观，建图精度高，且累计误差小	无探测距离的限制，成本低
	地图可用于路径规划	可以提取真实场景的语义
劣势	受雷达精度和探测范围影响	光照影响大，在无纹理、暗处时无法工作
	安装结构有要求，且结构一致场景中更容易出现退化的问题	运算负荷大，需要 GPU 辅助，且缺乏实时性
	地图较难获得语义信息	构建的地图难以直接用于导航
	只依据结构特征，会存在变化，回环不好建立	必须要后端优化，否则精度较差

8.1.2 3D SLAM 发展

激光 SLAM 作为发展较早的 SLAM 定位策略，其也是从单线的 2D SLAM 开始，由 LOAM

作为开端，向三维 SLAM 发展，并逐步成为现在无人设备中不可替代的一部分，同样，在 3D SLAM 中也有越来越多的策略将 SLAM 与像素级分割，得到一个带有语义的激光 SLAM 信息。目前学术界对深度学习与 3D SLAM 结合的方法仍然在摸索当中，远达不到实时性。

（1）LOAM

该模型作为该系列的鼻祖，在前几年 kitti 数据集中常占据榜首，其代码由于可读性不高，所以很多人对代码进行了重构。LOAM 仅仅是一个激光里程计算法，没有闭环检测，也就没有加入图优化框架，只是将 SLAM 问题分为两个算法并行运行：一个是 odometry 算法，使用了 scan-to-scan 方法，可以达到 10Hz；另一个是 mapping 算法，使用 map-to-map 方法，由于计算量比较大，所以输出频率为 1Hz，最终将两者输出的 pose 做整合，实现 10Hz 的位姿实时输出。其框架如图 8-1 所示。

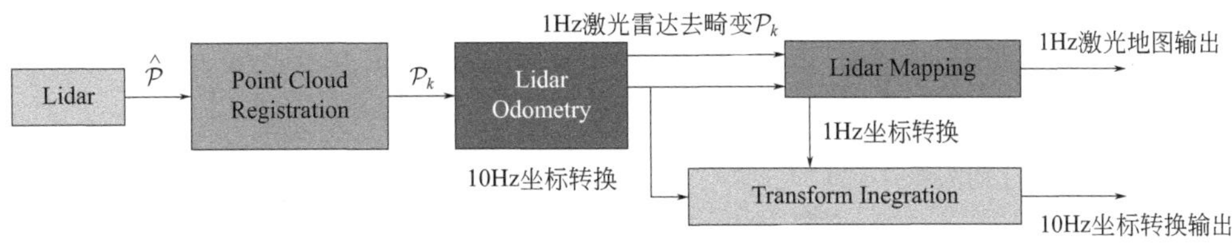

图 8-1 LOAM 框架图

（2）A-LOAM

A-LOAM 相较于 LOAM 舍去了 IMU 对信息修正的接口，同时 A-LOAM 使用 Ceres 库完成了 LM 优化和雅可比矩阵的正逆解。A-LOAM 可读性更高，便于上手。代码列表如图 8-2 所示。

目录	说明
docker 目录	提供了docker环境，方便开发者搭建环境
include 目录	包含一个简单的通用头文件以及一个计时器的类TicToc，计时单位为ms
launch 目录	ros的启动文件
out、picture 目录	预留的编译产出目录、README.md中的图片
rviz_cfg 目录	rviz的配置文件
src目录	核心代码：4个cpp分别对应了1.节点图中的4个node；1个hpp为基于Ceres构建残差函数时使用的各个仿函数类（是不是命名成Functor，更直观？）

图 8-2 A-LOAM 代码列表

（3）LeGO-LOAM

针对处理运算量做了优化，它的运算速度增加，同时相较于 LOAM 并没有牺牲精度，相比于 LOAM 具有以下特点：轻量级；地面优化；segmentation 标签筛选；两步 LM 优化法估计 6 个维度的里程计位姿（平面优化 *z*、*roll*、*pitch*，然后用边角点优化剩下的三个变量 *x*、*y*、*yaw*）；集成了回环检测以校正运动估计漂移的能力。其架构如图 8-3 所示。

（4）LIO-SAM

LIO-SAM 实际上是 LeGO-LOAM 的扩展版本，添加了 IMU 预积分因子和 GPS 因子，去除了帧帧匹配部分。LIO-SAM 考虑到 LOAM 只是将数据保存在全局体素地图中，难以执行闭环检测；没有结合其他绝对测量（GPS，指南针等）；当该体素地图变得密集时，在线优化过程的效率降低。为此使用因子图的思想优化激光 SLAM，引入四种因子：IMU 预积分因子、激光雷达里程因子、GPS 因子、闭环因子，从而实现带有回环的 3D SLAM 方法。其因子优化如图 8-4 所示。

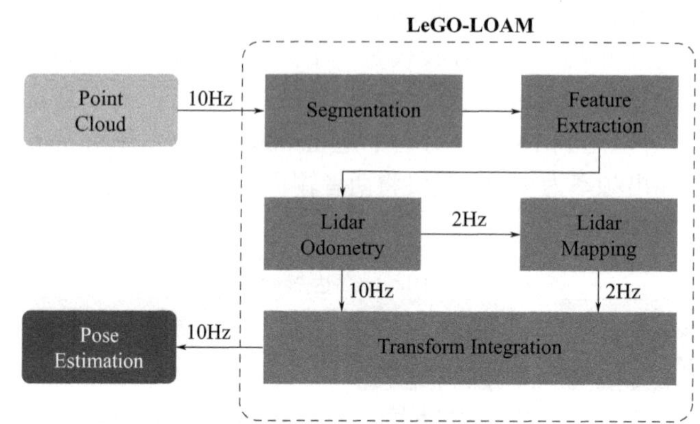

图 8-3　LeGO-LOAM 框架图

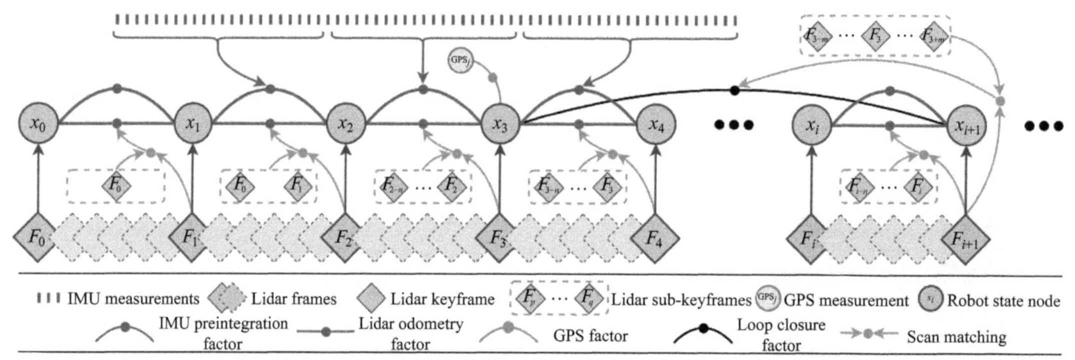

图 8-4　LIO-SAM 因子优化图

（5）FAST-LIO&FAST-LIO2

该方法为近两年提出的快速激光里程计方案，尝试将速度提升到百帧以上，在 FAST-LIO 中尝试将 IMU 和 Lidar 紧融合在一起，通过 IEKF 变种完成反向传播，根据 IMU 对 Lidar 进行运动补偿。在 FAST-LIO2 中进一步改进 iKd-Tree 的搜索策略，使用 iKd-Tree 完成对点云的储存，得益于 iKd-Tree，FAST-LIO2 可以完成扫描的全部点云与地图配准。LIO 与 LIO2 如图 8-5 和图 8-6 所示。

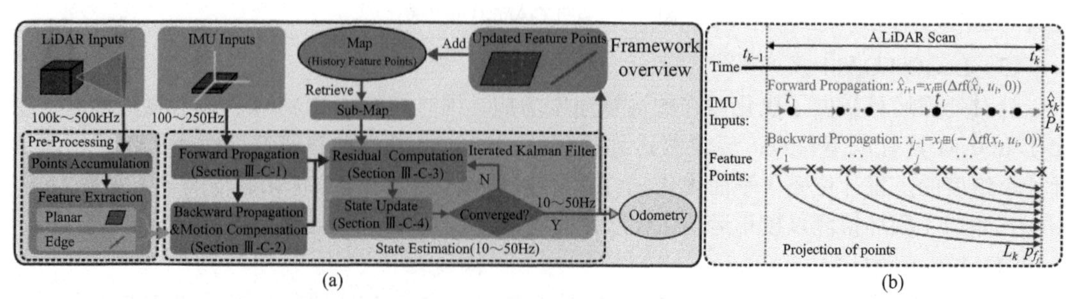

图 8-5　FAST-LIO 示意图

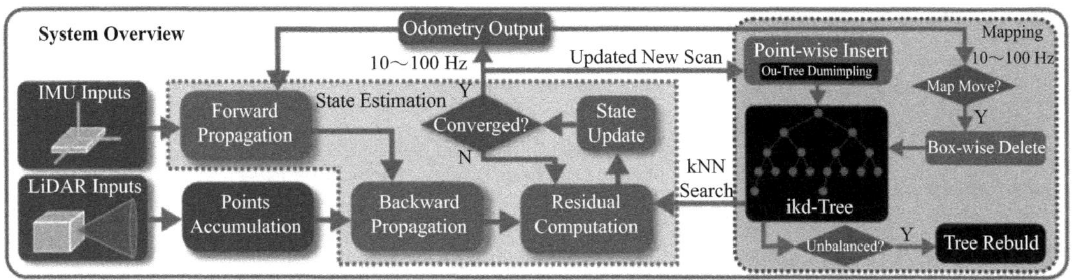

图 8-6　FAST-LIO2 示意图

8.1.3　SC-LeGO-LOAM 安装

下面展示如何完成 SC-LeGO-LOAM 安装。

本书的环境为：

① Ubuntu and ROS。

② Ubuntu 64-bit 18.04。

③ ROS Melodic。

首先安装 GTSAM 4.0.0-alpha2 版本：

```
wget -O ~/Downloads/gtsam.zip https://github.com/borglab/gtsam/archive/4.0.0-alpha2.zip
cd ~/Downloads/ && unzip gtsam.zip -d ~/Downloads/
cd ~/Downloads/gtsam-4.0.0-alpha2/
mkdir build && cd build
cmake ..
sudo make install
```

下载并编译 SC-LeGO-LOAM：

```
cd ~/catkin_ws/src
git clone https://github.com/lovelyyoshino/SC-LEGO-LOAM.git
cd ..
catkin_make
source devel/setup.bash
```

下载 KITTI 数据集的 bag 包：

```
# 下载文件：https://drive.google.com/open?id=1VpoKm7f4es4ISQ-psp4CV3iylcA4eu0-
sudo apt-get install unzip
cp ~/Downloads/2011_09_30_0027.zip ~/catkin_ws/src/SC-LEGO-LOAM/SC-LeGO-LOAM/LeGO-LOAM/dataset/
cd ~/catkin_ws/src/SC-LEGO-LOAM/SC-LeGO-LOAM/LeGO-LOAM/dataset/
unzip 2011_09_30_0027.zip
```

运行代码：

```
# 实时运行
roslaunch lego_loam run.launch
rosbag play 2011_09_30_0027.bag
# 根据 pcd 来绘制地图
roslaunch lego_loam map_loader.launch
```

SC-LeGO-LOAM 如图 8-7 所示。

图 8-7　SC-LeGO-LOAM 结果图

8.2　点云数据输入与地面点分割

8.2.1　为什么选择 SC-LeGO-LOAM

SC-LeGO-LOAM 在 LeGO-LOAM 的基础上新增了基于 Scan context 的回环检测，在回环检测的速度上相较于 LeGO-LOAM 有了一定的提升。虽然 SC-LeGO-LOAM 不包含图优化等操作，但是在实验的过程中发现，其在应对普通激光建图的场景已经足够使用，同时其代码量小，易于上手学习。

8.2.2　launch 文件

从代码的 launch 文件开始进行分析，README 文件中提示，需要从 run.launch 文件入手。

```
<launch>
      ........
      <!--- LeGO-LOAM -->
      <node pkg="lego_loam" type="imageProjection" name="imageProjection" output="screen"/>
      <node pkg="lego_loam" type="featureAssociation" name="featureAssociation"
output="screen"/>
      <node pkg="lego_loam" type="mapOptmization" name="mapOptmization" output="screen"/>
      <node pkg="lego_loam" type="transformFusion" name="transformFusion" output="screen"/>
</launch>
```

从中可以看到，launch 文件主要依赖四个 node，最后一个 node 主要输出一些数据坐标系的转换，主要功能是由前面三个 node 来实现的，而且存在数据流的依次传递和处理。

8.2.3　点云输入预处理以及地面点分割、点云分割

首先来看 imageProjection 这个 node 节点，这个部分主要是对激光雷达数据进行预处理，包括激光雷达数据获取、点云数据分割、点云类别标注、数据发布。该文件中订阅了激光雷达发布的数据，并发布多个分类点云结果，初始化 lego_loam::ImageProjection 构造函数中，nodehandle 使用～来表示在默认空间中。SC-LeGO-LOAM 过程如图 8-8 所示。

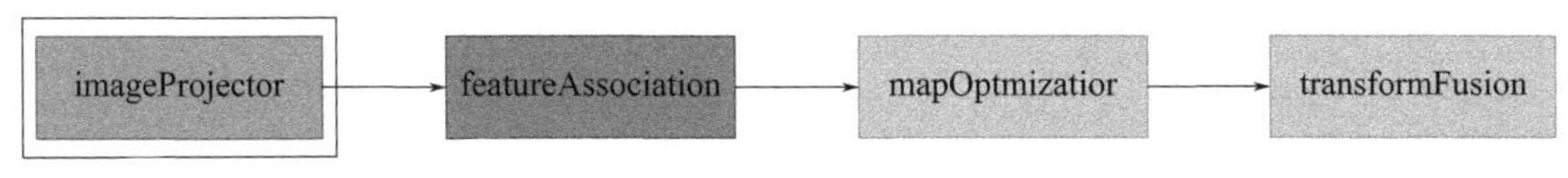

图 8-8　SC-LeGO-LOAM 流程图

```
ImageProjection::ImageProjection(): nh("~") {
        // init params
        InitParams();
        // subscriber
        subLaserCloud = nh.subscribe<sensor_msgs::PointCloud2>(pointCloudTopic.c_str(), 1,
                                   &ImageProjection::cloudHandler, this);
        // publisher
        pubFullCloud = nh.advertise<sensor_msgs::PointCloud2>("/full_cloud_projected", 1);
        pubFullInfoCloud = nh.advertise<sensor_msgs::PointCloud2>("/full_cloud_info", 1);
        pubGroundCloud = nh.advertise<sensor_msgs::PointCloud2>("/ground_cloud", 1);
        pubSegmentedCloud = nh.advertise<sensor_msgs::PointCloud2>("/segmented_cloud", 1);
        pubSegmentedCloudPure = nh.advertise<sensor_msgs::PointCloud2>("/segmented_cloud_pure", 1);
        pubSegmentedCloudInfo = nh.advertise<cloud_msgs::cloud_info>("/segmented_cloud_info", 1);
        pubOutlierCloud = nh.advertise<sensor_msgs::PointCloud2>("/outlier_cloud", 1); // 离群
点或异常点
          nanPoint.x = std::numeric_limits<float>::quiet_NaN();
          nanPoint.y = std::numeric_limits<float>::quiet_NaN();
          nanPoint.z = std::numeric_limits<float>::quiet_NaN();
          nanPoint.intensity = -1;
          allocateMemory();
          resetParameters();
      }
```

在构造函数中，除了使用 allocateMemory 对点云进行 reset、resize、assign 等重置、赋值等操作外，主要的函数是 ImageProjection::cloudHandler，该函数内部清晰记录了激光雷达数据流的走向。

```
void ImageProjection::cloudHandler(const sensor_msgs::PointCloud2ConstPtr &laserCloudMsg) {
          // 1. Convert ros message to pcl point cloud
          copyPointCloud(laserCloudMsg);
          // 2. Start and end angle of a scan
          findStartEndAngle();
          // 3. Range image projection
          projectPointCloud();
          // 4. Mark ground points
          groundRemoval();
          // 5. Point cloud segmentation
          cloudSegmentation();
          // 6. Publish all clouds
          publishCloud();
          // 7. Reset parameters for next iteration
          resetParameters();
      }
```

该回调函数调用了七个函数，完成了对单帧激光雷达数据的处理。下面对该流程进行梳理，并详细介绍地面分割方法。

（1）copyPointCloud

该函数主要功能是通过 pcl::fromROSMsg 函数将 ROS 的 PointCloud 保存成 PCL 的 PointCloud，并通过 pcl::removeNaNFromPointCloud 函数对 nan 噪点进行滤除，从而避免后面的计算中出现各种异常情况。

```
void ImageProjection::copyPointCloud(const sensor_msgs::PointCloud2ConstPtr &laserCloudMsg) {
    cloudHeader = laserCloudMsg->header;
    cloudHeader.stamp = ros::Time::now(); // Ouster lidar users may need to uncomment this line
    pcl::fromROSMsg(*laserCloudMsg, *laserCloudIn);
    // Remove Nan points
    std::vector<int> indices;
    pcl::removeNaNFromPointCloud(*laserCloudIn, *laserCloudIn, indices);
    // have "ring" channel in the cloud
    if (useCloudRing == true) {
        pcl::fromROSMsg(*laserCloudMsg, *laserCloudInRing);
        if (laserCloudInRing->is_dense == false) {  //  是否有 NAN
            ROS_ERROR("Point cloud is not in dense format, please remove NaN points first!");
            ros::shutdown();
            }
        }
}
```

（2）findStartEndAngle

这个函数主要为了计算起止角度范围。因为运动会导致多线激光雷达的第一个点和最后一个点并不是严格的 360°，存在一定的畸变，为此需要计算出起止角度，并将差值放在 segMsg 变量中，成员变量 segMsg 的类型 cloud_msgs::cloud_info 是笔者自定义的，它保存了当前帧的一些重要信息，包括起止角度、每个线的起止序号及成员变量 fullCloud 中每个点的状态。如图 8-9 所示，展示了雷达侧视和俯视的效果。

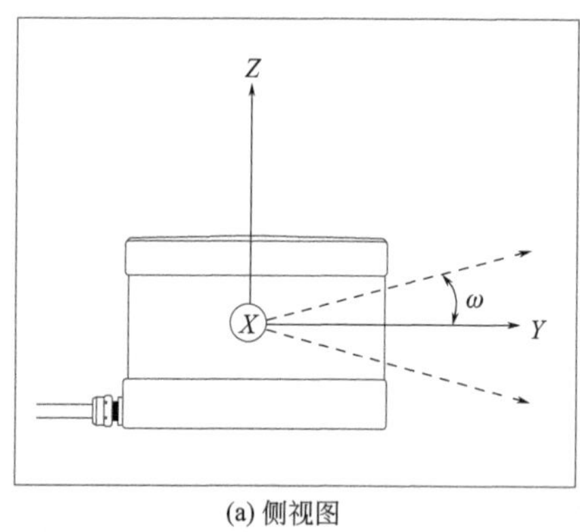

(a) 侧视图

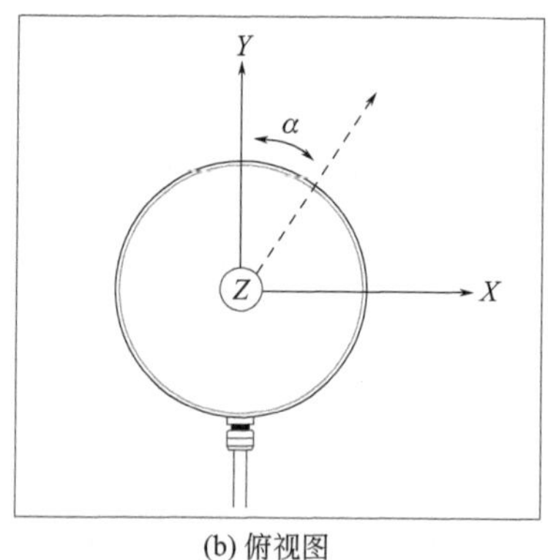

(b) 俯视图

图 8-9　激光雷达示意图

一般认为 $\theta_{start} \in [-\pi, \pi]$，而 $\theta_{end} \in [\pi, 3\pi]$，两者不会与 2π 相差太多。同时由于雷达是顺时针旋转的，所以其旋转角度为 $\alpha=-\arctan(y/x)$。

```
void ImageProjection::findStartEndAngle() {
    // 这个水平上看激光雷达启动时的初始角度，一圈下来应该和原始角度一致，实际运动中会有畸变
    // start and end orientation of this cloud    计算角度时以 x 轴负轴为基准
    segMsg.startOrientation = -atan2(laserCloudIn->points[0].y, laserCloudIn->points[0].x);
    segMsg.endOrientation = -atan2(laserCloudIn->points[laserCloudIn->points.size() - 1].y,
                 laserCloudIn->points[laserCloudIn->points.size() - 1].x) + 2 * M_PI;
        if (segMsg.endOrientation - segMsg.startOrientation > 3 * M_PI) {
            segMsg.endOrientation -= 2 * M_PI;
```

```
    } else if (segMsg.endOrientation - segMsg.startOrientation < M_PI)
        segMsg.endOrientation += 2 * M_PI;
    segMsg.orientationDiff = segMsg.endOrientation - segMsg.startOrientation;
}
```

（3）projectPointCloud

该函数将激光点云按照角度展开成图像的形式，计算所在行列和深度。对于16线激光雷达而言，垂直角度范围为[−15,15]，每根激光线束的角度差为2°，Rang Image中的行号对应激光线束的编号。其中，行表示激光线束数量，列表示每个线上同一时刻扫描到的点。这里以Mat图像保存深度，其中点的信息会使用thisPoint完成数据的存储。fullInfoCloud内部存放该帧下的所有数据，该处的点云相比于copyPointCloud函数输入的点云数据，两者区别在于第一个的强度信息填入了行号和列号相关的信息，而后者填入的是深度信息。

```
void ImageProjection::projectPointCloud() {
    // 激光点云投影成二维图像，行表示激光线束数量，列表示每一个线上扫描到的点（0.1s 扫描一圈，一个
圆圈摊平就是 360 度）
    // 计算点云深度，保存到深度图中
    // range image projection
    float verticalAngle, horizonAngle, range;
    size_t rowIdn, columnIdn, index, cloudSize;
    PointType thisPoint;
    cloudSize = laserCloudIn->points.size();
    for (size_t i = 0; i < cloudSize; ++i) {
        thisPoint.x = laserCloudIn->points[i].x;
        thisPoint.y = laserCloudIn->points[i].y;
        thisPoint.z = laserCloudIn->points[i].z;
        // find the row and column index in the iamge for this point
        // 计算竖直方向上的点的角度以及在整个雷达点云中的哪一条水平线上
        if (useCloudRing == true) {
            // 用 vlp 的时候有 ring 属性
            rowIdn = laserCloudInRing->points[i].ring;
        } else {
            // 其他 Lidar 需要根据计算垂直方向的俯仰角
            verticalAngle =
                    atan2(thisPoint.z, sqrt(thisPoint.x * thisPoint.x + thisPoint.y *
thisPoint.y)) * 180 / M_PI;
            rowIdn = (verticalAngle + ang_bottom) / ang_res_y;
        }
        if (rowIdn < 0 || rowIdn >= N_SCAN)
            continue;
        // 水平方向上的角度，一行 1800 个像素点
        horizonAngle = atan2(thisPoint.x, thisPoint.y) * 180 / M_PI;
        // round 是四舍五入
        columnIdn = -round((horizonAngle - 90.0) / ang_res_x) + Horizon_SCAN / 2;
        if (columnIdn >= Horizon_SCAN)
            columnIdn -= Horizon_SCAN;
        if (columnIdn < 0 || columnIdn >= Horizon_SCAN)
            continue;
        // 每个点的深度
        range = sqrt(thisPoint.x * thisPoint.x + thisPoint.y * thisPoint.y + thisPoint.z *
thisPoint.z);
        if (range < sensorMinimumRange)
            continue;
        // 在 rangeMat 矩阵中保存该点的深度，保存单通道像素值
        rangeMat.at<float>(rowIdn, columnIdn) = range;
        thisPoint.intensity = (float) rowIdn + (float) columnIdn / 10000.0;
        index = columnIdn + rowIdn * Horizon_SCAN;
        fullCloud->points[index] = thisPoint;
```

```
            fullInfoCloud->points[index] = thisPoint;
            fullInfoCloud->points[index].intensity = range; // the corresponding range of a point is saved as "intensity"
        }
    }
```

（4）groundRemoval

该函数主要是提前滤除地面，从贴近地面的几个线中提取地面点。取七个扫描圈，对于 i 束中的激光点，在 i+1 束找到对应点，这两点与雷达的连线所形成的向量的差 P_1、P_2 与水平面角度相差 10°以内可以看做是平地，将扫描圈中的点加入 groundCloud 点云中。地面的点云会在 groundMat 中标记为 1，labelMat 中标记为 –1，不会参与后面的分割，如图 8-10 所示。

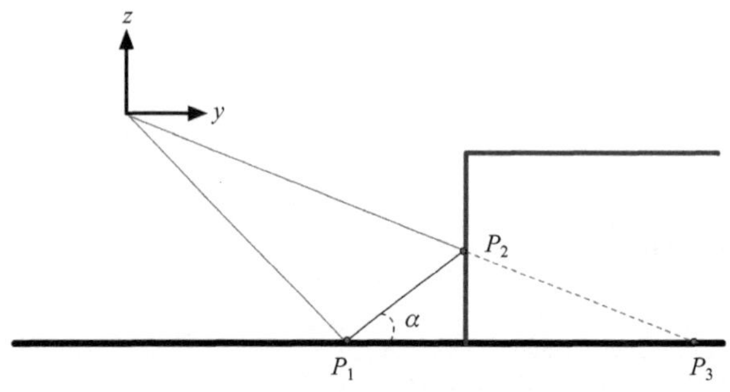

图 8-10 激光点云投影检测平面

```
void ImageProjection::groundRemoval() {
    // 利用不同的扫描圈来表示地面，进而检测地面是否水平
    // 取七个扫描圈，每两个圈之间进行一次比较，角度相差 10°以内的可以看做是平地
    // 并将扫描圈中的点加入 groundCloud 点云
    size_t lowerInd, upperInd;
    float diffX, diffY, diffZ, angle;
    // groundMat
    // -1, no valid info to check if ground of not
    //  0, initial value, after validation, means not ground
    //  1, ground
    for (size_t j = 0; j < Horizon_SCAN; ++j) {    // 每行
        for (size_t i = 0; i < groundScanInd; ++i) {  // 每列
            //  只用 7 个光束检测地面
            lowerInd = j + (i) * Horizon_SCAN;
            upperInd = j + (i + 1) * Horizon_SCAN;
            // intensity 在投影的时候已经归一化
            if (fullCloud->points[lowerInd].intensity == -1 ||
                fullCloud->points[upperInd].intensity == -1) {
                // no info to check, invalid points
                groundMat.at<int8_t>(i, j) = -1;
                continue;
            }
            diffX = fullCloud->points[upperInd].x - fullCloud->points[lowerInd].x;
            diffY = fullCloud->points[upperInd].y - fullCloud->points[lowerInd].y;
            diffZ = fullCloud->points[upperInd].z - fullCloud->points[lowerInd].z;
            angle = atan2(diffZ, sqrt(diffX * diffX + diffY * diffY)) * 180 / M_PI;
            // 相邻圈小于 10°
            if (abs(angle - sensorMountAngle) <= 10) {
                groundMat.at<int8_t>(i, j) = 1;
                groundMat.at<int8_t>(i + 1, j) = 1;
            }
        }
    }
```

```
        // extract ground cloud (groundMat == 1)
        // mark entry that doesn't need to label (ground and invalid point) for segmentation
        // note that ground remove is from 0~N_SCAN-1, need rangeMat for mark label matrix for
    the 16th scan
        for (size_t i = 0; i < N_SCAN; ++i) {
            for (size_t j = 0; j < Horizon_SCAN; ++j) {
                if (groundMat.at<int8_t>(i, j) == 1 || rangeMat.at<float>(i, j) == FLT_MAX) {
                    labelMat.at<int>(i, j) = -1;
                }
            }
        }
        if (pubGroundCloud.getNumSubscribers() != 0) {
            for (size_t i = 0; i <= groundScanInd; ++i) {
                for (size_t j = 0; j < Horizon_SCAN; ++j) {
                    if (groundMat.at<int8_t>(i, j) == 1)
                        groundCloud->push_back(fullCloud->points[j + i * Horizon_SCAN]);
                }
            }
        }
    }
```

labelComponents：这一部分主要是将地面点与异常点排除之后，对非地面点云分割，并生成局部特征。这个函数主要通过广度优先搜索，从非地面点中找出所有连成片的入射角比较小的 patch 上的点，并在 labelMat 标注 patch 的编号。这里简述广度优先搜索的思想，假设传入点为 P_0，判断 P_0 的四邻域内的点（P_1、P_2、P_3、P_4）是否在一个平面内，若 P_1 和 P_0 在同一个平面内，则计算 P_1 的四邻域的点是否在一个平面内，若在一个平面内，则保存（P_5、P_6、P_7、P_8），等到（P_1、P_2、P_3、P_4）的邻域都判断完，就开始判断剩下的，直到不再有点的四邻域点属于这个平面，则搜索结束，如图 8-11 所示。

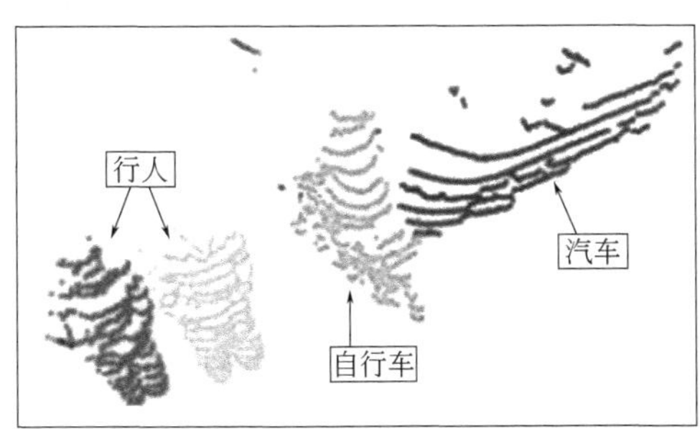

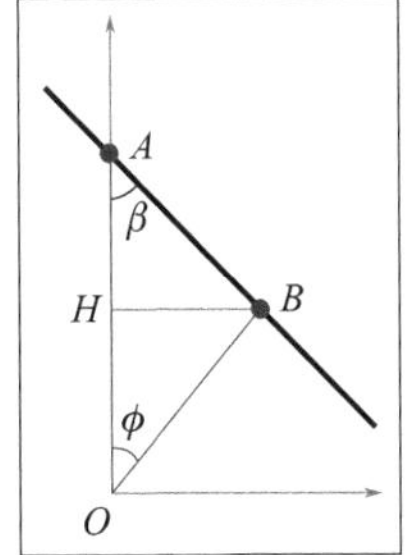

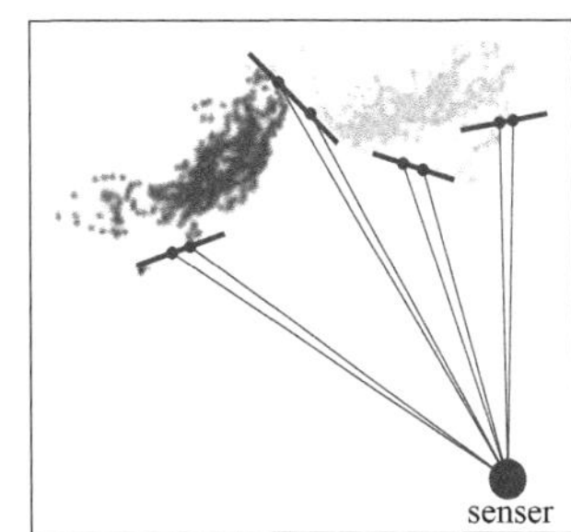

图 8-11　点云分割

```
void ImageProjection::labelComponents(int row, int col) {
        // use std::queue std::vector std::deque will slow the program down greatly
        // 特征检测，检测点与其邻近点的特征
        float d1, d2, alpha, angle;
        int fromIndX, fromIndY, thisIndX, thisIndY;
        bool lineCountFlag[N_SCAN] = {false};
        queueIndX[0] = row;
        queueIndY[0] = col;
        int queueSize = 1;
        int queueStartInd = 0;
        int queueEndInd = 1;
        allPushedIndX[0] = row;
        allPushedIndY[0] = col;
        int allPushedIndSize = 1;
        while (queueSize > 0) {
            // Pop point
```

```
            fromIndX = queueIndX[queueStartInd];
            fromIndY = queueIndY[queueStartInd];
            --queueSize;
            ++queueStartInd;
            // Mark popped point
            labelMat.at<int>(fromIndX, fromIndY) = labelCount;
            //检查上下左右四个邻点
            // Loop through all the neighboring grids of popped grid
            for (auto iter = neighborIterator.begin(); iter != neighborIterator.end(); ++iter) {
                // new index
                thisIndX = fromIndX + (*iter).first;
                thisIndY = fromIndY + (*iter).second;
                // index should be within the boundary
                if (thisIndX < 0 || thisIndX >= N_SCAN)
                    continue;
                // at range image margin (left or right side)
                if (thisIndY < 0)
                    thisIndY = Horizon_SCAN - 1;
                if (thisIndY >= Horizon_SCAN)
                    thisIndY = 0;
                // prevent infinite loop (caused by put already examined point back)
                if (labelMat.at<int>(thisIndX, thisIndY) != 0)
                    continue;
                // d1与d2分别是该点与某邻点的深度
                d1 = std::max(rangeMat.at<float>(fromIndX, fromIndY),
                              rangeMat.at<float>(thisIndX, thisIndY));
                d2 = std::min(rangeMat.at<float>(fromIndX, fromIndY),
                              rangeMat.at<float>(thisIndX, thisIndY));
                if ((*iter).first == 0)
                    alpha = segmentAlphaX;
                else
                    alpha = segmentAlphaY;
                // angle 其实是该点和某邻点的连线与 xoz 平面的夹角，这个角代表了局部特征的敏感性
                angle = atan2(d2 * sin(alpha), (d1 - d2 * cos(alpha)));
                // 如果夹角大于60°，则将这个邻点纳入局部特征中，该邻点可以用来配准使用
                if (angle > segmentTheta) {
                    queueIndX[queueEndInd] = thisIndX;
                    queueIndY[queueEndInd] = thisIndY;
                    ++queueSize;
                    ++queueEndInd;
                    labelMat.at<int>(thisIndX, thisIndY) = labelCount;
                    lineCountFlag[thisIndX] = true;
                    allPushedIndX[allPushedIndSize] = thisIndX;
                    allPushedIndY[allPushedIndSize] = thisIndY;
                    ++allPushedIndSize;
                }
            }
        }
        // check if this segment is valid
        // 当邻点数目达到30后，该帧雷达点云的几何特征配置成功
        bool feasibleSegment = false;
        if (allPushedIndSize >= 30)
            feasibleSegment = true;
        else if (allPushedIndSize >= segmentValidPointNum) {
            int lineCount = 0;
            for (size_t i = 0; i < N_SCAN; ++i)
                if (lineCountFlag[i] == true)
                    ++lineCount;
            if (lineCount >= segmentValidLineNum)
                feasibleSegment = true;
        }
```

```
        // segment is valid, mark these points
        if (feasibleSegment == true) {
            ++labelCount;
        } else { // segment is invalid, mark these points
            for (size_t i = 0; i < allPushedIndSize; ++i) {
                labelMat.at<int>(allPushedIndX[i], allPushedIndY[i]) = 999999;
            }
        }
    }
```

（5）cloudSegmentation

该函数是把所有地面点和刚分割出来的 labelCount 上的点合并保存在 segmentedCloud 中，此时当前帧的点已经有效分割成多个类，这也是该 node 需要传递给下一个 node 进行特征提取和匹配的点云。在 segMsg 中对应位置处保存每个点的属性（该点是不是地面，深度，属于第几列），同时由于不需要那么多地面的点云，所以使用五个采一个的策略来实现地面点的降采样。

```
void ImageProjection::cloudSegmentation() {
   // segmentation process
   // / 在排除地面点与异常点之后，逐一检测邻点特征并生成局部特征
   for (size_t i = 0; i < N_SCAN; ++i)
       for (size_t j = 0; j < Horizon_SCAN; ++j)
           if (labelMat.at<int>(i, j) == 0)
               labelComponents(i, j);
   int sizeOfSegCloud = 0;
   // extract segmented cloud for lidar odometry
   for (size_t i = 0; i < N_SCAN; ++i) {
       segMsg.startRingIndex[i] = sizeOfSegCloud - 1 + 5;
       for (size_t j = 0; j < Horizon_SCAN; ++j) {
           // 如果是特征点或者地面点，就可以纳入被分割点云
           if (labelMat.at<int>(i, j) > 0 || groundMat.at<int8_t>(i, j) == 1) {
               // outliers that will not be used for optimization (always continue)
               if (labelMat.at<int>(i, j) == 999999) {
                   if (i > groundScanInd && j % 5 == 0) {
                       outlierCloud->push_back(fullCloud->points[j + i * Horizon_SCAN]);
                       continue;
                   } else {
                       continue;
                   }
               }
               // majority of ground points are skipped
               // 地面点云每隔 5 个点纳入被分割点云
               if (groundMat.at<int8_t>(i, j) == 1) {
                   if (j % 5 != 0 && j > 5 && j < Horizon_SCAN - 5)
                       continue;
               }
               // mark ground points so they will not be considered as edge features later
               segMsg.segmentedCloudGroundFlag[sizeOfSegCloud] = (groundMat.at<int8_t>(i, j)
== 1);
               // mark the points' column index for marking occlusion later
               segMsg.segmentedCloudColInd[sizeOfSegCloud] = j;
               // save range info
               segMsg.segmentedCloudRange[sizeOfSegCloud] = rangeMat.at<float>(i, j);
               // save seg cloud 把当前点纳入分割点云中
               segmentedCloud->push_back(fullCloud->points[j + i * Horizon_SCAN]);
               // size of seg cloud
               ++sizeOfSegCloud;
           }
       }
```

```
            segMsg.endRingIndex[i] = sizeOfSegCloud - 1 - 5;
        }
        // extract segmented cloud for visualization
        // 在当前有节点订阅便将分割点云的几何信息也发布出去
        if (pubSegmentedCloudPure.getNumSubscribers() != 0) {
            for (size_t i = 0; i < N_SCAN; ++i) {
                for (size_t j = 0; j < Horizon_SCAN; ++j) {
                    if (labelMat.at<int>(i, j) > 0 && labelMat.at<int>(i, j) != 999999) {
                        segmentedCloudPure->push_back(fullCloud->points[j + i * Horizon_SCAN]);
                        segmentedCloudPure->points.back().intensity = labelMat.at<int>(i, j);
                    }
                }
            }
        }
}
```

（6）publishCloud

该函数用于发布 ROS 相关的任务，包括该帧的 segMsg，完整点云 fullCloud/fullInfoCloud，地面点云，从非地面提取出来的点和降采样的地面点，外点（实际为比较小的 patch 上的点，因此两个叠加会导致角度差较大，且点云数不满足需求）。

（7）resetParameters

清空成员变量，准备下一次的处理。

8.3 激光特征提取与关联

8.3.1 入口函数

在经过 ImageProjection 完成对地面点的分割后，需要使用 featureAssociation 进行特征提取，特征提取作为最重要的部分，包含对分割出的点云进行数据处理、数据提取、特征匹配、里程计输出等。SC-LeGO-LOAM 流程如图 8-12 所示。

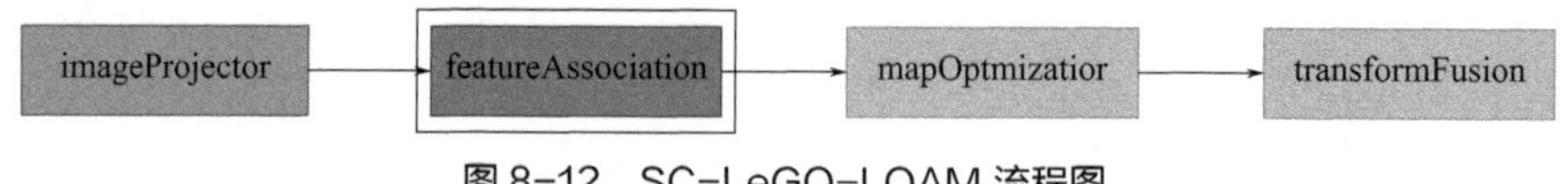

图 8-12 SC-LeGO-LOAM 流程图

与 ImageProjection 一样，主函数是订阅了上一个流程发布出来的节点信息，但是执行流程稍有不同，没有将相关的处理函数在回调函数中调用，而是以一定频率在循环中运行。

```
int main(int argc, char **argv) {
    ros::init(argc, argv, "lego_loam");
    ROS_INFO("\033[1;32m---->\033[0m Feature Association Started.");
    lego_loam::FeatureAssociation FA;
    ros::Rate rate(200);
    while (ros::ok())   // while (1)
    {
        ros::spinOnce();
        FA.runFeatureAssociation();
        rate.sleep();
    }
    ros::spin();
    return 0;
}
```

在初始化的过程中 FeatureAssociation 订阅了上一节点发出的分割的点云、点云的属性、外点以及 IMU 消息，并设置回调函数。其中 IMU 消息的订阅函数较为复杂，它从 IMU 数据中提取出姿态、角速度和线加速度，姿态用来消除重力对线加速度的影响，然后使用函数 AccumulateIMUShiftAndRotation 做积分，根据姿态，将加速度在世界坐标系下进行投影，再根据匀加速度运动模型积分得到速度和位移。图 8-13 为加速度坐标系作用力转换示意图。

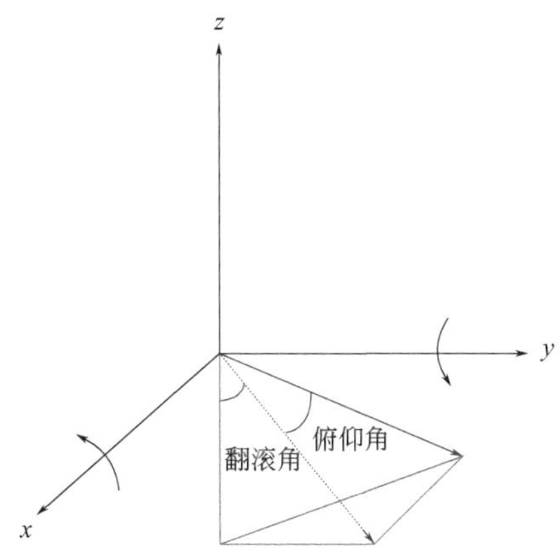

图 8-13　加速度坐标系作用力转换示意图

```
void FeatureAssociation::imuHandler(const sensor_msgs::Imu::ConstPtr &imuIn) {
        double roll, pitch, yaw;
        tf::Quaternion orientation;
        tf::quaternionMsgToTF(imuIn->orientation, orientation);
        tf::Matrix3x3(orientation).getRPY(roll, pitch, yaw);
        // 对加速度进行坐标变换
        // 进行加速度坐标交换时将重力加速度去除，再进行 xxx 到 zzz、yyy 到 xxx、zzz 到 yyy 的变换
        // 去除重力加速度的影响时，需要把重力加速度分解到三个坐标轴上，然后分别去除它们分量的影响，
在去除的过程中需要注意加减号（默认右手坐标系的旋转方向来看）
        // 在图 8-13 中，可以简单理解为红色箭头实线分解到红色箭头虚线上（根据 pitchpitchpitch 进行分
解），然后按找 rollrollroll 角进行分解
        // 原文链接：https://blog.csdn.net/wykxwyc/article/details/98317544
        float accX = imuIn->linear_acceleration.y - sin(roll) * cos(pitch) * 9.81;
        float accY = imuIn->linear_acceleration.z - cos(roll) * cos(pitch) * 9.81;
        float accZ = imuIn->linear_acceleration.x + sin(pitch) * 9.81;
        imuPointerLast = (imuPointerLast + 1) % imuQueLength;
        // 将欧拉角、加速度、速度保存到循环队列中
        imuTime[imuPointerLast] = imuIn->header.stamp.toSec();
        imuRoll[imuPointerLast] = roll;
        imuPitch[imuPointerLast] = pitch;
        imuYaw[imuPointerLast] = yaw;
        imuAccX[imuPointerLast] = accX;
        imuAccY[imuPointerLast] = accY;
        imuAccZ[imuPointerLast] = accZ;
        imuAngularVeloX[imuPointerLast] = imuIn->angular_velocity.x;
        imuAngularVeloY[imuPointerLast] = imuIn->angular_velocity.y;
        imuAngularVeloZ[imuPointerLast] = imuIn->angular_velocity.z;
        // 积分计算得到位移
        AccumulateIMUShiftAndRotation();
    }
```

然后进入 runFeatureAssociation 主程序部分，这部分主要完成时间同步以及特征提取与特征关联的数据流的控制。

```
void FeatureAssociation::runFeatureAssociation() {
        // 有新数据进来才执行
        if (newSegmentedCloud && newSegmentedCloudInfo && newOutlierCloud &&
            std::abs(timeNewSegmentedCloudInfo - timeNewSegmentedCloud) < 0.05 &&
            std::abs(timeNewOutlierCloud - timeNewSegmentedCloud) < 0.05) {
            newSegmentedCloud = false;
            newSegmentedCloudInfo = false;
            newOutlierCloud = false;
        } else {
            return;
        }
        /**
        1. Feature Extraction
        */
        adjustDistortion();  //  imu 去畸变
        calculateSmoothness(); //  计算光滑性
        markOccludedPoints();  // 距离较大或者距离变动较大的点标记
        extractFeatures();  //  特征提取
        publishCloud(); // cloud for visualization
        /**
        2. Feature Association
        */
        if (!systemInitedLM) {
            checkSystemInitialization();
            return;
        }
        updateInitialGuess();  //  更新初始位姿
        //  一个是找特征平面，通过面之间的对应关系计算出变换矩阵
        // 另一个是通过角、边特征的匹配，计算变换矩阵
        updateTransformation();
        integrateTransformation();  //  计算旋转角的累积变化量
        publishOdometry();
        publishCloudsLast(); // cloud to mapOptimization
    }
```

接下来沿着 runFeatureAssociation 来解读特征提取与数据关联两部分的操作。

8.3.2 特征提取—畸变去除

特征提取的第一步就是使用 IMU 对激光点云完成去畸变的操作。首先变换坐标系，将点云的 *xyz* 坐标系（右前上）转化为 *yzx* 坐标系（前上右），其原因是激光雷达与 IMU 坐标系定义不同，函数中先对坐标进行了交换，仅仅是为了将点云在 IMU 坐标系下进行表示。然后根据 yaw 角判断每个点云是否旋转过半，分情况和起始角、结束角比较，判断点云是否合法。IMU 去除雷达畸变如图 8-14 所示。

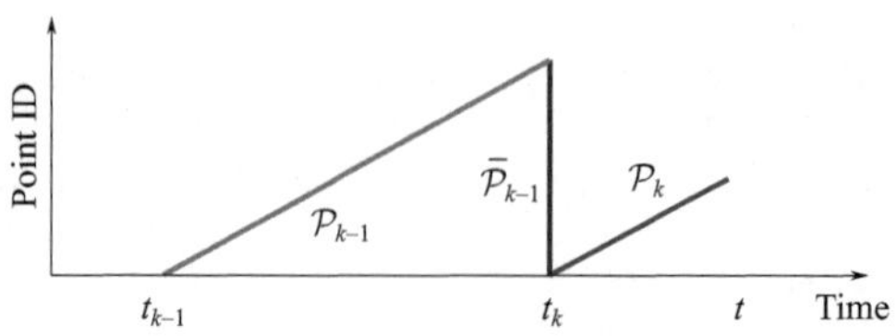

图 8-14　IMU 去除雷达畸变

Lidar Odometry 模块的作用是将累积的 Scan 注册到上一时刻的 Sweep 中。设 $\bar{\mathcal{P}}_{k-1}$ 为点云 $\mathcal{P}_{k-1}$ 投影到 t_k 的 Lidar 坐标系 L_k 后的表示，$\tilde{\mathcal{E}}_k$、$\tilde{\mathcal{H}}_k$ 为 $\hat{\mathcal{P}}_k$ 中提取的 Edge Points 与 Planar Points 集，并转换到了 L_k 坐标系

```
    for (int i = 0; i < cloudSize; i++) {
        // 坐标变换
        point.x = segmentedCloud->points[i].y;
        point.y = segmentedCloud->points[i].z;
        point.z = segmentedCloud->points[i].x;
        // 计算点的yaw，根据不同的偏航角，可以知道激光雷达扫过的位置有没有超过一半
        float ori = -atan2(point.x, point.z);
        if (!halfPassed) {
            if (ori < segInfo.startOrientation - M_PI / 2)
                ori += 2 * M_PI;
            else if (ori > segInfo.startOrientation + M_PI * 3 / 2)
                ori -= 2 * M_PI;
            if (ori - segInfo.startOrientation > M_PI)
                halfPassed = true;
        } else {
            ori += 2 * M_PI;
            if (ori < segInfo.endOrientation - M_PI * 3 / 2)
                ori += 2 * M_PI;
            else if (ori > segInfo.endOrientation + M_PI / 2)
                ori -= 2 * M_PI;
        }
        float relTime = (ori - segInfo.startOrientation) / segInfo.orientationDiff;
        point.intensity = int(segmentedCloud->points[i].intensity) + scanPeriod * relTime;
    ……
```

计算当前点与起始时刻点云的相对时间，并保存到点的强度当中。寻找超越当前点云点时间的 IMU 时间，没有找到则 imuPointerFront 为 imuPointerLast。如果最新的 IMU 时间早于点云时间，则保存最新 IMU 数据与最新的点云数据对应。如果最新的 IMU 时间迟于点云时间，则利用前后的 IMU 时间对该点云的 IMU 数据完成插补，并计算出与上一帧的角度变化。

```
    // imu与lidar时间轴对齐
    if (imuPointerLast >= 0) {
    float pointTime = relTime * scanPeriod;
    imuPointerFront = imuPointerLastIteration;
    //  imu数据比激光数据早，但是没有更后面的数据，不能通过插补进行优化
    while (imuPointerFront != imuPointerLast) {
        if (timeScanCur + pointTime < imuTime[imuPointerFront]) {
            break;
        }
        imuPointerFront = (imuPointerFront + 1) % imuQueLength;
    }
    // imu时间在前
    if (timeScanCur + pointTime > imuTime[imuPointerFront]) {
        imuRollCur = imuRoll[imuPointerFront];
        imuPitchCur = imuPitch[imuPointerFront];
        imuYawCur = imuYaw[imuPointerFront];
        imuVeloXCur = imuVeloX[imuPointerFront];
        imuVeloYCur = imuVeloY[imuPointerFront];
        imuVeloZCur = imuVeloZ[imuPointerFront];
        imuShiftXCur = imuShiftX[imuPointerFront];
        imuShiftYCur = imuShiftY[imuPointerFront];
        imuShiftZCur = imuShiftZ[imuPointerFront];
    } else {
        // 在imu数据充足的情况下才会发生插值
        // 当前timeScanCur + pointTime < imuTime[imuPointerFront],
        // 而且imuPointerFront是最早一个时间大于timeScanCur + pointTime的imu数据指针
        // imuPointerBack是imuPointerFront的前一个imu数据指针
        int imuPointerBack = (imuPointerFront + imuQueLength - 1) % imuQueLength;
        float ratioFront = (timeScanCur + pointTime - imuTime[imuPointerBack])
                           / (imuTime[imuPointerFront] - imuTime[imuPointerBack]);
```

```
    float ratioBack = (imuTime[imuPointerFront] - timeScanCur - pointTime)
                      / (imuTime[imuPointerFront] - imuTime[imuPointerBack]);
    // roll 和 pitch 通常接近 0，yaw 变化角度较大
    imuRollCur = imuRoll[imuPointerFront] * ratioFront + imuRoll[imuPointerBack] * ratioBack;
    imuPitchCur = imuPitch[imuPointerFront] * ratioFront + imuPitch[imuPointerBack] *
ratioBack;
    if (imuYaw[imuPointerFront] - imuYaw[imuPointerBack] > M_PI) {
        imuYawCur =
          imuYaw[imuPointerFront] * ratioFront + (imuYaw[imuPointerBack] + 2 * M_PI) *
ratioBack;
    } else if (imuYaw[imuPointerFront] - imuYaw[imuPointerBack] < -M_PI) {
        imuYawCur =
          imuYaw[imuPointerFront] * ratioFront + (imuYaw[imuPointerBack] - 2 * M_PI) *
ratioBack;
    } else {
        imuYawCur = imuYaw[imuPointerFront] * ratioFront + imuYaw[imuPointerBack] * ratioBack;
    }
    // 速度与位置进行插值
    imuVeloXCur = imuVeloX[imuPointerFront] * ratioFront + imuVeloX[imuPointerBack] *
ratioBack;
    imuVeloYCur = imuVeloY[imuPointerFront] * ratioFront + imuVeloY[imuPointerBack] *
ratioBack;
    imuVeloZCur = imuVeloZ[imuPointerFront] * ratioFront + imuVeloZ[imuPointerBack] *
ratioBack;
    imuShiftXCur = imuShiftX[imuPointerFront] * ratioFront + imuShiftX[imuPointerBack] *
ratioBack;
    imuShiftYCur = imuShiftY[imuPointerFront] * ratioFront + imuShiftY[imuPointerBack] *
ratioBack;
    imuShiftZCur = imuShiftZ[imuPointerFront] * ratioFront + imuShiftZ[imuPointerBack] *
ratioBack;
}
```

如果 i 为第一点，则需要处理第一个点的三角函数值。

```
void FeatureAssociation::updateImuRollPitchYawStartSinCos() {
      cosImuRollStart = cos(imuRollStart);
      cosImuPitchStart = cos(imuPitchStart);
      cosImuYawStart = cos(imuYawStart);
      sinImuRollStart = sin(imuRollStart);
      sinImuPitchStart = sin(imuPitchStart);
      sinImuYawStart = sin(imuYawStart);
}
```

若不是第一个点，则将其他点的速度和点云信息投影到第一个点下，让点云信息均在第一个点的时刻。其中 VeloToStartIMU 函数主要用来得到其他点云点和第一个点云点的相对速度。而 TransformToStartIMU 函数是将所有的点云转换到世界坐标系下，并将点云点从地图坐标系投影到第一个点中。

```
else {
   VeloToStartIMU();
   TransformToStartIMU(&point);
}
```

8.3.3 特征提取一计算平滑

这一部分在 LOAM 中也存在，直接根据点到前后各五个点的距离的平方来描述平滑度。这里的曲率只是一个量的大小的概念。因为曲率并不参加最终的优化，只是衡量一个点光滑与否的标志，是个相对的概念。在拿到曲率后，会在 cloudSmoothness 中保存曲率和索引对，以便后面根据曲率对点进行排序。

```
void FeatureAssociation::calculateSmoothness() {
    // 计算光滑性
    int cloudSize = segmentedCloud->points.size();
    for (int i = 5; i < cloudSize - 5; i++) {
      float diffRange = segInfo.segmentedCloudRange[i - 5] + segInfo.segmentedCloudRange[i - 4]
              + segInfo.segmentedCloudRange[i - 3] + segInfo.segmentedCloudRange[i - 2]
              + segInfo.segmentedCloudRange[i - 1] - segInfo.segmentedCloudRange[i] * 10
              + segInfo.segmentedCloudRange[i + 1] + segInfo.segmentedCloudRange[i + 2]
              + segInfo.segmentedCloudRange[i + 3] + segInfo.segmentedCloudRange[i + 4]
              + segInfo.segmentedCloudRange[i + 5];
        cloudCurvature[i] = diffRange * diffRange;
        // 在 markOccludedPoints() 函数中对该参数进行重新修改
        cloudNeighborPicked[i] = 0;
        cloudLabel[i] = 0;  //  在 extractFeatures() 函数中对标签进行修改
        cloudSmoothness[i].value = cloudCurvature[i];
        cloudSmoothness[i].ind = i;
    }
}
```

8.3.4　特征提取—去除不可靠点

这里去除不可靠点的方法也和 LOAM 类似，其目的是排除可能的遮挡，通过判断相邻两点的距离，找到深度变化较为明显的点，由于远处的点更容易被遮挡，所以会一同去除该点附近的点集合，然后再次判断与两侧点相差都较大的情况，如果存在，那有可能是噪声，也会在 cloudNeighborPicked 中标注为 1，后面的特征提取中不会再考虑。特征提取如图 8-15 所示。

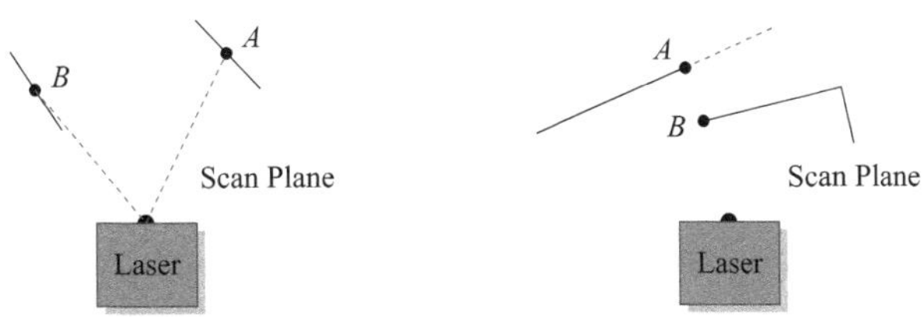

图 8-15　去除不可靠遮挡点

```
void FeatureAssociation::markOccludedPoints() {
    int cloudSize = segmentedCloud->points.size();
    for (int i = 5; i < cloudSize - 6; ++i) {
        float depth1 = segInfo.segmentedCloudRange[i];
        float depth2 = segInfo.segmentedCloudRange[i + 1];
        int columnDiff = std::abs(int(segInfo.segmentedCloudColInd[i + 1] - segInfo.
segmentedCloudColInd[i]));
        if (columnDiff < 10) {
            // 选择距离较远的那些点，并将它们标记为 1
            if (depth1 - depth2 > 0.3) {
                cloudNeighborPicked[i - 5] = 1;
                cloudNeighborPicked[i - 4] = 1;
                cloudNeighborPicked[i - 3] = 1;
                cloudNeighborPicked[i - 2] = 1;
                cloudNeighborPicked[i - 1] = 1;
                cloudNeighborPicked[i] = 1;
            } else if (depth2 - depth1 > 0.3) {
                cloudNeighborPicked[i + 1] = 1;
                cloudNeighborPicked[i + 2] = 1;
                cloudNeighborPicked[i + 3] = 1;
                cloudNeighborPicked[i + 4] = 1;
```

```
                cloudNeighborPicked[i + 5] = 1;
                cloudNeighborPicked[i + 6] = 1;
            }
        }
        float diff1 = std::abs(float(segInfo.segmentedCloudRange[i - 1] - segInfo.
segmentedCloudRange[i]));
        float diff2 = std::abs(float(segInfo.segmentedCloudRange[i + 1] - segInfo.
segmentedCloudRange[i]));
        // 选择距离变化较大的点，并将它们标记为1
        if (diff1 > 0.02 * segInfo.segmentedCloudRange[i] && diff2 > 0.02 * segInfo.
segmentedCloudRange[i])
            cloudNeighborPicked[i] = 1;
    }
}
```

8.3.5 特征提取—角点提取

这部分主要是对已经计算曲率的点进行特征提取，首先会清空上一帧的观测量。

```
void FeatureAssociation::extractFeatures() {
   cornerPointsSharp->clear();
   cornerPointsLessSharp->clear();
   surfPointsFlat->clear();
   surfPointsLessFlat->clear();
```

为了防止特征提取过于密集，程序中会对当前点云帧按线束分成六个区域，并在每个区域内提取一定数量的角点和面点，从而让点云分布更均匀，匹配效果更好。其中 sp 的计算公式为 $sp = start + \frac{(end - start)j}{6}$，代表每份点云的起点；$ep = start + \frac{(end - start)(j+1)}{6}$，代表每份点云的终点。

```
for (int j = 0; j < 6; j++) {
   int sp = (segInfo.startRingIndex[i] * (6 - j) + segInfo.endRingIndex[i] * j) / 6;
   int ep = (segInfo.startRingIndex[i] * (5 - j) + segInfo.endRingIndex[i] * (j + 1)) / 6 - 1;
```

按照曲率对每份点云从大到小排列，并提取特征（需要去除之前的遮挡不可靠点、地面点、曲率小于一定值的点），然后提取曲率最大的两个点作为强角点，其他 18 个曲率较大的点加入 cornerPointsLessSharp 集合作为角点。

```
std::sort(cloudSmoothness.begin() + sp, cloudSmoothness.begin() + ep, by_value());
      int largestPickedNum = 0;
      for (int k = ep; k >= sp; k--) {
          int ind = cloudSmoothness[k].ind;
          if (cloudNeighborPicked[ind] == 0 &&
              cloudCurvature[ind] > edgeThreshold &&
              segInfo.segmentedCloudGroundFlag[ind] == false) {
              largestPickedNum++;
              if (largestPickedNum <= 2) {
                  cloudLabel[ind] = 2;
                  cornerPointsSharp->push_back(segmentedCloud->points[ind]);
                  cornerPointsLessSharp->push_back(segmentedCloud->points[ind]);
              } else if (largestPickedNum <= 20) {
                  cloudLabel[ind] = 1;
                  cornerPointsLessSharp->push_back(segmentedCloud->points[ind]);
              } else {
                  break;
              }
```

为了避免重复选取或者特征集中在选取点的附近，这里会对已经被选为特征的点进行淘汰，同时检查这个点前后的五个点，如果距离较近也同样去除。

```
cloudNeighborPicked[ind] = 1;
for (int l = 1; l <= 5; l++) {
    int columnDiff = std::abs(int(segInfo.segmentedCloudColInd[ind + l] -
                    segInfo.segmentedCloudColInd[ind + l - 1]));
    if (columnDiff > 10)
        break;
    cloudNeighborPicked[ind + l] = 1;
}
for (int l = -1; l >= -5; l--) {
    int columnDiff = std::abs(int(segInfo.segmentedCloudColInd[ind + l] -
                    segInfo.segmentedCloudColInd[ind + l + 1]));
    if (columnDiff > 10)
        break;
    cloudNeighborPicked[ind + l] = 1;
}
```

然后提取地面点，按照曲率最小的四个地面点为强面点，剩下的地面点是一般面点。这里也要求只能是之前分割的地面点，且曲率需要小于一定的阈值，并按照距离判断是否删除前后的五个地面点。由于剩下的所有地面点 surfPointsLessFlatScan 点云过多，所以会使用下采样来大大减少计算量。

```
// 平面点只从地面点中进行选择
int smallestPickedNum = 0;
for (int k = sp; k <= ep; k++) {
    int ind = cloudSmoothness[k].ind;
    if (cloudNeighborPicked[ind] == 0 &&
        cloudCurvature[ind] < surfThreshold &&
        segInfo.segmentedCloudGroundFlag[ind] == true) {
        cloudLabel[ind] = -1;
        surfPointsFlat->push_back(segmentedCloud->points[ind]);
        smallestPickedNum++;
        if (smallestPickedNum >= 4) {
            break;
        }
        cloudNeighborPicked[ind] = 1;
        for (int l = 1; l <= 5; l++) {
            int columnDiff = std::abs(int(segInfo.segmentedCloudColInd[ind + l] -
                            segInfo.segmentedCloudColInd[ind + l - 1]));
            if (columnDiff > 10)
                break;
            cloudNeighborPicked[ind + l] = 1;
        }
        for (int l = -1; l >= -5; l--) {
            int columnDiff = std::abs(int(segInfo.segmentedCloudColInd[ind + l] -
                            segInfo.segmentedCloudColInd[ind + l + 1]));
            if (columnDiff > 10)
                break;
            cloudNeighborPicked[ind + l] = 1;
        }
    }
}
for (int k = sp; k <= ep; k++) {
    if (cloudLabel[k] <= 0) {
        surfPointsLessFlatScan->push_back(segmentedCloud->points[k]);
    }
}
}
```

```
// surfPointsLessFlatScan 中有过多的点云，如果点云太多，计算量太大
surfPointsLessFlatScanDS->clear();
downSizeFilter.setInputCloud(surfPointsLessFlatScan);
downSizeFilter.filter(*surfPointsLessFlatScanDS);
*surfPointsLessFlat += *surfPointsLessFlatScanDS;
```

至此就完成了激光的提取功能，下面是特征关联的相关操作。

8.3.6 数据关联—更新初始化位姿

这里主要是对当前时刻保存的IMU数据作为先验观测，计算最后一个点相较于第一个点的位移以及速度。该函数根据IMU积分的结果，计算出一个初始位姿transformCur，这个位姿指的是雷达旋转一圈后发生的相对位姿变换。

```
void FeatureAssociation::updateInitialGuess() {
      imuPitchLast = imuPitchCur;
      imuYawLast = imuYawCur;
      imuRollLast = imuRollCur;
      imuShiftFromStartX = imuShiftFromStartXCur;
      imuShiftFromStartY = imuShiftFromStartYCur;
      imuShiftFromStartZ = imuShiftFromStartZCur;
      imuVeloFromStartX = imuVeloFromStartXCur;
      imuVeloFromStartY = imuVeloFromStartYCur;
      imuVeloFromStartZ = imuVeloFromStartZCur;
          // 当前帧第一个点与上一帧第一个点的旋转角差值
      // transformCur 是在 Cur 坐标系下的 p_start=R*p_cur+t
      // R 和 t 是在 Cur 坐标系下的
      // 而 imuAngularFromStart 是在 start 坐标系下的，所以需要加负号
      if (imuAngularFromStartX != 0 || imuAngularFromStartY != 0 || imuAngularFromStartZ != 0) {
          transformCur[0] = -imuAngularFromStartY;
          transformCur[1] = -imuAngularFromStartZ;
          transformCur[2] = -imuAngularFromStartX;
      }
      // 速度乘以时间，当前变换中的位移
      if (imuVeloFromStartX != 0 || imuVeloFromStartY != 0 || imuVeloFromStartZ != 0) {
          // 当前帧最后一个点与当前帧第一个点的平移量差值
          transformCur[3] -= imuVeloFromStartX * scanPeriod;
          transformCur[4] -= imuVeloFromStartY * scanPeriod;
          transformCur[5] -= imuVeloFromStartZ * scanPeriod;
      }
}
```

8.3.7 数据关联—更新变换矩阵

这部分主要完成点到线与面的计算公式，并通过对面特征与线特征的优化完成对矩阵的求导与更新。

```
if (laserCloudCornerLastNum < 10 || laserCloudSurfLastNum < 100)
      return;
for (int iterCount1 = 0; iterCount1 < 25; iterCount1++) {
      laserCloudOri->clear();
      coeffSel->clear();
      //  找到对应的特征平面
      findCorrespondingSurfFeatures(iterCount1);
      if (laserCloudOri->points.size() < 10)
```

```
            continue;
        //  面特征匹配计算变换矩阵
        if (calculateTransformationSurf(iterCount1) == false)
            break;
    }
    for (int iterCount2 = 0; iterCount2 < 25; iterCount2++) {
        laserCloudOri->clear();
        coeffSel->clear();
        //  寻找边、角特征
        findCorrespondingCornerFeatures(iterCount2);
        if (laserCloudOri->points.size() < 10)
            continue;
        //  边角特征匹配
        if (calculateTransformationCorner(iterCount2) == false)
            break;
    }
```

8.3.8 数据关联—线面特征提取

这里将坐标系转换到初始时刻的 TransformToStart 函数中，假设机器人在匀速运动，即位姿是线性变化的。函数中提到的 s 就是随时间线性变化的因子。这里 intensity 整数部分代表 ring 序号，小数部分代表当前点在这一圈中所花的时间，10 这个参数代表雷达的频率，这样就可以求得当前点云时间减去初始点云相对于帧点云时间差的比值。

```
float s = 10 * (pi->intensity - int(pi->intensity));
```

这里与 LOAM 一样，通过对当前帧的点 i 寻找到上一帧最近邻的线束（橙色），并在上面寻找到两个最近点 j、l，然后在最近邻线束相邻的线束中寻找到第三个点 m，根据这三个点构建平面，并求点 i 到该面的距离。三点确定的面特征如图 8-16 所示。

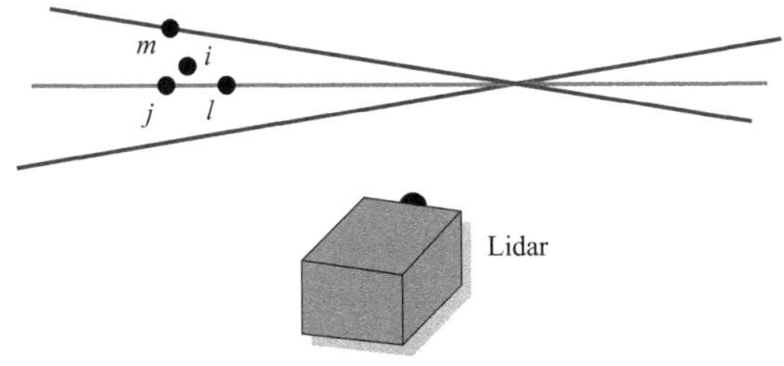

图 8-16　三点确定的面特征

```
// 每五次迭代重新匹配特征点
if (iterCount % 5 == 0) {
// k 点最近邻搜索，这里 k=1
kdtreeSurfLast->nearestKSearch(pointSel, 1, pointSearchInd, pointSearchSqDis);
int closestPointInd = -1, minPointInd2 = -1, minPointInd3 = -1;
// sq: 平方，距离的平方值
// 如果 nearestKSearch 找到的 1(k=1) 个邻近点满足条件
if (pointSearchSqDis[0] < nearestFeatureSearchSqDist) {
closestPointInd = pointSearchInd[0];
// 在 imageProjection.cpp 文件中有上述两行代码，两种类型的值，应该存的是上面一个
int closestPointScan = int(laserCloudSurfLast->points[closestPointInd].intensity);
// 主要功能是找到 2 个 scan 之内的最近点，并将找到的最近点及其序号保存
// 之前扫描的保存到 minPointSqDis2，之后的保存到 minPointSqDis2
float pointSqDis, minPointSqDis2 = nearestFeatureSearchSqDist, minPointSqDis3 =
nearestFeatureSearchSqDist;
```

```
for (int j = closestPointInd + 1; j < surfPointsFlatNum; j++) {
        // 相邻的 ScanID 相差两度
    if (int(laserCloudSurfLast->points[j].intensity) > closestPointScan + 2.5) {
        break;
    }
    pointSqDis = (laserCloudSurfLast->points[j].x - pointSel.x) *
                 (laserCloudSurfLast->points[j].x - pointSel.x) +
                 (laserCloudSurfLast->points[j].y - pointSel.y) *
                 (laserCloudSurfLast->points[j].y - pointSel.y) +
                 (laserCloudSurfLast->points[j].z - pointSel.z) *
                 (laserCloudSurfLast->points[j].z - pointSel.z);
    if (int(laserCloudSurfLast->points[j].intensity) <= closestPointScan) {
        if (pointSqDis < minPointSqDis2) {
            minPointSqDis2 = pointSqDis;
            minPointInd2 = j;
        }
    } else {
        if (pointSqDis < minPointSqDis3) {
            minPointSqDis3 = pointSqDis;
            minPointInd3 = j;
        }
    }
}
......
// 找到用于匹配的三个点（形成平面）
pointSearchSurfInd1[i] = closestPointInd;
pointSearchSurfInd2[i] = minPointInd2;
pointSearchSurfInd3[i] = minPointInd3;
```

然后就是计算点面的距离公式，并计算平面法向量（点到平面的直线的方向向量）在各个轴方向分解，这里就不展开讲了。

$$d_H = \frac{\left|\begin{array}{c}(\hat{X}^L_{(k+1,i)} - \bar{X}^L_{(k,j)}) \\ (\bar{X}^L_{(k,j)} - \bar{X}^L_{(k,l)} \times \bar{X}^L_{(k,j)} - \bar{X}^L_{(k,m)})\end{array}\right|}{\left|(\bar{X}^L_{(k,j)} - \bar{X}^L_{(k,l)} \times \bar{X}^L_{(k,j)} - \bar{X}^L_{(k,m)})\right|} \tag{8-1}$$

这一步会给出偏导结果$\frac{\partial d_H}{\partial r_{x_0}}$、$\frac{\partial d_H}{\partial r_{y_0}}$、$\frac{\partial d_H}{\partial r_{z_0}}$的计算：

$$(\hat{X}^L_{(k+1,i)} - \bar{X}^L_{(k,j)}) = (x_0 - x_1, y_0 - y_1, z_0 - z_1) \tag{8-2}$$

$$\begin{aligned}&(\bar{X}^L_{(k,j)} - \bar{X}^L_{(k,l)} \times \bar{X}^L_{(k,j)} - \bar{X}^L_{(k,m)}) = \\ &[(y_1 - y_2)(z_1 - z_3) - (y_1 - y_3)(z_1 - z_2), \\ &(z_1 - z_2)(x_1 - x_3) - (z_1 - z_3)(x_1 - x_2), \\ &(x_1 - x_2)(y_1 - y_3) - (x_1 - x_3)(x_1 - x_2)] \\ &= (pa, pb, pc)\end{aligned} \tag{8-3}$$

$$|(\bar{X}^L_{(k,j)} - \bar{X}^L_{(k,l)} \times \bar{X}^L_{(k,j)} - \bar{X}^L_{(k,m)})| = \sqrt{pa^2 + pb^2 + pc^2} \tag{8-4}$$

所以 d_H 可以写为：

$$d_H = \frac{(x_0 - x_1)pa + (y_0 - y_1)pb + (z_0 - z_1)pc}{\sqrt{pa^2 + pb^2 + pc^2}} \tag{8-5}$$

很容易得出对于 x_0、y_0、z_0 的导数

$$\frac{\partial d_H}{\partial x_0}=\frac{pa}{pa^2+pb^2+pc^2}$$
$$\frac{\partial d_H}{\partial y_0}=\frac{pb}{pa^2+pb^2+pc^2} \tag{8-6}$$
$$\frac{\partial d_H}{\partial z_0}=\frac{pc}{pa^2+pb^2+pc^2}$$

```
// 前后都能找到对应的最近点在给定范围之内
// 那么就开始计算距离
// [pa,pb,pc] 是 tripod1、tripod2、tripod3 这 3 个点构成的一个平面的方向量
// ps 是模长，它是三角形面积的 2 倍
if (pointSearchSurfInd2[i] >= 0 && pointSearchSurfInd3[i] >= 0) {
tripod1 = laserCloudSurfLast->points[pointSearchSurfInd1[i]];
tripod2 = laserCloudSurfLast->points[pointSearchSurfInd2[i]];
tripod3 = laserCloudSurfLast->points[pointSearchSurfInd3[i]];
float pa = (tripod2.y - tripod1.y) * (tripod3.z - tripod1.z)
          - (tripod3.y - tripod1.y) * (tripod2.z - tripod1.z);
float pb = (tripod2.z - tripod1.z) * (tripod3.x - tripod1.x)
          - (tripod3.z - tripod1.z) * (tripod2.x - tripod1.x);
float pc = (tripod2.x - tripod1.x) * (tripod3.y - tripod1.y)
          - (tripod3.x - tripod1.x) * (tripod2.y - tripod1.y);
float pd = -(pa * tripod1.x + pb * tripod1.y + pc * tripod1.z);
float ps = sqrt(pa * pa + pb * pb + pc * pc);
pa /= ps;
pb /= ps;
pc /= ps;
pd /= ps;
// 距离没有取绝对值
// 两个向量的点乘，分母除以 ps 中已经除掉了
// 加 pd 原因 :pointSel 与 tripod1 构成的线段需要相减
float pd2 = pa * pointSel.x + pb * pointSel.y + pc * pointSel.z + pd;
```

线特征与面特征类似，只是取得点有一定的差异，线特征是根据角点 i 选择相邻线束（橙色），并选择 j 作为近邻点，然后选择相邻的线束作为第二个近邻点，并组成匹配直线。两点确定的线特征如图 8-17 所示。

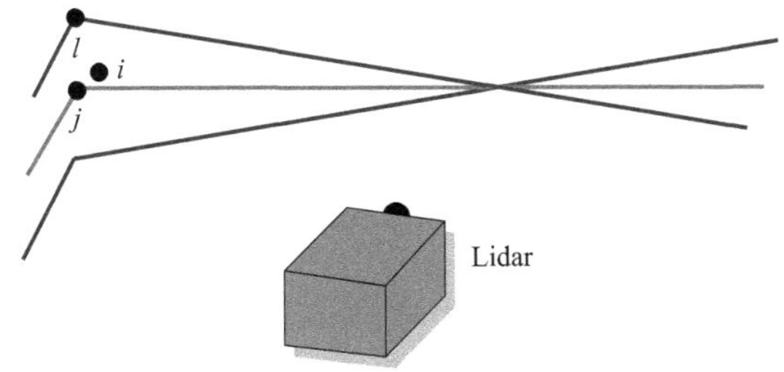

图 8-17　两点确定的线特征

在计算公式方面也大同小异，最大的变化就是点到直线的距离公式有变化。

$$d_H=\frac{\left|(\hat{X}^L_{(k+1,i)}-\bar{X}^L_{(k,j)})\times(\hat{X}^L_{(k+1,i)}-\bar{X}^L_{(k,l)})\right|}{\left|\bar{X}^L_{(k,j)}-\bar{X}^L_{(k,l)}\right|} \tag{8-7}$$

8.3.9 数据关联—迭代优化

这里以面特征作为例子来介绍迭代优化。首先定义各个矩阵，matA 代表雅可比矩阵 $\boldsymbol{J}$，matAtA 表示海森矩阵 $\boldsymbol{H}$，matAtB 表示 $\boldsymbol{b}$。针对每个面特征求对应三个标量的雅可比矩阵 $\boldsymbol{A}$ 和损失向量 $\boldsymbol{b}$，拼装为一个大的求解矩阵。前文已经得到了 $\frac{\partial d_H}{\partial r_{x_0}}$、$\frac{\partial d_H}{\partial r_{y_0}}$、$\frac{\partial d_H}{\partial r_{z_0}}$ 的偏导计算，这部分会求出 x_0、y_0、z_0 相对于 r_x、r_z、r_y 的偏导，从而求得 $\frac{\partial d_H}{\partial r_x}$、$\frac{\partial d_H}{\partial r_z}$、$\frac{\partial d_H}{\partial r_y}$，从而代入求得 r_x、r_z、r_y。首先根据前文对点到平面距离公式的分子进行化简。

$\boldsymbol{C}_{k+1}^k$ 表示从 k 时刻到 k+1 时刻的旋转变化情况，分别绕 z 轴（r_z）、绕 x 轴（r_x）、绕 y 轴（r_y）将 x_{ori} 转为 x_0。式中，rx、ry、rz 就是代码中的 transformCur[0,1,2]。

$$\begin{bmatrix} x \\ y \\ z \end{bmatrix} = \boldsymbol{C}_{k+1}^k \begin{bmatrix} x_{k+1} - t_x \\ y_{k+1} - t_y \\ z_{k+1} - t_z \end{bmatrix} \tag{8-8}$$

$$\boldsymbol{C}_{k+1}^k = \begin{bmatrix} \cos(ry) & 0 & -\sin(ry) \\ 0 & 1 & 0 \\ \sin(ry) & 0 & \cos(ry) \end{bmatrix} \begin{bmatrix} 1 & 0 & 0 \\ 0 & \cos(rx) & \sin(rx) \\ 0 & -\sin(rx) & \cos(rx) \end{bmatrix} \begin{bmatrix} \cos(rz) & \sin(rz) & 0 \\ -\sin(rz) & \cos(rz) & 0 \\ 0 & 0 & 1 \end{bmatrix} \tag{8-9}$$

然后将矩阵合并得到：

$$\boldsymbol{C}_{k+1}^k = \begin{bmatrix} \cos(rz)\cos(ry) - \sin(rz)\sin(rx)\sin(ry) & \sin(rz)\cos(ry) + \cos(rz)\sin(rx)\sin(ry) & -\cos(rx)\sin(ry) \\ -\sin(rz)\cos(rx) & \cos(rz)\cos(rx) & \sin(rx) \\ \cos(rz)\sin(ry) + \sin(rz)\sin(rx)\cos(ry) & \sin(rz)\sin(ry) - \cos(rz)\sin(rx)\cos(ry) & \cos(rx)\cos(ry) \end{bmatrix} \tag{8-10}$$

化简得：

$$\begin{aligned} x_0 &= [\cos(rz)\cos(ry) - \sin(rz)\sin(rx)\sin(ry)]\left(x_{ori} - t_x\right) \\ &\quad + [\sin(rz)\cos(ry) + \cos(rz)\sin(rx)\sin(ry)]\left(y_{ori} - t_y\right) \\ &\quad - \cos(rx)\sin(ry)\left(z_{ori} - t_z\right) \\ y_0 &= -\sin(rz)\cos(rx)\left(x_{ori} - t_x\right) \\ &\quad + \cos(rz)\cos(rx)\left(y_{ori} - t_y\right) \\ &\quad + \sin(rx)\left(z_{ori} - t_z\right) \\ z_0 &= [\cos(rz)\sin(ry) + \sin(rz)\sin(rx)\cos(ry)]\left(x_{ori} - t_x\right) \\ &\quad + [\sin(rz)\sin(ry) - \cos(rz)\sin(rx)\cos(ry)]\left(y_{ori} - t_y\right) \\ &\quad + \cos(rx)\cos(ry)\left(z_{ori} - t_z\right) \end{aligned} \tag{8-11}$$

d_H 对 r_x 的偏导为：

$$\begin{aligned} \frac{\partial d_H}{\partial r_x} &= \frac{\partial d_H}{\partial x_0}\frac{\partial x_0}{\partial r_x} + \frac{\partial d_H}{\partial y_0}\frac{\partial y_0}{\partial r_x} + \frac{\partial d_H}{\partial z_0}\frac{\partial z_0}{\partial r_x} \\ \frac{\partial d_H}{\partial r_x} &= \begin{pmatrix} (-\sin(rz)\cos(rx)\sin(ry))\left(x_{ori} - t_x\right) \\ \cos(rz)\cos(rx)\sin(ry)\left(y_{ori} - t_y\right) \\ \sin(rx)\sin(ry)\left(z_{ori} - t_z\right) \end{pmatrix} pa + \end{aligned} \tag{8-12}$$

$$\begin{pmatrix} (\sin(rz)\sin(rx))(x_{ori}-t_x)-\cos(rz)\sin(rx)(y_{ori}-t_y) \\ \cos(rx)(z_{ori}-t_z) \end{pmatrix} pb+\begin{pmatrix} \sin(rz)\cos(rx)\cos(ry)(x_{ori}-t_x) \\ -\cos(rz)\cos(rx)\cos(ry)(y_{ori}-t_y) \\ -\sin(rx)\cos(ry)(z_{ori}-t_z) \end{pmatrix} pc$$

d_H 对 r_z 的偏导为：

$$\frac{\partial d_H}{\partial r_z}=\frac{\partial d_H}{\partial x_0}\frac{\partial x_0}{\partial r_z}+\frac{\partial d_H}{\partial y_0}\frac{\partial y_0}{\partial r_z}+\frac{\partial d_H}{\partial z_0}\frac{\partial z_0}{\partial r_z}$$

$$\frac{\partial d_H}{\partial r_z}=\begin{pmatrix} ([-\sin(rz)\cos(ry)-\cos(rz)\sin(rx)\sin(ry)](x_{ori}-t_x) \\ [\cos(rz)\cos(ry)-\sin(rz)\sin(rx)\sin(ry)](y_{ori}-t_y) \end{pmatrix} pa+ \tag{8-13}$$

$$\begin{pmatrix} -\cos(rz)\cos(rx)(x_{ori}-t_x) \\ -\sin(rz)\cos(rx)(y_{ori}-t_y) \end{pmatrix} pb+\begin{pmatrix} -\cos(rz)\sin(rx)\cos(ry)(x_{ori}-t_x) \\ +\cos(rz)\sin(ry)+\sin(rz)\sin(rx)\cos(ry)](y_{ori}-t_y) \end{pmatrix} pc$$

d_H 对 t_y 的偏导为：

$$\frac{\partial d_H}{\partial t_y}=\frac{\partial d_H}{\partial x_0}\frac{\partial x_0}{\partial t_y}+\frac{\partial d_H}{\partial y_0}\frac{\partial y_0}{\partial t_y}+\frac{\partial d_H}{\partial z_0}\frac{\partial z_0}{\partial t_y}$$

$$\begin{aligned}\frac{\partial d_H}{\partial t_y}=&-[\sin(rz)\cos(ry)+\cos(rz)\sin(rx)\sin(ry)]pa \\ &-\cos(rz)\cos(rx)pb \\ &+[\cos(rz)\sin(rx)\cos(ry)-\sin(rz)\sin(ry)]pc\end{aligned} \tag{8-14}$$

```
float srx = sin(transformCur[0]);
float crx = cos(transformCur[0]);
float sry = sin(transformCur[1]);
float cry = cos(transformCur[1]);
float srz = sin(transformCur[2]);
float crz = cos(transformCur[2]);
float tx = transformCur[3];
float ty = transformCur[4];
float tz = transformCur[5];
float a1 = crx * sry * srz;
float a2 = crx * crz * sry;
float a3 = srx * sry;
float a4 = tx * a1 - ty * a2 - tz * a3;
float a5 = srx * srz;
float a6 = crz * srx;
float a7 = ty * a6 - tz * crx - tx * a5;
float a8 = crx * cry * srz;
float a9 = crx * cry * crz;
float a10 = cry * srx;
float a11 = tz * a10 + ty * a9 - tx * a8;
float b1 = -crz * sry - cry * srx * srz;
float b2 = cry * crz * srx - sry * srz;
float b5 = cry * crz - srx * sry * srz;
float b6 = cry * srz + crz * srx * sry;
float c1 = -b6;
float c2 = b5;
float c3 = tx * b6 - ty * b5;
float c4 = -crx * crz;
float c5 = crx * srz;
float c6 = ty * c5 + tx * -c4;
float c7 = b2;
```

```
float c8 = -b1;
float c9 = tx * -b2 - ty * -b1;
for (int i = 0; i < pointSelNum; i++) {
    pointOri = laserCloudOri->points[i];
    coeff = coeffSel->points[i];
    float arx = (-a1 * pointOri.x + a2 * pointOri.y + a3 * pointOri.z + a4) * coeff.x
              + (a5 * pointOri.x - a6 * pointOri.y + crx * pointOri.z + a7) * coeff.y
              + (a8 * pointOri.x - a9 * pointOri.y - a10 * pointOri.z + a11) * coeff.z;
    float arz = (c1 * pointOri.x + c2 * pointOri.y + c3) * coeff.x
              + (c4 * pointOri.x - c5 * pointOri.y + c6) * coeff.y
              + (c7 * pointOri.x + c8 * pointOri.y + c9) * coeff.z;
    float aty = -b6 * coeff.x + c4 * coeff.y + b2 * coeff.z;
    float d2 = coeff.intensity;
    matA.at<float>(i, 0) = arx;
    matA.at<float>(i, 1) = arz;
    matA.at<float>(i, 2) = aty;
    matB.at<float>(i, 0) = -0.05 * d2;
}
```

求得雅可比矩阵后，使用 OpenCV 函数完成 QR 分解加速。

```
cv::transpose(matA, matAt);
matAtA = matAt * matA;
matAtB = matAt * matB;
cv::solve(matAtA, matAtB, matX, cv::DECOMP_QR);
```

8.3.10 数据关联—更新累计变化矩阵

这部分主要是将迭代优化得到的 transformCur 累加到 transformSum 中，完成坐标转换以及位姿修正变换的操作。

```
void FeatureAssociation::integrateTransformation() {
    //  将计算的两帧之间的位姿“累加”起来，获得相对于第一帧的旋转矩阵
    float rx, ry, rz, tx, ty, tz;
    AccumulateRotation(transformSum[0], transformSum[1], transformSum[2],
            -transformCur[0], -transformCur[1], -transformCur[2], rx, ry, rz);
    // 进行平移分量的更新
    float x1 = cos(rz) * (transformCur[3] - imuShiftFromStartX)
             - sin(rz) * (transformCur[4] - imuShiftFromStartY);
    float y1 = sin(rz) * (transformCur[3] - imuShiftFromStartX)
             + cos(rz) * (transformCur[4] - imuShiftFromStartY);
    float z1 = transformCur[5] - imuShiftFromStartZ;
    float x2 = x1;
    float y2 = cos(rx) * y1 - sin(rx) * z1;
    float z2 = sin(rx) * y1 + cos(rx) * z1;
    tx = transformSum[3] - (cos(ry) * x2 + sin(ry) * z2);
    ty = transformSum[4] - y2;
    tz = transformSum[5] - (-sin(ry) * x2 + cos(ry) * z2);
    // 与 accumulateRotatio 联合起来更新 transformSum 的 rotation 部分的工作
    // 可视为 transformToEnd 的下部分的逆过程
    PluginIMURotation(rx, ry, rz, imuPitchStart, imuYawStart, imuRollStart,
                      imuPitchLast, imuYawLast, imuRollLast, rx, ry, rz);
    transformSum[0] = rx;
    transformSum[1] = ry;
    transformSum[2] = rz;
    transformSum[3] = tx;
    transformSum[4] = ty;
    transformSum[5] = tz;
}
```

这一节作为 LeGO-LOAM 中最为重要的部分，做了很多提取与关联的工作，经过一系列处理后通过 publishCloudsLast 完成对处理结果的发送，并加入后端优化中。后端优化中将围绕 ScanContext 进行学习。

8.4　回环检测—ScanContext

8.4.1　回环检测与坐标转换

讲了前面的 ImageProjection 以及 FeatureAssociation 后，我们开始讲解 mapOptmization，也是由 launch 文件启动一个 node 来完成后端的回环检测。前两部分已经完成了一个激光雷达里程计该做的处理（点云预处理、连续帧匹配计算出激光里程计信息），但是这个过程中误差是逐渐累积的，为此需要通过回环检测来减小误差。SC-LeGO-LOAM 流程如图 8-18 所示。

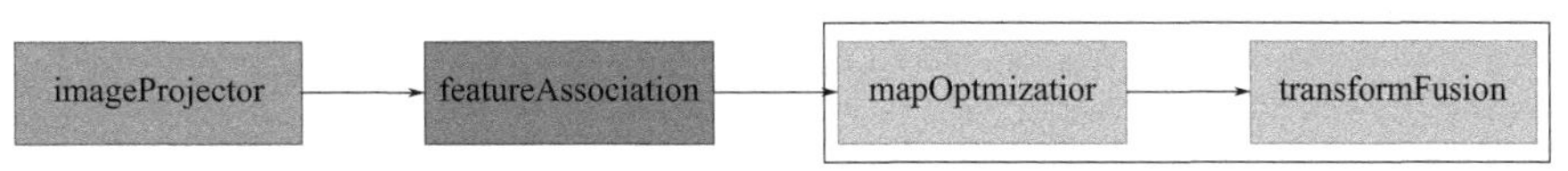

图 8-18　SC-LeGO-LOAM 流程图

与前面两个 node 类似，mapOptmization 的主要函数均封装在 run 函数中，可以发现，在 run 函数中比较清晰地给出了流程。

```
if (timeLaserOdometry - timeLastProcessing >= mappingProcessInterval) {
        timeLastProcessing = timeLaserOdometry;
        // 应该是根据当前的 odo pose, 以及上一次进行 map_optimation 前后的 pose( 即漂移 ), 计算目前最优的位姿估计
        // 保存到 transformTobeMapped
        transformAssociateToMap();  //  坐标系 ->map
        // 确定周围的关键帧的索引 , 点云保存到 recentCorner 等，地图拼接保存到 LaserCloudCornerFromMap 等
        extractSurroundingKeyFrames();
        // 对当前帧原始点云、角点、面点、离群点进行降采样
        downsampleCurrentScan();
        // 进行 scan-to-map 位姿优化 , 并为下一次做准备
        // 最优位姿保存在 transformAftMapped 中，同时 transformBfeMapped 中保存了优化前的位姿，两者的差距就是激光 odo 和最优位姿之间偏移量的估计
        scan2MapOptimization();
        // 到这里，虽然在 scan-to-scan 之后，又进行了 scan-to-map 的匹配，但是并未出现回环检测和优化
        // 所以依然是一个误差不断累积的里程计的概念
        // 如果距离上一次保存的关键帧欧式距离足够大，需要保存当前关键帧
        // 计算与上一关键帧之间的约束，这种约束可以理解为局部的小回环，加入后端进行优化
        // 将优化的结果保存作为关键帧位姿，同步到 scan-to-map 优化环节
        // 为了检测全局的大回环 , 还需要生成当前关键帧的 ScanContext
        saveKeyFramesAndFactor();
        // 如果另一个线程中 isam 完成了一次全局位姿优化 , 那么对关键帧中 cloudKeyPoses3D/6D 的位姿进行修正
        correctPoses();
        // 发布优化后的位姿 , 及 tf 变换
        publishTF();
        // 发布所有关键帧位姿 , 当前的局部面点地图及当前帧中的面点 / 角点
        publishKeyPosesAndFrames();
        clearCloud();
}
```

8.4.2 点云预处理

前面的三个函数 transformAssociateToMap、extractSurroundingKeyFrames 与 downsampleCurrentScan 作为因子图优化的前面的操作，主要实现了坐标系转化、按照时间顺序拼接特征点地图及降采样的操作。下面来看如何完成地图拼接。

extractSurroundingKeyFrames 函数功能为根据当前位置，提取局部关键帧集合以及对应的三个关键帧点云集合，完成地图的拼接。当存在 loopClosureEnableFlag 回环的时候，会直接使用闭环 recentCornerCloudKeyFrames 作为优化源，如果没有闭环，则通过 surroundingCornerCloudKeyFrames 获得周边的关键帧。

首先在关键帧位置集合 cloudKeyPoses3D 中检索当前位置 currentRobotPosPoint 附近的姿态点，从而获得在局部坐标系下的位置点，并赋值给局部位置点集合 surroundingKeyPoses。

```
surroundingKeyPoses->clear();
surroundingKeyPosesDS->clear();
// extract all the nearby key poses and downsample them
kdtreeSurroundingKeyPoses->setInputCloud(cloudKeyPoses3D);
// 进行半径 surroundingKeyframeSearchRadius 内的邻域搜索
// currentRobotPosPoint：需要查询的点
// pointSearchInd：搜索完的邻域点对应的索引
// pointSearchSqDis：搜索完的每个领域点与传讯点之间的欧式距离
// 0：返回的邻域个数，为 0 表示返回全部的邻域点
kdtreeSurroundingKeyPoses->radiusSearch(currentRobotPosPoint, (double) surroundingKeyframeS
earchRadius,
                            pointSearchInd, pointSearchSqDis, 0);
for (int i = 0; i < pointSearchInd.size(); ++i)
     surroundingKeyPoses->points.push_back(cloudKeyPoses3D->points[pointSearchInd[i]]);
downSizeFilterSurroundingKeyPoses.setInputCloud(surroundingKeyPoses);
downSizeFilterSurroundingKeyPoses.filter(*surroundingKeyPosesDS);
```

根据局部位置点集合 surroundingKeyPoses 更新局部关键帧集合 surroundingExistingKeyPosesID、角点点云集合 surroundingCornerCloudKeyFrames、平面点点云集合 surroundingSurfCloudKeyFrames、离群点点云集合 surroundingOutlierCloudKeyFrames，并增加三个关键帧点云集合。

```
for (int i = 0; i < surroundingExistingKeyPosesID.size(); ++i) {
   bool existingFlag = false;
   for (int j = 0; j < numSurroundingPosesDS; ++j) {
      // 双重循环，不断对比 surroundingExistingKeyPosesID[i] 和 surroundingKeyPosesDS 的点的 index
      // 如果能够找到一样的，说明存在相同的关键点
      if (surroundingExistingKeyPosesID[i] == (int) surroundingKeyPosesDS->points[j].
intensity) {
          existingFlag = true;
           break;
      }
   }
   if (existingFlag == false) {
      surroundingExistingKeyPosesID.erase(surroundingExistingKeyPosesID.begin() + i);
      surroundingCornerCloudKeyFrames.erase(surroundingCornerCloudKeyFrames.begin() + i);
      surroundingSurfCloudKeyFrames.erase(surroundingSurfCloudKeyFrames.begin() + i);
      surroundingOutlierCloudKeyFrames.erase(surroundingOutlierCloudKeyFrames.begin() + i);
      --i;
   }
}
// add new key frames that are not in calculated existing key frames
for (int i = 0; i < numSurroundingPosesDS; ++i) {
     bool existingFlag = false;
```

```
        for (auto iter = surroundingExistingKeyPosesID.begin();
             iter != surroundingExistingKeyPosesID.end(); ++iter) {
            if ((*iter) == (int) surroundingKeyPosesDS->points[i].intensity) {
                existingFlag = true;
                break;
            }
        }
        if (existingFlag == true) {
            continue;
        } else {
                // 如果 surroundingExistingKeyPosesID[i] 对比了一轮已经存在的关键位姿的索引后
(intensity 保存的就是 size())
            // 没有找到相同的关键点，那么把这个点从当前队列中删除
            int thisKeyInd = (int) surroundingKeyPosesDS->points[i].intensity;
            PointTypePose thisTransformation = cloudKeyPoses6D->points[thisKeyInd];
            updateTransformPointCloudSinCos(&thisTransformation);
            surroundingExistingKeyPosesID.push_back(thisKeyInd);
            surroundingCornerCloudKeyFrames.push_back(transformPointCloud(cornerCloudKeyFrame
s[thisKeyInd]));
            surroundingSurfCloudKeyFrames.push_back(transformPointCloud(surfCloudKeyFrames[th
isKeyInd]));
            surroundingOutlierCloudKeyFrames.push_back(transformPointCloud(outlierCloudKeyFra
mes[thisKeyInd]));
        }
    }
```

最后对局部点云地图赋值，laserCloudCornerFromMap 内部为所有局部关键帧的角点集合，而 laserCloudSurfFromMap 为所有局部关键帧平面点和离群点的几何信息。

```
    for (int i = 0; i < surroundingExistingKeyPosesID.size(); ++i) {
       *laserCloudCornerFromMap += *surroundingCornerCloudKeyFrames[i];
       *laserCloudSurfFromMap += *surroundingSurfCloudKeyFrames[i];
       *laserCloudSurfFromMap += *surroundingOutlierCloudKeyFrames[i];
    }
```

8.4.3 帧与地图的优化

这部分主要是函数 scan2MapOptimization 的功能，主要用于处理因子图优化。利用 extractSurroundingKeyFrames 函数的输出，通过 kd-tree 构建出局部地图，类似 ICP 的思想对当前帧的每一个点在 kd-tree 中查找最近邻，建立约束，对 transformTobeMapped 的位姿进行优化，使得总体残差最小。

该函数的内部主要是使用 scan-to-model 位姿优化，通过获得当前时间点机器人的位姿 transformTobeMapped，使得总体残差最小，连续循环优化多次。该部分的优化会参考 IMU 消息回调所确定的 roll 和 pitch 对该位姿进行修正，对 transformTobeMapped 进行中值滤波，获得最终的机器人位姿，并将最优位姿保存在 transformAftMapped 中。

```
    void mapOptimization::scan2MapOptimization() {
       // laserCloudCornerFromMapDSNum 是 extractSurroundingKeyFrames() 函数最后降采样得到的 coner
点云数
       // laserCloudSurfFromMapDSNum 是 extractSurroundingKeyFrames() 函数降采样得到的 surface 点云数
       if (laserCloudCornerFromMapDSNum > 10 && laserCloudSurfFromMapDSNum > 100) {
           // laserCloudCornerFromMapDS 和 laserCloudSurfFromMapDS 的来源有 2 个
           // 当有闭环时，来源是 recentCornerCloudKeyFrames，没有闭环时，来源是
surroundingCornerCloudKeyFrames
           kdtreeCornerFromMap->setInputCloud(laserCloudCornerFromMapDS);
```

```
            kdtreeSurfFromMap->setInputCloud(laserCloudSurfFromMapDS);
            // 用 for 循环控制迭代次数，最多迭代 10 次
            for (int iterCount = 0; iterCount < 10; iterCount++) {
                laserCloudOri->clear();
                coeffSel->clear();
                cornerOptimization(iterCount);
                surfOptimization(iterCount);
                if (LMOptimization(iterCount) == true)
                    break;
            }
            // 迭代结束更新相关的转移矩阵
            transformUpdate();
        }
    }
```

8.4.4 关键帧以及 ScanContext 提取

这是后端优化中最重要的部分，主要包含三个操作：选定关键帧；根据关键帧更新因子图计算小回环；生成关键帧，并通过 detectLoopClosure 完成大回环的优化。

首先将优化后的 transformAftMapped 值拿出来，根据欧式距离判断是否保存当前的关键帧。

```
    //  此函数保存关键帧和 factor
    currentRobotPosPoint.x = transformAftMapped[3];
    currentRobotPosPoint.y = transformAftMapped[4];
    currentRobotPosPoint.z = transformAftMapped[5];
    bool saveThisKeyFrame = true;
    if (sqrt((previousRobotPosPoint.x - currentRobotPosPoint.x) * (previousRobotPosPoint.x -
    currentRobotPosPoint.x)
            +
            (previousRobotPosPoint.y - currentRobotPosPoint.y) * (previousRobotPosPoint.y -
    currentRobotPosPoint.y)
            + (previousRobotPosPoint.z - currentRobotPosPoint.z) *
             (previousRobotPosPoint.z - currentRobotPosPoint.z)) < 0.3) { // save keyframe every
    0.3 meter
          saveThisKeyFrame = false;
    }
    if (saveThisKeyFrame == false && !cloudKeyPoses3D->points.empty())
          return;
    previousRobotPosPoint = currentRobotPosPoint;
```

用 iSAM 完成当前关键帧和前一关键帧的约束，这种优化类似于 ceres 的最小二乘解法，进一步完成关键帧之间的约束。如果距离上一次保存的关键帧欧式距离足够大，需要保存当前关键帧，计算与上一关键帧之间的约束，这种约束可以理解为局部的小回环，加入后端进行优化。将优化的结果保存作为关键帧位姿（保存当前关键帧的 3 维和 6 维位姿）和点云，同步到 scan-to-map 优化环节（即修改 transformAftMapped【transformAssociateToMap 函数中调用】和 transformTobeMapped【scan2MapOptimization 函数中调用】)。

```
    if (cloudKeyPoses3D->points.empty()) {
       // static Rot3  RzRyRx (double x, double y, double z),Rotations around Z, Y, then X axes
       // NonlinearFactorGraph 增加一个 PriorFactor 因子
       gtSAMgraph.add(PriorFactor<Pose3>(0, Pose3(Rot3::RzRyRx(transformTobeMapped[2],
    transformTobeMapped[0],
                                  transformTobeMapped[1]),
                           Point3(transformTobeMapped[5], transformTobeMapped[3],
                             transformTobeMapped[4])), priorNoise));
```

```
        // initialEstimate 的数据类型是 Values，其实就是一个 map，这里在 0 对应的值下面保存了一个 Pose3
        initialEstimate.insert(0, Pose3(Rot3::RzRyRx(transformTobeMapped[2],
    transformTobeMapped[0],
                                transformTobeMapped[1]),
                         Point3(transformTobeMapped[5], transformTobeMapped[3],
                           transformTobeMapped[4])));
        for (int i = 0; i < 6; ++i)
            transformLast[i] = transformTobeMapped[i];
    } else {
        gtsam::Pose3 poseFrom = Pose3(Rot3::RzRyRx(transformLast[2], transformLast[0],
    transformLast[1]),
                       Point3(transformLast[5], transformLast[3], transformLast[4]));
        gtsam::Pose3 poseTo = Pose3(
                 Rot3::RzRyRx(transformAftMapped[2], transformAftMapped[0],
    transformAftMapped[1]),
              Point3(transformAftMapped[5], transformAftMapped[3], transformAftMapped[4]));
      gtSAMgraph.add(BetweenFactor<Pose3>(cloudKeyPoses3D->points.size() - 1, cloudKeyPoses3D-
    >points.size(),
                            poseFrom.between(poseTo), odometryNoise));
        initialEstimate.insert(cloudKeyPoses3D->points.size(),
               Pose3(Rot3::RzRyRx(transformAftMapped[2], transformAftMapped[0],
                                transformAftMapped[1]),
                 Point3(transformAftMapped[5], transformAftMapped[3], transformAftMapped[4])));
    }
    // gtsam::ISAM2::update 函数原型
    // gtSAMgraph 是新加到系统中的因子
    // initialEstimate 是加到系统中的新变量的初始点
    isam->update(gtSAMgraph, initialEstimate);
    isam->update();
    gtSAMgraph.resize(0);
    initialEstimate.clear();
```

完成这些操作后，将当前关键帧提取点云，并生成 ScanContext 类型的信息，在 scManager.makeAndSaveScancontextAndKeys 中。在生成 ScanContext 类型时主要存在两个主要步骤：

① 将一帧 3D 点云按照传感器坐标系中的方位角和半径均匀划分不同的 Bin，如图 8-19 所示，从方位角上看点云被划分成 N_s 个扇面（Sector），从半径方向看，点云被划分成 N_r 个环（Rings），每个扇面和环相交的部分为一个 Bin。每个扇面和环的宽度（分辨率）可以从点云

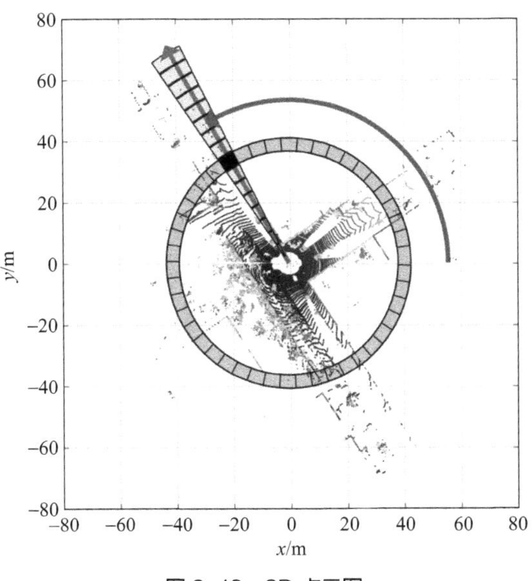

图 8-19　3D 点云图

的最大检测距离和扇面 / 环数量计算得到。将每个环展开可以得到一个 $N_r \times N_s$ 的二维图像，每个像素点 P_{ij} 是第 i 个环第 j 个扇面对应的 Bin。从这种划分方式不难发现，距离较远的 Bin 相比于距离较近的 Bin 会稍微宽一点，这样划分的好处是可以自动对不同距离的点云密度进行动态调节。对于距离较近的地方通常点云密度会高一点，因此 Bin 取窄一点，而相反，对于较远的地方，点云会比较稀疏，因此 Bin 取宽一点可以容纳更多点。

② 图 8-20 给每个 Bin 分配一个数作为标识，SC 中用每个 Bin 的点中最大的高度作为该 Bin 的标识，对于没有任何点的 Bin 则用 0 作为标识。即：$\phi(P_{ij})=\max_{p \in P_{ij}} z(p)$，SC 在空间上来看是一个圆，应该有旋转不变性。但按照 0 ～ 2π 展开成 2D 图像后，SC 对 Lidar 的朝向就变得敏感了。朝向稍微偏几度可能整体图像就有比较大的平移，从而不相似了，为了解决这个问题，笔者对图像进行 N_{trans}=8 次平移，通过这种方法来包含 Lidar 在不同朝向下的 SC。

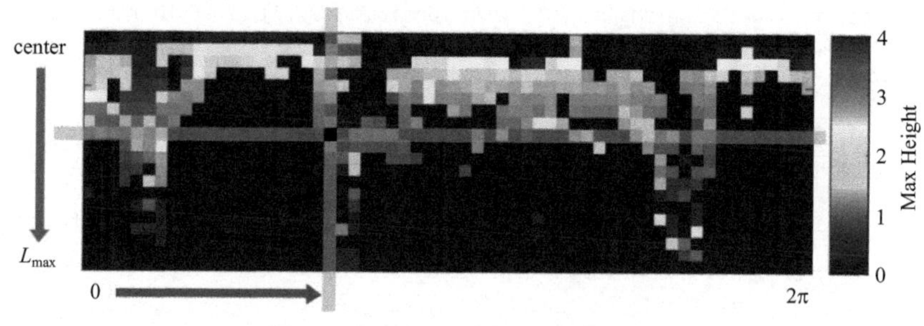

图 8-20　ScanContext 展开 2D 图

```
bool usingRawCloud = true;
if (usingRawCloud) { // v2 uses downsampled raw point cloud, more fruitful height information than using feature points (v1)
    // 这里对点云提取 scan context 特征
    pcl::PointCloud<PointType>::Ptr thisRawCloudKeyFrame(new pcl::PointCloud<PointType>());
    pcl::copyPointCloud(*laserCloudRawDS, *thisRawCloudKeyFrame);
    scManager.makeAndSaveScancontextAndKeys(*thisRawCloudKeyFrame);
} else { // v1 uses thisSurfKeyFrame, it also works. (empirically checked at Mulran dataset sequences)
    scManager.makeAndSaveScancontextAndKeys(*thisSurfKeyFrame);
}
```

8.4.5　大回环与优化

这部分主要有两个函数，分别是 detectLoopClosure 以及 correctPoses。detectLoopClosure 回环的检测和全局位姿的优化是多线程的，通过一定频率循环调用 performLoopClosure 完成 detectLoopClosure 函数的调用。detectLoopClosure 函数主要完成发现回环帧，并根据当前最新关键帧与历史关键帧之间的约束，添加到 gtsam 进行图优化，下面详细介绍。

首先根据几何距离，如果回环在半径 20m 范围内，且时间差在 30s 以上，则将该帧前后 25 帧合并，形成一个局部地图，用于回环。

```
for (int i = 0; i < pointSearchIndLoop.size(); ++i) {
    int id = pointSearchIndLoop[i];
    // 时间差值大于 30s, 认为是闭环
    if (abs(cloudKeyPoses6D->points[id].time - timeLaserOdometry) > 30.0) {
        // RSclosestHistoryFrameID = id;
        // break;
        if (id < curMinID) {
```

```
                curMinID = id;
                RSclosestHistoryFrameID = curMinID;
            }
        }
    }
    if (RSclosestHistoryFrameID == -1) {
        // Do nothing here
        // then, do the next check: Scan context-based search
        // not return false here;
    } else {
        //  检测到回环了会保存四种点云
        //  回环检测的进程是单独进行的，因此这里需要确定最新帧
        latestFrameIDLoopCloure = cloudKeyPoses3D->points.size() - 1;
        // 点云的 xyz 坐标进行坐标系变换（分别绕 xyz 轴旋转）
        *RSlatestSurfKeyFrameCloud += *transformPointCloud(cornerCloudKeyFrames[latestFrameID
LoopCloure],
                            &cloudKeyPoses6D->points[latestFrameIDLoopCloure]);
        *RSlatestSurfKeyFrameCloud += *transformPointCloud(surfCloudKeyFrames[latestFrameIDLo
opCloure],
                            &cloudKeyPoses6D->points[latestFrameIDLoopCloure]);
        // latestSurfKeyFrameCloud 中存储的是下面公式计算后的 index(intensity):
        // thisPoint.intensity = (float)rowIdn + (float)columnIdn / 10000.0;
        // 滤掉 latestSurfKeyFrameCloud 中 index<0 的点
        pcl::PointCloud<PointType>::Ptr RShahaCloud(new pcl::PointCloud<PointType>());
        int cloudSize = RSlatestSurfKeyFrameCloud->points.size();
        for (int i = 0; i < cloudSize; ++i) {
            if ((int) RSlatestSurfKeyFrameCloud->points[i].intensity >= 0) {
                RShahaCloud->push_back(RSlatestSurfKeyFrameCloud->points[i]);
            }
        }
        RSlatestSurfKeyFrameCloud->clear();
        *RSlatestSurfKeyFrameCloud = *RShahaCloud;
        // 保存一定范围内最早的那帧前后 25 帧的点，并在对应位姿处投影后进行合并
        // historyKeyframeSearchNum 在 utility.h 中定义为 25，前后 25 个点进行变换
        for (int j = -historyKeyframeSearchNum; j <= historyKeyframeSearchNum; ++j) {
            if (RSclosestHistoryFrameID + j < 0 || RSclosestHistoryFrameID + j >
latestFrameIDLoopCloure)
                continue;
            // 要求 closestHistoryFrameID + j 在 0 到 cloudKeyPoses3D->points.size()-1 之间，不能
超过索引
            *RSnearHistorySurfKeyFrameCloud += *transformPointCloud(
                    cornerCloudKeyFrames[RSclosestHistoryFrameID + j],
                    &cloudKeyPoses6D->points[RSclosestHistoryFrameID + j]);
            *RSnearHistorySurfKeyFrameCloud += *transformPointCloud(surfCloudKeyFrames[RSclos
estHistoryFrameID + j],
                            &cloudKeyPoses6D->points[
                                    RSclosestHistoryFrameID + j]);
        }
        //  下采样
        downSizeFilterHistoryKeyFrames.setInputCloud(RSnearHistorySurfKeyFrameCloud);
        downSizeFilterHistoryKeyFrames.filter(*RSnearHistorySurfKeyFrameCloudDS);
    }
```

或者使用 ScanContext 完成回环检测的功能，通过 ScanContext 确定回环的关键帧，返回的是关键帧的 ID 和 yaw 角的偏移量，然后将前后 25 个帧加起来作为回环的对象，用于全局优化。

```
    SClatestSurfKeyFrameCloud->clear();
    SCnearHistorySurfKeyFrameCloud->clear();
    SCnearHistorySurfKeyFrameCloudDS->clear();
    // std::lock_guard<std::mutex> lock(mtx);
    latestFrameIDLoopCloure = cloudKeyPoses3D->points.size() - 1;
```

```
SCclosestHistoryFrameID = -1; // init with -1
//  这里检测回环
auto detectResult = scManager.detectLoopClosureID(); // first: nn index, second: yaw diff
SCclosestHistoryFrameID = detectResult.first;
yawDiffRad = detectResult.second; // not use for v1 (because pcl icp withi initial somthing 
wrong...)
// if all close, reject
if (SCclosestHistoryFrameID == -1) {
      return false;
}
// SC 检测到了回环
*SClatestSurfKeyFrameCloud += *transformPointCloud(cornerCloudKeyFrames[latestFrameIDLoopCloure],
                    &cloudKeyPoses6D->points[SCclosestHistoryFrameID]);
*SClatestSurfKeyFrameCloud += *transformPointCloud(surfCloudKeyFrames[latestFrameIDLoopCloure],
                    &cloudKeyPoses6D->points[SCclosestHistoryFrameID]);
pcl::PointCloud<PointType>::Ptr SChahaCloud(new pcl::PointCloud<PointType>());
int cloudSize = SClatestSurfKeyFrameCloud->points.size();
for (int i = 0; i < cloudSize; ++i) {
      if ((int) SClatestSurfKeyFrameCloud->points[i].intensity >= 0) {
          SChahaCloud->push_back(SClatestSurfKeyFrameCloud->points[i]);
      }
}
SClatestSurfKeyFrameCloud->clear();
*SClatestSurfKeyFrameCloud = *SChahaCloud;
// save history near key frames: map ptcloud (icp to query ptcloud)
for (int j = -historyKeyframeSearchNum; j <= historyKeyframeSearchNum; ++j) {
      if (SCclosestHistoryFrameID + j < 0 || SCclosestHistoryFrameID + j > 
latestFrameIDLoopCloure)
          continue;
      *SCnearHistorySurfKeyFrameCloud += *transformPointCloud(cornerCloudKeyFrames[SCcloses
tHistoryFrameID + j],
                           &cloudKeyPoses6D->points[SCclosestHistoryFrameID + 
                                      j]);
      *SCnearHistorySurfKeyFrameCloud += *transformPointCloud(surfCloudKeyFrames[SCclosestH
istoryFrameID + j],
                           &cloudKeyPoses6D->points[SCclosestHistoryFrameID + 
                                      j]);
}
downSizeFilterHistoryKeyFrames.setInputCloud(SCnearHistorySurfKeyFrameCloud);
downSizeFilterHistoryKeyFrames.filter(*SCnearHistorySurfKeyFrameCloudDS);
```

ScanContext 的位置识别方案整体流程如图 8-21 所示。

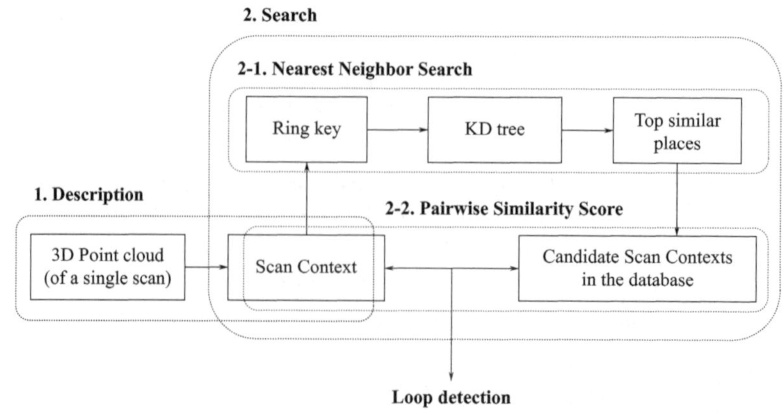

图 8-21　方案整体流程

流程主要有三个阶段：

① 对一帧点云先进行 SC（ScanContext）的计算。

② 从该帧点云的 SC 中提取一个 N 维的向量（和环数一致），用于在 KD 树中搜索相近的关键帧。

③ 将搜索得到的参考帧的 SC 和待匹配的当前帧进行比较，如果比较得分高于一定阈值则认为找到回环。

经过 detectLoopClosure 更新后，需要使用 correctPoses 完成优化后的关键帧所在位姿的同步。

```
void mapOptimization::correctPoses() {
   if (aLoopIsClosed == true) {
     recentCornerCloudKeyFrames.clear();
     recentSurfCloudKeyFrames.clear();
     recentOutlierCloudKeyFrames.clear();
     // update key poses
     int numPoses = isamCurrentEstimate.size();
     for (int i = 0; i < numPoses; ++i) {
       cloudKeyPoses3D->points[i].x = isamCurrentEstimate.at<Pose3>(i).translation().y();
       cloudKeyPoses3D->points[i].y = isamCurrentEstimate.at<Pose3>(i).translation().z();
       cloudKeyPoses3D->points[i].z = isamCurrentEstimate.at<Pose3>(i).translation().x();
       cloudKeyPoses6D->points[i].x = cloudKeyPoses3D->points[i].x;
       cloudKeyPoses6D->points[i].y = cloudKeyPoses3D->points[i].y;
       cloudKeyPoses6D->points[i].z = cloudKeyPoses3D->points[i].z;
       cloudKeyPoses6D->points[i].roll = isamCurrentEstimate.at<Pose3>(i).rotation().pitch();
       cloudKeyPoses6D->points[i].pitch = isamCurrentEstimate.at<Pose3>(i).rotation().yaw();
       cloudKeyPoses6D->points[i].yaw = isamCurrentEstimate.at<Pose3>(i).rotation().roll();
     }
     aLoopIsClosed = false;
   }
}
```

8.4.6　融合里程计

FeatureAssociation 发出的信息是粗匹配含有误差的激光里程计，mapOptimization 发出的是通过回环消除后的里程计，mapOptimization 通过 publishTF 函数将“/aft_mapped_to_init”topic 发出，当中包含了 scan-to-map 的匹配信息，并将配准后的速度信息加入 transformAssociateToMap 函数中完成与下一时刻的“/laser_odom_to_init”粗匹配融合，如图 8-22 所示。

我们主要结合 mapOptimization 类来看 transformAssociateToMap 函数，其他函数都是一些基本操作。

① transformSum 数组中存储的是 featureAssociation() 中激光里程计发布的数据，当中存有 K+1 时刻激光里程计在世界坐标系下的位姿。

② transformBefMapped 数组中保存的是 K 时刻激光里程计的角速度和线速度。

③ transformAftMapped 中保存的是 K 时刻经过 mapping 优化的位姿。

程序需要首先计算出两次激光里程计的运动增量，由于是基于匀速运动模型的预测，所以直接使用 transformBefMapped[3] - transformSum[3] 计算出两个世界坐标系的坐标差，然后将这个位姿的增量变换到当前 K 时刻的激光里程计的坐标系下 $R=R(y)^{\mathrm{T}}R(x)^{\mathrm{T}}R(z)^{\mathrm{T}}$。

$$\begin{bmatrix} t_1 \\ t_2 \\ t_3 \end{bmatrix} = \begin{bmatrix} \cos\gamma & \sin\gamma & 0 \\ -\sin\gamma & \cos\gamma & 0 \\ 0 & 0 & 1 \end{bmatrix} \begin{bmatrix} 1 & 0 & 0 \\ 0 & \cos\alpha & \sin\alpha \\ 0 & -\sin\alpha & \cos\alpha \end{bmatrix} \begin{bmatrix} \cos\beta & 0 & -\sin\beta \\ 0 & 1 & 0 \\ \sin\beta & 0 & \cos\beta \end{bmatrix} \begin{bmatrix} x_1 - x_2 \\ y_1 - y_2 \\ z_1 - z_2 \end{bmatrix} \tag{8-15}$$

然后计算估计的 map 相对于世界坐标系的矩阵，并根据旋转矩阵计算出欧拉角：

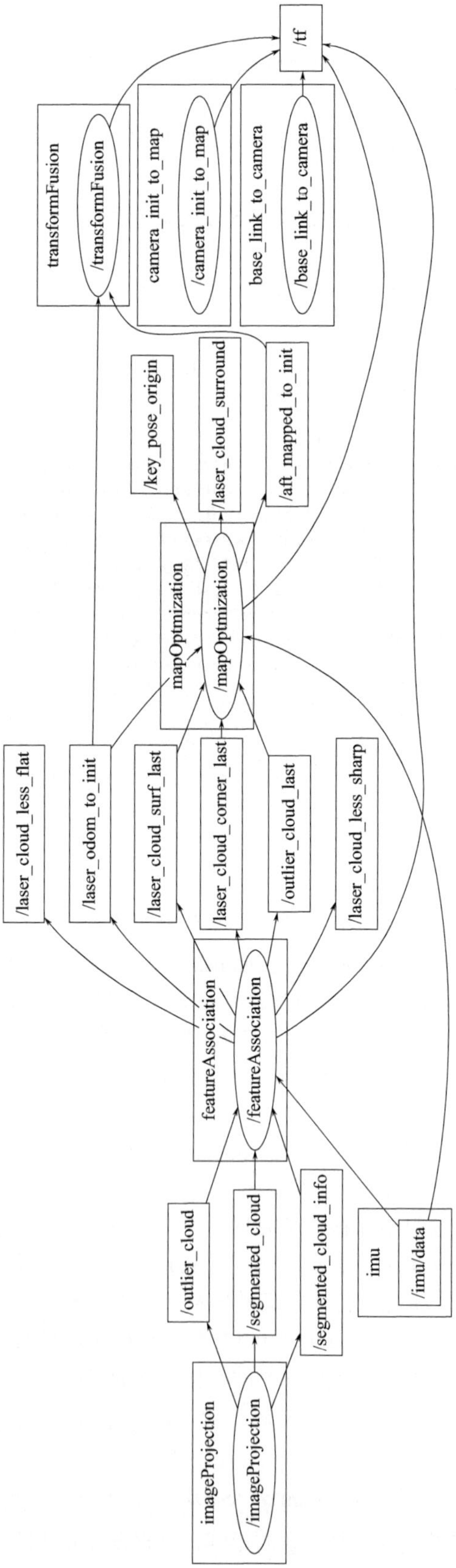

imageProjection
/imageProjection
/outlier_cloud
/segmented_cloud
/segmented_cloud_info
imu
/imu/data
featureAssociation
/featureAssociation
/laser_cloud_less_flat
/laser_odom_to_init
/laser_cloud_surf_last
/laser_cloud_corner_last
/outlier_cloud_last
/laser_cloud_less_sharp
mapOptmization
/mapOptmization
/key_pose_origin
/laser_cloud_surround
/aft_mapped_to_init
transformFusion
/transformFusion
camera_init_to_map
/camera_init_to_map
base_link_to_camera
/base_link_to_camera
/tf

图 8-22 融合里程计流程图

$$\begin{bmatrix} \cos\gamma\cos\beta+\sin\gamma\sin\alpha\sin\beta & \cos\beta\sin\gamma\sin\alpha-\cos\gamma\sin\beta & \cos\alpha\sin\gamma \\ \sin\beta\cos\alpha & \cos\alpha\cos\beta & -\sin\alpha \\ \cos\gamma\sin\alpha\sin\beta-\cos\beta\sin\gamma & \sin\beta\sin\gamma+\cos\beta\sin\alpha\cos\gamma & -\cos\gamma\cos\alpha \end{bmatrix} \tag{8-16}$$

将公式 (8-16) 化简为

$$\theta_y=-a\sin(R_{23}),\psi_x=a\tan2(\frac{R_{13}}{\cos\theta_y},\frac{R_{33}}{\cos\theta_y}),\phi_z=a\tan2(\frac{R_{21}}{\cos\theta_y},\frac{R_{22}}{\cos\theta_y}) \tag{8-17}$$

```
float srx = -sbcx * (salx * sblx + calx * cblx * salz * sblz + calx * calz * cblx * cblz)
      - cbcx * sbcy * (calx * calz * (cbly * sblz - cblz * sblx * sbly)
                - calx * salz * (cbly * cblz + sblx * sbly * sblz) + cblx * salx * sbly)
      - cbcx * cbcy * (calx * salz * (cblz * sbly - cbly * sblx * sblz)
                - calx * calz * (sbly * sblz + cbly * cblz * sblx) + cblx * cbly * salx);
transformMapped[0] = -asin(srx);
float srycrx = sbcx * (cblx * cblz * (caly * salz - calz * salx * saly)
            - cblx * sblz * (caly * calz + salx * saly * salz) + calx * saly * sblx)
      - cbcx * cbcy * ((caly * calz + salx * saly * salz) * (cblz * sbly - cbly * sblx * sblz)
                + (caly * salz - calz * salx * saly) * (sbly * sblz + cbly * cblz * sblx) -
                calx * cblx * cbly * saly)
      + cbcx * sbcy * ((caly * calz + salx * saly * salz) * (cbly * cblz + sblx * sbly * sblz)
                + (caly * salz - calz * salx * saly) * (cbly * sblz - cblz * sblx * sbly) +
                calx * cblx * saly * sbly);
float crycrx = sbcx * (cblx * sblz * (calz * saly - caly * salx * salz)
            - cblx * cblz * (saly * salz + caly * calz * salx) + calx * caly * sblx)
      + cbcx * cbcy * ((saly * salz + caly * calz * salx) * (sbly * sblz + cbly * cblz * sblx)
                + (calz * saly - caly * salx * salz) * (cblz * sbly - cbly * sblx * sblz) +
                calx * caly * cblx * cbly)
      - cbcx * sbcy * ((saly * salz + caly * calz * salx) * (cbly * sblz - cblz * sblx * sbly)
                + (calz * saly - caly * salx * salz) * (cbly * cblz + sblx * sbly * sblz) -
                calx * caly * cblx * sbly);
transformMapped[1] = atan2(srycrx / cos(transformMapped[0]),
                          crycrx / cos(transformMapped[0]));
float srzcrx = (cbcz * sbcy - cbcy * sbcx * sbcz) * (calx * salz * (cblz * sbly - cbly * sblx * sblz)
                          - calx * calz * (sbly * sblz + cbly * cblz * sblx) +
                          cblx * cbly * salx)
      - (cbcy * cbcz + sbcx * sbcy * sbcz) * (calx * calz * (cbly * sblz - cblz * sblx * sbly)
                          - calx * salz * (cbly * cblz + sblx * sbly * sblz) +
                          cblx * salx * sbly)
      + cbcx * sbcz * (salx * sblx + calx * cblx * salz * sblz + calx * calz * cblx * cblz);
float crzcrx = (cbcy * sbcz - cbcz * sbcx * sbcy) * (calx * calz * (cbly * sblz - cblz * sblx * sbly)
                          - calx * salz * (cbly * cblz + sblx * sbly * sblz) +
                          cblx * salx * sbly)
     - (sbcy * sbcz + cbcy * cbcz * sbcx) * (calx * salz * (cblz * sbly - cbly * sblx * sblz)
                          - calx * calz * (sbly * sblz + cbly * cblz * sblx) +
                          cblx * cbly * salx)
     + cbcx * cbcz * (salx * sblx + calx * cblx * salz * sblz + calx * calz * cblx * cblz);
transformMapped[2] = atan2(srzcrx / cos(transformMapped[0]),
        crzcrx / cos(transformMapped[0]));
```

8.4.7　小结

第 6 ～ 8 章我们讲述了如何使用 VINS、Cartographer、LOAM 完成视觉和激光的 SLAM 建图与定位。SLAM 当然没有这么简单，更多的方法也在每年的 IROS、ICRA 上更新，以激光视觉紧耦合的工作也越来越多地浮现，LVI-SLAM、R3LIVE 也在不断迭代出新，当然也有更多更复杂的数学推导计算需要大家学习。这里仅给广大读者打开认知和学习的一扇门，希望大家能够保持热情，对新的知识不断钻研学习。

第 9 章

无人机识别避障

9.1 识别算法综述

现代机器人与传统的机器人最大的区别就是其可以和人类一样对外界信息做出一定的反应，例如最近比较火的波士顿动力公司（Boston Dynamics）的机械狗，其灵活快速的反应令人印象深刻，而能够快速对外界的信息做出反应离不开计算机视觉（Computer Vision）技术的进步。计算机视觉技术的主要流程是使用计算机及其相关设备来对生物视觉进行模拟。图像识别时人眼睛运动的研究显示，人在进行物体识别时，视线总是集中在该图像最主要的特征上，即视线总是集中在图像轮廓曲度最大或者轮廓方向突然变化的地方，往往这些地方是图像中信息量最大的地方，并且眼睛的扫描路线总是依次从一个特征转移到另一个特征中。比如人类在识别一只猫时，先是找到这张图中最具有特征的地方，比如猫的尖耳朵、圆眼睛、长胡须或者猫的爪子，只有这些特征都一一符合或者绝大多数都符合时，人才会将其判断为猫。当然人类识别物体的具体过程并不只包含分类功能这一种，因此根据人类对物体的识别过程可以划分出计算机视觉技术的四个具体功能分支，即分类、定位、检测和分割。

9.1.1 深度学习分类

对于深度学习的图像识别，我们将其分为四个主要的部分，分别是分类、定位、检测、分割，其中分割又可以分为语义分割与实例分割。无人机的识别工作基本离不开这四部分，其中最常用的是检测的操作。

① 分类：主要是分辨图片中的主要物体是什么，这一任务是计算机视觉中最基础的任务，也是后面一系列高级任务的基础，在人脸识别、医疗辅助诊断、图像检索、道路场景识别中广泛应用。

② 定位：主要用于分辨图片中主要物体的位置，并通过矩形框将主要物体标志出来。该

任务为单目标寻找。

③ 检测：主要用于分辨图像中每个物体的位置，并通过矩形框将其都标志出来，与定位不同的是，该任务可以是多目标寻找。

④ 分割：用于分辨图像中的物体，并通过点来构造一个轮廓线，将目标包含在轮廓线内。

其实际作用如图 9-1 所示。

(a) 图像分类

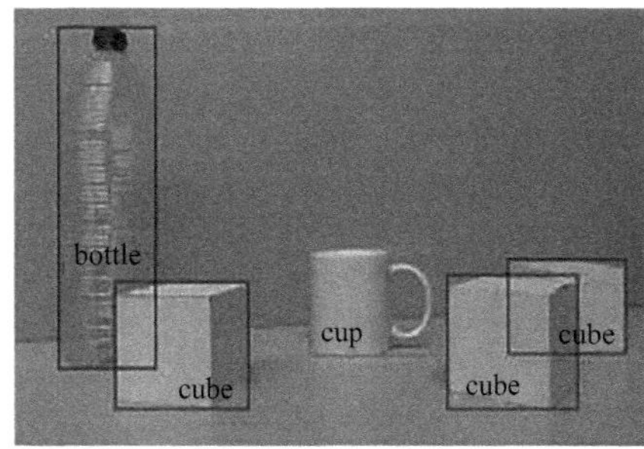

(b) 目标定位（目标识别）

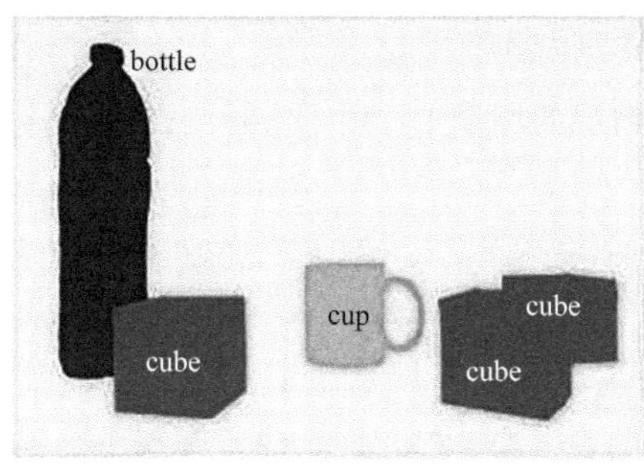

(c) 语义检测

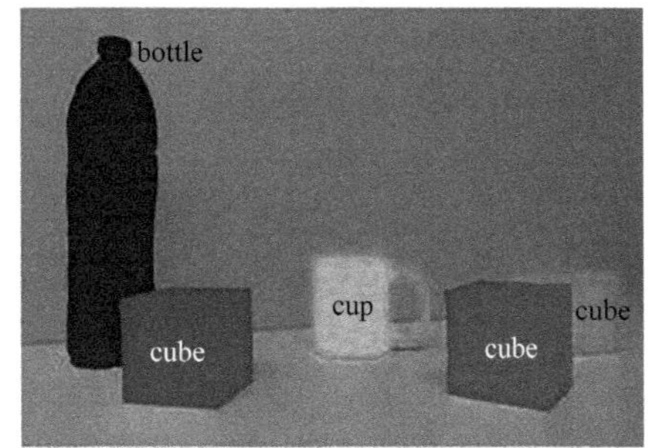

(d) 实例分割

图 9-1　图像检测的操作汇总

9.1.2　深度学习步骤

现在识别算法更多的指向使用深度学习来对物体进行识别与分割。一般操作步骤需要以下几个过程：

① 收集数据：收集目标需要的数据，一般使用脚本等方法自动采集一些需要的目标数据。这类数据需要先经过人为将一些不合格的数据（比如模糊重影的图像等）进行初步筛选。

② 数据预处理：通过软件提前将这些数据进行分类。需要将数据分成用于训练模型的训练集和测试模型的测试集（有些会分为训练集、验证集、测试集），比如最近开源的 labelGo 就是基于 YOLOv5 的反向标注软件，可以提升用于分类的数据集标注效率。

labelGo 如图 9-2 所示。

③ 选择模型：对于深度学习而言，模型的选择非常重要，目前没有一个模型是通用模型，这就要求我们需要对不同模型有比较充分的了解，并根据不同的功能选择不同的模型。

④ 训练模型：将收集到的测试集中的数据传输到构建好的模型中，进行模型的训练。

⑤ 评估模型：将之前训练好的模型用于测试集中的数据，来验证模型的鲁棒性。

⑥ 模型优化：根据实际需求对比测试出的模型指标，根据需求指标对模型进行参数调整与模型结构调整，并将调整好的模型重新进行训练和评估，直到训练出一个符合实际需求的模型。

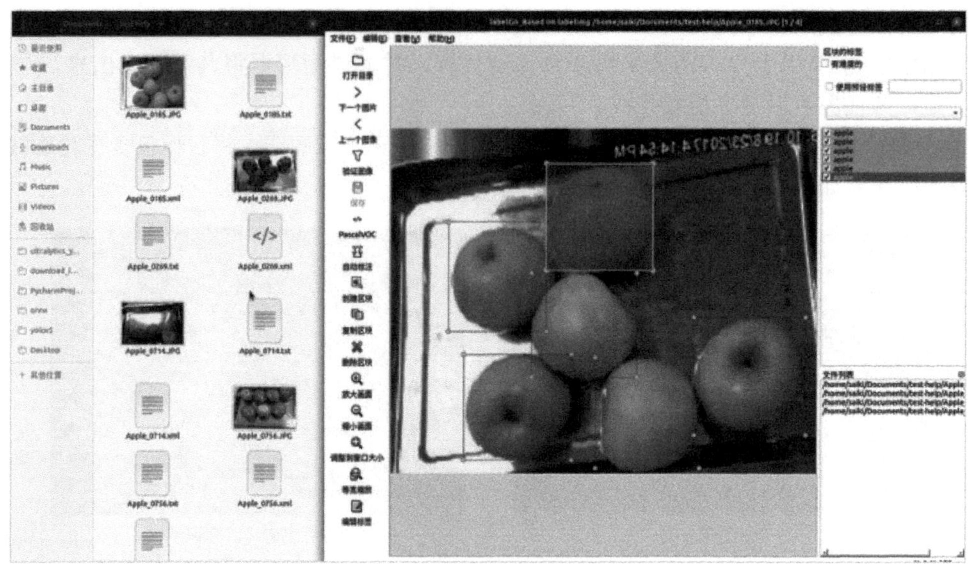

图 9-2　labelGo 反向标注软件

⑦ 模型部署：将训练好的模型导入对应实际情况的场景中，用于实际测试。

深度学习具体流程如图 9-3 所示。

图 9-3　深度学习模型训练操作步骤

9.1.3　图像分类

这是 2012 年以来基于深度学习的目标检测技术的主要发展历程，当中包含很多我们非常熟悉的方法，由于本章节不涉及图像分割的算法，所以主要给出了图像分类以及目标检测的时间树，如图 9-4 所示。

图像分类是所有工作中最简单的，但也是最考验一个模块性能的工作，比如一开始学习深度学习时就会使用的 MNIST 数据集，以及 CIFAR-10、CIFAR-100、ImageNet 这些非常有名的图像分类数据集，这里面有很多非常经典的工作。

LeNet-5：网络名称中有 5 表示它有 5 层 conv/fc 层。当时，LeNet-5 被成功用于 ATM 以对支票中的手写数字进行识别。该模型作为十多年前的工作，也算是奠定了 CNN 架构作为深度学习物体识别基础模块的地位。LeNet-5 模型结构如图 9-5 所示。

AlexNet：其作为 ILSVRC 2012 的冠军网络，它第一次使用了 ReLU 激活函数，使之有更好的梯度特性，训练更快，同时使用了随机失活（dropout）并增加了大量的深度模型参数，将 LeNet-5 从 k 级别的 params 增长到了兆（M）级别的 params，这使人们意识到卷积神经网络的优势。此外，AlexNet 也使人们意识到可以利用 GPU 加速卷积神经网络训练。AlexNet 模型结构如图 9-6 所示。

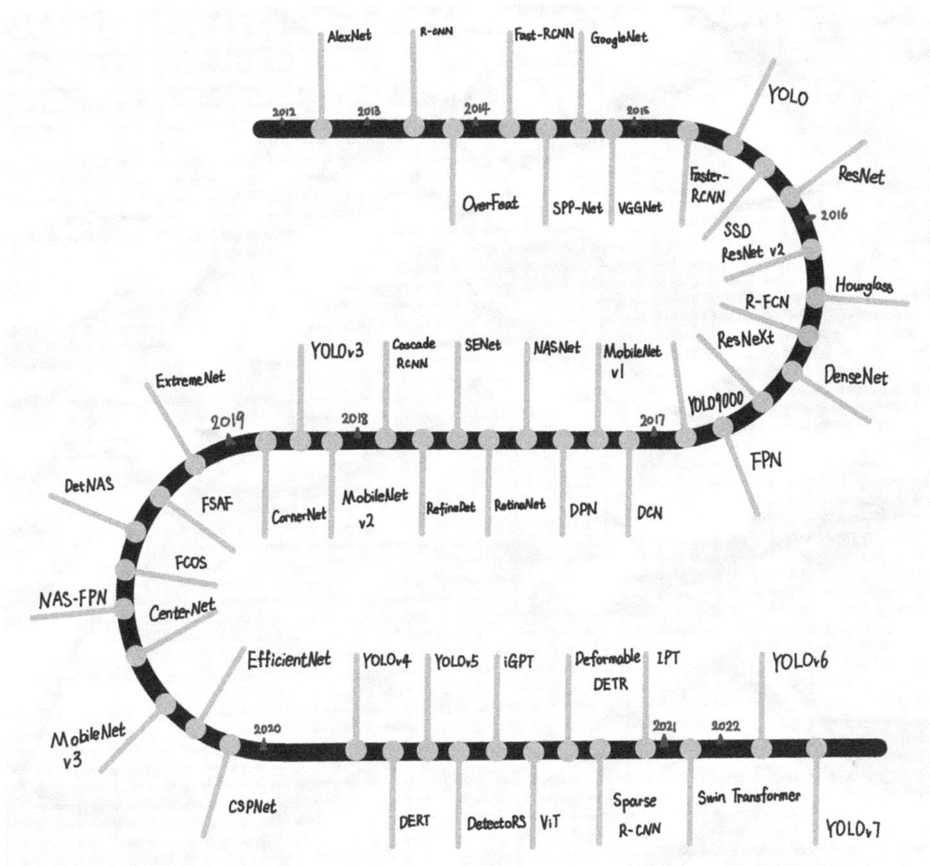

图 9-4　识别算法发展纪年表

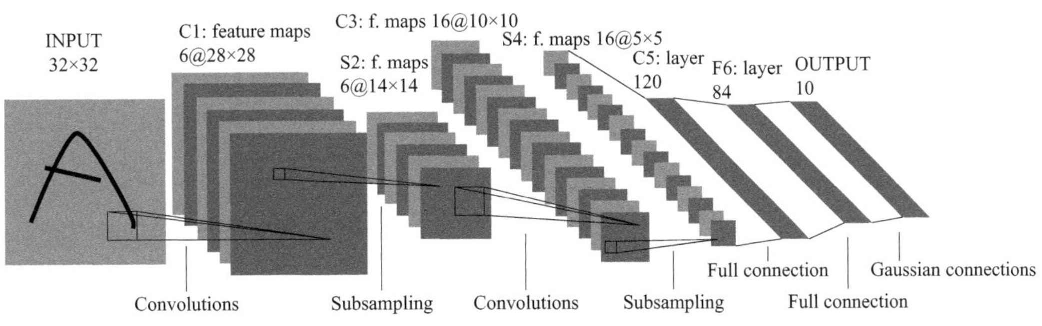

图 9-5　LeNet-5 模型结构

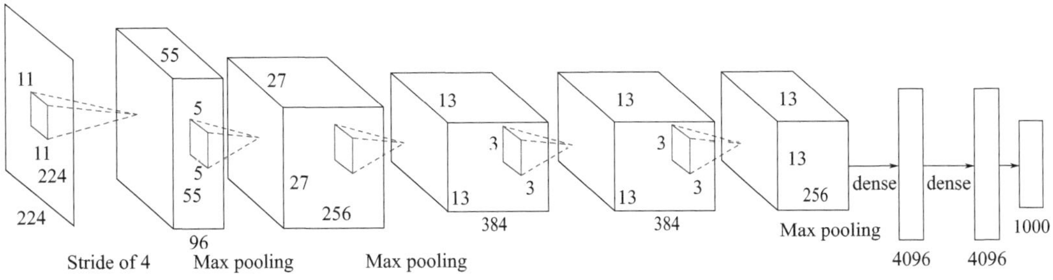

图 9-6　AlexNet 模型结构

VGG-16/VGG-19：VGG 网络作为近几年仍然在使用的模型，其通过 3×3 卷积和 2×2 汇合两种配置，并且重复堆叠相同的模块组合，使得模型可以非常好地嵌入在各种模型当中，很适合迁移学习，并证明了合适的网络初始化和使用批量归一（batch normalization）层对训练深层网络很重要。VGG-16 模型结构如图 9-7 所示。

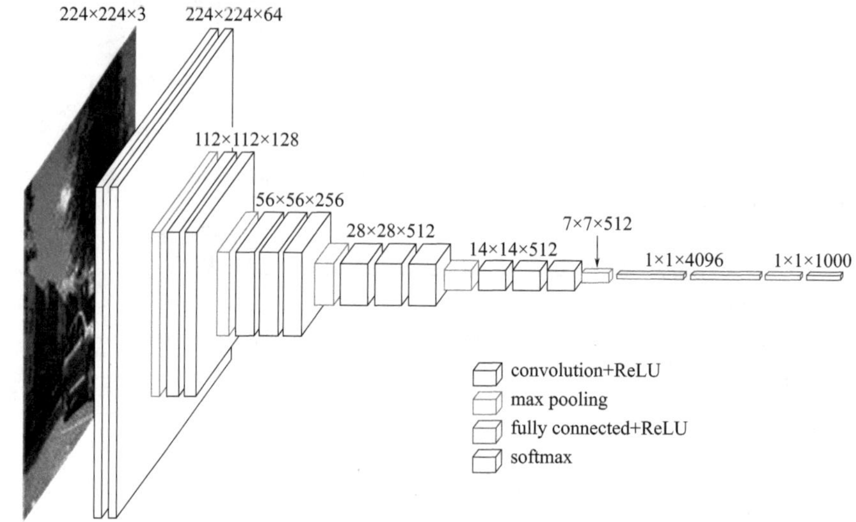

图 9-7　VGG-16 模型结构

GoogLeNet：从名字就可以看到模型的作者来自 Google，它是 LSVRC 2014 的冠军网络。GoogLeNet 试图回答在设计网络时究竟应该选多大尺寸的卷积或者汇合层。其提出了 Inception 模块，同时用 1×1、3×3、5×5 卷积和 3×3 汇合，并保留所有结果。这也为近几年研究火热的多 heading 以及多尺度重采样提供了借鉴。GoogLeNet 模型结构如图 9-8 所示。

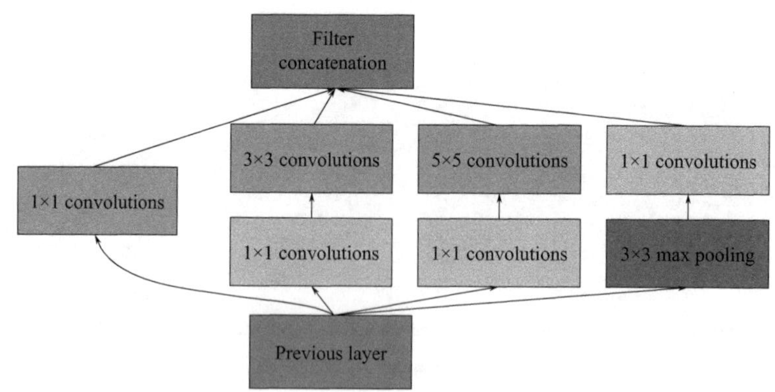

图 9-8　GoogLeNet 模型结构

Inception v3/v4：该方法在 GoogLeNet 的基础上进一步降低参数。其和 GoogLeNet 有相似的 Inception 模块，但将 7×7 和 5×5 卷积分解成若干等效 3×3 卷积，并在网络中后部分把 3×3 卷积分解为 1×3 和 3×1 卷积，这也就是在轻量化模型中常使用的 Depth wise。此方法使得在相似的网络参数下网络可以部署到 42 层。Inception v3 模型结构如图 9-9 所示。

ResNet：ResNet 旨在解决网络加深后训练难度增大的现象。其提出了 residual 模块，包含两个 3×3 卷积和一个短路连接［图 9-10（a）］。短路连接可以有效缓解反向传播时由于深度过深导致的梯度消失现象，这使得网络加深之后性能不会变差。短路连接是深度学习又一重要思想，目前已经被用在各个模块当中，如今 ResNet 与 CNN 一样，已经成为深度学习不可或缺的一部分。ResNet 模型结构如图 9-10 所示。

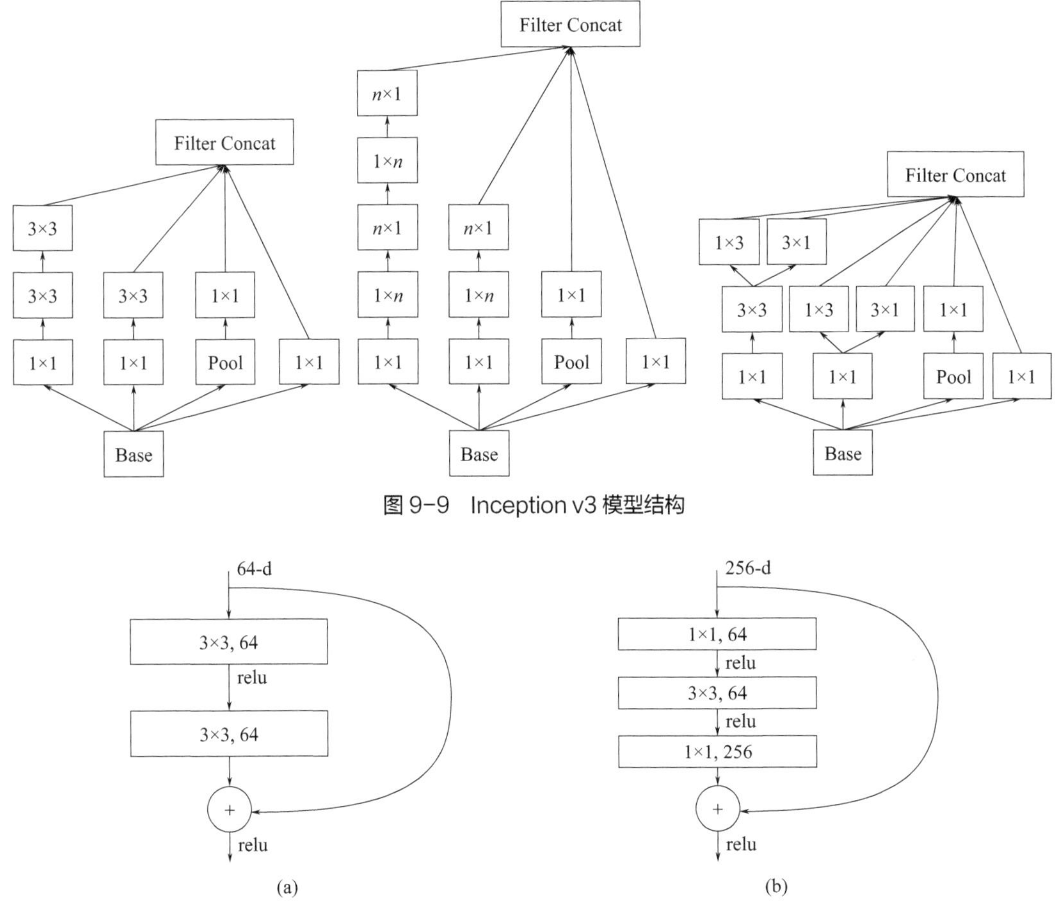

图 9-9　Inception v3 模型结构

图 9-10　ResNet 模型结构

DenseNet：其目的也是避免梯度消失。和 residual 模块不同，dense 模块中任意两层之间均有短路连接。也就是说，每一层的输入通过级联 (concatenation) 包含了之前所有层的结果，即包含由低到高所有层次的特征。可以在相同的 GPU 存储资源下训练更深的 DenseNet，这也是一个非常经典的方法。DenseNet 模型结构如图 9-11 所示。

Transformer：该模型起初被提出于 2017 年 Google 的 *Attention Is All you Need* 中。该模型完全抛弃了 CNN、RNN 模型结构，起初主要应用在自然语言处理中，后面逐渐应用到了计算机视觉中。仅仅通过注意力机制（self-attention）和前向神经网络（Feed Forward Neural Network），不需要使用序列对齐的循环架构就实现了较好的表现。可以说，目前最先进的识别方法大多数都是基于 Transformer 来开发的。Transformer 模型结构如图 9-12 所示。

9.1.4　目标识别—两阶段

在图像分类的基础上，如果还想知道图像中的目标具体在图像的什么位置，通常是以包围盒的 (bounding box) 形式。常用的数据集有 PASCAL VOC、MS COCO 等，通过评价平均准确率

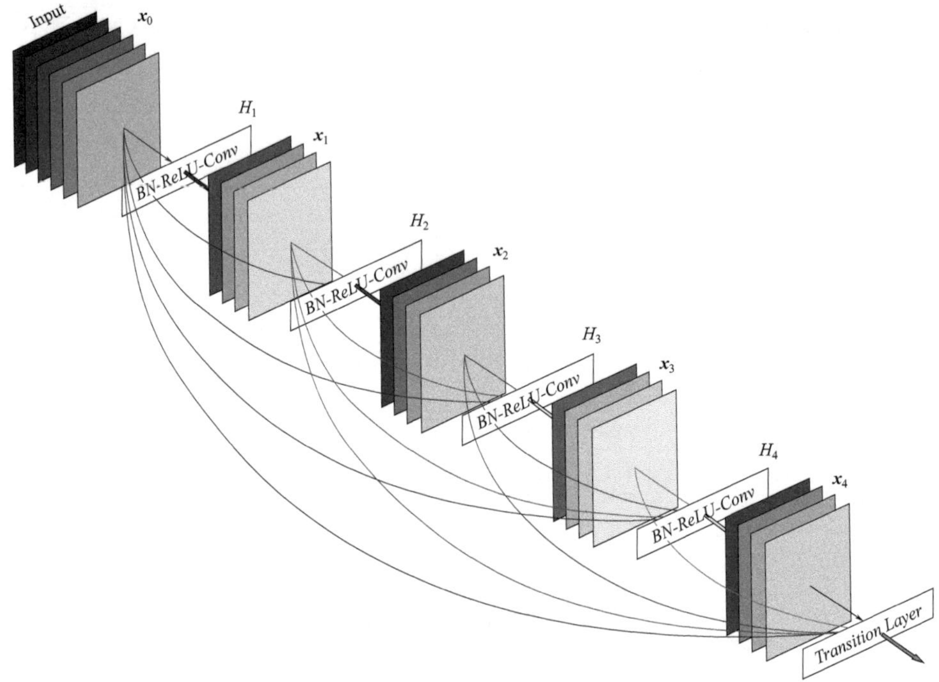

图 9-11 DenseNet 模型结构

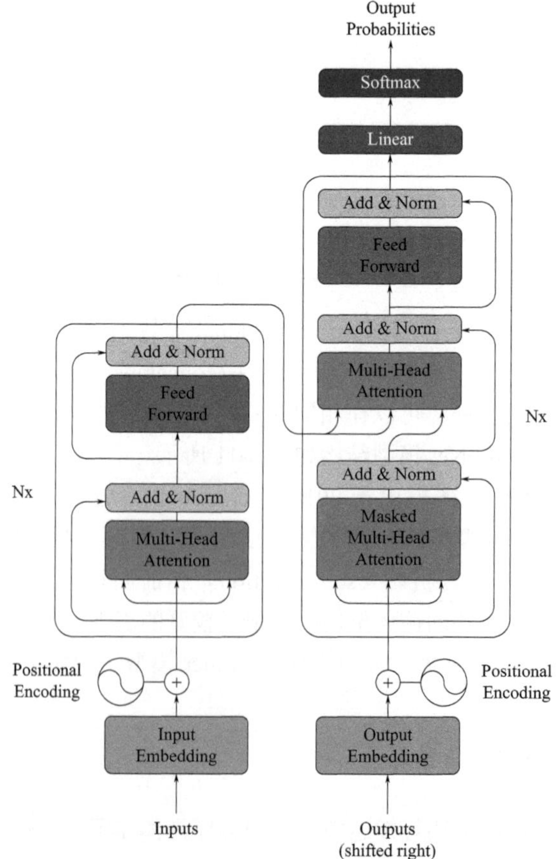

图 9-12 Transformer 模型结构

（mean average precision, MAP）以及交并比（intersection over union, IoU）来衡量该模型的好坏。如图 9-13 所示为一阶段和两阶段目标识别。

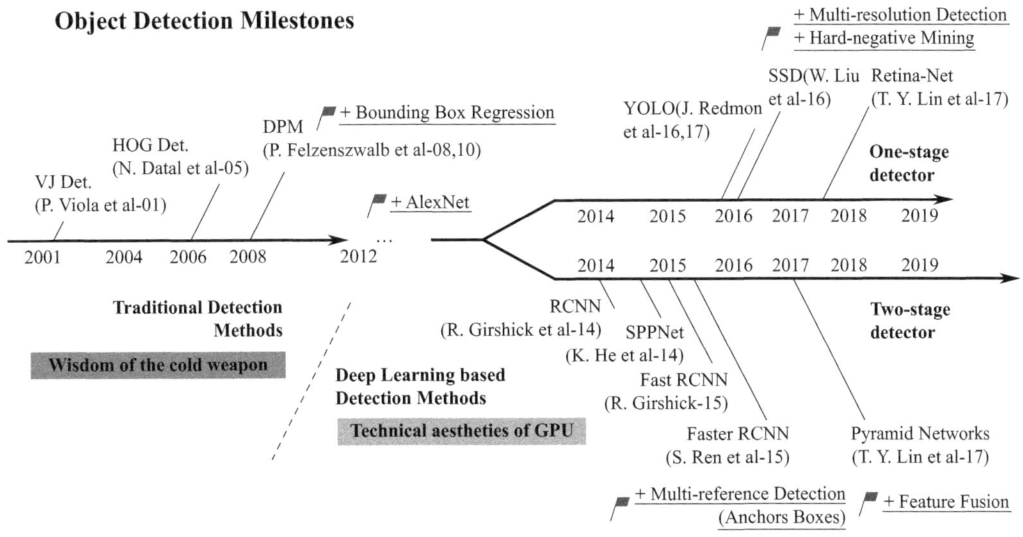

图 9-13 一阶段和两阶段目标识别

R-CNN：R-CNN 模型作为一个比较老的模型，其通过找到一些可能包含目标的候选区域，之后对每个候选区域前馈网络进行目标定位，即两分支（分类 + 回归）输出，这也定义了基于候选区域的目标检测算法的基本框架。R-CNN 模型结构如图 9-14 所示。

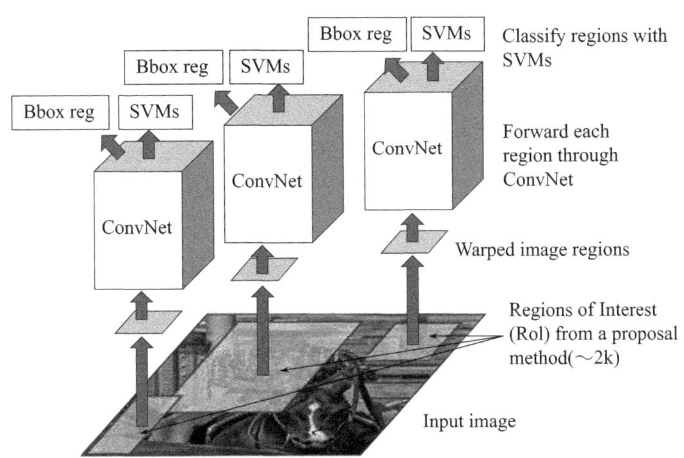

图 9-14 R-CNN 模型结构

Fast R-CNN：R-CNN 的弊端是需要多次前馈网络，这使得 R-CNN 的运行效率不高，预测一张图像需要 47s。Fast R-CNN 同样基于候选区域进行目标检测，但受 SPPNet 启发，在 Fast R-CNN 中，不同候选区域的卷积特征提取部分是共享的。Fast R-CNN 模型结构如图 9-15 所示。

Faster R-CNN：Fast R-CNN 测试时每张图像前馈网络只需 0.2s，但瓶颈在于提取候选区域需要 2s。Faster R-CNN 不再使用现有的无监督候选区域生成算法，而利用候选区域网络从 conv5 特征中产生候选区域，并且将候选区域网络集成到整个网络中端到端训练。Faster R-CNN 模型结构如图 9-16 所示。

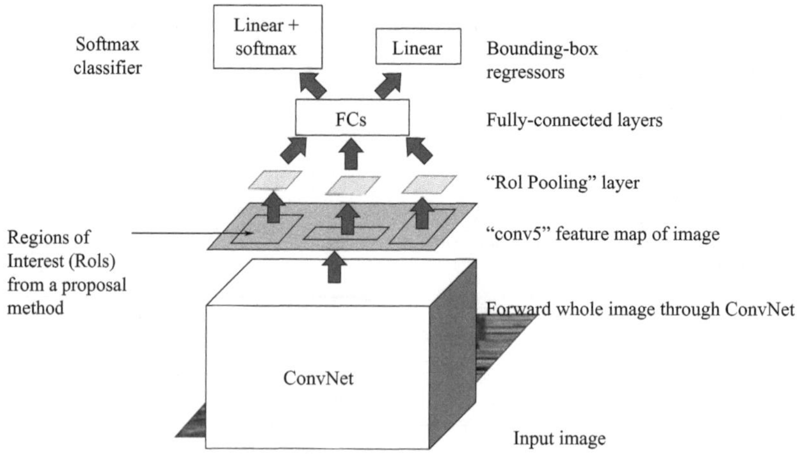

图 9-15　Fast R-CNN 模型结构

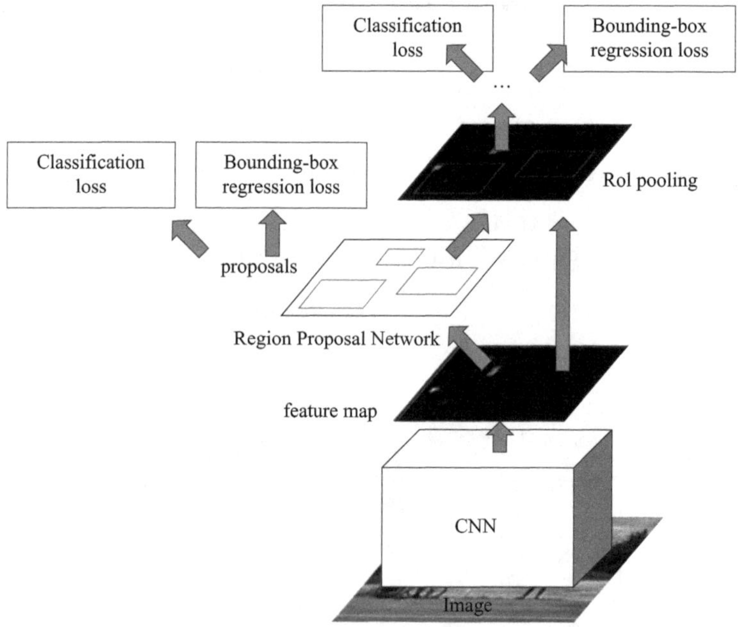

图 9-16　Faster R-CNN 模型结构

R-FCN：该模型旨在使几乎所有的计算共享，以进一步加快速度。R-FCN 关注点并不是检测精度，而是检测速度。R-FCN 专门对位置信息进行编码，在传统的全卷积层后额外地输出一个对位置敏感的得分图（position-sensitive score map），从而既保持整个框架全卷积的结构，又实现了“平移改变性”。在整个全卷积网络的顶部，R-FCN 加上了对位置敏感的兴趣池化层（position-sensitive RoI pooling layer），用来强调位置敏感性。这样一来，整个全卷积层既能共享计算，又能对位置进行编码。R-FCN 模型结构如图 9-17 所示。

DetectoRS：该模型也是基于 FPN 的二阶段模型，两个新的模块分别是递归特征金字塔和可切换的空洞卷积。递归特征金字塔将反馈连接添加到 FPN 自下而上的过程中，并使用带有空洞卷积的空间金字塔池化（ASPP）模块来实现两个递归特征金字塔的级联连接。可切换的空洞卷积可以不同的空洞率（rate）对特征进行卷积，并使用 switch 函数合并卷积后的特征。DetectoRS 模型结构如图 9-18 所示。

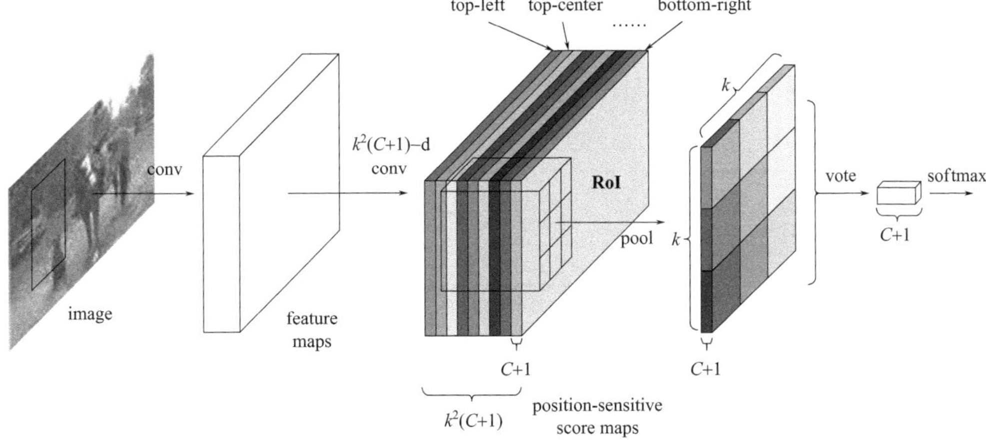

图 9-17　R-FCN 模型结构

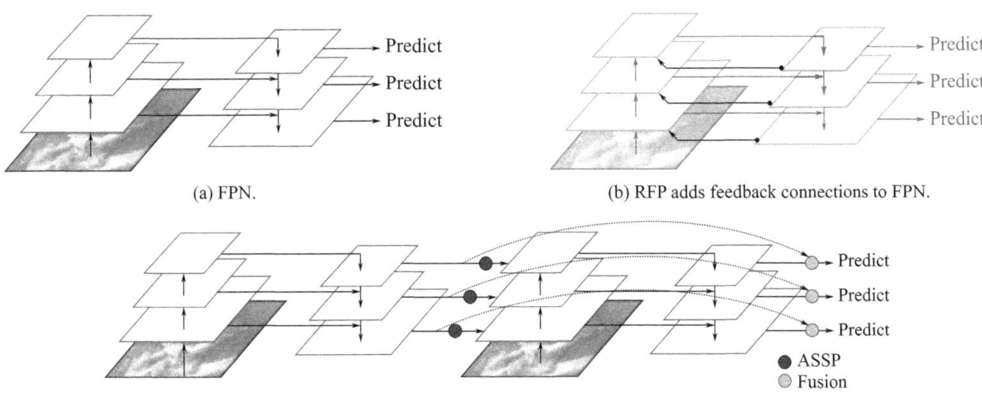

(a) FPN.　　(b) RFP adds feedback connections to FPN.

(c) Unrolling RFP to an example 2-step sequential implementation.

图 9-18　DetectoRS 模型结构

9.1.5　目标识别——阶段

SSD：SSD 以 VGG-16 作为基础模型，并在 VGG-16 的基础上新增了卷积层来获得更多的特征图用于检测。SSD 在卷积特征后加了若干卷积层以减小特征空间大小，并通过综合多层卷积层的检测结果以检测不同大小的目标。这里多尺度的特征图方式也被之后的 YOLOv3 的 darknet53 使用。SSD 模型结构如图 9-19 所示。

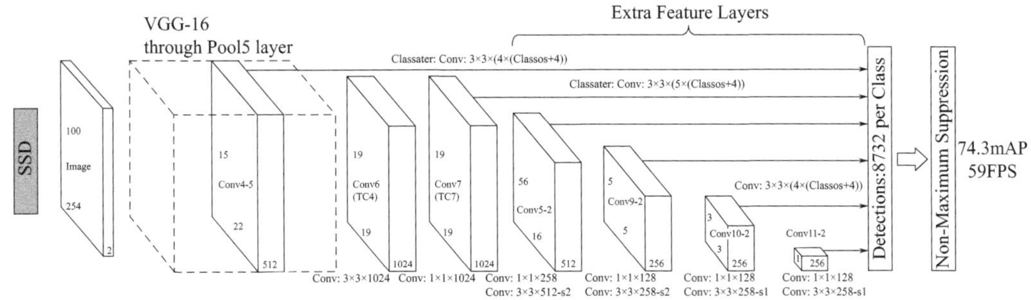

图 9-19　SSD 模型结构

YOLOv1 ～ 7：YOLO 作为目标识别的常青树，目前已经更新到 YOLOv7。每一代的框架都在不断吸收与改进，这里没有详细地对 YOLO 系列进行综述，后面会以 YOLOv4 与 ROS 结合的形式展示如何在无人机中完成目标检测的功能。YOLOv7 区别如图 9-20 所示。

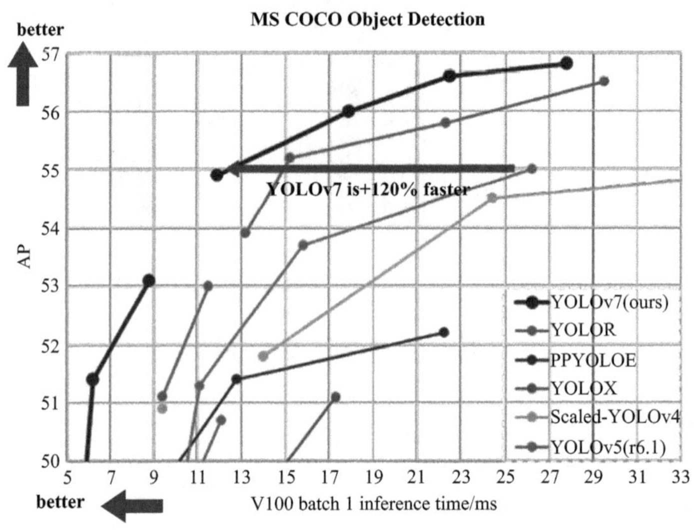

图 9-20　YOLOv7 对比图

EfficientDet：EfficientDet 是 Google 在 2019 年 11 月发表的一个目标检测算法系列，分别包含了从 D0 ～ D7 总共八个算法。这里提出了一种加权双向特征金字塔网络（BiFPN），它允许简单、快速的多尺度特征融合；此外还提出了一种复合特征金字塔网络缩放方法，统一缩放所有 backbone 的分辨率、深度和宽度、特征网络和 box/class 预测网络，并基于 BiFPN 和复合缩放提出了 EfficientDet。EfficientDet 模型结构如图 9-21 所示。

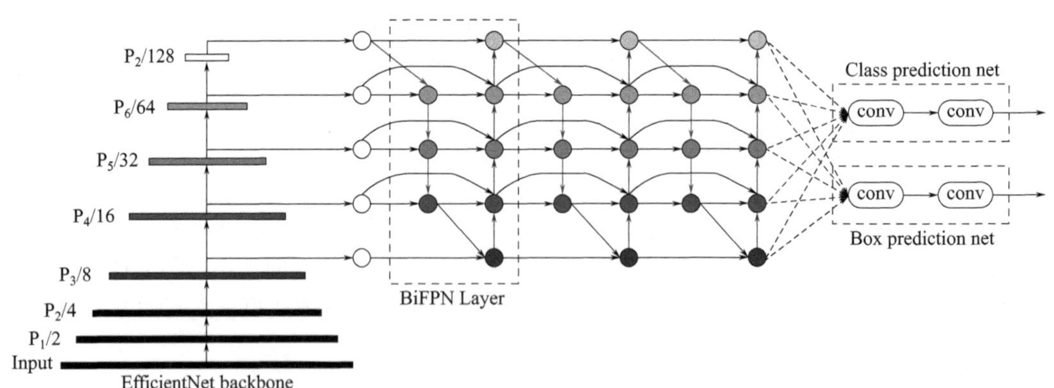

图 9-21　EfficientDet 模型结构

DETR：DETR 大大简化了目标检测的框架，更直观。其将目标检测任务视为一个图像到集合（image-to-set）的问题，即给定一张图像，模型的预测结果是一个包含了所有目标的无序集合。该模型分为四个部分，分别是 CNN 的 backbone、Transformer 的 Encoder、Transformer 的 Decoder、最后的预测层 FFN。虽然当时的 DETR 方法没有达到 SOTA，但是开辟了 Transformer 对图像检测的新框架。DETR 模型结构如图 9-22 所示。

Swin Transformer：Swin Transformer 是另一个非常著名的方法，该方法借鉴了 Vision Transformer（VIT）对于图片的处理方法。该模型主要分为两部分：左边是 Swin Transformer 的全局架构，它

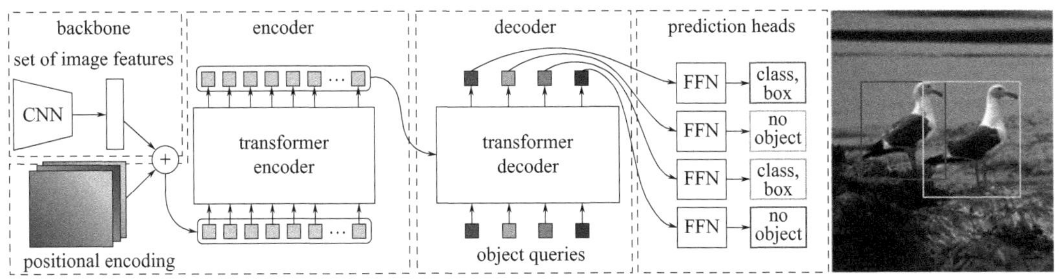

图 9-22　DETR 模型结构

包含 Patch Partition、Linear Embedding、Swin Transformer Block、Patch Merging；右边是 Swin Transformer Block 结构图，这是两个连续的 Swin Transformer Block 块，一个 Swin Transformer Block 由一个带两层 MLP 的 shifted window based MSA 组成。在每个 MSA 模块和每个 MLP 之前使用 LayerNorm（LN）层，并在每个 MSA 和 MLP 之后使用残差连接。Swin Transformer 模型结构如图 9-23 所示。

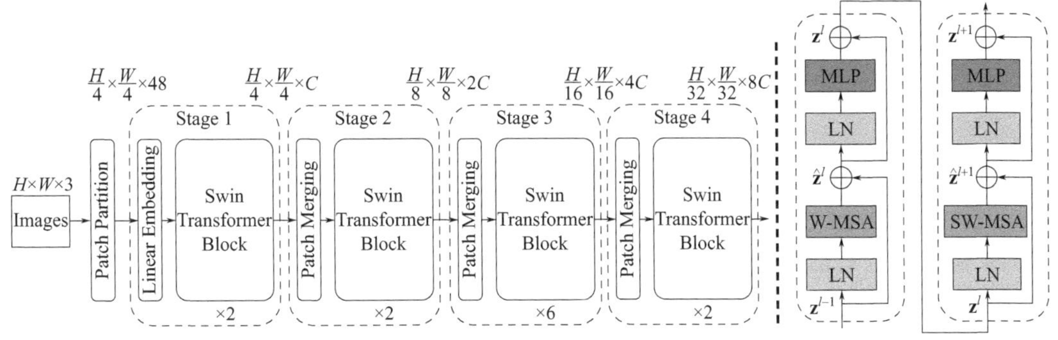

图 9-23　Swin Transformer 模型结构

9.2　无人机 AprilTag 识别

9.2.1　AprilTag 基本原理

AprilTag 是一个视觉基准系统，在多个领域都有广泛的应用，例如虚拟现实、机器人、相机等。该系统采用类似二维码的标签，降低了标签的复杂度以提升其实时性，AprilTag 具有很小的数据有效载荷（4 ～ 12 位编码），可以从图像中得到 6 自由度的定位结果，使该系统既可以用于定位，也可以用于捕捉动作。我们可以通过打印机将这些标签打印出来，在实际使用时，只需要将该标签贴到目标上，即可在 OpenMV 中识别出该标签的具体位置和 ID。系统对应的库内置于 C 语言，因此不需要额外添加外部依赖。其可以包含在其他的应用程序中，并可以移植到嵌入式设备中，即在移动端也可以保证识别的实时性。AprilTag 具有如下几个特点：

① 相较于传统二维码，AprilTag 可以在远距离、低分辨率、照明不均匀、旋转位置特殊、标签贴放环境复杂等条件下，仍然能识别并定位。

② 可以检测单张图片中的多个标签。

③ 该项目开源，可以自行在官网中找到大量的学习资料和项目资料。

目前图像分割算法种类繁多，但其基础仍是预阈值分割、色彩分割、区域分割、边缘分割这几类，而 AprilTag 检测也不例外，其定位算法主要步骤如下：

① 自适应阈值进行图像分割。

② 寻找轮廓，使用 Union-find 算法寻找连通域。

③ 将轮廓进行直线拟合，寻找候选的凸四边形。

④ 对四边形进行解码，识别标签。

⑤ 坐标变换，将坐标系转换到世界坐标系。

AprilTag 存在以下几个种类：TAG16H5(0 ~ 29)、TAG25H7(0 ~ 241)、TAG25H9(0 ~ 34)、TAG36H10（0 ~ 2319）、TAG36H11（0 ~ 586）、ARTOOLKIT（0 ~ 511）。

以 TAG16H5 为例，该种类存在 30 个不同的标签，每一个标签都存在对应的 ID，该种类的 ID 范围是 0 ~ 29。不同种类的标签，其有效范围不同，例如 TAG16H5 有效区域为 44 的方块，而 TAG36H11 有效区域为 66 的方块，因此前者比后者的可视范围更大，但是相对应的，前者的准确率比后者低，因为后者的检验消息更多。一般如果没有特殊理由，首选 TAG36H11。

9.2.2 AprilTag 如何生成

虽然官网提供有不同种类的标签，但是其图片分辨率较低，使用时其准确率会受到影响，所以推荐使用 OpenMV 来生成 AprilTag 标签。

在 OpenMV 中依次选择工具—机器视觉—AprilTag 生成器选项来选择需要生成的 AprilTag 种类，这里我们选择 TAG36H11。在如图 9-24 所示的界面中选择想要的实际标签序号。

选择需要保存的目录，如图 9-25 所示。

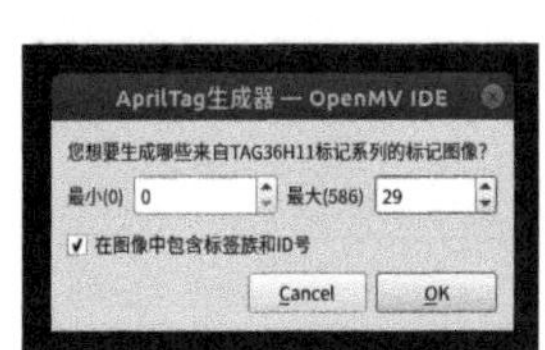

图 9-24　标签序号

图 9-25　保存目录

生成的高清 AprilTag 如图 9-26 所示。

9.2.3 AprilTag 识别步骤

（1）图像分割

考虑到光照不均匀和黑暗照明对图像的影响，AprilTag 通过自适应阈值进行图像分割来提升分割的准确性，将输入图像灰度化处理为灰度图。自适应阈值就是在像素域中寻找一个合适的阈值对图像进行分割，一般会选取灰度均值或灰度中值。其大致流程如下：先将输入图像划分为 4×4 像素的图块，求出每个图块的灰度最值（最大值和最小值），对所有图块的灰度值

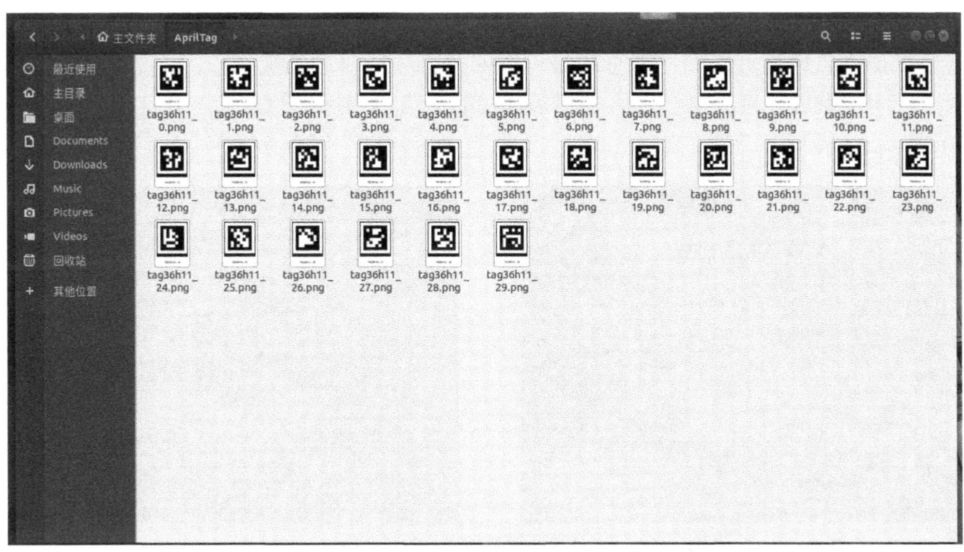

图 9-26　保存结果

做一个 3 邻域的最值滤波处理，将滤波后的最值均值（max+min）/2 作为对应图块区域的阈值，根据每个像素及其阈值的比较进行像素值的重新分配。分块可以增加其鲁棒性，区域的特征比单一像素的特征更加稳定可靠，因此分块可以降低噪声干扰并提升计算效率。其原图和灰度图如图 9-27 和图 9-28 所示。

图 9-27　原图

图 9-28　灰度图

（2）轮廓寻找

通过自适应阈值对图像进行初步处理之后，就得到了一张二值图像。下面将在这个二值图片中寻找标签的边界轮廓。最简单的方法是通过二值图像中的黑白边缘来作为不同标签的轮廓，但当标签边界之间的白色像素空间接近单个像素宽度时，该方法失效，两个标签边界会被误并成一个标签，因此需要使用 union-find 算法进行辅助，通过该算法对黑白两个像素的相连成分进行分段，使得每个区域都有唯一的 ID。其寻找到的轮廓如图 9-29 所示。

（3）四边形寻找

将上面得到的边界点簇拟合成四边形，将残差最小的凸四边形作为标签位置的最佳候选。该步骤中四个顶点的选取是其中的难点。规则正方形或者矩形比较好选取其四个顶点，但是由于照片拍摄角度和位置的影响，实际拟合的标签轮廓会存在变形和仿射变化，这些标签轮廓需要进行如下处理。首先按照对中心的角度将无序边界点进行排序，按照排序顺序选取距离中心点一定范围内的点进行直线拟合，不断迭代并计算拟合出的每条直线的误差总和，并对其进行低通滤波以加强鲁棒性。选取误差总和最大的四条直线所对应的交点作为四边形的四个顶点。选取顶点之间的点进行直线拟合，所求四条直线的交点作为标签的顶点。其定位到的四边形如图 9-30 所示。

图 9-29 轮廓图

图 9-30 定位的四边形

（4）单应变换

我们找到的四边形大部分都存在仿射变换，很难找到规则的正方形，所以需要将找到的四边形还投影还原成正方形，此时需要涉及单应变换。其原理如图 9-31 所示。

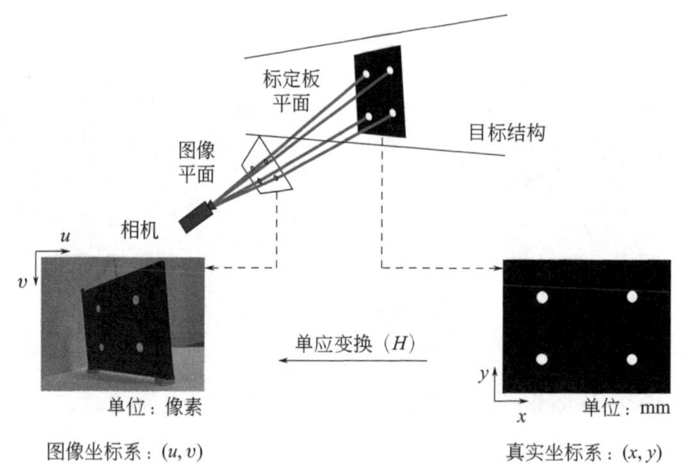

图 9-31 单应变换原理图

单应变换实现的是两个平面之间的映射关系，每一组对应点都应该存在以下关系，理论点坐标等于变换矩阵乘以实际图像点坐标。

$$s\begin{bmatrix}u_2\\v_2\\1\end{bmatrix}=\boldsymbol{H}_{3\times3}\begin{bmatrix}u_1\\v_1\\1\end{bmatrix}=\begin{bmatrix}h_{11}&h_{21}&h_{31}\\h_{12}&h_{22}&h_{32}\\h_{13}&h_{23}&h_{33}\end{bmatrix}\begin{bmatrix}u_1\\v_1\\1\end{bmatrix}\tag{9-1}$$

9.2.4 AprilTag 编码解码

之前检测出的四边形不一定就满足要求，所以需要对其进行编码，匹配检查。标签的编码方式在对物体标定时已经确定，不同的编码方式，生成的内部点坐标也不相同。每个标签最外圈都是白色，次外圈是黑色，根据这两圈的采样来确定二值化阈值，通过阈值对点阵进行编码，将编码排列得到一串二进制码，二进制码的长度由编码方式决定（3×3、4×4、5×5）。将生成的二进制码与编码库进行匹配，错误的四边形会生成错误的编码，因此无法匹配成功。考虑到实际二进制码会存在角度旋转，因此需要将得到的编码根据角度（90°）进行一定的改变之后再逐一与编码库进行比对，求此时的汉明距离，并通过汉明距离进行 ID 匹配筛选。

9.2.5 AprilTag 代码结构

apriltag_ros 包的工作原理如图 9-32 所示。

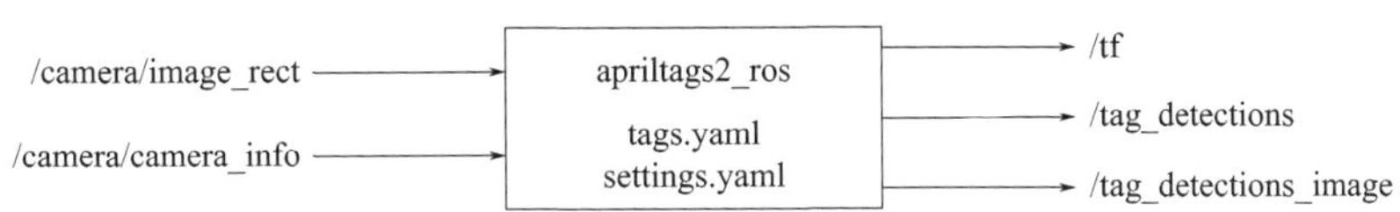

图 9-32 apriltag_ros 包工作原理

由图 9-32 可知，/camera/image_rect 和 /camera/camera_info 两个话题通过包中内置的配置文件（tags.yaml 和 settings.yaml）处理后输出 /tf、/tag_detections 和 /tag_detections_image 三个话题。其对应的话题、消息格式及其作用如表 9-1 所示。

表 9-1 对应的话题及其相关内容

话题名	消息类型	功能
/camera/image_rect	/sensor_msgs/Image	从相机中采集到的图像信息
/camera/camera_info	/sensor_msgs/CameraInfo	相机的内置参数矩阵 $\boldsymbol{K}$ 与标定参数
/tf	/tf/tfMessage	被检测到的二维码相对于相机的位置与方向
/tag_detections	/apriltag_ros/AprilTagDetectionArray	在 /tf 的基础上，增加了一个自定义消息的标签 ID
/tag_detections_image	/sensor_msgs/Image	在 /camera/image_rect 的基础上增加了标签的绑定内容

tag.yaml 文件配置了二维码的相关信息，settings.yaml 文件则是 apriltag 算法的关键核心配置。

9.2.6 Apriltag_ros 环境搭建

在终端输入以下命令以下载并编译 apriltag_ros 包。这部分配置好的相关源码也可以在第 4 章 /apriltag_ws/src 目录下找到，并完成下面的仿真测试。

```
mkdir -p ~/apriltag_ws/src                                  # 建立一个新的工作空间（因其不为 ros 的功能包，所以不可以放到 ros 的工作空间中）
cd ~/apriltag_ws/src
git clone https://github.com/AprilRobotics/apriltag.git     # 克隆 Apriltag
git clone https://github.com/AprilRobotics/apriltag_ros.git # 克隆 Apriltag ROS wrapper
cd ~/apriltag_ws
rosdep install --from-paths src --ignore-src -r -y          # 安装缺少的包
catkin_make_isolated                                        # 编译功能包
```

在 apriltag_ros/config 路径下可以找到对应的 tag.yaml 和 settings.yaml 文件，这两个文件内存放了 AprilTag 中预先存放的一些参数。

其中 settings.yaml 文件的配置说明如下，这里的参数都是比较好理解的。

```
tag_family:        'tag36h11' # options: tagStandard52h13, tagStandard41h12, tag36h11, tag25h9, tag16h5, tagCustom48h12, tagCircle21h7, tagCircle49h12
# 用于选择标签种类，默认使用 'tag36h11'，其泛用性也最好
tag_threads:       2            # default: 2
# 设置多线程，允许核心 APRILTAG 2 并行计算的最大线程数
tag_decimate:      1.0          # default: 1.0
# 最小图像分辨率，以位置精度换取识别速度
tag_blur:          0.0               # default: 0.0
#tag_blur> 0 模糊图像，tag_blur  < 0 锐化图像
tag_refine_edges:  1           # default: 1
# 以算力换取计算精度，值为 1 时计算成本比较低
tag_debug:         0            # default: 0
# 值为 1 时，将中间图像保存到 ~/.ros
max_hamming_dist:  2    # default: 2
# 一般都将值设置为 2，当值大于等于 3 时，会消耗大量内存。尽可能选择最大的值
publish_tf:        true              # default: false
# 发布 tf 坐标
```

另一个 tag.yaml 文件内只存在 standalone_tags 和 tag_bundles 两个参数。

```
# standalone_tags:
#   [
#     {id: ID, size: SIZE, name: NAME},
#     ...
#   ]
standalone_tags:
  [
  ]
# ## Tag bundle definitions
# ### Remarks
#
# - name is optional
# - x, y, z have default values of 0 thus they are optional
# - qw has default value of 1 and qx, qy, qz have default values of 0 thus they are optional
#
# ### Syntax
#
# tag_bundles:
#   [
#     {
#       name: "CUSTOM_BUNDLE_NAME",
#       layout:
#         [
#           {id: ID, size: SIZE, x: X_POS, y: Y_POS, z: Z_POS, qw: QUAT_W_VAL, qx: QUAT_X_VAL, qy: QUAT_Y_VAL, qz: QUAT_Z_VAL},
#           …
#         ]
#     },
#     …
#   ]
tag_bundles:
  [
  ]
```

其中 standalone_tags 设置的对象是单一的标签，换句话说，每个标签都需要独自设计，可以在括号内同时设置多个。其中 ID 为标签对应的 ID 号，尺寸为标签的边长，单位为 m，这些参数用于完成 AprilTag 的距离获取（在代码中使用了 PNP 的方法）。名称为该标签所对应的 frame 名字，会显示在发布的标签 tf_frame 中。tag_bundles 设置的对象是位姿相对固定的一组标签，除了 ID 号、尺寸外，还可以设置标签之间的相对位姿。

9.2.7　Apriltag_ros 定位实例

在进行实例讲解之前，需要对其一些参数进行详细讲解，如表 9-2 所示。

表 9-2　有关参数及其作用

参数名	类型	默认值	功能
publish_tf	bool	false	使能在 /tf 话题上发布标签和相机的相对位置
camera_frame	string	camera	相机名
publish_tag_detections_image	bool	false	使能在 /tag_detections_image 话题上发布结果信息

注意 apriltag_ros_single_image_server 与 apriltag_ros_single_image_client 两个代码，其既不输出话题，也不使用摄像头参数，主要用于获取输入图像的绝对路径和存储图像的绝对路径以检测标签，并且获取相机的内在参数（***K*** 矩阵）。

输入以下命令以启动 apriltag 节点：

```
roslaunch apriltag_ros continuous_detection.launch
```

该 launch 文件的实例代码如下所示：

```
<launch>
    <arg name="launch_prefix" default="" /> <!-- set to value="gdbserver localhost:10000" 
for remote debugging -->
    <arg name="node_namespace" default="apriltag_ros_continuous_node" />
    <arg name="camera_name" default="/prometheus/sensor/monocular_down" />
    <arg name="camera_frame" default="camera" />
    <arg name="image_topic" default="image_raw" />
    <!-- Set parameters -->
    <rosparam command="load" file="$(find apriltag_ros)/config/settings.yaml" ns="$(arg node_
namespace)" />
    <rosparam command="load" file="$(find apriltag_ros)/config/tags.yaml" ns="$(arg node_
namespace)" />
    <node pkg="apriltag_ros" type="apriltag_ros_continuous_node" name="$(arg node_
namespace)" clear_params="true" output="screen" launch-prefix="$(arg launch_prefix)" >
      <!-- Remap topics from those used in code to those on the ROS network -->
      <remap from="image_rect" to="$(arg camera_name)/$(arg image_topic)" />
      <remap from="camera_info" to="$(arg camera_name)/camera_info" />
      <param name="camera_frame" type="str" value="$(arg camera_frame)" />
      <param name="remove_duplicates" type="bool" value="false" />
      <param name="publish_tag_detections_image" type="bool" value="true" />  <!-- default: 
false -->
    </node>
</launch>
```

注意，需要提前将 camera_name 参数后面的默认值设为输出的摄像头名，因为本例中提前通过 Prometheus 录制了一个包含 AprilTag 标签的图片包，所以该名为 /prometheus/sensor/monocular_down，在实际应用时，camera_info、camera_name 和 image_topic 需要注意其话题格式是否与读者使用的摄像头参数一致。如果使用 usb 摄像头且从未对相机参数进行标定，需要首先使用 camera_calibration 包完成标定，将标定之后生成的 .yaml 文件放置于摄像头的驱动路径内。usb_cam 会自动读取该文件并通过 camera_info 发布出去，或者通过在源程序中修改相机参数。这里提供了测试用的 rosbag 包：https://pan.baidu.com/s/1iFWAp_8r9lU8G9qNfq_8Yg，提取码为：2233。

从百度云下载该 bag 包后可以通过命令运行从 Prometheus 录制数据。

```
rosbag play location.bag
```

并通过 rqt 可视化界面来查看其检测结果，在终端输入以下命令打开可视化界面：

```
rqt_image_view
```

其图像结果存在于 /tag_detections_image 话题中，我们可以在该界面中选中该话题进行图像输出，结果如图 9-33 所示，AprilTag 每一个标签 ID 都可以被有效地识别出来。

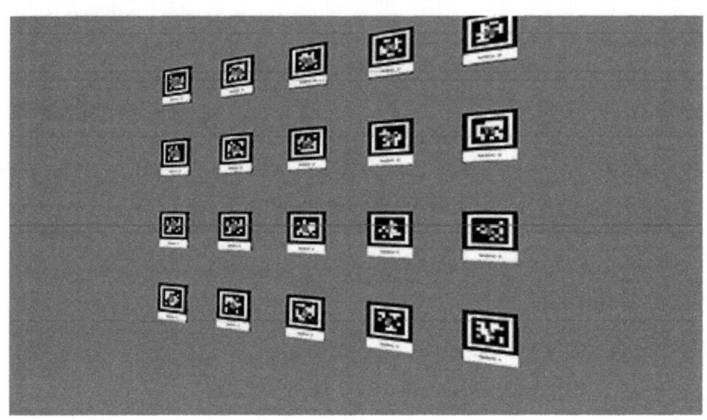

图 9-33 rqt 显示结果

9.3 无人机行人识别

目前存在着大量的行人检测算法，这些算法的底层思想都离不开 HOG 算子 +SVM 分类器这一思路。

9.3.1 HOG 算子

HOG（Histogram Oriented Gradient）为局部归一化的方向梯度直方图，能较好地表述人体边缘并且可以过滤掉光照变化的影响。其基本思路为计算并统计局部图像的梯度幅值与方向来构成梯度特性直方图，将所有的局部特性拼接成一个总特征图。该思路的假设与出发点为，在图像中物体的局部形状和轮廓可以通过其局部梯度或边缘信息来表征和描述，因此，只需要关注图像中局部的梯度特性就可以将物体识别出来。

HOG 算子的流程如图 9-34 所示。

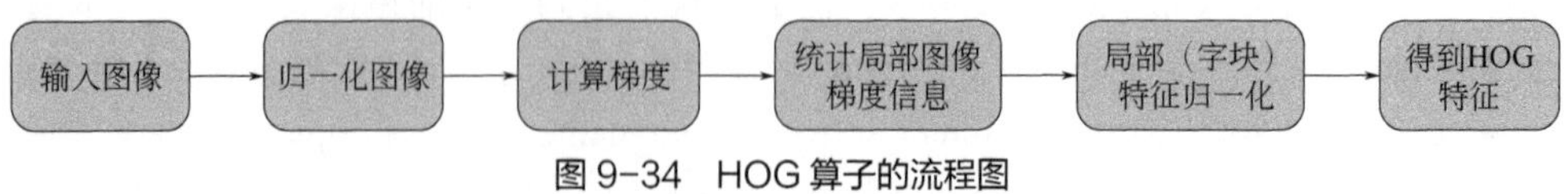

图 9-34 HOG 算子的流程图

（1）归一化图像

通过归一化处理以减少光照的影响（光照不均以及局部阴影），将图像处理成更接近人眼所见到的真实图像。

在归一化之前可以通过灰度化对图像进行预处理，但是灰度处理为可选项，灰度图像和彩色图像都可以计算梯度，灰度化处理可以减少一些计算参数量。彩色图像的梯度计算需要先将

RGB 三色分别计算其梯度，将三者中的最大值作为该像素的梯度。

通过 Gamma 变换来进行图像归一化操作，既可以分别对三色通道计算平方根实现，也可以通过分别对三色通道进行 log 运算实现。其中后者的伽马矫正公式为：

$$f(I)=I^{\gamma} \tag{9-2}$$

其中，I 代表图像；γ 代表幂指数。

不同的 γ，其输出曲线如图 9-35 所示。

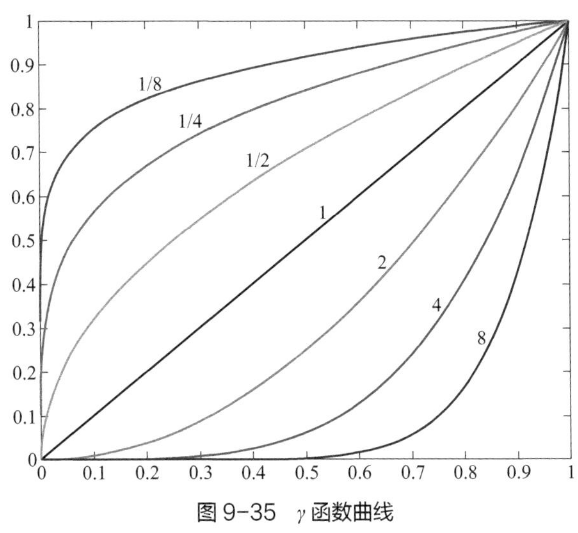

图 9-35 γ 函数曲线

当 $\gamma<1$ 时，图像的低灰度值区域中其动态范围较大，因此该区域对比度高；图像的高灰度值区域中动态范围较小，相应的，该区域对比度低。因此，最终图像整体的灰度变亮。

而当 $\gamma>1$ 时，其结果与上述相反，低灰度区域动态范围小，对比度低；高灰度区域动态范围较大，对比度高。因此，图像整体的灰度变暗。

（2）计算梯度

为了通过图像水平和垂直两个方向的梯度来得到图像的梯度直方图，可以使用特定的卷积核对图像进行滤波后得到。一般通过 soble 算子来得到图像边缘。

要计算水平方向的梯度，其实就是右边像素减去左边像素，当其结果很大（一共有 0、1、2 三种结果），即两侧像素变化很大，则说明是一个边界，其水平方向梯度计算公式如下所示：

$$G_x=\begin{bmatrix}-1 & 0 & 1\\ -2 & 0 & 2\\ -1 & 0 & 1\end{bmatrix}\begin{bmatrix}p_1 & p_2 & p_3\\ p_4 & p_5 & p_6\\ p_7 & p_8 & p_9\end{bmatrix} \tag{9-3}$$

$$P_{5x}=(p_3-p_1)+2(p_6-p_4)+(p_9-p_7)$$

同样的，其垂直方向的梯度为图像下边像素减去图像上边像素，其垂直方向梯度计算公式如下所示：

$$G_y=\begin{bmatrix}-1 & -2 & 1\\ 0 & 0 & 0\\ -1 & -2 & 1\end{bmatrix}\begin{bmatrix}p_1 & p_2 & p_3\\ p_4 & p_5 & p_6\\ p_7 & p_8 & p_9\end{bmatrix} \tag{9-4}$$

$$P_{5y}=(p_7-p_1)+2(p_8-p_2)+(p_9-p_3)$$

因此图像的梯度公式为：

$$G = \sqrt{{G_x}^2 + {G_y}^2} \tag{9-5}$$

将其化简为：

$$\begin{aligned} G &= |G_x| + |G_y| \\ p_{5\text{soble}} &= |(p_3 - p_1) + 2(p_6 - p_4) + (p_9 - p_7)| + |(p_7 - p_1) + 2(p_8 - p_2) + (p_9 - p_3)| \end{aligned} \tag{9-6}$$

其角度为：

$$\theta_G = \arctan \frac{G_y}{G_x} \tag{9-7}$$

需要注意，梯度的方向和图像边缘的方向是相互正交的（如果之前未进行灰度预处理，则此处的梯度向量选取梯度最大的颜色通道）。

（3）计算梯度直方图

通过上述的计算，每一个像素都对应着两个值：梯度幅值、梯度方向。因此需要统计局部图像信息并将其进行量化处理以得到局部图像的特征描述向量。这一向量既能够描述局部图像的内容，也在一定范围内能够保持该图像区域内的位置或外观的不变性。首先需要将图像划分为若干个 cell，cell 的大小由实际需求来决定，一方面可以减少之后的计算量，另一方面也可以使局部的梯度直方图更具备鲁棒性。

这里以 8×8 的 cell 为例。该 cell 包含了 128（8×8×2）个数值，因为每个 cell 的梯度是一个由 9 个数值组成的向量，其分别对应 0、20、40、60、…、160 的梯度方向，所以需要将 128 个加权分配给这 9 个梯度方向。将这 9 个等分的梯度方向称为 bins，分别对每个 bins 中的梯度共享进行统计，统计方式如图 9-36 所示。

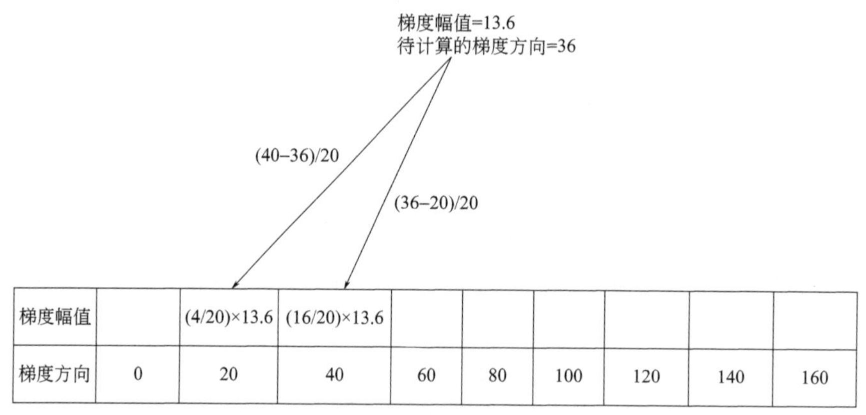

图 9-36　统计方式

如图 9-36 所示，按照加权投票进行统计，该像素梯度幅值为 13.6，梯度方向为 36°，那么 36°两侧对应的 bins 分别为 20°和 40°，按照一定加权比例在这两个 bins 上分配梯度值加权公式如下：

$$\text{bin}_\theta = \frac{|\theta - \theta_G|}{20} \times G \tag{9-8}$$

需要注意，像素梯度大于 160°时，该像素梯度幅值按照比例分配给 0°和 160°对应的 bins。按照这样的方式对 cell 进行投票统计，最终得到一个由 9 个数组成的向量 - 梯度直方图。

（4）归一化处理

图像的梯度对整体光照十分敏感，为了提升其对光照、阴影、边缘对比度的不变性，需要对直方图进行归一化，一般选择 L2-norm 方式。从数学角度来讲就是对向量进行单位化。首先会读取多个邻近的 cell 组合成一个子块，拼接出子块的梯度直方图（一个子块由 4 个 cell 构成，所以其梯度直方图为一个 36 位的向量）并对其进行归一化处理。每一个子块按照滑动的方式进行重复计算，直至整个图像中的全部子块都被计算完毕。因为不同的子块之间会存在“共享”cell，即一个 cell 会被多个子块包含，所以 cell 在不同的子块都会被归一化一次。

（5）HOG 特征

将计算出来的所有子块的特征向量拼接在一起，得到的向量即是需要的 HOG 特征向量，可以用其进行分类和可视化。如果得到一个多维的 HOG 特征，此时 SVM 就派上用场了。

HOG 具有减少光照的影响、行人特征表示紧凑、可以描述物体结构信息等优点，但是也存在时性差、难以处理遮挡问题、噪声敏感等缺点。

9.3.2 SVM 算法

SVM（Support Vector Mac）又称支持向量机，是一种二分类模型。SVM 可以分为线性和非线性两类。其主要思路为将实例中的特征向量映射为向量空间中的点，在向量空间中找到一个能够将所有数据样本点划分的超平面，使得所有数据到该超平面的距离最短，甚至之后有新数据加入时超平面也能很好地对其进行分类。SVM 适合中小型数据样本、非线性、高纬度的问题。在机器学习中，SVM 是一个有监督的学习模型，广泛应用于模式识别、分类以及回归分析等领域。在深度学习出现之前，SVM 被认为是机器学习中近十几年来最成功的、表现最好的算法。下面由特殊到一般来初步了解 SVM 算法。

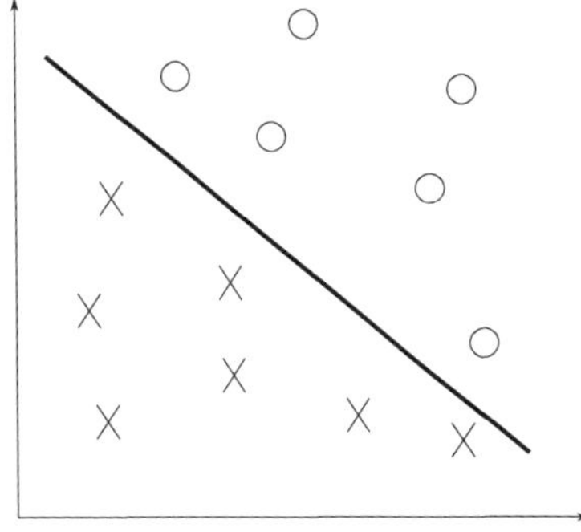

图 9-37　线性分类器

（1）线性分类器

假设样本空间为二维平面，该空间内需要分类的数据都是线性可分的，将这些数据分别用○和 × 表示，那么只需要函数 $f(x)=wx+b$ 即可实现划分，如图 9-37 所示。

如果该平面不是二维的，是高维的，那么理论上需要如下函数即可以在 n 维数据空间找到一个超平面。

$$f(x)=\boldsymbol{w}^T x+b \tag{9-9}$$

类似这样的方法称为线性分类器，其目标是在 n 维的样本空间中通过函数找到一个能划分数据的超平面。其中 $\boldsymbol{w}^T$ 为法向量，决定了超平面的方向，该向量中的数值为特征值；b 为位移项，决定了超平面到原点之间的距离。

（2）最大间隔分类器

如果存在图 9-38 与图 9-39 的平面都可以将数据进行有效划分的情况，此时可以推断出该样本空间存在无数个超平面将数据进行分类，要想知道哪个超平面的划分是最优的，需要使用最大间隔分类器。在对数据点进行划分时，当超平面使得间隔越大时，意味着两类数据的差距越大，超平面分类的置信度就越高，样本局部扰动影响越小，产生的分类结果最鲁棒，其分类效果就越好。间隔指超平面两侧数点的两个最小垂直距离之和。

由图可得，超平面是由那几个虚线上的点共同确定的，因此这几个点称作支持向量（support vectors）。

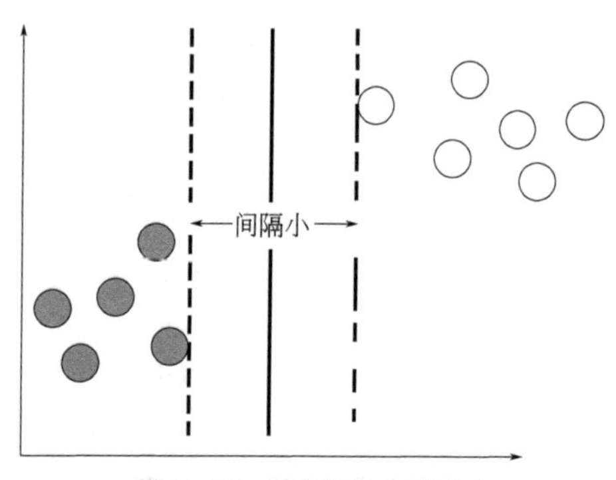

图 9-38　最大间隔分类器 1

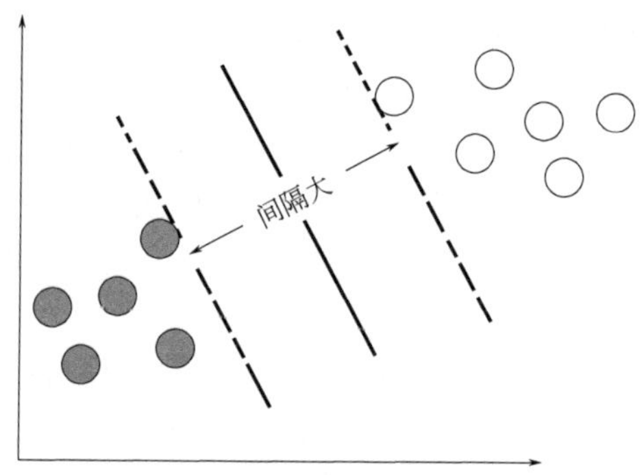

图 9-39　最大间隔分类器 2

（3）非线性分类

实际上，需要分类的数据大概率是非线性的，如图 9-40 所示。

该类数据点不可以直接使用 SVM 算法进行分类求解，但是对于一些低维不可分的数据，将其放置在一个高维空间中就可能变得可分。以二维为例，可以通过一个合适的映射将其投影到三维平面之中。理论上，所有的样本数据点都可以通过合适的映射将这些在低维空间中不可划分的样本数据投影到高维空间之后就能够线性分类。其直观过程如图 9-41 所示。

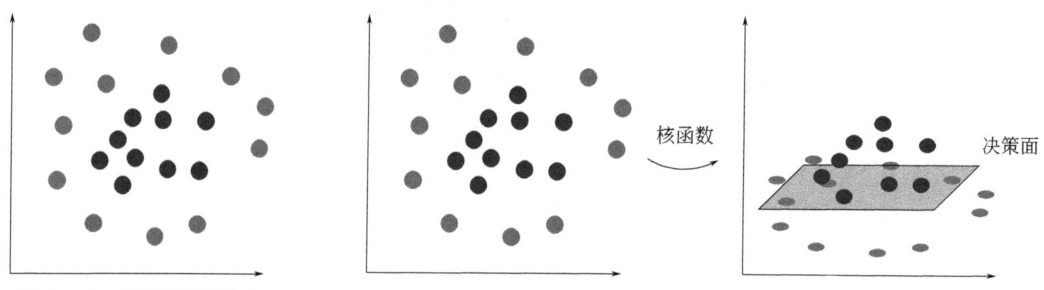

图 9-40　非线性数据点集　　图 9-41　非线性数据高维化

如果将数据映射之后再去计算其在高维空间中的超平面，那么计算量无疑会大大增加，此时需要核函数（Kernel Function）的帮助。其可以直接在原来的低维空间中进行计算，而不需要花费大量算力在高维度进行计算，其实际的分类效果在高维中得到了体现，避免了高维空间中复杂的计算。

下面介绍几种常用的核函数（Kernel）。

高斯径向基核函数（Gaussian Radial Basis Function Kernel），又称为 RBF，这是应用最广泛的核函数，表达式为：

$$\kappa(x,y)=\mathrm{e}^{-\frac{\|x-y\|^2}{2\sigma^2}}=\mathrm{e}^{-\gamma r^2}$$
$$\gamma=\frac{1}{2\sigma^2} \tag{9-10}$$
$$r=\|x-y\|$$

其存在一个参数 γ，该参数用于设置核函数中的 γ 参数，默认值为 $1/K$（K 为类别数）。γ 值越小，该函数图像越扁平，数据点间的相似度越大，数据点更容易被超平面划分。反之可能会出现过拟合现象。

h 度多项式核函数（Polynomial Kernel of Degree h），表达式为

$$\kappa(x,y)=(\gamma x^T y+c)^d \tag{9-11}$$

该函数存在三个参数：d 为设置多项式和函数的阶数，默认为 3 阶；γ 为设置核函数中的 γ 参数，其作用与 RBF 相似，默认值为 $1/K$；c 为设置核函数中的 coef0（类似线性公式中的 b）。

Sigmoid 核函数（Sigmoid Function Kernel），表达式为

$$\kappa(x, y) = \tanh(\gamma x^T + c) \tag{9-12}$$

该函数存在两个参数：γ 为设置核函数中的参数，默认值为 $1/K$；c 为设置核函数中的 coef0。

进行图像分类时，我们一般使用高斯核函数，因为该分类效果较为平滑。进行文本分类时，则一般使用线性核函数。核函数的使用应该以实际状况和目标需求为依据，这里以样本数量和特征数量为依据选择使用的核函数。

当样本数量小于特征数量时，可以选用简单的线性核函数；当样本数量大于或等于特征数量时，可以通过非线性核函数将样本投影到高维度来进行分类。

（4）松弛变量

得到的所有数据本身都会存在噪声影响，这一影响会使得本来在低维空间就线性可分的数据需要到高维去处理。一般将噪声很大的点或偏离其原本位置很远的点称为离群点。在 SVM 模型中超平面划分的主要依据是几个虚线的支持点，如果这些支持点为离群点，那么所划分出来的超平面置信度会降低，因此需要先通过滤波移除掉这些离群点。需要映入松弛变量 ξ 过滤掉这些离群点，这些离群点在 ξ 的作用下，在间隔值中起着减损的作用，因此将我们的目标由间隔最大值转变为在离群点影响下的间隔最大值。

9.3.3　基于 OpenCV 行人识别流程

训练该模型的流程图如图 9-42 所示。

需要注意，将负样本的 HOG 特征喂给模型的过程也是进行模型评估的过程，通过该评估结果对模型进行一些调整和优化，在实际模型训练中，该过程可能需要循环往复很多次才能得到一个符合预期的模型。

应用训练好的模型去识别需要的图像或者视频的流程如图 9-43 所示。

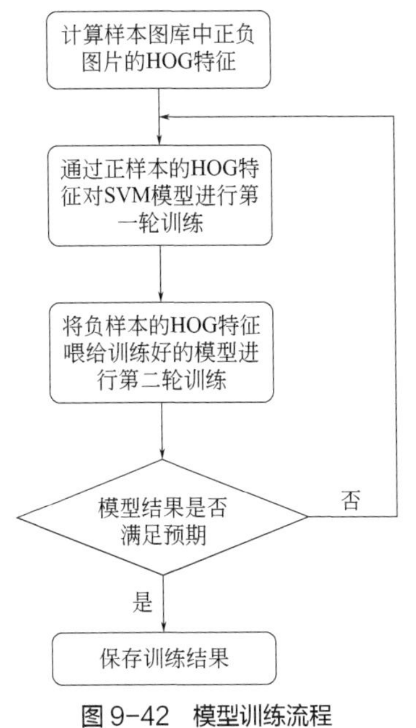

图 9-42　模型训练流程

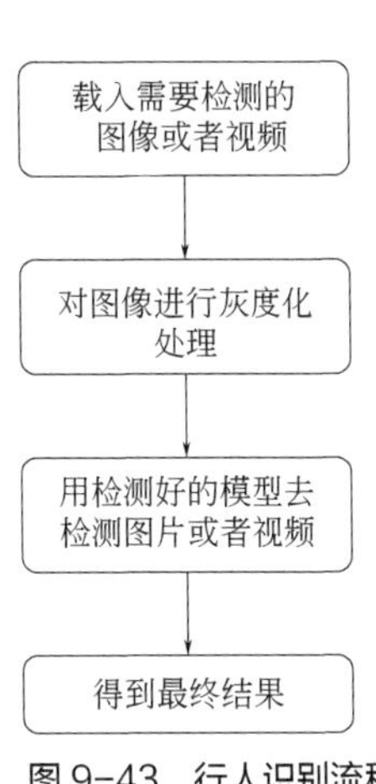

图 9-43　行人识别流程

9.3.4 OpenCV 识别代码实例

输入以下命令打开提前训练好的模型：

```
roslaunch hog_haar_person_detection hog_haar_person_detection.launch
```

该 launch 文件的具体内容如下所示：

```
<?xml version="1.0" ?>
<launch>
    <param name="face_cascade_name" value="$(find hog_haar_person_detection)/config/
haarcascade_frontalface_alt.xml" />
    <param name="image_topic" value="/prometheus/sensor/monocular_down/image_raw" />
    <node pkg="hog_haar_person_detection" type="hog_haar_person_detection" name="hog_haar_
person_detection" output="screen"/>
</launch>
```

因为本例中需要识别的对象是提前录制好的 bag 文件，所以 image_topic 中的值（话题）为 bag 文件中的图片话题 /prometheus/sensor/monocular_down/image_raw，在实际使用时，可以将该部分内容改变为摄像头输出的话题以进行修改。其中 hog_haar_person_detection.cpp 用于检测图像中的行人，下面将该代码进行分解并讲解其中的一些重要功能块。

```
#include <opencv2/imgproc/imgproc.hpp>
#include <opencv2/highgui/highgui.hpp>
#include <opencv2/opencv.hpp>
#include "opencv2/objdetect/objdetect.hpp"
```

该段代码用于配置一些 OpenCV 的图像处理库，用于之后处理需要检测的图像。

```
#include <image_transport/image_transport.h> // for publishing and subscribing to images in ROS
#include <cv_bridge/cv_bridge.h>             // to convert between ROS and OpenCV Image formats
#include <sensor_msgs/image_encodings.h>
```

该段代码用于包含一些用于构建 OpenCV 和 ROS 中图像转换的包，使 OpenCV 能够接收和发布 ROS 中的图像消息。

```
    std::string image_topic; // 图像输入的 topic
    if (!nh_.getParam("image_topic", image_topic))
      ROS_ERROR("Could not get image_topic");
    std::string face_cascade_name_std; // 人脸检测级联分类器的名称
    if (!nh_.getParam("face_cascade_name", face_cascade_name_std))
      ROS_ERROR("Could not get face_cascade_name");
    cv::String face_cascade_name = face_cascade_name_std;
```

该部分代码用于从 hog_haar_person_detection.launch 文件中读取设定的参数信息，即图像输入的话题名。

```
    hog_.setSVMDetector(cv::HOGDescriptor::getDefaultPeopleDetector()); // 设置 HOG 检测器
```

该代码用于加载提前训练好的 HOG 检测器模型。

```
    cv_bridge::CvImagePtr cv_ptr;
        try
        {
          cv_ptr = cv_bridge::toCvCopy(msg, sensor_msgs::image_encodings::BGR8); // 将 ROS 图像
转换为 OpenCV 图像
        }
        catch (cv_bridge::Exception &e)
        {
          ROS_ERROR("cv_bridge exception: %s", e.what());
```

```
        return;
    }
    cv::Mat im_bgr = cv_ptr->image; // 获取 OpenCV 图像
```

该段代码用于将 ROS 中的图像格式转化成 OpenCV 中的图像格式。

```
    std::vector<cv::Rect> detected_faces;
    cv::Mat im_gray;
    cv::cvtColor(im_bgr, im_gray, CV_BGR2GRAY);              // 将 BGR 图像转换为灰度图像
      cv::equalizeHist(im_gray, im_gray);                    // 直方图均衡化
      face_cascade_.detectMultiScale(im_gray, detected_faces, 1.1, 2, 0 | cv::CASCADE_
  SCALE_IMAGE, cv::Size(30, 30)); // 人脸检测
```

该段代码用于将之前得到的 OpenCV 中的图像进行行人识别，将图片转化成灰度图像以降低其光照敏感性，之后计算其梯度直方图，进行人脸检测。

```
    hog_haar_person_detection::Faces faces_msg;
    for (unsigned i = 0; i < detected_faces.size(); i++)
    {
      // Draw on screen.
      cv::Point center(detected_faces[i].x + detected_faces[i].width * 0.5, detected_
  faces[i].y + detected_faces[i].height * 0.5);                    // 计算人脸中心点
      cv::ellipse(im_bgr, center, cv::Size(detected_faces[i].width * 0.5, detected_faces[i].
  height * 0.5), 0, 0, 360, cv::Scalar(255, 0, 255), 4, 8, 0); // 画出人脸框
      // Add to published message.
      hog_haar_person_detection::BoundingBox face;             // 用于发布 bounding box 结果
      face.center.x = detected_faces[i].x - detected_faces[i].width / 2;  // 计算 bounding box
  的中心点
      face.center.y = detected_faces[i].y - detected_faces[i].height / 2; // 计算 bounding box
  的中心点
      face.width = detected_faces[i].width;                    // 计算 bounding box 的宽度
      face.height = detected_faces[i].height;                  // 计算 bounding box 的高度
      faces_msg.faces.push_back(face);                         // 将 bounding box 加入 faces_msg 中
    }
    faces_pub_.publish(faces_msg); // 发布 faces_msg
```

该代码用于发布得到的行人位置信息与该识别的置信度，并在图片中框选出识别出的信息。

```
    hog_haar_person_detection::BoundingBox pedestrian; // 用于发布 bounding box 结果
    pedestrian.center.x = detected_pedestrian[i].x - detected_pedestrian[i].width / 2;
    pedestrian.center.y = detected_pedestrian[i].y - detected_pedestrian[i].height / 2;
    pedestrian.width = detected_pedestrian[i].width;
    pedestrian.height = detected_pedestrian[i].height;
    pedestrians_msg.pedestrians.push_back(pedestrian); // 将 bounding box 加入 pedestrians_msg 中
    }
    pedestrians_pub_.publish(pedestrians_msg);
```

该代码用于计算 bounding box 结果并将其 push 至 pedestrians_msg 中。

```
  sensor_msgs::ImagePtr projected_img =
     cv_bridge::CvImage(msg->header, "bgr8", im_bgr).toImageMsg(); // 将 OpenCV 图像转换为 ROS 图像
    im_pub_.publish(projected_img);                                 // 发布图像输出的 topic
```

该代码用于将 OpenCV 中检测出的结果图像转化为 ROS 中的图像，并将其发布到对应的话题中。

可以通过以下命令运行从 Prometheus 录制的数据：

```
rosbag play image_of_people.bag
```

并通过 rqt 可视化界面查看其检测结果，在终端输入以下命令打开可视化界面：

```
rqt_image_view
```

最终的图像识别结果存在 /camera_person_track/output_video 话题中，可以在该界面中选中该话题进行图像输出，其结果如图 9-44 所示，可以看到每一个行人都被有效识别并框选出来。

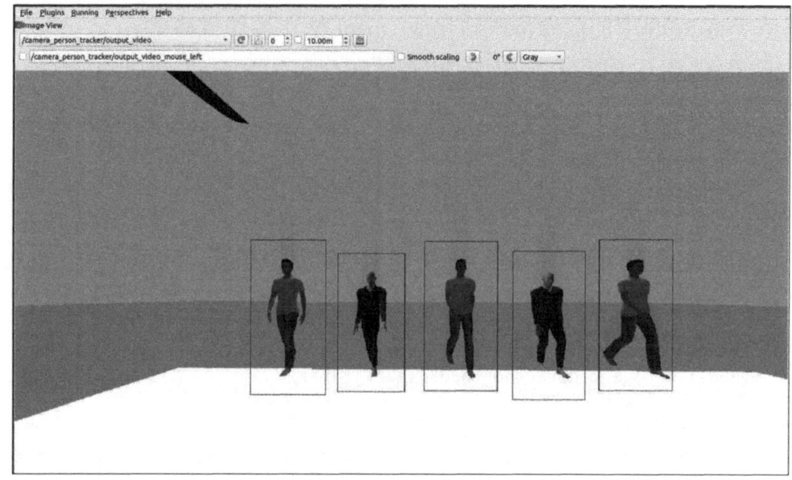

图 9-44　识别结果

9.3.5　深度学习环境搭建

除了使用 HOG 识别，现在越来越多的识别使用深度学习来完成。在安装 cuda 之前，需要安装显卡驱动，在此不再赘述。可以通过 nvidia-smi 命令查看显卡驱动安装。

在官网 https://developer.nvidia.com/cuda-toolkit-archive 下载对应的 cuda 软件安装包，这里选用 11.4.4 版本。

```
wget https://developer.download.nvidia.com/compute/cuda/11.4.4/local_installers/
cuda_11.4.4_470.82.01_linux.run
```

使用命令行运行并安装。

```
sudo ./cuda_11.4.4_470.82.01_linux.run
```

如果出现如图 9-45 所示的界面，选择继续即可。

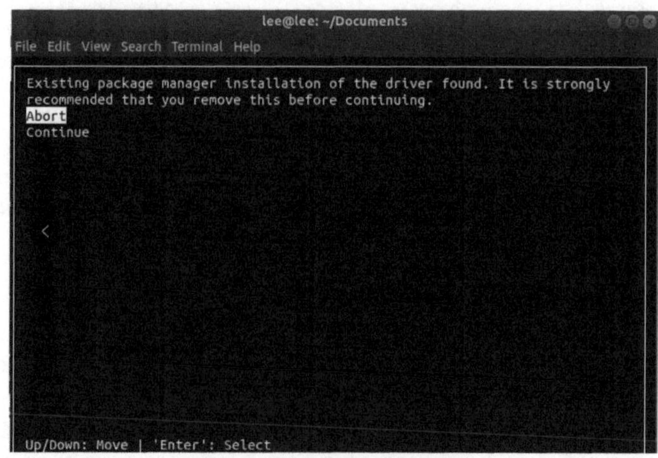

图 9-45　cuda 安装界面

若出现图 9-46 所示界面，输入 accept 继续。

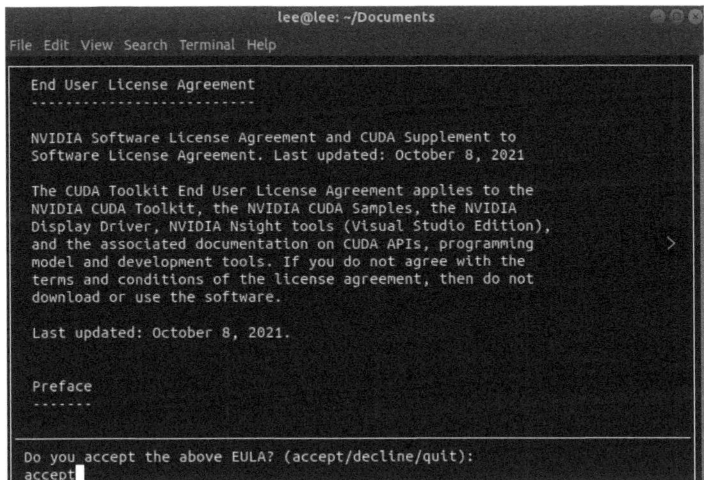

图 9-46　cuda 安装界面

若出现图 9-47 所示界面，勾选并安装对应的文件，选择 install 开始安装。

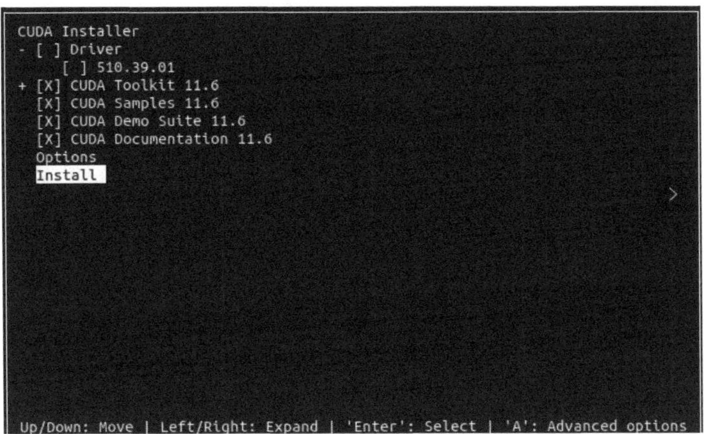

图 9-47　cuda 安装界面

此外，还需要配置 cuda 的环境。

```
sudo gedit ~/.bashrc
```

添加以下配置：

```
export LD_LIBRARY_PATH=/usr/local/cuda/lib64:/usr/local/cuda/extras/CPUTI/lib64
export CUDA_HOME=/usr/local/cuda/bin
export PATH=$PATH:$LD_LIBRARY_PATH:$CUDA_HOME
```

配置完成以后，可以通过 nvcc-V 检查 cuda 是否安装成功，若安装成功，则会出现如图 9-48 所示的反馈信息。

```
nvcc: NVIDIA (R) Cuda compiler driver
Copyright (c) 2005-2022 NVIDIA Corporation
Built on Tue_Mar__8_18:18:20_PST_2022
Cuda compilation tools, release 11.6, V11.6.124
Build cuda_11.6.r11.6/compiler.31057947_0
```

图 9-48　cuda 安装成功反馈信息

9.3.6 YOLOv3 测试

搭建 YOLOv3 的环境也很简单，在搭建 OpenCV 的工作环境（如前文所示）以后，在终端输入以下命令即可：

```
# 创建工作空间
mkdir -p ~/my_workspace/src
cd ~/my_workspace/src
# 递归下载所有模块
git clone --recursive git@github.com:leggedrobotics/darknet_ros.git
cd ../
# 编译
catkin_make -DCMAKE_BUILD_TYPE=Release
```

改变 /darknet_ros/config/ros.yaml 文件，可以选择订阅的话题名字，是否使用 OpenCV 显示图像等，这里为了测试，将目标话题改成了“/prometheus/sensor/monocular_down/image_raw”。

```
subscribers:
    camera_reading:
      # 订阅话题名称
      topic: /prometheus/sensor/monocular_down/image_raw
      queue_size: 1
actions:
    camera_reading:
      name: /darknet_ros/check_for_objects
publishers:
    object_detector:
      topic: /darknet_ros/found_object
      queue_size: 1
      latch: false
    bounding_boxes:
      topic: /darknet_ros/bounding_boxes
      queue_size: 1
      latch: false
    detection_image:
      topic: /darknet_ros/detection_image
      queue_size: 1
      latch: true
image_view:
    enable_opencv: true
    wait_key_delay: 1
    enable_console_output: true
```

运行 darknet_ros 代码。

```
# 加载工作环境
source ~/my_workspace/devel/setup.bash
# 运行代码
roslaunch darknet_ros yolo_v3.launch
```

在网络加载以后，会有“waiting for image”的字样提示输入图片，此时需要运行前文所说的视频包。等待界面如图 9-49 所示。

```
rosbag play image_of_people.bag
```

运行结果如图 9-50 所示，可以看到视频中的行人均能识别出来。

打开 darknet 以后识别的节点如图 9-51 所示。

除此之外，还可以通过 rostopic 查看识别物体在图片中的位置，话题会将识别到的对象类别、置信度、在图像中的位置等信息打印出来。结果如图 9-52 所示。

```
/home/ubuntu/my_workspace/src/darknet_ros/darknet_ros/launch/yolo_v3.launch http://l...
文件(F) 编辑(E) 查看(V) 搜索(S) 终端(T) 帮助(H)
   98 route  97 36
   99 conv    128  1 x 1 / 1    52 x  52 x 384   ->    52 x  52 x 128  0.266 BFL
OPs
  100 conv    256  3 x 3 / 1    52 x  52 x 128   ->    52 x  52 x 256  1.595 BFL
OPs
  101 conv    128  1 x 1 / 1    52 x  52 x 256   ->    52 x  52 x 128  0.177 BFL
OPs
  102 conv    256  3 x 3 / 1    52 x  52 x 128   ->    52 x  52 x 256  1.595 BFL
OPs
  103 conv    128  1 x 1 / 1    52 x  52 x 256   ->    52 x  52 x 128  0.177 BFL
OPs
  104 conv    256  3 x 3 / 1    52 x  52 x 128   ->    52 x  52 x 256  1.595 BFL
OPs
  105 conv    255  1 x 1 / 1    52 x  52 x 256   ->    52 x  52 x 255  0.353 BFL
OPs
  106 yolo
Loading weights from /home/ubuntu/my_workspace/src/darknet_ros/darknet_ros/yolo_
network_config/weights/yolov3.weights...Done!
Waiting for image.
Waiting for image.
Waiting for image.
Waiting for image.
Waiting for image.
```

图 9-49　等待图像加载

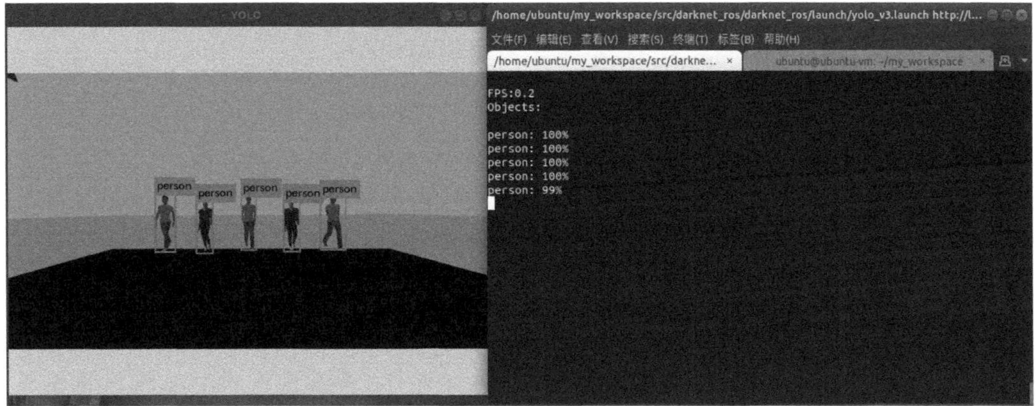

图 9-50　识别效果图

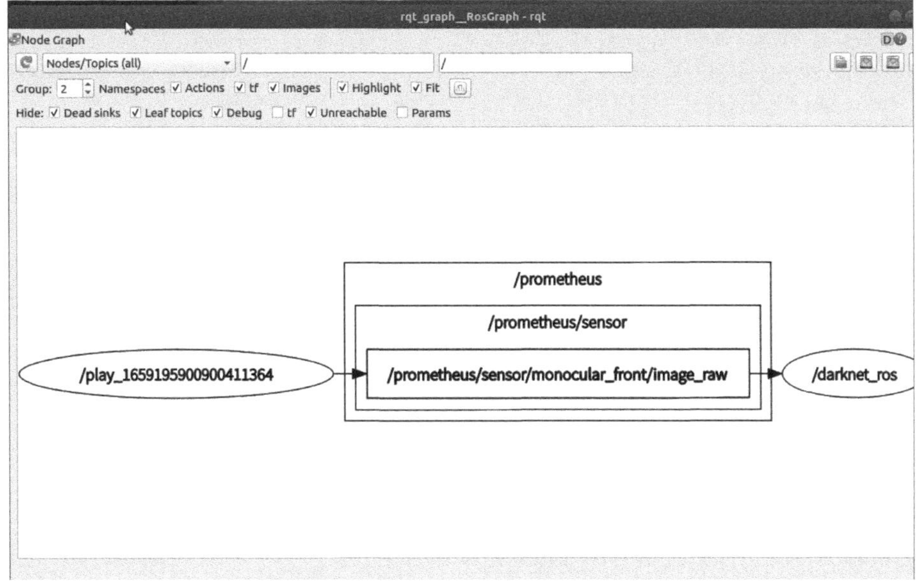

图 9-51　darknet_ros 开启时节点图

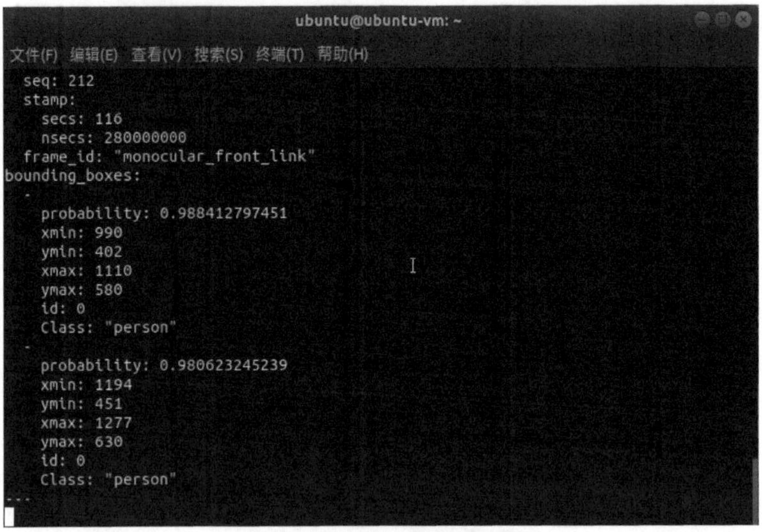

```
ubuntu@ubuntu-vm: ~
文件(F) 编辑(E) 查看(V) 搜索(S) 终端(T) 帮助(H)
  seq: 212
  stamp:
    secs: 116
    nsecs: 280000000
  frame_id: "monocular_front_link"
bounding_boxes:
  -
    probability: 0.988412797451
    xmin: 990
    ymin: 402
    xmax: 1110
    ymax: 580
    id: 0
    Class: "person"
  -
    probability: 0.980623245239
    xmin: 1194
    ymin: 451
    xmax: 1277
    ymax: 630
    id: 0
    Class: "person"
---
```

图 9-52　打印识别物体详细信息

9.3.7　YOLOv3 ros 代码解析

如果进一步探究，可以发现它由 darknet、darknet_ros 以及 darknet_ros_msgs 三部分组成。

darknet 的作用是识别但是并不提供 ROS 版本的封装，darknet_ros 是在第一个项目的基础上，将 darknet 与 ros 结合起来，darknet_ros_msgs 的作用是提供消息模板。

在这里挑几个重要的代码加以解释。

载入相应的参数：

```
nodeHandle_.param("subscribers/camera_reading/topic", cameraTopicName, std::string("/camera/
image_raw"));
nodeHandle_.param("subscribers/camera_reading/queue_size", cameraQueueSize, 1);
nodeHandle_.param("publishers/object_detector/topic", objectDetectorTopicName,
std::string("found_object"));
nodeHandle_.param("publishers/object_detector/queue_size", objectDetectorQueueSize, 1);
nodeHandle_.param("publishers/object_detector/latch", objectDetectorLatch, false);
nodeHandle_.param("publishers/bounding_boxes/topic", boundingBoxesTopicName,
std::string("bounding_boxes"));
nodeHandle_.param("publishers/bounding_boxes/queue_size", boundingBoxesQueueSize, 1);
nodeHandle_.param("publishers/bounding_boxes/latch", boundingBoxesLatch, false);
nodeHandle_.param("publishers/detection_image/topic", detectionImageTopicName,
std::string("detection_image"));
nodeHandle_.param("publishers/detection_image/queue_size", detectionImageQueueSize, 1);
nodeHandle_.param("publishers/detection_image/latch", detectionImageLatch, true);
```

这是加载 YOLO 检测的线程，其目的是创建一个检测发布图像话题的线程。

```
        // Load network.
    setupNetwork(cfg, weights, data, thresh, detectionNames, numClasses_, 0, 0, 1, 0.5, 0, 0,
0, 0); // 加载网络
    yoloThread_ = std::thread(&YoloObjectDetector::yolo, this);              // 创建线程
```

这里代码的作用是检测是否有图像输入，如果没有图像输入，则在终端中打印相应的信息等待 2s 再次检测。

```
void YoloObjectDetector::yolo()
    {
      const auto wait_duration = std::chrono::milliseconds(2000);
      while (!getImageStatus())
      {
        printf("Waiting for image.\n");
        if (!isNodeRunning())
        {
          return;
        }
        std::this_thread::sleep_for(wait_duration);
      }
```

这个函数的作用主要是将检测出来的结果保存，以便后续调用。

```
void *YoloObjectDetector::publishInThread()
    {
      // Publish image.
      cv::Mat cvImage = disp_;
      if (!publishDetectionImage(cv::Mat(cvImage))) //发布检测图像
      {
        ROS_DEBUG("Detection image has not been broadcasted.");
      }
      // Publish bounding boxes and detection result.
      int num = roiBoxes_[0].num; //获取检测结果数量
      if (num > 0 && num <= 100)
      {
        for (int i = 0; i < num; i++)
        {
          for (int j = 0; j < numClasses_; j++)
          {
            if (roiBoxes_[i].Class == j)
            {
              rosBoxes_[j].push_back(roiBoxes_[i]); //设置检测结果
              rosBoxCounter_[j]++;
            }
          }
        }
```

这里代码的作用是发布检测目标在图像中的位置信息。

```
darknet_ros_msgs::ObjectCount msg;    //设置检测结果消息
      msg.header.stamp = ros::Time::now(); //设置时间戳
      msg.header.frame_id = "detection";    //设置帧id
      msg.count = num;
      objectPublisher_.publish(msg); //发布检测结果消息
      for (int i = 0; i < numClasses_; i++)
      {
        if (rosBoxCounter_[i] > 0)
        {
          darknet_ros_msgs::BoundingBox boundingBox; //设置检测结果消息
          for (int j = 0; j < rosBoxCounter_[i]; j++)
          {
            int xmin = (rosBoxes_[i][j].x - rosBoxes_[i][j].w / 2) * frameWidth_;
            int ymin = (rosBoxes_[i][j].y - rosBoxes_[i][j].h / 2) * frameHeight_;
            int xmax = (rosBoxes_[i][j].x + rosBoxes_[i][j].w / 2) * frameWidth_;
            int ymax = (rosBoxes_[i][j].y + rosBoxes_[i][j].h / 2) * frameHeight_;
            boundingBox.Class = classLabels_[i];
            boundingBox.id = i;
            boundingBox.probability = rosBoxes_[i][j].prob;
            boundingBox.xmin = xmin;
            boundingBox.ymin = ymin;
```

```
            boundingBox.xmax = xmax;
            boundingBox.ymax = ymax;
            boundingBoxesResults_.bounding_boxes.push_back(boundingBox); // 检测结果消息发布
          }
        }
      }
      boundingBoxesResults_.header.stamp = ros::Time::now();
      boundingBoxesResults_.header.frame_id = "detection";                    // 设置帧 id
      boundingBoxesResults_.image_header = headerBuff_[(buffIndex_ + 1) % 3]; // 设置图像头信息
      boundingBoxesPublisher_.publish(boundingBoxesResults_);                 // 发布检测结果消息
    }
    else
    {
      darknet_ros_msgs::ObjectCount msg;
      msg.header.stamp = ros::Time::now();
      msg.header.frame_id = "detection" ;
      msg.count = 0;
      objectPublisher_.publish(msg);
    }
```

9.4 无人机行人骨骼点识别

9.4.1 骨骼点介绍

人体的运动就是依靠肌肉和骨骼来实现日常的行为，而人体骨骼化检测（Pose Estimation）则是根据行人逆向推断出人体的关节，如图 9-53 所示。

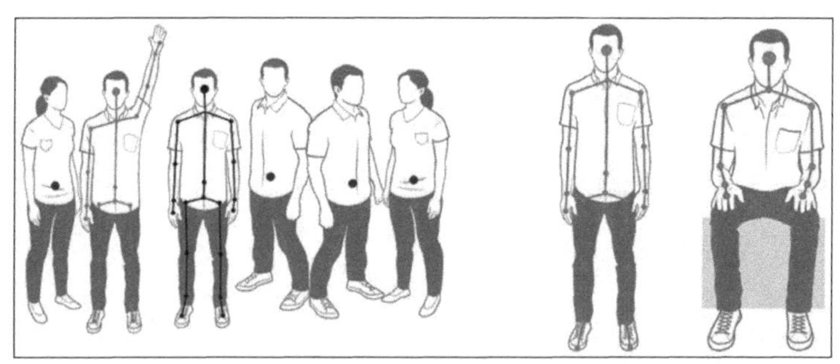

图 9-53　骨骼点演示

人体骨骼点检测作为计算机视觉中的基础算法之一，可以应用在其他机器人中完成病人的监护、体感游戏动作捕获等场景，也可以让无人机更好地判断出目标的行为，以便完成简单的人机交互。

一般目标行人的整体空间可以由关节坐标来表示，最常见的就是类似在 Kinect 中的 20 个关节点表示的目标行人骨架，如图 9-54 所示为 32 个最主要的关节点。通过精细化划分，我们在做很复杂动作的时候可以有效地区分动作与动作之间的差异，这样机器人在拿到数据后可以更加轻易地解析出目标行人的位置。

由于人体具有相当的柔性，会出现各种姿态和形状，人体任何一个部位的微小变化都会产生一种新的姿态。这就要求模型拥有较高的精度，最常用的方式是使用特制的传感器完成这项工作。

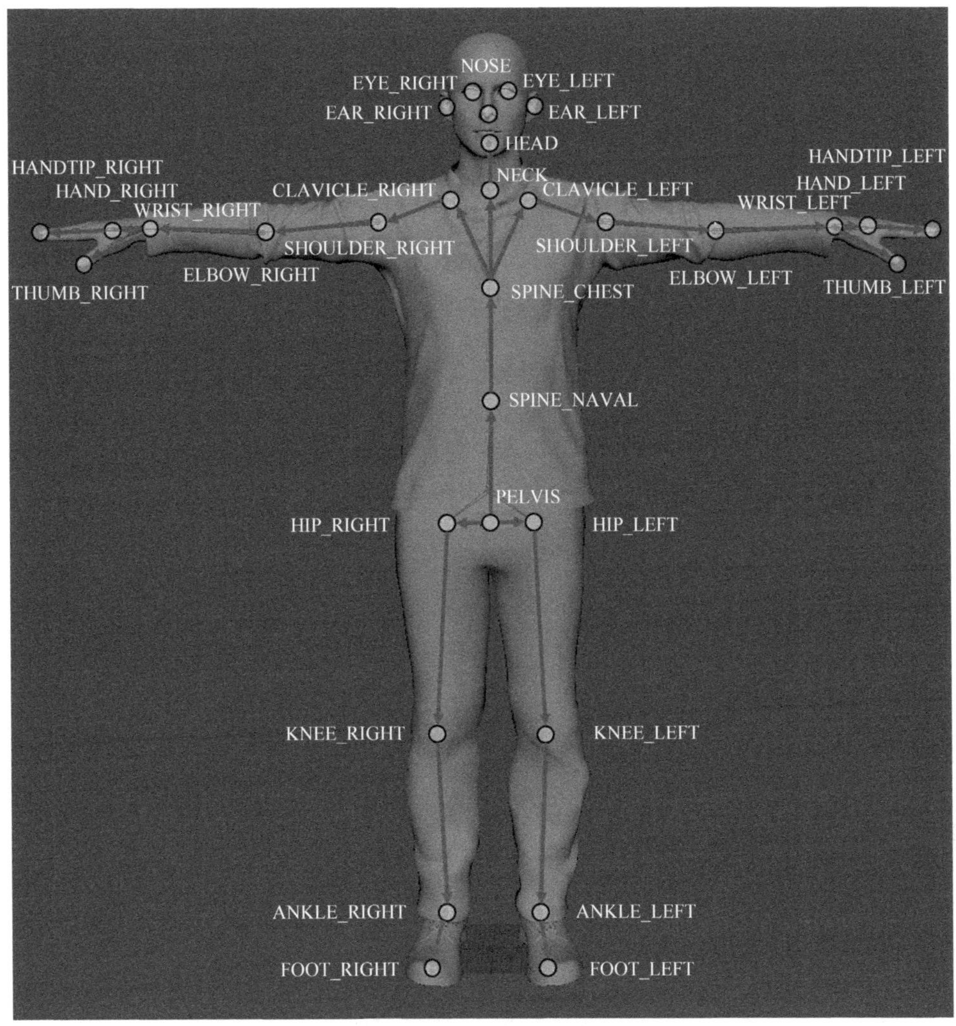

图 9-54　人体骨架点图

9.4.2　Kinect 关键点检测

骨骼点跟踪在深度学习方法出来之前，大多数的工作都是通过传感器完成人体骨骼点检测。其中最著名的就是 Kinect 人体骨骼点检测。在芯片顶级会议 ISSCC 2018 中微软亮相了自家的一百万像素的 ToF 传感器，论文发表三个月后，小型化的 Kinect for Azure（K4A）工业用开发套件已经备货向消费者售卖。最新的一款 Kinect 设备结构如图 9-55 所示。

Azure Kinect DK 打包了各种传感器：ToF 深感相机、广角彩色相机、360°麦克风阵列，还有陀螺仪和加速度传感器等，通过便于使用的接口供开发者使用，其在三维建图、计算机视觉、语音识别方面拥有很高的价值。官方例程如图 9-56 所示。

图 9-57 是基于 Kinect Azure 测试结果，可以看到这一代的 Kinect 效果相较于上两代有了飞速的提升，在人体下半部分被大量遮挡的情况下仍然能够估计出基本的站姿，并给出较为精准的骨骼点信息。这个设备的好处是基于 CPU，不需要 GPU 即可完成实时的骨骼点检测，方便工业开发。

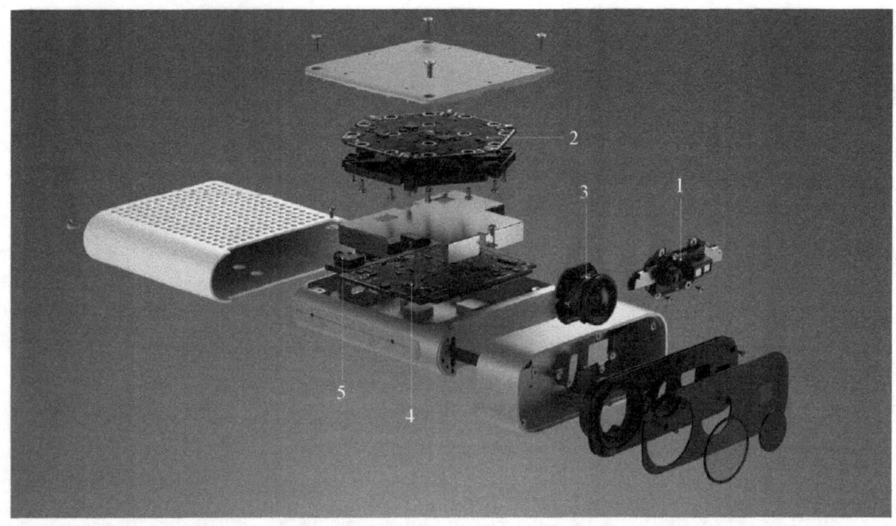

图 9-55　Kinect for Azure 设备结构

1—100 万像素深度传感器，具有宽 FOV 和窄 FOV 选项，使用户能够针对应用程序进行优化；2—7 麦克风阵列，可实现远场语音和声音捕获；3—1200 万像素高清摄像头，提供和深度数据相匹配的彩色图像数据流；4—3D 电子加速度计和 3D 电子陀螺仪（IMU），赋予传感器方向和空间跟踪能力；5—同步引脚，可同时轻松同步多个 Kinect 的传感器数据流

图 9-56　Kinect Azure 常用官方例程

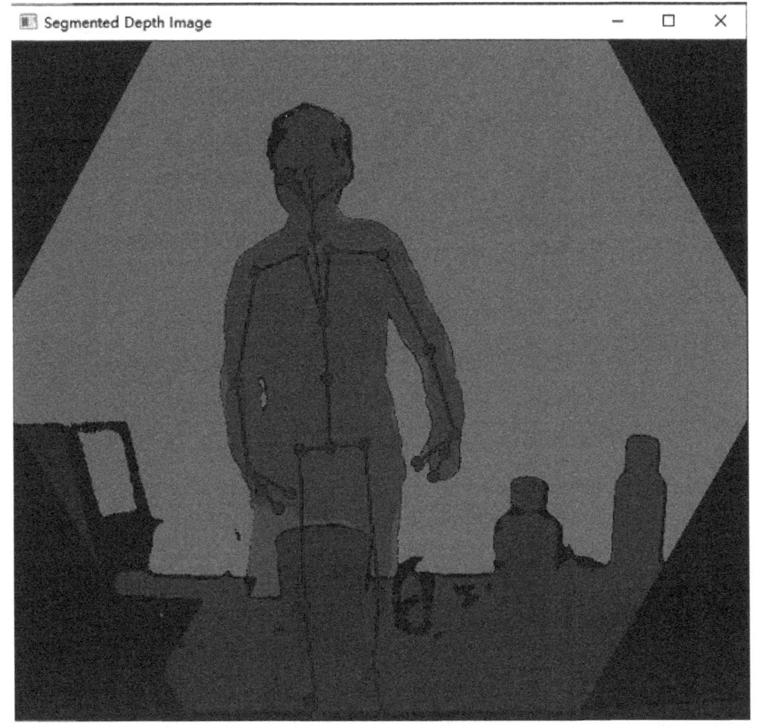

图 9-57　Kinect 检测

9.4.3　关键点检测算法

除了使用专门的传感器进行关键点检测外，最近几年越来越多的研究转向了深度学习的开发。人体骨骼关键点检测方法一般分两种：自上而下和自下而上。

① 自上而下：先检测人体，再检测单人人体关键点。

② 自下而上：先将图片中所有的关键点检测出来，再进行关键点聚类。

自上而下的做法，一般离不开前述的行人检测的操作。这里选取最具代表性的 RMPE 算法来进行解释。如图 9-58 所示，提出了一种方法来解决目标检测产生的 Proposals 所存在的问题，即通过空间变换网络将同一个人体产生的不同裁剪区域（Proposals）都变换到一个较好的结果。其中核心的组件分别为：

① SSTN（Symmetric Spatial Transformer Network）：在不准确的 bounding box 中提取单人区域，由 STN 和 SDTN 组成，分别位于 SPPE 的前后。其中 STN 用于获得 human proposal，SDTN 用于产生姿态 proposal。

② P-SPPE（Parallel SPPE）：由检测器提供的行人 proposal 通常不能很好地适配 SPPE。这是因为 SPPE 是专门训练用于单人图片的，并且对于局部误差非常敏感。所以增加了 SSTN+P-SPPE 的使用，可以增强 SPPE 在检测不好的 human proposal 时的结果。

③ P-NMS（Parametric Pose Non-Maximum-Suppression）：用于去除冗余的姿态。

④ PGPG（Pose-Guided Proposals Generator）：一种用于姿态估计的样本增强技术，配合 SSTN/P-NMS 来获得更好的模型性能。

其流程如图 9-58 所示。

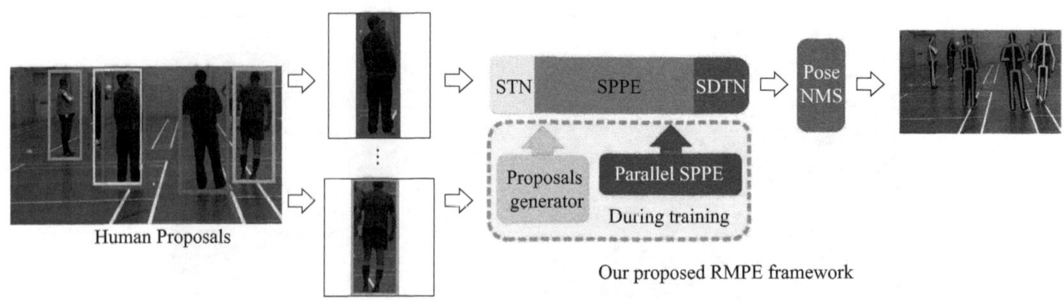

图 9-58 RMPE 算法流程图

自下而上的做法就不得不提到 OpenPose，它是世界上首个基于深度学习的实时多人二维姿态估计应用，也是目前 Bottom-up 方法中影响最大的工作。网络结构基于 CPM 改进，网络包含两个分支，一个分支预测 heatmap，另一个分支预测 PAFs(Part Affine Fields)，PAFs 也是这项工作的关键。通过编码肢体的位置和方向信息的 2D vector fields，来解决多人 pose 的问题。这里证明了自底向上也能够达到实时性和高质量的结果。其算法流程如图 9-59 所示。

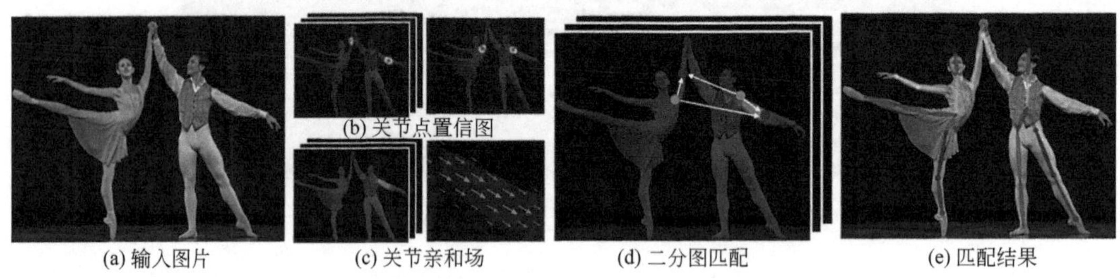

图 9-59 OpenPose 算法流程图

OpenPose 首先检测出图像中所有人的关节（关键点），然后将检出的关键点分配给每个对应的人。图 9-60 展示了 OpenPose 模型的架构。

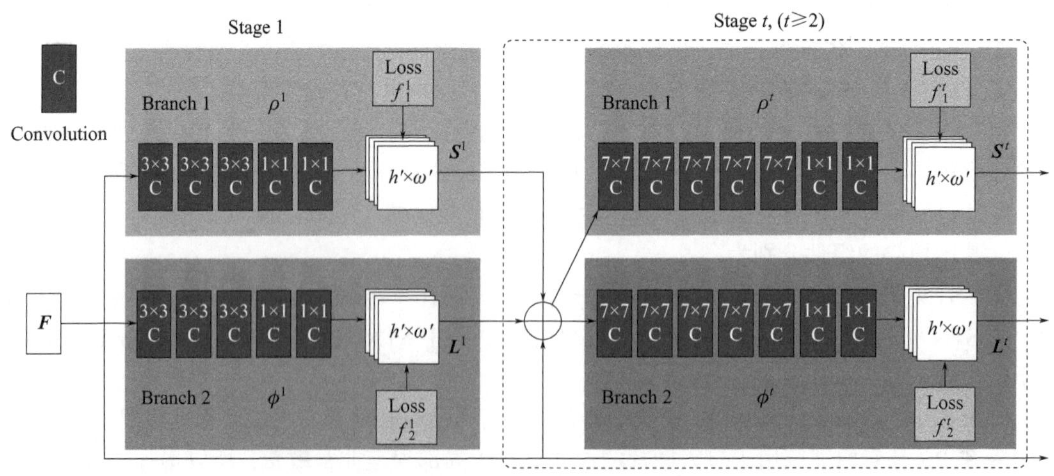

图 9-60 OpenPose 网络架构

① F 为由 VGG-19 前 10 层组成的 feature maps 集合，然后进入多阶段的网络，得到一组特征图，分成两个岔路 Branch1&2，分别使用 CNN 网络提取 Part Confidence Maps（置信度）和 Part Affinity Fields（关联度）。

② 第二阶段，可以看到 F 与第一阶段的 S、L 集合，F 集合都会合并在一起，使用 Bipartite

Matching（偶匹配）求出 Part Association，将同一个人的关节点连接起来，最终合并为一个人的整体骨架。

其实例如图 9-61 所示。

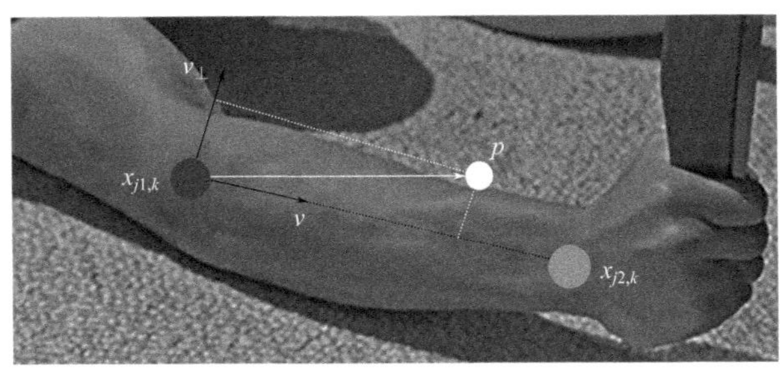

图 9-61　PAFs (Part Affine Fields) 示意图

③ 最后是基于 PAFs 求 Multi-Person Parsing，这里涉及 K 维的 NP-Hard 问题，针对这个问题，采用配对的方式，将 Multi-person parsing 问题转换成了 graphs 问题，并通过匈牙利算法计算其结果。

其过程如图 9-62 所示。

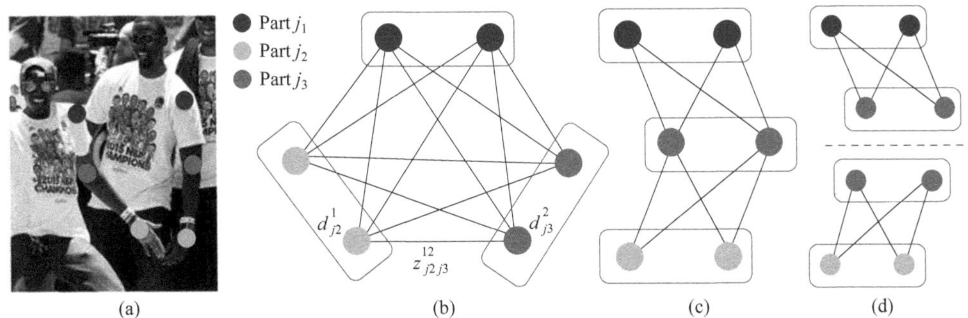

图 9-62　基于 PAFs 进行多人数据分析

9.4.4　OpenPose 原理介绍

OpenPose 作为行人识别的神经网络框架，采用的是一种有效检测图像中多人二维姿态的方法 Part Affinity Fields（PAFs）（是一种自上而下的算法），其能够对全局上下文进行编码，自底向上地识别目标，该步骤在保持高精确度的同时实现实时性能，不考虑映像中的人员数量，对行人识别具有极好的鲁棒性。OpenPose 估计人体姿态的模型，能检测到 15 个关节，即头、颈、左右肩、左右肘、左右手腕、左右髋、左右膝、左右脚踝和胸部，可以得出行人的各个身体部位。

在 OpenPose 出现之前，通过“bottom-up”方法在 2D 的单张图片进行多人姿态估计时，存在以下困难：

① 图像中人像数量不定，位置不定，且大小不一。

② 图像中人像可能存在相互接触，甚至会存在人像部分被遮挡的状况，并且当图像中的人物数量增加时，该种情况也会增加，进而增加识别的复杂度，影响识别的实时性，并使得算法复杂度太高。

③ 该类方法十分依靠检测的准确性。

OpenPose 就“bottom-up”方法进行了一些改进，提出了“Part Affinity Fields（PAFs）”来进行自下而上的人体姿态识别，其技术方案为“two-branch multi-stage CNN”，其模型架构如图 9-63 所示。

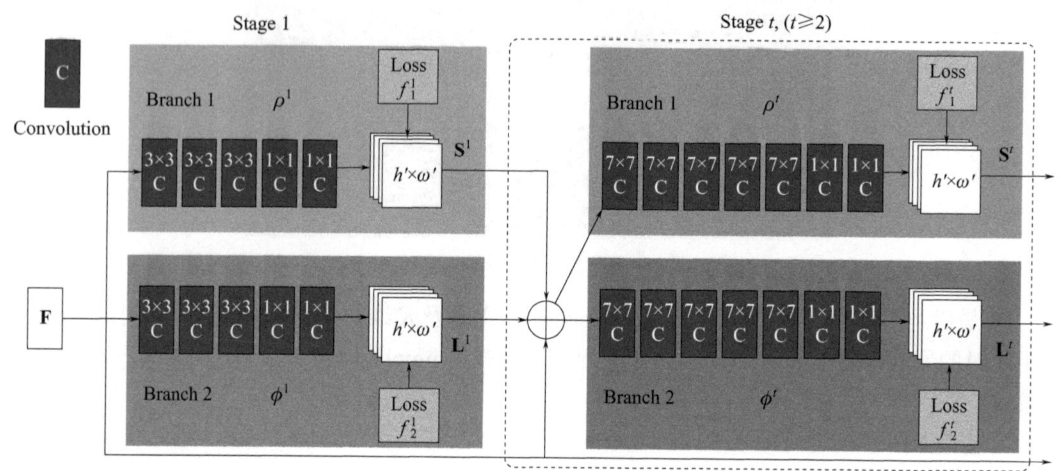

图 9-63 OpenPose 模型架构

其中，stage 为一些串行模块，每一个 stage 都存在两个 branch，branch1 生成 Part Confidence Maps（PCM），branch2 生成 Part Affinity Fields（PAFs），也对应着 heatmap 与 vectormap。为了保证网络能够收敛，每个 stage 的 PCM 和 PAFs 都会进行 loss 求解。其中训练的 loss 采用的是 L2 范数，将所有的 loss 的和与原始输入 F 送入下一个 stage 再进行训练。每通过一次 stage 都可利用前面一个 stage 中提取出来的信息进一步优化检测出的结果，能更大概率检测出那些比较难检测出的关键点，即前面的 stage 可以直接检测出简单的关键点，而后面的 stage 在前面检测出的结果之上来检测更为复杂的关键点。

PCM（关节点置信图）：表示像素在关节点的高斯响应，离关节点越近的像素，其高斯响应越大，用来表征关键点的位置，计算公式如下（ρ^t 表示第 t 层 PCM 网络）：

$$S^t = \rho^t\left(F, S^{(t-1)}, L^{(t-1)}\right), \forall t \geq 2 \tag{9-13}$$

PAFs（关键点亲和立场）：表示不同关键点之间的亲和力，在一个人上的关键点之间的亲和力就大，不同人上的关键点之间的亲和力就小。其用于表征关键点在骨架中的走向，计算公式如下（ϕ^t 表示第 t 层 PAFs 网络）：

$$\boldsymbol{L}^t = \phi^t\left(\boldsymbol{F}, \boldsymbol{S}^{t-1}, \boldsymbol{L}^{t-1}\right), \forall t \geq 2 \tag{9-14}$$

通过多轮 stage 网络提取，我们得到了每个关键点的位置及其亲和力场，现在需要将得到的关键点合理连接成一段段骨骼，并能够表征成人类的外形。

关节拼接：对于任意位置的关节点 d_{j1} 和 d_{j2}，我们用 PAFs 的线性积分来表征其作为骨骼点的相关性，即表示其作为正确骨骼点的置信度，积分公式如下：

$$E = \int_{u=0}^{u=1} L_c(p(u)) \frac{d_{j2} - d_{j1}}{\left\| d_{j2} - d_{j1} \right\|_2} \mathrm{d}u \tag{9-15}$$

$p(u)$ 为两个关键点的位置插值。为了简化计算，可以采用均匀采样的方式来近似表示其相似度，其计算公式如下：

$$p(u)=(1-u)\ d_{j1}+u\ d_{j2} \tag{9-16}$$

多人检测：因为图像中人像数量不定，且存在着相互接触遮挡、画面人像变形等问题，上述对关节相似度的计算只能保证局部最优，为了解决这一问题，可使用贪心推理的思想使其达成全局最优。其流程如下：

① 根据预测置信图得到一组候选关键点的离散集。

② 将不同的点集进行唯一匹配。

③ 将关键点作为图的顶点，关键点之间的相关性 PAFs 作为图的边权，因此将多人检测问题转化为二分图匹配问题，并用匈牙利算法求得相连关键点的全局最优匹配。

9.4.5 Openpose_ros 测试

在安装 openpose_ros 之前，需要配置好 cuda 的环境，在前文中已经讲过，此处不再赘述。

首先安装 openpose 的环境，继续在 ~/env 目录下安装相应的环境依赖，在终端输入以下的命令，其结果如图 9-64 所示。

```
mkdir ~/env && cd ~/env
git clone https://github.com/CMU-Perceptual-Computing-Lab/openpose.git
cd ~/env/openpose
git checkout tags/v1.7.0
sudo bash ./scripts/ubuntu/install_deps.sh
mkdir build && cd build
```

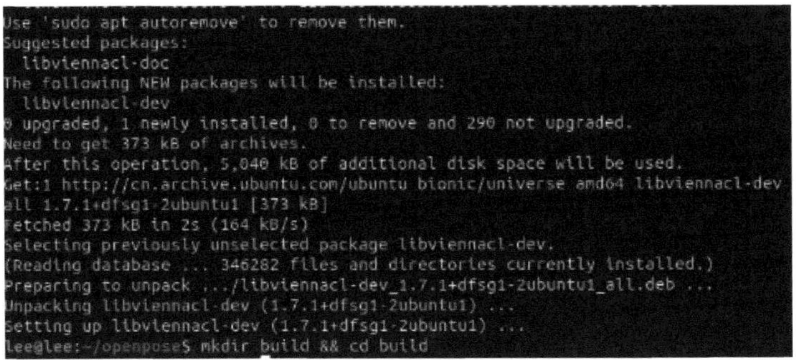

```
Use 'sudo apt autoremove' to remove them.
Suggested packages:
  libviennacl-doc
The following NEW packages will be installed:
  libviennacl-dev
0 upgraded, 1 newly installed, 0 to remove and 290 not upgraded.
Need to get 373 kB of archives.
After this operation, 5,040 kB of additional disk space will be used.
Get:1 http://cn.archive.ubuntu.com/ubuntu bionic/universe amd64 libviennacl-dev
all 1.7.1+dfsg1-2ubuntu1 [373 kB]
Fetched 373 kB in 2s (164 kB/s)
Selecting previously unselected package libviennacl-dev.
(Reading database ... 346282 files and directories currently installed.)
Preparing to unpack .../libviennacl-dev_1.7.1+dfsg1-2ubuntu1_all.deb ...
Unpacking libviennacl-dev (1.7.1+dfsg1-2ubuntu1) ...
Setting up libviennacl-dev (1.7.1+dfsg1-2ubuntu1) ...
lee@lee:~/openpose$ mkdir build && cd build
```

图 9-64　安装环境依赖

由于 Ubuntu18.04 的 cmake 默认的版本是 3.10.2，但是 openpose 对 cmake 最低要求是 3.12，所以编译之前，需要先更新一下 cmake 版本。

```
# 检查 cmake 版本
cmake --version 1
# 如果小于 3.12 则
sudo apt-get install libssl-dev libcurl4-openssl-dev
sudo apt-get remove cmake
cd ~/env
wget https://github.com/Kitware/CMake/releases/download/v3.18.0/cmake-3.18.0.tar.gz
tar -xvzf cmake-3.18.0.tar.gz
cd cmake-3.18.0
# sudo nvpmodel -m 2 # nvidia 开发板需要
./bootstrap
make -j6
sudo make install
```

然后在 openpose/build 下输入下面的指令，其中 {platform} 可以根据安装的 CUDA 来选择是 aarch64（arm 系统）还是 x86_64(x86 系统)。

```
cd ~/env/openpose/build
sudo cmake -D CMAKE_INSTALL_PREFIX=/usr/local \
-D CUDA_HOST_COMPILER=/usr/bin/cc \
-D CUDA_TOOLKIT_ROOT_DIR=/usr/local/cuda \
-D CUDA_USE_STATIC_CUDA_RUNTIME=ON \
-D CUDA_rt_LIBRARY=/usr/lib/${platform}-linux-gnu/librt.so \
-D CUDA_ARCH_BIN=7.2 \
-D GPU_MODE=CUDA \
-D DOWNLOAD_FACE_MODEL=ON \
-D DOWNLOAD_COCO_MODEL=ON \
-D USE_OPENCV=ON \
-D BUILD_PYTHON=ON \
-D BUILD_EXAMPLES=ON \
-D BUILD_DOCS=OFF \
-D DOWNLOAD_HAND_MODEL=ON ..
```

如果出现图 9-65 提示 cuDNN 的问题，这是因为 caffe 不支持较高的 cuDNN，大概率是因为使用了 cuda11.0 以上的版本，所以在 cmake 时需要将 cuDNN 去除。如果想用静态链接 CUDA，没有 CUDA 静态库的话会报错，加上后则为动态链接 CUDA，只需要将 CUDA_USE_STATIC_CUDA_RUNTIME 改为 OFF。

图 9-65　cuDNN 问题

```
cd ~/env/openpose/build
sudo cmake -D CMAKE_INSTALL_PREFIX=/usr/local \
-D CUDA_HOST_COMPILER=/usr/bin/cc \
-D CUDA_TOOLKIT_ROOT_DIR=/usr/local/cuda \
-D CUDA_USE_STATIC_CUDA_RUNTIME=OFF \
-D CUDA_rt_LIBRARY=/usr/lib/${platform}-linux-gnu/librt.so \
-D CUDA_ARCH_BIN=7.2 \
-D GPU_MODE=CUDA \
-D DOWNLOAD_FACE_MODEL=ON \
-D DOWNLOAD_COCO_MODEL=ON \
-D USE_OPENCV=ON \
-D BUILD_PYTHON=ON \
-D BUILD_EXAMPLES=ON \
-D USE_CUDNN=OFF \
-D BUILD_DOCS=OFF \
-D DOWNLOAD_HAND_MODEL=ON ..
```

其安装过程如图 9-66 所示。

运行以下程序完成 OpenPose 的编译安装：

```
sudo make -j6
sudo make install
```

可以通过以下命令来测试 OpenPose 有没有被安装成功。成功安装后测试结果如图 9-67 所示。

```
sudo apt-get install libcanberra-gtk-module
cd ~/env/openpose
./build/examples/openpose/openpose.bin --image_dir examples/media/ --net_resolution 320x160
```

安装好 OpenPose 以后，就可以开始安装 openpose_ros 了。将 ros_openpose 的项目复制至～/my_workspace/src 目录下面，然后开始编译项目。

```
-- Caffe will be downloaded from source now. NOTE: This process might take sever
al minutes depending
       on your internet connection.
-- Caffe has already been downloaded.
HEAD is now at 1807aada Added Ampere arch's (CUDA11)
-- Caffe will be built from source now.
-- Download the models.
-- Downloading BODY_25 model...
-- Model already exists.
-- Not downloading body (COCO) model
-- Not downloading body (MPI) model
-- Downloading face model...
-- Model already exists.
-- Downloading hand model...
-- Model already exists.
-- Models Downloaded.
-- Configuring done
-- Generating done
-- Build files have been written to: /home/lee/openpose/build
```

图 9-66　OpenPose 安装

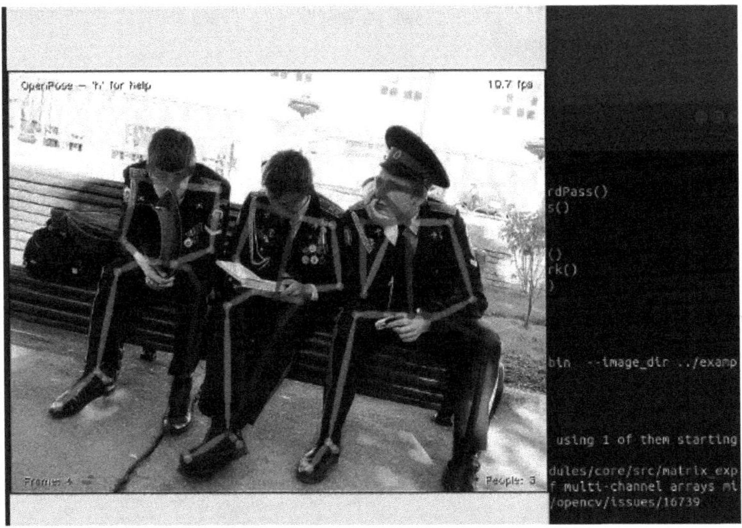

图 9-67　OpenPose 安装测试

```
mkdir -p catkin_ws/src
cd catkin_ws/src
git clone https://github.com/ravijo/ros_openpose.git
```

在 run.launch 里面有两个比较重要的配置 model_folder 和 openpose_args。

model_folder：表示 OpenPose 模型目录的完整路径。可根据机器中的 OpenPose 安装进行修改。编辑 run.launch 文件如下所示：

```
<arg name="openpose_args" value="--model_folder /home/${USER}/openpose/models/ --net_
resolution -1x128"/>
```

openpose_args：提供它是为了支持标准 OpenPose 命令行参数。编辑 run.launch 文件，加入 –face –hand，如下所示：

```
<arg name="openpose_args" value="--model_folder /home/${USER}/openpose/models/ --net_
resolution -1x128 --face --hand"/>
```

然后更改 launch 文件，将 config_nodepth.launch 中的“color_topic”修改为：

```
<arg name-"color_topic" default="/prometheus/sensor/monocular_front/image_raw"/>
```

对应的修改位置如图 9-68 所示。

```
<?xml version="1.0"?>
<!--
config_nodepth.launch
Author: Ravi Joshi
Note: Do not run this file directly. Please call run.launch file instead.
Date: 2019/11/23
-->
<launch>
  <!-- rostopic to subscribe for color images -->
  <arg name="color_topic" default="/prometheus/sensor/monocular_front/image_raw" />

  <!-- rostopic to subscribe for depth images.
  leave this field as it is because we do not have depth information. -->
  <arg name="depth_topic" default="depth_topic" />

  <!-- rostopic to subscribe for camera calibration parameters.
  leave this field as it is because we do not have depth information. -->
  <arg name="cam_info_topic" default="/prometheus/sensor/monocular_front/camera_info" />

  <!-- frame id for point cloud and 3D skeleton data.
  leave this field as it is because we do not have depth information. -->
  <arg name="frame_id" default="no_depth" />

  <!-- we do not have depth information.
  hence set the flag. -->
  <arg name="no_depth" default="true" />
```

图 9-68　launch 文件修改位置

执行下面指令来完成 OpenPose 结果输出：

```
cd ..
catkin_make
roscd ros_openpose/scripts
chmod +x *.py
source devel/setup.bash
roslaunch ros_openpose run.launch camera:=nodepth
```

此时可以看到界面中出现的 OpenPose 的结果，如图 9-69 所示。

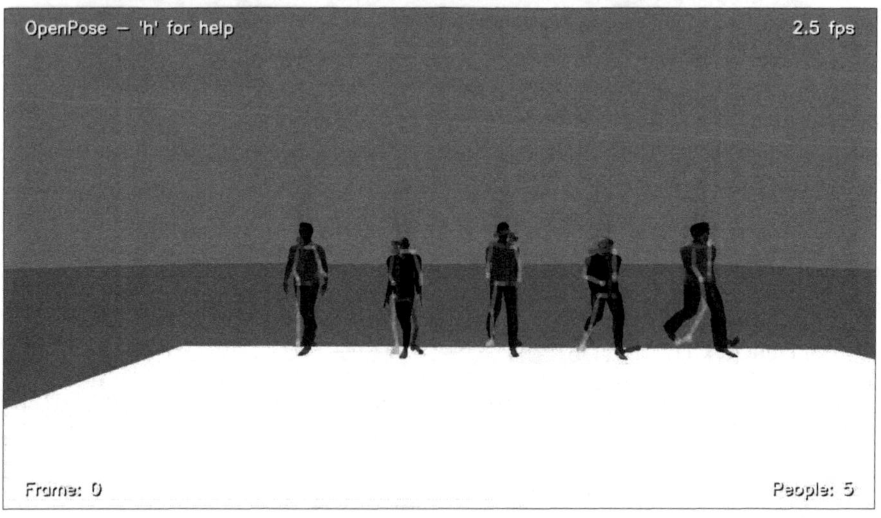

图 9-69　OpenPose 结果

9.4.6　代码注释

对于 ros_openpose 项目，其实就是对 OpenPose 功能进行嵌套，当中的核心算法并不在 ros_openpose 中。首先是构造函数，主要完成订阅、发布以及 param 参数的读取。

```
rosOpenPose(ros::NodeHandle* nh, op::Wrapper* op_wrapper, const std::string& color_topic,
        const std::string& depth_topic, const std::string& cam_info_topic, const std::string&
pub_topic,
        const std::string& frame_id, const bool& no_depth)
    :_nh(nh), _op_wrapper(op_wrapper), _no_depth(no_depth)
    {
    _frame_msg.header.frame_id = frame_id;  // 设置帧 frame_id
    // Populate camera intrinsic matrix values.
    auto cam_info = ros::topic::waitForMessage<CameraInfo>(cam_info_topic);  // 等待相机信息
    _fx = cam_info->K.at(0);                                    // 获取相机内参的 fx 值
    _fy = cam_info->K.at(4);                                    // 获取相机内参的 fy 值
    _cx = cam_info->K.at(2);                                    // 获取相机内参的 cx 值
    _cy = cam_info->K.at(5);                                    // 获取相机内参的 cy 值
    // Obtain depth encoding.
    auto depth_encoding = ros::topic::waitForMessage<Image>(depth_topic)->encoding;  // 等待
深度图像信息
    _mm_to_m = (depth_encoding == image_encodings::TYPE_16UC1) ?
        0.001 :
        1.;  // 判断深度图像的编码类型，如果是 16UC1，则设置毫米转化为米的值为 0.001，否则设置为 1.
    // Initialize frame publisher
    _pub = _nh->advertise<ros_openpose::Frame>(pub_topic, 10);  // 初始化发布器
    // Start color & depth subscribers.
    _color_sub.subscribe(*_nh, color_topic, 1);
    _depth_sub.subscribe(*_nh, depth_topic, 1);
    _sync.reset(new ColorDepthSync(ColorDepthSync(10), _color_sub, _depth_sub));  // 初始化
同步类型
    _sync->registerCallback(boost::bind(&rosOpenPose::callback, this, _1, _2));  // 注册回
调函数
    }
```

下面这个函数是一个模板类，主要用作获取 OpenPose 输出的关键点结果，并加以设置，来衡量评分。这里的函数主要是由下面的 callback 函数调用的。

```
template <typename key_points>
    void assign_msg_vals(ros_openpose::BodyPart& part, const key_points& kp, const int& i)
    {
      // 从 Openpose 分配像素位置和评分
      float u = kp[i], v = kp[i + 1], s = kp[i + 2];  // 获取像素位置和评分
      part.pixel.x = u;                                // 设置像素位置 x 值
      part.pixel.y = v;                                // 设置像素位置 y 值
      part.score = s;                                  // 设置评分
      // 如果深度提供，计算三维姿态
      if (!_no_depth)
      {
        auto depth = _depth_img.at<float>(static_cast<int>(v), static_cast<int>(u)) * _mm_
to_m;  // 获取深度图像的像素值
        if (depth <= 0)
          return;
        part.point.x = (depth / _fx) * (u - _cx);  // 计算三维位置 x 值
        part.point.y = (depth / _fy) * (v - _cy);  // 计算三维位置 y 值
        part.point.z = depth;                      // 计算三维位置 z 值
      }
    }
```

callback 函数主要是获取输入的图像，并放入 OpenPose 框架中，获取 OpenPose 返回的人体和手关键点信息，并将姿态作为信息发布出去。此外剩下的 configureOpenPose 函数以及 main 函数主要是起到传入参数、进入程序的作用。详细内容已经注释在 Github 中，读者可以自行阅读分析。

```
void callback(const ImageConstPtr& color_msg, const ImageConstPtr& depth_msg)
   {
    _frame_msg.header.stamp = ros::Time::now();
    _frame_msg.persons.clear();
    _color_img = cv_bridge::toCvShare(color_msg, image_encodings::BGR8)->image;  // 获取彩色图像信息
    _depth_img = cv_bridge::toCvShare(depth_msg, image_encodings::TYPE_32FC1)->image; // 获取深度图像信息
    // Fill datum
#if OPENPOSE1POINT6_OR_HIGHER                                    // 如果是 OpenPose1.6 以上版本
    auto datum_ptr = _op_wrapper->emplaceAndPop(OP_CV2OPCONSTMAT(_color_img));  // 获取 OpenPose 返回的数据
#else
    auto datum_ptr = _op_wrapper->emplaceAndPop(_color_img);  // 获取 OpenPose 返回的数据
#endif
    const auto& pose_kp = datum_ptr->at(0)->poseKeypoints;  // 获取 OpenPose 返回的数据中的人体关键点信息
    const auto& hand_kp = datum_ptr->at(0)->handKeypoints;  // 获取 OpenPose 返回的数据中的手关键点信息
    // get the size
    const auto num_persons = pose_kp.getSize(0);          // 获取行人的个数
    const auto body_part_count = pose_kp.getSize(1);      // 获取人体关键点信息
    const auto hand_part_count = hand_kp[0].getSize(1);  // 获取手关键点信息
    _frame_msg.persons.resize(num_persons);  // 设置行人的个数
    int i;
    for (auto p = 0; p < num_persons; p++)
    {
      auto& curr_person = _frame_msg.persons[p];  // 当前的行人信息
      curr_person.bodyParts.resize(body_part_count);        // 设置人体关键点信息
      curr_person.leftHandParts.resize(hand_part_count);    // 设置左手关键点信息
      curr_person.rightHandParts.resize(hand_part_count);  // 设置右手关键点信息
      // Fill body parts
      for (auto bp = 0; bp < body_part_count; bp++)  // 获取人体关键点信息
      {
        auto& curr_body_part = curr_person.bodyParts[bp];      // 获取当前的人体关键点信息
        i = pose_kp.getSize(2) * (p * body_part_count + bp);  // 获取当前人体关键点信息的索引
        assign_msg_vals(curr_body_part, pose_kp, i);           // 设置人体关键点信息
      }
      // Fill left and right hands
      for (auto hp = 0; hp < hand_part_count; hp++)  // 获取左手关键点信息
      {
        i = hand_kp[0].getSize(2) * (p * hand_part_count + hp);  // 获取当前左手关键点信息的索引
        // Left Hand
        auto& curr_left_hand = curr_person.leftHandParts[hp];  // 获取当前左手关键点信息
        assign_msg_vals(curr_left_hand, hand_kp[0], i);         // 设置左手关键点信息
        // Right Hand
        auto& curr_right_hand = curr_person.rightHandParts[hp];  // 获取当前右手关键点信息
        assign_msg_vals(curr_right_hand, hand_kp[1], i);          // 设置右手关键点信息
        }
     }
     _pub.publish(_frame_msg);
   }
};
```

第 10 章 无人机运动控制

10.1 滤波算法

滤波器是一个用于处理噪声的工具，它是信号处理的一种。噪声也有很多种类，比如在整个频域内随机产生的噪声（白噪声），或者是因为设备运行而产生的与设备频率相关的噪声。由于噪声产生的原因有很多，所以需要针对不同噪声采用不同的抑制算法。下面将介绍几种比较常用的滤波算法。

10.1.1 滑动均值滤波法

滑动均值滤波是典型的线性滤波算法，它是一种低通滤波器。它将连续取得的 N 个采样值看做是一个固定长度的队列，每次获得新数据时，舍去溢出项，然后取队列均值作为滤波值。它可以将高频信号去除掉，实现消除尖锐噪声的目的。

```
#include <iostream>
#include <deque>
#include <algorithm>
using namespace std;
class avg_filter
{
private:
	deque<double> q_;
	int size_ = 30;
public:
	avg_filter(){};
	double filt(double);
	~avg_filter(){};
};
double avg_filter::filt(double a)
{
```

```
        q_.push_back(a);
        if (q_.size() > size_)
        {
            q_.pop_front();
        }
        double sum = 0;
        deque<double>::iterator it;
        for (it = q_.begin(); it != q_.end(); it++)
        {
            sum += *it;
        }
        return sum / q_.size();
    }
```

均值滤波的优点是操作简单，效率高，易于实现，如果队列长度适当，可以得到较为平滑的数据。缺点是不能很好地除去偶然因素引起的脉冲干扰，如果队列长度过长，则会有很严重的滞后问题，对系统资源也有一定的浪费，如图 10-1 所示。

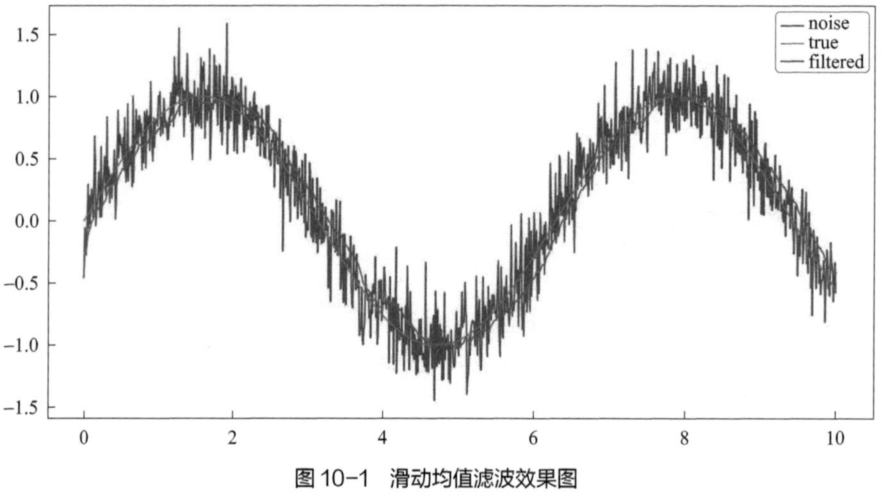

图 10-1　滑动均值滤波效果图

10.1.2　限幅滤波法

限幅滤波是一种消除随机干扰的有效方法。当有新数据进来时，它会判断新数据与上一次数据的差值是否超过限定值，如果超过则舍弃新数据。它可以去除随机产生的噪声，过程如下所示，其中 threshold_ 表示的是限定值。

```
#include <iostream>
#include <stdlib.h>
class limit_filter
{
private:
      double valid_number_ = 0;
      double threshold_ = 2;
public:
      double filt(double);
      limit_filter(double){};
      ~limit_filter(){};
};
```

```
double limit_filter::filt(double a)
{
      if (abs(a - valid_number_) > threshold_)
      {
          return valid_number_;
      }
      valid_number_ = a;
      return a;
}
```

限幅滤波的优点是操作简单易懂，可以有效过滤脉冲引起的干扰。缺点是处理变化速度快的数据效果比较差，如图 10-2 所示。

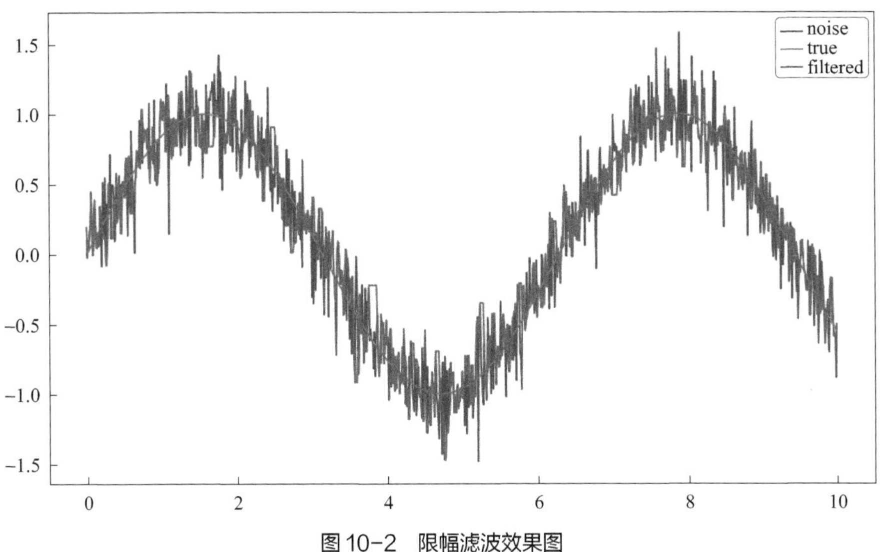

图 10-2　限幅滤波效果图

10.1.3　中位值滤波法

中位值滤波法用于克服偶然因素引起的波动或者脉冲干扰。它会采集最新的 N 个数据（N 一般为奇数），并取这些数据的中位值作为滤波结果输出。过程如下所示。

```
#include <iostream>
#include <deque>
#include <algorithm>
using namespace std;
class median_filter
{
private:
      deque<double> q_;
      int size_ = 30;
public:
      median_filter(){};
      double filt(double);
      ~median_filter(){};
};
double median_filter::filt(double a)
{
          q_.push_back(a);
```

```
        if (q_.size() > size_)
        {
            q_.pop_front();
        }

        deque<double> temp = q_;
            // 进行排序
        sort(temp.begin(), temp.end());
        return temp[temp.size() / 2];
}
```

中位值滤波法优点是易于理解使用，缺点是对于变化快速的数据滤波效果差，如果 N 过大，也会出现严重的滞后问题，对系统资源也存在一定的浪费，如图 10-3 所示。

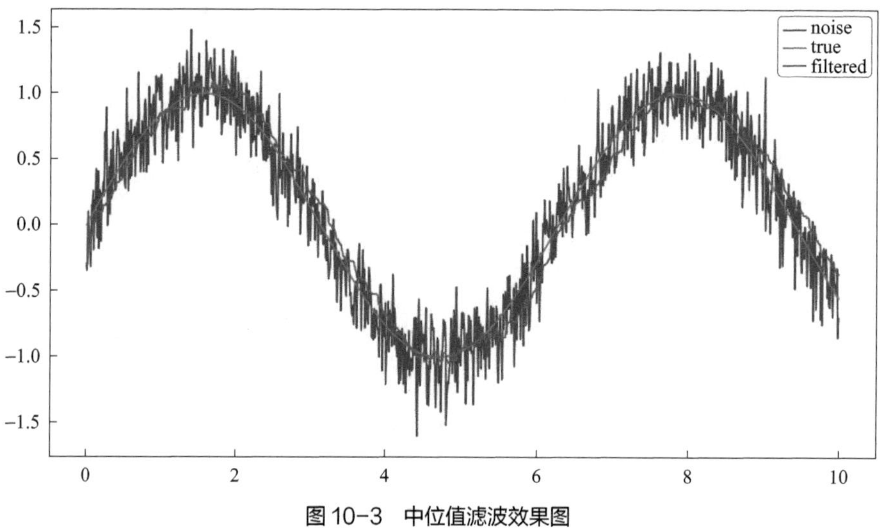

图 10-3 中位值滤波效果图

10.1.4 中位值平均滤波法

中位值平均滤波法融合了滑动均值滤波以及中位值滤波两种方法的优点，既可以消除偶然脉冲带来的误差，也起到了低通滤波的作用。其过程如下所示。

```
#include <iostream>
#include <deque>
#include <algorithm>
using namespace std;
class avg_med_filter
{
private:
      deque<double> q_;
      int size_ = 30;
public:
      avg_med_filter(){};
      double filt(double);
      ~avg_med_filter(){};
};
double avg_med_filter::filt(double a)
{
      q_.push_back(a);
```

```
        if (q_.size() > size_)
        {
            q_.pop_front();
        }
        deque<double> temp = q_;
        sort(temp.begin(), temp.end());
        if (temp.size() >= 3)
        {
            temp.pop_back();
            temp.pop_front();
        }
        double sum = 0;
        deque<double>::iterator it;
        for (it = temp.begin(); it != temp.end(); it++)
        {
            sum += *it;
        }
        cout << sum << endl;
        return sum / temp.size();
    }
```

中位值平均滤波平滑度高，适用于高频振荡系统。但是若 N 较大，依然会有很严重的滞后问题，计算速度比较慢，比较浪费系统资源，如图 10-4 所示。

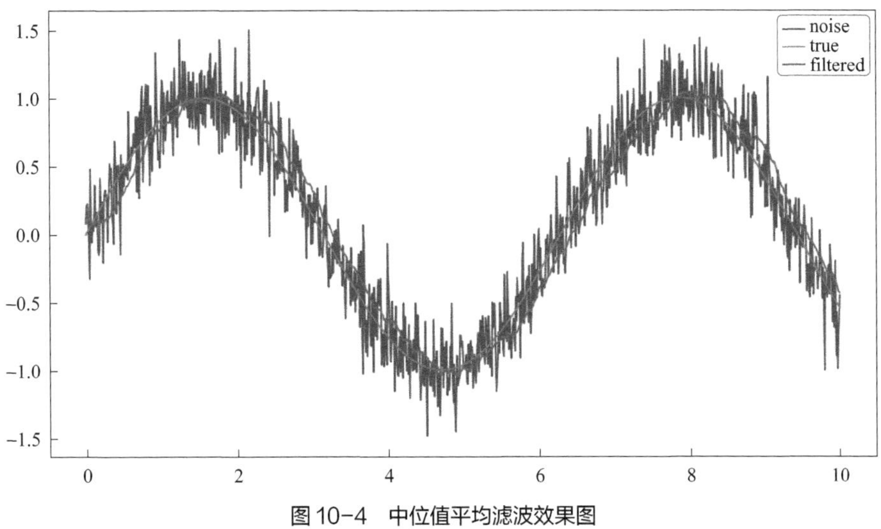

图 10-4　中位值平均滤波效果图

10.1.5　一阶滞后滤波法

一阶滤波，又名一阶惯性滤波，是一种低通滤波器。它的上次输出结果作为下次滤波的参考，使输出反馈于输入，有点类似于卡尔曼滤波器的简化版本，其公式如下所示：

$$Y(n)=\alpha Z(n)+(1-\alpha)Y(n-1) \tag{10-1}$$

其中，Y 表示滤波输出；Z 表示测量值；α 越大，更新则越会依赖新产生的测量值，滤波器的惯性就越小。其过程如下所示。

```
#include <iostream>
class first_order_filter
{
```

```
private:
    double last_output_ = 0;
    double alpha_ = 0.6;
    bool is_the_first_loop_ = true;
public:
    first_order_filter(){};
    double filt(double);
    ~first_order_filter(){};
};
double first_order_filter::filt(double a)
{
    if (is_the_first_loop_)
    {
        is_the_first_loop_ = false;
        last_output_ = a;
        return a;
    }
    last_output_ = alpha_ * a + (1 - alpha_) * last_output_;
    return last_output_;
}
```

一阶滤波相较于均值滤波、中位值滤波，它能够很好地节省系统资源。缺点是无法很好地兼顾数据灵敏度以及平滑度，对于脉冲噪声无法完全过滤，如图 10-5 所示。

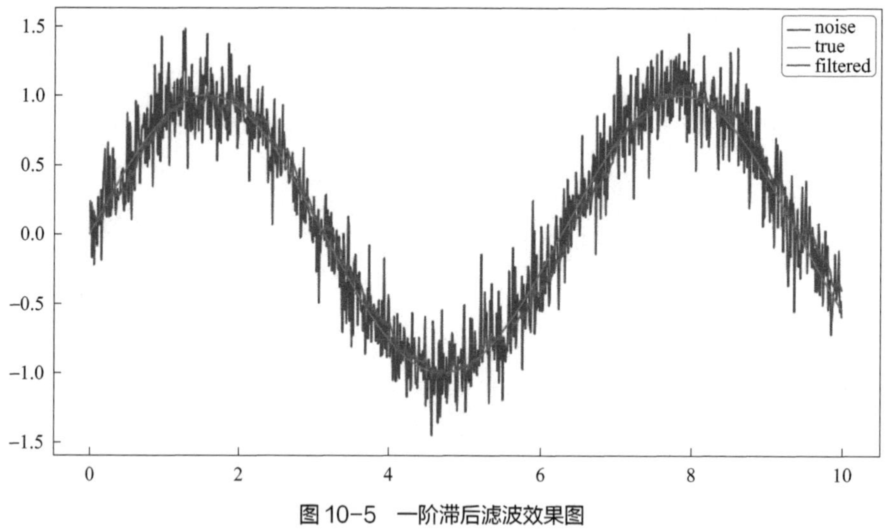

图 10-5 一阶滞后滤波效果图

10.2 卡尔曼滤波（KF）

10.2.1 场景举例

假设小明正驾驶着一辆车在南京到上海的路上行驶，他想知道自己行驶到了哪里，还剩下多少的路要走，他只能靠车子的电子测速以及随身携带的 GPS 来判断自己的大致位置。通过电子测速，他可以根据 $x=vt$ 来推得当前行驶的距离。但是这样随着时间增加，累积下来的误差也会越来越大。通过 GPS，他可以直接知道当前的位置。但是 GPS 的定位精度不高，有几十米甚至是几百米的误差，而且更新频率也不高。若是通过隧道，误差还可能会更大。如果测量的时间短，那么小明更倾向于相信根据速度公式推算出来的距离，如果从长期来看，则 GPS 的消息更为可靠。

那么有没有一种方法，既能采纳 GPS 的信息，又能采纳电子测速的消息，使误差尽可能小呢？没错，那就是卡尔曼滤波。在介绍卡尔曼滤波之前，先介绍几个知识点。

10.2.2　线性时不变系统

线性时不变系统（Linear Time-Invariant System，LTI），正如其名字所表述的那样，有两个重要的性质：线性、时不变性。

线性，描述的是在一个系统中输入 $x(t)$ 与输出 $y(t)$ 之间的关系，假设 a 是一个常数，若输入乘以系数 a 则输出也会乘上系数 a。若 $x'(t)$ 与 $y'(t)$ 是系统另外一组可能的输入与输出，当输入等于 $x(t)+x'(t)$ 的时候，输出就等于 $y(t)+y'(t)$。

时不变性，描述的是若将输入信号 $x(t)$ 加一个 t 的延时，那么输出信号对应的曲线除了时间被延时了 t 以外，不会有其他任何改变。

卡尔曼滤波所处理的系统属于线性时不变系统，如果处理非线性系统，则会用到拓展卡尔曼滤波（EKF），这个会在后文提到。

10.2.3　高斯分布

很多自然现象都属于高斯分布（Normal Distribution、Gaussian Distribution、Laplace-Gauss Distribution），它是一个连续的概率分布。它的基本表达式如下所示，其中，μ 表示分布的平均值或者期望值；σ 表示分布的标准差。在卡尔曼滤波中，所有的测量都不是准确值，所有的公式推导出来的量也不是准确的，它们都遵循着正态分布。卡尔曼滤波是线性时不变系统下，噪声呈现高斯分布时的最优选择。

$$f(x)=\frac{1}{\sigma\sqrt{2\pi}}\mathrm{e}^{-\frac{1}{2}(\frac{x-\mu}{\sigma})^2} \tag{10-2}$$

其分布图如图 10-6 所示。

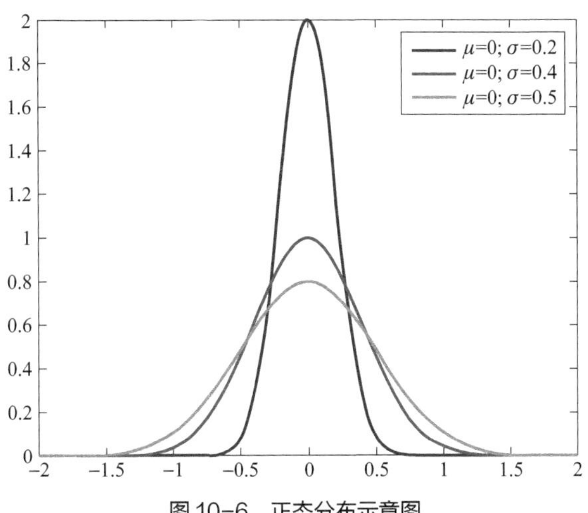

图 10-6　正态分布示意图

10.2.4 卡尔曼滤波

卡尔曼滤波主要过程分为两步：预测和测量更新。其过程如图 10-7 所示。

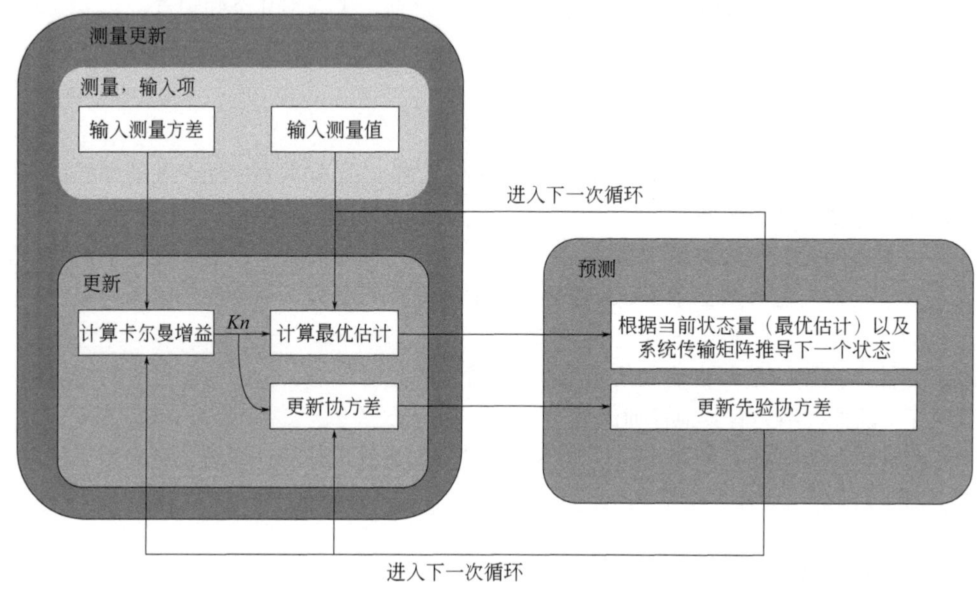

图 10-7 卡尔曼滤波的过程

预测，$\boldsymbol{F}$ 表示转移矩阵（State Transition Matrix）；x' 表示先验估计，由系统模型推断而来；$\boldsymbol{P}'$ 表示先验协方差矩阵；Q 表示过程噪声（Process Covariance Matrix）；$\boldsymbol{G}$ 表示控制矩阵或者输入转化矩阵（Control Matrix、Input Transition Matrix）。

$$x' = \boldsymbol{F}x + \boldsymbol{G}u \tag{10-3}$$

$$\boldsymbol{P}' = \boldsymbol{FPF}^{\mathrm{T}} + Q \tag{10-4}$$

测量更新，$\boldsymbol{H}$ 表示观测矩阵（Measurement Matrix）；R 表示测量噪声（Measurement Covariance Matrix）；y 表示观测到的值与预测到的值的差值，其维度和观测值的维度一致；S 是为了写进程序方便矩阵表达所设置的临时变量；K 表示卡尔曼增益（Kalman Gain）；$\boldsymbol{I}$ 表示单位矩阵。式（10-8）为所求的最优估计量。

$$y = z - \boldsymbol{H}x' \tag{10-5}$$

$$S = \boldsymbol{HP}'\boldsymbol{H}^{\mathrm{T}} + R \tag{10-6}$$

$$K = \boldsymbol{P}'\boldsymbol{H}^{\mathrm{T}}S^{-1} \tag{10-7}$$

$$x = x' + Ky \tag{10-8}$$

$$P = (\boldsymbol{I} - K\boldsymbol{H})\boldsymbol{P}' \tag{10-9}$$

假设 z_n 是能够测量到的状态量，那么就有式（10-10），v_n 表示观测所产生的噪声。注意，在实际应用中，并不是所有的状态量都可以观测到，比如一个模型有五个状态量，但是只有三个状态量可以被测量。

$$x_k = \boldsymbol{F}x_{k-1} + \boldsymbol{G}_k u_k + \omega_k \tag{10-10}$$

$$z_k = \boldsymbol{H}x_k + v_k \tag{10-11}$$

矩阵维度如表 10-1 所示，n_x 表示状态量的维度数；n_z 表示观测量的维度数；n_u 表示控制量的维度数。

表10-1　矩阵变量

变量	描述	维度	变量	描述	维度
$\boldsymbol{x}$	观测向量	n_x	Q	过程噪声	$n_x n_x$
$\boldsymbol{z}$	观测向量	n_z	P	协方差	$n_x n_x$
$\boldsymbol{H}$	观测矩阵	$n_z n_x$	$\boldsymbol{F}$	状态转移矩阵	$n_x n_x$
K	卡尔曼增益	$n_x n_z$	$\boldsymbol{G}$	控制矩阵	$n_x n_u$
R	测量噪声	$n_z n_z$			

10.2.5　卡尔曼滤波的封装

结合卡尔曼滤波的过程，卡尔曼滤波可以封装成以下的代码，推荐使用 eigen 库。

```
#include <iostream>
#include <Eigen/Dense>
#include <vector>
using namespace std;
using namespace Eigen;
class kalmanxd
{
private:
      VectorXd X_hat_;    // 最优估计值
      VectorXd B_;        // 输入项
      VectorXd U_;        // 输入矩阵
      MatrixXd Q_;        // 过程噪声
      MatrixXd R_;        // 测量噪声
      MatrixXd F_;        // 转化矩阵
      MatrixXd H_;        // 状态观测矩阵
      MatrixXd P_;        // 协方差
      MatrixXd P_prior_; // 先验协方差
      MatrixXd Kk_;       // 卡尔曼增益
      MatrixXd Zk_;       // 当前测量量
      MatrixXd G_;        // 控制矩阵
      void update_prior_est(MatrixXd);              // 进行先验估计
      void update_p_prior_est(void);                // 进行先验协方差更新
      void update_kalman_gain(void);                // 卡尔曼增益更新
      VectorXd update_best_measurement(VectorXd); // 更新最优测量 / 后验估计
      void update_p_postterior(void);               // 更新状态估计协方差矩阵 P
      // 开关量设置，用于验证数值更新
      bool initialized_ = false;              // 初始化开关量
      bool transfer_matrix_setted_ = false; // 状态转移矩阵
      bool Q_setted_ = false;                 // 过程噪声矩阵开关量
      bool P_setted_ = false;                 // P 矩阵设置开关量
      bool H_setted_ = false;                 // 观测矩阵设置
      bool R_setted_ = false;                 // R 矩阵设置开关量
      bool Zk_setted_ = false;                // 当前测量量
      bool G_setted_ = false;                 // 控制矩阵设置开关量
      bool U_setted_ = false;
 public:
      VectorXd X_hat_prior_; // 先验值
      bool is_initialized_;  // 初始化判断
      kalmanxd(VectorXd);                                              // 构造函数
      bool initialize(MatrixXd, MatrixXd, MatrixXd, MatrixXd); // 判断是否已经初始化 Q,P,H,R
      bool set_transfer_matrix(MatrixXd);                            // 设置转化矩阵
      bool set_Q(MatrixXd);                                            // 设置过程噪声矩阵
      bool set_R(MatrixXd);                                            // 设置观测噪声矩阵
```

```
        bool set_P(MatrixXd);                                   // 设置 P 矩阵
        bool set_H(MatrixXd);                                   // 设置观测矩阵
        bool set_G(MatrixXd);                                   // 设置控制矩阵
        bool set_U(VectorXd);                                   // 设置输入矩阵
        VectorXd kalman_measure(VectorXd, MatrixXd);
        ~kalmanxd();
};
kalmanxd::kalmanxd(VectorXd X)
{
        X_hat_ = X;
        is_initialized_ = false;
}
/**
   * @brief 进行先验估计
   *
   * @param F 转化矩阵，需要有 dt
   */
void kalmanxd::update_prior_est(MatrixXd F)
{
        F_ = F;
        if (G_setted_ == true && U_setted_ == true)
        {
            X_hat_prior_ = F * X_hat_ + G_ * U_;
        }
        else
        {
            X_hat_prior_ = F_ * X_hat_;
        }
}
/**
   * @brief 更新先验估计误差
   *
   */
void kalmanxd::update_p_prior_est(void)
{
        P_prior_ = F_ * P_ * F_.transpose() + Q_;
}
/**
   * @brief 更新卡尔曼增益
   *
   */
void kalmanxd::update_kalman_gain(void)
{
        MatrixXd K1 = H_ * P_prior_ * H_.transpose() + R_;
        Kk_ = (P_prior_ * H_.transpose()) * K1.inverse();
}
/**
   * @brief 更新最优估计
   *
   * @param Zk 此次测量值
   * @return MatrixXd 测量最优向量
   */
VectorXd kalmanxd::update_best_measurement(VectorXd Zk)
{
        Zk_ = Zk;
        X_hat_ = X_hat_prior_ + Kk_ * (Zk_ - H_ * X_hat_prior_);
        return X_hat_;
}
/**
   * @brief 更新后验误差
   *
```

```
    */
void kalmanxd::update_p_postterior(void)
{
      int i = X_hat_.size();
      MatrixXd I = MatrixXd::Identity(i, i);
      P_ = (I - Kk_ * H_) * P_prior_;
}
/**
   * @brief 进行卡尔曼滤波
   *
   * @param Zk 当前观测值
   * @param F 状态转移矩阵
   * @return VectorXd 最优观测结果
   */
VectorXd kalmanxd::kalman_measure(VectorXd Zk, MatrixXd F)
{
      if (initialized_)
      {
          VectorXd best_measurement;
          update_prior_est(F);
          update_p_prior_est();
          update_kalman_gain();
          best_measurement = update_best_measurement(Zk);
          update_p_postterior();
          return best_measurement;
      }
      throw "it didn't initialized!";
      // cout << "it didn't initialized!" << endl;
}
/**
   * @brief 初始化函数
   *
   * @param F 转化矩阵
   * @param Q 过程噪声矩阵
   * @param P 协方差
   * @param H 观测矩阵
   * @param R 观测误差矩阵
   * @param X_hat 初始值
   * @return true
   * @return false
   */
bool kalmanxd::initialize(MatrixXd Q, MatrixXd P, MatrixXd H, MatrixXd R)
{
      // 传入初始值
      if (set_Q(Q) && set_P(P) && set_H(H) && set_R(R)) // 检测是否更新
      {
          initialized_ = true;
          return true;
      }
      initialized_ = false;
      return false;
}
bool kalmanxd::set_Q(MatrixXd Q)
{
      Q_ = Q;
      Q_setted_ = true;
      return true;
}
bool kalmanxd::set_P(MatrixXd P)
{
      P_ = P;
```

```
        P_setted_ = true;
        return true;
}
bool kalmanxd::set_H(MatrixXd H)
{
        H_ = H;
        H_setted_ = true;
        return true;
}
bool kalmanxd::set_R(MatrixXd R)
{
        R_ = R;
        R_setted_ = true;
        return true;
}
bool kalmanxd::set_G(MatrixXd G)
{
        G_ = G;
        G_setted_ = true;
        return true;
}
bool kalmanxd::set_U(VectorXd U)
{
        U_ = U;
        U_setted_ = true;
        return true;
}
kalmanxd::~kalmanxd()
{
}
```

此代码将卡尔曼滤波封装成 hpp 文件，用时只要调用卡尔曼滤波的库文件即可。

10.2.6　卡尔曼滤波的实际应用

问题描述：假设有一三维空间中做平抛运动的小球，它可以视为一个质点，小球的初始位置为 [0 0 0]′，初速度为 [2 3 10]′，做自由落体的运动，重力加速度为 9.8m/s²。假设可以用传感器测量小球的加速度以及位置信息，且更新频率为 100Hz，传感器测量噪声为 1 的对角阵。根据上面的卡尔曼滤波，我们做了卡尔曼对自由落体位置滤波的例子：其滤波过程如图 10-8 所示。

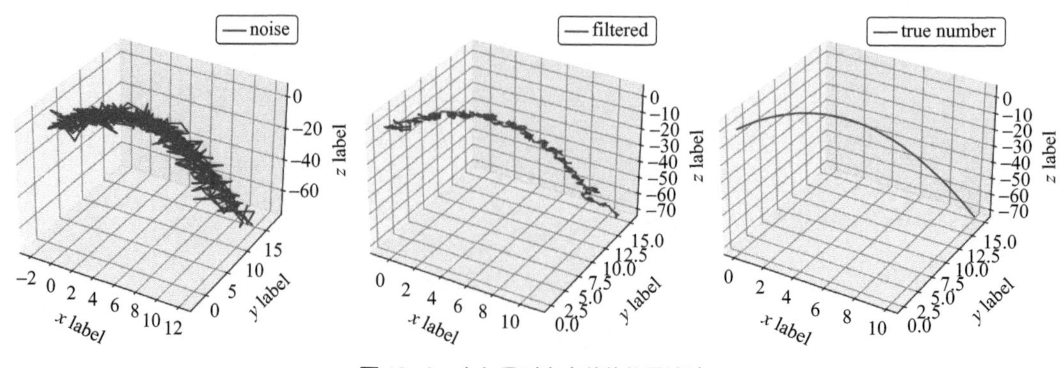

图 10-8　卡尔曼对自由落体位置滤波

根据问题的条件，可以列出以下的状态，准备用于后期的仿真。

```
double dt = 0.01;
double r_noise = 1;
Vector3d p, v, a;
p << 0, 0, 0;
v << 2, 3, 10;
a << 0, 0, -9.8;
```

由于在真实环境中，传感器传入的数据往往是有误差的，所以应该在这些真实的数据中添加带有高斯分布的误差。

写一个生成高斯分布误差的函数：

```
Vector3d generate_randown(float n)
{
       std::random_device rd;
       std::default_random_engine rng{rd()};
       std::normal_distribution<double> norm{0, n};
       Vector3d v(norm(rng), norm(rng), norm(rng));
       return v;
}
```

在对应的状态量中添加噪声：

```
        // 位置误差，这是传感器能够观测到的数据
       Vector3d p_noise = p + generate_randown(r_noise);
       Vector3d a_noise = a + generate_randown(r_noise);
```

卡尔曼滤波器需要初始化，传入初始化参数 $\boldsymbol{Q}$、$\boldsymbol{P}$、$\boldsymbol{H}$、$\boldsymbol{R}$ 矩阵，以及系统初始状态量。这个系统的转化矩阵如下所示：

```
MatrixXd F(9, 9);
    F << 1, 0, 0, dt, 0, 0, 0, 0, 0,
      0, 1, 0, 0, dt, 0, 0, 0, 0,
      0, 0, 1, 0, 0, dt, 0, 0, 0,
      0, 0, 0, 1, 0, 0, dt, 0, 0,
      0, 0, 0, 0, 1, 0, 0, dt, 0,
      0, 0, 0, 0, 0, 1, 0, 0, dt,
      0, 0, 0, 0, 0, 0, 1, 0, 0,
      0, 0, 0, 0, 0, 0, 0, 1, 0,
      0, 0, 0, 0, 0, 0, 0, 0, 1;
```

需要注意的是，在实际工程应用中，往往需要省略掉高阶小项，所以在转化矩阵中并没有加入加速度与位置的转化 $\frac{1}{2}a\Delta t^2$ 。

在每次循环里面，往卡尔曼滤波器中实时输入测量值以及转化矩阵，得到全状态量的最优估计，如下所示：

```
        // position with noise
      p_noise = p + generate_randown(r_noise);
      a_noise = a + generate_randown(r_noise);
      VectorXd vec(6);
      vec << p_noise, a_noise;
      VectorXd filtered = _kf.kalman_measure(vec, F);
```

代码中，“filtered”就是卡尔曼滤波后的向量。

关于 $\boldsymbol{Q}$ 矩阵的赋值：在实际工程中，Q 的值其实是和离散时间相关的，可以认为，离散的时间越短，公式推导出来的误差就越小，这里为了简便运算，直接用了对角矩阵的方式，Q 越小，系统就越依赖模型。如果 R 越小，系统就会越依赖测量。

10.3 拓展卡尔曼滤波（EKF）

10.3.1 场景举例

卡尔曼滤波器如果用到线性系统里面，会得到最优的估计值，它是一个线性时不变系统的滤波器。但是，对于非线性系统来说，卡尔曼滤波器便不适用了。

10.3.2 EKF 拓展卡尔曼滤波

非线性系统的输出与输入并不是呈现线性关系，尽管输入是一个高斯分布的线性映射，但输出不是。有些时候观测虽然呈现高斯分布，但系统内部的状态量并不是呈现高斯分布的。其结果如图 10-9 所示。

那么应该怎么处理线性模型的滤波呢？只需要在模型当前状态处进行线性化处理即可，把非线性模型近似等效为一个线性模型，如图 10-10 所示。

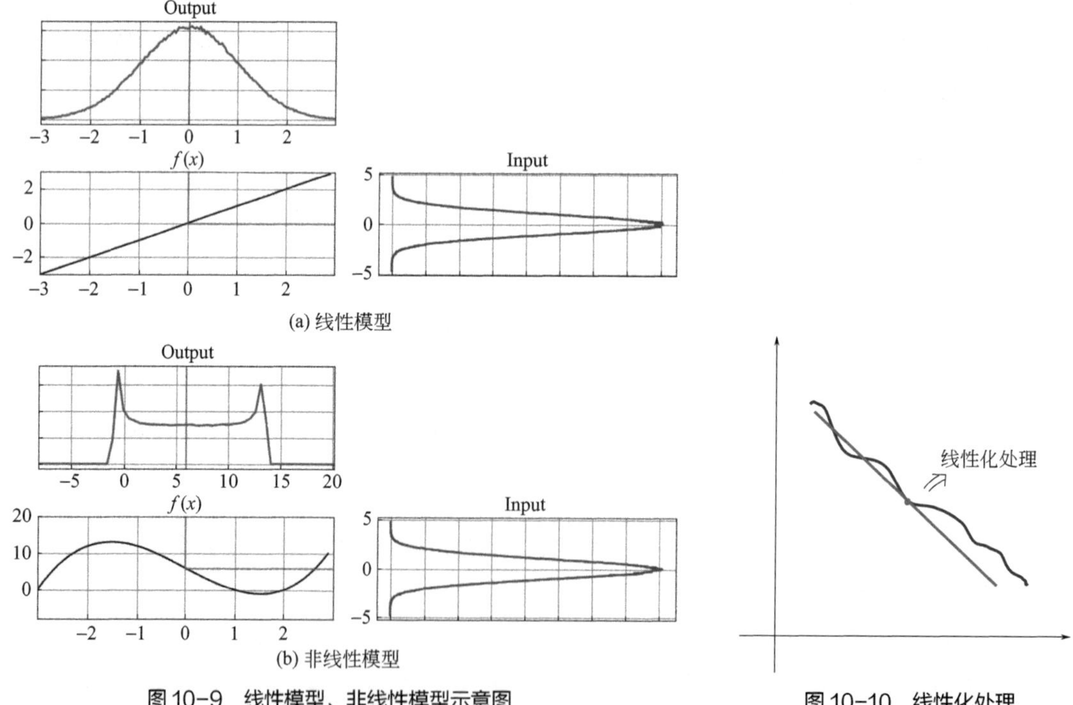

图 10-9 线性模型、非线性模型示意图　　图 10-10 线性化处理

记录机器人状态变量为 x，机器人在各个时刻的状态为 $x_1, x_2, \cdots, x_k$，k 表示离散时间。对于非线性模型可以用以下方程来描述，其中，f 表示机器人的状态方程；u 表示输入；w、n 表示噪声；h 表示观测方程；z 表示观测数据。

$$\begin{cases} x_k = f\left(x_{k-1}, u_k, w_k\right) \\ z_k = h\left(x_k, n_k\right) \end{cases} \tag{10-12}$$

我们需要对这个模型进行泰勒展开，使它线性化，μ_k 表示 t 时刻的状态估计值。

$$f\left(x_{k-1},u_k\right)\approx f\left(\mu_{k-1},u_k\right)+\frac{\partial f\left(\mu_{k-1},u_k\right)}{\partial k_{k-1}}\left(x_{k-1}-\mu_{k-1}\right) \tag{10-13}$$

假设 $\dfrac{\partial f\left(\mu_{k-1},u_k\right)}{\partial x_{t-1}}=\boldsymbol{F}_k$，则有：

$$f\left(x_{k-1},u_k\right)\approx f\left(\mu_{k-1},u_k\right)+\boldsymbol{F}_k\left(x_{k-1}-\mu_{k-1}\right) \tag{10-14}$$

对观测方程进行泰勒展开并进行线性化，得：

$$h\left(x_k\right)\approx h\left(\bar{\mu}_k\right)+\frac{\partial h\left(\bar{\mu}_k\right)}{\partial x_k}\left(x_{k-1}-\bar{\mu}_k\right) \tag{10-15}$$

令 $\dfrac{\partial h\left(\bar{\mu}_k\right)}{\partial x_k}=\boldsymbol{H}_k$ ，则有：

$$h\left(x_k\right)\approx h\left(\bar{\mu}_k\right)+\boldsymbol{H}_k\left(x_k-\bar{\mu}_k\right) \tag{10-16}$$

在这里 $\boldsymbol{F}_k$、$\boldsymbol{H}_k$ 称为雅可比矩阵，表示 x 变化的速率，经过线性化处理，卡尔曼滤波便适用了，这个滤波的过程也称作拓展卡尔曼滤波。滤波步骤可以参考上一小节——卡尔曼滤波，除了线性化处理步骤几乎没有变化。对比卡尔曼滤波，拓展卡尔曼滤波的变化如图 10-11 所示。

10.3.3　拓展卡尔曼滤波实例

假设有一个雷达，可以观测到无人机离我们的距离以及角度，无人机匀速行驶在空中，如图 10-12 所示。

linear Kalman filter	EKF
	$F=\left.\dfrac{\partial f(x_t,u_t)}{\partial x}\right\|_{x_t,u_t}$
$\bar{x}=Fx+Bu$	$\bar{x}=f(x,u)$
$\bar{P}=FPF^{\mathrm{T}}+Q$	$\bar{P}=FPF^{\mathrm{T}}+Q$
	$H=\left.\dfrac{\partial h(\bar{x}_t)}{\partial \bar{x}}\right\|_{\bar{x}_t}$
$y=z-H\bar{x}$	$y=z-h(\bar{x})$
$K=\bar{P}H^{\mathrm{T}}(H\bar{P}H^{\mathrm{T}}+R)^{-1}$	$K=\bar{P}H^{\mathrm{T}}(H\bar{P}H^{\mathrm{T}}+R)^{-1}$
$x=\bar{x}+Ky$	$x=\bar{x}+Ky$
$P=(I-KH)\bar{P}$	$P=(I-KH)\bar{P}$

图 10-11　卡尔曼滤波和拓展卡尔曼滤波的对比

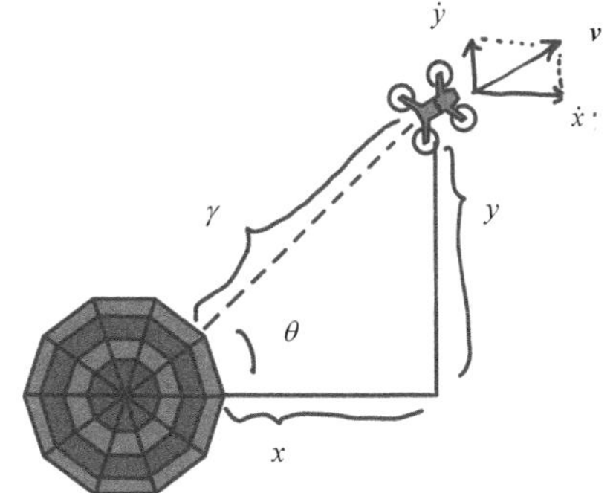

图 10-12　雷达观测无人机模型示意图

选用雷达测量的距离以及角度作为观测量，观测量为 $\boldsymbol{z}=\begin{bmatrix} r \\ \theta \end{bmatrix}=\begin{bmatrix} \sqrt{x^2+y^2} \\ \arctan\dfrac{y}{x} \end{bmatrix}$。

选用无人机的位置以及速度作为状态量 $\boldsymbol{x}$，$\boldsymbol{x}=\begin{bmatrix} x \\ \dot{x} \\ y \\ \dot{y} \end{bmatrix}$。

由于这是一个匀速运动的模型，状态转移矩阵为$\boldsymbol{F}=\begin{bmatrix}1 & \Delta t & 0 & 0\\0 & 1 & 0 & 0\\0 & 0 & 1 & \Delta t\\0 & 0 & 0 & 1\end{bmatrix}$，是一个标准的线性模型，所以不需要进行线性化处理。

虽然雷达测量的数据是带有高斯分布噪声的，但是无人机在笛卡儿坐标系下的位置与速度和观测得到的距离以及角度的变化并非线性变化，所以测量出来的位置以及速度信息存在的噪声便不会是高斯分布，所以要对观测矩阵进行线性化处理，处理的过程如下所示。

$$\boldsymbol{H}=\frac{\partial z}{\partial x}=\begin{bmatrix}\frac{\partial r}{\partial x} & \frac{\partial r}{\partial \dot{x}} & \frac{\partial r}{\partial y} & \frac{\partial r}{\partial \dot{y}}\\ \frac{\partial \theta}{\partial x} & \frac{\partial \theta}{\partial \dot{x}} & \frac{\partial \theta}{\partial y} & \frac{\partial \theta}{\partial \dot{y}}\end{bmatrix}=\begin{bmatrix}\cos\theta & 0 & \sin\theta & 0\\ \frac{-\sin\theta}{r} & 0 & \frac{\cos\theta}{r} & 0\end{bmatrix} \tag{10-17}$$

程序部分就是在卡尔曼滤波的基础上，传入线性化处理的参数即可。采用拓展卡尔曼滤波效果如图 10-13 所示。

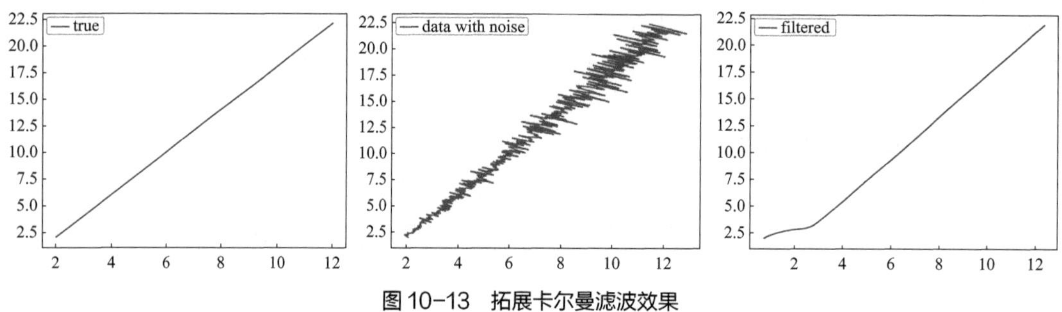

图 10-13 拓展卡尔曼滤波效果

不难发现，随着时间推移，预测路径逐渐向着真实路径收敛，速度也逐渐收敛于真值。其结果如图 10-14 所示。

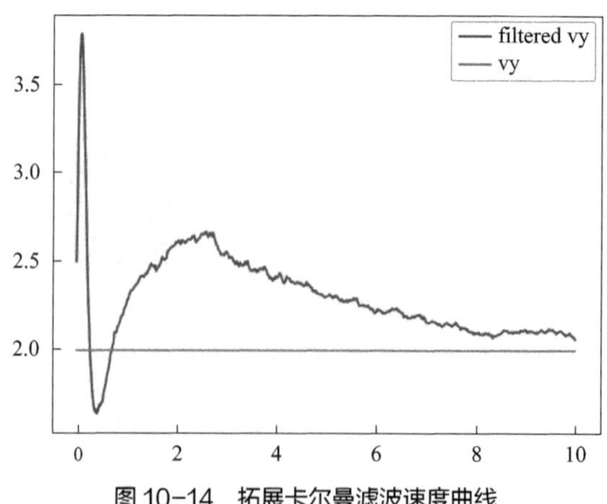

图 10-14 拓展卡尔曼滤波速度曲线

代码实现如下：

```
double generate_randown(float n)
{
      std::random_device rd;
      std::default_random_engine rng{rd()};
```

```
        std::normal_distribution<double> norm{0, n};
        return norm(rng);
    }
```

generate_randown() 用来产生一个正态分布的高斯噪声。extend_filter_kalman 作用是创建一个拓展卡尔曼滤波实例，私有变量有 ***H*** 矩阵以及 ***F*** 矩阵。

```
    #define MEASUREMENT_ERROR 0.025
    class extend_filter_kalman
    {
    private:
        Eigen::MatrixXd H_lidar;
        Eigen::MatrixXd F_lidar;
        Eigen::MatrixXd Q;
        Eigen::MatrixXd R;
    public:
        extend_filter_kalman(double t);
        ~extend_filter_kalman(){};
        void update_ekf(Eigen::Vector2d z, Eigen::Vector4d u, Eigen::Vector4d &x_hat,
    Eigen::Matrix4d &P_hat);
        Eigen::MatrixXd calculatejacobian(const Eigen::Vector4d &x_state);
        Eigen::Vector4d x_hat_;
        Eigen::Matrix4d P_;
    };
```

构造函数需要初始化，更新 ***Q***、***R*** 矩阵的参数。因为拓展卡尔曼滤波是一个针对非线性系统的滤波，所以后续需要对 ***H*** 或者 ***F*** 进行求导更新。

```
    extend_filter_kalman::extend_filter_kalman(double t)
    {
        H_lidar = Eigen::MatrixXd(2, 4);
        H_lidar << 1, 0, 0, 0,
            0, 1, 0, 0;
        F_lidar = Eigen::MatrixXd(4, 4);
        F_lidar << 1, t, 0, 0,
            0, 1, 0, 0,
            0, 0, 1, t,
            0, 0, 0, 1;
        Q = Eigen::MatrixXd(4, 4);
        double noise = 9;
        Q << pow(t, 4) / 4 * noise, pow(t, 3) / 2 * noise, 0, 0,
            0, 0, pow(t, 4) / 4 * noise, pow(t, 3) / 2 * noise,
            pow(t, 3) / 2 * noise, pow(t, 2) * noise, 0, 0,
            0, 0, pow(t, 3) / 2 * noise, pow(t, 2) * noise;
        R = Eigen::MatrixXd(2, 2);
        R = Eigen::MatrixXd::Identity(2, 2) * MEASUREMENT_ERROR;
    }
```

更新雅可比矩阵，根据传入的最优估计，对系统当前状态下的 ***H*** 矩阵进行线性化处理（若系统状态转移方程是非线性的，则需对 ***F*** 矩阵进行线性化处理）。

```
    /**
     * @brief 更新雅可比矩阵
     *
     * @param x_state
     * @return Eigen::MatrixXd 返回雅可比矩阵
     */
    Eigen::MatrixXd extend_filter_kalman::calculatejacobian(const Eigen::Vector4d &x_state)
    {
        Eigen::MatrixXd jacobian = Eigen::MatrixXd(2, 4);
```

```
        double px = x_state(0);
        double py = x_state(2);
        double vx = x_state(1);
        double vy = x_state(3);
        double r = sqrt(px * px + py * py);
        if (pow(px, 2) + pow(py, 2) < 0.00001)
        {
            jacobian << 0, 0, 0, 0,
                0, 0, 0, 0;
        }
        else
        {
            jacobian << px / r, 0, py / r, 0,
                -py / r / r, 0, px / r / r, 0;
        }
        H_lidar = jacobian;
        return jacobian;
}
```

拓展卡尔曼滤波部分，可以参考前文公式，需要每次传入观测量、输入量、状态量以及估计量。

```
/**
  * @brief 更新参数
  *
  * @param z 观测量
  * @param u 输入向量
  * @param x_hat 状态量
  * @param P_hat 估计量
  */
void extend_filter_kalman::update_ekf(Eigen::Vector2d z, Eigen::Vector4d u, Eigen::Vector4d &x_hat, Eigen::Matrix4d &P_hat)
{
        // predict
        x_hat = F_lidar * x_hat + u;
        P_hat = F_lidar * P_hat * F_lidar.transpose() + Q;
        // update
        Eigen::Vector2d z_pred;
        z_pred << sqrt(x_hat(0) * x_hat(0) + x_hat(2) * x_hat(2)),
            atan2(x_hat(2), x_hat(0));
        Eigen::MatrixXd S = H_lidar * P_hat * H_lidar.transpose() + R;
        Eigen::MatrixXd K = P_hat * H_lidar.transpose() * S.inverse();
        x_hat = x_hat + K * (z - z_pred);
        x_hat_ = x_hat;
        P_hat = (Eigen::MatrixXd::Identity(4, 4) - K * H_lidar) * P_hat;
        P_ = P_hat;
}
```

实际仿真、绘图部分，每次拓展卡尔曼滤波之前调用 calculatejacobian() 以对数据进行线性化处理。

```
int main(int argc, char const *argv[])
{
        double dt = 0.02;
        extend_filter_kalman *ekf = new extend_filter_kalman(dt);
        // 仿真数据
        Eigen::Vector2d z(0, 0), pos(2, 2), vel(1, 2);
        ekf->calculatejacobian(Eigen::Vector4d(pos(0), vel(0), pos(1), vel(1)));
        Eigen::Matrix4d p_init;
        p_init << 1, 0, 0, 0,
            0, 1, 0, 0,
```

```
            0, 0, 1, 0,
            0, 0, 0, 1;
        Eigen::Vector4d x_init(pos(0), vel(0), pos(1), vel(1)), filtered;
        ekf->update_ekf(Eigen::Vector2d(1, 1), Eigen::Vector4d::Zero(), x_init, p_init);
        filtered = ekf->x_hat_;
        cout << filtered << endl;
        draw2D plot_true(" ");
        draw2D plot_filter(" ");
        draw2D plot_noise(" ");
        for (double t; t < 10; t += dt)
        {
            pos += vel * dt;
            z << sqrt(pos(0) * pos(0) + pos(1) * pos(1)), atan2(pos(1), pos(0)) + generate_
    randown(MEASUREMENT_ERROR);
            ekf->calculatejacobian(ekf->x_hat_);
            ekf->update_ekf(z, Eigen::Vector4d::Zero(), ekf->x_hat_, ekf->P_);
            plot_true.set_x(pos(0));
            plot_true.set_y("true", pos(1));
            plot_filter.set_x(ekf->x_hat_[0]);
            plot_filter.set_y("filtered", ekf->x_hat_[2]);
            plot_noise.set_x(z(0) * cos(z(1)));
            plot_noise.set_y("data with noise", z(0) * sin(z(1)));
        }
        plot_true.draw();
        plot_noise.draw();
        plot_filter.draw();
        delete ekf;
    }
```

10.4 无迹卡尔曼滤波（UKF）

10.4.1 引入

卡尔曼滤波的核心是将一个线性模型所有的观测、预测值进行协方差计算，得到一个协方差最小的预测。而拓展卡尔曼滤波是在卡尔曼滤波的基础上新添了对非线性系统的适配，将非线性方程进行泰勒展开，然后继续用卡尔曼滤波的方法进行滤波。拓展卡尔曼本质是基于非线性方程的一阶导数的滤波器，它的缺点是在模型非线性比较强时，它忽略高阶项的特点会让误差变得非常大。所以，需要引入一种更优的滤波器，来得到更高的滤波精度。

10.4.2 UKF之Sigma点

当转化函数是一个线性函数的时候，无论输入如何取值，只要输入满足正态分布，输出都是一个正态分布的值。如图10-15所示，输入的平均值$\bar{x}$代入函数得到$f(\bar{x})$（在Output中用实线表示），与函数处理后的分布图平均值（在Output中用虚线表示）重合。

当处理非线性比较强的函数时，输入的平均值$\bar{x}$代入函数得到$f(\bar{x})$（在Output中用实线表示），与函数处理后的分布图平均值（在Output中用虚线表示）并不是重合的，所以传统利用EKF将平均值点代入的方法并不适用这样的模型，因为它默认选用$f(\bar{x})$作为线性化处理的点，如图10-16所示。

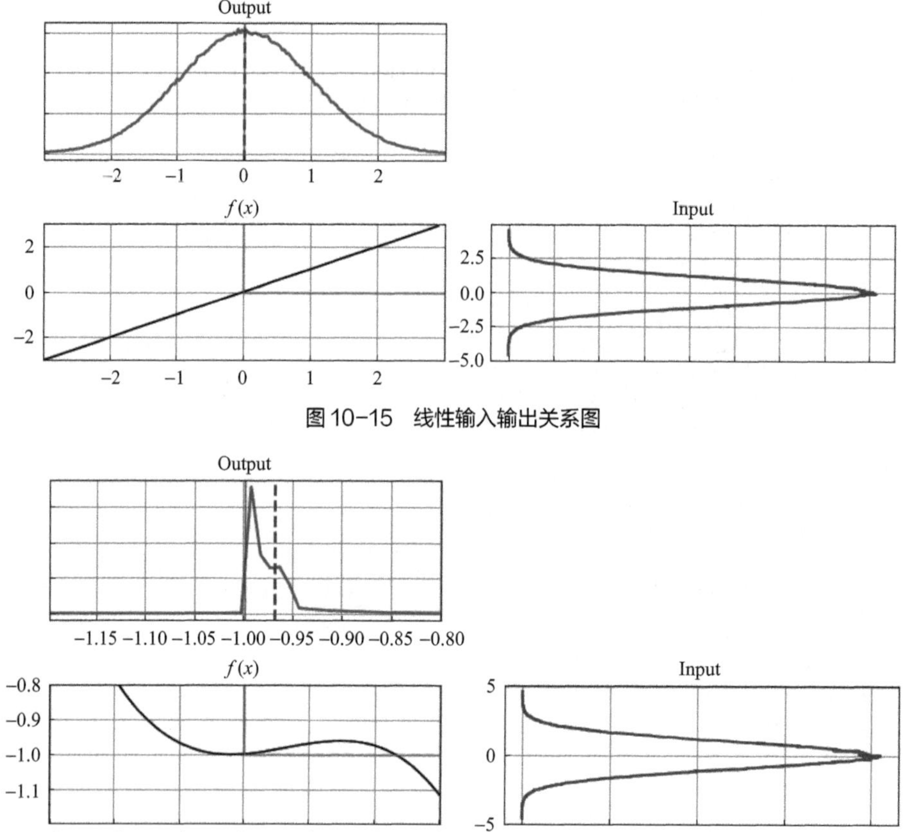

图 10-15 线性输入输出关系图

图 10-16 非线性输入输出关系图

能不能每次计算 EKF 的时候，先输入 5000 个点的采样，在状态点处做一个正态分布的输入，然后计算输出以后的平均值以及方差呢？答案是肯定，这个方法叫做蒙特卡罗方法（Monte Carlo Method），它可以避免烦琐的计算雅可比矩阵的过程，但是在现实应用里，这样的采样是非常耗费计算资源的。在一维空间里需要 5000 个点，就意味着如果要计算三维空间，需要 5000^3 个点作为采样点，在实施性要求高的应用中，这是无法接受的，所以需要寻找一个简化的运算方法占用更少的资源。在 UKF 里，引入了关键点（Sigma 点）的概念，可通过计算关键点变化结果及其权重来计算高斯分布。

在考虑无迹变化时，需要注意两个问题：

① 如何选择关键点。

② 如何设置对应的权重。

无迹卡尔曼滤波提出，应该按照以下的规则去选用关键点，其中，w^m 表示平均值权重；w^c 表示方差权重；χ 表示关键点；μ 表示输入的平均数。

$$
\begin{aligned}
&\sum_i w_i = 1 \\
&\mu = \sum_i w_i^m \chi \\
&\sigma^2 = \sum_i w_i^c (\chi - \mu)^2 \\
&\mu_i = \sum_i w_i^m \chi_i
\end{aligned}
\tag{10-18}
$$

$$\Sigma = \sum_i w_i^c (\chi_i - \mu)(\chi_i - \mu)^{\mathrm{T}}$$

由上面的限制可以知道，选择权重的时候有很多方法，对权重的取值以及关键点的取值并不是唯一解。

那么，应该如何选用关键点呢？如图 10-17 所示是在二维空间中三种不同选用关键点的方法。

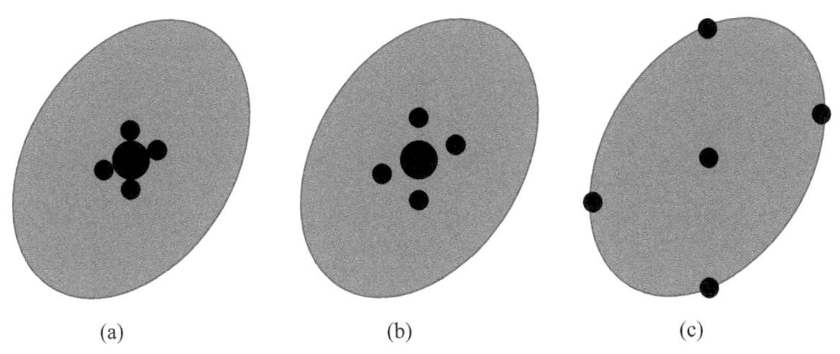

图 10-17　关键点选用示意图

不同的权重会影响不同的样本分布。如果选用的特征点十分接近，那么滤波器会将非线性较强的问题处理得更好；如果选用的特征点十分分散，那么滤波器会对非局部效应和非高斯行为进行采样。但是，通过调整权重的大小，可以进一步更改滤波器的特性。

可以根据以下的规则来选取关键点，构造 $2n$+1 个关键点，注意，这个规则并不是唯一的，只是一个比较常用的规则，其中，λ 为比例因子，λ 越大，Sigma 点就越远离状态的均值，λ 越小，Sigma 点就越靠近状态的均值。

$$\begin{aligned} &\chi_0 = \mu \\ &\chi_i = \begin{cases} \mu + [\sqrt{(n+\lambda)\Sigma}]_i & i = 1, \cdots, n \\ \mu - [\sqrt{(n+\lambda)\Sigma}]_{i-n} & i = (n+1), \cdots, 2n \end{cases} \end{aligned} \tag{10-19}$$

同样，可以根据以下方法选取方差，其中，w_i^m 表示平均值的权重；w_i^c 表示方差的权重；通过控制 α、β 以及 λ 的值来控制关键点如何分布以及权重如何取值，一般来说，β=2，λ=3−n，0 ⩽ α ⩽ 1。α 的值越小，关键点取得就越密集，权重分配就越平均，反之亦然，如图 10-18 所示。

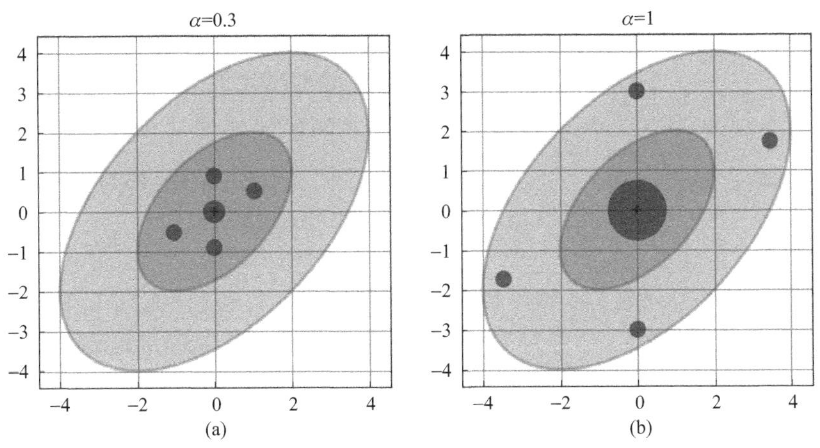

图 10-18　α 对关键点影响示意图

$$
\begin{aligned}
w_0^m &= \frac{\lambda}{n+\lambda} \\
w_0^c &= \frac{\lambda}{n+\lambda} + 1 - \alpha^2 + \beta \\
w_i^m &= w_i^c = \frac{1}{2(n+\lambda)} \quad i = 1,\cdots,2n
\end{aligned}
\tag{10-20}
$$

10.4.3 UKF 无迹卡尔曼滤波

无迹卡尔曼滤波相较于卡尔曼滤波的核心思想并没有改变，依然可以大致分为预测以及更新两个步骤，但是卡尔曼滤波特有的计算状态转移矩阵（***F*** 矩阵）以及观测矩阵（***H*** 矩阵）的步骤，在无迹卡尔曼滤波中变成了更为具体的变化函数以及寻找合适的关键点（Sigma 点）。与扩展卡尔曼滤波不同的是，无迹卡尔曼滤波更注重采样点信息，而不是在最优状态估计处做线性化处理。在更新方差的时候，无迹卡尔曼滤波放弃了线性化处理，所以在计算速度上，拓展卡尔曼滤波也会略快于无迹卡尔曼滤波。其对比如图 10-19 所示。

10.4.4 无迹卡尔曼滤波实例

为了对比，我们继续沿用在拓展卡尔曼滤波中提出的例子：假设有一个雷达，可以观测到无人机离我们的距离以及角度，无人机匀速行驶在空中，如图 10-12 所示。

Kalman Filter	Unscented Kalman Filter
	$\mathcal{Y} = f(\mathcal{X})$
$\bar{x} = Fx + Bu$	$\bar{x} = \sum \omega^m \mathcal{Y}$
$\bar{P} = FPF^{\mathrm{T}} + Q$	$\bar{P} = \sum \omega^c (\mathcal{Y} - \bar{x})(\mathcal{Y} - \bar{x})^{\mathrm{T}} + Q$
	$Z = h(\mathcal{Y})$
	$\mu_Z = \sum \omega^m Z$
$y = z - Hx$	$y = z - \mu_Z$
$S = H\bar{P}H^{\mathrm{T}} + R$	$P_Z = \sum \omega^c (Z - \mu_Z)(Z - \mu_Z)^{\mathrm{T}} + R$
$K = \bar{P}H^{\mathrm{T}}S^{-1}$	$K = \left[\sum \omega^c (\mathcal{Y} - \bar{x})(Z - \mu_Z)^{\mathrm{T}}\right] P_Z^{-1}$
$x = \bar{x} - Ky$	$x = \bar{x} + Ky$
$P = (I - KH)\bar{P}$	$P = \bar{P} - KP_Z K^{\mathrm{T}}$

图 10-19 拓展卡尔曼滤波和无迹卡尔曼滤波对比

此模型的观测量为$\boldsymbol{z}=\begin{bmatrix} r \\ \theta \end{bmatrix}=\begin{bmatrix} \sqrt{x^2+y^2} \\ \arctan\dfrac{y}{x} \end{bmatrix}$，状态量为$\boldsymbol{x}=\begin{bmatrix} x \\ \dot{x} \\ y \\ \dot{y} \end{bmatrix}$，状态转移矩阵为$\boldsymbol{F}=\begin{bmatrix} 1 & \Delta t & 0 & 0 \\ 0 & 1 & 0 & 0 \\ 0 & 0 & 1 & \Delta t \\ 0 & 0 & 0 & 1 \end{bmatrix}$。

可以知道，虽然雷达测量的数据是带有高斯分布噪声的，但是无人机在笛卡儿坐标系下的位置与速度和观测得到的距离以及角度的变化并非线性变化，所以测量出来的位置以及速度信息存在的噪声便不会是高斯分布。需要对模型进行采样，采样方法参考公式（10-2）和公式（10-4）。

采用无迹卡尔曼滤波的效果如图 10-20、图 10-21 所示。

不难发现，随着时间的推移，速度也逐渐接近真实速度。

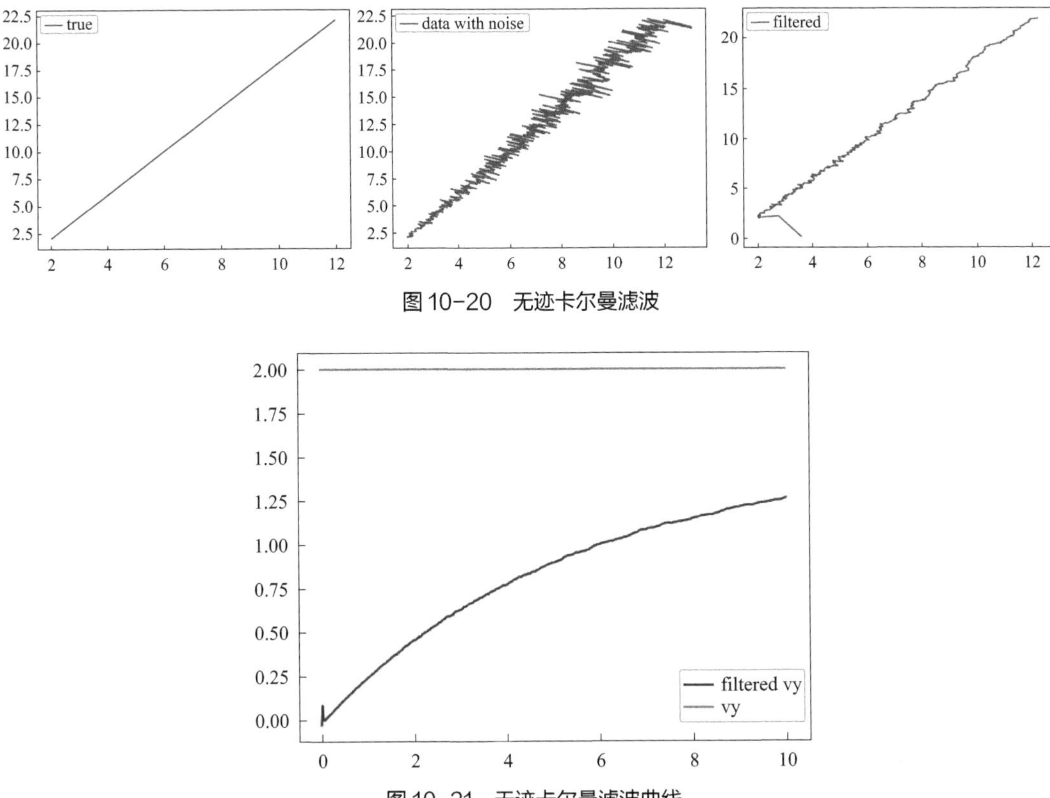

图 10-20　无迹卡尔曼滤波

图 10-21　无迹卡尔曼滤波曲线

实现代码如下，这是生成关键点的类，每次更新状态的时候，都需要对状态处重新进行采样。

```
class SigmaPoints
{
private:
      double lambda_ = 0;
      double alpha_ = 0;
      double beta_ = 0;
public:
      void computeSigmaPoints(const Eigen::VectorXd mean, const Eigen::MatrixXd cov);
      SigmaPoints(double alpha, double beta, double kappa, int n);
      Eigen::MatrixXd sigma_points_;
      Eigen::VectorXd weights_m_;
      Eigen::VectorXd weights_c_;
      int n_ = 0;
};
/**
   * @brief 初始化 sigma point
   *
   * @param alpha
   * @param beta
   * @param kappa
   * @param n
   */
SigmaPoints::SigmaPoints(double alpha, double beta, double kappa, int n)
{
      n_ = n;
      alpha_ = alpha;
      beta_ = beta;
      lambda_ = alpha * alpha * (n_ + kappa) - n_;
```

```
        sigma_points_ = Eigen::MatrixXd::Zero(2 * n + 1, n);
        weights_m_ = Eigen::VectorXd::Zero(2 * n + 1);
        weights_c_ = Eigen::VectorXd::Zero(2 * n + 1);
}
/**
   * @brief compute sigma points  生成 sigma points
   * @param mean          mean
   * @param cov           covariance
   * @param sigma_points  calculated sigma points
   */
void SigmaPoints::computeSigmaPoints(Eigen::VectorXd mean, Eigen::MatrixXd cov)
{
        Eigen::LLT<Eigen::MatrixXd> llt;
        llt.compute((n_ + lambda_) * cov);
        Eigen::MatrixXd l = llt.matrixL();
            // 计算 sigma 点矩阵
        sigma_points_.row(0) = mean;
        for (int i = 0; i < n_; i++)
        {
            sigma_points_.row(1 + i * 2) = mean + l.col(i);
            sigma_points_.row(1 + i * 2 + 1) = mean - l.col(i);
        }
        // 均值的权重
        for (int i = 0; i < 2 * n_ + 1; i++)
        {
            weights_c_[i] = 1 / (2 * (n_ + lambda_));
            weights_m_[i] = weights_c_[i];
        }
        weights_c_[0] = lambda_ / (n_ + lambda_) + 1 - alpha_ * alpha_ + beta_;
        weights_m_[0] = lambda_ / (n_ + lambda_);
}
```

下面是无迹卡尔曼更新的函数，本模型没有输入值，所以输入 u 为0。

```
void unscented_filter_kalman::update_ukf(Eigen::Vector2d z, Eigen::Vector4d u, SigmaPoints 
sigmapoints_x, Eigen::Matrix4d &P_hat)
{
        // 循环次数
        int n_dot = sigmapoints_x.n_ * 2 + 1;
        /****** predict ******/
        // 为了教学，尽管模型是线性关系，在这里依然使用关键点求先验估计值以及先验方差
        // 一般来说，这里使用 KF 预测先验估计以及方差即可
        Y_ = F_lidar * sigmapoints_x.sigma_points_.transpose();
        x_hat_ = Y_ * sigmapoints_x.weights_m_;
        // 计算关键点的加权方差
        Eigen::MatrixXd cov_hat = Eigen::MatrixXd::Zero(P_hat.rows(), P_hat.cols());
        for (int i = 0; i < n_dot; i++)
        {
            Eigen::VectorXd diff = sigmapoints_x.sigma_points_.row(i).transpose() - x_hat_;
            cov_hat += sigmapoints_x.weights_c_(i) * diff * diff.transpose();
        }
        cov_hat += Q;
        /****** update ******/
        // 计算 y
        Eigen::MatrixXd Z = Eigen::MatrixXd::Zero(sigmapoints_x.sigma_points_.rows(), z.size());
        Eigen::VectorXd mu_Z = Eigen::VectorXd::Zero(sigmapoints_x.sigma_points_.cols());
        for (int i = 0; i < n_dot; i++)
        {
            double px = 0, py = 0, r = 0, theta = 0;
            px = sigmapoints_x.sigma_points_(i, 0);
            py = sigmapoints_x.sigma_points_(i, 2);
            r = sqrt(px * px + py * py);
```

```
            theta = atan2(py, px);
            Z.row(i) << r, theta;
        }
        mu_Z = (sigmapoints_x.weights_m_.transpose() * Z).transpose();
        Eigen::Vector2d y = z - mu_Z;
        // 更新方差
        Eigen::MatrixXd P_z = Eigen::MatrixXd::Zero(z.size(), z.size());
        for (int i = 0; i < n_dot; i++)
        {
            Eigen::VectorXd diff = Z.row(i).transpose() - mu_Z;
            P_z += sigmapoints_x.weights_c_(i) * diff * diff.transpose();
        }
        P_z += R;
        // 更新卡尔曼增益
        Eigen::MatrixXd K = Eigen::MatrixXd::Zero(x_hat_.size(), z.size());
        // cout << Z << endl;
        for (int i = 0; i < n_dot; i++)
        {
            Eigen::VectorXd diff_a = Y_.col(i) - x_hat_;
            Eigen::VectorXd diff_b = Z.row(i).transpose() - mu_Z;
            K += sigmapoints_x.weights_c_(i) * diff_a * diff_b.transpose();
        }
        K = K * P_z.inverse();
        X_ = x_hat_ + K * y;
        P_ = P_hat - K * P_z * K.transpose();
    }
```

如前文所说，根据传入的 α、β、γ 的值，关键点选取也会不同。在每次无迹卡尔曼滤波更新之前，需要重新传入平均状态以及方差对模型进行采样。

```
    // 创建关键点
        Eigen::Vector4d x_mean;
        Eigen::Matrix4d x_cov;
        x_mean << 2, 0, 2, 0;
        x_cov << 1, 0.1, 0.1, 0.1,
            0.1, 1, 0.1, 0.1,
            0.1, 0.1, 1, 0.1,
            0.1, 0.1, 0.1, 1;
        SigmaPoints x_points(0.1, 2, 1, 4);
        x_points.computeSigmaPoints(x_mean, x_cov);
```

这是根据测量值更新预测值的函数。

```
x_points.computeSigmaPoints(ukf->X_, x_cov);
ukf->update_ukf(z, Eigen::Vector4d::Zero(), x_points, ukf->P_);
```

10.5　粒子滤波（PF）

10.5.1　设计粒子滤波的动机

相较于卡尔曼滤波，粒子滤波更偏向能够去解决跟踪与定位的问题，在 Gmapping 中就是通过一种升级版的非参数化的蒙特卡洛（Monte Carlo）模拟方法来实现递推贝叶斯滤波 AMCL（Adaptive Monte Carlo Localization,）。粒子滤波同样可以解决任何空间状态模型下的非线性系统，并通过众多的粒子选择，来逼近最优估计。粒子滤波总的来说就是一个个贝叶斯滤波组成的系统，但是如果长时间迭代，也会出现粒子多样性丧失的问题。

10.5.2 贝叶斯滤波

动态系统的更新问题可以通过图10-22所示的状态空间来表示，$z_k=z_{1:r}=z_1,z_2,\cdots,z_{t-1},z_t,\cdots,z_r$ 代表从第1个时刻到第 r 时刻的状态值；$x_k=x_{1:r}=x_1,x_2,\cdots,x_{t-1},x_t,\cdots,x_r$ 代表从第1个时刻到第 r 时刻的观测值。通常贝叶斯滤波的处理中是符合一阶马尔科夫模型的，即当前时刻的状态 z_k 只会和上一时刻 z_{k-1} 有关；且当前时刻的观测状态 X_k 独立，只与当前时刻的状态 z_k 有关。

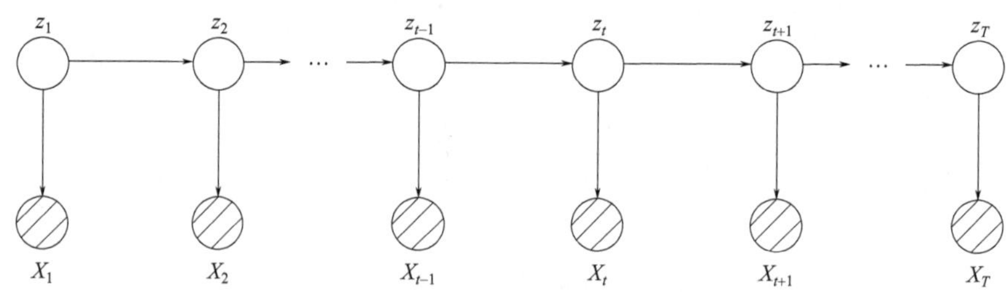

图10-22 贝叶斯滤波迭代示意图

贝叶斯滤波为非线性系统的状态估计问题提供了一种基于概率分布形式的解决方案。贝叶斯滤波将状态估计视为一个概率推理过程，即将目标状态的估计问题转换为利用贝叶斯公式求解后验概率密度 $p(z_k|X_k)$。进而可以将贝叶斯估计化作两个阶段：预测阶段和更新阶段。

（1）预测阶段

这部分的操作是使用系统模型的预测状态来计算先验概率密度，即由 $p(z_{k-1}|X_{k-1})$ 得到 $p(z_k|X_{k-1})$。

$$p\left(z_k,z_{k-1}\mid X_{k-1}\right)=p\left(z_k\mid z_{k-1},X_{k-1}\right)p\left(z_{k-1}\mid X_{k-1}\right) \tag{10-21}$$

由于在 $k-1$ 时刻，状态 z_k 与 X_{k-1} 相互独立，所以

$$p\left(z_k,z_{k-1}\mid X_{k-1}\right)=p\left(z_k\mid z_{k-1}\right)p\left(z_{k-1}\mid X_{k-1}\right) \tag{10-22}$$

然后对 $k-1$ 进行积分

$$p\left(z_k,\mid X_{k-1}\right)=\int p\left(z_k\mid z_{k-1}\right)p\left(z_{k-1}\mid X_{k-1}\right)\mathrm{d}z_{k-1} \tag{10-23}$$

（2）更新阶段

这部分是在获取到 k 时刻的测量值 z_k 后，利用贝叶斯公式对先验概率密度进行更新，得到后验概率

$$p\left(z_k\mid X_k\right)=\frac{p\left(X_k\mid z_k,X_{k-1}\right)p\left(z_k\mid X_{k-1}\right)}{p\left(X_k\mid X_{k-1}\right)} \tag{10-24}$$

这里的 X_k 只由 z_k 决定

$$p\left(X_k\mid z_k,X_{k-1}\right)=p\left(X_k\mid z_k\right) \tag{10-25}$$

化简可得

$$p\left(z_k\mid X_k\right)=\frac{p\left(X_k\mid z_k\right)p\left(z_k\mid X_{k-1}\right)}{p\left(X_k\mid X_{k-1}\right)} \tag{10-26}$$

其中 $p(z_k|z_{k-1})$ 可以积分为

$$p\left(X_k\mid X_{k-1}\right)=\int p\left(X_k\mid z_k\right)p\left(z_k\mid X_{k-1}\right)\mathrm{d}z_k \tag{10-27}$$

通过这样的方法可以求得后延概率密度的最优解，将具有极大后验概率密度的状态或条件均值作为系统状态的估计值。

10.5.3　蒙特卡洛采样

蒙特卡洛方法是一种计算方法，其原理是通过大量随机的样本去拟合一个系统，进而得到一个拟合值。如图 10-23 所示，计算圆周率 π，如果使用蒙特卡洛方法就会在圆形外面拟合正方形，并得到两个形状的关系为 $\frac{\pi}{4}$。在经过蒙特卡洛随意撒点后可以得到一个相对更精确的结果。图 10-23 是在正方形内部随机生成 20000 点的情况，通过计算它们与中心点的距离，从而判断是否落在圆的内部。

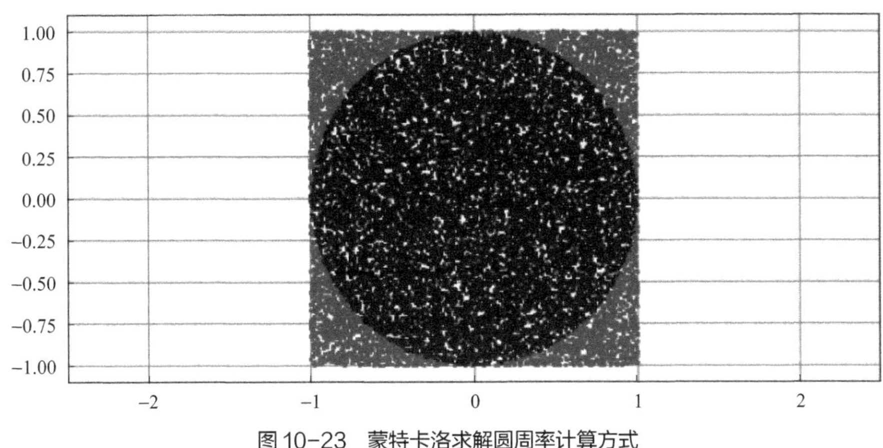

图 10-23　蒙特卡洛求解圆周率计算方式

通过上面的假设可以清楚地认识到使用蒙特卡洛滤波能计算出任何概率的密度。图 10-24 为蒙特卡洛随机拟合的示意图，主要有三个步骤：

① 构造和描述概率过程：这部分是将不具备随机性的问题转化为随机性问题，通过人为的概率构造创建出结果的拟合方式。

② 从已知概率分布中抽样：产生已知概率分布的随机变量是实现蒙特卡洛方法模拟实验的随机手段。

③ 建立各种估计量：确定一个随机变量，作为所要求问题的解，称为无偏估计。

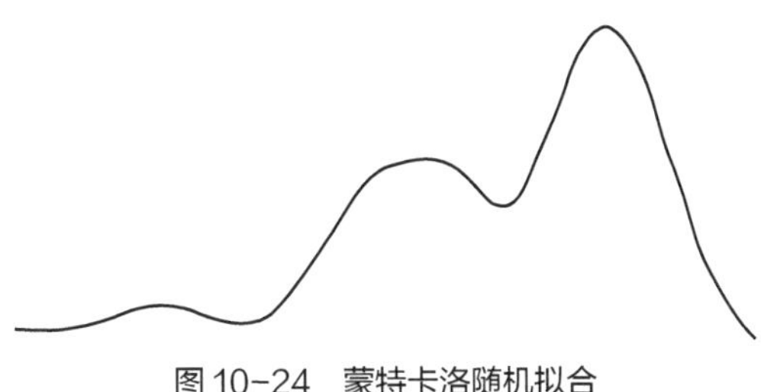

图 10-24　蒙特卡洛随机拟合

10.5.4　粒子滤波

粒子滤波算法和 EKF、UKF 类似，可以不受线性高斯模型约束，但是粒子滤波算法同样需要知道系统的模型，如果不知道系统的模型，也要想办法构造一个模型来逼近真实的模型。这个真实的模型就是各应用领域内系统的数学表示，主要包括状态方程和测量方程（对应了上面贝叶斯滤波的操作）。粒子滤波（Particle Filter）的主要步骤如下：

（1）Initialisation Step

在初始化步骤中，根据输入估算位置，估算位置是存在噪声的，但是可以提供一个范围约束。

（2）Prediction Step

在 Prediction 过程中，对所有粒子（Particles）增加控制输入（速度、角速度等），预测所有粒子的下一步位置。

（3）Update Step

在 Update 过程中，根据地图中的 Landmark 位置和对应的测量距离来更新所有粒子（Particles）的权重。

（4）Resample Step

根据粒子（Particles）的权重，对所有粒子（Particles）进行重采样，权重越高的粒子有更大的概率生存下来，权重越小的粒子生存下来的概率就越低，从而达到优胜劣汰的目的。

其中第一步初始化的粒子滤波对应了 10.5.3 节的蒙特卡洛的思想，均值思想就是利用粒子集合的均值来作为滤波器的估计值，如果粒子集合的分布不能很好地“覆盖”真实值。

$$\overline{P}=E\left(P_{\text{set}}\right)=\frac{1}{N}\sum_{i}^{n}Pi \tag{10-28}$$

第二步和第三步对应了 10.5.2 节的贝叶斯滤波的思想，通过计算权重来实现大量优质的粒子完成复制，并对劣质的粒子实现淘汰。

$$\overline{P_w}=E\left(P_{\text{set}}\right)=\frac{1}{N}\sum_{i}^{n}w_i p_i \tag{10-29}$$

式中，$\overline{P_w}$ 代表经过权重处理后得到的粒子集合；w_i 代表对应的权重，这里一般是和距离有关。通过将 k−1 时刻的每一个粒子状态代入到状态方程，求得预测的粒子状态集合 P_k。通过观测方程计算每一个值的状态预测，并与真实的状态值进行计算得到两者的差值 w_i。$q(z_k|X_k)$ 是蒙特卡洛求得的重要性概率密度函数，与预测值配合计算出序列重要性采样（Sequential Importance Sampling,SIS）的权重。

$$w_i \propto \frac{p\left(z_k \mid X_k\right)}{q\left(z_k \mid X_k\right)}=\frac{p\left(X_k \mid z_k\right)p\left(z_k \mid z_{k-1}\right)p\left(z_{k-1} \mid X_{k-1}\right)}{q\left(z_k \mid z_{k-1},X_{k-1}\right)p\left(z_{k-1} \mid X_{k-1}\right)}=w_i\frac{p\left(X_k \mid z_k\right)p\left(z_k \mid z_{k-1}\right)}{q\left(z_k \mid z_{k-1},X_{k-1}\right)} \tag{10-30}$$

最后一步，为了尽量避免使用序列重要性采样（Sequential Importance Sampling，SIS）导致粒子丧失多样性，会使用随机重采样策略，如图 10-25 所示，重采样是从旧粒子（Old Particles）中随机抽取新粒子（New Particles）并根据其权重进行替换。重采样后，具有更高权重的粒子保留的概率越大，概率越小的粒子消亡的概率越大。重采样是以权重作为概率分布，重新在已经采样的样本中采样，然后所有样本的权重相同，这个方法的思路是将权重作为概率分布，得到累积密度函数。取均匀分布 $u \sim U(0,1)$，生成 N 个随机数，每个随机数对应取样本值。这种方法的 SIS 算法就是基本的粒子滤波算法（Basic Particle Filter），每一个样本就是一个粒子。

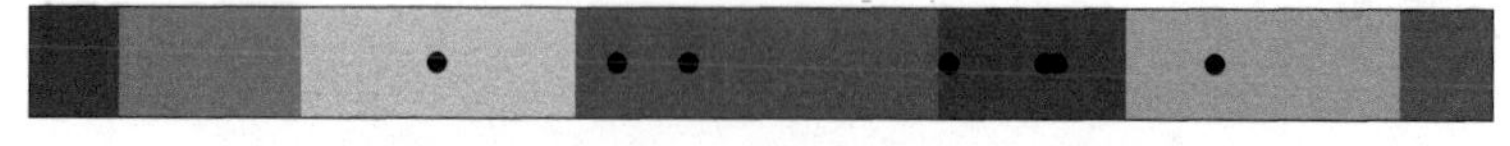

图 10-25　multinomial resampling 重采样

如果将分布选择状态转移概率设置为 $q(z_k|z_{k-1}, X_{k-1})=p(z_k|z_{k-1})$，则可以将化简公式进一步省略：

$$w_i \propto w_{i-1} p\left(X_k \mid z_k\right) \tag{10-31}$$

最后效果如图 10-26 所示。

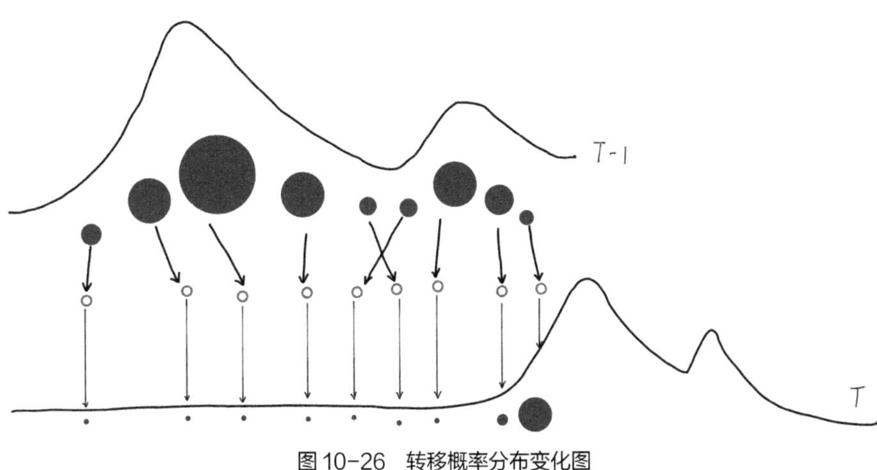

图 10-26　转移概率分布变化图

10.5.5　粒子滤波示例

这里选择一个地图定位的示例，从图 10-27 可以看到，我们会在观测和控制方面加入大量的噪声，从结果中看出在不同的 step 下，每一个预测量都会对应一个观测量。

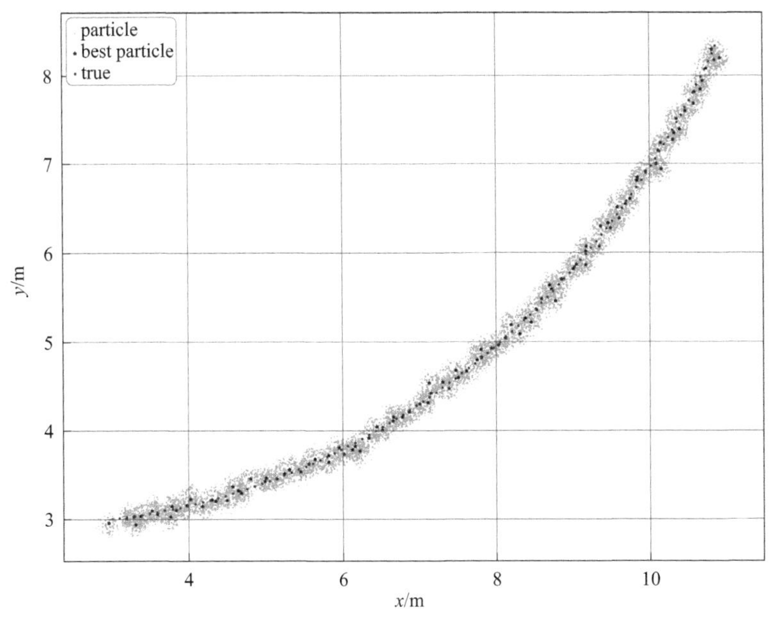

图 10-27　粒子滤波示意图

粒子滤波不需要 ***F***、***H*** 等计算，直接通过大量的点即可完成，和前文所述一样，下面的代码将粒子滤波分为 4 个步骤，并通过不断传入观测来纠正预测值。结果发现在 1000 次步长后，仍然可以处于良好的定位状态，误差在厘米级。当然这里支取了 800 个粒子点，笔者尝试取 20000 点后，发现其定位精度更高。

```
#include <random>
#include <algorithm>
#include <iostream>
#include <numeric>
// 可视化
#include "matplotlibcpp.h"
namespace plt = matplotlibcpp;
#include <map>
typedef std::map<std::string, std::string> stringmap;
struct Particle
{
      double x;
      double y;
      double theta;
      double weight;
};
struct LandmarkObs
{
      int id;
      double x;
      double y;
};
class ParticleFilter
{
public:
      ParticleFilter() : num_particles(0), is_initialized(false) {}
      ~ParticleFilter() {}
      void init(double x, double y, double theta, const double std[]);
      void prediction(double delta_t, double std_pos[], double velocity, double yaw_rate);
      void updateWeights(const double std_landmark[], std::vector<LandmarkObs> observations,
                         std::vector<LandmarkObs> map_landmarks);
      void resample();
      bool initialized() const
      {
          return is_initialized;
      }
      // 每个粒子的所有信息
      std::vector<Particle> particles;
private:
      // 需要的粒子数
      int num_particles;
      // 判断是否初始化
      bool is_initialized;
      // 每个粒子对应的权重
      std::vector<double> weights;
};
// step 1
void ParticleFilter::init(double x, double y, double theta, const double std[])
{
      num_particles = 800; // 对粒子数重新赋值
      weights.resize(num_particles);
      particles.resize(num_particles);
      // 传入标准偏差，来给粒子滤波预设一个噪声
      std::normal_distribution<double> dist_x(x, std[0]);
      std::normal_distribution<double> dist_y(y, std[1]);
      std::normal_distribution<double> dist_theta(theta, std[2]);
      std::default_random_engine gen;
```

```
        // 创建初始化的目的是创建一个粒子群，并对其进行赋值。此时初始化的信息是随机的参数
        for (int i = 0; i < num_particles; ++i)
        {
            Particle p;
            p.x = dist_x(gen); // 从高斯正态分布中获取一个随机值并更新属性
            p.y = dist_y(gen);
            p.theta = dist_theta(gen);
            p.weight = 1;
            particles[i] = p;
            weights[i] = p.weight;
        }
        std::cout << “initialized” << num_particles << “partcles” << std::endl;
        is_initialized = true;
}
// step 2
void ParticleFilter::prediction(double delta_t, double std_pos[], double velocity, double
yaw_rate)
{
        std::default_random_engine gen;
        for (int i = 0; i < num_particles; ++i)
        {
            Particle *p = &particles[i]; // 获取每个粒子的上一时刻的信息
            // 根据当前的速度和角速度推算出下一时刻的预测位姿
            double new_x = p->x + (velocity / yaw_rate) * (sin(p->theta + yaw_rate * delta_t)
- sin(p->theta));
            double new_y = p->y + (velocity / yaw_rate) * (cos(p->theta) - cos(p->theta +
yaw_rate * delta_t));
            double new_theta = p->theta + (yaw_rate * delta_t);
            // 给每个测量值加上高斯噪声
            std::normal_distribution<double> dist_x(new_x, std_pos[0]);
            std::normal_distribution<double> dist_y(new_y, std_pos[1]);
            std::normal_distribution<double> dist_theta(new_theta, std_pos[2]);
            // 更新粒子
            p->x = dist_x(gen);
            p->y = dist_y(gen);
            p->theta = dist_theta(gen);
        }
}
// step 3
void ParticleFilter::updateWeights(const double std_landmark[],
                    std::vector<LandmarkObs> observations, std::vector<LandmarkObs> map_
landmarks)
{
        // 获取实际的观测所在的位置
        double std_x = std_landmark[0];
        double std_y = std_landmark[1];
        double weights_sum = 0;
        for (int i = 0; i < num_particles; ++i)
        {
            Particle *p = &particles[i];
            double wt = 1.0;
            // 将车辆的观测数据转换为地图的坐标系
            for (size_t j = 0; j < observations.size(); ++j)
            {
                // 观测到的点
                LandmarkObs current_obs = observations[j];
                LandmarkObs transformed_obs;
                // 转换到地图中
                transformed_obs.x = current_obs.x + p->x;
                transformed_obs.y = current_obs.y + p->y;
                transformed_obs.id = current_obs.id;
```

```
            LandmarkObs landmark;
            // 设置最近的 landmark 点
            double distance_min = std::numeric_limits<double>::max();
            for (size_t k = 0; k < map_landmarks.size(); ++k)
            {
                LandmarkObs cur_l = map_landmarks[k];
                double distance = sqrt(pow(transformed_obs.x - cur_l.x, 2) +
pow(transformed_obs.y - cur_l.y, 2));
                if (distance < distance_min)
                {
                    distance_min = distance;
                    landmark = cur_l;
                }
            }
            // 使用多元高斯分布更新权重
            double num = exp(-0.5 * (pow((transformed_obs.x - landmark.x), 2) / pow(std_x,
2) + pow((transformed_obs.y - landmark.y), 2) / pow(std_y, 2)));
            double denom = 2 * M_PI * std_x * std_y;
            wt *= num / denom;
        }
        weights_sum += wt;
        // 更新权重
        p->weight = wt;
    }
    // 归一化到 (0, 1]
    for (int i = 0; i < num_particles; i++)
    {
        Particle *p = &particles[i];
        p->weight /= weights_sum;
        weights[i] = p->weight;
    }
}
// step 4
void ParticleFilter::resample()
{
    // 取样粒子的置换概率与其重量成正比
    std::default_random_engine gen;
    // [0, n) 范围上的随机整数
    // 每个整数的概率是它的权重除以所有权重的总和
    std::discrete_distribution<int> distribution(weights.begin(), weights.end());
    std::vector<Particle> resampled_particles;
    // 随机选择重采样
    for (int i = 0; i < num_particles; i++)
    {
        resampled_particles.push_back(particles[distribution(gen)]);
    }
    particles = resampled_particles;
}
int main()
{
    std::vector<double> best_x, best_y, particle_x, particle_y, true_x, true_y;
    double sigma_pos[3] = {0.3, 0.3, 0.01};
    double sigma_landmark[2] = {0.1, 0.1};
    double pos_array[3] = {3, 3, 0.1};
    std::normal_distribution<double> N_x_init(0, sigma_pos[0]);
    std::normal_distribution<double> N_y_init(0, sigma_pos[1]);
    std::normal_distribution<double> N_theta_init(0, sigma_pos[2]);
    std::normal_distribution<double> N_obs_x(0, sigma_landmark[0]);
    std::normal_distribution<double> N_obs_y(0, sigma_landmark[1]);
    ParticleFilter pf;
    std::default_random_engine gen;
```

```
        double n_x, n_y, n_theta;
        double delta_t = 1; // 间隔时间
        Particle best_particle;
        best_particle.theta = pos_array[2];
        best_particle.x = pos_array[0];
        best_particle.y = pos_array[1];
        for (int m = 0; m < 100; m++)
        {
            if (!pf.initialized())
            {                         // 如果pf还未初始化
                n_x = N_x_init(gen); // 加入噪声
                n_y = N_y_init(gen);
                n_theta = N_theta_init(gen);
                // 第一步，粒子滤波初始化
                pf.init(pos_array[0] + n_x, pos_array[1] + n_y, pos_array[2] + n_theta, sigma_pos);
            }
            else
            {
                // 第二步，预测
                pf.prediction(delta_t, sigma_pos, 0.1, 0.01);
            }
            std::vector<LandmarkObs> observations;
            LandmarkObs mess = {1, 2.0, 2.0};
            observations.push_back(mess);
            mess = {2, 0.0, 0.0};
            observations.push_back(mess);
            mess = {3, 3.0, 3.0};
            observations.push_back(mess);
            mess = {4, 4.0, 4.0};
            observations.push_back(mess);
            std::vector<LandmarkObs> noisy_observations;
            for (size_t j = 0; j < observations.size(); ++j)
            {
                n_x = N_obs_x(gen);
                n_y = N_obs_y(gen);
                LandmarkObs obs = observations[j];
                // this time pose
                double best_particle_x = pos_array[0] + 10 * (sin(pos_array[2] + 0.01) -
sin(pos_array[2]));
                double best_particle_y = pos_array[1] + 10 * (cos(pos_array[2]) - cos(pos_
array[2] + 0.01));
                obs.id = obs.id;
                obs.x = obs.x - pos_array[0] + n_x; // check
                obs.y = obs.y - pos_array[1] + n_y;
                noisy_observations.push_back(obs);
            }
            // 完成三四步的更新和重采样
            pf.updateWeights(sigma_landmark, noisy_observations, observations);
            pf.resample();
            // 获得结果
            std::vector<Particle> particles = pf.particles;
            int num_particles = static_cast<int>(particles.size());
            double highest_weight = 0.0;
            for (int l = 0; l < num_particles; ++l)
            {
                if (particles[l].weight > highest_weight)
                {
                    highest_weight = particles[l].weight;
                    best_particle = particles[l];
                }
                // 可视化
```

```
                particle_x.push_back(particles[l].x);
                particle_y.push_back(particles[l].y);
            }
            std::cout << pos_array[0] << "," << pos_array[1] << "," << pos_array[2] << "," <<
best_particle.x << "," << best_particle.y << "," << best_particle.theta << std::endl;
            // 可视化
            true_x.push_back(pos_array[0]);
            true_y.push_back(pos_array[1]);
            // 可视化参数传递
            best_x.push_back(best_particle.x);
            best_y.push_back(best_particle.y);
            pos_array[0] = pos_array[0] + 10 * (sin(pos_array[2] + 0.01) - sin(pos_array[2]));
            pos_array[1] = pos_array[1] + 10 * (cos(pos_array[2]) - cos(pos_array[2] + 0.01));
            pos_array[2] = pos_array[2] + (0.01);
        }
        // 可视化
        stringmap property1({{"color", "#cce5cc"}, {"label", "particle"}, {"marker", "."}});
        stringmap property2({{"color", "blue"}, {"label", "best particle"}, {"marker", "*"}});
        stringmap property3({{"color", "red"}, {"label", "true"}, {"marker", "+"}});
        plt::scatter(particle_x, particle_y, 1, property1);
        plt::scatter(best_x, best_y, 10, property2);
        plt::scatter(true_x, true_y, 5, property3);
        plt::title("particle filter");
        plt::legend();
        plt::xlabel("x(m)");
        plt::ylabel("y(m)");
        plt::grid(true);
        plt::show();
}
```

第 11 章 无人机轨迹规划

与控制不同的是，轨迹规划的理解会更加具象，非常适合使用一个个图片来讲解各个算法的过程和结果。不需要看太多的公式推导以及计算，核心在于理解其中的思想。为此，我们选择了 Python 作为这一章的主要展示语言。这里主要使用了 Github 中 PythonRobotics 里面的程序，如果对 C++ 感兴趣，笔者也在 Github 库中链接了 C++ 的工程。

11.1 Dijkstra 算法

11.1.1 规划方案

近年来，学术界涌现出很多新的运动规划方案，但是目前用得最多的还是本章讲述的比较传统的经典图论方案。这类问题主要是选择单源或多源最短路径的问题，一般的操作就是给出地图 G 以及起点 s 计算得到到达其他顶点的最优距离。

11.1.2 Dijkstra 流程介绍

Dijkstra 算法是解决单源最短路径（Single Source Shortest Path）问题的贪心算法，它会求出长度最短的一条路径，并参照该最短路径求出长度次短的一条路径，直到求出起始点到目标点的最短路径。对于 Dijkstra 算法而言，其核心思想就是广度优先的贪心算法。下面介绍 Dijkstra 算法的详细流程：

① 首先 Dijkstra 算法需要处理的是一个带正权值的有权图（没有权重可以默认权重都为 1），并通过二维数组存储各个点与点相连的边的权值大小。

② 从起始点开始维护两个集合 open_set 和 closed_set，并将起始点周围的点抛入 open_set 集合中，根据当前点的权重以及对应连线计算出距离，如果该距离值小于最小距离则更新。

③ 从队列中抛出当前权重最小的节点作为下一个预测的节点，并将该节点存入 closed_set，这代表了该点与起点的距离一定是最小的（所有权值都是正的，点的距离只能越来越长），之后将这个点的邻居加入队列（下一次确定的最短点在前面未确定和这个点邻居中产生）。

④ 一直循环②、③步骤直至寻找到目标点。

其流程如图 11-1 所示。

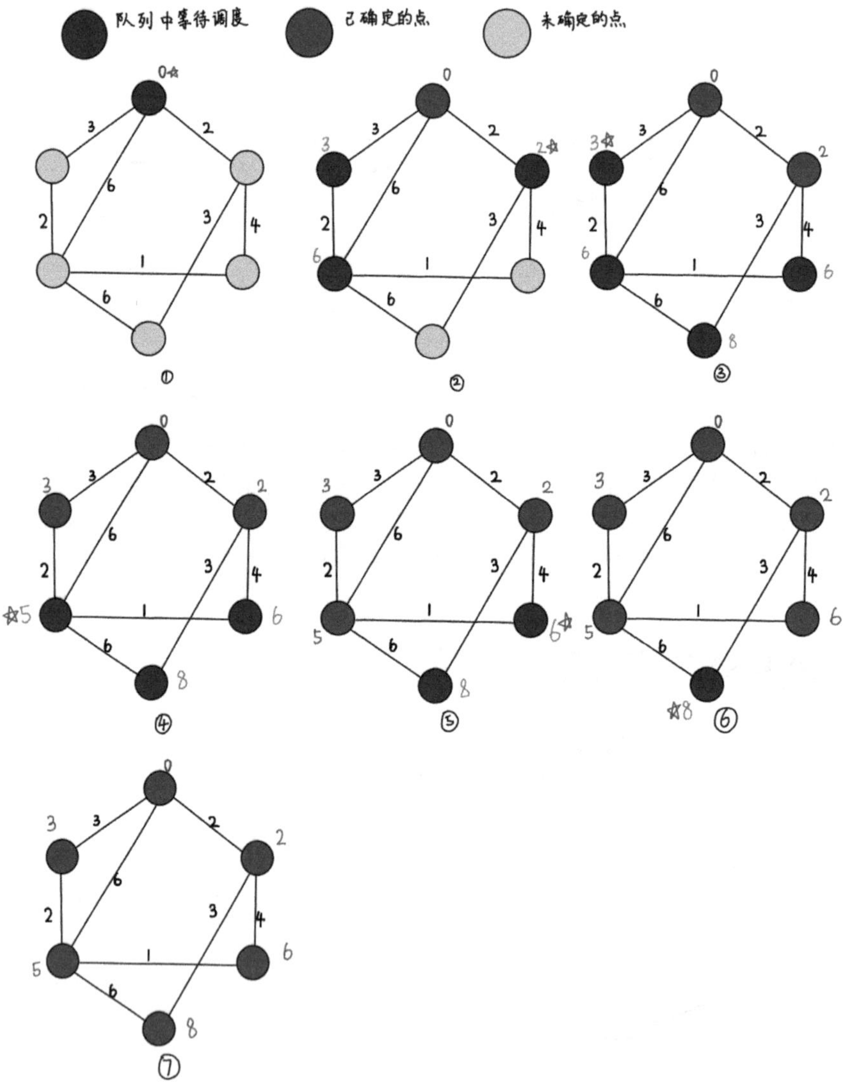

图 11-1　Dijkstra 算法流程

11.1.3　Dijkstra 示例代码

Dijkstra 算法整体而言还是非常简单的，这里我们参考了 PythonRobotics 项目，从可视化的角度向读者展示 Dijkstra 算法。

首先通过 matplotlib 函数库绘制运行 Dijkstra 算法的场景。

```
    sx = -5.0  # [m]
    sy = -5.0  # [m]
    gx = 50.0  # [m]
    gy = 50.0  # [m]
    grid_size = 2.0  # [m]
    robot_radius = 1.0  # [m]
    # 设置障碍物的位置信息
    ox, oy = [], []
    for i in range(-10, 60):
        ox.append(i)
        oy.append(-10.0)
    for i in range(-10, 60):
        ox.append(60.0)
        oy.append(i)
    for i in range(-10, 61):
        ox.append(i)
        oy.append(60.0)
    for i in range(-10, 61):
        ox.append(-10.0)
        oy.append(i)
    for i in range(-10, 40):
        ox.append(20.0)
        oy.append(i)
    for i in range(0, 40):
        ox.append(40.0)
        oy.append(60.0 - i)
    if show_animation:  # pragma: no cover
        plt.plot(ox, oy, ".k")
        plt.plot(sx, sy, "og")
        plt.plot(gx, gy, "xb")
        plt.grid(True)
        plt.axis("equal")
```

其运行场景如图 11-2 所示。

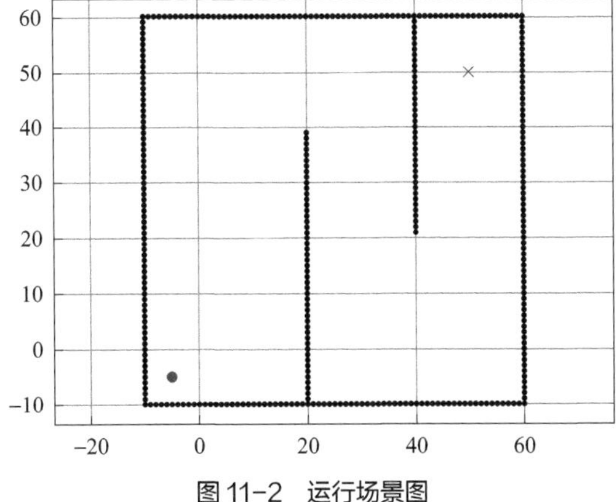

图 11-2　运行场景图

然后依据存入的 ox、oy 数组，并依据 robot_radius 计算出在障碍物地图中障碍物所占的格数。

```
    def calc_obstacle_map(self, ox, oy):
        # 对整个数组获取最小值，作为边界
        self.min_x = round(min(ox))
        self.min_y = round(min(oy))
        self.max_x = round(max(ox))
```

```
        self.max_y = round(max(oy))
        print("min_x:", self.min_x)
        print("min_y:", self.min_y)
        print("max_x:", self.max_x)
        print("max_y:", self.max_y)
        # 获得在地图中障碍物的长宽
        self.x_width = round((self.max_x - self.min_x) / self.resolution)
        self.y_width = round((self.max_y - self.min_y) / self.resolution)
        print("x_width:", self.x_width)
        print("y_width:", self.y_width)
        # 障碍物地图信息，一开始设置为False
        self.obstacle_map = [[False for _ in range(self.y_width)]
                             for _ in range(self.x_width)]
        for ix in range(self.x_width):
            x = self.calc_position(ix, self.min_x)
            for iy in range(self.y_width):
                y = self.calc_position(iy, self.min_y)
                # 计算出地图中对应真实场景中的x、y距离
                for iox, ioy in zip(ox, oy):
                    d = math.hypot(iox - x, ioy - y)# 返回欧几里得范数
                    if d <= self.robot_radius:# 通过机器人半径设置障碍物检测
                        self.obstacle_map[ix][iy] = True# 将存在有障碍物的设置为True
                        break
```

下面是程序的主要部分，对应了 11.1.2 节中的内容。

```
def planning(self, sx, sy, gx, gy):
        start_node = self.Node(self.calc_xy_index(sx, self.min_x),
                               self.calc_xy_index(sy, self.min_y), 0.0, -1)
        goal_node = self.Node(self.calc_xy_index(gx, self.min_x),
                              self.calc_xy_index(gy, self.min_y), 0.0, -1)
        open_set, closed_set = dict(), dict()# 设置的set集合
        open_set[self.calc_index(start_node)] = start_node # 将索引存入open_set中
        while 1:
            c_id = min(open_set, key=lambda o: open_set[o].cost)# 选择在open_set集合里最小的
cost节点作为下一次更新的起始点
            current = open_set[c_id]# 找到对应的Node节点
            if show_animation:
                plt.plot(self.calc_position(current.x, self.min_x),
                         self.calc_position(current.y, self.min_y), "xc")# 绘制所在位置的点
                # 用于使用esc键停止模拟
                plt.gcf().canvas.mpl_connect(
                    'key_release_event',
                    lambda event: [exit(0) if event.key == 'escape' else None])
                if len(closed_set.keys()) % 10 == 0:
                    plt.pause(0.001)
            # 如果当前的位置为终点位置
            if current.x == goal_node.x and current.y == goal_node.y:
                print("Find goal")
                goal_node.parent_index = current.parent_index# 拿到父index，并更新到goal_node中
                goal_node.cost = current.cost
                break# 跳出while
            # 从open_set中移除当前的索引，并将该索引存入closed_set中
            del open_set[c_id]
            closed_set[c_id] = current
            # 基于motion中的运动候选策略扩展搜索网格
            for move_x, move_y, move_cost in self.motion:
                # 加入新的Node
                node = self.Node(current.x + move_x,
```

```
                            current.y + move_y,
                            current.cost + move_cost, c_id)
            # 计算出索引
            n_id = self.calc_index(node)
            # 是否在 closed_set 中
            if n_id in closed_set:
                continue
            # 是否超出边界
            if not self.verify_node(node):
                continue
            # 如果不在 open_set 中直接更新 Node，如果在，则需要判断 cost 的大小
            if n_id not in open_set:
                open_set[n_id] = node  # Discover a new node
            else:
                if open_set[n_id].cost >= node.cost:
                    # This path is the best until now. record it!
                    open_set[n_id] = node
    rx, ry = self.calc_final_path(goal_node, closed_set)
    return rx, ry
```

其搜索结果如图 11-3 所示。

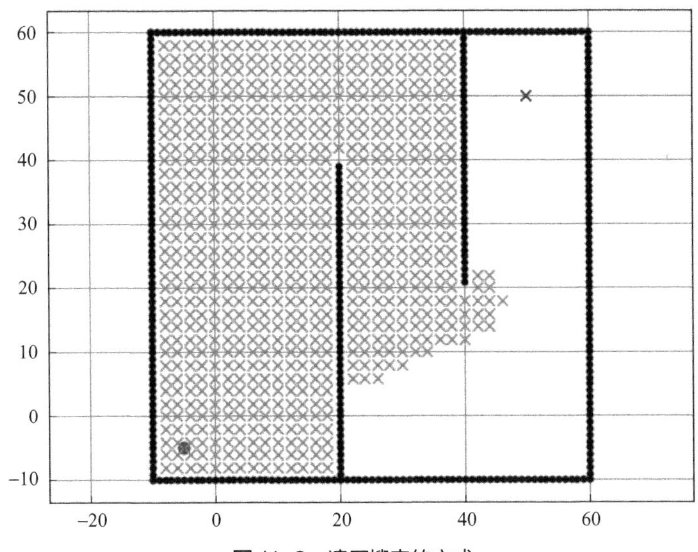

图 11-3　遍历搜索的方式

拿到目标点后会跳出 while 循环，并生成路径。

```
def calc_final_path(self, goal_node, closed_set):
        # 生成最后的路径
        rx, ry = [self.calc_position(goal_node.x, self.min_x)], [
            self.calc_position(goal_node.y, self.min_y)]# 计算出当前真实的位置
        parent_index = goal_node.parent_index
        while parent_index != -1:# 判断是否存在父节点
            n = closed_set[parent_index]
            rx.append(self.calc_position(n.x, self.min_x))
            ry.append(self.calc_position(n.y, self.min_y))
            parent_index = n.parent_index
        return rx, ry
```

最终生成的路径如图 11-4 所示。

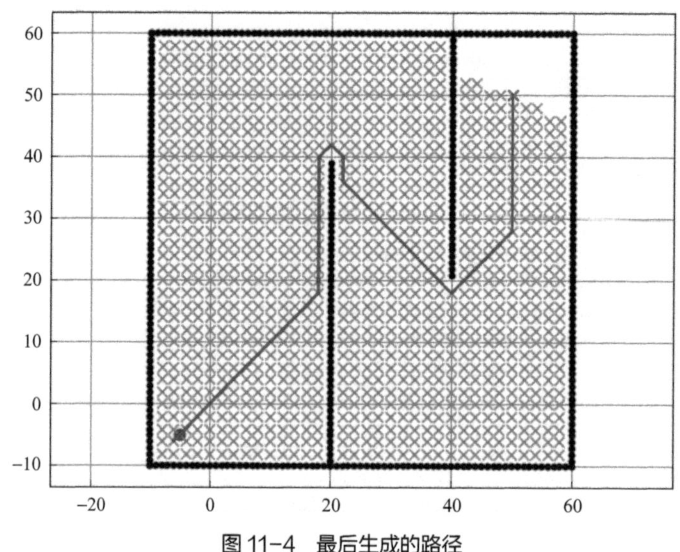

图 11-4　最后生成的路径

11.2　A* 算法

11.2.1　A* 与 Dijkstra 算法

A* 算法作为一种静态路网中的最优路径搜索算法，它综合了 Dijkstra 和启发式算法的优点。相较于 Dijkstra 算法，A* 算法会估计与目标的距离，当与目标距离的估计值越接近，对最终的搜索速度更快。

A* 算法作为一种搜索算法，其本质也是广度优选搜索算法（BFS）。从七点开始，首先会遍历起点周围的点，然后用一个 open_set 和一个 closed_set 来保存该点的状态信息，并逐步向外扩散，寻找到终点。

A* 算法与 Dijkstra 算法最大的不同之处在于，A* 算法是一个“启发式”算法，可以通过计算与终点的距离信息来告诉它的先验知识。A* 算法不仅关注已走过的路径，还会对未走过的点或状态进行预测。因此 A* 算法相较于 Dijkstra 调整了进行 BFS 的顺序，少搜索了那些“不太可能经过的点”，更快地找到目标点的最短路径。另外，由于 H 选取的不同，A* 算法找到的路径可能并不是最短的，但是牺牲准确率带来的是效率的提升。

11.2.2　距离计算方式

如果图形中只允许上下左右四个方向的移动，则启发函数可以使用曼哈顿距离，计算方法如下所示，其中，D 代表相邻节点的移动代价；D_{manh} 代表曼哈顿距离。

$$D_{\text{manh}} = D\,|X_{\text{node}} - X_{\text{goal}}||Y_{\text{node}} - Y_{\text{goal}}| \tag{11-1}$$

曼哈顿距离计算过程如图 11-5 所示。

如果图形中允许斜着朝邻近的节点移动，则启发函数可以使用对角距离，它的计算方式如下，D_2 代表斜着相邻两个节点之间的移动代价。

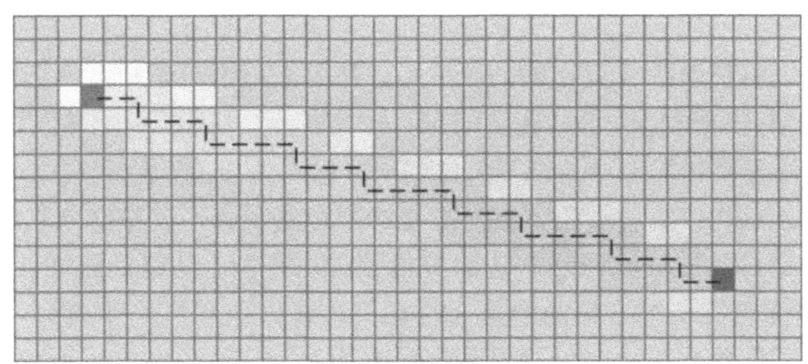

图 11-5　曼哈顿距离计算

$$D_{\text{diag}} = D(|X_{\text{node}} - X_{\text{goal}}| + |Y_{\text{node}} - Y_{\text{goal}}|) + (D_2 - 2D)\min(|X_{\text{node}} - X_{\text{goal}}|, |Y_{\text{node}} - Y_{\text{goal}}|) \quad (11\text{-}2)$$

对角距离计算如图 11-6 所示。

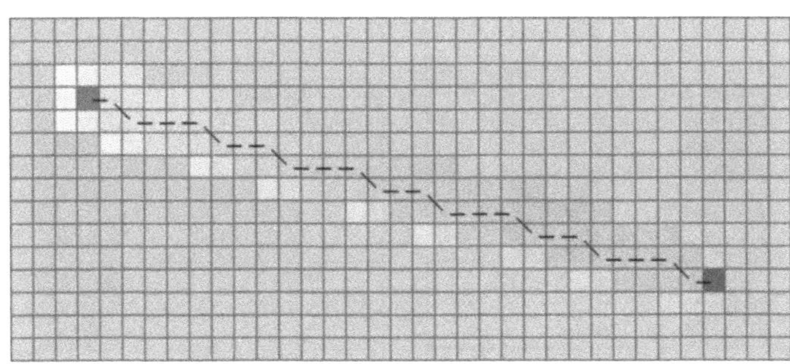

图 11-6　对角距离计算

如果图中允许朝着任意方向运动，则可以使用欧几里得距离，欧几里得距离代表两个节点的直线距离。

$$D_{\text{diag}} = D\sqrt{(X_{\text{node}} - X_{\text{goal}})^2 + (Y_{\text{node}} - Y_{\text{goal}})^2} \quad (11\text{-}3)$$

11.2.3　A* 流程说明

这里通过 gamedev 网站的方法来让读者更好地理解 A* 算法。首先假设起始点为 A，目标点为 B，中间存在障碍物隔离两者。

A* 算法地图如图 11-7 所示。

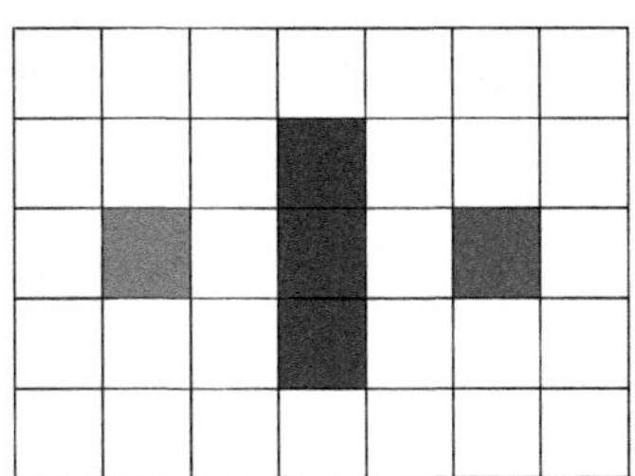

图 11-7　A* 算法地图

下面要通过启发函数来进行下一个最优路径的选择

$$F=G+H \quad (11\text{-}4)$$

G 为从起点 A 移动到指定方格的移动代价，沿着到达该方格而生成的路径。G 来源于已知点信息。

H 为从指定的方格移动到终点 B 的估算成本。H 为来源于对未知点信息的估计（如果启发函数 H 等于 0，该算法就退化为 Dijkstra 算法了）。然后可以得到图 11-8，每一个方格的左上角代表 F，左下角代表移动代价 G，右下角代表与目标的估计 H。

H 值通过估算起点与终点（红色方格）的曼哈顿距离得到，仅作横向和纵向移动，并且忽略沿途的墙壁。使用这种方式，起点右边的方格到终点有 3 个方格的距离，因此 H=30。这个方格上方的方格到终点有 4 个方格的距离（注意只计算横向和纵向距离），因此 H=40。对于其他方格，可以用同样的方法知道 H 值是如何得来的。

在找到最优的下一时刻运动方向后，将最优的栅格放入 closed_set 中，更新其周围的 8 个栅格的权重，并以最优路径保存（这里和 Dijkstra 算法一样）。不断计算出的移动代价，完成路径的寻找，如图 11-9 所示。

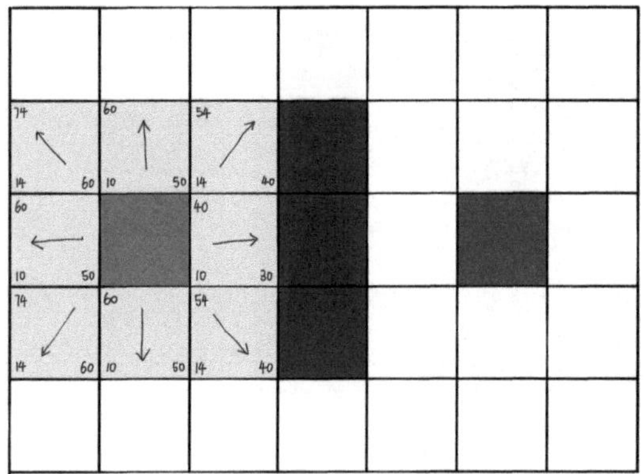

图 11-8　第一步权重更新　　图 11-9　第二步权重更新

找到终点后，就会从终点开始，按着箭头向父节点移动，这样就被带回了起点，这就是你的路径。

最终的权重更新如图 11-10 所示。

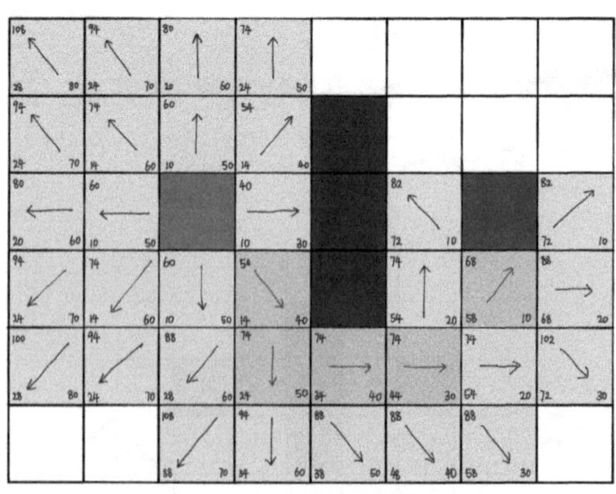

图 11-10　A* 算法整套权重更新

下面展示一下 A* 算法的详细流程：

① 把起点加入 open_set，作为起始状态点 。

② 遍历 open_set，查找 F 值最小的节点，把它作为当前要处理的节点，并将该节点移到 close list 。

③ 对于周围的 8 个相邻方格，如果它是不可抵达的或者它在 close list 中，则忽略该方格。否则，检查这条路径是否在 open_set 或者对应的 F 的权重是否更好。如果是，则将父节点设置为当前方格，并重新计算它的 G 和 F 值。

④ 依次重复②、③流程，直到找到终点停止，此时路径已经找到了。如果查找终点失败，并且 open list 是空的，则此时没有一条路径通往终点。

11.2.4　A* 算法示例代码

这里的代码和 Dijkstra 算法大同小异，主要是在开始的位置使用了 calc_heuristic 计算启发式数值，对应了上面的代价函数部分的选择，这里给出部分代码以供参考，详细注释代码可以访问 Github 获取。

```
if len(open_set) == 0: # 判断集合是否为空，如果是空则代表找不到路径
      print("Open set is empty..")
      break
c_id = min(
      open_set,
      key=lambda o: open_set[o].cost + self.calc_heuristic(goal_node,
                                                             open_set[
                                                                 o]))# 选择在 open_set 集合里面
最小的 cost 节点作为下一次更新的起始点，在 A* 中需要计算当前点与目标的启发式权重
current = open_set[c_id]# 找到对应的 Node 节点
# show graph
if show_animation:  # pragma: no cover
      plt.plot(self.calc_grid_position(current.x, self.min_x),
               self.calc_grid_position(current.y, self.min_y), "xc")# 绘制所在位置的点
      # 用于使用 esc 键停止模拟
      plt.gcf().canvas.mpl_connect('key_release_event',
                                   lambda event: [exit(
                                       0) if event.key == 'escape' else None])
      if len(closed_set.keys()) % 10 == 0:
          plt.pause(0.001)
```

可以看到，里面搜索的点更少，且搜索到结果更快了。其最终结果如图 11-11 所示。

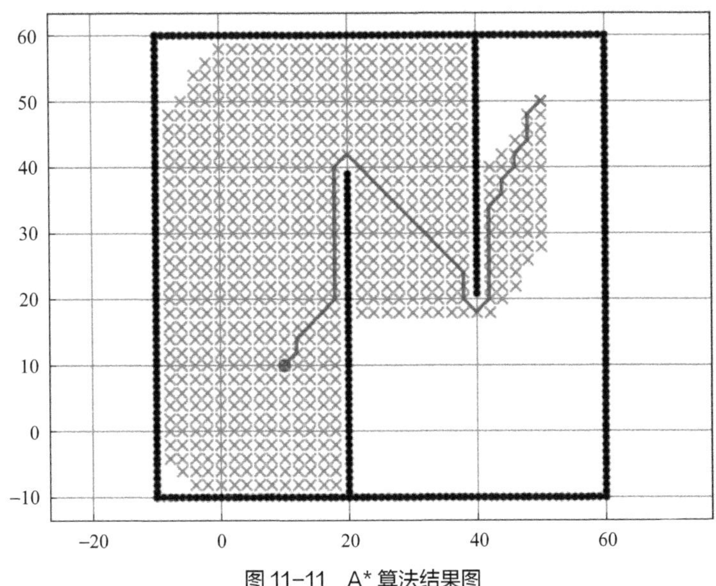

图 11-11　A* 算法结果图

11.3 RRT 算法

11.3.1 RRT 算法的出现

随着机器人行业的发展，越来越多的运动规划问题受到了广泛关注，其中以 Dijkstra 和 A* 为代表的算法主要描述了在栅格地图中根据移动代价进行路径规划，但是这种方法会丢失规划的精度，并不能完全模拟真实场景中的路径规划问题。而使用一种递增式的构造方法可以有效地解决这样的问题，所以 RRT 算法便出现在了大众视野中。

11.3.2 RRT 流程说明

RRT 算法的整体思想是不断在搜索空间中随机生成状态点，如果该点位于无碰撞位置，则寻找搜索树中离该节点最近的节点为基准节点，由基准节点出发以一定步长朝着该随机节点进行延伸，延伸线的终点所在的位置被当做有效节点加入搜索树中。这个搜索树的生长过程一直持续，直到目标节点与搜索树的距离在一定范围内时终止。随后搜索算法在搜索树中寻找一条连接起点到终点的最短路径。

这里通过 matplotlib 来帮助读者更好理解 RRT 全过程。首先设置起始点与目标点及中间的障碍物。

```
# 绘制图表
def draw_graph(self, rnd=None):
      plt.clf()
      # 用 esc 键停止模拟
      plt.gcf().canvas.mpl_connect(
          'key_release_event',
          lambda event: [exit(0) if event.key == 'escape' else None])
      # 如果仍然可以找到 rnd_node
      if rnd is not None:
          plt.plot(rnd.x, rnd.y, "^k")
      # 从已开放的节点中查询父节点并绘制
      for node in self.node_list:
          if node.parent:
              plt.plot(node.path_x, node.path_y, "-g")
      # 绘制障碍物
      for (ox, oy, size) in self.obstacle_list:
          self.plot_circle(ox, oy, size)
      plt.plot(self.start.x, self.start.y, "xr")
      plt.plot(self.end.x, self.end.y, "xr")
      plt.axis("equal")
      plt.axis([-2, 15, -2, 15])
      plt.grid(True)
      plt.pause(0.01)
# 绘制障碍物圆
@staticmethod
def plot_circle(x, y, size, color="-b"):  # pragma: no cover
      deg = list(range(0, 360, 5))
      deg.append(0)
      xl = [x + size * math.cos(np.deg2rad(d)) for d in deg]
      yl = [y + size * math.sin(np.deg2rad(d)) for d in deg]
      plt.plot(xl, yl, color)
```

在图中障碍物使用蓝色的圆表示，如图 11-12 所示。

如图 11-13 所示，首先选取（0, 0）作为初始点，并在图中随机选择一个点作为当前的朝向（用三角形表示），树枝从初始点尽可能往随机点延伸，并尽可能延伸至最大限长。

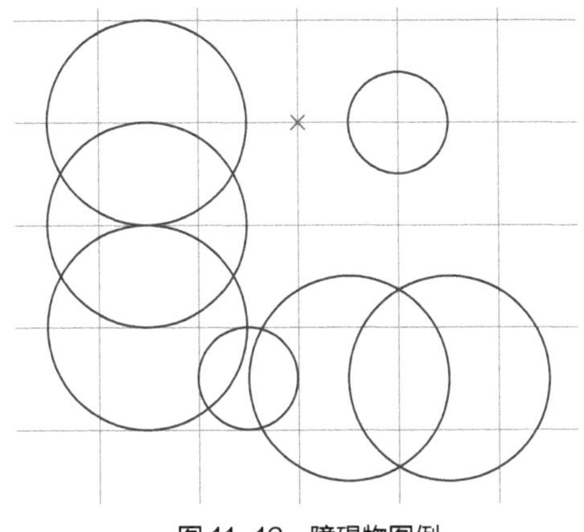

图 11–12　障碍物图例

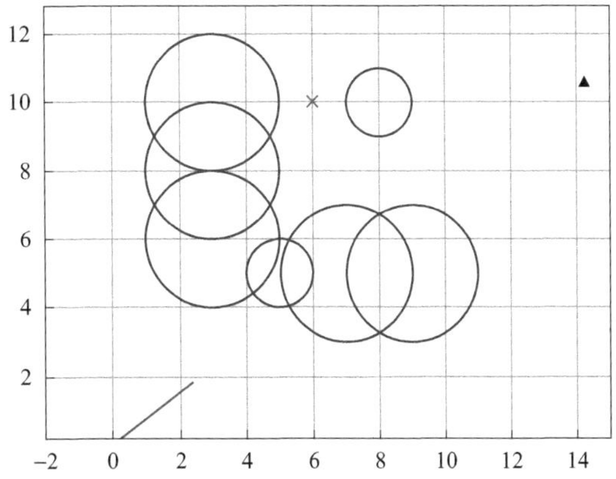

图 11–13　RRT 算法探索

```
# 通过该函数完成了下一个节点的选取
def steer(self, from_node, to_node, extend_length=float("inf")):
    new_node = self.Node(from_node.x, from_node.y)  # 拿到当前的节点信息
    d, theta = self.calc_distance_and_angle(
        new_node, to_node)  # 计算出当前节点和目标节点的距离
    new_node.path_x = [new_node.x]
    new_node.path_y = [new_node.y]
    if extend_length > d:  # 计算距离是否小于阈值，小于则运动到目标点
        extend_length = d
    n_expand = math.floor(extend_length / self.path_resolution)  # 按照分辨率计算
    for _ in range(n_expand):  # 按照分辨率添加到列表中
        new_node.x += self.path_resolution * math.cos(theta)
        new_node.y += self.path_resolution * math.sin(theta)
        new_node.path_x.append(new_node.x)
        new_node.path_y.append(new_node.y)
    d, _ = self.calc_distance_and_angle(
        new_node, to_node)  # 计算出 new_node 节点和 to_node 目标节点的距离
    if d <= self.path_resolution:  # 如果小于分辨率，则认为找到
        new_node.path_x.append(to_node.x)
        new_node.path_y.append(to_node.y)
        new_node.x = to_node.x
        new_node.y = to_node.y
    new_node.parent = from_node  # 设置父节点
    return new_node
```

在第一个点的终点处继续选取第二个点，下一个朝向仍然使用三角形表示，让树枝距离三角形最近的点向外延伸，如图 11-14 所示。

在最近点无法向随机点延伸的时候，则不做延伸，并随机选择下一个点进行探索，如图 11-15 所示。

```
@staticmethod
def check_collision(node, obstacleList):
    if node is None:
        return False
    for (ox, oy, size) in obstacleList:  # 使用欧几里得距离表示障碍物位置点与轨迹路径点（path_
x，path_y）的距离，检测是否碰撞
        dx_list = [ox - x for x in node.path_x]
        dy_list = [oy - y for y in node.path_y]
```

```
        d_list = [dx * dx + dy * dy for (dx, dy) in zip(dx_list, dy_list)]
        if min(d_list) <= size**2:
            return False  # 发生碰撞
    return True  # 安全
```

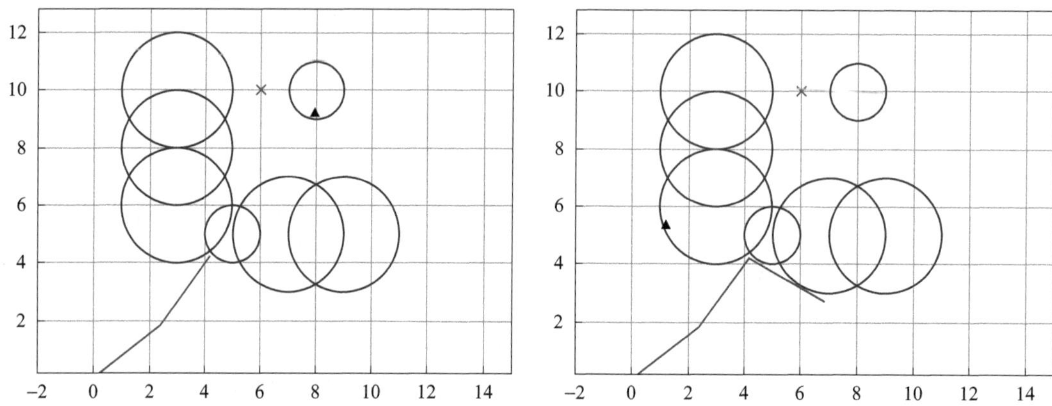

图 11-14　下一个 RRT 路径是基于上一个终点作为起点探索　　图 11-15　在遇到障碍物后 RRT 不进行运动

在 RRT 计算的过程中，树枝会因最近点不同而出现分叉的现象，如图 11-16 所示。

```
@staticmethod
def get_nearest_node_index(node_list, rnd_node):
    dlist = [(node.x - rnd_node.x)**2 + (node.y - rnd_node.y)**2
             for node in node_list]
    minind = dlist.index(min(dlist))
    return minind
```

当随机点可以直接到达的时候，直接连接最近点与随机点，形成新的树枝，如图 11-17 所示。

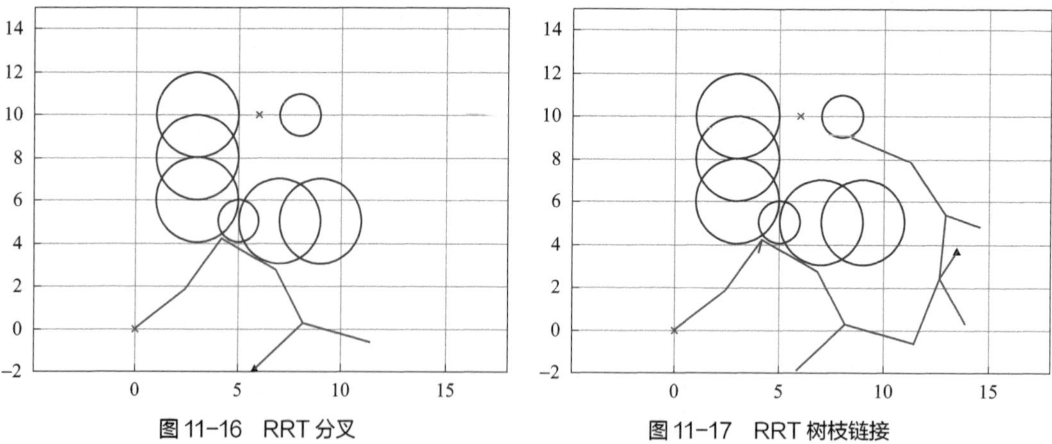

图 11-16　RRT 分叉　　图 11-17　RRT 树枝链接

当树枝末端可以直接到达终点的时候，结束 RRT，如图 11-18 所示。

```
# 生成从终点到起点的路径
def generate_final_course(self, goal_ind):
    path = [[self.end.x, self.end.y]]
    node = self.node_list[goal_ind]
    while node.parent is not None:
        path.append([node.x, node.y])
        node = node.parent
    path.append([node.x, node.y])
    return path
```

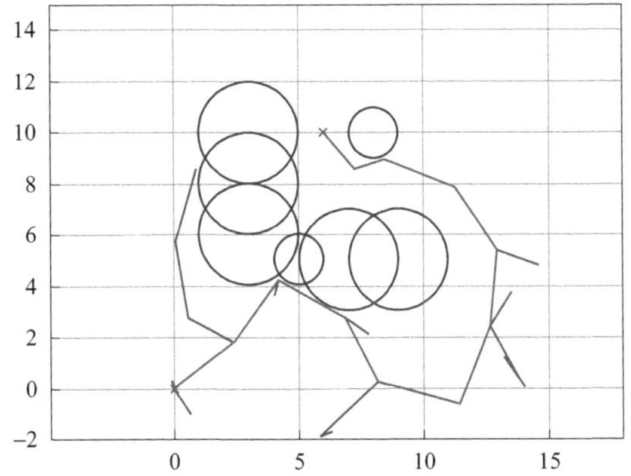

图 11-18 RRT 算法步骤截图

上面展示了 RRT 算法的特征，下面是整个 RRT 算法的流程：

① 选择一个起点作为初始点，并加入树枝 T 中。

② 生成一个随机点 A。

③ 判断随机点 A 离树枝 T 最近的点 B。

④ 将最近点 B 作为起点，与随机点 A 连接并延长，得到极限点 C（点 C 应满足不碰到障碍物并且在最近点 B 限定范围以内）。

⑤ 将新的点 C 与树枝 T 最近的点连接起来构成新的树枝 T。

⑥ 返回②，直到到达终点。

```
def planning(self, animation=True):
    """
    rrt 路径规划
    animation: 开启动画标志
    """
    self.node_list = [self.start]  # 起点存放到 node_list 当中
    for i in range(self.max_iter):  # 最大的迭代次数
        rnd_node = self.get_random_node()  # 随机获得新的 node 信息
        nearest_ind = self.get_nearest_node_index(
            self.node_list, rnd_node)  # 获取两个节点最近的节点
        nearest_node = self.node_list[nearest_ind]  # 拿到最近的结果
        new_node = self.steer(nearest_node, rnd_node,
                              self.expand_dis)  # 通过该函数完成了下一个节点的选取
        if self.check_collision(new_node, self.obstacle_list):  # 检查在路径上是否存在碰撞
            self.node_list.append(new_node)  # 将该节点加入节点列表中
        if animation and i % 5 == 0:  # 每五次绘制一次
            self.draw_graph(rnd_node)
        if self.calc_dist_to_goal(self.node_list[-1].x,
                                  self.node_list[-1].y) <= self.expand_dis:  # 计算与目标
的距离是否小于一个步长
            final_node = self.steer(self.node_list[-1], self.end,
                                    self.expand_dis)  # 以目标点进行搜索
            if self.check_collision(final_node, self.obstacle_list):  # 检查是否发生碰撞
                return self.generate_final_course(len(self.node_list) - 1)
        if animation and i % 5:
            self.draw_graph(rnd_node)
    return None  # cannot find path
```

11.4 RRT* 算法

11.4.1 RRT* 算法的出现

RRT* 算法是 RRT 算法的改进版本，相较于 RRT，RRT* 算法更关注路径的优化，在新节点进入的时候，它更会关注副节点以及布线所产生的代价。每当新的随机节点产生时，RRT* 都会对路径进行一次优化。RRT* 是一种渐进最优算法，若给定足够多的时间，RRT* 算法总是可以收敛到最优解。

11.4.2 RRT* 算法的流程说明

RRT* 算法的整体思想是在 RRT 的基础上，即不断在搜索空间内随机生成状态点以后，如果该点位于无碰撞位置，将该随机点纳入更新参数并加以优化。优化主要分为两个步骤：选择最佳的父节点，便利所有的节点并更新搜索树。搜索树生长过程会一直持续下去，直到找到目标节点。下面结合代码来帮助读者更好理解 RRT* 全过程。

RRT* 作为子类继承了 RRT 类。

```
class RRTStar(RRT)
```

这里选用一个随机节点并计算最近的节点，计算移动到当前点的代价，为后续重新选父节点做准备。

```
rnd = self.get_random_node()  # 随机获得新的 node 信息
nearest_ind = self.get_nearest_node_index(
      self.node_list, rnd)  # 获取两个节点最近的节点
new_node = self.steer(self.node_list[nearest_ind], rnd,
                      self.expand_dis)  # 通过该函数完成了下一个节点的选取
near_node = self.node_list[nearest_ind]  # 拿到最近的结果
new_node.cost = near_node.cost + \
      math.hypot(new_node.x-near_node.x,
                 new_node.y-near_node.y)  # 根据之前的代价与移动距离计算出当前代价
```

根据新拿到的节点来搜索附近的点。

```
if self.check_collision(new_node, self.obstacle_list):  # 检查是否发生碰撞
      near_inds = self.find_near_nodes(new_node)  # 根据新拿到的点来搜索近处的节点
      node_with_updated_parent = self.choose_parent(
          new_node, near_inds)  # 选择最优的节点
      if node_with_updated_parent:  # 如果找到了最近的节点
          # 更新对应的 node 节点以及对应的父节点的 cost
          self.rewire(node_with_updated_parent, near_inds)
          self.node_list.append(
              node_with_updated_parent)  # 将该节点加入节点列表中
      else:
          self.node_list.append(new_node)  # 将该节点加入节点列表中
```

find_near_nodes 函数用于找到圆内满足要求的所有节点。

```
def find_near_nodes(self, new_node):
          """
          1) 定义一个以 new_node 为中心的圆
          2) 返回在这个球内的所有节点
```

```
        """
        nnode = len(self.node_list) + 1  # 将当前的 node_list 加一
        r = self.connect_circle_dist * \
            math.sqrt((math.log(nnode) / nnode))  # 计算出该节点的有效半径
        # 如果 expand_dist 存在，搜索的顶点范围不超过 expand_dist
        if hasattr(self, 'expand_dis'):
            r = min(r, self.expand_dis)  # 确保不会大于 expand_dist
        dist_list = [(node.x - new_node.x)**2 + (node.y - new_node.y)**2
                     for node in self.node_list]  # 计算出原来的节点与传入的 new_node 之间的距离
        # 并计算出在 r 范围内的节点索引
        near_inds = [dist_list.index(i) for i in dist_list if i <= r**2]
        return near_inds
```

choose_parent 函数的作用是调整并选用最合适的父节点。通过比较代价信息找出代价最小的父节点，如果存在碰撞就将代价调整为无穷大。

```
    def choose_parent(self, new_node, near_inds):
        """
        计算 near_inds 列表中指向 new_node 的代价最低的点，并将该节点设置为 new_node 的父节点
        """
        if not near_inds:  # 如果从 find_near_nodes 函数里面拿不到索引
            return None
        # 在 near_inds 中搜索最近的成本
        costs = []
        for i in near_inds:
            near_node = self.node_list[i]  # 获得附近的 node 节点
            t_node = self.steer(near_node, new_node)  # 通过该函数完成了下一个节点的选取
            # 检查是否发生碰撞
            if t_node and self.check_collision(t_node, self.obstacle_list):
                costs.append(self.calc_new_cost(
                    near_node, new_node))  # 计算出新的代价信息
            else:
                costs.append(float("inf"))  # 存在障碍物代价就是无穷大
        min_cost = min(costs)  # 获得最小的 cost 值
        if min_cost == float("inf"):
            print("There is no good path.(min_cost is inf)")
            return None
        min_ind = near_inds[costs.index(min_cost)]  # 根据 cost 计算得到 near_node 的索引
        new_node = self.steer(
            self.node_list[min_ind], new_node)  # 通过该函数完成了下一个节点的选取
        new_node.cost = min_cost
        return new_node
```

RRT* 中最重要的操作步骤就是根据当前节点重新找到最优的父节点，如图 11-19 所示，搜索范围用红色虚线表示，在 RRT* 选择父节点的时候，不会单纯考虑新节点搜索树节点远近，而是需要考虑节点对应的代价。

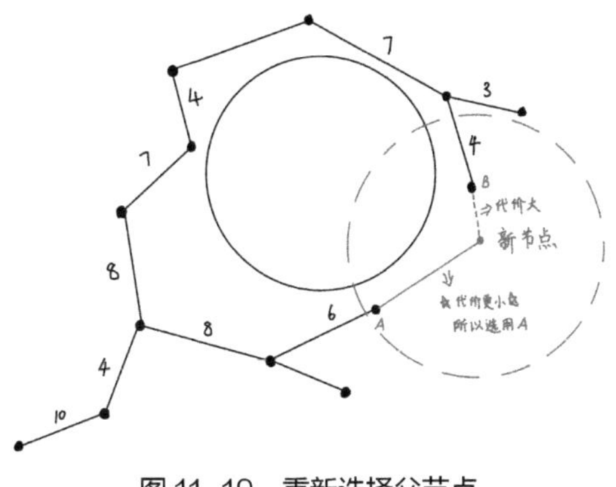

图 11-19　重新选择父节点

```
# 根据这些节点重新寻找最优的节点
    def search_best_goal_node(self):
        dist_to_goal_list = [
            self.calc_dist_to_goal(n.x, n.y) for n in self.node_list
        ]  # 从节点列表中计算出到目标点的距离
        goal_inds = [
            dist_to_goal_list.index(i) for i in dist_to_goal_list
            if i <= self.expand_dis
        ]  # 根据到目标点的距离来获取到目标点的索引的 node 节点
        safe_goal_inds = []
        for goal_ind in goal_inds:  # 拿出所有符合条件的 node 节点
            # 根据当前以及目标位置求解出下一个最优节点
            t_node = self.steer(self.node_list[goal_ind], self.goal_node)
            if self.check_collision(t_node, self.obstacle_list):  # 检查是否发生碰撞
                # 将可以安全到达目标的 node 节点存放到 safe_goal_inds 中
                safe_goal_inds.append(goal_ind)
        if not safe_goal_inds:
            return None
        min_cost = min(
            [self.node_list[i].cost for i in safe_goal_inds])  # 计算出最小的代价
        for i in safe_goal_inds:
            if self.node_list[i].cost == min_cost:  # 返回最小的代价的索引
                return i
        return None
```

重新选择父节点以后，为了使代价进一步减小，需要对搜索树进行重新布线。布线的方法大致就是判断搜索树中新节点附近的节点，若将父节点选为新节点的代价会进一步降低，那么就将新节点当作新的父节点。其过程如图 11-20 所示。

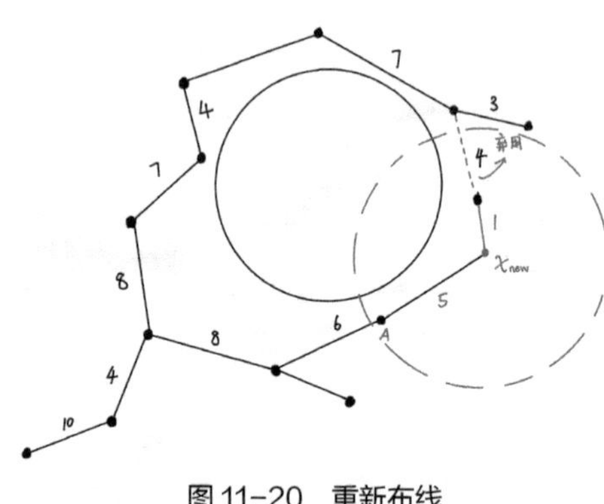

图 11-20　重新布线

```
def rewire(self, new_node, near_inds):
        """
        对于 near_inds 中的每个节点，检查从 new_node 到达它们是否代价更低
        在这种情况下，将把 near_inds 中节点的父节点重新分配给 new_node
        """
        for i in near_inds:
            near_node = self.node_list[i]  # 对每一个 near_node 取出节点，并判断节点是否需要更新
            edge_node = self.steer(new_node, near_node)  # 通过该函数完成了下一个节点的选取
            if not edge_node:
                continue
            edge_node.cost = self.calc_new_cost(
                new_node, near_node)  # 计算新的代价函数
            no_collision = self.check_collision(
                edge_node, self.obstacle_list)  # 计算是否发生碰撞
            improved_cost = near_node.cost > edge_node.cost  # 检查当前的 cost 是否小于之前的 cost
            if no_collision and improved_cost:
```

```
                near_node.x = edge_node.x
                near_node.y = edge_node.y
                near_node.cost = edge_node.cost
                near_node.path_x = edge_node.path_x
                near_node.path_y = edge_node.path_y
                near_node.parent = edge_node.parent
                self.propagate_cost_to_leaves(new_node)  # 将父节点的参数进行更新
        # 计算出新的代价信息
```

上面展示了 RRT* 算法的特征以及函数封装，下面是整个 RRT* 算法的流程：

① 选择一个起点作为初始点，并加入树枝 T 中。

② 生成一个随机点 A。

③ 判断随机点 A 离树枝 T 最近的点 B。

④ 将最近点 B 作为起点，与随机点 A 连接并延长，得到极限点 C（点 C 应满足不碰到障碍物并且在最近点 B 限定范围以内），并计算相应的代价。

⑤ 重新选择最佳父节点。

⑥ 重新布线。

⑦ 将新的点 C 与树枝 T 最近的点连接起来构成新的树枝 T。

⑧ 返回②，直到到达终点。

图 11-21 是 300 次迭代以后的 RRT* 算法的效果图，目标成功地从起点避开障碍物到达了终点。

图 11-22 是迭代 3000 次的 RRT* 算法，可以发现，相比于少量迭代，多次迭代能使路径逐渐趋向于最优路径。

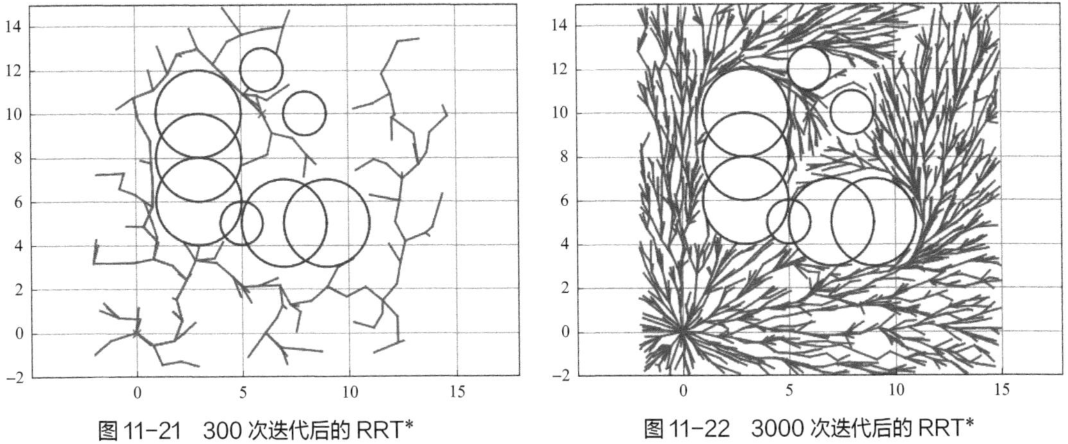

图 11-21　300 次迭代后的 RRT*　　图 11-22　3000 次迭代后的 RRT*

11.5　DWA 算法

11.5.1　DWA

DWA（Dynamic Window Approach）是机器人局部避障的动态窗口法，是 ROS 中常用的局部路径规划方法。动态窗口法，即在规定的时间间隔里，对机器人的速度进行仿真，利用机器人加减速的性能对机器人路径范围进行限定，并选用最优轨迹对应输出来驱动机器人运动，如图 11-23 所示。

DWA 算法认为，所有的机器人运动模型在短时间内满足以下两个条件：

① 在极短的时间里，速度（包括角速度以及线速度）接近于一个常数。

② 机器人运动的轨迹是由一段连续的弧线所组成。

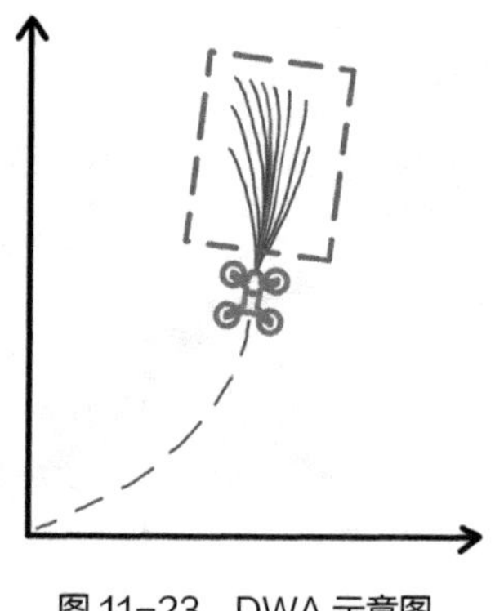

图 11-23 DWA 示意图

11.5.2 DWA 流程说明

前面建立了机器人运动的模型依赖，现在需要根据这个模型来推算出所有满足要求的轨迹，这个阶段称为速度采样阶段。

① 通过配置里面的最大最小速度等参数，在速度空间里采样多组速度（线速度与角速度的组合），仿真出机器人一串串模拟的运动轨迹。

② 将障碍物纳入计算，考虑到障碍物最小距离以及刹车距离，需要进一步排除不符合规定的速度与角速度的组合。

③ 在实际应用中，机器人不仅会受到最大最小速度的限制，还会受到加速度的限制。由于电机性能有限，最大加速度也是有限的。所以还需要将加速度纳入考虑范围之内，进一步限制可能的轨迹速度组合。

速度采样基本完成，经过筛选选出了可能的轨迹与速度点组合，但是想要选取最佳的路径，还需要经过优化阶段的调整来选出唯一的最佳路径。

在优化阶段，DWA 会将三个指标纳入考量范围。包括机器人头部朝向，头部越是正对目标，指标分数就越高；机器人轨迹与最近障碍物之间的距离以及机器人运动速度，包括线速度和角速度。

在计算上述参数的时候，为了均衡照顾每一项性能，需要对各个参数进行归一化处理，上面计算出来的结果并不是直接相加，而是每个部分在归一化以后相加。

这里结合代码一起分析来帮助读者更好理解 DWA 全过程。

x 表示机器人状态量，它包含 *xy* 坐标、偏航角、速度、角速度。

```
# 初始状态 [x(m), y(m), yaw(rad), v(m/s), omega(rad/s)]
x = np.array([0.0, 0.0, math.pi / 8.0, 0.0, 0.0])
```

程序通过 motion() 函数来仿真机器人的运动，通过速度与角速度以及仿真时间的输入，输出机器人下一时刻的速度。

```
def motion(x, u, dt):
    """
    运动模型
    """
    x[2] += u[1] * dt  # 旋转角度
    x[0] += u[0] * math.cos(x[2]) * dt  # x 位置
    x[1] += u[0] * math.sin(x[2]) * dt  # y 位置
    x[3] = u[0]  # 速度
    x[4] = u[1]  # 角速度
    return x
```

这里对应上文中的速度采样阶段。滑动窗口函数是通过计算机器人最大加速度、最大速度这两个分量来进一步筛选出可能的速度与角速度组合。因为仿真场景中不存在响应延迟的问题，所以这里省略了障碍物最小距离以及刹车距离的限制，如图 11-24 所示。

```
def calc_dynamic_window(x, config):
    """
    根据当前状态 x 计算动态窗口
    """
    # 配置的动态窗口
    Vs = [config.min_speed, config.max_speed,
          -config.max_yaw_rate, config.max_yaw_rate]
    # 求当前速度状态的动态窗口
    Vd = [x[3] - config.max_accel * config.dt,
          x[3] + config.max_accel * config.dt,
          x[4] - config.max_delta_yaw_rate * config.dt,
          x[4] + config.max_delta_yaw_rate * config.dt]
    #  [v_min, v_max, yaw_rate_min, yaw_rate_max]
    # 从而可以求出在当前时刻下的动态窗口
    dw = [max(Vs[0], Vd[0]), min(Vs[1], Vd[1]),
          max(Vs[2], Vd[2]), min(Vs[3], Vd[3])]
    return dw
```

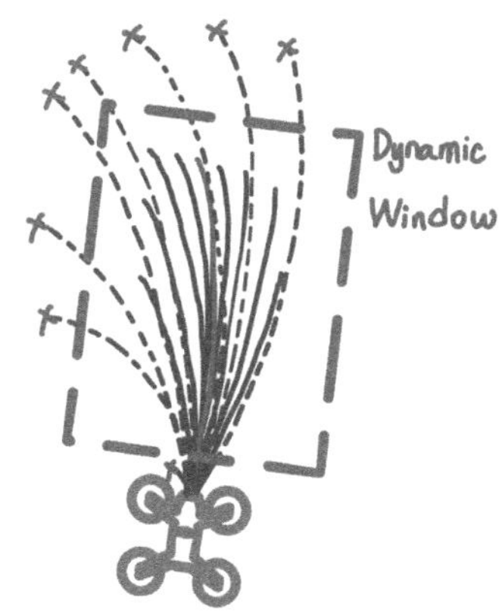

图 11-24　DWA 速度采样阶段示意图

输入预测轨迹，正如前文所说，机器人的运动轨迹可以近似等效于一段段连续弧线组成的集合。所以这里预测的处理方法也比较简单：假设机器人保持当前的速度以及角速度，对未来预测时间内的运动做轨迹预测，并返回预测轨迹。

```
def predict_trajectory(x_init, v, y, config):
    """
    输入预测轨迹
    """
    x = np.array(x_init)  # 当前车辆的状态
    trajectory = np.array(x)
    time = 0
    while time <= config.predict_time:  # 小于预测时间，则需要不断预测
        x = motion(x, [v, y], config.dt)  # 推算 dt 下的时间
        trajectory = np.vstack((trajectory, x))  # 拿到轨迹，不同的 x 组成的轨迹
        time += config.dt
    return trajectory
```

这里对应上文说的优化阶段，该函数用来求解车辆的最优控制量以及轨迹，并对动态窗口中所有轨迹进行打分，得分最高的轨迹对应的速度以及角速度便是机器人当前时刻的最佳输出。

```
def calc_control_and_trajectory(x, dw, config, goal, ob):
    """
    计算最优控制量和轨迹
    """
```

```
        x_init = x[:]
        min_cost = float("inf")  # 初始化最小成本为无穷大
        best_u = [0.0, 0.0]
        best_trajectory = np.array([x])
        # 在动态窗口中评估所有采样输入的轨迹，从最大和最小的速度和角速度进行切分
        for v in np.arange(dw[0], dw[1], config.v_resolution):
            for y in np.arange(dw[2], dw[3], config.yaw_rate_resolution):
                # 对每一个小段预测轨迹，并推算出接下来 predict_time 下的轨迹
                trajectory = predict_trajectory(x_init, v, y, config)
                # 根据目标、速度、障碍物在算法中的权重，计算出最低代价的路径
                to_goal_cost = config.to_goal_cost_gain * \
                    calc_to_goal_cost(trajectory, goal)  # 用角度差计算到目标的 cost
                speed_cost = config.speed_cost_gain * \
                    (config.max_speed - trajectory[-1, 3])
                ob_cost = config.obstacle_cost_gain * \
                    calc_obstacle_cost(trajectory, ob, config)  # 与障碍物的 cost 计算
                final_cost = to_goal_cost + speed_cost + ob_cost  # 最终的 cost
                # 判断代价最小的路径作为下一个选择路径
                if min_cost >= final_cost:
                    min_cost = final_cost
                    best_u = [v, y]  # 拿到滑窗中最优的位置
                    best_trajectory = trajectory
                    if abs(best_u[0]) < config.robot_stuck_flag_cons \
                            and abs(x[3]) < config.robot_stuck_flag_cons:  # 当最优速度或者当前
速度小于阻塞值，则旋转以防阻塞
                        # to ensure the robot do not get stuck in
                        # best v=0 m/s (in front of an obstacle) and
                        # best omega=0 rad/s (heading to the goal with
                        # angle difference of 0)
                        best_u[1] = -config.max_delta_yaw_rate
    return best_u, best_trajectory
```

计算角度差以及障碍物距离的代价。

```
def calc_obstacle_cost(trajectory, ob, config):
    """
    计算障碍物的 cost
    """
    ox = ob[:, 0]
    oy = ob[:, 1]
    dx = trajectory[:, 0] - ox[:, None]
    dy = trajectory[:, 1] - oy[:, None]  # 将轨迹坐标与障碍物坐标相减
    r = np.hypot(dx, dy)  # 计算轨迹和障碍物的欧几里得距离
    if config.robot_type == RobotType.rectangle:
        yaw = trajectory[:, 2]  # 计算轨迹的角度
        rot = np.array([[np.cos(yaw), -np.sin(yaw)],
                        [np.sin(yaw), np.cos(yaw)]])  # 将角度转换为旋转矩阵
        rot = np.transpose(rot, [2, 0, 1])  # 将旋转矩阵转置
        local_ob = ob[:, None] - trajectory[:, 0:2]  # 将障碍物坐标与轨迹坐标相减
        # 将差值的结果转换为 n 行 shape[-1] 列的数组
        local_ob = local_ob.reshape(-1, local_ob.shape[-1])
        local_ob = np.array([local_ob @ x for x in rot])  # 将差值的结果与旋转矩阵相乘
        # 将差值的结果转换为 n 行 shape[-1] 列的数组
        local_ob = local_ob.reshape(-1, local_ob.shape[-1])
        # 从与障碍物的距离计算出障碍物的 cost
        upper_check = local_ob[:, 0] <= config.robot_length / 2
        right_check = local_ob[:, 1] <= config.robot_width / 2
        bottom_check = local_ob[:, 0] >= -config.robot_length / 2
        left_check = local_ob[:, 1] >= -config.robot_width / 2
        if (np.logical_and(np.logical_and(upper_check, right_check),
```

```
                    np.logical_and(bottom_check, left_check))).any():  # 如果障碍物
与安全距离重合则直接放弃该路径
                return float("Inf")
        elif config.robot_type == RobotType.circle:
            if np.array(r <= config.robot_radius).any():
                return float("Inf")
        min_r = np.min(r)
        return 1.0 / min_r  # OK
def calc_to_goal_cost(trajectory, goal):
        """
        用角度差计算到目标的cost
        """
        dx = goal[0] - trajectory[-1, 0]  # 目标点与最后一个点的x差
        dy = goal[1] - trajectory[-1, 1]  # 目标点与最后一个点的y差
        error_angle = math.atan2(dy, dx)
        cost_angle = error_angle - trajectory[-1, 2]
        cost = abs(math.atan2(math.sin(cost_angle),
                   math.cos(cost_angle)))  # 与目标方向的角度差
        return cost
```

运行完成后的效果如图 11-25 所示。

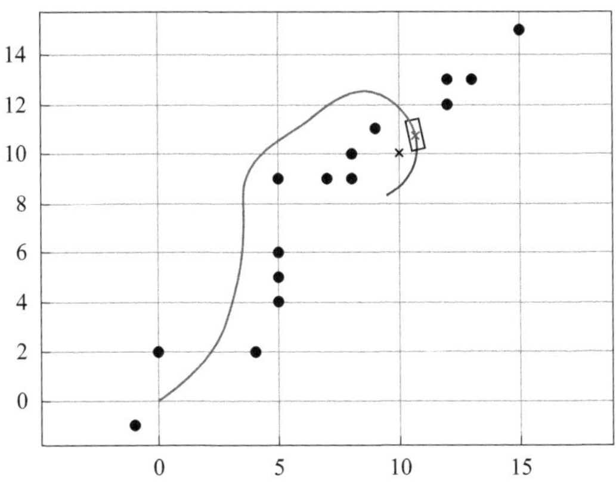

图 11-25　DWA 运行结果示意图

第 12 章 无人机终体验

12.1 飞控介绍

12.1.1 什么是飞控

简单来说，飞控（Flight Controller）是一个带有芯片的电路板，是无人机的“小脑”，它可以使飞机保持平衡，虽然处理的任务相对于大脑来说较为简单，但是实时性高。不同飞机的飞控的大小以及复杂性是不同的。其功能如图 12-1 所示。

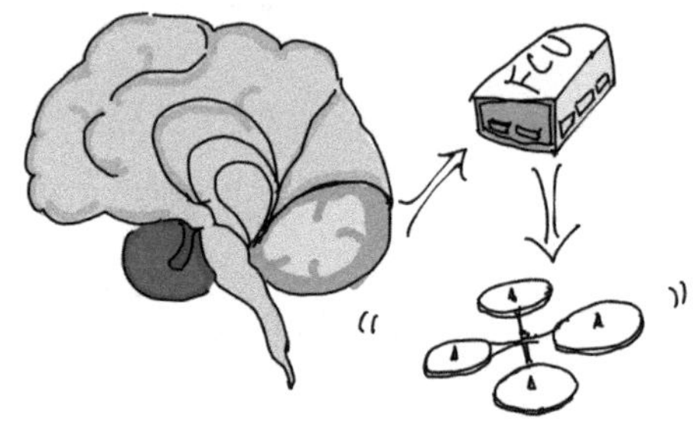

图 12-1 飞控是无人机的“小脑”

12.1.2 飞控能做什么

飞控能做的无非就是三件事情：感知、控制、通信。

（1）感知

飞控单元一般会连接多个传感器，这些传感器会记录无人机的一些信息，例如无人机的加速度信息、位置信息、电池信息等。传感器有些是内置于飞控之中的，有些是外置于飞控之外的。飞控的作用是通过融合和滤波等方法将这些信息变成实时性更高、更精确的信息。

（2）控制

除了要感知无人机的各种信息，飞控还需要控制飞机。飞机通过四个电机驱动桨叶，控制无人机的加速度以及角度。飞控以当前的飞行状态，以及期望的飞行状态为计算依据，计算出每个电机的期望速度，并将计算出来的期望速度传给电子调速器（ESC），电子调速器将飞控传过来的控制信号转化成电机能够处理的控制信号。计算无人机的运动，融合和过滤感官信息，估计无人机的持久性以及安全性都是由飞控内置的算法完成的。最常用的飞行控制算法是

PID 控制——比例积分微分控制。

（3）通信

通信是飞控组成中一个至关重要的部分，传感器发出的信息不仅仅需要被飞行控制单元接收，还需要被飞手看到（比如说电池电量的信息），飞手也需要信息传输将控制指令传入飞控，使无人机按照期望飞行。除此以外，飞控数据信息还可能需要被地面站实时接收。在无人机集群中，信息还需要被其他飞机记录。目前最常用的通信方式是无线射频技术以及 WIFI。

无人机通信结构如图 12-2 所示。

图 12-2　无人机通信

12.2　无人机硬件—感知

飞控好比我们的小脑，小脑能够正常运行离不开视觉、本体感觉、内耳前庭等器官正确感知外面的世界，飞机也是如此，如果没有外界感知能力，所有的控制算法都无法实现。

接下来介绍飞机常用的传感器及其工作特性。

12.2.1　气压计

气压计（barometer）被用于测量无人机的高度，其原理是通过传感器检测飞行器或无人机当前的气压来计算出当前的高度。

由于是通过测量大气压强来计算高度，如果没有剧烈的空气波动，气压计定高还是比较可靠的。但是在实际运用中，在无人机起飞或者降落的时候，桨叶转动所带动的气流会影响到气压计测量结果。不仅如此，气压计也会受到温度影响，所以精度比较差。

图 12-3　光流传感器

12.2.2　光流

光流使用朝下的摄像头和一个朝下的距离传感器来估计无人机的速度信息。其通过相机拍摄画面中相对移动的物体，根据相机与物体之间的距离，来判断无人机移动的速度。光流可以用于室内 GPS 信号弱的条件下，其结构如图 12-3 所示。

使用光流的缺点也相当明显：由于其工作原理是计算拍摄到的图像移动的方向来判断无人机移动的速度，当相机视野里面没有明显的纹理时，光流定位会不准确。所以，在纯白的平面上或者晚上，光流精度会变差。

图 12-4　GPS 定位装置

12.2.3　磁罗盘与 GPS

如图 12-4 所示，一般的 GPS 都会内置电子罗盘，所以便把两者放到一起讲述。因为其全地球面连续覆盖、功能多、精度高、实时定位速度快等特点，深受用户喜爱。在 GPS 应用中，常采用 RTK（Real-Time Kinematic）的方法，得到厘米级精度的实时测量。

由于 GPS 是基于无线电发射电信号实现定位的，其缺点也很明显：在高楼、墙体阻挡的环境下无法正常工作。

磁罗盘是根据地球磁场大小以及方向来判断无人机的朝向。电子罗盘一般根据霍尔效应、磁导或者磁阻等现象来帮助指示方向。由于现实生活中，除了地磁场，还存在很多其他磁场的干扰，所以在使用磁罗盘时经常会先进行矫正，其最常用的矫正方法是椭球拟合。

12.2.4 距离传感器

距离传感器有很多种类：超声波、激光传感器等。如图 12-5 所示，距离传感器常用于测量从一个物体至另外一个物体的距离。其工作原理是输出一个信号，这个信号在接触到物体以后反弹，再被测量单元接收，测量单元通过计算其返回时间或信号强度或相位差来判断距离。

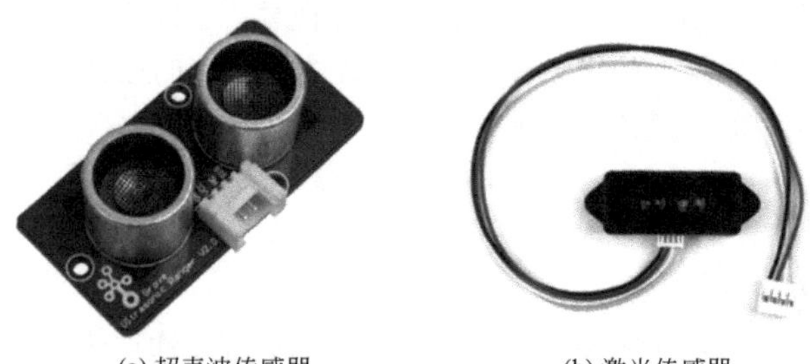

(a) 超声波传感器　　(b) 激光传感器

图 12-5　超声波传感器和激光传感器

超声波传感器通过发出声音计算接收到声音的时间来判断与物体的距离，这样做的优点有：不会被物体的透明度影响，在黑暗的环境里面也可以很好工作，耗能少。

根据这个特性，超声波传感器的缺点也很明显，其会受到被测物体的材质以及环境的影响。比如超声波传感器，如果被测目标被覆盖在非常柔软的织物中，传感器将很难检测到目标。不仅如此，超声波传感器也无法部署于真空环境中。

激光传感器工作原理与超声波传感器类似，也是通过计算发送与接收信号间隔时间来判断距离。雷达的优点是其有着很长的测量距离以及精度，有着很快的更新频率，在黑暗的环境下也可以正常工作。

由于激光传感器依赖激光测量距离，缺点就显而易见了：测量透明材质物体距离时效果差，在强光环境中容易被干扰，成本也比超声波测距要高。

12.2.5 双目摄像头（以 t265 为例）

如图 12-6 所示，t265 为英特尔实感追踪摄像头，包含两个鱼眼镜头传感器、一个 IMU 和一个英特尔 Movidius Myriad 2VPU，所有的 V-SLAM 算法都可以直接在 VPU 上面运行，能够实现非常低的延时以及非常高效的功耗。推荐结合上位机（如树莓派、jetson nano、jetson xavier 等）一起使用。

由于 t265 主要是通过 V-SLAM 算法定位，其对工作环境的要求也比较高。它理想的操作环境是视野范围以内有合理数量的固定、清晰的视觉特征。若工作环境有移动的物体，或者足够空旷、无明显特征，表现将会大打折扣。安装 t265 时一般会结合工作环境调整摄像头的朝向来获得最佳效果，比如在室外飞行将摄像头装在无人机下方，在人多的室内会将 t265 安装在无人机的正上方。

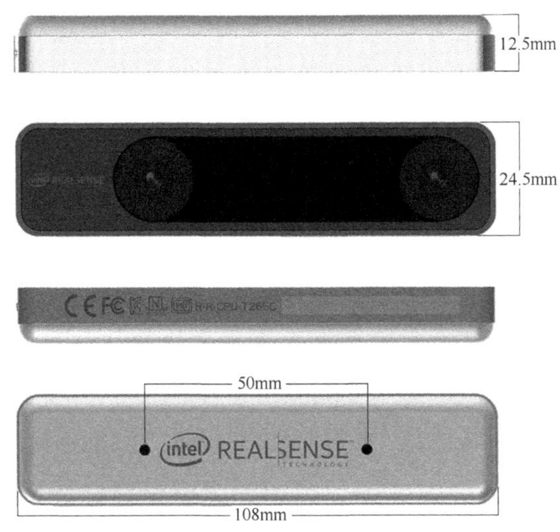

图 12-6　t265 双目鱼眼摄像头

12.2.6　深度相机（以 D435i 为例）

图 12-7 为英特尔实感 D435i 双目 RGB 摄像头，D435i 在尖端立体深度摄像头中放置了一个 IMU。D435i 在小巧外形中采用英特尔模块和视觉处理器，是一个功能强大的一体产品，可与定制软件配合使用，是一款能够了解自身运动的深度摄像头。

与常规的 RGB 相机不同，D435i 作为一款 RGBD 相机，是附带有深度信息的，在获取图像的同时，也能获取到图像中每个像素点到相机的距离。因此 D435i 除了获取周围环境的图像信息之外，还能够实现障碍物感知以及三维地图重建等功能。

图 12-7　D435i 双目摄像头

12.2.7　IMU（Inertial Measurement Unit）

一般飞控会内置 IMU 模块，它整合了微型惯性传感器，以便于获得移动物体运动参数，比如高度、位置、速度、加速度。如图 12-8 所示，6 轴 IMU 分为两部分：

① 加速度计：加速度计为特定力的传感器，它可以测量本地坐标系下面的 x、y 以及 z 轴的加速度。

② 陀螺仪：陀螺仪用于测量物体自身坐标系下绕 x 轴、y 轴、z 轴旋转的角速度。

这些元器件受温度影响比较大，因此，通常 IMU 模块会额外添加用于对温度测量的元器件以抵消温度带来的影响。

更加高级的 IMU 模块，如 9 轴 IMU，会添加磁罗盘来获得陀螺仪的朝向信息。

IMU 不能直接测量位置信息，它只能通过对测量得来的速度或者加速度并对其积分来获得位置信息。所以，若仅采用 IMU 定位，会产生累计误差，一般会将 IMU 融合其他传感器来获得更准确的位置信息。

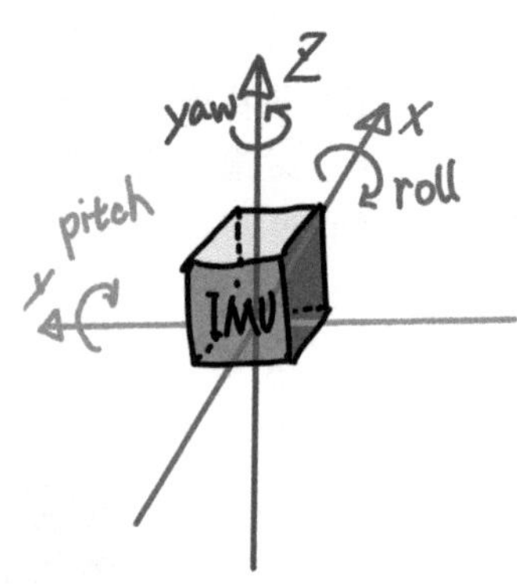

图 12-8　IMU 姿态角示意图

12.2.8　MoCap（Motion Capture）

室内动作捕捉系统比如 VICON 或者 Optitrack 也被广泛应用于无人机上，用来获得无人机的位姿以及高度信息。由于其高精度、高实时性的特点，MoCap 被广泛用于各个实验室用于验证动力学模型。

MoCap 虽然精度高，实时性好，但是测量时其对场地要求高，成本也高，一般用于室内且无红外线干扰的环境中。

12.2.9　UWB（Ultra Wide Band Positioning）

UWB 是应用于无线通信领域的无线电技术，常用于室内定位，具有低功耗、低辐射、传输速率高的特点。室内三维空间定位需要四个以上的基站。

12.3　无人机硬件—控制

12.3.1　电子调速器（ESC）

如图 12-9 所示，电子调速器（Electronic Speed Control，ESC）根据单片机输入的参考信号，改变其内部电路的场效应晶体管（FET）的开关速度，通过调节晶体管的占空比或者开关频率来输出更大的能驱动电机的电流、电压信号。它被广泛应用于各种航模、车模、船模等遥控模型上，是现代四周飞行器（以及所有多旋翼飞行器）的重要组成部分。

与一般的电子调速器相比，无人机的电子调速器通常可以使用更快的更新频率。以四周无人机常用的无刷电机电子调速器为例，它需要有 MCU 电信号输入、直流稳压源输入（电源电压输入），输出的是无刷电机可以“理解”的三相电压信号。

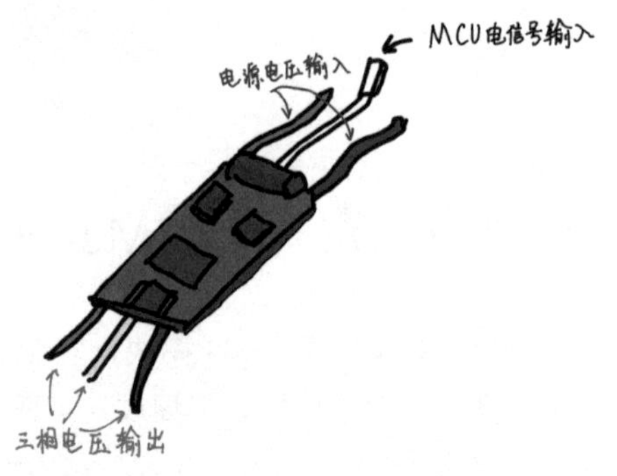

图 12-9　无刷直流电机电子调速器示意图

12.3.2　电机

有刷直流电机与无刷直流电机需要有不同类型的电子调速器。有刷电机可以通过改变电枢上的电压（或者占空比）来控制转动速度。无刷电机则需要调整电机多个绕组的电流脉冲的时序来驱动电机转动。由于无刷电机有着更高的效率、更长的使用寿命以及更轻的重量，所以被广泛应用于无人机中，图 12-10 就是无刷电机的示意图。

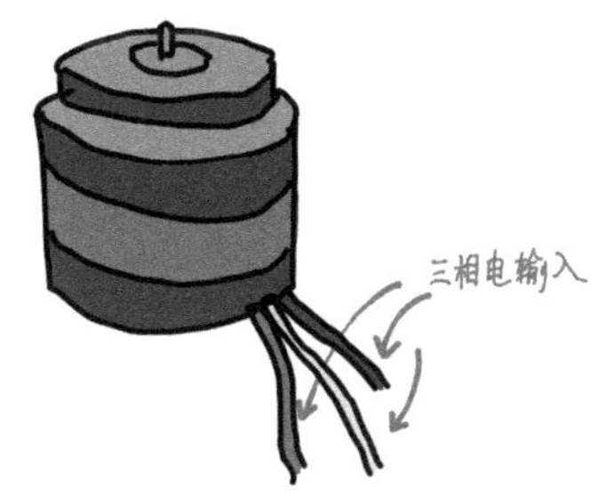

图 12-10　无刷电机示意图

作为无人机的主要动力源，在选择电机的时候，需要考虑电机的最大拉力、电机的 KV 值两个参数。由于飞机飞行时不仅需要改变位姿，而且需要克服风的扰动以及阻力，所以电机的最大拉力需要大于飞机重力的 2.5 倍。无刷电机的 KV 值表示 1V 电压下电机每分钟怠速时的转速。KV 值越大，可以输出的转矩越小，相同电压下电机怠速时转速越快；KV 值越小，可以输出的转矩就越大，相同电压下电机怠速时转速就越慢。KV 值高的电机，可以使无人机达到更高的反应速度，一般采用小桨，比如 FPV 以及各种竞速穿越机；KV 值低的电机，可以输出更大的转矩，从而驱动更高的负重，适合农业植保机等大型的机型。

12.4　无人机硬件—通信

12.4.1　无线数传

无线数传并不是一般无人机的必需部分，它可以提供无线 MAVLink，将地面站与飞控连接起来。它可以在飞机飞行的过程中使用地面站在线调节参数，在线查看飞机飞行的状态。无线数传又有 Sik Radio、WIFI、Microhard Serial Telemetry 三种不同选择。

（1）Sik Radio

PX4 与 Sik Radio 无线电协议兼容，可以直接连接在 Pixhawk 系列控制器上。一般来说，无线数传是成对出现的，一个用于连接飞机，另一个用于连接地面站，模块如图 12-11 所示。

（2）WIFI

通过 WIFI 信号，地面站可以与飞控实现全双工通信。虽然使用 WIFI 在距离上可能会短于一般的数传，但是传输速率会更高。一般来说只需要一个 WIFI 数传即可完成数据传输，模块如图 12-12 所示。

图 12-11　Sik Radio

图 12-12　WIFI

（3）Microhard Serial Telemetry

其支持最多 1W 输出的无线电，支持一对一、一对多的消息传输结构。使用默认设置的传输距离为 8km。在使用 Microhard Serial Telemetry 时，无人机必须具有不同的 MAVLINK ID。其模块如图 12-13 所示。

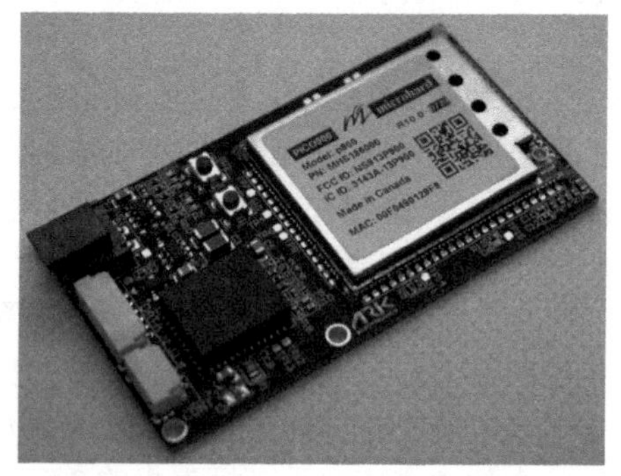
图 12-13　Microhard Serial Telemetry

12.4.2　FrSky 数传

用于遥控器控制无人机，需要结合遥控器使用。FrSky 分为两个部分：遥控发射机、遥测接收机。遥控器可以监测无人机飞行中飞行模式、电池信息、遥控信号强度、速度、高度、卫星星数等信息。

遥控器有两大类：美国手与日本手。美国手遥控器的左遥杆负责无人机的上升与下降、偏航角调整；右摇杆负责无人机前后左右移动。日本手与美国手相差不大，左摇杆负责前后左右移动，右遥杆负责无人机的上升下降与偏航角调整。

12.5　仿真通信

仿真是无人机飞行时必须要经历的一步，采用仿真环境调试飞机，可以大大减少开发的时间与成本。我们将介绍普罗米修斯的仿真项目。

项目的 github 地址是 https://github.com/amov-lab/Prometheus.git。

无人机的仿真过程如图 12-14 所示。

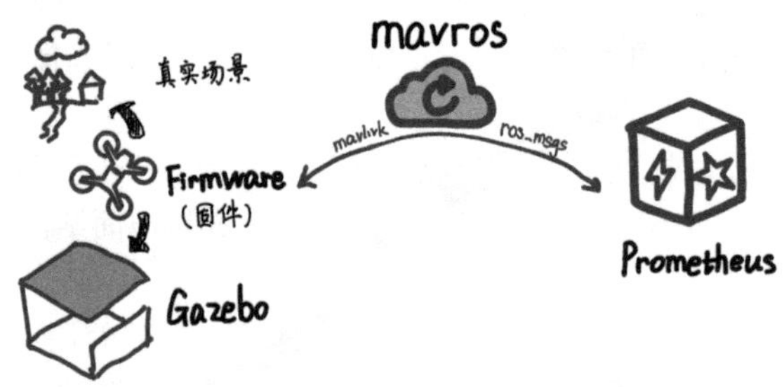

图 12-14　无人机仿真原理

如前所说，“飞控”是无人机的小脑，通过对各种传感器的信息以及上位机或者遥控器传来的期望动作信号进行处理，给四个电机加以合适的驱动量。所说的固件（Firmware），就是飞控的程序。

既然飞控是小脑，如果想要完全发挥作用，离不开大脑发送的指令，它还需要知道自己的目标是什么，下一步动作是什么，才能够完全运行起来。ROS 系统可以对摄像机、雷达等需要大量计算资源的信息进行处理，得出无人机期望动作，可以成为无人机的“大脑”。

既然有了无人机的“大脑”，那么怎么让大脑与小脑协调工作呢？这便引出了主角——mavros，它是连接 Prometheus 项目（上位机）与飞控系统的桥梁。

12.6 Prometheus 仿真环境搭建

下面的仿真都是基于普罗米修斯这个平台来进行。首先需要配置普罗米修斯相关的环境。由于需要的性能比较高，所以这个仿真项目只能在笔记本或者台式电脑中进行配置。

12.6.1 prometheus_px4 配置

prometheus_px4 是 Prometheus 项目配套使用的 PX4 源码，Prometheus 项目的仿真模块依赖其中的 PX4 固件以及 sitl_gazebo 功能包。

（1）安装 prometheus_px4

```
git clone https://gitee.com/amovlab/prometheus_px4.git
```

首次安装 PX4 固件时，需要安装 PX4 环境。

```
cd prometheus_px4/Tools/setup
source ./ubuntu.sh
```

（2）安装子模块以及相关依赖

输入以下指令，并将示例中的 {your_prometheus_px4_path} 替换为 prometheus_px4 的安装路径。

```
cd {your_prometheus_px4 path}/prometheus_px4
git submodule update --init --recursive
pip3 install --user toml empy jinja2 packaging
```

（3）编译 prometheus_px4

```
make amovlab_sitl_default gazebo_p450
```

编译结束后，会自动运行 Gazebo 仿真环境并加载 P450 无人机，启动仿真环境时部分电脑可能出现一些报错信息，但只要仿真环境和 P450 无人机可以正常加载就可以忽略相关报错。其 Gazebo 界面如图 12-15 所示。

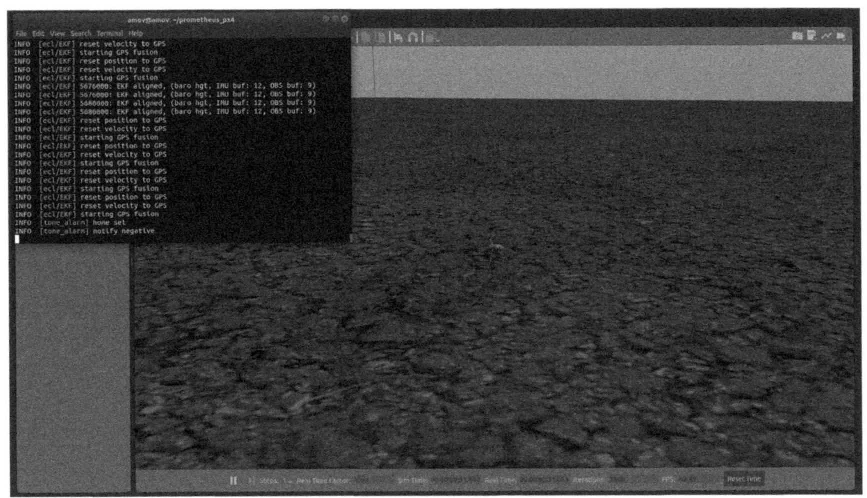

图 12-15　Gazebo 仿真界面

12.6.2 Prometheus 配置

（1）安装 Prometheus

```
git clone https://gitee.com/amovlab/Prometheus.git
```

（2）安装 prometheus_mavros

prometheus_mavros 是 Prometheus 项目配套使用的 MAVROS 功能包，Prometheus 项目与 PX4 连接进行数据交互依赖于 MAVROS 功能包。

打开终端输入以下命令安装 prometheus_mavros，并将示例中的 {your_prometheus_path} 替换为 Prometheus 的安装路径，在安装结束后会出现图 12-16 的结果。

```
cd {your prometheus path}/Prometheus/Scripts/installation/prometheus_mavros
chmod +x install_prometheus_mavros.sh
./install_prometheus_mavros.sh
```

```
amov@amov: ~/Prometheus/Scripts/installation/prometheus_mavros
File Edit View Search Terminal Help
                 from /home/amov/prometheus_mavros/src/mavros/mavros/include/mav
ros/mavros_plugin.h:25,
                 from /home/amov/prometheus_mavros/src/mavros/mavros_extras/src/
plugins/vibration.cpp:17:
/home/amov/prometheus_mavros/src/mavros/mavros_msgs/include/mavros_msgs/mavlink_
convert.h:45:32: warning: unknown option after '#pragma GCC diagnostic' kind [-W
pragmas]
 #pragma GCC diagnostic ignored "-Waddress-of-packed-member"
                                ^~~~~~~~~~~~~~~~~~~~~~~~~~~~~
cd /home/amov/prometheus_mavros/build/mavros_extras; catkin build --get-env mavr
os_extras | catkin env -si  /usr/bin/make --jobserver-fds=6,7 -j; cd -
................................................................................
Finished  <<< mavros_extras                        [ 25.2 seconds ]
Starting  >>> test_mavros
Finished  <<< test_mavros                          [ 6.1 seconds ]
[build] Summary: All 7 packages succeeded!
[build]   Ignored:   None.
[build]   Warnings:  2 packages succeeded with warnings.
[build]   Abandoned: None.
[build]   Failed:    None.
[build] Runtime: 1 minute and 17.2 seconds total.
[build] Note: Workspace packages have changed, please re-source setup files to u
se them.
amov@amov:~/Prometheus/Scripts/installation/prometheus_mavros$
```

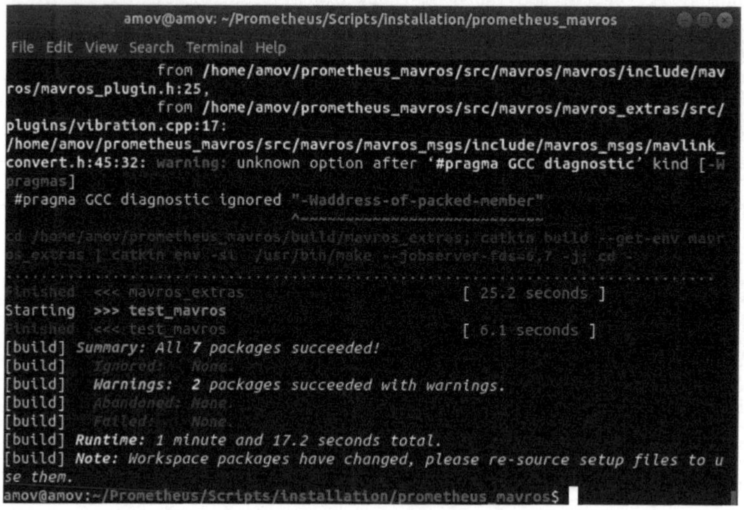

图 12-16　终端编译界面

（3）测试环境

安装完毕后打开终端输入以下命令测试 prometheus_mavros 是否正常安装完毕以及环境变量是否正常加载。

```
roscd mavros
```

如果出现路径为 ~/prometheus_mavros/src/mavros/mavros 则证明安装成功。输出结果如图 12-17 所示。

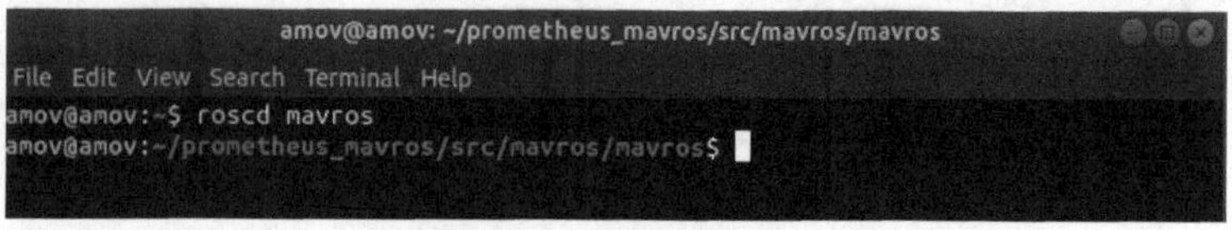

```
amov@amov: ~/prometheus_mavros/src/mavros/mavros
File Edit View Search Terminal Help
amov@amov:~$ roscd mavros
amov@amov:~/prometheus_mavros/src/mavros/mavros$
```

图 12-17　路径结果显示

（4）编译 Prometheus

同样的，这里也需要输入下面的指令，并将示例中的 {your_prometheus_path} 替换为 Prometheus 的安装路径。

```
cd {your prometheus path}/Prometheus
# 第一次使用时需要给编译脚本文件添加可执行权限
chmod +x compile_*
# 编译控制功能模块
./compile_control.sh
```

目前提供四个编译脚本，其名称与功能如表 12-1 所示。

表 12-1 编译脚本

compile_all.sh	编译全部功能模块，包含基础模块、Gazebo 仿真模块、控制模块、demo 模块、规划模块、目标检测模块
compile_control.sh	编译控制功能相关模块，包含基础模块、Gazebo 仿真模块、控制模块、demo 模块、规划模块、目标检测模块
compile_planning.sh	编译规划功能相关模块，包含基础模块、Gazebo 仿真模块、控制模块、demo 模块、规划模块、目标检测模块
compile_detection.sh	编译视觉功能相关模块，包含基础模块、Gazebo 仿真模块、控制模块、demo 模块、规划模块、目标检测模块

在运行过程中，需要注意：

① 目标检测模块能编译通过，并不代表所有功能都正常运行。

② 目标检测模块大部分功能都需要 Nvidia 显卡、CUDA 环境支持。

用户可根据自身情况选择其中一个编译脚本文件运行，避免不需要的功能模块带来的环境或编译问题。

（5）环境变量配置

```
sudo gedit ~/.bashrc
```

将以下内容移植到 .bashrc 文件后保存退出，其中 {your prometheus path} 为 Prometheus 项目路径，{your px4 path} 为安装 prometheus_px4 固件的路径。

```
source {your prometheus path}/Prometheus/devel/setup.bash
GAZEBO_PLUGIN_PATH=$GAZEBO_PLUGIN_PATH:{your prometheus path}/Prometheus/devel/lib
export GAZEBO_MODEL_PATH=$GAZEBO_MODEL_PATH:{your prometheus path}/Prometheus/Simulator/
gazebo_simulator/gazebo_models/uav_models
export GAZEBO_MODEL_PATH=$GAZEBO_MODEL_PATH:{your prometheus path}/Prometheus/Simulator/
gazebo_simulator/gazebo_models/ugv_models
export GAZEBO_MODEL_PATH=$GAZEBO_MODEL_PATH:{your prometheus path}/Prometheus/Simulator/
gazebo_simulator/gazebo_models/sensor_models
export GAZEBO_MODEL_PATH=$GAZEBO_MODEL_PATH:{your prometheus path}/Prometheus/Simulator/
gazebo_simulator/gazebo_models/scene_models
export GAZEBO_MODEL_PATH=$GAZEBO_MODEL_PATH:{your prometheus path}/Prometheus/Simulator/
gazebo_simulator/gazebo_models/texture
source {your px4 path}/prometheus_px4/Tools/setup_gazebo.bash {your px4 path}/prometheus_px4
{your px4 path}/prometheus_px4/build/amovlab_sitl_default
export ROS_PACKAGE_PATH=$ROS_PACKAGE_PATH:{your px4 path}/prometheus_px4
export ROS_PACKAGE_PATH=$ROS_PACKAGE_PATH:{your px4 path}/prometheus_px4/Tools/sitl_gazebo
```

以图 12-18 为例，Prometheus 安装在 /home 文件夹下，可用 ~ 代表。~/Prometheus 与 /home/amov/Prometheus 等效。示例中的 amov 为用户名，如果使用 /home/{user}/Prometheus 形式需要将用户名更改。

（6）安装遥控器驱动

```
## 安装遥控器仿真驱动
sudo apt-get install jstest-gtk
## 安装完成之后，可以在终端中运行如下指令检查遥控器是否正常以及摇杆和按钮的响应情况
jstest-gtk
```

```
source /opt/ros/melodic/setup.bash

source ~/Prometheus/devel/setup.bash
source ~/prometheus_mavros/devel/setup.bash

export GAZEBO_PLUGIN_PATH=$GAZEBO_PLUGIN_PATH:~/Prometheus/devel/lib
export GAZEBO_MODEL_PATH=$GAZEBO_MODEL_PATH:~/Prometheus/Simulator/gazebo_simulator/gazebo_models/uav_models
export GAZEBO_MODEL_PATH=$GAZEBO_MODEL_PATH:~/Prometheus/Simulator/gazebo_simulator/gazebo_models/ugv_models
export GAZEBO_MODEL_PATH=$GAZEBO_MODEL_PATH:~/Prometheus/Simulator/gazebo_simulator/gazebo_models/sensor_models
export GAZEBO_MODEL_PATH=$GAZEBO_MODEL_PATH:~/Prometheus/Simulator/gazebo_simulator/gazebo_models/scene_models
export GAZEBO_MODEL_PATH=$GAZEBO_MODEL_PATH:~/Prometheus/Simulator/gazebo_simulator/gazebo_models/texture

source ~/prometheus_px4/Tools/setup_gazebo.bash ~/prometheus_px4 ~/prometheus_px4/build/amovlab_sitl_default
export ROS_PACKAGE_PATH=$ROS_PACKAGE_PATH:~/prometheus_px4
export ROS_PACKAGE_PATH=$ROS_PACKAGE_PATH:~/prometheus_px4/Tools/sitl_gazebo
```

图 12-18 Prometheus 路径

（7）Gazebo 模型库下载

```
cd ~/.gazebo/
  # 如果之前没有 models 文件夹，创建 models 文件夹
  mkdir -p models
  cd ~/.gazebo/models/
  # 这个仓库是从官方仓库 (https://github.com/osrf/gazebo_models) 复制过来的，会定期更新
  git clone https://gitee.com/amovlab/gazebo-models.git
```

到此 Prometheus 仿真环境的搭建就全部完成了。

12.6.3 测试 Prometheus

接下来就可以简单测试 Prometheus 能否正常运行。

输入以下命令启动仿真功能测试脚本文件：

```
# 请将示例中的 {your prometheus path} 替换为 prometheus 的安装路径
cd ${your prometheus path}/Prometheus/Scripts/simulation/px4_gazebo_sitl_test
# 第一次使用时需要给脚本文件添加可执行权限
chmod +x px4_sitl_*
# 启动室外无人机仿真启动脚本
./px4_sitl_outdoor.sh
```

输入该命令后，会出现一个含有三个标签页的终端以及 Gazebo，如图 12-19 所示。

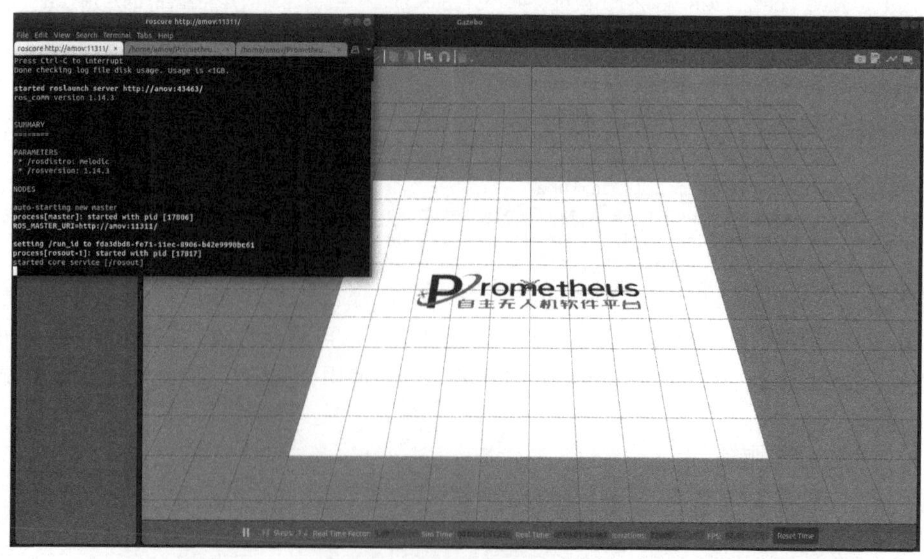

图 12-19 Prometheus 界面

12.7 通过 mavros 实现对期望动作的发布

12.7.1 从终端控制飞机探讨 mavros 用法

如果要用普罗米修斯打开最简单的项目，只需在终端输入如下命令：

```
# 建立第一个终端
roslaunch prometheus_gazebo sitl.launch
# 新建一个终端
rosrun prometheus_control terminal_control
```

此时对应的节点如图 12-20 所示。

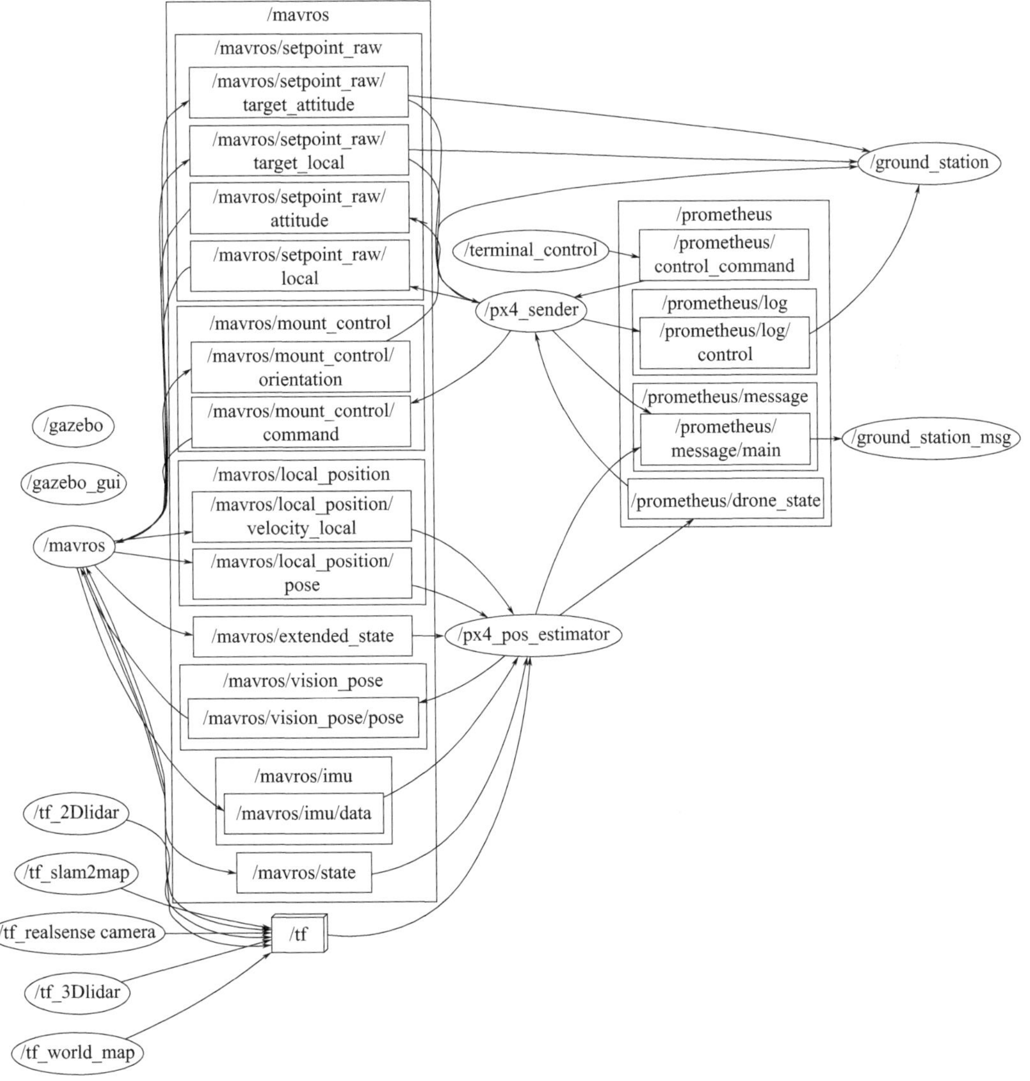

图 12-20　节点图

下面将解释 mavros 命名空间下各个话题的作用。

① /mavros/setpoint_raw：向飞控单元发送设定值，并提供相应的数据流回送。

• target_attitude：高度设定值数据流回送。

• target_local：局部设定值数据流回送。

• attitude：高度、角速率以及推力度设定值。

• local：局部位置、速度以及加速度的设定值，一般发送数据至这个话题实现对飞机的位姿控制。

② /mavros/mount_control：用于控制云台。

• orientation：指云台实际角度值，可以订阅此话题获得云台的实际角度。

• command：指云台控制角度值，可以发布此话题控制云台。

③ /mavros/local_position：这个话题是由飞控单元发送过来的位姿、速度数据，是经过各个传感器融合后的最终结果。

• velocity_local：指从飞控单元发送回来的速度数据。

• pose：指从飞控单元发送回来的位姿数据。

④ /mavros/extended_state：指着陆探测器和垂直起降状态数据。

⑤ /mavros/vision_pose/pose：这个是 mavros_extras 的补充话题，它可以由板载的视觉里程计或外部的动作捕捉系统提供位置信息。它会被飞控单元接收，然后与飞控内部传感器融合并发送最终结果至 /mavros/local_position/pose 话题下。

⑥ /mavros/Imu/data：指由飞控单元发送过来的方向数据。

⑦ /mavros/state：订阅的是飞机飞行的状态数据，如“解锁”“降落”“OFFBOARD”等。

12.7.2 对期望动作的发送

如前所述，通过话题 /mavros/setpoint_raw 来实现对飞控期望动作的发送。由节点图发现，在普罗米修斯项目中，这个消息部分被封装在 Modules/control/include/command_to_mavros.h 头文件中。这是一个典型的期望位置发送指令，pos_setpoint 是发送的消息，它是 mavros_msgs::Position-Target 类型的变量，这个类的成员变量如下所示，它对应的发布话题为“/mavros/setpoint_raw/local”。

```
//发送位置期望值至飞控（输入：期望xyz，期望yaw）
void command_to_mavros::send_pos_setpoint(const Eigen::Vector3d &pos_sp, float yaw_sp)
{
    mavros_msgs::PositionTarget pos_setpoint;
    // Bitmask toindicate which dimensions should be ignored (1 means ignore,0 means not ignore; Bit 10 must set to 0)
    // Bit 1:x, bit 2:y, bit 3:z, bit 4:vx, bit 5:vy, bit 6:vz, bit 7:ax, bit 8:ay, bit 9:az, bit 10:is_force_sp, bit 11:yaw, bit 12:yaw_rate
    // Bit 10 should set to 0, means is not force sp
    pos_setpoint.type_mask = 0b100111111000; // 100 111 111 000  xyz + yaw
    pos_setpoint.coordinate_frame = 1;
    pos_setpoint.position.x = pos_sp[0];
    pos_setpoint.position.y = pos_sp[1];
    pos_setpoint.position.z = pos_sp[2];
    pos_setpoint.yaw = yaw_sp;
    setpoint_raw_local_pub.publish(pos_setpoint);
    // 检查飞控是否收到控制量
    // cout <<">>>>>>>>>>>>>>>>>>>>>>>>>>>>>>>command_to_mavros<<<<<<<<<<<<<<<<<<<<<<<<<<<<"<<endl;
```

```
        // cout << "Pos_target [X Y Z] : " << pos_drone_fcu_target[0] << " [ m ] "<< pos_drone_
fcu_target[1]<<" [ m ] "<<pos_drone_fcu_target[2]<<" [ m ] "<<endl;
        // cout << "Yaw_target : " << euler_fcu_target[2] * 180/M_PI<<" [deg] "<<endl;
    }
```

pos_setpoint.type_mask 用于定义发送的哪些数据被“接收”，如果用二进制来表示，每一位都有其对应的控制量，在多数情况下，0 表示采用，1 表示忽略对应的控制量。在位置加上偏航角控制例程中，它的含义如图 12-21 所示。

控制量	yaw_rate	yaw	is_force_sp	az	ay	ax	vz	vy	vx	z	y	x
对应数字	1	0	0	1	1	1	1	1	1	0	0	0
含义	忽略	采用	忽略	忽略	忽略	忽略	忽略	忽略	忽略	采用	采用	采用

图 12-21　pos_setpoint.type_mask 对应位的含义

pos_setpoint.coordinate_frame 表示选用的坐标系，1 表示选用的是局部坐标系，同样也可以使用宏定义的方式来写。

```
pos_setpoint.coordinate_frame = mavros_msgs::PositionTarget::FRAME_LOCAL_NED;
```

pos_setpoint.type_mask 的部分也可以使用宏定义用一个更直观的形式来写：

```
pos_setpoint.type_mask =
                // mavros_msgs::PositionTarget::IGNORE_PX |
                // mavros_msgs::PositionTarget::IGNORE_PY |
                // mavros_msgs::PositionTarget::IGNORE_PZ |
                mavros_msgs::PositionTarget::IGNORE_VX |
                mavros_msgs::PositionTarget::IGNORE_VY |
                mavros_msgs::PositionTarget::IGNORE_VZ |
                mavros_msgs::PositionTarget::IGNORE_AFX |
                mavros_msgs::PositionTarget::IGNORE_AFY |
                mavros_msgs::PositionTarget::IGNORE_AFZ |
                // mavros_msgs::PositionTarget::FORCE |
                // mavros_msgs::PositionTarget::IGNORE_YAW |
                mavros_msgs::PositionTarget::IGNORE_YAW_RATE;
```

同样，mavros 也可以对 roll、pitch、yaw 以及 thrust 这种更为底层的控制量进行控制，actuator_setpoint.group_mix 用来定义控制的方式。actuator_setpoint.controls 从 0 ～ 3 分别对应翻滚角、俯仰角、偏航角、油门这几个量，如下所示，它对应的发布话题名为“/mavros/actuator_control”。

```
//发送底层至飞控（输入：MxMyMz，期望推力）
void command_to_mavros::send_actuator_setpoint(const Eigen::Vector4d &actuator_sp)
{
      mavros_msgs::ActuatorControl actuator_setpoint;
      actuator_setpoint.group_mix = 0;
      actuator_setpoint.controls[0] = actuator_sp(0);
      actuator_setpoint.controls[1] = actuator_sp(1);
      actuator_setpoint.controls[2] = actuator_sp(2);
      actuator_setpoint.controls[3] = actuator_sp(3);
      actuator_setpoint.controls[4] = 0.0;
      actuator_setpoint.controls[5] = 0.0;
      actuator_setpoint.controls[6] = 0.0;
      actuator_setpoint.controls[7] = 0.0;
      actuator_setpoint_pub.publish(actuator_setpoint);
      // // 检查飞控是否收到控制量
      // cout <<">>>>>>>>>>>>>>>>>>>>>>>>>>>>>>command_to_mavros<<<<<<<<<<<<<<<<<<<<<<<<<<<<"
<<endl;
```

```
        // //ned to enu
        // cout << "actuator_target [0 1 2 3] : " << actuator_target.controls[0] << " [ ] "<<
-actuator_target.controls[1] <<" [ ] "<<-actuator_target.controls[2]<<" [ ] "<<actuator_
target.controls[3] <<" [ ] "<<endl;
        // cout << "actuator_target [4 5 6 7] : " << actuator_target.controls[4] << " [ ] "<<
actuator_target.controls[5] <<" [ ] "<<actuator_target.controls[6]<<" [ ] "<<actuator_target.
controls[7] <<" [ ] "<<endl;
}
```

同样，PX4也可以提供控制云台接口的指令，它对应发布的话题名为“/mavros/mount_control/command”，可以对云台的俯仰角、翻滚角以及偏航角进行控制。

```
void command_to_mavros::send_mount_control_command(const Eigen::Vector3d &gimbal_att_sp)
{
        mavros_msgs::MountControl mount_setpoint;
        //
        mount_setpoint.mode = 2;
        mount_setpoint.pitch = gimbal_att_sp[0]; // Gimbal Pitch
        mount_setpoint.roll = gimbal_att_sp[1];  // Gimbal  roll
        mount_setpoint.yaw = gimbal_att_sp[2];   // Gimbal  Yaw
        mount_control_pub.publish(mount_setpoint);
}
```

同时，也可以通过对“/mavros/cmd/arming”以及“/mavros/set_mode”两个服务的调用，来改变飞机当前的飞行状态，如OFFBOARD、怠速运转、启动、降落等。

```
//【服务】解锁 / 上锁
//  本服务通过 Mavros 功能包 /plugins/command.cpp 实现
arming_client = command_nh.serviceClient<mavros_msgs::CommandBool>(uav_name + "/mavros/cmd/
arming");
//【服务】修改系统模式
//  本服务通过 Mavros 功能包 /plugins/command.cpp 实现
set_mode_client = command_nh.serviceClient<mavros_msgs::SetMode>(uav_name + "/mavros/set_
mode");
```

通过订阅“/mavros/setpoint_raw/target_local”“/mavros/setpoint_raw/target_attitude”“/mavros/target_actuator_control”可以实现对无人机期望位置 / 速度 / 加速度、期望角度 / 角速度以及底层控制量的实时监控。

```
//【订阅】无人机期望位置 / 速度 / 加速度 坐标系 :ENU 系
//  本话题来自飞控 ( 通过 Mavros 功能包 /plugins/setpoint_raw.cpp 读取 ), 对应 Mavlink 消息为
POSITION_TARGET_LOCAL_NED, 对应的飞控中的 uORB 消息为 vehicle_local_position_setpoint.msg
position_target_sub = command_nh.subscribe<mavros_msgs::PositionTarget>(uav_name + "/mavros/
setpoint_raw/target_local", 10, &command_to_mavros::pos_target_cb, this);
//【订阅】无人机期望角度 / 角速度 坐标系 :ENU 系
//  本话题来自飞控 ( 通过 Mavros 功能包 /plugins/setpoint_raw.cpp 读取 ), 对应 Mavlink 消息为
ATTITUDE_TARGET (#83), 对应的飞控中的 uORB 消息为 vehicle_attitude_setpoint.msg
attitude_target_sub = command_nh.subscribe<mavros_msgs::AttitudeTarget>(uav_name + "/mavros/
setpoint_raw/target_attitude", 10, &command_to_mavros::att_target_cb, this);
//【订阅】无人机底层控制量 (Mx、My、Mz 及 F) [0]、[1]、[2]、[3] 分别对应 roll、pitch、yaw 控制量及
油门推力
//  本话题来自飞控 ( 通过 Mavros 功能包 /plugins/actuator_control.cpp 读取 ), 对应 Mavlink 消息为
ACTUATOR_CONTROL_TARGET, 对应的飞控中的 uORB 消息为 actuator_controls.msg
actuator_target_sub = command_nh.subscribe<mavros_msgs::ActuatorControl>(uav_name + "/mavros/
target_actuator_control", 10, &command_to_mavros::actuator_target_cb, this);
```

12.8 通过 mavros 实现对当前位置发送

无人机能够稳定运行离不开外部传感器对无人机位置的实时感知，除了使用 GPS 以外，还可以通过视觉或雷达作为无人机的定位方式，它可以大大提高无人机在室内运作时的可靠性。

位置消息的发布节点在 /px4_pos_estimator 中，代码是 /Modules/control/src/px4_estimator.cpp。这个节点提供位置信息的方式分别为动作捕捉系统定位、二维激光雷达定位、双目视觉（t265）定位、cartographer 估计位置、SLAM 估计位姿、Gazebo 仿真真值（用在仿真情况中）。其中，二维激光雷达定位只能提供 *xoy* 平面的位置，如果想要获得 *z* 轴位置，可能需要其他传感器的加入（比如 tfmini）。

无一例外，它们在经过信息处理以后，都会发送至“mavrs/vision_pose/pose”节点下面。需要注意，尽管话题名称为“mavros/vision_pose/pose”，但是在实际应用中，经常会使用视觉以外的信息源，比如雷达、cartographer 建图以后的位置信息、tfmini 提供的高度信息。

mavros 会根据接收到的视觉定位消息，通过滤波算法与内置传感器（陀螺仪模块）数据融合，并发布在话题“/mavros/local_position/pose”下面。这个话题消息类型是 geometry_msgs::PoseStamped，由位置的 *xyz*、姿态的四元数和 std_msgs/Header 所组成。

接下来介绍整体代码实现流程。下面几个函数用于接收无人机位置信息，当接收到相应消息时，它会进入回调函数，对这些位置消息进行处理，比如加入传感器偏移量、转化成欧拉角、转化坐标系等。用户可以根据实际情况进行选择使用何种信息作为无人机位置数据的来源。

```
//【订阅】cartographer 估计位置
ros::Subscriber laser_sub = nh.subscribe<tf2_msgs::TFMessage>("/tf", 100, laser_cb);
// 【订阅】t265 估计位置
ros::Subscriber t265_sub = nh.subscribe<nav_msgs::Odometry>("/t265/odom/sample", 100, t265_cb);
//【订阅】optitrack 估计位置
ros::Subscriber optitrack_sub = nh.subscribe<geometry_msgs::PoseStamped>("/vrpn_client_
node/"+ object_name + "/pose", 100, mocap_cb);
//【订阅】gazebo 仿真真值
ros::Subscriber gazebo_sub = nh.subscribe<nav_msgs::Odometry>("/prometheus/ground_truth/
p300_basic", 100, gazebo_cb);
//【订阅】SLAM 估计位姿
ros::Subscriber slam_sub = nh.subscribe<geometry_msgs::PoseStamped>("/slam/pose", 100, slam_cb);
```

在数据来源确定以后，还需要把对应的数据发送至飞控，它接收的数据类型为 geometry_msgs::PoseStamped。

```
void send_to_fcu()
{
    geometry_msgs::PoseStamped vision;
    //vicon
    if (input_source == 0)
    {
        vision.pose.position.x = pos_drone_mocap[0];
        vision.pose.position.y = pos_drone_mocap[1];
        vision.pose.position.z = pos_drone_mocap[2];
        vision.pose.orientation.x = q_mocap.x();
        vision.pose.orientation.y = q_mocap.y();
        vision.pose.orientation.z = q_mocap.z();
```

```
            vision.pose.orientation.w = q_mocap.w();
            // 此处时间主要用于监测动捕，T265 设备是否正常工作
            if( prometheus_control_utils::get_time_in_sec(last_timestamp) > TIMEOUT_MAX)
            {
                _odom_valid= false;
                pub_message(message_pub, prometheus_msgs::Message::ERROR, NODE_NAME, "Mocap
Timeout.");
            }

            } //Laser
        else if (input_source == 1)
        {
            vision.pose.position.x = pos_drone_laser[0];
            vision.pose.position.y = pos_drone_laser[1];
            vision.pose.position.z = pos_drone_laser[2];
            //目前为二维雷达仿真情况，故 z 轴使用其他来源
            vision.pose.position.z = pos_drone_gazebo[2];
            vision.pose.orientation.x = q_laser.x();
            vision.pose.orientation.y = q_laser.y();
            vision.pose.orientation.z = q_laser.z();
            vision.pose.orientation.w = q_laser.w();
        }
        else if (input_source == 2)
        {
            vision.pose.position.x = pos_drone_gazebo[0];
            vision.pose.position.y = pos_drone_gazebo[1];
            vision.pose.position.z = pos_drone_gazebo[2];
            vision.pose.orientation.x = q_gazebo.x();
            vision.pose.orientation.y = q_gazebo.y();
            vision.pose.orientation.z = q_gazebo.z();
            vision.pose.orientation.w = q_gazebo.w();
        }
        else if (input_source == 3)
        {
            vision.pose.position.x = pos_drone_t265[0];
            vision.pose.position.y = pos_drone_t265[1];
            vision.pose.position.z = pos_drone_t265[2];
            vision.pose.orientation.x = q_t265.x();
            vision.pose.orientation.y = q_t265.y();
            vision.pose.orientation.z = q_t265.z();
            vision.pose.orientation.w = q_t265.w();
        }
        else if (input_source == 4)
        {
            vision.pose.position.x = pos_drone_slam[0];
            vision.pose.position.y = pos_drone_slam[1];
            vision.pose.position.z = pos_drone_slam[2];
            vision.pose.orientation.x = q_slam.x();
            vision.pose.orientation.y = q_slam.y();
            vision.pose.orientation.z = q_slam.z();
            vision.pose.orientation.w = q_slam.w();
        }
        vision.header.stamp = ros::Time::now();
        vision_pub.publish(vision);
    }
```

为了后续 rviz 可视化工具能够将无人机显示出来，需要额外发布里程计、运动轨迹、位姿的消息至对应话题。

```
void pub_to_nodes(prometheus_msgs::DroneState State_from_fcu)
{
    // 发布无人机状态，具体内容参见 prometheus_msgs::DroneState
    Drone_State = State_from_fcu;
    Drone_State.odom_valid= _odom_valid;
    Drone_State.header.stamp = ros::Time::now();
    // 户外情况，使用相对高度
    if(input_source == 9 )
    {
        Drone_State.position[2] = Drone_State.rel_alt;
    }
    drone_state_pub.publish(Drone_State);
    // 发布无人机当前 odometry, 用于导航及 rviz 显示
    nav_msgs::Odometry Drone_odom;
    Drone_odom.header.stamp = ros::Time::now();
    Drone_odom.header.frame_id = "world";
    Drone_odom.child_frame_id = "base_link";
    Drone_odom.pose.pose.position.x = Drone_State.position[0];
    Drone_odom.pose.pose.position.y = Drone_State.position[1];
    Drone_odom.pose.pose.position.z = Drone_State.position[2];
    // 导航算法规定 高度不能小于 0
    if (Drone_odom.pose.pose.position.z <= 0)
    {
        Drone_odom.pose.pose.position.z = 0.01;
    }
    Drone_odom.pose.pose.orientation = Drone_State.attitude_q;
    Drone_odom.twist.twist.linear.x = Drone_State.velocity[0];
    Drone_odom.twist.twist.linear.y = Drone_State.velocity[1];
    Drone_odom.twist.twist.linear.z = Drone_State.velocity[2];
    odom_pub.publish(Drone_odom);
    // 发布无人机运动轨迹，用于 rviz 显示
    geometry_msgs::PoseStamped drone_pos;
    drone_pos.header.stamp = ros::Time::now();
    drone_pos.header.frame_id = "world";
    drone_pos.pose.position.x = Drone_State.position[0];
    drone_pos.pose.position.y = Drone_State.position[1];
    drone_pos.pose.position.z = Drone_State.position[2];
    drone_pos.pose.orientation = Drone_State.attitude_q;
    //发布无人机的位姿和轨迹 用作 rviz 中显示
    posehistory_vector_.insert(posehistory_vector_.begin(), drone_pos);
    if (posehistory_vector_.size() > TRA_WINDOW)
    {
        posehistory_vector_.pop_back();
    }
    nav_msgs::Path drone_trajectory;
    drone_trajectory.header.stamp = ros::Time::now();
    drone_trajectory.header.frame_id = "world";
    drone_trajectory.poses = posehistory_vector_;
    trajectory_pub.publish(drone_trajectory);
}
```

12.9 零门槛的普罗米修斯遥控仿真

12.9.1 PX4-Gazebo 仿真原理

在介绍 PX4-Gazebo 仿真之前，先了解一下基于 PX4 的旋翼无人机系统，如图 12-22 所示。

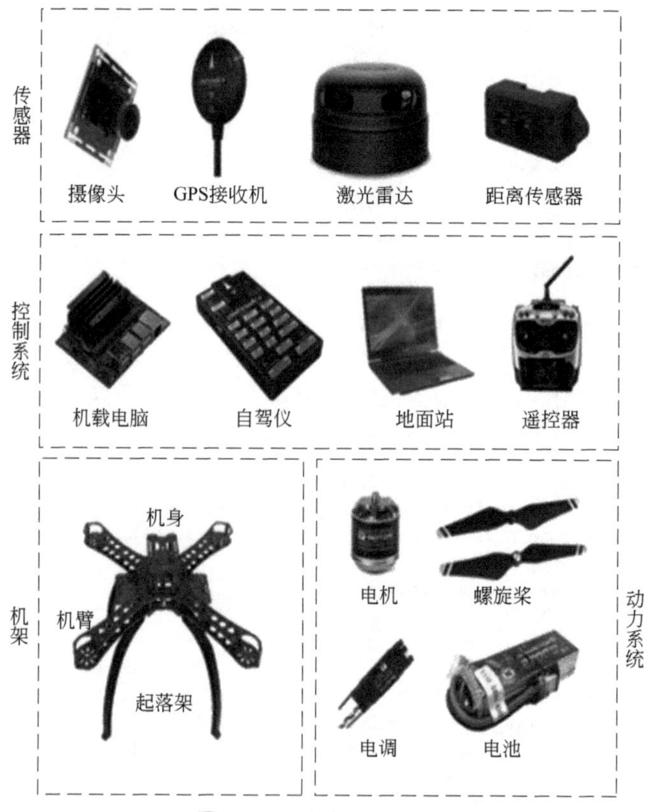

图 12-22　旋翼无人机系统

可以看到，PX4 旋翼无人机包含机架、电机、旋翼、飞控（飞行控制板）、脚架等必需模块，这是无人机实现飞行移动的基础。其次，还包含图传、数传、GPS、激光雷达、视觉传感器等模块，这些非必需模块和无人机应用场景相关，根据不同的场景会搭载其余模块。

我们需要清楚地认识到，无人机能够实现飞行功能就必须要有上面所说的必需模块以及配套的软件系统。其软件系统的架构如图 12-23 所示。

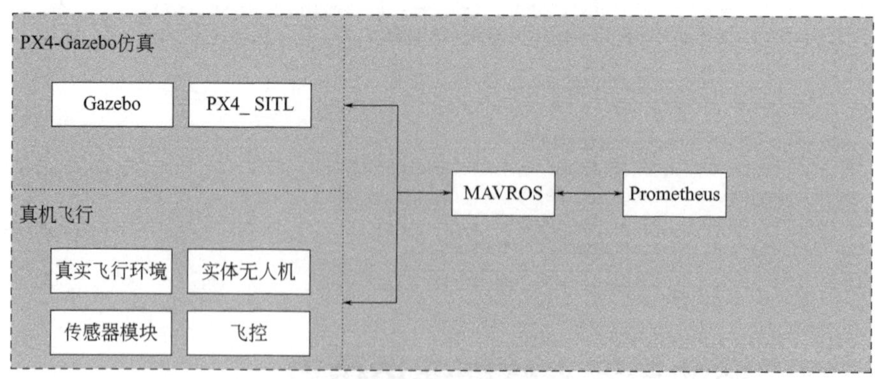

图 12-23　软件系统架构

在仿真中，我们并不需要这些硬件模块，但是需要通过软件来模拟硬件模块的数据交互。其中，Gazebo 提供了一个物理环境的模拟系统，例如无人机以及飞行环境的可视化、物理属性、碰撞属性等。而 PX4 完成了对无人机物理模型以及运动控制模型的搭建、运动控制插件、飞行控制系统等内容。

基于 PX4-Gazebo 的仿真系统能够完全实现无人机飞行控制的全部功能，除了性能，其余方面与真机表现并无差异，可以简单理解为 Gazebo 提供无人机硬件仿真，而 PX4 提供飞控仿真，当然无人机硬件仿真也是由 PX4 项目组完成，Gazebo 仅仅提供一个物理仿真平台。

12.9.2　Prometheus 代码框架

Prometheus 系统的整体代码框架如图 12-24 所示。

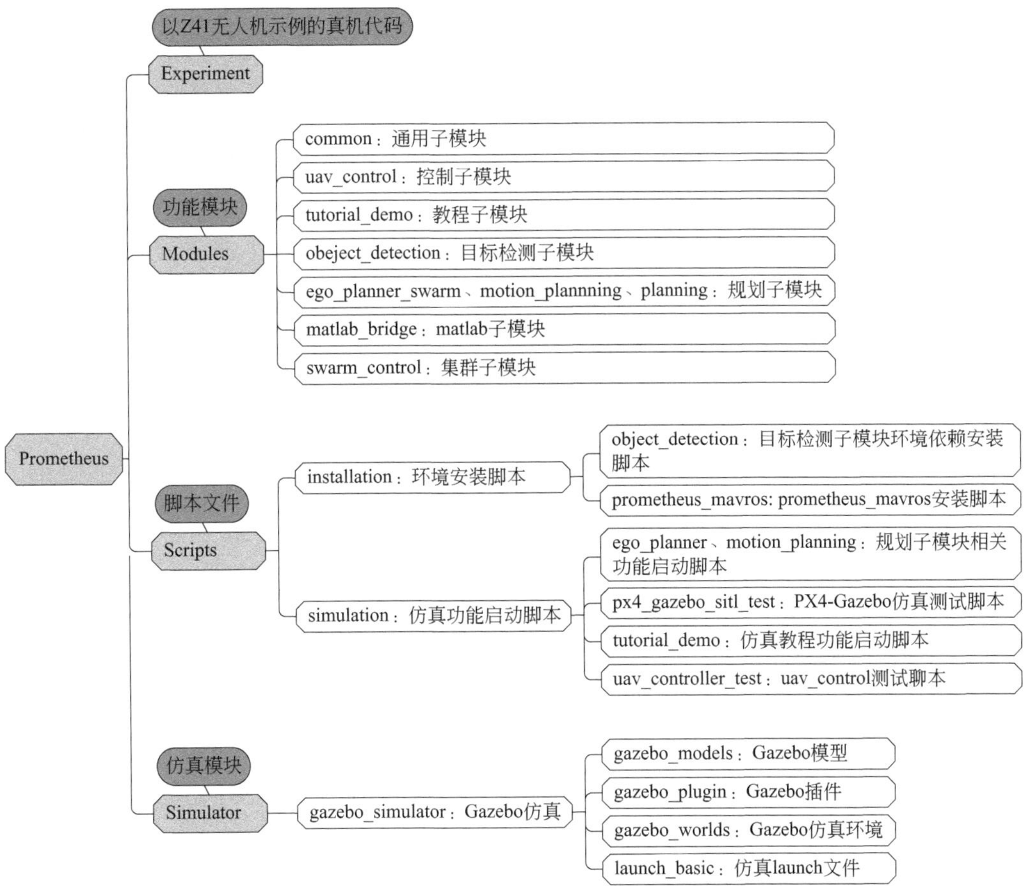

图 12-24　Prometheus 系统代码框架

Prometheus 代码框架主要包含 Experiment、Modules、Scripts、Simulator 四个模块。

（1）Experiment

与阿木实验室 Z410 无人机配套的真机代码，其余安装有 Prometheus 项目的无人机也可以通过该模块内容适配 Prometheus 项目，但可能需要修改部分参数。

（2）Modules

Modules 作为 Prometheus 项目最重要的组成部分，包含各个功能子模块的全部源代码，主要有通用子模块、控制子模块、教程子模块、目标检测子模块、规划子模块等功能源代码。

（3）Scripts

Scripts 下有 installation 和 simulation 两大部分，其中 installation 包含目标检测子模块环境安装脚本以及 prometheus_mavros 安装脚本，simulation 包含各仿真功能启动脚本以及测试脚本。

（4）Simulator

提供基于 PX4-Gazebo 的 Prometheus 仿真代码，包含无人机、传感器、二维码以及环境等相关模型，控制插件以及仿真 launch 文件等。

12.9.3 仿真中的遥控器使用说明

在真实飞行过程中，我们使用真实的遥控器作为控制无人机的主要操作来源，遥控器始终拥有最高的权限，精湛的遥控器操作手法可以保证无人机安稳着陆，因此遥控的操作技巧是需要不断练习的。仿真与实机结合，更加符合开发流程，在以往的仿真中，通过键盘控制无人机飞行，并不能真实反映实机飞行时该怎么操作，这也是基于现存的种种问题，为了让仿真与实机结合更加完美，在 Prometheus 中增加遥控器控制方式，与真机使用更加对应起来，更加容易上手进行二次开发。

无人机操作摇杆如图 12-25 所示。

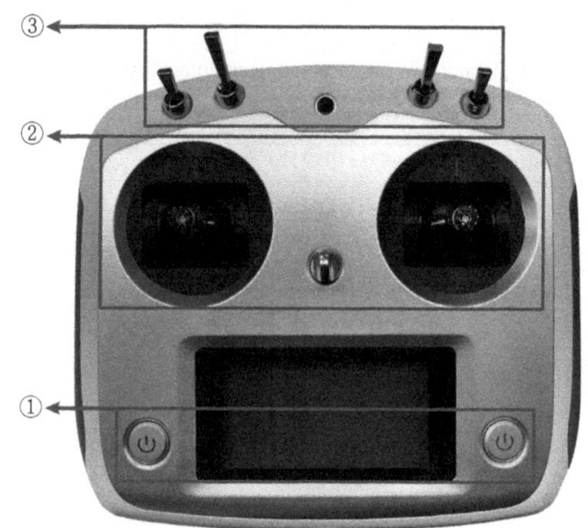

图 12-25　无人机操作摇杆

具体操作如下：

① 开关机按钮，开关机需要同时按下两个按钮，开机时需要所有挡杆开关打至最上端；

② 摇杆，控制无人机上下左右前后移动；

③ 挡杆开关，从左到右依次为 SWA、SWB、SWC、SWD。

详细操作见表 12-2。

表 12-2　无人机操作摇杆对应模块的作用

右摇杆（左右）	通道 1	滚转（向左推，无人机向左移动）
右摇杆（上下）	通道 2	俯仰（向上推，无人机向前飞）
左摇杆（上下）	通道 3	油门（向上推，无人机向上飞）
左摇杆（左右）	通道 4	偏航（向左推，无人机向上）
SWA（两段开关）	通道 5	解锁 / 上锁开关
SWB（三段开关）	通道 6	Prometheus 控制模式切换，分别对应 INIT-RC_POS_CONTROL-COMMAND_CONTROL
SWC（三段开关）	通道 7	KILL 开关，也可以留作用户自定义
SWD（两段开关）	通道 8	Prometheus 中的 LAND 模式

仿真电脑和遥控器通过 Micro USB 数据线连接，如图 12-26 所示。

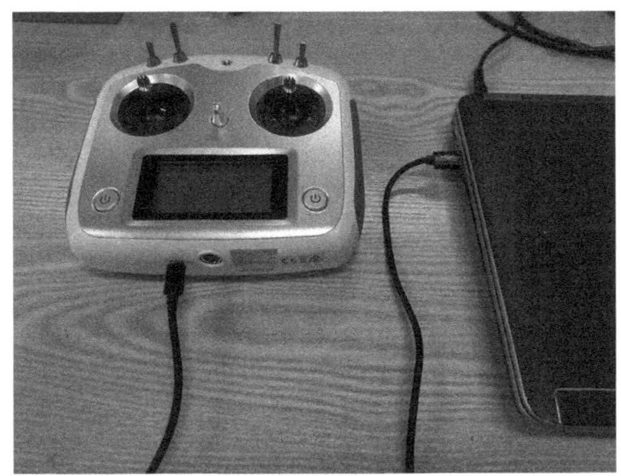

图 12-26　摇杆与仿真电脑相连接

Prometheus 控制状态包含 INIT、RC_POS_CONTROL、COMMAND_CONTROL、LAND_CONTROL，图 12-27 为无人机运行时的控制状态机图。

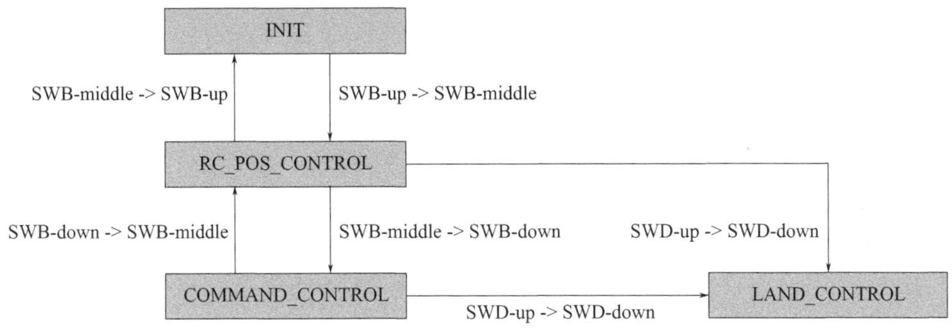

图 12-27　无人机运行时的控制状态机图

12.9.4　无人机各种情况下的操作说明

（1）无人机挡杆情况说明

SWA/SWC/SWD 挡杆都属于触发型，而 SWB 挡杆属于维持型，SWA 挡杆执行解锁上锁操作，触发解锁操作需要从上往下拨这个动作，而不是 SWA 挡杆处于底部，SWB 切换到某一模式，是因为挡杆处于那个位置，而不是拨的动作。

（2）无人机未解锁时

① 仅能通过 SWA 挡杆进行解锁上锁操作，SWB 挡杆无法切换控制模式，SWD 无法切换到降落模式。

② 将 SWB 挡杆拨到中间位置时，无人机解锁后会直接进入 RC_POS_CONTROL，而直接拨到底部位置时，无人机解锁后无法进入 COMMAND_CONTROL，因为需要先进入 RC_POS_CONTROL 才能切入 COMMAND_CONTROL 模式。

（3）无人机解锁并处于 INIT(PX4 处于 Position 模式) 模式时

① 处于地面时可执行上锁操作。

② 可使用摇杆控制无人机移动。

③ 可切入 RC_POS_CONTROL 模式。

④ 无法切入 LAND_CONTROL 模式（需要在 RC_POS_CONTROL 或 LAND_CONTROL 模式下）。

⑤ 无法直接切入 COMMAND_CONTROL 模式（挡杆以及软件都需要先进入 RC_POS_CONTROL 模式）。

⑥ 将 SWB 挡杆快速切入 COMMAND_CONTROL 模式时，会导致系统异常，此时，挡杆处于 COMMAND_CONTROL 模式，但无人机上一状态为 INIT 模式，导致无人机无法正常进入 COMMAND_CONTROL 模式。

（4）无人机解锁并处于 RC_POS_CONTROL（PX4 处于 OFFBOARD 模式）模式时

① 无人机此时会离地一定高度，不能上锁。

② 可切入 LAND_CONTROL。

③ 可切入 COMMAND_CONTROL。

（5）无人机解锁并处于 COMMAND_CONTROL（PX4 处于 OFFBOARD 模式）模式时

① 可切入 LAND_CONTROL。

② 可切入 RC_POS_CONTROL。

③ 将 SWB 挡杆快速移动至顶端可直接切入 INIT 模式。

（6）无人机遥控器操作正常流程

① 将 SWA/SWB/SWC/SWD 挡杆全部打到最顶端。

② 启动相关功能代码脚本。

③ 将 SWA 挡杆切入底端进行解锁。

④ 无人机解锁后将 SWB 挡杆切入 RC_POS_CONTROL 模式，缓慢升高到一定高度。

⑤ 将 SWB 挡杆切入 COMMAND_CONTROL 模式，无人机进行自主飞行。

⑥ 自主飞行任务结束后将 SWD 挡杆拨到底端，无人机自主降落。

（7）无人机定位异常无法正常飞行

① 此时无人机将触发保护机制，进行快速降落。

② 如果快速降落依然存在安全风险或无人机已经失控，则将 SWC 挡杆向下拨，无人机电机将停转。

（8）无人机在 COMMAND_CONTROL 模式下需要人为接管

将 SWB 挡杆拨到中间位置或最顶端位置切换至 RC_POS_CONTROL 或 INIT 人为进行操作。

12.9.5 uav_control 节点介绍

Prometheus 是通过 MAVROS 与飞控进行数据交互，获取无人机状态信息以及发布无人机控制指令。在 Prometheus 中，也存在一个子模块，负责与 MAVROS 进行数据交互，这个模块就是控制子模块——uav_control，控制子模块分为两部分，一个是 uav_estimator，另一个是 uav_controller。

uav_estimator 主要负责获取无人机状态信息、外部定位数据处理接入飞控以及数据可视化；uav_controller 主要负责无人机控制数据处理以及飞行安全保障。

uav_estimator 以及 uav_controller 共同组成 uav_control 节点，提供两个重要的 ROS 话题，一个是 /prometheus/command，另一个是 /prometheus/state，一般情况下会根据无人机编号设定命名空间，默认是 /uav1，所以话题名一般情况下为 /uav1/prometheus/command 和 /uav1/prometheus/state。

/prometheus/command 话题为无人机控制命令接口，使用的消息为 prometheus_msgs/UAVCommand，提供了 Init_Pos_Hover（默认位置悬停）、Current_Pos_Hover（当前位置悬停）、Land（降落）、Move（移动）以及 User_Mode1（用户自定义）五种控制模式。

这五种控制命令的模式需要和前面的 Prometheus 四种控制状态区分开，后者隶属于遥控器切换的控制状态，而前者隶属于 Agent_CMD 控制命令，其中第四种控制命令 Move（移动控制指令）还包括具体的九种移动控制命令，包含惯性系和机体系的定点控制、定高速度控制以及速度控制；轨迹跟踪控制、姿态控制以及绝对坐标系下的经纬度控制。

其中 /prometheus/state 话题为无人机状态信息接口，使用的消息为 prometheus_msgs/UAVState，该话题主要提供无人机相关状态信息，包含无人机编号、连接状况、解上锁状态、飞行模式、定位来源、无人机位置、速度、加速度以及经纬度等信息。

12.9.6　tutorial_demo 模块

在 Prometheus 中增加了 tutorial_demo（教学例程）子模块，包含无人机起飞降落、惯性系控制、经纬度控制、集群控制、二维码降落以及搜寻、框选追踪等多个功能 demo，能够帮助大家快速上手学习 Prometheus 二次开发。结合例程代码，可以快速掌握相关接口数据的调用以及接口的使用，下面以起飞降落 demo 为例做讲解。

12.9.7　起飞降落

起飞降落 demo 对应脚本位于 /Prometheus/Scripts/simulation/tutorial_demo/takeoff_land.sh，图 12-28 为其路径分叉图。

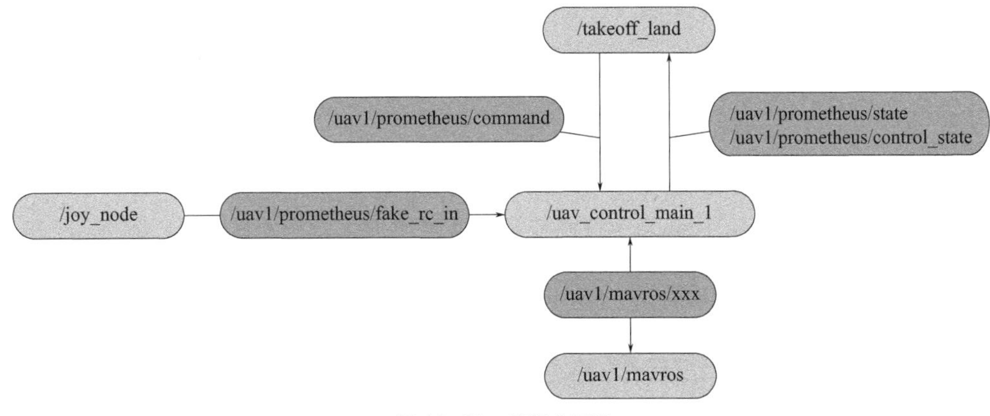

图 12-28　路径分叉图

起飞降落例程主要包含 /joy_node、/uav1/mavros、/uav_control_main_1、/takeoff_land 等 ROS 节点。

① /joy_node 节点为遥控器 ROS 驱动节点，用以获取遥控器数据。

② /uav1/mavros 节点为飞控 ROS 驱动节点，与飞控进行数据交互。在仿真中，该驱动节点与模拟飞控进行数据交互。

③ /uav_control_main_1 节点为 Prometheus 项目中最基础的 ROS 节点，所有 Prometheus 项目的功能模块都通过该节点与无人机进行数据交互。

④ /takeoff_land 节点为起飞降落节点，通过 /uav_control_main_1 节点提供的数据接口获取无人机数据以及控制无人机。

从节点运行图中，可以看到 /takeoff_land 节点与 /uav_control_main_1 节点进行数据交互主要有三个 ROS 话题。

① /uav1/prometheus/command：无人机控制接口；

② /uav1/prometheus/state：无人机状态；

③ /uav1/prometheus/control_state：无人机控制状态。

源码文件名为 takeoff_land.cpp，位于 /Prometheus/Modules/tutorial_demo/basic/takeoff_land/src 文件夹下。

```
// 时间戳
uav_command.header.stamp = ros::Time::now();
// 坐标系
uav_command.header.frame_id = "ENU";
//Init_Pos_Hover 初始位置悬停，可在 uav_control_indoor.yaml 或 uav_control_outdoor.yaml 文件设置无人机悬停高度
uav_command.Agent_CMD = prometheus_msgs::UAVCommand::Init_Pos_Hover;
// 发布的命令 ID，每发一次，该 ID 加 1
uav_command.Command_ID = 1;
// 发布起飞命令
uav_command_pub.publish(uav_command);
// 时间戳
uav_command.header.stamp = ros::Time::now();
// 坐标系
uav_command.header.frame_id = "ENU";
//Land 降落，从当前位置降落至地面并自动上锁
uav_command.Agent_CMD = prometheus_msgs::UAVCommand::Land;
// 发布的命令 ID 加 1
uav_command.Command_ID += 1;
// 发布降落命令
uav_command_pub.publish(uav_command);
```

该 demo 为 Prometheus 起飞降落控制接口开发示例，核心代码如上所示，主要填充以下数据：

① Agent_CMD 设置为 Init_Pos_Hover，该模式为起飞；Agent_CMD 设置为 Land，该模式为降落。

② 每发送一次数据，Command_ID 加 1。

③ 时间戳通过调用 ros::Time::now() 函数获取当前 ROS 系统时间并赋值，frame_id 并不影响功能，但建议与控制命令所采用的坐标系一致。

12.10 YOLO 在普罗米修斯中的使用

12.10.1 概述

相比于 YOLOv3，更新的 YOLOv5 拥有更高 AP、更快的检测速度，同时也对小目标的检测更加出色。本节以 YOLOv5 和一个跟踪算法 siamrpn 为案例，在仿真中实现一套基于视觉识别、跟踪的无人机目标跟踪解决方案。为了获得更高的实时检测效率，将 Pytorch 的 pt 模型文件转化为 Nvidia 专有的 tensorrt engine 格式文件，所以对于没有显卡或者没有 Nvidia 显卡的读者本节程序无法使用。

12.10.2 环境配置与安装

（1）配置 Python3 的 cv_bridge

目前较新的基于深度学习算法都已经不支持 Python2，而 ROS Melodic 默认使用 Python2，YOLOv5 使用 Python3，为了能在 ROS Melodic 环境中运行 YOLOv5，就需要额外安装一个软件包，并在每个 Python 代码前添加一些内容。

```
sudo apt install ros-melodic-cv-bridge-python3
```

在每个需要使用 Python3 的代码文件头部添加，来实现 ROS 的 cv_bridge。

```
#!/usr/bin/env python3
import sys, os
sys.path.insert(0,'/opt/ros/' + os.environ['ROS_DISTRO'] + '/lib/python3/dist-packages/')
```

（2）Python 环境安装

① 安装并配置 conda。conda 是一个实现 Python 环境隔离的软件，防止 Python 各个包之间冲突。

② 配置安装所需环境，进入 Prometheus 项目 object_detection 目录 cd Modules/object_detection，执行：

```
conda env create -f conda_env_gpu.yaml
```

③ 等待上一命令执行完成后，conda 会创建一个 prometheus_python3 名字的 Python 虚拟环境，激活环境 conda activate prometheus_python3。

④ 验证环境是否安装正确。执行以下命令，如果返回的不是 /usr/bin/python3 就说明安装正确，比如返回 /home/onx/.conda/envs/prometheus_python3/bin/python3。

```
conda activate prometheus_python3
which python3
```

⑤ 加入 .bashrc, 启动时自动激活 prometheus_python3 环境。

```
echo "conda activate prometheus_python3" >> ~/.bashrc
```

⑥ 如果不需要或者重复安装时报错 , 可以先删除 prometheus_python3 环境，再执行命令。

```
conda env remove -n prometheus_python3
# 进入 ~/.bashrc 删除 'conda activate prometheus_python3' 该行
```

（3）程序运行

其结果如图 12-29 所示。

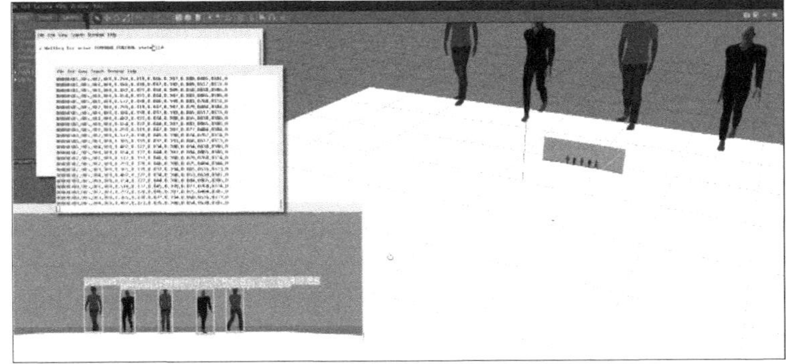

图 12-29 YOLOv5 识别人像

输出上述结果的具体步骤如下：

① 进入 Prometheus 根目录，运行如下脚本：

```
./Scripts/installation/object_detection/install_detection_yolov5tensorrt.sh
```

② 打开终端进入 Prometheus 根目录，执行以下命令：

```
roslaunch prometheus_demo yolov5_track_all.launch
# 另外开一个窗口运行进入 Modules/object_detection_YOLOv5tensorrt 路径
# 注意在 prometheus_python3 环境下执行命令，比如：
# (prometheus_python3) onx@onx:~$ python3 yolov5_tensorrt_client.py
python3 yolov5_trt_ros.py  --image_topic /prometheus/sensor/monocular_front/image_raw
```

③ 等待程序全部启动完成：2 个终端窗口，1 个图像窗口。

（4）使用步骤

① 点击目标。

② 遥控器解锁无人机，并切换到 RC_POS_CONTROL 模式，等待无人机起飞并保持悬停（或手动飞行到一定高度）。

③ 遥控器切换到 COMMAND_CONTROL。无人机接受程序控制指令，靠近目标，并在与目标有一定距离后保持悬停。

12.10.3 程序核心逻辑

（1）检测与跟踪模型加载

检测模型（YOLOv5 的 TensorRT 版本）和跟踪模型（SiamRPN）在如下程序中加载（可自行修改替换）：

```
Modules/object_detection_YOLOv5tensorrt/YOLOv5_trt_ros.py
```

由于仿真环境为 x86，所以本程序的 YOLOv5 使用 x86 分支版本，如果想要在 NX 等 ARM 的设备上使用可切换分支。当然程序支持从摄像头获取图像和从 ROS 话题中获取图像（两种方式），如需测试，可使用如下命令：

```
python3 yolov5_trt_ros.py --no_tcp
```

（2）程序运行逻辑

其程序逻辑如图 12-30 所示。

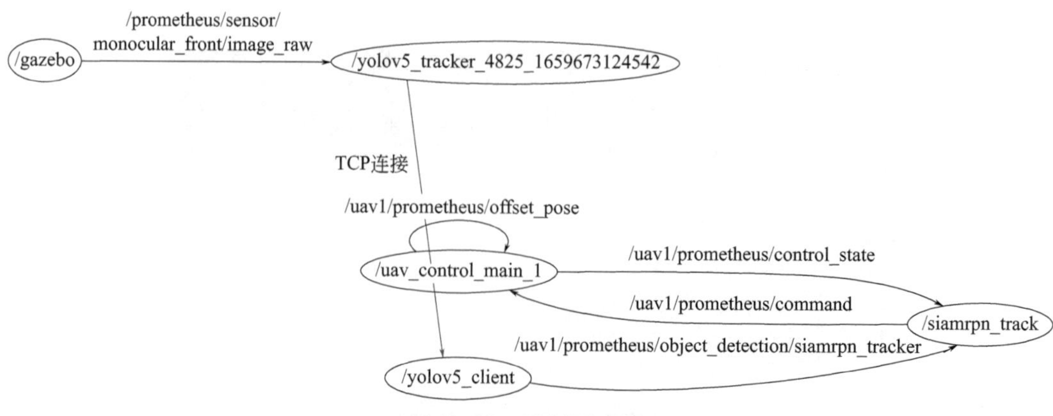

图 12-30 程序运行逻辑

程序首先使用 YOLOv5 进行目标识别，在鼠标点击相应目标框后，将目标框的图像截取放入 SiamRPN 进行目标跟踪。对于检测跟踪的信息通过 TCP 协议发送，信息主要包括类别、所在图像位置、当前所处状态（检测 / 跟踪）。

（3）与 ROS 的接口定义

① YOLOv5_tensorrt_client.py 接收 YOLOv5_trt_ros.py 发送的 TCP 数据，转换为 Modules/common/prometheus_msgs/msg/DetectionInfo.msgROS 消息发送。

② Modules/tutorial_demo/advanced/siamrpn_track/src/siamrpn_track.cpp 接收目标信息控制无人机接近目标。

12.10.4　无人机控制

在视觉节点中，假设框选到的目标是人并且假定人的身高为 1.7m，结合相机内参、目标框的高度估算相机到目标的直线距离，根据目标中心到画面中心的像素误差计算，获得目标在相机坐标系下的位置。控制节点接收到消息后，结合相机质心到无人机质心的距离，转换为机体惯性系下的坐标。无人机根据目标的坐标动态控制 x、y、z 方向的速度跟踪目标，最后在目标前方保持悬停。其运行逻辑如图 12-31 所示。

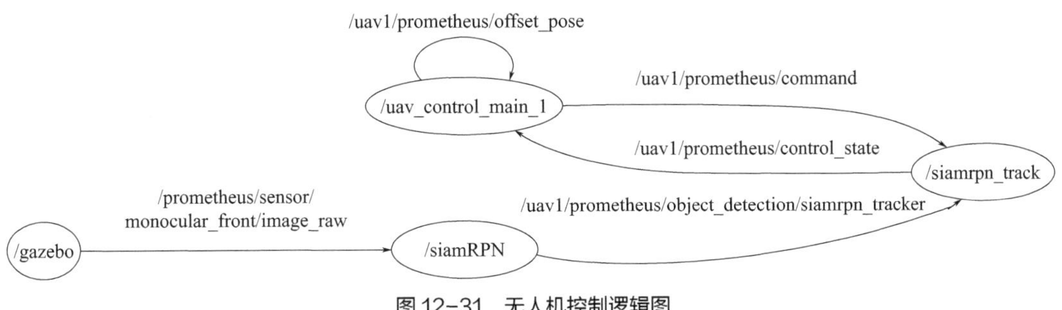

图 12-31　无人机控制逻辑图

视觉与控制分离为不同的 ROS 节点。视觉节点从图像数据上提取目标信息（如目标类别、位姿等）并将消息发送出来；控制节点从视觉节点中拿到数据，控制无人机执行相应指令，实现视觉、控制的功能复用。

加载 siamrpn 跟踪模型接收图像话题，发布 Modules/common/prometheus_msgs/msg/DetectionInfo.msg 消息。

```
Modules/object_detection/py_nodes/siamrpn_tracker/siam_rpn.py
```

接收发布的目标消息，控制无人机跟踪框选目标。

```
Modules/tutorial_demo/advanced/siamrpn_track/src/siamrpn_track.cpp
```

具体使用步骤如下：

① 框选目标。

② 遥控器解锁无人机，并切换到 RC_POS_CONTROL 模式，等待无人机起飞并保持悬停（或手动飞行到一定高度）。

③ 遥控器切换到 COMMAND_CONTROL。无人机接收程序控制指令，靠近目标，并在与目标有一定距离后保持悬停。

最终执行结果如图 12-32 所示。

图 12-32　无人机悬停结果

12.11　A* 在普罗米修斯中的使用

12.11.1　A* 在普罗米修斯中的场景

全局路径规划是在已知的环境中，给机器人规划一条路径，路径规划的精度取决于环境获取的准确度，全局路径规划可以找到最优解，但是需要预先知道环境的准确信息，当环境发生变化，如出现未知障碍物时，该方法就无能为力了。它是一种事前规划，因此对机器人系统的实时计算能力要求不高，虽然规划结果是全局的、较优的，但是对环境模型的错误及噪声处理方法较少。

前面我们学习了大量的全局路径规划算法，其中比较经典且迅速的方法当属 A*。A* 算法是全局启发式搜索算法，是一种尽可能基于现有信息的搜索策略，也就是说，搜索过程中尽量利用目前已知的诸如迭代步数，以及从初始状态和当前状态到目标状态估计所需的费用等信息。在普罗米修斯当中，A* 被用于无人机的全局路径规划。Prometheus v1.0 版本的内容进行介绍。其执行结果如图 12-33 所示。

普罗米修斯在使用 A* 算法时，所生成的节点图与 TF 树如图 12-34 所示。

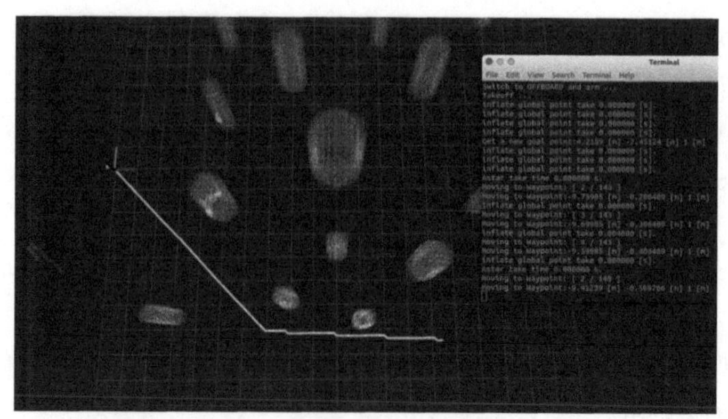

图 12-33　无人机通过 A* 算法找到全局最优结果

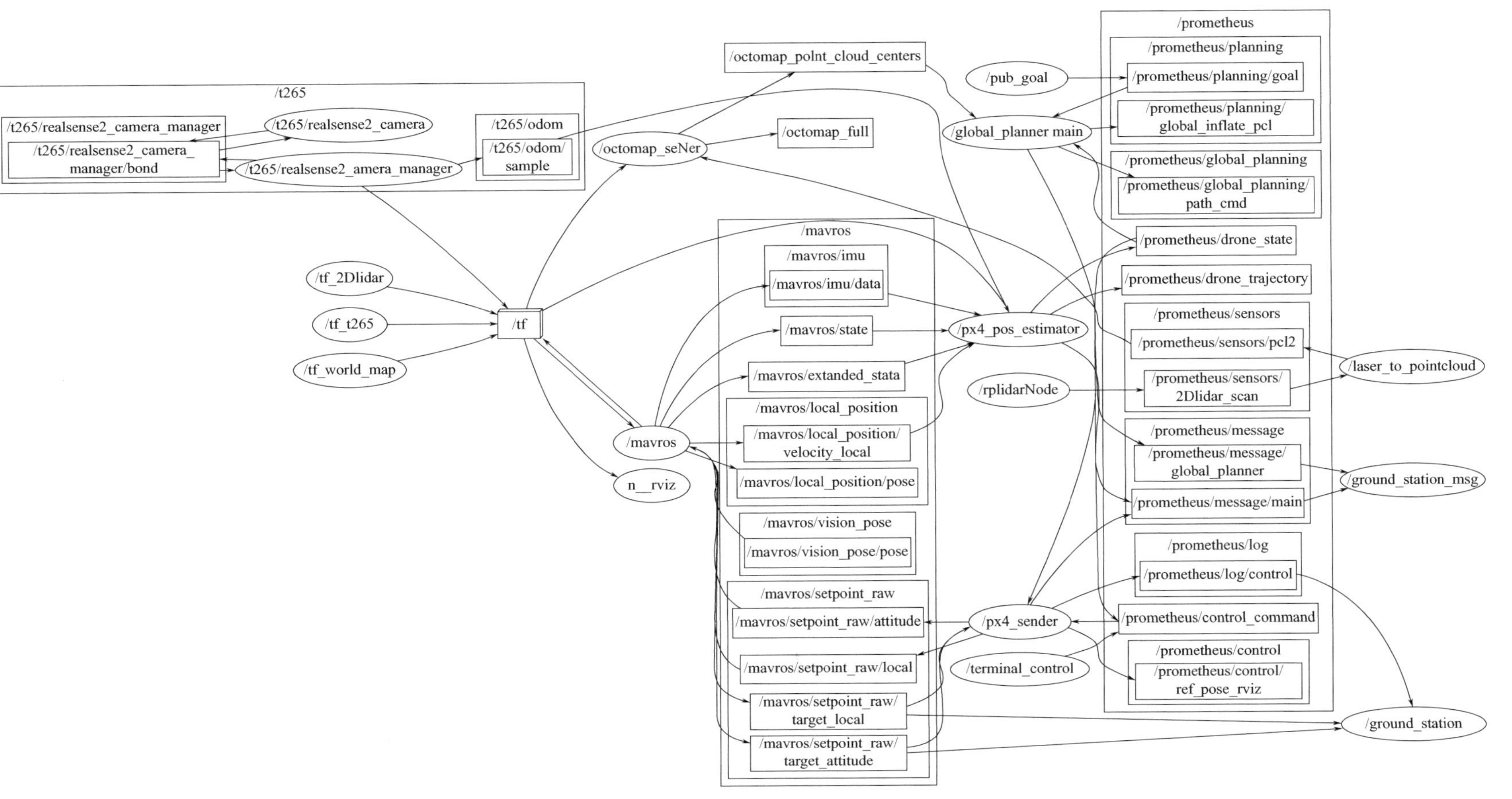

图12-34　节点图与TF树

我们从左往右来看当中最重要的几个关键节点。左上方是t265双目鱼眼的node节点，并将t265中的camera坐标以及里程计估算信息作为输出。在t265节点的下方，tf的输出主要有octomap地图、位置估计以及mavros控制。/px4_pos_estimator节点用于读取imu、pose、velocity_local信息，并将位置估算反馈到mavros中。

TF树图中则是P450无人机对应的无人机以及传感器节点。在图12-35中，无人机机身使用base_link、t265与2D激光雷达直接与base_link连接。此外，t265的另一个里程计估算输出t265_pose_frame与odom一样，独立于base_link。

下面来展示在普罗米修斯中如何启动A*算法并规划路径，首先将sitl.launch文件进行修改，因为估计器参数PX4_ESTIMATOR默认是ekf2_vision，估计器参数可选ekf2_vision和ekf2_gps，ekf2_gps使用GPS作为定位来源，ekf2_vision使用外部输入（Gazebo真值、SLAM等）作为定位来源。

```
        <env name="PX4_SIM_MODEL" value="p450" />
        <!-- 估计器参数可选 ekf2_vision 和 ekf2_gps-->
        <!-- ekf2_gps 使用 GPS 作为定位来源，ekf2_vision 使用外部输入（gazebo 真值、slam 等）作为定位来源 -->
        <!-- 参看 ~/prometheus_px4/ROMFS/px4fmu_common/init.d-posix/rcS 中的修改内容 -->
       <env name="PX4_ESTIMATOR "value="ekf2_vision" />
        <!-- 仿真速度因子 1.0 代表与真实时间同步，大于 1 加快仿真速度，小于 1 则减慢（电脑性能较差，可选择减小该参数）-->
        <env name="PX4_SIM_SPEED_FACTOR" value="1.0" />
```

然后在终端中输入命令：

```
roslaunch prometheus_gazebo sitl_astar_2dlidar.launch
```

其结果如图12-36所示。

根据提示，输入1选择开始，然后点击3D Nav Goal按钮（红圈），鼠标左键点击地图不放再点击右键上下滑动（为了确定目标点高度），同时松开鼠标按键，无人机开始自动规划路径。结果如图12-37所示。

12.11.2 A*在普罗米修斯中的代码解析

Prometheus项目中，A_star算法功能包存放在Prometheus/Modules/planning/global_planning路径下，如图12-38所示。

进入global_planning功能包的src文件夹下，可以看到5个cpp文件，如图12-39所示。

其中：

① A_star.cpp: 实现A_star规划功能的主要部分。

② global_planner.cpp：主要定义一些消息的接收端，如飞机状态、点云数据、目标点状态等消 息的接收，是为A_star算法做准备工作的文件。

③ global_planner_node.cpp: 主函数，创建一个global_planner的对象来调用A_star算法。

④ occupy_map.cpp：主要将传感器获得的障碍物的点云数据转化为栅格地图中障碍物的信息，为A_star规划算法做准备。

⑤ tools.cpp：主要用于向终端发布用户所关心的一些消息，或是反映程序进程的消息。

下面来看A_star规划具体是怎么实现的。在主函数中，它只有短短的几行，如下所示：

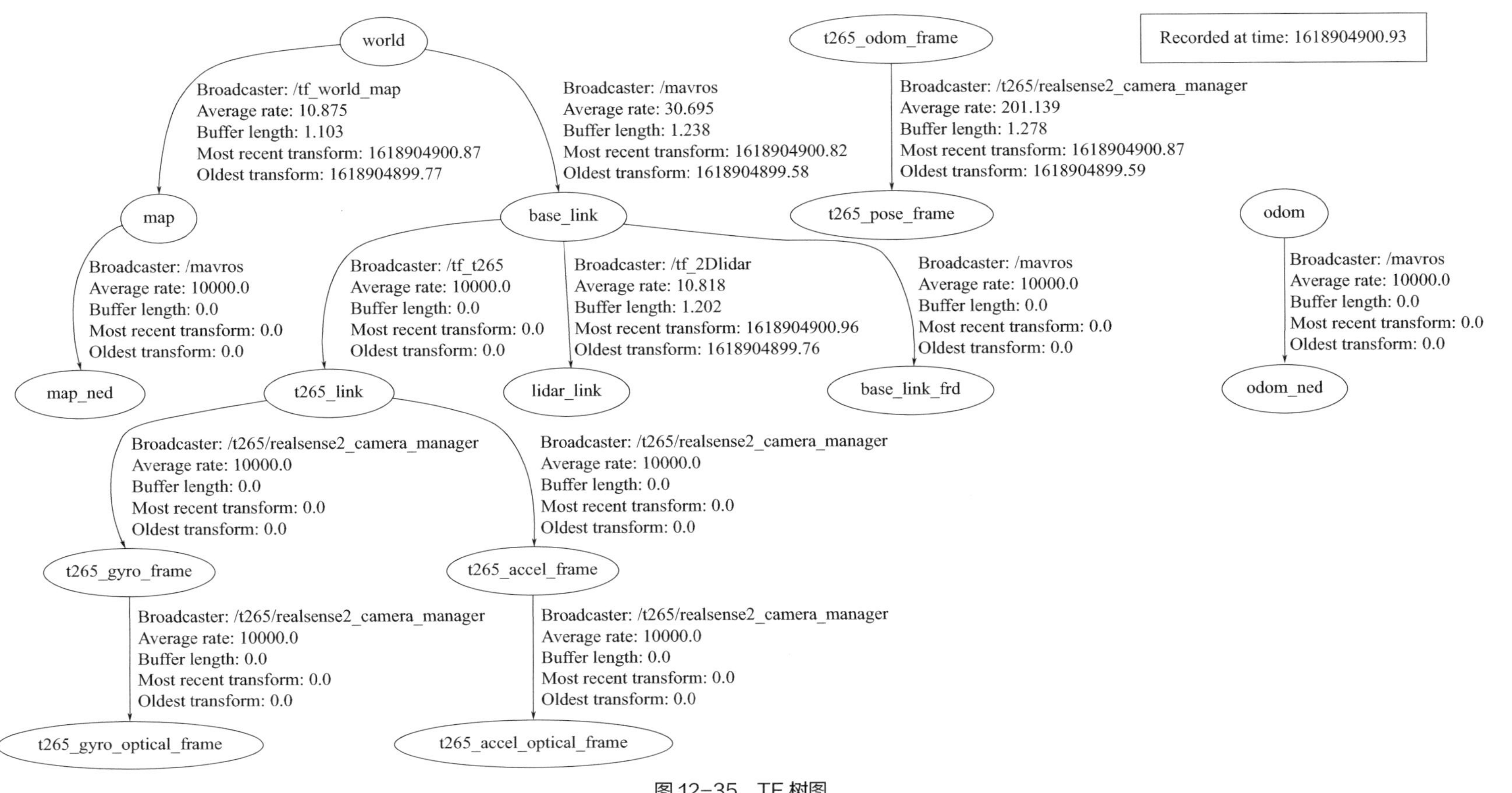

world
Broadcaster: /tf_world_map
Average rate: 10.875
Buffer length: 1.103
Most recent transform: 1618904900.87
Oldest transform: 1618904899.77
Broadcaster: /mavros
Average rate: 30.695
Buffer length: 1.238
Most recent transform: 1618904900.82
Oldest transform: 1618904899.58
t265_odom_frame
Recorded at time: 1618904900.93
Broadcaster: /t265/realsense2_camera_manager
Average rate: 201.139
Buffer length: 1.278
Most recent transform: 1618904900.87
Oldest transform: 1618904899.59
map
base_link
t265_pose_frame
odom
Broadcaster: /mavros
Average rate: 10000.0
Buffer length: 0.0
Most recent transform: 0.0
Oldest transform: 0.0
Broadcaster: /tf_t265
Average rate: 10000.0
Buffer length: 0.0
Most recent transform: 0.0
Oldest transform: 0.0
Broadcaster: /tf_2Dlidar
Average rate: 10.818
Buffer length: 1.202
Most recent transform: 1618904900.96
Oldest transform: 1618904899.76
Broadcaster: /mavros
Average rate: 10000.0
Buffer length: 0.0
Most recent transform: 0.0
Oldest transform: 0.0
Broadcaster: /mavros
Average rate: 10000.0
Buffer length: 0.0
Most recent transform: 0.0
Oldest transform: 0.0
map_ned
t265_link
lidar_link
base_link_frd
odom_ned
Broadcaster: /t265/realsense2_camera_manager
Average rate: 10000.0
Buffer length: 0.0
Most recent transform: 0.0
Oldest transform: 0.0
Broadcaster: /t265/realsense2_camera_manager
Average rate: 10000.0
Buffer length: 0.0
Most recent transform: 0.0
Oldest transform: 0.0
t265_gyro_frame
t265_accel_frame
Broadcaster: /t265/realsense2_camera_manager
Average rate: 10000.0
Buffer length: 0.0
Most recent transform: 0.0
Oldest transform: 0.0
Broadcaster: /t265/realsense2_camera_manager
Average rate: 10000.0
Buffer length: 0.0
Most recent transform: 0.0
Oldest transform: 0.0
t265_gyro_optical_frame
t265_accel_optical_frame

图12-35　TF树图

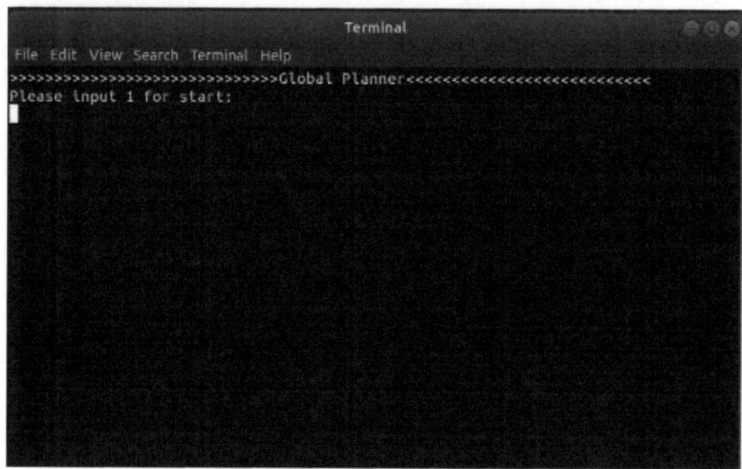

图 12-36　Prometheus 系统进入

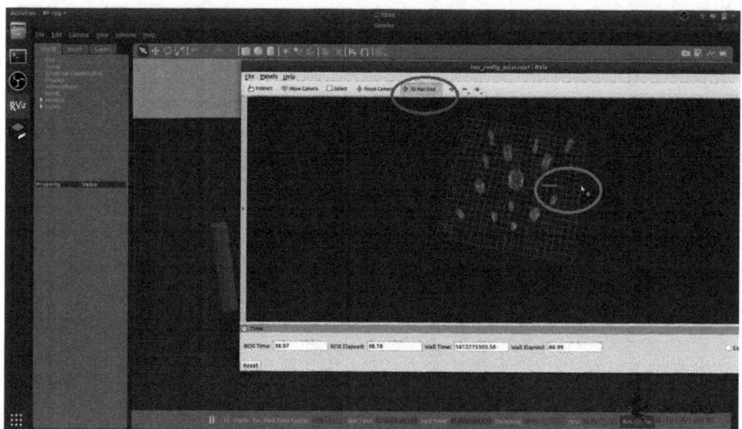

图 12-37　无人机自动规划路径

图 12-38　A_star 算法功能包路径

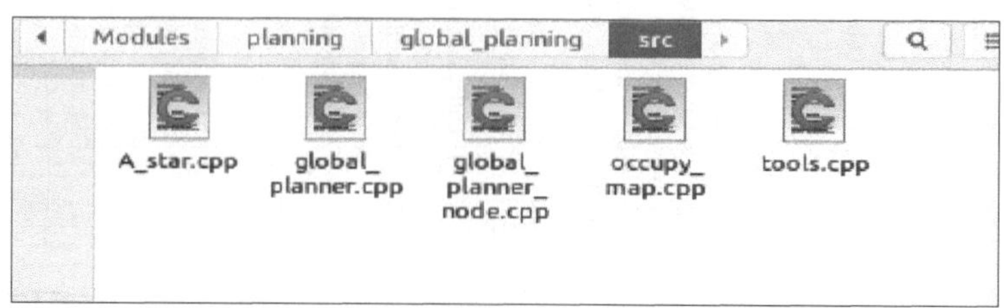

图 12-39　global_planning 功能包路径

```
#include <ros/ros.h>
#include "global_planner.h"
using namespace Global_Planning;
int main(int argc, char** argv)
{
    ros::init(argc, argv, "global_planner");
    ros::NodeHandle nh("~");
    Global_Planner global_planner;
    global_planner.init(nh);
    ros::spin();
    return 0;
}
```

其中最主要的代码为Global_Planner global_planner，它声明了一个Global_Planner类的对象global_planner,然后调用global_planner对象的init函数。init函数是定义在global_planner.cpp文件下的，init函数可以参考如下代码：

```
#include "global_planner.h"
namespace Global_Planning
{
// 初始化函数
void Global_Planner::init(ros::NodeHandle& nh)
{
      // 读取参数
      // 选择算法， 0 代表 A_star; 1 代表混合 A_star
      nh.param("global_planner/algorithm_mode", algorithm_mode, 0);
      // TRUE 代表 2D 平面规划及搜索 ,FALSE 代表 3D
      nh.param("global_planner/is_2D", is_2D, true);
      // 2D 规划时 , 定高高度
      nh.param("global_planner/fly_height_2D", fly_height_2D, 1.0);
      // 安全距离，若膨胀距离设置已考虑安全距离，建议此处设为 0
      nh.param("global_planner/safe_distance", safe_distance, 0.05);
      nh.param("global_planner/time_per_path", time_per_path, 1.0);
      // 重规划频率
      nh.param("global_planner/replan_time", replan_time, 2.0);
      // 选择地图更新方式： 0 代表全局点云，1 代表局部点云，2 代表激光雷达 scan 数据
      nh.param("global_planner/map_input", map_input, 0);
      // 是否为仿真模式
      nh.param("global_planner/sim_mode", sim_mode, false);
      nh.param("global_planner/map_groundtruth", map_groundtruth, false);
      // 订阅目标点
      goal_sub = nh.subscribe<geometry_msgs::PoseStamped>("/prometheus/planning/goal", 1,
&Global_Planner::goal_cb, this);
      // 订阅 无人机状态
      drone_state_sub = nh.subscribe<prometheus_msgs::DroneState>("/prometheus/drone_
state", 10, &Global_Planner::drone_state_cb, this);
      // 根据 map_input 选择地图更新方式
      if(map_input == 0)
      {
          Gpointcloud_sub = nh.subscribe<sensor_msgs::PointCloud2>("/prometheus/global_
planning/global_pcl", 1, &Global_Planner::Gpointcloud_cb, this);
      }else if(map_input == 1)
      {
          Lpointcloud_sub = nh.subscribe<sensor_msgs::PointCloud2>("/prometheus/global_
planning/local_pcl", 1, &Global_Planner::Lpointcloud_cb, this);
      }else if(map_input == 2)
      {
          laserscan_sub = nh.subscribe<sensor_msgs::LaserScan>("/prometheus/global_planning/
laser_scan", 1, &Global_Planner::laser_cb, this);
      }
```

首先读取算法选择、维度、高度、安全距离、重规划频率、地图更新方式以及是否开启仿真等；然后分配合适的订阅者、订阅目标点、无人机状态等数据；再通过判断之前的地图更新方式参数，选择点云或者雷达扫描的数据更新地图；最后声明路径发布指令、提示消息、路径的发布者以及安全检测，路径追踪循环的定时器。

```
// 发布路径指令
command_pub = nh.advertise<prometheus_msgs::ControlCommand>("/prometheus/control_command",
10);
// 发布提示消息
message_pub = nh.advertise<prometheus_msgs::Message>("/prometheus/message/global_planner",
10);
// 发布路径用于显示
path_cmd_pub = nh.advertise<nav_msgs::Path>("/prometheus/global_planning/path_cmd",  10);
// 定时器 安全检测
// safety_timer = nh.createTimer(ros::Duration(2.0), &Global_Planner::safety_cb, this);
// 定时器 规划器算法执行周期
mainloop_timer = nh.createTimer(ros::Duration(1.5), &Global_Planner::mainloop_cb, this);
// 路径追踪循环，快速移动场景应适当提高执行频率
// time_per_path
track_path_timer = nh.createTimer(ros::Duration(time_per_path), &Global_Planner::track_path_
cb, this);
```

接下来需要初始化一个 A_star 规划器，代码如下所示，我们声明了一个 Astar 的对象和指向它的指针 Astar_ptr ；然后将句柄传入 A_star 对象的 init 函数中。

```
Astar_ptr.reset(new KinodynamicAstar);
Astar_ptr->init(nh);
pub_message(message_pub, prometheus_msgs::Message::NORMAL, NODE_NAME, "Kinodynamic A_star init.");
```

Astar_ptr 部分可以参考 A_star.cpp 文件，Astar 的初始化函数可以参考如下所示的代码块。

```
void Astar::init(ros::NodeHandle& nh)
{
    // 2d 参数
    nh.param("global_planner/is_2D", is_2D, 0);  // 1 代表 2D 平面规划及搜索 ,0 代表 3D
    nh.param("global_planner/2D_fly_height", fly_height, 1.5);  // 2D 规划时 , 定高高度
    // 规划搜索相关参数
    nh.param("astar/lambda_heu", lambda_heu_, 2.0);  // 加速引导参数
    nh.param("astar/allocate_num", max_search_num, 100000); // 最大搜索节点数
    // 地图参数
    nh.param("map/resolution", resolution_, 0.2);  // 地图分辨率
    tie_breaker_ = 1.0 + 1.0 / max_search_num;
    this->inv_resolution_ = 1.0 / resolution_;
    has_global_point = false;
    path_node_pool_.resize(max_search_num);
    // 新建
    for (int i = 0; i < max_search_num; i++)
    {
      path_node_pool_[i] = new Node;
    }
    use_node_num_ = 0;
    iter_num_ = 0;
    // 初始化占据地图
    Occupy_map_ptr.reset(new Occupy_map);
    Occupy_map_ptr->init(nh);
    // 读取地图参数
    origin_ =  Occupy_map_ptr->min_range_;
    map_size_3d_ = Occupy_map_ptr->max_range_ - Occupy_map_ptr->min_range_;
}
```

首先也是先读取一些必要的参数，具体的参数信息已在上面的代码中注释；声明一个 tie_breaker_ 参数主要是为了防止出现对称性的路径，所以在算出的某条路径代价的基础上，放大一个极小量，以减少对称路径出现的概率；path_node_pool_ 用来存放 规划器已经访问过的节点的容器，容器中每一个成员表示栅格地图上的每个点，它包含地图点的位置、状态等；然后使用 Occupy_map_ptr 对象的 init 函数初始化地图。

```
void Occupy_map::init(ros::NodeHandle& nh)
{
        // TRUE 代表 2D 平面规划及搜索 ,FALSE 代表 3D
        nh.param("global_planner/is_2D", is_2D, true);
        // 2D 规划时，定高高度
        nh.param("global_planner/fly_height_2D", fly_height_2D, 1.0);
        // 地图原点
        nh.param("map/origin_x", origin_(0), -5.0);
        nh.param("map/origin_y", origin_(1), -5.0);
        nh.param("map/origin_z", origin_(2), 0.0);
        // 地图实际尺寸，单位：米
        nh.param("map/map_size_x", map_size_3d_(0), 10.0);
        nh.param("map/map_size_y", map_size_3d_(1), 10.0);
        nh.param("map/map_size_z", map_size_3d_(2), 5.0);
        // 地图分辨率，单位：米
        nh.param("map/resolution", resolution_,  0.2);
        // 地图膨胀距离，单位：米
        nh.param("map/inflate", inflate_,  0.3);
        // 发布 地图 rviz 显示
        global_pcl_pub = nh.advertise<sensor_msgs::PointCloud2>("/prometheus/planning/global_
pcl",  10);
        // 发布膨胀后的点云
        inflate_pcl_pub = nh.advertise<sensor_msgs::PointCloud2>("/prometheus/planning/global_
inflate_pcl", 1);
        // 发布二维占据图?
        // 发布膨胀后的二维占据图?
        this->inv_resolution_ = 1.0 / resolution_;
        for (int i = 0; i < 3; ++i)
        {
            // 占据图尺寸 = 地图尺寸 / 分辨率
            grid_size_(i) = ceil(map_size_3d_(i) / resolution_);
        }
        // 占据容器的大小 = 占据图尺寸 xyz
        occupancy_buffer_.resize(grid_size_(0) * grid_size_(1) * grid_size_(2));
        fill(occupancy_buffer_.begin(), occupancy_buffer_.end(), 0.0);
        min_range_ = origin_;
        max_range_ = origin_ + map_size_3d_;
        // 对于二维情况，重新限制点云高度
        if(is_2D == true)
        {
            min_range_(2) = fly_height_2D - resolution_;
            max_range_(2) = fly_height_2D + resolution_;
        }
}
```

初始化地图的代码中，x、y、z 三个维度计算公式为尺寸大小除以它的分辨率，上段代码将其设置为 0.2，也就是说 1m 的长度会在栅格地图中分解为 5 个栅格，然后计算出每个维度的具体栅格数，就可以计算出整个栅格地图的大小；将 occupancy_buffer_ 容器声明为栅格地图的大小，它是用来存放地图中障碍物信息的容器，全部由 0、1 组成，0 表示这个栅格点没被占据，1 表示该栅格点上有障碍物，将它初始化全为 0 然后回到 A_star.cpp，读取初始化后的地图参数，如下段代码所示：

```
// 读取地图参数
origin_ =  Occupy_map_ptr->min_range_;
map_size_3d_ = Occupy_map_ptr->max_range_ - Occupy_map_ptr->min_range_;
```

执行完 A_star 对象的 init 函数，返回函数调用点，即 Global_Planner::init 函数中，接着往下执行初始化规划器的状态和指令，无论是仿真还是实际飞行，程序都是一样的，只是输入的参数有一些差别，参数输入完成之后，程序进入 ROS 的消息回调处理函数，前面声明的一些回调函数，如下段代码所示：

```
// 订阅 目标点
goal_sub = nh.subscribe<geometry_msgs::PoseStamped>("/prometheus/planning/goal", 1,
&Global_Planner::goal_cb, this);
// 订阅 无人机状态
drone_state_sub = nh.subscribe<prometheus_msgs::DroneState>("/prometheus/drone_state", 10,
&Global_Planner::drone_state_cb, this);
// 根据 map_input 选择地图更新方式
if(map_input == 0)
{
    Gpointcloud_sub = nh.subscribe<sensor_msgs::PointCloud2>("/prometheus/global_planning/
global_pcl", 1, &Global_Planner::Gpointcloud_cb, this);
}else if(map_input == 1)
{
    Lpointcloud_sub = nh.subscribe<sensor_msgs::PointCloud2>("/prometheus/global_planning/
local_pcl", 1, &Global_Planner::Lpointcloud_cb, this);
}else if(map_input == 2)
{
    laserscan_sub = nh.subscribe<sensor_msgs::LaserScan>("/prometheus/global_planning/
laser_scan", 1, &Global_Planner::laser_cb, this);
}
```

它们不会收到消息立马就回调，而是一直在后台接收消息，直到程序运行到 ros::spinOnce() 才会统一执行一次回调函数；goal_cb 函数主要功能就是接收用户给定的目标点。

```
void Global_Planner::goal_cb(const geometry_msgs::PoseStampedConstPtr& msg)
{
      if (is_2D == true)
      {
          goal_pos << msg->pose.position.x, msg->pose.position.y, fly_height_2D;
      }else
      {
          goal_pos << msg->pose.position.x, msg->pose.position.y, msg->pose.position.z;
      }
      goal_vel.setZero();
      goal_ready = true;
      // 获得新目标点
      pub_message(message_pub, prometheus_msgs::Message::NORMAL, NODE_NAME,"Get a new goal
point");
      cout << "Get a new goal point:"<< goal_pos(0) << " [m] "  << goal_pos(1) << " [m] "
<< goal_pos(2)<< " [m] "   <<endl;
      if(goal_pos(0) == 99 && goal_pos(1) == 99 )
      {
          path_ok = false;
          goal_ready = false;
          exec_state = EXEC_STATE::LANDING;
          pub_message(message_pub, prometheus_msgs::Message::NORMAL, NODE_NAME,"Land");
      }
}
```

drone_state_cb 函数读取飞控返回的飞机状态。

```
void Global_Planner::drone_state_cb(const prometheus_msgs::DroneStateConstPtr& msg)
{
      _DroneState = *msg;
      if (is_2D == true)
      {
          start_pos << msg->position[0], msg->position[1], fly_height_2D;
          start_vel << msg->velocity[0], msg->velocity[1], 0.0;
          if(abs(fly_height_2D - msg->position[2]) > 0.2)
          {
              pub_message(message_pub, prometheus_msgs::Message::WARN, NODE_NAME,"Drone is
not in the desired height.");
          }
      }else
      {
          start_pos << msg->position[0], msg->position[1], msg->position[2];
          start_vel << msg->velocity[0], msg->velocity[1], msg->velocity[2];
      }
      start_acc << 0.0, 0.0, 0.0;
      odom_ready = true;
      if (_DroneState.connected == true && _DroneState.armed == true )
      {
          drone_ready = true;
      }else
      {
          drone_ready = false;
      }
      Drone_odom.header = _DroneState.header;
      Drone_odom.child_frame_id = "base_link";
      Drone_odom.pose.pose.position.x = _DroneState.position[0];
      Drone_odom.pose.pose.position.y = _DroneState.position[1];
      Drone_odom.pose.pose.position.z = _DroneState.position[2];
      Drone_odom.pose.pose.orientation = _DroneState.attitude_q;
      Drone_odom.twist.twist.linear.x = _DroneState.velocity[0];
      Drone_odom.twist.twist.linear.y = _DroneState.velocity[1];
      Drone_odom.twist.twist.linear.z = _DroneState.velocity[2];
}
```

mainloop_cb 主循环回调函数负责最主要的规划问题。

```
// 定时器 规划器算法执行周期
mainloop_timer = nh.createTimer(ros::Duration(1.5), &Global_Planner::mainloop_cb, this);
```

进入 mainloop_cb 函数对状态进行检查，确保当前状态符合规划的要求。

```
// 主循环
void Global_Planner::mainloop_cb(const ros::TimerEvent& e)
{
      static int exec_num=0;
      exec_num++;
      // 检查当前状态，不满足规划条件则直接退出主循环
      // 此处打印消息与后面的冲突了，逻辑上存在问题
      if(!odom_ready || !drone_ready || !sensor_ready)
      {
          // 此处改为根据循环时间计算的数值
          if(exec_num == 10)
          {
              if(!odom_ready)
              {
                  message = "Need Odom.";
              }else if(!drone_ready)
```

```
                {
                    message = "Drone is not ready.";
                }else if(!sensor_ready)
                {
                    message = "Need sensor info.";
                }
                pub_message(message_pub, prometheus_msgs::Message::WARN, NODE_NAME, message);
                exec_num=0;
            }
            return;
        }else
        {
            // 对检查的状态进行重置
            odom_ready = false;
            drone_ready = false;
            sensor_ready = false;
        }

        switch (exec_state)
```

以上代码，检查 exec_state 状态，我们重点阅读下面的代码，首先是重置 A_star 规划器。

```
void Astar::reset()
{
    // 重置与搜索相关的变量
    expanded_nodes_.clear();
    path_nodes_.clear();
    std::priority_queue<NodePtr, std::vector<NodePtr>, NodeComparator0> empty_queue;
    open_set_.swap(empty_queue);
    for (int i = 0; i < use_node_num_; i++)
    {
      NodePtr node = path_node_pool_[i];
      node->parent = NULL;
      node->node_state = NOT_EXPAND;
    }
    use_node_num_ = 0;
    iter_num_ = 0;
}
```

清空了扩展节点集、路径节点集，声明一个空白的优先级序列，将空白优先级序列与 open_set_ 集交换，即清空开集；把之前处理过的节点挨个取出，恢复初始化状态，最后把 use_node_num_ 和 iter_num_ 置 0，回归初始化状态，执行完毕。返回 mainloop_cb 函数，执行下一句，即进入函数，执行下一句，即进入 Astar::search 函数，如下所示。

```
// 搜索函数，输入为起始点及终点
// 将传输的数组通通变为指针！！！！ 以后改
int Astar::search(Eigen::Vector3d start_pt, Eigen::Vector3d end_pt)
{
    // 首先检查目标点是否可到达
    if(Occupy_map_ptr->getOccupancy(end_pt))
    {
      pub_message(message_pub, prometheus_msgs::Message::WARN, NODE_NAME, "Astar can't find 
path: goal point is occupied.");
      return NO_PATH;
    }
    // 计时
    ros::Time time_astar_start = ros::Time::now();
    goal_pos = end_pt;
    Eigen::Vector3i end_index = posToIndex(end_pt);
    // 初始化，将起始点设为第一个路径点
```

```
    NodePtr cur_node = path_node_pool_[0];
    cur_node->parent = NULL;
    cur_node->position = start_pt;
    cur_node->index = posToIndex(start_pt);
    cur_node->g_score = 0.0;
    cur_node->f_score = lambda_heu_ * getEuclHeu(cur_node->position, end_pt);
    cur_node->node_state = IN_OPEN_SET;
    // 将当前点推入 open set
    open_set_.push(cur_node);
    // 迭代次数 +1
    use_node_num_ += 1;
    // 记录当前为已扩展
    expanded_nodes_.insert(cur_node->index, cur_node);
    NodePtr terminate_node = NULL;
    // 搜索主循环
    while (!open_set_.empty())
```

搜索主循环中，首先检查目标点处是否有障碍物，无障碍物才会继续执行下面的程序；然后初始化起始点，声明一个node结构体的对象，用来存放起点的数据，具体代码如上所示；再把起点对象放入开集中，准备进入主循环。

```
// 搜索主循环
    while (!open_set_.empty())
    {
      // 获取 f_score 最低的点
      cur_node = open_set_.top();
      // 判断终止条件
      bool reach_end = abs(cur_node->index(0) - end_index(0)) <= 1 &&
                       abs(cur_node->index(1) - end_index(1)) <= 1 &&
                       abs(cur_node->index(2) - end_index(2)) <= 1;
      if (reach_end)
      {
        // 将当前点设为终止点，并往回形成路径
        terminate_node = cur_node;
        retrievePath(terminate_node);
        // 时间一般很短，远远小于膨胀点云的时间
        printf("Astar take time %f s. \n", (ros::Time::now()-time_astar_start).toSec());
        return REACH_END;
      }
```

主循环代码如上，首先检查open_set不为空，则取出开集中f值最小的节点，然后判断取出的节点是否达到终止条件。如果达到了终止条件，就将当前节点赋给terminate_node, 然后将其传入retrievePath函数，往回搜寻，得到路径存入path_node_ 容器中，代码如下。

```
// 由最终点往回生成路径
void Astar::retrievePath(NodePtr end_node)
{
    NodePtr cur_node = end_node;
    path_nodes_.push_back(cur_node);
    while (cur_node->parent != NULL)
    {
      cur_node = cur_node->parent;
      path_nodes_.push_back(cur_node);
    }
    // 反转顺序
    reverse(path_nodes_.begin(), path_nodes_.end());
    // 直接在这里
```

如果没达到终止条件，则将当前节点弹出开集放入闭集中，对当前节点进行扩展，代码如下。

```
/* ---------- expansion loop ---------- */
      // 扩展：3×3×3 - 1 = 26 种可能
      for (double dx = -resolution_; dx <= resolution_ + 1e-3; dx += resolution_)
      {
        for (double dy = -resolution_; dy <= resolution_ + 1e-3; dy += resolution_)
        {
          for (double dz = -resolution_; dz <= resolution_ + 1e-3; dz += resolution_)
          {

            d_pos << dx, dy, dz;
            // 对于 2d 情况，不扩展 z 轴
            if (is_2D == 1)
            {
              d_pos(2) = 0.0;
            }
            // 跳过自己那个格子
            if (d_pos.norm() < 1e-3)
            {
              continue;
            }

            // 扩展节点的位置
            expand_node_pos = cur_pos + d_pos;
            // 确认该点在地图范围内
            if(!Occupy_map_ptr->isInMap(expand_node_pos))
            {
              continue;
            }
```

一直这样不断搜索，直到开集为空，或达到终止条件，或达到最大搜索次数，才结束循环。

参考文献

[1] Davison, Andrew J., et al. MonoSLAM: Real-time single camera SLAM. IEEE transactions on pattern analysis and machine intelligence 29.6 (2007): 1052-1067.

[2] Klein, Georg, David Murray. Parallel tracking and mapping for small AR workspaces. 2007 6th IEEE and ACM international symposium on mixed and augmented reality. IEEE, 2007.

[3] Engel, Jakob, Thomas Schöps, et al. LSD-SLAM: Large-scale direct monocular SLAM. European conference on computer vision. Springer, Cham, 2014.

[4] Campos, Carlos, et al. Orb-slam3: An accurate open-source library for visual, visual–inertial, and multimap slam. IEEE Transactions on Robotics 37.6 (2021): 1874-1890.

[5] Forster, Christian, Matia Pizzoli, et al. SVO: Fast semi-direct monocular visual odometry. 2014 IEEE international conference on robotics and automation (ICRA). IEEE, 2014.

[6] Qin, Tong, Peiliang Li, et al. Vins-mono: A robust and versatile monocular visual-inertial state estimator. IEEE Transactions on Robotics 34.4 (2018): 1004-1020.

[7] Qin, Tong, et al. A general optimization-based framework for local odometry estimation with multiple sensors. arXiv preprint arXiv:1901.03638 (2019).

[8] 高翔. 视觉SLAM十四讲:从理论到实践.北京：电子工业出版社，2017.

[9] 崔华坤. VINS论文推导及代码解析.

[10] Hess, Wolfgang, et al. Real-time loop closure in 2D LIDAR SLAM. 2016 IEEE international conference on robotics and automation (ICRA). IEEE, 2016.

[11] Kohlbrecher, Stefan, et al. A flexible and scalable SLAM system with full 3D motion estimation. 2011 IEEE international symposium on safety, security, and rescue robotics. IEEE, 2011.

[12] Grisetti, Giorgio, Cyrill Stachniss, et al. Improving grid-based slam with rao-blackwellized particle filters by adaptive proposals and selective resampling. Proceedings of the 2005 IEEE international conference on robotics and automation. IEEE, 2005.

[13] Le, Xuan Sang, et al. Evaluation of out-of-the-box ROS 2D slams for autonomous exploration of unknown indoor environments. International Conference on Intelligent Robotics and Applications. Springer, Cham, 2018.

[14] Zhang, Ji, Sanjiv Singh. LOAM: Lidar odometry and mapping in real-time. Robotics: Science and Systems. Vol. 2. No. 9. 2014.

[15] Shan, Tixiao, Brendan Englot. Lego-loam: Lightweight and ground-optimized lidar odometry and mapping on variable terrain. 2018 IEEE/RSJ International Conference on Intelligent Robots and Systems (IROS). IEEE, 2018.

[16] Shan, Tixiao, et al. Lio-sam: Tightly-coupled lidar inertial odometry via smoothing and mapping. 2020 IEEE/RSJ international conference on intelligent robots and systems (IROS). IEEE, 2020.

[17] Xu, Wei, Fu Zhang. Fast-lio: A fast, robust lidar-inertial odometry package by tightly-coupled iterated kalman filter. IEEE Robotics and Automation Letters 6.2 (2021): 3317-3324.

[18] Xu, Wei, et al. Fast-lio2: Fast direct lidar-inertial odometry. IEEE Transactions on Robotics (2022).

[19] LeCun, Yann, et al. Gradient-based learning applied to document recognition. Proceedings of the IEEE 86.11 (1998): 2278-2324.

[20] Krizhevsky, Alex, Ilya Sutskever, et al. Imagenet classification with deep convolutional neural networks. Communications of the ACM 60.6 (2017): 84-90.

[21] Simonyan, Karen, Andrew Zisserman. Very deep convolutional networks for large-scale image recognition. arXiv preprint arXiv:1409.1556 (2014).

[22] Szegedy, Christian, et al. Going deeper with convolutions. Proceedings of the IEEE conference on computer vision and pattern recognition. 2015.

[23] Szegedy, Christian, et al. Rethinking the inception architecture for computer vision. Proceedings of the IEEE conference on

computer vision and pattern recognition. 2016.

[24] Szegedy, Christian, et al. Inception-v4, inception-resnet and the impact of residual connections on learning. Thirty-first AAAI conference on artificial intelligence. 2017.

[25] He, Kaiming, et al. Deep residual learning for image recognition. Proceedings of the IEEE conference on computer vision and pattern recognition. 2016.

[26] Huang, Gao, et al. Densely connected convolutional networks. Proccedings of the IEEE conference on computer vision and pattern recognition. 2017.

[27] Vaswani, Ashish, et al. Attention is all you need. Advances in neural information processing systems 30 (2017).

[28] Girshick, Ross, et al. Rich feature hierarchies for accurate object detection and semantic segmentation. Proceedings of the IEEE conference on computer vision and pattern recognition. 2014.

[29] Girshick, Ross. Fast r-cnn. Proceedings of the IEEE international conference on computer vision. 2015.

[30] Ren, Shaoqing, et al. Faster r-cnn: Towards real-time object detection with region proposal networks. Advances in neural information processing systems 28 (2015).

[31] Dai, Jifeng, et al. R-fcn: Object detection via region-based fully convolutional networks. Advances in neural information processing systems 29 (2016).

[32] Qiao, Siyuan, Liang-Chieh Chen, et al. Detectors: Detecting objects with recursive feature pyramid and switchable atrous convolution. Proceedings of the IEEE/CVF conference on computer vision and pattern recognition. 2021.

[33] Liu, Wei, et al. Ssd: Single shot multibox detector. European conference on computer vision. Springer, Cham, 2016.

[34] Redmon, Joseph, et al. You only look once: Unified, real-time object detection. Proceedings of the IEEE conference on computer vision and pattern recognition. 2016.

[35] Redmon, Joseph, Ali Farhadi. YOLO9000: better, faster, stronger. Proceedings of the IEEE conference on computer vision and pattern recognition. 2017.

[36] Redmon, Joseph, Ali Farhadi. Yolov3: An incremental improvement. arXiv preprint arXiv:1804.02767 (2018).

[37] Bochkovskiy, Alexey, Chien-Yao Wang, et al. Yolov4: Optimal speed and accuracy of object detection. arXiv preprint arXiv:2004.10934 (2020).

[38] Li, Chuyi, et al. YOLOv6: a single-stage object detection framework for industrial applications. arXiv preprint arXiv:2209.02976 (2022).

[39] Wang, Chien-Yao, Alexey Bochkovskiy, et al. YOLOv7: Trainable bag-of-freebies sets new state-of-the-art for real-time object detectors. arXiv preprint arXiv:2207.02696 (2022).

[40] Tan, Mingxing, Ruoming Pang, et al. Efficientdet: Scalable and efficient object detection. Proceedings of the IEEE/CVF conference on computer vision and pattern recognition. 2020.

[41] Carion, Nicolas, et al. End-to-end object detection with transformers. European conference on computer vision. Springer, Cham, 2020.

[42] Liu, Ze, et al. Swin transformer: Hierarchical vision transformer using shifted windows. Proceedings of the IEEE/CVF International Conference on Computer Vision. 2021.

[43] Olson, Edwin. AprilTag: A robust and flexible visual fiducial system. 2011 IEEE international conference on robotics and automation. IEEE, 2011.

[44] Dalal, Navneet, Bill Triggs. Histograms of oriented gradients for human detection. 2005 IEEE computer society conference on computer vision and pattern recognition (CVPR'05). Vol. 1. Ieee, 2005.

[45] Cao, Zhe, et al. Realtime multi-person 2d pose estimation using part affinity fields. Proceedings of the IEEE conference on computer vision and pattern recognition. 2017.

[46] Platt, John. Sequential minimal optimization: A fast algorithm for training support vector machines. (1998).